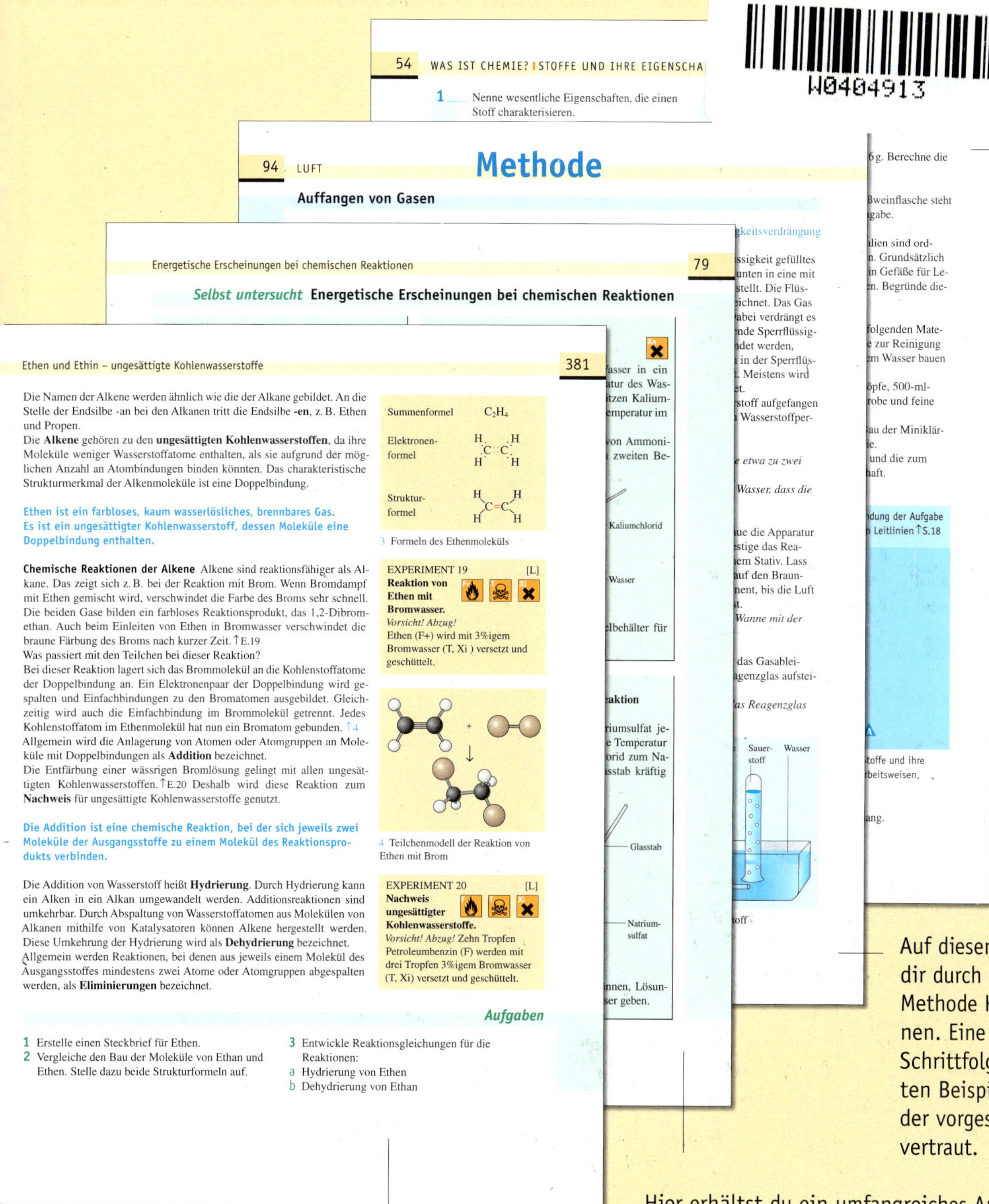

Die Namen der Alkene werden ähnlich wie die der Alkane gebildet. An die Stelle der Endsilbe -an bei den Alkanen tritt die Endsilbe **-en**, z. B. Ethen und Propen.

Die **Alkene** gehören zu den **ungesättigten Kohlenwasserstoffen**, da ihre Moleküle weniger Wasserstoffatome enthalten, als sie aufgrund der möglichen Anzahl an Atombindungen binden könnten. Das charakteristische Strukturmerkmal der Alkenmoleküle ist eine Doppelbindung.

Ethen ist ein farbloses, kaum wasserlösliches, brennbares Gas. Es ist ein ungesättigter Kohlenwasserstoff, dessen Moleküle eine Doppelbindung enthalten.

Chemische Reaktionen der Alkene Alkene sind reaktionsfähiger als Alkane. Das zeigt sich z. B. bei der Reaktion mit Brom. Wenn Bromdampf mit Ethen gemischt wird, verschwindet die Farbe des Broms sehr schnell. Die beiden Gase bilden ein farbloses Reaktionsprodukt, das 1,2-Dibromethan. Auch beim Einleiten von Ethen in Bromwasser verschwindet die braune Färbung des Broms nach kurzer Zeit. ↑E.19

Was passiert mit den Teilchen bei dieser Reaktion?

Bei dieser Reaktion lagert sich das Brommolekül an die Kohlenstoffatome der Doppelbindung an. Ein Elektronenpaar der Doppelbindung wird gespalten und Einfachbindungen zu den Bromatomen ausgebildet. Gleichzeitig wird auch die Einfachbindung im Brommolekül getrennt. Jedes Kohlenstoffatom im Ethenmolekül hat nun ein Bromatom gebunden. ↑4

Allgemein wird die Anlagerung von Atomen oder Atomgruppen an Moleküle mit Doppelbindungen als **Addition** bezeichnet.

Die Entfärbung einer wässrigen Bromlösung gelingt mit allen ungesättigten Kohlenwasserstoffen. ↑E.20 Deshalb wird diese Reaktion zum **Nachweis** für ungesättigte Kohlenwasserstoffe genutzt.

Die Addition ist eine chemische Reaktion, bei der sich jeweils zwei Moleküle der Ausgangsstoffe zu einem Molekül des Reaktionsprodukts verbinden.

Die Addition von Wasserstoff heißt **Hydrierung**. Durch Hydrierung kann ein Alken in ein Alkan umgewandelt werden. Additionsreaktionen sind umkehrbar. Durch Abspaltung von Wasserstoffatomen aus Molekülen von Alkanen mithilfe von Katalysatoren können Alkene hergestellt werden. Diese Umkehrung der Hydrierung wird als **Dehydrierung** bezeichnet.

Allgemein werden Reaktionen, bei denen aus jeweils einem Molekül des Ausgangsstoffes mindestens zwei Atome oder Atomgruppen abgespalten werden, als **Eliminierungen** bezeichnet.

Summenformel	C_2H_4
Elektronenformel	
Strukturformel	

3 Formeln des Ethenmoleküls

EXPERIMENT 19 [L]
Reaktion von Ethen mit Bromwasser.
Vorsicht! Abzug!
Ethen (F+) wird mit 3%igem Bromwasser (T, Xi) versetzt und geschüttelt.

4 Teilchenmodell der Reaktion von Ethen mit Brom

EXPERIMENT 20 [L]
Nachweis ungesättigter Kohlenwasserstoffe.
Vorsicht! Abzug! Zehn Tropfen Petroleumbenzin (F) werden mit drei Tropfen 3%igem Bromwasser (T, Xi) versetzt und geschüttelt.

Aufgaben

1 Erstelle einen Steckbrief für Ethen.
2 Vergleiche den Bau der Moleküle von Ethan und Ethen. Stelle dazu beide Strukturformeln auf.
3 Entwickle Reaktionsgleichungen für die Reaktionen:
a Hydrierung von Ethen
b Dehydrierung von Ethan

Fachliche Kenntnisse, Fähigkeiten und Kompetenzen kannst du hier selbstständig überprüfen.

Auf diesen Seiten kannst du dir durch eine bestimmte Methode Kenntnisse aneignen. Eine übersichtliche Schrittfolge an einem konkreten Beispiel macht dich mit der vorgestellten Methode vertraut.

Hier erhältst du ein umfangreiches Angebot an Experimenten, die du selbstständig unter Aufsicht deiner Chemielehrerin oder deines Chemielehrers durchführen kannst.
Dabei ist es erforderlich, dass du die Hinweise zum Arbeitsschutz sowie zu den Gefahrstoffen und deren Entsorgung beachtest. Weitere Vorschläge für Experimente findest du auf den Seiten „Selbst erforscht". Diese Seiten geben dir Anregungen zum selbstständigen Bearbeiten eines Projekts.

Die wichtigsten Inhalte sind in blauen Merksätzen formuliert. Am Ende eines Kapitels werden wichtige Begriffe und Aussagen auf den Seiten „Auf einen Blick" wiederholt.

Mithilfe der Aufgaben kannst du dein Wissen überprüfen. Darüber hinaus eignen sich die Aufgaben zum Wiederholen und Üben. Auf den Seiten „Weitergedacht" am Ende des Kapitels findest du besondere Aufgaben zur Vertiefung und Vernetzung deiner Fähigkeiten.

Chemie *plus*

Sekundarstufe I
Ausgabe A

VOLK UND WISSEN

Autoren: Dr. Barbara Arndt, Dr. Karin Arnold, Prof. Dr. Volkmar Dietrich, Andreas Eberle, Dr. Roland Franik, Andrea Hein, Stephanie Kunze, Dr. Uwe Lüttgens, Ralf Malz, Dr. Thomas Neubacher, Jörn Peters, Hannes Rehm

Herausgeber: Dr. Karin Arnold, Prof. Dr. Volkmar Dietrich

Redaktion: Volkmar Kolleck, Heidi Riens, Dr. Claudia Seidel

Illustration: Wolfgang Mattern, Hans Wunderlich

Karikatur: Joachim Gottwald

Grafik: Marina Goldberg

Layoutkonzept: Wolfgang Lorenz

Umschlaggestaltung: Ulrike Kuhr

Layout und technische Umsetzung: Jürgen Brinckmann, Karla Detlefsen, Sabine Matthes

Das Umschlagbild zeigt die Walt Disney Concert Hall in Los Angeles.

www.cornelsen.de/chemie-plus
Unter dieser Adresse befinden sich multimediale Zusatzangebote.
Die Buchkennung ist: CPL011981

www.cornelsen.de

1. Auflage, 4. Druck 2016

Alle Drucke dieser Auflage sind inhaltlich unverändert
und können im Unterricht nebeneinander verwendet werden.

Druck: Mohn Media Mohndruck, Gütersloh

ISBN 978-3-06-011981-3

PEFC
PEFC/04-31-1033

PEFC zertifiziert
Dieses Produkt stammt aus nachhaltig bewirtschafteten Wäldern und kontrollierten Quellen.
www.pefc.de

Inhalt

Was ist Chemie?

Die Welt besteht aus vielen unterschiedlichen Stoffen. Gesteine und Mineralien bildeten sich in Urzeiten. Noch heute zeugen Lava speiende Vulkane davon. Explodieren im Universum Sterne oder stürzen Kometen ab, entstehen dabei immer viele verschiedene Stoffe.

Antworten auf Fragen nach Stoffen und Vorgängen in der Natur sucht neben der Biologie und der Physik vor allem die Naturwissenschaft Chemie.

Überall Chemie

Die Naturwissenschaft Chemie ist in unserem Leben allgegenwärtig. Beim aufmerksamen Beobachten in der Natur, im Alltag und in der Technik begegnen dir Stoffe und du kannst überall Vorgänge entdecken, die mit Chemie zu tun haben.

Metalle, Glas, Porzellan, Gummi, Baustoffe, Kunststoffe, Farbstoffe und Treibstoffe werden in der Industrie durch chemische Vorgänge hergestellt.

Neuartige Produkte wie Klebstoffe schaffen die Voraussetzung für neue technische Anwendungen.

Speisen werden erst durch ihre Zubereitung in der Küche wohlschmeckend.

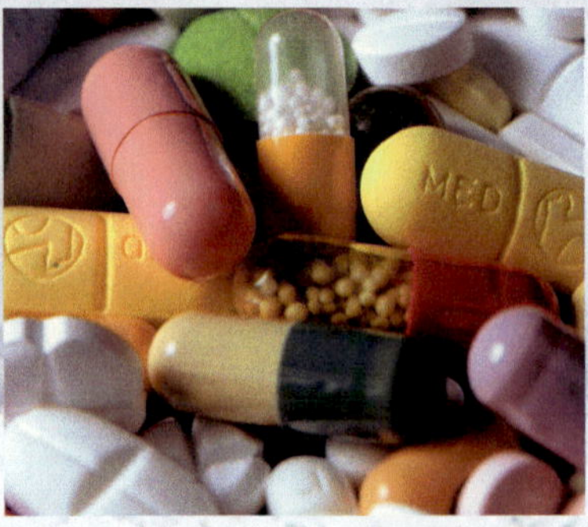

Medikamente heilen zahlreiche Krankheiten, wenn sie verantwortungsbewusst eingenommen werden.

Moderne Werkstoffe erhöhen im Fahrzeug- und Flugzeugbau die Sicherheit, Ausstattung und Mobilität.

Eine Lasershow im „Trockeneisnebel“ ruft immer wieder Staunen und Begeisterung hervor.

Interessante und aufregende Freizeitbeschäftigungen werden dank neuer Werkstoffe und Fasern möglich.

Auch das Wachsen und Blühen der Pflanzen ist mit der Arbeitsweise in einer chemischen Fabrik vergleichbar.

Chemie – Chancen und Gefahren

Bei Sommersmog sollten Tätigkeiten wie Inlineskaten unterbleiben.

Niemand möchte die Ergebnisse und Produkte der Chemie missen. Fast jeder kennt das über 100 Jahre alte schmerzstillende und entzündungshemmende Medikament Aspirin®.
Alle schätzen die besondere Saugfähigkeit von Babywindeln, die einen Stoff enthalten, der Flüssigkeiten bis zum Tausendfachen seiner Masse aufnehmen kann.
Zahnpasta, Waschmittel, Kosmetika, Plastiktüten, CDs, Mobiltelefone, aber auch das Fahrrad und die Inliner sind nur einige weitere Beispiele für Produkte der Chemie.
Trotzdem denken viele Menschen bei dem Wort „Chemie" sofort an Umweltschäden: die Verschmutzung von Luft, Boden und Gewässern oder an Unfälle in Chemiebetrieben.
Wie denkst du darüber?

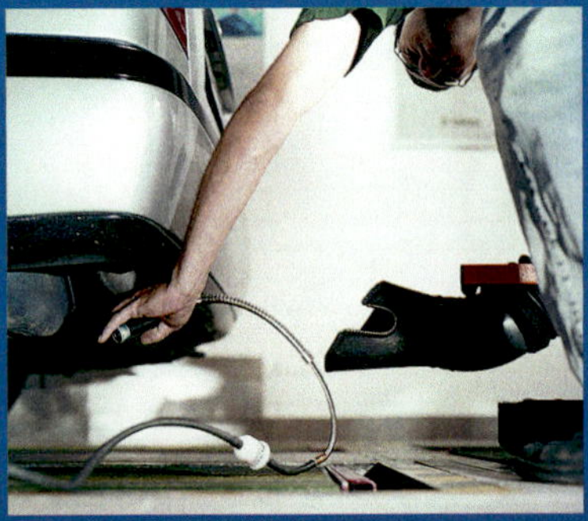

Abgastest an einem Auto

Rauchgasentschwefelungsanlage

Gesunder Wald und Waldschäden durch „sauren Regen"

Abgase bei der Verbrennung von Kohle und Erdgas sowie Abgase von Kraftfahrzeugen und Flugzeugen enthalten Schadstoffe. Sie bilden mit Wasser den „sauren Regen", der zur Bodenversauerung und zum Waldsterben führen kann.
Im Sommer kann durch Abgase bei ungünstiger Wetterlage Sommersmog mit erhöhter Ozonkonzentration entstehen.
Durch moderne Abgasreinigungsanlagen wie Rauchgasentschwefelungsanlagen in Kraftwerken oder Katalysatoren bei Kraftfahrzeugen können viele Schadstoffe aus den Abgasen entfernt werden.

Umweltschäden entstehen auch bei einer Havarie von Erdöltankern und an Pipelines sowie durch unsachgemäßen Umgang mit Chemieprodukten. Dabei zeigt sich häufig, dass menschliches Fehlverhalten zu solchen Katastrophen geführt hat. Zur Behebung bzw. Minderung der Schäden werden Produkte der chemischen Industrie eingesetzt.

Der brennende Öltanker „Aegean Sea“ vor La Coruña (Nordwestspanien)

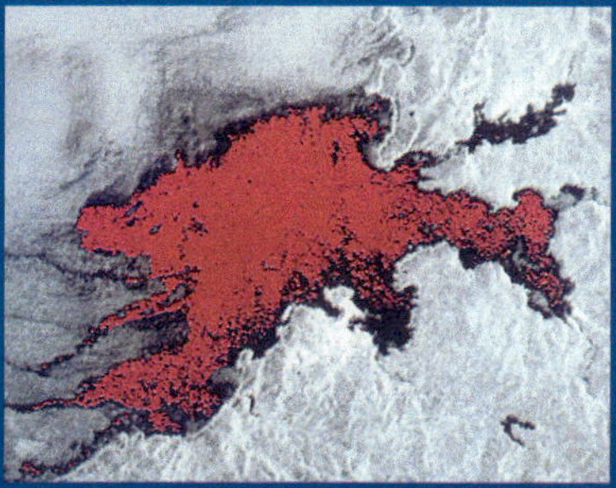

Ausbreitung eines Ölteppichs

Kampf gegen Ölschäden am Strand nach einer Tankerhavarie

Kenntnisse auf dem Gebiet der Chemie helfen, die Geschehnisse um uns zu verstehen, mit Stoffen verantwortungsvoll umzugehen sowie Gefahren und Ursachen von Störfällen zu erkennen und deren Folgen zu beseitigen.

Über 90 % der anfallenden Abwässer werden in industriellen und kommunalen Kläranlagen gereinigt.

Verschmutztes Gewässer

Umgang mit Chemikalien

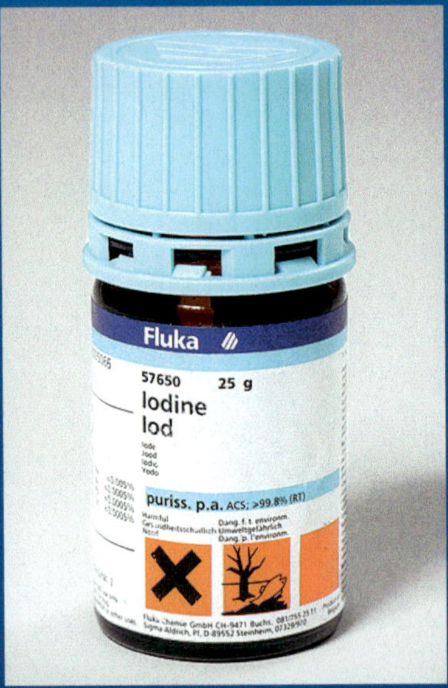

Aufbewahren von Chemikalien Alle Chemikalien, die im Chemieunterricht verwendet werden, müssen in besonderen Chemikalienflaschen aufbewahrt werden und eindeutig beschriftet sein. Keinesfalls dürfen Chemikalien in Lebensmittelbehältnisse abgefüllt oder darin aufbewahrt werden, da es dadurch leicht zu Verwechslungen und zu gesundheitlichen Schäden kommen kann. Das gilt vor allem auch für die chemischen Stoffe, die euch im Haushalt und Alltag begegnen. Sie dürfen grundsätzlich nur in den dafür zugelassenen Gefäßen verwendet und aufbewahrt werden.

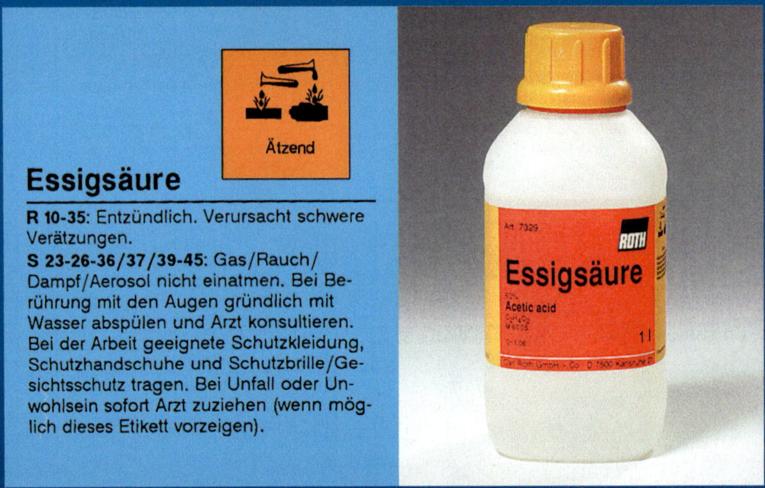

Info

Für Gefahrstoffe sind Sicherheitsetiketten vorgeschrieben, die international festgelegte **Gefahrensymbole, Kennbuchstaben** und die **Gefahrenbezeichnung** tragen.
Diese Gefahrensymbole sind dir sicher schon im Alltag aufgefallen, z. B. an einer Tankstelle, auf Farbdosen, Haushaltsreinigern oder Grillanzündern. Das Gefahrensymbol ermöglicht eine erste schnelle Information über den Stoff. So lässt sich daran erkennen, ob ein Stoff z. B. giftig, reizend oder umweltgefährlich ist.

Gefahrstoffe Von einigen Stoffen, die im Chemieunterricht wie auch im täglichen Leben verwendet werden, können Gefahren ausgehen. Stoffe, die giftig sind, können durch Einatmen oder Verschlucken zu schweren Gesundheitsschäden oder gar zum Tod führen. Andere Stoffe sind z. B. schon durch Funken leicht entzündbar und können unter bestimmten Bedingungen sogar explodieren. Ätzende Stoffe zerstören die Kleidung, die Schuhe, die Haut oder die Augen, aber auch die Oberfläche von Gegenständen.
Alle gesundheitsschädlichen und gefährlichen Stoffe werden als **Gefahrstoffe** bezeichnet.
Der Umgang mit Gefahrstoffen wird durch die **Gefahrstoffverordnung** geregelt. Behälter mit Gefahrstoffen müssen gekennzeichnet sein.

T	Xn	C	Xi	F	O	E	N
giftig	gesundheitsschädlich	ätzend	reizend	leicht entzündlich	brandfördernd	explosionsgefährlich	umweltgefährlich

Gefahrensymbole und Kennbuchstaben

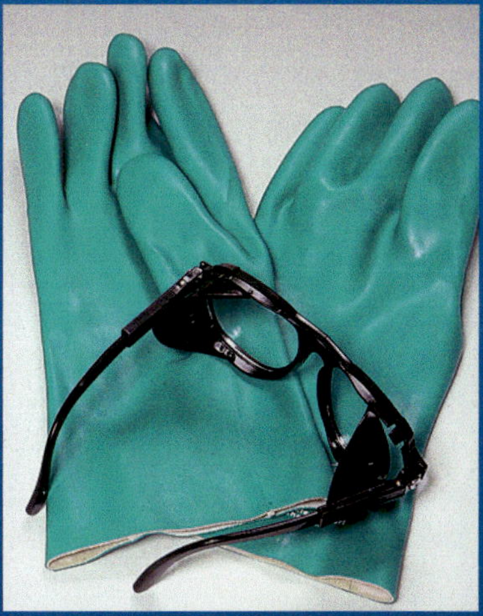
Schutzhandschuhe und Schutzbrille

Feuerlöschmittel

Auf die besonderen Gefahren beim Umgang mit dem Stoff weisen auf dem Etikett **R-Sätze** (engl. risk – Gefahr) hin. Sicherheitsratschläge werden durch **S-Sätze** (engl. security – Sicherheit) angegeben. Im Anhang des Buches sind die Gefahrensymbole sowie R- und S-Sätze zur genaueren Information zusammengestellt.

Entnahme von Chemikalien Beim Ausgießen einer Flüssigkeit aus einer Flasche wird die Flasche stets so gehalten, dass die Hand das Etikett umfasst, damit herunterlaufende Flüssigkeitstropfen das Etikett nicht beschädigen können. Vor dem Öffnen eines Behälters sind stets die Gefahrenhinweise zu lesen.

Ausgießen einer Flüssigkeit aus einer Chemikalienflasche

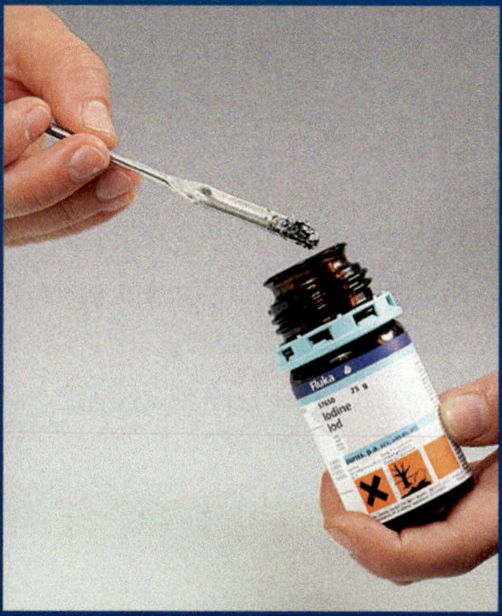

Entnehmen von Chemikalien mit einem Spatel

Chemikalien dürfen nicht mit den Fingern angefasst werden. Sie werden mit einem Spatel oder Spatellöffel entnommen. Grundsätzlich dürfen keine Geschmacksproben vorgenommen werden.
Um sich und andere Personen nicht zu gefährden, muss mit Chemikalien sehr sorgfältig und äußerst sparsam umgegangen werden.

Info

Entsorgung von Chemikalien - Chemikalienreste können die Umwelt unterschiedlich stark belasten. Deshalb dürfen z. B. keine wassergefährdenden Stoffe, wie Öl- oder Benzinreste, ins Abwasser gelangen.
Feste und flüssige Chemikalienreste werden in entsprechend beschriftete Sammelbehälter bzw. Entsorgungsgefäße gegeben. In der Regel sind die Sammelbehälter aus Kunststoff oder Glas. Die so gesammelten Chemikalien werden wieder aufbereitet oder an Entsorgungsunternehmen abgegeben.

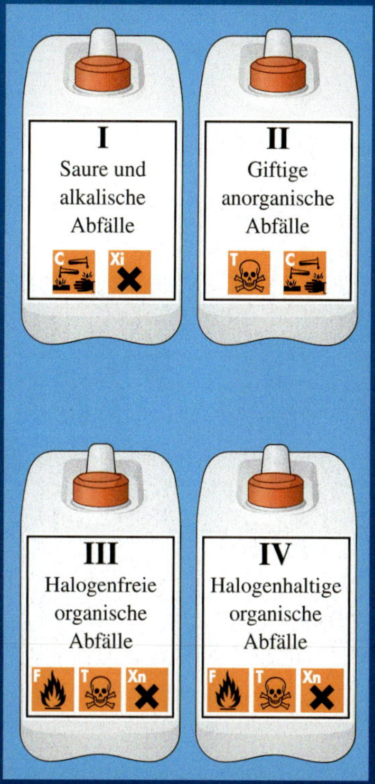

Sammelbehälter für Chemikalienreste

Auffälligkeiten in der Natur, wie die Gebilde aus Tropfstein, weckten schon immer das Interesse der Menschen. Durch genaues Beobachten und Probieren lernten sie schon frühzeitig die Eigenschaften und Verwendungsmöglichkeiten vieler Stoffe aus ihrer Umgebung kennen.

Tropfsteinhöhle

Typische Tätigkeiten in der Chemie

Ein wichtiges Ziel der heutigen Forschung und Entwicklung auf dem Gebiet der Chemie ist die Herstellung neuer Stoffe mit besonderen Eigenschaften für spezielle Einsatzgebiete. So würde es z. B. ohne reines Silicium weder den Computer noch die ec-Karte oder Mikroapparate für die Medizin- und Umwelttechnik geben.

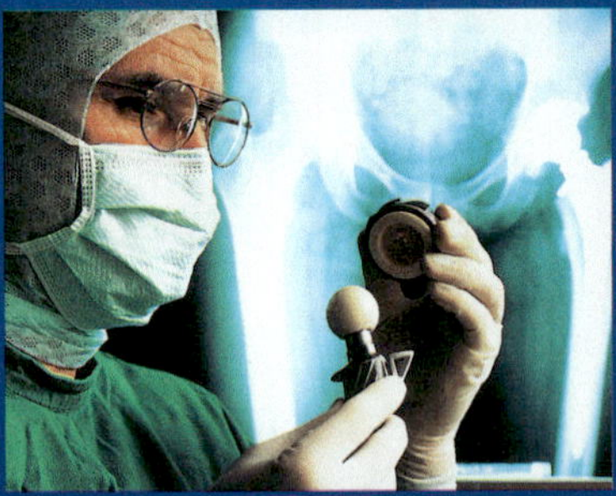

Hüftgelenkprothese mit Keramikbauteil

Alles, was man in der Chemie kennt, beruht auf Beobachtungen und Experimenten. Experimente sind Fragen an die Natur. Dabei können durch genaue Beobachtungen Zusammenhänge in der Natur erkannt und neue Erkenntnisse gewonnen werden. Chemische Experimente erfordern oft besondere Geräte und Einrichtungen. Für ein gefahrloses Arbeiten werden Schutzbrillen, Schutzscheiben sowie Abzugseinrichtungen benötigt.

Untersuchungen im Chemielabor

Modelleisenbahn

Beobachtungen und Experimentergebnisse lassen sich nicht immer ohne Weiteres deuten, da die Vorgänge im Einzelnen oft nicht wahrnehmbar sind. In derartigen Fällen ist es vorteilhaft, Modelle zu verwenden. Sie helfen, Erscheinungen und Vorgänge zu beschreiben und zu deuten. Modelle geben aber die Wirklichkeit nie vollständig wieder. Modelle als Abbilder, z. B. von Verkehrsmitteln, sind dir sicherlich bekannt.

Am Ende des bisher Gesagten kann die Frage „Was ist Chemie?“ zusammenfassend beantwortet werden:

→ Die **Chemie** ist eine auf Erfahrungen und Experimenten beruhende Naturwissenschaft.
→ Sie befasst sich mit Stoffen, ihren Eigenschaften, der Untersuchung von Vorgängen und der Herstellung neuer Stoffe.

Regeln beim Experimentieren

Zahlreiche Einrichtungen im Fachraum Chemie dienen der Sicherheit beim Experimentieren. Jeder, der den Fachraum betritt, sollte den Standort und die Bedienung dieser Einrichtungen kennen.

- NOT-AUS-Schalter
- Feuerlöschmittel: Löschsand, Feuerlöschdecke, Feuerlöscher, Wasserdusche
- Erste-Hilfe-Einrichtungen: Verbandskasten, Augendusche, Trage
- Telefon-Notruf: 110 Polizei, 112 Feuerwehr

Aus Sicherheitsgründen wird der Chemieraum nur mit einer Lehrkraft betreten. Essen und Trinken sind im Chemieraum verboten.

Experimente im Chemieunterricht haben eine ähnliche Bedeutung wie in der Forschung. Deshalb muss jedes Experiment gründlich vorbereitet, sorgfältig durchgeführt und ausgewertet werden. Beachte dabei die folgenden Regeln:

Wichtige Grundregeln

1. Halte stets Ordnung und Sauberkeit.
2. Fächle bei Geruchsproben Gase oder Dämpfe mit der Hand zur Nase. Führe Geruchsproben nur nach Aufforderung durch.
3. Erhitze Flüssigkeiten im Reagenzglas äußerst vorsichtig. Bewege das Reagenzglas beim Erwärmen. Es kann zum plötzlichen Herausspritzen von Flüssigkeit kommen (Siedeverzug).
4. Richte die Öffnung des Reagenzglases dabei nie auf andere Mitschüler. Schaue nie in ein offenes Reaktionsgefäß.
5. Binde langes Haar mit einem Band zusammen.

Vor dem Experimentieren

1. Lies die gesamte Versuchsanleitung und erfasse die Zielstellung des Experiments.
2. Informiere dich über mögliche Gefahren und notwendige Sicherheitsmaßnahmen.
3. Stelle die erforderlichen Geräte und Chemikalien bereit.
4. Setze eine Schutzbrille auf.

Während des Experimentierens

1. Beginne erst mit dem Experiment, wenn es die Lehrkraft erlaubt.
2. Halte dich genau an die Durchführungsschritte.
3. Beobachte während des Experimentierens genau.
4. Notiere alle Wahrnehmungen und Messwerte.

Nach dem Experimentieren

1. Gib alle Chemikalienreste in die gekennzeichneten Sammelbehälter.
2. Baue die Versuchsapparatur sorgfältig ab, säubere die Geräte und räume sie weg.
3. Melde Beschädigungen an den Geräten der Lehrkraft.
4. Verlasse nur einen sauberen Arbeitsplatz. Prüfe, ob die Gas- und Wasserhähne geschlossen sind.
5. Werte die Beobachtungen aus und formuliere das Ergebnis. Fertige, wenn gefordert, ein Protokoll an.

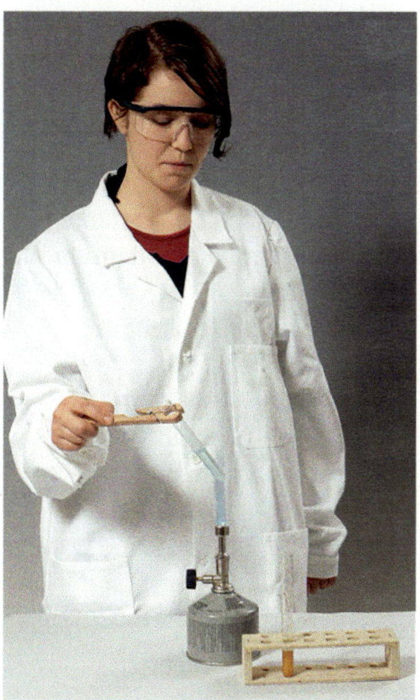

1 Erhitzen einer Flüssigkeit

2 Geruchsprobe

Methode

Umgang mit dem Brenner

Ein unentbehrliches Arbeitsgerät beim Experimentieren ist der Brenner. Er wird zum Erhitzen von Stoffen benötigt. Der nach seinem Konstrukteur benannte **Bunsenbrenner** ist der Grundtyp aller Brenner. Im Chemieunterricht wird häufig der **Teclu-** oder der **Kartuschenbrenner** verwendet. Das Arbeiten mit dem Brenner ist nicht ungefährlich. Unverbranntes Gas darf nicht entweichen, da es mit Luft explosive Gemische bilden kann.
Häufig ist die Flamme schwer zu erkennen, sodass du dich verbrennen kannst.
Bei einem unachtsamen Umgang mit dem Brenner besteht die Gefahr von Bränden.

Der Brenner steht auf einem Brennerfuß, an dem sich Stellschrauben zur Regulierung der Gas- und Luftzufuhr befinden. Das Gas strömt durch eine Düse in das Brennerrohr, wird mit Luft gemischt und am oberen Rohrende entzündet. ↑1 Durch Verstellen der Stellschraube für die Luftzufuhr können verschiedene Flammen eingestellt werden. Ist die Luftzufuhr geschlossen, bildet sich eine **leuchtende Flamme** mit einer Temperatur bis etwa 1000 °C. Wird die Luftzufuhr wenig geöffnet, entfärbt sich die Flamme. Das Gas-Luft-Gemisch verbrennt mit **nicht leuchtender Flamme**. Hauptsächlich wird mit dieser Flamme gearbeitet. Wird die Luftzufuhr weit geöffnet, ist in der Flamme ein heller blauer Innenkegel erkennbar, und sie beginnt zu rauschen. In der **rauschenden Flamme** herrscht eine Temperatur bis zu 1500 °C.
Ist die Luftzufuhr zu groß oder die Gaszufuhr zu gering, kann die Flamme „zurückschlagen". Dabei brennt sie im Innern des Brennerrohres. Die Gaszufuhr muss dann sofort geschlossen werden.

2 Leuchtende, nicht leuchtende und rauschende Flamme

Das **Bedienen des Brenners** erfolgt in einer bestimmten Reihenfolge:

Entzünden des Brenners

1. Setze vor dem Bedienen des Brenners die Schutzbrille auf.
2. Schließe die Luft- und Gaszufuhr.
3. Öffne den Gashahn am Tisch und dann am Brenner.
4. Entzünde das ausströmende Gas sofort an der Brennermündung.
5. Reguliere die Flammengröße.
6. Öffne die Luftzufuhr nach Bedarf.

Regulieren der Flamme

1. Reduziere die Luftzufuhr des Brenners.
2. Drossle die Gaszufuhr.

Löschen des Brenners

1. Schließe die Luft- und Gaszufuhr am Brenner.
2. Schließe den Gashahn am Tisch.
3. Stelle den Brenner erst nach dem Abkühlen weg.

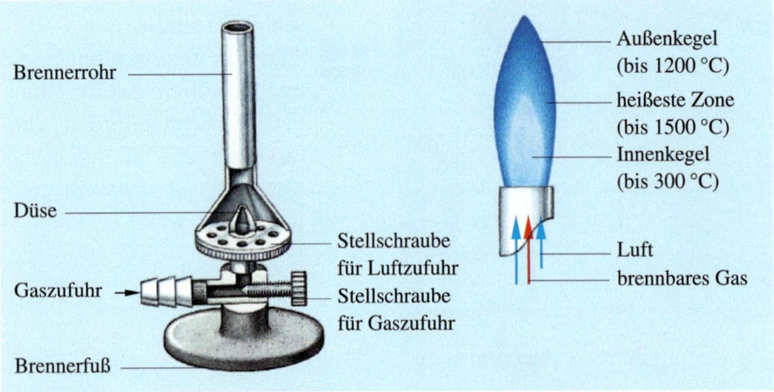

1 Teclubrenner und Temperaturen in der rauschenden Flamme

Lernen an Stationen und Expertenmethode

Im Chemieunterricht bietet es sich bei manchen Themen an, besondere Lernmethoden zur selbstständigen Lösung bestimmter Probleme oder Aufgaben anzuwenden. Zwei dieser Methoden sind das **Lernen an Stationen** und die **Expertenmethode**.

Lernen an Stationen

Beim Lernen an Stationen werden mehrere Arbeitsaufträge, die zu einem übergeordneten Thema gehören, von Schülergruppen an verschiedenen Stationen selbstständig bearbeitet.

1. Jede Schülergruppe bearbeitet die Aufgabe an ihrer Station.
2. Nach einer bestimmten Zeit wechseln die Gruppen die Station und erfüllen die Aufgabe an der folgenden. Am Ende haben alle Gruppen alle Stationen bearbeitet und sich das gesamte Thema selbstständig angeeignet.
3. An jeder Lernstation werden Übersichten, Protokolle oder Arbeitsblätter über die eigenen Arbeitsergebnisse angefertigt.
4. Die Arbeitsergebnisse können zum Schluss vorgestellt, diskutiert und untereinander beurteilt und eingeschätzt werden.

Vorteile Lernen an Stationen

Ihr könnt
- im eigenen Tempo arbeiten,
- die Reihenfolge der Stationen selbst wählen,
- einen guten Überblick über das Thema gewinnen,
- die Stationen teilweise mitgestalten, sodass eure eigenen Interessen berücksichtigt werden.

Expertenmethode

Bei der Expertenmethode wird jeder Schüler „Experte“ und gibt sein erworbenes Wissen anschließend an andere weiter.

1. Es werden Stammgruppen gebildet, die parallel ein übergeordnetes Thema erarbeiten sollen.
2. Um die notwendigen Fachinformationen zu erhalten, entsendet jede Stammgruppe ihre Mitglieder in unterschiedliche Expertengruppen, in denen jeweils ein Teilthema gemeinsam erarbeitet wird.
3. Die Experten kehren in ihre Stammgruppen zurück und vermitteln den Gruppenmitgliedern das Wissen, das sie sich in den Expertengruppen erarbeitet haben.
4. Im Ergebnis der Arbeit hat jeder Schüler als Experte die anderen über sein Teilthema unterrichtet und wurde selbst von anderen Experten über deren Teilthemen informiert.

Vorteile Expertenmethode

Ihr könnt
- selbst entscheiden, zu welchem Thema ihr Experte werden wollt,
- eigene Ideen in die Arbeit einer Gruppe einbringen,
- als Experte eure Mitschülerinnen und Mitschüler über euer Spezialgebiet informieren und sie selbst unterrichten.

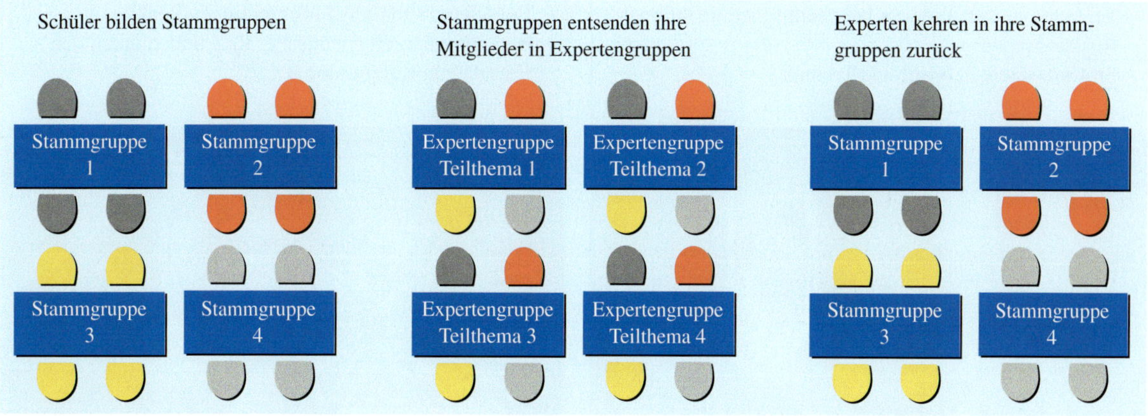

1 Schema zur Expertenmethode

Methode

Basiskonzepte für das Fachwissen in Chemie

Wie du bereits feststellen konntest, ist die Chemie aus unserem Leben nicht mehr wegzudenken, und sie stellt an uns ständig neue Fragen. Damit du mit der Vielfalt an fachlichem Wissen aus dem Chemieunterricht besser umgehen kannst, werden dir auf dieser Seite stark vereinfacht die Inhalte in Form von vier **Basiskonzepten** vorgestellt, um die es im Chemieunterricht immer wieder geht.
Mithilfe der Check-up-Seiten kannst du danach dein Fachwissen selbst überprüfen, weiter festigen und das Wesentliche aus den einzelnen Kapiteln leichter erkennen.

Stoff-Teilchen-Beziehungen

T

- Eigenschaften und Besonderheiten von Stoffen
- Modelle vom Bau der Teilchen
- Modelle vom Aufbau der Stoffe
- Zusammenhalt in Stoffen
- Vielfalt und Nachweis der Stoffe
- chemische Zeichensprache

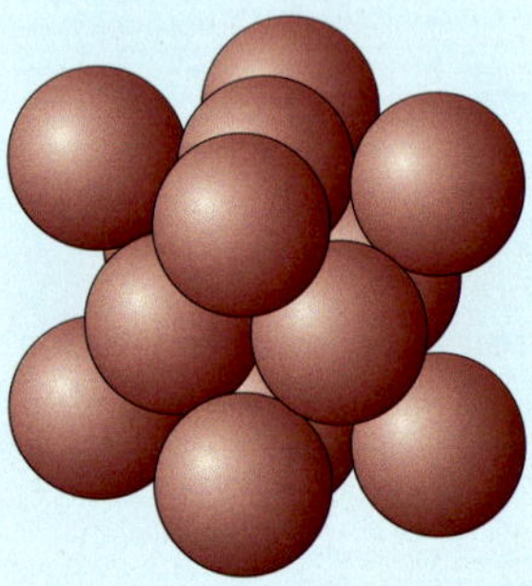

Struktur-Eigenschafts-Beziehungen

S

- Ordnungsprinzipien für Stoffe
- Modelle zur Deutung von Stoffeigenschaften auf Teilchenebene
- aus den Eigenschaften der Stoffe auf ihre Verwendung schließen; Auswirkungen auf die Umwelt erkennen

Chemische Reaktion

R

- Umwandeln von Stoffen in andere
- chemische Zeichensprache
- Veränderung von Teilchen bei chemischen Reaktionen
- Reaktionsarten
- Stoffkreisläufe in Natur und Technik

Energetische Betrachtungen bei Stoffumwandlungen

E

- energetische Erscheinungen bei chemischen Reaktionen
- Energieumwandlung bei chemischen Reaktionen
- Beeinflussbarkeit chemischer Reaktionen durch den Einsatz von Katalysatoren

Stoffe und ihre Eigenschaften

Zucker „versüßt“ unser Leben. Er ist mehr als nur eine wohlschmeckende Zugabe. Noch im 18. Jahrhundert wurde Zucker ausschließlich aus Zuckerrohr gewonnen. Deshalb war Zucker in Europa sehr teuer. 1747 entdeckte ANDREAS SIGISMUND MARGGRAF (1709 bis 1782), dass in der Runkelrübe der gleiche Zucker enthalten ist wie im Zuckerrohr. Mit der Zeit wurde aus dem Luxusgut Zucker ein Grundnahrungsmittel.

- ➜ Sind Kandiszucker, Puderzucker oder der Zuckerhut auch Zucker?
- ➜ Ist Zucker mehr als nur süß?
- ➜ Ist alles Zucker, was süß schmeckt? Wie kann man das unterscheiden?
- ➜ Zucker kann leicht mit Kochsalz verwechselt werden. Ist eine eindeutige Erkennung ohne zu kosten möglich?

Stoffe um uns

Auf einem Markt werden vielfältige Waren angeboten. Ein Besuch ist immer ein Erlebnis. Es gibt Marktstände mit Bekleidung, Blumen, duftenden Gewürzen, Süßigkeiten, aber auch mit Schmuck aus Gold, Silber, Kupfer und Messing.
Alle auf dem Markt angebotenen Waren bestehen aus Stoffen. Was sind Stoffe und wodurch unterscheiden sie sich?

1

Gegenstand	Stoff, aus dem der Gegenstand besteht
Tasse	Porzellan, Glas, Steingut
Zange	Stahl
Bleistifte	Holz, Graphit
Fußball	Leder, Gummi, Luft
Brille	Glas, Metall, Kunststoff
Buch	Pappe, Papier
Hammer	Holz, Metall, Gummi
Inlineskates	Kunststoffe, Metall

Körper und Stoff Täglich kommst du mit vielen Gegenständen in Berührung. Du fährst Fahrrad oder Skateboard, lässt Drachen steigen und Modellflugzeuge fliegen, benutzt einen Computer, hörst Musik mit dem CD-Player und liest Bücher.
Die Physik bezeichnet alle Gegenstände, die dich umgeben, als **Körper**. Sie alle haben eine bestimmte Form oder Gestalt, ein Volumen und eine Masse. Auch du selbst hast einen Körper. Bei einigen Gegenständen gehört das Wort „Körper" direkt zum Namen, wie z. B. Heizkörper, Flugkörper, Fremdkörper und Sprengkörper.
In der Chemie interessiert man sich aber nicht so sehr für die Gegenstände oder Körper, sondern für die Materialien, aus denen diese bestehen. Fensterrahmen bestehen aus Holz oder Kunststoff, Nägel und Schrauben aus Stahl, ein Zeichenblock aus Papier. Die meisten Gegenstände bestehen aus mehreren Materialien: ein Skateboard aus Holz, Eisen und Kunststoff, der Drachen aus Holz und Papier.
In der Chemie werden die Materialien, aus denen die Gegenstände bestehen, als **Stoffe** bezeichnet. Aus dem Biologieunterricht kennst du schon die Nährstoffe wie Eiweiße und Fette sowie Mineralstoffe und Ballaststoffe. Weiterhin sind dir Baustoffe wie Ziegel und Zement sowie Kunststoffe und Farbstoffe bekannt. Textilien, manchmal auch kurz als „Stoffe" bezeichnet, können aus Leinen, Seide, Wolle oder Baumwolle bestehen.

2 Olympiamedaillen aus Gold, Silber und Bronze

Gleichartige Gegenstände können aus verschiedenen Stoffen bestehen. Andererseits können unterschiedliche Gegenstände aus dem gleichen Stoff bestehen. Zucker, Kakaopulver, Kochsalz, Speiseessig, Haushaltsreiniger, Grillfolie, Nagellackentferner sind Beispiele für Stoffe, die uns im Alltag begegnen.
Stoffe, mit denen im Chemieunterricht experimentiert wird, heißen **Chemikalien**. Worauf beim Umgang mit diesen Stoffen zu achten ist, damit du deine Gesundheit nicht gefährdest oder die Umwelt nicht belastest, kannst du im Kapitel 1, Seite 12 f. nachlesen.

3 Gleichartige Gegenstände aus verschiedenen Stoffen

Bearbeiten von Stoffen Stoffe können in unterschiedliche Formen gebracht werden. Glas wird bei hoher Temperatur weich und lässt sich zu Flaschen, Gläsern oder Fensterscheiben formen.
Eisen, Kupfer oder Aluminium können zu Drähten, Blechen, Stangen und Rohren verarbeitet werden. Daraus stellt man Haushaltsgefäße, Maschinenbauteile oder andere Gegenstände her.
Beim Spritzgießen wird geschmolzener Kunststoff in eine gekühlte Stahlform gepresst. Nach dem Abkühlen wird die Form geöffnet und der gefertigte Gegenstand ausgeworfen. Auf diese Weise entstehen Schalen, Schüsseln oder Becherformen.
Bei Veränderungen ihrer Form verändern sich diese Stoffe, aus denen die Gegenstände bestehen, nicht.

4 Verschiedene Gegenstände aus dem gleichen Stoff

Alle Gegenstände bestehen aus Stoffen.

Stoffe in der Natur In der belebten und unbelebten Natur gibt es viele unterschiedliche Stoffe. Einige von ihnen wie Wasser, Kalk oder Quarz kommen häufig vor. Andere Stoffe, z. B. Gold, Titan und Diamant, sind wesentlich seltener.
Manche Stoffe aus der Natur werden von den Menschen direkt genutzt. Sand, Gesteine und Holz dienen als Baumaterial. Mit dem Baustoff Gips werden Abdrücke und Modelle, z. B. vom Zahnarzt, gefertigt. Aus Ton lassen sich verschiedene Gefäße formen, die durch Brennen in speziellen Öfen hart werden.
Viele andere Stoffe, die in der Natur vorkommen, nennt man Rohstoffe. Sie werden verarbeitet, um daraus für den Menschen wichtige und notwendige Stoffe zu gewinnen. Aus Erdöl und Erdgas entstehen z. B. Kunststoffe, Farben, Medikamente, Klebstoffe und Benzin und aus Erzen Metalle.
Rohstoffe stehen aber nicht in unbegrenzter Menge zur Verfügung. Deshalb muss mit ihnen sparsam umgegangen werden.

Aufgaben

1 Ordne nach Gegenstand und Stoff: Säge, Becher, Silber, Glas, Schere, Erdgas, Ziegel, Eisen.
2 Schreibe fünf Stoffe auf, mit denen du morgens im Bad in Berührung kommst.
3 Gib Beispiele für gleichartige Gegenstände an, die aus verschiedenen Stoffen bestehen.
4 Stelle Stoffe zusammen, die bei der Herstellung einer Uhr und eines Autos verwendet werden.

Selbst untersucht Ermitteln von Eigenschaften

1 Erkunde Eigenschaften von Stoffen mit den Sinnesorganen.

Bestimme Farbe, Glanz, Form und Geruch verschiedener Stoffe, z. B. von Eisen, Speiseessig, Holzkohle, Kreide, Kupfer, Kochsalz, Zucker.
Betrachte die festen Stoffe mit einer Lupe. Poliere die Oberfläche von Eisen und Kupfer.
Vergleiche die Stoffe. Stelle die Ergebnisse in einer Tabelle zusammen. Beschreibe das Aussehen der Stoffe. Zeichne, was du siehst.
Entsorgung: Stoffe getrennt einsammeln, werden wieder verwendet.

2 Prüfe mit einem Magneten.

Halte einen Magneten an verschiedene Stoffe, z. B. Holz, Papier, Glas, Eisen, Kupfer, Messing, Aluminium.
Notiere das Verhalten der Stoffe gegenüber dem Magneten. Fertige ein Protokoll an.
Entsorgung: Stoffe getrennt einsammeln, werden wieder verwendet.

3 Bestimme die Härte von Stoffen.

Versuche mit dem Fingernagel, mit einem Stück Aluminiumblech, mit einer Glasscherbe sowie mit einem Stahlnagel folgende Stoffe zu ritzen: Holz, Eisen, Gips, Kupfer, Wachs, Speckstein, Porzellan, Zink.

Vergleiche die Stoffe hinsichtlich ihrer Härte. Ordne die Stoffe nach ihrer Härte.
Entsorgung: Stoffe getrennt einsammeln, werden wieder verwendet.

4 Untersuche, ob feste Stoffe den elektrischen Strom leiten.

Baue die Versuchsapparatur nach der Experimentieranordnung auf. Prüfe Kupfer, Styropor, Kreide, Stahl, Holz, Graphit, Aluminium, Zink, Zinn nacheinander auf elektrische Leitfähigkeit.

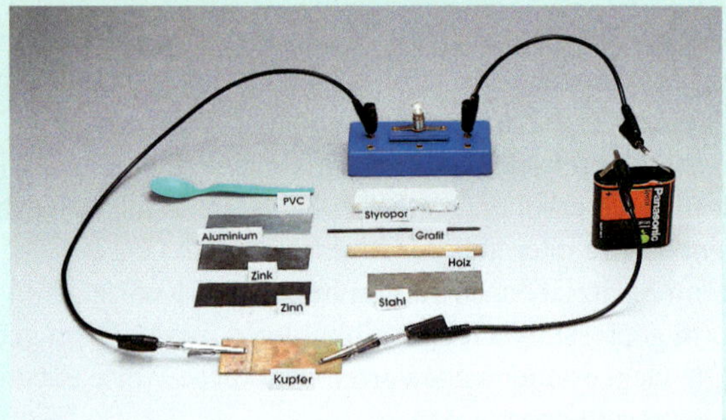

Gib in einer Tabelle an, welche Stoffe den elektrischen Strom leiten und welche nicht.
Entsorgung: Stoffe getrennt einsammeln, werden wieder verwendet.

5 Prüfe das Verhalten der Stoffe in Wasser.

Fülle sechs Reagenzgläser zu einem Viertel mit Wasser. Gib in je ein Reagenzglas mit dem Spatel bzw. mit einer Tropfpipette eine kleine Portion Kochsalz, Gips, Zucker, Holzkohle, Speiseöl, Brennspiritus (F). Verschließe die Reagenzgläser mit Stopfen und schüttle. Beobachte.

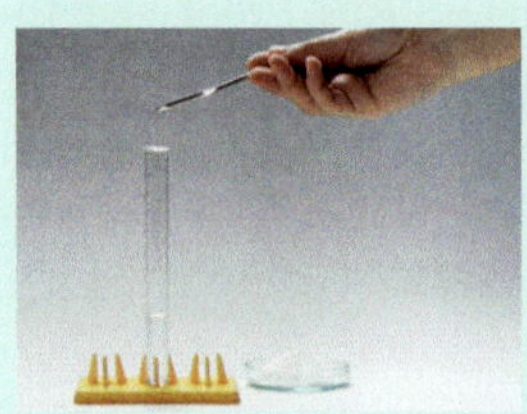

Notiere deine Beobachtungen. Deute das Ergebnis. Ordne die Stoffe. Verwende dabei die Begriffe „gut löslich“, „schwer löslich“ und „nahezu unlöslich“.
Entsorgung: Ölreste und Brennspiritus in den Sammelbehälter für Abwasser, feste Stoffe in den Sammelbehälter für Hausmüll geben.

Protokollieren von Experimenten

Zum chemischen Experimentieren gehört auch die Anfertigung eines Versuchsprotokolls. Es dient dazu, alle Versuchsschritte zu dokumentieren. Nur so ist es möglich, das Experiment unter gleichen Bedingungen wiederholen und die ermittelten Ergebnisse überprüfen zu können.

1. Beschrifte das Versuchsprotokoll.
2. Formuliere die Aufgabenstellung.
3. Notiere die Geräte, Materialien und Chemikalien.
4. Fertige eine Skizze zum Versuchsaufbau an.
5. Gib Sicherheitsmaßnahmen an.
   Dies ist nur dann erforderlich, wenn es sich bei den Chemikalien um Gefahrstoffe handelt oder wenn Verletzungsgefahren bestehen.
6. Beschreibe die Durchführung des Experiments.
7. Notiere deine Beobachtungen.
   Notiere alle Auffälligkeiten und Messwerte.
8. Lege Entsorgungsmaßnahmen für die verwendeten Chemikalien fest.
9. Werte die Beobachtungen aus und formuliere das Ergebnis. Vergleiche, deute, erkläre, leite Schlussfolgerungen entsprechend der Aufgabenstellung ab.

1 Schüler führen eine Leitfähigkeitsprüfung durch.

Name: Klasse: Datum:

Aufgabe: Untersuche die elektrische Leitfähigkeit von Tinte, Kochsalzlösung, Zuckerlösung, Essig, Tee, Fruchtsaft und destilliertem Wasser.

Geräte: Glühlampe (4,5 V) mit Fassung, Batterie (4,5 V) oder Stromversorgungsgerät, zwei Graphitstäbe, Verbindungskabel mit Krokodilklemmen, Bechergläser

Chemikalien/Materialien: Tinte, Kochsalzlösung, Zuckerlösung, Essig, Tee, Fruchtsaft, destilliertes Wasser

Versuchsaufbau:

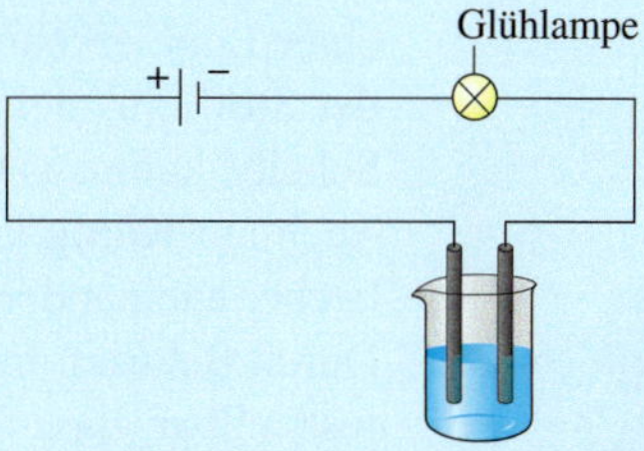

Durchführung: Die Messapparatur wird nach der Versuchsskizze aufgebaut. Die Flüssigkeiten werden nacheinander auf elektrische Leitfähigkeit geprüft.

Beobachtung:

Stoff	Leuchtet die Glühlampe auf?
Tinte	nein
Kochsalzlösung	ja
Zuckerlösung	nein
Essig	ja
Tee	nein
Fruchtsaft	ja
destilliertes Wasser	nein

Entsorgung: Flüssigkeiten in den Sammelbehälter für Abwasser geben.

Auswertung: Kochsalzlösung, Essig und Fruchtsaft leiten den elektrischen Strom. Zuckerlösung, Tinte, Tee und destilliertes Wasser leiten den elektrischen Strom nicht.

Eigenschaften von Stoffen erkennen

Die sinnvolle und richtige Nutzung eines Stoffes setzt die Kenntnis seiner Eigenschaften voraus.
Jeder Stoff besitzt bestimmte Eigenschaften. Wie lassen sich die Eigenschaften von Stoffen feststellen?

1

2 Schwefel

3 Kupfer

4 Bergkristall

Mit Sinnesorganen wahrnehmbare Eigenschaften Mit den Augen sind mehrere Eigenschaften wie die Farbe, der Glanz und die Kristallform der Stoffe erkennbar. ↑E.1 S.22
So ist z. B. die **Farbe** von Schwefel gelb und die von Kupfer rot. Holzkohle sieht schwarz und Eisen silbrig aus.
Neben ihrer Farbe haben manche Stoffe noch einen typischen **Glanz**, der häufig erst nach dem Polieren der Oberfläche erkennbar wird.
Einige Stoffe sind kristallin. Oft lässt sich die **Form der Kristalle** nur mit einer Lupe erkennen. Allein aus dem Aussehen eines Gegenstands kann der Stoff, aus dem er besteht, nicht ermittelt werden. Eine durchsichtige Scheibe kann aus Glas, aber auch aus Kunststoff (Plexiglas®) bestehen.
Auch am **Klang** können Stoffe unterschieden werden. Stoßen Kunststoffbecher aneinander, so klingt das anders als bei Glasbechern.
Durch Betasten mit den Händen ist neben der Oberflächenbeschaffenheit feststellbar, dass sich manche Stoffe wärmer anfühlen als andere. Eisen fühlt sich kühler an als Holz. Eisen ist ein guter Wärmeleiter und leitet die Körperwärme der Hand schnell ab. Holz leitet dagegen die Wärme schlecht. Es fühlt sich eher warm an. Die **Wärmeleitfähigkeit** von Holz ist also geringer als die von Eisen.
Zahlreiche Stoffe wie Speiseessig, Knoblauch, Benzin und Parfüm besitzen einen typischen **Geruch**. Eine Geruchsprobe darf nur sehr vorsichtig vorgenommen werden, da manche Stoffe gesundheitsschädigend sind. Durch leichtes Zufächeln mit der Hand gelangen nur kleine Stoffportionen in die Nase. ↑2 S.15
Stoffe lassen sich auch am **Geschmack** unterscheiden. So schmeckt Zucker süß, Zitronensaft sauer, eine Salzgurke salzig und bestimmte Mandeln bitter. *Achtung!* Im Chemieunterricht dürfen Stoffe aus Sicherheitsgründen niemals gekostet werden!

Farbe, Glanz, Kristallform, Klang, Wärmeleitfähigkeit und Geruch sind Eigenschaften der Stoffe, die mit den Sinnesorganen wahrnehmbar sind.

5 Mehl

6 Backpulver

7 Gips

Ermitteln von Eigenschaften mit Hilfsmitteln Wie du sicher schon bemerkt hast, sehen manche Stoffe fast gleich aus, z. B. Zucker und Kochsalz oder Mehl, Backpulver und Gips. Die Sinnesorgane reichen also nicht immer aus, um einen Stoff eindeutig zu bestimmen. Zum Feststellen weiterer Eigenschaften werden Hilfsmittel und Messgeräte benötigt. An welchen Eigenschaften lassen sich Stoffe noch erkennen?
Gegenstände werden, wenn sie aus Eisen, Nickel oder Cobalt bestehen oder diese Stoffe enthalten, vom Magneten angezogen (**Magnetismus**). ↑E.2 S.22
Durch Ritzen der Oberfläche können Stoffe auf ihre Härte untersucht werden. Speckstein, Ton und Wachs sind weiche Stoffe, die schon mit dem Fingernagel ritzbar sind. Stoffe wie Glas und Werkzeugstahl sind hart und nur durch härtere Stoffe als sie ritzbar. ↑E.3 S.22
Die **elektrische Leitfähigkeit** von Stoffen lässt sich mit einem Leitfähigkeitsprüfer oder nach Experiment 4, Seite 22 ermitteln. Zum Beispiel leiten Zink, Eisen, Graphit sowie viele andere Stoffe den elektrischen Strom. Glas, Porzellan und die meisten Kunststoffe leiten ihn nicht, sie isolieren. Aus diesem Grund werden Kunststoffe als Kabelumhüllung und als Gehäusematerial genutzt.
Wichtig ist auch die Prüfung der Stoffe auf ihre **Brennbarkeit**. Ist ein Stoff brennbar, so sind Angaben über die Farbe der Flamme, die Rußbildung oder über den auftretenden Geruch bedeutsam.
Eine weitere typische Eigenschaft vieler Stoffe ist ihre **Löslichkeit** in Wasser oder in anderen Flüssigkeiten. ↑E.5 S.22 In Drogerien gibt es eine Vielfalt an Badezusätzen. Diese Stoffe lösen sich alle gut in Wasser. Wird in ein Glas Tee ein Stück Zucker gegeben, so ist der Zucker bald nicht mehr zu sehen. Er ist aber noch vorhanden, denn der Tee schmeckt süß. Der Zucker hat sich gelöst. Es ist eine Lösung entstanden. In diesem Beispiel ist der Zucker der zu lösende Stoff und das Wasser des Tees das Lösemittel. Fett oder Speiseöl sind dagegen in Wasser nahezu unlöslich.

EXPERIMENT 6 [L]
Brennbarkeit von Stoffen.
Vorsicht! Feuerfeste Unterlage!
Brennspiritus (F) und Petroleumbenzin (F) werden auf ihre Brennbarkeit untersucht.

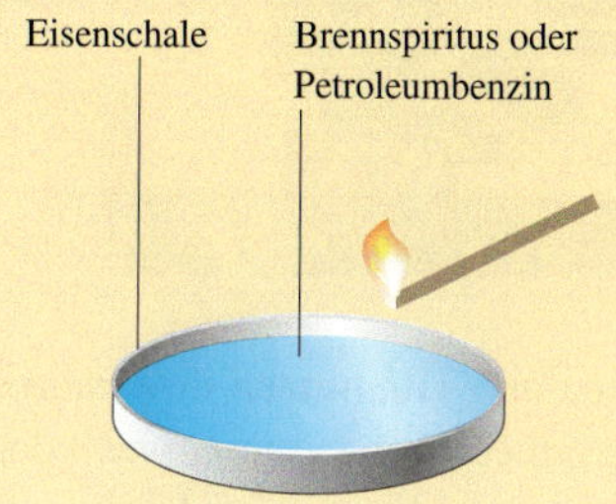

Aufgaben

1 Warum dürfen im Chemieunterricht keine Geschmacksproben durchgeführt werden?

2 Die Griffe von Pfannen bestehen häufig aus anderen Stoffen als die Pfanne selbst. Nenne Stoffe, aus denen Pfannen und Griffe bestehen können. Begründe.

3 Vergleiche die Eigenschaften von Puderzucker, Mehl und Gips. Nenne Unterscheidungsmöglichkeiten.

4 Werden Öl und Wasser zusammengegossen, dann sammelt sich das Öl nach einiger Zeit auf dem Wasser. Deute diese Beobachtung.

Bearbeiten eines Projekts

In den Naturwissenschaften gibt es viele spannende Themen, die als Projekt bearbeitet werden können. Die Seiten „Selbst erforscht" bieten euch Anregungen und Materialien zu solchen Themen.
Bei der Bearbeitung eines Themas in Form eines Projekts geht es darum, dass ihr das Thema weitgehend selbstständig bearbeitet. Auf dieser Seite erfahrt ihr, wie ihr bei der Arbeit am Projekt am besten vorgeht.

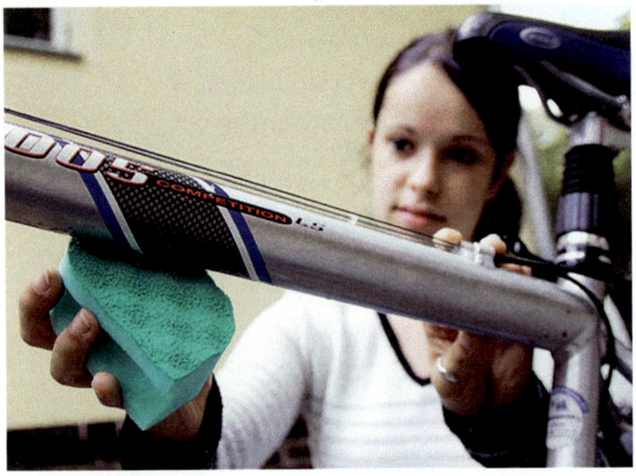

Lena und Tim putzen ihre Fahrräder. Dazu benutzen sie Scheuerschwämme. Nach dem Trocknen stellen sie entsetzt Kratzer im Lack fest. Was haben die beiden nicht beachtet? Hätten sie den Schaden vermeiden können?

Härteskala nach MOHS

Härte-grad	Testmineral	Einfacher Test
1	Talk	
2	Gips	Fingernagel ritzt bis Härte 2.
3	Kalkspat (Calcit)	Kupfermünze ritzt bis Härte 3.
4	Flussspat (Fluorit)	
5	Apatit	Spitze eines Taschenmesser ritzt bis Härte 6.
6	Feldspat (Orthoklas)	Mineralien ab Härte 6 ritzen Fensterglas.
7	Quarz	
8	Topas	Ab Härte 8 wird Glas geschnitten.
9	Korund	
10	Diamant	

1 *Findet und formuliert ein geeignetes Problem.*
Sammelt eure Ideen, diskutiert darüber. Entscheidet zusammen mit eurem Lehrer oder eurer Lehrerin, welches Problem ihr bearbeiten wollt.
Problem: Sind die im Handel angebotenen Putzmaterialien für jeden Reinigungszweck geeignet?

2 *Stellt einen Arbeitsplan auf.*
Sammelt Fragen und leitet daraus ab, was ihr untersuchen wollt. Bildet Arbeitsgruppen. Überlegt, welche Materialien, Medien genutzt und welche Methoden angewendet werden sollen. Entwerft einen Zeitplan.
Mögliche Fragen: Was sind harte bzw. weiche Stoffe? Wie lässt sich die Härte eines Stoffes experimentell bestimmen? Was ist beim Reinigen von Brillengläsern bzw. beim Umgang mit Fotolinsen zu beachten? Welche Härte hat Widia?

3 *Arbeitet nach dem Plan.*
Jede Arbeitsgruppe bearbeitet den ausgewählten Themenbereich. Führt Experimente durch, fragt Experten, nutzt verschiedene Quellen, z. B. Bücher, das Internet sowie die Informationen im Lehrbuch.

4 *Präsentiert die Ergebnisse.*
Stellt die Ergebnisse eurer Klasse vor. Achtet darauf, dass die Darstellung in logischer Form erfolgt, damit eure Mitschülerinnen und Mitschüler die gewonnenen Ergebnisse und Erkenntnisse verstehen.
Überlegt, wie ihr eure Ergebnisse in der Öffentlichkeit präsentieren möchtet.
Mögliche Beispiele für eine Projektpräsentation: Poster für den Fachraum, Power-Point-Präsentation, Vorträge, Internetseite, Zeitungsartikel.

Info

Härte Die Ritzhärte eines Stoffes wird nach der von FRIEDRICH MOHS (1773 bis 1839) aufgestellten Härteskala geprüft. Für jeden Härtegrad ist im MOHS-Kasten ein Mineral vorhanden. Es wird geprüft, welches Mineral eine vorgegebene Probe ritzt und welches von der Probe geritzt wird.

Selbst untersucht Messen von Eigenschaften

7 Bestimme die Siedetemperatur von Brennspiritus.

Vorsicht! Schutzbrille! Erhitze Wasser im Becherglas auf etwa 95 °C. Lösche die Flamme des Brenners. Fülle ein Reagenzglas mit Seitenrohr zu einem Drittel mit Brennspiritus (F). Verschließe das Reagenzglas. Halte das Reagenzglas in das heiße Wasser. Lies alle 20 s die Temperatur ab, bis merklich weniger Brennspiritus im Reagenzglas ist.

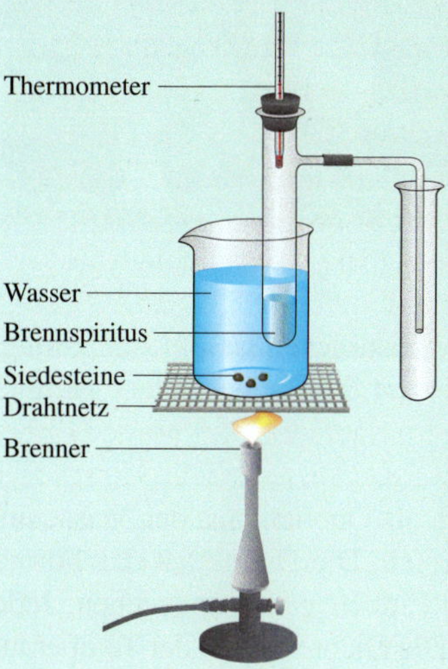

Fertige ein Protokoll an. Beschreibe deine Beobachtungen. Zeichne ein Temperatur-Zeit-Diagramm. Deute das Ergebnis. Vergleiche es mit dem Tabellenwert.

Entsorgung: Brennspiritusreste in den Sammelbehälter III geben.

8 Bestimme die Dichte von Eisen.

Wiege einige Eisenschrauben und notiere ihre Masse. Fülle einen Messzylinder mit genau 50 ml Wasser. Gib die abgewogenen Eisenschrauben vorsichtig in den Messzylinder. Notiere den Wasserstand.

Fertige ein Protokoll an. Ermittle das Volumen der Stoffportion Eisen. Berechne die Dichte von Eisen und vergleiche das Ergebnis mit dem Tabellenwert. ↑S.28

Nenne mögliche Fehlerquellen.

Entsorgung: Eisenschrauben einsammeln, werden wieder verwendet.

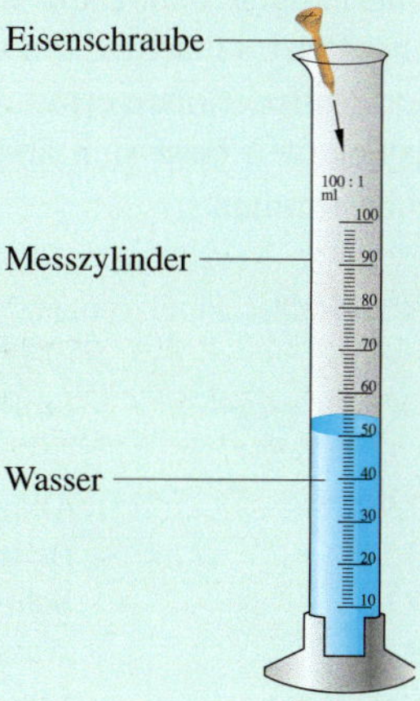

9 Bestimme die Schmelztemperatur von Kerzenwachs.

Vorsicht! Schutzbrille! Baue die Versuchsapparatur auf. Erhitze das Wasser im Becherglas, bis das Kerzenwachs im Reagenzglas geschmolzen ist. Lies dabei alle 30 s die Temperatur ab und schreibe sie auf. Nimm danach das Reagenzglas aus dem Wasser, lass es abkühlen und notiere dabei wieder alle 30 s die Temperatur.

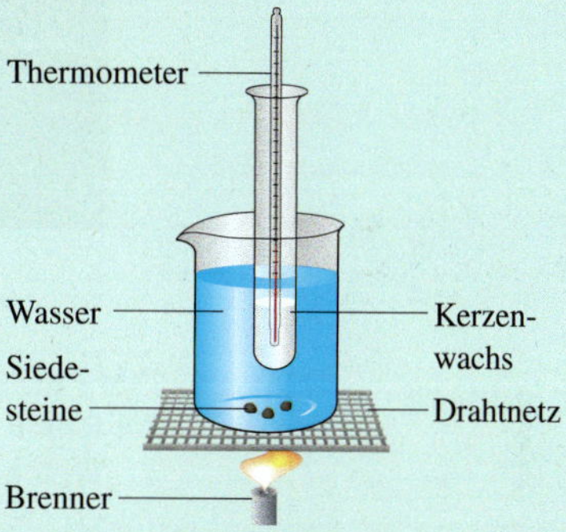

Fertige ein Protokoll an. Zeichne ein Temperatur-Zeit-Diagramm. Wähle auf der x-Achse für eine Zeit von je 30 s einen Abstand von 1 cm. Deute das Ergebnis. Vergleiche es mit dem Tabellenwert.

Entsorgung: Kerzenwachs in den Sammelbehälter für Hausmüll geben.

10 Bestimme die Dichte von Brennspiritus.

Wiege einen leeren Messkolben und notiere seine Masse. Fülle den Messkolben vorsichtig bis zur Eichmarke mit Brennspiritus (F). Wiege den Kolben erneut und notiere seine Masse.

Ermittle die Masse der Brennspiritusportion aus den beiden Wägungen. Berechne die Dichte von Brennspiritus.

Fülle 50 ml Brennspiritus (F) in einen Messzylinder. Tauche in die Flüssigkeit eine Senkspindel. Lies an der Flüssigkeitsoberfläche mithilfe der Skala die Dichte ab.

Vergleiche mit Tabellenwerten für Alkohol. Diskutiere Abweichungen.

Entsorgung: Brennspiritus in den Sammelbehälter III geben.

Messbare Eigenschaften

Gewichtheben – einmal anders. Der Mann auf dem Foto muss sich sichtlich mehr anstrengen als das Mädchen.
Warum ist das so? Hat das etwas mit den Eigenschaften der Stoffe zu tun?

1

Definitionsgleichung für die Dichte

$$\varrho = \frac{m}{V}$$

ϱ Dichte
m Masse einer Stoffportion
V Volumen einer Stoffportion

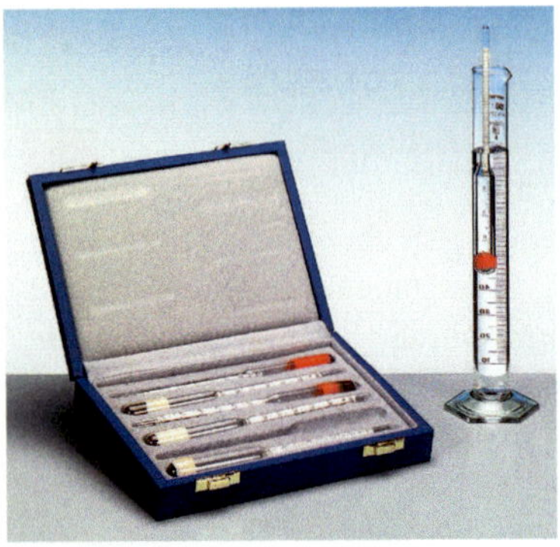

2 Dichtebestimmung mit einem Aräometer

Eigenschaften, die sich durch Messwerte ausdrücken lassen, sind zum genauen Erkennen und zum Unterscheiden von Stoffen besonders geeignet. Welche Eigenschaften sind das?

Dichte Die Dichte von Stoffen lässt sich als Quotient aus der Masse und dem Volumen einer Stoffportion bestimmen. Die Dichte hat das Formelzeichen ϱ (Rho) und wird meist in der Einheit g/cm^3 angegeben. Jeder Stoff hat seine charakteristische Dichte. Die Dichte ist von der Temperatur und dem Druck abhängig. Da sich fast alle Stoffe bei einer Temperaturerhöhung ausdehnen, vergrößert sich dabei das Volumen. Die Masse bleibt aber konstant. Dadurch verringert sich die Dichte beim Erwärmen. Gase können leicht zusammengedrückt werden. Das Volumen wird verringert, die Dichte vergrößert sich.
Um die Dichte von Stoffen miteinander vergleichen zu können, wird die Dichte von festen und flüssigen Stoffen meist bei einer Temperatur von 25 °C und einem Druck von 1 013 hPa sowie für Gase bei Normbedingungen (0 °C und 1013 hPa) angegeben. Experimentell hast du bereits Dichtebestimmungen durchgeführt. ↑E.8,10 S.27 Dazu mussten jeweils die Massen und Volumina der Stoffportionen ermittelt werden.
Die Dichte von Flüssigkeiten lässt sich aber auch direkt mit einer Senkspindel (Aräometer) bestimmen.

Dichte verschiedener Stoffe bei 25 °C (* bei 0 °C) und 1013 hPa

Stoff	Dichte in g/cm^3	Stoff	Dichte in g/cm^3
Aluminium	2,70	Alkohol	0,79
Diamant	3,51	Benzin	etwa 0,7
Eisen	7,86	Schmieröl	0,9
Gold	19,32	Wasser	1,00
Schaumstoff	0,015	Luft	0,00129*
Kork	0,25	Sauerstoff	0,00143*

Schmelztemperatur Die Temperatur, bei der ein fester Stoff nach Zufuhr von Wärme flüssig wird, heißt **Schmelztemperatur**. So schmilzt Eis bekanntlich bei 0 °C. Die Schmelztemperatur von Kerzenwachs hast du experimentell ermittelt. ↑E.9 S.27 Dabei konntest du beobachten, dass während des Schmelzvorgangs die Temperatur unverändert bleibt. Erst wenn das Wachs vollständig geschmolzen ist, steigt die Temperatur weiter an.
Die Temperatur, bei der ein flüssiger Stoff wieder in den festen Zustand übergeht, wird als **Erstarrungstemperatur** bezeichnet. Schmelz- und Erstarrungstemperatur eines Stoffes stimmen überein.

3 Bleigießen

4 Kochen von Wasser

Schmelz- und Siedetemperaturen einiger Stoffe bei Normdruck in °C

Stoff	Schmelztemperatur	Siedetemperatur
Aluminium	660	2 450
Brennspiritus	–114	78
Eisen	1 540	3 000
Kochsalz	800	1 465
Magnesium	650	1 110
Quecksilber	–39	357
Sauerstoff	–219	–183
Schwefel	119	445
Silber	961	2 212
Stearinsäure (Kerzenwachs)	69	291
Traubenzucker	146	Zersetzung ab 200
Wasser	0	100

Siedetemperatur Wird einem flüssigen Stoff Wärme zugeführt, so erhöht sich seine Temperatur so lange, bis sich im Innern der Flüssigkeit Gasblasen bilden, die nach oben steigen. Die Flüssigkeit siedet. Die dazu erforderliche Temperatur heißt Siedetemperatur. Während des Siedens ändert sich die Temperatur der Flüssigkeit nicht. ↑E.7 S.27
Schmelz- und Siedetemperatur sind für die meisten Stoffe charakteristisch (↑Tabelle). Sie hängen vom Luftdruck ab. Um diese Temperaturen verschiedener Stoffe vergleichen zu können, werden sie in Tabellen bei einheitlichem Druck (Normdruck $p_n = 1\,013\,\text{hPa}$) angegeben.
Einige Stoffe haben bei Normdruck keine Schmelz- oder Siedetemperatur, da sie sich beim Erwärmen zersetzen.

Dichte, Schmelztemperatur und Siedetemperatur sind messbare Eigenschaften, an denen die Stoffe erkannt werden können.

Aufgaben

1 Wasser siedet z. B. im Schnellkochtopf erst bei 120 °C. Warum ist das so? Welche Auswirkungen hat das auf das Garen von Lebensmitteln?

2 Du erhältst die Aufgabe, Eisen zu schmelzen. Begründe, warum du dafür keinen Kupfertiegel verwenden kannst.

3 Welches Volumen hat 1 kg Luft?

4 Kork schwimmt auf dem Wasser, Eisen geht unter. Begründe.

5 Die Erstarrungstemperatur eines Stoffes entspricht seiner Schmelztemperatur. Erläutere diese Feststellung. Nenne Beispiele.

6 Warum ist Aluminium besonders für den Flugzeugbau geeignet?

Steckbriefe von Stoffen

Das Foto zeigt Stoffportionen von weißer Tafelkreide, Kalk und Gips. Was ist welcher Stoff? Wie können diese Stoffe eindeutig voneinander unterschieden werden?

1

Steckbrief Eisen

Farbe: silbergrau
Glanz: mattglänzend
Zustandsform bei Zimmertemperatur: fest
Wärmeleitfähigkeit: gut
Elektrische Leitfähigkeit: gut
Magnetisches Verhalten: wird vom Magneten angezogen
Löslichkeit in Wasser: unlöslich

Stoffe identifizieren Nicht nur bei der Polizei müssen Gegenstände oder Personen beschrieben werden. Auch in der Chemie werden genaue Angaben über Stoffe benötigt, um diese verwechslungsfrei erkennen zu können. Für die eindeutige Beschreibung eines Stoffes sind mehrere seiner typischen Eigenschaften anzugeben, die unabhängig von Form und Größe der Stoffportion sind. Jeder Stoff hat eine ihn kennzeichnende **Eigenschaftskombination**, die sich zu einem Steckbrief zusammenfassen lässt. Damit kann ein Stoff erkannt und von anderen unterschieden werden.
Wie viele und welche Eigenschaften ermittelt werden müssen, um einen Stoff identifizieren zu können, ist von Fall zu Fall verschieden. In der Chemie werden heute sehr aufwendige Techniken mit präzise arbeitenden Geräten und Apparaturen genutzt, um unbekannte Stoffe durch ihre Eigenschaften eindeutig zu charakterisieren.

Jeder Stoff besitzt eine für ihn typische Eigenschaftskombination. Das Erkennen von Stoffen erfolgt durch den Vergleich von Eigenschaften.

Steckbrieflich gesucht Ständig werden neue Stoffe entdeckt oder künstlich hergestellt. Sie alle müssen benannt werden. Hier sind drei Steckbriefe von Stoffen. Um welche Stoffe könnte es sich dabei handeln?

Steckbrief 1

Farbe: farblos bis milchig trüb
Geruch: keiner
Zustandsform bei Zimmertemperatur: fest, körnig
Löslichkeit in Wasser: nicht löslich
Elektrische Leitfähigkeit: nicht leitfähig
Dichte: 2,65 g/cm^3
Schmelztemperatur: 1470 °C
Siedetemperatur: 2590 °C

Steckbrief 2

Farbe: weiß
Geruch: keiner
Zustandsform bei Zimmertemperatur: fest, kristallin
Löslichkeit in Wasser: gut löslich
Elektrische Leitfähigkeit: nicht leitfähig
Dichte: 2,16 g/cm^3
Schmelztemperatur: 800 °C
Siedetemperatur: 1465 °C

Steckbrief 3

Farbe: grau
Geruch: keiner
Zustandsform bei Zimmertemperatur: fest
Oberfläche: mattglänzend
Härte: leicht ritzbar
Elektrische Leitfähigkeit: leitfähig
Dichte: 11,34 g/cm^3
Schmelztemperatur: 327 °C
Siedetemperatur: 1740 °C

Selbst untersucht Stoffe bei unterschiedlichen Temperaturen

11 Untersuche das Verhalten von Stoffen beim Erhitzen.

Vorsicht! Schutzbrille! Halte nacheinander über einer feuerfesten Unterlage ein Magnesiastäbchen und eine Porzellanscherbe mit einer Tiegelzange in die Brennerflamme.

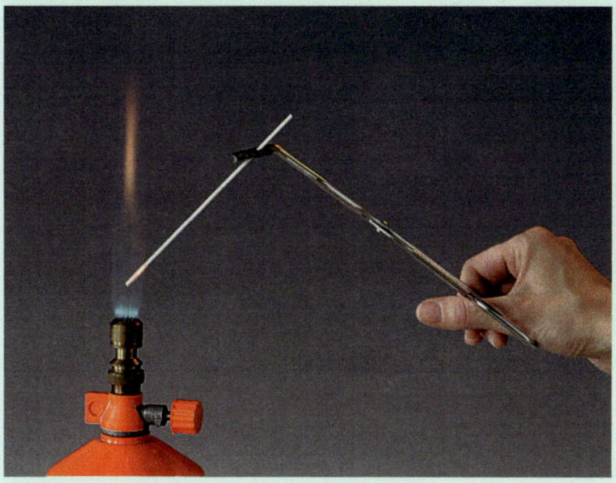

Halte danach ein Glasrohr in die Brennerflamme. Erhitze es möglichst stark.
Gib jeweils eine Probe von Gips, Mehl und Kochsalz in ein Reagenzglas. Erhitze erst vorsichtig, dann kräftig.

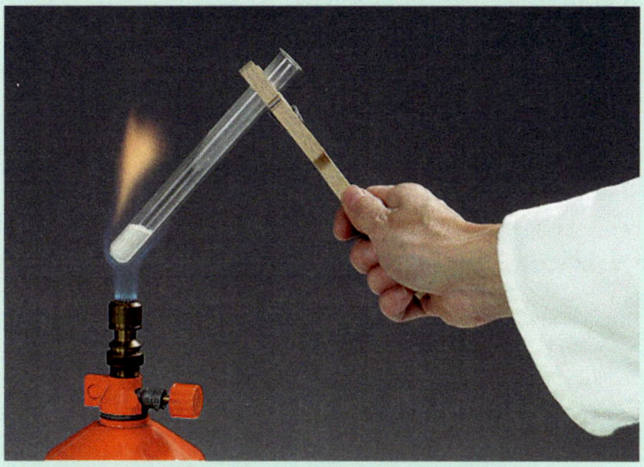

Beschreibe deine Beobachtungen. Ordne die Stoffe nach bleibenden oder vorübergehenden Veränderungen beim Erhitzen.
Entsorgung: Porzellanscherbe und Magnesiastäbchen getrennt einsammeln, werden wieder verwendet; übrige Stoffe nach dem Abkühlen in den Sammelbehälter für Hausmüll geben.

12 Ermittle den Temperaturverlauf beim Erhitzen von Wasser.

Vorsicht! Schutzbrille! Spritzgefahr! Erhitze etwa 250 ml Wasser mit einem Brenner. Notiere die Temperatur jeweils nach einer Minute. Setze deine Beobachtungen auch noch etwa drei Minuten nach Eintreten des Siedens fort.

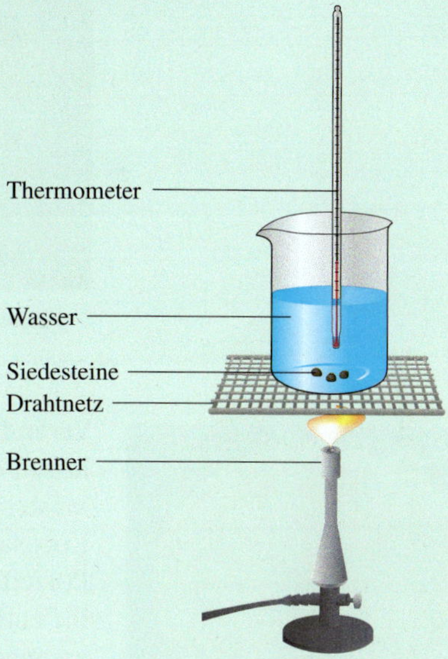

Fertige ein Protokoll an. Beschreibe deine Beobachtungen. Zeichne ein Temperatur-Zeit-Diagramm.
Entsorgung: Reste des Wassers in den Sammelbehälter für Abwasser geben.

13 Untersuche Aggregatzustandsänderungen von Kerzenwachs.

Vorsicht! Schutzbrille! Gib in ein Reagenzglas etwas Kerzenwachs und erhitze es mit kleiner Flamme, bis sich der Aggregatzustand geändert hat.
Gieße es dann zum Abkühlen vorsichtig in eine mit kaltem Wasser gefüllte Abdampfschale.
Beschreibe deine Beobachtungen. Erläutere die Begriffe „Schmelzen“ und „Erstarren“.
Entsorgung: Kerzenreste in den Sammelbehälter für Hausmüll geben.

Aggregatzustände von Stoffen

Wie Blei wird auch Eisen bei hoher Temperatur flüssig und kann in eine Form gegossen werden.
Geht das mit allen Stoffen?

1 Flüssiges Eisen wird in Formen gegossen.

2 Erhitzen eines Kunststoffgefäßes

Veränderungen der Stoffe beim Erhitzen Stoffe verhalten sich beim Erhitzen unterschiedlich. ↑E.11 S.31 So zerspringen Kochsalzkristalle unter knisterndem Geräusch. Nach dem Erhitzen liegt immer noch das weiße Kochsalz vor.
Porzellan beginnt bei höheren Temperaturen zu glühen. Sobald die Flamme entfernt wird, hört das Glühen schnell auf. Nach dem Abkühlen ist zu erkennen, dass sich das Porzellan nicht verändert hat. Glas verhält sich anders. Zunächst glüht es. Bei sehr hoher Temperatur wird das Glas weich und verformbar. Nach dem Abkühlen liegt wieder festes Glas vor. Wie bei Blei und Eisen hat sich jedoch seine Form verändert.
Wird versehentlich ein Kunststoffgefäß auf eine heiße Herdplatte gestellt, kann der Kunststoff durch die Hitze verformt werden. Er kann sich sogar bei hoher Temperatur zersetzen. Solche Veränderungen sind nicht mehr rückgängig zu machen.

Stoffe können beim Erhitzen ihre Eigenschaften vorübergehend oder bleibend verändern.

Zustandsformen des Wassers Wie du bereits weißt, tritt Wasser in drei Zustandsformen auf: **fest** (Eis), **flüssig** (Wasser) und **gasförmig** (Wasserdampf). ↑3 Diese Zustandsformen werden als **Aggregatzustände** bezeichnet. In welchem Aggregatzustand ein Stoff vorliegt, hängt von Bedingungen wie der Temperatur und dem Druck ab.
Wird Wasser bis zur Siedetemperatur erhitzt, verdampft es. Es bildet sich Wasserdampf (gasförmiges Wasser). Dabei findet ein Übergang vom flüssigen zum gasförmigen Aggregatzustand des Wassers statt. ↑E.12 S.31
Wasser kann aber auch unterhalb der Siedetemperatur vom flüssigen in den gasförmigen Aggregatzustand übergehen, z. B. Regenwasser auf der Straße. Dieses Wasser verdunstet. Wird Wasserdampf abgekühlt, kondensiert er zu Wasser. Bei weiterer Abkühlung erstarrt es zu Eis.

3 Zustandsformen des Wassers

Aggregatzustandsänderungen Wird Kerzenwachs erhitzt, schmilzt es. Es geht dabei vom festen in den flüssigen Aggregatzustand über. Beim Abkühlen geht das Kerzenwachs vom flüssigen in den festen Aggregatzustand über. Es erstarrt. ↑E.13 S.31

Wird festes Iod erhitzt, entsteht sofort violetter Ioddampf. Iod geht beim Erhitzen unter Umgehung des flüssigen Aggregatzustandes direkt in den gasförmigen Aggregatzustand über. Dieser Vorgang wird als **Sublimation** bezeichnet. Beim Abkühlen geht Ioddampf direkt vom gasförmigen in den festen Aggregatzustand über. Dieser Vorgang heißt **Resublimation**. Auch beim Wasser kannst du diesen Vorgang beobachten. An kalten Tagen bilden sich oft Eisblumen an Glasscheiben. Sie entstehen dadurch, dass der in der Luft enthaltene Wasserdampf direkt zu Eis wird.

4 Raureif an Zweigen

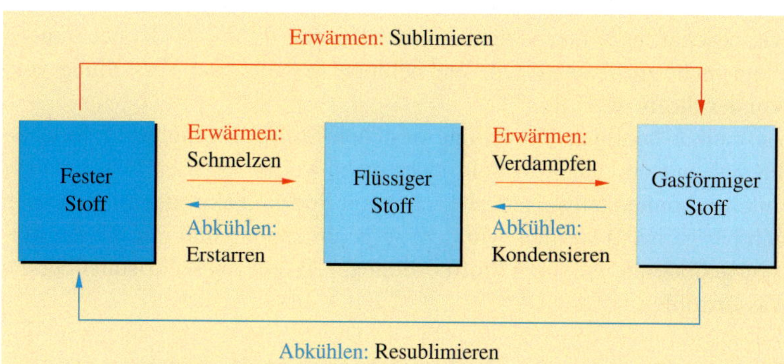

5 Aggregatzustände und Aggregatzustandsänderungen

EXPERIMENT 14 [L]

Zustandsänderung von Iod.

Vorsicht! Abzug! Dämpfe nicht einatmen! Einige Iodkristalle (Xn) werden im Becherglas mit einer Uhrglasschale abgedeckt und im Wasserbad erwärmt.

Auf das Uhrglas wird kaltes Wasser getropft.

Aufgaben

1 Bei welchen Vorgängen treten vorübergehende Veränderungen der Eigenschaften auf: Joghurtbecher verkohlt, Stahldraht dehnt sich aus, Plexiglasstab erhitzen, Eisen in Formen gießen?

2 Raureif entsteht durch Resublimation. Erkläre.

3 Nenne Beispiele aus dem Alltag, bei denen Aggregatzustandsänderungen genutzt werden.

4 Wodurch unterscheiden sich Wasserdampf und Nebel?

5 Warum kann Wachs mit einem Bügeleisen und einem Löschblatt aus dem Gewebe entfernt werden?

Bau der Stoffe aus Teilchen

Zucker gibt es in sehr unterschiedlichen Formen zu kaufen, z. B. als Kandiszucker, als groben oder feinen Kristallzucker und als Puderzucker.
Was geschieht, wenn Zucker immer weiter zerteilt wird?
Wie oft lässt sich eine Zuckerportion zerteilen?

1

2 Zuckerkristalle unter einem Mikroskop

3 Versuchsanordnung zu Experiment 15

Teilbarkeit von Stoffen Eine Glasscheibe oder ein Blatt Papier können mit einem Wasserzerstäuber angefeuchtet werden. Dabei wird Wasser in ganz feine Tröpfchen zerteilt. Nach kurzer Zeit ist das zerstäubte Wasser nicht mehr zu sehen.
Puderzucker ist ganz fein zerteilter Zucker. Mithilfe einer Lupe oder eines Mikroskops lassen sich Zuckerkristalle erkennen. Beim Lösen feinster Zuckerkristalle in Wasser wird Zucker noch weiter zerteilt. Selbst mit dem Mikroskop ist der Zucker nicht mehr zu sehen. Zucker ist aber noch vorhanden und am süßen Geschmack der Zuckerlösung zu erkennen.
Die Frage, ob sich eine Stoffportion endlos teilen lässt, beschäftigt die Wissenschaftler schon viele Jahrhunderte. Sie ist durch Beobachtungen allein nicht zu beantworten. Wir nehmen deshalb eine Vorstellung vom Bau der Stoffe zu Hilfe.
Nach einer heutigen Vorstellung bestehen Stoffe aus kleinsten Teilchen, die sich mit einfachen Mitteln nicht mehr weiter zerteilen lassen. Diese Teilchen können teilweise heute schon mit Spezialelektronenmikroskopen sichtbar gemacht werden. Mit dem Auge erkennbar sind nur die aus Teilchen gebildeten, größeren Stoffportionen, z. B. ein Zuckerkristall oder ein Wassertropfen.

Die Vorstellung vom Bau der Stoffe besagt: Stoffe bestehen aus kleinsten, unteilbaren Teilchen.

Selbst untersucht

15 Beobachte die Ausbreitung eines Farbstoffs. Beschwere einen Beutel Malventee mit Büroklammern. Fülle ein Becherglas mit warmem Wasser und hänge den Teebeutel hinein. Beschreibe deine Beobachtungen. Deute die Ausbreitung des Farbstoffs.
Entsorgung: Teebeutel in den Sammelbehälter für Hausmüll, Flüssigkeit in den Sammelbehälter für Abwasser geben.

Das Teilchenmodell Zur Veranschaulichung der Vorstellung vom Bau der Stoffe aus kleinsten Teilchen wurden **Modelle** entwickelt. Modelle helfen, Erscheinungen und Vorgänge zu beschreiben und zu deuten. Sie tragen dazu bei, Wesentliches zu erkennen, geben aber die Wirklichkeit nie vollständig wieder.
Das Modell der kleinsten Teilchen unterscheidet sich von anderen Modellen. So sind Modelle für Autos, Flugzeuge, Schiffe oder auch biologische Modelle möglichst genaue Nachbildungen eines sichtbaren Vorbildes. Die kleinsten Teilchen sind jedoch ohne Hilfsmittel nicht sichtbar. Ihre Existenz kann deshalb nur aus den Eigenschaften der Stoffe abgeleitet werden. Dieses Modell ist daher eine Denkhilfe. Es ist ein Gedankenmodell über den möglichen Bau der Stoffe.
Beim Teilchenmodell stellt man sich vor, dass die Teilchen der Stoffe kleinen Kugeln sehr ähnlich sind. Teilchen ein und desselben Stoffes sind einander gleich. So besteht Zucker aus Zuckerteilchen, die alle die gleiche Masse und Größe haben. Zwischen den Teilchen stellt man sich leeren Raum vor.

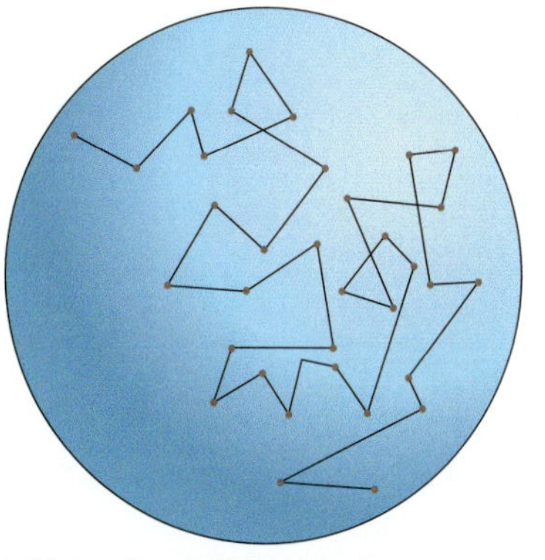

4 Unter dem Mikroskop sichtbare regellose Bewegung (Brown'sche Bewegung) eines Pollenkorns aufgrund der Stöße der nicht sichtbaren Wasserteilchen

Teilchenbewegung Es wird angenommen, dass sich die Teilchen in ständiger, ungeordneter Bewegung befinden. Dabei stoßen sie sehr oft aneinander. Die dadurch verursachte Bewegung kleinster Partikel in Gasen und Flüssigkeiten heißt nach ihrem Entdecker Brown'sche Bewegung. So verteilen sich z. B. die Farbstoffe des Tees in der gesamten Flüssigkeit ohne äußere Beeinflussung. ↑E.15 S.34 Auch der Duft eines Parfüms breitet sich in einem Raum recht schnell aus. Hier liegt jedoch die Vermutung nahe, dass Luftströmungen die Geruchsstoffe im Raum verteilen. Es breiten sich aber auch Bromdämpfe in einem geschlossenen Standzylinder ohne Luftströmung vom Boden her nach oben aus. Dies geschieht sogar, obwohl Bromdampf eine größere Dichte als Luft hat. ↑5 Wie ist diese Erscheinung zu deuten?
Der Vorgang, bei dem sich verschiedene Stoffe ohne äußere Einwirkung durchmischen, wird als **Diffusion** (lat. diffundere – ausgießen, ausbreiten) bezeichnet. Die Diffusion lässt sich ebenfalls mithilfe des Teilchenmodells erklären: Die Bromteilchen und die Teilchen der Luft bewegen sich ständig hin und her. Sie stoßen dabei häufig zusammen. Entgegen der Schwerkraft bewegen sich die Bromteilchen auch nach oben in die Räume zwischen den Teilchen der Luft. Umgekehrt bewegen sich die Teilchen der Luft auch nach unten in die Räume zwischen den Bromteilchen. Allmählich vermischen sich so die Teilchen der Stoffe.

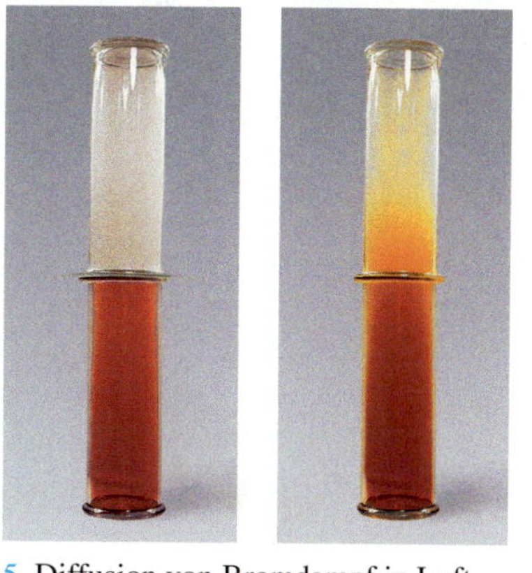

5 Diffusion von Bromdampf in Luft

Diffusion ist das selbstständige Durchmischen zweier Stoffe. Diese Durchmischung erfolgt durch die ständige, regellose Bewegung der Teilchen der Stoffe.

Teilchenmodell und Aggregatzustände In **festen Stoffen** denkt man sich die Teilchen dicht nebeneinander und regelmäßig angeordnet. Sie können sich nur wenig bewegen und führen nur kleinere Schwingungen an ihren Plätzen aus.

1 Stoffportionen von Milch

Zwischen den Teilchen wirken starke Anziehungskräfte. Die Teilchen lassen sich nur schwer voneinander trennen und gegeneinander verschieben. Im festen Aggregatzustand hat deshalb eine Stoffportion eine bestimmte Form, die man auch mit großer Anstrengung kaum verändern kann. In **flüssigen Stoffen** stellt man sich die Teilchen nicht so regelmäßig angeordnet vor. Die zwischen ihnen wirkenden Anziehungskräfte sind kleiner als in den festen Stoffen. Die Teilchen in flüssigen Stoffen bewegen sich hin und her und sind leicht gegeneinander verschiebbar. Der Abstand zwischen den Teilchen ist dennoch sehr gering. Im flüssigen Aggregatzustand kann sich deshalb die Stoffportion jeder Gefäßform anpassen. Sie nimmt immer die Form des Gefäßes an, in dem sie sich befindet. Beispielsweise kann Milch die Form des Glases oder auch die Form der Kanne annehmen. ↑1

In gasförmigen Stoffen sind die Abstände zwischen den Teilchen verhältnismäßig groß und die Anziehungskräfte zwischen ihnen gering. Die Teilchen bewegen sich frei und ungeordnet. Eine Stoffportion im gasförmigen Aggregatzustand kann daher leicht zusammengedrückt werden. Gase, z. B. Luft im Fahrradschlauch, füllen ein Gefäß beliebiger Form vollständig aus.

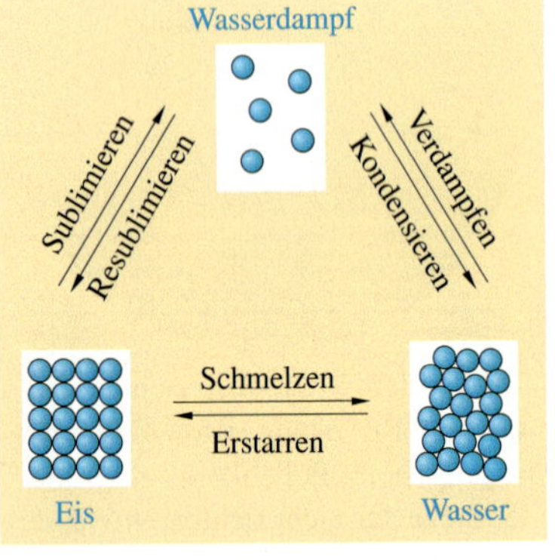

2 Teilchenmodell für die Aggregatzustandsänderungen des Wassers

Teilchenbewegung und Aggregatzustandsänderung Man stellt sich vor, dass beim Erwärmen von Stoffen die Bewegung der Teilchen zunimmt und beim Abkühlen abnimmt. Das führt bei bestimmten Temperaturen zu Aggregatzustandsänderungen der Stoffe. ↑2

Wird ein fester Stoff erwärmt, schwingen die Teilchen immer heftiger und beanspruchen mehr Platz. Werden die Schwingungen so stark, dass Teilchen ihre Plätze verlassen können, existiert ihre regelmäßige Anordnung nicht mehr: Der Stoff schmilzt, er wird flüssig.

Bei weiterer Wärmezufuhr bewegen sich die Teilchen immer schneller. Die Stöße zwischen ihnen werden immer heftiger und die Abstände größer. Wenn schließlich die Siedetemperatur erreicht ist, entfernen sich die Teilchen sehr weit voneinander. Der Stoff verdampft.

Ein einzelnes Teilchen kann nicht fest, flüssig oder gasförmig sein. Der Aggregatzustand ist immer an eine Stoffportion gebunden, die aus sehr vielen Teilchen besteht.

Mit dem Teilchenmodell lassen sich Erscheinungen wie Aggregatzustände eines Stoffes und Vorgänge wie Diffusion und Aggregatzustandsänderungen deuten und beschreiben.

Aufgaben

1 Warum ist es oft sinnvoll, Modelle zu benutzen?

2 Beschreibe den Aufbau eines festen Stoffes mithilfe des Teilchenmodells.

3 Gase lassen sich leicht zusammenpressen, Flüssigkeiten und feste Stoffe dagegen nicht. Finde dafür eine Erklärung.

4 Erläutere den Vorgang der Diffusion anhand eines selbst gewählten Beispiels.

5 Erläutere den Unterschied zwischen einem kleinen Zuckerkristall und einem Zuckerteilchen.

6 Gibt man etwas Honig in eine Tasse mit Milch, dann schmeckt die Milch nach einiger Zeit, auch ohne umzurühren, süß. Erkläre.

7 Erläutere die Veränderungen bei den in Bild 2 dargestellten Vorgängen mithilfe des Teilchenmodells. ↑2

1 Ermittle Stoffe aus dem Haushalt, auf deren Verpackung bzw. Etikett Gefahrensymbole abgebildet sind.
Was bedeuten die Symbole?
Nenne einige Verhaltensregeln für den Umgang mit diesen Stoffen.

2 Eine Glasbläserin hält ein Glasrohr an einem Ende mit der Hand fest, ohne sich zu verbrennen. Dabei erreicht das Glasrohr in der Flamme eine Temperatur von über 1000 °C.

Begründe, warum das möglich ist.
Nenne weitere Beispiele aus dem Alltag, wo diese Stoffeigenschaft genutzt wird.

3 Ob im Hallenbad oder an einem Badesee, überall kannst du beobachten, dass manche Stoffe auf dem Wasser schwimmen, andere dagegen sofort untergehen, z. B. eine Kette aus Silber.

Finde für diese Erscheinung eine Erklärung. Stoffe lassen sich aufgrund dieser Eigenschaft einteilen. Formuliere dafür die Einteilungskriterien.

4 Könntest du 1 m^3 Kork hochheben? Begründe.

5 Gold ist relativ weich und sehr gut verformbar. Schmuckstücke aus Gold, wie z. B. Ringe, gibt es in großer Auswahl.

Wie könntest du prüfen, ob ein Ring aus purem Gold besteht?

6 Erstelle einen Steckbrief von Aluminium. Für den Steckbrief sind folgende Eigenschaften zu ermitteln: Farbe, Glanz, Aggregatzustand bei Zimmertemperatur, Siedetemperatur, Schmelztemperatur, magnetisches Verhalten, Dichte, Geruch, Wärmeleitfähigkeit, Löslichkeit in Wasser und elektrische Leitfähigkeit.
Vergleiche den Steckbrief von Aluminium mit dem Steckbrief von Eisen.

7 **Untersuche die Durchmischung von zwei Flüssigkeiten.**
Fülle eine Petrischale mit etwas Wasser. Pipettiere vorsichtig einen Tropfen Tusche oder Tinte auf den Schalenboden.

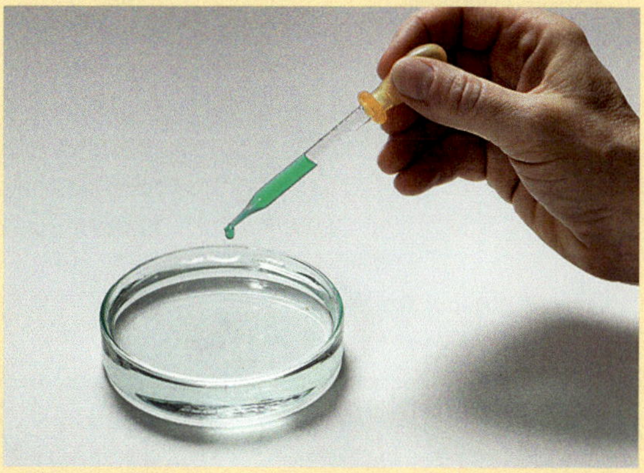

Beobachte über einen längeren Zeitraum. Deute die Beobachtungsergebnisse mithilfe des Teilchenmodells.
Entsorgung: Flüssigkeiten in den Sammelbehälter für Abwasser geben.

Auf einen Blick

Stoffe

Alle Gegenstände bestehen aus Stoffen. Stoffe erkennt man an ihren Eigenschaften.

Eigenschaften von Stoffen

Die Eigenschaften der Stoffe lassen sich mithilfe der Sinnesorgane sowie mit Hilfsmitteln und Messgeräten ermitteln. Jeder Stoff besitzt eine für ihn typische Eigenschaftskombination.

Steckbrief eines Stoffes

Jeder Stoff ist durch die Angabe mehrerer typischer Eigenschaften (Eigenschaftskombination) identifizierbar.

Farbe: gelb	Farbe: grauschwarz	Farbe: farblos
Glanz: matt	Glanz: glänzend	Glanz: –
Kristallform: nadelförmig	Kristallform: Plättchen	Kristallform: –
Löslichkeit in Wasser: unlöslich	Löslichkeit in Wasser: gering	Löslichkeit in Wasser: unbegrenzt
Schmelztemperatur: 119 °C	Schmelztemperatur: 114 °C	Schmelztemperatur: –114 °C
Siedetemperatur: 445 °C	Siedetemperatur: 183 °C	Siedetemperatur: 78 °C
Dichte: 1,96 g/cm^3	Dichte: 4,94 g/cm^3	Dichte: 0,79 g/cm^3

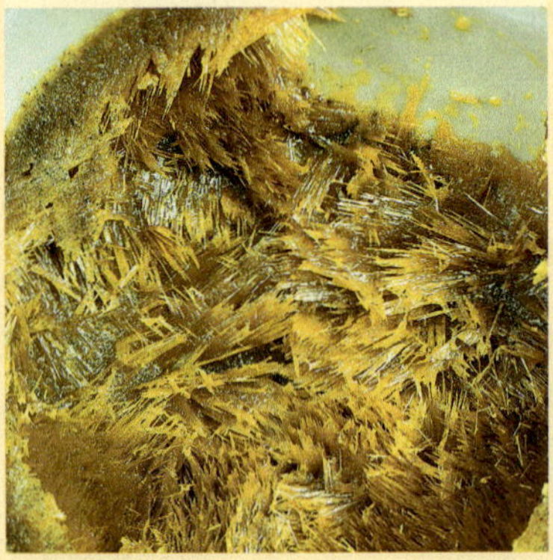

1 Schwefel (monoklin)

2 Iod

3 Alkohol (Ethanol)

Bau der Stoffe aus Teilchen

Der Bau der Stoffe lässt sich mithilfe des Teilchenmodells veranschaulichen. Man stellt sich vor, dass die Stoffe aus kleinsten, unteilbaren Teilchen bestehen, die in ständiger Bewegung sind. Mit dem Teilchenmodell können Erscheinungen und Vorgänge gedeutet werden.

Aggregatzustände der Stoffe	fest	flüssig	gasförmig
Darstellung im Teilchenmodell	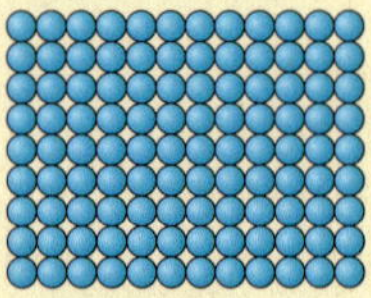	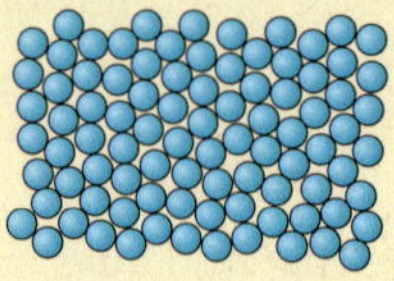	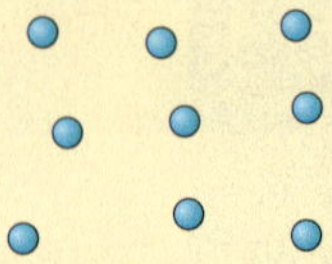
Anordnung der Teilchen	regelmäßig	unregelmäßig	ungeordnet
Abstand zwischen den Teilchen	sehr klein	sehr klein	sehr groß
Bewegung der Teilchen	schwingen	gleiten	frei beweglich

Stoffgemische

Die Menschen liebten schon immer angenehme Düfte.
Bereits im Altertum umgaben sie sich mit wohlriechenden Essenzen.
Die Babylonier erfreuten sich am Duft von Weihrauch und Myrrhe.
Die Gewinnung von Duftstoffen, z. B. aus Erdbeeren,
ist eine Grundlage für die Herstellung von Parfüms.
Ein Parfümöl ist ein abgestimmtes Gemisch aus mehreren Stoffen.

- → Wo kommen in der Natur und im Alltag viele Stoffe miteinander vermischt vor?
- → Lassen sich Stoffgemische trennen?
- → Gibt es zur Stofftrennung bestimmte Verfahren?

Selbst untersucht Mischen und Trennen von Stoffen

1 Untersuche die Mischbarkeit von Stoffen.
Mische im Reagenzglas etwas Schwefelpulver mit Eisenfeilspänen. Bewege dann einen Magneten an der Reagenzglaswand auf und ab.
Schüttle das Gemisch danach mit Wasser.

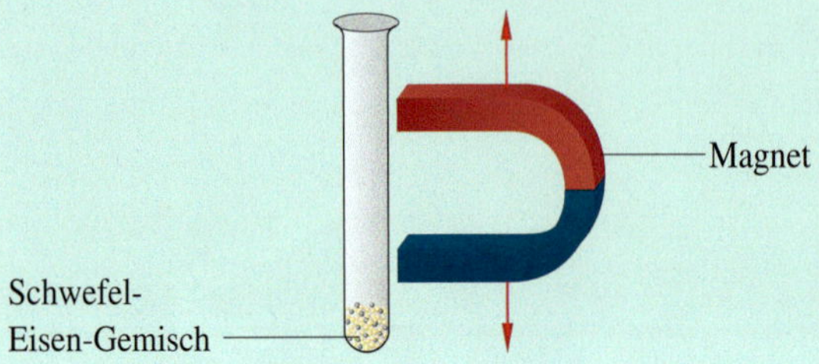

Notiere die Beobachtungen. Vergleiche die Eigenschaften der Stoffe vor und nach dem Mischen.
Entsorgung: Gemische einsammeln und trennen, Flüssigkeiten in den Sammelbehälter für Abwasser geben, feste Stoffe weiter verwenden.

2 Untersuche Brausepulver.
Gib etwas Brausepulver auf eine Uhrglasschale und betrachte es mit der Lupe.
Betrachte danach zum Vergleich eine Stoffportion Zucker mit der Lupe. Zeichne, was du siehst. Beschreibe deine Beobachtungen. Deute das Ergebnis.
Entsorgung: Stoffe getrennt einsammeln, werden wieder verwendet.

3 Stelle verschiedene Stoffgemische her.
Gib jeweils kleine Stoffportionen folgender Stoffe in Wasser: Zucker, Sand, Speiseöl, Kreidepulver, Brennspiritus (F), Holzkohlepulver, Kochsalz.
Verschließe die Reagenzgläser mit einem Stopfen. Schüttle kräftig und lass die Gläser dann einige Minuten im Reagenzglasständer stehen.
Beschreibe deine Beobachtungen. Überlege dir Kriterien zur Einteilung der Stoffgemische und fasse diese in einer Tabelle zusammen.
Entsorgung: Feststoffe abtrennen; Flüssigkeiten in den Sammelbehälter für Abwasser, Feststoffe in den Sammelbehälter für Hausmüll geben.

4 Mische Brennspiritus mit Wasser.
Fülle einen Messzylinder genau mit 50 ml Brennspiritus (F) und einen zweiten mit 50 ml Wasser. Gieße dann langsam den Brennspiritus in den mit Wasser gefüllten Standzylinder.
Betrachte die Flüssigkeit im durchscheinenden Licht und lies das Volumen ab.
Vermische dann die Flüssigkeit mit einem Glasstab. Achte darauf, dass keine Flüssigkeit herausspritzt. Warte kurze Zeit und lies erneut das Volumen ab.
Vergleiche die Ergebnisse. Versuche, die beobachtete Erscheinung zu erklären. Nutze dazu die Vorstellungen vom Teilchenmodell.
Entsorgung: Flüssigkeiten in den Sammelbehälter für Abwasser geben.

5 Trenne eine Aufschlämmung von Kreidepulver in Wasser.
Stelle eine Aufschlämmung von Kreidepulver und Wasser her. Lasse das Gemisch kurze Zeit ruhig stehen. Trenne danach das Gemisch durch vorsichtiges Abgießen des Wassers.

Beschreibe deine Beobachtungen. Welche unterschiedlichen Eigenschaften der Stoffe werden bei der Trennung genutzt?
Entsorgung: Kreidepulver in den Sammelbehälter für Hausmüll, Flüssigkeiten in den Sammelbehälter für Abwasser geben.

6 Filtriere einen Kaffeeaufguss.
Gib etwas gemahlenen Kaffee in ein Becherglas. Erhitze Wasser bis zum Sieden. Gieße vorsichtig das heiße Wasser auf den Kaffee und rühre um. Filtriere den Aufguss.
Beschreibe deine Beobachtungen. Gib an, welche Eigenschaften der Stoffe zur Trennung genutzt werden. Welches Trennverfahren könnte noch angewendet werden? Nenne Vor- und Nachteile dieser Verfahren.
Entsorgung: Feststoffe in den Sammelbehälter für Hausmüll, Flüssigkeiten in den Sammelbehälter für Abwasser geben.

7 Filtriere eine Aufschlämmung.
Verrühre etwas Kohlenstoffpulver in Wasser. Filtriere das Stoffgemisch, verwende dazu Glastrichter und Rundfilter. Feuchte das Filterpapier mit Wasser an. Lasse das Stoffgemisch vorsichtig an einem Glasstab in den Trichter laufen. Prüfe die Farbe des Filtrats.

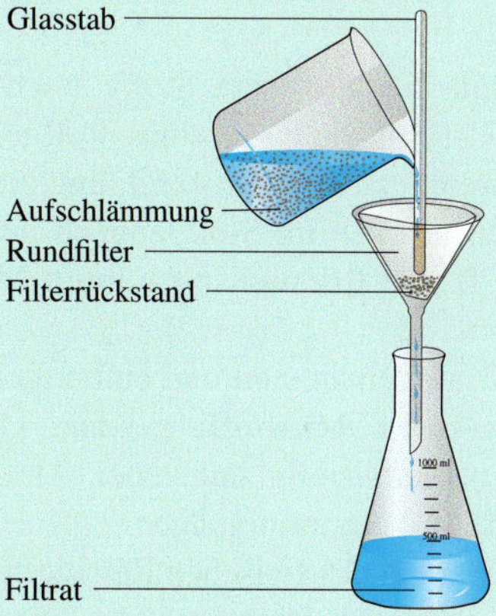

Fertige ein Protokoll an. Beschreibe deine Beobachtungen. Welchen Aggregatzustand haben die Reinstoffe bei 20 °C? Worauf beruht die Trennwirkung eines Papierfilters beim Filtrieren?
Entsorgung: Feste Stoffe in den Sammelbehälter für Hausmüll, Flüssigkeiten in den Sammelbehälter für Abwasser geben.

8 Destilliere eine Farbstofflösung.
Stelle eine Farbstofflösung her, indem du Wasser mit Tinte versetzt. Baue die Versuchsapparatur wie in der Abbildung auf. Entzünde den Brenner. Erhitze die Farbstofflösung im Reagenzglas, bis das Wasser vom Tintenfarbstoff getrennt ist.

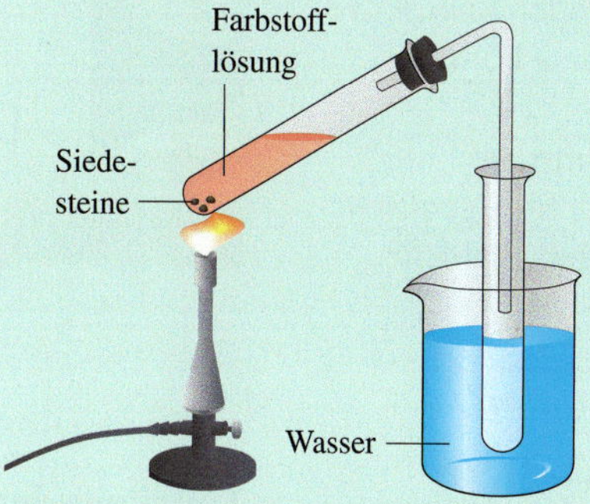

Notiere die Beobachtungen. Deute das Ergebnis.
Entsorgung: Flüssigkeiten in den Sammelbehälter für Abwasser geben.

9 Entferne feine Verunreinigungen.
Schüttle im Reagenzglas jeweils Aktivkohle mit stark verdünnter Tinte und mit Parfümwasser. Filtriere anschließend jede Probe.
Beschreibe deine Beobachtungen. Deute das Ergebnis.
Entsorgung: Aktivkohle einsammeln, wird wieder verwendet; Flüssigkeiten in den Sammelbehälter für Abwasser geben.

10 Trenne Gemische von festen Stoffen.
Mische in einem Becherglas Sand und Sägespäne und in einem zweiten Becherglas PE- und PVC-Pulver. Gieße jeweils Wasser darauf und rühre kräftig um, sodass sich ein Strudel bildet.
Beschreibe deine Beobachtungen. Deute das Ergebnis. Welche Eigenschaften der Stoffe werden bei der Trennung der Gemische genutzt?
Entsorgung: PE- und PVC-Pulver getrennt einsammeln, werden wieder verwendet; Flüssigkeiten in Sammelbehälter für Abwasser, übrige feste Stoffe in Sammelbehälter für Hausmüll geben.

Stoffgemische oder Reinstoffe?

Ein Blick auf die Verpackung der Zahnpasta oder des Duschgels zeigt, dass Stoffgemische vorliegen.
Auch beim Frühstück mit Milch und Müsli oder beim Trinken von Traubensaft oder eines Kiwishakes handelt es sich immer um Gemische.
Was sind Stoffgemische?
Woran lassen sich Stoffgemische erkennen und unterscheiden?

1

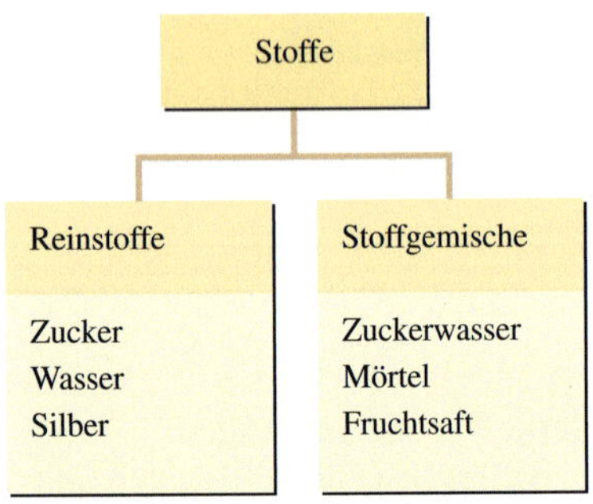

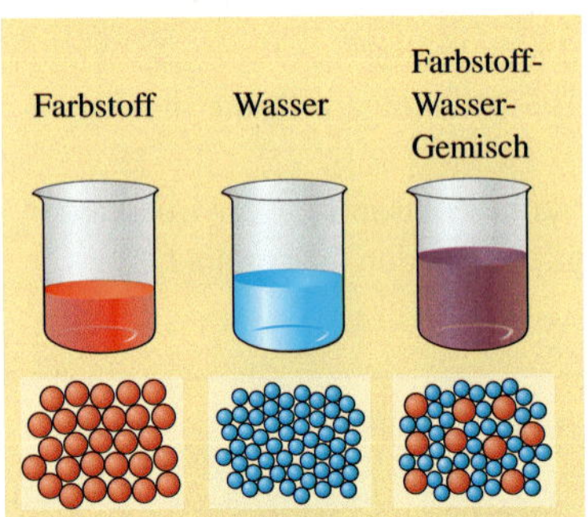

2 Farbstoff-Wasser-Gemisch (oben), Teilchenvorstellung (unten)

Einteilung der Stoffe Wie du experimentell festgestellt hast, lassen sich Stoffe miteinander mischen. ↑E.1, 3, 4 S.40 Aus Mehl, Kochsalz, Zucker, Wasser und anderen Stoffen bereitet der Bäcker einen Teig, um daraus Brot zu backen. Beim Hausbau wird aus Sand, Zement und Wasser Zementmörtel hergestellt. Es entstehen jeweils **Stoffgemische**.
Auch das Herstellen von Farben, Kosmetika, Medikamenten oder Brausepulver beruht auf dem Mischen von Stoffen. In der Natur kommen Stoffe fast nur als Stoffgemische vor, z. B. Granit, Steinsalz, Erdgas, Sandstein und Erde.
In einigen Stoffgemischen sind die einzelnen Stoffe noch mehr oder weniger deutlich erkennbar. ↑E.2 S.40 Die Farbe eines Stoffgemisches aus Eisen und Schwefel ist gelb, wenn es mehr Schwefel, und grau, wenn es mehr Eisen enthält. Die Stoffe behalten im Stoffgemisch ihre für sie typischen Eigenschaften, wie z. B. die Eisenfeilspäne ihren Magnetismus. ↑E.1 S.40
Stoffe, die nur aus einem Stoff aufgebaut sind und einheitlich gleichbleibende Eigenschaften haben, werden **Reinstoffe** genannt. ↑E.2 S.40 Die Herstellung von Reinstoffen ist aufwendig und teuer. Meist enthalten Reinstoffe noch geringe Anteile an Verunreinigungen.
In der Chemie ist eine Einteilung, bei der zwischen Reinstoffen und Stoffgemischen unterschieden wird, besonders wichtig. Durch Untersuchungen von vielen Stoffen wird diese Einteilung später noch weiter differenziert.

Beim Mischen von Reinstoffen entstehen Stoffgemische. Die Eigenschaften der einzelnen Reinstoffe bleiben im Stoffgemisch erhalten.

Mit dem Teilchenmodell können wir uns ein Stoffgemisch so vorstellen: Die Teilchen verschiedener Stoffe unterscheiden sich in ihrer Größe. Beim Mischen rutschen die kleineren Teilchen des einen Stoffes zwischen die größeren Teilchen des anderen Stoffes. Alle Teilchen zusammen beanspruchen deshalb weniger Platz als den, den sie getrennt bei diesem Vorgang einnehmen würden. ↑E.4 S.40

Arten von Stoffgemischen Beim näheren Betrachten von Stoffgemischen fällt auf, dass nur bei einigen von ihnen die einzelnen Reinstoffe noch deutlich sichtbar sind. ↑E.3 S.40
Stoffgemische wie Granit oder Milch, bei denen die einzelnen Reinstoffe mit bloßem Auge, mit einer Lupe oder einem Mikroskop nebeneinander erkennbar sind, werden als **heterogen** (griech. heteros – verschieden, anders) bezeichnet. Sie sehen uneinheitlich aus. Gemische wie Limonade oder Essig, bei denen die einzelnen Reinstoffe selbst bei stärkster Vergrößerung nicht erkennbar sind, nennen wir **homogen** (griech. homos – gleich, ähnlich). Sie sehen einheitlich aus.

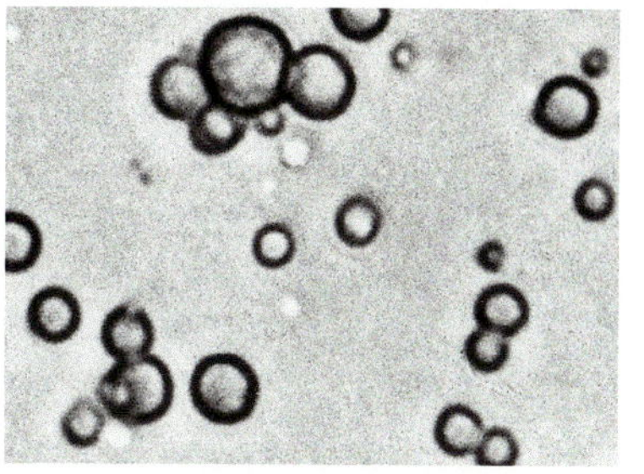
3 Milch unter dem Mikroskop

Stoffgemische	Heterogene Stoffgemische		Homogene Stoffgemische	
Aggregatzustände der Reinstoffe	Bezeichnung	Beispiele	Bezeichnung	Beispiele
fest und fest	Gemenge	Granit, Müll	Legierung	Bronze, Stahl
flüssig und fest	Aufschlämmung (Suspension)	Schmutzwasser	Lösung	Zuckerwasser
gasförmig und fest	Rauch	Rußwolke	–	–
flüssig und flüssig	Emulsion	Milch	Lösung	Wein, Essig
flüssig und gasförmig	Schaum	Sahne	Lösung	Limonade, Sekt
gasförmig und flüssig	Nebel	Spray, Wolken	–	–
gasförmig und gasförmig	–	–	Gasgemisch	Luft, Erdgas

Lösevorgang Zucker löst sich bekanntlich gut in Wasser. Es entsteht eine Zuckerlösung, ein homogenes Stoffgemisch. Dieser Vorgang lässt sich mithilfe des Teilchenmodells ↑5, 6, 7 beschreiben: Die Teilchen, die den Zuckerkristall bilden, sind von kleineren Wasserteilchen umgeben. Die Teilchen sind in ständiger Bewegung. Beim Lösen prallen die Teilchen des Wassers auf die dicht gepackten, weniger beweglichen Zuckerteilchen. Manche Wasserteilchen schieben sich auch zwischen die Zuckerteilchen. Dabei verlieren einzelne Zuckerteilchen ihren Zusammenhalt mit den benachbarten Zuckerteilchen. Sie werden von Wasserteilchen umgeben und verteilen sich in der Flüssigkeit.

4 Essigessenz, Zuckerwasser

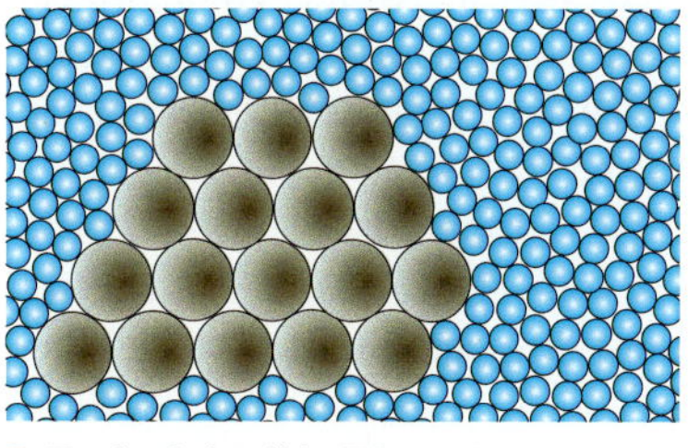
5 Zuckerkristall in Wasser

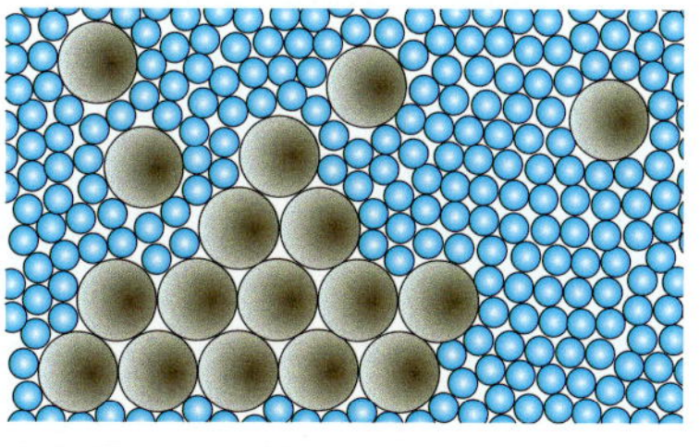
6 Teilweise gelöster Zucker

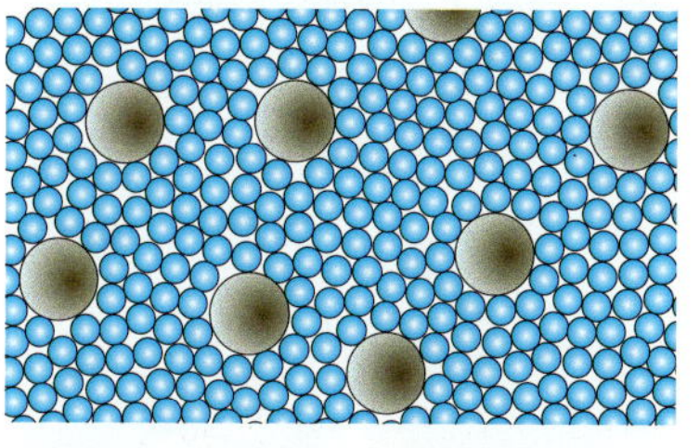
7 Vollständig gelöster Zucker

Aufgaben

1 Ordne nach Reinstoffen und Stoffgemischen: Müll, Kupferdraht, Zahnpasta, Mineralwasser, Schwefel, Zink, Klärschlamm, Leitungswasser. Gib an, welche Stoffgemische heterogen, welche homogen sind. Bezeichne die Stoffgemische.

2 Gib aus dem Alltag Beispiele für Suspensionen, Emulsionen und Rauch an.

3 Schüttle folgende Stoffe jeweils mit Wasser: Gips, Kochsalz, Waschpulver, Alkohol, Öl. In welchen Fällen entstehen Lösungen? Begründe.

Trennen von Stoffgemischen

Aus dem Saft der Zuckerrübe kann Zucker gewonnen werden. Butterfett lässt sich aus Milch abtrennen. Aus Pflanzensamen kann Öl herausgepresst werden. In Ländern der warmen Klimazone gewinnt man Salz aus dem Meerwasser.
Welche Verfahren zum Trennen von Stoffgemischen werden genutzt?

1 Salzgewinnung aus Meerwasser

2 Absetzen einer Aufschlämmung

3 Goldwäscher am Alpenrhein

Sedimentieren und Dekantieren Trübes Lehmwasser oder eine Aufschlämmung aus Kreidepulver und Wasser klärt sich mit der Zeit. Da die Dichte des Lehms und die Dichte der Kreide größer sind als die des Wassers, setzen sich die festen Stoffe nach einiger Zeit am Boden ab. ↑2 Diesen Vorgang nennt man **Sedimentieren** (Absetzen). Die Stoffe, die sich am Boden ansammeln, werden **Bodensatz** oder **Sediment** genannt.
Das klare Wasser, das über dem Bodensatz steht, kann vorsichtig abgegossen werden. Der Bodensatz bleibt im Gefäß zurück. Das Trennen von festen und flüssigen Stoffen durch Abgießen nennen wir **Dekantieren** (franz. décanter – abgießen). ↑E.5 S.40
Auch in den Absatzbecken einer Abwasserkläranlage sinken bei der mechanischen Klärung von Abwasser die unlöslichen festen Stoffe, die eine größere Dichte als die Flüssigkeit haben, aufgrund der Schwerkraft nach unten. ↑S.131
Die unterschiedliche Dichte von Stoffen wird von den Goldwäschern genutzt. Durch die größere Dichte des Golds lassen sich aus goldhaltigem Sand durch Ausschwemmen des Sands kleinste Goldkörner gewinnen. Beim Sedimentieren und dem anschließenden Dekantieren werden die einzelnen Stoffe meist nur grob getrennt.

Filtrieren Eine bessere Trennung fester, unlöslicher Stoffe von Flüssigkeiten ist durch **Filtrieren** möglich. Zum Filtrieren mit einem Rundfilter aus Papier wird dieser zweifach gefaltet. ↑4
Beim Filtrieren wird das Stoffgemisch auf einen Filter gegeben, der feine Poren (griech. poros – Durchgang, Öffnung) hat. Durch diese Poren kann die Flüssigkeit ablaufen. Der feste Stoff, der **Filterrückstand**, wird aufgrund seiner Partikelgröße vom Filter zurückgehalten. Die durchgelaufene Flüssigkeit bezeichnet man als **Filtrat**. Nach dem Entnehmen des Filters kann der feste Stoff getrocknet werden. ↑E.7 S.41
Bei sehr feinkörnigen festen Stoffen muss ein engporiger Filter verwendet werden. So wird beim Brühen von Filterkaffee der Kaffee mit feinporigen Papierfiltern vom Kaffeesatz getrennt. ↑E.6 S.41

Filter können aus Papier oder Wolle bestehen. In größeren Filteranlagen der Industrie kommen oft Filtertücher zum Einsatz. Filter aus Kies und Sand dienen in Wasserwerken bei der Trinkwasseraufbereitung zur Entfernung von Stoffen. ↑S.130
Durch Filter können auch Feststoffteilchen und Flüssigkeitstropfen aus Gasen entfernt werden, wie z. B. im Luftfilter von Kraftfahrzeugen.

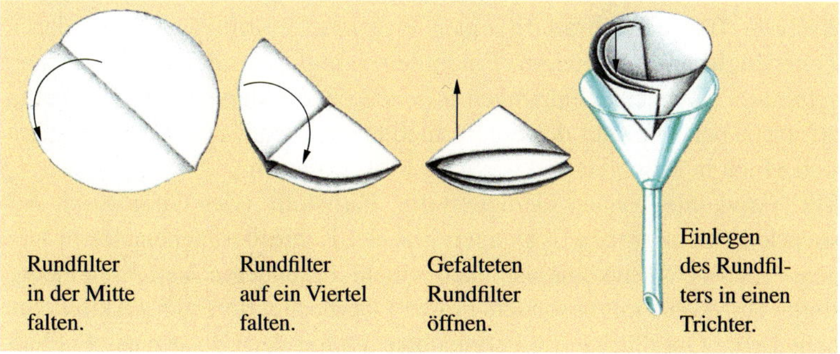

4 Falten, Öffnen und Einlegen eines Rundfilters

Verdunsten und Eindampfen Meerwasser enthält in einem Liter etwa 35 g Salz. Um die gelösten festen Stoffe aus ihren Lösungen zu gewinnen, lässt man die Flüssigkeit, z. B. das Meerwasser, in einem offenen Gefäß verdunsten. Der feste Stoff bleibt zurück. Er scheidet sich in vielen Fällen in Form von Kristallen ab. Der Vorgang des Verdunstens kann durch Erhitzen der Lösung bis zum Sieden beschleunigt werden. ↑5 Dabei verdampft zunächst das Lösemittel, da es eine niedrigere Siedetemperatur als der gelöste Stoff hat.

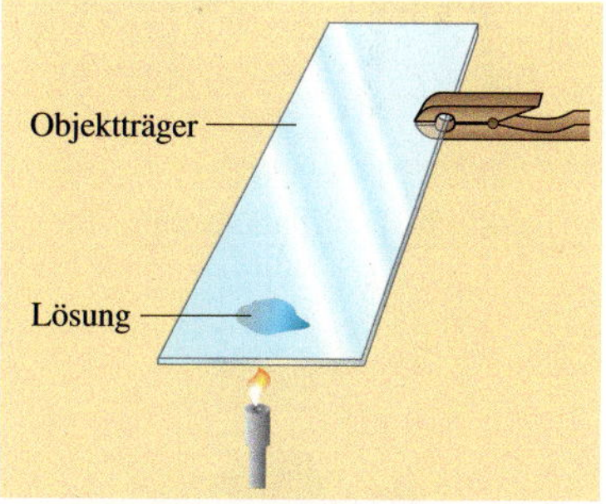

5 Eindampfen einer Lösung

Zum Trennen von Stoffgemischen werden die sich unterscheidenden Eigenschaften der Reinstoffe genutzt.

Destillieren Eine Farbstofflösung lässt sich durch Sedimentieren und Filtrieren nicht trennen. Wie aber kann eine Farbstofflösung getrennt werden?
Ein Trennverfahren ist die **Destillation** (lat. destillare – herabträufeln). Bei der Destillation wird das Stoffgemisch erhitzt, bis die niedrigste Siedetemperatur eines Stoffes, z. B. des Wassers, erreicht ist. Das Wasser verdampft und die gelösten festen Stoffe, z. B. der Tintenfarbstoff, bleiben zurück. ↑E.8 S.41 Der Wasserdampf wird abgekühlt und kondensiert. Das entstehende Wasser, das **Destillat**, wird in einer sogenannten **Vorlage** gesammelt. Es wird als **destilliertes Wasser** bezeichnet, das u. a. für Dampfbügeleisen im Haushalt und zum Herstellen von Lösungen im Chemieunterricht benötigt wird.
Durch Destillation lassen sich Stoffgemische nur dann trennen, wenn die Reinstoffe des Stoffgemisches unterschiedliche Siedetemperaturen haben. Dabei gelingt die Trennung durch Destillation umso vollständiger, je weiter die Siedetemperaturen der einzelnen Reinstoffe auseinanderliegen.

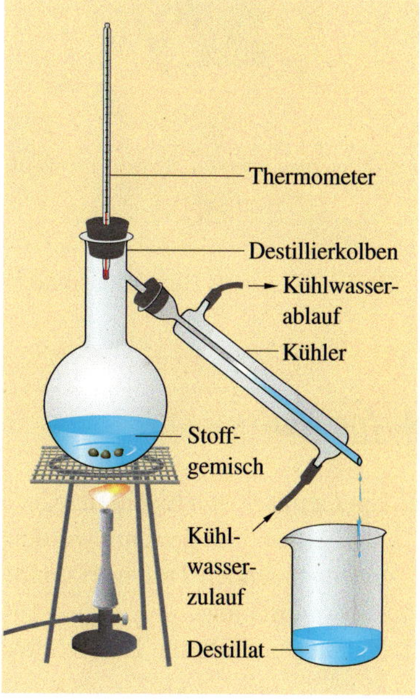

6 Destillationsapparatur

Durch Destillation lassen sich Stoffgemische aufgrund der unterschiedlichen Siedetemperaturen der Reinstoffe trennen.

Schon gewusst?

Eine der ältesten Anwendungen der Destillation ist die Herstellung von Weinbrand aus Wein. Der Name Weinbrand (auch Branntwein genannt) kommt daher, dass früher das Destillieren als „Brennen" bezeichnet wurde.

1 Historische Destillationsapparatur

2 Heißes Wasser als Extraktionsmittel

Mehrfaches Destillieren Durch mehrfaches Destillieren kann im Destillat der Anteil der Flüssigkeit mit der niedrigeren Siedetemperatur erhöht werden. So lässt sich aus vergorenen Zucker- und Obstsäften Alkohol destillieren.
Aus Erdöl werden in großen Raffinerien verschiedene Benzine, Öle und andere Stoffe abgetrennt.

Weitere Trennverfahren In einer Fruchtsaftzentrifuge werden durch **Zentrifugieren** (Schleudern) Fruchtfleisch und Saft mit einem Filtersieb getrennt. ↑3 Andere Zentrifugen arbeiten ohne Filtersieb. Die Trennung erfolgt dabei aufgrund der unterschiedlichen Dichte der Stoffe. So lässt sich Milch in Milchfett und wässrige Molke trennen.
Mit Aktivkohle können Geruchsstoffe, Farbstoffe oder Gifte durch **Adsorption** (lat. adsorbere – anlagern) an der Kohleoberfläche entfernt werden. ↑E.9 S.41 Aktivkohle ist nach einem besonderen Verfahren hergestellte Holzkohle mit besonders großer Oberfläche. Bereits 5 g Aktivkohle haben eine Oberfläche, die vergleichbar ist mit der Größe eines Fußballfeldes. Dieses Verfahren wird in Filtern von Atemschutzmasken, bei der Trinkwasseraufbereitung sowie in Dunstabzugshauben in der Küche angewandt. ↑4
Feste Stoffe mit unterschiedlicher Dichte können mit einer Flüssigkeit getrennt werden, wenn die Dichte der Flüssigkeit zwischen der Dichte der Stoffe liegt. ↑E.10 S.41 Dieses Verfahren wird als **Schwimmtrennung** bezeichnet und z. B. bei der Mülltrennung oder Erzaufbereitung genutzt.
Beim Aufbrühen von Tee löst das heiße Wasser verschiedene Stoffe aus den Teeblättern heraus. Man sagt, sie werden extrahiert. ↑2 Beim **Extrahieren** (lat. extrahere – herausziehen) wird die unterschiedliche Löslichkeit der Reinstoffe im Stoffgemisch genutzt.

3 Fruchtsaftzentrifuge

4 Dunstabzugshaube in einer Küche

Aufgaben

1 Ein Gemisch aus Eisenfeilspänen, Sand, Kochsalz und Wasser soll getrennt werden. Beschreibe die anzuwendenden Trennverfahren. Skizziere die Versuchsanordnung.

2 Nenne Beispiele für Trennverfahren im Alltag.

3 Beschreibe anhand des Bildes 6, S. 45 den Aufbau einer Destillationsapparatur.

4 Welche Aufgaben erfüllen die Nieren bei einem gesunden Menschen?

5 Wie lässt sich ein Alkohol-Wasser-Gemisch trennen? Begründe dein Vorgehen.

Zusammensetzung von Stoffgemischen

Im Alltag, in der Technik und in der Medizin ist der Einsatz oder die Wirkung eines Gemisches häufig vom Anteil eines Stoffes im Gemisch abhängig. So wird z. B. für Infusionen in der Medizin eine 0,9%ige Kochsalzlösung verwendet. Was bedeutet diese Angabe? ↑5 Es gibt unterschiedliche Anteilsangaben für Gemische, die meist in Prozent erfolgen.

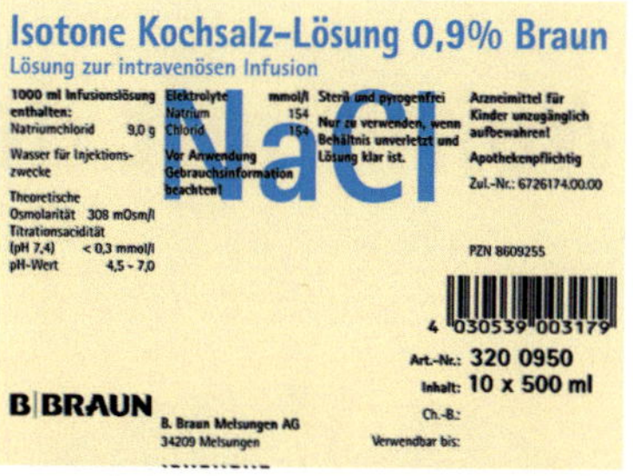

5 Etikett einer physiologischen Kochsalzlösung

Massenanteil Ein Mischdünger mit 18 g Kalk in 100 g des Gemisches hat einen **Massenanteil *w*** von 18 %.
Die Massenanteile können direkt aus den Massen der Stoffe in einem Stoffgemisch berechnet werden. Außerdem kann ermittelt werden, welche Masse eines Stoffes notwendig ist, um ein Stoffgemisch mit einem bestimmten Massenanteil dieses Stoffes herzustellen.

Massenanteil

$$w(\mathrm{B}) = \frac{m(\mathrm{B})}{m(\mathrm{Gem})} \cdot 100\,\%$$

$w(\mathrm{B})$ Massenanteil des Stoffes B
$m(\mathrm{B})$ Masse des Stoffes B
$m(\mathrm{Gem})$ Masse des Stoffgemisches

Aufgabe: Es sollen 400 g einer 5%igen Zuckerlösung hergestellt werden. Welche Masse an Zucker $m(\mathrm{Z})$ muss in Wasser gelöst werden?

Gesucht: $m(\mathrm{Z})$

Gegeben: $w(\mathrm{Z})\ 5\,\% = 0{,}05$
$m(\mathrm{Gem}) = 400\,\mathrm{g}$

Lösung: $w(\mathrm{Z}) = \frac{m(\mathrm{Z})}{m(\mathrm{Gem})}$

$m(\mathrm{Z}) = w(\mathrm{Z}) \cdot m(\mathrm{Gem})$
$m(\mathrm{Z}) = 0{,}05 \cdot 400\,\mathrm{g} = 20\,\mathrm{g}$

Ergebnis: Es müssen 20 g Zucker in 380 g Wasser gelöst werden.

Volumenanteil Bei Stoffgemischen von Flüssigkeiten und Gasen ist es günstiger, statt der Masse das Volumen der einzelnen Stoffe im Gemisch zu betrachten. Auf dem Etikett einer Sektflasche steht z. B. 12,0 % vol. Um eine Lösung mit gleichem Alkoholgehalt herzustellen, müssten 88 ml Wasser mit 12 ml Alkohol gemischt werden.
Der **Volumenanteil *φ*** (Phi) ist der Anteil, den das Volumen eines Stoffes an der Summe der Volumina aller Stoffe im Gemisch hat.

Volumenanteil

$$\varphi(\mathrm{B}) = \frac{V(\mathrm{B})}{V(\mathrm{A}) + V(\mathrm{B}) + \ldots} \cdot 100\,\%$$

$\varphi(\mathrm{B})$ Volumenanteil des Stoffes B im Gemisch
$V(\mathrm{B})$ Volumen des Stoffes B
$V(\mathrm{A}) + V(\mathrm{B}) + \ldots$ Summe der Volumina aller Stoffe des Stoffgemisches

6 Volumenanteil auf einem Etikett

Aufgaben

1 In 300 g Wasser werden 30 g Kochsalz gelöst. Berechne den Massenanteil an Kochsalz in Prozent in der Kochsalzlösung.

2 Welches Volumen Wasser muss mit 200 ml reinem Essig gemischt werden, damit eine 10%ige Essiglösung eines Haushaltsessigs entsteht?

selbst erforscht

Wohin mit dem Müll?

1 Mülldeponie

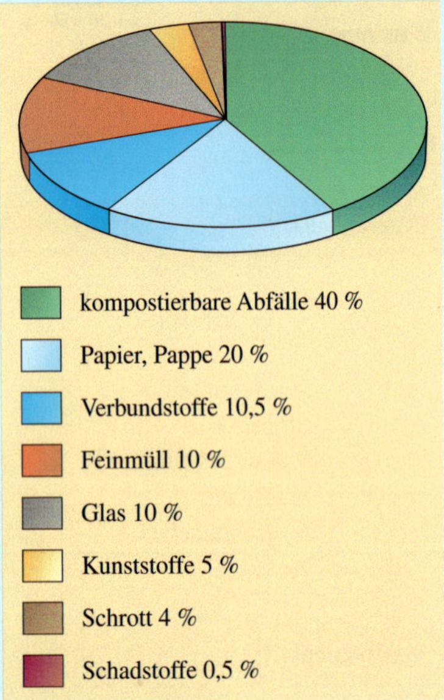

2 Zusammensetzung von Hausabfällen in Deutschland

Info

Die Abfallmengen und Abfallarten haben sich in den letzten Jahren stark verändert. Während früher viele Nahrungsmittel unverpackt verkauft, Papierabfälle verbrannt und Küchenabfälle verfüttert wurden, wandern heute die meisten Abfälle in die Mülltonne und lassen damit die Müllberge weiter wachsen.
Jeder Bundesbürger verursacht gegenwärtig im Jahr etwa 400 kg Hausabfall und 50 kg Sperrmüll. Würde der Inhalt der Mülltonnen aller Bundesbürger in einem Jahr auf einen Haufen geschüttet, so entstünde ein Abfallberg so hoch wie das Matterhorn (4 505 m).

Uwe ist ein „Müll-Angler". Während andere Fische an Land ziehen, fischt Uwe Dosen, Flaschen und Plastiktüten aus dem Wasser. Schlimm, was alles ins Wasser geworfen wird. Uwe sortiert den Abfall und entsorgt ihn. Es wäre schön, wenn noch mehr Menschen so handeln würden. Oder müssen wir bald in unserem Abfall ersticken? Was meint ihr dazu?

- Welche Abfallmengen fallen wöchentlich zu Hause, in der Schule bzw. im Wohnort an?
- Was passiert bei der Abfallsortierung?
- Was ist Sondermüll und wie erfolgt seine Entsorgung?

3 Abfallverbrennungsanlage

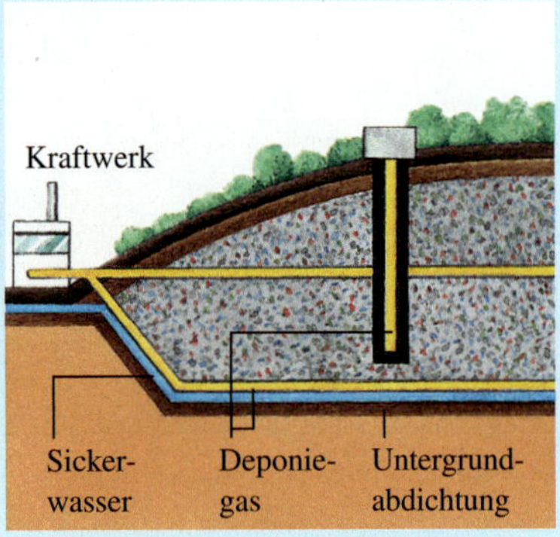

4 Schema einer Abfalldeponie

Materialien für die Projektbearbeitung Nutzt die auf diesen Seiten enthaltenen Informationen sowie Materialien aus anderen Quellen zur Bearbeitung eurer Fragen.

1 Sortiere Abfall (Modellversuch).
Eine „Abfalltonne“ (Becherglas 1 000 ml) enthält folgende Stoffe: Papierschnipsel, Kies, Nägel, Styroporreste von Verpackungen, Bonbonpapier.
Entwickle einen Plan für die Durchführung der Abfallsortierung. Baue eine Anlage auf. Interpretiere dein Ergebnis.
Vergleiche die Trennverfahren im Modellversuch mit denen in einer Abfallsortieranlage.

2 Ermittle wasserundurchlässige Schichten.
Fülle Standzylinder jeweils etwa bis zur Hälfte mit Kies, Sand, Lehm, Ton oder Mergel. Drücke die Schicht fest an und gieße danach bis zum oberen Rand Wasser zu. Beobachte.
Fertige ein Protokoll an. Entscheide, welche Schicht als Basisabdichtung für eine Deponie geeignet wäre. Begründe.

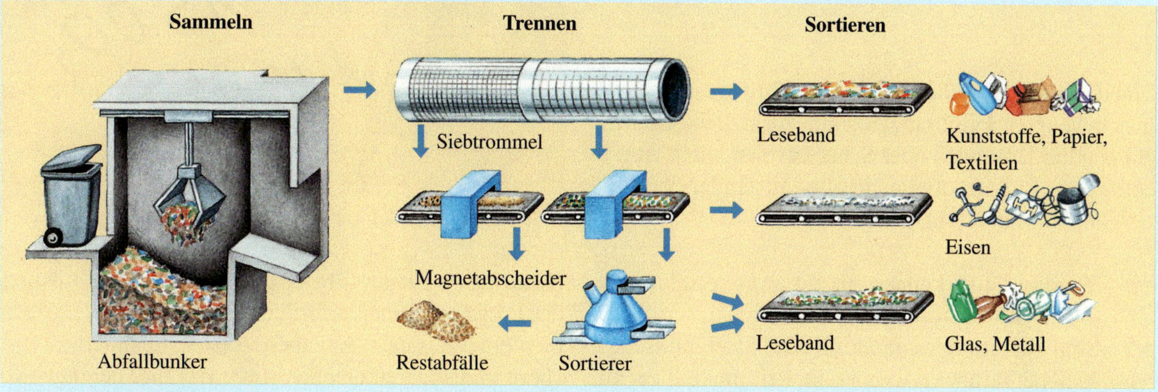

5 Abfallsortieranlage

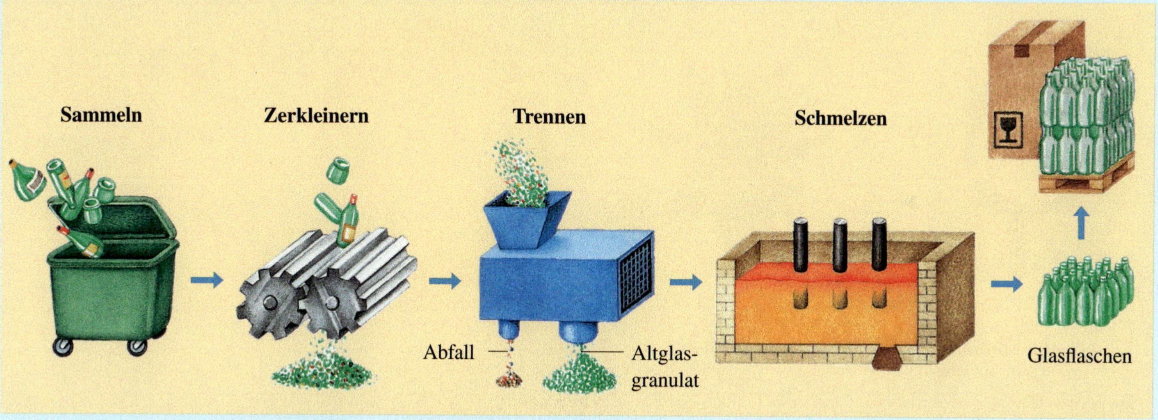

6 Wiederverwertung von Altglas

Hinweise für die Projektarbeit Einigt euch über die Art der Bearbeitung. Ihr könnt z. B. Arbeitsgruppen bilden. Dabei befasst sich eine Gruppe vor allem mit Fragen der Abfallvermeidung, eine zweite untersucht die Möglichkeiten der Abfallverwertung und eine weitere Gruppe erkundet die Abfallbeseitigung.
Stellt eure Ergebnisse zusammen und überlegt, wie ihr diese der Öffentlichkeit vorstellen könnt.

7 Schulranzen – Material zu 95 % recycelbar

selbst **erforscht**

Stoffen auf der Spur

1 Scheckbetrug oder nur schlecht geschrieben?

Eine Gruppe von Schülern führt ein Streitgespräch. Ines behauptet, Fälschungen durch zusätzliche Eintragungen auf Urkunden oder Schecks seien leicht zu entlarven. Sie kann aber nicht alle Mitschüler überzeugen. Wer hat Recht?

- Woran ist zu erkennen, ob mit zwei verschiedenen Stiften geschrieben wurde?
- Sind Farbstoffe reine Stoffe oder Stoffgemische?
- Welche Verfahren wendet die Kriminalpolizei an, um einem Verdacht auf Fälschung nachzugehen?

Materialien für die Projektbearbeitung Die Lösung der Projektaufgaben erfordert den Einsatz von Experimenten. Nutzt dazu Angaben in Experimentierbüchern und anderen Quellen sowie das hier bereitgestellte Material.

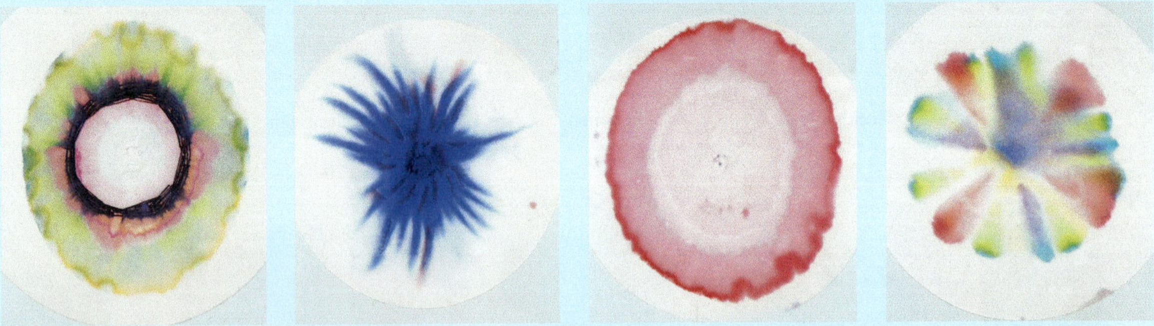
2 Chromatogramme von verschiedenen Farbstiften

Info

Chromatografie. Ein Verfahren zum Nachweis eines Stoffes in einem Stoffgemisch ist die **Chromatografie** (griech. chroma – Farbe; graphein – schreiben). Damit lassen sich selbst winzige Spuren eines Stoffes in einem Stoffgemisch nachweisen.
Das Stoffgemisch muss in einem Lösemittel (Laufmittel) löslich sein. Die zu untersuchenden Proben können z. B. auf saugfähigem Papier aufgetragen werden. Das Papier wird in das Laufmittel gestellt. Das Laufmittel breitet sich im Papier aus, löst das Stoffgemisch und führt es mit sich. Dabei werden die Teilchen der verschiedenen Stoffe unterschiedlich stark vom Papier zurückgehalten. Es bilden sich auf dem Papier Zonen, die nur Teilchen eines Stoffes enthalten. Das Farbbild, das entsteht, heißt **Chromatogramm**. ↑4

Der deutsche Chemiker FRIEDLIEB FERDINAND RUNGE (1795 bis 1867) entdeckte 1850, dass beim Aufbringen von Farblösungen auf Fließpapier unterschiedliche Farbringe entstehen. ↑2 Diese Art von Bildern werden heute noch als „Runge-Bilder“ bezeichnet.
Obwohl es RUNGE nicht bewusst war, hatte er damit die Grundlage für ein wichtiges Trennverfahren, die **Papierchromatografie**, geschaffen.

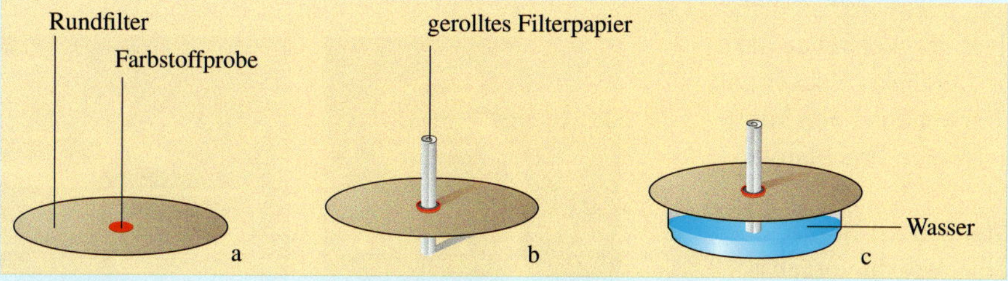

3 Abbildung zu Experiment 1

1 Untersuche Farbstoffe in Filzstiften.
Male mit verschiedenen Filzstiften (gleiche Farbe, unterschiedliche Hersteller, wasserlöslich) je einen dicken Punkt mitten auf einen Rundfilter. ↑3a Bohre mit der Bleistiftspitze ein Loch durch den Punkt. Rolle einen Filterpapierstreifen zu einem Docht zusammen und stecke ihn durch das Loch. ↑3b Lege den Rundfilter auf eine mit Wasser gefüllte Petrischale, sodass der Docht in das Wasser taucht. ↑3c Fertige ein Protokoll an. Vergleiche die Chromatogramme.

2 Ermittle die Zusammensetzung verschiedener Farbstoffe.
Untersuche wasserlösliche Farbstoffe in Tinte, Filzstiften, Zeichentusche und Wasserfarben.
Fertige ein Protokoll an. Vergleiche die Chromatogramme. Untersuche in gleicher Weise wasserunlösliche Farbstoffe von Filzstiften. Wie müssen die Untersuchungen verändert werden? Führe die Experimente durch.

3 Untersuche den Farbstoff grüner Blätter. F
Wie kannst du aus Brennnesselblättern grünen Pflanzenfarbstoff gewinnen? Prüfe den gewonnenen Pflanzenfarbstoff mithilfe der Papierchromatografie. Verwende dabei Brennspiritus (F) als Laufmittel. Fertige ein Protokoll an.

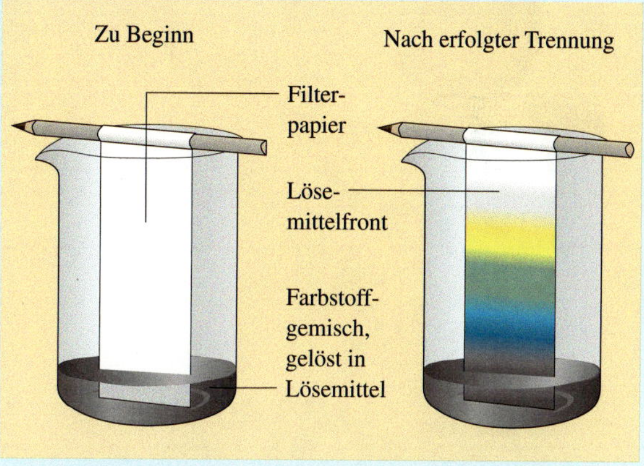

4 Entstehung eines Papierchromatogramms

5 Farbstofflösungen von Filzstiften

Hinweise für die Projektarbeit
Erarbeitet euch entsprechende Untersuchungsschwerpunkte. Bereitet alle Experimente sorgfältig vor und lasst die Versuchsanordnung stets vor Beginn des Arbeitens von der Lehrerin oder dem Lehrer abnehmen. Überlegt, wie ihr die Ergebnisse präsentieren wollt.

weiter gedacht

1 Stelle zu Hause Brausepulver her. Verwende dazu feste Citronensäure aus der Apotheke, Zucker und Natron. Außerdem ist die Verwendung von Vanillinzucker und ein bis zwei Tropfen Fruchtaroma, z. B. Himbeere, möglich.
Informiere dich über die Mengen der Stoffe, die du verwenden willst. Beschreibe, wie du vorgehst. Überlege, wie du daraus ein Brausegetränk herstellen könntest.

2 Im Baumarkt wird geraten, zum Streichen von Innen- oder Außenwänden eine Dispersionsfarbe zu verwenden.

Informiere dich, was unter Dispersionsfarben bzw. unter Dispersionen zu verstehen ist. Begründe den Hinweis, dass die Farbe vor Gebrauch gründlich umgerührt oder geschüttelt werden muss.

3 Die folgenden Abbildungen zeigen Beispiele für Stoffgemische. Benenne diese Stoffgemische und ordne die Beispiele nach homogenen und heterogenen Stoffgemischen.

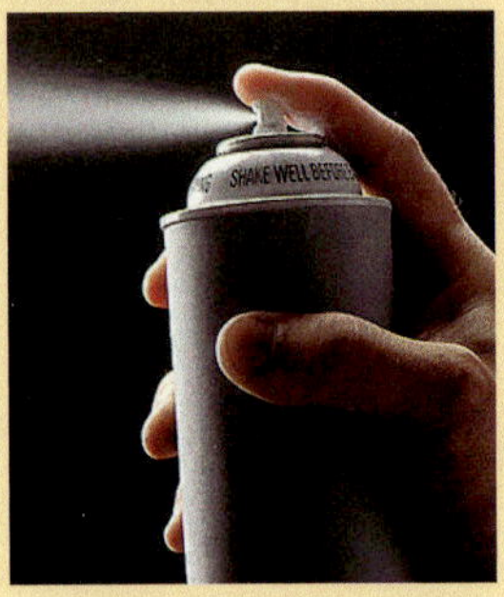

4 Erläutere die Vorgänge des Eindampfens und des Destillierens mithilfe des Teilchenmodells.

5 In der Provence (Frankreich) gibt es große Lavendelfelder. Aus den Blüten werden Duftstoffe gewonnen und zu Parfüm verarbeitet.

Stelle Lavendelwasser her.
Gib 15 g Lavendelblüten in einen 100-ml-Erlenmeyerkolben. Versetze die Blüten mit 50 ml Ethanol (F). Verschließe den Erlenmeyerkolben mit einem Stopfen und lass ihn ruhen.
Filtriere die Lösung nach etwa vier Wochen und gib nun zum Filtrat noch 10 ml destilliertes Wasser hinzu.
Prüfe den Geruch. Welches Trennverfahren wird genutzt? Informiere dich, wie die Gewinnung von Lavendelöl industriell erfolgt.

6 Im Handel werden Saucieren angeboten, bei denen die Soße vom Fett abgetrennt wird. Dabei wird das gleiche Prinzip wie beim Scheidetrichter genutzt. Lass dir von deiner Lehrerin bzw. deinem Lehrer einen Scheidetrichter geben und probiere seine Funktionsweise aus.

Auf einen Blick

Einteilung der Stoffe

Stoffe

Reinstoffe:
- bestehen aus einer Stoffart
- können nicht weiter getrennt werden
- haben einheitlich gleich bleibende Eigenschaftskombinationen

Stoffgemische:
- bestehen aus mindestens zwei Reinstoffen
- können in Reinstoffe getrennt werden
- haben keine einheitlich gleich bleibenden Eigenschaftskombinationen

Arten von Stoffgemischen

Heterogene Stoffgemische:
Reinstoffe noch erkennbar

Homogene Stoffgemische:
Reinstoffe nicht mehr erkennbar

Suspension

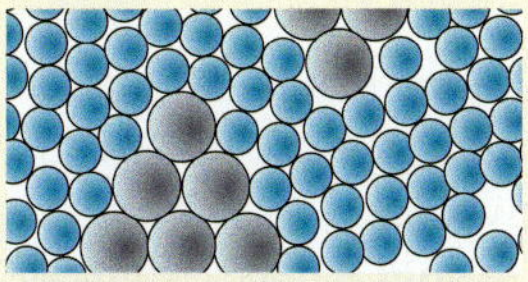

Rauch

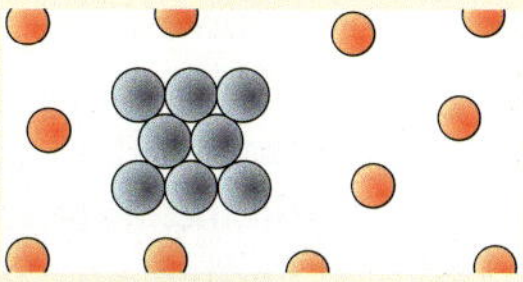

Gasgemisch

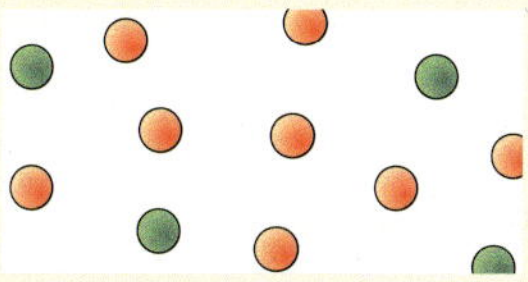

Legierung

Gemenge

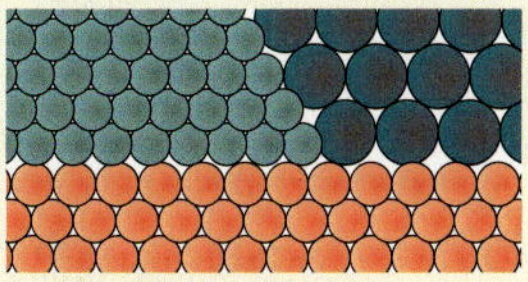

Emulsion

Lösung (flüssig/fest)

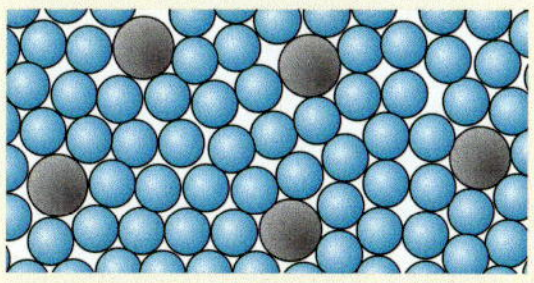

Lösung (flüssig/flüssig)

Wichtige Trennverfahren

Stoffgemisch	Trennverfahren	Zum Trennen genutzte Eigenschaft	Anwendung der Trennverfahren
Gemenge	Sieben Extrahieren	Partikelgröße Löslichkeit	Feinsand gewinnen Kochsalz gewinnen
Suspension	Sedimentieren Filtrieren	Dichte Partikelgröße	Abwasser reinigen Trinkwasser gewinnen
Emulsion	Zentrifugieren	Dichte	Milch entrahmen
Rauch	Filtrieren	Partikelgröße	Verbrennungsgase reinigen
Lösung	Eindampfen Destillieren Extrahieren Chromatografieren	Siedetemperatur Siedetemperatur Löslichkeit Löslichkeit	Meersalz gewinnen Weinbrand herstellen Öl und Fett gewinnen Farbstoffe trennen
Gasgemisch	Adsorbieren	Adsorbierbarkeit	Küchendünste reinigen

Check up

1 Nenne wesentliche Eigenschaften, die einen Stoff charakterisieren.

2 Auf welchen Stoff trifft folgende Eigenschaftskombination zu?
Der Stoff ist fest, hat eine glatte Oberfläche, sieht silbrig aus, ist geruchlos, nicht wasserlöslich, leitet den elektrischen Strom, Schmelztemperatur 419 °C, Siedetemperatur 906 °C, Dichte 7,14 g/cm^3.

3 Von einem Stoff gibt man nur die Schmelz- und die Siedetemperatur an. Warum nicht auch seine Erstarrungs- und Kondensationstemperatur?

4 Beschreibe die Übergänge von Eis zu Wasser und von Wasser zu Wasserdampf mithilfe des Teilchenmodells vom Bau der Stoffe.

5 Bei der Zubereitung einer Salatsoße breitet sich schnell ein Essiggeruch in der Küche aus. Erkläre diese Beobachtung.

6 Erläutere den Unterschied zwischen einem Reinstoff und einem Stoffgemisch.

7 Folgende Stoffe liegen vor: Ackerboden, Kupferblech, Luft, Kochsalzlösung, Apfelsaft (klar), Eisenschraube, Orangennektar, Schmuckgold, Schwefelpulver, destilliertes Wasser, Mayonnaise.

a Ordne nach Reinstoffen und Stoffgemischen.

b Benenne für die ermittelten Stoffgemische jeweils die Art des Stoffgemisches und gib an, ob es sich um ein homogenes oder heterogenes Stoffgemisch handelt.

8 Auf einigen Verpackungen von Medikamenten ist zu lesen: Vor dem Gebrauch schütteln.

a Ordne diese Medikamente einer Stoffgemischart zu.

b Was ist zu erwarten, wenn man diese Medikamente längere Zeit stehen lässt?

9 Ein wichtiges Gerät im Chemielabor ist der Brenner.

a Nenne erforderliche Tätigkeiten, um einen Brenner in Betrieb zu nehmen?

b Gib an, was beim Erhitzen von Flüssigkeiten in einem Reagenzglas zu beachten ist.

c Benenne die Brennerflamme, mit der im Chemieunterricht hauptsächlich gearbeitet wird.

10 30 ml Olivenöl wiegen 27,6 g. Berechne die Dichte von Olivenöl.

11 Auf dem Etikett einer Weißweinflasche steht 11,5 % vol. Deute diese Angabe.

12 Vorratsgefäße für Chemikalien sind ordnungsgemäß zu beschriften. Grundsätzlich dürfen Chemikalien nicht in Gefäße für Lebensmittel abgefüllt werden. Begründe diese Forderungen.

13 Überlege, wie du mit den folgenden Materialien eine Minikläranlage zur Reinigung von mit Erde verschmutztem Wasser bauen könntest.
Materialien: vier Blumentöpfe, 500-ml-Becherglas, Kaffeefilter, grobe und feine Steine, Sand, Aktivkohle.

a Fertige eine Skizze vom Bau der Minikläranlage an und beschrifte sie.

b Nenne die Trennverfahren und die zum Trennen genutzte Eigenschaft.

Aufgabe	Hilfe findest du auf Seite …	Verbindung der Aufgabe zu den Basiskonzepten ↑S. 18
1	24, 25, 28, 29	T
2	30	T
3	29	T
4	36	T
5	35	S
6	42	S
7	43	S
8	43	S
9	15, 16	T
10	28	T
11	47	T
12	12	S
13	44, 45, 46	S

T Stoff-Teilchen-Beziehungen, S Struktur-Eigenschafts-Beziehungen

› Die Lösungen findest du im Anhang.

Metalle

Täglich begegnen wir Gegenständen aus Metall: Fahrrädern, Autos, Brücken, Brillengestellen oder Geldmünzen. Auch Fassaden können aus Metall bestehen. Das von FRANK O. GEHRY entworfene Guggenheim-Museum in Bilbao ist mit 33 000 kleinen, hauchdünn mit Titan beschichteten Stahlplatten bedeckt. Sie lassen das märchenhafte Gebäude in jedem Licht der Umgebung erscheinen. Metalle sind aus Alltag, Medizin und Technik nicht wegzudenken. Ihre Anwendungsmöglichkeiten erscheinen grenzenlos.

- Welche verschiedenen Metalle gibt es?
- Welche gemeinsamen Eigenschaften besitzen Metalle?
- Worin liegen die Ursachen für die Eigenschaften der Metalle?
- Welche Bedeutung haben Metalle für den Menschen?

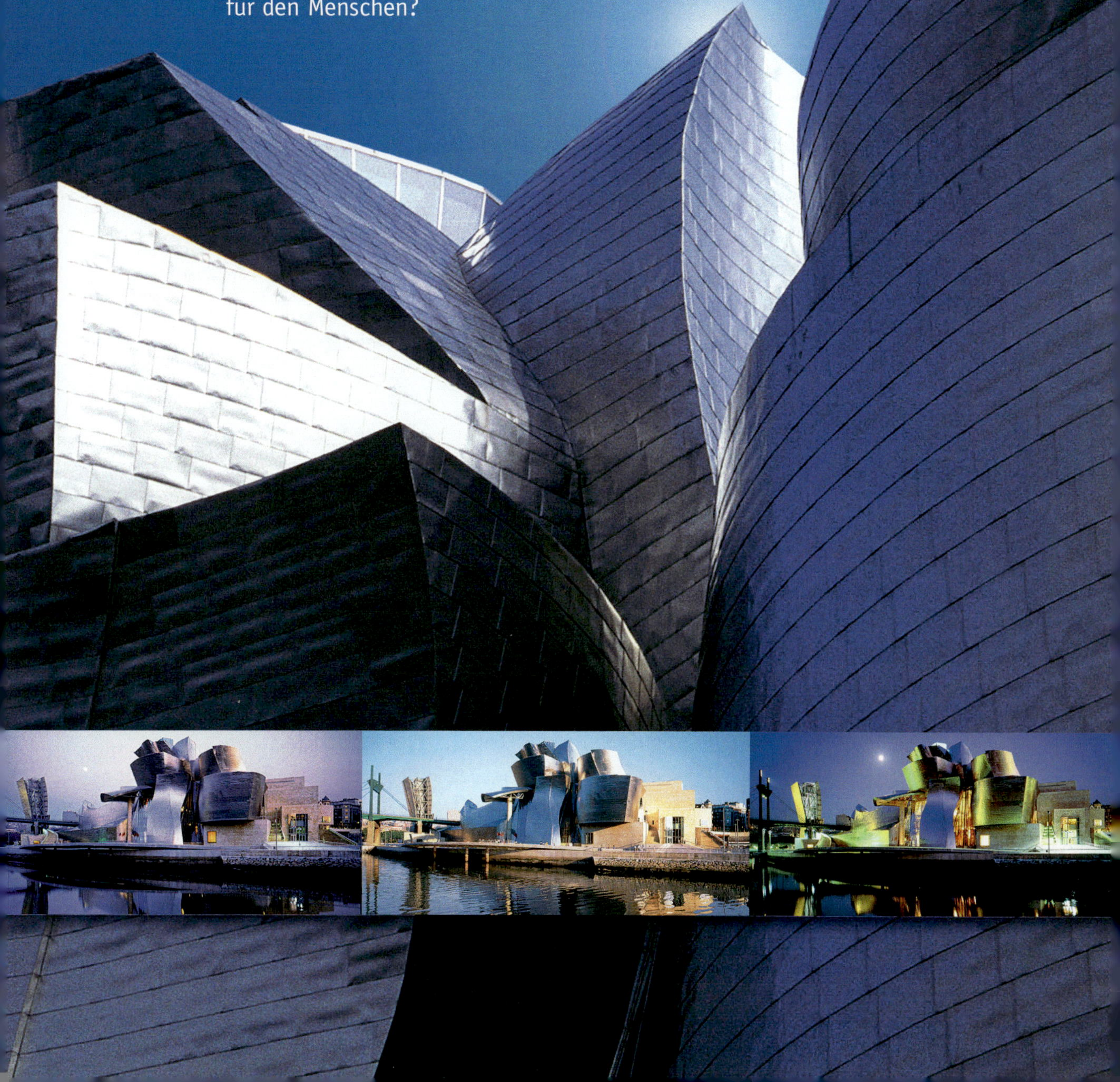

Selbst untersucht Metalle auf dem Prüfstand

1 Prüfe das Aussehen von Stoffen.

Reibe Stücke von Aluminium, Zinn, Eisen, Holz, Kunststoff, Kupfer und Zink mit feinem Schleifpapier ab.
Beschreibe die Farbe und die Oberfläche der Stoffe und prüfe diese auf Lichtdurchlässigkeit.
Entsorgung: Feststoffe einsammeln, werden wieder verwendet.

2 Ordne die Stoffe nach ihrer Verformbarkeit.

Lege Stücke von Aluminium, Blei, Eisen, Holz, Kunststoff, Kupfer und Zink auf eine feste, gegen Schlag unempfindliche Unterlage. Schlage mehrfach mit einem Hammer darauf.
Notiere deine Beobachtungen. Ordne die Stoffe.
Entsorgung: Feststoffe einsammeln, werden wieder verwendet.

3 Bestimme die Dichte von Metallen.

Du benötigst je ein Stück Eisen, Kupfer, Aluminium, Blei, Magnesium und Zink. Wiege die einzelnen Metallstücke und notiere ihre Massen. Ermittle das Volumen der Metallproben, indem du einen Messzylinder mit genau 50 ml Wasser füllst und anschließend das Metall in den Messzylinder gibst. Lies jeweils erneut das Volumen ab und berechne die Volumendifferenz.

Metallstück

Messzylinder

Wasser

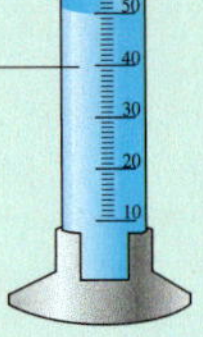

Berechne die Dichte der einzelnen Stoffe und vergleiche sie mit den Werten in Tabellen.
Entsorgung: Metalle einsammeln, werden wieder verwendet.

4 Vergleiche Schmelztemperaturen von Zinn, Kupfer und Zink.

Vorsicht! Schutzbrille! Erhitze nacheinander etwa gleich große Stücke von Zinn, Kupfer und Zink in einem Schmelztiegel. Sollte der Stoff schmelzen, gieße die Schmelze in ein großes, mit Wasser gefülltes Becherglas.
Notiere deine Beobachtungen. Ordne die Stoffe entsprechend ihrer Schmelztemperatur. Überprüfe deine Entscheidung unter Einbeziehung der entsprechenden Tabellenwerte.
Entsorgung: Metalle einsammeln, werden wieder verwendet.

5 Untersuche die elektrische Leitfähigkeit.

Untersuche die elektrische Leitfähigkeit von Gegenständen aus Aluminium, Blei, Eisen, Holz, Kunststoff, Kupfer und Zink.

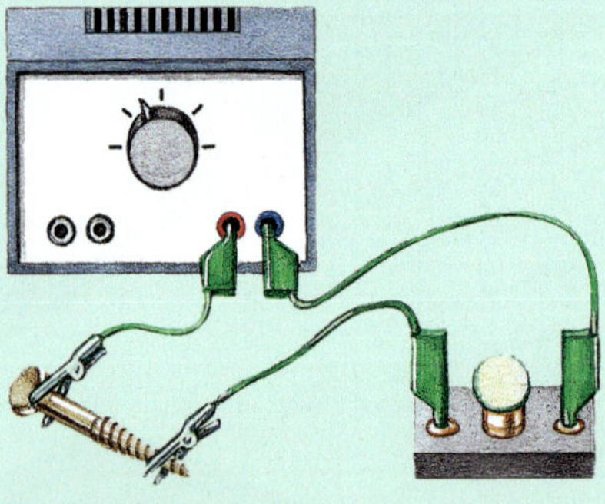

Ordne die Stoffe nach ihrer elektrischen Leitfähigkeit.
Entsorgung: Metalle einsammeln, werden wieder verwendet.

6 Prüfe die Härte von Metallen.

Versuche Blechstreifen gleicher Stärke von Kupfer, Blei und Eisen mit einem Stahlnagel zu ritzen.
Notiere deine Beobachtungen. Ziehe Schlussfolgerungen in Bezug auf die mögliche Verwendung der Metalle.
Entsorgung: Metalle einsammeln, werden wieder verwendet.

7 Untersuche das Verhalten gegenüber einem Magneten.
Bewege einen Magneten dicht über die Oberfläche eines Kupferspans, eines Eisenspans, eines Magnesiumspans und eines Stückes Zink.
Notiere Gemeinsamkeiten und Unterschiede.
Entsorgung: Metalle einsammeln, werden wieder verwendet.

8 Vergleiche die Wärmeleitfähigkeit.
Vorsicht! Schutzbrille! Gib auf etwa 5 cm lange Stücke von Aluminium, Blei, Eisen, Kupfer und Zink je einen etwa gleich großen Tropfen Kerzenwachs an ein Ende des Stückes. Halte das Metall mithilfe einer Tiegelzange mit dem anderen Ende in eine kleine Brennerflamme und ermittle die Zeit bis zum Schmelzen des Wachses.

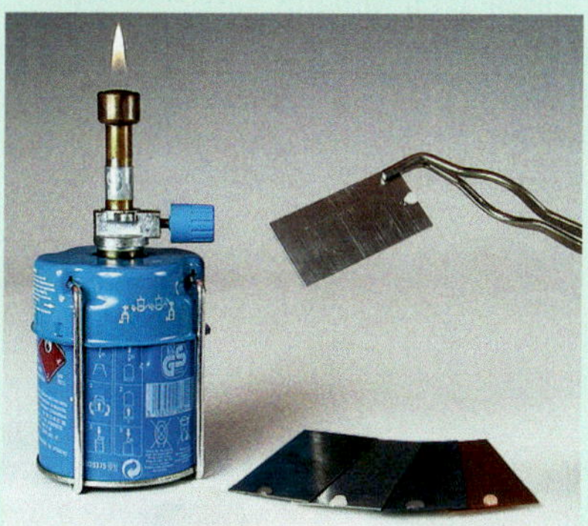

Notiere Gemeinsamkeiten und Unterschiede.
Entsorgung: Metalle einsammeln, werden wieder verwendet.

9 Erstelle Steckbriefe von Metallen.
Führe die Experimente 1 bis 8 für die Metalle Eisen, Kupfer und Zink durch. Notiere in Steckbriefen jeweils die Eigenschaften Farbe, Glanz, Aggregatzustand bei Zimmertemperatur, Verformbarkeit, Dichte, elektrische Leitfähigkeit, Verhalten gegenüber Magneten, Härte, Wärmeleitfähigkeit. Entwickle einen allgemein gültigen Steckbrief für Metalle.

10 Vergleiche die Eigenschaften von Legierungen und Metallen.
Untersuche die elektrische Leitfähigkeit, die Wärmeleitfähigkeit, die Dichte, die Härte und die Verformbarkeit von Bronze, Messing, Kupfer, Zink und Zinn.
Erkunde die Schmelztemperaturen dieser Stoffe in Tabellenwerken.
Vergleiche die ermittelten Eigenschaften der Legierungen mit denen der reinen Metalle, aus denen sie jeweils zusammengesetzt sind.
Entsorgung: Feststoffe einsammeln, werden wieder verwendet.

11 „Vergolde" eine Kupfermünze.
Vorsicht! Schutzbrille! Gib eine gereinigte Kupfermünze in ein kleines Becherglas mit 20 ml 10%iger Natronlauge (C) und zwei Spatelspitzen Zinkpulver. Erhitze unter Umrühren vorsichtig bis zum Sieden. Lasse die Münze noch einige Zeit im Becherglas liegen. Nimm sie mit einer Tiegelzange heraus und spüle sie gut mit Wasser ab. Erwärme die Münze vorsichtig in der Brennerflamme. Berühre die Münze mit der Tiegelzange nur am Rand. Sie darf nicht glühen!

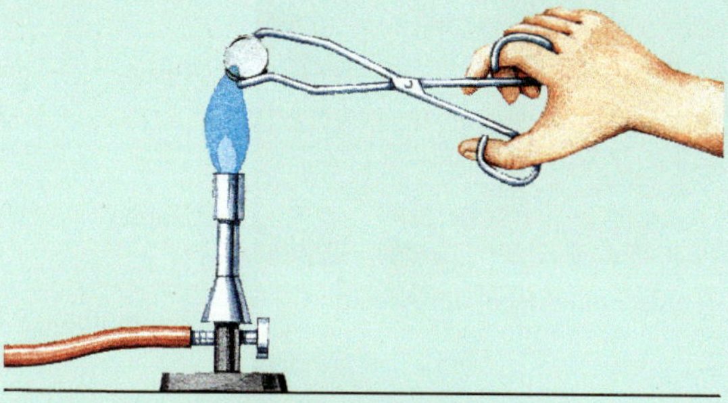

Notiere deine Beobachtungen. Wie hat sich das Aussehen der Münze verändert? Suche nach einer Erklärung für deine Beobachtung.
Entsorgung: Überschüssiges Zinkpulver mit Wasser reinigen und aufbewahren; Natronlauge in den Sammelbehälter I geben.

Eigenschaften von Metallen

Auf den Platinen eines Computers wimmelt es von Kontakten, Drähten, Lötstellen, Kabeln und Blechen. Dicht gedrängt sind die elektronischen Bauteile über Leiterbahnen miteinander verbunden. Ohne genaue Kenntnisse über die Eigenschaften der Metalle wären viele moderne Technologien nicht vorstellbar.
Wodurch unterscheiden sich Metalle von anderen Stoffen? Warum sind sie als vielseitige Werkstoffe so interessant?

1 Blick ins Innere eines Computers

2 Goldschmiedin bei der Arbeit

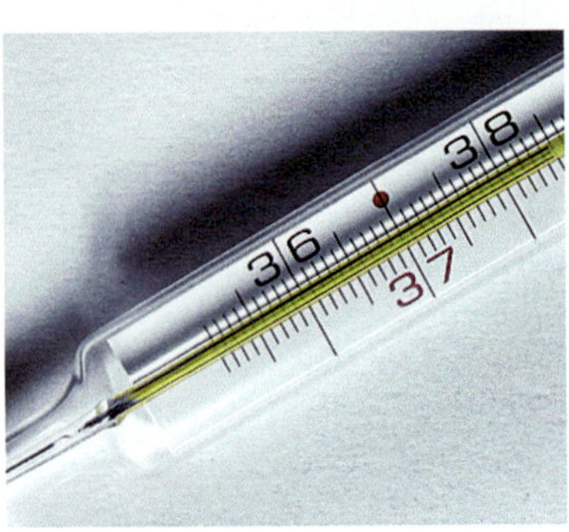

3 Quecksilber wurde früher in Fieberthermometern eingesetzt.

Eigenschaften von Metallen Ihr habt eine Vielzahl unterschiedlicher Stoffe untersucht. Darunter waren auch Metalle. Ihre Eigenschaften unterscheiden sich von denen anderer Stoffe. Wie sich in Experimenten feststellen lässt, haben Metalle gemeinsame Eigenschaften, an denen wir sie erkennen können. Allerdings gibt es auch Unterschiede zwischen den einzelnen Metallen. ↑S.56/57

Eigenschaften von Metallen

Metall	Eigenschaften
Eisen	silberweiß glänzend, relativ weich und dehnbar, an feuchter Luft bildet sich schnell eine Schicht aus rotbraunem Rost, leitet die Wärme und den elektrischen Strom
Kupfer	rötlich bis gelbrot glänzend, sehr weich und gut verformbar, leitet die Wärme und den elektrischen Strom sehr gut
Aluminium	silberweiß glänzend, geringe Dichte, leitet die Wärme und den elektrischen Strom gut, läuft an der Luft leicht an
Silber	weiß glänzend, weich und leicht verformbar, leitet die Wärme und den elektrischen Strom sehr gut

Einige Metalle zeichnen sich durch besondere Eigenschaften aus. **Zinn** und **Cadmium** schmelzen bereits bei sehr niedrigen Temperaturen. **Quecksilber** ist als einziges Metall bei Zimmertemperatur flüssig. **Wolfram** besitzt den höchsten Schmelzpunkt aller Metalle. Einige Metalle, wie **Natrium** oder **Magnesium**, laufen an der Luft sehr leicht an. Sie bilden eine Schutzschicht, unter der die glänzende Oberfläche verborgen bleibt. Drei Metalle zeigen magnetische Eigenschaften: **Eisen**, **Cobalt** und **Nickel**.

Metalle – eine Stoffgruppe Stoffe, die gemeinsame, charakteristische Eigenschaften haben, bilden eine **Stoffgruppe**. Durch die experimentelle Untersuchung verschiedener Metalle konntet ihr solche charakteristischen Eigenschaften für die Metalle feststellen. ↑S.56/57

Alle Metalle zeichnen sich durch ihren wenn auch unterschiedlich farbigen metallischen **Glanz** aus. Die **Verformbarkeit** ist eine weitere gemeinsame Eigenschaft der Metalle. Sie lassen sich durch Walzen, Schmieden und Ziehen verformen und bearbeiten. Metalle zeichnen sich durch ihre gute **Wärmeleitfähigkeit** und **elektrische Leitfähigkeit** aus.

Einzelne Eigenschaften werden genutzt, um Metalle einzuteilen. Nach ihrer Dichte lassen sich **Schwermetalle** ($\varrho > 5\,g/cm^3$), wie Eisen, Kupfer und Blei, von **Leichtmetallen** ($\varrho < 5\,g/cm^3$), wie Magnesium und Aluminium, unterscheiden.

4 Die Schnittfläche von Natrium läuft schnell an.

5 Die Wolframwendel einer Glühlampe muss Temperaturen bis 3000 °C standhalten.

Die Metalle haben gemeinsame Eigenschaften. Sie leiten die Wärme und den elektrischen Strom. Sie zeichnen sich durch ihren metallischen Glanz und ihre gute Verformbarkeit aus.

Steckbrief Blei

Farbe: bläulich weiß
Glanz: glänzend
Aggregatzustand bei Zimmertemperatur: fest
Verformbarkeit: sehr gut
Dichte: $11{,}34\,g/cm^3$
Elektrische Leitfähigkeit: gut
Härte: weich
Wärmeleitfähigkeit: gut

Steckbrief Gold

Farbe: rötlich bis gelb
Glanz: glänzend
Aggregatzustand bei Zimmertemperatur: fest
Verformbarkeit: sehr gut
Dichte: $19{,}3\,g/cm^3$
Elektrische Leitfähigkeit: sehr gut
Härte: weich
Wärmeleitfähigkeit: sehr gut

Schon gewusst?

Mit der Frage, ob gewöhnliche Metalle in Gold und Silber umgewandelt werden können, beschäftigte sich die Alchemie. Wahrscheinlich ist der Name ursprünglich dem chinesischen Wort „kimya“ entlehnt. Es bedeutet so viel wie „goldmachender Saft“. Über Handelswege zu den Arabern gelangt, nannten diese die Goldmacherkunst „al chemieia“, die Alchemie.

Aufgaben

1 Erkunde die Dichte von Eisen, Kupfer, Aluminium, Blei, Magnesium und Zink. Informiere dich dazu in einem Tabellenwerk und erstelle eine Übersicht. Vergleiche die Werte mit den Versuchsergebnissen. Teile die Metalle in Leichtmetalle und Schwermetalle ein.

2 Erstelle Steckbriefe von Magnesium und Aluminium. Nutze dazu die Ergebnisse der Experimente und ein Tabellenwerk.

3 Suche nach Volksweisheiten und Sprüchen, die mit Metallen zu tun haben. Erläutere deren Bedeutung.

4 Erkundige dich nach „kalten“ und „heißen“ Methoden der Metallbearbeitung. Stelle einige Werkzeuge und Methoden in der Klasse vor. Welche Eigenschaften spielen dabei eine Rolle?

Methode

Ermitteln von Daten und Informationen über Stoffe

Oft ist es notwendig, Daten und Informationen z. B. über besondere Stoffe zu ermitteln. Tipps und Hinweise zum Umgang mit einigen Informationsquellen findest du auf dieser Seite.
Titan ist ein silbergraues Metall mit besonderen Eigenschaften und interessanten Anwendungen. Stelle Informationen über diesen Werkstoff zusammen.

1 *Kläre, welche Informationen notwendig sind.*
Welche Eigenschaften hat Titan? Wo kommt es vor? Welche Anwendungen gibt es?

2 *Verschaffe dir einen Überblick über leicht zugängliche Informationsquellen.*
Informationsquellen können z. B. in der Schule, in einer Bibliothek und bei dir zu Hause zugänglich sein.
Mögliche Quellen:

Tabellenwerk und Lexikon
In Tabellenwerken sind wichtige Daten und Formeln übersichtlich zusammengestellt. Im Lexikon finden sich neben dem eigentlichen Eintrag, z. B. unter dem Suchbegriff „Titan", weitere Informationen und zusätzliche Stichworte, die wichtige Anhaltspunkte zu weiterführenden Informationen über den gesuchten Stoff bieten.

Die multimediale Enzyklopädie
Digitale Nachschlagewerke, wie z. B. Microsoft Encarta, Brockhaus Multimedial oder Wikipedia, die kostenlose Enzyklopädie im Internet (de.wikipedia.org), bieten informative Artikel zu vielen Themenbereichen. Abbildungen, Diagramme, Links und zahlreiche weitere Multimediaelemente ergänzen die Artikel. Die Bedienung erfolgt über eine Suchmaske, in die der gesuchte Begriff als Stichwort eingegeben wird.

Das Internet
Suchmaschinen (z. B. www.google.de, www.lycos.de, de.yahoo.com, www.abacho.de, de.altavista.com) helfen dir bei der Recherche im Internet. Schränke deine Suche sinnvoll ein, indem du treffende Suchbegriffe verwendest und dir z. B. nur deutschsprachige Seiten oder nur Seiten von Universitäten und Organisationen anzeigen lässt.

3 *Recherchiere in den von dir ausgewählten Informationsquellen.*
Bewerte zunächst den Informationsgehalt.

4 *Wähle gezielt die Quellen aus, in denen du die benötigten Informationen genauer recherchieren kannst.*

5 *Stelle die Ergebnisse deiner Ermittlungen dar.*
Wähle eine geeignete Form der Darstellung. Dies könnten z. B. eine Tabelle, eine Übersicht oder ein Poster sein.

Name	Titan
Symbol	Ti
Vorkommen	neunthäufigstes Element auf der Erde, Bestandteil von Mineralien
Schmelztemperatur	1668 °C
Siedetemperatur	3287 °C
Dichte	4,5 g/cm³
Weitere Eigenschaften	hohe Festigkeit, Korrosionsbeständigkeit, Bioverträglichkeit
Anwendungen	als Legierungsbestandteil im Flugzeugbau und in der Raumfahrttechnik, als „Knochenersatz" in der Medizin, als korrosionsbeständiges Metall in Wärmetauschern

Tipp für alle Recherchen Texte, einzelne Textpassagen oder Bilder aus den Quellen dürfen ausschließlich für private Zwecke genutzt werden. Füge deiner Recherche stets eine Quellenangabe hinzu. Fremde Zitate müssen als solche deutlich kenntlich gemacht werden. Hüte dich vor dem einfachen Kopieren von Beiträgen.

1 Fahrrad aus Titan

Euromünzen sind Legierungen mehrerer Metalle. Eine 50-Cent-Münze besteht z. B. aus Nordischem Gold, einer Kupfer-Aluminium-Zink-Zinn-Legierung.

Spiegel wurden ursprünglich mit Amalgam, einer Quecksilberlegierung, beschichtet. Heutige Spezialspiegel wie das Weltraumteleskop „Hubble“ werden im Vakuum mit einer hauchdünnen Metallschicht z. B. aus Silber, Aluminium oder Platin bedampft.

Im Auto sind wir während eines Gewitters vor Blitzeinschlägen geschützt. Die Karosserie aus Metall wirkt als Faraday-Käfig. Der Blitz wird über die Außenhaut des Fahrzeugs in die Erde abgeleitet.

Die Vielfalt der Metalle

Knochen stabilisierende Schrauben und künstliche Gelenke werden aus Titan gefertigt – auch wegen seiner guten Verträglichkeit im Körper.

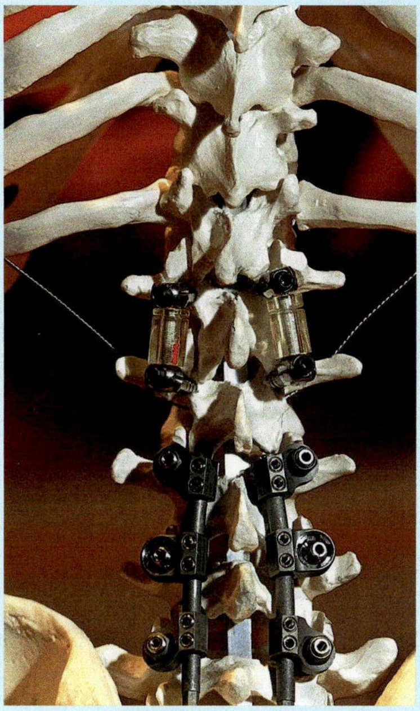

Quecksilberdampflampen werden z. B. in Beamern eingesetzt. Etwa 10 mg des flüssigen Metalls werden darin bei einem Druck von 10 MPa und einer Temperatur von über 1 000 °C verdampft und geben ein intensiv bläulich weißes Licht.

Bedeutung und Verwendung von Metallen

Die weltweit älteste astronomische Darstellung des Sternenhimmels ist die 3600 Jahre alte Himmelsscheibe von Nebra. Die fast 2 kg schwere Bronzearbeit zeigt mit ihren Goldeinlagen komplexe astronomische Phänomene. Welche Metalle spielen seit dem Altertum eine bedeutende Rolle? Wie lassen sich Eigenschaften der Metalle für unsere Zwecke verändern?

1 Himmelsscheibe von Nebra

2 Aufgesägter Eisenmeteorit

3 Militärische Rüstung

Der Mensch lernt den Umgang mit Metallen Schon in der Steinzeit wussten die Menschen mit Metallen umzugehen. Aus Gold und Silber fertigten sie Schmuck und Ritualgegenstände, die allerdings meist Priestern und Adligen vorbehalten blieben. Mit dem zunehmenden Tauschhandel in den frühen Kulturen stieg die Bedeutung beider Metalle für den Münzhandel.

Kupfer spielte bereits im frühen Altertum (Beginn ca. 4000 v. Chr.) eine bedeutende Rolle. Allerdings waren die ersten während der **Kupferzeit** (ca. 3500 bis 2500 v. Chr.) gefertigten Waffen und Werkzeuge noch spröde und brüchig. Erst durch Ausglühen am Feuer wurde das Metall gehärtet.

Die Menschen erkannten, dass Kupfer mit beigemischtem Zinn härter und leichter zu bearbeiten war. Aus dieser Legierung, der Bronze, wurden landwirtschaftliche Geräte und Waffen hergestellt. Die Kenntnisse der Bronzeherstellung gelangten aus dem Vorderen Orient nach Mitteleuropa. Die Rohstoffe mussten in der **Bronzezeit** (ca. 2500 bis 700 v. Chr.) über lange Handelswege transportiert werden.

Mit dem Beginn der **Eisenzeit** um ca. 1200 v. Chr. konnten größere Mengen an Eisen durch chemische Prozesse aus den Erzen gewonnen werden. Zuvor war Eisen selten und kostbar, da es nur in Eisenmeteoriten als Reinstoff vorkommt. Schmiedeeiserne Waffen waren den Bronzeschwertern und -schilden überlegen.

Metalle als Werkstoffe Heute sind die Metalle als Werkstoffe in allen Bereichen unseres täglichen Lebens vertreten. Handel und Transport, moderne Informationstechnologie, Wissenschaft und Forschung wären ohne Metalle nicht vorstellbar. Einige Beispiele zeigen die Vielseitigkeit dieser Stoffgruppe.

Verwendung von Metallen

Metall	Verwendung
Aluminium	im Fahrzeug- und Flugzeugbau, Haushaltsgeräte, Verpackungen, in der Elektrotechnik
Blei	Autobatterien, Schutzbekleidung, Kontakte in der Fernseh- und Computerindustrie
Gold	Schmuck, Münzen, in der Zahntechnik und der Elektronik
Kupfer	Kabel in der Elektroindustrie, Heiz- und Kühlanlagen, Rohre und Dachrinnen
Quecksilber	bei der Goldgewinnung, zur Herstellung von Batterien
Silber	Schmuck, Münzen, Besteck, Spiegel, in der Fotografie
Wolfram	Glühwendeln für die Elektro-, Fernseh- und Computerindustrie

Zusammensetzung von Legierungen

Legierung	Zusammensetzung
Chrom-Nickel-Stahl	Eisen mit 0,2 % Kohlenstoff, 18 % Chrom und Nickel
Manganstahl	Eisen mit bis zu 14 % Mangan und 0,3 bis 1,3 % Kohlenstoff
Messing	Kupfer mit bis zu 35 % Zink
Bronze	Kupfer mit bis zu 30 % Zinn
Duraluminium	Aluminium mit 4 % Kupfer, 1 % Magnesium, 1 % Silicium und 0,5 % Mangan

Werkstoffe nach Maß Metallische Werkstoffe bestehen häufig nicht nur aus einem einzigen Metall. Viele geschmolzene Metalle mischen sich miteinander und erstarren anschließend als feste, homogene Stoffgemische, die **Metalllegierungen** (lat. ligare – binden, sich vereinigen). So kann durch Zugabe von Zinn zu Kupfer Bronze gewonnen werden. Aus Zink und Kupfer erhält man Messing. Die Metalllegierungen unterscheiden sich oft stark in ihren Eigenschaften von den reinen Metallen. Meist sind sie fester, härter und korrosionsbeständiger als die zu ihrer Herstellung eingesetzten Metalle und sie besitzen eine andere Farbe. ↑E.10,11 S.57

Musikinstrumente, Lampen, Wasserhähne und viele Münzen bestehen aus Messing. Im Flugzeugbau wird wegen seiner geringen Dichte und großen Zugfestigkeit Duraluminium eingesetzt. Als Lötmetall werden Legierungen aus Zinn und Blei verwendet. Sie zeichnen sich durch ihren besonders niedrigen Schmelzpunkt aus.

Stahl, eine Legierung aus Eisen und Kohlenstoff, ist deutlich fester und härter als gewöhnliches Schmiedeeisen. Durch Zugabe von Chrom, Nickel, Mangan und anderen Metallen entstehen korrosionsbeständige und besonders harte Stähle.

Legierungen sind homogene Stoffgemische aus verschiedenen Metallen. Legierungen unterscheiden sich in ihren Eigenschaften von den reinen Metallen, aus denen sie hergestellt wurden.

4 Musikinstrumente bestehen häufig aus Messing.

EXPERIMENT 12 [L]
Herstellen einer Legierung.
Vorsicht! Schutzbrille! Zinn und Blei werden zu gleichen Teilen in einem Porzellantiegel bis zur Schmelze erhitzt. Die abgekühlte Metallmasse wird mit den ursprünglichen Metallen verglichen.

Aufgaben

1 Begründe die Überlegenheit von schmiedeeisernen Waffen gegenüber Waffen aus Stein, Kupfer oder Bronze.

2 Erkunde, welche Haushaltsgeräte aus Metall gefertigt sind. Begründe den Einsatz der Metalle.

3 Informiere dich über Gold- und Silberlegierungen in Schmuck. Erläutere die Prägung 585er-Weißgold.

4 Amalgamfüllungen werden in der Zahnmedizin eingesetzt. Erkunde Zusammensetzung und Eigenschaften dieser Legierung.

Bau der Metalle

Der griechische Philosoph DEMOKRIT (460 bis 371 v. Chr.) hatte die Vorstellung von Grundbausteinen, aus denen alle Stoffe aufgebaut sein sollen.
Heute kann der Bau der Stoffe mit modernsten Verfahren untersucht werden. Das Raster-Tunnelelektronenmikroskop zeigt eine Goldoberfläche in unvorstellbarer Vergrößerung.
Wie sind Metalle aufgebaut?

1 Goldfolie und Aufnahme einer Goldoberfläche im Raster-Tunnelelektronenmikroskop

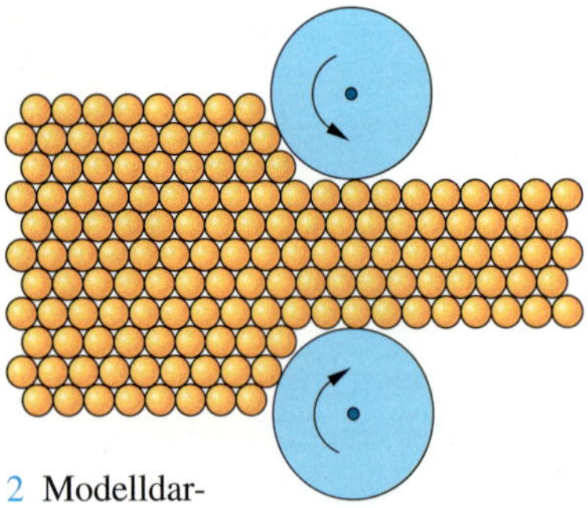

2 Modelldarstellung von Goldatomen beim Walzen

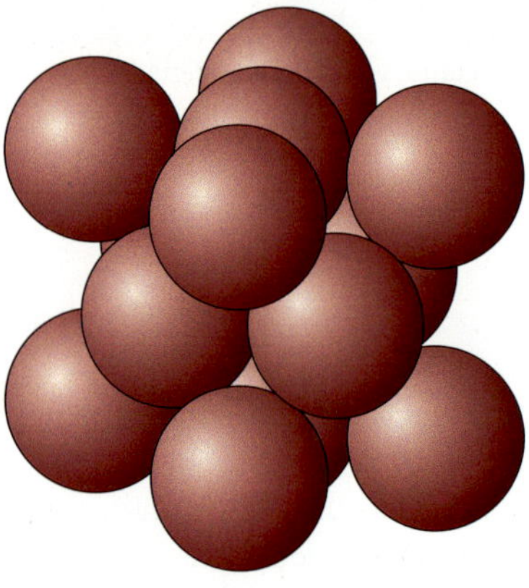

3 Modelldarstellung der Anordnung der Atome im Kupfer

Modell vom Bau der Metalle Bereits im 18. Jahrhundert lieferten Chemiker erstmals experimentelle Hinweise für die Vorstellung, dass alles, was uns umgibt, aus kleinsten Teilchen und aus leerem Raum besteht. Eine Art solcher Teilchen sind die **Atome** (griech. atomos – unteilbar). JOHN DALTON (1766 bis 1844) entwickelte 1808 sein **Atommodell** als wichtige Grundlage der modernen Chemie. Das Modell besagt: Alle Stoffe sind aus **Atomen** aufgebaut. Die Atome eines Stoffes sind unvorstellbar klein und haben eine winzige Masse. Mit dem Raster-Tunnelelektronenmikroskop lassen sich regelmäßige Anordnungen von Metallatomen erkennen. ↑1 Sie bilden Atomverbände und werden durch starke Anziehungskräfte zusammengehalten. Die Atome verschiedener Metalle unterscheiden sich u. a. in ihrer Größe und ihrer Masse.

Der Bau der Metalle und ihre Eigenschaften Wird Gold zu Blattgold ausgewalzt, verschieben sich nur die Schichten der Goldatome. Die regelmäßige Anordnung der Goldatome bleibt erhalten. ↑2
Wird ein Metall erhitzt, schwingen die Atome immer stärker. Wenn die Schmelztemperatur erreicht ist, geht ihre regelmäßige Anordnung verloren. Bei weiterer Wärmezufuhr verdampft das Metall. Die Anziehungskräfte zwischen den Atomen werden vollständig überwunden.

Der Versuch von RUTHERFORD Der englische Physiker JOSEPH J. THOMSON (1856 bis 1940) entdeckte 1897 ein fast masseloses, elektrisch negativ geladenes Teilchen im Atom, das **Elektron**. Da Atome jedoch elektrisch neutral sind, begann nun die Suche nach den Teilchen, die die negative Ladung der Elektronen im Atom ausgleichen.

Um den Bau der Atome zu untersuchen, bestrahlten ERNEST RUTHERFORD (1871 bis 1937) und seine Mitarbeiter eine sehr dünne, nur etwa 1 000 Atome dicke Goldfolie mit einem Strahl sehr kleiner, positiv geladener Teilchen. Solche Teilchen können Metallfolien leicht durchdringen, ähnlich wie Kanonenkugeln Wände durchdringen. Wie von RUTHERFORD erwartet, gingen fast alle Teilchen geradlinig durch die Folie hindurch. Einige Teilchen wurden jedoch von ihrer Flugbahn abgelenkt, sehr wenige sogar ganz zurückgeworfen. ↑4

RUTHERFORD schloss aus seinem Streuversuch, dass die positive Ladung in einem winzigen Atomkern steckt und dieser praktisch die gesamte Masse des Atoms enthält. Nach dem von ihm entwickelten **Kern-Hülle-Modell** befinden sich die Träger der positiven Ladung, die **Protonen**, im **Atomkern**. In der im Vergleich zum Atomkern riesigen **Atomhülle** befinden sich in einem fast leeren Raum die negativ geladenen **Elektronen**. Die Anzahl der positiven und negativen elektrischen Ladungen stimmt überein. Deshalb ist das Atom elektrisch neutral. ↑5

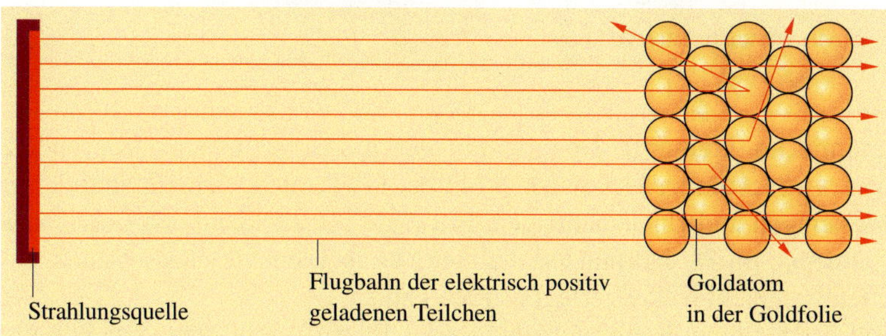

4 Modelldarstellung des Streuversuchs von RUTHERFORD

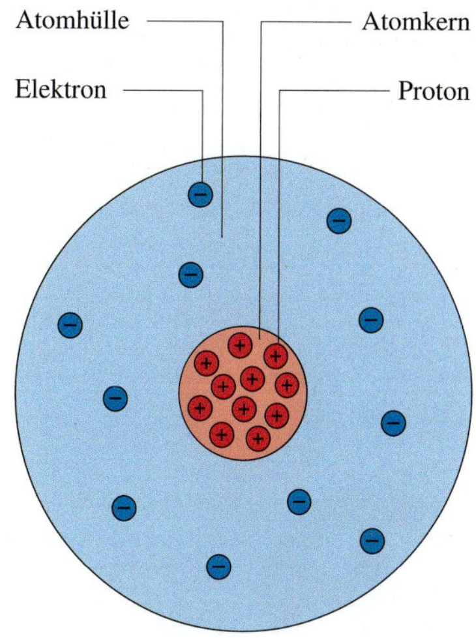

5 Kern-Hülle-Modell des Natriumatoms

Atome haben eine Masse Die Masse einzelner Atome ist unvorstellbar klein. Mit einem Proton im Atomkern und einem Elektron in der Atomhülle ist das Wasserstoffatom das leichteste Atom. Es hat eine **Atommasse** von 0,000 000 000 000 000 000 000 001 674 g. Da solche Zahlen sehr umständlich sind, wurde die **atomare Masseneinheit unit** (Einheitszeichen **u**) eingeführt. 1 u entspricht ungefähr der Masse eines Wasserstoffatoms.

$1\,u = 0{,}000\,000\,000\,000\,000\,000\,000\,001\,661\,g = 1{,}661 \cdot 10^{-24}\,g$

Das Kern-Hülle-Modell der Atome besagt: Atome bestehen aus dem elektrisch positiv geladenen Atomkern und der elektrisch negativ geladenen Atomhülle. Träger der positiven elektrischen Ladung sind die Protonen. Im Atomkern ist fast die gesamte Masse des Atoms konzentriert. Die Elektronen sind Träger der negativen elektrischen Ladung und bilden die Atomhülle. Ein Atom ist elektrisch neutral.

Schon gewusst?

Ein Atom hat einen Durchmesser von ca. 10^{-10} m. Der Atomkern hat einen Durchmesser von ungefähr 10^{-14} m. Wäre die Atomhülle so groß wie ein Fußballstadion, dann besäße der Atomkern die Größe einer Erbse und annähernd die Masse des gesamten Stadions.

Aufgaben

1 Beschreibe die Anordnung der Atome im Kupfer. Verwende dazu die Modelldarstellung. ↑3

2 Warum sind Atome elektrisch neutral? Nutze das Kern-Hülle-Modell zur Erklärung. ↑5

3 Erläutere den Nutzen von Modellen.

4 Zeichne Atommodelle von Lithium (3 Protonen im Atomkern), Aluminium (13 Protonen im Atomkern) und Eisen (26 Protonen im Atomkern).

5 Wie viel u sind 1 g?

Elemente und Symbole

Bereits in der Antike suchten griechische Naturphilosophen nach Elementen, nach Grundstoffen, aus denen sich alles andere herleitet. ARISTOTELES (384 bis 322 v. Chr.) war der Überzeugung, Feuer, Wasser, Luft und Erde seien diese Elemente.
Was verstehen wir heute unter einem Element?

1 Elemente nach ARISTOTELES

Schon gewusst?

JOHN DALTON, der bereits mit zwölf Jahren den Beruf des Lehrers ausübte, lehnte die von JÖNS JAKOB BERZELIUS entwickelte Zeichensprache massiv ab. Die Zeichen DALTONS, wie dieses für Schwefel, wiederum wurden von BERZELIUS als „grauenhaft“ bezeichnet.

Ableitung chemischer Symbole aus lateinischen Bezeichnungen

Element	Lateinische Bezeichnung	Symbol
Aluminium	**al**uminium	Al
Blei	**p**lum**b**um	Pb
Calcium	**ca**lcium	Ca
Eisen	**fe**rrum	Fe
Gold	**au**rum	Au
Kohlenstoff	**c**arboneum	C
Sauerstoff	**o**xygenium	O
Stickstoff	**n**itrogenium	N
Zinn	**s**ta**n**num	Sn

Chemische Elemente Den Beginn der modernen Chemie begründete ANTOINE LAURENT LAVOISIER (1743 bis 1794) mit seinen umfangreichen Messungen und Untersuchungen. Er prägte entscheidend den Begriff des Elements. Im 18. Jahrhundert definierte er als Element jede Substanz, die chemisch nicht weiter zerlegt werden kann.
Bei der heutigen Kennzeichnung dieses Begriffs geht man vom Bau der Atome eines Reinstoffs aus. Betrachten wir z. B. den Aufbau des Metalls Blei. Eine Stoffportion Blei besteht aus unzähligen Bleiatomen. Alle Atome des Bleis haben die gleiche Anzahl von 82 Protonen in ihrem Atomkern. Ein solcher Stoff, der nur aus Atomen einer einzigen Atomart aufgebaut ist, wird als **chemisches Element** bezeichnet.
Auf der Erde kommen über 90 Elemente natürlich vor. Etwa 20 weitere Elemente können künstlich im Labor erzeugt werden.

Ein Element besteht nur aus Atomen einer einzigen Atomart. Alle Atome eines Elements haben die gleiche Anzahl von Protonen im Atomkern.

Die Symbole der Elemente Die Alchemisten im Mittelalter verwendeten viele oft wechselnde geheime Zeichen für chemische Stoffe. Eine weltweite Angleichung der Zeichen begann im 19. Jahrhundert u. a. durch JOHN DALTON, der Kreissymbole verwendete. Der Schwede JÖNS JAKOB BERZELIUS (1779 bis 1848) schlug 1814 ein System von Buchstaben für die Elemente vor. Er bildete die Zeichen für die Elemente aus deren lateinischen oder griechischen Namen und nannte sie **chemische Symbole**. Diese chemische Zeichensprache setzte sich ab 1926 international durch. Chemische Symbole haben mehrere Bedeutungen. Das Symbol Na steht z. B. für das Element Natrium. Ebenso symbolisiert es ein Natriumatom.

Ein Symbol steht für das Element oder für ein Atom dieses Elements. Jedes Element besitzt ein eigenes Symbol.

Einen Globus kennt jeder. Anhand dieses einfachen gegenständlichen Modells der Erde können wir viele geografische Aspekte unseres Planeten beschreiben, erläutern und besser verstehen.

Modelle als wissenschaftliches Arbeitsmittel

Modelle spielen auch für die Arbeit der Naturwissenschaftler eine wichtige Rolle. Viele Phänomene in der Natur oder im Labor lassen sich nicht direkt beobachten. Modelle werden entwickelt, um solche naturwissenschaftlichen Phänomene zu veranschaulichen, zu erklären oder vorauszusagen.

Modelle sind vereinfachte Darstellungen der Wirklichkeit. Sie spiegeln daher nur bestimmte Aspekte der Wirklichkeit wider.
Steht ein Modell im Widerspruch zu neuen wissenschaftlichen Erkenntnissen, muss das alte Modell erweitert bzw. ein neues Modell entwickelt werden.

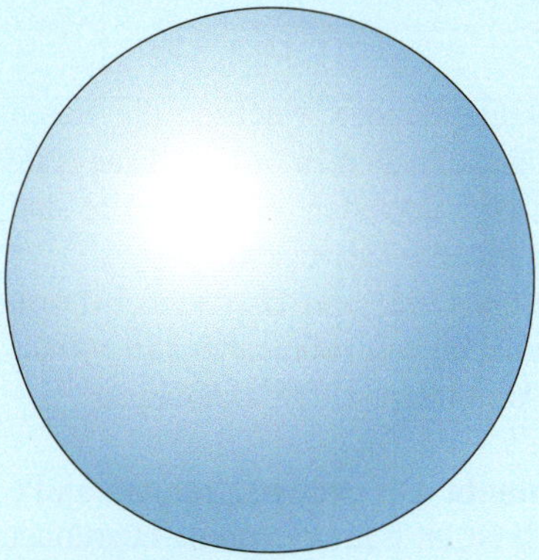

1 Atommodell von Dalton

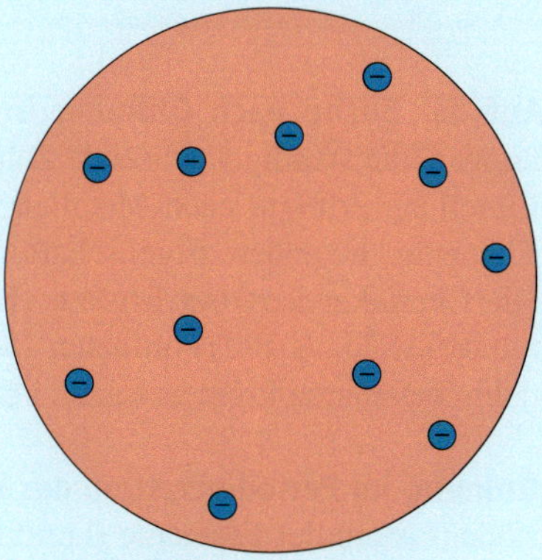

2 Atommodell von Thomson

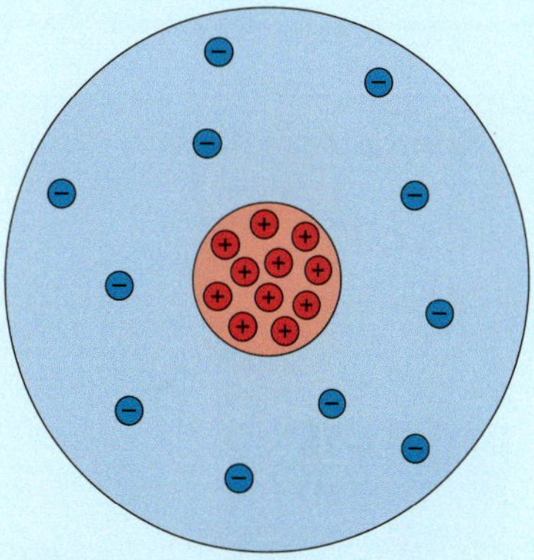

3 Atommodell von Rutherford

Nach dem von John Dalton entwickelten Atommodell sind Atome winzige, kugelförmige, unteilbare Teilchen. Alle Atome eines Elements besitzen die gleiche Masse und Größe. Mit dem Atommodell von Dalton konnten damals viele chemische Vorgänge erklärt werden.

Mit der Entdeckung des Elektrons musste die Vorstellung von einem unteilbaren Atom aufgegeben werden. Joseph Thomson entwickelte ein Modell, in dem die negativ geladenen Elektronen in einem positiv geladenen Atom „eingebettet" sind, ähnlich den Rosinen in einem Teig.

Überraschend waren die Ergebnisse der Versuche von Ernest Rutherford. Sie konnten durch bisherige Modelle nicht erklärt werden. Rutherford entwickelte daher ein neues Modell. In seinem Kern-Hülle-Modell kreisen die negativ geladenen Elektronen um einen winzigen, positiv geladenen Atomkern, der praktisch die gesamte Masse des Atoms enthält.

Periodensystem der Elemente

In der Antike kannten die Menschen sieben Metalle: Gold, Silber, Kupfer, Blei, Zinn, Quecksilber und Eisen. Heute kennen wir mehr als 100 verschiedene Elemente, überwiegend Metalle. Manche haben fremd klingende Namen wie z. B. Actinium, Dysprosium, Protactinium oder Rutherfordium. Im Periodensystem hat jedes Element einen fest zugeordneten Platz. Wie sind die Elemente im Periodensystem angeordnet?

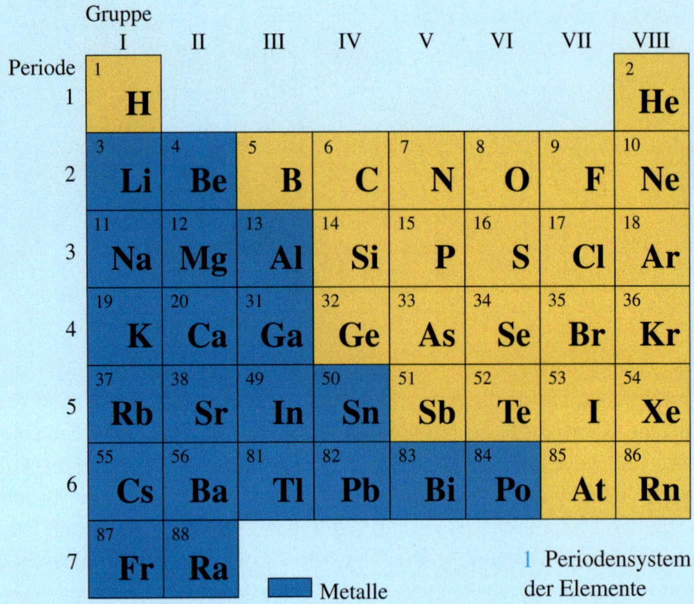

1 Periodensystem der Elemente

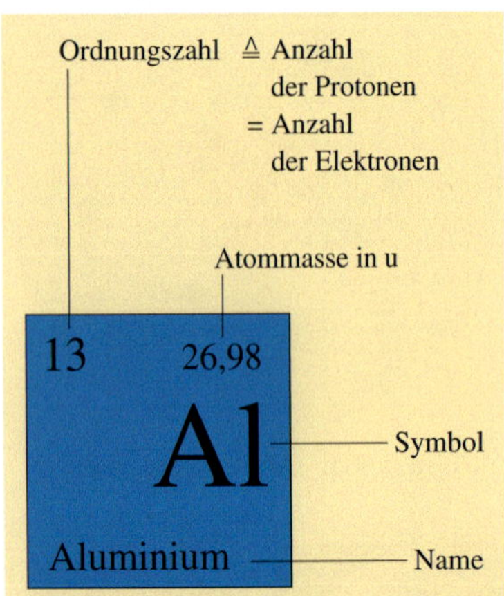

2 Feld des Elements Aluminium im Periodensystem der Elemente

Auf der Suche nach Ordnung Im 19. Jahrhundert wuchsen die Bemühungen, die ständig wachsende Zahl von Elementen zu ordnen. Eine erste Einteilung erfolgte nach Metallen und Nichtmetallen. Nichtmetalle sind Elemente, die andere Eigenschaften als Metalle aufweisen.
Die Chemiker LOTHAR MEYER (1830 bis 1895) und DMITRI I. MENDELEJEW (1834 bis 1907) ordneten 1869 unabhängig voneinander alle 60 bis dahin bekannten Elemente nach ihren Atommassen. ↑PSE im Anhang

Ordnung im Periodensystem der Elemente Die heutige Ordnung im Periodensystem der Elemente (kurz: PSE) ist im Bau der Atome begründet. Die Elemente sind nach steigender **Ordnungszahl** angeordnet. Die Ordnungszahl eines Elements entspricht der Anzahl der Protonen im Atomkern. Im Periodensystem steht sie links oben am Symbol. Dem Chemiker gibt die Stellung eines Elements im Periodensystem Auskunft über den Bau der Atome.
Die Elemente sind in waagerechten Zeilen, den **Perioden**, und in senkrechten Spalten, den **Gruppen**, angeordnet. Von links nach rechts nimmt innerhalb einer Periode die Ordnungszahl um eins zu.

Aufgaben

1 Suche die Elemente mit den Symbolen N, P, Br, H, K, Ca, F, Ne und As im PSE. Gib jeweils den Namen an. Beschreibe den Bau der Atome.

2 Gib die Symbole der Elemente Kohlenstoff, Natrium, Schwefel, Kalium, Gallium und Krypton an. Bestimme jeweils die Gruppe und Periode.

3 Welches Metall besitzt 12 Elektronen in seiner Atomhülle? Welches Nichtmetall hat 16 Protonen im Atomkern? Zeichne jeweils die Kern-Hülle-Modelle.

4 Zeichne Atommodelle von Magnesiumatomen, Sauerstoffatomen und Heliumatomen.

1 Der gelbe Glanz des Goldes gab ihm seinen Namen. Lateinisch heißt es Aurum, das Glänzende, sein Symbol ist Au. Die Titanen, der Sage nach riesenhafte Wesen der Urzeit und die Kinder von Himmel und Erde, gaben dem Metall Titan seinen Namen. Caesium oder Rubidium zeigen charakteristische Flammenfärbungen, aus denen sich ihre lateinischen Namen ableiten.
Recherchiere die Ursprünge der Namen weiterer Elemente. Welche Elemente sind nach Nobelpreisträgern benannt?

2 Altmetalle bezeichnen wir häufig geringschätzig als Schrott. Dabei sind Getränkedosen, Karosserien und die Metalle aus Batterien wertvolle Rohstoffe. Informiere dich über die Sortierung von Metallschrott. Entwirf eine Recyclinganlage zur Trennung des Aluminiums von anderen Metallen. Welche unterschiedlichen Eigenschaften der verschiedenen Metalle können zu ihrer Trennung genutzt werden? Stelle den Entwurf deiner Anlage der Klasse vor.

1 Metallschrott

3 Gold und andere Edelmetalle werden an den Börsen gehandelt. Der Preis ändert sich ständig und wird vom Welthandel bestimmt. Informiere dich im Börsenteil einer Tageszeitung über den aktuellen Preis eines Goldbarrens. Der Sarkophag des TUTANCHAMUN (14. Jh. v. Chr.) ist aus reinem Gold gefertigt. Er wiegt 1128,5 kg. Wie hoch wäre heute der reine Goldwert?

4 Früher war zu Silvester das Bleigießen ein beliebter Brauch. Warum wurde dazu Blei und nicht ein anderes Metall, z. B. Kupfer oder Eisen, verwendet? Heute gießt man anstelle von Blei das ungiftige Zinn. Bestimme die Wärmekapazität von Zinn, Kupfer und Eisen. Plane dazu ein geeignetes Experiment und führe es nach Rücksprache mit deiner Lehrerin bzw. deinem Lehrer durch. Vergleiche deine Messergebnisse mit den Angaben in Tabellenwerken.

5 Formgedächtnislegierungen nehmen nach einer Verformung ihre ursprüngliche Gestalt wieder an. Die sogenannten Memory-Metalle haben ein „Gedächtnis" ihrer Form, die sie auch nach dem Verbiegen behalten. Recherchiere mögliche Anwendungen in der Medizin und in der Weltraumtechnik.

6 Mit dem Anfang der 1980er Jahre von GERD BINNIG und HEINRICH ROHRER entwickelten Raster-Tunnelelektronenmikroskop kann der atomare Aufbau der Oberfläche von Metallen genau untersucht werden. Ein Lego®-Modell, ausgestellt im Deutschen Museum Bonn, veranschaulicht die Funktionsweise des Mikroskops, das einzelne Atome „sehen" kann. Informiere dich über das Verfahren und stelle es in der Klasse vor.

3 Lego®-Modell eines Raster-Tunnelelektronenmikroskops

2 Sarkophag des TUTANCHAMUN, ägyptischer Pharao im 14. Jh. v. Chr.

Auf einen Blick

Metalle

Metalle sind Stoffe, die Wärme und den elektrischen Strom gut leiten. Sie lassen sich verformen und zeigen einen für Metalle typischen Glanz. Metalle bilden aufgrund ihrer charakteristischen Eigenschaften eine eigene Stoffgruppe.

Metalllegierungen

Homogene Stoffgemische aus verschiedenen Metallen. Legierungen unterscheiden sich in ihren Eigenschaften von den reinen Metallen, aus denen sie hergestellt wurden.

Chemisches Element

Atomsorte, deren Atome eine bestimmte gleiche Anzahl elektrisch positiv geladener Protonen im Atomkern enthalten

Chemisches Symbol

International einheitliches chemisches Zeichen, das ein Element oder ein Atom dieses Elements kennzeichnet

Kern-Hülle-Modell

Modellvorstellung vom Atom. Danach bestehen Atome aus einem Atomkern und einer Atomhülle. Im Atomkern befinden sich elektrisch positiv geladene Protonen. In der Atomhülle befinden sich elektrisch negativ geladene Elektronen. Atome sind elektrisch neutral, da die Anzahl der Protonen im Kern und die Anzahl der Elektronen in der Hülle übereinstimmen.

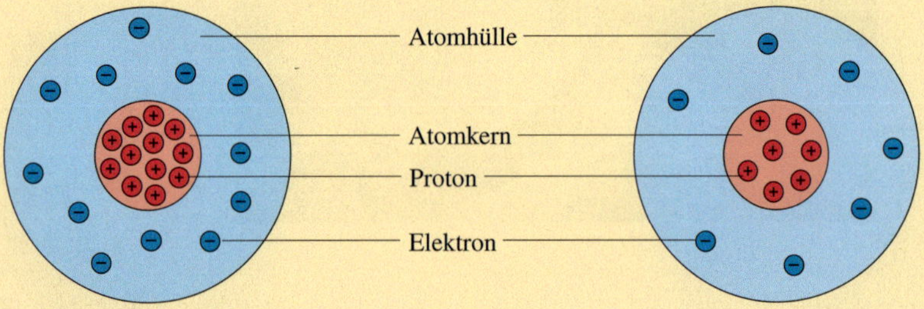

Modell eines Magnesiumatoms — Modell eines Stickstoffatoms

Atommasse

Die Masse eines Atoms ist unvorstellbar klein. Deshalb wird die Atommasse in der atomaren Masseneinheit unit (u) angegeben. 1 u entspricht ungefähr der Masse eines Wasserstoffatoms.

Periodensystem der Elemente (PSE)

Im Periodensystem der Elemente sind die Elemente nach steigender Ordnungszahl angeordnet. Die Ordnungszahl eines Elements entspricht der Anzahl der Protonen im Kern eines Atoms dieses Elements.

Chemische Reaktionen

Der prächtige Baumriese lebt seit Jahrhunderten, weil er Stoffe aus der Natur – Wasser und Mineralstoffe aus dem Boden, Kohlenstoffdioxid aus der Luft – aufnimmt und verarbeitet. Täglich produziert er unter dem Einfluss des Sonnenlichts mehr als 9000 Liter Sauerstoff, den Tagesbedarf von fast 10 Menschen. Gleichzeitig wandelt er aufgenommene Stoffe in etwa 10 kg Kohlenhydrate durch chemische Reaktionen um. Die Natur – eine chemische Fabrik?

- Was geschieht bei diesen Stoffumwandlungen?
- Wie ist es möglich, Stoffe in völlig andere Stoffe umzuwandeln?

Selbst untersucht Umwandeln von Stoffen

1 Untersuche alltägliche Vorgänge auf Stoffumwandlungen.

Gib eine Brausetablette in ein Glas Wasser. Löse anschließend zum Vergleich ein Stück Kandis- oder Würfelzucker in einem Glas Wasser.

Beobachte und notiere die beobachteten Erscheinungen. Überlege, ob die Beobachtungen auf eine Stoffumwandlung hindeuten. Begründe deine Aussage.

Entsorgung: Lösungen in Sammelbehälter für Abwasser.

2 Erkunde das Stattfinden einer Stoffumwandlung.

Gib etwas geriebenen Apfel oder zerdrückte Banane mit wenig Bäckerhefe oder Trockenhefe in eine Zuckerlösung. Fülle das Gemisch in ein Gefäß, das mit einem Wattebausch und später mit einem wassergefüllten Gärröhrchen verschlossen wird. Stelle das Gefäß an einen warmen Ort.

Prüfe nach etwa einem Tag, welche Veränderungen sich erkennen lassen.

Entsorgung: Gäransatz in Sammelbehälter für Hausmüll.

3 Beobachte den Vorgang des Karamellisierens.

Verwende für dieses Experiment keine Geräte aus dem Chemielabor. Erhitze unter Rühren etwa drei Esslöffel Zucker mit ganz wenig Wasser in einem Edelstahltopf. Sobald eine stoffliche Veränderung erkennbar ist, lösche die Schmelze mit etwas Wasser ab. Gieße die Schmelze auf Backpapier tropfenförmig aus oder gib sie auf vorbereiteten Vanillepudding in Förmchen.

Auch Früchte, wie Ananas- oder Apfelsinenstücke, können zum Aromatisieren in die heiße Schmelze gegeben werden.

Begründe, weshalb dieser Vorgang eine Stoffumwandlung ist.

Entsorgung: Reste in Sammelbehälter für Hausmüll.

4 Untersuche das Aushärten von Gips.

Stelle durch Einrühren von Gipspulver in 30 ml Wasser einen Gipsbrei her. Benutze ein flexibles Plastikgefäß.

Streiche einen Teil des Breis zentimeterdick auf einem Zeichenkarton aus. Lasse den Rest des Gipsbreis vollständig aushärten. Pulverisiere den ausgehärteten Gips durch Zerreiben im Mörser.

Prüfe, ob sich aus diesem Pulver wieder ein aushärtender Gipsbrei herstellen lässt.

Interpretiere das Ergebnis.

Entsorgung: Feste Stoffe in Sammelbehälter für Hausmüll.

5 Untersuche ein kleines Feuerwerk.

Beschreibe das Aussehen einer Wunderkerze. Entzünde diese an einem Brenner.
Notiere deine Beobachtungen beim Abbrennen der Wunderkerze. Prüfe das Aussehen der Wunderkerze nach dem Abbrennen. Erkunde, worauf die beobachteten Erscheinungen während des Brennens zurückzuführen sind.
Erläutere die Stoffumwandlung.
Entsorgung: Reste der Wunderkerze in den Sammelbehälter für Hausmüll geben.

6 Untersuche verschiedene Stoffe beim Erhitzen.

Erhitze ein erbsengroßes Stück Kerzenwachs in einem Reagenzglas mit einer Brennerflamme.
Entzünde den Docht eines Teelichts.
Vorsicht! Schutzbrille! Erhitze über einer feuerfesten Unterlage ein Stück Magnesiumband (F) oder einen Magnesiumspan (F) in einer Brennerflamme.

Vergleiche die Vorgänge.
Entsorgung: Teelicht einsammeln, wird wieder verwendet. Wachs und übrige feste Stoffe in den Sammelbehälter für Hausmüll geben.

7 Untersuche Kupfer beim Erhitzen.

Erhitze ein blankes Stück Kupfer in der heißen Brennerflamme. Notiere Beobachtungen vor, beim und nach dem Erhitzen.
Entscheide, ob eine Stoffumwandlung stattfand. Vergleiche die am Experiment beteiligten Stoffe mit Stoffproben aus der Chemikaliensammlung.
Falte ein Kupferblech in der Mitte. Schlage die drei offenen Kanten ein. Halte den Kupferbrief mit einer Tiegelzange in die Brennerflamme.

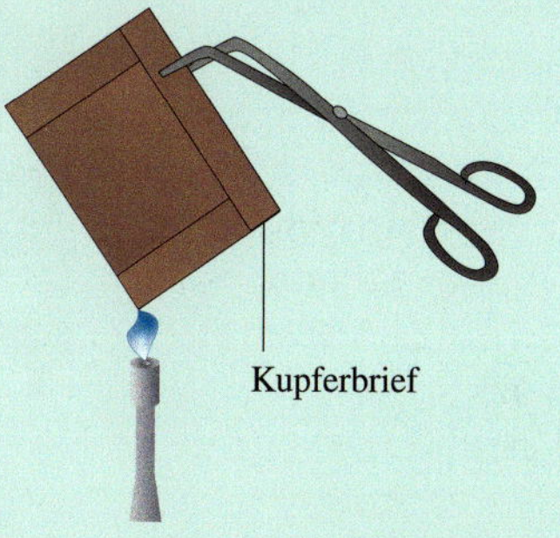

Öffne den Brief nach dem Abkühlen. Betrachte die Außen- und Innenseiten des Briefes.
Entsorgung: Feste Stoffe einsammeln.

8 Untersuche Stoffumwandlungen bei Eisen, Zink und Kupfer.

Schutzbrille! Erhitze auf Verbrennungslöffeln Eisen-, Zink- und Kupferpulver. Tauche die erhitzten Metalle in mit Sauerstoff gefüllte Erlenmeyerkolben. Gib die erkalteten Stoffe auf Uhrgläser.
Vergleiche das Aussehen der entstandenen Stoffe vor und nach dem Einwirken von Sauerstoff.
Entsorgung: Feste Stoffe in die Sammlung oder in den Sammelbehälter für Hausmüll.

9 Gewinne Kupfer aus Kupferoxid.

Vorsicht! Schutzbrille! Gib zu gekörnter Holz- oder Aktivkohle in einem Reagenzglas schwarzes Kupferoxid. Erhitze das Gemisch kräftig.
Notiere deine Beobachtungen.
Entsorgung: Feste Stoffe in den Sammelbehälter für Hausmüll geben.

Chemische Reaktion – eine Stoffumwandlung

Silbrig glänzende Reaktionsapparate, endloses Gewirr von Rohrleitungen – keine Frage: Hier werden Stoffe umgewandelt, laufen chemische Reaktionen ab. Kaum vorstellbar: Aus braunem, dickflüssigem Rohöl werden in einem solchen Chemiebetrieb Treibstoffe, aber auch hochwertige Haushalts- und Freizeitartikel, sogar Arzneimittel hergestellt.

1

2 Stoffprobe von Erdöl

Die Natur – ein chemisches Labor? Pflanzen wachsen, blühen und tragen Früchte. Aus den Samen entstehen wieder neue Pflanzen. Die im lebenden Organismus ablaufenden Vorgänge beruhen auf **Stoffumwandlungen**.

Magen und Darm des Menschen wandeln jährlich mehrere hundert Kilogramm an Speisen um. Im Dünndarn mit seiner inneren Oberfläche von etwa 200 m^2 gehen die Nährstoffe ins Blut und in die Lymphe über. Der menschliche Blutkreislauf ist eine etwa 6 500 km lange Transportbahn aus Arterien, Venen und Kapillaren für Sauerstoff und Nährstoffe, die in den Zellen in körpereigene Stoffe umgewandelt werden.

Stoffumwandlungen in der Technik Aus Eisenerz wird Stahl hergestellt, Baustoffe aus Kalkstein. Silicium, das Elektronikmetall, wird aus Quarzsand gewonnen.

Raffinerien verarbeiten einen wertvollen Bodenschatz, das dickflüssige, schwarzbraune Stoffgemisch Erdöl. Ehe aus diesem die oben genannten Produkte hergestellt werden können, sind Stofftrennungen und vor allem Stoffumwandlungen nötig. Eingesetzte Rohstoffe werden umgewandelt und dabei bleibend verändert, neue Stoffe entstehen.

3 Chemische Vorgänge verändern die Blütenfarbe von Hortensien.

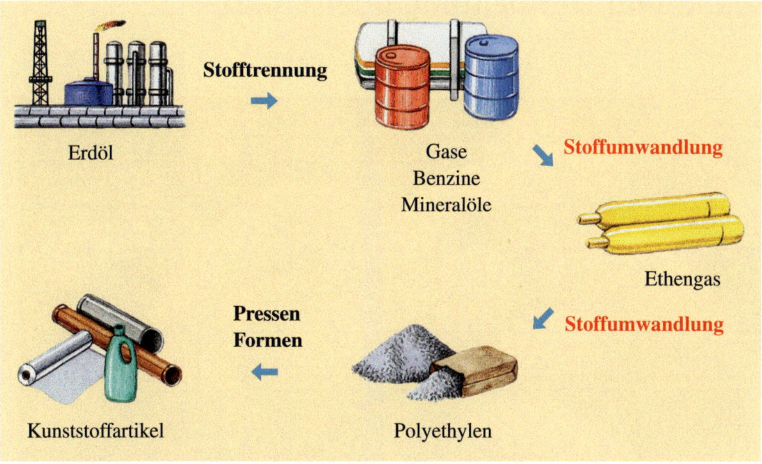

4 Der Weg des Erdöls zum Kunststoff

5 Eisenwolle verbrennt in Sauerstoff.

Neue Stoffe – andere Eigenschaften An verschiedenen Vorgängen aus dem Alltag habt ihr stoffliche Veränderungen bereits in Experimenten selbst untersucht. ↑S.72

Wenn ein weißer, fester Stoff mit Wasser eine sprudelnde Limonade ergibt, wenn aus kristallinem, weißem Zucker brauner Karamellsirup und aus Fruchtsaft Obstwein wird, dann haben Stoffumwandlungen stattgefunden. Neue Stoffe sind entstanden.

Die blanke Oberfläche von Kupfer ist nach dem Erhitzen von einer schwarzen, stumpfen Schicht überzogen. ↑E.7 S.73 Von dem silbrig glänzenden Metall Magnesium bleibt nach dem Erhitzen nur ein weißes Pulver zurück. ↑E.6 S.73

Immer liegen nach dem Beenden der Experimente neue Stoffe mit anderen Eigenschaften vor. Beim Erhitzen des Metalls oder auch des Zuckers hat sich nicht etwa nur der Aggregatzustand der Stoffe geändert, wie das beim Erhitzen vieler Stoffe geschieht, sondern die entstandenen Stoffe besitzen andere Eigenschaften. Solche Vorgänge sind **chemische Reaktionen**.

Chemische Reaktionen sind Stoffumwandlungen, bei denen neue Stoffe mit anderen Eigenschaften entstehen.

6 Chemische Reaktion von Eisen mit Sauerstoff beim Schneiden von Bahnschienen

Aufgaben

1 Erkunde, wie aus Traubensaft Wein hergestellt wird.
Begründe, dass dabei Stoffumwandlungen stattfinden.

2 Gusseisen, Glas, Silicium und Kalkmörtel sind technisch hergestellte Produkte. Ihre Herstellung beruht auf Stoffumwandlungen. Finde heraus, welche Stoffe dazu umgewandelt wurden.

3 Entscheide, ob es sich um chemische Reaktionen handelt, und begründe: Schmelzen von Eis, Grillen von Fleisch, Lösen von Zucker in Wasser, Faulen von Obst, Entfachen und Löschen eines Feuers, Herstellen von Joghurt.

4 Notiere fünf verschiedene Vorgänge aus dem Alltag, von denen du annimmst, dass es sich um chemische Reaktionen handelt. Begründe.

Chemische Reaktion – Umwandlung, Vernichtung oder Erhalt?

Durch Einwirkung von Luft und Feuchtigkeit wird Eisen zerstört. Rotbrauner, poröser Rost entsteht. Der Stoff Eisen wird umgewandelt, eine chemische Reaktion läuft ab. Das Entstehen neuer Stoffe ist ein Merkmal jeder chemischen Reaktion.
Entsteht aber nicht gerade der Eindruck, bei einer chemischen Reaktion würden Stoffe vernichtet?

1

EXPERIMENT 10 [L]
Erhitzen eines Eisen-Schwefel-Gemisches.
Vorsicht! Schutzbrille! Abzug!
7 g Eisenpulver und 4 g Schwefelpulver werden gemischt und in ein senkrecht eingespanntes Reagenzglas gegeben. Mit dem Gasbrenner wird kräftig erhitzt.

EXPERIMENT 11 [L]
Erhitzen von Kupfer mit Schwefel.
Vorsicht! Schutzbrillel! Abzug!
Kupferpulver oder Kupferblech wird mit Schwefel im Massenverhältnis 2 : 1 gemischt und in einem Reagenzglas kräftig erhitzt.

Stoffumwandlungen bei Metallen Was geschieht, wenn aus silbrig glänzendem Magnesium ein weißer, pulvriger Stoff entsteht? Wie ist das Entstehen eines neuen Stoffes zu erklären? Beim Erhitzen veränderten sich auch Eisen, Zink und Kupfer, wie du experimentell feststellen konntest. ↑E.8 S.73 Allerdings war auffallend, dass sich das blanke, rot glänzende Kupfer an der Innenseite des Kupferbriefes nicht veränderte. ↑E.7 S.73
Beim Eintauchen erhitzter Metalle in Sauerstoff wirkte dieser auf die Metalle ein, neue Stoffe sind entstanden.

Aus Ausgangsstoffen werden Reaktionsprodukte Unter hellem Aufglühen reagieren Eisen und Schwefel miteinander. Eisen und Schwefel sind **Ausgangsstoffe (Edukte)** einer chemischen Reaktion. Nach Beenden des Experiments liegt der schwarze, feste Stoff Eisensulfid vor. ↑2
Er entsteht als **Reaktionsprodukt**. Die Ausgangsstoffe, das Gemisch aus grauschwarzem Eisen und gelbem Schwefel, gibt es nach der chemischen Reaktion nicht mehr.
Die Ausgangsstoffe Magnesium und Sauerstoff reagieren miteinander zu Magnesiumoxid. Durch chemische Reaktion des silbrig glänzenden Metalls mit dem gasförmigen Sauerstoff entsteht als Reaktionsprodukt das weiße, pulvrige Magnesiumoxid.
Bei jeder chemischen Reaktion sind Ausgangsstoffe (vor der Reaktion vorliegend) von Reaktionsprodukten (nach der Reaktion vorhanden) zu unterscheiden.

Ausgangsstoffe (Edukte) $\xrightarrow{\text{chemische Reaktion}}$ Reaktionsprodukte

Chemische Verbindungen entstehen Aus den beiden Elementen Eisen und Schwefel entsteht durch chemische Reaktion Eisensulfid, eine **chemische Verbindung**. Aus Kupfer und Schwefel entsteht Kupfersulfid. Der Name Sulfid leitet sich vom lateinischen Wort *sulfur* für Schwefel ab. Reagieren Eisen, Magnesium, Zink oder Kupfer jeweils mit Sauerstoff, entstehen als Reaktionsprodukte ebenfalls chemische Verbindungen, die aber eine andere Zusammensetzung aufweisen. Rotes Eisenoxid, weißes Magnesiumoxid und schwarzes Kupferoxid sind Beispiele für solche anderen chemischen Verbindungen, deren Namen auf das lateinische *oxygenium* für Sauerstoff zurückgehen.

2 Eisen, Schwefel und Eisensulfid

Ausgangsstoffe (Farbe, Aggregatzustand)	Reaktionsprodukte (Farbe, Aggregatzustand)
Eisen (grauschwarz, fest) und Schwefel (gelb, fest)	Eisensulfid (schwarz, fest)
Kupfer (rotbraun, fest) und Schwefel (gelb, fest)	Kupfersulfid (schwarz, fest)
Kupfer (rotbraun, fest) und Sauerstoff (farblos, gasförmig)	Kupferoxid (schwarz, fest)

Metalle können mit Sauerstoff und Schwefel reagieren. Dabei entstehen chemische Verbindungen. Diese chemischen Verbindungen sind Reinstoffe mit anderen Eigenschaften als die der Stoffe, aus denen sie entstanden sind.

Wortgleichungen Für chemische Reaktionen können Wortgleichungen geschrieben werden. Hinter dem Stoffnamen kann in Klammern zusätzlich der Aggregatzustand der Ausgangsstoffe und Reaktionsprodukte angegeben werden: „s“ für fest (engl. solid), „l“ für flüssig (engl. liquid) und „g“ für gasförmig (engl. gaseous).

Eisen (s) + Schwefel (s) ⟶ Eisensulfid (s)
Kupfer (s) + Sauerstoff (g) ⟶ Kupferoxid (s)

Gelesen werden solche Wortgleichungen so: „Eisen und Schwefel reagieren zu Eisensulfid.“ Der **Reaktionspfeil** zwischen den Ausgangsstoffen und dem Reaktionsprodukt zeigt die Richtung der chemischen Reaktion an und wird als „reagieren zu“ gelesen.

Schon gewusst?

Eine in der Natur als Mineral vorkommende chemische Verbindung aus Eisen und Schwefel ist von goldgelbem, metallischem Glanz. Als Eisenkies, Pyrit oder auch Katzengold ist sie bekannt. Bei Ausgrabungen in Südamerika wurden feine Pyritplatten gefunden, die den Inkas offenbar als Spiegel dienten. Im Englischen wird dieses Mineral auch als Narrengold (fool's gold) bezeichnet, denn Menschen lassen sich bei Funden immer wieder täuschen. So geschehen auch noch 1970 beim Bau der Bodensee-Wasserleitung durch die Schwäbische Alb.

Aufgaben

1 Beschreibe das Aussehen der Reaktionsprodukte aus den Experimenten 10 und 11.

2 Entwickle Wortgleichungen für die chemische Reaktion von Zink, Blei und Aluminium mit Sauerstoff.

3 Warum ist es nicht zulässig, statt eines Reaktionspfeils ein Gleichheitszeichen zu setzen?

4 Beim kräftigen Erhitzen von braunschwarzem Silberoxid wird ein hellgrauer, teilweise glänzender Belag an der Reagenzglaswand abgeschieden. Gleichzeitig bildet sich ein Gas. Entwickle die Wortgleichung.

Chemische Reaktionen unter der Lupe

Bereits etwa 700 v. Chr. erzeugten die Kelten Eisen auf heutigem deutschem Boden. Sie begannen Eisenerze (Eisenoxid oder Eisensulfid enthaltendes Gestein) im Holzkohlenfeuer zu verhütten. Waffen und Werkzeuge stellten sie aus diesem Eisen her.
Mit Sicherheit wussten sie noch nichts über chemische Verbindungen. Und gewiss erfuhren sie auch, dass nicht aus beliebigem Gestein Eisen zu gewinnen war. Das Eisen konnte aber nicht aus dem Nichts entstehen.

1 Spitzbarren der Kelten

2 Kupfer- und Kupferoxidpulver

Vernichtung oder Erhalt? Die Ausgangsstoffe gibt es nach der chemischen Reaktion nicht mehr. Bei Bränden, beim Rosten von Eisen oder Faulen von Früchten entsteht gar der Eindruck, die Ausgangsstoffe würden vernichtet. Im schwarzen Kupferoxid ist von dem rot glänzenden Kupfer nichts mehr zu erkennen. Dennoch gelingt es, aus der chemischen Verbindung Kupferoxid durch chemische Reaktion Kupfer wieder zurückzugewinnen. ↑E.9 S.73 Bei der Stoffumwandlung muss offenbar auch etwas erhalten bleiben.

Modellvorstellungen zur chemischen Reaktion An der chemischen Reaktion von Kupfer mit Schwefel soll betrachtet werden, was mit den Teilchen der Stoffe geschieht.

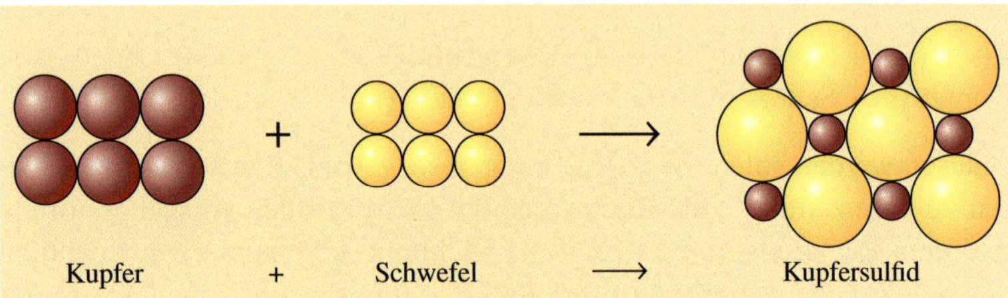

3 Modellvorstellung zur Reaktion von Kupfer mit Schwefel

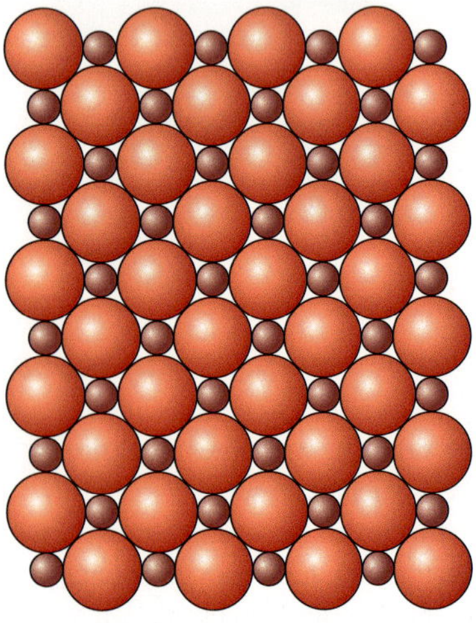

4 Teilchenmodell von Kupferoxid

In den Ausgangsstoffen Kupfer und Schwefel sind die kleinsten Teilchen in unvorstellbar großer Anzahl vorhanden und regelmäßig angeordnet. Sie werden durch starke Anziehungskräfte im jeweiligen Teilchenverband zusammengehalten. Bei der Bildung neuer Stoffe gruppieren sich die Teilchen der Ausgangsstoffe um und halten verändert zusammen. Auch die Rückgewinnung des Kupfers aus Kupferoxid ist so vorstellbar. ↑E.9 S.73

Bei chemischen Reaktionen bilden sich aus den Teilchen der Ausgangsstoffe die Teilchen der Reaktionsprodukte.

Selbst untersucht Energetische Erscheinungen bei chemischen Reaktionen

12 Untersuche energetische Erscheinungen bei der chemischen Reaktion von Calciumoxid mit Wasser.

Vorsicht! Schutzbrille! Versetze 5 ml Wasser mit zwei Spatelspitzen Calciumoxid (C).
Ermittle, ob bei Zugabe des Calciumoxids eine Temperaturänderung auftritt.
Entsorgung: Aufschlämmung in den Sammelbehälter für Abwasser geben.

13 Untersuche das Verhalten von Kupfersulfat beim und nach dem Erhitzen.

Erhitze blaues Kupfersulfat (Xn, N) in einem Reagenzglas mit der Brennerflamme, bis sich deutliche stoffliche Veränderungen zeigen.
Gib den festen Stoff zum Abkühlen und Trocknen in eine Abdampfschale. Gib auf den getrockneten festen Stoff mit einer Pipette wenig Wasser, sodass sich die Farbe des Stoffes wieder verändert. Miss dabei die Temperaturänderung.

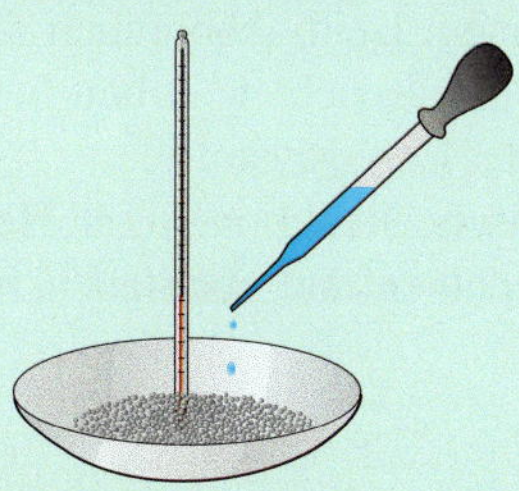

Beschreibe deine Beobachtungen. Notiere die Messwerte.
Entsorgung: Feste Stoffe einsammeln, werden wieder verwendet.

14 Untersuche die chemische Reaktion von Zink mit Iod.

Vorsicht! Schutzbrille! Gib in ein mit drei Spatelspitzen Zinkpulver und 5 ml Wasser gefülltes Reagenzglas einige Kristalle Iod (Xn, N). Ermittle vor und nach Zugabe des Iods die Temperatur im Reagenzglas.
Entsorgung: Reagenzgläser nach dem Experiment am Lehrertisch abstellen.

15 Ermittle energetische Erscheinungen.

Vorsicht! Schutzbrille! Gib 20 ml Wasser in ein kleines Becherglas. Miss die Temperatur des Wassers. Gib unter Rühren drei Spatelspitzen Kaliumchlorid in das Wasser. Miss dabei die Temperatur im Becherglas.
Untersuche die chemische Reaktion von Ammoniumchlorid (Xn) mit Wasser in einem zweiten Becherglas.

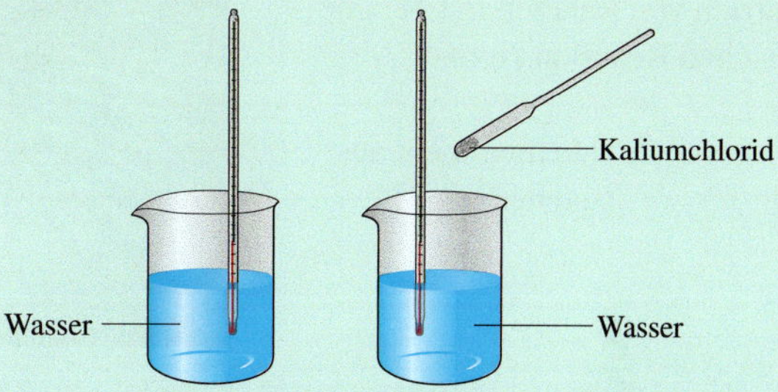

Vergleiche jeweils die Messwerte.
Entsorgung: Lösungen in den Sammelbehälter für Abwasser geben.

16 Untersuche die chemische Reaktion zweier Feststoffe.

Gib 5 g Kaliumchlorid und 11 g Natriumsulfat jeweils in ein Becherglas und ermittle die Temperatur der beiden Stoffe. Gib das Kaliumchlorid zum Natriumsulfat und rühre mit einem Glasstab kräftig um. Miss dabei die Temperatur.

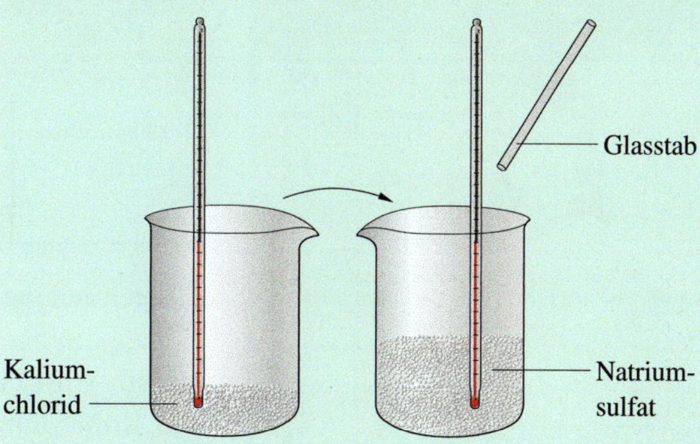

Vergleiche die Messwerte.
Entsorgung: Stoffe mit Wasser verdünnen, Lösungen in den Sammelbehälter für Abwasser geben.

Energie bei chemischen Reaktionen

Heller Feuerschein, Funkensprühen, ohrenbetäubender Lärm begleiten das Abbrennen eines Feuerwerks. Mit Explosivstoffen gefüllte Raketen steigen zum Himmel und verglühen mit farbenprächtigem Licht. Den Start ins All von Raketen ganz anderer Art konntest du schon mehrfach im Fernsehen verfolgen. Was hat der Antrieb von Raketen mit der chemischen Reaktion zu tun?

1

3 Raketenantrieb durch chemische Reaktion von Sauerstoff mit Wasserstoff

Chemische Reaktion – Stoffumwandlung und sonst nichts? Die Stoffumwandlung ist oft von deutlich beobachtbaren energetischen Erscheinungen begleitet. Licht, Wärme und verrichtete Arbeit sind bei mancher chemischen Reaktion wahrzunehmen. Beim Abbrennen des Feuerwerks begleiten abgestrahltes Licht und die verrichtete Arbeit beim Steigen der Raketen die chemische Reaktion der Explosivstoffe.

Seit Jahrhunderten werden chemische Reaktionen zur Heizung, zur Beleuchtung, zum Antrieb von Maschinen und eben auch für Feuerwerke genutzt.

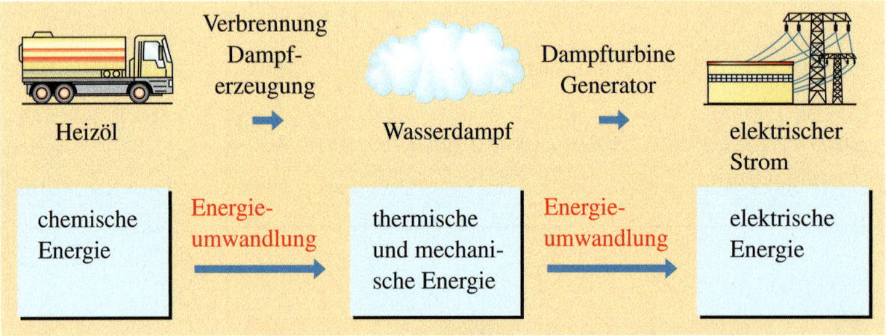

2 Bereitstellung von Energie

Warum wird ein großer Teil der wertvollen Bodenschätze Erdgas, Erdöl und Kohle nur verbrannt? Der Vorrat dieser nicht nachwachsenden Rohstoffe ist begrenzt, ihre Verbrennungsprodukte belasten die Umwelt.

Viele der im Alltag und in der Technik genutzten chemischen Reaktionen zielen ganz offensichtlich nicht auf die Herstellung von neuen Stoffen, sondern auf das **Nutzbarmachen von Energie** für den Menschen.

Exotherm oder endotherm Beim Verbrennen von Brennstoffen wird Wärme frei. Auch bei der Verbrennung von Magnesium, der chemischen Reaktion von Eisen mit Schwefel sowie von Zink mit Iod wird Wärme an die Umgebung abgegeben. ↑E.14 S.79 Als dem entwässerten Kupfersulfat Wasser zugesetzt wurde und es seine ursprüngliche Blaufärbung wieder erreichte, konntest du einen Temperaturanstieg am Thermometer ablesen. ↑E.13 S.79

Reaktionen, bei denen Wärme an die Umgebung abgegeben wird, bezeichnet man als **exotherme Reaktionen** (griech. exo – außen, griech. thermos – warm). Die exotherme Reaktion der Verbrennung des Wasserstoffs ist Grundlage für Raketenantriebe.

Dagegen gibt es andere chemische Reaktionen, bei denen ständig Wärme aus der Umgebung aufgenommen werden muss, wenn sie ablaufen sollen. Diese chemischen Reaktionen werden **endotherme Reaktionen** (griech. endo – innen, innerhalb) genannt. Viele chemische Reaktionen zur Metallherstellung aus Erzen sind endotherme Reaktionen. Um das kristalline blaue Kupfersulfat zu entwässern, musstest du es ständig intensiv erhitzen, also Wärme zuführen. ↑E.13 S.79 Bei der chemischen Reaktion der beiden weißen Feststoffe miteinander war die Abkühlung deutlich spürbar. ↑E.16 S.79

Die energetische Erscheinung bei der chemischen Reaktion wird in der Wortgleichung abgetrennt durch einen senkrechten Strich angegeben:

Eisen (s) + Schwefel (s) → Eisensulfid (s) | exotherm
Kupfersulfat (s, blau) → Kupfersulfat (s, grau) + Wasser (l) | endotherm

4 Batterien zur Bereitstellung von elektrischer Energie durch chemische Reaktionen

Energieumwandlungen Von chemischen Reaktionen abgegebene Wärme, ausgestrahltes Licht, verrichtete Arbeit oder auch „erzeugter“ elektrischer Strom sind Wirkungen von **Energieumwandlungen**. Alle Stoffe besitzen chemische Energie. Diese wird bei chemischen Reaktionen zum Teil in andere Energieformen umgewandelt, beispielsweise in thermische, mechanische oder elektrische Energie. Bei exothermen Reaktionen wird ein Teil der chemischen Energie in thermische umgewandelt. Wärme wird an die Umgebung abgegeben.

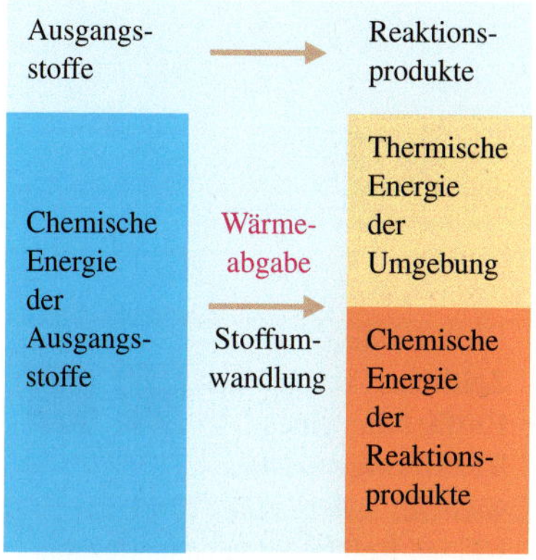

5 Exotherme Reaktion

Aktivierung Oft ist es notwendig, auch eine exotherme Reaktion zum Beispiel durch kurzes Erhitzen oder durch Berühren mit einem Zündfunken auszulösen. Die Teilchen der Ausgangsstoffe müssen eine bestimmte Mindestenergie haben, um reaktionsbereit zu sein. Dieses Auslösen oder „Anstoßen“ einer chemischen Reaktion heißt **Aktivierung**. Die dazu notwendige Energie ist die **Aktivierungsenergie**.

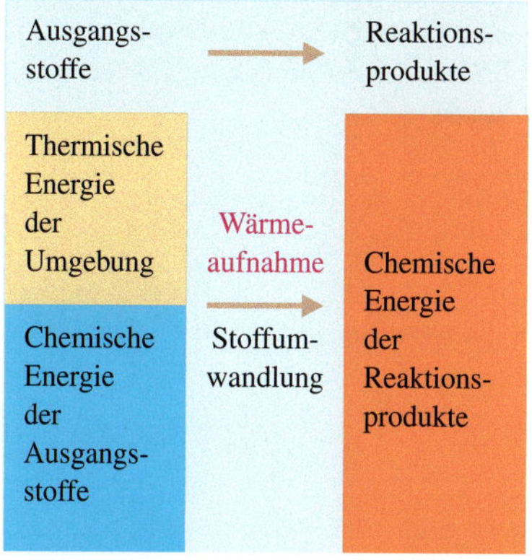

6 Endotherme Reaktion

Die bei chemischen Reaktionen stattfindenden Stoffumwandlungen sind immer auch von Energieumwandlungen begleitet.

Aufgaben

1 Erläutere die Energieumwandlungen bei den in der Übersicht auf Seite 77 beschriebenen chemischen Reaktionen.

2 Entscheide, welche der selbst untersuchten chemischen Reaktionen exotherm und welche endotherm sind.

Chemische Reaktion und Zeit

Unmerklich langsam verwittert festes Kalkgestein durch chemische Reaktionen. Ganz allmählich scheiden sich aus den dabei gebildeten Lösungen Tropfsteine ab. Augenblicklich bricht dagegen nach heftiger Explosion die Felswand im Steinbruch durch schnelle Reaktion der Sprengmittel.
Welche Rolle spielt die Zeit bei chemischen Reaktionen?

1

EXPERIMENT 17 [L]

Zeitlicher Verlauf der Entfärbung eines Reaktionsgemisches.

Vorsicht! Schutzbrille! 10 ml einer 1%igen Kaliumpermanganatlösung werden mit einem frisch bereiteten Gemisch aus 15 ml 6%iger Oxalsäurelösung (Xn) und 25 ml 25%iger Schwefelsäure (C) versetzt.

Schnell oder langsam verlaufende chemische Reaktionen Im Alltag gibt es viele chemische Reaktionen, bei denen die Zeit entscheidend ist, z. B. das Sauerwerden von Milch, das Vergären von Obstsäften, das Faulen von Früchten, das Aufnehmen von Wirkstoffen aus Medikamenten im Körper, aber auch das Rosten von Eisen und das Altern von Gummi.
Bei manchen Reaktionen bilden sich die Reaktionsprodukte sekundenschnell. Magnesium und Salzsäure reagieren sehr schnell unter Gasentwicklung. Bei anderen chemischen Reaktionen reagieren die Ausgangsstoffe nur sehr langsam. Das Durchrosten eines Eisennagels an der Luft kann Jahre dauern. Eisenfeilspäne und Salzsäure reagieren im Vergleich zu Magnesium und Salzsäure relativ langsam. An der Entfärbung einer violetten Kaliumpermanganatlösung wird deutlich sichtbar, dass die Bildung neuer Stoffe eine bestimmte Zeit beansprucht. ↑E.17
Die Wirtschaftlichkeit chemisch-technischer Verfahren ist ebenfalls von der Zeit abhängig. Ein Verfahren wird ökonomischer, wenn die chemischen Reaktionen in den Apparaten schnell ablaufen und die Produkte in kürzerer Zeit in größerer Menge hergestellt werden.

Chemische Reaktionen verlaufen unterschiedlich schnell.

Selbst untersucht

18 Untersuche den zeitlichen Verlauf chemischer Reaktionen.

Vorsicht! Schutzbrille! Gib je 3 ml 10%ige Salzsäure (Xi) auf eine Spatelspitze Magnesiumgrieß (F) und eine Spatelspitze Eisenfeilspäne in Reagenzgläsern. Beobachte die auftretenden Erscheinungen. Vergleiche den zeitlichen Verlauf der chemischen Reaktionen.
Entsorgung: Lösungen in den Sammelbehälter I geben, Reste von festen Stoffen abspülen und einsammeln.

Selbst untersucht

19 Untersuche die Wirkung von Katalysatoren. Xn

Erwärme in einem Reagenzglas eine Probe 3,5%iger Wasserstoffperoxidlösung ↑2 leicht mit der Brennerflamme. Versetze eine zweite Probe der Wasserstoffperoxidlösung mit Braunstein (Xn) als Katalysator. Zu einer dritten Probe wird zerriebene Blattmasse (enthält Biokatalysatoren) gegeben.

Leite aus deinen Beobachtungen eine Aussage über die Wirkung der als Katalysatoren eingesetzten Stoffe ab.
Entsorgung: Braunsteinreste in den Sammelbehälter II; Lösungen in den Sammelbehälter für Abwasser geben.

Ist der zeitliche Verlauf chemischer Reaktionen zu beeinflussen? Vorgänge im Alltag deuten darauf hin, dass die Temperatur einen Einfluss auf den zeitlichen Verlauf chemischer Reaktionen hat: Bei warmem Wetter verrotten Pflanzenreste auf dem Komposthaufen des Gartens schneller. Hefeteig geht in der Wärme auf. Lebensmittel sind kühl aufzubewahren, um ihr Verderben zu verhindern. Die Erfahrung zeigt, dass eine Temperaturerhöhung nahezu alle chemischen Reaktionen beschleunigt.

Eine Erhöhung der Temperatur der Ausgangsstoffe beschleunigt die meisten chemischen Reaktionen.

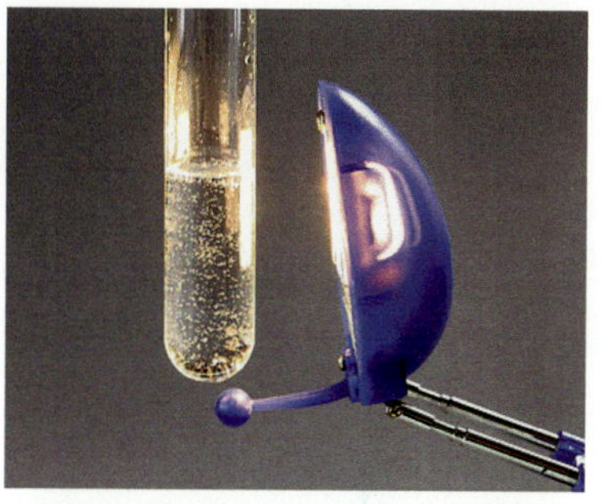

2 Wasserstoffperoxid ist ein Stoff, der in Wasser und Sauerstoff zerfallen kann.

Katalysatoren Vorgänge im menschlichen Organismus laufen bei Körpertemperatur ab. In unseren Muskeln wird bei dieser Temperatur Traubenzucker „verbrannt". Dies ist auf das Wirken von Biokatalysatoren zurückzuführen. Enzyme sind solche Biokatalysatoren, von denen viele Hunderte alle Stoffwechselvorgänge in unserem Körper steuern. Die chemische Reaktion zum Zerfall von Wasserstoffperoxid wird durch die zugesetzten Stoffe Braunstein und Enzyme aus Blättern beschleunigt. ↑E.19
Katalysatoren bewirken, dass die zur Aktivierung der Stoffe benötigte Energie geringer wird.
Jedem ist wohl der Katalysator aus der Auspuffanlage des Pkw bekannt. Er ermöglicht die Umwandlung von Benzinresten und umweltgefährdenden, giftigen Abgasen zu Stoffen wie Kohlenstoffdioxid, Stickstoff und Wasserdampf.
Für die wirtschaftlich wichtige Synthese von Ammoniak untersuchten der Chemiker ALWIN MITTASCH (1869 bis 1953) und seine Mitarbeiter zu Beginn des 20. Jahrhunderts etwa 300 verschiedene Stoffe auf ihre Tauglichkeit als Katalysatoren.

3 WILHELM OSTWALD (1853 bis 1932) gilt als „Vater" der Katalyseforschung. 1909 erhielt er den Nobelpreis für Chemie.

Katalysatoren sind Stoffe, die eine chemische Reaktion beschleunigen.

Aufgaben

1 Schon im Altertum wurden Weintrauben und süße Flüssigkeiten vergoren, ohne dass die Menschen etwas von Reaktionsbedingungen wussten. Erläutere.

2 Informiere dich über den Aufbau und die Wirkungsweise des Abgaskatalysators im Pkw.

Methode

Erkunden durch Experimentieren

Auf viele Fragen erhältst du in den Naturwissenschaften durch Experimentieren eine Antwort. Beim Experimentieren greifst du selbst in das Geschehen ein. Experimentieren heißt deshalb auch **Überlegen**, **Planen**, **Handeln** und **Schlussfolgern**.
Am Beispiel eines Experiments mit Zink und Schwefel soll das Vorgehen gezeigt werden.

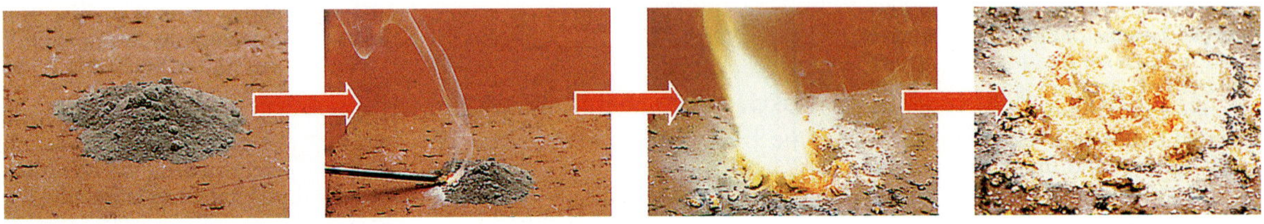

1 *Überlege, welche Aufgabe oder welches Problem du experimentell lösen willst.*
Formuliere die Aufgabe:
Es soll erkundet werden, was mit einem Gemisch aus Zink und Schwefel geschieht, wenn es mit einem glühenden Draht in Berührung kommt.

2 *Plane das Experiment.*
Überlege dabei Folgendes:
- Welche *Geräte* und *Chemikalien* werden gebraucht?
- Welche *Sicherheitsmaßnahmen* sind erforderlich?
- Wie ist der *Versuchsaufbau*?
- Welche *Versuchsbedingungen* müssen vorliegen?

Geräte: Mörser und Pistill, feuerfeste Unterlage, Brenner, Drahtstück.
Chemikalien: 1 g Zinkpulver und 0,5 g Schwefelpulver
Sicherheitsmaßnahmen: Schutzbrille, Abzug, Schutzscheibe

3 *Formuliere die Beobachtungsaufgabe.*
Die Stoffe sind vor, während und nach dem Experiment genau zu betrachten bzw. zu beobachten.

4 *Führe das Experiment durch und beobachte den Vorgang.*
Hinweis: Dieses Experiment sollte nur von einer Lehrkraft durchgeführt werden.
Das Zinkpulver und das Schwefelpulver werden im Mörser innig gemischt. Das Schwefel-Zink-Gemisch wird auf der feuerfesten Unterlage angehäuft. Der Draht wird in der Brennerflamme zum Glühen gebracht und in das Gemisch gehalten.

5 *Notiere die Beobachtungsergebnisse.*
Schwefel ist ein gelber, fester Stoff und Zink ein graues Pulver. Das hellgraue Schwefel-Zink-Gemisch beginnt bei Berührung mit dem glühenden Draht zunächst zu glühen, dann treten grelle Lichterscheinungen auf. Nach dem Abkühlen liegt ein gelblich weißer, fester Stoff vor.

6 *Schlussfolgere aus deinen Beobachtungen. Werte die Beobachtungsergebnisse aus und prüfe, ob die gestellte Aufgabe gelöst ist.*
Nach dem Berühren des Gemisches mit dem glühenden Draht wird Wärme frei und Licht ausgesandt. Der nach dem Vorgang vorliegende Stoff (Reaktionsprodukt) sieht anders aus als das Stoffgemisch (Ausgangsstoffe).
Daraus folgt: Zwischen Zink und Schwefel hat eine chemische Reaktion stattgefunden.

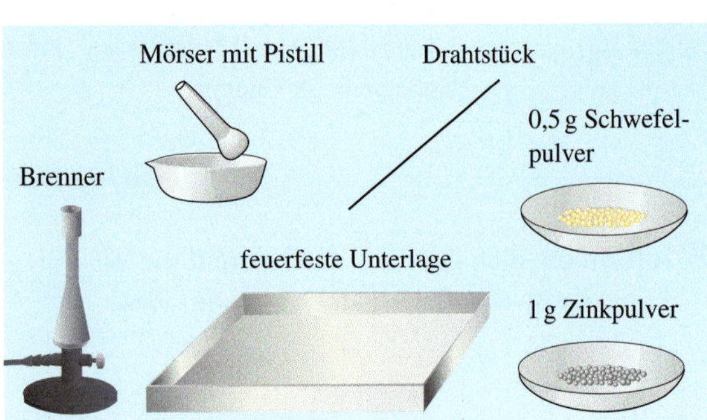

1 Geräte und Chemikalien

Wenn du sorgfältig experimentierst und ein genaues Protokoll anfertigst, dann führt das Experimentieren unter den gleichen Bedingungen auch immer zu den gleichen Ergebnissen.

Wärme und Licht – Begleiter chemischer Reaktionen

Jede chemische Reaktion ist von Energieumwandlungen begleitet. Oft erkennen wir Reaktionen eher an den Wirkungen der stattfindenden Energieumwandlungen als an der Stoffumwandlung.

Energieumwandlungen bei chemischen Reaktionen werden seit Jahrhunderten von Menschen zu Heiz- und Beleuchtungszwecken genutzt. Von der Kienfackel bis zum Gasherd – überall geschieht die Umwandlung von chemischer Energie in thermische. Das Abstrahlen von Wärme ist oft mit dem Aussenden von Licht bei einer chemischen Reaktion verbunden.

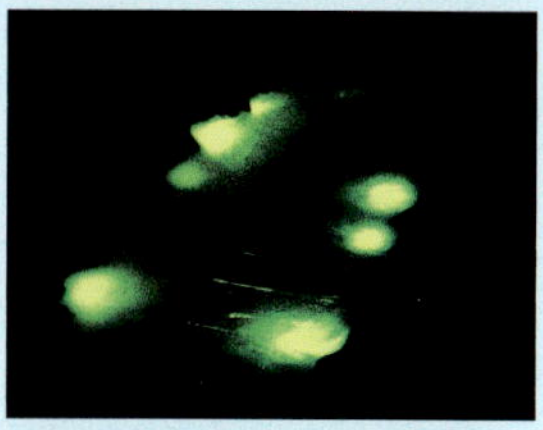

Mit dem stimmungsvollen Licht von Leuchtstäben feiern Fans ihren Star. Eine chemische Reaktion, ausgelöst durch das Knicken des Innenröhrchens des Stabs, lässt hundertfach Lichtpunkte in einem Konzertsaal aufleuchten.

„Kaltes“ Licht kann bei Stoffwechselvorgängen von verschiedenen Organismen aus dem Pflanzen- und Tierreich ausgesendet werden. In Leuchtkäfern, die wir als „Glühwürmchen“ kennen, sind spezielle biochemische Vorgänge die Ursache ihres Leuchtens.

In den Wärmekissen zum Einmalgebrauch – von Rheumakranken ebenso geschätzt wie von Sportlern – wird bei einer chemischen Reaktion chemische Energie in thermische umgewandelt.

weiter gedacht

1 Auf einer feuerfesten Unterlage wird angehäufter Magnesiumgrieß entzündet.
Folgendes Gespräch entsteht:

1 Entzünden von Magnesiumgrieß

Sven: „Schönes Feuerwerk! Schade, das Magnesium verbrennt zu weißlicher Asche."
Julia: „Magnesium ändert seine Eigenschaften. Es wird weißlich."
Paul: „Nein, aus dem Magnesium wird ein neuer Stoff."
Laura: „Das ist eine endotherme Reaktion. Wärme muss zugeführt werden."
Du weißt es besser. Wie wertest du das Experiment aus? Was ist an den Aussagen von Sven, Julia, Paul und Laura nicht richtig? Begründe.

2 Von dem berühmten Chemiker JUSTUS VON LIEBIG (1803 bis 1873) wird berichtet, er habe bei Universitätsvorträgen ein Glasgefäß mit Wasserpflanzen, Goldfischen und Wasserschnecken neben das Rednerpult gestellt. Das Besondere daran war: Das Glasgefäß war allseitig geschlossen bis auf eine winzige verschließbare Öffnung für das Fischfutter. LIEBIG demonstrierte damit einen „Kreislauf des Lebens". Seine Zuhörer waren entzückt von der „kleinen Welt im Glas", Aquarien und Terrarien kamen in Mode.
Erläutere die Vorgänge, die den „Kreislauf des Lebens" ermöglichen.

2 Lebensraum Aquarium

3 Die „umsatzstärkste" chemische Reaktion ist ohne Zweifel die Fotosynthese – die Grundlage für das Leben auf der Erde. Aus den Produkten der Fotosynthese bauen die Pflanzen u. a. ihren Gerüststoff auf, die Cellulose. Cellulose ist die am häufigsten aufgebaute Verbindung in der Natur. Die Pflanzen erzeugen jährlich etwa 100 Mrd. Tonnen Cellulose. Versuche, die ablaufenden Reaktionen als chemische Vorgänge zu erläutern.
Welche Produkte werden aus dem wichtigen Rohstoff Cellulose hergestellt?

4 Manchmal hat es den Anschein, Chemiker könnten zaubern. Oder wissen Zauberer etwas von Chemie?
Führe den Trick mit den blauen Blüten durch.
Gib einige blaue Blüten, z. B. Glockenblumen, Veilchen, Wegwarte oder Vergissmeinnicht, in eine Petrischale. Lege einen mit konzentrierter Essigsäure (C) befeuchteten Wattebausch neben die Blüten. Decke die Petrischale ab.
Notiere deine Beobachtungen. Entscheide, ob eine Stoffumwandlung stattgefunden hat.
Das „Gegenstück" zu diesem Experiment kannst du mit roten Blüten, z. B. mit Rosen oder Alpenveilchen, erreichen. Setze anstelle von Essigsäure konzentrierte Ammoniaklösung (C) ein.
Entsorgung: Lösungen in Sammelbehälter für Abwasser geben.

3 „Verzauberte" Rose

5 Zeichne jeweils Teilchenmodelle der Ausgangsstoffe und des Reaktionsprodukts für die chemische Reaktion von Eisen mit Sauerstoff.

Auf einen Blick

Chemische Reaktion

Vorgang der Stoffumwandlung, begleitet von Energieumwandlungen

Stoffumwandlung bei der chemischen Reaktion

Bildung neuer Stoffe mit anderen Eigenschaften

Ausgangsstoffe → Reaktionsprodukte

Energieumwandlung bei der chemischen Reaktion

Umwandlung von chemischer Energie in andere Energieformen oder umgekehrt

Chemische Energie der Ausgangsstoffe ≠ Chemische Energie der Reaktionsprodukte

Wirkung von Energieumwandlungen	
Wärmeabgabe an die Umgebung: exotherme Reaktion	Wärmeaufnahme aus der Umgebung: endotherme Reaktion

Teilchenveränderung bei der chemischen Reaktion

Teilchen der Ausgangsstoffe → (Umordnung; Veränderung des Zusammenhalts der Teilchen) → Teilchen der Reaktionsprodukte

Aktivierung

Auslösen einer chemischen Reaktion; Erreichen des reaktionsbereiten Zustands der Teilchen z. B. durch Wärme- oder Lichtzufuhr

Katalysator

Stoff, dessen Anwesenheit den zeitlichen Verlauf einer Reaktion beeinflusst

Bedeutung chemischer Reaktionen

Chemische Reaktionen sind grundlegende Vorgänge für:

das Leben von Organismen

die Herstellung von Stoffen

die Bereitstellung von Energie, z. B. thermische oder elektrische Energie

Check up

1 Die Stoffgruppe der Metalle zeichnet sich durch gemeinsame Eigenschaften aus.

a Notiere diese Eigenschaften.

b Stelle am Beispiel von vier verschiedenen Metallen den Zusammenhang zwischen der Verwendung des Metalls und der jeweiligen charakteristischen Eigenschaft her.

2 Entwickle einen Steckbrief für das Metall, das auch als Legierungsbestandteil in Euro-Münzen enthalten ist. Im Periodensystem der Elemente ist dieses Metall mit der Ordnungszahl 29 zu finden.

3 Notiere die chemischen Zeichen der Metalle Eisen, Kupfer, Silber, Magnesium und Natrium.
Ermittle die Stellung dieser Metalle im Periodensystem der Elemente und leite Aussagen zum Bau des jeweiligen Metallatoms ab.

4 Diskutiere die folgenden fehlerhaften Aussagen:
„Magnesiumatome sind silbrig glänzend, Kupferatome dagegen rot glänzend.“
„Die Atome aller Elemente sind gleich, im Eisen sind aber mehr enthalten als im Magnesium, weil Eisen ein Schwermetall ist.“
„Atome sehen wie winzig kleine Kugeln aus, zwischen ihnen befindet sich Luft.“

5 Begründe, dass die abgebildeten Stoffe an einer chemischen Reaktion beteiligt gewesen sind.

6 Erläutere die Merkmale einer chemischen Reaktion an einem selbst gewählten Beispiel. Stelle dafür die Wortgleichung auf.

7 Erläutere die folgenden chemischen Reaktionen hinsichtlich ihres energetischen Verlaufs mithilfe von Energiediagrammen. Zeichne die Energiediagramme und beschrifte sie.

a Zink und Schwefel in einem Gemisch reagieren nach kurzem Erhitzen heftig unter Aufglühen miteinander.

b Zur Herstellung von Baustoffen wird Kalkstein aus der Natur „gebrannt“, d.h., er wird bei etwa 1 000 °C längere Zeit erhitzt. Bei dieser chemischen Reaktion entstehen der zur Mörtelbereitung erforderliche Branntkalk und Kohlenstoffdioxid.

8 Interpretiere folgende grafische Darstellung:

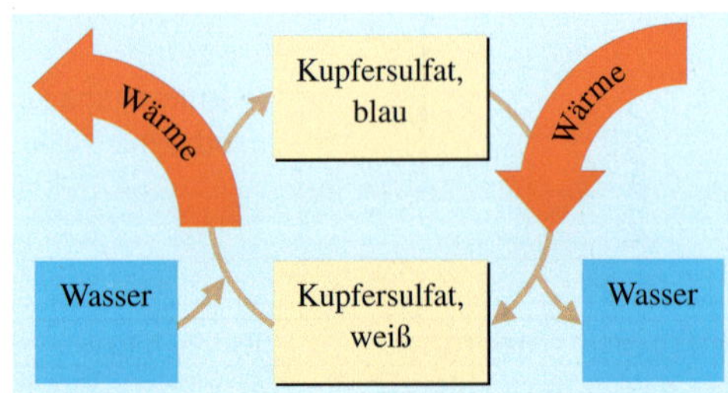

9 Erläutere anhand von drei Beispielen aus dem Alltag die Bedeutung chemischer Reaktionen.

Aufgabe	Hilfe findest du auf Seite …	Verbindung der Aufgabe zu den Basiskonzepten ↑S.18
1	59, 62, 63	T S
2	58, 59, 61	S
3	65, 66, 68	T
4	64, 65	T
5	76, 77	R
6	75, 76, 77, 78, 80, 81, 87	R
7	81	R E
8	81	R E
9	74, 75, 80, 85	R

T Stoff-Teilchen-Beziehungen, S Struktur-Eigenschafts-Beziehungen, R Chemische Reaktion, E Energetische Betrachtungen bei Stoffumwandlungen

› Die Lösungen findest du im Anhang.

Luft

Die Erde ist von einer Lufthülle umschlossen, die als Atmosphäre bezeichnet wird. Diese Lufthülle ist eine notwendige Bedingung für die Entstehung und das Leben auf der Erde. Sie ermöglicht chemische und biologische Prozesse und schützt vor gefährlicher Strahlung aus dem All.

- ➔ Warum bildet die Luft eine wichtige Grundlage für das Leben auf der Erde?
- ➔ Welche Zusammensetzung hat die Luft?
- ➔ Welche Eigenschaften haben die Bestandteile der Luft und wie werden sie verwendet?
- ➔ Können Luftbestandteile im Labor hergestellt werden?

Lebensgrundlage Luft

Wind ist eine Bewegung der Luft. Wir können die Luft nicht sehen und nicht riechen, aber wenn sie sich bewegt, spüren wir sie auf unserer Haut. Auch die Geräusche, die der Wind verursacht, gelangen durch die Luft an unsere Ohren.
Woraus besteht die Luft?

1

2 Selbst Pferde waren nicht in der Lage, zwei luftleer gepumpte Halbkugeln gegen den Widerstand des Luftdrucks zu trennen.

3 Vom Weltall aus betrachtet erscheint die Atmosphäre der Erde hauchdünn.

Die Lufthülle der Erde Lebewesen benötigen Luft zum Atmen. Wir Menschen können nur kurzzeitig die Luft anhalten. Meteoriten verglühen, aufgeheizt durch Reibung, an den Teilchen der Luft.
Auf Meeresspiegelhöhe wirkt ein Luftdruck von etwa 1 013 hPa. Auf eine Fläche von einem Quadratmeter wirkt dabei eine Kraft, die der Gewichtskraft von 10 Tonnen entspricht. Mit zunehmender Höhe verringert sich der Luftdruck. Dass der Luftdruck eine solch große Kraft hat, wies der Gelehrte OTTO VON GUERICKE (1602 bis 1686) 1657 in seinem Magdeburger Halbkugel-Versuch eindrucksvoll nach. ↑2
Die Lufthülle der Erde wird als **Atmosphäre** bezeichnet. Das Leben und das Wetter spielen sich in den unteren 12 km der Lufthülle, der Troposphäre, ab. Das vor der gefährlichen UV-Strahlung schützende Ozon befindet sich in der bis zu 50 km reichenden Stratosphäre.

Luft – ein Stoffgemisch Luft besteht fast ausschließlich aus **Stickstoff** mit einem Volumenanteil von 78 % und **Sauerstoff** mit einem Volumenanteil von 21 %. Alle übrigen Gase nehmen zusammen nur einen Volumenanteil von 1 % ein. Darunter befinden sich **Kohlenstoffdioxid** mit einem Volumenanteil von 0,035 %, die **Edelgase** sowie einige Stoffe, die nur in Spuren vorkommen. Unter den Edelgasen nimmt **Argon** mit einem Volumenanteil von etwa 0,9 % den größten Teil ein.
Ein weiterer Bestandteil zeigt sich durch Tau und Reif auf Pflanzen und Dächern. Diese Erscheinungen sind auf **Wasserdampf** zurückzuführen, der kondensiert bzw. gefriert. Bei einer Temperatur von 20 °C kann die Luft nicht mehr als 17 g Wasserdampf pro Kubikmeter Luft aufnehmen. Diese relative Luftfeuchtigkeit beträgt dann 100 %.
Neben diesen natürlichen Luftbestandteilen enthält die Luft auch **Luftschadstoffe** wie Stickstoffoxide, Kohlenstoffmonooxid und Ozon.

Bedeutung einiger Luftbestandteile Für die Atmung von Menschen, Tieren und Pflanzen ist **Sauerstoff** ein lebensnotwendiger Bestandteil. Bei der Atmung nehmen Lebewesen Sauerstoff auf und geben **Kohlenstoffdioxid** ab. Kohlenstoffdioxid wird von grünen Pflanzen aufgenommen und zusammen mit Wasser mithilfe von Licht bei der Fotosynthese in Traubenzucker und Sauerstoff umgewandelt. Der Traubenzucker dient der Pflanze als Brenn-, Bau- und Speicherstoff. Der Sauerstoff wird in die Luft abgegeben.
Einige im Boden lebende Mikroorganismen nehmen **Stickstoff** aus der Luft auf und nutzen ihn zum Nährstoffaufbau.
Edelgase können aus verflüssigter Luft aufgrund ihrer unterschiedlichen Siedetemperaturen abgetrennt werden. Aus 1 Mio. Liter Luft lassen sich 9 300 Liter Argon, 18 Liter Neon und 1 Liter Krypton gewinnen.
Helium dient u. a. als Füllgas für Ballons und Luftschiffe. **Neon** findet als rot leuchtende Füllung von Leuchtstoffröhren für farbige Leuchtreklame und als Kältemittel Verwendung. **Argon** dient im Gemisch mit Kohlenstoffdioxid als Schutzgas beim Schweißen. Es verhindert den Kontakt der glühenden Schweißnaht mit Sauerstoff. Argonlaser besitzen in der Medizintechnik, z. B. in der Augenheilkunde, eine große Bedeutung. **Krypton** wird als Füllgas für Speziallampen verwendet. Autos mit blauviolettem Licht haben mit **Xenon** gefüllte Glühlampen.
Luftschadstoffe können durch natürliche Ereignisse wie Vulkanausbrüche oder Waldbrände und durch menschliche Aktivität entstehen. So werden zum Beispiel Stickstoffoxide und Kohlenstoffmonooxid u. a. bei Verbrennungsvorgängen in Motoren und Heizungsanlagen gebildet. Aus den Stickstoffoxiden kann durch starke Sonneneinstrahlung in einer chemischen Reaktion das bodennahe Ozon entstehen.
Ozon ist sehr reaktiv und greift beim Einatmen die Lunge an. Durch verstärkte Atmung wird bei hohem Volumenanteil Ozon auch die Lunge stärker belastet. Darum sollten vor allem empfindliche Menschen bei erhöhter Ozonkonzentration Sport oder andere körperlich starke Belastungen im Freien vermeiden.

Luft ist ein Stoffgemisch aus Stickstoff, Sauerstoff, Edelgasen und Kohlenstoffdioxid. Sie kann weiterhin Wasserdampf und Luftschadstoffe enthalten.

4 Lampen für Scheinwerfer sind mit Xenon gefüllt.

5 Neon ist Füllgas für Leuchtstofflampen.

6 Argon verhindert den Luftzutritt beim Schweißen.

Aufgaben

1 Informiere dich über den Aufbau der Atmosphäre. Nutze dazu z. B. das Internet. ↑3
2 Nenne die für das Leben von Pflanzen notwendigen Luftbestandteile.
3 Erläutere die Rolle des pflanzlichen Planktons und des Regenwaldes für die Sauerstoffbildung auf der Erde.
4 Ein Mensch atmet täglich etwa 700 g (350 l) Kohlenstoffdioxid aus. Berechne das Volumen an Kohlenstoffdioxid, das in 4 h in einem Klassenraum mit 25 Schülern und einer Lehrkraft ausgeatmet wird.
5 Beschreibe die Entstehung von Tau besonders in den Morgenstunden.
6 Die Erde ist von einer Lufthülle umgeben. Wie ist zu erklären, dass die Gase daraus nicht ins Weltall entweichen?
7 Informiere dich über die technische Herstellung von Sauerstoff und Stickstoff. Suche dazu unter dem Stichwort „Linde-Verfahren“.

Luft zum Leben

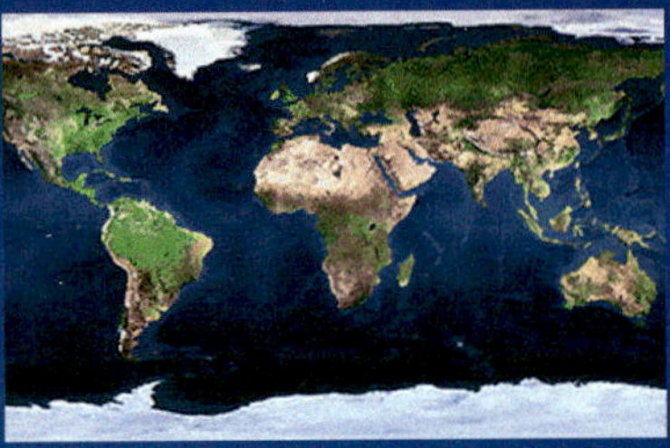

1 „Grüne Lungen" der Erde – Satellitenaufnahme der NASA

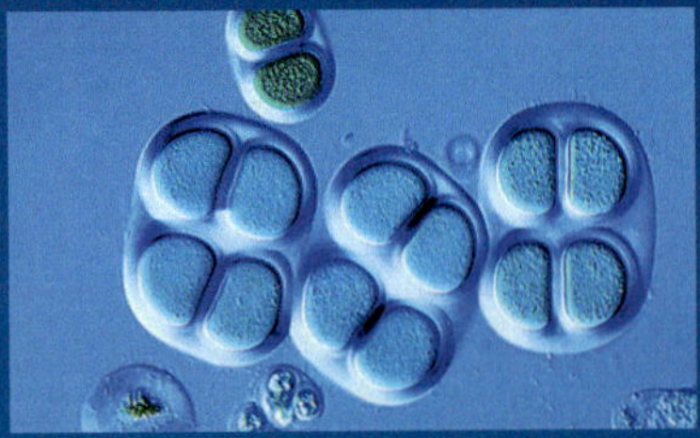

2 Cyanobakterien (Blaualgen) gehören vermutlich zu den ersten Sauerstoff produzierenden Lebewesen.

Frische Luft – schlechte Luft Halten sich in einem Zimmer lange Zeit viele Menschen bei geschlossenem Fenster auf, sinkt der Volumenanteil an Sauerstoff im Raum. Es entsteht „schlechte" Luft. Durch Lüften wird die Luft des Zimmers gegen „frische", d. h. sauerstoffreiche Luft ausgetauscht. Woher kommt der zum Leben notwendige Sauerstoff in unserer Atmosphäre? Wie viel Luft verbrauchen wir?

Die Atmosphäre hat sich entwickelt Die Entwicklung der Atmosphäre begann vor etwa 4,6 Milliarden Jahren. Die Uratmosphäre war sauerstofffrei. Sie bestand aus Methan, Ammoniak, Wasserstoff, Schwefeldioxid und Wasser. Erste Einzeller im Urozean nutzten das Sonnenlicht zur Energiegewinnung. Durch Fotosynthese konnten sie aus Wasser und Kohlenstoffdioxid organische Verbindungen wie Traubenzucker bilden. Als „Abfallprodukt" setzten sie Sauerstoff frei. Dieser reicherte sich nach und nach in der Atmosphäre an.
Unsere heutige Atmosphäre enthält rund 10^{15} Tonnen Sauerstoff.

Sauerstoffvorräte der Erde Jährlich werden durch Fotosynthese weltweit etwa $4{,}6 \cdot 10^{12}$ Tonnen Sauerstoff erzeugt. Der überwiegende Teil davon wird durch Fotosynthese betreibende, mikroskopisch kleine Algen in den Ozeanen gebildet, dort aber ebenso wieder von den Lebewesen bei der Atmung verbraucht.
Zusammengefasst geben die Weltmeere also keinen Sauerstoff an die Atmosphäre ab. Auf dem Land sind die Regenwälder die bedeutendsten Sauerstofflieferanten. Sie werden auch als „grüne Lungen" der Erde bezeichnet.
Neben dem frei verfügbaren Sauerstoff der Lufthülle kommt Sauerstoff auch in gebundener Form vor, z. B. in Mineralien, Salzen und im Wasser.

Wenn die Luft knapp wird … Je höher ein Bergsteiger kommt, desto weniger Luft umgibt ihn. In 5 000 bis 6 000 m Höhe sind z. B. nur noch halb so viele Sauerstoffteilchen pro Liter Luft enthalten wie auf Meereshöhe. Auf dem Gipfel des Mount Everest (8 848 m) sind es nur noch ein Drittel. In den Anden (Südamerika) und im Himalaja (Asien) gibt es menschliche Siedlungen in Höhen von über 5 000 Metern. Ihre Bewohner weisen als Anpassung an die geringe Verfügbarkeit von Sauerstoff eine erhöhte Anzahl an roten Blutkörperchen auf.

3 Die Sauerstoffproduktion eines Baumes ist von vielen Faktoren abhängig, wie z. B. von der Baumart, seinem Alter und vom Klima. Durchschnittlich produziert ein Baum ca. 5 kg Sauerstoff pro Tag. Das sind etwa 3 500 Liter Sauerstoff.

4 Aufstieg in schwindelnde Höhen. Die Bergsteiger tragen Atemgeräte, um einen Sauerstoffmangel zu vermeiden.

5 Das Kloster Rongbuk in Tibet am Fuße des Mount Everest auf einer Höhe von 5030 m ist eine der am höchsten gelegenen menschlichen Ansiedlungen.

Sauerstoffverbrauch Der Sauerstoffverbrauch eines Einzelnen hängt von seinem Alter, seinem Körpergewicht und seiner Tätigkeit ab. Sinkt der Volumenanteil an Sauerstoff in der Atemluft auf 11 %, ist die Leistungsfähigkeit erheblich eingeschränkt. Bei einem Volumenanteil von unter 8 % besteht Lebensgefahr.

Tätigkeit	Sauerstoffverbrauch in cm^3/min
in Ruhe	150 bis 300
bei leichter Arbeit	1 000 bis 1 200
bei mittelschwerer Arbeit	1 600 bis 1 950
bei schwerer Arbeit	2 000 bis 2 600
bei kurzzeitiger Spitzenleistung	3 000 bis 4 600

Je kg Körpergewicht	Sauerstoffverbrauch in cm^3/min
Neugeborenes (bis 7. Tag)	5,7
Säugling, 3 Monate	6,9
Säugling, 6 Monate	7,1
Erwachsener in Ruhe	3,4
Erwachsener bei Schwerstarbeit	70,0

6 Szenario der Zukunft oder Wirklichkeit? In den frühen 1980er Jahren eröffnete die erste Sauerstoffbar in Tokio. Mittlerweile gibt es sie auch in anderen Metropolen der Welt. Durch einen Mundaufsatz kann man hier 50- bis 90%igen Sauerstoff einatmen.

Arbeitsaufträge

1 Informiere dich über die „grünen Lungen" der Erde. Wo befinden sich die größten Regenwälder?
2 Schlechte Luft macht krank. Begründe.
3 Berechne, wie viel Sauerstoff du in Ruhe und bei schwerer Arbeit innerhalb einer Stunde verbrauchst. Bringe deinen Verbrauch mit der Produktionsleistung eines Baumes in Verbindung. Wie viele Menschen kann ein Baum durchschnittlich mit Sauerstoff versorgen?
4 Informiere dich im Gesundheits- und Umweltamt, beim TÜV oder beim Schornsteinfeger über Raumluft und Schadstoffe.
5 Informiere dich, wie die Qualität der Raumluft verbessert werden kann.
6 Sauerstoffbars gehören zum Wellness-Trend unserer Zeit. Sie werben u. a. mit dem Motto „Mehr Sauerstoff, mehr Energie!". Diskutiere mit deiner Klasse über den Sinn einer Sauerstoffbar.

Methode

Auffangen von Gasen

Um mit Gasen experimentieren zu können, werden Gasportionen benötigt, die frei von anderen Gasen, also auch frei von Luft sind. Welche Methode zum Auffangen eines Gases verwendet wird, ist von seinen Eigenschaften abhängig.

Auffangen von Gasen durch Luftverdrängung

Gase lassen sich auffangen, indem sie in ein Auffanggefäß eingeleitet werden. Das eingeleitete Gas verdrängt die im Auffanggefäß enthaltene Luft.

1 *Richte bei Gasen mit kleinerer Dichte als Luft ($\varrho = 1{,}29\,g/l$) die Öffnung des Auffanggefäßes nach unten, bei größerer Dichte nach oben.*
Ein Gas mit einer kleineren Dichte als Luft ist z. B. Helium. Eine größere Dichte als Luft besitzt z. B. Kohlenstoffdioxid.

2 *Leite das Gas genügend lange in das Auffanggefäß.*

3 *Arbeite bei giftigen Gasen unter dem Abzug!*

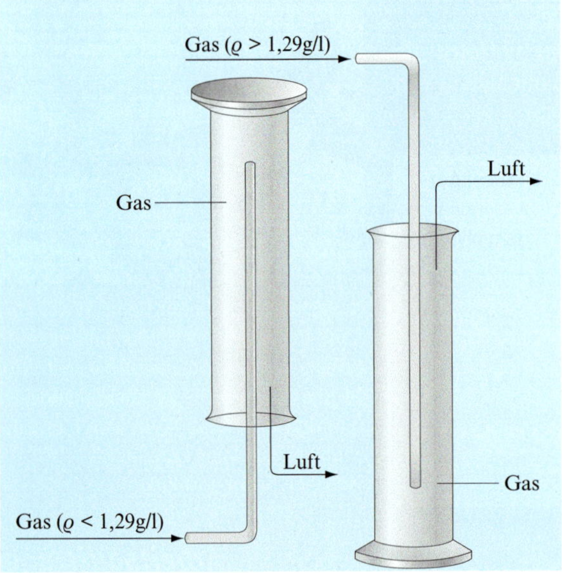

1 Auffangen von Gasen durch Luftverdrängung

Auffangen von Gasen durch Flüssigkeitsverdrängung (pneumatisches Auffangen)

Bei dieser Methode wird ein mit Flüssigkeit gefülltes Auffanggefäß mit der Öffnung nach unten in eine mit dieser Flüssigkeit gefüllte Wanne gestellt. Die Flüssigkeit wird als Sperrflüssigkeit bezeichnet. Das Gas wird in das Auffanggefäß geleitet. Dabei verdrängt es nach und nach die sich darin befindende Sperrflüssigkeit. Die Methode kann nur angewendet werden, wenn sich das betreffende Gas kaum in der Sperrflüssigkeit löst und nicht mit ihr reagiert. Meistens wird Wasser als Sperrflüssigkeit verwendet.
Mit dieser Methode kann z. B. Sauerstoff aufgefangen werden, der sich durch Reaktion von Wasserstoffperoxid mit Braunstein herstellen lässt.

1 *Fülle eine pneumatische Wanne etwa zu zwei Dritteln mit Wasser.*

2 *Lege ein Reagenzglas so unter Wasser, dass die Luft ganz entweicht.*

3 *Stelle das Gas her.*
Um Sauerstoff herzustellen, baue die Apparatur wie in der Abbildung auf. Befestige das Reagenzglas mit Ansatzrohr an einem Stativ. Lass die Wasserstoffperoxidlösung auf den Braunstein tropfen. Warte einen Moment, bis die Luft aus der Apparatur entwichen ist.

4 *Richte das Reagenzglas in der Wanne mit der Öffnung nach unten auf.*

5 *Fange das Gas auf.*
Halte das Reagenzglas so über das Gasableitungsrohr, dass das Gas im Reagenzglas aufsteigen kann.

6 *Verschließe nach dem Füllen das Reagenzglas unter Wasser mit dem Stopfen.*

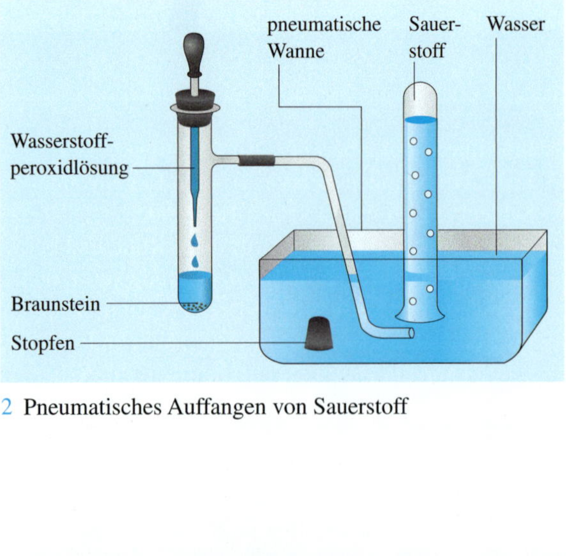

2 Pneumatisches Auffangen von Sauerstoff

Selbst untersucht Luftbestandteile Sauerstoff und Stickstoff

1 Stelle Sauerstoff aus Kaliumpermanganat her.

Vorsicht! Schutzbrille! Gib in ein Reagenzglas zwei Spatellöffel Kaliumpermanganat (O, Xn, N). Erhitze das Kaliumpermanganat langsam mit kleiner Brennerflamme und fange das entstehende Gas pneumatisch in zwei Reagenzgläsern auf. Verschließe die Reagenzgläser unter Wasser mit einem Stopfen.
Vorsicht! Vor dem Entfernen der Brennerflamme den Stopfen mit der Gasableitung lösen!

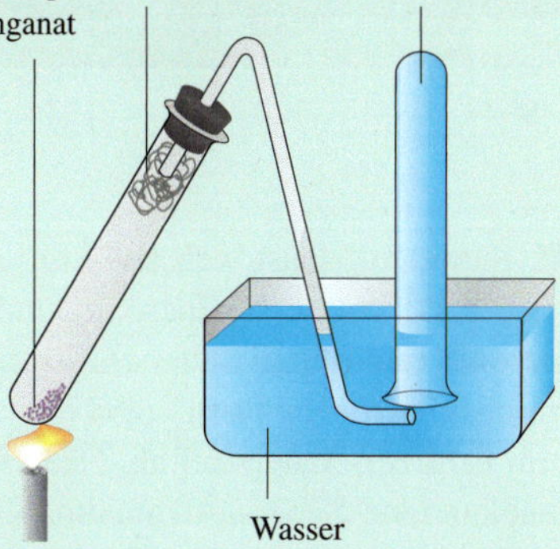

Beobachte die Gasentwicklung, wenn unterschiedlich stark erhitzt wird.
Entsorgung: Kaliumpermanganatreste in den Sammelbehälter II geben.

2 Führe die Glimmspanprobe durch. ↑S.96
Vorsicht! Schutzbrille! Entzünde einen längeren Holzspan. Warte, bis er richtig brennt. Blase die Flamme aus. Tauche den Span mit der glimmenden Spitze nacheinander in die Reagenzgläser aus Experiment 1. Notiere deine Beobachtungen.
Entsorgung: Holzspäne einsammeln.

3 Prüfe die Brennbarkeit von Stickstoff.
Vorsicht! Schutzbrille! Tauche einen brennenden Holzspan in einen mit Stickstoff gefüllten Standzylinder. Notiere deine Beobachtungen.
Entsorgung: Holzspäne einsammeln, werden wieder verwendet.

4 Untersuche die Dichte von Sauerstoff.
Vorsicht! Schutzbrille! Befestige zwei mit Sauerstoff gefüllte, verschlossene Reagenzgläser mit der Öffnung nach oben bzw. nach unten an einem Stativ. Entferne die Stopfen und führe nach 3 min die Glimmspanprobe durch.
Ziehe Rückschlüsse auf die Dichte von Sauerstoff.
Entsorgung: Holzspäne einsammeln, werden wieder verwendet.

5 Ermittle den Sauerstoffanteil in der Luft.
Vorsicht! Schutzbrille! Schiebe Eisenwolle in ein Quarzglasrohr ($l \approx 20$ cm, $d = 8$ mm) und verschließe es mit einem Stopfen, durch den ein Glasrohr führt. Blase einen Luftballon auf. Lass die Luft wieder heraus, ziehe ihn über das Glasrohr im Stopfen und befestige ihn mit einem Gummi. Sauge 50 ml Luft in den Kolbenprober. Erhitze die Eisenwolle mit der rauschenden Brennerflamme. Drücke die Luft während des Erhitzens mehrmals über die Eisenwolle. Lies nach dem Erkalten und dem Entleeren des Luftballons das Luftvolumen am Kolbenprober ab.

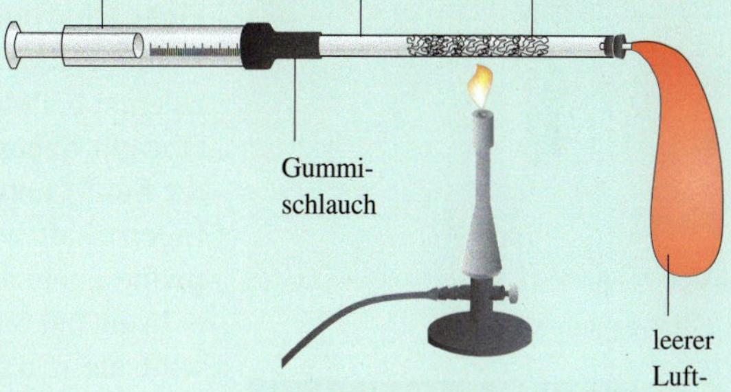

Ermittle das verbrauchte Volumen Luft. Vergleiche dein Ergebnis mit dem Literaturwert.
Entsorgung: Eisenwolle in den Sammelbehälter für Hausmüll geben.

Sauerstoff und Stickstoff

Sauerstoff wird zum Atmen benötigt. Wir atmen jedoch keinen reinen Sauerstoff ein, da die Luft vor allem auch Stickstoff enthält. Auch in Druckluftflaschen für Taucher ist dem Sauerstoff noch Stickstoff beigefügt.
Wie kann man Sauerstoff und Stickstoff unterscheiden? Welche Eigenschaften haben diese beiden Gase?

1 Taucherin mit Druckluftflasche

2 Glimmspanprobe

3 Beim Schweißen wird reiner Sauerstoff verwendet.

Darstellung von Sauerstoff Sauerstoff lässt sich aus Stoffen gewinnen, die leicht Sauerstoff abgeben, z. B. Wasserstoffperoxid und Kaliumpermanganat. Aus Wasserstoffperoxid erhält man Sauerstoff, wenn man es in einem Gasentwickler auf Braunstein tropfen lässt. ↑S.94
Kaliumpermanganat gibt beim Erhitzen Sauerstoff ab. ↑E.1 S.95
In beiden Fällen kann der entstandene Sauerstoff pneumatisch aufgefangen werden. Industrieller Sauerstoff wird durch Destillation aus verflüssigter Luft gewonnen.

Eigenschaften und Nachweis von Sauerstoff Sauerstoff gehört zu den Nichtmetallen. Er ist ein farbloses und geruchloses Gas, das bei –183 °C zu einer hellblauen Flüssigkeit kondensiert.
Obwohl Sauerstoff selbst nicht brennt, ist er für die Verbrennung anderer Stoffe notwendig. Reiner Sauerstoff fördert die Verbrennung. Diese Eigenschaft wird zum Nachweis von Sauerstoff durch die **Glimmspanprobe** genutzt. Dabei flammt ein glimmender Holzspan hell auf, wenn er in ein mit Sauerstoff gefülltes Gefäß getaucht wird. ↑E.2 S.95 Sauerstoff wird als reaktionsfreudig bezeichnet, weil das Gas leicht mit anderen Stoffen reagiert.
Die Dichte von Sauerstoff beträgt 1,43 g/l bei 0 °C und ist etwas größer als die von Luft (ϱ = 1,29 g/l). ↑E.4 S.95 Aufgrund seiner geringen Löslichkeit in Wasser kann Sauerstoff pneumatisch aufgefangen werden.

Verwendung und Bedeutung von Sauerstoff Für die Atmung benötigen fast alle Lebewesen Sauerstoff. Der Volumenanteil des Sauerstoffs an der Luft beträgt etwa 21 %. ↑E.5 S.95 Sinkt der Volumenanteil von Sauerstoff in der Einatemluft unter 7 %, so kann das bei Menschen zu Bewusstlosigkeit und bei unter 3 % zum Tod durch Ersticken führen. In der Ausatemluft des Menschen ist noch ein Volumenanteil von etwa 16 % enthalten. In sehr hohen Konzentrationen ist Sauerstoff auf Dauer gesundheitsschädigend.

Luftsauerstoff wird z. B. in Kraftwerken und Automotoren für dort ablaufende chemische Reaktionen verbraucht. Reiner Sauerstoff wird überall da verwendet, wo Reaktionen unter hohen Temperaturen durchgeführt werden sollen, wie z. B. beim Schweißen. In der Medizin wird er in Beatmungsgeräten eingesetzt.
Flüssiger Sauerstoff wird in der Raumfahrt als Raketentreibstoff genutzt. Reisende in Flugzeugen benötigen in großen Höhen eine mit Sauerstoff angereicherte Atemluft, um einen ausreichenden Volumenanteil an Sauerstoff zu gewährleisten. Weiterhin wird Sauerstoff u. a. beim Bleichen und in der biologischen Abwasserreinigung eingesetzt.

4 Druckflaschen für Sauerstoff (blaue Schulter) und Stickstoff (schwarze Schulter)

Eigenschaften und Nachweis von Stickstoff Ebenso wie Sauerstoff ist Stickstoff ein Nichtmetall. Er ist ein farb- und geruchloses, ungiftiges Gas. Er unterstützt die Atmung jedoch nicht, sodass Lebewesen darin ersticken. Stickstoff kondensiert bei –196 °C zu einer farblosen Flüssigkeit und wird durch Destillation verflüssigter Luft dargestellt. Dabei kann auch gleichzeitig Argon gewonnen werden. Stickstoff ist nicht brennbar, er erstickt die Flamme. ↑E.3 S.95 Da der eigentliche Nachweis von Stickstoff recht kompliziert ist, lässt sich durch die flammenerstickende Wirkung zumindest ein Hinweis auf das Vorhandensein von reinem Stickstoff erlangen. Stickstoff ist reaktionsträge, weil er kaum mit anderen Stoffen reagiert. Bei 0 °C beträgt die Dichte von Stickstoff 1,25 g/l. Im Wasser ist er nahezu unlöslich. Sein Volumenanteil an der Luft beträgt etwa 78 %.

Verwendung und Bedeutung von Stickstoff Aufgrund seiner Reaktionsträgheit wird Stickstoff als Füllgas für Reifen verwendet. Auch wird er als Schutzgas beim Schweißen und bei der Verpackung von Lebensmitteln eingesetzt, wodurch sich die Haltbarkeitsdauer der Lebensmittel verlängert. Auch in Druckflaschen für Taucher ist Stickstoff enthalten. Im Labor werden häufig Apparaturen mit Stickstoff gefüllt, um sie sauerstofffrei zu machen. Flüssiger Stickstoff dient als Kühlmittel für Lebensmittel oder in der Medizin zum Schockgefrieren von Gewebeteilen. Außerdem ist Stickstoff ein wesentlicher Ausgangsstoff zur Produktion von Ammoniak, aus dem u. a. Düngemittel hergestellt werden. Stickstoff kommt in gebundener Form in Eiweißen vor.

5 Röhrchen mit gefrorenen Tierembryonen werden aus flüssigem Stickstoff entnommen.

Sauerstoff und Stickstoff sind die Hauptbestandteile der Luft. Sauerstoff kann mit der Glimmspanprobe nachgewiesen werden. Erstickt eine Flamme, ist dies ein Hinweis auf Stickstoff.

Aufgaben

1 Erstelle Steckbriefe für Sauerstoff und Stickstoff.
2 Ein Mensch atmet täglich etwa 10 000 Liter Luft ein. Berechne das Volumen des Sauerstoffs.
3 Beschreibe eine Möglichkeit zur Darstellung von Sauerstoff.
4 Erkundige dich im Internet über die verschiedenen Arten der Füllung von Druckgasflaschen für Taucher.
5 Warum benutzen Bergsteiger ab etwa 4 000 m Höhe Sauerstoffgeräte?

Moleküle

Bei der Fahrt eines Zuges wird die Luft leicht verdrängt, die stählernen Schienen werden dagegen trotz der Masse des Zuges nicht verformt.
Lässt sich der geringere Widerstand der Luft mit dem Aufbau der in ihr enthaltenen Stoffe erklären?

1

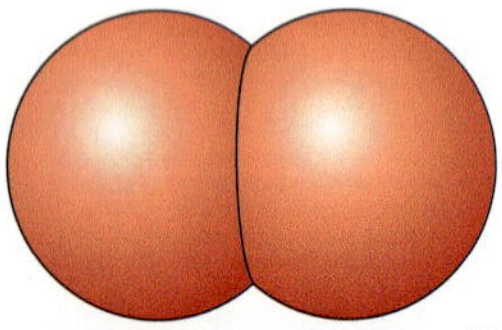

2 Modell eines Sauerstoffmoleküls

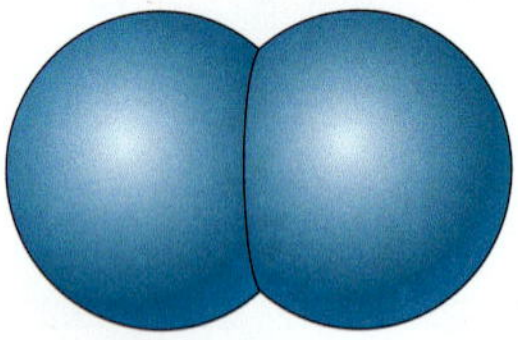

3 Modell eines Stickstoffmoleküls

Bau von Sauerstoff und Stickstoff Sauerstoff und Stickstoff sind Nichtmetalle. Als Gase nehmen sie im Gegensatz zu den festen Metallen jeden ihnen zur Verfügung stehenden Raum ein. Dieser Unterschied lässt sich durch die andere Art der Teilchenanordnung erklären. Es ist bereits bekannt, dass sich Metalle aus riesigen Teilchenverbänden von Metallatomen zusammensetzen. Dagegen bestehen Sauerstoff und Stickstoff aus frei beweglichen Teilchen, in denen immer zwei Sauerstoffatome bzw. zwei Stickstoffatome fest miteinander verbunden sind. Solche Teilchen von zwei oder mehreren fest miteinander verbundenen Atomen werden **Moleküle** genannt.
Nach dem Teilchenmodell, in dem wir uns die Atome als Kugeln vorstellen, können wir uns ein Sauerstoff- bzw. ein Stickstoffmolekül als „aneinanderklebende" Kugeln denken.
In Stoffen, die aus Molekülen aufgebaut sind, bestehen zwischen den Molekülen oft nur geringe Anziehungskräfte, sodass viele dieser Stoffe bei Raumtemperatur Gase sind. Ziehen sich die Moleküle jedoch stärker an, so liegen flüssige Stoffe vor. Bei sehr starken Anziehungskräften sind die Stoffe fest.

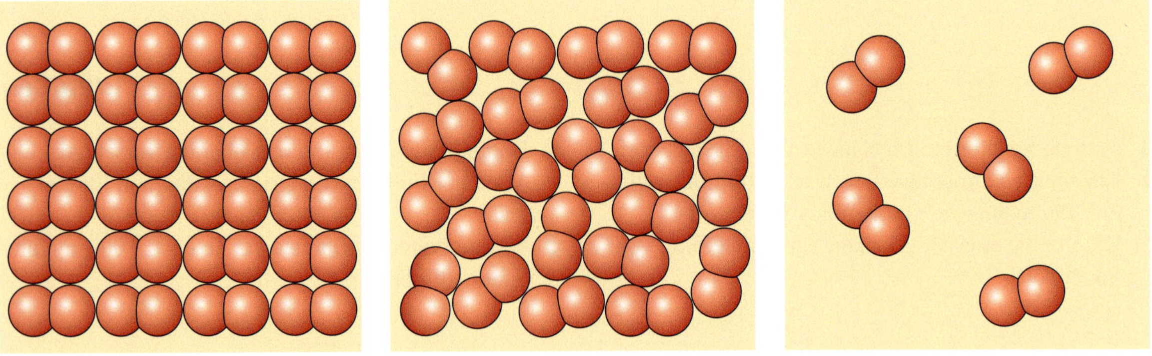

4 Modelldarstellungen von Sauerstoffmolekülen im festen, flüssigen und gasförmigen Aggregatzustand

Auch bei einer Veränderung des Aggregatzustands dieser Stoffe bleiben die Moleküle als Teilchen unverändert. Nur der Abstand der Moleküle untereinander und ihre Beweglichkeit verändern sich.

Moleküle sind Teilchen, die aus zwei oder mehr fest miteinander verbundenen Atomen zusammengesetzt sind.

Formeln als chemische Zeichen Ein Element wird durch sein Symbol gekennzeichnet, z. B. Sauerstoff mit einem O, abgeleitet aus seiner lateinischen Bezeichnung **o**xygenium, und Stickstoff mit einem N, abgeleitet aus seiner lateinischen Bezeichnung **ni**trogenium.
Beides sind Stoffe, die aus zweiatomigen Molekülen aufgebaut sind. Die Anzahl der zu einem Molekül vereinigten Atome wird als tiefgestellte Zahl (Index) nach dem Symbol angegeben: $\mathbf{O_2}$ bzw. $\mathbf{N_2}$. Diese Zusammensetzung aus Symbol und Index wird als **Formel** bezeichnet. Die Formel kennzeichnet einen Stoff oder ein Molekül dieses Stoffes. Aus der Formel lässt sich die Zusammensetzung des Moleküls ablesen.

Für einen aus Molekülen aufgebauten Stoff kennzeichnet die chemische Formel den Stoff, ein Molekül des Stoffes und dessen Zusammensetzung.

Bau von Stoffen Zur Erklärung von Stoffeigenschaften benötigt man nicht nur Kenntnisse über die Art der Teilchen. Auch die Anordnung der Teilchen im Stoff hat einen Einfluss auf die Stoffeigenschaften.

Möglichkeiten der Anordnung von Atomen		
Art der Anordnung	Modell	Beispiele
einzelne isolierte Atome	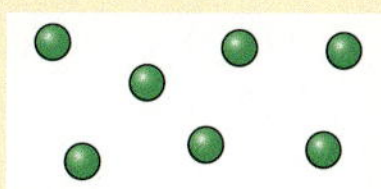	Edelgase
Moleküle	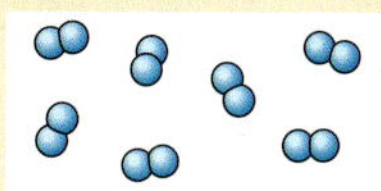	Sauerstoff, Stickstoff
Atomverband	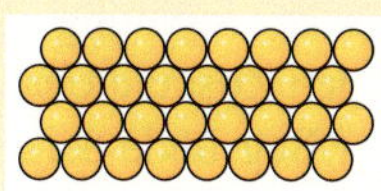	Metalle

5 JÖNS J. BERZELIUS (1779 bis 1848) führte die heute verwendete chemische Zeichensprache ein. Die Anzahl der Atome gab er allerdings als hochgestellte Zahl an, z. B. O^2 für Sauerstoff.

Schon gewusst?

Unter bestimmten Bedingungen können sich auch drei Atome Sauerstoff zu einem Molekül vereinigen. Bei diesem so aufgebauten reaktionsfähigen, gasförmigen Stoff handelt es sich um Ozon. Ozon hat jedoch aufgrund seines Baus auch andere Eigenschaften als Sauerstoff, z. B. ist es sehr giftig.

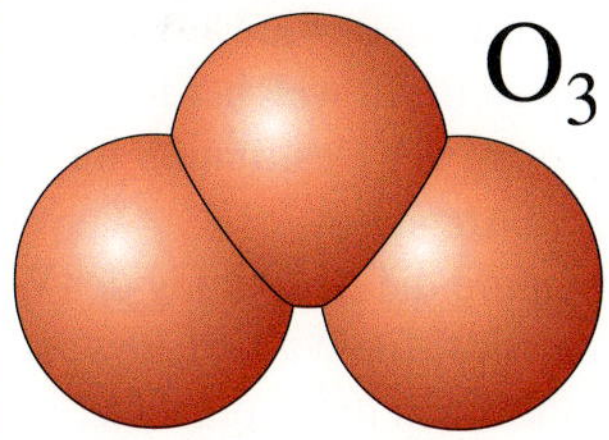

6 Modell und Formel eines Ozonmoleküls

Aufgaben

1 Welche Aussagen lassen sich aus einem chemischen Symbol und einer chemischen Formel ableiten?

2 Das bei Raumtemperatur flüssige Brom, ein aus Molekülen aufgebauter Stoff, hat die Formel Br_2. Nenne die Formeln für Brom im festen und im gasförmigen Aggregatzustand. Begründe.

3 Kann eine Formel auch $X_{2,5}$ lauten? Begründe.

4 Erläutere an einem Beispiel die Unterschiede zwischen einem Atom und einem Molekül.

5 Stickstoff ist bei Raumtemperatur gasförmig, Gold dagegen fest. Erkläre diesen Unterschied mithilfe des Baus der Stoffe.

weiter gedacht

1 Erkläre den Aufstieg eines Heißluftballons in Luft. Es gelten die gleichen Gesetze wie beim Auftrieb eines Körpers in Wasser.

2 Wetterballons werden mit Wasserstoff gefüllt, das Gas mit der geringsten Dichte aller Gase. Formuliere eine begründete Vermutung darüber, welcher Ballon am höchsten aufsteigen kann: ein prall gefüllter Ballon oder ein weniger prall gefüllter.

1 Start eines Wetterballons

3 Sauerstoff, Stickstoff und Kohlenstoffdioxid sowie die Edelgase werden durch Verflüssigung der Luft und anschließende Destillation der flüssigen Luft hergestellt. In welcher Reihenfolge destillieren die Gase bei der Destillation flüssiger Luft? Begründe deine Angabe.

4 Erläutere die Bedeutung der Wasserlöslichkeit von Sauerstoff für Wasserlebewesen. Welche Probleme können sich dabei ergeben?

2 Einheimische „Moderlieschen"

5 **Untersuche das Verhalten einer brennenden Kerze in einem Einweckglas mit Wasser.**
Gib etwa 1 cm hoch Wasser in ein Einweckglas und stelle eine Kerze hinein. Entzünde die Kerze und verschließe das Einweckglas rasch mit Gummi und Deckel. Versuche nach etwa 10 min den Deckel abzuheben.
Deute deine Beobachtungen.
Entsorgung: Kerze einsammeln und wieder verwenden.

6 Beim Einwecken wird Obst oder Gemüse in Einweckgläsern gekocht. Nach dem Erkalten sind die Gläser fest verschlossen und das Einmachgut ist lange haltbar.
Versuche diese Erscheinungen zu erklären.
Vergleiche den Vorgang des Einweckens mit den Beobachtungsergebnissen in Aufgabe 5.

3 Eingewecktes Obst

7 Tim ist der Meinung, dass bei allen Stoffen im gasförmigen Zustand einzelne Atome vorliegen. Hat er Recht? Begründe deine Meinung.

8 Zeichne die drei Aggregatzustände im Teilchenmodell am Beispiel des Ozons.

Auf einen Blick

Luft

Stoffgemisch aus mehreren Gasen. Hauptbestandteile sind Stickstoff ($\varphi = 78\,\%$) und Sauerstoff ($\varphi = 21\,\%$). Weitere Luftbestandteile sind die Edelgase und Kohlenstoffdioxid.
In der Luft enthaltene Luftverunreinigungen wie Schwefeldioxid, Stickstoffoxide, Kohlenstoffmonooxid und Ozon können Pflanzen, Tiere und Menschen schädigen.

Sauerstoff

Nichtmetall, das im Labor aus Wasserstoffperoxid oder durch Erhitzen von Kaliumpermanganat dargestellt wird.
Sauerstoff ist ein farbloses und geruchloses Gas, das die Verbrennung anderer Stoffe fördert.
Als Nachweis für Sauerstoff dient die Glimmspanprobe: Ein glimmender Holzspan flammt in reinem Sauerstoff auf.

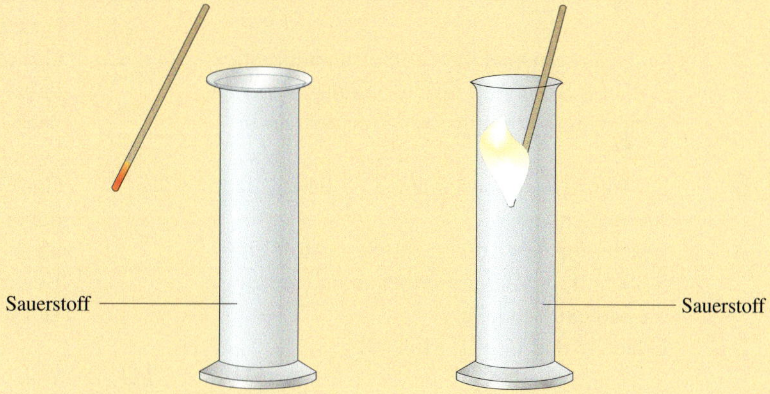

Stickstoff

Nichtmetall, das durch Destillation verflüssigter Luft dargestellt wird. Stickstoff ist ein farbloses und geruchloses, nicht brennbares Gas, das Flammen erstickt.

Molekül

Teilchen, das aus zwei oder mehr fest miteinander verbundenen Atomen zusammengesetzt ist

Modell und Formel eines Sauerstoffmoleküls

Modell und Formel eines Stickstoffmoleküls

Formel

Chemisches Zeichen, das z. B. einen Stoff oder ein Molekül dieses Stoffes kennzeichnet. Aus einer Formel lässt sich die Zusammensetzung des Moleküls ablesen.

Check up

1 Die Erde ist von einer Lufthülle umgeben. Nenne wichtige Bestandteile der Lufthülle der Erde und gib deren Volumenanteil an.

2 Ein Mitschüler behauptet: Saubere Luft, z. B. über einem Ozean, ist ein reiner Stoff. Beurteile diese Aussage in Bezug auf ihre Richtigkeit.

3 Neben Wasser bildet Luft eine weitere Grundlage für das Leben auf der Erde. Erläutere diesen Sachverhalt.

4 Luft ist nicht nur zum Atmen da. Überlege dir weitere Bedeutungen von Luft aus dem Alltag.

5 Zeige am Beispiel der Luftbestandteile Stickstoff und Sauerstoff die Beziehung zwischen Verwendung und Eigenschaften der Stoffe.

6 Die meisten Luftbestandteile bestehen aus Molekülen.
a Beschreibe den Aufbau von Sauerstoff und Stickstoff, gib deren Formel an und zeichne die Molekülmodelle.
b Erläutere den Begriff Molekül.

7 Es werden drei Sauerstoffteilchen unterschieden: Sauerstoffatome, Sauerstoffmoleküle und Ozonmoleküle.
a Vergleiche den Bau dieser Teilchen.
b Leite aus den chemischen Zeichen für ein Sauerstoffmolekül und ein Ozonmolekül mögliche Aussagen ab.

8 In drei Gefäßen befinden sich farblose Gase bzw. Gasgemische. In je einem Gefäß befindet sich Sauerstoff, Stickstoff und Luft. Erläutere, wie auf einfache Weise experimentell ermittelt werden kann, welches Gas sich in welchem Gefäß befindet.

9 Die Schüler einer Klasse sollen Vorschläge zum experimentellen Auffangen von drei verschiedenen Gasen unterbreiten. Die Tabelle enthält einige Eigenschaften der drei Gase.

Eigenschaft	Gas A	Gas B	Gas C
Dichte bei 0 °C	1,25 g/l	1,43 g/l	1,98 g/l
Löslichkeit in Wasser	nahezu unlöslich	sehr gering	gut
Reaktion mit Wasser	keine	keine	findet statt

Folgende Vorschläge wurden unterbreitet:
Vorschlag 1: Alle drei Gase pneumatisch auffangen.
Vorschlag 2: Alle drei Gase durch Luftverdrängung auffangen, die Reagenzgläser dabei mit der Öffnung nach unten einspannen.
Vorschlag 3: Gas A und Gas B pneumatisch, Gas C durch Luftverdrängung auffangen, dabei das Reagenzglas mit der Öffnung nach unten einspannen.
Vorschlag 4: Gas A und Gas B pneumatisch, Gas C durch Luftverdrängung auffangen, dabei das Reagenzglas mit der Öffnung nach oben einspannen.
Bewerte die Vorschläge auf ihre Brauchbarkeit und begründe deine Bewertung.

10 Was versteht man unter dem pneumatischen Auffangen von Gasen? Beschreibe die Durchführung dieser Methode.

Aufgabe	Hilfe findest du auf Seite …	Verbindung der Aufgabe zu den Basiskonzepten ↑S.18
1	90	T
2	42, 43, 90	T
3	90, 91	T
4	90, 96, 97	S
5	96, 97	S
6	98, 99	T
7	98, 99	T
8	95, 96, 97	T
9	94	S
10	94	S

T Stoff-Teilchen-Beziehungen, S Struktur-Eigenschafts-Beziehungen

Die Lösungen findest du im Anhang.

Verbindungen

Die Gebäude des österreichischen Künstlers und Architekten FRIEDENSREICH HUNDERTWASSER (1928 bis 2000) faszinieren durch ihre geschwungenen Linien, leuchtenden Farben und auffälligen Formen. Mit der Gestaltung von Wohnhäusern, wie dieses in Plochingen, Kirchen und Bahnhöfen berührt seine Architektur fast alle Lebensbereiche der Menschen.

In den Stoffen, die zum Bau benötigt wurden, ist eine Vielzahl chemischer Verbindungen enthalten. Die bunten Wände und Fenster entstehen z. B. durch Verwendung farbiger Metalloxide.

Der zum Bauen eingesetzte Mörtel wird fest, weil in ihm enthaltene Verbindungen mit dem Kohlenstoffdioxid der Luft reagieren.

- → Wie sind Verbindungen aufgebaut?
- → Wie entstehen chemische Verbindungen in der Natur und wie können sie hergestellt werden?
- → Welche Gesetzmäßigkeiten liegen diesen Reaktionen zugrunde?

Selbst untersucht Verhalten von Stoffen gegenüber Luft

1 Verbrenne Holzkohle in Luft und in Sauerstoff.

Vorsicht! Schutzbrille! Gib auf zwei Verbrennungslöffel Holzkohle und erhitze sie zum Glühen. Tauche einen Löffel in einen Standzylinder mit Luft, den anderen in einen Standzylinder mit Sauerstoff und verschließe beide Standzylinder mit Stopfen. Bringe nach der Reaktion in jeden Standzylinder einen brennenden Span ein.
Beschreibe und deute deine Beobachtungen.
Entsorgung: Geräte unter dem Abzug gut lüften.

2 Untersuche die Wirkung von Kohlenstoffdioxid auf eine brennende Kerze.

Stelle eine Kerze in einen Standzylinder und entzünde sie. Fülle ein Becherglas mit Kohlenstoffdioxid und übergieße damit die brennende Kerze. Beobachte die Kerzenflamme.
Leite aus den Beobachtungen mindestens zwei Eigenschaften von Kohlenstoffdioxid ab.
Entsorgung: Kerze einsammeln.

3 Verbrenne Schwefel an der Luft und in Sauerstoff.

Vorsicht! Unter dem Abzug arbeiten! Bohre vorsichtig einen Eisendraht durch einen Stopfen. Erwärme den Draht und tauche ihn in Schwefelpulver. Entzünde den Schwefeltropfen am Draht (T) und tauche den Draht in einen Erlenmeyerkolben. Verschließe den Erlenmeyerkolben mit dem Stopfen. Wiederhole das Experiment in einem mit Sauerstoff gefüllten Erlenmeyerkolben.

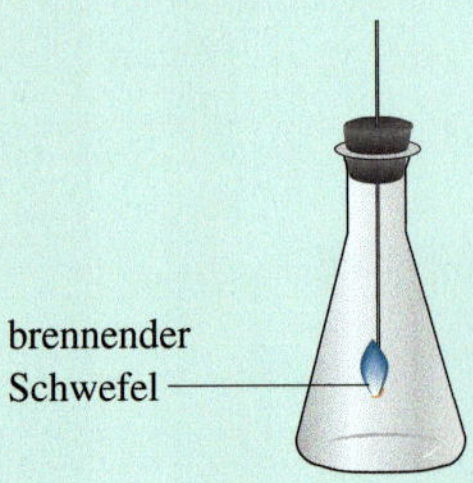

Beschreibe und deute deine Beobachtungen.
Entsorgung: Geräte unter dem Abzug gut lüften.

4 Untersuche die Wirkung von Schwefeldioxid auf Pflanzenblüten.

Vorsicht! Unter dem Abzug arbeiten! Hänge mehrere angefeuchtete farbige Pflanzenblüten, z. B. Alpenveilchen, in eine Glasglocke. Entzünde etwa 1 g Schwefel in einer Abdampfschale (T). Stülpe die Glasglocke mit den Blüten über den brennenden Schwefel.

Beobachte die Pflanzenblüten und beschreibe die Veränderungen.
Entsorgung: Geräte unter dem Abzug gut lüften.

5 Stelle „Erdfarben" her.

Mische verschiedene farbige Metalloxide (z. B. Eisenoxide, Mangan(IV)-oxid (Xn), Kupfer(I)-oxid (Xn), Titan(IV)-oxid) jeweils mit Pflanzenöl, Hühnereiweiß oder verdünntem Holzleim. Gestalte mit diesen Mischungen auf Pappe oder Steinen Motive alter Höhlenmalereien nach.

Informiere dich im Kunstunterricht über alte Maltechniken. Welche dieser Maltechniken hast du angewendet?
Entsorgung: Feststoffe in den Sammelbehälter für Hausmüll geben.

6 Untersuche das Verhalten von Metallen beim Erhitzen an der Luft.

Vorsicht! Unter dem Abzug arbeiten! Halte jeweils ein Stück blanken Aluminium-, Kupfer- und Zinndraht sowie Magnesiumband (F) mit der Tiegelzange in eine Brennerflamme und erhitze die Metalle stark. Gib nach dem Erkalten die Proben auf je ein Uhrglas.
Vergleiche das Aussehen der erhitzten Proben mit nicht erhitzten Proben der gleichen Metalle.
Vergleiche das Aussehen der erhitzten Proben mit dem Aussehen von Gegenständen dieser Metalle, die korrodiert sind.
Notiere die Beobachtungen und die Ergebnisse der Vergleiche.
Entsorgung: Stoffe einsammeln und der Sammlung zuführen.

7 Untersuche das Verhalten von Metallen beim Erhitzen in Sauerstoff.

Fülle vier Erlenmeyerkolben mit Sauerstoff. Erhitze auf Verbrennungslöffeln Späne von Magnesium (F), Aluminium, Zinn und Kupfer und tauche die erhitzten Metalle in die Erlenmeyerkolben.

Gib die erkalteten Reaktionsprodukte auf Uhrgläser.
Beobachte die erhitzten Metalle vor und während des Eintauchens in die mit Sauerstoff gefüllten Erlenmeyerkolben.
Deute die Beobachtungen. Vergleiche das Aussehen der Reaktionsprodukte mit dem Aussehen der in Experiment 6 an der Luft erhitzten Metalle.
Entsorgung: Stoffe einsammeln und der Sammlung zuführen.

8 Untersuche das Verhalten von Metallpulvern beim Erhitzen.

Vorsicht! Nicht in Flammenrichtung sehen! Bedecke den Experimentiertisch mit Alufolie. Fülle in Porzellanschälchen Pulver der Metalle Aluminium, Kupfer, Zinn und Magnesium (F). Spanne einen Brenner waagerecht in ein Stativ und stelle eine rauschende Brennerflamme ein. Nimm auf einen Spatellöffel jeweils einen halben Löffel eines Metallpulvers. Streue wenig Metallpulver vorsichtig von oben in die Flamme.

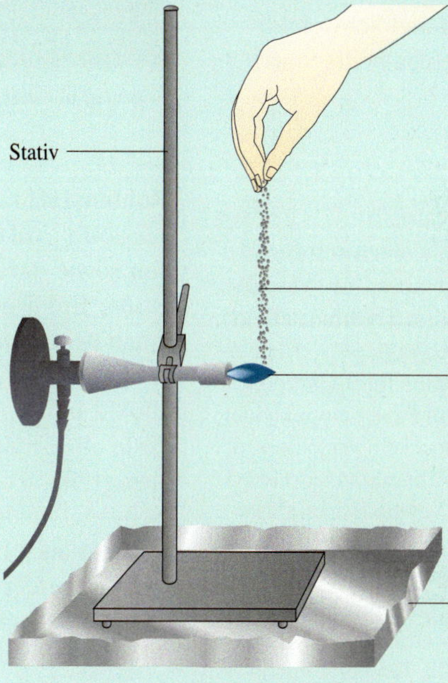

Fege die auf der Alufolie liegenden Reaktionsprodukte zusammen und lege sie auf jeweils ein Uhrglas.
Notiere die Beobachtungen. Vergleiche das Aussehen der Reaktionsprodukte mit dem Aussehen der in Experiment 6 entstandenen Stoffe.
Entsorgung: Feststoffe in den Sammelbehälter für Hausmüll geben.

Kohlenstoffdioxid und Schwefeldioxid

Durch Stoffwechselprozesse in lebenden Organismen, durch chemische Reaktionen im Boden und in den Meeren gelangen viele chemische Verbindungen in die Atmosphäre. Diese beeinflussen das Klima und die Umwelt und können die Gesundheit schädigen. Unter dem Einfluss der Menschen vergrößern sich diese Emissionen beträchtlich.
Welche Eigenschaften haben Kohlenstoffdioxid und Schwefeldioxid? Wie werden beide Stoffe verwendet?

1 Smog in einer Großstadt

EXPERIMENT 9 [L]
Wirkung von Kohlenstoffdioxid auf die Lufttemperatur (Modellexperiment zum Treibhauseffekt).
Zwei hohe Bechergläser werden innen bis zur Hälfte ihres Umfangs mit schwarzem Papier ausgekleidet und mit Pappdeckeln verschlossen, durch die ein Thermometer (Genauigkeit ±0,1 K) in die Bechergläser reicht. Beide Gläser werden etwa 3 min mit einer 100-Watt-Glühlampe bestrahlt. Die Temperaturen in den Gläsern werden alle 30 s abgelesen. Wenn die Temperaturänderung in beiden Gläsern gleich ist, wird in ein Glas schnell Kohlenstoffdioxid eingeleitet und über einen Zeitraum von 5 min alle 30 s die weitere Temperaturänderung ermittelt.

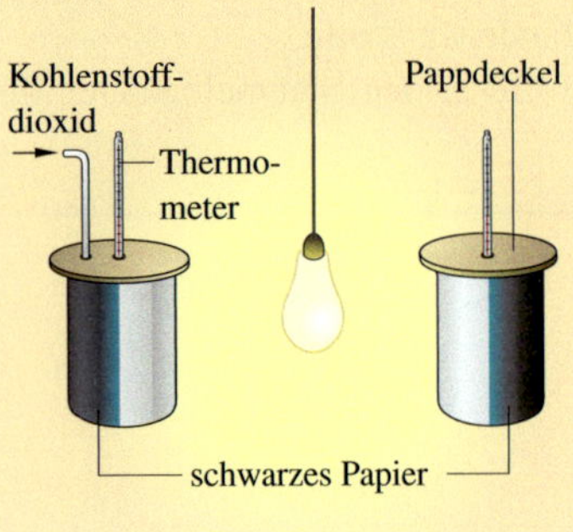

Kohlenstoffdioxid und Schwefeldioxid – Bestandteile der Luft Kohlenstoffdioxid entsteht bei der Atmung, dem biologischen Abbau von Stoffen sowie durch Verbrennung fossiler Brennstoffe wie Holz, Kohle ↑E.1 S.104, Erdöl und Erdgas ebenso wie durch Brandrodung von Wäldern. Auch beim Autofahren, Rauchen oder Grillen wird Kohlenstoffdioxid gebildet. Seit etwa 150 Jahren nimmt der Volumenanteil an Kohlenstoffdioxid in der Atmosphäre ständig zu. Da Kohlenstoffdioxid die von der Erde abgestrahlte Wärme zurückhält, wird dadurch der natürliche Treibhauseffekt verstärkt.
Schwefeldioxid entsteht bei der Verbrennung von Schwefel. ↑E.3 S.104 Es entsteht auch beim Verbrennen fossiler Brennstoffe, da in ihnen gebundener Schwefel enthalten ist. Das Schwefeldioxid wird mit den Rauchgasen in die Luft abgegeben und beeinflusst maßgeblich die Smogbildung. Große Mengen an Schwefeldioxid entstehen auch bei Vulkanausbrüchen und gelangen gemeinsam mit anderen Gasen in die Atmosphäre.

Eigenschaften und Bedeutung von Kohlenstoffdioxid Kohlenstoffdioxid ist ein farbloses, geruchloses und nicht brennbares Gas mit einer größeren Dichte als Luft. Es unterhält die Verbrennung nicht. ↑E.2 S.104 Daher wird es als Feuerlöschmittel eingesetzt. In Wasser ist es gut löslich. In gelöster Form ist es in Limonaden, Mineralwässern, Bier, Schaumweinen und Sekt enthalten. Kohlenstoffdioxid ist im Kreislauf der Natur unentbehrlich. In den grünen Teilen von Pflanzen werden unter dem Einfluss des Sonnenlichts aus Kohlenstoffdioxid und Wasser für die Pflanzen wichtige Stoffe gebildet, die Menschen und Tiere mit der Nahrung zu sich nehmen.
Kohlenstoffdioxid wird als Kühl- und Kältemittel eingesetzt. In Sprays dient es als Treibgas und in Lagerräumen unterstützt es das Reifen von Obst. In natürlichen Mineralbädern und in medizinischen Bädern lindert es Herz- und Kreislaufstörungen.

Eigenschaften und Bedeutung von Schwefeldioxid Schwefeldioxid ist ein giftiges Gas. Es riecht charakteristisch stechend und reizt die Schleimhäute. Es wirkt insektentötend und hemmt das Wachstum von Mikroorganismen. Besonders giftig wirkt Schwefeldioxid auf Pflanzen, insbesondere auf Nadelbäume. ↑E.4 S.104
Zusammen mit Luftfeuchtigkeit oder Regen bildet es den sauren Regen, der Pflanzen, Tiere, Bauwerke und den Boden stark schädigen kann.
Schwefeldioxid dient zur Herstellung vieler Chemikalien, Medikamente und Farbstoffe. Aufgrund seiner keimtötenden Wirkung wird es als Desinfektionsmittel, z. B. beim „Ausschwefeln“ von Weinfässern, verwendet. Als Konservierungsmittel für Lebensmittel wird es zum „Schwefeln“ von Trockenobst eingesetzt. Außerdem dient es dem Bleichen von Papier und Textilien sowie der Abwasserreinigung.

Darstellung von Kohlenstoffdioxid und Schwefeldioxid Kohlenstoffdioxid lässt sich durch chemische Reaktionen aus Kohlenstoff und Sauerstoff darstellen. ↑E.1 S.104 Schwefeldioxid bildet sich bei der chemischen Reaktion von Schwefel mit Sauerstoff. ↑E.3 S.104

Kohlenstoff (s) + Sauerstoff (g) ⟶ Kohlenstoffdioxid (g) | exotherm
Schwefel (s) + Sauerstoff (g) ⟶ Schwefeldioxid (g) | exotherm

Kohlenstoffdioxid ist ein Reinstoff, in dem Kohlenstoff und Sauerstoff eine chemische Verbindung eingegangen sind. Ebenso ist Schwefeldioxid ein Reinstoff, in dem Schwefel und Sauerstoff eine Verbindung eingegangen sind. Deshalb gehören beide Stoffe zu den chemischen Verbindungen. Kohlenstoffdioxid und Schwefeldioxid lassen sich durch chemische Reaktionen wieder in ihre Ausgangsstoffe zerlegen. Die Zerlegbarkeit von Reinstoffen in Elemente durch chemische Reaktion ist ein weiteres Merkmal chemischer Verbindungen.

Chemische Verbindungen sind Reinstoffe, die durch chemische Reaktionen in verschiedene Elemente zerlegt werden können.

Schon gewusst?

Am 22. August 1986 gab es ein aufsehenerregendes Unglück in einer Senke am Nyos-See in Kamerun. In der Nacht stiegen riesige Kohlenstoffdioxidblasen unterirdischen Ursprungs an die Wasseroberfläche. Der Gasteppich legte sich in einem Radius von 25 km um den Krater und erstickte mehr als 1 700 am Ufer lagernde Menschen mitsamt ihren über 300 Stück Vieh. 20 000 Menschen überlebten die Katastrophe schwer verletzt.

2 Verendete Kühe am Nyos-See

Aufgaben

1 Grotten oder unbelüftete Silos betrat man früher mit einer brennenden Kerze. Nenne dafür mögliche Gründe.

2 Ruß, der beim Heizen mit Kohle entsteht, besteht aus reinem Kohlenstoff. Was könnte passieren, wenn der Schornstein nicht regelmäßig gereinigt wird? Formuliere eine Vermutung.

3 Beim Öffnen einer gekühlten Mineralwasserflasche entweicht weniger Kohlenstoffdioxid als bei höherer Temperatur. Erkläre diesen Sachverhalt.

4 Man kann Kohlenstoffdioxid als einen natürlichen Bestandteil der Luft, aber auch als Luftschadstoff bezeichnen. Überlege, wann welche Bezeichnung zutreffend ist.

5 In den meisten Städten und Gemeinden wurden die Heizungen der Wohnungen von Kohle auf Erdgas oder Heizöl umgestellt. Überlege, welche Effekte damit erreicht werden sollen.

6 Fertige für Kohlenstoffdioxid und Schwefeldioxid Steckbriefe an. Begründe, dass beide Stoffe zu den chemischen Verbindungen gehören.

Verhalten von Stoffen gegenüber Sauerstoff

Der Feuerspucker im Zirkus hat in seinem Mund eine brennbare Flüssigkeit. Wenn er diese in feiner Tröpfchenform in eine brennende Fackel speit, entsteht eine sehr große, helle Flamme. Beim Verbrennen der Flüssigkeit hat diese offensichtlich mit dem Sauerstoff der Luft reagiert.
Ist die Verbrennung auch eine chemische Reaktion?

1

2 Glühende Eisenwolle

3 Zinkpulver wird in eine rauschende Brennerflamme gestreut.

Erhitzen von Metallen an der Luft und in Sauerstoff Werden Metalle wie Magnesium, Kupfer, Zinn und Aluminium an der Luft erhitzt oder erhitzte Metalle in ein Gefäß mit Sauerstoff gebracht, weisen stoffliche Veränderungen auf den Ablauf chemischer Reaktionen hin. ↑E.6, 7, 8 S.105
Es entstehen chemische Verbindungen. Verbindungen, bei denen Elemente mit dem Element Sauerstoff verbunden sind, werden als **Oxide** (lat. oxygenium – Sauerstoff) bezeichnet. Handelt es sich bei dem Element um ein Metall, heißen die Verbindungen **Metalloxide**.

Aluminium	+ Sauerstoff	⟶	Aluminiumoxid
Kupfer	+ Sauerstoff	⟶	Kupferoxid
Zinn	+ Sauerstoff	⟶	Zinnoxid
Magnesium	+ Sauerstoff	⟶	Magnesiumoxid
Metall	**+ Sauerstoff**	⟶	**Metalloxid**

Metalloxide sind chemische Verbindungen, in denen ein Metall mit dem Element Sauerstoff verbunden ist. Sie können durch chemische Reaktion von Metallen mit Sauerstoff entstehen.

Erhitzen von Nichtmetallen an der Luft und in Sauerstoff Auch beim Erhitzen von Nichtmetallen wie z. B. Schwefel, Kohlenstoff oder Phosphor konnte aus stofflichen Veränderungen auf den Ablauf einer chemischen Reaktion geschlossen werden. ↑E.1,3 S.104
Die entstandenen Reaktionsprodukte sind Verbindungen, in denen ein Nichtmetall mit dem Element Sauerstoff verbunden ist. Diese Verbindungen, z. B. Schwefeldioxid und Kohlenstoffdioxid, werden als **Nichtmetalloxide** bezeichnet.

Verbrennung – eine chemische Reaktion In Experimenten zeigte sich, dass viele Stoffe verbrannt werden können: Holzkohle, Schwefel und verschiedene Metalle. ↑S.104, 105
Auch im Alltag werden Stoffe verbrannt, z. B. ein Streichholz beim Entzünden einer Kerze, Holz bei einem Lagerfeuer oder Müll in einer Müllverbrennungsanlage.
Was aber ist eine Verbrennung?
Bei einer **Verbrennung** handelt es sich um eine schnell ablaufende chemische Reaktion, bei der ein Stoff mit dem Element Sauerstoff unter Entwicklung hoher Temperatur und Lichterscheinungen reagiert. Als Reaktionsprodukte entstehen bei einer Verbrennung Oxide, z. B. weißes Magnesiumoxid, schwarzes Kupferoxid oder farbloses gasförmiges Kohlenstoffdioxid. ↑E.1 S.104, E.6 S.105
Chemische Reaktionen, bei denen ein Stoff mit Sauerstoff reagiert, werden als **Oxidationen** bezeichnet. Als Reaktionsprodukte entstehen Oxide. Alle Verbrennungen gehören zu den Oxidationen.

Schon gewusst?

Ähnlich wie beim Verbrennen von Holz Wärme abgegeben wird, geben die Nährstoffe durch chemische Reaktionen im Körper Energie ab. Mit dieser Energie wird die Körpertemperatur aufrechterhalten. Auch alle anderen Lebensvorgänge, z. B. Bewegung, Denkprozesse, Wachstumsprozesse, benötigen Energie. Da Nährstoffe diese Energie liefern, wird häufig falsch gesagt, die Nährstoffe werden im Organismus „verbrannt“.

4 Verbrennen von Streichholz, Wunderkerze und Benzin

Schnelle und langsame Oxidationen Eine Verbrennung ist eine sehr schnell ablaufende Oxidation. Auch das Verbrennen von Kraftstoff in Motoren oder die Explosion eines Sprengstoffes gehören zu diesen schnell ablaufenden Oxidationen. Verrosten Teile eines Fahrrads oder werden Nährstoffe in unserem Körper in Energie und körpereigene Stoffe umgewandelt, handelt es sich ebenfalls um Oxidationen. Es sind aber keine Verbrennungen, da keine hohen Temperaturen oder Flammenerscheinungen auftreten und diese Oxidationen vergleichsweise langsam ablaufen.

Die Oxidation ist eine chemische Reaktion, bei der ein Stoff mit dem Element Sauerstoff reagiert. Verbrennungen gehören zu den Oxidationen.

Aufgaben

1 In vielen Zeitschriften kann man lesen, dass Nährstoffe im Organismus verbrannt werden. Weise nach, dass diese Behauptung falsch ist.

2 Vergleiche das Verbrennen von Kohle mit dem Verrosten eines Fahrrads. Gib Unterschiede und Gemeinsamkeiten an.

3 Weise nach, dass Oxidationen chemische Reaktionen sind.

selbst erforscht

1 Schadstufen am Beispiel der Eiche

Verschmutzung und Reinhaltung der Luft

Anfang der 1970er Jahre begann das sogenannte Tannensterben in Deutschland.
Seit 1983 führen die Bundesländer Waldschadensinventuren durch. In einem Stichprobenverfahren wird hier der Gesundheitszustand der Baumkronen ermittelt.
Die Tanne ist zwar nach wie vor die am stärksten geschädigte Baumart. Der Anteil der Tannen mit unübersehbaren Schäden ist jedoch seit längerem rückläufig. Dagegen nehmen die Schäden bei der Eiche deutlich zu. Diese war zunächst von den neuartigen Waldschäden kaum betroffen. Heute hat das Ausmaß der Schäden bei der Eiche beinahe das der Tanne erreicht.
Eine nicht zu unterschätzende Ursache für das Waldsterben wird in der zu großen Belastung der Luft mit Schadstoffen gesehen.

➔ Welche Zusammenhänge zwischen der Verschmutzung der Luft und dem Waldsterben gibt es?

Materialien für die Projektbearbeitung Nutzt das bereitgestellte Material, aber auch Materialien aus anderen Quellen zur Bearbeitung eurer Fragestellungen.

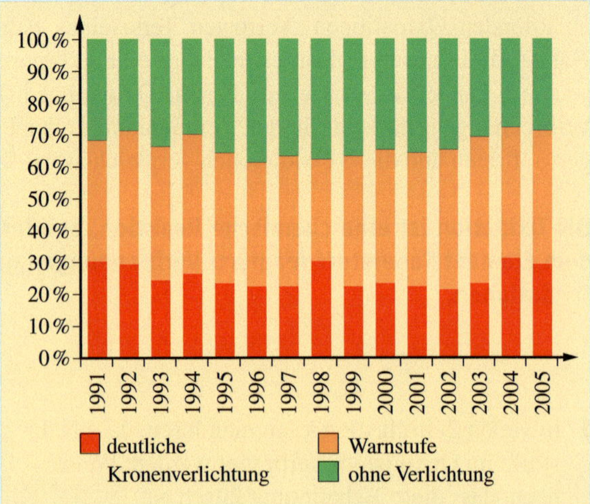

2 Entwicklung der Schadstufenanteile bei Bäumen in Deutschland

1 Untersuche die Belastung der Luft durch verschiedene Luftschadstoffe.
Untersuche mit einem Gasspürgerät die Luft an verschiedenen Stellen deines Wohnortes auf Kohlenstoffmonooxid, Stickstoffdioxid und Schwefeldioxid. Trage die Ergebnisse in einen Stadtplan ein. Stelle fest, an welchen Tagen und an welchen Standorten die Belastung am größten ist.

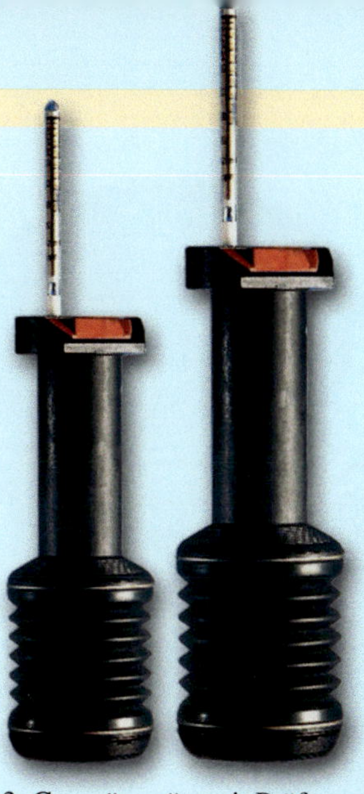

3 Gasspürgeräte mit Prüfröhrchen

2 Prüfe die Staubbelastung der Luft.
Klebe über die Öffnung von Bechergläsern Klebestreifen mit der Klebefläche nach außen. Stelle die Gläser an verschiedenen Standorten auf, z. B. nahe stark befahrener Straßenkreuzungen, auf dem Schulhof, im Wohngebiet, in einer Gartensiedlung, im Wald. Bestimme nach 24 Stunden Anzahl, Größe und Form der Staubteilchen. Wiederhole den Test, indem du Klebestreifen auf Blätter von Bäumen an verschiedenen Standorten befestigst.

Hinweise für die Projektarbeit Erarbeitet euch selbst Untersuchungsschwerpunkte, z. B.: Wer sind die Verursacher der Luftverunreinigung? Welche Luftschadstoffe gibt es? Wie können Luftschadstoffe und ihre Wirkungen experimentell nachgewiesen werden? Welche persönlichen und welche industriellen Möglichkeiten der Verminderung von Luftschadstoffen gibt es? Erkundigt euch bei Umweltbehörden über aktuelle Daten. Stellt die Ergebnisse optisch attraktiv dar und berichtet darüber anderen Klassen bzw. in einer Elterninformationsveranstaltung.

Ausgewählte Luftschadstoffe und ihre Emissionsquellen

Schadstoff	Natürliche Quellen	Anthropogene (d. h. durch Menschen verursachte) Quellen
Staub	Vulkane, Waldbrände, Stürme	Verbrennung fossiler Brennstoffe, metallurgische Industrie, Straßenverkehr
Kohlenstoffdioxid	Vulkane, Waldbrände, biologischer Abbau von Stoffen, Atmung der Lebewesen	Verbrennung fossiler Brennstoffe, Brandrodung, Straßenverkehr, Kalkbrennen
Methan	Sümpfe, Moore, Ozeane	Reisfelder, Wiederkäuer, Grubengas, Hausmülldeponien
Kohlenwasserstoffe (ohne Methan)	Bäume, Erdöl- und Erdgaslagerstätten	Kraftfahrzeuge, Lösemittel
Schwefeldioxid	Vulkane, atmosphärische Oxidation von Schwefelwasserstoff	Verbrennung fossiler Brennstoffe, Straßenverkehr
Schwefelwasserstoff	Vulkane, Sümpfe, Ozeane, natürliche Dampfquellen	Verbrennung fossiler Brennstoffe, Straßenverkehr, Erdölaufbereitung, Gülle
Stickstoffoxide	Gewitter, Oxidation von Ammoniak in der Atmosphäre	Verbrennung fossiler Brennstoffe, Straßenverkehr

Schadstoffemissionen in Deutschland 2006

Verursacher	Schwefeldioxid in kt	Stickstoffoxide in kt
Energiewirtschaft	283,7	281,2
Verarbeitendes Gewerbe	64,3	77,8
Verkehr	1,5	698,2
Haushalte	56,0	76,2
Industrieprozesse	115,1	94,0
Landwirtschaft	–	85,5
Sonstige	37,8	81,4
Gesamt	558,4	1394,3

Einige Oxide

Fast alle Elemente kommen in der Natur gebunden in Form von Oxiden vor. Eisenoxide sind Produkte des Verrostens, z. B. deines Fahrrads. Eisenoxide aus der Erde dienen aber der Herstellung von Eisen und Stahl. Schwefeldioxid ist ein gefährlicher Luftschadstoff. Gleichzeitig ist es aber ein Ausgangsstoff zur Herstellung von Arzneimitteln.
Welche weitere Bedeutung haben Oxide? Welchen Bau besitzen sie?

1 Rotes Eisenoxid, schwarzes Kupferoxid und weißes Zinkoxid

Schon gewusst?

Die älteste nachgewiesene Verwendung von Metalloxiden ist die Nutzung als sogenannte Erdfarben.
Fast 10 000 Jahre alt sind die Abdrücke der Hände in der Cueva de las Manos, der Höhle der Hände, in Patagonien (Argentinien).

2 Cueva de las Manos

Bedeutung wichtiger Oxide Im Mittelalter nannte man die heute als Oxide bezeichneten chemischen Verbindungen „Erden“. Das bezog sich jedoch im Wesentlichen auf Metalloxide, da sie in der Erdkruste vorkommen, also in der Erde gefunden wurden. Aus den Vorkommen ersieht man, dass die meisten Metalloxide fest sind, während die meisten Nichtmetalloxide Gase sind.
Reine Metalloxide sind feste, kristalline Stoffe. Farbige Metalloxide, z. B. Eisenoxide, dienen als Farbpigmente zur Herstellung von Malerfarben. Metalloxide mit sehr hoher Schmelztemperatur, z. B. Magnesiumoxid, werden für feuerfeste Ausmauerungen in Öfen oder im Hitzeschild von Weltraumfähren eingesetzt. Zinkoxid, Magnesiumoxid und Aluminiumoxid werden als Puder oder Salbengrundlage in der Medizin genutzt. Auch Mittel gegen Sodbrennen können solche Oxide enthalten. Calciumoxid im Gemisch mit Wasser und Sand dient im Bauwesen als Mörtel z. B. zum Mauern und Verputzen von Wänden.
Viele Nichtmetalloxide dienen der Herstellung wichtiger Stoffe, wie Farbstoffe, Waschmittel, Kunststoffe, Düngemittel, Arzneimittel.

Bau von Oxiden Nichtmetalloxide sind aus Molekülen aufgebaut. Stoffportionen von Nichtmetalloxiden bestehen aus einer unvorstellbar großen Anzahl von Molekülen. So enthält 1 Liter Kohlenstoffdioxid bei Normbedingungen etwa $2{,}7 \cdot 10^{22}$ Moleküle Kohlenstoffdioxid. Jedes einzelne Molekül besteht wiederum aus einem Kohlenstoffatom, das mit zwei Sauerstoffatomen verbunden ist. Stoffe, die wie Kohlenstoffdioxid aus Molekülen aufgebaut sind, bezeichnet man als **Molekülverbindungen**. Metalloxide sind feste Stoffe. Sie sind nicht aus Molekülen aufgebaut. In Metalloxiden sind Metallteilchen und Sauerstoffteilchen fest miteinander verbunden. Diese Teilchen sind in großen Verbänden regelmäßig angeordnet. So sind in 100 g Calciumoxid etwa $1{,}1 \cdot 10^{24}$ Calciumteilchen und etwa $1{,}1 \cdot 10^{24}$ Sauerstoffteilchen miteinander verbunden.

Die kleinstmögliche Anzahl von miteinander verbundenen Metall- und Sauerstoffteilchen wird als **Baueinheit** bezeichnet. Bei Calciumoxid liegen Calcium- und Sauerstoffteilchen im Verhältnis 1 : 1 vor. Die Baueinheit besteht also jeweils aus einem Calciumteilchen und einem Sauerstoffteilchen. Eine Baueinheit Natriumoxid besteht dagegen aus jeweils zwei Natrium- und einem Sauerstoffteilchen.

Formeln von Oxiden Auch für Oxide werden Formeln als chemische Zeichen verwendet.
Die Formeln von Nichtmetalloxiden ergeben sich aus der Zusammensetzung der Moleküle. Kohlenstoffdioxid hat die Formel CO_2. Das bedeutet, in einem Molekül Kohlenstoffdioxid ist ein Atom Kohlenstoff mit zwei Atomen Sauerstoff verbunden. In einer Formel wird die Anzahl der Atome in einem Molekül mit einer tiefgestellten Zahl hinter dem Symbol des jeweiligen Atoms angegeben. Ist nur ein Atom eines Elements vorhanden, wird auf die Angabe der Zahl verzichtet. Formeln für Moleküle werden auch als **Molekülformeln** bezeichnet.

CO_2 In einem Molekül ist ein Kohlenstoffatom mit zwei Atomen Sauerstoff verbunden.

N_2O_3 In einem Molekül sind zwei Stickstoffatome mit drei Atomen Sauerstoff verbunden.

Die Formel von Metalloxiden gibt das kleinstmögliche Zahlenverhältnis der im Metalloxid verbundenen Metall- und Sauerstoffteilchen in den jeweiligen Teilchenverbänden an. Man sagt, die Formel kennzeichnet die Baueinheit. Auch hier wird die Anzahl der Teilchen in der Formel als tiefgestellte Zahl hinter dem jeweiligen Symbol des Elements angegeben. Formeln, die eine Baueinheit kennzeichnen, werden auch als **Verhältnisformeln** bezeichnet.

MgO Im Magnesiumoxid ist das Zahlenverhältnis Magnesiumteilchen zu Sauerstoffteilchen = 1 : 1.

Al_2O_3 Im Aluminiumoxid ist das Zahlenverhältnis Aluminiumteilchen zu Sauerstoffteilchen = 2 : 3.

Wie für alle Verbindungen werden auch für Oxide Formeln als chemische Zeichen verwendet. Die Formeln kennzeichnen jeweils den Stoff und
– bei Nichtmetalloxiden ein Molekül und dessen Zusammensetzung,
– bei Metalloxiden eine Baueinheit und deren Zusammensetzung.

Einige Oxide

Name	Formel
Kohlenstoffdioxid	CO_2
Natriumoxid	Na_2O
Schwefeltrioxid	SO_3
schwarzes Eisenoxid	FeO
rotbraunes Eisenoxid	Fe_2O_3
Aluminiumoxid	Al_2O_3
Kohlenstoffmonooxid	CO
Distickstoffmonooxid	N_2O
Magnesiumoxid	MgO
Calciumoxid	CaO

3 Molekülmodelle und Formeln von Nichtmetalloxiden

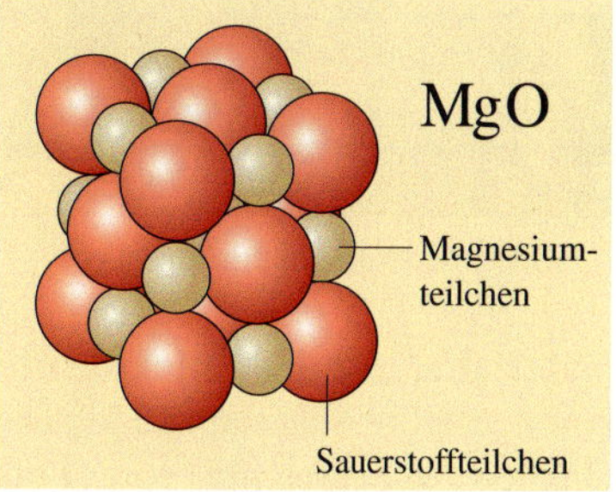

4 Modell und Formel von Magnesiumoxid

Aufgaben

1 Beschreibe den Bau von Nichtmetall- und Metalloxiden.

2 Informiere dich über Verwendung und Bedeutung folgender Oxide: Magnesiumoxid, Stickstoffoxide, Eisenoxide, Phosphoroxide. Ordne die Oxide den verschiedenen Oxidgruppen zu.

3 Gib die Bedeutung folgender Formeln an: CaO, CO, Fe_2O_3, NO_2, SO_3, TiO_2.

4 Leite aus den Namen die Formeln ab für: Stickstoffmonooxid, Calciumoxid, Dichlortrioxid und Diphosphorpentaoxid.

5 Vergleiche Bau und Eigenschaften von Nichtmetall- und Metalloxiden.

selbst **erforscht**

Brände

Ein Waldbrand oder ein Wohnungsbrand verbreiten Angst und Schrecken. Menschen und Güter kommen in Gefahr oder werden vernichtet.
Am Feuer zu sitzen – sei es an einem Lagerfeuer oder einem Sonnenwendfeuer, vor einem offenen Kamin oder vor vielen brennenden Kerzen – übt eine kaum erklärbare Faszination und eine eigene Romantik auf uns Menschen aus.

➔ Wie entsteht ein Feuer und wie kann man es löschen?
➔ Welche Schäden richtet ein Feuer an?
➔ Und wie sollte man sich bei einem Brandausbruch verhalten?

1 Abbrennen von Unterholz

Materialien für die Projektbearbeitung Nutzt das bereitgestellte Material und Materialien aus anderen Quellen zur Bearbeitung eurer Fragestellungen.

1 Erkunde, welche Stoffe brennbar sind.
Halte mit einer Tiegelzange kleine Proben verschiedener selbst ausgewählter Stoffe unter dem Abzug in die Brennerflamme.
Beobachte, welche Stoffe brennen. Stelle fest, wie lange erhitzt werden musste, bis die Stoffe brennen. Fertige darüber eine Übersicht an.

2 Lagerfeuer

3 Feuerwehr 2002

Info

Ein brennbarer Stoff brennt ohne eine Fremdzündung in Gegenwart von Sauerstoff erst, wenn er auf eine bestimmte Temperatur gebracht worden ist. Diese Temperatur wird als Entzündungstemperatur bezeichnet.

Entzündungstemperatur brennbarer Stoffe

Brennbarer Stoff	Entzündungstemperatur in °C
Zündholzkuppe	≈ 80
Benzin	≈ 200
Holz (trocken)	≈ 320
Papier	≈ 440
Heizöl	≈ 250
Spiritus	≈ 425
Erdgas	≈ 650

2 Ermittle Voraussetzungen für das Entzünden einer Flamme.

Versuche jeweils ein Stück Papier, dicke Pappe, Holz und flüssiges Kerzenwachs mit einem Zündholz zu entzünden. Wiederhole den Versuch, indem du eine Brennerflamme statt des Zündholzes verwendest. Erhitze Holzspäne in einem offenen Reagenzglas. Halte nach einiger Zeit einen brennenden Holzstab über die Öffnung des Reagenzglases.
Entzünde eine Kerze mit einem Zündholz. Beobachte dabei den Docht. Lösche die Kerze durch Auspusten und führe sofort wieder ein brennendes Zündholz in die Nähe des Dochtes.
Leite aus den Ergebnissen der Experimente ab, welche Voraussetzungen für das Entstehen eines Brandes gegeben sein müssen.

3 Untersuche das Entzünden von Holz.

Lege ein Drahtnetz auf einen Dreifuß. Verteile Holzwolle, Holzspäne und Holzstückchen unterschiedlicher Größe jeweils im Abstand von 3 cm zur Drahtnetzmitte. Stelle einen Brenner mit kleiner Flamme unter die Mitte des Drahtnetzes.
Beobachte und stelle die Reihenfolge des Entzündens fest. Finde eine Erklärung für die festgestellte Reihenfolge.

4 Lösche brennendes Holz.

Vorsicht! Schutzbrille! Entzünde in einem Metalltiegel Holzspäne. Spritze in die lodernden Flammen Wasser mit einer Spritzflasche.
Erläutere die Wirkung des Wassers.

5 Lösche brennenden Alkohol.

Vorsicht! Schutzbrille! Stelle eine Porzellanschale auf eine feuerfeste Unterlage und entzünde darin mit einem langen brennenden Holzspan 2 bis 3 ml Brennspiritus (F). Decke die Schale mit einem Blech ab.
Erläutere die Wirkung des Abdeckens der Porzellanschale.

Hinweise für die Projektarbeit Stellt euch interessante Forschungsfragen, die ihr im Zusammenhang mit dem Thema Brände beantworten bzw. untersuchen möchtet. Bildet dazu Arbeitsgruppen und bearbeitet die einzelnen Schwerpunkte. Stellt alle Ergebnisse zusammen und überlegt, wie ihr diese der Öffentlichkeit vorstellen könnt.

Brände und Brandbekämpfung

Unerwünschte Verbrennungsreaktionen können zu Bränden führen, die großes menschliches Leid und materielle Schäden zur Folge haben.
Wie kann es zum Ausbruch eines Brandes kommen? Welche Möglichkeiten zur Brandbekämpfung gibt es?

1 Brandschäden in der Herzogin-Anna-Amalia-Bibliothek in Weimar

Schon gewusst?

Viele Stoffe können nur verbrennen, wenn sie im gasförmigen Zustand vorliegen. Solche flüssigen oder festen Stoffe müssen deshalb erhitzt werden, bis sie verdampfen. Das lässt sich beim Anzünden und Verbrennen einer Kerze beobachten. Die Temperatur, bei der der Dampf einer brennbaren Flüssigkeit durch Fremdzündung entflammt werden kann, heißt Flammtemperatur. Sie wird zur Einteilung der Feuergefährlichkeit brennbarer Stoffe genutzt.

2 Kerzenflamme

Bedingungen für das Entstehen von Bränden Einen Brand erkennt man am Auftreten von Rauch, Glut und vor allem Flammen. Damit ein Feuer entfacht wird, ist das Zusammenwirken von drei Bedingungen erforderlich. Diese sind: Vorhandensein eines brennbaren Stoffes, Vorhandensein von Sauerstoff, z. B. des Sauerstoffs der Luft, sowie das Erreichen der Entzündungstemperatur des brennbaren Stoffes. Ist die **Entzündungstemperatur** erreicht, entzündet sich der Stoff in Gegenwart von Sauerstoff ohne Fremdzündung von selbst. ↑S.115 Wenn eine dieser drei Bedingungen fehlt, kann es auch nicht zu einem Brand kommen.
Die Entzündungstemperatur ist vom brennbaren Stoff und vom **Zerteilungsgrad** des brennbaren Stoffes abhängig. Ein hoher Zerteilungsgrad des brennbaren Stoffes bewirkt eine gute Durchmischung dieses Stoffes mit Sauerstoff und fördert somit das Entstehen eines Feuers.
Stäube von Metallen, Mehl oder Kohle können bei Durchmischung mit Luft durch Flammen oder Funken sogar explodieren.

Bedingungen für das Entstehen und Unterhalten eines Feuers:
- **Vorhandensein eines brennbaren Stoffes (möglichst mit feiner Verteilung bzw. hohem Zerteilungsgrad),**
- **Vorhandensein von Sauerstoff, z. B. Sauerstoff der Luft,**
- **Erreichen der Entzündungstemperatur des brennbaren Stoffes.**

Treten keine offenen Flammen auf, bezeichnet man den Brand als Schwelbrand. Schwelbrände werden wegen der fehlenden Feuererscheinungen meist erst sehr spät erkannt. Das führte im Jahr 2004 zur fast vollständigen Vernichtung der Herzogin-Anna-Amalia-Bibliothek in Weimar, die zum Weltkulturerbe gehört.

Löschen eines Brandes Ein Brand erlischt, wenn mindestens eine Voraussetzung für sein Entstehen nicht mehr erfüllt ist. Das wird erreicht durch:

- Entfernen aller brennbaren Stoffe aus der Nähe des Feuers. Bei einem Waldbrand kann das durch Schlagen von Schneisen oder Anlegen von Sandstreifen geschehen.
- Verhindern des Zutritts von Sauerstoff. Bei kleineren Bränden erfolgt dies durch Sand oder Abdecken mit einer Feuerlöschdecke. Bei Bränden von Holz, Textilien, Kohle, Papier und Gummiartikeln kann durch Wasser eine Sauerstoffzufuhr unterdrückt werden, weil der sich durch das Verdampfen von Wasser bildende Wasserdampf wie eine Schutzhülle um den brennenden Stoff legt. Brennen Öl, Benzin, Metalle oder elektrische Geräte, ist das Löschen mit Wasser lebensgefährlich. Hier werden spezielle Feuerlöscher eingesetzt.
- Abkühlen des brennbaren Stoffes unter seine Entzündungstemperatur unter Einsatz von Wasser oder Feuerlöschern.

Häufig werden beim Löschen eines Feuers alle drei Möglichkeiten gemeinsam realisiert.

3 Löschflugzeug

Aufgaben

1 Waldbrände werden manchmal gelöscht, indem breite Schneisen in den Wald geschlagen werden. Was soll damit erreicht werden?

2 Informiere dich über Brandschutz und Brandschutzmittel im Chemieraum und in deiner Schule. Fertige eine Übersicht über Art und Verwendung dieser Brandschutzmittel an.

3 Überlege, wie folgende Brände zu löschen sind:
a Fett in einer Pfanne
b Papier in einem Papierkorb
c 20 ml Alkohol auf einem Labortisch
d ein Fernsehgerät
e die Oberbekleidung einer Person

4 Welche Telefonnummer hat die Feuerwehr und welche Angaben sind bei einer Brandmeldung zu machen?

Welt der Chemie

1 Schwefeldioxid ist der Hauptbestandteil der vulkanischen Schwefelemissionen.

Jährlich werden durch Vulkanausbrüche zwischen 6 und 20 Millionen Tonnen Schwefeldioxid freigesetzt. Bei einem einzelnen großen eruptiven Ausbruch kann die Masse aber auch über 100 Millionen Tonnen betragen. Beim Ausbruch des Vulkans El Chichón in Mexiko am 29. März 1982 wurden u. a. $5 \cdot 10^8\,m^3$ Staub und 20 Millionen Tonnen Schwefeldioxid in die Luft geschleudert.

Vulkane,

Großerzeuger von Schwefeldioxid

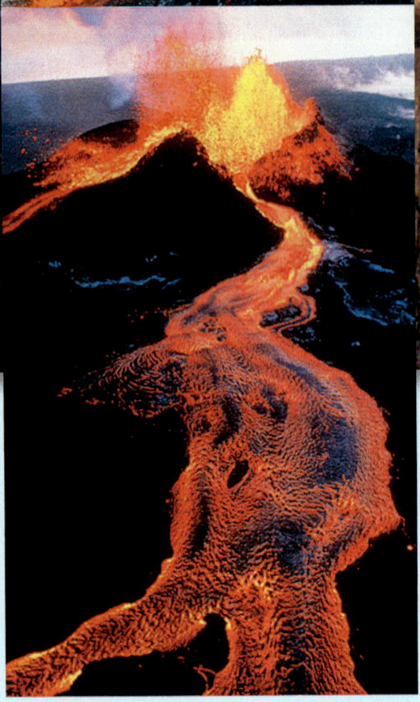

2 Vulkanausbrüche – faszinierende Naturschauspiele

Große Vulkanausbrüche beeinflussen die Luftzusammensetzung der Atmosphäre und damit das Klima. Bei Vulkanexplosionen werden u. a. riesige Massen an Kohlenstoffdioxid und Schwefeldioxid in die Luft geschleudert. Diese bilden zusammen mit dem Regenwasser sauren Regen, der zum Waldsterben führen und sogar das Eis der Pole negativ beeinflussen kann. Asche und Stäube von Vulkanen sind ebenfalls sehr gefährlich, da sie viele Arsen- und Quecksilberverbindungen enthalten.

Etwa 1500 tätige Vulkane gibt es auf der Erde. Nicht alle sind sichtbar. Viele befinden sich auf dem Grund der Ozeane, ihre Gipfel bleiben oft unter der Meeresoberfläche verborgen. Brechen diese Vulkane aus, können riesige Wellen im Wasser entstehen. Diese Wellen, Tsunamis genannt, suchen nach Vulkanausbrüchen oder Erdbeben unter Wasser besonders häufig die Küsten Japans, der Philippinen, Indonesiens, Sri Lankas und Indiens auf und können breite Küstenabschnitte zerstören.

Selbst untersucht Reaktionen in offenen und geschlossenen Gefäßen

10 Verbrenne Zündholzkuppen in einem offenen Reagenzglas.
Vorsicht! Schutzbrille! Gib zehn Streichholzkuppen in ein Reagenzglas und wiege das Reagenzglas auf einer Analysenwaage. Erhitze das Reagenzglas über einer Brennerflamme so stark, dass sich die Streichholzkuppen entzünden. Wiege das Reagenzglas nach dem Erkalten erneut. Vergleiche die Massen vor und nach dem Verbrennen der Streichholzkuppen.
Entsorgung: Reste in den Sammelbehälter für Hausmüll geben.

11 Verbrenne Zündholzkuppen in einem verschlossenen Reagenzglas.
Vorsicht! Schutzbrille! Gib zehn Streichholzkuppen in ein Reagenzglas. Verschließe das Reagenzglas mit einem Luftballon und wiege es auf einer Analysenwaage. Erhitze das Reagenzglas über einer Brennerflamme so stark, dass sich die Streichholzkuppen entzünden. Wiege das Reagenzglas nach dem Erkalten erneut.

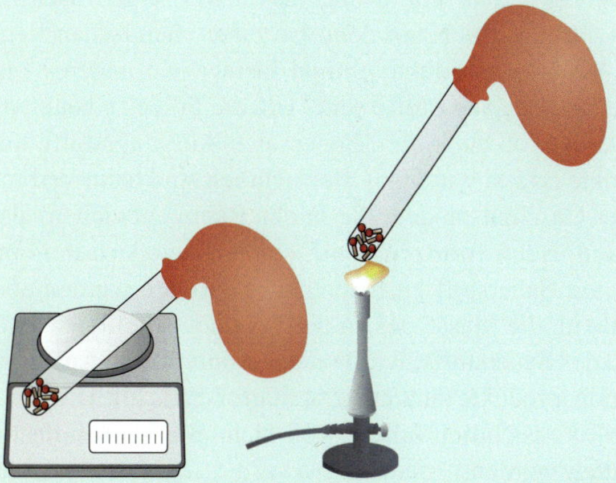

Vergleiche die Massen vor und nach dem Verbrennen der Streichholzkuppen.
Vergleiche deine Ergebnisse mit denen von Experiment 10. Versuche eine Erklärung für die Ergebnisse zu finden.
Entsorgung: Reste in den Sammelbehälter für Hausmüll geben.

12 Erhitze Eisenwolle an der Luft.
Vorsicht! Schutzbrille! Wiege mit einer Analysenwaage auf einem Uhrglas die Masse von etwa 1 g Eisenwolle ab. Halte die Eisenwolle mit einer Tiegelzange in die Brennerflamme und erhitze sie bis zum starken Glühen. Lege die Wolle nach dem Erkalten auf das Uhrglas und wiege erneut ab.
Vergleiche die Masse der Eisenwolle vor und nach dem Erhitzen.
Entsorgung: Eisenwolle in den Sammelbehälter für Hausmüll geben.

13 Erhitze Eisenwolle in einem verschlossenen Reagenzglas.
Gib blanke Eisenwolle in ein Reagenzglas, sodass das Glas etwa zu 1 cm dicht gefüllt ist. Verschließe das Glas mit einem Luftballon und wiege es auf einer Analysenwaage. Erhitze das Reagenzglas so stark, dass eine Reaktion zwischen Eisen und Sauerstoff stattfindet. Wiege das Glas nach dem Erkalten erneut.
Vergleiche die Massen miteinander.
Vergleiche deine Ergebnisse mit denen von Experiment 12. Deute das Ergebnis des Vergleichs.
Entsorgung: Eisenwolle in den Sammelbehälter für Hausmüll geben.

14 Erhitze Kupfer in einem verschlossenen Reagenzglas.
Gib blanke Kupferspäne in ein Reagenzglas, sodass das Glas etwa zu 1 cm gefüllt ist. Verschließe das Glas mit einem Stopfen und wiege es auf einer Analysenwaage. Erhitze das Reagenzglas so stark, dass eine Reaktion zwischen Kupfer und Sauerstoff stattfindet. Wiege das Glas nach dem Erkalten erneut.
Deute die Beobachtungsergebnisse.
Entsorgung: Reaktionsprodukt in die Sammlung geben.

Chemische Reaktionen auf der Waage

Von Holzscheiten bleibt nach einem Lagerfeuer nur ein kleines Häufchen Asche zurück. Werden dagegen die Massenverhältnisse beim Verbrennen eines Metalls untersucht, neigt sich der Waagebalken nach der Seite des entstandenen Metalloxids. Können Reaktionsprodukte einmal leichter, das andere Mal schwerer als die eingesetzten Ausgangsstoffe sein? Was geschieht mit den Massen der Stoffe bei einer chemischen Reaktion?

1 Verbrennen von Eisenwolle

Schon gewusst?

Der russische Chemiker MICHAIL WASSILJEWITSCH LOMONOSSOW und der französische Chemiker ANTOINE LAURENT LAVOISIER führten unabhängig voneinander Experimente zum Verbrennen von Metallen durch. Sie erhitzten u. a. Blei in einem verschlossenen Gefäß und ermittelten die Masse vor und nach dem Erhitzen. LOMONOSSOW erkannte, dass die Masse vor und nach der Reaktion gleich war. Eine Erklärung dieser Gesetzmäßigkeit fand er noch nicht. Dies gelang erst LAVOISIER.

2 MICHAIL WASSILJEWITSCH LOMONOSSOW (1711 bis 1765)

Massen der Reaktionspartner bei chemischen Reaktionen Beim Verbrennen von Streichholzkuppen und beim Erhitzen von Eisenwolle fanden chemische Reaktionen statt. Als die Reste der Streichholzkuppen gewogen wurden, stellte man eine geringere Masse als vor dem Verbrennen fest. ↑E.10 S.119 Beim Erhitzen von Eisen an der Luft war es genau umgekehrt. Die Masse der Reaktionsprodukte war größer als die Masse der Eisenwolle vor dem Erhitzen. ↑E.12 S.119 Kann denn bei einer chemischen Reaktion die Masse der Reaktionsprodukte einmal kleiner, ein anderes Mal größer als die Masse der Ausgangsstoffe sein? Um die Frage zu beantworten, muss geprüft werden, ob auch die Massen aller Ausgangsstoffe und aller Reaktionsprodukte erfasst wurden. Offensichtlich sind beim Verbrennen der Streichhölzer Gase entstanden, die in den Raum entwichen, also nicht gewogen wurden. Beim Erhitzen von Eisen handelte sich um eine Reaktion von Eisen mit Sauerstoff zu Eisenoxid. Gewogen wurden aber nur Eisen und Eisenoxid, die Masse des an der Reaktion beteiligten zweiten Ausgangsstoffes, des Sauerstoffs, wurde nicht ermittelt. Die Aussagen, die Masse der Reaktionsprodukte ist kleiner bzw. größer als die Masse der Ausgangsstoffe, sind offensichtlich falsch, weil nicht alle Massen der beteiligten Stoffe ermittelt wurden.

Damit keine Stoffe in die Umgebung entweichen oder unbemerkt hinzukommen, müssen die Experimente in geschlossenen Experimentieranordnungen durchgeführt werden. ↑E.11, 13, 14 S.119 Das Wiegen erbrachte nun die folgenden Ergebnisse:

Masse an Eisen + Masse an Sauerstoff = Masse an Eisenoxid

$m(\text{Eisen}) + m(\text{Sauerstoff}) = m(\text{Eisenoxid})$

Masse an Kupfer + Masse an Sauerstoff = Masse an Kupferoxid

$m(\text{Kupfer}) + m(\text{Sauerstoff}) = m(\text{Kupferoxid})$

Das Gesetz von der Erhaltung der Masse Die Ergebnisse der in geschlossenen Gefäßen durchgeführten Experimente geben Hinweise auf eine Gesetzmäßigkeit, die für alle chemischen Reaktionen gültig ist. Diese Gesetzmäßigkeit ist ein wichtiges Grundgesetz der Chemie und wird als **Gesetz von der Erhaltung der Masse** bezeichnet. Das Gesetz besagt, dass bei chemischen Reaktionen die Masse der Ausgangsstoffe gleich der Masse der Reaktionsprodukte ist.
Bei chemischen Reaktionen treten also weder Massezunahmen noch Masseverluste auf. Stoffe können bei chemischen Reaktionen weder aus dem „Nichts" entstehen, noch können sie spurlos verschwinden.

3 Antoine Laurent Lavoisier (1743 bis 1794) gelang die wissenschaftliche Erklärung der Verbrennungsvorgänge.

Das Gesetz von der Erhaltung der Masse:
Bei chemischen Reaktionen ist die Masse der Ausgangsstoffe gleich der Masse der Reaktionsprodukte.
m**(Ausgangsstoffe) =** m**(Reaktionsprodukte)**

Teilchen der Reaktionspartner bei chemischen Reaktionen Bei chemischen Reaktionen werden Teilchen der Ausgangsstoffe zu Teilchen der Reaktionsprodukte umgewandelt. Ihr Zusammenhalt und ihre Anordnung ändern sich.
Jede Stoffportion eines reagierenden Stoffes besteht aus einer großen Anzahl von Teilchen. Jedes dieser Teilchen bringt seine winzige Masse auf die Waagschale für die Stoffportion. Betrachten wir das Verbrennen von Eisenwolle. Die Masse des gewogenen Eisenoxids ergibt sich aus den Massen aller im Eisenoxid gebundenen Eisen- und Sauerstoffteilchen. Deren Anzahl und ebenso ihre Masse bleiben während der chemischen Reaktion unverändert.

Bei chemischen Reaktionen bleibt die Anzahl der gebundenen Teilchen der in den Ausgangsstoffen und in den Reaktionsprodukten enthaltenen Elemente gleich.

Aufgaben

1 Beim Verbrennen eines Zündholzes oder einer Kerze wird jeweils eine Masseabnahme festgestellt. Wenn dagegen ein Eisenwerkzeug längere Zeit an feuchter Luft liegt, hat dessen Masse zugenommen. Erkläre die festgestellten Sachverhalte. Weise nach, dass auch bei diesen Vorgängen das Gesetz von der Erhaltung der Masse gilt.

2 Ein Kuchen ist leichter als der Kuchenteig vor dem Backen.
Überlege, ob beim Kuchenbacken das Gesetz von der Erhaltung der Masse nicht gilt.

3 Welcher Zusammenhang besteht zwischen dem Gesetz von der Erhaltung der Masse und den Teilchen der reagierenden Stoffe?

4 Informiere dich in verschiedenen Informationsquellen, z. B. im Internet, über Leben und Werk von Michail Wassiljewitsch Lomonossow und Antoine Laurent Lavoisier. Fertige über jede Persönlichkeit ein Poster an.

5 Beim Verbrennen von Holz nimmt die Masse ab. Diskutiere, ob diese Aussage richtig oder falsch ist.

6 Ein Mitschüler behauptet: Wenn 5 Millionen Kohlenstoffatome mit 5 Millionen Sauerstoffmolekülen reagieren, entstehen 5 Millionen Kohlenstoffdioxidmoleküle.
Stimmt diese Behauptung? Begründe.

Von der chemischen Reaktion zur Reaktionsgleichung

Calciumspäne entzünden sich beim Erhitzen an der Luft. Calcium und Sauerstoff reagieren dabei zu Calciumoxid. Welcher Stoff- und Teilchenumsatz liegt dieser chemischen Reaktion zugrunde?

1 Brennende Calciumspäne auf einem Eisenblech

Von der chemischen Reaktion zur Reaktionsgleichung

Chemische Reaktion:
Verbrennen von Kohlenstoff

Stoffliche Deutung:
Kohlenstoff und Sauerstoff reagieren zu Kohlenstoffdioxid.

Teilchenmäßige Deutung:
Je 1 Atom Kohlenstoff und 1 Molekül Sauerstoff reagieren zu 1 Molekül Kohlenstoffdioxid.

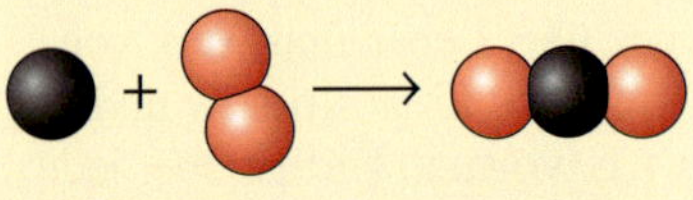

Bilanz der Teilchen der Elemente:
Die Anzahl der Kohlenstoffatome im Ausgangsstoff Kohlenstoff ist gleich der Anzahl der Kohlenstoffatome im Reaktionsprodukt Kohlenstoffdioxid. Die Anzahl der Sauerstoffatome im Ausgangsstoff Sauerstoff ist gleich der Anzahl der Sauerstoffatome im Reaktionsprodukt Kohlenstoffdioxid.

Reaktionsgleichung:
$C (s) + O_2 (g) \longrightarrow CO_2 (g)$

Stoff- und Teilchenumsatz bei chemischen Reaktionen Für die chemische Reaktion von Calcium mit Sauerstoff lässt sich eine Wortgleichung formulieren.

Calcium (s) + Sauerstoff (g) ⟶ Calciumoxid (s) | exotherm

Bei der chemischen Reaktion ordnen sich die Teilchen der Ausgangsstoffe Calcium und Sauerstoff um und verändern sich. Es bilden sich die Teilchen im Reaktionsprodukt Calciumoxid.

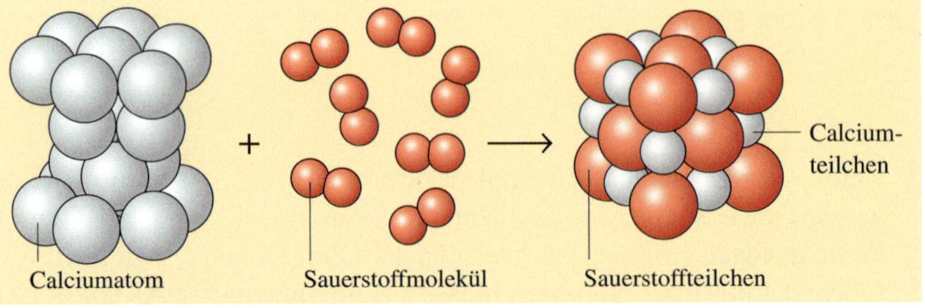

2 Teilchenmodell der Reaktion von Calcium und Sauerstoff

Die Reaktionsgleichung Die Stoffe und die Teilchen eines Stoffes können durch Formeln und Symbole gekennzeichnet werden. Ca ist das Symbol für Calcium, O_2 und CaO sind die Formeln für Sauerstoff und Calciumoxid. Solche Formeln kannst du z. B. einem Tabellenwerk entnehmen. Die kleinstmögliche Teilchenanzahl der miteinander reagierenden Stoffe wird als Faktor vor die jeweilige Formel oder das jeweilige Symbol geschrieben.

$2\,Ca (s) + O_2 (g) \longrightarrow 2\,CaO (s)$

Diese Darstellung einer chemischen Reaktion wird als **Reaktionsgleichung** bezeichnet.

Reaktionsgleichung		$2\,Ca\,(s)$	$+\,O_2\,(g)$	$\longrightarrow 2\,CaO\,(s)$
Wortgleichungen in der Landessprache	deutsch	Calcium	+ Sauerstoff	⟶ Calciumoxid
	englisch	calcium	+ oxygen	⟶ calcium oxide
	russisch	кальций	+ кислород	⟶ оксид кальция

Regeln für das Ermitteln der Faktoren in Reaktionsgleichungen

Die Anzahl der Atome eines Elements und/oder Teilchen eines Elements im Teilchenverband muss bei den Ausgangsstoffen und bei den Reaktionsprodukten gleich sein.

Ist das nicht der Fall, müssen entsprechende Faktoren vor die jeweiligen chemischen Zeichen der Stoffe geschrieben werden.

Die chemischen Zeichen (Symbole, Formeln) der Stoffe dürfen dabei nicht verändert werden.

Aussagen aus einer Reaktionsgleichung Eine Reaktionsgleichung gibt an, welche und wie viele Teilchen der Ausgangsstoffe bei einer chemischen Reaktion miteinander reagieren und welche und wie viele Teilchen der Reaktionsprodukte dabei entstehen. Aus einer Reaktionsgleichung sind aber nicht die Eigenschaften der reagierenden Stoffe und auch nicht die für die Reaktion erforderlichen Bedingungen ableitbar. Reaktionsgleichungen sind im Gegensatz zu Wortgleichungen international verständlich und deshalb ein wichtiges Arbeits- und Verständigungsmittel in der Naturwissenschaft Chemie.

Eine Reaktionsgleichung beschreibt eine chemische Reaktion mithilfe chemischer Zeichen. Sie kennzeichnet die an einer chemischen Reaktion beteiligten Stoffe, die Teilchen der Stoffe und das Zahlenverhältnis, in dem die Teilchen reagieren.

Entwickeln von Reaktionsgleichungen Beim Entwickeln von Reaktionsgleichungen hat es sich bewährt, nach einer bestimmten Schrittfolge vorzugehen.

Schrittfolge beim Entwickeln einer Reaktionsgleichung			
1. Formulieren der Wortgleichung	Calcium	+ Sauerstoff	⟶ Calciumoxid
2. Einsetzen der chemischen Zeichen	Ca	O_2	CaO
3. Ermitteln der Faktoren	2 Ca	$1\,O_2$	2 CaO
4. Überprüfen der Anzahl der Atome jedes Elements im Teilchenverband in den Ausgangsstoffen und Reaktionsprodukten		Ausgangsstoffe	Reaktionsprodukte
	Calcium:	$2 \cdot 1$	$= 2 \cdot 1$
	Sauerstoff:	$1 \cdot 2$	$= 2 \cdot 1$
5. Reaktionsgleichung	$2\,Ca\,(s)$	$+\,O_2\,(g)$	$\longrightarrow 2\,CaO\,(s)$

Aufgaben

1 Deute die folgenden Reaktionsgleichungen stofflich und teilchenmäßig.
a $2\,Mg + O_2 \longrightarrow 2\,MgO$
b $4\,Na + O_2 \longrightarrow 2\,Na_2O$
c $4\,Fe + 3\,O_2 \longrightarrow 2\,Fe_2O_3$

2 Bei einer chemischen Reaktion entstehen aus einer Million Schwefelatomen und einer Million Sauerstoffmolekülen eine Million Schwefeldioxidmoleküle. Prüfe die Richtigkeit der Aussage.

3 Begründe, warum Reaktionsgleichungen internationale Arbeits- und Verständigungsmittel sind.

4 Ermittle die fehlenden Faktoren und kontrolliere die Übereinstimmung der Teilchenanzahlen der einzelnen Elemente.
a $\ldots\,Al + 3\,O_2 \longrightarrow \ldots\,Al_2O_3$
b $\ldots\,Ag + O_2 \longrightarrow \ldots\,Ag_2O$
c $\ldots\,Fe + O_2 \longrightarrow \ldots\,FeO$

5 Entwickle schrittweise die Reaktionsgleichungen für die chemische Reaktion von Kalium mit Sauerstoff und für die Bildung von rotbraunem Kupferoxid Cu_2O. Interpretiere die Reaktionsgleichungen.

weiter gedacht

1 Führe zu Hause ein Experiment durch. Dazu benötigst du zwei gleiche Gläser, z. B. Schraubgläser mit Deckel für Marmelade, einen Topf, einen Trinkhalm, zwei Teelichter, Streichhölzer und Wasser. Blase deine Ausatemluft mit dem Trinkhalm in das Wasser und fange die Luft in einem der Gläser pneumatisch auf.
Wenn das Glas völlig mit der Ausatemluft gefüllt ist, verschließe es und entnimm es aus dem Wasser. Zünde zwei Teelichter an. Stülpe gleichzeitig über ein Teelicht das mit Ausatemluft gefüllte Glas und über das andere Teelicht ein frisches Glas. Ermittle die Zeitdauer bis zum Erlöschen der beiden Teelichter.
Werte das Experiment aus. Erkläre die festgestellten Ergebnisse.

2 **Lösche brennendes Benzin mit einem selbst gebauten Schaumlöscher.** Xi
Vorsicht! Schutzbrille!

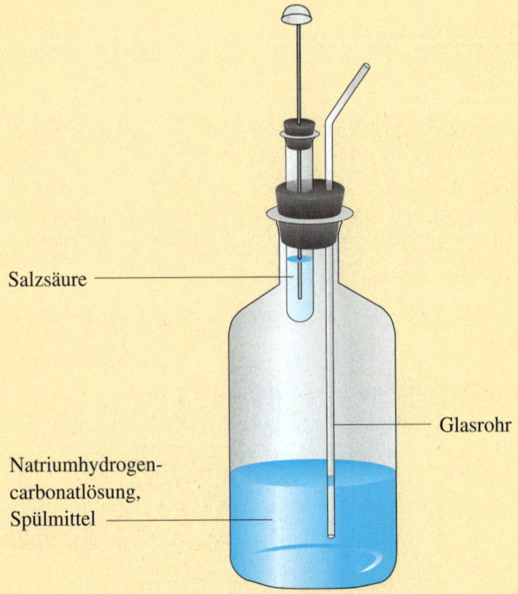

Baue einen Schaumfeuerlöscher wie in der Abbildung. Gib in die dickwandige Flasche 200 ml konzentrierte Natriumhydrogencarbonatlösung mit 1 ml Spülmittel und in das kleine Reagenzglas 10 ml 10%ige Salzsäure (Xi). Verschließe das kleine Reagenzglas luftdicht mit einem Gummistopfen, durch den der Stiel eines Verbrennungslöffels leicht gleitet. Schlage auf den Verbrennungslöffel, sodass der Boden des Reagenzglases zerstört wird.
Entzünde in einer Metallschale 5 ml Wundbenzin mit einem brennenden Holzspan. Halte den Feuerlöscher so, dass Schaum auf das brennende Benzin gelangt.
Beobachte das brennende Benzin in der Metallschale. Erläutere die Funktionsweise deines Feuerlöschers.
Entsorgung: Salzsäure in den Sammelbehälter I, übrige Flüssigkeiten in den Sammelbehälter für Abwasser geben.

3 Ein Schwelbrand in der St.-Johannes-Kirche in Bad Waldsee (Kreis Ravensburg) am 12. Dezember 2004 hat einen erheblichen Sachschaden verursacht. Der Brand war am Nachmittag auf der Empore ausgebrochen. Dabei wurden die denkmalgeschützte Orgel und die Wände der alten Pfarrkirche in Mitleidenschaft gezogen.

1 Verbrannter Teil der Orgel in der St.-Johannes-Kirche

Welche Unterschiede bestehen zwischen einem Schwelbrand und einem Feuer?
Welche Bedingungen müssen zum Ausbrechen eines Feuers erfüllt sein?
Welche Möglichkeiten gab es, dieses Feuer mit möglichst geringem Sachschaden zu löschen? Begründe deine Aussagen.

4 Folgende chemische Zeichen stehen an der Tafel: O, H_2O, H_2, Al, CO, O_2, SO_2, CO_2, N_2, O_3, SO_3 und Ne.
Formuliere alle Aussagen, die aus diesen chemischen Zeichen abgeleitet werden können.

5 Im Brandfall entscheiden Sekunden über richtige oder falsche Maßnahmen. Wo ist der Notausgang, wo sind Brandlöschmittel, wo ist das Telefon, was muss ich als Erstes tun?
Ordne die Rettungszeichen den Bedeutungen zu, dann weißt du, ob du den Durchblick hast:

A Rettungsweg
B Kreuzende Fluchtwege
C Notausgang
D Erste Hilfe
E Sammelstelle
F Brandmelder
G Raum nur in geschlossenen Gruppen verlassen
H Notruftelefon

6 **Untersuche die Wirkung von Schwefeldioxid auf Kressekeimlinge (Langzeitexperiment).**

Vorsicht! Unter dem Abzug arbeiten!
Züchte in zwei kleinen Petrischalen Kressekeimlinge auf feuchter Watte. Gib eine Petrischale in ein kleines Aquarium, in dem sich eine weitere Petrischale mit einer 1%igen Natriumhydrogensulfitlösung befindet. (*Hinweis:* Aus dieser Lösung entweicht Schwefeldioxid, T.)
Stelle das Aquarium unter den Abzug und decke es mit einer Glasplatte zu. Gib die zweite Schale mit Kressekeimlingen in ein offenes Aquarium.
Beobachte die Kressekeimlinge täglich über eine Woche lang. Vergleiche die Keimpflanzen miteinander. Erkläre die festgestellten Ergebnisse.
Entsorgung: Geräte unter dem Abzug gut lüften.

2 Kressekeimlinge

7 Bei einer Diskussion über Umweltschutz wurden zwei Behauptungen aufgestellt.
Aussage 1: Durch den Treibhauseffekt kommt es im Laufe der Zeit zu einem weltweiten Klimawandel.
Aussage 2: Ohne den Treibhauseffekt ist auf der Erde kein menschliches Leben möglich.
Setze dich mit diesen Behauptungen auseinander. Erkunde, was unter natürlichem Treibhauseffekt und unter Verstärkung des natürlichen Treibhauseffekts verstanden wird. Trage Faktoren zusammen, durch die der natürliche Treibhauseffekt negativ beeinflusst werden kann.

8 Viele Wohnungen und Häuser werden auch heute noch mit Kachelöfen geheizt. Informiere dich, wie diese Öfen funktionieren und was beim Heizen zu beachten ist.

3 Kachelofen

Auf einen Blick

Chemische Verbindungen	Reinstoffe, die durch chemische Reaktionen in verschiedene Elemente zerlegt werden können
Metalloxide	Chemische Verbindungen, in denen ein Metall mit dem Element Sauerstoff verbunden ist. Sie können durch chemische Reaktion von Metallen mit Sauerstoff entstehen.
Nichtmetalloxide	Chemische Verbindungen, in denen ein Nichtmetall mit dem Element Sauerstoff verbunden ist. Sie können durch chemische Reaktion von Nichtmetallen mit Sauerstoff entstehen.
Formel	Chemisches Zeichen für Oxide. Sie kennzeichnet jeweils den Stoff und – bei Nichtmetalloxiden ein Molekül und dessen Zusammensetzung (Molekülformel), – bei Metalloxiden eine Baueinheit und deren Zusammensetzung (Verhältnisformel).
Gesetz von der Erhaltung der Masse	Bei chemischen Reaktionen ist die Masse der Ausgangsstoffe gleich der Masse der Reaktionsprodukte. m(Ausgangsstoffe) = m(Reaktionsprodukte)
Reaktionsgleichung	Beschreibung einer chemischen Reaktion mithilfe chemischer Zeichen. Sie kennzeichnet die an der Reaktion beteiligten Stoffe, die Teilchen der Stoffe und das Zahlenverhältnis, in dem die Teilchen reagieren. Beispiel: $2\ Mg\ (s) + O_2\ (g) \longrightarrow 2\ MgO\ (s)$ | exotherm

Entzünden und Löschen von Feuer

Bedingungen für das Entstehen von Feuer	Möglichkeiten zum Löschen von Feuer
Vorhandensein eines brennbaren Stoffes	Entfernen der brennbaren Stoffe
Vorhandensein von Sauerstoff, z. B. Sauerstoff der Luft	Unterbrechen der Luftzufuhr
Erreichen der Entzündungstemperatur des brennbaren Stoffes	Abkühlen des Brandherds unter die Entzündungstemperatur

Verbrennung	Chemische Reaktion, bei der ein Stoff mit dem Element Sauerstoff unter Entwicklung hoher Temperatur und Lichterscheinungen reagiert. Bei einer Verbrennung entstehen als Reaktionsprodukte Oxide.
Oxidation	Chemische Reaktion, bei der ein Stoff mit Sauerstoff reagiert

Wasser – Wasserstoff

Eisberge in der Arktis, speiende Geysire, tobende Wasserfälle, trockener Ackerboden – immer spielt Wasser dabei eine bedeutende Rolle.

- Warum gibt es so viele Arten von Wasser auf der Erde?
- Was ist Trinkwasser und wie kann es gewonnen werden?
- Welche Zusammensetzung hat Wasser?
- Lassen sich aus Wasser andere Stoffe herstellen?
- Wie entsteht Wasserstoff und warum wird er als Energieträger bezeichnet?

im Brennpunkt

Wasser ist Leben

Wasser ist unentbehrlich Der erwachsene Mensch besteht zu etwa 60 % aus Wasser. Bei Kleinkindern und Säuglingen ist dieser Anteil deutlich höher. Zum größten Teil ist Wasser Bestandteil der Zellen. Der Körper kann größere Wassermengen aber nicht speichern, weshalb der Mensch täglich mindestens 1 bis 1,5 Liter Wasser zu sich nehmen muss. Wasser erfüllt im menschlichen Organismus vier lebenswichtige Aufgaben:

Frösche etwa 80 %

1

Holz der Bäume etwa 45 %

2

Wasser dient als …

Lösemittel: Da alle Stoffwechselvorgänge im menschlichen Organismus in Lösungen stattfinden, ist Wasser für die im Körper aufgenommenen, produzierten und abgebauten Stoffe Lösemittel.

Transportmittel: Wasser ist Hauptbestandteil des Blutes und der Lymphe. Es transportiert die Nährstoffe, Salze, Vitamine und Ballaststoffe in die Zellen und die Abbauprodukte zu den Orten ihrer Ausscheidung, z. B. zur Haut und in die Nieren.

Baustoff: Das ständige Wachstum des Körpers und die Neubildung von Zellen benötigt verschiedenste Substanzen. Am Aufbau dieser Substanzen ist fast immer Wasser beteiligt.

Wärmeregulator: Wird der Mensch zu hohen Temperaturen ausgesetzt, sei es durch große Hitze, aber auch durch große körperliche Anstrengung, muss er seinen Körper vor Überhitzung schützen. Schweiß wird produziert und verdunstet. Da Wasser zum Verdunsten große Wärmemengen benötigt, wird ein Überhitzen durch Wärmestau vermieden.

So viel Wasser verbraucht der Mensch

- Pro Tag verbraucht der Mensch etwa 127 l Wasser.
- Im Körper werden davon nur etwa 3 l umgesetzt:
  1,5 l werden getrunken,
  1,2 l werden mit der Nahrung aufgenommen,
  0,3 l entstehen als Abfallprodukt chemischer Reaktionen im Körper.
- Der Mensch scheidet Wasser aus:
  1,5 l mit dem Urin, 0,1 l im Kot, 0,3 l beim Ausatmen, 0,6 l beim Verdunsten als Schweiß.
- Die restlichen 124 l Wasser verbrauchen wir für Körperpflege, Waschen und Reinigen sowie für die Toilettenspülung.

3

4

5

6

7

8

1 bis 8 Durchschnittlicher Massenanteil an Wasser verschiedener Lebewesen bzw. Teile davon

Folgen von Wassermangel 10 bis 15 % Wasserverlust führen bei Säugern, z. B. dem Menschen, zu ernsthaften Schädigungen, 20 % führen zum Tod. Wüstenrennmäuse können bis zu 30 % Wasserverlust vertragen, Nacktschnecken überstehen 60 bis 80 % über längere Zeit. Mückenlarven können bei 99 % Wasserverlust drei Jahre lang überleben.

Arbeitsaufträge

1 Informiere dich im Internet über den Wasserverbrauch in einzelnen Ländern. Fertige eine grafische Übersicht über die Rangfolge der Länder im Wasserverbrauch an.

2 Erarbeite eine Übersicht über die Bedeutung von Wasser für das Leben der Pflanzen.

3 Erkunde mithilfe verschiedener Quellen, wie Wüstentiere und Wüstenpflanzen fast ohne Wasseraufnahme überleben können.

4 Schiffbrüchige können trotz Wasserüberfluss verdursten. Erkläre diesen Sachverhalt.

5 Wasserwerke in Deutschland begründen ihre Preiserhöhungen oft damit, dass die Haushalte zu wenig Wasser verbrauchen. Setze dich mit dieser Argumentation kritisch auseinander. Prüfe, wie sich das Wasserwerk deines Wohnorts verhält.

6 Überlege, welche Maßnahmen zum Reduzieren des Trinkwasserverbrauchs durch dich persönlich geleistet werden können.

7 Erkundige dich über internationale Projekte zur Verbesserung der Trinkwasserversorgung in armen Ländern.

Trinkwasser und Abwasser

Über zwei Drittel der Erde sind von Wasser bedeckt. Davon sind allerdings nur 2,4 % Süßwasser. Süßwasser befindet sich vor allem im Eis der Polkappen und Gletscher. Den Rest bilden Grundwasser, Wasser der Bäche, Flüsse und Seen sowie das Wasser in oberen Bodenschichten und in der Atmosphäre. Von all diesen Süßwasservorräten können aber nur 10 % zur Trinkwassergewinnung verwendet werden.

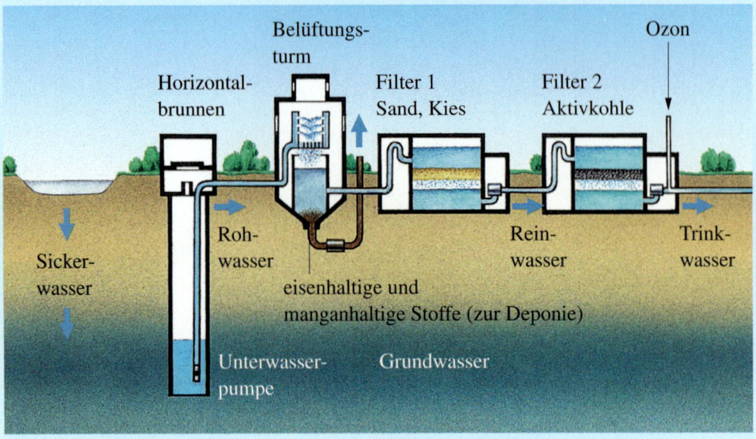

1 Gewinnung von Trinkwasser aus Flusswasser

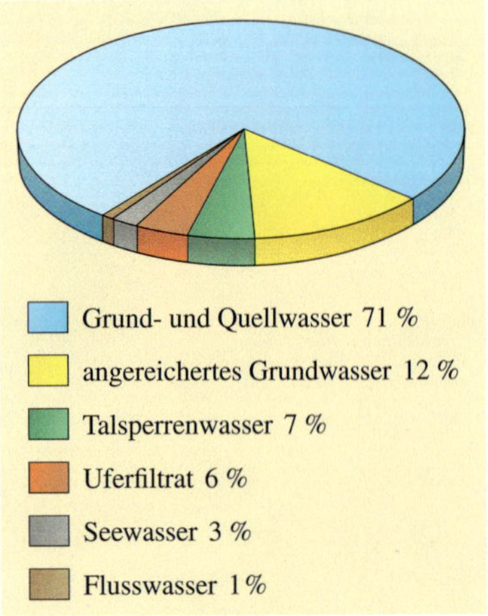

2 Herkunft des Trinkwassers in Deutschland

Trinkwassergewinnung und Trinkwasseraufbereitung Unser wichtigstes Lebensmittel ist **Trinkwasser**. Es soll klar, farblos und geruchlos sein. Zudem soll es gut schmecken und keine Krankheitserreger enthalten.

Am besten erfüllen Quellwasser und Grundwasser diese Anforderungen. Da sie aber nicht überall in ausreichendem Maße zur Verfügung stehen, wird auch Oberflächenwasser verwendet. ↑2 Grundwasser wird in Tiefbrunnen gewonnen und dann als Trinkwasser aufbereitet.

Oberflächenwasser aus Flüssen und Seen wird in mit Kies und Sand gefüllten Becken gefiltert, um grobe Verunreinigungen zu entfernen. Das so erhaltene Rohwasser wird in Wasserwerken zu Trinkwasser aufbereitet. ↑1

Das gefilterte Rohwasser wird in Belüftungstürmen fein versprüht. Dadurch reichert es sich mit Sauerstoff an. Durch Zusatz von Ozon werden mögliche Krankheitskeime abgetötet und organische Stoffe abgebaut, übelriechende Gase entweichen. In weiteren Filtern werden Stoffe zurückgehalten, die das Wasser trüben, färben oder Geruch und Geschmack beeinflussen könnten. Um das Wasser auf seinem langen Weg in die Haushalte zu schützen, wird noch eine geringe Menge Chlor hinzugefügt, das aber gesundheitlich völlig unbedenklich ist. Trinkwasser enthält noch viele mineralische Stoffe und auch gelöste Gase, z. B. Sauerstoff. Deshalb ist Trinkwasser kein reiner Stoff, sondern ein Stoffgemisch.

Die Qualität des Trinkwassers wird ständig kontrolliert. In Deutschland ist Trinkwasser das am häufigsten und am strengsten kontrollierte Lebensmittel.

Rohwasser zur Trinkwasseraufbereitung wird aus Grundwasser und Oberflächenwasser gewonnen.

3 Kennzeichen für ein Trinkwasserschutzgebiet

Abwasser und Abwasseraufbereitung Das den Haushalt verlassende trübe und schmutzige Wasser wird als **Abwasser** bezeichnet. Es darf nicht sofort in natürliche Gewässer gelangen, da deren Selbstreinigungsvermögen überfordert wäre. Deshalb wird Abwasser in der Kanalisation gesammelt und in Kläranlagen weitergeleitet. In den Kläranlagen erfolgt die Reinigung des Abwassers durch mechanische, biologische und chemische Reinigungsverfahren. In der mechanischen Reinigungsstufe werden grobe Verunreinigungen bis zu einer Größe von etwa 15 mm entfernt. Feste, feinkörnige Stoffe, wie Gemüsereste, Kot und Textilreste, setzen sich am Boden des Vorklärbeckens als Klärschlamm ab. In der biologischen Reinigungsstufe zersetzen Bakterien die organischen Verunreinigungen. Dazu benötigen die Bakterien Sauerstoff. Nach der biologischen Reinigung sind etwa 90 % der Verunreinigungen aus dem Abwasser entfernt.
In der anschließenden chemischen Reinigungsstufe werden gelöste, das Wasser gefährdende Stoffe abgetrennt. In den Fällungsbecken bilden sich mit einem Flockungsmittel schwer lösliche Stoffe, die durch Filtration aus dem Wasser entfernt werden.
Im Anschluss darf das gereinigte Abwasser in Oberflächengewässer eingeleitet werden. Der bei der Abwasserreinigung anfallende Klärschlamm kann zur Herstellung von Faulgas (Biogas) oder zur Düngung von Wiesen verwendet werden. Gegenwärtig werden etwa 90 % der Abwässer in kommunalen und industriellen Kläranlagen gereinigt.

4 Der Bodensee mit dem Wasserwerk Sipplingen – Trinkwasserversorgung für fast 4 Millionen Menschen

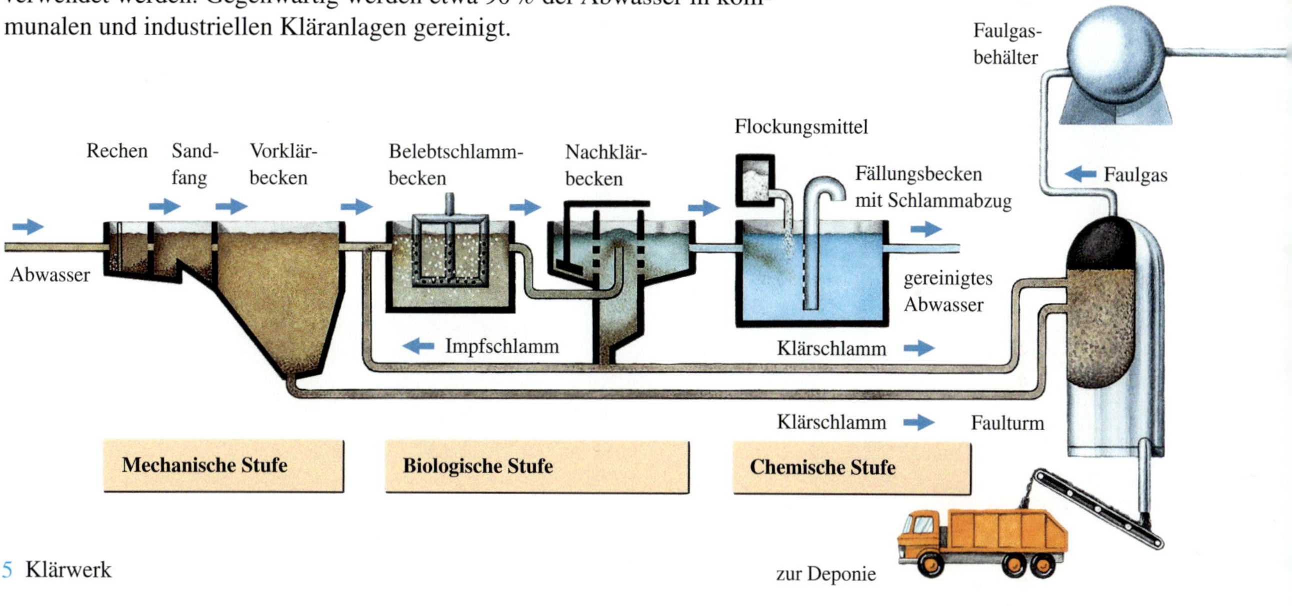

5 Klärwerk

Aufgaben

1 In verschiedenen Ländern wird aus Salzwasser Trinkwasser gewonnen. Überlege, wie das mit einfachen Mitteln realisiert werden kann.

2 Abwasser muss immer einer Kläranlage zugeführt werden. Begründe die Notwendigkeit dieser Maßnahme.

3 Informiere dich über die Bedeutung der Kennzeichnung „Trinkwasserschutzgebiet“. ↑3

4 Informiere dich über die Trinkwasseraufbereitung in deinem Heimatort. Nutze dazu die Homepage des Wasserwerks.

5 Erkundige dich, welche Kläranlage für die Reinigung häuslicher Abwässer in deinem Heimatort zuständig ist. Welche Reinigungsstufen sind dort vorhanden?

selbst erforscht

Wasser und Umwelt

Natürliche Gewässer enthalten neben dem Wasser eine Vielzahl weiterer Stoffe.

- Wie können natürliche Umwelteinflüsse und Einflüsse, die vom Menschen ausgehen, die Zusammensetzung und damit die Qualität natürlicher Gewässer beeinflussen?
- Wie sichern die staatlichen Behörden, z. B. die Umweltämter, dass eine gute Wasserqualität regelmäßig gewährleistet wird, damit Tiere und Pflanzen im Wasser optimale Lebensbedingungen haben?
- Welche Wasseruntersuchungen sind dafür erforderlich?

1 Gesundes Gewässer mit Schilfgürtel

Führt selbst einige Untersuchungen zur Erforschung der Qualität eines Gewässers durch. So gelangt ihr zu Aussagen über das Wasser in eurem Dorfteich, in eurem Badesee oder in einem Bach, der in der Nähe eurer Schule fließt.

2 Gewässer mit starkem Algenwachstum

3 Schüler untersuchen die Wasserqualität eines Gewässers.

Unterschiedliche Tönungen des Wassers
farblos
gelblich
grünlich
rötlich
rötlich braun
grauschwarz
milchig

Unterschiedliche Trübungen des Wassers
klar
fast klar
schwach getrübt
stark getrübt
schwach schillernd (opaleszierend)
stark opaleszierend
schwarz flockig

Materialien zur Projektbearbeitung Wasser kann in unterschiedliche Güteklassen eingeteilt werden. Nutzt die Materialien und Experimente, um Aussagen über das von euch untersuchte Gewässer zu erhalten. Die Umweltämter stellen euch weiteres Material zur Verfügung.

Einfluss von Ammoniumverbindungen und von Phosphaten auf die Gewässergüte

Ammoniumgehalt in mg/l	Phosphatgehalt in mg/l	Gewässergüte
0,2	0,05	unbelastet
0,2 bis 0,3	0,05 bis 0,1	wenig belastet
0,3 bis 1	0,1 bis 0,5	belastet
1 bis 3	0,5 bis 1	stark belastet
über 3	über 1	sehr stark belastet

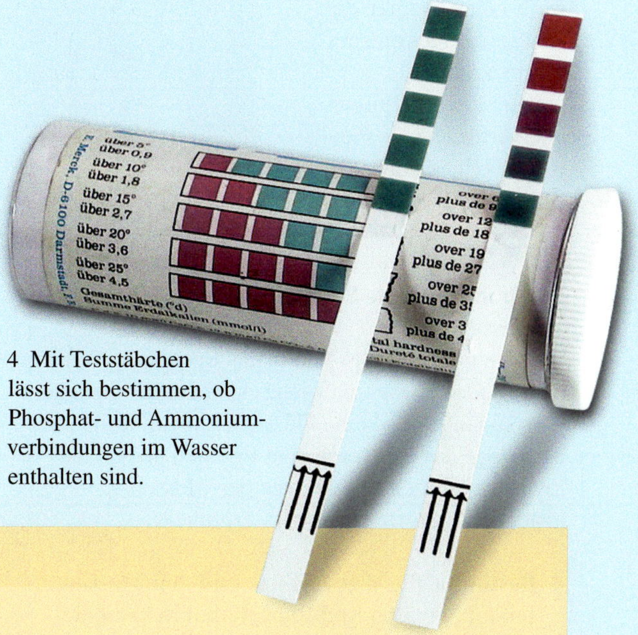

4 Mit Teststäbchen lässt sich bestimmen, ob Phosphat- und Ammoniumverbindungen im Wasser enthalten sind.

Geruchsqualitäten von Wasser

Geruch	Bemerkungen
ohne Besonderheiten, frisch	sauberes Wasser
erdig, modrig, muffig	kann auf eine Massenentwicklung von Blaualgen zurückgeführt werden
faulig	lässt auf Fäulnisprozesse und damit auf Sauerstoffmangel schließen
fäkalartig	lässt auf Einleitung von Abwasser schließen
fischig	kann durch Kieselalgen verursacht werden
chemisch	kann durch bestimmte chemische Stoffe verursacht sein, z. B. durch Chlor, Ammoniak, Mineralöle und Kraftstoffe, Phenol

Gewässergüte von Fließgewässern

Güteklasse	Merkmale des Gewässers
Güteklasse I	unbelastet, Sauerstoffgehalt: 8,4 bis 8,8 mg/l mäßig dicht besiedelt
Güteklasse II	mäßig belastet, Sauerstoffgehalt: 6,2 bis 7,5 mg/l große Artenvielfalt, viele Fischarten vorhanden
Güteklasse III	stark verschmutzt, Sauerstoffgehalt: 2,2 bis 4,4 mg/l mit periodischem Fischsterben ist zu rechnen
Güteklasse IV	übermäßig verschmutzt, Sauerstoffgehalt: 0,0 bis 0,9 mg/l Fäulnisprozesse herrschen vor, vorrangige Bakterienbesiedlung, keine Fische

5 Fischsterben in stark verschmutzten Gewässern

selbst erforscht

1 Untersuche verschiedene Wasserproben.
Ermittle die Temperatur von Gewässern deiner Wohnumgebung. Stelle die Sichttiefe fest. Prüfe Geruch und Färbung des Wassers. Betrachte jeweils einen Tropfen der Gewässer unter einem Mikroskop.
Notiere die Ergebnisse und vergleiche die Gewässer miteinander.

1 Wassertrübung

2 Ermittle gelöste Feststoffe in verschiedenen Wasserproben.
Wiege ein Becherglas. Gib in das Becherglas 20 ml einer Wasserprobe und wiege es erneut. Erhitze das Glas so lange, bis keine Flüssigkeit mehr vorhanden ist. Wiege das Glas nach dem Erkalten nochmals. Errechne aus den Ergebnissen den Massenanteil gelöster fester Stoffe in der Wasserprobe.

3 Bestimme die Wasserhärte und den Massenanteil an Nitraten und Phosphaten in verschiedenen Wasserproben.
Erkunde die Wasserhärte und den Massenanteil an Nitraten und Phosphaten mithilfe von Teststäbchen entsprechend den Vorschriften auf der Verpackung. Vergleiche das Wasser verschiedener Gewässer.

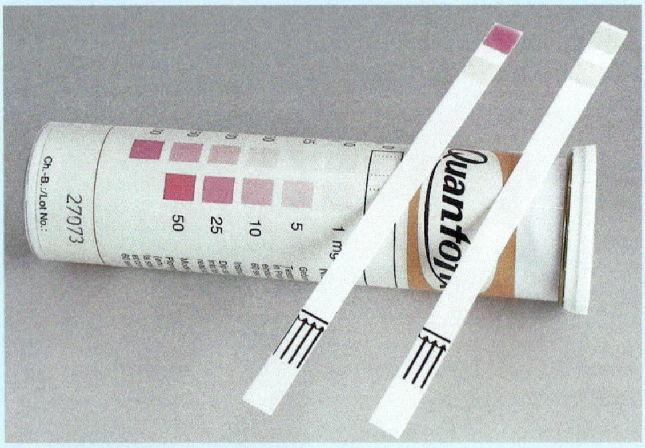

2 Teststäbchen für den Nitratnachweis

4 Bestimme den Anteil gelöster Gase in verschiedenen Wasserproben.
Ermittle mithilfe der Versuchsanordnung den Anteil gelöster Gase in verschiedenen Wasserproben mit jeweils gleichem Volumen.

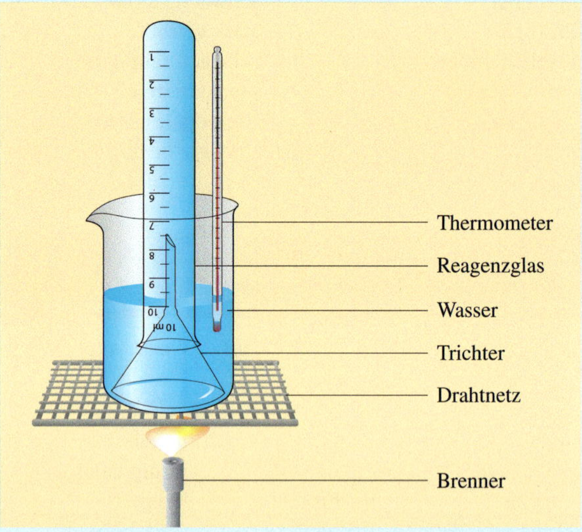

Erhitze die Wasserproben auf einem Drahtnetz langsam auf 90 °C und halte die Temperatur etwa 5 min. Vergleiche die Ergebnisse.

5 Untersuche die Verschmutzung von Wasser durch Öl.
Gib zu 100 ml Wasser einen Tropfen gefärbtes Gewürznelkenöl. Rühre mit einem Glasstab um und prüfe Aussehen und Geruch. Gib 10 ml der Lösung zu 90 ml frischem Wasser. Prüfe erneut Aussehen und Geruch. Wiederhole den Vorgang so lange, bis du keinen Geruch mehr wahrnimmst. Stelle fest, welches Volumen an Wasser erforderlich war, um das Öl unwirksam zu machen.
Überlege die Folgen, wenn Kraftstoffe bzw. Motorenöl in Gewässer gelangen.

Hinweise für die Projektarbeit Stellt euch interessante Forschungsaufgaben, z. B. Untersuchen der Eigenschaften eines Gewässers und Bestimmung seiner Güte, Ermitteln gelöster Stoffe in Wasserproben, Bestimmen des Gehalts an Stickstoff- und Phosphorverbindungen, Wirkung von Öl auf eine Wasserprobe. Bildet an eurem Untersuchungsgewässer Stationen, an denen jeweils ein Untersuchungsauftrag erfüllt wird. Fertigt an jeder Station ein Poster mit den Ergebnissen an. Tragt am Ende der Untersuchungen die Ergebnisse aller Stationen zusammen.

Selbst untersucht Eigenschaften verschiedener Wasserarten

1 Untersuche verschiedene Wasserarten.

Gib jeweils 50 ml verschiedener Wasserarten wie destilliertes Wasser, Trinkwasser, Bachwasser, Flusswasser, Tümpelwasser, Mineralwasser, Meerwasser und Regenwasser in Bechergläser. Prüfe das Aussehen und den Geruch der Wasserproben. Halte eine Lampe hinter die Gläser und betrachte die Wasserproben im Gegenlicht.

Notiere deine Beobachtungen. Fertige dazu eine Tabelle an.

Entsorgung: Flüssigkeiten in den Sammelbehälter für Abwasser geben.

2 Destilliere verschiedene Wasserarten.

Gib jeweils 4 ml der Proben verschiedener Wasserarten in Reagenzgläser ($d \geq 20$ mm) und destilliere so lange, bis du etwa 1 ml Destillat erhalten hast.

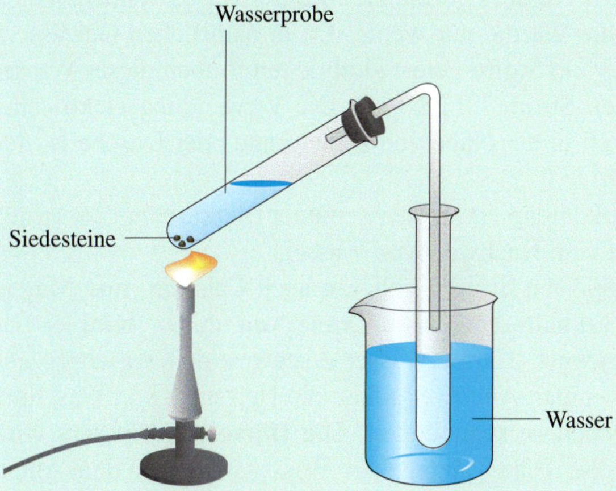

Vergleiche Geruch und Aussehen der Destillate mit denen der Ausgangsproben. Gib von jeder Ausgangsprobe und von dem jeweils dazugehörenden Destillat jeweils zwei Tropfen auf einen Objektträger und erhitze vorsichtig, bis die Flüssigkeit verdampft ist.

Betrachte die Objektträger mit einer Lupe und vergleiche die Beobachtungen miteinander.

Entsorgung: Flüssigkeiten in den Sammelbehälter für Abwasser geben.

3 Prüfe die elektrische Leitfähigkeit verschiedener Wasserarten.

Gib jeweils 50 ml verschiedener Wasserarten wie destilliertes Wasser, Trinkwasser, Tafelwasser, Mineralwasser, Bachwasser, Flusswasser, Tümpelwasser, Meerwasser und Regenwasser in Bechergläser. Stelle mit einem Leitfähigkeitsmessgerät die elektrische Leitfähigkeit der Proben fest.

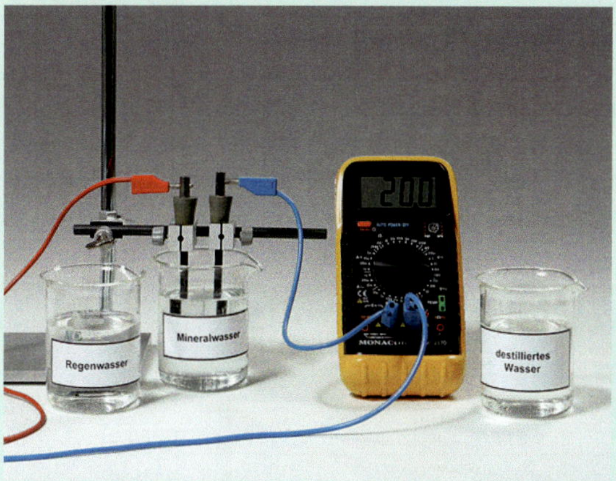

Fertige über die Ergebnisse eine tabellarische Übersicht an. Vergleiche die Ergebnisse der verschiedenen Wasserarten. Ziehe aus den Ergebnissen Schlussfolgerungen für den Umgang mit elektrischen Geräten im Badezimmer. Leite daraus ab, wie du dich beim Schwimmen in einem Gewässer verhalten musst, wenn ein Gewitter aufkommt.

Begründe deine Aussagen.

Entsorgung: Flüssigkeiten in den Sammelbehälter für Abwasser geben.

4 Weise Wasser nach.

Gib auf drei Uhrgläschen je eine Spatelspitze weißgraues Kupfersulfat (Xn, N). Tropfe drei Tropfen Wasser zur ersten Probe, drei Tropfen Speiseöl zur zweiten und drei Tropfen Propanol (F, Xi) zur dritten Probe.

Vergleiche deine Ergebnisse.

Entsorgung: Kupfersulfat in Wasser lösen, Wasser verdunsten, Kupfersulfat in Sammlung geben und wieder verwenden; andere Reste in den Sammelbehälter für Abwasser geben.

„Nasses Element“ Wasser

Im Alltag wird Wasser oft als das „nasse Element“ bezeichnet, eine Bezeichnung, die aus der Antike überliefert ist. Wasser galt als eines der vier „Elemente“.
Der griechische Philosoph THALES nannte das Wasser den „Urgrund“, aus dem alles wird und alles vergeht.
Trifft diese alte Bezeichnung heute noch zu? Ist Wasser wirklich ein chemisches Element?

1

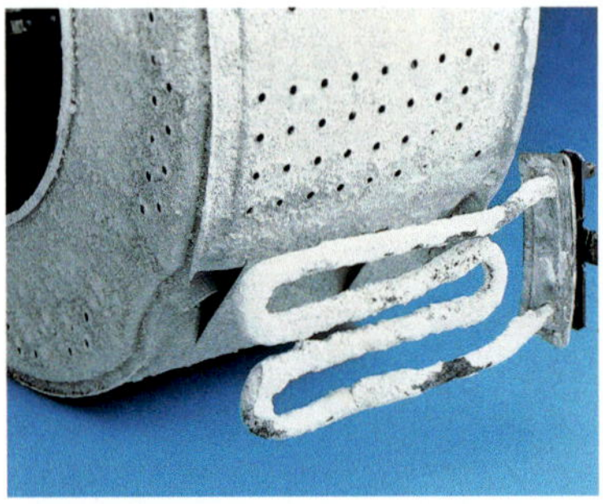

2 Kalkablagerungen an Trommel und Heizschlange einer Waschmaschine

Härtebereiche des Wassers

Härtebereich	Wasserhärte in °d	β (Calciumoxid) in mg/l
1 (weich)	< 7	< 70
2 (mittelhart)	7–14	70–140
3 (hart)	14–21	140–210
4 (sehr hart)	>21	>210

Eigenschaften von Wasser Reines Wasser ist eine farblose, geruchlose und geschmacklose Flüssigkeit. Bei Normdruck ($p = 1013\,\text{hPa}$) siedet Wasser bei 100 °C und erstarrt bei 0 °C zu Eis.
Wasser hat bei 4 °C eine größere Dichte als bei 0 °C. Diese Eigenschaft wird als **Anomalie des Wassers** bezeichnet. Reines Wasser leitet den elektrischen Strom und die Wärme nur wenig. Da in natürlichen Gewässern und im Trinkwasser viele Stoffe gelöst sind, leiten Proben dieser Wasserarten den elektrischen Strom. ↑E.2,3 S.135 Die Verwendung elektrischer Geräte mit Netzbetrieb in der Nähe von Badewanne oder Dusche ist deshalb lebensgefährlich.
Weißgraues Kupfersulfat reagiert mit Wasser unter Blaufärbung. ↑E.4 S.135
Diese Reaktion dient zum Nachweis von Wasser.
Zu den im Wasser gelösten Stoffen gehören auch Calcium- und Magnesiumverbindungen. Enthält das Wasser viele von ihnen, wird es als **hartes Wasser** bezeichnet. Hartes Wasser erschwert den Waschprozess. Die Seife schäumt weniger. Auch verkalken die Heizstäbe von Waschmaschinen und Wasserkochern schneller. ↑2 Die **Härte des Wassers** wird oft in °d (Grad deutscher Härte) angegeben. Wasser wird nach dem Anteil gelöster Calcium- und Magnesiumverbindungen in verschiedene Härtebereiche eingeteilt.
Wasser ist ein gutes Lösemittel für zahlreiche weitere feste, flüssige und gasförmige Stoffe.

Wasser ist nicht gleich Wasser Trinkwasser wird im Alltag als reines Wasser bezeichnet, weil es keine chemischen oder biologischen Schadstoffe enthält. Da im Trinkwasser lebenswichtige Mineralstoffe vorhanden sind, ist es bekanntlich ein Stoffgemisch. Der reine Stoff Wasser dagegen besteht nur aus Wasserteilchen. Er kann durch Destillieren von Leitungswasser oder durch Behandlung von Leitungswasser mit bestimmten Ionenaustauschern erhalten werden. Dieses Wasser wird zur Herstellung von Lösungen genauer Zusammensetzung und zur Durchführung von Analysen z. B. in Labors von Krankenhäusern benötigt.

Zerlegung und Bildung von Wasser Wasser wurde im Hofmannschen Zersetzungsapparat in die Elemente Wasserstoff und Sauerstoff zerlegt. Eine solche Zerlegung wird als **Analyse** bezeichnet. Aus der Analyse lässt sich ableiten, dass Wasser eine chemische Verbindung und kein chemisches Element ist.

Wasser (l) $\xrightarrow{\text{Analyse}}$ Wasserstoff (g) + Sauerstoff (g) | endotherm

Wenn sich die Verbindung Wasser in Wasserstoff und Sauerstoff zerlegen lässt, müsste sich Wasser aus diesen beiden Elementen auch wieder bilden lassen. Das konnte beim Verbrennen von Wasserstoff nachgewiesen werden. Es entstand ein Reaktionsprodukt, das weißgraues Kupfersulfat blau färbte. Das Reaktionsprodukt ist das Oxid des Wasserstoffs, das Wasser. Die chemisch korrekte, aber nicht übliche Bezeichnung für Wasser ist Wasserstoffoxid. Die Bildung einer Verbindung aus den Elementen ist eine **Synthese**.

Wasserstoff (g) + Sauerstoff (g) $\xrightarrow{\text{Synthese}}$ Wasser (l) | exotherm

Die Reaktion von Wasserstoff mit Sauerstoff erfolgt explosionsartig, wenn beide Stoffe im Volumenverhältnis 2 : 1 vorliegen. Deshalb ist beim Arbeiten mit Wasserstoff äußerste Vorsicht geboten. ↑S.138

Wasser ist eine chemische Verbindung, die sich in die Elemente Wasserstoff und Sauerstoff zerlegen lässt (Analyse). Aus diesen Elementen kann Wasser wieder gebildet werden (Synthese).

Bau des Wassers Wasser ist eine Molekülverbindung. Jedes Wassermolekül besteht aus einem Atom Sauerstoff, an das zwei Atome Wasserstoff gebunden sind. Wasser hat deshalb die Formel H_2O. ↑3
Im Eis sind die Moleküle fest angeordnet, sie bilden Kristalle. Im flüssigen Aggregatzustand sind die Moleküle nicht mehr fest angeordnet, sie können sich bewegen. Im gasförmigen Zustand bewegen sich die Wassermoleküle frei und regellos.

3 Modell und Formel eines Wassermoleküls

Der reine Stoff Wasser besteht aus Wassermolekülen. In einem Wassermolekül sind zwei Wasserstoffatome und ein Sauerstoffatom miteinander verbunden. Die Formel für Wasser ist H_2O.

EXPERIMENT 5 [L]
Zerlegen von Wasser.
Im Hofmannschen Zersetzungsapparat wird mit Schwefelsäure versetztes Wasser elektrolysiert. Die entstandenen Gase werden nach dem Auffangen identifiziert.

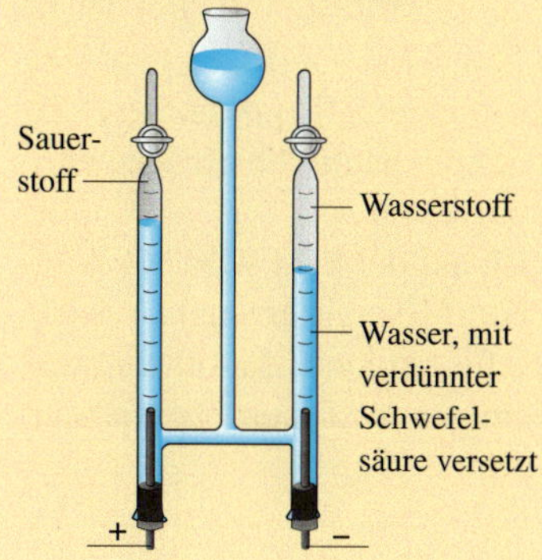

EXPERIMENT 6 [L]
Verbrennen von Wasserstoff.

Wasserstoff (F+) wird im Sauerstoffstrom verbrannt. Die kondensierte Flüssigkeit ist mit weißgrauem Kupfersulfat (Xn, N) zu prüfen.

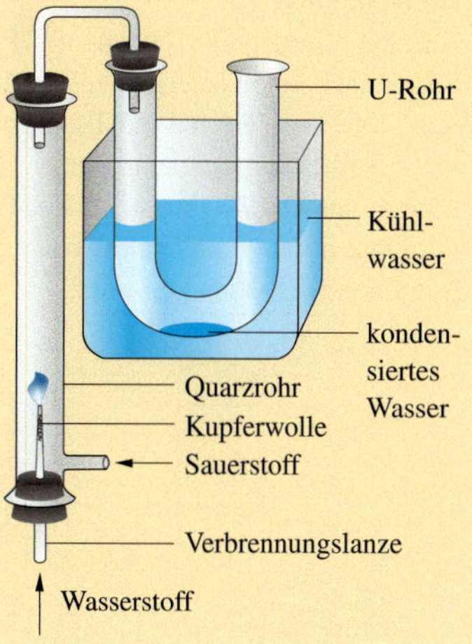

Aufgaben

1 Erstelle einen Steckbrief für den Stoff Wasser.
2 Begründe die Aussage: Wasser ist nicht gleich Wasser.
3 Entwickle die Reaktionsgleichungen für die Synthese und die Analyse von Wasser.
4 Zeichne mithilfe des Teilchenmodells eine Darstellung für das Sieden von Wasser und für das Zerlegen von Wasser. Vergleiche beide Vorgänge miteinander.
5 Leite Aussagen über Wasser aus seiner Formel ab.

Wasserstoff

Unsere Sonne ist eine riesige Gaskugel, die zu 73 % ihrer Masse aus Wasserstoff besteht. In ihrem Zentrum beträgt die Temperatur 15 Millionen °C. Bei den dort ablaufenden Vorgängen wird ständig Wasserstoff verbraucht. Dabei werden gigantische Mengen an Energie frei.

Auch auf der Erde wird aus Wasserstoff Energie erzeugt. Was ist das für ein Stoff, der oft als Energieträger der Zukunft bezeichnet wird?

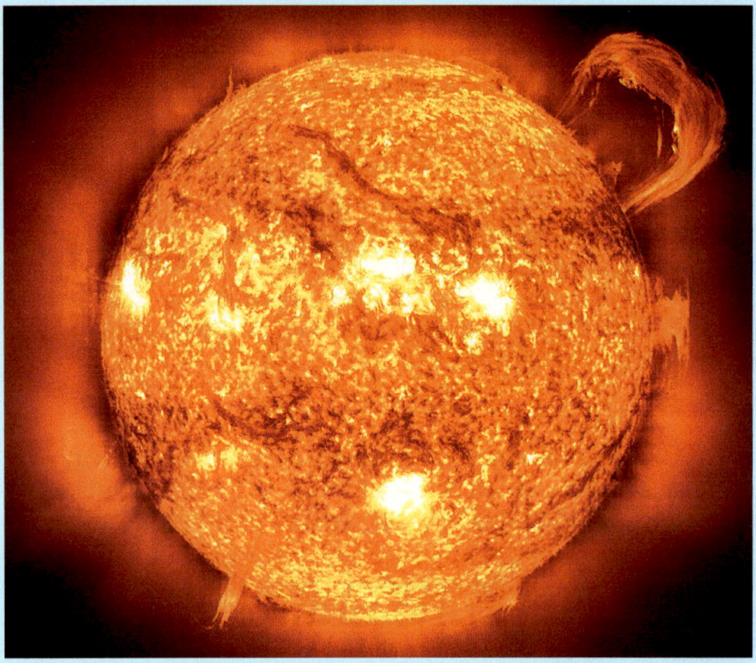

1

EXPERIMENT 7 [L]

Böllerbüchse.

Eine mit Wasserstoff (F+) gefüllte, nach unten offene Blechdose wird auf einen Dreifuß mit Tondreieck gestellt. Das aus dem Loch (Durchmesser 1 bis 2 mm) im Kopf der Dose ausströmende Gas wird mit einem Holzspan gezündet.

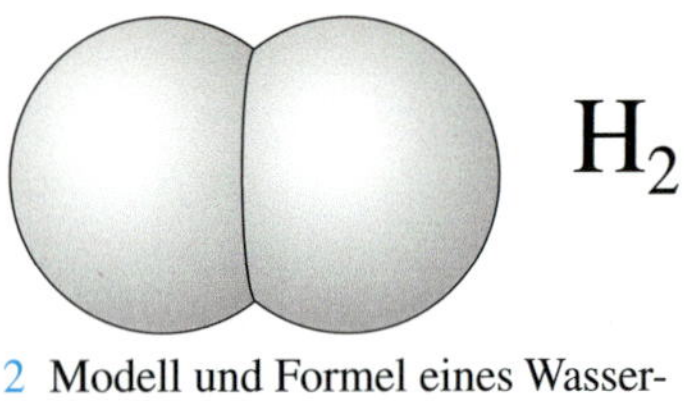

2 Modell und Formel eines Wasserstoffmoleküls

Vorkommen von Wasserstoff Wasserstoff ist mit einem Massenanteil von 88,6 % das häufigste Element im Weltall. In der Erdhülle einschließlich der Wasser- und Lufthülle beträgt der Massenanteil dagegen nur etwa 0,9 %. In der Häufigkeit der Elemente auf der Erde steht Wasserstoff an neunter Stelle.

Wasserstoff kommt fast ausschließlich in gebundener Form vor. Die wichtigste Wasserstoffverbindung ist sein Oxid, das Wasser. Daneben tritt Wasserstoff vor allem im Erdgas, Erdöl und in Kohlenhydraten gebunden auf. Während elementarer Wasserstoff in der unteren Atmosphäre nur in Spuren vorkommt, z. B. in Vulkangasen, besteht die in einigen 100 km Höhe sehr dünne Atmosphäre fast ausschließlich aus Wasserstoff.

Eigenschaften und Bau von Wasserstoff Wasserstoff ist ein farbloses, geruchloses und ungiftiges Gas und gehört zu den Nichtmetallen. Er ist etwa 14-mal leichter als Luft und hat die geringste Dichte aller Stoffe. Wasserstoff löst sich fast nicht in Wasser, aber in einigen Metallen. Seine Schmelztemperatur beträgt –259 °C, seine Siedetemperatur –252 °C.

Wasserstoff bildet mit Luft oder Sauerstoff $[6\,\% < \varphi(H_2) < 67\,\%]$ hochexplosive Gemische, die **Knallgas** genannt werden. In reiner Form verbrennt er ruhig mit bläulicher Flamme.

Wasserstoff ist wie Sauerstoff und Stickstoff aus Molekülen aufgebaut. In einem Molekül Wasserstoff sind zwei Atome Wasserstoff durch starke Anziehungskräfte miteinander verbunden. Wasserstoff hat deshalb die Formel H_2.

Selbst untersucht

8 Stelle Wasserstoff her und weise ihn nach.

Vorsicht! Schutzbrille! Baue die Apparatur zum pneumatischen Auffangen eines Gases so auf wie in Bild 2 auf Seite 94. Gib in das Reagenzglas mit seitlichem Ansatz zwei Körner Zink. Tropfe mit der Pipette vorsichtig etwa 2 ml 10%ige Salzsäure (Xi) hinzu. Fülle vier Reagenzgläser mit dem entstehenden Gas (F+). Halte nach dem Füllen die ersten drei Reagenzgläser an eine kleine Brennerflamme. *Vorsicht! Nicht erschrecken!* Halte das vierte Reagenzglas 10 s unverschlossen mit der Öffnung nach oben. Führe es danach ebenfalls an die kleine Brennerflamme. Beschreibe deine Beobachtungen. Welche Eigenschaften des Wasserstoffs lassen sich ableiten?
Entsorgung: Salzsäurereste in Sammelbehälter I geben, Zinkreste abspülen, werden wieder verwendet.

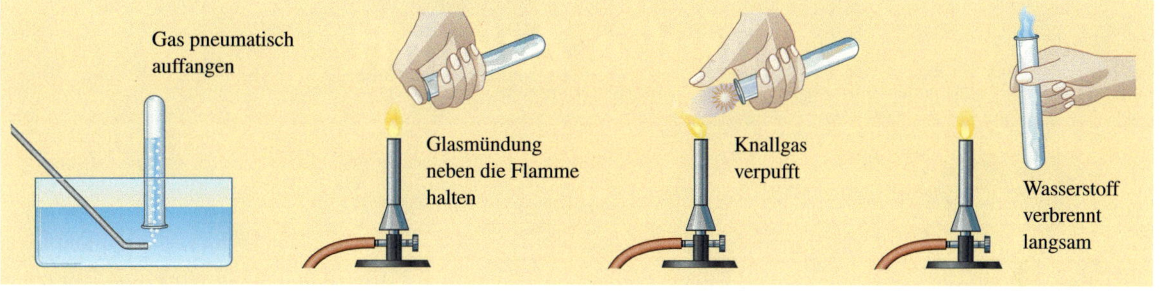

3 Durchführung der Knallgasprobe

Nachweis von Wasserstoff Reiner Wasserstoff brennt ruhig mit bläulicher Flamme. Knallgas verbrennt dagegen explosionsartig. Die Knallgasprobe liefert einen Hinweis, ob ein explosives Gemisch vorliegt. Ein knallendes, ploppendes oder pfeifendes Geräusch deutet auf ein explosives Gemisch, ein ruhiges Abbrennen mit bläulicher Flamme auf reinen Wasserstoff. Beim Verbrennen von Wasserstoff entsteht Wasser, das im Reagenzglas in Form winziger Tröpfchen kondensiert. Auch das Entstehen von Wasser dient als Nachweis von Wasserstoff.

Darstellung und Verwendung von Wasserstoff Wasserstoff wird im Labor in kleinen Mengen durch Reaktion von Salzsäure mit Zink hergestellt. Großtechnisch wird er zu über 90 % aus Erdöl gewonnen.
Aufgrund seiner geringen Dichte wurde Wasserstoff früher zur Füllung von Luftschiffen verwendet. Heute dient er als Traggas für Wetterballons. Wasserstoff ist neben Stickstoff ein Ausgangsstoff für die Synthese von Ammoniak, einem wichtigen Grundstoff für die Düngemittelherstellung. Wasserstoff wird auch vielseitig zur Energiegewinnung eingesetzt. So findet er als Raketentreibstoff und in der Technologie des Wasserstoffautos Anwendung.

EXPERIMENT 9 [L]
Verbrennen von Wasserstoff.
In einen mit Wasserstoff (F+) gefüllten Standzylinder wird von unten eine brennende Kerze eingeführt und die Flamme beobachtet.

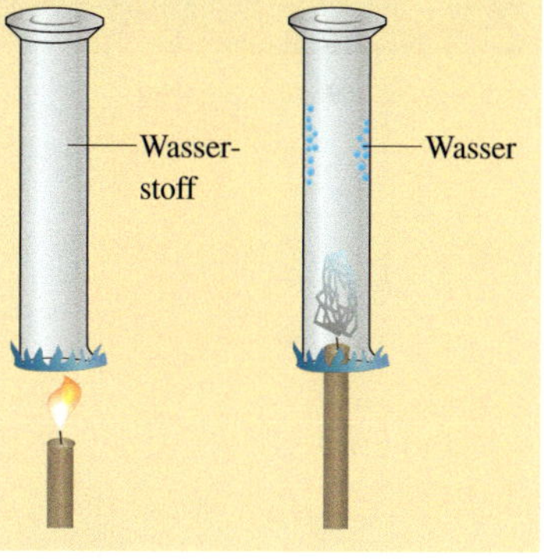

Aufgaben

1 Entwickle einen Steckbrief von Wasserstoff.

2 1 m^3 Wasserstoff trägt etwa eine Masse von 1,2 kg. Berechne, welches Volumen an Wasserstoff benötigt wird, um die Masse deines Körpers zu tragen. Suche einen Raum oder Gegenstand mit vergleichbarem Volumen.

3 Warum muss beim Experimentieren mit Wasserstoff äußerst vorsichtig gearbeitet werden?

4 Begründe den Einsatz von Wasserstoff als Traggas und Raketentreibstoff.

im Brennpunkt

1 Das Forschungsflugzeug „Global Observer“ mit Brennstoffzellenantrieb kann 24 Stunden in der Luft bleiben.

Wasserstoff – saubere Energie für die Zukunft

Fossile Energieträger und erneuerbare Energiequellen Riesige Vorkommen an Kohle, Erdöl und Erdgas sind in Millionen Jahren der Erdgeschichte entstanden. Heute verbrauchen wir jeden Tag so viel davon, wie in 1 000 Jahren Erdgeschichte entstanden ist. Der Vorrat, so schätzen Experten, wird in wenigen Jahrzehnten erschöpft sein. Zudem bewirkt der enorme Verbrauch, der mit dem Ausstoß von Kohlenstoffdioxid einhergeht, eine Verstärkung des Treibhauseffekts. Viele Wissenschaftler sind sich darüber einig, dass ein weltweiter Klimawandel bereits stattfindet.
Ein Ausweg könnte die stärkere Nutzung von regenerativen (erneuerbaren) Energiequellen wie Solarenergie, Windenergie, Erdwärme und Wasserkraft sein.

Wasserstoff als Energieträger Die Reaktion von Wasserstoff mit Sauerstoff verläuft unter starker Energieabgabe. Wasserstoff eignet sich daher als Brennstoff zum Kochen und Heizen, zum Betreiben von Motoren sowie zur Stromerzeugung in Brennstoffzellen. Als Reaktionsprodukt entsteht lediglich Wasser. Eine nahezu unbegrenzt zur Verfügung stehende Wasserstoffquelle ist das Wasser, aus dem Wasserstoff durch Zerlegung mithilfe des elektrischen Stroms gewonnen werden kann. Wasserstoff kann aber auch aus Erdöl, Erdgas oder Biomasse gewonnen werden. Entscheidend ist, dass die Gewinnung nach einem umweltfreundlichen Verfahren und am besten durch Nutzung erneuerbarer Energiequellen erfolgt.

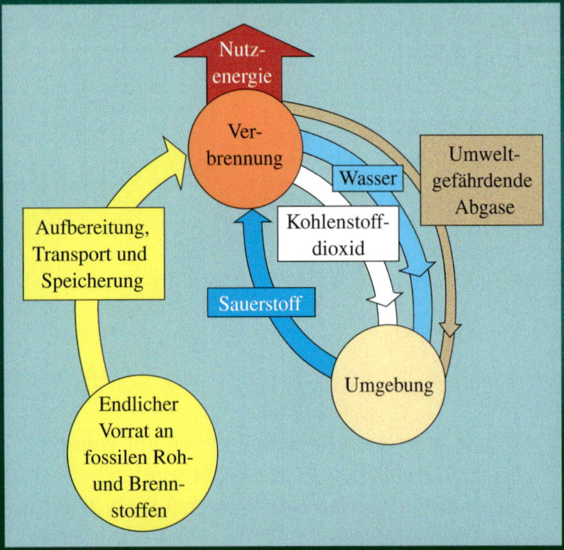

2 Nutzung fossiler Energieträger

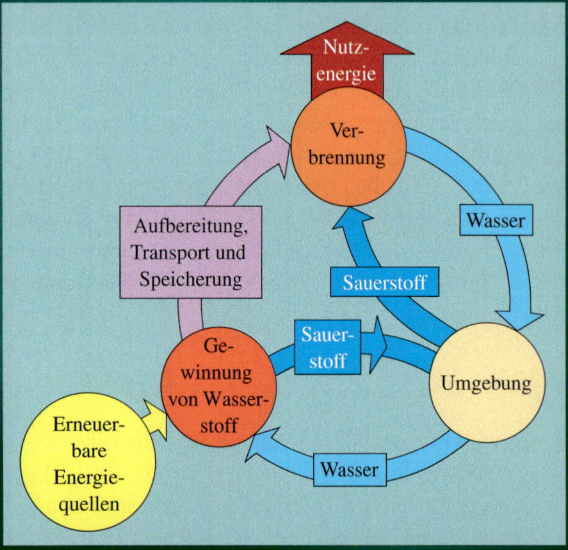

3 Nutzung erneuerbarer Energiequellen

Speicherung und Transport von Wasserstoff Die Speicherung von Wasserstoff, der explosive Gemische bilden kann, erfordert durchdachte technische Lösungen. Für den Transport gelten besonders strenge Vorschriften. Wasserstoff ist entweder gasförmig, flüssig oder in chemisch gebundener Form speicherbar. Die Speicherung erfolgt heute fast ausschließlich in Druckbehältern aus Stahl.

5 Pkw wird mit Wasserstoff betankt.

4 Wasserstofftanks zum Befüllen von mit Brennstoffzellen betriebenen Linienbussen

Die Brennstoffzelle – das lautlose Kraftwerk In einer Brennstoffzelle reagieren Wasserstoff und Sauerstoff so miteinander, dass ein Teil der chemischen Energie dieser Stoffe in elektrische Energie umgewandelt wird. Bei dieser Reaktion entsteht in der völlig lautlos arbeitenden Brennstoffzelle reines Wasser ohne schädliche Abgase. Ursprünglich für die Raumfahrt entwickelt, testet man heute bereits den Einsatz von Brennstoffzellen in Pkws, Bussen und sogar in speziellen Fluggeräten. ↑1

Wasserstoffmotoren Wasserstoff kann auch als Brennstoff verwendet werden und zum Antrieb von Kraftfahrzeugen, Flugzeugen und Schiffen dienen. Bei dieser Technik wird Wasserstoff im flüssigen Aggregatzustand gespeichert und in einem Verbrennungsmotor gasförmig im Gemisch mit Luft verbrannt.

7 Dieser Camcorder wird von einer Brennstoffzelle angetrieben.

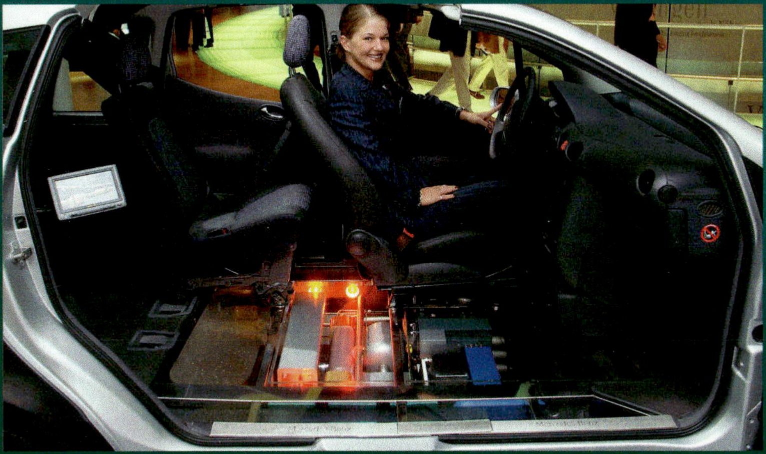

6 Brennstoffzelle in einem Pkw

Arbeitsaufträge

1 Erkunde in Fachbüchern bzw. im Internet, wie lange die Vorräte an Erdöl, Erdgas und Kohle voraussichtlich noch reichen werden. Diskutiere die möglichen weltweiten Folgen eines Mangels an diesen Rohstoffen.

2 Die Fotovoltaik gilt als Energiequelle der Zukunft für die Gewinnung von Wasserstoff. Was versteht man unter „Fotovoltaik“? Nutze wiederum Fachbücher bzw. das Internet.

3 Als erstes Land der Erde plant Island, sein gesamtes Energieversorgungssystem auf die Nutzung regenerativer Energiequellen und auf Wasserstofftechnologie umzustellen. Erkunde im Internet, welche regenerativen Energiequellen in Island zur Verfügung stehen und wie sie heute bereits genutzt werden.

4 Erläutere die Aussagen der Abbildungen 2 und 3. Gehe dabei auch auf die aktuelle Diskussion um Heizöl- und Benzinpreise ein.

Selbst untersucht Wasser als Lösemittel

10 Untersuche das Verhalten von Stoffen in Wasser.

Fülle vier Reagenzgläser etwa zur Hälfte mit Wasser. Gib in je ein Reagenzglas einige Körnchen Zucker, Kochsalz, Gips bzw. blaues Kupfersulfat (Xn, N). Schüttle und beobachte.

Fülle drei Reagenzgläser zu etwa einem Drittel mit Wasser. Gib in je ein Reagenzglas drei Tropfen Speiseessig, Speiseöl bzw. Brennspiritus (F). Schüttle und beobachte.

Notiere deine Beobachtungen. Entscheide, welche Stoffe sich lösen und welche nicht? Wie lassen sich die Gemische wieder trennen?

Entsorgung: Kupfersulfatlösung in den Sammelbehälter II, andere Flüssigkeiten in den Sammelbehälter für Abwasser geben.

11 Untersuche verschiedene Wasserarten beim Erhitzen.

Baue die Versuchsanordnung so wie in der Abbildung mit einer pneumatischen Wanne auf. Der Trichter muss sich im Becherglas noch bewegen lassen. Erwärme Mineralwasser sehr langsam mit kleiner Brennerflamme. Lies bei 30 °C, 40 °C, 50 °C und 60 °C am Messzylinder das Gasvolumen ab. Notiere. Wiederhole das Experiment mit dem gleichen Volumen einmal mit frischem und einmal mit abgekochtem Leitungswasser.

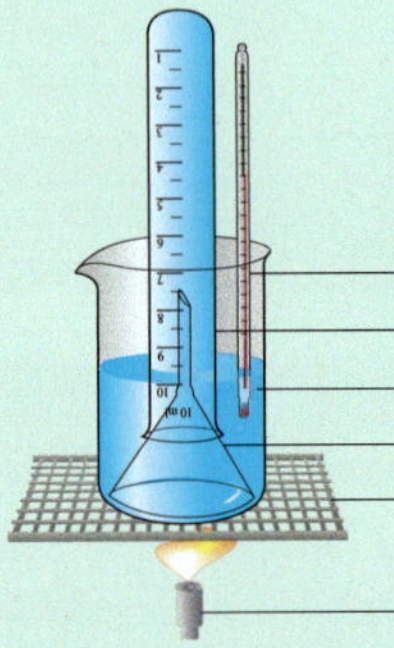

Vergleiche die Messergebnisse für die Wasserarten. Fertige ein Diagramm an (Gasvolumen/Temperatur).

Entsorgung: Flüssigkeiten in den Sammelbehälter für Abwasser geben.

12 Untersuche die Löslichkeit von Gasen.

Lass dir von deinem Lehrer bzw. deiner Lehrerin in einem Kolbenprober mit Schliffhahn ($V = 100$ ml) 40 ml Kohlenstoffdioxid abfüllen. Sauge anschließend 40 ml kaltes Wasser in den Kolbenprober und verschließe den Hahn. Schüttle gut durch, bis sich das Volumen des Gases nicht mehr verändert. Notiere das Volumen. Drücke den Kolben bei geschlossenem Hahn zusammen und schüttle. Beobachte. Notiere das Volumen des Gases. Ziehe den Kolben vorsichtig um etwa 20 ml heraus. Beobachte erneut. Vergleiche und deute deine Beobachtungsergebnisse.

Entsorgung: Flüssigkeit in den Sammelbehälter für Abwasser geben.

13 Erkunde den Einfluss der Temperatur auf die Löslichkeit fester Stoffe.

Gib in zwei Reagenzgläser mit je 5 ml destilliertem Wasser jeweils eine Spatelspitze Ammoniumchlorid (Xn) und Kaliumnitrat (O). Verschließe die Reagenzgläser mit einem Stopfen und schüttle sie kräftig. Wiederhole den Vorgang so lange, bis ein Bodensatz zurückbleibt. Erwärme die Lösungen mit dem Bodensatz in einem Wasserbad auf 70 °C.

Notiere deine Beobachtungen. Deute das Beobachtungsergebnis.

Entsorgung: Wässrige Lösungen in den Sammelbehälter für Abwasser geben.

14 Stelle Lösungen verschiedenen Gehaltes her.

Stelle folgende Zuckerlösungen her: 2 g Zucker in 100 ml Lösung, 6 g Zucker in 250 ml Lösung, 1 g Zucker in 50 ml Lösung, 5 g Zucker in 150 ml Lösung und 8 g Zucker in 400 ml Lösung.

Beschrifte die hergestellten Lösungen.

Ordne die hergestellten Lösungen nach ansteigendem Zuckergehalt.

Entsorgung: Lösungen in den Sammelbehälter für Abwasser geben.

15 Prüfe Lebensmittel mit Universalindikatorlösung und mit Lackmuslösung.

Gib in sechs Reagenzgläser jeweils 1 ml Wasser und dann einige Tropfen Tee, Zitronensaft, Milch, Honig, Essig, Seifenwasser und Joghurt.
Versetze jede Probe mit vier Tropfen Universalindikatorlösung.
Notiere deine Beobachtungen.
Gib in ein Reagenzglas etwa 2 ml Wasser. Versetze es mit fünf Tropfen Lackmuslösung. Betrachte die Lösung, beschreibe die Farbe. Prüfe danach die oben genannten Stoffe mit Lackmuslösung.
Deute dein Ergebnis.
Entsorgung: Lösungen in den Sammelbehälter für Abwasser geben.

16 Prüfe Lösungen mit Universalindikatorpapier.

Löse einen sauren Bonbon in wenig Wasser auf. Gib eine Spatelspitze Kalkentferner (Xi) zu 5 ml Wasser. Prüfe beide Lösungen, indem du jeweils mit einem Glasstab ein Tropfen der Lösung auf einen Streifen Universalindikatorpapier gibst.
Fertige ein Protokoll an. Klebe den getrockneten Streifen dort ein.
Entsorgung: Lösungen in den Sammelbehälter für Abwasser geben.

17 Stelle Rotkohlsaft her und prüfe seine Wirkung auf wässrige Lösungen.

Schneide ein Rotkohlblatt in kleine Stückchen. Gib in einem Becherglas zum Rotkohl so viel Wasser, dass die Blätter gerade bedeckt sind. Erhitze und lasse etwa 3 min sieden. Dekantiere den entstandenen Saft nach dem Abkühlen ab.
Gib in vier Reagenzgläser jeweils 2 ml Essig, 2 ml Zitronensaft, 2 ml Seifenwasser und 2 ml 1%ige Natronlauge. Versetze die Lösungen mit einigen Tropfen Rotkohlsaft.
Notiere deine Beobachtungen.
Entsorgung: Natronlauge in den Sammelbehälter I, übrige Lösungen in den Sammelbehälter für Abwasser geben.

18 Versetze schwarzen Tee mit Zitronensaft und Seifenwasser.

Gib in zwei Reagenzgläser jeweils 5 ml schwarzen Tee. Gib in das erste Reagenzglas einige Tropfen Zitronensaft und in das zweite einige Tropfen Seifenwasser.
Notiere deine Beobachtungen.
Entsorgung: Lösungen in den Sammelbehälter für Abwasser geben.

19 Untersuche Reinigungsmittel mit Universalindikator.

Vorsicht! Schutzbrille! Lass dir von deiner Lehrerin bzw. deinem Lehrer Proben von Reinigungsmitteln wie Backofenreiniger, Rohrreiniger, Scheuermilch, Kernseife und Glasreiniger geben. Beachte beim Umgang mit den Stoffen die Gefahrenhinweise und Gefahrensymbole! Gib von Proben flüssiger Stoffe jeweils einen Tropfen auf Universalindikatorpapier. Versetze feste Stoffe mit destilliertem Wasser und schüttle. Entnimm Flüssigkeitsproben und versetze jeweils etwa 2 ml mit drei Tropfen Universalindikatorlösung.
Notiere deine Beobachtungen.
Entsorgung: Lösungen in den Sammelbehälter für Abwasser geben.

20 Prüfe Natronlauge mit Universalindikator, Lackmus und Phenolphthalein.

Vorsicht! Schutzbrille! Gib in drei Reagenzgläser jeweils etwa 2 ml 1%ige Natronlauge. Füge jeweils drei Tropfen Universalindikatorlösung, Lackmuslösung und Phenolphthalein-Indikatorlösung in je eines der Reagenzgläser hinzu.
Notiere deine Beobachtungen.
Entsorgung: Lösungen in den Sammelbehälter I geben.

Lösemittel Wasser

Ein gläserner Aufzug fährt durch die exotische Unterwasserwelt des Berliner AquaDoms, ein in seiner Art weltweit einzigartiges Meerwasseraquarium. Das gewaltige Becken ist 25 Meter hoch und fasst rund 1 Million Liter Wasser. Darin ist die unvorstellbare Masse von 30 Tonnen Salz gelöst. Welche Stoffe lösen sich in Wasser? Kann sich ein wasserlöslicher Stoff unbegrenzt in Wasser lösen?

1 AquaDom im Foyer eines Berliner Hotels

Schon gewusst?

Das wohl salzigste Gewässer der Erde ist der Assalsee mit einem Salzgehalt von 34,8 %. In einem entlegenen Wüstengebiet Ostafrikas bedeckt er eine Fläche von 54 km². An seinen Ufern verkrusten Salzkristalle zu meterdicken Platten.

Löslichkeit in g je 100 g Wasser bei 20 °C und 1 013 hPa

Zucker	203,9
Kochsalz	35,88
Soda	21,66
Gips	0,2036
Kalkstein	0,0015

Wasser löst Stoffe Einige feste und flüssige Stoffe lösen sich in Wasser, andere hingegen nicht. ↑E.10 S.142 Die gelösten Stoffe sind zwar nicht mehr zu sehen, verschwunden sind sie aber nicht. Das ist z. B. an der blauen Farbe der Kupfersulfatlösung zu erkennen. Eine Zuckerlösung schmeckt süß, eine Kochsalzlösung salzig. Alle diese Lösungen sind homogene Stoffgemische des **Lösemittels** Wasser mit den **gelösten Stoffen**, z. B. dem Kochsalz.
Beim Erwärmen von Mineralwasser und frischem Leitungswasser steigen Gasblasen auf. Im Wasser sind Gase gelöst. Das kannst du auch feststellen, wenn du eine Mineralwasserflasche öffnest. In kaltem Wasser und unter Druck lösen sich Gase besonders gut. ↑E.11,12 S.142
Die Lebewesen im Wasser nutzen den im Wasser gelösten Sauerstoff zur Atmung. Im Sommer kann eine starke Erwärmung der Gewässer zu einem Mangel an Sauerstoff führen.

Wasser ist ein gutes Lösemittel für viele feste, flüssige und gasförmige Stoffe. Lösemittel und gelöste Stoffe bilden ein homogenes Stoffgemisch.

Löslichkeit Stoffe wie Zucker und Kochsalz sind gut in Wasser löslich, andere Stoffe wie Gips sind dagegen schwer löslich. ↑E.10 S.142 Aber auch die gut löslichen Stoffe können von einer Lösemittelportion nur in einer bestimmten Masse gelöst werden. Ist diese Masse überschritten, setzt sich jede weitere zugegebene Stoffportion als Bodenkörper ab. ↑E.13 S.142 Die Lösung über dem **Bodenkörper** wird als **gesättigte Lösung** bezeichnet.

In einer bestimmten Masse eines Lösemittels löst sich nur eine bestimmte Masse eines Stoffes. Diese Größe wird als **Löslichkeit *l*** bezeichnet. Sie ist abhängig von Druck und Temperatur. ↑E.13 S.142 Die Löslichkeit eines Stoffes gibt an, welche Masse des Stoffes bei einer bestimmten Temperatur und bei einem bestimmten Druck von 100 g eines Lösemittels höchstens gelöst werden kann. So können 100 g Wasser bei einer Temperatur $\vartheta = 20\,°C$ und bei einem Druck $p = 1013\,hPa$ höchstens 35,88 g Kochsalz lösen.

Die Löslichkeit *l* gibt an, welche Masse eines festen Stoffes unter Normbedingungen (20 °C, 1013 hPa) von 100 g eines Lösemittels höchstens gelöst wird.

Gehaltsangaben von Lösungen Lösungen mit einem bestimmten Volumen, z. B. 100 ml, können verschiedene Massen eines gelösten Stoffes enthalten. ↑E.14 S.142 Ist in einer Lösung wenig Stoff gelöst, handelt es sich um eine **verdünnte Lösung**, ist viel Stoff gelöst, um eine **konzentrierte Lösung**. Es gibt verschiedene Möglichkeiten, den Gehalt eines Stoffes in einer Lösung anzugeben. Die Größen Massenanteil und Volumenanteil kennst du bereits. ↑S.47

Der Gehalt von Lösungen kann aber auch als Quotient aus der Masse des gelösten Stoffes und dem Volumen der Lösung angegeben werden. Diese Größe wird als **Massenkonzentration *β*** (Beta) bezeichnet. Eine Zuckerlösung mit 90 g Zucker in 1 Liter Zuckerlösung hat die Massenkonzentration $\beta(\text{Zucker in Wasser}) = 90\,g/l$. Die Massenkonzentration eignet sich besonders zur Angabe des Gehalts an festen oder gasförmigen Stoffen in einer Lösung.

Die Massenkonzentration *β* ist der Quotient aus der Masse eines gelösten Stoffes und dem Volumen der Lösung. Ihre Einheit ist g/l.

Messen der Löslichkeit Um z. B. die Löslichkeit von Kaliumnitrat in Wasser zu bestimmen, wird bei verschiedenen Temperaturen untersucht, wie viel Gramm Kaliumnitrat hinzugefügt und gelöst werden können, bis sich schließlich ein unlöslicher Bodensatz bildet. Die Messwerte werden zunächst in einer Tabelle festgehalten. Die Daten lassen sich anschaulich in Löslichkeitskurven darstellen. Mithilfe solcher Kurven können die Löslichkeiten verschiedener Stoffe besonders gut miteinander verglichen werden.

Löslichkeit von Gasen in Wasser bei 1013 hPa

Sauerstoff		Kohlenstoffdioxid	
Temperatur in °C	Löslichkeit in mg/l	Temperatur in °C	Löslichkeit in mg/l
0	69,9	0	3386
10	54,3	10	2367
20	44,1	20	1735
30	37,5	30	1314
40	33,0	40	1046
50	29,7	50	854

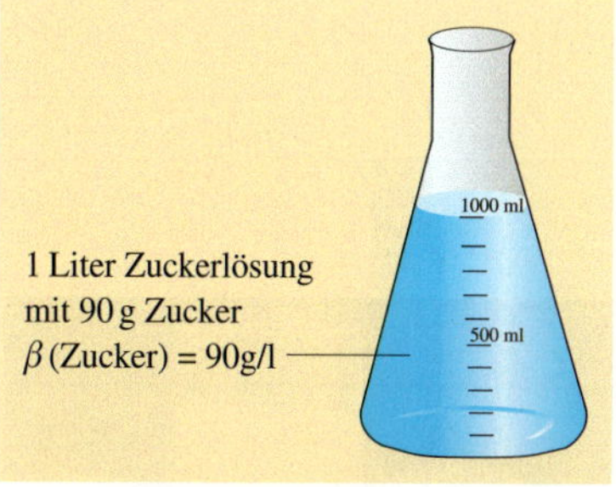

2 Angabe der Massenkonzentration

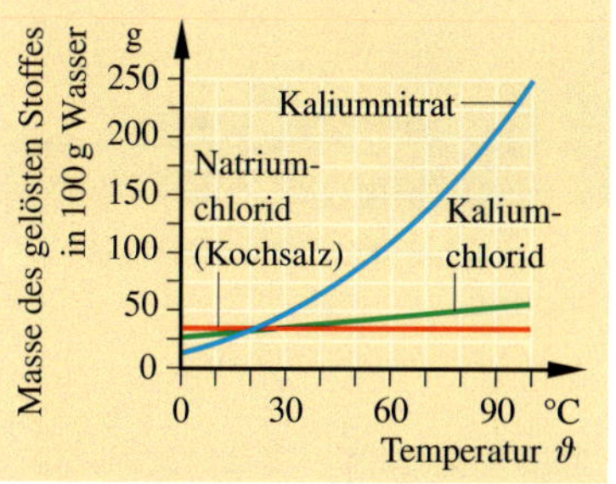

3 Löslichkeitskurven einiger Feststoffe in Wasser

Aufgaben

1 Vergleiche die Löslichkeit der Stoffe in Wasser. Wie viel Gramm eines Stoffes lösen sich bei 30 °C, 50 °C und 70 °C? ↑3

2 Erstelle Diagramme mit Löslichkeitskurven von Sauerstoff und Kohlenstoffdioxid. Nutze dazu die Tabelle. Vergleiche die Kurven miteinander. Formuliere eine allgemeine Aussage zur Löslichkeit von Gasen bei unterschiedlichen Temperaturen.

3 Eine Limonade enthält 70 g gelösten Zucker je Liter. Welche Massenkonzentration hat die Limonade? Wie ließe sich ein halber Liter herstellen?

4 Berechne für 250 ml wässriger Lösung jeweils die Masse des gelösten Stoffes.
- Sirup mit $\beta(\text{Zucker}) = 40\,g/l$
- Lösung mit $\beta(\text{Kochsalz}) = 28\,g/l$

Saure und alkalische Lösungen

Blaukraut bleibt Blaukraut und Brautkleid bleibt Brautkleid. – Ist die Aussage über das Blaukraut in dem Zungenbrecher wirklich richtig?
Ein und dasselbe Gemüse wird im Süden Deutschlands als Blaukraut, im Norden hingegen als Rotkohl bezeichnet.
Warum sind beide Bezeichnungen berechtigt? Warum ist diese Kohlart mal rot und mal blau gefärbt? Gibt es Stoffe, bei deren Zugabe sich die Farbe des Kohls verändert?

1 Blaukraut oder Rotkohl?

2 Angenehm sauer schmeckender Fruchtsaft

3 Lackmuspapier und Universalindikatorpapier vor und nach Auftropfen einer sauren Lösung

Saure Lösungen Beim Verkosten verschiedener Fruchtsäfte ist dir sicher schon aufgefallen, dass sich deine Mundwinkel manchmal etwas zusammenziehen. Zitronensaft, Orangensaft, Sauerkirschsaft und auch Essig haben eine Gemeinsamkeit, sie schmecken sauer. Bei all diesen Flüssigkeiten handelt es sich um wässrige Lösungen, die als **saure Lösungen** bezeichnet werden.

Nachweis saurer Lösungen Schon im Altertum wussten die Menschen, dass manche Farbstoffe, die zum Färben von Textilien eingesetzt wurden, in sauren Lösungen ihre Farbe ändern. Solche Farbstoffe können zum Nachweis saurer Lösungen benutzt werden. Sie werden **Indikatoren** (lat. indicator – Anzeiger) genannt. Jeder Indikator zeigt eine typische Farbänderung. Bei Zugabe saurer Lösungen zu Lackmusfarbstoff, einem Stoff der aus einer Gebirgsflechte gewonnen wird, lässt sich ein Farbumschlag von Violett nach Rot beobachten. Universalindikator ist ein Farbstoffgemisch. Gelbe, orange und rote Farben zeigen hier saure Lösungen an. ↑E.15 S.143 Es gibt auch Papierstreifen, die mit der Indikatorlösung getränkt und getrocknet worden sind. Diese Indikatorpapiere müssen vor ihrer Verwendung angefeuchtet werden. ↑E.16 S.143 Auch Farbstoffe aus Rotkohl, roten Beten oder schwarzem Tee ändern bei Zugabe von sauren Lösungen die Farbe. Wird Rotkohl zusammen mit etwas Essig und einem sauren Apfel gekocht, färbt er sich rot. ↑E.17 S.143
Unbekannte Lösungen sind grundsätzlich mit einem Indikator zu prüfen. Viele saure Lösungen wirken stark ätzend. Eine Geschmacksprobe kann zu schweren gesundheitlichen Schäden führen.

Saure Lösungen sind wässrige Lösungen. Sie bewirken bei Indikatoren eine charakteristische Farbänderung und sind dadurch nachweisbar.

Alkalische Lösungen Die wässrigen Lösungen von Abflussreiniger, Backofenreiniger, aber auch Seifenwasser und Natronlauge bewirken im Vergleich zu sauren Lösungen eine andere Farbänderung der Indikatoren. Diese Lösungen färben Universalindikator und Lackmus blau und Phenolphthalein rotviolett. ↑E.19,20 S.143 Lösungen, die dieses Verhalten zeigen, werden als **alkalische Lösungen** bezeichnet.
Ebenso wie saure Lösungen wirken alkalische Lösungen ätzend und bakterientötend, weshalb sie in Reinigungsmitteln verwendet werden.

Der pH-Wert Bisher können wir von einer Lösung nur sagen, ob sie sauer oder alkalisch ist. Wir können jedoch keine Aussage darüber machen, wie sauer oder wie alkalisch sie ist.
Der **pH-Wert** ist eine Zahlenangabe zur genauen Kennzeichnung des sauren oder alkalischen Verhaltens einer Lösung. Er kann mit einem pH-Meter gemessen werden. Der angezeigte Zahlenwert drückt aus, wie stark oder schwach sauer oder alkalisch eine Lösung ist. Ein Universalindikator zeigt durch unterschiedliche Farbänderungen den pH-Wert an. Über den Vergleich mit einer Farbskala lässt sich der Zahlenwert zuordnen. Die pH-Skala umfasst den Bereich von pH = 0 bis pH = 14. Der pH-Wert einer sauren Lösung ist kleiner als 7. Lösungen mit einem pH-Wert größer als 7 sind alkalisch. Lösungen, die weder sauer noch alkalisch sind, werden als **neutrale Lösungen** (lat. neutrum – keins von beiden) bezeichnet. Ihr pH-Wert ist 7.

Schon gewusst?

Das Wasser aus ägyptischen Salzseen und die durch Auslaugen von Pflanzenasche entstandenen Lösungen wurden schon im Altertum zum Waschen und wegen ihrer ätzenden Wirkung zum Gerben von Tierhäuten genutzt. Solche Stoffe wurden mit dem arabischen Wort „al calia“ bezeichnet. Daraus entwickelte sich die Bezeichnung alkalische Lösung.

4 Saure, neutrale und alkalische Lösungen mit Universalindikator

5 Universalindikator-Vergleichsskala für den Bereich pH = 1 bis pH = 11

Der pH-Wert ist eine Zahlenangabe zur Kennzeichnung von sauren, alkalischen und neutralen Lösungen. Saure Lösungen weisen einen pH-Wert von kleiner als 7, alkalische einen von größer als 7 auf. Neutrale Lösungen besitzen einen pH-Wert von 7.

Aufgaben

1 Warum darf im Chemieunterricht der mögliche saure Geschmack einer Lösung nicht geprüft werden?
2 Nenne weitere saure Lösungen, die dir im Alltag schon begegnet sind.
3 Auch bei unserer Verdauung sind saure Lösungen beteiligt. Informiere dich, wo diese zu finden sind und welche Funktion sie haben.
4 Erläutere, wozu Indikatoren dienen.
5 Erläutere die Wirkung von Rotkohlsaft als Indikator. Unter welchen Bedingungen ist die Farbe des Kohls rot und unter welchen blau?
6 Weise verschiedenen pH-Werten die Begriffe schwach sauer, sauer, alkalisch, stark alkalisch zu.

weiter gedacht

1 Stelle zu Hause „Meerwasser" her. Löse dazu drei bis vier Esslöffel Kochsalz in 100 ml Leitungswasser. Plane verschiedene experimentelle Möglichkeiten, das Meerwasser zu entsalzen, und fertige dazu Skizzen der jeweiligen Versuchsanordnung an. Führe ein mögliches Experiment zu Hause durch. Notiere deine Beobachtungen.
Überlege, in welchen Ländern diese Methode der Trinkwassergewinnung angewendet werden kann. Recherchiere im Internet die Zusammensetzung von Meerwasser, z. B. der Nordsee oder des Mittelmeers.

2 Ein Abwasser enthält folgende Verunreinigungen: Gartenerde, Sand und Kies, kleine Kunststoffschnipsel und Holzstückchen sowie rote Tinte und Gewürznelkenöl.
Führe die Reinigung des Abwassers durch. Gehe dabei nach folgender Reihenfolge vor:

a Schöpfe grobe Verunreinigungen mit einem Sieb ab.
b Dekantiere schwere Teile aus dem Abwasser.
c Filtriere das Abwasser.
d Versetze das Abwasserfiltrat mit Aktivkohle und rühre etwa 3 min um.
e Filtriere das Abwasser-Aktivkohle-Gemisch.
f Destilliere das Filtrat.

Betrachte das Abwasser vor der Reinigung und nach jedem Reinigungsschritt.
Notiere die jeweiligen Beobachtungsergebnisse.
Erläutere die Funktionsweise und Aufgabe jedes Reinigungsschrittes.
Vergleiche die Experimentdurchführung mit den Reinigungsstufen einer Kläranlage.

3 Informiere dich über die Selbstreinigung natürlicher Gewässer.
Vergleiche sie mit der biologischen Reinigungsstufe in einem Klärwerk.

1 Klares Wasser eines Gebirgsbachs

2 Verschiedene Mineral- und Tafelwässer

4 In Deutschland gibt es etwa 500 Mineralwässer und etwa 100 Tafelwässer.
Fertige eine Übersicht über die Mineralwasser- und Tafelwassersorten an, die in einem Supermarkt deines Wohnortes angeboten werden.
Erkunde im Internet Unterschiede und Gemeinsamkeiten beider Wässer und gib diese in einer Tabelle an.
Bestimme den pH-Wert verschiedener Mineral- und Tafelwässer.

5 Vergleiche:

a Verdampfen und Kondensieren von Wasser,
b Analyse und Synthese von Wasser.

Beschreibe die Vorgänge und veranschauliche sie zeichnerisch unter Nutzung des Teilchenmodells.

6 Fertige eine Übersicht an über Eigenschaften, Vorkommen, Bedeutung und Verwendung von Wasserstoff, Sauerstoff und Wasser.
Entwickle eine Wort- und eine Reaktionsgleichung, in der alle drei Stoffe vorkommen.
Zeichne unter die Reaktionsgleichung die Modelle der Moleküle der drei Stoffe.

7 Süßwasserfische leben in Gewässern mit einem pH-Wert zwischen 6 und 8, Meeresfische bevorzugen pH-Werte zwischen 8,2 und 8,4.
Was versteht man unter Süßwasser und Meerwasser?
Auf welche Eigenschaft des Wassers ist der Unterschied beider Wasserarten zurückzuführen?
Wie nennt man Lösungen mit einem pH-Wert, der kleiner bzw. größer als 7 ist?

Auf einen Blick

Reines Wasser

Reines Wasser ist eine chemische Verbindung. In einem Wassermolekül sind zwei Atome Wasserstoff mit einem Atom Sauerstoff verbunden. Wasser hat die Formel H_2O.
Wasser ist farblos, geruchlos und geschmacksfrei. Es siedet bei Normaldruck bei 100 °C und erstarrt bei 0 °C. Wasser ist ein gutes Lösemittel für viele feste Stoffe, Flüssigkeiten und Gase.

Zerlegung von Wasser (Analyse)

Wasser lässt sich in die Elemente Wasserstoff und Sauerstoff zerlegen.
$2\,H_2O\,(l) \longrightarrow 2\,H_2\,(g) + O_2\,(g)$ | endotherm

Bildung von Wasser (Synthese)

Wasser lässt sich aus den Elementen Wasserstoff und Sauerstoff bilden.
$2\,H_2\,(g) + O_2\,(g) \longrightarrow 2\,H_2O\,(l)$ | exotherm

Nachweis von Wasser

Weißgraues Kupfersulfat reagiert mit Wasser zu blauem, wasserhaltigem Kupfersulfat.

Wasserstoff

Wasserstoff ist ein Nichtmetall. In jedem Wasserstoffmolekül sind zwei Atome Wasserstoff miteinander verbunden. Wasserstoff hat die Formel H_2.
Wasserstoff ist farblos, geruchlos und brennbar. Er hat die geringste Dichte aller Stoffe. Mit Luft und Sauerstoff bildet er ein Gasgemisch, das explosionsartig mit lautem Knall verbrennt. Der Nachweis solcher Gasgemische wird als Knallgasprobe bezeichnet.

Löslichkeit

Die Löslichkeit gibt an, welche Masse eines festen Stoffes unter Normbedingungen (20 °C, 1 013 hPa) in 100 g eines Lösemittels höchstens gelöst werden. Bei der Löslichkeit von Gasen wird angegeben, welche Masse eines Gases sich in 1 Liter Lösemittel höchstens löst.

Saure, alkalische und neutrale Lösungen

Wässrige Lösungen können sauer, neutral oder alkalisch sein. Beispielsweise sind Lösungen von Fruchtsäften sauer, Seifenlösungen sind alkalisch. Sie sind durch Indikatoren nachweisbar.

Indikatoren

Farbstoffe, die in sauren oder alkalischen Lösungen eine typische Farbänderung zeigen

pH-Wert

Der pH-Wert ist eine Zahlenangabe zur genauen Kennzeichnung des sauren, neutralen oder alkalischen Verhaltens einer Lösung.

pH-Wert: 0 1 2 3 4 5 6 7 8 9 10 11 12 13 14

Farbe des Universalindikators

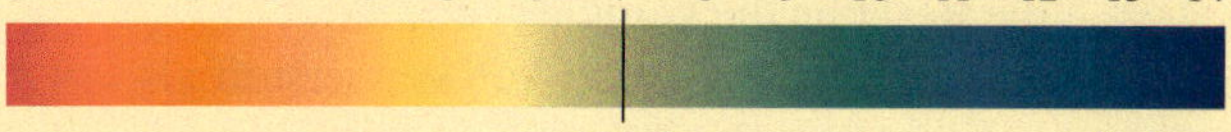

sauer — neutral — alkalisch

Check up

1 Kohlenstoffdioxid und Magnesiumoxid sind wichtige Oxide.

a Beschreibe den Bau von Kohlenstoffdioxid und Magnesiumoxid unter Nutzung des Teilchenmodells.

b Gib die Formeln beider Oxide an und leite daraus mögliche Aussagen über das Oxid ab.

c Ordne folgende Begriffe sinnvoll in einer Übersicht: Magnesiumoxid, Reinstoff, Nichtmetalloxid, chemische Verbindung, Kohlenstoffdioxid, Metalloxid.

2 Bei einem Waldbrand werden große Bestände an Bäumen und Pflanzen zerstört.

a Entwickle Reaktionsgleichungen für die Reaktionen bei einem Waldbrand. Gehe davon aus, dass die Pflanzen Kohlenstoff und auch Schwefel enthalten. Leite aus den Reaktionsgleichungen qualitative und quantitative Aussagen über die Reaktionen ab.

b Verbrennt ein 100 kg schwerer Baum, bleibt nur noch ein kleines Häufchen Asche übrig. Begründe, dass bei dieser Verbrennung trotzdem das Gesetz von der Erhaltung der Masse gilt.

c Diskutiere die Wirkung von Waldbränden auf Mensch und Umwelt und nenne Brandschutzmaßnahmen.

3 Nenne mindestens drei Eigenschaften von Leitungswasser und leite daraus Aussagen zu seiner Bedeutung oder Verwendung ab.

4 Stelle die Synthese und die Analyse von Wasser zeichnerisch unter Verwendung des Teilchenmodells dar und entwickle für beide Vorgänge die Reaktionsgleichung.

5 Im Chemieraum stehen drei farblose und geruchlose Flüssigkeiten. Beschreibe eine Möglichkeit, experimentell zu ermitteln, welche der Flüssigkeiten Wasser ist. Formuliere Voraussagen über zu erwartende Beobachtungen bei deinem Vorgehen.

6 Die Verbrennung von Wasserstoff kann für den Antrieb von Raketen genutzt werden.

a Benenne das Reaktionsprodukt und stelle für die Reaktion die Wortgleichung auf.

b Erläutere die Bedeutung von Wasserstoff als Energieträger der Zukunft.

7 Die Löslichkeit von Sauerstoff und bestimmten Salzen, z. B. Kochsalz, in Wasser ist von der Temperatur abhängig.

Löslichkeit von Stoffen in Wasser bei $p = 1\,013\,hPa$

Sauerstoff		Kochsalz	
Temperatur in °C	Löslichkeit in mg/l	Temperatur in °C	Löslichkeit in g/100 g Wasser
0	69,9	0	33,6
20	44,1	20	35,9
40	33,0	40	36,4

a Vergleiche die Löslichkeit von Sauerstoff und Kochsalz in Wasser.

b Formuliere begründete Vermutungen darüber, welche Auswirkungen der Anstieg der Wassertemperatur auf relativ flache stehende Gewässer im Sommer haben könnte.

8 Experimentell wurde ermittelt, dass Seifenlösung einen pH-Wert von 8,7, Apfelsaft von 3,8 und destilliertes Wasser von 7 besitzt.

a Gib an, welche Lösung sauer, alkalisch bzw. neutral ist, und begründe deine Angabe.

b Erläutere was unter dem pH-Wert verstanden wird.

Aufgabe	Hilfe findest du auf Seite …	Verbindung der Aufgabe zu den Basiskonzepten ↑S.18
1	107, 108, 112, 113	T S
2	107, 110, 116, 117, 120, 121, 122, 123	S R
3	128, 129, 136	T S
4	137	T R
5	135, 137	T
6	109, 137, 140, 141	R S
7	144, 145	T S
8	146, 147	T S

T Stoff-Teilchen-Beziehungen, S Struktur-Eigenschafts-Beziehungen, R Chemische Reaktion

❯ Die Lösungen findest du im Anhang.

Quantitative Betrachtungen

Medikamente werden durch komplizierte chemische Reaktionen hergestellt. Dabei müssen die Reaktionspartner in genau bestimmten Verhältnissen miteinander reagieren.
Mögliche Abweichungen können zu falschen Zusammensetzungen führen und schwere gesundheitliche Schäden zur Folge haben.

➜ Wie lassen sich die erforderlichen Massen der Ausgangsstoffe für eine chemische Reaktion ermitteln?

➜ Gibt es Beziehungen zwischen den Massen der Stoffe, die an einer chemischen Reaktion beteiligt sind?

Masse und Stoffmenge

Wer zu Hause einen Kuchen backen möchte, muss die vorgegebenen Massen- und Volumenangaben für die Zutaten wie Mehl, Butter, Zucker, Milch oder Wasser genau beachten. Ansonsten kann es geschehen, dass man spätestens beim Essen des Kuchens eine große Enttäuschung erlebt.
Wie aber ist es bei chemischen Reaktionen? Kann es auch hier passieren, dass von den Ausgangsstoffen zu wenig oder zu viel vorhanden ist?

1

Massenverhältnisse der Elemente in einigen Verbindungen

Kohlenstoffdioxid (CO_2)
$m(C):m(O)=3\,g:8\,g$

Magnesiumsulfid (MgS)
$m(Mg):m(S)=3\,g:4\,g$

Wasser (H_2O)
$m(H):m(O)=1\,g:8\,g$

Die richtigen Massenverhältnisse entscheiden über den Erfolg Im Experiment 1 werden die Massenverhältnisse bei der Reaktion von Eisen und Schwefel ermittelt. Werden 7 g Eisen und 4 g Schwefel zur Reaktion gebracht, entstehen entsprechend der Erwartung 11 g Eisensulfid. Werden 7 g Eisen und 7 g Schwefel als Ausgangsstoffe eingesetzt, kann vermutet werden, dass sich 14 g Eisensulfid bilden. Das Experiment zeigt aber, dass auch bei dieser Reaktion nur eine Masse von 11 g Eisensulfid erhalten wird. Vermutlich reagieren die 7 g Eisen auch hier nur mit 4 g Schwefel. Werden mehr als 4 g Schwefel zu 7 g Eisen gegeben, reagiert der überschüssige Schwefel offensichtlich nicht zu Eisensulfid.
Dies lässt vermuten, dass die Ausgangsstoffe nur in ganz bestimmten Massenverhältnissen miteinander reagieren können.

Selbst untersucht

1 Vergleiche die Massen bei der chemischen Reaktion von Eisen und Schwefel.

Abzug! Mische im Mörser sorgfältig Eisen- und Schwefelpulver in zwei verschiedenen Zusammensetzungen (Gemisch A: 7 g Eisen und 4 g Schwefel; Gemisch B: 7 g Eisen und 7 g Schwefel). Gib jedes Gemisch in ein Reagenzglas, dessen Masse vorher bestimmt wurde. Erhitze jedes Glas bis zum Aufglühen des Gemisches. Erhitze anschließend jedes Glas noch etwa 2 min sehr stark. Wiege jedes Glas nach dem Abkühlen. Bei der durchgeführten Reaktion entsteht Eisensulfid. Formuliere Vermutungen über die entstandene Masse an Eisensulfid in beiden Gläsern. Berechne jeweils die Masse des Reaktionsprodukts in beiden Gläsern. Vergleiche sie mit deinen Vermutungen. Deute die Ergebnisse.
Entsorgung: Feststoffe in den Sammelbehälter für Hausmüll geben.

Gesetz der konstanten Massenverhältnisse Bei chemischen Reaktionen können die Stoffe nicht in einem beliebigen Massenverhältnis reagieren. Werden zu 7 g Eisen mehr als 4 g Schwefel gegeben, reagiert der zu viel zugesetzte Schwefel nicht mit dem Eisen. Er verdampft durch das weitere starke Erhitzen und entweicht. Die Elemente Eisen und Schwefel weisen im Eisensulfid ein konstantes Massenverhältnis auf. Deshalb reagieren die Elemente auch nur in einem bestimmten konstanten Massenverhältnis miteinander. Bei Eisen und Schwefel ist das Verhältnis

$m(\text{Fe}) : m(\text{S}) = 7\,\text{g} : 4\,\text{g}.$

Das Beispiel zeigt eine Gesetzmäßigkeit, die für alle chemischen Verbindungen gilt und im **Gesetz der konstanten Massenverhältnisse** formuliert ist.

Gesetz der konstanten Massenverhältnisse: In jeder chemischen Verbindung haben die Elemente ein bestimmtes konstantes Massenverhältnis.

Zusammenhang zwischen Teilchenanzahl N und Stoffmenge n einer Stoffportion

$N = N_A \cdot n$

Aufgabe: Die Stoffmenge eines Stücks Eisen beträgt $n(\text{Fe}) = 1{,}5\,\text{mol}$.
Wie groß ist die Anzahl der Atome $N(\text{Fe})$?

$N(\text{Fe}) = N_A \cdot n(\text{Fe})$
$N(\text{Fe}) = 6 \cdot 10^{23}\,\text{mol}^{-1} \cdot 1{,}5\,\text{mol}$
$N(\text{Fe}) = 9 \cdot 10^{23}$
In dem Stück Eisen sind $9 \cdot 10^{23}$ Eisenatome enthalten.

Teilchenanzahl und Stoffmenge Aus der Reaktionsgleichung für die Synthese von Eisensulfid

$\text{Fe (s)} + \text{S (s)} \longrightarrow \text{FeS (s)} \mid \text{exotherm}$

lässt sich ableiten, dass jeweils ein Atom Eisen und ein Atom Schwefel zu einer Baueinheit Eisensulfid reagieren. Stoffportionen bestehen aber aus einer unvorstellbar großen Anzahl Teilchen. ↑2, 3
Um mit so großen Teilchenanzahlen sinnvoll arbeiten zu können, wurde 1971 dafür eine neue Basisgröße eingeführt, die **Stoffmenge** $\boldsymbol{n}$. Die Einheit für die Stoffmenge ist das **Mol**, das Zeichen für die Einheit **mol**. Ein Mol eines Stoffes ist durch die Teilchenanzahl festgelegt. Es besteht aus so vielen Teilchen, wie in 12 g Kohlenstoff enthalten sind.
Durch experimentelle Untersuchungen kann diese Anzahl bestimmt werden. Es sind rund $6 \cdot 10^{23}$ Teilchen. Die genaue Teilchenanzahl ergibt sich aus dem Wert der **Avogadro-Konstante** $\boldsymbol{N_A}$.
Die Stoffmenge ist eine physikalische Größe für alle Teilchenarten. Das können z. B. Atome oder Moleküle, aber auch Protonen oder Elektronen sein. Deshalb muss hinter dem Formelzeichen n immer das chemische Zeichen für die Teilchenart angegeben werden.

2 7 g Eisen bestehen aus $0{,}75 \cdot 10^{23}$ Eisenatomen.

3 4 g Schwefel bestehen aus $0{,}75 \cdot 10^{23}$ Schwefelatomen.

Die Stoffmenge n(Stoffportion) = 1 mol gibt an, dass diese Stoffportion aus etwa $6 \cdot 10^{23}$ gleichartigen Teilchen besteht.

Avogadro-Konstante N_A

$N_A = 6 \cdot 10^{23}\,\text{mol}^{-1}$

Aufgaben

1 Die Teilchenanzahl folgender Stoffportionen beträgt:
a $N(\text{Mg}) = 12 \cdot 10^{23}$
b $N(\text{Cl}_2) = 1{,}5 \cdot 10^{23}$
c $N(\text{SO}_2) = 4{,}5 \cdot 10^{21}$
Berechne jeweils die Stoffmenge.

2 Die Stoffmenge folgender Stoffportionen beträgt:
a $n(\text{H}_2\text{O}) = 3\,\text{mol}$
b $n(\text{C}) = 0{,}02\,\text{mol}$
c $n(\text{O}_2) = 4{,}25\,\text{mol}$
Berechne die Anzahl der Teilchen in den Stoffportionen.

Die molare Masse

Das Bild zeigt Stoffportionen verschiedener Stoffe. Alle haben verschiedene Massen. Aber jede Stoffportion besteht aus der gleichen Anzahl von Teilchen, da die Stoffmenge $n = 1$ mol beträgt. Gibt es einen Zusammenhang zwischen der Masse m und der Stoffmenge n von Stoffportionen?

1 Verschiedene Stoffportionen mit $n = 1$ mol

Molare Masse einiger Stoffe	
Stoff	Molare Masse M in g/mol
Eisen	56
Eisensulfid	88
Kohlenstoffdioxid	44
Magnesiumsulfid	56
Sauerstoff	32
Schwefeldioxid	64
Stickstoff	28
Wasser	18

Berechnung der molaren Masse von Kohlenstoff

$M(C) = m(1\ \text{Kohlenstoffatom}) \cdot N_A$
$= 1{,}994 \cdot 10^{-23}\ \text{g} \cdot 6{,}022\,1367 \cdot 10^{23}\ \text{mol}^{-1}$
$= 12\ \text{g/mol}$

Berechnung der molaren Masse von Wasser mithilfe der Atommasse in u

Gesucht: $M(H_2O)$

Gegeben:
m(1 Wasserstoffatom) = 1 u (↑PSE)
m(1 Sauerstoffatom) = 16 u (↑PSE)

Lösung:
$M(H_2O) = 2 \cdot 1\ \text{g/mol} + 1 \cdot 16\ \text{g/mol}$
$= 18\ \text{g/mol}$

Masse und Stoffmenge von Stoffportionen Wird die Masse einer Stoffportion, z. B. von Schwefel, verdoppelt bzw. halbiert, so verdoppelt bzw. halbiert sich auch deren Stoffmenge.

Massen und Stoffmengen für Stoffportionen des Stoffes Schwefel					
$m(S)$	8 g	16 g	32 g	48 g	64 g
$n(S)$	0,25 mol	0,5 mol	1 mol	1,5 mol	2 mol
$\frac{m(S)}{n(S)}$	32 g/mol	32 g/mol	32 g/mol	32 g/mol	32 g/mol

Aus der Wertetabelle ist ableitbar: Zwischen der Masse m und der Stoffmenge n einer Stoffportion besteht eine proportionale Zuordnung $m \sim n$.

Die molare Masse Der Proportionalitätsfaktor ergibt sich als Quotient zwischen Masse und Stoffmenge der Stoffportion. ↑Tabelle Dieser Quotient ist eine Konstante, die **molare Masse**. Das Zeichen für die molare Masse ist ***M***, die Einheit **g/mol**.

$$M(\text{Stoff}) = \frac{m(\text{Stoffportion})}{n(\text{Stoffportion})}$$

Die molare Masse eines Stoffes lässt sich auch mithilfe der Avogadro-Konstante N_A und der Atommasse in g ermitteln. ↑links Der Zahlenwert der molaren Masse in g/mol entspricht bei Elementen dem Zahlenwert der Atommasse in u. ↑S.65 Die molare Masse einer Verbindung ist die Summe der molaren Massen der beteiligten Elemente. Sie kann mithilfe der Formel und des Periodensystems ermittelt werden. ↑links
Masse und Stoffmenge einer Stoffportion können einen beliebigen Wert besitzen. Die molare Masse ist dagegen von der Stoffportion unabhängig, sie kennzeichnet einen Stoff.

Die molare Masse eines Stoffes ist der Quotient aus der Masse einer Stoffportion und ihrer Stoffmenge. Die Einheit ist g/mol.

Beziehungen zwischen quantitativen Größen Zwischen den Größen Masse, Stoffmenge, molare Masse und Teilchenanzahl bestehen verschiedene Beziehungen. Sie sind in nebenstehender Übersicht dargestellt und können zum Berechnen der einzelnen Größen genutzt werden.
Ist die Stoffmenge einer Stoffportion bekannt, lässt sich deren Masse durch Umstellen der Definitionsgleichung der molaren Masse berechnen. Bei bekannter Masse einer Stoffportion lässt sich deren Stoffmenge berechnen. Bei bekannter Masse oder Stoffmenge einer Stoffportion kann mithilfe der Avogadro-Konstante die Anzahl der in der Stoffportion enthaltenen Teilchen berechnet werden.

Masse m – Stoffmenge n – molare Masse M – Teilchenanzahl N

$$\boldsymbol{m}(\text{Stoffportion}) = \boldsymbol{M}(\text{Stoff}) \cdot \boldsymbol{n}(\text{Stoffportion})$$

$$\boldsymbol{M}(\text{Stoff}) = \frac{\boldsymbol{m}(\text{Stoffportion})}{\boldsymbol{n}(\text{Stoffportion})}$$

$$\boldsymbol{n}(\text{Stoffportion}) = \frac{\boldsymbol{m}(\text{Stoffportion})}{\boldsymbol{M}(\text{Stoff})}$$

$$\boldsymbol{n}(\text{Stoffportion}) = \frac{\boldsymbol{N}(\text{Stoffportion})}{\boldsymbol{N_A}}$$

$$\boldsymbol{M}(\text{Stoff}) = \boldsymbol{m}(1 \text{ Atom des Stoffes}) \cdot \boldsymbol{N_A}$$

Aufgabe: Aluminium mit der Stoffmenge $n(\text{Al}) = 2\,\text{mol}$ wird für eine Synthese benötigt. Welche Masse an Aluminium muss abgewogen werden?

Gesucht: $m(\text{Al})$

Gegeben: $n(\text{Al}) = 2\,\text{mol}$
$M(\text{Al}) = 27\,\text{g/mol}$
(↑ Tabellenwerk)

Lösung: $M(\text{Al}) = \frac{m(\text{Al})}{n(\text{Al})}$

$m(\text{Al}) = M(\text{Al}) \cdot n(\text{Al})$
$m(\text{Al}) = 27\,\text{g/mol} \cdot 2\,\text{mol}$
$m(\text{Al}) = 54\,\text{g}$

Ergebnis: Für die Synthese von Aluminium der Stoffmenge $n(\text{Al}) = 2\,\text{mol}$, muss eine Masse $m(\text{Al}) = 54\,\text{g}$ abgewogen werden.

2 Ein Aluminiumdraht mit der Stoffmenge $n(\text{Al}) = 2\,\text{mol}$ hat eine Masse $m(\text{Al}) = 54\,\text{g}$.

Aufgabe: Ein Turner reibt sich vor seiner Übung am Reck die Hände mit 4 g Magnesia (Magnesiumoxid) ein. Berechne die Stoffmenge dieser Stoffportion.

Gesucht: $n(\text{MgO})$

Gegeben: $m(\text{MgO}) = 4\,\text{g}$
$M(\text{MgO}) = 40\,\text{g/mol}$
(↑ Tabellenwerk)

Lösung: $n(\text{MgO}) = \frac{m(\text{MgO})}{M(\text{MgO})}$

$n(\text{MgO}) = \frac{4\,\text{g}}{40\,\text{g/mol}}$
$n(\text{MgO}) = 0{,}1\,\text{mol}$

Ergebnis: 4 g Magnesiumoxid entsprechen einer Stoffmenge $n(\text{MgO}) = 0{,}1\,\text{mol}$.

Aufgaben

1 Ermittle mithilfe des Periodensystems der Elemente die molare Masse von Glucose ($C_6H_{12}O_6$).

2 Die Teilchenanzahl verschiedener Stoffportionen beträgt:
a $N(\text{He}) = 12 \cdot 10^{23}$
b $N(\text{Cl}_2) = 1{,}5 \cdot 10^{23}$
c $N(\text{CO}_2) = 18 \cdot 10^{23}$
Berechne die jeweilige Masse und die jeweilige Stoffmenge der Stoffportion.

3 Berechne die Stoffmenge und die Anzahl der Moleküle in einer Sauerstoffportion mit $m(\text{O}_2) = 48\,\text{g}$.

4 Berechne die Stoffmenge, die in einer Stoffportion Eisen mit $m(\text{Fe}) = 84\,\text{g}$ enthalten ist.

5 Die Chemielehrerin einer Schule wird 60 Jahre alt. Die Schüler beschließen, ihr für jede Tausendstelsekunde ihres Lebens 1 Milliarde Goldatome zu schenken. Wie viel Geld müssen die Schüler bei einem Goldpreis von 10 Euro je Gramm sammeln?

Masseberechnungen bei chemischen Reaktionen

In der Wasserstoffbrennstoffzelle eines Busses reagiert Wasserstoff mit Sauerstoff zu Wasser. Die dabei frei werdende Energie wird z. B. zum Antrieb eines Busses genutzt.
Welche quantitativen Aussagen lassen sich aus der Reaktionsgleichung für die Reaktion von Wasserstoff mit Sauerstoff ableiten?

1 Brennstoffzellenbus mit Wasserstoffantrieb

Chemische Reaktion:
Verbrennen von Kohlenstoff

Reaktionsgleichung:
$C(s) + O_2(g) \longrightarrow CO_2(g)$
Kleinstmöglicher Teilchenumsatz:

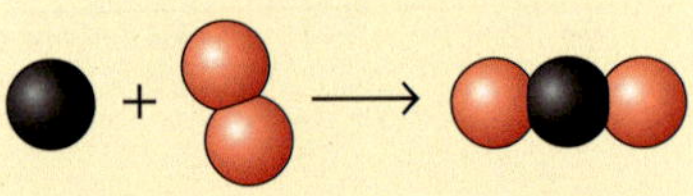

Quantitative Aussagen:
1 Atom Kohlenstoff reagiert mit 1 Molekül Sauerstoff zu 1 Molekül Kohlenstoffdioxid.
$6 \cdot 10^{23}$ Atome Kohlenstoff reagieren mit $6 \cdot 10^{23}$ Molekülen Sauerstoff zu $6 \cdot 10^{23}$ Molekülen Kohlenstoffdioxid.
1 mol Kohlenstoff reagiert mit 1 mol Sauerstoff zu 1 mol Kohlenstoffdioxid.

Quantitative Aussagen aus einer Reaktionsgleichung Aus der Reaktionsgleichung für die Reaktion von Wasserstoff mit Sauerstoff lassen sich folgende quantitativen Aussagen ableiten:

$2\,H_2(g)$	$+\ O_2(g)$	$\longrightarrow 2\,H_2O(l)$
2 Moleküle Wasserstoff	+ 1 Molekül Sauerstoff	$\longrightarrow$ 2 Moleküle Wasser
$2 \cdot (6 \cdot 10^{23})$ Moleküle Wasserstoff	$+\ 1 \cdot (6 \cdot 10^{23})$ Moleküle Sauerstoff	$\longrightarrow 2 \cdot (6 \cdot 10^{23})$ Moleküle Wasser
2 mol Wasserstoff	+ 1 mol Sauerstoff	$\longrightarrow$ 2 mol Wasser

Aus der Reaktionsgleichung können auch Aussagen über das Anzahlverhältnis der miteinander reagierenden Teilchen und das Stoffmengenverhältnis der miteinander reagierenden Stoffe abgeleitet werden.

Teilchenverhältnis	Stoffmengenverhältnis
$N(H_2) : N(O_2) = 2 : 1$	$n(H_2) : n(O_2) = 2 : 1$

Aus Reaktionsgleichungen lassen sich quantitative Aussagen über die kleinstmögliche Anzahl der reagierenden Teilchen, über die Stoffmengen aller Stoffe sowie über das Stoffmengenverhältnis der Stoffe untereinander ableiten.

Selbst untersucht

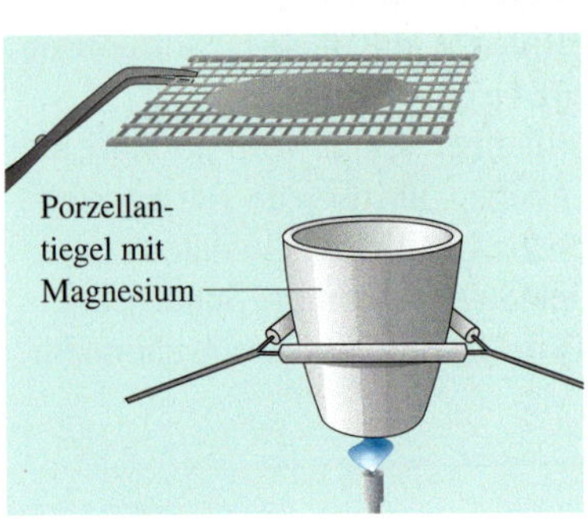

2 Ermittle die Masse Magnesiumoxid, die bei der Reaktion Magnesium mit dem Sauerstoff der Luft entsteht.

Achtung! Nicht in die Flammen sehen! Wiege Stoffproben von Magnesiumspänen (F) mit 0,25 g, 0,5 g, 0,75 g und 1 g in je einem Porzellantiegel ab. Erhitze jeden Tiegel so lange, bis das Magnesium brennt. Decke dann den Tiegel mit einem Drahtnetz zu. Wiege die Tiegel nach dem Erkalten wiederum.
Berechne jeweils das Massenverhältnis $m(Mg)$ zu $m(MgO)$. Vergleiche die Massenverhältnisse miteinander.
Entsorgung: Feste Stoffe in den Sammelbehälter für Hausmüll geben.

Berechnung der Massen von Reaktionspartnern Das Massenverhältnis reagierender Stoffe kann experimentell ermittelt werden. Bei der Verbrennung unterschiedlicher Massen von Magnesium zeigte sich, dass das Massenverhältnis immer nahezu gleich ist. ↑E.2 Damit könnte nun auch berechnet werden, welche Masse an Magnesium verbrannt werden müsste, um z. B. 50 g Magnesiumoxid zu erhalten. Die Ermittlung des Massenverhältnisses durch Vorversuche ist meist sehr aufwendig und ungenau. Da die Massenverhältnisse der Stoffe bei einer chemischen Reaktion konstant sind, lassen sich aber bei bekannter Reaktionsgleichung die Massen der einzelnen Stoffe aus den bekannten Größengleichungen berechnen.
Eine bewährte Schrittfolge zur Berechnung von Massen bei chemischen Reaktionen ist auf Seite 158 dargestellt.

Aufgabe: Berechne die Masse an Magnesium, die für die Synthese von 50 g Magnesiumoxid erforderlich ist.

Gesucht: $m(\mathrm{Mg})$

Gegeben: $m(\mathrm{MgO}) = 50\,\mathrm{g}$;
$M(\mathrm{MgO}) = 40\,\mathrm{g/mol}$; $M(\mathrm{Mg}) = 24\,\mathrm{g/mol}$ (↑Tabellenwerk)

Reaktionsgleichung: $2\,Mg\,(s) + O_2\,(g) \longrightarrow 2\,MgO\,(s)$

daraus folgt: $n(\mathrm{Mg}) = 2\,\mathrm{mol}$; $n(\mathrm{MgO}) = 2\,\mathrm{mol}$

Lösung:

$$\frac{m(\mathrm{Mg})}{m(\mathrm{MgO})} = \frac{n(\mathrm{Mg}) \cdot M(\mathrm{Mg})}{n(\mathrm{MgO}) \cdot M(\mathrm{MgO})}$$

$$m(\mathrm{Mg}) = \frac{n(\mathrm{Mg}) \cdot M(\mathrm{Mg}) \cdot m(\mathrm{MgO})}{n(\mathrm{MgO}) \cdot M(\mathrm{MgO})}$$

$$m(\mathrm{Mg}) = \frac{2\,\mathrm{mol} \cdot 24\,\mathrm{g/mol} \cdot 50\,\mathrm{g}}{2\,\mathrm{mol} \cdot 40\,\mathrm{g/mol}} = 30\,\mathrm{g}$$

Ergebnis: Für die Synthese von 50 g Magnesiumoxid ist eine Masse von 30 g Magnesium erforderlich.

2 Reckturner pudern ihre Hände mit Magnesia (Magnesiumoxid) ein.

Aufgaben

1 Entwickle die Reaktionsgleichung für die Reaktion von Stickstoff mit Sauerstoff zu Stickstoffdioxid. Leite aus der Gleichung alle möglichen quantitativen Aussagen ab.

2 Berechne die Massenverhältnisse der Elemente in folgenden Verbindungen: Kohlenstoffdioxid, Diphosphorpentaoxid, Calciumoxid, Schwefeldioxid.

3 Berechne die Masse der Elemente, die zur Synthese von 83 g Magnesiumoxid benötigt werden.

4 Ein Heizkraftwerk verbrennt schwefelhaltige Kohle. Dabei entstehen täglich 212 kg Schwefeldioxid. Berechne die Masse an Schwefel, die in der Kohle enthalten ist.

5 1 mol Schwefel und 1 mol Sauerstoff reagieren zu 1 mol Schwefeldioxid. Ein Schüler folgert daraus, dass 10 g Schwefel mit 10 g Sauerstoff zu 20 g Schwefeldioxid reagieren.
Überprüfe, ob die Folgerung richtig ist.

6 Ein Aluminiumdraht hat eine Masse von 2,5 g.
a Aus wie vielen Atomen besteht der Draht?
b Wie groß ist die Stoffmenge an Aluminium?
c Welche Masse an Aluminiumoxid entsteht, wenn der Draht vollständig mit Sauerstoff reagiert?
Reaktionsgleichung:
$4\,Al\,(s) + 3\,O_2\,(g) \longrightarrow 2\,Al_2O_3\,(s)$
d Welche Masse an Sauerstoff ist erforderlich?

Methode

Berechnen von Massen bei chemischen Reaktionen

Die Berechnung von Massen der reagierenden bzw. entstehenden Stoffe bei chemischen Reaktionen kann unter Verwendung von Größengleichungen nach einer Schrittfolge erfolgen.

In einer Zinksalbe zur Wundbehandlung sind 10 g Zinkoxid enthalten. Berechne die Masse an Zink, die zur Herstellung der benötigten Masse Zinkoxid erforderlich war.

1 *Analysiere die Aufgabenstellung.*
Erfasse die gesuchten und gegebenen Größen. Ermittle die benötigten molaren Massen mithilfe eines Tabellenwerks.

Gesucht: $m(\text{Zn})$ — Gegeben: $m(\text{ZnO}) = 10\,\text{g}$; $M(\text{ZnO}) = 81\,\text{g/mol}$; $M(\text{Zn}) = 65\,\text{g/mol}$

2 *Entwickle die Reaktionsgleichung.*

$$2\,\text{Zn}\,(s) + O_2\,(g) \longrightarrow 2\,\text{ZnO}\,(s)$$

3 *Ermittle die Stoffmengen der Stoffe aus der Reaktionsgleichung.*

$n(\text{Zn}) = 2\,\text{mol}$; $n(O_2) = 1\,\text{mol}$; $n(\text{ZnO}) = 2\,\text{mol}$

4 *Formuliere das Massenverhältnis der gesuchten zur gegebenen Größe.*
Stelle die Gleichung unter Nutzung der allgemeinen Größengleichung auf.

$$m = n \cdot M$$

$$\frac{m(A)}{m(B)} = \frac{n(A) \cdot M(A)}{n(B) \cdot M(B)}$$

$$\frac{m(\text{Zn})}{m(\text{ZnO})} = \frac{n(\text{Zn}) \cdot M(\text{Zn})}{n(\text{ZnO}) \cdot M(\text{ZnO})}$$

5 *Forme die Gleichung nach der gesuchten Größe um.*

$$m(A) = \frac{n(A) \cdot M(A) \cdot m(B)}{n(B) \cdot M(B)}$$

$$m(\text{Zn}) = \frac{n(\text{Zn}) \cdot M(\text{Zn}) \cdot m(\text{ZnO})}{n(\text{ZnO}) \cdot M(\text{ZnO})}$$

6 *Setze die bekannten Größen in die Gleichung ein und berechne das Ergebnis.*

$$m(\text{Zn}) = \frac{2\,\text{mol} \cdot 65\,\text{g/mol} \cdot 10\,\text{g}}{2\,\text{mol} \cdot 81\,\text{g/mol}}$$

$$m(\text{Zn}) = 8{,}02\,\text{g}$$

7 *Formuliere einen Antwortsatz.*

Für die Herstellung von 10 g Zinkoxid ist eine Masse von 8,02 g Zink erforderlich.

1 Lachgas (Distickstoffmonooxid, N_2O) wurde früher als Narkosemittel eingesetzt. Heute dient es als Treibgas, z. B. in Sprühflaschen zur Schlagsahneherstellung.

1 In einer Sahnesprühflasche dient Lachgas als Treibgas.

Mithilfe von Wertetabellen lässt sich leicht ermitteln, welche Massen an Stickstoff, Sauerstoff und Distickstoffmonooxid bei der Herstellung von Lachgas umgesetzt werden.

Reaktionsgleichung:
$2\,N_2(g) + O_2(g) \longrightarrow 2\,N_2O(g)$

$m(N_2)$	7 g		28 g		
$m(O_2)$		8 g		32 g	
$m(N_2O)$				88 g	

Übertrage die Tabelle in dein Heft. Fülle die Lücken in der Wertetabelle aus. Stelle das kleinste ganzzahlige Massenverhältnis für die an der Reaktion beteiligten Stoffe fest.

$m(N_2) : m(O_2) : m(N_2O) =$ ___ : ___ : ___

2 Stelle die Angaben aus der Wertetabelle von Aufgabe 1 grafisch in einem Koordinatensystem dar. Trage auf der Abszisse (*x*-Achse) die Massen Stickstoff und auf der Ordinate (*y*-Achse) die Massen Distickstoffmonooxid ein. Kennzeichne die zusammengehörigen Paare als Punkte in dem Koordinatensystem. Verbinde die Punkte mit einem Lineal.

a Ermittle mithilfe dieses Koordinatensystems die erforderlichen Massen Stickstoff zur Herstellung von 20 g, 34 g und 50 g Lachgas.

b Ermittle die erforderlichen Massen Sauerstoff, die benötigt werden, wenn 4 g, 10 g und 30 g Stickstoff reagieren.

3 In einem Schülerexperiment sollen zehn Schülergruppen jeweils 2 g Schwefel zu Schwefeldioxid verbrennen. Schwefeldioxid ist giftig und darf nur in ganz geringen Mengen in der Luft enthalten sein. Diese Menge wird in mg Schwefeldioxid je Kubikmeter Luft angegeben. Informiere dich im Internet über die Größe dieses Wertes. Berechne, ob bei dem Experiment der Wert überschritten wird. Überlege, wie das Experiment durchgeführt werden könnte, ohne im Chemieraum diesen Wert zu überschreiten.

4 Viele Pigmentfarben bestehen aus Eisenoxiden. Ein rotes Eisenoxid hat die Formel Fe_2O_3. Dieses Pigment wird aus technischem Eisen, auch Roheisen genannt, durch Reaktion mit Sauerstoff hergestellt. Roheisen besteht zu 96 % aus Eisen. Berechne die erforderliche Masse an Roheisen, wenn 100 kg dieses Pigments hergestellt werden sollen. Welche Masse an Sauerstoff wird für diese Reaktion benötigt?

2 Rotes Eisenoxid

Auf einen Blick

Gesetz der konstanten Massenverhältnisse	In einer Verbindung sind die Elemente, aus denen sie entstand oder in die sie zerlegt werden kann, stets in einem bestimmten, konstanten Massenverhältnis gebunden.
Stoffmenge	Die Stoffmenge $n = 1$ mol gibt an, dass diese Stoffportion aus etwa $6 \cdot 10^{23}$ gleichartigen Teilchen besteht.
Avogadro-Konstante	Wert gibt an, wie viele Teilchen in einem Mol eines Stoffes enthalten sind. $N_A = 6{,}022\,1367 \cdot 10^{23}\,\text{mol}^{-1}$
Molare Masse	Quotient aus der Masse und der Stoffmenge einer Stoffportion mit der Einheit g/mol. Sie ist für jeden Stoff charakteristisch. Aus der molaren Masse eines Stoffes lässt sich die Masse eines Mols dieses Stoffes ableiten. $M = \frac{m}{n}$
Masse einer Stoffportion	Produkt aus der Stoffmenge einer Stoffportion und der molaren Masse des Stoffes $m = n \cdot M$
Stoffmenge einer Stoffportion	Quotient aus der Masse einer Stoffportion und der molaren Masse des Stoffes $n = \frac{m}{M}$
Teilchenanzahl einer Stoffportion	Produkt aus der Stoffmenge einer Stoffportion und der Avogadro-Konstante $N = n \cdot N_A$
Allgemeine Größengleichung	Für Masseberechnungen bei chemischen Reaktionen kann eine allgemeine Größengleichung genutzt werden. Dabei gilt: Gesuchte Größe: *A* Bekannte Größe: *B* $\frac{m(A)}{m(B)} = \frac{n(A) \cdot M(A)}{n(B) \cdot M(B)}$

Redoxreaktionen

Im Alltag begegnen wir ständig Gegenständen aus Metall. Jährlich werden weltweit mehrere Milliarden Tonnen Metalle benötigt. Die meisten dieser Metalle kommen in der Natur nur als Erze vor, also in Form von Verbindungen, wie z. B. das rote Eisenerz im abgebildeten Steinbruch. Hieraus kann man die Metalle gewinnen.

- ➔ Warum kommt Gold in der Natur meist elementar vor, Eisen aber nur in Verbindungen?
- ➔ Wie lassen sich die Metalle aus ihren Verbindungen gewinnen?
- ➔ Welche technischen Verfahren werden hierzu eingesetzt?

Selbst untersucht Verhalten von Stoffen beim Erhitzen

1 Erhitze Eisen.

Vorsicht! Schutzbrille! Halte ein Stück Eisenwolle mit der Tiegelzange in die Brennerflamme. Sobald das Eisen aufglüht, entferne es aus der Flamme. Notiere deine Beobachtungen und formuliere die Reaktionsgleichung.
Entsorgung: Feststoff in den Sammelbehälter für Hausmüll geben.

2 Erhitze Silberoxid.

Vorsicht! Schutzbrille! Gib etwa 1 g Silberoxid (O, Xi) in ein Reagenzglas und erhitze kräftig mit der Brennerflamme. Führe die Glimmspanprobe durch. Notiere deine Beobachtungen. Deute das Ergebnis und formuliere die Reaktionsgleichung.
Entsorgung: Silberrückstände einsammeln.

3 Erhitze Kupfer(II)-oxid mit Zink.

Vorsicht! Schutzbrille! Mische in einem Reagenzglas jeweils eine Spatelspitze Kupfer(II)-oxid mit Zinkpulver und erhitze in der Brennerflamme.

Notiere deine Beobachtungen und deute das Ergebnis.
Entsorgung: Feststoff in den Sammelbehälter für Hausmüll geben.

4 Erhitze Kupfer(II)-oxid mit Kohlenstoff.

Vorsicht! Schutzbrille! Verwende eine Experimentieranordnung wie in der Abbildung. Fülle ein Gemisch aus 2 g schwarzem Kupfer(II)-oxid und 0,2 g pulverförmiger Holzkohle in das Reagenzglas. Erhitze kräftig mit der Brennerflamme, bis das Gemisch aufglüht. Entferne den Stopfen, bevor das Gemisch abgekühlt ist.

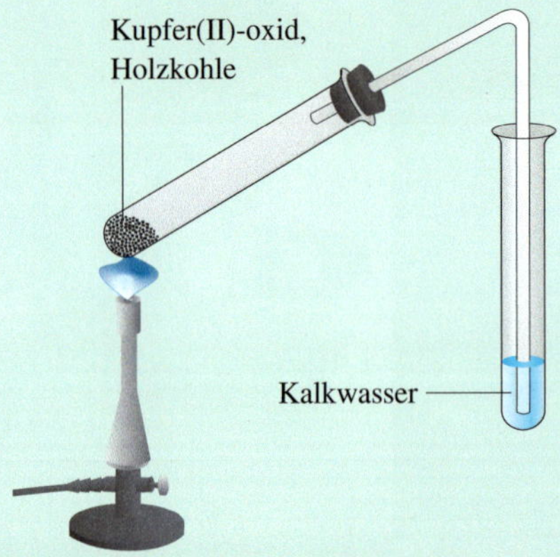

Notiere deine Beobachtungen und deute die Versuchsergebnisse.
Entsorgung: Reste vom Kalkwasser in den Sammelbehälter für Abwasser geben. Das feste, abgekühlte Reaktionsprodukt in den Sammelbehälter für Hausmüll geben.

5 Erhitze Kupfer(II)-oxid mit Eisen und Eisen(II)-oxid mit Kupfer.

Vorsicht! Schutzbrille! Mische in je einer Porzellanschale 2 g Kupfer(II)-oxidpulver mit 1 g Eisenpulver bzw. 1 g Eisen(II)-oxidpulver mit 1 g Kupferpulver. Gib die Mischungen in je ein Reagenzglas und erhitze kräftig mit dem Brenner bis zur Rotglut. Gib die Inhalte der Reagenzgläser nach dem Erkalten auf Uhrglasschalen.
Notiere deine Beobachtungen. Welche Reaktionsprodukte sind entstanden? Vergleiche die chemischen Reaktionen miteinander.
Entsorgung: Feststoffe in den Sammelbehälter für Hausmüll geben.

6 Untersuche, ob Magnesium mit Kohlenstoffdioxid reagiert.

Vorsicht! Schutzbrille! Entzünde ein etwa 2 cm langes Stück Magnesiumband (F) in der Brennerflamme. Tauche es dann in einen mit Kohlenstoffdioxid gefüllten Standzylinder.

Betrachte am Ende des Experiments auch die Wand des Standzylinders. Notiere deine Beobachtungen und deute das Versuchsergebnis.
Entsorgung: Feststoff in den Sammelbehälter für Hausmüll geben.

7 Führe Reaktionen mit Eisen, Kupfer, Aluminium und ihren Oxiden durch.

Vorsicht! Schutzbrille! Mische jeweils eine Spatelspitze Metallpulver mit einer Spatelspitze der beiden Metalloxidpulver. Gib die Gemische nacheinander in eine Magnesiarinne und erhitze diese in der Brennerflamme.

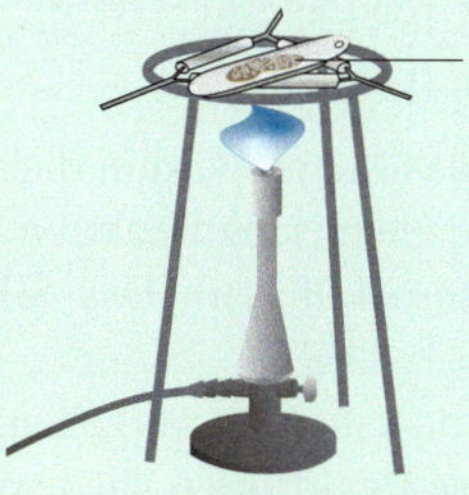

Notiere deine Beobachtungen und stelle das Ergebnis in einer Tabelle dar. Interpretiere das Ergebnis.
Entsorgung: Feste Stoffe in den Sammelbehälter für Hausmüll geben.

8 Erhitze Rost mit Holzkohle.

Vorsicht! Schutzbrille! Mische eine Spatelspitze Rost mit einer Spatelspitze Holzkohlenpulver. Gib das Gemisch in einen Verbrennungslöffel und erhitze diesen in der Brennerflamme.

Notiere deine Beobachtungen und deute die Versuchsergebnisse.
Entsorgung: Feststoffe in den Sammelbehälter für Hausmüll geben.

9 Untersuche, ob Magnesiumoxid mit Eisen reagiert.

Vorsicht! Schutzbrille! Mische eine Spatelspitze Magnesiumoxidpulver mit einer Spatelspitze Eisenpulver. Gib die Mischung in ein Reagenzglas und erhitze kräftig mit dem Brenner.
Notiere deine Beobachtungen und deute die Versuchsergebnisse.
Entsorgung: Feststoffe in den Sammelbehälter für Hausmüll geben.

Oxidation – Reduktion – Redoxreaktion

Bis zur Entdeckung der Metalle stellten die Menschen Werkzeuge und Waffen aus Holz und Steinen her. Diese Gegenstände waren nicht sehr robust und wurden leicht zerstört. Erst die Entdeckung, dass aus Erzen Metalle gewonnen werden konnten, führte zu haltbareren Gegenständen und zu einer raschen kulturellen Entwicklung. Durch welche Vorgänge kann aus Metallverbindungen das Metall gewonnen werden?

1 Werkzeuge aus der Eisenzeit

2 Aus Hämatit (Fe_2O_3) wird Eisen gewonnen.

3 Erhitzen von Silberoxid

Oxidation Beim Erhitzen von Metallen an der Luft laufen chemische Reaktionen ab. Wie du weißt, bezeichnet man die chemische Reaktion eines Stoffes mit Sauerstoff als Oxidation. ↑S.109 Reaktionsprodukte bei einer Oxidation sind Oxide. So entsteht bei der Reaktion von hellgrauem Eisen mit dem Luftsauerstoff schwarzes Eisen(II)-oxid. ↑E.1 S.162 Die meisten Metalle reagieren mit Sauerstoff zu Metalloxiden.

Eisen (s) + Sauerstoff (g) ⟶ Eisen(II)-oxid (s) | exotherm
$2\,Fe(s) + O_2(g) \longrightarrow 2\,FeO(s)$ | exotherm

Reduktion Metalloxide kommen in der Natur sehr häufig vor und sind wichtige Rohstoffe zur Gewinnung von Metallen. Um die Metalle aus den Metalloxiden gewinnen zu können, muss man den in ihnen chemisch gebundenen Sauerstoff entziehen. Wenn braunes Silberoxid (Ag_2O) erhitzt wird, entsteht elementares Silber. ↑E.2 S.162, ↑3 Als weiteres Reaktionsprodukt kann mithilfe der Glimmspanprobe Sauerstoff nachgewiesen werden. Silberoxid kann also durch Erhitzen zerlegt werden.

Silberoxid (s) ⟶ Silber (s) + Sauerstoff (g) | endotherm
$2\,Ag_2O(s) \longrightarrow 4\,Ag(s) + O_2(g)$ | endotherm

Das Silberoxid gibt den Sauerstoff ab und das Metall wird in den elementaren Zustand „zurückgeführt". Eine solche chemische Reaktion bezeichnet man als **Reduktion** (lat. reducere – zurückführen). Das Silberoxid wurde reduziert.

Bildung und Zerlegung von Silberoxid sind einander entgegengesetzte Reaktionen. Es handelt sich um **umkehrbare Reaktionen**, die je nach den Bedingungen in die eine oder andere Richtung ablaufen können.

Alle Metalle können durch Erhitzen aus ihren Oxiden gewonnen werden, jedoch sind hierzu oft sehr hohe Temperaturen erforderlich.

Eine Reduktion ist eine chemische Reaktion, bei der einem Stoff Sauerstoff entzogen wird. Sie ist die Umkehrung der Oxidation.

Bei einer Reduktion kann der Sauerstoff auch mithilfe eines anderen Stoffes aus einer Verbindung entzogen werden. Kupfer(II)-oxid (CuO) reagiert mit Magnesium in einer exothermen Reaktion zu festem rotbraunem Kupfer und weißem Magnesiumoxid. ↑E.10

Kupfer(II)-oxid (s) + Magnesium (s) ⟶ Kupfer (s) + Magnesiumoxid (s) | exotherm

$CuO(s) + Mg(s) \longrightarrow Cu(s) + MgO(s)$ | exotherm

Bei dieser chemischen Reaktion hat das Magnesium dem Kupfer(II)-oxid den gebundenen Sauerstoff entzogen, das Kupfer(II)-oxid wurde reduziert. Auch andere Stoffe wie Kohlenstoff und Zink sind in der Lage, dem Kupfer(II)-oxid den Sauerstoff zu entziehen. ↑E.3, 4 S.162 Stoffe, die anderen Verbindungen Sauerstoff entziehen, werden als **Reduktionsmittel** bezeichnet.

Redoxreaktion Bei der chemischen Reaktion von Kupfer(II)-oxid mit Kohlenstoff wurde das schwarze Kupfer(II)-oxid zu rotbraunem metallischem Kupfer reduziert. ↑E.4 S.162 Als weiteres Reaktionsprodukt entstand Kohlenstoffdioxid, das durch die Trübung von Kalkwasser nachgewiesen wurde. Das Reduktionsmittel Kohlenstoff wurde zu Kohlenstoffdioxid oxidiert.
Solche chemischen Reaktionen, bei denen **Red**uktion und **Ox**idation gleichzeitig ablaufen, nennt man **Redoxreaktionen**.

Reduktion (Kupfer(II)-oxid → Kupfer)

Kupfer(II)-oxid (s) + Kohlenstoff (s) ⟶ Kupfer (s) + Kohlenstoffdioxid (g) | exotherm

$2\,CuO(s) + C(s) \longrightarrow 2\,Cu(s) + CO_2(g)$ | exotherm

Oxidation (C → CO_2)

Kupfer(II)-oxid kann auch durch Zink reduziert werden. ↑E.3 S.162, ↑5 Dabei ist Zink das Reduktionsmittel. Es entzieht dem Kupfer(II)-oxid den Sauerstoff und wird selbst zu Zinkoxid oxidiert. Kupfer(II)-oxid liefert für diese Oxidation den Sauerstoff. Man bezeichnet es deshalb als **Oxidationsmittel**. Während der Redoxreaktion wird es zu Kupfer reduziert.

Kupfer(II)-oxid (s) + Zink (s) ⟶ Kupfer (s) + Zinkoxid (s) | exotherm
Oxidationsmittel (Kupfer(II)-oxid), Reduktionsmittel (Zink)

Reduktion (CuO → Cu)

$CuO(s) + Zn(s) \longrightarrow Cu(s) + ZnO(s)$ | exotherm

Oxidation (Zn → ZnO)

EXPERIMENT 10 [L]
Reaktion von Kupfer(II)-oxid mit Magnesium.
Je ein Spatel Kupfer(II)-oxid und Magnesiumpulver (F) werden auf einer feuerfesten Unterlage vermischt und entzündet.

4 Reaktion von Kupfer(II)-oxid mit Magnesium

5 Reaktion von Kupfer(II)-oxid mit Zink

1 Chemische Reaktion von Magnesium mit Trockeneis

EXPERIMENT 11 [L]
Reaktion von Magnesium mit Trockeneis.
In einen Trockeneisblock wird mit einem Spatellöffel eine Mulde geschabt. Diese wird mit Magnesiumspänen (F) gefüllt. Mit einer Tiegelzange wird ein entzündetes Stück Magnesiumband (F) in die Mulde zugegeben. Darauf wird ein zweiter Block Trockeneis gelegt. ↑1

Auch bei der chemischen Reaktion von Magnesium mit Trockeneis handelt es sich um eine Redoxreaktion. Das Kohlenstoffdioxid gibt den gebundenen Sauerstoff ab und wird zu elementarem Kohlenstoff reduziert. Gleichzeitig nimmt das Magnesium den Sauerstoff auf und wird zu Magnesiumoxid oxidiert. ↑E.11, ↑1

Reduktion (Kohlenstoffdioxid → Kohlenstoff)

Kohlenstoffdioxid (g) + Magnesium (s) ⟶ Kohlenstoff (s) + Magnesiumoxid (s) | exotherm

CO_2 (g) + 2 Mg (s) ⟶ C (s) + 2 MgO (s) | exotherm

Oxidation (Mg → MgO)

Redoxreaktionen sind chemische Reaktionen, bei denen Reduktion und Oxidation gleichzeitig ablaufen. Dabei gibt das Oxidationsmittel Sauerstoff ab und wird reduziert, das Reduktionsmittel nimmt den Sauerstoff auf und wird oxidiert.

Energiebilanz einer Redoxreaktion Bei einer Redoxreaktion finden eine endotherme Reduktion und eine exotherme Oxidation gleichzeitig statt. Um die Reaktion zu starten, muss zunächst die exotherme Reaktion durch Energiezufuhr aktiviert werden.
Ein Teil der bei der nun stattfindenden Reaktion frei werdenden Energie wird bei der endothermen Reaktion wieder aufgenommen. Die restliche Energie wird in Form von Wärme und Licht frei. Die bei einer Redoxreaktion abgegebene Energie resultiert also aus der Kombination von exothermer Oxidation und endothermer Reduktion, insgesamt handelt es sich um eine exotherme Reaktion.

Aufgaben

1 Vergleiche Oxidation und Reduktion miteinander.
2 Kennzeichne Reduktion und Oxidation sowie Oxidations- und Reduktionsmittel für die Reaktion von Kupfer(II)-oxid (CuO) und Magnesium.
3 Formuliere für die Reaktion von Silberoxid mit Aluminium die Wortgleichung. Kennzeichne Reduktion und Oxidation sowie Oxidations- und Reduktionsmittel.

Experimentelles naturwissenschaftliches Problemlösen

In den Naturwissenschaften lassen sich durch geschickte Wahl von Experimenten Lösungen zu vielen Problemen finden. Beim experimentellen naturwissenschaftlichen Problemlösen ist ein Vorgehen nach der angegebenen Schrittfolge sinnvoll.
Für ein Experiment im Chemieunterricht wird Zink benötigt. Leider sind kurz zuvor alle Zinkvorräte aus der Sammlung verbraucht worden. Es ist aber noch Zinkoxid vorhanden, aus dem das benötigte Zink hergestellt werden könnte. Würde man aber das Zink durch Reduktion von Zinkoxid mit einem anderen Metall, z. B. Magnesium, herstellen, wäre das Produkt durch das entstehende Magnesiumoxid verunreinigt.

1 *Erfasse das Problem.*
Es soll Zink aus Zinkoxid hergestellt werden. Das entstehende Zink soll nicht durch andere Stoffe verunreinigt sein.
Problem: Wie kann reines Zink aus Zinkoxid hergestellt werden?

2 *Leite eine Vermutung zur Lösung des Problems ab.*
Es ist bekannt, dass Kupfer(II)-oxid durch Kohlenstoff zu reinem Kupfer reduziert werden kann. Dabei wird der feste Kohlenstoff zu gasförmigem Kohlenstoffdioxid oxidiert. Dieses entweicht und verunreinigt das Kupfer nicht. Zinkoxid ist ebenso wie Kupfer(II)-oxid eine chemische Verbindung aus Metall und Sauerstoff.
Vermutung: Zinkoxid wird durch Kohlenstoff zu Zink reduziert. Dabei entweicht Kohlenstoffdioxid, das das Zink nicht verunreinigt.

3 *Leite aus der Vermutung experimentell überprüfbare Folgerungen ab.*
Wenn die aufgestellte Vermutung stimmt, dann müssten ein silbergrauer Stoff und ein gasförmiger Stoff, der Bariumhydroxidlösung trübt, zu beobachten sein.

4 *Plane ein Experiment, führe es durch und beobachte.*
2 g feines Zinkoxid werden mit 0,3 g Kohlenstoffpulver gemischt und in der Versuchsapparatur stark erhitzt. ↑1

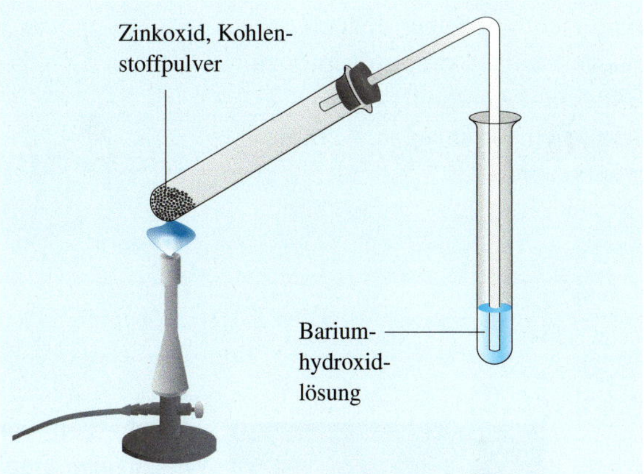

1 Versuchsapparatur

5 *Vergleiche die Beobachtungsergebnisse mit den experimentell überprüfbaren Folgerungen.*
Nach der Reaktion hat sich an der Wandung des Reagenzglases ein silbergrauer Belag abgeschieden. Es ist ein gasförmiges Reaktionsprodukt entstanden, das die Bariumhydroxidlösung getrübt hat.
Die experimentell überprüfbaren Folgerungen und die Beobachtungsergebnisse stimmen überein.

6 *Formuliere eine Aussage über die Richtigkeit deiner Vermutung.*
Die Vermutung wurde bestätigt. Zinkoxid lässt sich durch Kohlenstoff zu Zink reduzieren.

Reduktion (Zinkoxid → Zink)

Zinkoxid (s) + Kohlenstoff (s) ⟶ Zink (s) + Kohlenstoffdioxid (g)

$$2\,ZnO(s) + C(s) \longrightarrow 2\,Zn(s) + CO_2(g)$$

Oxidation (Kohlenstoff → Kohlenstoffdioxid)

Das bei der Reaktion entstehende Kohlenstoffdioxid verunreinigt das Zink nicht.

Redoxreihe der Metalle

Kupfer(II)-oxid reagiert mit Eisen zu Eisen(II)-oxid und Kupfer, Eisen(II)-oxid reagiert dagegen nicht mit Kupferpulver. Demgegenüber reagiert Kupfer(II)-oxid nicht mit Silber. Jedoch reagiert Silberoxid mit Kupfer zu Silber und Kupfer(II)-oxid.
Lässt sich vorhersagen, wer mit wem reagiert?

1

2 Um Schiffe vor Korrosion zu schützen, werden Blöcke aus unedleren Metallen, z. B. Aluminium oder Magnesium, angebracht.

Abschätzen von Redoxreaktionen Kupfer(II)-oxid (CuO) kann durch Eisen oder Aluminium zu Kupfer reduziert werden. ↑E.7 S.163 Umgekehrt lassen sich Eisen(II)-oxid und Aluminiumoxid nicht durch Kupfer zu den Metallen reduzieren. Der Grund für dieses unterschiedliche Verhalten liegt in dem verschieden starken Bestreben (der Affinität) der Metalle, mit Sauerstoff Verbindungen einzugehen.
Unedle Metalle wie Magnesium und Eisen, aber auch Nichtmetalle wie Kohlenstoff und Wasserstoff, haben eine große Affinität zu Sauerstoff.
Edle Metalle wie Gold, Silber und Kupfer haben nur eine geringe Affinität, mit Sauerstoff zu den jeweiligen Oxiden zu reagieren. Daher kommen nur Edelmetalle in der Natur gediegen, also als Metall vor.
Werden die Metalle nach ihrer Stärke als Reduktionsmittel angeordnet, ergibt sich eine Reihenfolge, die **Redoxreihe der Metalle**.

Affinität der Metalle zu Sauerstoff nimmt zu
←
Unedle Metalle — Edle Metalle
Natrium Magnesium Aluminium Zink Eisen — Kupfer Silber Gold
←
Reduktionsvermögen der Metalle nimmt zu

Mithilfe der Redoxreihe der Metalle können mögliche Redoxreaktionen abgeschätzt werden: Das Oxid eines Metalls lässt sich von dem in der Redoxreihe jeweils links angeordneten unedleren Metall reduzieren.
Die Erkenntnisse aus der Redoxreihe finden z. B. bei der Gewinnung metallischer Rohstoffe oder im Korrosionsschutz Anwendung. ↑2

Aufgabe

1 Entscheide, ob die angegebenen Redoxreaktionen möglich sind:
a Zinkoxid + Magnesium → Zink + Magnesiumoxid
b Silberoxid + Eisen ⟶ Silber + Eisenoxid
c Kupferoxid + Gold ⟶ Kupfer + Goldoxid
d Kupferoxid + Natrium ⟶ Kupfer + Natriumoxid

1 Dünen aus Quarzsand

2 Siliciumeinkristall und Wafer

Vom Quarzsand zum Mikrochip

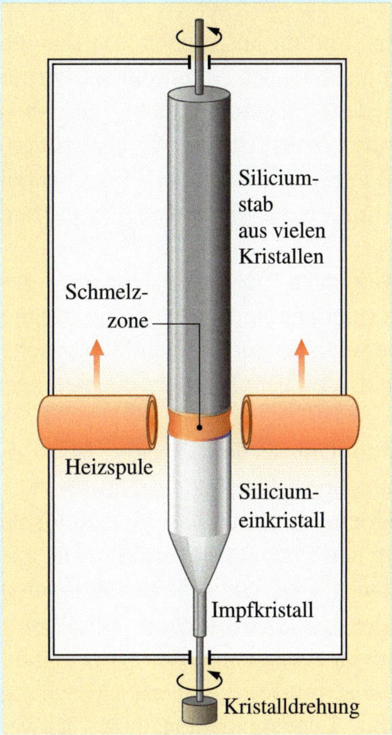

3 Zonenziehverfahren

Der wichtigste Ausgangsstoff zur Herstellung des für die Halbleiterindustrie so wichtigen Siliciums ist einfacher Quarzsand, Siliciumdioxid (SiO_2). Um aus Quarzsand Silicium zu gewinnen, muss dieser mit Kohlepulver in einem Schmelztiegel stark erhitzt werden.

Das bei der Redoxreaktion entstehende Silicium hat einen Massenanteil an Silicium von etwa 98 %. Der Anteil an Verunreinigungen ist mit 2 % noch viel zu hoch, er darf maximal ein milliardstel Prozent betragen. Daher wird das Silicium durch verschiedene Verfahren zum Reinstsilicium gereinigt.

Für viele Elektronikanwendungen wird Silicium benötigt, das nur aus einem einzigen Kristall besteht. Diese Einkristalle werden im Zonenziehverfahren hergestellt. Hierbei wird ein Stab aus hochreinem Silicium an einen Impfkristall gehalten. Der Stab wird kurz über dem Impfkristall durch eine Heizspule geschmolzen. Diese Spule wird langsam am Stab entlanggeführt, sodass sich die Schmelzzone immer weiter vom Impfkristall entfernt. Das Silicium erstarrt zu einem Einkristall, der zu Scheiben, den sogenannten Wafern, gesägt wird. Diese bilden die Grundlage zur Herstellung von Mikrochips.

4 Ameise mit Mikrochip

Technisch bedeutsame Redoxreaktionen

Die ältesten von Menschen hergestellten Eisengegenstände sind etwa 6000 Jahre alt. In Europa wurde um 700 v. Chr. erstmalig von den Kelten Eisen verhüttet. Heute wird die große Vielseitigkeit von Eisen und seinen Legierungen in der Fülle der Anwendungen deutlich. Sie reicht von A wie Autokarosserien über Eisenbahnschienen, Schmuck und Werkzeugen bis hin zu Z wie Zahnspangen.

1 Redoxreaktionen ermöglichen die Herstellung von Eisenbahnschienen.

EXPERIMENT 12 [L]
Modellexperiment zum Hochofenprozess.
Abzug! Ein Quarzrohr wird abwechselnd mit Aktivkohle und Eisen(III)-oxid gefüllt. Die unterste Kohleschicht wird mit zwei schräg gestellten Gasbrennern zum Glühen gebracht. Dann wird Sauerstoff in das Reaktionsrohr geleitet. Anschließend werden das Eisen(III)-oxid und danach die obersten Schichten erhitzt. Das aus dem Reaktionsrohr austretende Kohlenstoffmonooxid (F+, T) wird entzündet. Wenn beide Kohleschichten glühen, werden die Brenner entfernt und die Sauerstoffzufuhr reduziert. ↑2

Eisen – ein wichtiger Rohstoff Eisen kommt, abgesehen von einigen Vorkommen, die aus Meteoriten stammen, in der Natur nur in Verbindungen vor. Es gibt etwa 100 verschiedene Eisenmineralien, von denen nur fünf zur industriellen Eisengewinnung herangezogen werden. Hierzu zählen die Eisenerze Hämatit (Fe_2O_3) ↑2 S.164 mit einem Massenanteil von 70 % Eisen und Magnetit (Fe_3O_4) mit einem Massenanteil von rund 72 % Eisen.

Nach dem bergmännischen Abbau werden die Eisenerze zunächst zerkleinert und vom eisenfreien Begleitgestein getrennt. Im Fall von Magnetit kann diese Trennung sehr leicht über eine Magnetabscheidung geschehen, denn wie sein Name schon andeutet, ist dieses Eisenerz magnetisch.

Herstellung von Roheisen im Hochofen Um aus dem Eisenerz Eisen zu gewinnen, müssen die im Eisenerz enthaltenen Eisenoxide reduziert werden. Die Reaktionen finden in einem **Hochofen** statt. Dieser ist ein bis zu 50 m hoher, auf dem Gegenstromprinzip basierender Gebläseofen. Der aus feuerfesten Steinen gemauerte Innenraum wird von einem Stahlmantel umschlossen. Die heißeren Bereiche des Hochofens werden mit Wasser gekühlt, sodass er einem Dauerbetrieb von zehn Jahren und länger standhält. Oben wird der Hochofen schichtweise mit Koks und einer Mischung aus Eisenerzen und Zuschlägen befüllt. Letztere dienen dazu, schwer schmelzbare eisenfreie Bestandteile des Erzes, die sogenannte **Gangart**, in leicht schmelzbare Verbindungen, die **Schlacke**, zu überführen.

Prinzipiell werden die Eisenoxide durch Kohlenstoff reduziert. ↑E.12 Da das Erz und der Kohlenstoff fest sind, ist die Kontaktfläche zwischen ihnen gering, und eine Reaktion kann nur langsam ablaufen. Ein gasförmiges Reduktionsmittel kann sich gut mit dem Erz durchmischen. Daher wird bei der Herstellung von Roheisen zunächst der Kohlenstoff zu Kohlenstoffmonooxid oxidiert. Dazu wird am unteren Ende des Hochofens der **Wind**, 900 °C bis 1 300 °C heiße Luft, in den Ofen geblasen. Hierdurch reagiert der Koks mit Sauerstoff in einer stark exothermen Reaktion zu Kohlenstoffdioxid. Dieses reagiert mit weiterem Koks zu Kohlenstoffmonooxid, das nach oben steigt und dann die Eisenoxide reduziert. Oben aus dem Ofen tritt das **Gichtgas** aus, es enthält neben Stickstoff noch Kohlenstoffdioxid, Kohlenstoffmonooxid und Wasserstoff. Es wird zum Vorheizen des Windes und zur Stromherstellung benutzt.
Das flüssige Eisen sammelt sich am Boden des Hochofens. Die auf ihm schwimmende Schlacke schützt das Eisen vor einer Oxidation durch die eingeblasene Luft. Eisen und Schlacke werden in bestimmten Zeitabständen abgestochen. Dazu werden die Abstichlöcher am unteren Ende des Hochofens aufgebohrt und die flüssigen, etwa 1 500 °C heißen Produkte aufgefangen. Im Roheisen sind Verunreinigungen von Kohlenstoff, Phosphor und Schwefel enthalten. Daher ist es hart und spröde. Es wird als **Gusseisen** verwendet.

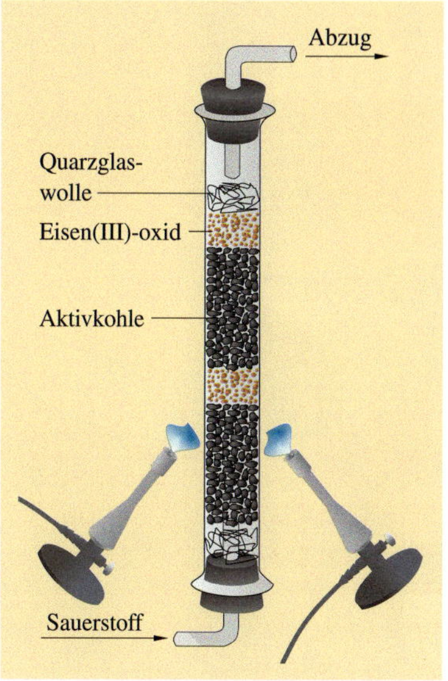

2 Abbildung zu Experiment 12

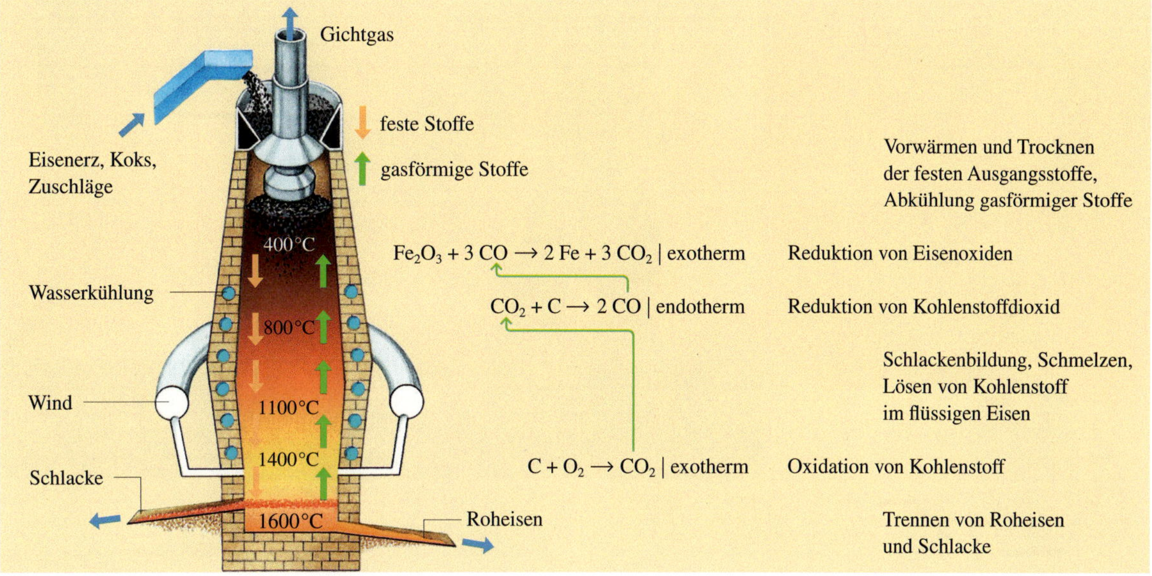

3 Vorgänge im Hochofen

Aufgaben

1 Kennzeichne in der Reaktionsgleichung für die Reaktion von Eisen(III)-oxid (Fe_2O_3) mit Kohlenstoffmonooxid Oxidation und Reduktion und benenne Oxidations- und Reduktionsmittel. ↑3

2 Beschreibe die Vorgänge im Hochofen anhand des obigen Schemas. ↑3

3 Erkläre, warum die Schlacke das Roheisen vor einer Oxidation schützt.

4 Informiere dich über Eigenschaften und Verwendung von Gusseisen.

Stahl

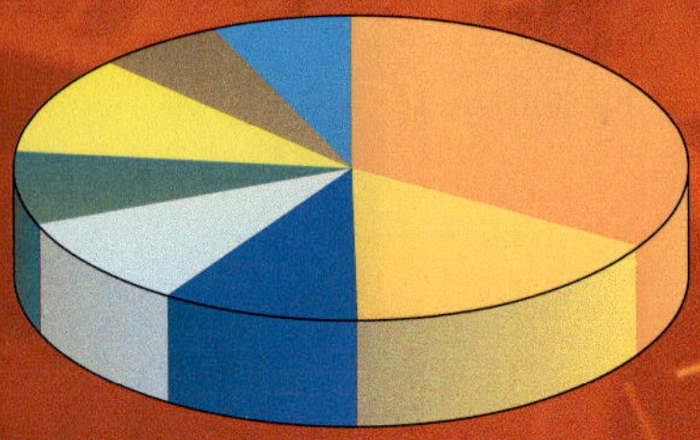

- China 33,8 %
- EU 16,0 %
- Japan 9,4 %
- GUS 9,7 %
- USA 7,9 %
- übriges Asien 10,5 %
- übriges Amerika 6,3 %
- sonstige Länder 6,4 %

1 Weltstahlproduktion 2006, Gesamtmasse 1,24 Milliarden Tonnen

Stahl – ein wichtiger Werkstoff Im Gegensatz zum Roheisen lässt sich Stahl im warmen und im kalten Zustand durch Walzen, Pressen, Ziehen und Schmieden umformen. Zur Stahlgewinnung müssen zunächst Kohlenstoff und weitere Begleitelemente wie Schwefel und Phosphor zum Beispiel durch Reaktion mit Sauerstoff weitgehend aus dem Roheisen entfernt werden. Der so gewonnene Stahl hat einen Massenanteil an Kohlenstoff von maximal 1,7 %. Durch die Zugabe verschiedener Legierungselemente, wie beispielsweise Chrom, Wolfram und Nickel, können Stähle mit unterschiedlichen Eigenschaften hergestellt werden.

Weltstahlproduktion Im Jahr 2006 wurden weltweit 1,24 Mrd. Tonnen Rohstahl produziert. Etwa die Hälfte des Rohstahls wird durch Recycling von Stahlschrott erzeugt. In der Europäischen Union ist Deutschland der größte Rohstahlproduzent mit 47,2 Mio. Tonnen im Jahr 2006.

2 Stahlarbeiter

3 Rohstahlrollen

4 Gottlieb-Daimler-Stadion in Stuttgart

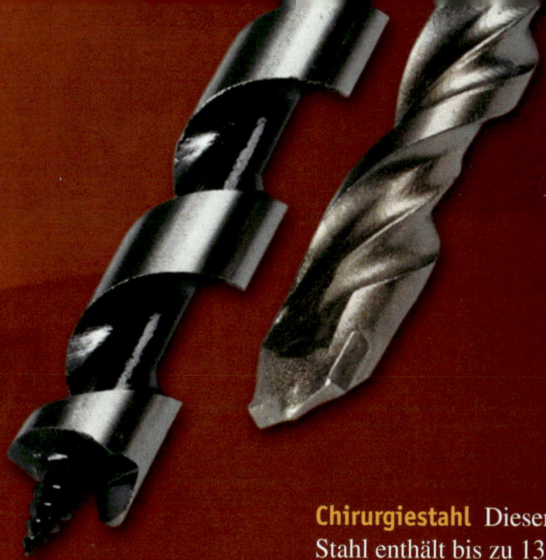

5 Bohrer aus HSS-Stahl

Werkzeug- und Baustähle Diese Stähle sind hart, aber dennoch elastisch. Sie müssen besonders hohen Anforderungen hinsichtlich Festigkeit, Zähigkeit und Bruchsicherheit genügen. Moderne Stahlsorten ermöglichen leichtere und dennoch stabile Konstruktionen. So bilden nur 2700 Tonnen Stahl die Grundlage der Dachkonstruktion des Gottlieb-Daimler-Stadions in Stuttgart.

Hochleistungs-Schnellarbeitsstahl (HSS) Diese Stähle enthalten unter anderem Cobalt, Wolfram und Vanadium als Legierungsmetalle und zeichnen sich durch große Härte bis zur Rotglut aus. HSS-Stähle werden z. B. zur Herstellung von Bohrern und Fräswerkzeugen verwendet.

Chromnickelstahl Diese Stahlsorte enthält etwa 25 % Chrom und 20 % Nickel als Legierungsmetalle. Chromnickelstahl ist hart, zäh, hitze-, rost- und chemikalienbeständig. Er wird zur Herstellung von Spülen, hochwertigem Besteck und Kochgeschirr verwendet.

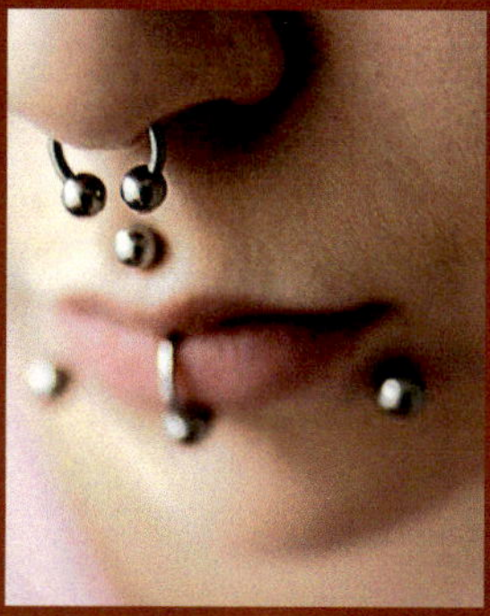

6 Piercingschmuck aus Chirurgiestahl

Chirurgiestahl Dieser Stahl enthält bis zu 13 % Nickel, lässt sich gut verarbeiten, hat eine lange Lebensdauer und besitzt eine hohe Unempfindlichkeit gegenüber äußeren Einflüssen. Ursprünglich wurde er in der Medizin verwendet. Aufgrund der guten Hautverträglichkeit hat der Chirurgiestahl mittlerweile Einzug in die Schmuckherstellung gefunden.

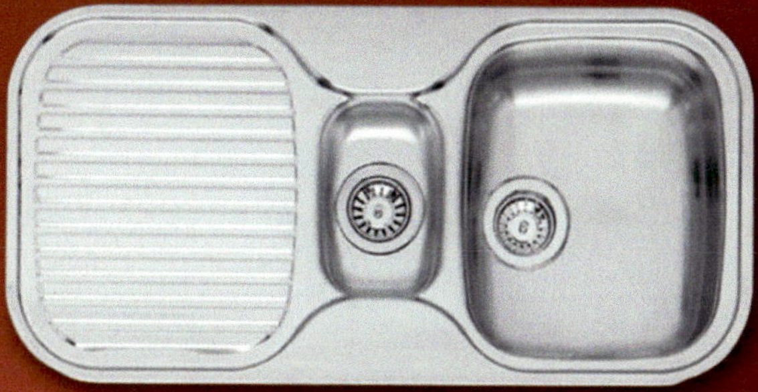

7 Küchenspüle aus Chromnickelstahl

Arbeitsaufträge

1 Erkunde, wo in Deutschland Rohstahl produziert wird. Ermittle die Anteile der einzelnen Bundesländer an der Gesamtrohstahlproduktion in Deutschland und stelle sie in einem Tortendiagramm dar. Nutze für deine Recherche auch das Internet.

2 Erkunde, welche Auswirkungen der Zusatz von Chrom, Vanadium und Mangan auf die Eigenschaften der Stähle hat.

3 Einige Stahlsorten werden als RSH-Stähle (rost-, säure- und hitzebeständige Stähle) zusammengefasst. Erkunde Stahlsorten, die diesen RSH-Stählen zugeordnet werden.

4 Informiere dich über Zusammensetzung und Verwendung von V2A-Stahl und Invarstahl.

weiter gedacht

1 Um Cobalt in die Redoxreihe der Metalle einzuordnen, werden einige Experimente durchgeführt. Dabei wird festgestellt, dass Cobaltoxid durch Aluminium reduziert werden kann. Cobaltoxid reagiert aber nicht mit Kupfer.
Ordne Cobalt in die Redoxreihe der Metalle ein.

2 Beim Elektrostahlverfahren, einem Verfahren zur Stahlherstellung, lässt man Roheisen in einem sogenannten Elektrolichtbogenofen bei einer Temperatur von ca. 3000 °C mit rostigem Eisen (Schrott) reagieren, um den Kohlenstoffgehalt zu senken. Neben Kohlenstoff treten im Roheisen auch Phosphor, Schwefel und Mangan als Begleitstoffe auf. Auch diese Stoffe reagieren mit dem Rost. Formuliere die Reaktionsgleichungen. Kennzeichne jeweils Oxidation und Reduktion sowie Oxidations- und Reduktionsmittel.

1 Abstich am Elektrolichtbogenofen

3 Beim Verlegen von Eisenbahn- und Straßenbahnschienen werden die einzelnen Schienen miteinander verschweißt. Hierfür wird flüssiges Eisen benötigt, das die Spalten und Ritzen ausfüllen kann. Da das Schmelzen von Eisen vor Ort sehr schwierig ist, wird das Verschweißen mithilfe des aluminothermischen Verfahrens durchgeführt. Dabei wird eine Mischung aus Eisenoxid und Aluminiumgrieß in einem feuerfesten Gefäß gezündet.
Erläutere unter Nutzung chemischer Gleichungen und entsprechender Fachbegriffe die chemischen Grundlagen des aluminothermischen Verfahrens.

2 Aluminothermisches Verschweißen von Straßenbahnschienen

4 Wenn beim Löschen von Metallbränden Wasser als Löschmittel verwendet wird, hat das verheerende Auswirkungen. Abgesehen von Stichflammen können sogar Explosionen stattfinden.
Erkläre, warum beim Löschen von brennendem Magnesium mit Wasser eine Stichflamme auftritt und warum Magnesiumfackeln unter Wasser brennen.

3 Löschversuch von brennendem Metall mit Wasser

Auf einen Blick

Oxidation

Chemische Reaktion, bei der ein Stoff mit dem Element Sauerstoff reagiert

Reduktion

Chemische Reaktion, bei der einem Stoff Sauerstoff entzogen wird. Sie ist die Umkehrung der Oxidation.

Redoxreaktion

Chemische Reaktion, bei der Oxidation und Reduktion gleichzeitig ablaufen. Dabei wird das Reduktionsmittel oxidiert und das Oxidationsmittel reduziert. Redoxreaktionen haben große Bedeutung bei technischen Prozessen, z. B. bei der Eisenerzeugung im Hochofenprozess.

Oxidationsmittel

Stoff, der einen anderen Stoff oxidiert. Bei der chemischen Reaktion gibt er gebundenen Sauerstoff ab und wird selbst reduziert.

Reduktionsmittel

Stoff, der einen anderen Stoff reduziert. Bei der chemischen Reaktion nimmt er Sauerstoff auf und wird selbst oxidiert.

Redoxreihe der Metalle

Mithilfe der Redoxreihe der Metalle können mögliche Redoxreaktionen abgeschätzt werden.

Affinität der Metalle zu Sauerstoff nimmt zu ←

Unedle Metalle: Natrium Magnesium Aluminium Zink Eisen — Edle Metalle: Kupfer Silber Gold

← Reduktionsvermögen der Metalle nimmt zu

Hochofenprozess

Verfahren zur Herstellung von Roheisen aus Eisenerzen durch Redoxreaktionen im Hochofen.

Eisen(III)-oxid (s) (Oxidationsmittel) + Kohlenstoffmonooxid (g) (Reduktionsmittel) ⟶ Eisen (s) + Kohlenstoffdioxid (g) | exotherm

$$Fe_2O_3\,(s) + 3\,CO\,(g) \longrightarrow 2\,Fe\,(s) + 3\,CO_2\,(g) \quad |\ \text{exotherm}$$

Reduktion: Fe_2O_3 → Fe; Oxidation: CO → CO_2

Check up

1 Erläutere die Größen Stoffmenge und molare Masse.

2 Schwefel reagiert mit Sauerstoff zu Schwefeldioxid nach folgender Reaktionsgleichung:

$$S\,(s) + O_2\,(g) \longrightarrow SO_2\,(g)$$

Leite aus der Reaktionsgleichung alle möglichen quantitativen Aussagen ab.

3 In einem Experiment wurden 2 g Kupfer oxidiert. Dabei wurde ermittelt, dass 2,5 g Kupfer(II)-oxid (CuO) entstanden sind.

a Berechne die Masse an Sauerstoff, die bei dieser Oxidation verbraucht wurde. Ermittle das Massenverhältnis, in dem Kupfer und Sauerstoff in dem Experiment miteinander reagiert haben.

b Bestimme das theoretisch zu erwartende Massenverhältnis, in dem Kupfer und Sauerstoff miteinander reagieren.

c Vergleiche das experimentell ermittelte Massenverhältnis und das theoretisch zu erwartende und interpretiere das Ergebnis deines Vergleichs.

4 Viele der weltweit erscheinenden Gedenkmünzen werden aus Gold oder Silber geprägt. Die Angabe der Masse erfolgt meistens, wie bei Edelmetallen üblich, in Unzen. Eine Unze entspricht rund 31,1 g. Berechne die Stoffmenge und die Anzahl der Atome in einer Goldmünze mit einer Masse von einer zehntel Unze.

5 In vielen Produkten wird Titan(IV)-oxid (TiO_2) als Weißpigment eingesetzt. Berechne die Masse Titan, die oxidiert werden muss, um 2000 kg Titan(IV)-oxid zu erhalten.

6 Erläutere anhand eines selbst gewählten Beispiels, wann eine Redoxreaktion vorliegt.

7 Nenne die Schritte, die beim experimentellen naturwissenschaftlichen Problemlösen beachtet werden sollten.

8 Formuliere für die folgenden Reaktionen die Reaktionsgleichungen. Kennzeichne Reduktion und Oxidation sowie Oxidations- und Reduktionsmittel.

a Silberoxid reagiert mit Magnesium.

b Zinkoxid reagiert mit Aluminium.

c Natrium reagiert mit Kupferoxid.

9 Ein Chemielaborant soll aus Aluminiumoxid Aluminium herstellen. Als Reaktionspartner stehen Eisen, Kupfer, Zink und Magnesium zur Auswahl. Empfiehl dem Laboranten einen geeigneten Reaktionspartner. Begründe deine Wahl. Stelle die Reaktionsgleichung auf und kennzeichne die Teilreaktionen.

10 Magnesium reagiert mit Schwefeldioxid. Formuliere eine Vermutung über die zu erwartenden Beobachtungen.
Stelle die Reaktionsgleichung auf und kennzeichne die Teilreaktionen.

11 Bei der Herstellung von Stahl wird neben Roheisen auch eine beachtliche Masse an Eisenschrott eingesetzt.
Erkläre, warum dies notwendig und unter Umweltaspekten günstig ist.

Aufgabe	Hilfe findest du auf Seite ...	Verbindung der Aufgabe zu den Basiskonzepten ↑S.18
1	153, 154	T
2	156	T R
3	152, 153	R
4	153, 154	T
5	158	T
6	165	R
7	167	T S R
8	165, 166	R
9	165, 166, 168	R
10	165, 166	R
11	170, 171, 172	S

T Stoff-Teilchen-Beziehungen, S Struktur-Eigenschafts-Beziehungen, R Chemische Reaktion

› Die Lösungen findest du im Anhang.

Alkali- und Erdalkalimetalle

Ein Feuerwerk ist immer wieder faszinierend. Mit lautem Knall oder pfeifendem Geheule werden prächtig gefärbte Sterne, Regen und andere effektvolle Farbspiele in den nächtlichen Himmel gezaubert.

→ Welche Stoffe führen zu den prächtigen Farben?
→ Besteht ein Zusammenhang zwischen den Flammenfärbungen und den Alkali- und Erdalkalimetallen?
→ Welche Gemeinsamkeiten haben die Alkali- bzw. die Erdalkalimetalle?

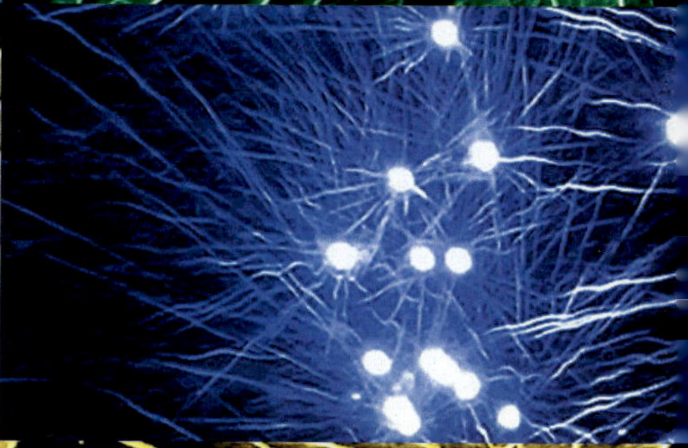

Welt der Chemie

Angefangen hat die Geschichte des Feuerwerks mit der Erfindung des Schwarzpulvers vor mehr als 1000 Jahren in China. Nach Europa kam das Wissen vom Schwarzpulver vermutlich gegen Ende des 13. Jahrhunderts durch Seefahrer. Wie auch schon bei den Chinesen fand das erste Feuerwerk zu kriegerischen Zwecken Verwendung: um Angst zu verbreiten, zur Kommunikation und als Freudenfeuer nach der siegreichen Schlacht. Das erste friedliche Feuerwerk in Europa fand 1379 in Vicenza (Italien) statt. Seine Blütezeit erlebte das Spektakel im Barock und Rokoko. Hier waren Feuerwerke ein Symbol von Reichtum und Macht.

1 Barockes Feuerwerk

Feuerwerk

Die erste deutsche Fabrik für Feuerwerkskörper wurde im 19. Jahrhundert gegründet. Heute gibt es in Deutschland etwa 40 Betriebe, die Feuerwerkskörper herstellen. Beliebt sind Kugelbomben, Raketen, römische Lichter und viele weitere.

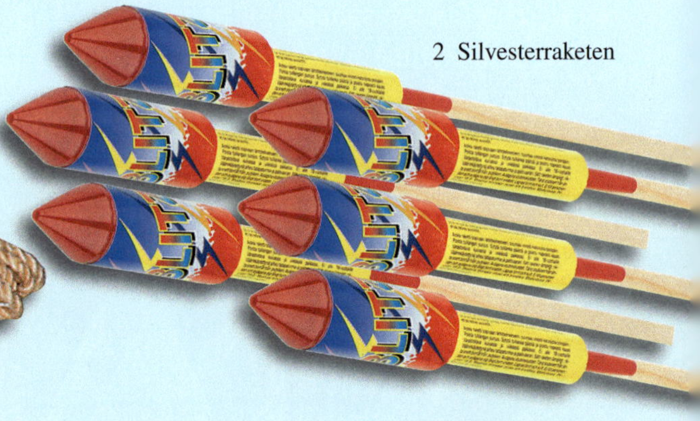

2 Silvesterraketen

3 Professionelle Kugelbombe

Während Privatpersonen nur zum Jahreswechsel Feuerwerkskörper kaufen und zünden dürfen, haben professionelle Feuerwerker ganzjährig verschiedene Feuerwerkskörper in Gebrauch. Die Farben, das Flackern und Blinken oder die Leuchtspuren kommen durch verschiedene Effektpulver und deren Pressung und Anordnung in den Feuerwerkskörpern zustande.

4 Feuertopf-Effekt

5 Kugelbomben-Effekt

6 Raketen-Effekt

Selbst untersucht Eigenschaften von Alkali- und Erdalkalimetallen

1 Prüfe das Verhalten von Natriumchlorid (Kochsalz) in der Brennerflamme.

Vorsicht! Schutzbrille! Tauche ein Magnesiastäbchen in 35%ige Salzsäure (C). Erhitze es dann in der nicht leuchtenden Brennerflamme bis zum Glühen. Tauche das Stäbchen in Natriumchlorid, sodass etwas davon am Stäbchen haftet. Halte das Stäbchen erneut in die nicht leuchtende Brennerflamme.

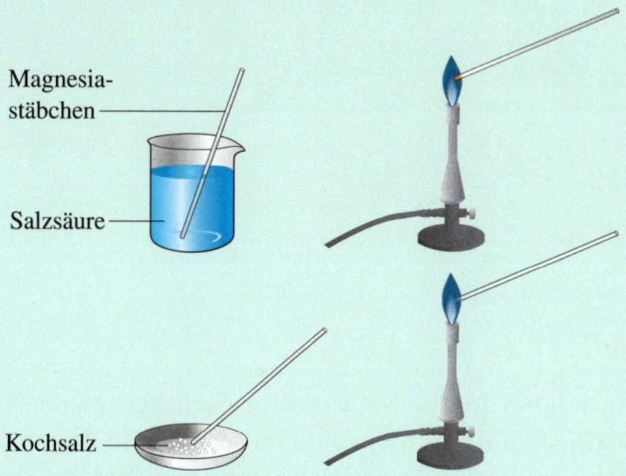

Notiere deine Beobachtungen.
Entsorgung: Feststoff in den Sammelbehälter für Hausmüll, Salzsäurereste in den Sammelbehälter I geben.

2 Prüfe das Verhalten von Lithium-, Kalium-, Rubidium- und Caesiumchlorid in der Brennerflamme.

Vorsicht! Schutzbrille! Tauche ein Magnesiastäbchen in 35%ige Salzsäure (C). Erhitze es dann in der nicht leuchtenden Brennerflamme bis zum Glühen. Tauche das Stäbchen in Lithiumchlorid (Xn), sodass etwas davon am Stäbchen haftet. Halte das Stäbchen erneut in die nicht leuchtende Brennerflamme. Wiederhole den Versuch mit Kalium-, Rubidium- und Caesiumchlorid.
Beobachte die Flamme auch durch ein Cobaltglas.
Notiere deine Beobachtungen.
Entsorgung: Feststoffe in den Sammelbehälter für Hausmüll, Salzsäurereste in den Sammelbehälter I geben.

3 Bestimme die Dichte eines Bleistiftanspitzers.

Entferne die Klinge eines Bleistiftanspitzers aus Metall. Wiege den Spitzer und bestimme sein Volumen nach der Wasserverdrängungsmethode, indem du ihn in einen Messzylinder ($V = 25\,\text{ml}$) gibst.
Berechne die Dichte des Bleistiftanspitzers und vergleiche sie mit der Dichte anderer Metalle in einem Tabellenwerk. Stelle eine Vermutung an, um welches Metall es sich handeln könnte.
Entsorgung: Anspitzer wieder einsammeln.

4 Prüfe das Verhalten von Calcium-, Strontium- und Bariumchlorid in der Brennerflamme.

Vorsicht! Schutzbrille! Tauche ein Magnesiastäbchen in 35%ige Salzsäure (C). Erhitze es dann in der nicht leuchtenden Brennerflamme bis zum Glühen. Tauche das Stäbchen in Calciumchlorid (Xi), sodass etwas davon am Stäbchen haftet. Halte das Stäbchen erneut in die nicht leuchtende Brennerflamme. Wiederhole den Versuch mit Strontium- und Bariumchlorid (T).
Beobachte die Flamme auch durch ein Cobaltglas.
Notiere deine Beobachtungen.
Entsorgung: Feststoffe in den Behälter für Hausmüll, Salzsäurereste in den Sammelbehälter I geben.

5 Untersuche das Verhalten von Magnesium, Calcium und Barium in Wasser.

Vorsicht! Schutzbrille! Fülle in drei Reagenzgläser jeweils etwa 5 ml Wasser. Gib nun in ein Reagenzglas einige Späne Magnesium (F), in die anderen Calcium- (F) bzw. Bariumspäne (F). Beobachte. Erhitze nun das Reagenzglas mit Magnesium etwas mit der Brennerflamme.
Notiere deine Beobachtungen. Vergleiche das Verhalten der drei Stoffe miteinander.
Entsorgung: Feststoffe in den Behälter für Hausmüll, Flüssigkeiten in den Sammelbehälter für Abwasser geben.

Natrium

Bei der Straßenbeleuchtung werden neben den üblichen Laternen mit weißem Licht auch Natriumdampflampen mit gelbem Licht eingesetzt.
Welche weiteren Eigenschaften und Besonderheiten weist Natrium auf?

1 Natriumdampflampen erhellen eine Schleuse bei Nacht.

2 Salzwüste mit Salzformationen

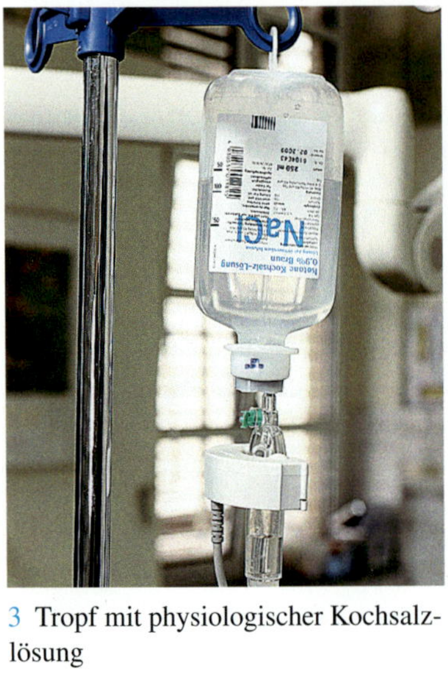

3 Tropf mit physiologischer Kochsalzlösung

Vorkommen Natrium kommt in der Natur nur in chemisch gebundener Form vor. Es ist das sechsthäufigste Element in der Erdkruste. Eine wichtige Natriumverbindung ist das Kochsalz (Natriumchlorid, NaCl). Gewaltige Massen Natriumchlorid lagern als Steinsalz in unterirdischen Salzlagerstätten, die durch das Austrocknen von salzhaltigen Meeren entstanden sind. Darüber hinaus sind in den Ozeanen etwa 50 Billiarden Tonnen Natriumchlorid gelöst.
Natrium wurde im Jahre 1807 erstmals von dem Engländer HUMPHRY DAVY (1778 bis 1829) mithilfe des elektrischen Stroms aus geschmolzenem Ätznatron (Natriumhydroxid, NaOH) gewonnen. Durch ein ähnliches Verfahren wird auch heute noch der Großteil des Natriums hergestellt. Als Ausgangsstoff wird dabei geschmolzenes Natriumchlorid eingesetzt. Jährlich werden so über 400 000 t Natrium produziert. ↑S.316

Bedeutung In Natriumdampflampen wird Natrium zur Erzeugung von gelbem Licht verwendet. Diese Lampen werden oft im Straßenverkehr eingesetzt, da das gelbe Licht Nebel besonders gut durchdringt. In der Industrie wird Natrium als Reduktionsmittel bei der Herstellung von Metallen, wie z. B. Titan, eingesetzt. In Kernreaktoren dient flüssiges Natrium als Kühlmittel, da es eine sehr hohe Wärmeleitfähigkeit besitzt. Im Labor findet es Verwendung als Trocknungsmittel für bestimmte Lösemittel.
Besonders groß ist die biologische Bedeutung von Natrium. Der menschliche Körper benötigt pro Tag etwa 2 bis 3 g Kochsalz, um die Körperfunktionen aufrechtzuerhalten. Fehlt das im Kochsalz gebundene Natrium, kommt es zu Störungen in der Muskulatur und in den Nerven. Daher wird bei Unfällen der Flüssigkeitsverlust des Körpers mit physiologischer Kochsalzlösung ausgeglichen. Diese Lösung enthält mit einem Massenanteil von 0,9 % ebenso viel Kochsalz wie das menschliche Blut.

4 Frische Schnittflächen an Natrium zeigen metallischen Glanz.

5 Flammenfärbung von Natrium

Eigenschaften und Verwendung Natrium wird nicht in normalen Vorratsflaschen aufbewahrt, sondern in Paraffinöl, das weder Luftsauerstoff noch Wasser enthält. Warum ist das erforderlich? Welches Verhalten zeigt Natrium an der Luft und in Wasser?
Die Oberfläche von Natrium ist meist matt und grau. Zerkleinert man das Natriumstückchen mit einem Messer, ist zu erkennen, dass die Schnittfläche silbrig glänzt. ↑E.6 ↑4 An der Luft wird die Schnittfläche schnell matt, das Natrium reagiert mit dem Luftsauerstoff zu Natriumoxid (Na_2O). Daher muss Natrium unter Luftabschluss gelagert werden.
Wird Natrium in Wasser gegeben, findet eine heftige chemische Reaktion statt. ↑E.7 Aufgrund seiner geringen Dichte schwimmt das Natrium auf der Wasseroberfläche. Es bewegt sich unter Gasentwicklung lebhaft hin und her. Die Reaktion ist sehr stark exotherm. Durch die bei der Reaktion frei werdende Wärme schmilzt das Metall.
Wird Natrium an der Luft erhitzt, entzündet es sich und verbrennt mit gelber Flamme zu Natriumoxid. Natriumbrände können mit Kochsalz oder trockenem Zement gelöscht werden.
Natrium besitzt eine gute elektrische Leitfähigkeit und leitet auch Wärme gut. Diese Eigenschaften weisen darauf hin, dass Natrium ein Metall ist. Mit einer Dichte von nur 0,97 g/cm^3 gehört es zu den Leichtmetallen.
Natrium und seine Verbindungen färben die nicht leuchtende Brennerflamme intensiv gelb. ↑E.1 S.179, ↑5 Diese Färbung wird schon durch sehr geringe Mengen hervorgerufen, daher wird die Flammenfärbung als wichtiger Hinweis auf das Vorhandensein von Natrium und seinen Verbindungen eingesetzt.

EXPERIMENT 6 [L]
Schneiden von Natrium.
Vorsicht! Schutzbrille!
Ein Stück Natrium (F, C) aus der Vorratsflasche wird mit Filterpapier abgetupft. Mit einem Messer wird eine Probe angeschnitten und die Schnittfläche betrachtet.

EXPERIMENT 7 [L]
Reaktion von Natrium mit Wasser.
Vorsicht! Schutzscheibe! Schutzbrille!
Ein entrindetes erbsengroßes Stück Natrium (F, C) wird in einer Kristallisierschale auf Wasser gegeben.

Steckbrief Natrium

Farbe: silbrig
Glanz: glänzend, leicht anlaufend
Schmelztemperatur: 98 °C
Siedetemperatur: 892 °C
Verformbarkeit: sehr gut
Dichte: 0,97 g/cm^3
Elektrische Leitfähigkeit: gut
Härte: sehr weich
Wärmeleitfähigkeit: gut
Flammenfärbung: intensiv gelb

Aufgaben

1 Informiere dich, wo sich in Deutschland große Steinsalzlagerstätten befinden.
2 Nenne drei typische Eigenschaften, die zeigen, dass Natrium ein Metall ist.
3 Erkläre, warum Natrium unter Paraffinöl und nicht unter Wasser aufbewahrt wird.
4 Formuliere für die Reaktion von Natrium mit Sauerstoff die Reaktionsgleichung.
5 Im Labor soll untersucht werden, ob ein unbekanntes Pulver Natriumverbindungen enthält. Beschreibe ein mögliches Untersuchungsverfahren.
6 Erkläre, warum Natriumbrände nicht mit Wasser gelöscht werden dürfen.

Die Elemente der I. Hauptgruppe

Wie Natrium zeigen auch Lithium, Kalium und Rubidium beim Schneiden glänzende Schnittflächen. Gibt es weitere Gemeinsamkeiten zwischen diesen Elementen und wodurch unterscheiden sie sich?

1 Kalium und Lithium mit frischen Schnittflächen

2 Verbrennen von Kalium an der Luft

Eigenschaften der Elemente der I. Hauptgruppe Ebenso wie Natrium sind die Elemente Lithium, Kalium, Rubidium und Caesium sehr weich, leiten den elektrischen Strom und die Wärme gut. Sie besitzen eine geringe Dichte und überziehen sich an der Luft schnell mit einer Oxidschicht. Auch diese Metalle müssen daher unter Luft- und Wasserabschluss aufbewahrt werden. Die Metalle und ihre Verbindungen zeigen typische Verfärbungen der nicht leuchtenden Brennerflamme. ↑E.2 S.179 So färben Lithiumverbindungen die Flamme kräftig rot, während Kaliumverbindungen eine rotviolette Färbung hervorrufen, was erst durch das Cobaltglas zu erkennen ist. Da die Flamme schon bei sehr geringen Mengen gefärbt wird, ist dies ein Hinweis auf das Vorhandensein der Elemente der I. Hauptgruppe des Periodensystems der Elemente.
An der Luft verbrennen die Metalle zu Metalloxiden. So reagiert Kalium mit Sauerstoff zu Kaliumoxid (K_2O). ↑2 Die Schmelztemperaturen der Metalle sind relativ niedrig und nehmen von Lithium zu Caesium ab. Caesium schmilzt bereits durch die Handwärme. Auch andere Eigenschaften der Elemente der I. Hauptgruppe ändern sich von Lithium zu Caesium. ↑Tabelle

Die Elementgruppe der Alkalimetalle Aufgrund der auffallenden Ähnlichkeiten werden Lithium, Natrium, Kalium, Rubidium, Caesium und das radioaktive Francium zu einer **Elementgruppe**, den **Alkalimetallen**, zusammengefasst. Der Name der Gruppe leitet sich von Pottasche (arab. al gili), einer Kaliumverbindung, ab. Diesen Stoff kann man aus der Asche verbrannter Pflanzen gewinnen.
Die Ähnlichkeit der Alkalimetalle zeigt sich auch bei ihrer Reaktion mit Wasser. ↑E.8 Alle Alkalimetalle reagieren unter Gasentwicklung mit Wasser. Dabei steigt die Heftigkeit der Reaktion von Lithium zum Caesium. Kalium, Rubidium und Caesium können sich von selbst entzünden.

Eine Elementgruppe umfasst Elemente mit sehr ähnlichen Eigenschaften und Reaktionen.

EXPERIMENT 8 [L]
Reaktivität der Alkalimetalle.
Vorsicht! Schutzscheibe! Schutzbrille!
Entrindete erbsengroße Stücke Lithium (F, C), Natrium (F, C) und Kalium (F, C) werden in einer Kristallisierschale auf Wasser gegeben.

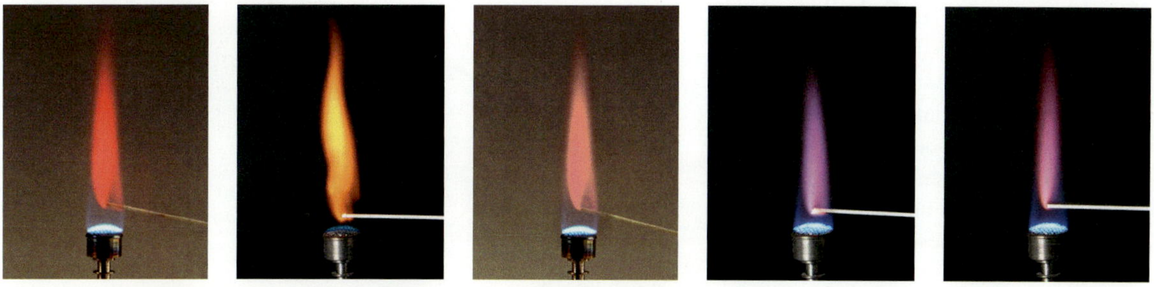

3 Flammenfärbungen der Alkalimetalle Lithium, Natrium, Kalium, Rubidium und Caesium

Eigenschaften der Alkalimetalle

Name (Symbol des Elements)	Relative Atommasse in u	Schmelztemperatur in °C	Siedetemperatur in °C	Dichte in g/cm^3 (bei 20 °C)	Härte nach MOHS	Flammenfärbung	Reaktivität mit Wasser
Lithium (Li)	6,9	180	1 372	0,53	0,6	rot	
Natrium (Na)	23	98	892	0,97	0,4	gelb	
Kalium (K)	39	64	760	0,86	0,5	rotviolett	nimmt zu
Rubidium (Rb)	85,5	38,9	688	1,53	0,3	dunkelrot	
Caesium (Cs)	133	28,4	679	1,88	0,2	blauviolett	

Herstellung und Bedeutung von Alkalimetallen Da die Alkalimetalle sehr reaktionsfreudig sind, kommen sie in der Natur nur als Verbindungen vor. Sie werden mithilfe des elektrischen Stroms aus den Schmelzen einiger ihrer Verbindungen gewonnen.

Lithium findet Verwendung in langlebigen Batterien, beispielsweise für Herzschrittmacher. Lithium-Batterien ↑4 sind sehr leistungsstark und werden hauptsächlich in Computern und in der Telekommunikation verwendet. Auch in den Atemfiltern für die Raumfahrt befindet sich eine Lithiumverbindung. Das ausgeatmete Kohlenstoffdioxid wird adsorbiert und durch chemische Reaktion mit der Lithiumverbindung aus der Atemluft entfernt. So wird dessen Anreicherung in der Atemluft verhindert.

Kaliumverbindungen werden in der Düngemittel- und Glasindustrie benötigt. Rubidium und Caesium werden zur Herstellung fotoelektrischer Zellen, Leuchtstoffen, Gläsern und Katalysatoren eingesetzt. Verbindungen von allen Alkalimetallen werden in der Pyrotechnik verwendet. ↑S.178

4 Handy mit Lithium-Akku

Aufgaben

1 Begründe, warum Alkalimetalle in der Natur nur als Verbindungen vorkommen.

2 Nenne die Mitglieder der Elementgruppe der Alkalimetalle. Erläutere, warum sie zu einer Elementgruppe zusammengefasst werden.

3 Formuliere die Reaktionsgleichung für die chemische Reaktion von Kalium mit Sauerstoff.

4 Die Eigenschaften der Alkalimetalle ändern sich regelmäßig von Lithium bis Caesium. Bestätige diese Aussage anhand zweier Beispiele.

5 Im Gegensatz zum Lithium entzündet sich Kalium bei der Reaktion mit Wasser. Finde eine mögliche Erklärung.

Magnesium und Calcium

Magnesium und Calcium sind Metalle von großer Bedeutung. So formen Calciumverbindungen Gebirgszüge und ganze Landschaften. Magnesium ist ein wichtiger Werkstoff in der Industrie. Auch zahlreiche Gegenstände des Alltags wie dieser Bleistiftanspitzer bestehen aus Magnesium. Welche Eigenschaften haben Magnesium und Calcium?

1

Steckbrief Magnesium

Farbe: silberweiß
Glanz: glänzend, leicht anlaufend
Schmelztemperatur: 650 °C
Siedetemperatur: 1 110 °C
Verformbarkeit: leicht
Dichte: 1,74 g/cm^3
Elektrische Leitfähigkeit: gut
Wärmeleitfähigkeit: gut
Flammenfärbung: keine

2 Löschversuch von brennendem Magnesium mit Wasser

Vorkommen von Magnesium Magnesium ist mit einem Massenanteil von 1,95 % am Aufbau der Erdkruste beteiligt und steht in der Häufigkeit der Elemente an 8. Stelle. Es kommt in der Natur nur in gebundener Form vor. So ist es am Aufbau von Mineralien wie Magnesit, Dolomit und Talk beteiligt. Auch im Meerwasser kommen gelöste Magnesiumverbindungen vor und bilden einen nahezu unerschöpflichen Vorrat an Magnesium.
1828 konnte Magnesium erstmals von JUSTUS VON LIEBIG (1803 bis 1873) in reiner Form hergestellt werden. Im Jahre 1852 gelang es ROBERT W. BUNSEN (1811 bis 1899), größere Mengen Magnesium mithilfe des elektrischen Stroms aus Magnesiumverbindungen zu gewinnen. Durch dieses Verfahren wird heute der Großteil des Magnesiums hergestellt. Die hierfür benötigten Magnesiumverbindungen werden aus Meerwasser gewonnen.
Hervorzuheben ist die biologische Bedeutung von Magnesium. Ein Mensch benötigt pro Tag etwa 250 bis 350 mg gebundenes Magnesium. Ein Mangel kann zu Muskelzittern und Krämpfen führen. Pflanzen benötigen Magnesiumverbindungen zum Aufbau des grünen Blattfarbstoffs, des Chlorophylls.

Eigenschaften und Verwendung von Magnesium Magnesium ist silberweiß, leicht zu verformen und gut zu bearbeiten. Es hat eine Dichte von 1,74 g/cm^3 und zählt deshalb zu den Leichtmetallen. ↑E.3 S.179 Legierungen von Magnesium und anderen Metallen wie Aluminium sind wegen ihrer hohen Festigkeit bei einer geringen Dichte wichtige Werkstoffe beim Automobil- und Flugzeugbau sowie in der Raumfahrtindustrie. Auch Gebrauchsgegenstände wie Fahradschaltungen werden aus Magnesium hergestellt. Weiterhin wird es als Korrosionsschutz z. B. für Schiffe und Öltanks genutzt.
Magnesium verbrennt mit einer weißen und sehr hellen Flamme zu Magnesiumoxid (MgO), weshalb es in der Pyrotechnik bei der Herstellung von Feuerwerkskörpern Verwendung findet. Brennendes Magnesium darf nicht mit Wasser gelöscht werden, da sonst eine Redoxreaktion stattfindet, bei der Wasserstoff entsteht. Eine Stichflamme wäre die Folge. ↑2

3 Calciumverbindungen formen ganze Landschaften.

Steckbrief Calcium

Farbe: silberweiß
Glanz: glänzend, leicht anlaufend
Schmelztemperatur: 838 °C
Siedetemperatur: 1 490 °C
Verformbarkeit: leicht, weich
Dichte: 1,55 g/cm^3
Elektrische Leitfähigkeit: gut
Wärmeleitfähigkeit: gut
Flammenfärbung: orangerot bis ziegelrot

Vorkommen von Calcium Calcium ist das dritthäufigste Element auf der Erde. Ebenso wie Magnesium kommt es in der Natur nur in gebundener Form vor. So spielt es in Form von Mineralien eine entscheidende Rolle am Erscheinungsbild der Erde. Große Gebirge wie die Alpen oder die Dolomiten bestehen aus Calciumverbindungen. Insgesamt sind mehr als 700 Calciummineralien bekannt, einige der bekanntesten sind Kalkstein, Marmor, Gips, Kreide und Flussspat. Auch Lebewesen enthalten zahlreiche Calciumverbindungen. Schneckenhäuser, Muschel- und Eierschalen bestehen ebenso aus Calciumverbindungen wie Knochen.
Calcium wird meist durch chemische Reaktion von Calciumoxid (CaO) mit Aluminium gewonnen.
Unser Körper muss täglich ausreichend chemisch gebundenes Calcium aufnehmen, sei es für den Bau unserer Knochen oder für die Funktionsfähigkeit der Muskeln. Bei einem gesunden Menschen sind in 100 ml Blut 10 mg gebundenes Calcium enthalten.

4 Brennende Calciumspäne

Eigenschaften und Verwendung von Calcium Calcium ist ein silberglänzendes Metall. Aufgrund seiner geringen Dichte zählt es zu den Leichtmetallen. Es ist weich, dehnbar und leitet den elektrischen Strom. Calcium ist an trockener Luft bei Normaltemperatur beständig, überzieht sich aber in Gegenwart von Luftfeuchtigkeit rasch mit einer grauweißen Schicht. Bei höheren Temperaturen entzündet es sich an der Luft und verbrennt mit orange- bis ziegelroter Flamme zu Calciumoxid (CaO). ↑E.9
Verwendung findet Calcium bei der Herstellung einiger Metalle wie Uran. Calciumverbindungen werden beispielsweise als Düngemittel, bei der Herstellung von Glas und Papier sowie im Bauwesen benötigt.

EXPERIMENT 9 [L]
Reaktion von Calcium mit Sauerstoff.
Vorsicht! Schutzbrille! Einige blank gefeilte Calciumspäne (F) werden auf einem Eisenblech bis zu ihrer Entzündung erhitzt.

Aufgaben

1 Formuliere die Reaktionsgleichungen für die Reaktionen von Magnesium und Calcium mit Sauerstoff.
2 Formuliere die Reaktionsgleichung für die Redoxreaktion von Magnesium mit Wasser. Kennzeichne Reduktion und Oxidation sowie Oxidations- und Reduktionsmittel.
3 Informiere dich über Nahrungsmittel, die viel gebundenes Magnesium oder Calcium enthalten. Erläutere, warum die ausreichende Aufnahme von Magnesium- und Calciumverbindungen wichtig ist.

Die Elemente der II. Hauptgruppe

Wie Magnesium und Calcium kommen auch die Metalle Beryllium, Strontium und Barium in der Natur nur in Form von Verbindungen vor.
Besitzen diese Elemente weitere gemeinsame Eigenschaften und wodurch unterscheiden sie sich?

1 Baryt – eine Bariumverbindung – und Coelestin – eine Strontiumverbindung

2 Beryll

3 Kostbare Smaragde enthalten das Element Beryllium.

Formeln von Erdalkalimetalloxiden	
Berylliumoxid	BeO
Magnesiumoxid	MgO
Calciumoxid	CaO
Strontiumoxid	SrO
Bariumoxid	BaO

Eigenschaften der Elemente der II. Hauptgruppe Die Metalle Beryllium, Magnesium, Calcium, Strontium und Barium sind sich in vielen Eigenschaften ähnlich. ↑Tabelle rechts
Die Reaktivität der Metalle mit Wasser nimmt innerhalb der Gruppe zu. Während Beryllium nicht mit Wasser reagiert, zeigt Magnesium mit warmem Wasser bereits eine schwache Reaktion. Barium schließlich reagiert stürmisch mit Wasser. ↑E.5 S.179
Calcium, Strontium und Barium sowie ihre Verbindungen zeichnen sich dadurch aus, dass die nicht leuchtende Brennerflamme gefärbt wird. ↑E.4 S.179 Diese Eigenschaft wird als wichtiger Hinweis auf das Vorhandensein dieser Elemente bzw. deren Verbindungen genutzt.

Die Elementgruppe der Erdalkalimetalle Genau wie die Alkalimetalle zeigen alle Elemente der II. Hauptgruppe Ähnlichkeiten in ihren Eigenschaften. Daher werden die Elemente Beryllium, Magnesium, Calcium, Strontium, Barium und das radioaktive Radium zur Elementgruppe der **Erdalkalimetalle** zusammengefasst.
Die Erdalkalimetalle kommen in der Natur nur in Form ihrer Verbindungen vor. Aus diesen können sie mithilfe des elektrischen Stroms gewonnen werden. Viele Mineralien sind Verbindungen von Erdalkalimetallen. Neben Magnesium- und Calciummineralien kommen auch Mineralien mit Berylliumverbindungen, z. B. Beryll, vor. ↑2 Durch weitere enthaltene Metallverbindungen wird Beryll zu Smaragd, einem wertvollen Edelstein. ↑3
Alle Erdalkalimetalle besitzen eine geringe Dichte, daher handelt es sich um Leichtmetalle. Es sind unedle Metalle von silberweißer Farbe. An der Luft bilden sie eine Oxidschicht, die dazu führt, dass die Metalle matt werden. Diese Oxidschicht schützt Beryllium und Magnesium vor einer weiteren Oxidation durch den Luftsauerstoff. Die Oxide der Erdalkalimetalle lösen sich von Beryllium zu Barium zunehmend besser im Wasser.

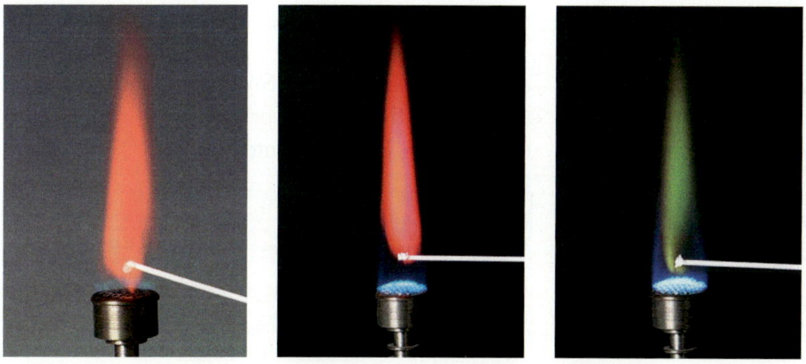

4 Flammenfärbungen der Erdalkalimetalle Calcium, Strontium und Barium

5 Erdalkalimetalle bringen Farbe ins Feuerwerk.

Eigenschaften der Erdalkalimetalle

Name (Symbol des Elements)	Relative Atommasse in u	Schmelztemperatur in °C	Siedetemperatur in °C	Dichte in g/cm^3 (bei 20 °C)	Härte nach MOHS	Flammenfärbung	Reaktivität mit Wasser
Beryllium (Be)	9	1278	2970	1,85	6 bis 7	keine	nicht
Magnesium (Mg)	24,3	650	1110	1,74	2,0	keine	schwach in heißem Wasser
Calcium (Ca)	40	838	1490	1,55	1,5	orangerot	schwach
Strontium (Sr)	87,6	757	1364	2,58	1,5	rot	heftig
Barium (Ba)	137,3	714	1640	3,50	1,2	grün	stürmisch

Bedeutung von Erdalkalimetallen Beryllium findet vor allem in der Raumfahrt und Raketentechnik Verwendung. Als Legierungsmetall erhöht es Härte und Bruchfestigkeit der Legierungen. Es dient als Konstruktionsmaterial für Kernreaktoren. Strontiumverbindungen werden in der Pyrotechnik, in Bildröhren von Farbfernsehern und bei der Herstellung von Permanentmagneten verarbeitet. Barium wird in geringen Mengen als Legierungsmetall verwendet. Bariumverbindungen werden in der Glasindustrie, als Pigmente in Anstrichmitteln wie Rostschutzfarben, in der Pyrotechnik und in der Medizin als Röntgenkontrastmittel eingesetzt. Magnesium findet als Magnesiumoxid in feuerfesten Materialien, z. B. in Ofenauskleidungen, Verwendung. Calciumverbindungen werden auch zur Herstellung von Putzmitteln und Zahncremes gebraucht.

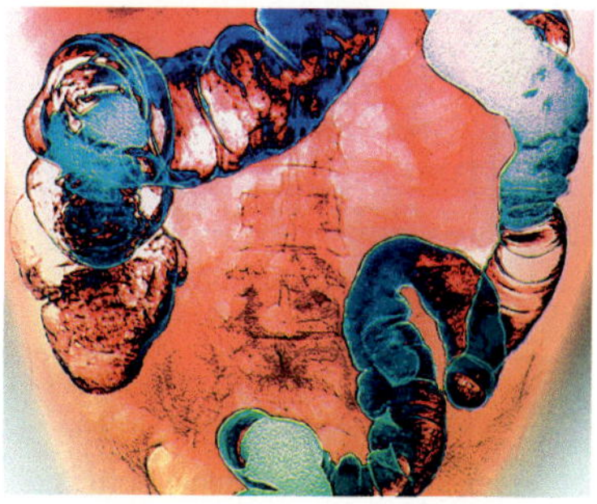

6 Bariumverbindungen werden als Röntgenkontrastmittel eingesetzt.

Aufgaben

1 Erläutere, warum die Erdalkalimetalle eine Elementgruppe bilden.

2 Formuliere die Reaktionsgleichungen für die chemischen Reaktionen von Beryllium und Strontium mit Sauerstoff.

3 Magnesium hat eine hohe Affinität mit Sauerstoff zu reagieren. Begründe, warum Magnesium dennoch an der Luft aufbewahrt werden kann.

4 In bengalischen Feuern werden neben Magnesium auch Strontium- oder Bariumverbindungen eingesetzt. Begründe, weshalb diese Stoffe zugegeben werden.

5 Vergleiche wesentliche Eigenschaften von Alkali- und Erdalkalimetallen miteinander.

Methode

Internetrecherche

In einem Vortrag über Radium soll auch auf die Entdeckung des Elements eingegangen werden. Viele Informationen dazu findest du im Internet.

1 *Formuliere ein Problem oder eine Fragestellung.*
Wann und von wem wurde Radium entdeckt?

2 *Finde geeignete Suchwörter.*
Mögliche Suchwörter sind: Radium, Entdeckung, Erdalkalimetalle.

3 *Suche im Internet mit geeigneten Suchmaschinen.*
Mögliche Suchmaschinen sind: www.google.de, www.lycos.de, www.yahoo.de, www.altavista.de, www.abacho.de.

4 *Gib das Suchwort ein.*

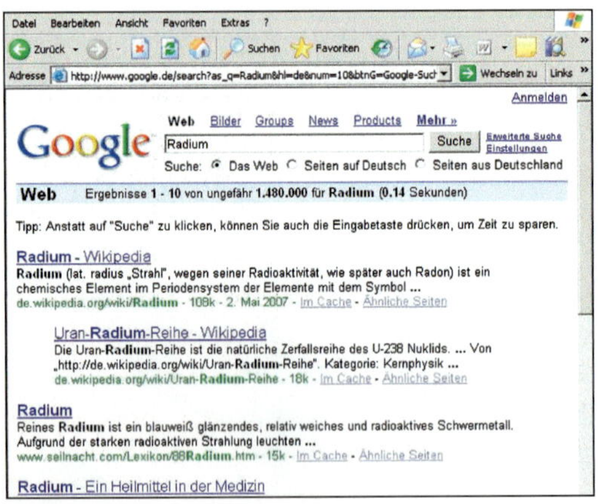

5 *Schränke das Suchergebnis ein.*
Oft gibt die Suchmaschine zu viele Fundstellen an. Dann kann das Suchergebnis eingeschränkt werden, indem mehrere Suchwörter eingegeben werden. Viele Suchmaschinen wie www.google.de bieten eine „erweiterte Suche" an. Damit können Seiten mit **allen** Wörtern, mit der **genauen Wortgruppe**, mit **irgendeinem der Wörter** oder **ohne** die Wörter gesucht werden. Gibt man mehrere Suchwörter durch Leerzeichen voneinander getrennt in das Suchfeld ein, werden alle Seiten angezeigt, die gleichzeitig beide Begriffe enthalten. Die genaue Wortgruppe kann gesucht werden, indem sie in Anführungszeichen gesetzt wird.

Zur Einschränkung der Suche gib ein weiteres aussagekräftiges Suchwort ein.
Suchwörter: Radium, Entdeckung

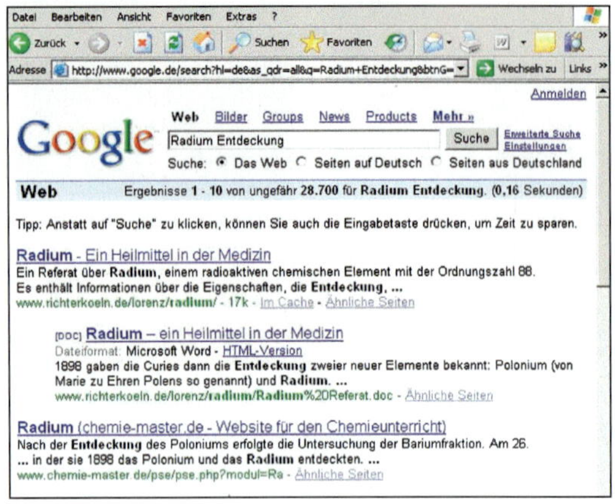

6 *Sichte die Seiten.*
Überfliege die Fundstellen und kopiere die Adressen von geeigneten Seiten, damit du sie später schnell finden kannst. Zudem hast du damit die Daten, die du als Quellenangabe für wörtlich oder inhaltlich übernommene Textpassagen benötigst.

7 *Notiere die gefundenen Aussagen.*
MARIE CURIE entdeckte Radium im Jahr 1898.
Gefundene geeignete Internetadressen:
www.chemie-master.de/pse/pse.php?modul=Ra
www.seilnacht.com/Lexikon/88Radium.htm

Wichtige Internetadressen zur Recherche chemischer Inhalte

http://dc2.uni-bielefeld.de/
http://netchemie.de/netchemie/
http://www.chemie-master.de/
http://www.seilnacht.tuttlingen.com/
http://de.wikipedia.org/wiki/Hauptseite

Suche nach Suchmaschinen – übergeordnete Suchmaschinen

www.metager.de
www.klug-suchen.de
www.suchfibel.de

1 Überkochen von Nudelwasser

1 In vielen Küchen wird auf Gasherden gekocht. Diese nutzen Erdgas, das im Normalfall mit blauer Flamme verbrennt. Wenn aber z. B. Nudeln überkochen und das Nudelwasser in die Gasflamme gelangt, färbt sich die Flamme gelb. Deute diese Beobachtung.

2 In Lithiumbatterien dürfen nur wasserfreie Stoffe eingesetzt werden. Erkläre, warum Wasser in diesen Batterien gefährlich wäre.

3 Caesium wird in luftleer gepumpten Glasampullen aufbewahrt. ↑2 Begründe diese Notwendigkeit.

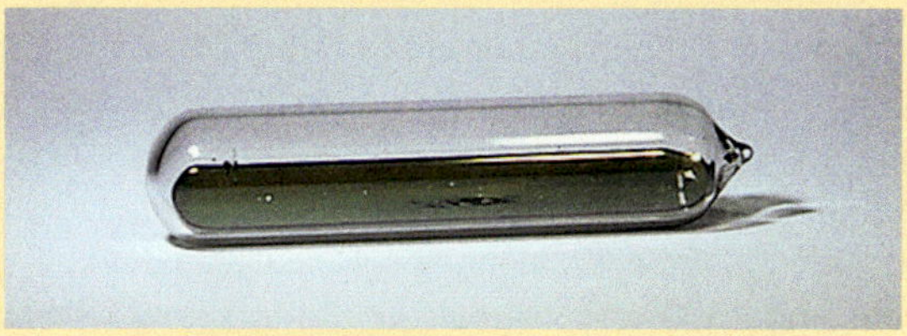

2 Glasampulle mit Caesium

4 In Kernkraftwerken wird flüssiges Natrium als Kühlmittel eingesetzt, da es ein guter Wärmeleiter ist. Natrium ist bei Temperaturen von 98 °C bis 898 °C flüssig, daher kann es bei den in Kernreaktoren herrschenden Temperaturen eingesetzt werden. Wasser wäre bei diesen Temperaturen gasförmig und ist daher als Kühlmittel ungeeignet. Erläutere, welche Gefahren bei der Nutzung von Natrium auftreten können.

5 Mineralwässer enthalten viele gelöste Stoffe, darunter auch Magnesiumverbindungen. Der Massenanteil wird auf den Etiketten angegeben. ↑3 Berechne das Volumen, das du von einem Mineralwasser trinken musst, um deinen Tagesbedarf an Magnesiumverbindungen zu decken.

3 Etikett einer Mineralwasserflasche

6 Professor Robert Wilhelm Bunsen war einer der bedeutendsten Chemiker Deutschlands. Unter anderem entwickelte er auch Nachweismethoden winzigster Stoffportionen. Hiervon handelt auch eine Geschichte, die man sich von ihm erzählt: Bunsen war mit einem Freund in einem Restaurant zum Essen. Es gab Hühnchen. Nachdem sie das Hühnchen aufgegessen hatten, zog Bunsen eine kleine Tüte aus der Tasche und streute ein Pulver über die abgenagten Hühnchenknochen. Am nächsten Tag ging er mit seinem Freund wieder in das Restaurant zum Essen. Diesmal gab es Hühnchensuppe. Beim Essen nahm Bunsen einen Platindraht aus seiner Tasche und tauchte ihn in die Suppe. Als er ihn dann in die Flamme eines ebenfalls mitgebrachten Spiritusbrenners hielt, färbte sich die Flamme rot.
Stelle eine Vermutung an, um welchen Stoff es sich bei dem Pulver in der Tüte gehandelt haben könnte. Deute das Ergebnis von Bunsens Untersuchung.

4 Robert Wilhelm Bunsen (1811 bis 1899)

Auf einen Blick

Elementgruppe

Elemente mit ähnlichen Eigenschaften und Reaktionen werden zu Elementgruppen zusammengefasst. Innerhalb der Elementgruppe verändern sich viele Eigenschaften mit zunehmender Atommasse.

Alkalimetalle

Elementgruppe der Elemente der I. Hauptgruppe: Es handelt sich um die Leichtmetalle Lithium, Natrium, Kalium, Rubidium, Caesium und das radioaktive Francium.
Alkalimetalle sind sehr reaktionsfreudig. Sie reagieren mit Sauerstoff zu Alkalimetalloxiden. Mit Wasser reagieren sie heftig. Die Alkalimetalle kommen in der Natur nur in Verbindungen vor.

Hinweis auf Alkalimetalle

Die Alkalimetalle und ihre Verbindungen zeigen typische Verfärbungen der nicht leuchtenden Brennerflamme.

Lithium

rot

Natrium

gelb

Kalium

rotviolett

Rubidium

dunkelrot

Caesium

blauviolett

Erdalkalimetalle

Elementgruppe der Elemente der II. Hauptgruppe: Es handelt sich um die Leichtmetalle Beryllium, Magnesium, Calcium, Strontium, Barium und das radioaktive Radium.
Diese Elemente sind nicht so reaktionsfreudig wie die Alkalimetalle. Sie reagieren mit Sauerstoff zu ihren Oxiden. Die Reaktionsfähigkeit mit Wasser nimmt mit steigender Ordnungszahl zu. Die Erdalkalimetalle kommen in der Natur nur in Verbindungen vor.

Hinweis auf Erdalkalimetalle

Einige Erdalkalimetalle und ihre Verbindungen zeigen typische Verfärbungen der nicht leuchtenden Brennerflamme.

Calcium

ziegelrot

Strontium
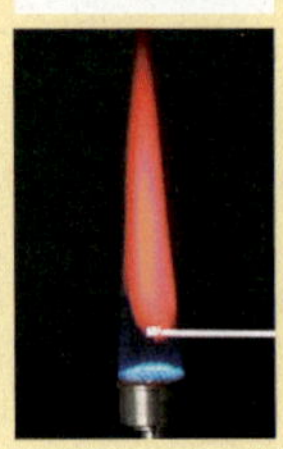
rot

Barium

grün

Halogene und Edelgase

Licht kann durch verschiedene Leuchtmittel wie Glühlampen, Energiesparlampen, Plasmakugeln oder Neonröhren erzeugt werden. In vielen von ihnen befinden sich Edelgase und bei einigen Typen dazu noch Halogene.

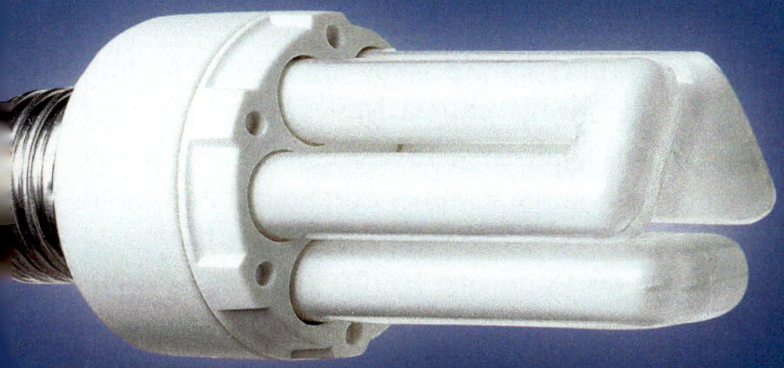

- Welche Stoffe gehören zu den Halogenen und den Edelgasen?
- Welche Eigenschaften haben diese Stoffe und wozu werden sie verwendet?
- Welche biologische Bedeutung haben Halogene?

Die Elemente der VII. Hauptgruppe

Halogenlampen werden als moderne Leuchtmittel verwendet. Ihre Füllungen enthalten Zusätze von Brom oder Iod. Hierdurch kann die Temperatur der Glühwendel und damit auch die Lichtausbeute erhöht werden. Welche Gemeinsamkeiten zeigen Brom und Iod? Gibt es weitere Stoffe mit ähnlichen Eigenschaften?

1 Halogenbeleuchtung

2 Stoffprobe und Molekülmodell von Chlor

Chlor Bei 20 °C ist Chlor ein gelbgrünes Gas (griech. chloros – gelbgrün) mit stechendem Geruch. Es ist aus zweiatomigen Molekülen aufgebaut (Molekülformel: Cl_2). Dieses Nichtmetall ist sehr reaktionsfähig und reagiert mit den meisten Elementen schon bei Zimmertemperatur. Aufgrund seiner Reaktivität ist Chlor ein gefährliches Atemgift. Chlor ist in Wasser mäßig löslich. In einem Liter Wasser lösen sich bei 20 °C etwa 2,3 Liter Chlorgas. Die 0,4 bis 0,5%ige wässrige Lösung wird als Chlorwasser bezeichnet. In der Natur kommt Chlor nicht elementar, sondern nur gebunden vor. Aus diesen Verbindungen wird es mithilfe des elektrischen Stroms gewonnen.

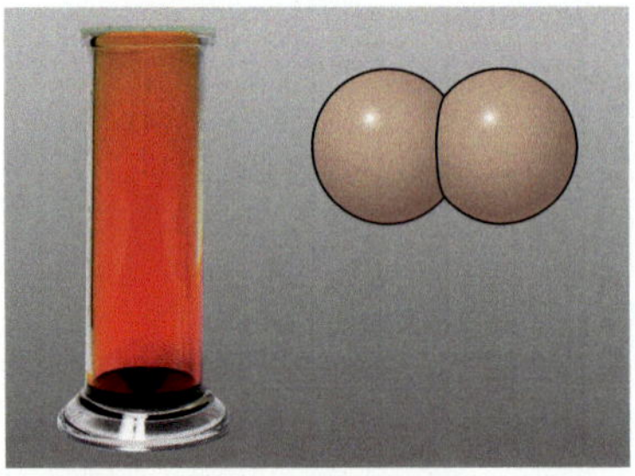

3 Stoffprobe und Molekülmodell von Brom

Brom Auch Brom ist aus zweiatomigen Molekülen aufgebaut (Molekülformel: Br_2). Es ist bei 20 °C eine dunkelrotbraune Flüssigkeit und somit das bei Zimmertemperatur einzige flüssige Nichtmetall. Schon bei dieser Temperatur bilden sich braune Dämpfe, die einen unangenehmen Geruch (griech. bromos – Gestank) aufweisen und giftig sind. Auf der Haut führt Brom zu schmerzhaften Verätzungen. Ähnlich wie Chlor ist Brom sehr reaktionsfähig. In Wasser ist Brom nur wenig löslich, die gesättigte Lösung enthält etwa 3,5 % Brom. In der Natur kommt es wie Chlor nur in Form von Verbindungen vor. Es kann durch Reaktion dieser Verbindungen mit Chlor gewonnen werden.

4 Stoffprobe und Molekülmodell von Iod

Iod Das Nichtmetall Iod liegt bei Zimmertemperatur in Form von weichen, grauvioletten, metallisch glänzenden Kristallen vor. Wie Chlor und Brom ist es aus zweiatomigen Molekülen aufgebaut (Molekülformel: I_2). Schon bei leichter Erwärmung bildet Iod violette Dämpfe (griech. ioeides – veilchenfarbig), die stark schleimhautreizend wirken. Iod ist wesentlich weniger reaktionsfähig als Chlor und Brom. In Wasser ist es kaum löslich. Es löst sich aber in Alkohol. Diese braune Lösung wurde früher zur Desinfektion von Wunden verwendet.
Auch Iod kommt in der Natur nur in Form von Verbindungen vor und kann ebenso wie Brom durch Reaktion dieser Verbindungen mit Chlor gewonnen werden.

Die Familie findet sich Auch das Element Fluor (Molekülformel: F_2) zeigt in den Eigenschaften viele Gemeinsamkeiten mit Chlor, Brom und Iod. Fluor, Chlor, Brom und Iod sind die wichtigsten Elemente der VII. Hauptgruppe im Periodensystem der Elemente. Alle vier Elemente sind Nichtmetalle und aus zweiatomigen Molekülen aufgebaut. Sie haben im gasförmigen Zustand einen stechenden Geruch und sind Atemgifte. Auch in ihrem Reaktionsverhalten sind sie sehr ähnlich. Daher werden sie zur Elementgruppe der **Halogene** (griech. hals – Salz; gennan – bilden) zusammengefasst. Zu den Halogenen zählt weiterhin das Element Astat (At).

EXPERIMENT 1 [L]

Wirkung von Chlor auf Blütenblätter.

Vorsicht! Abzug! Ein trockener Standzylinder wird mit Chlor (T, N) gefüllt. Es werden farbige Blütenblätter dazugegeben. Der Standzylinder wird verschlossen.

Eigenschaften der Halogene

Halogen	Molekülformel	Farbe des Gases	Schmelztemperatur in °C	Siedetemperatur in °C	Löslichkeit in Wasser	Reaktionsfähigkeit
Fluor	F_2	schwach grünlich	–220	–188	reagiert mit Wasser	
Chlor	Cl_2	grüngelb	–101	–35	mäßig	abnehmend
Brom	Br_2	dunkelrotbraun	–7	58	gering	
Iod	I_2	blauviolett	114	183	schlecht	

Bedeutung der Halogene Chlor wirkt auf Mikroorganismen tödlich. Daher wird es zur Desinfektion, z. B. in Schwimmbädern, eingesetzt. Da es auch für den Menschen giftig ist, ist im Umgang mit Chlor besondere Vorsicht geboten. In der Chemieindustrie ist Chlor ein wichtiger Ausgangsstoff für viele Produkte des Alltags. Hierzu gehören Kunststoffartikel aus Polyvinylchlorid (PVC), Pflanzenschutzmittel, Lösemittel, Medikamente und Farbstoffe.

Fluorhaltige Verbindungen werden in geringen Mengen Zahnpasten und fluoriertem Speisesalz zugesetzt, um Karies vorzubeugen. Auch zur Herstellung von Kunststoffen wie Teflon® wird Fluor benötigt. Brom und Bromverbindungen werden in der Medizin und in der Fotografie benutzt. Iod und seine Verbindungen haben für die Industrie eine weit geringere Bedeutung als die übrigen Halogene. Für den menschlichen Organismus sind sie jedoch sehr wichtig. So werden dem Speisesalz Iodverbindungen zugefügt, um Erkrankungen der Schilddrüse vorzubeugen. Während Iod für Mikroorganismen tödlich wirkt, ist es für den Menschen nur gesundheitsschädlich.

5 Bleichende Wirkung von Chlor

Aufgaben

1 Erläutere, wie sich die Schmelz- und Siedetemperaturen sowie die Wasserlöslichkeit innerhalb der Elementgruppe der Halogene verändern.

2 Nenne Kennbuchstaben und Gefahrenbezeichnung von Chlor, Brom und Iod.

3 Informiere dich, welche chlorhaltigen Stoffe im Haushalt verwendet werden.

4 Beim Experimentieren mit Brom müssen Schutzhandschuhe getragen werden. Außerdem muss unter einem Abzug gearbeitet werden. Begründe diese Schutzmaßnahmen.

5 Begründe, warum Iodtinktur (eine Lösung von Iod in Alkohol) früher zur Wunddesinfektion eingesetzt wurde.

Halogene – die Salzbildner

Halogene kommen in der Natur nur in Form ihrer Verbindungen vor. Natriumchlorid, eine der wichtigsten Halogenverbindungen, kommt mit einem Massenanteil von 2,8 % in den Ozeanen gelöst vor.
Welche Eigenschaften hat Natriumchlorid? Welche weiteren Halogenverbindungen sind von Bedeutung?

1 In den Ozeanen sind gewaltige Mengen an Chlor- und Bromverbindungen gelöst.

Metallhalogenide Halogene reagieren mit unedlen Metallen. Kommt Chlor mit Natrium in Kontakt, so entstehen nach einiger Zeit weiße Kristalle. ↑3 Wird das Natrium erhitzt, verläuft diese Reaktion sehr rasch. Dabei kommt es zu heftigen Wärme- und Lichterscheinungen.

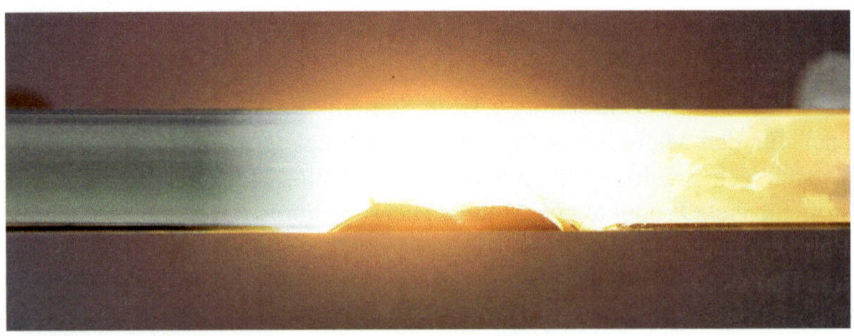

2 Reaktion von Natrium mit Chlor im Reaktionsrohr

3 Natrium und Chlor nach zwei Tagen im Standzyliner

Bei der Reaktion von Natrium mit Chlor entsteht Natriumchlorid, das im Alltag als Kochsalz oder einfach als Salz bezeichnet wird.

Natrium (s) + Chlor (g) ⟶ Natriumchlorid (s) | exotherm
$2\,Na\,(s) + Cl_2\,(g) \longrightarrow 2\,NaCl\,(s)$ | exotherm

Ähnliche Stoffe wie Kochsalz werden häufig auch **Salze** genannt.
Auch andere Metalle reagieren mit Chlor. Bei der Reaktion von Chlor mit Kalium entsteht Kaliumchlorid, bei der Reaktion mit Zink Zinkchlorid. Die Verbindungen von Metallen mit Chlor werden allgemein als **Chloride** bezeichnet. Ebenso reagieren die anderen Halogene mit Metallen zu kristallinen Stoffen. So entsteht bei der Reaktion von Brom mit Aluminium Aluminium**bromid**. ↑E.2 Wenn Fluor mit Zink reagiert, entsteht Zink**fluorid** und bei der Reaktion von Magnesium mit Iod bildet sich Magnesium**iodid**. Fluoride, Chloride, Bromide und Iodide werden zur Stoffgruppe der **Halogenide** zusammengefasst.

Halogene reagieren mit Metallen zu Metallhalogeniden.

EXPERIMENT 2 [L]

Chemische Reaktion von Brom mit Aluminium.

Vorsicht! Abzug! Schutzbrille!
Ein trockenes Reagenzglas wird mit Bromdampf (T+, C, N) gefüllt. Hierzu werden Aluminiumstücke gegeben. Das Reagenzglas wird mit einem Wattebausch verschlossen. Das Reagenzglas wird so lange in der Brennerflamme erhitzt, bis das Aluminium aufglüht.

Selbst untersucht

3 Prüfe die Löslichkeit von Metallhalogeniden in Wasser.
Fülle drei Reagenzgläser zu einem Viertel mit Wasser. Gib in je ein Reagenzglas mit dem Spatel etwas Natriumchlorid, Natriumbromid bzw. Natriumiodid. Verschließe die Reagenzgläser mit Stopfen und schüttle. Beobachte. Wiederhole die Zugabe, bis sich die Stoffe nicht mehr auflösen.
Charakterisiere die Löslichkeit der Metallhalogenide.
Entsorgung: Lösungen in den Sammelbehälter für Abwasser geben.

Eigenschaften von Metallhalogeniden Viele Eigenschaften des bedeutsamsten Chlorids, des Natriumchlorids, sind aus dem Alltag bekannt. Es kommt kristallin vor und ist gut in Wasser löslich. Auch Natriumbromid und -iodid sind gut wasserlöslich. ↑E.3 Die meisten Metallchloride, -bromide und -iodide sind wasserlöslich. Während Natriumfluorid ebenfalls in Wasser gut löslich ist, sind die meisten Metallfluoride dagegen nur schwer löslich.
Metallhalogenide besitzen oft ähnliche Eigenschaften. So sind ihre Schmelztemperaturen häufig hoch. Einige Metallhalogenide sind feste Stoffe, die in typischen Kristallformen auftreten.

Verhältnisformeln einiger Metallhalogenide

Metallhalogenid	Verhältnisformel
Natriumchlorid	$NaCl$
Natriumbromid	$NaBr$
Natriumiodid	NaI
Kaliumchlorid	KCl
Kaliumbromid	KBr
Kaliumiodid	KI
Magnesiumchlorid	$MgCl_2$
Magnesiumbromid	$MgBr_2$
Magnesiumiodid	MgI_2
Aluminiumchlorid	$AlCl_3$
Aluminiumbromid	$AlBr_3$
Aluminiumiodid	AlI_3

Verwendung von Metallhalogeniden Einige Fluoride sind giftig. Sie werden als Konservierungsmittel für Holz und Leder eingesetzt. Weiterhin werden sie in sehr geringen Mengen als Zusatz in Speisesalz und Zahnpflegemitteln verwendet, um die Zähne vor Karies zu schützen.
Natriumchlorid ist einer der wichtigsten Ausgangsstoffe der chemischen Industrie. Chloride haben auch eine große biologische Bedeutung. Sie sind in allen Körperflüssigkeiten enthalten. Der durchschnittliche Tagesbedarf an Natriumchlorid eines Erwachsenen beträgt 2 bis 3 g. Bei starkem Schwitzen kann er bis auf 20 g ansteigen. Eine zu hohe Aufnahme von Natriumchlorid kann zu gesundheitlichen Problemen wie Bluthochdruck führen.
Bromide finden in der Fotografie Verwendung. So wird für die lichtempfindliche Schicht des Fotopapiers Silberbromid benutzt. Kaliumbromid dient als Entwicklerzusatz. Silberiodid wird ebenfalls in der Fotografie verwendet und zum künstlichen Auslösen von Regen. ↑4
Iodkaliumiodid, die wässrige Lösung von Iod und Kaliumiodid, wird als Nachweismittel für Stärke benutzt.

4 Flugzeug beim Ausbringen von Silberiodid zum Auslösen von Regen

Aufgaben

1 Bei chemischen Reaktionen werden Stoffe umgewandelt und es entstehen neue Stoffe mit anderen Eigenschaften. Belege diese Aussage anhand der Reaktion von Natrium mit Chlor.

2 Formuliere die Reaktionsgleichungen für folgende Reaktionen:
a Aluminium mit Chlor
b Magnesium mit Brom
c Kalium mit Iod

3 Welche Stoffe müssen miteinander reagieren, damit folgende Stoffe entstehen?
a Silberiodid
b Eisenbromid
c Kaliumchlorid

4 Eine ausgewogene Ernährung enthält auch Nahrungsmittel mit Fluor- und Iodverbindungen. Erkunde, welche Nahrungsmittel einen hohen Gehalt dieser Stoffe aufweisen.

Welt der Chemie

1 Iodiertes Speisesalz

Iod – ein lebensnotwendiges Spurenelement

Der Körper benötigt Iod, um die Schilddrüsenhormone Thyroxin und Triiodthyronin aufzubauen. Diese Hormone regeln die Entwicklung des Körpers während des Wachstums, die Reifung des Gehirns, der Lungen und der Knochen und sie steuern den Energiestoffwechsel.

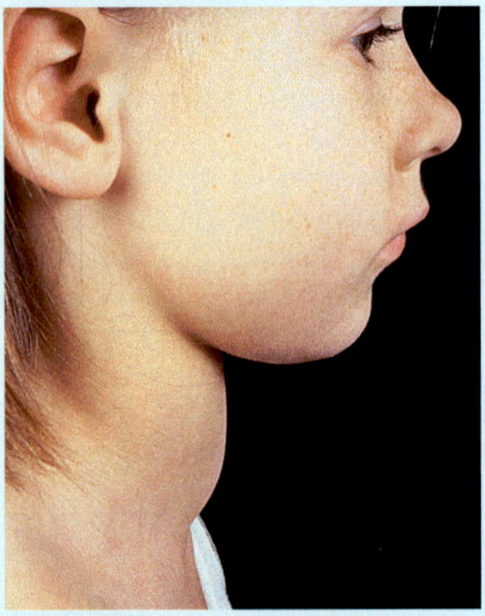

2 Kropfbildung bei einem Kind

Iod muss in Form von Iodverbindungen regelmäßig mit der Nahrung aufgenommen werden. Wird zu wenig aufgenommen, vergrößert sich die Schilddrüse. Dadurch wird das wenige zur Verfügung stehende Iod bestmöglich verwertet. Eine Vergrößerung der Schilddrüse kann zur Bildung eines Kropfes führen. Anzeichen für einen Iodmangel sind leichte Ermüdbarkeit, ständiges Frieren, Konzentrationsschwäche, Antriebslosigkeit und Durchblutungsstörungen. Ein Iodmangel bei Schwangeren gefährdet die geistige Entwicklung des Kindes im Mutterleib.

Um einem natürlichen Iodmangel vorzubeugen wird Speisesalz vorwiegend iodiert angeboten.

Besonders iodhaltige Nahrungsmittel sind Seefische wie Kabeljau, Schellfisch und Seelachs.

Iodbedarf bei Kindern, Jugendlichen und Erwachsenen	
Kinder bis 10 Jahre	100 bis 140 µg/Tag
Jugendliche und Erwachsene	150 bis 200 µg/Tag
Schwangere und Stillende	230 bis 260 µg/Tag

3 Sushi – roher Fisch in Reis und Meeresalgen eingewickelt – ist besonders iodhaltig.

4 Auch im Tierreich spielt Iod eine wichtige Rolle. Ohne die Aufnahme von Iodverbindungen würde sich die Kaulquappe nicht zum Frosch entwickeln, sondern im Larvenstadium verharren.

Ermitteln der Verhältnisformel einer chemischen Verbindung

Durch ein Experiment wurde ermittelt, dass 0,5 g Magnesium mit 5,3 g Iod zu 5,8 g Magnesiumiodid reagiert haben. Aus diesem Massenverhältnis lässt sich die Verhältnisformel der Verbindung ermitteln.

1 Iod

2 Magnesium

3 Magnesiumiodid

1 *Ermittle das Massenverhältnis der in einer Verbindung gebundenen Elemente.*
Führe dazu ein quantitatives Experiment durch oder entnimm die Werte aus entsprechenden Tafelwerken.

Das Massenverhältnis von Magnesium und Iod in Magnesiumiodid beträgt:

$m(\mathrm{Mg}) : m(\mathrm{I}) = 0{,}5\,\mathrm{g} : 5{,}3\,\mathrm{g}$

2 *Erstelle für die in der Verbindung gebundenen Elemente die Formel zur Berechnung der Teilchenanzahl N.*
Nutze dabei die Formel:

$$N(\text{Element}) = \frac{m(\text{Stoffportion des Elements})}{m(\text{1 Atom des Elements})}$$

$$N(\mathrm{Mg}) = \frac{m(\mathrm{Mg})}{m(\text{1 Magnesiumatom})}$$

$$N(\mathrm{I}) = \frac{m(\mathrm{I})}{m(\text{1 Iodatom})}$$

3 *Berechne das Teilchenanzahlverhältnis der in der Verbindung gebundenen Elemente.*
Werden für die Elemente z. B. die Zeichen „X“ und „Z“ verwendet, dann gilt allgemein:

$$\frac{N(\mathrm{X})}{N(\mathrm{Z})} = \frac{m(\mathrm{X}) \cdot m(\text{1 Z-Atom})}{m(\text{1 X-Atom}) \cdot m(\mathrm{Z})}$$

$$\frac{N(\mathrm{Mg})}{N(\mathrm{I})} = \frac{m(\mathrm{Mg}) \cdot m(\text{1 Iodatom})}{m(\text{1 Magnesiumatom}) \cdot m(\mathrm{I})}$$

$$\frac{N(\mathrm{Mg})}{N(\mathrm{I})} = \frac{0{,}5\,\mathrm{g} \cdot 127\,\mathrm{u}}{24\,\mathrm{u} \cdot 5{,}3\,\mathrm{g}}$$

$$\frac{N(\mathrm{Mg})}{N(\mathrm{I})} = \frac{63{,}5}{127{,}2} = \frac{1}{2}$$

4 *Stelle die Verhältnisformel der Verbindung auf.*
Schreibe die Symbole der in der Verbindung gebundenen Elemente auf und gib jeweils hinter dem Symbol tiefgestellt die Zahl aus dem Teilchenanzahlverhältnis an.

$$\frac{N(\mathrm{Mg})}{N(\mathrm{I})} = \frac{1}{2}$$

Die Verhältnisformel für Magnesiumiodid lautet:
Mg_1I_2
Vereinfacht wird geschrieben: **MgI_2**

Heute eines der preiswertesten Lebensmittel, war Salz einst so kostbar wie Gold. „Der Mensch kann ohne Gold, nicht aber ohne Salz leben“, schrieb vor über 1500 Jahren ein römischer Schriftgelehrter, der das Salz als „magische Substanz“ und als „Elixier des Lebens“ bezeichnete. Es handelt sich dabei um die chemische Verbindung Natriumchlorid.

Salz – das „weiße Gold“

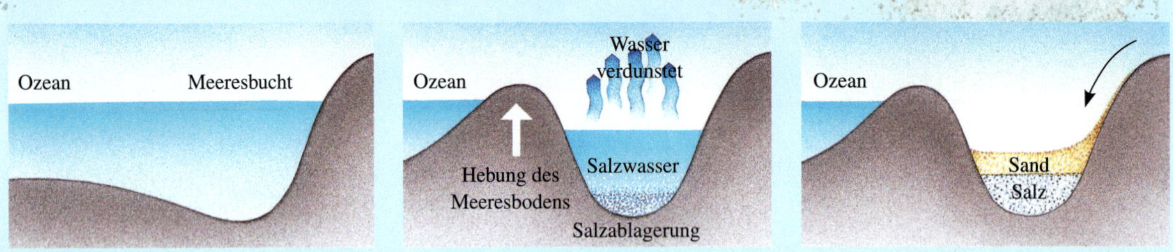

1 Entstehung einer Salzlagerstätte

Salz – ein Stoff, der die Welt veränderte Die faszinierende Geschichte der kleinen weißen Kristalle reicht bis vor über 200 bis 300 Millionen Jahre zurück, als Urmeere auch ganz Europa bedeckten und durch Auswölbungen des Meeresbodens Salzlagerstätten entstanden.

3000 v. Chr.	In China werden die ersten Salzminen der Welt erschlossen.
800 v. Chr.	In China wird „Salz in Pfannen“ erzeugt, die ersten Salinen und Salzsiedereien werden betrieben. Die Ägypter gewinnen Salz aus dem Meerwasser des Nildeltas. Sie konservieren Fleisch und Fisch und präparieren ihre Toten mit Salz.
300 v. Chr.	Im Alpenraum nimmt die Salzgewinnung ihren Aufschwung. An meist von Kelten gefundenen Salzlagerstätten entstanden Ansiedlungen wie Berchtesgaden, Reichenhall, Hallein, Hallstatt, Ischl und Aussee. Salz wird eines der ersten internationalen Handelsgüter.
500	Die Venezianer beherrschen neben dem Gewürz- auch den Salzhandel.
1200	Mit der Hanse erwächst den Venezianern eine übermächtige Konkurrenz.
1450	40000 Schiffe mit 300000 Mann Besatzung kreuzen auf den Meeren. Allein 200 Schiffe der Hanse legen im Jahre 1452 im französischen Hafen Le Croisie an, um Salz aufzunehmen. Es ist für die Ostseeanrainer zur Konservierung ihres Fisches bestimmt. Das Aufblühen von Städten wie Lüneburg, Lübeck und Halle (Saale) beruht vor allem auf dem Salzhandel.
1825	In Schwäbisch Hall wird eines der ersten Salzbergwerke der Neuzeit im süddeutschen Raum in Betrieb genommen.

Salz – nicht nur eine Geschmackssache Die Europäische Union produziert heute jährlich 35 bis 40 Mio. Tonnen Salz. Obgleich der Salzverbrauch fast überall auf der Erde zurückgeht, mögen Menschen in Salz konservierte Speisen: Salzhering, Schinken, Wurst, eingelegte Oliven, Gurken, Sauerkraut … Von den in Deutschland jährlich produzierten 13 Mio. Tonnen Salz werden jedoch nur 3 % als Speisesalz verwendet. Eine von der Salzindustrie häufig genannte Zahl sind 14 000 Verwendungsmöglichkeiten.

2 Heringe werden mit Salz konserviert.

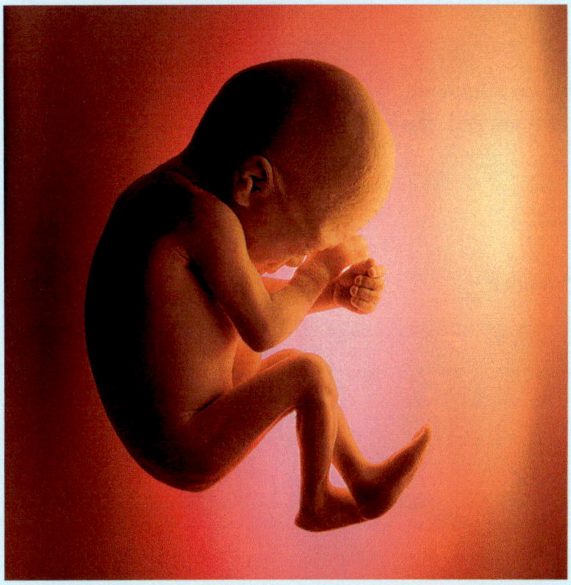

Wie viel Salz braucht der Mensch? Täglich werden vom „Salz des Lebens“ 2 bis 3 g benötigt, um Verluste über Nieren, Darm und Haut auszugleichen. 80 g Salz wirken im Organismus als Basis des Blutes und der Zellflüssigkeit. Salz regelt den Wasserhaushalt zwischen den Zellen. Es beeinflusst die Erregungsleitung in den Nerven. In den Nieren werden täglich etwa 170 Liter Filtrat gebildet, das entspricht ca. 1,5 kg Salz. Blut, Tränen und Schweiß – Salz ist immer dabei.

3 Das menschliche Leben entsteht in einer 1%igen Salzlösung.

Salz hilft heilen Meersalz zur Therapie von Hautkrankheiten gibt es nicht nur am Toten Meer mit seinem Salzgehalt von über 25 %. Auch Solebäder und vernebelte Sole lindern die Beschwerden von Asthmatikern, Lungenkranken und Allergikern. Salzbergwerke, wie das vermutlich älteste Europas, die königliche Mine Wieliczka vor den Toren Krakaus (Polen), oder Berchtesgaden erwachen als „Krankenhäuser“ mit Sole-Heilstollen zu neuem Leben. Wenn das „weiße Gold“ Kranken hilft, trägt es auch heute noch seine Bezeichnung zu Recht.

4 Badende im Toten Meer

5 Kathedrale aus Salz im ehemaligen Salzbergwerk Wieliczka bei Krakau

selbst erforscht

Fotografie

1 Die ersten Fotografien werden nach ihrem Erfinder als Daguerreotypien bezeichnet.

Im Jahr 1835 gelang es dem Franzosen JACQUES DAGUERRE (1787 bis 1851) erstmalig mithilfe einer mit Silberiodid beschichteten Platte, ein fotografisches Bild herzustellen. Seither haben die Fotos und Kinofilme in unserem Leben eine immer größere Bedeutung erlangt. Diese nahm durch die Entwicklung der Farbfotografie und der digitalen Fotografie noch weiter zu.

- Was sind die Grundlagen des fotografischen Prozesses?
- Wodurch unterscheiden sich Schwarz-Weiß-Fotografie und Farbfotografie voneinander?
- Wie ist der Weg vom Fotografieren bis zum fertigen Foto?

Materialien für die Projektbearbeitung Nutzt die auf diesen Seiten enthaltenen Informationen und Experimente sowie Materialien aus anderen Quellen zur Bearbeitung eurer Fragen.

Entstehung eines Schwarz-Weiß-Fotos

Belichten

In einer Dunkelkammer wird bei Rotlicht das lichtempfindliche Fotopapier mit dem Negativbild kurz belichtet.

Durch das Licht werden die Silberiodidkristalle zum Teil in Silber und Iod zerlegt. Es entstehen winzige Silberkeime.

Entwickeln

Das Foto wird entwickelt. In der Entwicklerlösung werden die belichteten Stellen schwarz, die unbelichteten bleiben weiß.

Belichtete Kristalle werden vollständig in Silber und Iod zerlegt.

Stoppen

Im Stoppbad wird die Entwicklung des Bildes beendet.

Die Entwicklerlösung wird zerstört.

Fixieren

Das Bild wird lichtunempfindlich und haltbar gemacht. Dazu kommt es in ein Fixierbad und wird anschließend gründlich gewässert und getrocknet.

Die noch lichtempfindlichen Silberiodidkristalle werden aus dem Fotopapier herausgelöst.

1 Stelle ein einfaches Foto her.
Tauche ein Filterpapier mit einer Pinzette in eine Petrischale mit 5%iger Kaliumbromidlösung und trockne es, bis es nur noch leicht feucht ist. Tauche das Papier kurz in eine Petrischale mit 5%iger Silbernitratlösung (Xi). Lass es abtropfen. Stecke es in eine Hülle aus Aluminiumfolie, in die du vorher auf einer Seite ein Motiv geschnitten hast. Beleuchte die Seite mit dem Motiv etwa 5 min lang sehr stark. Tauche das umhüllte Papier eine Minute in eine Petrischale mit 5%iger Natriumthiosulfatlösung und entferne anschließend mit einer Pinzette vorsichtig die Aluminiumfolie. Trockne dein Foto.
Notiere die Beobachtungen.

2 Untersuche die Einwirkung von Licht auf Silberiodid.
Fülle zwei Reagenzgläser mit jeweils 3 ml 5%iger Kaliumiodidlösung. Gib das gleiche Volumen 5%iger Silbernitratlösung (Xi) dazu. Stelle das eine Reagenzglas dunkel, z. B. in einen Schrank, das andere in helles Licht.
Vergleiche die Proben nach etwa 10 min miteinander. Notiere deine Beobachtungen.

3 Untersuche die Einwirkung von Licht auf Silberbromid.
Fülle ein Reagenzglas mit 3 ml 5%iger Kaliumbromidlösung. Gib das gleiche Volumen 5%iger Silbernitratlösung (Xi) dazu. Klebe einen 2 cm breiten Streifen aus Aluminiumfolie mit durchsichtigem Klebestreifen wie einen Ring um das Reagenzglas. Belichte das Reagenzglas etwa 10 min.
Notiere deine Beobachtungen.

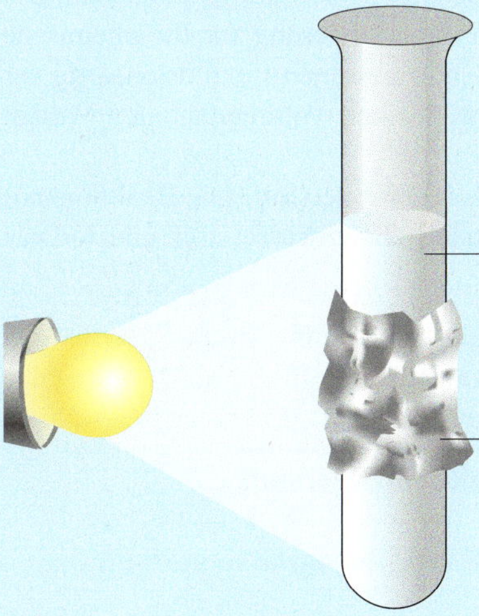

4 Stelle ein Foto her.
Verrühre in 25 ml kaltem Wasser 3 g Kaliumbromid und 5 g Gelatinepulver. Erwärme das Gemisch, bis eine klare Lösung entsteht. Trage diese Lösung mit einem Pinsel auf ein DIN A5 großes Stück Zeichenkarton auf. Trockne mit einem Föhn. Lege anschließend den Zeichenkarton 3 min lang in eine 5%ige Silbernitratlösung (Xi). Lass den Karton im Dunkeln trocknen.
Kopiere das zu entwickelnde Motiv auf eine Folie. Lege diese Folie auf den Zeichenkarton und setze ihn einer hellen Lichtquelle aus. Tauche den Zeichenkarton 1 min in eine Petrischale mit 5%iger Natriumthiosulfatlösung.
Notiere deine Beobachtungen.

2 Schwarz-Weiß-Negativ und -Positiv

5 Untersuche die Wirkung von „Entwicklerlösung".
Stelle aus 2 ml 5%iger Kaliumbromidlösung und 1 ml 5%iger Silbernitratlösung (Xi) einen frischen Silberbromidniederschlag her. Versetze diesen mit 1 ml fotografischer Entwicklerlösung (Xn, C).
Notiere deine Beobachtungen.

Hinweise für die Projektarbeit Stellt euch Fragen, die ihr zum Thema Fotografie beantworten bzw. untersuchen wollt. Bildet Gruppen, die die einzelnen Schwerpunkte bearbeiten. Überlegt, wie ihr eure Ergebnisse den anderen Gruppen und der Öffentlichkeit vorstellen möchtet.

Reaktion von Halogenen mit Wasserstoff

Vulkanische Gase enthalten häufig auch ein besonders aggressives, giftiges Gas, das bei der Reaktion von Chlor mit Wasserstoff entsteht. Der Stoff wird in der Industrie vielseitig verwendet. Um welchen Stoff handelt es sich? Welche Eigenschaften hat er?

1 Vulkanausbruch

EXPERIMENT 4 [L]

Reaktion von Wasserstoff mit Chlor.

Vorsicht! Abzug! Ein Standzylinder wird mit Chlor (T, N) gefüllt. In diesen wird ein Glasrohr mit einer Wasserstoffflamme (F+, *Knallgasprobe!*) eingeführt.
Das Glasrohr ist im Standzylinder langsam nach unten zu führen. Der Standzylinder wird dabei mit einer Abdeckplatte abgedeckt.

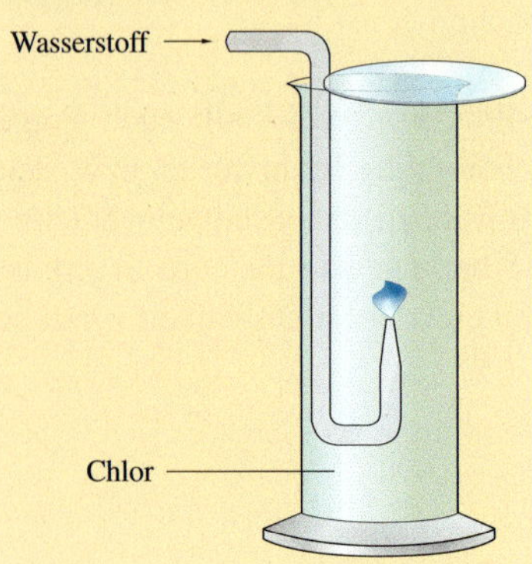

Herstellung von Halogenwasserstoffen Wasserstoff reagiert mit Chlor in ähnlicher chemischer Reaktion wie mit Sauerstoff. Wird eine Wasserstoffflamme in Chlor getaucht, so beobachtet man eine fahlweiße Flamme. ↑E.4 Bei der chemischen Reaktion entsteht ein farbloses Gas. Diese chemische Verbindung aus Chlor und Wasserstoff heißt Chlorwasserstoff. Bei der Synthese von Chlorwasserstoff wird Energie in Form von Wärme und Licht frei, es handelt sich also um eine exotherme Reaktion.

Chlor (g) + Wasserstoff (g) ⟶ Chlorwasserstoff (g) | exotherm
Cl_2 (g) + H_2 (g) ⟶ 2 HCl (g) | exotherm

Man kann Chlor und Wasserstoff miteinander mischen, ohne dass eine chemische Reaktion eintritt. Allerdings reichen schon ein Lichtblitz oder Wärmeeinwirkung aus, um das Gemisch der beiden Stoffe zu zünden. Der Lichtblitz bzw. die Wärme bewirken die Aktivierung für die chemische Reaktion. Da dann die Bildung von Chlorwasserstoff explosionsartig verläuft, nennt man Gemische aus etwa gleichen Volumenanteilen Wasserstoff und Chlor Chlorknallgas.
Auch die anderen Halogene reagieren mit Wasserstoff. Die Reaktionsprodukte Fluorwasserstoff, Chlorwasserstoff, Bromwasserstoff und Iodwasserstoff sind **Halogenwasserstoffe**.

Fluor + Wasserstoff ⟶ Fluorwasserstoff
Brom + Wasserstoff ⟶ Bromwasserstoff
Iod + Wasserstoff ⟶ Iodwasserstoff

Halogen + Wasserstoff ⟶ Halogenwasserstoff

Halogene reagieren mit Wasserstoff zu Halogenwasserstoffen.

Eigenschaften von Halogenwasserstoffen Chlorwasserstoff ist bei Raumtemperatur ein stechend riechendes, giftiges und farbloses Gas, das auf Schleimhäute, Augen, Atmungsorgane und feuchter Haut ätzend wirkt.
Kommt Chlorwasserstoffgas mit Luftfeuchtigkeit in Berührung, so bildet sich ein weißer Nebel. Dies ist auf die sehr gute Löslichkeit von Chlorwasserstoff in Wasser zurückzuführen. In einem Liter Wasser lösen sich davon bei 20 °C unter starker Wärmeentwicklung etwa 450 Liter. Die entstehende Lösung ist eine saure Lösung und wird als Salzsäure bezeichnet. ↑E.5
Auch Fluorwasserstoff, Bromwasserstoff und Iodwasserstoff zeigen ähnliche Eigenschaften. In Wasser sind diese gasförmigen Stoffe sehr gut löslich und bilden ebenfalls saure Lösungen.
Halogenwasserstoffe sind Molekülverbindungen. Die Moleküle dieser Verbindungen sind jeweils aus einem Halogenatom und einem Wasserstoffatom aufgebaut.

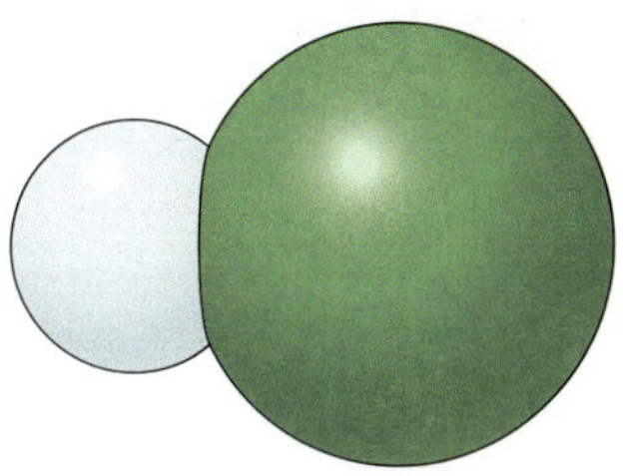

HCl

2 Molekülmodell und Formel von Chlorwasserstoff

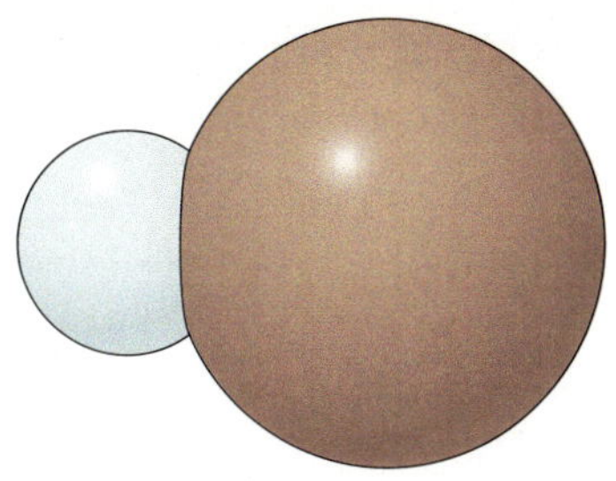

HBr

3 Molekülmodell und Formel von Bromwasserstoff

Bedeutung von Halogenwasserstoffen Eine der wichtigsten Grundchemikalien der chemischen Industrie ist Chlorwasserstoff und dessen wässrige Lösung, die Salzsäure. Mit ihrer Hilfe werden z. B. Kunststoffe hergestellt und Metalloberflächen gereinigt. Im Labor zählt sie zu den am häufigsten verwendeten Chemikalien. Die wässrige Lösung von Fluorwasserstoff, die Flusssäure, greift Glas und Porzellan an. Sie muss in Kunststoffgefäßen aufbewahrt werden und findet unter anderem zum Ätzen von Glas Verwendung. Bromwasserstoff und die wässrige Lösung von Bromwasserstoff werden hauptsächlich zur Herstellung von Metallbromiden genutzt. Iodwasserstoff und die wässrige Lösung von Iodwasserstoff werden ebenso hauptsächlich zur Herstellung von Metalliodiden eingesetzt.

EXPERIMENT 5 [L]
Lösen von Chlorwasserstoff in Wasser.
Vorsicht! Abzug! Schutzbrille!
Ein trockener Rundkolben wird mit Chlorwasserstoff (T, C) gefüllt und in eine mit Wasser und Universalindikatorlösung gefüllte Kistallisierschale getaucht. Mit einer Pipette ist etwas Wasser einzuspritzen.

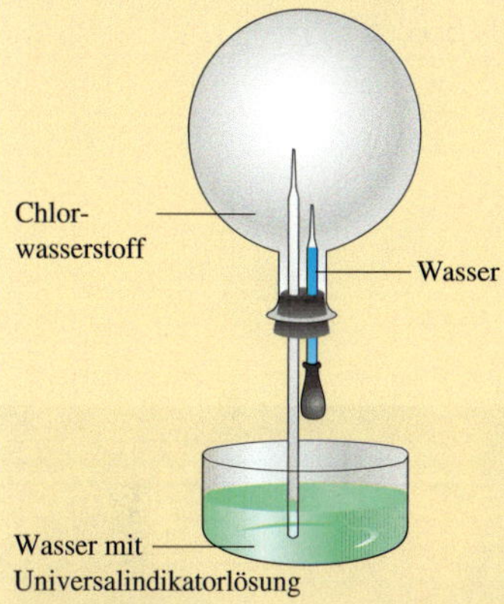

4 Mit Flusssäure geätzter Lampenschirm

Aufgaben

1 Formuliere die Reaktionsgleichungen für die Bildung von Fluorwasserstoff, Bromwasserstoff und Iodwasserstoff aus den Elementen.

2 Vergleiche die Reaktionen von Wasserstoff mit Sauerstoff und von Wasserstoff mit Chlor.

3 Erstelle eine tabellarische Übersicht über die Eigenschaften von Fluor-, Chlor-, Brom- und Iodwasserstoff. Verwende dabei auch Tabellenwerke.

4 Der in Experiment 5 eingesetzte Rundkolben muss vollständig trocken sein, damit der Versuch gelingt. Begründe.

Die Elemente der VIII. Hauptgruppe

Las Vegas – eine Flut blinkender, farbiger Lichter erhellt die Nacht.
Welche Stoffe werden beim Bau der Lampen verwendet? Durch welche Stoffe kann die Farbenvielfalt erreicht werden?

1 Las Vegas bei Nacht

2 Argon-Gasentladungslampen mit rotem, blauem und weißem Licht

Die Elementgruppe der Edelgase In „Neonröhren“ werden die Gase Neon und Helium einer Hochspannung ausgesetzt. Hierdurch leuchten sie mit rotem bzw. gelbem Licht. Auch das Gas Argon leuchtet beim Anlegen einer Hochspannung. In Abhängigkeit vom Gasdruck leuchtet es rot, stahlblau oder weiß. ↑2
Helium, Neon und Argon stehen zusammen mit den Gasen Krypton, Xenon und Radon in der VIII. Hauptgruppe im Periodensystem der Elemente. Sie bilden die Elementgruppe der **Edelgase**.

Eigenschaften der Edelgase Die Edelgase zeigen in ihren Eigenschaften sehr große Übereinstimmungen. Alle Edelgase sind farb- und geruchlose Gase, die sich aufgrund ihrer niedrigen Siedetemperaturen erst bei sehr tiefen Temperaturen verflüssigen lassen. ↑Tabelle
Dieses ist u. a. auf die Art der kleinsten Teilchen zurückzuführen, aus denen die Edelgase aufgebaut sind. Während in allen anderen Gasen Moleküle vorliegen, sind Edelgase aus einzelnen Atomen aufgebaut.
Das auffälligste Merkmal der Edelgase ist ihre Reaktionsträgheit. Hierauf lässt sich, ähnlich wie bei den reaktionsträgen *Edel*metallen, der Name *Edel*gase zurückführen. Bis 1962 waren keine Verbindungen der Edelgase bekannt. Mittlerweile wurden Verbindungen von Krypton, Xenon und Argon mit Fluor hergestellt.

Eigenschaften der Edelgase

Edelgas	Symbol	Schmelztemperatur	Siedetemperatur
Helium	He	–271 °C (bei 3 MPa)	–269 °C
Neon	Ne	–249 °C	–246 °C
Argon	Ar	–189 °C	–186 °C
Krypton	Kr	–157 °C	–153 °C
Xenon	Xe	–112 °C	–108 °C

3 Beleuchtung einer Sportarena mit Flutlicht

4 Fertigung von Xenon-Scheinwerferlampen für die Automobilindustrie

Edelgase in der Beleuchtungstechnik Edelgase werden zur Erzeugung farbigen Lichts in Gasentladungslampen einer relativ hohen Spannung ausgesetzt. Durch geschickte Wahl des Edelgases und dessen Gasdruck innerhalb der Lampe, kann die Farbe des Lichtes bestimmt werden. Mit niedrigerer Spannung und einem deutlich geringeren Energieverbrauch arbeiten Leuchtstoffröhren. Bei ihnen wird durch die Edelgas-Quecksilberdampffüllung ultraviolettes Licht abgestrahlt. An der Innenwand der Leuchtstoffröhre ist ein Stoff aufgebracht, der das nicht sichtbare ultraviolette Licht in sichtbares Licht umwandelt. Vorteile der Leuchtstoffröhren sind eine im Vergleich zur normalen Glühlampe höhere Lichtausbeute und längere Lebensdauer. Kompakte kreisförmig gebogene, zylinder- oder kugelförmige Leuchtstoffröhren finden in Energiesparlampen Verwendung.

Neben der Verwendung als Leuchtmittel in den Leuchtröhren werden Edelgase überall dort in Leuchtmitteln eingesetzt, wo keine Reaktion mit Luft stattfinden soll. So werden beispielsweise auch normale Glühlampen mit Edelgas gefüllt. Da das Edelgas nicht mit dem heißen Glühdraht reagiert, ist eine über 2500 °C hohe Glühtemperatur und gleichzeitig eine gute Lichtausbeute bei relativ langer Lebensdauer die Folge. Hierzu werden heute hauptsächlich Krypton und Xenon verwendet.

5 Für Energiesparlampen werden kurze Leuchtstoffröhren verwendet. Im Sockel befindet sich ein kleiner Transformator.

6 Historische Glühlampen

Schon gewusst?

Im Vergleich zur Luft bewegt sich Schall in Helium mit der doppelten Geschwindigkeit. Das erklärt nach dem Einatmen von Helium die Veränderung der Stimme zur „Micky-Maus-Stimme".

Volumen der Edelgase in Luft

Edelgas	Volumen in 1 000 l Luft
Helium	4,6 ml
Neon	18 ml
Argon	9 330 ml
Krypton	1,1 ml
Xenon	0,09 ml

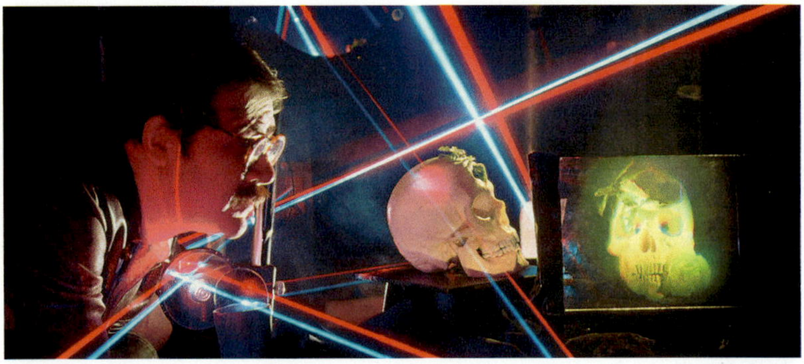

1 Erzeugung des Hologramms eines menschlichen Schädels

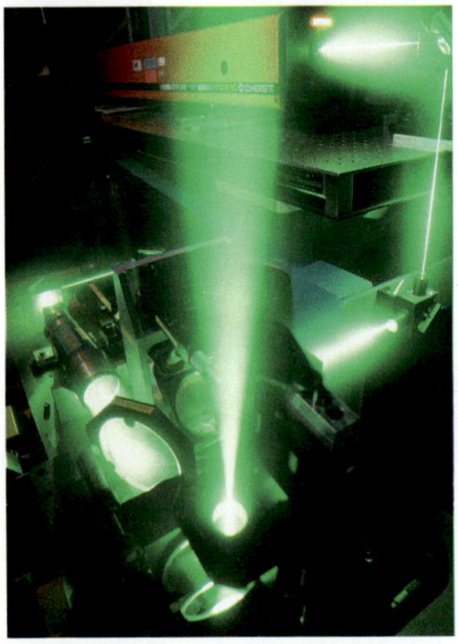

2 Qualitätsprüfung eines Teleskopspiegels mit dem grünen Licht eines Argonlasers

Bedeutung und Verwendung der Edelgase Nach Wasserstoff ist **Helium** das zweithäufigste Element im Weltall. Das Leuchten der Sterne, wie das unserer Sonne, ist auf Vorgänge zurückzuführen, bei denen Wasserstoffatome bei Temperaturen um 15 Millionen °C zu Heliumatomen verschmelzen.

Helium findet als Schutz- und Kühlgas bei verschiedenen technischen Prozessen Verwendung. Zum Erreichen tiefster Temperaturen ist es unersetzbar. Im Gemisch mit 20 % Sauerstoff wird Helium beim Tauchen als Atemgas benutzt. Aufgrund seiner geringen Dichte wird es auch als sichere Füllung für Ballons und Luftschiffe eingesetzt.

Alle Edelgase sind Bestandteile der Luft, wobei **Argon** mit einem Volumenanteil von 0,933 % das häufigste Edelgas auf der Erde ist. Neben der Verwendung in Leuchtmitteln ↑S.205 wird es beim Schweißen als Schutzgas eingesetzt. Es verhindert den Kontakt der heißen Schweißnaht mit Sauerstoff und somit die Oxidation des Metalls. So wäre z. B. ein Schweißen von Aluminium ohne Schutzgas nicht möglich. Argonlaser besitzen in der Technik eine große Bedeutung. Sie kommen in der Augenheilkunde ebenso zum Einsatz wie bei der Qualitätskontrolle von Spezialspiegeln, z. B. in Teleskopen. Mit Argonlasern können Hologramme erzeugt werden. ↑1

Radon ist ein radioaktives Edelgas. An der natürlichen Strahlung auf der Erde hat es den größten Anteil aller natürlich vorkommenden radioaktiven Elemente. In manchen Heilquellen und Heilstollen ist ein hohes Radonvorkommen zu verzeichnen. Die natürliche Strahlung wird dort genutzt, um chronische Leiden, wie rheumatische Erkrankungen, Arthritis und Asthma, zu lindern.

Xenon darf neben seiner Verwendung als Leuchtstoffmittel seit dem Jahr 2005 in Deutschland als Narkosemittel eingesetzt werden.

Aufgaben

1 Erläutere, warum Glühlampen mit Edelgas gefüllt sind.

2 Die Edelgase werden aus der Luft gewonnen, indem diese zunächst so lange abgekühlt wird, bis alle Gase flüssig sind. Dann wird langsam erwärmt. In welcher Reihenfolge werden die Edelgase aufgefangen?

3 Informiere dich über „Tiefenrausch" und „Taucherkrankheit". Nutze dafür das Internet.

4 Luftballons auf Jahrmärkten sind mit Helium gefüllt. Begründe.

Entdeckung der Edelgase

1 SIR W. RAMSAY (1852 bis 1916) erhielt 1904 für die Entdeckung der Edelgase den Nobelpreis für Chemie.

Der Engländer HENRY CAVENDISH (1731 bis 1810) machte im Jahr 1785 bei seinen Versuchen mit Luft eine bemerkenswerte Entdeckung: Als er den in der Luft enthaltenen Sauerstoff in Wasser und den Stickstoff in Salpetersäure überführte, blieb ein Restgas übrig, das 1/120 der eingesetzten Luft ausmachte. CAVENDISH hatte als erster Forscher Edelgase gewonnen, ohne sich dessen bewusst zu sein. Erst über hundert Jahre später wurde Argon als erstes Edelgas hergestellt. Lord JOHN WILLIAM RAYLEIGH (1842 bis 1919) fiel auf, dass aus der Luft isolierter Stickstoff eine größere Dichte besaß als der aus Stickstoffverbindungen gewonnene. Hieraus schlussfolgerte er, dass ein weiteres Gas in der Luft enthalten sein musste. Zusammen mit SIR WILLIAM RAMSAY gelang es dann 1894, das Argon aus der Luft zu gewinnen. Den Namen Argon erhielt das Gas aufgrund seiner Reaktionsträgheit (griech. argos – träge).

Bereits im Jahr 1895 konnte RAMSAY aus dem radioaktiven Mineral Cleveit ein weiteres Edelgas herstellen. Die Existenz dieses Edelgases war schon 30 Jahre vorher während einer Sonnenfinsternis anhand spektralanalytischer Untersuchungen der Materieausbrüche auf der Sonne vorausgesagt worden. Im Sonnenspektrum hatte man die Spektrallinien eines noch unbekannten Elements gefunden. Dieses Element erhielt daher den Namen Helium (griech. helios – Sonne).

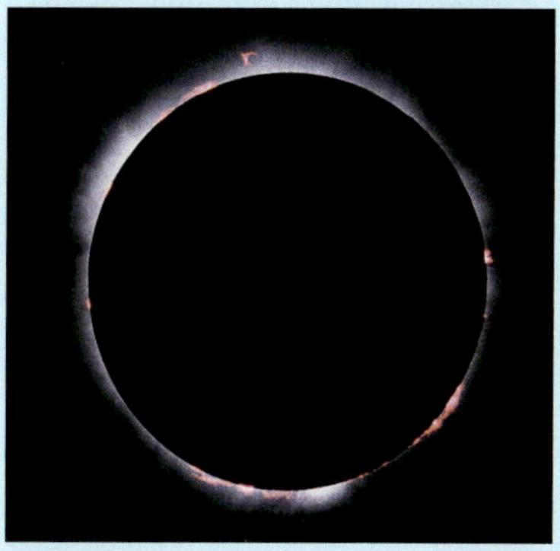

2 Sonnenfinsternis

3 Materieausbrüche auf der Sonne

4 Historischer Spektralapparat

Entdeckung der Edelgase

Edelgas	Jahr der Entdeckung	Entdecker
Helium	1895	WILLIAM RAMSAY
Neon	1898	WILLIAM RAMSAY
Argon	1894	JOHN W. RAYLEIGH und WILLIAM RAMSAY
Krypton	1898	WILLIAM RAMSAY und MORRIS W. TRAVERS
Xenon	1898	WILLIAM RAMSAY und MORRIS W. TRAVERS
Radon	1900	FRIEDRICH E. DORN

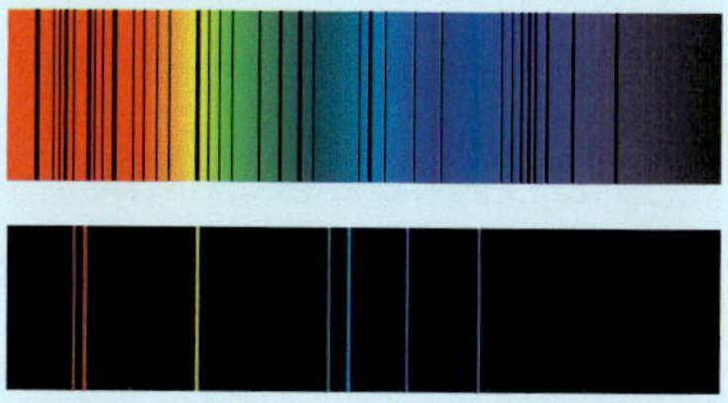

5 Spektrum des Sonnenlichts mit den dunklen fraunhoferschen Linien und Spektrum des Heliums

1895 gelang dem deutschen Ingenieur CARL VON LINDE (1842 bis 1934) die Verflüssigung von Luft. Damit waren die technischen Grundlagen zur Isolierung der Edelgase Neon (griech. neos – neu), Krypton (griech. kryptos – verborgen) und Xenon (griech. xenos – fremd) durch RAMSAY im Jahr 1898 geschaffen.

weiter gedacht

1 Halogenlampen enthalten neben der Edelgasfüllung auch etwas Brom oder Iod. Hierdurch wird eine höhere Glühtemperatur des Glühdrahtes ermöglicht, was eine größere Lichtausbeute und ein weißeres Licht bewirkt. Der Glühdraht besteht hauptsächlich aus dem Metall Wolfram (W). Ab einer Glühtemperatur von etwa 3000 °C verdampft das Wolfram und der Glühdraht wird dünner. Das Wolfram wandert zur kühleren Glaswand. Dort reagiert es bei etwa 250 °C mit dem Iod zu Wolframiodid (WI_2). Dieser gasförmige Stoff reagiert bei sehr hohen Temperaturen, also an den dünnen Stellen des Glühdrahtes, zu Iod und Wolfram.
Der Wolframdraht wird auf diese Weise wieder „geflickt“. Eine Halogenlampe hat dadurch eine zwei- bis dreimal höhere Lebensdauer als eine normale Glühlampe.
Erstelle ein Schema, das die Prozesse innerhalb einer Halogenlampe verdeutlicht. Verwende dabei auch chemische Symbole und Reaktionsgleichungen.

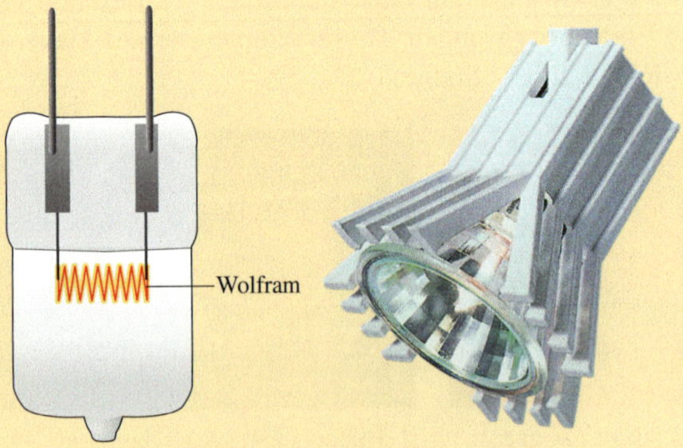

1 Schematische Darstellung einer Halogenlampe

2 In den USA und in der Schweiz wird zur Kariesprophylaxe seit vielen Jahren das Trinkwasser fluoridiert. Recherchiere im Internet Argumente für und gegen diese Maßnahme. Beurteile ihre Zweckmäßigkeit.

3 In einigen Sanitärreinigern sind Chlorverbindungen enthalten. Werden diese zusammen mit sauren Lösungen oder sauren Reinigungsmitteln wie beispielsweise Entkalkern verwendet, kann es zur Bildung von Chlor kommen.
Nenne Gefahren, die für den Anwender bestehen, und zeige auf, wie er sich beim Umgang mit sauren Reinigungsmitteln verhalten sollte.

2 Warnhinweis auf Sanitärreiniger

4 Um Aluminiumwerkteile zu verschweißen, muss das Schutzgasschweißen angewandt werden. Beim Schweißen von Aluminium wird hierbei meistens Argon oder ein Gemisch aus Argon und Helium eingesetzt. Welche Eigenschaft von Argon und Helium begründet deren Eignung als Schutzgas?

3 Schutzgasschweißen eines Aluminiumwerkstücks

5 Helium siedet bei einer Temperatur von –269 °C. Rund um das flüssige Helium bildet sich dabei ein weißer, wallender Nebel. Deute das Entstehen des Nebels.

6 Die Edelgase wurden erst 1894 entdeckt. Stelle Vermutungen darüber an, warum die Entdeckung erst so spät erfolgte.

Auf einen Blick

Halogene

Elementgruppe der Elemente der VII. Hauptgruppe. Es handelt sich um die Nichtmetalle Fluor, Chlor, Brom, Iod und das radioaktive Astat. Halogene sind aus zweiatomigen Molekülen aufgebaut.
Halogene sind sehr reaktionsfreudig, sie reagieren z. B. mit Metallen und Wasserstoff. In der Natur kommen sie nur in Form ihrer Verbindungen vor.

Chlor

Brom

Iod

Metallhalogenide

Bei der chemischen Reaktion der Halogene mit Metallen bilden sich Metallhalogenide.

Kalium (s)	+	Chlor (g)	$\longrightarrow$	Kaliumchlorid (s)	| exotherm
2 K (s)	+	Cl_2 (g)	$\longrightarrow$	2 KCl (s)	| exotherm

Halogenwasserstoffe

Bei der chemischen Reaktion der Halogene mit Wasserstoff entstehen Halogenwasserstoffe.

Brom (g)	+	Wasserstoff (g)	$\longrightarrow$	Bromwasserstoff (g)	| exotherm
Br_2 (g)	+	H_2 (g)	$\longrightarrow$	2 HBr (g)	| exotherm

Die Halogenwasserstoffe lösen sich gut in Wasser und bilden dabei saure Lösungen.

Edelgase

Elementgruppe der Elemente der VIII. Hauptgruppe. Es handelt sich um die Nichtmetalle Helium, Neon, Argon, Krypton, Xenon und das radioaktive Radon. Die Edelgase bestehen aus Atomen.
Die Edelgase sind sehr reaktionsträge. Sie haben in der Luft einen Volumenanteil von etwa 1 %. Aus der Luft können sie durch Luftverflüssigung gewonnen werden.

Check up

1 In einem Chemikalienlager sind die Stoffe alphabetisch sortiert. Die Stoffe sollen neu geordnet werden, sodass immer Elemente einer Elementgruppe zusammenstehen. Unter anderem sind folgende Elemente vorhanden: Argon, Barium, Beryllium, Brom, Calcium, Caesium, Chlor, Fluor, Helium, Iod, Kalium, Krypton, Lithium, Magnesium, Natrium, Neon, Rubidium, Strontium und Xenon.

a Nenne die Elementgruppen, von denen Elemente vertreten sind.

b Ordne die aufgezählten Elemente den Elementgruppen zu.

2 Nenne typische Eigenschaften der Alkalimetalle.

3 Die Bestimmung der Flammenfärbung ist ein wichtiger Hinweis auf das Vorhandensein von Alkali- und Erdalkalimetallen.

a Beschreibe die Durchführung dieser Methode.

b Nenne die auftretenden typischen Farben bei Stoffen, die Verbindungen von Natrium, Lithium, Strontium und Barium enthalten.

4 Die Schnittflächen von Lithium, Natrium und Kalium überziehen sich an feuchter Luft rasch mit einem Belag. An trockener Luft dauert es wesentlich länger, bis sich ein Belag bildet. Erkläre diesen Sachverhalt.

5 Nenne typische Eigenschaften der Erdalkalimetalle.

6 Nenne typische Eigenschaften der Halogene.

7 Erkläre, warum beim Umgang mit Halogenen besondere Vorsichtsmaßnahmen nötig sind.

8 Erläutere Gemeinsamkeiten der Halogene auf Teilchenebene.

9 Nenne die chemischen Formeln für Magnesiumbromid, Lithiumchlorid, Natriumiodid, Kaliumfluorid, Calciumchlorid und Bariumiodid. Sortiere nach Alkalimetall- und Erdalkalimetallhalogeniden.

10 Besonders Sportler müssen auf eine Ernährung achten, die viele Mineralien wie beispielsweise chemisch gebundenes Magnesium, Calcium und Chlor enthält. Erkläre.

11 Im Gegensatz zu Edelgasen kommen Alkalimetalle, Erdalkalimetalle und Halogene in der Natur nicht als Elemente vor.
Nenne Gründe für dieses Phänomen.

12 Nenne zwei Eigenschaften von Helium, die die Verwendung dieses Gases als Füllung für Ballons und Luftschiffe begründet.

Aufgabe	Hilfe findest du auf Seite ...	Verbindung der Aufgabe zu den Basiskonzepten ↑S.18
1	182, 186, 193, 204	S
2	182, 183	T
3	179, 183, 187	T
4	182	T
5	186, 187	T
6	193	T
7	192, 193	S
8	192, 193	T
9	195, 196	T S
10	184, 185, 195	S
11	183, 186, 192, 204	T
12	204, 206	T

T Stoff-Teilchen-Beziehungen, S Struktur-Eigenschafts-Beziehungen, R Chemische Reaktion

› Die Lösungen findest du im Anhang.

Atombau und Periodensystem der Elemente

Unsere Umwelt ist vielfältig und äußerst komplex. Vielfältig und komplex sind auch die chemischen Stoffe, aus denen sie besteht. Aufgebaut aber sind diese Stoffe aus nur wenigen verschiedenen Bausteinen. Kaum hundert Elemente bilden alles, was uns umgibt, unseren Planeten Erde mit seinen Gesteinen, allen Pflanzen und Tieren – und uns Menschen.

Wir Menschen bestehen zu 99,99 % aus nur zehn Elementen: Wasserstoff, Sauerstoff, Kohlenstoff und Stickstoff, gefolgt von Natrium, Magnesium, Kalium, Calcium, Phosphor und Schwefel.

Geordnet sind die Elemente im Periodensystem der Elemente. Es beginnt mit dem leichtesten Element, dem Wasserstoff, und geht bis hin zum Uran, dem schwersten natürlich vorkommenden Element. Hinzu kommen die Elemente, die künstlich erzeugt werden können.

- Wie sind die Elemente im Periodensystem geordnet?
- Welche Beziehungen gibt es zwischen dem Periodensystem und der Welt der kleinsten Teilchen?
- Welche Eigenschaften haben die Elemente?
- Lässt sich das chemische Verhalten der Elemente voraussagen?

Die chemischen Elemente und der Aufbau der Atome

Mit der Welt der kleinsten Teilchen befassen sich die Besucher dieser Ausstellung. Ein Modell vermittelt ihnen die Vorstellungen zum Bau der Atome. Wie sind Atome aufgebaut? Besteht ein Zusammenhang zwischen dem Bau der Atome und den Eigenschaften der Elemente?

1 Atommodell in einer Wissenschaftsausstellung

2 Chlor und Natrium haben sehr unterschiedliche Eigenschaften.

Eigenschaften der Elemente und ihre Stellung im Periodensystem Es ist bekannt, dass die Elemente im Periodensystem aufgrund ihrer chemischen Verwandtschaften in Elementgruppen eingeteilt werden. Einige Eigenschaften sind in der Übersicht zusammengefasst.

Innerhalb der Hauptgruppen sind die Eigenschaften der Elemente sehr ähnlich. Allerdings lassen sich auch Abstufungen in den Eigenschaften der Stoffe beobachten, z. B. bei der Reaktionsfähigkeit.

Vergleicht man die Eigenschaften der Elemente verschiedener Hauptgruppen, fallen deutliche Unterschiede auf. So sind z. B. die Elemente der I. und II. Hauptgruppe links im Periodensystem Metalle, während rechts in der VII. und VIII. Hauptgruppe Nichtmetalle angeordnet sind.

Der Schlüssel zum Verständnis der Ähnlichkeiten und Unterschiede in den Eigenschaften ist im Aufbau der Atome der Elemente zu finden.

Eigenschaften einiger Elementgruppen im Periodensystem

Eigenschaften	I. Hauptgruppe (außer Wasserstoff) Alkalimetalle	II. Hauptgruppe Erdalkalimetalle	VII. Hauptgruppe Halogene	VIII. Hauptgruppe Edelgase
Metall/Nichtmetall	unedle Metalle	unedle Metalle	Nichtmetalle	Nichtmetalle
Farbe	silberweiß, metallisch glänzend	silberweiß, metallisch glänzend	schwach grünlich bis blauviolett	farblos
Aggregatzustand (20 °C)	fest (sehr weich)	fest (weich)	gasförmig, flüssig, fest	gasförmig
Elektrische Leitfähigkeit	leitend	leitend	nicht leitend	nicht leitend
Reaktionsfähigkeit	reaktionsfreudig, nach unten heftiger	weniger reaktionsfreudig, nach unten heftiger	reaktionsfreudig, nach unten abnehmend	sehr reaktionsträge
Vorkommen in der Natur	ausschließlich in Verbindungen	ausschließlich in Verbindungen	elementar und in Verbindungen	elementar
Aufbau	Atomverband	Atomverband	zweiatomige Moleküle	einzelne Atome

Atomkern Um unsere Vorstellungen zum Bau der Atome zu erweitern, soll zunächst der Bau des Atomkerns genauer betrachtet werden.
Das Kern-Hülle-Modell des Atoms kennst du bereits. Es besagt, dass ein sehr kleiner positiv geladener Atomkern von einer im Vergleich dazu riesigen negativ geladenen Atomhülle umgeben ist. Fast die gesamte Masse des Atoms befindet sich im Kern. Die Anzahl der Protonen im Kern bestimmt die Ordnungszahl eines Elements im Periodensystem. Sie wird auch als **Kernladungszahl** bezeichnet, da sie die Anzahl der positiven Ladungen im Atom angibt. Sie ist bei allen Atomen eines Elements gleich.
Betrachten wir die ersten drei Elemente genauer: Wasserstoff hat die Ordnungszahl 1. Seine Atome besitzen ein Proton im Kern. Die Kernladungszahl für Wasserstoff ist daher 1. Die Atommasse für Wasserstoff wird im Periodensystem mit 1,008 u angegeben. Dies entspricht ungefähr der Masse des Protons. Ein Heliumatom mit zwei Protonen im Kern und der Kernladungszahl 2 besitzt jedoch eine Masse von annähernd 4 u. Und ein Lithiumatom mit der Kernladungszahl 3 wird mit einer Atommasse von fast 7 u angegeben. Neben den Protonen ist eine weitere Art von Elementarteilchen am Aufbau des Kerns beteiligt, die **Neutronen**. Das 1932 entdeckte Neutron besitzt fast die Masse eines Protons und ist elektrisch neutral. Die Neutronen haben keinen Einfluss auf die Kernladung, aber auf die Atommasse. Die **Massenzahl** gibt die Summe aus der Zahl der Protonen und der Neutronen im Atomkern an.

Elementarteilchen	Symbol und Modell	Masse in u
Proton	p^+	1
Neutron	n	1
Elektron	e^-	0,0005

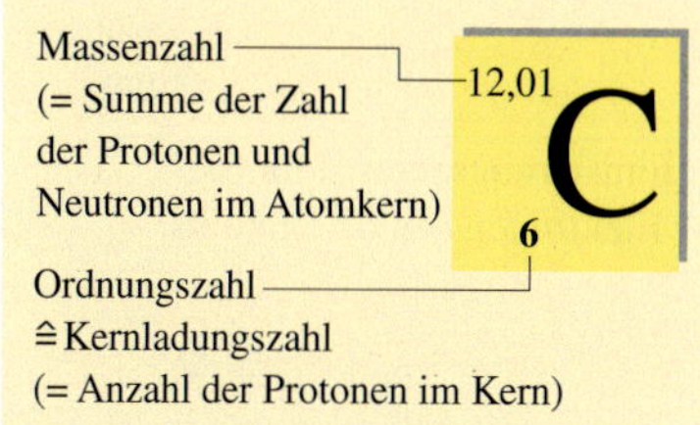

3 Symbolschreibweise für das Element Kohlenstoff

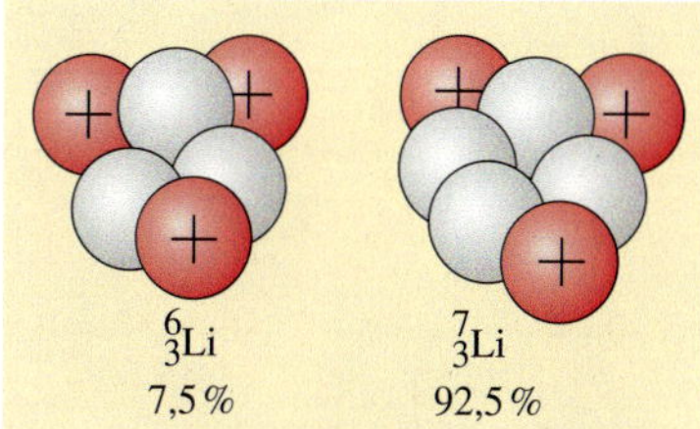

4 Atomkerne des Elements Lithium und Häufigkeit der Isotope

Isotope Für das Element Chlor mit der Ordnungszahl 17 wird im Periodensystem eine Atommasse von 35,5 u angegeben. Im Kern des Chloratoms können jedoch nur ganze Elementarteilchen enthalten sein. Die Atomkerne eines Elements können sich bei gleicher Protonenanzahl in der Zahl ihrer Neutronen unterscheiden. Solche Atome eines Elements mit unterschiedlicher Neutronenanzahl werden **Isotope** (griech. iso – gleich; topos – Ort) genannt. Es gibt zwei Isotope des Chlors, die sich chemisch gleich verhalten. Das Isotop mit der Massenzahl 35 besitzt neben den 17 Protonen weitere 18 Neutronen im Kern. Das zweite Isotop hat 20 Neutronen und damit die Massenzahl 37.
75 % aller Chloratome haben eine Atommasse von 35 u und 25 % eine Atommasse von 37 u. Daraus ergibt sich die im Periodensystem angegebene durchschnittliche Atommasse dieser beiden Isotope von 35,5 u.
Der Aufbau eines Atoms wird wie folgt symbolisiert:

$^{\text{Massenzahl}}_{\text{Kernladungszahl}}\text{Elementsymbol}$ Beispiel: $^{35}_{17}Cl$

Schon gewusst?

Einige Isotope vor allem schwererer Elemente sind nicht stabil. Ihr Kern kann unter Aussendung radioaktiver Strahlung zerfallen. Der radioaktive Zerfall spielt eine bedeutende Rolle in der Natur, der Technik und der Medizin, z. B. bei der Überprüfung der Funktionsfähigkeit der Schilddrüse.

Aufgaben

1 Welche Informationen lassen sich den folgenden Angaben entnehmen: $^{12}_{6}C$, $^{20}_{10}Ne$, $^{63}_{29}Cu$?

2 Gib in einer tabellarischen Übersicht die Ordnungszahl, die Kernladungszahl, die Massenzahl, die Zahl der einzelnen Elementarteilchen sowie die Symbolschreibweise für die Atome der Elemente der ersten und zweiten Periode an.

3 Das Element Brom besitzt zwei Isotope: $^{79}_{35}Br$ (50,7 %) und $^{81}_{35}Br$ (49,3 %).

a Ermittle die Anzahl der unterschiedlichen Elementarteilchen für jedes Isotop.

b Berechne die durchschnittliche Atommasse in u für Brom aus den Anteilen der beiden Bromisotope.

4 Informiere dich, welche Isotope des Urans es gibt. Wodurch unterscheiden sie sich?

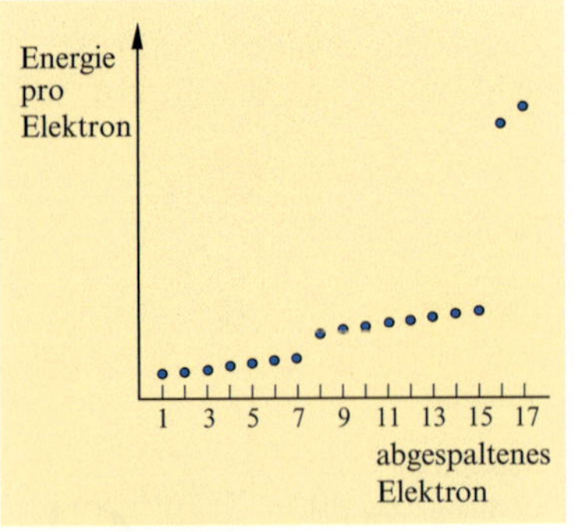

1 Ionisierungsenergie für die 17 Elektronen des Chloratoms

Schalenmodell der Atomhülle Nach den bisherigen Modellvorstellungen müssten sich die Elektronen in der Atomhülle wahllos verteilen. In Experimenten wurde die Energie untersucht, die zur Abspaltung einzelner Elektronen aus der Atomhülle erforderlich ist. Diese Energie, die aufgewendet werden muss, um ein Elektron vollständig aus der Atomhülle zu entfernen, wird als **Ionisierungsenergie** bezeichnet. Sie wird mit jedem Elektron, das aus der Atomhülle entfernt wird, größer. Auffällig sind jedoch die deutlichen Abstufungen der Ionisierungsenergien: Es gibt jeweils Gruppen von Elektronen, die sich auf einem ähnlichen Energieniveau befinden und von anderen Elektronen durch deutliche **Energiestufen** getrennt sind. ↑1

Wie lassen sich diese unterschiedlichen Energieniveaus mit Modellvorstellungen zum Bau der Atomhülle erklären? Die Elektronen bewegen sich in unterschiedlicher räumlicher Entfernung um den Atomkern. Je näher sich ein Elektron am Atomkern befindet, desto stärker wird es von ihm angezogen und desto größer ist seine Ionisierungsenergie. Gruppen von Elektronen, die sich auf einem ähnlichen Energieniveau befinden, bilden jeweils eine **Elektronenschale**, die den Atomkern kugelförmig umgibt. So verteilen sich z. B. im Modell des Chloratoms die 17 Elektronen auf drei Elektronenschalen. Diese Modellvorstellung wird als **Schalenmodell der Atomhülle** bezeichnet.

2 Der dänische Physiker NIELS BOHR (1885 bis 1962) entwickelte unsere heutige Modellvorstellung vom Aufbau der Atomhülle.

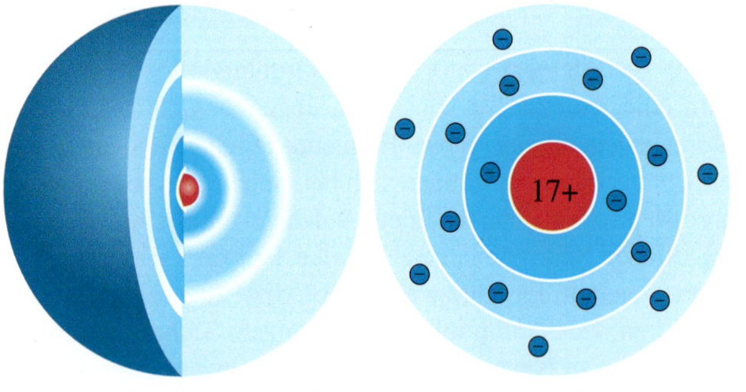

3 Räumliches und zweidimensionales Schalenmodell des Chloratoms

Das Schalenmodell der Atomhülle besagt, dass die Atomhülle in Elektronenschalen gegliedert ist. In einer Elektronenschale halten sich Elektronen mit etwa gleicher Energie in gleichem Abstand zum Atomkern auf.

Anordnung der Elektronen In den einzelnen Elektronenschalen kann sich jeweils nur eine bestimmte Anzahl an Elektronen aufhalten. Die 1. Schale – sie ist dem Kern am nächsten – kann maximal zwei Elektronen aufnehmen. Im Wasserstoffatom befindet sich in ihr ein Elektron. Im Heliumatom ist sie mit zwei Elektronen bereits voll besetzt. Kommt ein weiteres Elektron hinzu, wird die 2. Schale besetzt. Diese kann maximal acht Elektronen aufnehmen. Die Elektronenschalen der Atome werden mit steigender Ordnungszahl schrittweise mit Elektronen aufgefüllt. Die theoretisch maximale Besetzung der Schalen geht aus der Tabelle hervor. Die Schalen werden auch mit den Buchstaben K, L, M, N usw. bezeichnet, dabei ist die K-Schale die innerste. Die Anordnung der Elektronen in den Elektronenschalen nennt man **Elektronenkonfiguration**.

Besetzung der Elektronenschalen

Elektronenschale		Theoretisch maximal mögliche Elektronenanzahl
1	K	2
2	L	8
3	M	18
4	N	32
Allgemein:		
n		$2n^2$

Die Elektronen der äußeren besetzten Schale, der Außenschale, prägen hauptsächlich die Eigenschaften der Elemente und ihr chemisches Verhalten. Diese Elektronen werden als **Außenelektronen** oder **Valenzelektronen** (lat. valens – stark, wirksam) bezeichnet. In der vom dem Amerikaner GILBERT N. LEWIS (1875 bis 1946) eingeführten **Elektronenschreibweise** werden die Valenzelektronen hervorgehoben und durch Punkte am Symbol des Elements dargestellt. Sind mehr als vier Elektronen in der Außenschale vorhanden, können jeweils zwei von ihnen – ein **Elektronenpaar** – durch einen Strich am Symbol gekennzeichnet werden.

Elektronenanordnung bei Edelgasatomen

Element und Symbol		Anzahl der Elektronen in der Elektronenschale 1	2	3	4	5	6
Helium	He	2					
Neon	Ne	2	8				
Argon	Ar	2	8	8			
Krypton	Kr	2	8	18	8		
Xenon	Xe	2	8	18	18	8	
Radon	Rn	2	8	18	32	18	8

Edelgaskonfiguration Edelgase sind auffällig reaktionsträge Elemente. Wie ist ihre Elektronenkonfiguration? Bei den Edelgasen ist mit Ausnahme von Helium die Außenschale mit acht Elektronen vollständig besetzt. Die Elektronenkonfiguration mit acht Außenelektronen ist besonders stabil und wird als **Elektronenoktett** bezeichnet. Bei den Atomen des Heliums wird dieser stabile Zustand bereits mit zwei Elektronen erreicht. Die stabile Elektronenkonfiguration der Edelgase wird auch **Edelgaskonfiguration** genannt.

Die Edelgaskonfiguration ist eine stabile Elektronenkonfiguration mit acht Elektronen in der äußeren Elektronenschale. Diese stabile Elektronenkonfiguration wird bereits mit zwei Elektronen erreicht, wenn nur die 1. Schale besetzt ist.

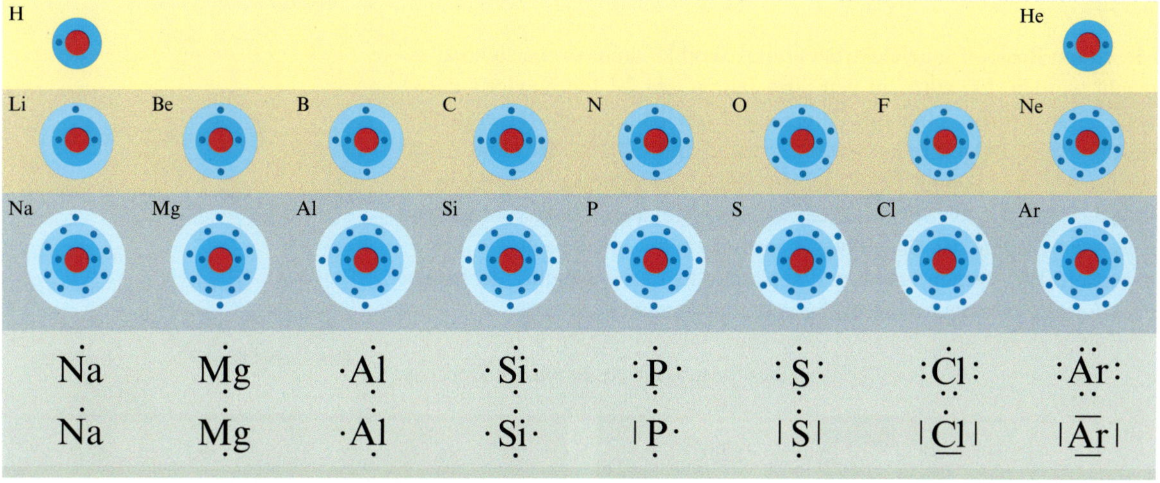

4 Elektronenanordnung und Elektronenschreibweise

Aufgaben

1 Vergleiche das Kern-Hülle-Modell der Atome mit dem Schalenmodell der Atomhülle. Warum wurde ein neues Modell notwendig?

2 Beschreibe die Abbildung 1. Erläutere den stufenweisen Anstieg der Ionisierungsenergien beim Chloratom. ↑1

3 Vergleiche den Atombau von Natrium mit dem von Chlor.

4 Gib die Elektronenkonfiguration für die Atome von Lithium, Fluor und Neon an. Erläutere die Gemeinsamkeiten und Unterschiede.

5 Zeichne Schalenmodelle für ein Kaliumatom und ein Calciumatom.

6 Gib die Symbole der Elemente Lithium, Kohlenstoff, Stickstoff und Sauerstoff in Elektronenschreibweise an.

Blick ins Atom

1 Quadrupol-Massenspektrometer

JOSEPH THOMSON (1865 bis 1940), der Entdecker des Elektrons, entwickelte Anfang des 20. Jahrhunderts ein Analysegerät zur Untersuchung von Atomen. Sein Massenspektrometer konnte Teilchen mit unterschiedlicher Masse voneinander trennen. 1912 gelang es dem Engländer erstmals, die beiden Isotope des Edelgases Neon voneinander zu trennen.

Das Prinzip ist einfach: Die Atome und Moleküle werden ionisiert. In der Quelle entstehen elektrisch geladene Teilchen. Kommen diese in ein starkes Magnetfeld, werden sie auf eine Kreisbahn gezwungen. Leichtere Teilchen werden stark abgelenkt, schwerere weniger stark. Ein Detektor fängt die geladenen Teilchen auf.
In der modernen Chemie spielen Massenspektrometer – z. B. das Quadrupol- oder auch das Flugzeit-Massenspektrometer – eine herausragende Rolle. Einzelne Stoffe können z. B. bei der Untersuchung von Umweltverschmutzungen oder Dopingproben identifiziert werden.

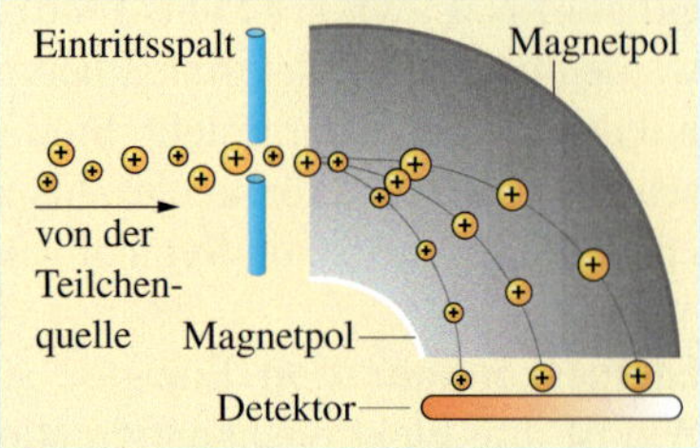

2 Prinzip eines Massenspektrometers

Mit einem Raster-Tunnelelektronenmikroskop können Atome sichtbar gemacht werden. Es wurde in den 80er Jahren des 20. Jahrhunderts entwickelt. Sein Prinzip kann mit dem Lesen von Blindenschrift verglichen werden: Eine äußerst feine Spitze „ertastet" die Oberfläche, ohne sie zu berühren. Dabei kommt die Nadel der elektrisch leitenden Oberfläche so nah, dass ein winziger Strom fließt. Dieser sogenannte Tunnelstrom wird gemessen. Damit der Stromfluss konstant bleibt, muss sich die Spitze zwischen den Atomen heben und senken. Aus der Bewegung der Nadel berechnet der Computer ein Bild von der atomaren Oberfläche.

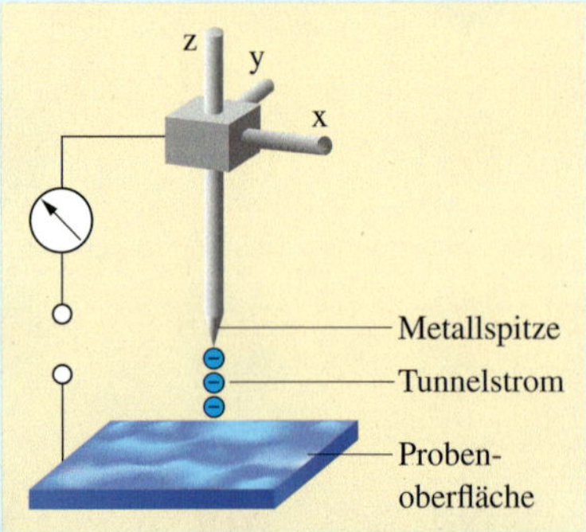

3 Prinzip eines Raster-Tunnelelektronenmikroskops

4 GERD BINNIG (rechts) und HEINRICH ROHRER (links) entwickelten das Raster-Tunnelelektronenmikroskop.

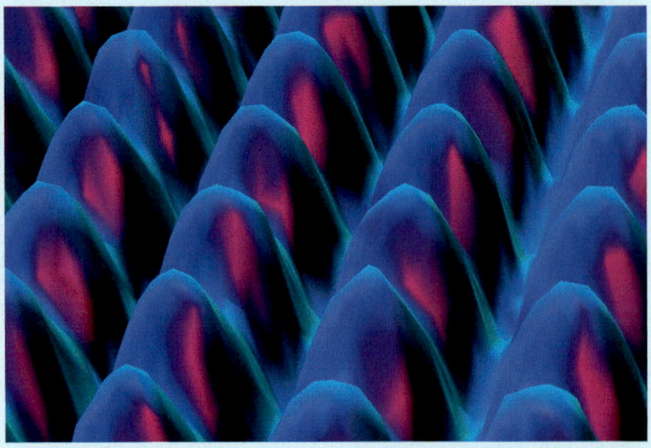

5 Raster-Tunnelelektronenmikroskopische Aufnahme einer Eisenoberfläche

Blick ins Weltall

Mit dem Urknall vor 13,7 Milliarden Jahren entstand unser Universum. Nur wenige Sekunden alt, enthielt das junge Universum noch keine Elemente, sondern nur Elementarteilchen, wie Protonen, Neutronen und Elektronen. Die ersten Atome konnten entstehen, als das Universum sich ausdehnte und dabei rasch abkühlte. Langsamer werdende Protonen und Neutronen vereinigten sich zu den ersten Atomkernen. Die beiden einfachsten und leichtesten Elemente dominieren noch heute unser Weltall. 90 % aller Elemente sind Wasserstoff. Fast der gesamte Rest besteht aus Helium und kleinen Mengen Lithium. Die schwereren Elemente entstanden erst mit der Geburt von Sternen.

1 Geburt eines Sterns

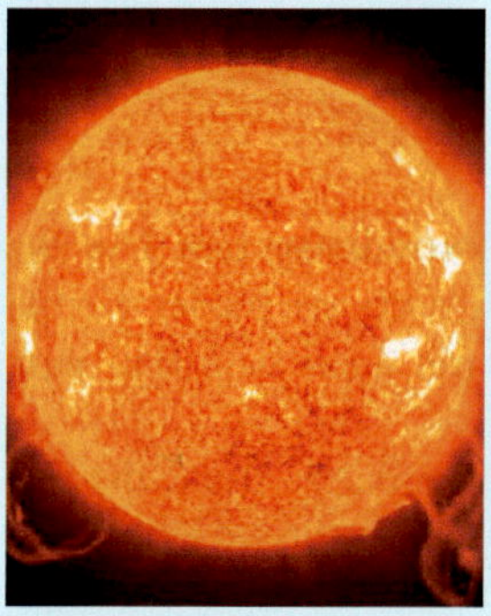

2 Unsere Sonne

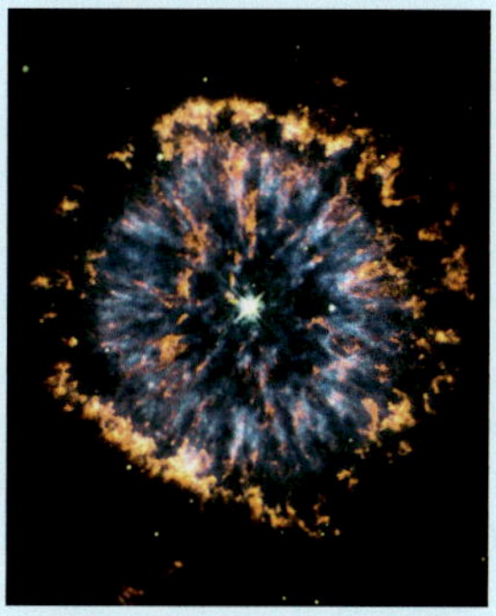

3 Supernova

Auch unsere Sonne ist ein Stern. Sterne sind Gaswolken. In ihrem Innern verschmelzen bei mehr als zehn Millionen Grad Celsius die Wasserstoffkerne zu Heliumkernen. Einige wenige Gramm Wasserstoff liefern bei der Kernverschmelzung mehr als 1 Million Kilowattstunden Energie. Zum Vergleich: Ein Privathaushalt benötigt im Jahr ca. 3 000 Kilowattstunden an elektrischer Energie. Auch schwerere Elemente entstehen: erst Kohlenstoff, Sauerstoff, Silicium und Eisen. Später im Leben eines Sterns, wenn der Kern immer heißer wird, folgen die schweren Elemente bis hin zu Blei und Bismut.

Stirbt ein Stern, weil nicht mehr genügend „Kernbrennstoff" vorhanden ist, kommt es zu einer Explosion. Das Innere kollabiert innerhalb von Sekunden in einer Supernova zu einem Neutronenstern. Bei den hohen Temperaturen von einigen Milliarden Grad Celsius entstehen auch die noch schwereren Elemente. Durch die Sternexplosion verteilen sich die Elemente im Weltall. Aus dem interstellaren Gas können sich erneut Galaxien mit ihren zahlreichen Sternen, den Planeten und ihren Monden bilden.

4 Galaxienhaufen

5 Reste eines sterbenden Sterns nach einer Supernova

Die periodische Ordnung

In der Mitte des 19. Jahrhunderts waren über 60 chemische Elemente bekannt. Der Russe DMITRI I. MENDELEJEW (1834 bis 1907) und der Deutsche LOTHAR MEYER (1830 bis 1895) entwickelten unabhängig voneinander eine systematische Anordnung der Elemente nach ihren Atommassen und nach ihren Eigenschaften, das Periodensystem der Elemente.
Nach welchen Regeln sind die Elemente im Periodensystem geordnet?

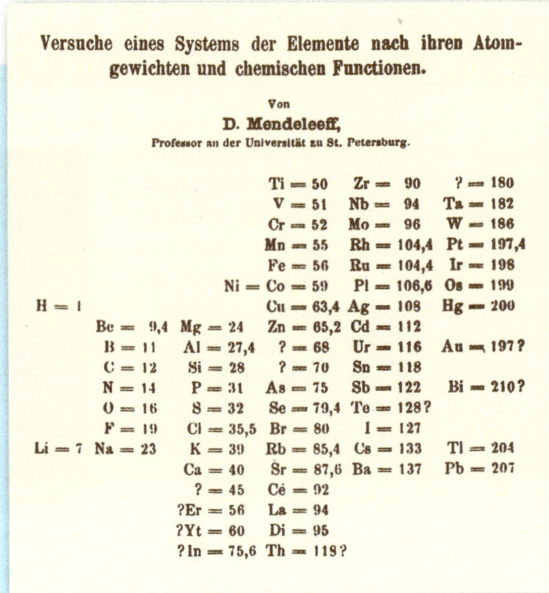

Versuche eines Systems der Elemente nach ihren Atomgewichten und chemischen Functionen.

Von

D. Mendeleeff,

Professor an der Universität zu St. Petersburg.

			Ti = 50	Zr = 90	? = 180
			V = 51	Nb = 94	Ta = 182
			Cr = 52	Mo = 96	W = 186
			Mn = 55	Rh = 104,4	Pt = 197,4
			Fe = 56	Ru = 104,4	Ir = 198
			Ni = Co = 59	Pl = 106,6	Os = 199
H = 1			Cu = 63,4	Ag = 108	Hg = 200
	Be = 9,4	Mg = 24	Zn = 65,2	Cd = 112	
	B = 11	Al = 27,4	? = 68	Ur = 116	Au = 197?
	C = 12	Si = 28	? = 70	Sn = 118	
	N = 14	P = 31	As = 75	Sb = 122	Bi = 210?
	O = 16	S = 32	Se = 79,4	Te = 128?	
	F = 19	Cl = 35,5	Br = 80	I = 127	
Li = 7	Na = 23	K = 39	Rb = 85,4	Cs = 133	Tl = 204
		Ca = 40	Sr = 87,6	Ba = 137	Pb = 207
		? = 45	Cé = 92		
		?Er = 56	La = 94		
		?Yt = 60	Di = 95		
		?In = 75,6	Th = 118?		

1 Das erste Periodensystem von MENDELEJEW

2 Aluminium, Schwefel und Chlor sind Hauptgruppenelemente.

3 Kupfer, Silber und Gold sind Nebengruppenelemente.

Atombau und Anordnung der Elemente im Periodensystem Die chemischen Elemente werden im Periodensystem nach steigender Kernladungszahl ihrer Atome angeordnet. Elemente mit ähnlichem Bau ihrer Atomhüllen kehren periodisch wieder.
In den Reihen, den Perioden, stehen die Elemente, deren Atome die gleiche Anzahl besetzter Elektronenschalen aufweisen. Eine neue Periode beginnt mit einem Element, dessen Atome immer ein Außenelektron besitzen. Jede Periode endet mit einem Edelgas, dessen Atome 8 Elektronen in der Außenschale aufweisen. Eine Ausnahme bildet das Edelgas Helium in der 1. Periode, da die 1. Elektronenschale bereits mit 2 Elektronen voll besetzt ist.
Die Atome der Elemente in den senkrechten Spalten, den Gruppen, weisen übereinstimmend die gleiche Anzahl Außenelektronen auf (Ausnahme Helium). In jeder der acht **Hauptgruppen** stehen Elementgruppen, die sich durch enge chemische Verwandtschaft auszeichnen. ↑S.212
Außer den Hauptgruppenelementen gibt es Elemente wie Kupfer, Chrom, Zink und Eisen, die in **Nebengruppen** angeordnet sind. Hier finden sich ausnahmslos Metalle. In den Atomen der Nebengruppenelemente füllen die Elektronen innere Elektronenschalen auf.

Periodisch wiederkehrende Eigenschaften Im Periodensystem überwiegen die Metalle. Sie sind im Periodensystem links einer gedachten Linie von Bor nach Astat zu finden. Ihre Atome besitzen nur wenige Außenelektronen. Diese können leicht abgegeben werden. Sie bewirken als Ladungsträger die elektrische Leitfähigkeit der Metalle. Innerhalb einer Periode nehmen die metallischen Eigenschaften der Elemente nach rechts hin ab. Die Elemente der V. bis VII. Hauptgruppe sind vorwiegend Nichtmetalle. Die Atome dieser Elemente neigen zur Aufnahme von Elektronen.

Die Atome der Halogene besitzen sieben Außenelektronen. Die nicht ganz gefüllte Außenschale bestimmt das besonders reaktionsfreudige Verhalten der Salzbildner. Schon mit der Aufnahme eines weiteren Elektrons lässt sich für die Elemente der VII. Hauptgruppe die stabile Edelgaskonfiguration erreichen.
Die Atome der Alkalimetalle besitzen jeweils ein Außenelektron. Darunter befindet sich eine voll besetzte Schale. Eine stabile Edelgaskonfiguration könnte durch die Abgabe des einzelnen Elektrons erreicht werden. Darauf ist das Reaktionsverhalten der Alkalimetalle zurückzuführen.
In der Einordnung der chemischen Elemente ins Periodensystem äußert sich das **Gesetz der Periodizität**. Die gleiche Anzahl Außenelektronen bedingt Ähnlichkeiten in den chemischen Eigenschaften der Elemente.

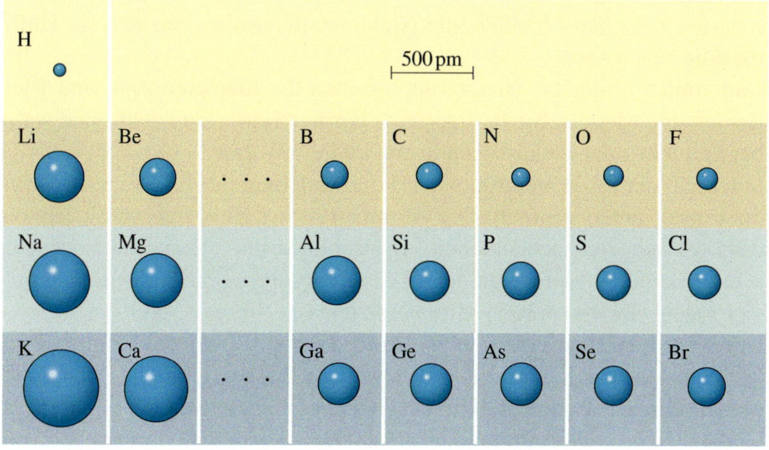

4 Atomradien von Hauptgruppenelementen (1 pm = 10^{-12} m)

Ebenfalls periodisch ändern sich die Atomradien der Elemente. Innerhalb einer Gruppe nimmt mit jeder neuen Schale, die mit Elektronen besetzt wird, der Radius zu. Je mehr Elektronenschalen besetzt sind, desto größer ist das Atom. Innerhalb einer Periode nimmt dagegen der Radius mit zunehmender Ordnungszahl ab. Ursache dafür ist die mit steigender Kernladung zunehmende Anziehungskraft der Protonen des Kerns auf die Elektronen der Atomhülle. Diese überwiegt, obwohl die Zahl der Elektronen stetig zunimmt.
Je größer die Atome sind, desto leichter können die zunehmend weiter vom Kern entfernten Valenzelektronen abgegeben werden. Innerhalb der I. und II. Hauptgruppe nimmt die Reaktivität der Elemente von oben nach unten zu. Caesium reagiert sehr heftig mit Wasser, gefolgt von Rubidium, Kalium und Natrium. Das Alkalimetall Lithium reagiert kaum.

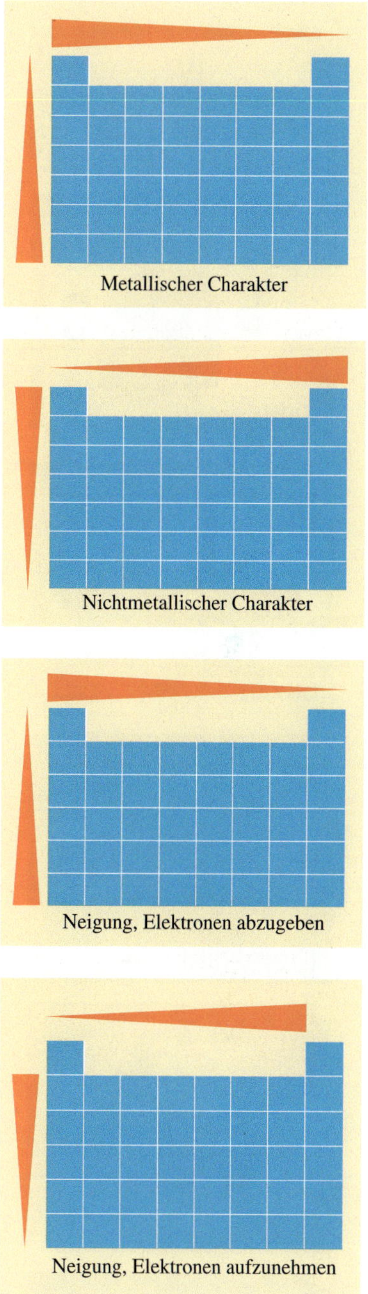

5 Tendenzen im Periodensystem

Aufgaben

1 Erläutere die Elektronenverteilung bei Atomen als Ordnungsprinzip des Periodensystems für die Elemente der 2. und 3. Periode.

2 Zeichne ein Schalenmodell der Atomhülle des Elements, das in der V. Hauptgruppe in der 3. Periode steht. Um welches Element handelt es sich?

3 Beschreibe die Abbildung 4. Gib Tendenzen für die Atomradien der Elemente im Periodensystem an. Worauf sind diese zurückzuführen? ↑4

4 Alkalimetalle reagieren heftig mit Sauerstoff. Versuche, das zu begründen.

1 Ausschnitt aus dem Periodensystem (↑ Anhang) mit Abbildungen der Stoffe

Vom Kohlenstoff zum Blei Bisher wurde festgestellt, dass die jeweiligen Mitglieder der Hauptgruppen im Periodensystem enge chemische Verwandtschaften aufweisen. Die IV. Hauptgruppe jedoch nimmt eine Mittelstellung im Periodensystem ein. In ihr befinden sich Elemente mit äußerst unterschiedlichen Eigenschaften, die von nichtmetallisch bis metallisch reichen. Ergibt sich hierdurch ein Widerspruch zum bisher Gesagten?

Angeführt wird die IV. Hauptgruppe vom Element Kohlenstoff. Als Diamant ist Kohlenstoff ein typisches Nichtmetall. Diamant ist farblos, durchscheinend, sehr hart und ein elektrischer Nichtleiter. Dagegen ist Kohlenstoff als Graphit dunkelgrau, glänzend, weich und elektrisch leitend.

Silicium und Germanium vereinen in sich sowohl metallische als auch nichtmetallische Eigenschaften. Beide sind glänzend, hart und spröde und nur in reiner Form nicht elektrisch leitend. Elemente, die mit ihren Eigenschaften zwischen Metallen und Nichtmetallen stehen, werden als **Halbmetalle** bezeichnet.

Ganz unten in der IV. Hauptgruppe stehen die Elemente Zinn und Blei. Beides sind Metalle. Sie besitzen eine geringe Härte, sind dehn- und walzbar und leiten den elektrischen Strom und die Wärme.

Innerhalb der IV. Hauptgruppe wird die Änderung der Eigenschaften von oben nach unten deutlich. Der Atombau dieser Elemente verrät jedoch trotz der sehr unterschiedlichen Eigenschaften ihre chemische Verwandtschaft: Bei allen Elementen der IV. Hauptgruppe ist die Außenschale mit vier Valenzelektronen zur Hälfte besetzt.

Um die Edelgaskonfiguration zu erreichen, können entweder die vier Valenzelektronen abgegeben oder vier weitere Elektronen in die Atomhülle aufgenommen werden. Ob Elektronen aufgenommen oder abgegeben werden, ist u. a. vom Atomradius abhängig, der innerhalb der Gruppe von oben nach unten zunimmt. Je größer der Abstand zum Atomkern, desto leichter werden die Valenzelektronen abgegeben und desto stärker ist der metallische Charakter der Elemente. Dies erklärt, warum der metallische Charakter der Elemente in der Gruppe von oben nach unten zunimmt.

Der Bau der Elemente der IV. Hauptgruppe, auf den die jeweiligen Eigenschaften zurückzuführen sind, wird also sowohl von der zur Hälfte besetzte Außenschale als auch von der Größe der Atome bestimmt.

Natürliche und künstliche Elemente Im Periodensystem finden sich Elementgruppen, die bisher nicht erwähnt wurden. Zu den schweren Elementen gehören die Elemente der Lanthanreihe und die Elemente der Actiniumreihe. Beide Gruppen reihen sich – entsprechend dem Atombau dieser Elemente – in der 6. bzw. 7. Periode ein, zwischen den Elementen Barium und Hafnium bzw. zwischen den Elementen Radium und Rutherfordium.

Neben den etwa 90 natürlich vorkommenden Elementen – von Wasserstoff bis Uran – gibt es etwa 20 weitere Elemente, die sich künstlich im Labor erzeugen lassen, z. B. Roentgenium und Einsteinium. Ob die Atome eines Elements stabil sind oder radioaktiv zerfallen, ist von der Zahl der Protonen und Neutronen im Atomkern der Elemente abhängig. Die schwereren Elemente wie Uran und Plutonium sind nicht stabil und zerfallen radioaktiv.

Lassen sich die chemischen Elemente sinnvoll ordnen? Diese Frage beschäftigte die Naturwissenschaftler im 19. Jahrhundert. Erste Versuche unternahm JOHANN-WOLFGANG DÖBEREINER. Im Jahr 1829 identifizierte er Gruppen von je drei Elementen (Triaden), die sich chemisch ähnelten.

1 JOHANN-WOLFGANG DÖBEREINER (1780 bis 1849)

Der französische Geologe BÉGUYER DE CHANCOURTOIS (1820 bis 1886) sortierte 1862 bereits 24 Elemente spiralförmig auf einem Zylinder. Er erkannte, dass jedes achte Element dem ersten ähnelte. JOHN A. R. NEWLAND (1837 bis 1898) fühlte sich an die Harmonie einer Tonleiter erinnert. In seinem zweidimensionalen System ordnete er nun schon 35 Elemente nach zunehmender Atommasse in Oktaven an.

Die unterschiedliche Fähigkeit der Elemente, sich mit anderen Elementen zu verbinden, sowie deren physikalische Eigenschaften wiesen dem deutschen Chemiker JULIUS LOTHAR MEYER den Weg. In seinem 1868 fertiggestellten System finden sich viele Elemente der heutigen Hauptgruppen. Als Ursache der Periodizität nahm er – anders als seine Zeitgenossen – den inneren Aufbau der Atome an.

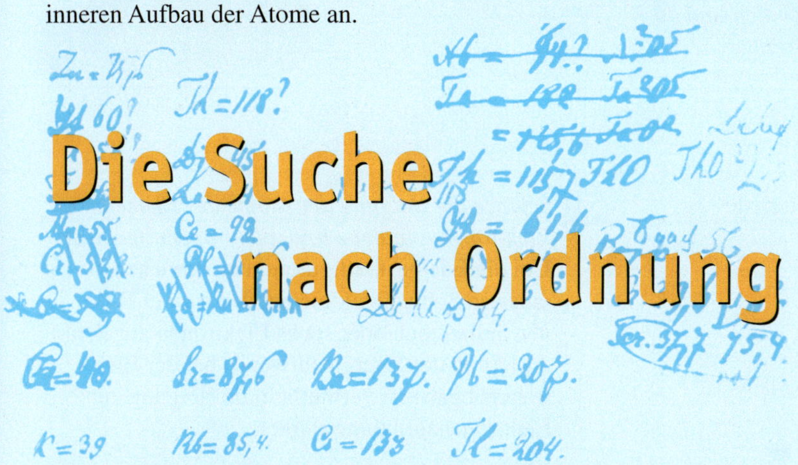

Die Suche nach Ordnung

2 JULIUS LOTHAR MEYER (1830 bis 1895)

„Dieses periodische Gesetz … soll Unerklärtes aufklären und Voraussagen hervorrufen, welche durch das Experiment bestätigt werden können.“ So kommentierte DMITRI I. MENDELEJEW sein 1869 entwickeltes periodisches System, in das der russische Chemiker alle 61 bis dahin bekannten Elemente einordnete.

3 DMITRI I. MENDELEJEW (1834 bis 1907)

MENDELEJEW ließ drei freie Plätze in seinem Periodensystem. Eine seiner „Lücken“ kommentierte er so: *„Es gibt ein bisher unentdecktes Element. Ich habe es Eka-Aluminium genannt. (…) Sucht es, und es wird gefunden werden.“* Die Atomgewichte und Stoffeigenschaften der unentdeckten Elemente sagte MENDELEJEW erstaunlich genau voraus. Die Suche war erfolgreich. Gallium wurde 1876 gefunden. 1886 folgte Germanium, entdeckt von dem deutschen Chemiker CLEMENS WINKLER (1838 bis 1904).

Erst mit der Entdeckung der Elementarteilchen sowie der Entschlüsselung der Struktur der Atomhülle durch NIELS BOHR (1885 bis 1962) Anfang des 20. Jahrhunderts offenbarte sich die wirkliche Ursache für das periodische Verhalten der Elemente: der Aufbau ihrer Atome.

Methode

Ableiten von Aussagen über Elemente aus dem Periodensystem

Aus dem Periodensystem der Elemente lässt sich der Bau der Atome eines Elements ableiten. Mit seiner Hilfe können die Eigenschaften eines Elements abgeschätzt und dessen chemisches Verhalten vorhergesagt werden. Ein Vorgehen nach einer bestimmten Schrittfolge ist dabei sinnvoll.

Leite aus dem Periodensystem Aussagen über das Element Schwefel ab.

1 *Suche das Element im Periodensystem.*

2 *Ermittle von dem Element die Ordnungszahl, die Hauptgruppe und die Periode.*
Schwefel hat die Ordnungszahl 16. Er steht in der VI. Hauptgruppe in der 3. Periode.

3 *Leite Aussagen zum Atombau des Elements ab. Ermittle die Zahl der Elektronenschalen und die Zahl der Valenzelektronen seiner Atome.*
Bau des Schwefelatoms:
- 16 Protonen im Atomkern
- 16 Elektronen in der Atomhülle
- 3 Elektronenschalen
- 6 Valenzelektronen in der Außenschale

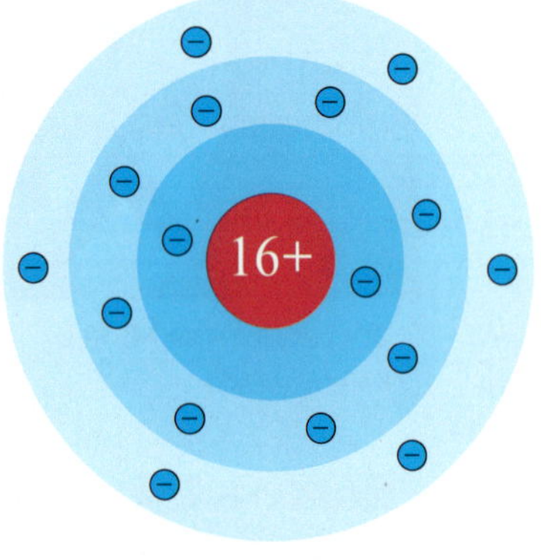

1 Das Schalenmodell des Schwefelatoms veranschaulicht seinen Bau.

4 *Schätze den Atomradius ab. Als Grundlage dienen dabei die Tendenzen im Periodensystem.*
Innerhalb der Hauptgruppe nimmt der Atomradius von oben nach unten zu. Innerhalb der Periode nimmt er von links nach rechts ab. Schwefelatome besitzen daher z. B. im Vergleich zu Sauerstoffatomen einen größeren Atomradius und im Vergleich zu Phosphoratomen einen kleineren.

5 *Schätze die Neigung der Atome des Elements zur Elektronenaufnahme bzw. Elektronenabgabe ab.*
Um die Edelgaskonfiguration zu erreichen, müssten Schwefelatome entweder zwei Elektronen aufnehmen oder sechs Elektronen abgeben. Aufgrund des Energieaufwands bei der Elektronenabgabe ist vermutlich die Neigung zur Elektronenaufnahme stärker.

6 *Ermittle aus seiner Stellung im Periodensystem, ob das Element ein Metall, ein Halbmetall oder ein Nichtmetall ist. Leite daraus Vermutungen über weitere Eigenschaften ab.*
Schwefel steht im Periodensystem rechts einer gedachten Linie von Bor nach Astat und ist daher ein Nichtmetall. Schwefel ist ebenso wie Phosphor bei Zimmertemperatur fest, dürfte aber eine relativ niedrige Schmelz- und Siedetemperatur aufweisen. Vermutlich leitet Schwefel als Nichtmetall den elektrischen Strom nicht.

7 *Stelle Vermutungen darüber an, ob das Element eher mit Metallen oder mit Nichtmetallen reagieren könnte.*
Es ist zu vermuten, dass Schwefel als Nichtmetall mit Metallen und auch mit Sauerstoff reagiert.

1 Bei dem Versuch, die Elemente zu ordnen, stieß der deutsche Chemiker JOHANN-WOLFGANG DÖBEREINER auf eine interessante Besonderheit. Bei seinen „Triaden" chemisch ähnlicher Elemente entsprach die Atommasse des mittleren Elements dem arithmetischen Mittel der Massen der beiden äußeren Elemente. Bestätige diesen Zusammenhang rechnerisch.

Triaden von DÖBEREINER	
Lithium	Calcium
Natrium	Strontium
Kalium	Barium
Schwefel	Chlor
Selen	Brom
Tellur	Iod

2 DMITRI I. MENDELEJEW sagte die Eigenschaften mehrerer bis dahin unentdeckter Elemente erstaunlich genau voraus.

a Vergleiche MENDELEJEWS Voraussagen für das von ihm als „Eka-Silicium" bezeichnete Element mit den heute bekannten Eigenschaften. Um welches Element handelt es sich?

b Informiere dich über das Leben des berühmten Chemikers und stelle es in der Klasse vor.

MENDELEJEWS Voraussagen (1871) für das Eka-Silicium

Atommasse: 72
Schmelztemperatur: hoch
Farbe: dunkelgrau
Wird durch Säuren und Laugen kaum angegriffen.
Beim Erhitzen bildet sich ein Oxid mit hoher Schmelztemperatur.
Kann durch Reduktion aus dem Oxid hergestellt werden.

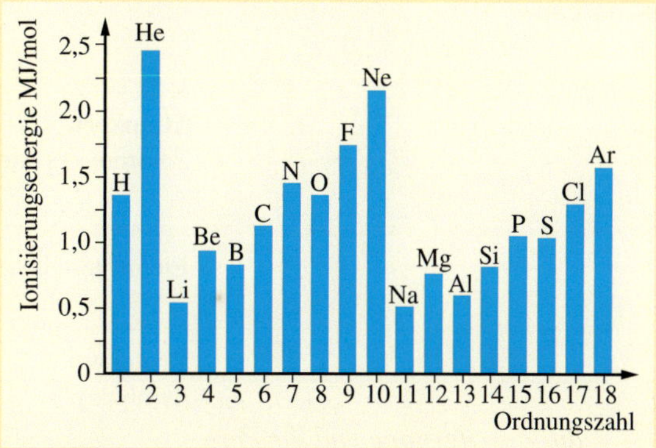

1 Ionisierungsenergien für die Abspaltung des ersten Elektrons für die Atome der Elemente der ersten drei Perioden

3 Beschreibe die im Diagramm dargestellten Änderungen der Ionisierungsenergien. Worauf sind diese Änderungen zurückzuführen?

4 Leite Aussagen über Lithium, Phosphor und Argon aus dem Periodensystem ab. Wende dabei die auf Seite 222 vorgestellte Methode an.

5 Deutsche Bergsteiger fanden 1991 in den Alpen eine mumifizierte Leiche. Mithilfe der Radiokarbonmethode konnte das Alter des Gletschermanns von Similaun, „Ötzi" genannt, bestimmt werden. Informiere dich über das Funktionsprinzip dieser Methode.

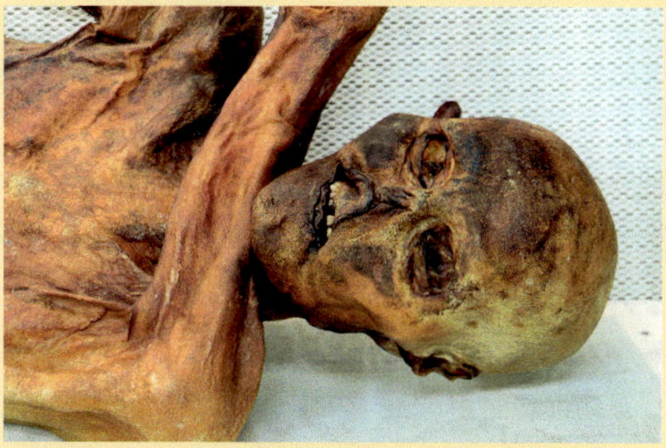

2 Mumifizierte Leiche des „Ötzi", gestorben vor etwa 5300 Jahren.

6 In der Medizin wird eine radioaktive Strahlungsart für Untersuchungen eingesetzt. Um welche Strahlungsart handelt es sich? Informiere dich über diese Untersuchungsmethode. Warum werden den Patienten bei der Untersuchung an bestimmten Körperteilen Schürzen aus Blei umgelegt?

Auf einen Blick

Atombau

Kern-Hülle-Modell des Atoms

Atomkern		**Atomhülle**
Zentrum des Atoms Elementarteilchen:		in Elektronenschalen gegliederter, kugelschalenförmiger Raum um den Atomkern Elementarteilchen:
Protonen Symbol: p^+ positiv elektrisch geladene Teilchen, Ladung: +1	**Neutronen** Symbol: n elektrisch neutrale Teilchen, Ladung: keine	**Elektronen** Symbol: e^- negativ elektrisch geladene Teilchen, Ladung: –1

Kernladungszahl

Anzahl der Protonen im Atomkern, entspricht der Ordnungszahl des Elements im Periodensystem

Massenzahl

Summe der Anzahl der Protonen und Neutronen im Atomkern

Isotope eines Elements

Atome mit gleicher Anzahl an Protonen, aber unterschiedlicher Anzahl an Neutronen und damit unterschiedlicher Atommasse

Hauptgruppen

Gruppen von Elementen, deren Atome die gleiche Anzahl von Valenzelektronen besitzen

Periodensystem der Elemente und Atombau

Angabe im Periodensystem		Bau der Atome
Ordnungszahl	≙	Anzahl der Protonen
Nummer der Hauptgruppe	≙	Anzahl der Außenelektronen
Nummer der Periode	≙	Anzahl der Elektronenschalen

Elektronenoktett

Besonders stabile Elektronenkonfiguration mit voll besetzter Außenschale (Edelgaskonfiguration)

Gesetz der Periodizität

Periodische Wiederkehr von Elementen im Periodensystem mit ähnlichem Atombau und daher ähnlichem chemischem Verhalten

Chemische Bindungen

Wir denken beim Wort „Bindung“ an Zusammenhalt, Anziehungskraft, unzertrennlich sein, zusammenhängen u. v. a.
Jeder stellt sich etwas anderes vor:
... Lisa und ihre Freunde, die zusammenhängen wie die Kletten,
... eine Vogelformation auf dem Flug in den Süden,
... das Zusammenwirken von Bienen in ihrem Staat,
... miteinander verklebte Plastikwerkstoffe und Metalle im Auto,
... an dicken Tauen festmachende Ozeanriesen im Hafen.

➜ Was sind dagegen chemische Bindungen?

➜ Wie halten Atome – die Grundbausteine aller chemischen Elemente – in den uns umgebenden Stoffen zusammen?

➜ Wirkt sich der Zusammenhalt auf die Eigenschaften der Stoffe aus?

Selbst untersucht Eigenschaften von Stoffen mit unterschiedlichem Bau

1 Untersuche feste Stoffe auf elektrische Leitfähigkeit.

Ermittle, ob Stoffproben von Eisen, Schwefel, Aluminium, Magnesiumoxid, Kochsalz, Zucker, Kerzenwachs und Kupfer elektrische Leitfähigkeit zeigen.

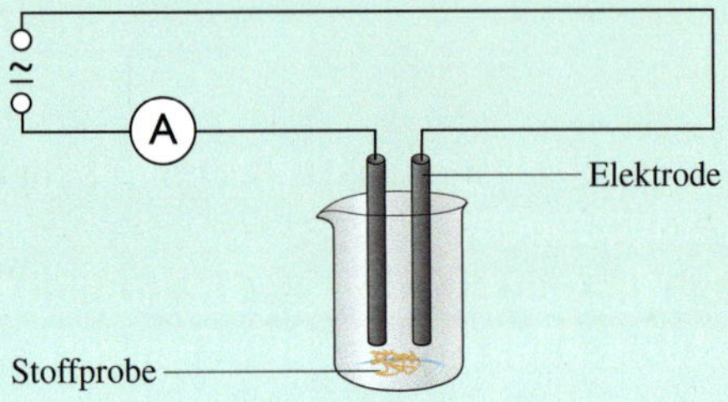

Ordne die Stoffe nach ihrer elektrischen Leitfähigkeit.

Entsorgung: Feste Stoffe einsammeln, werden wieder verwendet.

2 Prüfe das Verhalten von Stoffen beim Erhitzen.

Vorsicht! Abzug! Erhitze in Reagenzgläsern je eine Spatelspitze Natriumchlorid, Zucker und Schwefelpulver sowie wenige Iodkristalle (Xi) in der Brennerflamme. Beende das Experiment, wenn du Veränderungen beobachtest.

Vergleiche deine Beobachtungen. Erläutere das unterschiedliche Verhalten der Stoffe beim Erhitzen.

Entsorgung: Reagenzgläser zur Entsorgung am Lehrertisch abstellen.

3 Erkunde die Löslichkeit von Stoffen.

Prüfe Stoffproben von Zucker, Kochsalz, Schwefel, Magnesiumoxid und Calciumoxid (Xi) auf Löslichkeit in Wasser.

Notiere deine Beobachtungen.

Untersuche die wässrigen Lösungen anschließend auf elektrische Leitfähigkeit. Vergleiche deine Beobachtungen mit Ergebnissen aus Experiment 1.

Entsorgung: Wässrige Lösungen in den Sammelbehälter für Abwasser geben.

4 Unterscheide vier ähnlich aussehende Stoffe.

Identifiziere vier Stoffproben weiß aussehender Stoffe in mit A, B, C und D gekennzeichneten Reagenzgläsern. Finde heraus, in welchem der gekennzeichneten Reagenzgläser Natriumchlorid, Zucker, Mehl und Calciumoxid (Xi) enthalten ist. Führe zum Erkennen der Stoffproben Experimente zur Prüfung der Löslichkeit, zur elektrischen Leitfähigkeit und zum Verhalten der Stoffe beim Erhitzen durch. Kosten ist grundsätzlich verboten. *Tipp:* Beim Lösen des Calciumoxids in Wasser entsteht eine alkalische Lösung. Setze einige Tropfen Universalindikator zu.

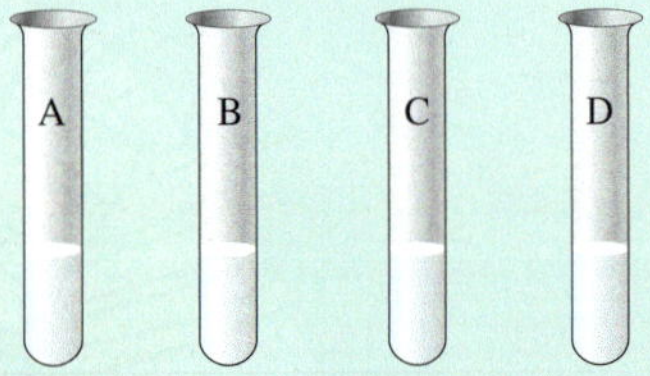

Ordne die ermittelten Stoffe den Proben A, B, C und D zu. Begründe deine Entscheidung.

Entsorgung: Reste der festen Stoffe in den Sammelbehälter für Hausmüll, Lösungen in den Sammelbehälter für Abwasser geben.

5 Gewinne Kochsalz aus Sole.

Vorsicht! Schutzbrille! Stelle eine Kochsalzlösung her und dampfe eine geringe Menge davon in einer Porzellanschale ein. Betrachte den Rückstand mit einer Lupe.

Entsorgung: Rückstand lösen, Lösung in den Sammelbehälter für Abwasser geben.

6 Betrachte das Aussehen von Küchensalzen.

Sieh dir die Formen der „Körnchen“ verschiedener grober und feiner Küchensalze an. Nutze dazu eine Lupe oder ein Mikroskop. Falls du regelmäßige Formen erkennst, versuche die geometrischen Körper zu beschreiben.

Entsorgung: Stoffproben getrennt einsammeln, werden wieder verwendet.

7 Prüfe die Härte verschiedener Halogenide.

Untersuche, ob sich die Kristalle von Natriumchlorid und eines Kaliumhalogenids durch Krafteinwirkung eines Schlages verformen lassen.
Prüfe zum Vergleich ein Stück Zinn oder Blei.
Beschreibe deine Beobachtungen.
Entsorgung: Metalle wieder einsammeln, Reste der festen Halogenide lösen und in den Sammelbehälter für Abwasser geben.

8 Vergleiche eine Salzlösung und Wasser bezüglich einer Eigenschaft.

Gib in zwei hohe Bechergläser je 200 ml Wasser. Rühre in eines der Bechergläser reichlich 40 g Kochsalz ein. Gib ein gekochtes Ei erst in das Wasser, danach in die Salzlösung.
Notiere deine Beobachtungen. Vergleiche die Volumina vor und nach dem Lösen des Kochsalzes. Zu welcher Eigenschaft der beiden Flüssigkeiten kannst du eine Aussage machen?
Entsorgung: Ei einsammeln; Lösung in den Sammelbehälter für Abwasser geben.

9 Untersuche die Löslichkeit einiger Chloride in Wasser.

Gib in drei Reagenzgläser mit je 5 ml destilliertem Wasser jeweils eine Spatelspitze Natriumchlorid, Magnesiumchlorid und Silberchlorid. Verschließe die Reagenzgläser mit einem Stopfen und schüttle sie kräftig. Wiederhole die Zugabe, bis sich die Stoffe nicht mehr lösen.
Notiere deine Beobachtungen. Vergleiche die Stoffe hinsichtlich ihrer Löslichkeit.
Entsorgung: Silberchloridreste getrennt einsammeln; Lösungen in den Sammelbehälter für Abwasser geben.

10 Prüfe destilliertes Wasser, festes Natriumchlorid und eine Natriumchloridlösung auf elektrische Leitfähigkeit.

Gib in ein Becherglas etwa 10 g trockenes, festes Natriumchlorid, in ein anderes Becherglas einen großen, trockenen Natriumchloridkristall und in ein drittes Becherglas 100 ml destilliertes Wasser. Prüfe zunächst die elektrische Leitfähigkeit des festen Natriumchlorids und des destillierten Wassers. Gib die 10 g Natriumchlorid in das Becherglas mit dem destillierten Wasser. Rühre um, bis eine klare Natriumchloridlösung entstanden ist. Prüfe die Lösung ebenfalls auf elektrische Leitfähigkeit.
Vergleiche die Ergebnisse miteinander.
Entsorgung: Lösungen in den Sammelbehälter für Abwasser geben. Natriumchloridkristalle einsammeln und wieder verwenden.

11 Prüfe eine Schmelze auf elektrische Leitfähigkeit.

Vorsicht! Nur unter Aufsicht arbeiten! Erhitze Zinkchlorid (C, N) in einem Porzellantiegel bis zum Schmelzen. Prüfe die Schmelze auf elektrische Leitfähigkeit. Untersuche die erstarrte Schmelze erneut auf elektrische Leitfähigkeit.

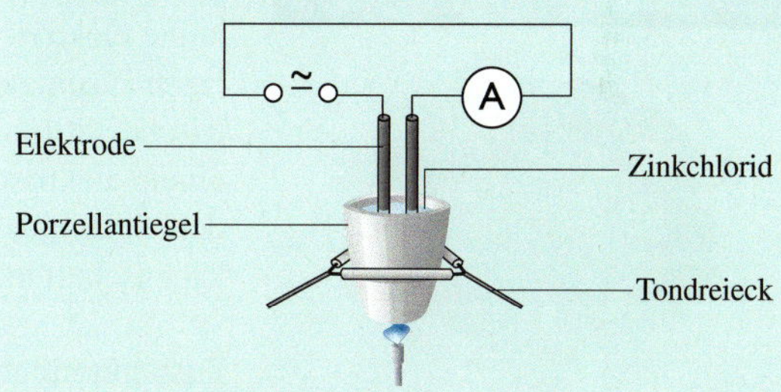

Erkläre deine Beobachtungen.
Entsorgung: Reste in den Sammelbehälter II geben.

12 Untersuche Diamant und Graphit auf elektrische Leitfähigkeit.

Prüfe die elektrische Leitfähigkeit von Diamant und Graphit. Notiere deine Beobachtungen.
Entsorgung: Stoffe einsammeln, wieder verwenden.

Vom Bau der Stoffe

Unsere Umwelt, lebende Organismen wie auch die unbelebte Natur, enthält eine Vielzahl von Stoffen mit ganz unterschiedlichen Eigenschaften. Viele von ihnen begegnen uns schon am Frühstückstisch: wie Eiweiße, Fette, Zucker, Kochsalz und Vitamine, aber auch Metalle, Kunststoffe und Glas.
Es gibt mehr als 20 Millionen verschiedenartige Reinstoffe.
Wovon hängt es ab, ob ein Stoff als farbloses Gas, glänzendes Metall oder kristalliner fester Stoff vorliegt?

1

2 Zucker, Kupfer und Kerzenwachs – der Bau der Stoffe bedingt ihre unterschiedlichen Eigenschaften.

Unterschiedliche Eigenschaften von Stoffen – unterschiedlicher Bau? Bei den untersuchten Stoffen stellen wir Unterschiede in charakteristischen Eigenschaften fest, z. B. in der Löslichkeit in Wasser und im Verhalten beim Erhitzen. Durch ihre gute Löslichkeit in Wasser unterscheiden sich einige feste kristalline Stoffe wie Natriumchlorid und andere Halogenide, aber auch Zucker von anderen festen Stoffen. ↑E.2-4 S.226 Werden dagegen die entstandenen wässrigen Lösungen auf elektrische Leitfähigkeit geprüft, zeigt Zuckerlösung im Gegensatz zu den anderen Lösungen keine elektrische Leitfähigkeit. Außer den Metallen leiten auch die wässrigen Lösungen einiger Stoffe den elektrischen Strom. ↑E.1,3 S.226 Elektrischer Strom fließt jedoch nur, wenn sich bewegliche Ladungsträger in einem elektrischen Feld bewegen. Welche Teilchen in Stoffen verursachen den Stromfluss? Der Bau der Stoffe wirkt sich offensichtlich auf deren Eigenschaften aus. ↑2

Zusammenhalt von Teilchen in Stoffen Den Bau von Kupfer, Eisen oder Magnesium stellen wir uns als einen Atomverband aus einer Vielzahl von Atomen vor. Wie passen elektrische Leitfähigkeit von Metallen und ihr Bau aus neutralen Atomen zusammen? Wasserstoff, Sauerstoff, Schwefel, Wasser und auch Zucker sind aus Molekülen aufgebaut. Jeweils nur wenige Atome halten in den Molekülen dieser Stoffe zusammen. In den Lösungen von Natriumchlorid und anderen Metallhalogeniden, von Magnesiumoxid oder Calciumoxid liegen elektrisch geladene Teilchen – **Ionen** – vor, die auch die elektrische Leitfähigkeit der Lösung bewirken. ↑E.10 S.227 Es wird zu klären sein, ob diese Ionen als eine weitere Teilchenart bereits in den festen Stoffen vorhanden sind. Der Zusammenhalt der Teilchen in den Stoffen wird als **chemische Bindung** bezeichnet. Welcher Art sind diese Anziehungskräfte, die chemische Bindung zwischen Teilchen?

Vom Atom zum Ion Atome sind elektrisch neutral, weil die Anzahl der Protonen im Atomkern und die Anzahl der Elektronen in der Atomhülle übereinstimmen. Ionen haben dagegen entweder eine größere oder eine geringere Anzahl von Elektronen im Vergleich zu der Anzahl ihrer Protonen. Daher kommt es zur elektrischen Ladung dieser Teilchen.
Jedes Natriumatom besitzt in seiner Außenschale ein Elektron. Aus Natriumatomen können bei chemischen Reaktionen durch die Abgabe von jeweils einem Elektron einfach positiv elektrisch geladene Natrium-Ionen werden. Das Natrium-Ion erreicht so eine Elektronenkonfiguration, die der des Edelgases Neon entspricht: Die 2. Elektronenschale ist mit 8 Elektronen voll besetzt.
Die Außenschale der Chloratome wird von 7 Elektronen gebildet. Von den Chloratomen kann jeweils ein Elektron aufgenommen werden. Es bilden sich einfach negativ elektrisch geladene Chlorid-Ionen. Die 3. Elektronenschale der Chlorid-Ionen ist mit 8 Elektronen besetzt. Diese Elektronenkonfiguration entspricht der des Edelgases Argon. Mit 8 Außenelektronen liegen also in den Natrium- und Chlorid-Ionen die besonders stabilen Elektronenkonfigurationen wie bei den Edelgasen (außer Helium) vor. Dieser Zustand wird als **Edelgaskonfiguration** bezeichnet. Diese Erkenntnis wurde verallgemeinert und ist als **Edelgasregel** bekannt.

Name, elektrische Ladung und chemisches Zeichen einiger Ionen		
Name des Ions	Elektrische Ladung	Chemisches Zeichen
Natrium-Ion	+1	Na^+
Kalium-Ion	+1	K^+
Calcium-Ion	+2	Ca^{2+}
Aluminium-Ion	+3	Al^{3+}
Chlorid-Ion	–1	Cl^-
Bromid-Ion	–1	Br^-
Oxid-Ion	–2	O^{2-}
Sulfid-Ion	–2	S^{2-}

Elektrische Ladung und Größe von Ionen Art und Anzahl der Ladungen von Ionen lassen sich aus der Stellung der Elemente im Periodensystem ableiten. Die Elemente der I. Hauptgruppe, der Alkalimetalle, bilden stets einfach positiv geladene Ionen, die der II. Hauptgruppe stets zweifach positiv geladene Ionen. Auch alle übrigen Metalle bilden aufgrund der geringen Anzahl von Außenelektronen ihrer Atome positiv geladene Ionen, **Kationen** genannt.
Die meisten Nichtmetalle, Elemente mit relativ vielen Außenelektronen ihrer Atome, bilden negativ geladene Ionen, die **Anionen**. So bilden die Elemente der VI. Hauptgruppe zweifach negativ geladene Ionen und die der VII. Hauptgruppe, der Halogene, einfach negativ geladene Ionen.
Bei der Aufnahme eines Elektrons in die Hülle eines Atoms vergrößert sich die Atomhülle aufgrund der Abstoßung der Elektronen. Umgekehrt verkleinert sich die Atomhülle bei der Abgabe von Elektronen. ↑4
Um den Zusammenhang zwischen den Eigenschaften und dem Bau von Stoffen zu belegen, muss der Zusammenhalt der Teilchen genauer betrachtet werden.

Ionen sind elektrisch geladene Teilchen in der Größenordnung von Atomen. Durch Aufnahme oder Abgabe von Elektronen können aus Atomen Ionen gebildet werden.

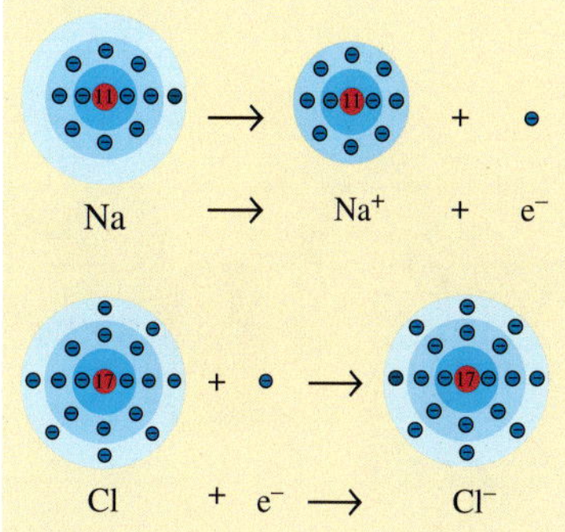

3 Modellvorstellung zur Bildung von Ionen aus Atomen

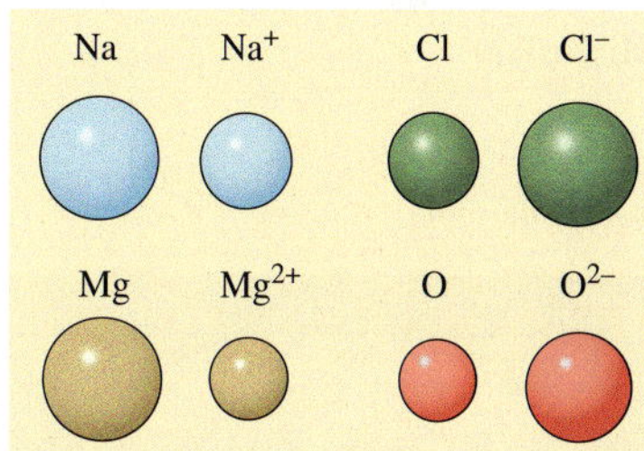

4 Atome und Ionen im Größenvergleich

Aufgaben

1 Vergleiche in einer Tabelle die Anzahl der Protonen und Elektronen und die elektrische Ladung von Kaliumatomen, Kalium-Ionen, Bromatomen und Bromid-Ionen.

2 Erläutere, weshalb Kalium-Ionen einfach positiv, Bromid-Ionen einfach negativ und Calcium-Ionen zweifach positiv geladen sind.

3 Ermittle die Edelgase, deren Elektronenkonfigurationen von den folgenden Ionen erreicht werden: Rubidium-Ion, Lithium-Ion, Barium-Ion, Fluorid-Ion. Erläutere die Bildung der Ionen aus den Atomen durch Elektronenabgabe bzw. -aufnahme.

Ionenbindung – Bau salzartiger Stoffe

Die glasklaren, das Licht brechenden Kristalle des Halits, auch Steinsalz genannt, sind Schaustücke in Mineraliensammlungen. Sie glitzern auch an Wänden von Stollen und Kammern im Bergwerk unter Tage. Hauptbestandteil des Steinsalzes ist Natriumchlorid. Es gibt weitere in der Natur vorkommende, dem Natriumchlorid ähnliche Stoffe.
Wie sind Kristalle solcher salzartigen Stoffe aufgebaut?

1 Halitkristall

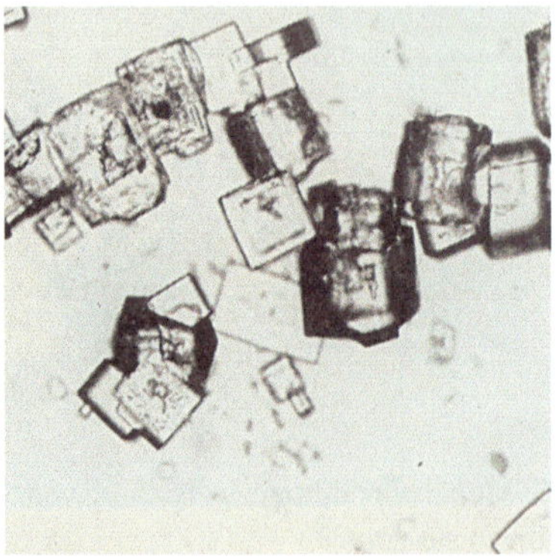
2 Natriumchloridkristalle unter dem Mikroskop

Natriumchlorid – ein aus Ionen aufgebauter Stoff In Stoffproben von Natriumchlorid sind regelmäßige, würfelförmige Kristalle zu erkennen. ↑1,2,3 Die harten, spröden Kristalle sind farblos, in großer Anhäufung wirken sie weiß. ↑E.5,6,7 S.226/227 Natriumchlorid löst sich gut in Wasser. ↑E.8 S.227 Die Festigkeit und die kristalline Beschaffenheit ergeben sich aus der Art und der Anordnung der Teilchen, aus denen Natriumchlorid aufgebaut ist.
Eine ungeheure Vielzahl von positiv elektrisch geladenen Natrium-Ionen und negativ elektrisch geladenen Chlorid-Ionen halten in regelmäßiger Anordnung im Natriumchloridkristall zusammen. Sie bilden einen fest gefügten Teilchenverband aus Ionen. Jedes Natrium-Ion ist im Kristall von sechs Chlorid-Ionen und jedes Chlorid-Ion von sechs Natrium-Ionen umgeben. Natriumchlorid bildet **Ionenkristalle**. Die regelmäßige Anordnung von Natrium- und Chlorid-Ionen im Kristall wird **Ionengitter** genannt. Die Ionen befinden sich auf bestimmten Plätzen im Ionengitter, von denen sie sich im Kristall nicht wegbewegen. ↑4

Das aus Ionen aufgebaute Natriumchlorid bildet Ionenkristalle. Die regelmäßige Anordnung von Ionen im Kristall wird als Ionengitter bezeichnet.

3 Natriumchloridkristalle, aus einer Lösung gewonnen

Ionenbindung – Ionenverbindung Starke, allseitig wirkende Anziehungskräfte zwischen den ungleichnamig elektrisch geladenen Ionen halten sie in dieser regelmäßigen Anordnung zusammen. Natrium-Ionen und Chlorid-Ionen sind im Natriumchlorid durch Ionenbindung gebunden. Diese chemische Bindung zwischen Ionen wird als **Ionenbindung** bezeichnet.
Neben dem Natriumchlorid gibt es eine Vielzahl diesem sehr ähnliche **salzartige Stoffe**, die aus positiv und negativ elektrisch geladenen Ionen aufgebaut sind. Viele von ihnen kommen in der Natur zusammen mit dem Natriumchlorid in Salzlagerstätten vor oder sind im Meerwasser gelöst.

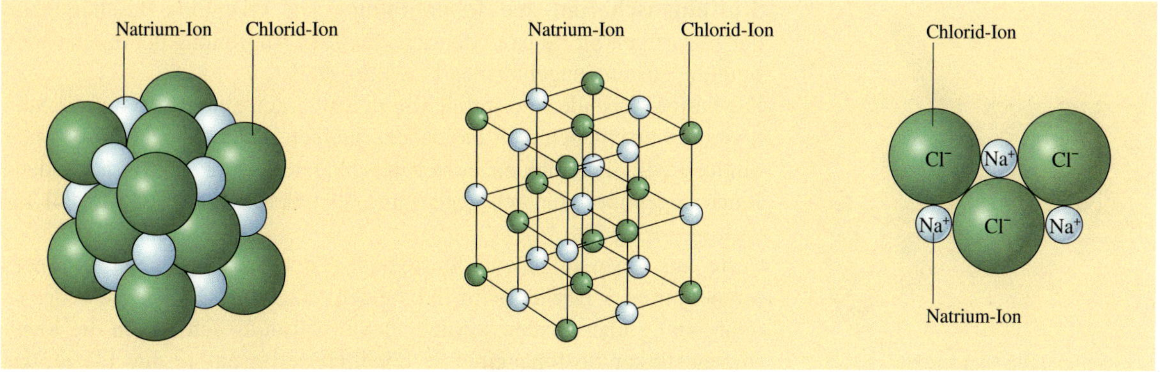

4 Modelle vom Bau des Natriumchlorids

Insbesondere Metallhalogenide, jene Verbindungen aus Metallen und Halogenen ↑S.194, sind ebenfalls solche **Ionenverbindungen** wie das Natriumchlorid. In Kaliumchlorid, Magnesiumchlorid, Calciumchlorid liegen positiv elektrisch geladene Metall-Ionen und einfach negativ elektrisch geladene Chlorid-Ionen vor, die durch Ionenbindung gebunden sind.

Die Ionenbindung ist eine Art der chemischen Bindung, die durch Anziehungskräfte zwischen ungleichnamig elektrisch geladenen Ionen bewirkt wird. Ionenverbindungen sind salzartige, aus Ionen aufgebaute Stoffe.

Formeln einiger Ionenverbindungen Die Formeln von Ionenverbindungen geben jeweils nur das kleinstmögliche Zahlenverhältnis der Ionen im Ionenkristall an. Es sind **Verhältnisformeln**. Die Verhältnisformel kennzeichnet die jeweils kleinste Baueinheit. In einer Ionenverbindung gleichen sich die elektrischen Ladungen der ungleichnamig geladenen Ionen aus. Mit Kenntnis der Ionenladung lässt sich die Verhältnisformel für die Ionenverbindung entwickeln.
Da Natrium-Ionen einfach positiv und Chlorid-Ionen einfach negativ geladen sind, liegen sie im Ionenkristall im Verhältnis 1 : 1 vor. Folglich lautet die Formel von Natriumchlorid Na_1Cl_1 oder vereinfacht NaCl.
Die Verhältnisformel für das Oxid des Magnesiums, ebenfalls eine Ionenverbindung, lautet MgO. Die jeweils zweifach geladenen Ionen liegen im Zahlenverhältnis 1 : 1 vor.

Aussagen aus Formeln von Metallhalogeniden

Formel	Stoff	Kleinstmögliches Zahlenverhältnis der Ionen
KCl	Kaliumchlorid	$K^+ : Cl^- = 1 : 1$
$CaBr_2$	Calciumbromid	$Ca^{2+} : Br^- = 1 : 2$
$AlCl_3$	Aluminiumchlorid	$Al^{3+} : Cl^- = 1 : 3$
$MgCl_2$	Magnesiumchlorid	$Mg^{2+} : Cl^- = 1 : 2$

Aufgaben

1 Erläutere anhand von Bild 4 die chemische Bindung im Natriumchlorid. ↑4

2 Gib Namen und Formeln von fünf Metallhalogeniden an. Begründe die Verhältnisformeln der Stoffe mit der elektrischen Ladung der jeweiligen Ionen. ↑S.229

3 Im Ionengitter von Calciumchlorid sind doppelt so viele Chlorid-Ionen wie Calcium-Ionen enthalten. Ermittle die Verhältnisformel dieser Ionenverbindung.

4 Ermittle mithilfe der Edelgasregel die Verhältnisformeln von Caesiumchlorid, Lithiumoxid, Bariumsulfid, Aluminiumfluorid und Aluminiumoxid.

5 Entwickle die Ionengleichung ↑S.232 für das Lösen von Kupfer(II)-chlorid ($CuCl_2$) in Wasser.

6 Gib die chemischen Zeichen für Ionen der Elemente Aluminium, Brom, Calcium, Lithium und Sauerstoff an. Notiere die Formeln für zwei Ionenverbindungen, die diese Elemente enthalten.

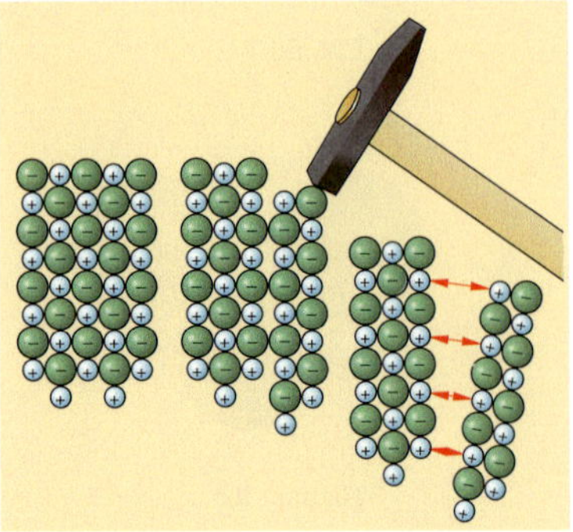

1 Ionenkristalle sind spröde.

Schmelztemperaturen einiger Ionenverbindungen	
Ionenverbindung	Schmelztemperatur in °C
Bariumchlorid	963
Calciumfluorid	1 403
Kaliumchlorid	770
Natriumchlorid	800
Natriumfluorid	992

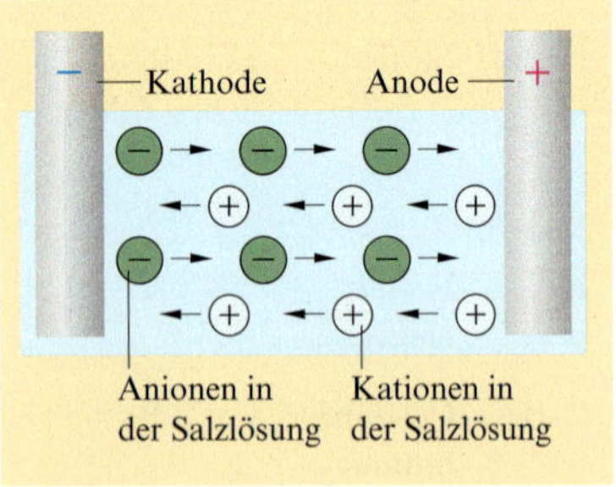

2 Modell des Ladungstransports in einer Salzlösung

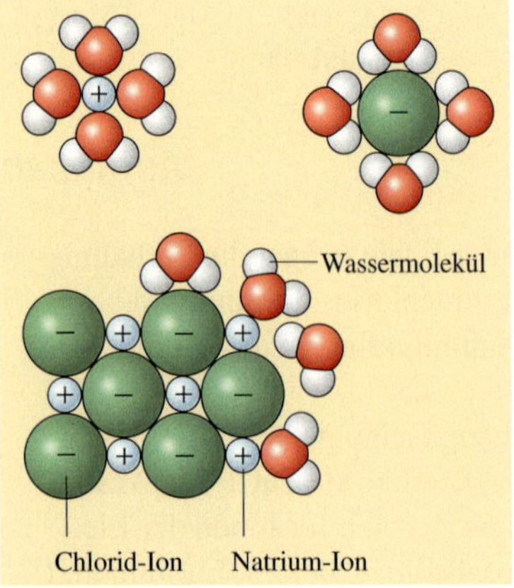

3 Modell zum Lösen eines salzartigen Stoffes

Stoffeigenschaften und Ionenbindung Die kristalline Beschaffenheit der salzartigen Stoffe ist in der regelmäßigen Anordnung der durch Ionenbindung zusammengehaltenen Ionen begründet.

Die harten Kristalle sind spröde. Beim Einwirken einer Kraft auf die Salzkristalle verschieben sich die Ionenschichten gegeneinander. Die Ionenbindung wird überwunden, es stehen sich gleichnamig elektrisch geladene Ionen gegenüber, die sich gegenseitig abstoßen. Der spröde Kristall zerspringt. ↑E.7 S.227, ↑1

Feste, aus Ionen aufgebaute Stoffe haben im Allgemeinen hohe Schmelztemperaturen. ↑Tabelle Beim Schmelzen salzartiger Stoffe muss die Ionenbindung überwunden werden. Bei Erwärmung schwingen die Ionen immer stärker im Ionengitter. Schließlich verlassen sie ihre Plätze, das Ionengitter wird zerstört. Die Ionen sind in der Schmelze frei beweglich. Die Schmelze eines Salzes leitet im Gegensatz zum festen Salz den elektrischen Strom. ↑E.11 S.227 Obgleich der feste Stoff aus elektrisch geladenen Teilchen aufgebaut ist, leitet er den elektrischen Strom nicht. Die Ionen sind nicht frei beweglich im Ionengitter. ↑E.10 S.227

Elektrische Leitfähigkeit weist aber die wässrige Lösung von Natriumchlorid auf. ↑E.10 S.227 Hier wirken – ebenso wie bei der Schmelze – frei bewegliche Ionen als Ladungsträger. Sobald eine ausreichende elektrische Spannung angelegt wird, wandern die beweglichen Ionen durch die Flüssigkeiten. Positiv elektrisch geladene Ionen bewegen sich zur **Kathode**, dem Minuspol, negativ elektrisch geladene Ionen wandern zur **Anode**, dem Pluspol. Die frei beweglichen Ionen, die sich beim Anlegen einer Gleichspannung gerichtet bewegen, bewirken den Stromfluss. ↑2 Die Bezeichnung Ion (griech. ion – wandernd, gehend) geht auf diese gerichtete Bewegung der Teilchen zurück. Ionen können sich nur in Lösungen und Schmelzen bewegen, nicht in festen Stoffen. Durch Entladen der Ionen an den Elektroden wird erst der Stromkreis geschlossen.

Salzkristalle lösen sich meist leicht in Wasser, dennoch muss zum Abbau des Ionengitters Energie aufgewendet werden. ↑E.9 S.227, ↑3 Die Anziehungskräfte zwischen den Ionen werden dadurch überwunden, dass Wassermoleküle zwischen die Ionen dringen. Die Ionen umgeben sich jeweils mit einer Hülle aus Wassermolekülen. Bei diesem Vorgang, der **Hydratation**, wird Wärme an die Umgebung abgegeben, die oft ausreicht, um die Ionenbindung im Kristall zu überwinden. Die von einer Hülle aus Wassermolekülen umgebenen **hydratisierten Ionen** sind in der Lösung frei beweglich.

Ionen in Reaktionsgleichungen Das Lösen z. B. von Natriumchlorid in Wasser lässt sich durch eine Reaktionsgleichung in Ionenschreibweise, eine **Ionengleichung** darstellen.

$$NaCl\,(s) \longrightarrow Na^{+}\,(aq) + Cl^{-}\,(aq) \quad |\ \text{exotherm}$$

Dabei steht „aq“ für in Wasser (lat. aqua) gelöst. Der Abbau von Ionengittern beim Lösen von Ionenverbindungen und der Aufbau von Ionengittern beim Eindampfen ihrer Lösungen sind einander entgegengesetzt verlaufende Vorgänge.

Arbeiten mit Modellen zum Bau der Stoffe

1 Caesiumchlorid

Caesiumchlorid hat besondere Bedeutung zur Gewinnung von Caesium und bei der Reinigung von Nukleinsäuren und Viren in medizinischen Labors. Es sieht aus wie ein Salz.

Welchen Bau besitzt Caesiumchlorid?

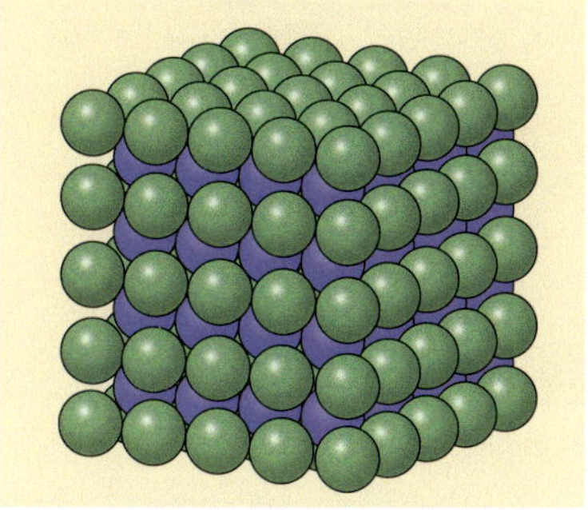

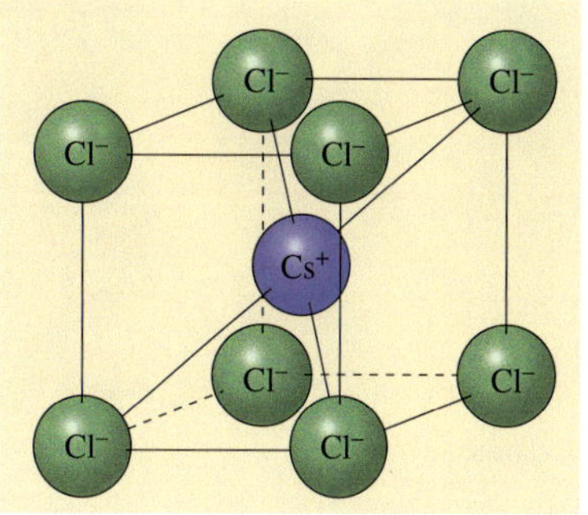

1 *Analysiere die Aufgabenstellung.*
Der Bau von Caesiumchlorid ist an dem originalen Stoff nicht erkennbar. Deshalb ist die Aufgabe nur mithilfe eines Modells zu lösen. Zwei Modelle werden bereitgestellt.

2 *Arbeite mit dem Modell.*
Betrachte die Modelle. Leite aus den Modellen mögliche Aussagen über den Bau von Caesiumchlorid ab.

In den Modellen sind die grünen Kugeln und die blauen Kugeln sehr dicht in Form eines Würfels angeordnet. Um eine blaue Kugel sind jeweils acht grüne Kugeln und um eine grüne Kugel jeweils acht blaue Kugeln angeordnet.

3 *Übertrage die Aussagen über das Modell auf das Original.*

Die blauen Kugeln stellen im Modell die Caesium-Ionen, die grünen Kugeln die Chlorid-Ionen dar. Im Caesiumchlorid sind die Ionen sehr dicht in einem Ionengitter angeordnet. Um ein Caesium-Ion befinden sich jeweils acht Chlorid-Ionen und um ein Chlorid-Ion jeweils acht Caesium-Ionen. Caesiumchlorid ist eine Ionenverbindung.

4 *Überprüfe die Aussagen über das Original.*
Das kann z. B. durch Experimente, Internetrecherchen oder durch Nachschlagen in der Fachliteratur erfolgen.

Wenn die Aussagen über den Bau von Caesiumchlorid richtig sind, dann dürfte festes Caesiumchlorid nicht den elektrischen Strom leiten, eine Caesiumchloridlösung oder die Schmelze müssten dagegen elektrisch leitfähig sein. Experimentell kann die elektrische Leitfähigkeit der Caesiumchloridlösung bzw. der Schmelze festgestellt werden.
Caesiumchlorid müsste außerdem eine relativ hohe Schmelztemperatur besitzen. Die Schmelztemperatur beträgt laut Literatur 646 °C.

5 *Schlussfolgere, ob das gewählte Modell zur Lösung der Aufgabe geeignet ist.*

Aus den Modellen konnten verlässliche Aussagen über den Bau von Caesiumchlorid abgeleitet werden, denn der Stoff verhält sich wie eine Ionenverbindung. Deshalb ist das Modell zum Lösen der Aufgabe geeignet.

Hinweis: Wenn der Bau eines Stoffes mithilfe eines Modells nicht richtig widergespiegelt wird, muss das Modell erweitert, verfeinert oder gar verworfen werden.

 selbst erforscht

Kristalle – selbst gezüchtet

1 Topas

2 Smaragd

3 Apatit

Möglichkeit der chemischen Einteilung von Mineralien	
Stoff	Beispiel
gediegene Elemente	Gold, Silber, Diamant, Schwefel
Sulfide	Bleiglanz, Pyrit
Halogenide	Steinsalz, Sylvin
Oxide und Hydroxide	Quarz, Korund
Nitrate, Carbonate und Borate	Chilesalpeter, Calcit, Dolomit
Sulfate	Schwerspat, Gips
Phosphate	Apatit, Blaueisenerz
Silicate	Bergkristall, Feldspat
organische Verbindungen	Honigstein

Der Besuch einer Mineraliensammlung ist jedes Mal ein Erlebnis. Die verschiedenen Kristallformen, ihr Glanz, ihre leuchtenden Farben und ihre auffälligen optischen Erscheinungen beeindrucken uns immer wieder. Die schönen Kristalle sind in der Natur in Jahrhunderten gewachsen.
Heute werden in der Industrie in kürzerer Zeit Kristalle gezüchtet, die z. B. in der Lasertechnik benötigt werden. Können Kristalle selbst wachsen? Was meint ihr?

- ➜ Wie und unter welchen Bedingungen entstehen Kristalle?
- ➜ Welche kristallinen Stoffe kennt ihr aus dem Alltag und wie verhalten sich diese Stoffe gegenüber Wasser?
- ➜ Von welchen Stoffen sollen Kristalle gezüchtet werden?
- ➜ Wo spielt das Züchten von Kristallen eine Rolle?

Materialien für die Projektbearbeitung Die Lösung der Projektaufgaben erfordert den Einsatz von Experimenten. Nutzt dazu Angaben im Internet, in Experimentierbüchern sowie das hier bereitgestellte Material.

1 Untersuche das Verhalten von kristallinen Stoffen in Wasser. Xn N

Vorsicht! Schutzbrille! Gib in drei Reagenzgläser je eine Spatelspitze Kochsalz, Kupfersulfat (Xn, N) und Alaun (Kaliumaluminiumsulfat) und danach in jedes Reagenzglas etwa 5 ml destilliertes Wasser. Erwärme anschließend mit kleiner Brennerflamme, bis sich die Stoffe gelöst haben. Gieße die Lösungen zum Abkühlen in Uhrglasschalen.
Betrachte die Lösungen nach mehreren Stunden. Finde eine Erklärung für die Beobachtungsergebnisse.

2 Züchte Kochsalzkristalle.
Gib 35 g Kochsalz in ein mit 100 ml Wasser gefülltes Becherglas. Rühre mit einem Glasstab vorsichtig um, bis sich das Kochsalz vollständig gelöst hat. Befestige einen Wollfaden an einem Holz- oder Glasstab.
Beschwere den Faden mit einem Metallstück, damit er senkrecht hängt. Hänge den Faden in das Becherglas und lass es einige Tage ruhig stehen. Beobachte.

3 Züchte Kristallkeime.
Vorsicht! Schutzbrille! Gib je eine bestimmte Stoffportion eines Stoffes in Bechergläser, die mit 100 ml Wasser gefüllt sind.
Stelle Lösungen mit 15 g Kaliumalaun (Kaliumaluminiumsulfat), mit 40 g Kupfersulfat (Xn, N), mit 40 g Chromalaun (Kaliumchromsulfat) und mit 70 g Kaliumnitrat (O) her.
Erwärme diese Lösungen auf etwa 50 °C. Filtriere die Lösungen und gieße sie zum Abkühlen in gut gereinigte Petrischalen. Die Lösungen müssen nun für mehrere Stunden erschütterungsfrei und kühl stehen. Beobachte.
Nimm die schönsten der entstandenen Kristalle mit einer Pinzette aus der Lösung. Diese Kristalle werden als Kristallkeime für das Züchten großer Kristalle verwendet (Experiment 4).

4 Züchte Einzelkristalle.
Knote jeweils einzelne Kristallkeime (Experiment 3) an Schlingen von dünnen Perlonfäden.
Bereite die Lösungen für die Züchtung von großen Kristallen in gleicher Weise wie in Experiment 3 vor. Beachte, dass die warmen, filtrierten Lösungen auf keinen Fall einen Bodensatz haben dürfen.
Hänge nun jeden an einem Perlonfaden befestigten Kristallkeim mithilfe eines Holz- oder Glasstabs mitten in die zugehörige Lösung. Stelle danach die Bechergläser für einige Tage erschütterungsfrei an einem kühlen Ort ab. Beobachte.
Hinweis: Fertige Kristalle können zum Schutz gegen Feuchtigkeit und Berührung mit farblosem Nagellack überzogen werden.

Hinweise für die Projektarbeit Informiert euch zunächst über den Vorgang der Kristallbildung. Einigt euch, von welchen Stoffen Kristalle gezüchtet werden sollen. Bereitet die Experimente unter Beachtung aller Gefahrenhinweise sorgfältig vor. Lasst die Experimentanordnungen stets vor Beginn des Arbeitens von der Lehrerin bzw. vom Lehrer bestätigen. Fertigt von allen Experimenten Protokolle an. Betrachtet die gezüchteten Kristalle mit einer Lupe und beschreibt ihr Aussehen. Versucht die Kristallformen zu zeichnen und herauszufinden, welche geometrischen Körper die Kristalle bilden. Überlegt, wie ihr eure Ergebnisse der Öffentlichkeit vorstellen könnt.
Erkundet, wo Mineralien zu besichtigen sind. Plant den Besuch einer solchen Mineraliensammlung.

Info

Schöne Kristalle entstehen meist nur, wenn sie für ihr Wachstum lange Zeit haben sowie ruhig und kühl stehen. Fertige Kristalle dürfen nicht mit bloßen Fingern angefasst werden oder mit Feuchtigkeit in Berührung kommen. Das Züchten von Kristallen erfordert Geduld und Ausdauer.

4 Ein Kristall wird gezüchtet.

5 Chromalaun

6 Kalkspat

Atombindung – Bau einiger Nichtmetalle

Sauerstoff, Wasserstoff, Chlor, Schwefel und Iod – Nichtmetalle. Einige sind gasförmig unter Normbedingungen, andere fest. So verschieden sie auf den ersten Blick wirken, haben die Stoffe doch Ähnlichkeiten. Schon bei relativ geringer Wärmezufuhr schmilzt Schwefel und sublimiert Iod. Gibt es zwischen der leichten Flüchtigkeit der Stoffe und ihrem Bau aus Molekülen einen Zusammenhang?

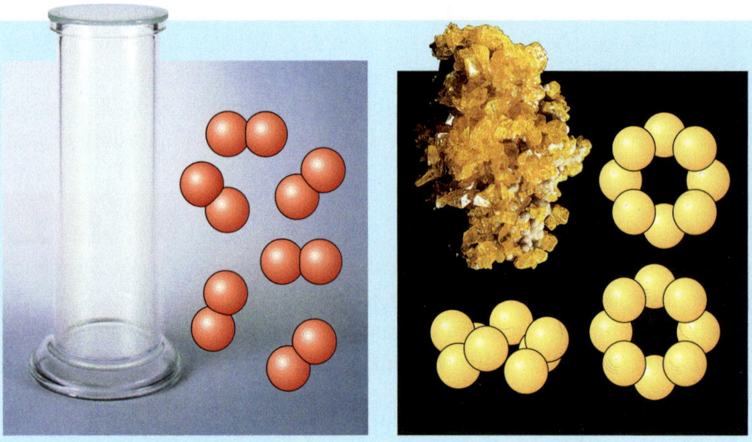

1 Stoffproben und Teilchenmodelle von Sauerstoff und Schwefel

Sauerstoff und Schwefel – so verschieden und doch ähnlich Sauerstoff ist bei Zimmertemperatur ein gasförmiger, farbloser Stoff, Schwefel ist dagegen fest und gelb. Dennoch gibt es Gemeinsamkeiten zwischen diesen Stoffen. Von den Nichtmetallen Sauerstoff, Stickstoff, Wasserstoff und den Halogenen wisst ihr bereits, dass alle diese Stoffe aus Molekülen aufgebaut sind. Sie gehören zu den **Molekülverbindungen**. Die Moleküle sind im Gaszustand der Stoffe frei beweglich. Die leichte Flüchtigkeit der Stoffe ist ein Hinweis auf die geringen Anziehungskräfte, die zwischen den Molekülen wirken. ↑E.2 S.226 Die Moleküle bleiben im Gaszustand erhalten. Aus den experimentellen Befunden zur Untersuchung der Löslichkeit und der elektrischen Leitfähigkeit von Schwefel und Verbindungen wie Wasser, Brennspiritus und Zucker ist zu vermuten, dass diese Stoffe ebenfalls zu den Molekülverbindungen gehören. ↑E.1,3 S.226 Die elektrisch neutralen Moleküle können nicht als Ladungsträger wirken, deshalb leiten Brennspiritus und Zuckerlösung den elektrischen Strom nicht. Wie ist der Zusammenhalt elektrisch neutraler Atome in Molekülen zu erklären?

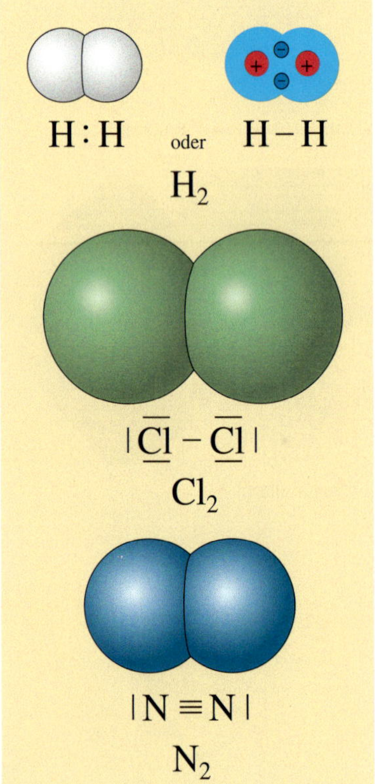

2 Molekülmodelle und Formeln einiger Molekülverbindungen

Atombindung in Wasserstoff- und anderen Molekülen In den Molekülen der gasförmigen Nichtmetalle Wasserstoff, Sauerstoff, Stickstoff und Chlor sind jeweils zwei Atome miteinander zu einem Molekül verbunden. Diese chemische Bindung kommt durch ein oder mehrere **gemeinsame Elektronenpaare** zustande. Sie wird **Atombindung** oder **Elektronenpaarbindung** genannt.

Im Wasserstoffmolekül wird aus dem einzigen Elektron jedes der beiden Wasserstoffatome das gemeinsame Elektronenpaar gebildet. Die Atomhüllen durchdringen sich dabei. Diese Elektronenkonfiguration ähnelt der Atomhülle des Edelgases Helium und ist mit zwei Außenelektronen besonders stabil. Im Chlormolekül steuert jedes Chloratom ein Elektron seiner 7 Außenelektronen zu einem gemeinsamen Elektronenpaar bei. Jedes der beiden gebundenen Atome hat dann mit 8 Außenelektronen eine Elektronenkonfiguration wie die Atome des Edelgases Argon. Diese Elektronenkonfiguration ist als Elektronenoktett (Achterschale) besonders stabil.

Im Stickstoffmolekül sind die Atome durch drei gemeinsame Elektronenpaare miteinander verbunden. Erst so wird die stabile Edelgaskonfiguration im Stickstoffmolekül erreicht.

Die Atombindung oder Elektronenpaarbindung ist eine Art der chemischen Bindung, die durch gemeinsame Elektronenpaare zwischen Atomen bewirkt wird.

Elektronenschreibweise Die Atombindung wird in der chemischen Zeichensprache durch einen oder mehrere Striche zwischen den Elementsymbolen angegeben. Dabei steht ein Strich für ein Elektronenpaar. Es symbolisiert gleichzeitig eine **Einfachbindung** zwischen Atomen. Zwei Elektronenpaare zwischen den Symbolen bedeuten eine **Doppelbindung**, drei eine **Dreifachbindung**. Die Elektronenschreibweise für chemische Formeln, auch **Valenzstrichformel** genannt, wurde von GILBERT N. LEWIS entwickelt.↑S.215 Sie berücksichtigt **bindende** und freie bzw. **nicht bindende** Elektronenpaare. Mit Ausnahme des Wasserstoffatoms wird somit für jedes Atom im Molekül das Elektronenoktett dargestellt.

Atombindung – auch bei festen Nichtmetallen Feste Nichtmetalle sind zum Beispiel die schwarzviolett glänzenden Kristalle des Iods, die gelben Kristalle des Schwefels oder Kohlenstoff, der u. a. als Diamant vorkommt. Auch in diesen Stoffen sind Atome durch Atombindungen aneinandergebunden.
Das Halogen Iod besteht wie Chlor aus zweiatomigen Molekülen. Jedoch ist Iod im Gegensatz zu Chlor unter Normbedingungen fest.

4 Iod – Stoffprobe und Modell vom Bau des Stoffes

Zwischen den Iodmolekülen wirken im Kristall zusätzliche schwache Anziehungskräfte, die **Van-der-Waals-Kräfte**. Diese Anziehungskräfte zwischen den Iodmolekülen bewirken, dass sie in einem **Molekülgitter** regelmäßig geordnet sind. Die Van-der-Waals-Kräfte sind viel schwächer als die Atombindung in den Molekülen. Deshalb lassen sich aus Molekülen aufgebaute feste Stoffe im Allgemeinen leicht verdampfen.↑E.13 Zunächst werden dabei nur die schwachen Anziehungskräfte zwischen den Molekülen überwunden.

EXPERIMENT 13 [L]
Erhitzen von Iod.
Vorsicht! Abzug!
Drei Iodkristalle (Xn, N) werden in einem mit Watte verschlossenen Reagenzglas erhitzt.

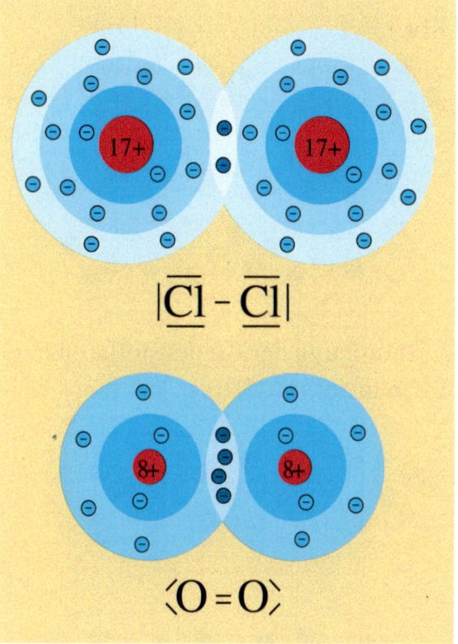

3 Modelle der Elektronenpaarbindung bei einem Chlormolekül (oben) und bei einem Sauerstoffmolekül (unten) sowie Formeln in Elektronenschreibweise

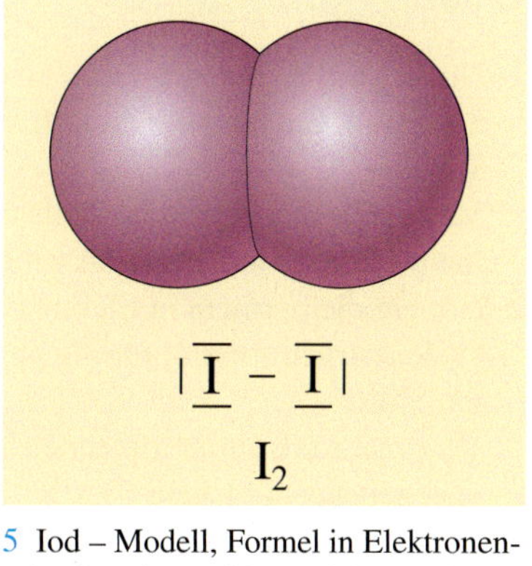

5 Iod – Modell, Formel in Elektronenschreibweise und Formel des Moleküls

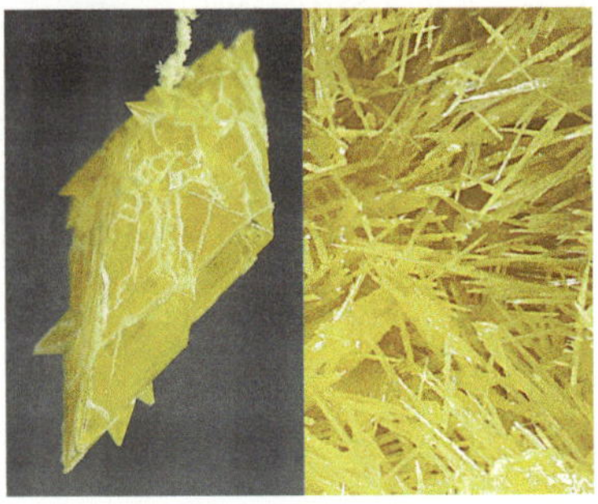

1 Rhombischer Schwefel (links) und monokliner Schwefel (rechts)

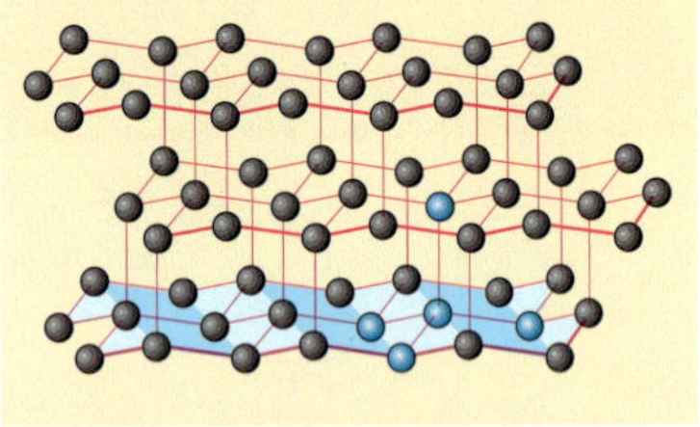

2 Anordnung der Kohlenstoffatome im Diamant (Modell)

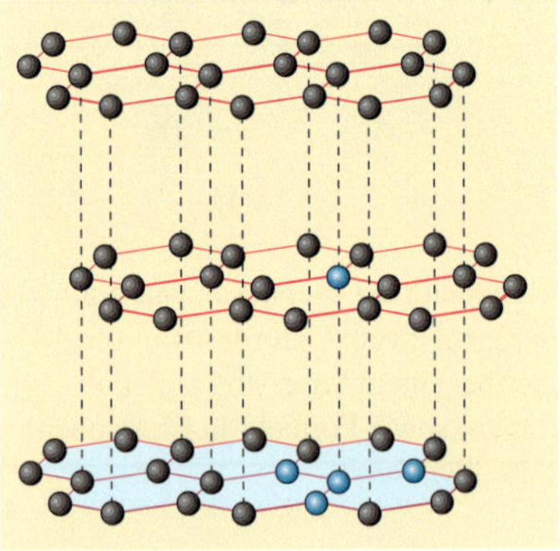

3 Anordnung der Kohlenstoffatome im Graphit (Modell)

Bau von Schwefel und Kohlenstoff im Vergleich In der Natur vorkommender **Schwefel** bildet **rhombische** Kristalle. Erstarrt geschmolzener Schwefel langsam, bilden sich nadelförmige Kristalle aus **monoklinem** Schwefel. ↑1 Die beiden Erscheinungsformen (Modifikationen) des Schwefels unterscheiden sich nicht nur in der Form ihrer Kristalle, sie haben auch unterschiedliche Schmelztemperaturen und unterschiedliche Dichten. Die Schwefelmoleküle bestehen häufig aus acht Atomen, die aber in den beiden Erscheinungsformen unterschiedlich im Molekül angeordnet sind. Schwefel schmilzt bei Wärmezufuhr relativ leicht. ↑E.2 S.226 Dabei werden nicht nur die zwischen den Molekülen wirkenden Kräfte überwunden, sondern außerdem die Schwefelmoleküle in kleinere Moleküle gespalten. Im festen Stoff liegt ein Molekülgitter vor. Relativ niedrige Siedetemperaturen solcher Stoffe sind die Folge der schwachen Anziehungskräfte zwischen ihren Teilchen. Bei größeren Molekülen mit einer größeren Masse wirken auch diese Anziehungskräfte stärker.

Ganz anders als der Schwefel verhält sich der aus reinem **Kohlenstoff** bestehende **Diamant**. Kohlenstoffatome sind im Diamant durch Atombindungen verbunden. Jedes Kohlenstoffatom bindet vier Nachbaratome. Das bedeutet, alle vier Außenelektronen eines Kohlenstoffatoms bilden gemeinsame Elektronenpaare mit anderen Kohlenstoffatomen. Die große Stabilität dieser Atombindungen führt zur Ausbildung eines **Atomgitters** beim Diamant. Dieser Bau des Diamants bewirkt seine außerordentliche Härte. Unter Sauerstoffabschluss wandelt sich Diamant ab etwa 1 500 °C in **Graphit** um, ebenfalls eine Erscheinungsform des reinen Kohlenstoffs. Im Graphit bilden die Kohlenstoffatome Schichten, in denen sie in stabilen Sechsringstrukturen ähnlich Bienenwaben angeordnet sind. In einer Ebene bilden die Kohlenstoffatome mit drei ihrer vier Außenelektronen Elektronenpaarbindungen zu den benachbarten Atomen. Das vierte Außenelektron ist frei beweglich. Aus diesem Grund ist Graphit elektrisch leitfähig. ↑E.12 S.227 Zwischen den Schichten sind die Anziehungskräfte deutlich schwächer und der Abstand größer.

Allein aus dem Vorhandensein von Atombindungen kann also nicht auf bestimmte Stoffeigenschaften geschlossen werden. Die sehr unterschiedlichen Eigenschaften der genannten festen Nichtmetalle finden aber ihre Erklärung in Unterschieden im Bau dieser Stoffe.

Aufgaben

1 Notiere die Siedetemperaturen von Wasserstoff, Stickstoff, Sauerstoff, Chlor, Brom und Iod in einer Tabelle.
Vergleiche die Werte und stelle einen Zusammenhang zu deren molaren Massen her.

2 Notiere die Formeln in Elektronenschreibweise (Valenzstrichformeln) für die in Aufgabe 1 genannten Stoffe.

3 Vergleiche die durch folgende chemische Zeichen angegebenen Teilchen: Cl, Cl_2, Cl^-.

4 Erläutere, weshalb die Edelgase nicht aus Molekülen aufgebaut sind.

5 Vergleiche die Schmelz- und Siedetemperaturen der Halogene. Leite eine Aussage über die Molekülgröße und die Stärke der Van-der-Waals-Kräfte ab.

6 Begründe den Einsatz von Diamant in Bohrkronen und den Einsatz von Graphit in Bleistiftminen mit dem Bau dieser Stoffe.

Selbst untersucht Außergewöhnliche Eigenschaften des Wassers

14 Untersuche das Verhalten von Eis.
Bereite Eiswürfel, indem du einen Eiswürfel-Folienbeutel oder eine Eiswürfelschale mit Wasser füllst und den Behälter in das Gefrierfach eines Kühlschranks stellst. Gib einige der zubereiteten Eiswürfel in ein Glas Wasser. Beobachte.
Fülle ein Plastikgefäß randvoll mit Wasser. Verschließe das Gefäß mit einem Deckel und stelle es in den Tiefkühlschrank.
Über welche Eigenschaft des Wassers kannst du eine Aussage machen?
Entsorgung: Falls Laborgefäße verwendet wurden, Reste in Sammelbehälter für Abwasser geben.

15 Untersuche Wasser als Lösemittel für salzartige Stoffe.

Fülle ein Becherglas mit etwa 30 ml destilliertem Wasser und stelle es auf einen Magnetrührer. Tauche einen Temperaturmessfühler am Rand des Becherglases in die Flüssigkeit. Gib nun etwa 3 g des zu lösenden Salzes zu. Prüfe mit dieser Anordnung wasserfreies Kupfersulfat (Xn), wasserhaltiges Kupfersulfat (Xn), Kaliumchlorid, wasserhaltiges Calciumchlorid (Xi) und Kaliumnitrat (O).
Betrachte jeweils den Bodenkörper und ermittle die Temperaturänderung.
Entsorgung: Kupfersulfatlösung am Lehrertisch sammeln; alle anderen Lösungen in den Sammelbehälter für Abwasser geben.

16 Untersuche Wasser als Lösemittel für Gase.
Öffne eine Mineralwasserflasche nach leichtem Schütteln. Gib in drei Reagenzgläser jeweils etwa 5 ml abgestandenes Mineralwasser.
Erwärme eine Mineralwasserprobe mit der Brennerflamme leicht. Gib in die zweite Mineralwasserprobe eine Spatelspitze Natriumchlorid und in die dritte eine Spatelspitze Zucker.
Notiere deine Beobachtungen.
Entsorgung: Wässrige Lösungen in den Sammelbehälter für Abwasser geben.

17 Weise gelöste Luft in Trinkwasser nach.
Fülle ein Reagenzglas blasenfrei mit Trinkwasser. Verschließe es mit einem durchbohrten Stopfen, in dem ein etwa 4 cm langes Glasrohr steckt, das ebenfalls vollständig mit Wasser gefüllt ist.
Tauche das Reagenzglas in ein mit Wasser gefülltes Becherglas und erwärme das Wasser im Becherglas auf eine Temperatur von 75 °C.
Notiere deine Beobachtungen.

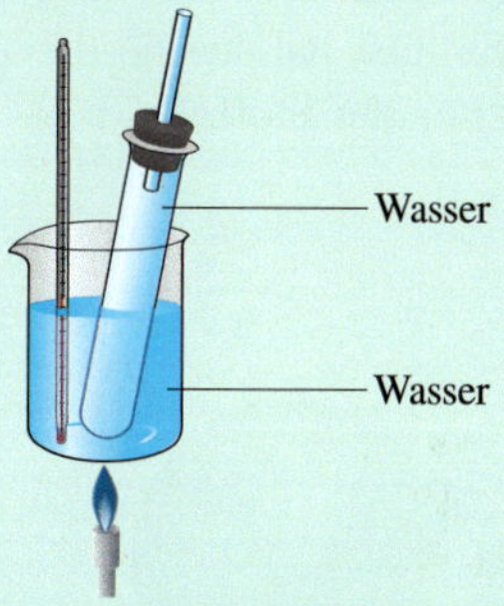

Entsorgung: Lösung in den Sammelbehälter für Abwasser geben.

18 Untersuche die Oberfläche des Wassers.
Fülle eine Kristallisierschale randvoll mit Wasser. Lege eine Büroklammer oder eine Nähnadel vorsichtig auf die Wasseroberfläche.
Versuche deine Beobachtung zu deuten.
Entsorgung: Gegenstände wieder verwenden, Wasser in den Sammelbehälter für Abwasser geben.

19 Erkunde das Verhalten von Wasser im elektrischen Feld.
Fülle eine Bürette (mit geradem Auslauf) oder einen Tropftrichter mit Wasser. Reguliere einen möglichst feinen Wasserstrahl ein. Lass das Wasser in ein unter der Bürette stehendes Becherglas fließen. Reibe nun einen Kunststoffstab kräftig mit einem Wolltuch, um ihn elektrostatisch aufzuladen. Halte den Stab senkrecht dicht neben den Wasserstrahl. Notiere deine Beobachtungen.
Entsorgung: Stoffe wieder verwenden.

Polare Atombindung – Bau weiterer Molekülverbindungen

Die meisten der gasförmigen und flüssigen Verbindungen sind wie die bereits betrachteten Nichtmetalle aus Molekülen aufgebaut. Bei Wasser, Kohlenstoffdioxid, Schwefeldioxid und den Halogenwasserstoffen sind verschiedenartige Atome zu Molekülen verknüpft. Wie halten diese in den Molekülen zusammen? Welchen Einfluss hat das auf die Eigenschaften der Stoffe?

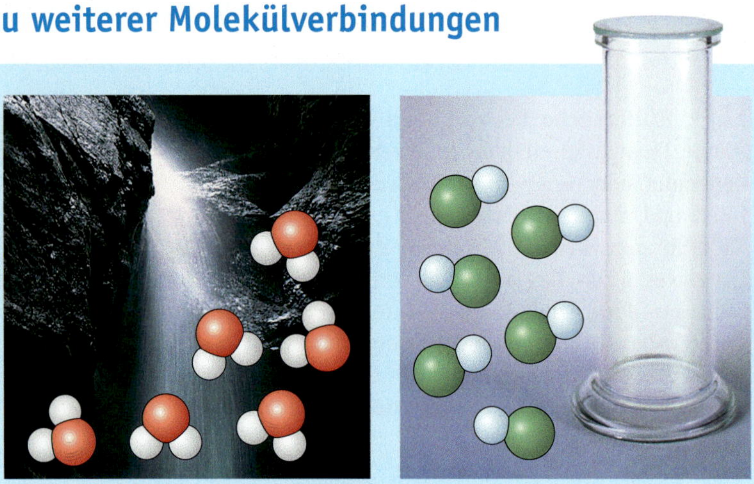

1 Stoffproben und Teilchenmodelle von Wasser und Chlorwasserstoff

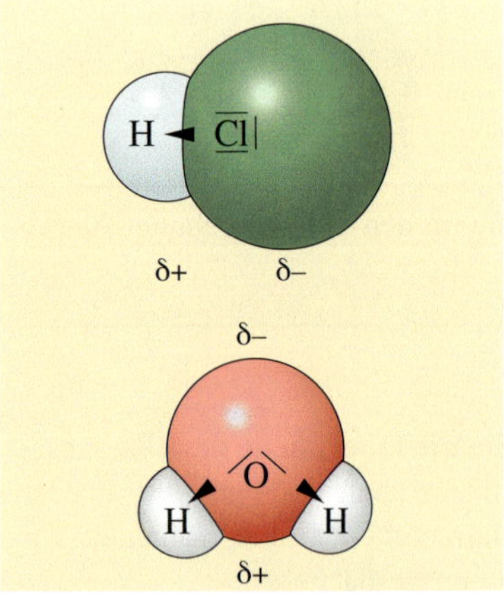

2 Polare Atombindung im Chlorwasserstoff- und Wassermolekül.
Das Zeichen ◄ deutet die Verschiebung der Elektronen an.

H 2,1							**He** –
Li 1,0	**Be** 1,5	**B** 2,0	**C** 2,5	**N** 3,0	**O** 3,5	**F** 4,0	**Ne** –
Na 0,9	**Mg** 1,2	**Al** 1,5	**Si** 1,8	**P** 2,1	**S** 2,5	**Cl** 3,0	**Ar** –
K 0,8	**Ca** 1,0	**Ga** 1,6	**Ge** 1,8	**As** 2,0	**Se** 2,4	**Br** 2,8	**Kr** –
Rb 0,8	**Sr** 1,0	**In** 1,7	**Sn** 1,8	**Sb** 1,9	**Te** 2,1	**I** 2,5	**Xe** –
Cs 0,7	**Ba** 0,9	**Tl** 1,8	**Pb** 1,8	**Bi** 1,9	**Po** 2,0	**At** 2,2	**Rn** –
Fr 0,7	**Ra** 0,9						

3 Elektronegativitätswerte (EN) der Hauptgruppenelemente nach PAULING

Atombindung auch in Wasser- und Chlorwasserstoffmolekülen? Im Chlorwasserstoffmolekül sind jeweils ein Wasserstoffatom und ein Chloratom durch Atombindung gebunden. Durch ein gemeinsames Elektronenpaar erreichen das Wasserstoff- und das Chloratom jeweils die Edelgaskonfiguration. Im Wassermolekül sind zwei Wasserstoffatome an ein Sauerstoffatom durch Atombindung gebunden.

Verschiedenartige Atome können ebenfalls durch gemeinsame Elektronenpaare gebunden sein. Auf die bindenden Elektronenpaare wirken jedoch Anziehungskräfte unterschiedlicher Stärke. Im Chlorwasserstoffmolekül ist das gemeinsame Elektronenpaar stärker vom Chloratom angezogen und zu diesem hin verschoben. Wegen dieser Elektronenverschiebung hat das Chloratom eine negative elektrische Teilladung, im Modell gekennzeichnet durch δ– (sprich: Delta minus). Das Wasserstoffatom ist dagegen teilweise positiv elektrisch geladen, im Modell gekennzeichnet durch δ+ (sprich: Delta plus). Beide Atome tragen eine ungleichnamige elektrische Teilladung. Im Wassermolekül sind die Bindungselektronen stärker zum Sauerstoffatom hin verschoben. Die unsymmetrische Stellung der bindenden Elektronenpaare zwischen den Atomen führt zu einer **polaren Atombindung**.

In Molekülen aus unterschiedlichen Atomen liegt eine polare Atombindung vor.

Elektronegativitätswerte chemischer Elemente Als Vergleichsmaß für die Anziehungskräfte von Atomen unterschiedlicher chemischer Elemente auf bindende Elektronenpaare ordnete LINUS PAULING (1901 bis 1994) ↑S.244 den Elementen **Elektronegativitätswerte (EN)** zu. Mit diesen Werten lässt sich vergleichen, wie stark Atome bindende Elektronenpaare im Molekül anziehen.

Der Vergleich der Elektronegativitätswerte der Elemente Chlor (EN = 3,0) und Wasserstoff (EN = 2,1) zeigt, dass das Chloratom in einem Chlorwasserstoffmolekül eine deutlich größere Anziehungskraft auf das bindende Elektronenpaar ausübt als das Wasserstoffatom.

Polarität der chemischen Bindung Je größer die Differenz der Elektronegativitätswerte zweier Elemente ist, umso stärker ist das gemeinsame Elektronenpaar hin zum Atom mit dem größeren Elektronegativitätswert verschoben. Die **Polarität der chemischen Bindung** ist folglich umso größer. Überschreitet die Differenz einen Wert von $\Delta EN = 1{,}7$, sind die Bindungselektronen in der Regel zu einem Atom hin verlagert. Es liegt dann eine Ionenbindung vor.

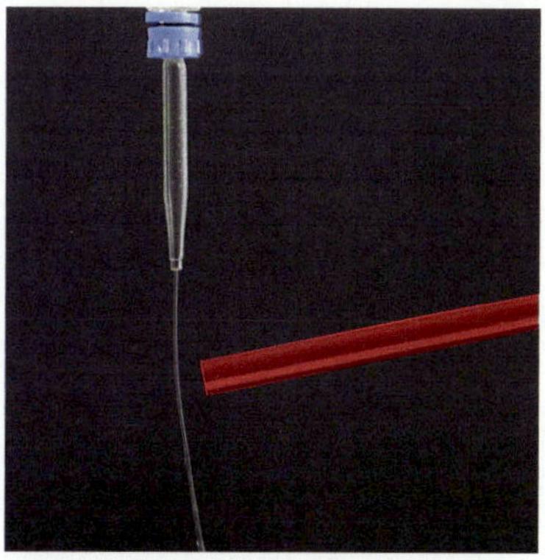
4 Ablenkung eines Wasserstrahls durch einen elektrisch geladenen Kunststoffstab

Räumlicher Bau von Molekülen – Dipolmoleküle Warum sind die Siedetemperaturen von Wasser oder von Chlorwasserstoff im Vergleich zu anderen Verbindungen mit ähnlich kleinen Molekülen so hoch? Weshalb wird ein dünner Wasserstrahl im elektrischen Feld eines elektrisch geladenen Kunststoffstabs abgelenkt? ↑E.19 S.239, ↑4 Es ist zu vermuten, dass zwischen den Molekülen Anziehungskräfte wirken, die auf der Polarität der Bindung und dem räumlichen Bau der Moleküle beruhen.

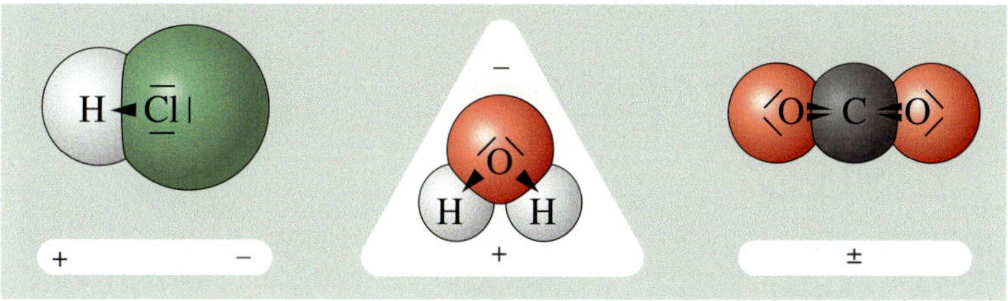

5 Schwerpunkte der Ladungen und Modelle verschiedener Moleküle

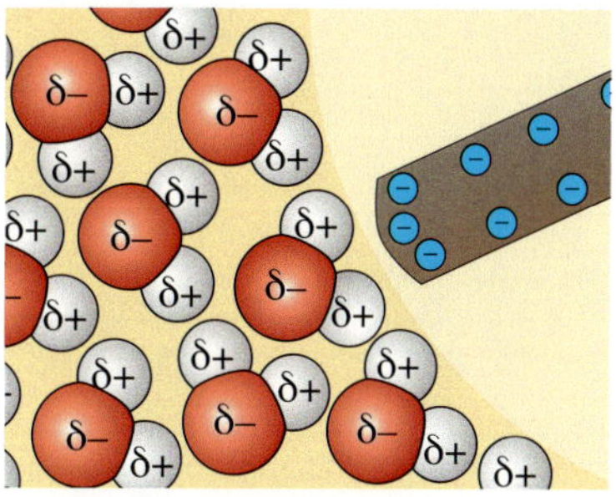

6 Modellvorstellung zur Ablenkung eines Wasserstrahls in einem elektrischen Feld

Chlorwasserstoff- und Wassermoleküle sind **Dipolmoleküle**. Ihre Moleküle haben „zwei Pole", auf der einen Seite den Schwerpunkt der negativen Teilladung und auf der anderen Seite den der positiven Teilladung. Der positive Pol eines Moleküls orientiert sich zum negativen Pol eines Nachbarmoleküls, dabei entstehen zusätzliche Anziehungskräfte zwischen den Molekülen.
Der räumliche Bau eines Moleküls kann mithilfe des **Elektronenpaarabstoßungsmodells** vorausgesagt werden. Dieses Modell betrachtet alle Außenelektronen des im Zentrum eines Moleküls stehenden Atoms und ordnet sie zu bindenden und nicht bindenden Elektronenpaaren. Dabei ordnen sich die Elektronenpaare so an, dass ihre gegenseitige Abstoßung aufgrund der negativen Ladung so gering wie möglich ist. Freie Elektronenpaare stoßen sich stärker ab als bindende. Deshalb sind die Dipolmoleküle des Wassers gewinkelt. Schwefeldioxidmoleküle sind ebenfalls Dipolmoleküle. Anders ist es bei den Molekülen des Kohlenstoffdioxids, die zwar polare Atombindungen aufweisen, in denen aber die Ladungsschwerpunkte zusammenfallen. Diese Moleküle sind keine Dipole.

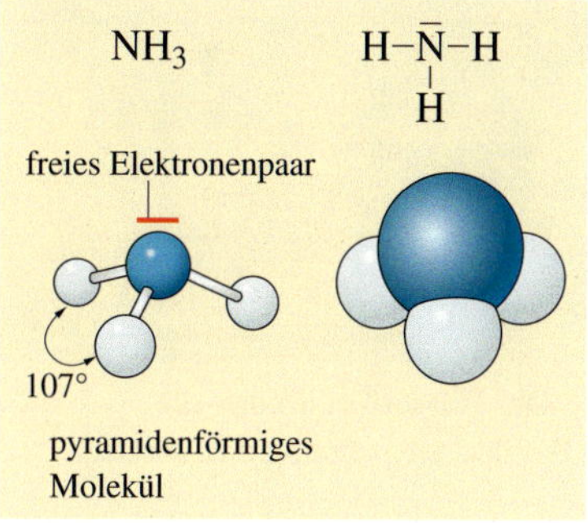

7 Formel, Valenzstrichformel, räumlicher Bau und Molekülmodell des Ammoniakmoleküls

Aufgaben

1 Stelle Valenzstrichformeln für folgende Moleküle auf: Wasser, Kohlenstoffdioxid, Schwefeldioxid.

2 Ordne die folgenden Bindungen nach steigender Polarität: H–F, H–Cl, H–Br, H–O.

3 Vergleiche die chemische Bindung in Molekülen von Brom und Bromwasserstoff.

4 Ermittle mithilfe des PSE einen Zusammenhang zwischen dem Elektronegativitätswert eines Elements und seinem Atombau (Ladung des Atomkerns, Anzahl der Elektronenschalen).

5 Begründe, weshalb ein Wasserstrahl im elektrischen Feld abgelenkt wird. ↑E.19 S.239, ↑4,6

Wasser – vertraut und ungewöhnlich

Als der „Blaue Planet" erscheint unsere Erde aus dem Weltraum, ist sie doch zu fast drei Vierteln von Ozeanen, Seen, Flüssen und Eis bedeckt. Wasser ist eine Voraussetzung für das Leben auf der Erde. Ob wir es trinken, uns mit ihm waschen – nichts scheint uns an Wasser ungewöhnlich. Welche Eigenschaften sollen an dieser chemischen Verbindung sonderbar sein?

1

2 Der Wasserläufer nutzt die Oberflächenspannung des Wassers.

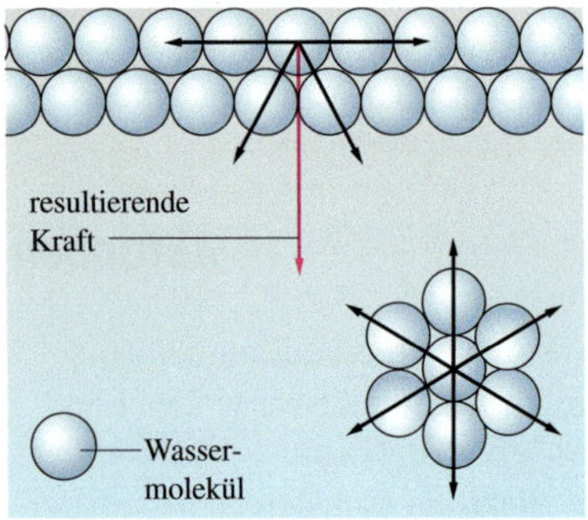

3 Oberflächenspannung des Wassers, Modellvorstellung

Wasser ist sonderbar Habt ihr schon einmal darüber nachgedacht, warum ein Mensch mehrere Tage ohne Nahrung überleben kann, ohne Wasser jedoch nicht? Wasser ist „Schwerarbeiter" und „Baustoff" in uns. Mutet es nicht kurios an, dass ein Frosch ebenso wie das menschliche Gehirn zu 75 % aus Wasser besteht?

Das lebensnotwendige Wasser hat Eigenschaften, die es von anderen, ähnlich aufgebauten chemischen Verbindungen deutlich unterscheidet.

Für uns völlig selbstverständlich schmilzt Wasser bei einem Druck $p = 1\,013$ hPa, bei einer Temperatur $\vartheta = 0$ °C und siedet bei $\vartheta = 100$ °C. Stoffe mit ähnlich kleinen Molekülen sind dagegen gasförmig. Ehe Wasser siedet, müssen Anziehungskräfte zwischen den Wassermolekülen unter hohem Energieaufwand überwunden werden. Das Vorhandensein stärkerer oder zusätzlicher Bindungskräfte zwischen den Molekülen des Wassers wäre eine Erklärung für dessen ungewöhnlich hohe Siedetemperatur.

Flüssiges Wasser hat bei 4 °C seine größte Dichte, beim Erstarren dehnt es sich aus. ↑E.14 S.239 Die Eisdecke auf einer Wasseroberfläche wirkt wie eine Isolierschicht. Sie verhindert das Zufrieren tiefer Gewässer bis zum Grund – eine Voraussetzung für das Überleben von Wasserlebewesen im Winter. Diese Eigenschaft bewirkt nicht nur, dass Eis auf Wasser schwimmt, sondern es kann Wasserrohre und Felsgestein beim Erstarren sprengen.

Die Oberfläche von Wasser scheint eine „Haut" zu haben. ↑E.18 S.239 Anziehungskräfte zwischen den Wassermolekülen bewirken, dass die Oberfläche eine elastische Spannung, d. h. eine im Vergleich zu anderen Flüssigkeiten relativ große Oberflächenspannung, aufweist.

Wasserstoffbrücken – Grund der ungewöhnlichen Eigenschaften Die Besonderheiten des Wassers, wie die relativ hohe Siedetemperatur, die Dichteanomalie und die relativ große Oberflächenspannung, können nicht allein mit Anziehungskräften zwischen Dipolmolekülen erklärt werden. Die Atombindung im Wassermolekül ist wegen des stark elektronegativen Sauerstoffatoms polar. An dem Sauerstoffatom befinden sich noch zwei nicht bindende Elektronenpaare. Zwischen benachbarten Wassermolekülen entsteht über das freie Elektronenpaar eine **Wasserstoffbrücke** zu einem Wasserstoffatom eines Nachbarmoleküls. ↑4 Es sind Wasserstoffbrücken, die beispielsweise den Zusammenhalt von bis zu 90 Wassermolekülen bewirken. Wasserstoffbrücken sind zusätzliche Anziehungskräfte zwischen Molekülen, im Gegensatz zu den Atombindungen in den Molekülen. Sie beruhen auf Wechselwirkungen zwischen Wasserstoffatomen und freien Elektronenpaaren an einem Atom eines stark elektronegativen Elements. Die Kennzeichnung von Wasserstoffbrücken erfolgt durch eine gestrichelte Linie.

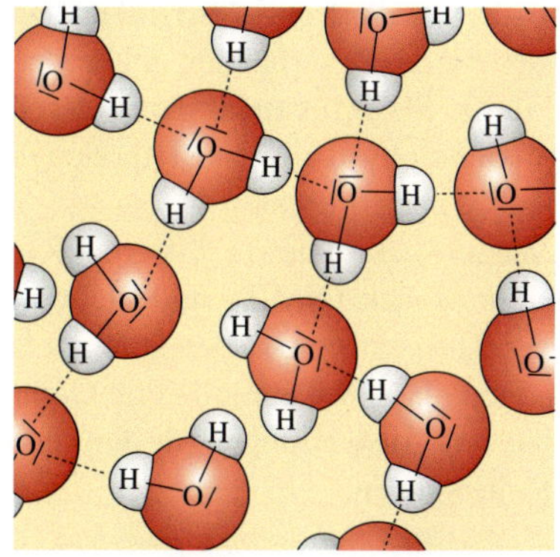
4 Modellvorstellung von Wasserstoffbrücken zwischen Wassermolekülen

Wasserstoffbrücken können als zusätzliche Anziehungskräfte zwischen bestimmten Dipolmolekülen wirken.

Beim Verdampfen des Wassers müssen erst diese Wasserstoffbrücken zwischen den Molekülen aufgebrochen werden. Beim Gefrieren verbinden sich Wassermoleküle über Wasserstoffbrücken zu einem weitmaschigen Molekülgitter mit Hohlräumen. Eis nimmt daher ein größeres Volumen als das flüssige Wasser ein. ↑E.14 S.239, ↑6
Wasser ist ein gutes Lösemittel für viele gasförmige Stoffe. ↑E.16,17 S.239 In warmem Wasser löst sich ein geringerer Anteil der Gase als in kaltem. In einem heißen Sommer kann es deswegen in unseren Gewässern aufgrund des geringen Sauerstoffanteils zu Fischsterben kommen.
Als sehr gutes Lösemittel wirkt Wasser gegenüber salzartigen Stoffen. ↑E.15 S.239 Die Wassermoleküle lagern sich an der Oberfläche der Salzkristalle an. Die Dipolmoleküle orientieren sich dabei unterschiedlich gegenüber den Ionen der Salzkristalle. Der negative Pol der Wassermoleküle lagert sich an die Kationen an, z. B. an die Natrium-Ionen. Die Wasserstoffatome der Wassermoleküle treten mit Anionen, z. B. den Chlorid-Ionen, in Wechselwirkung. Die Ionenbindung zwischen den Ionen des salzartigen Stoffes wird überwunden. Die Dipolmoleküle des Wassers umhüllen die Ionen eines Salzes und bilden hydratisierte Ionen. ↑S.232 Das Ionengitter wird abgebaut. Salzkristalle lösen sich auf.
In den Lösemitteln Benzin oder Heptan liegen keine Dipolmoleküle vor. Sie lösen deshalb salzartige Stoffe kaum.

5 Eiskristall

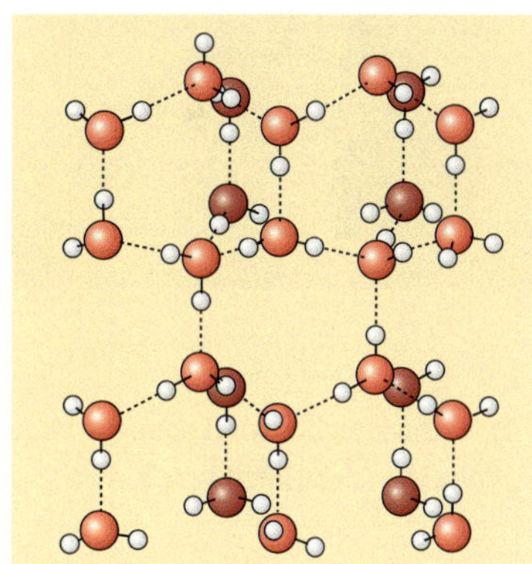
6 Modell vom Bau des Eises

Aufgaben

1 Erläutere, weshalb die Schmelz- und Siedetemperatur des Wassers als vergleichsweise hoch gelten.

2 Ermittle Schmelz- und Siedetemperaturen einiger Wasserstoffverbindungen: Methan (CH_4), Ammoniak (NH_3), Fluorwasserstoff (HF), Schwefelwasserstoff (H_2S). Vergleiche die Werte mit denen des Wassers.

3 Beschreibe den Vorgang des Lösens eines Düngesalzes im Boden.

4 Forme aus farbiger Knete ein Modell je eines Wasser- und eines Kohlenstoffdioxidmoleküls. Berücksichtige den räumlichen Bau der Moleküle.

5 Erläutere, unter welchen Bedingungen Lebewesen in einem zugefrorenen Gewässer überleben können.

Welt der **Chemie**

Woher kennt man die **Struktur** der winzigen, nicht sichtbaren, in Verbänden angeordneten Teilchen? Für die **Strukturaufklärung** der Stoffe sind komplizierte physikalische Methoden der instrumentellen Analytik erforderlich.
Massenspektrometrie, Infrarot(IR)-Spektroskopie, Kernresonanz(NMR)- und Elektronenspinresonanz-(ESR)-Spektrometrie – schon die Namen lassen ahnen, dass hier komplizierte Geräte und computerbasierte Auswertungen für die Messergebnisse eine Rolle spielen.

Die **Röntgenstrukturanalyse** von Festkörpern ist eine bereits seit den 30er Jahren des 20. Jahrhunderts genutzte Methode. Beim Durchstrahlen von Kristallen mit Röntgenstrahlen werden „Beugungsbilder“ erzeugt, die durch Wechselwirkungen der Elektronenhülle der Gitterbausteine mit den Röntgenstrahlen zustande kommen. Aus der Intensität der Reflexe lässt sich auf die Elektronendichte schließen.

Einen herausragenden Beitrag zur Aufklärung der Struktur von Stoffen leistete der US-amerikanische Wissenschaftler Linus Pauling mit seiner Arbeit „The Nature of the Chemical Bond and the Structure of Moleculs and Crystals – An Introduction to Modern Structural Chemistry“.
Der Apothekersohn interessierte sich schon in der Kindheit für chemische Experimente. Während des Studiums der Mathematik, Physik und Chemie beschäftigte er sich bereits mit der Elektronenstruktur von Atomen und deren chemischen Bindungen. Eine Forschungsreise 1926 nutzte er, um bei Arnold Sommerfeld (1868 bis 1951) in München, Niels Bohr (1885 bis 1962) in Kopenhagen und Erwin Schrödinger (1887 bis 1961) in Zürich seine Kenntnisse zu erweitern. Für seine Arbeiten über die chemische Bindung insbesondere in biologischen Molekülen erhielt der Professor am Institute of Technology in Pasadena (USA) im Jahre 1954 den Nobelpreis für Chemie. Für sein politisches Engagement – 11 000 Wissenschaftler aus 48 Ländern unterzeichneten seinen Appell gegen Kernwaffenversuche – erhielt er 1962 den Friedensnobelpreis.

Ein Blick ins Innere von Molekülen

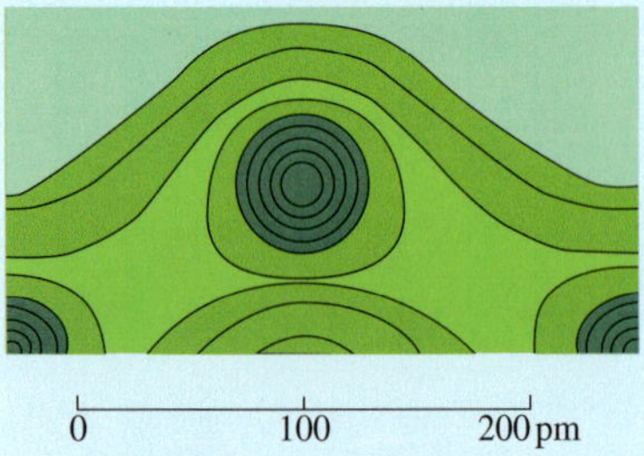

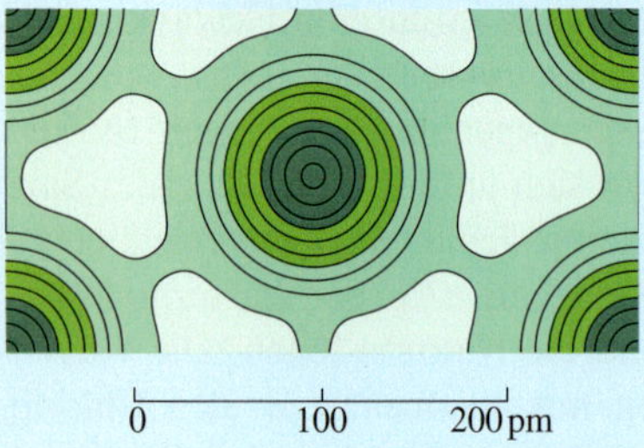

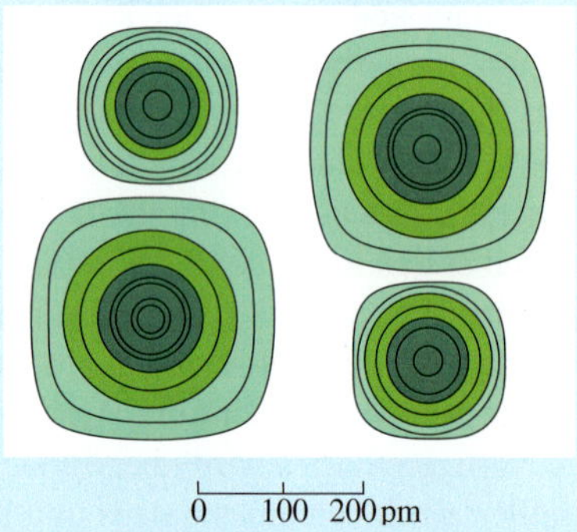

1 Elektronendichte von Diamant, Magnesium und Natriumchlorid.
Je höher die Elektronendichte, desto intensiver der Farbton.

2 Linus Pauling
(1901 bis 1994)

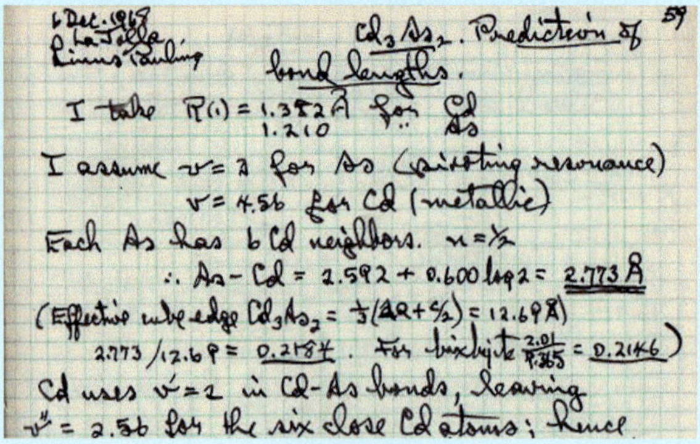

3 Labor-Tagebuchseite Paulings

Selbst untersucht Erkennen von Metallen an ihren Eigenschaften

20 Ermittle einige Eigenschaften verschiedener Metalle.
Schmirgle Blechstreifen von Metallen mit feinem Sandpapier ab. Notiere danach das Aussehen und die Lichtdurchlässigkeit der Metalle.
Prüfe die Metalle mit einem Magneten.
Tropfe auf ein Ende jedes Blechstreifens einen Tropfen Kerzenwachs und lass das Wachs abkühlen. Erhitze jeweils den Blechstreifen vorsichtig am entgegengesetzten Ende. Halte dazu den Blechstreifen mit der Tiegelzange fest und lege ihn nach dem Erhitzen auf einer feuerfesten Unterlage ab.

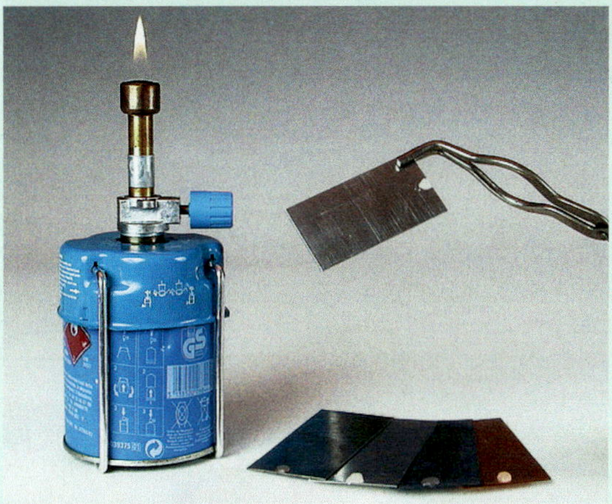

Prüfe die Ritzhärte der Metallstreifen mit einem Stahlnagel.
Prüfe die Metalle auf elektrische Leitfähigkeit.
Notiere deine Beobachtungen. Lege dazu eine Tabelle an.
Entsorgung: Metallproben einsammeln, werden wieder verwendet.

21 Prüfe Metalle auf Verformbarkeit.
Lege ein Stück Kupfer, Zink oder Blei auf eine feste, gegen Schlag unempfindliche Unterlage, z. B. auf ein Eisenstück oder einen Pflasterstein. Schlage mehrfach mit einem Hammer auf das Metall.
Stelle einen Zusammenhang zum Bau der Metalle her.
Entsorgung: Metallproben einsammeln, werden wieder verwendet.

22 Untersuche das Metall Zinn.
Ermittle das Verhalten von Zinn gegenüber einer Zugkraft. Versuche einen Zinnstab zu biegen. Halte ihn dabei in die Nähe deines Ohres. Versuche eine Erklärung für deine Beobachtung zu finden.
Vorsicht! Schutzbrille! Prüfe Zinn auf Schmelzbarkeit. Erhitze ein Stück Zinn in einem Porzellantiegel. Setze den Tiegel dazu in ein Tondreieck mit Dreifuß, der auf einer feuerfesten Unterlage steht.
Beschreibe das Verhalten des Zinns beim Erhitzen.
Entsorgung: Metallproben einsammeln, werden wieder verwendet.

23 Untersuche die elektrische Leitfähigkeit eines Metalls in Abhängigkeit von seiner Temperatur.
Wickle aus einem Eisendraht eine Wendel. Spanne die Wendel mit Isolierstutzen vertikal in ein Stativ ein. Stelle den Brenner so unter die Wendel, dass sich die Flamme im oberen Teil der Wendel befindet. Stelle am Stromversorgungsgerät eine Spannung von 6 V ein und lies die Stromstärke ab. Erhitze zunächst mit kleiner Flamme. Vergrößere anschließend die Gas- und Luftzufuhr am Brenner.

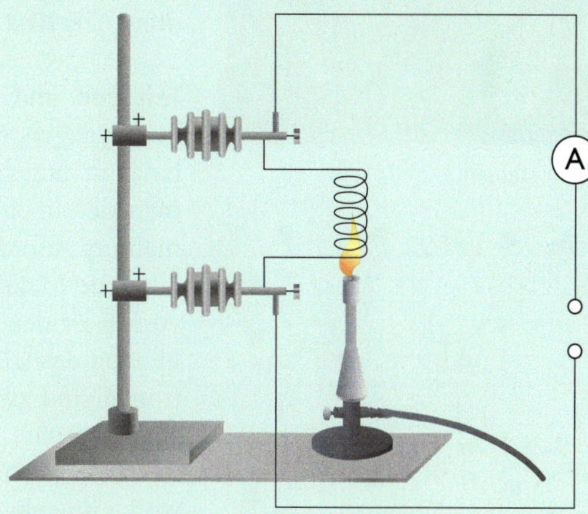

Lies während des gesamten Experiments die Stromstärke ab.
Notiere deine Beobachtungen.
Entsorgung: Eisendraht in Sammelbehälter für Hausmüll geben.

Metallbindung – Bau von Metallen

Brücken, Heizungsrohre, Dachrinnen, Elektrokabel, Sanitärarmaturen, Essbestecke – welche Metalle werden für ihre Herstellung verwendet? Vom Fahrrad bis zum Hausschlüssel, vom Kochtopf bis zum Computer – überall stoßen wir auf die wertvollen metallischen Werkstoffe. Welche Eigenschaften machen diese Stoffe für uns so wertvoll?
Finden wir auch bei Metallen eine Erklärung für deren Eigenschaften im Bau dieser Stoffe?

1 Das „Blaue Wunder“ in Dresden – eine reine Eisenkonstruktion, die seit 1893 die Elbe freitragend 141 m überspannt

2 Kupferstangen

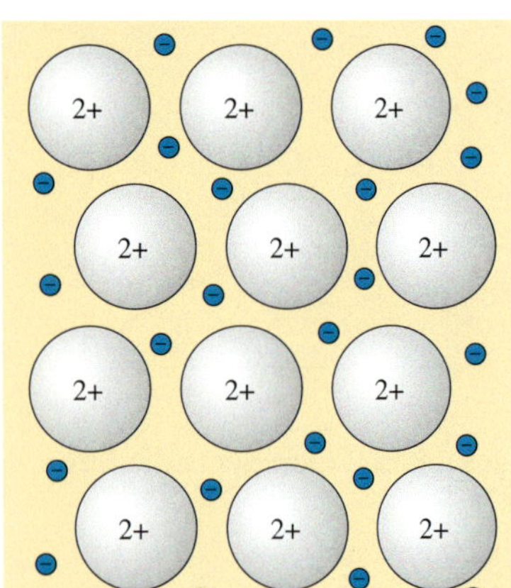

3 Modelldarstellung der Metallbindung

Eisen, Kupfer und andere Metalle Als Werkstoffe sind Metalle traditionell und auch heute hoch geschätzt. Etwa drei Viertel aller bekannten chemischen Elemente sind Metalle. Ein Stoff ist sehr schnell als Metall zu erkennen, denn die gesamte Stoffklasse hat mehrere gemeinsame Eigenschaften, die ihre Erklärung im Bau der Metalle finden.
Die gute elektrische und Wärmeleitfähigkeit, der metallische Glanz und die gute Formbarkeit durch Schmieden, Walzen und Ziehen sind charakteristische Eigenschaften der Metalle und entscheidend für deren Verwendung. ↑E.20–22 S.245

Teilchen und chemische Bindung in Metallen Bisher sind wir davon ausgegangen, Metalle seien aus Atomen aufgebaut, die in einem Atomverband in ungeheuer großer Anzahl zusammenhalten. Metallatome stellt man sich in einem **Metallgitter** vor, in dem sie feste Gitterplätze in regelmäßiger Anordnung besetzen.
Neutrale Metallatome haben nur wenige Außenelektronen. Diese werden vom Rest des Atoms, dem **Atomrumpf**, nur schwach festgehalten. Sie können deshalb relativ leicht abgegeben werden. Die abgegebenen Elektronen sind zwischen den Atomrümpfen nahezu frei beweglich. Aus den Metallatomen werden dadurch positiv elektrisch geladene Metall-Ionen mit einer stabilen Elektronenkonfiguration. Vergleichbar mit einer Gaswolke umgeben die Elektronen die **Metall-Ionen** und halten diese zusammen. Dieses Modell der **Metallbindung** wird deshalb als **Elektronengasmodell** bezeichnet. Die Außenelektronen sind also nicht mehr an bestimmte Atome im Metallgitter gebunden.

Die Metallbindung ist eine Art der chemischen Bindung, die durch Anziehungskräfte zwischen Metall-Ionen und beweglichen Elektronen (Elektronengas) bewirkt wird.

Eigenschaften und Bau von Metallen Metalle zeichnen sich durch ihren typischen metallischen Glanz aus. Sie reflektieren Licht an ihrer Oberfläche und sind für Licht nicht durchlässig. Metalle sind daher nicht durchsichtig. ↑E.20 S.245
Unter Normbedingungen sind Metalle mit Ausnahme von Quecksilber feste Stoffe. Die mehr oder weniger kleinen Kristalle bestehen aus dicht und regelmäßig im Metallgitter geordneten Metall-Ionen, die durch Metallbindung zusammengehalten werden.
Metalle sind allgemein gute Wärmeleiter und elektrische Leiter. Für die Metalle Silber, Kupfer und Aluminium gilt das besonders. Die im Metall frei beweglichen Elektronen können als Ladungsträger wirken. Wird an ein Metallstück eine elektrische Spannung angelegt, bewegen sich die Elektronen nicht mehr ungeordnet, sondern gerichtet vom Minuspol zum Pluspol. ↑4 Elektrischer Strom fließt. Damit lässt sich die gute elektrische Leitfähigkeit von festen Metallen und von Metallschmelzen erklären. ↑E.20,22 S.245 Allerdings nimmt in festen Metallen die elektrische Leitfähigkeit mit steigender Temperatur ab. ↑E.23 S.245 Die Atomrümpfe führen im Metallgitter kleine Schwingungen aus. Bei Temperaturerhöhung schwingen sie stärker und behindern dadurch die Wanderung der Elektronen. Dadurch steigt der elektrische Widerstand der Metalle beim Erwärmen und die elektrische Leitfähigkeit sinkt.
Auch die gute Wärmeleitfähigkeit der Metalle findet ihre Begründung darin, dass die Metall-Ionen um ihre Gitterplätze schwingen und die freien Elektronen sich schneller bewegen. Sie stoßen an die Atomrümpfe, wodurch die Wärme innerhalb des Metalls weitergeleitet wird.
Metalle lassen sich im erwärmten und einige Metalle auch im kalten Zustand biegen, walzen und hämmern. ↑E.21,22 S.245 Diese Verformbarkeit wird auch mit den Vorstellungen über den Bau der Metalle verständlich. Bei der Verformung durch Zug oder Druck gleiten die Metall-Ionen aneinander vorbei. ↑5 Es kommt jedoch nicht zur Abstoßung der positiv elektrisch geladenen Ionen, denn durch das negativ elektrisch geladene Elektronengas wird deren Ladung ausgeglichen. Der Zusammenhalt im Metall bleibt erhalten. So lässt sich Gold zu hauchdünnen Folien auswalzen.
Die Werkstoffeigenschaften eines Metalls kommen oft erst in Legierungen zur Wirkung. Solche Legierungen, z. B. Stahl, Messing oder Bronze, weisen andere Eigenschaften auf als die reinen Metalle, aus denen sie hergestellt werden. Das Metallgitter besteht in einer Legierung aus verschiedenartigen Metall-Ionen. Wenn sich diese in ihrer Größe und Ladung nicht wesentlich unterscheiden, ist eine regelmäßige Anordnung bzw. Verteilung der unterschiedlichen Metall-Ionen im Metallgitter die Folge.

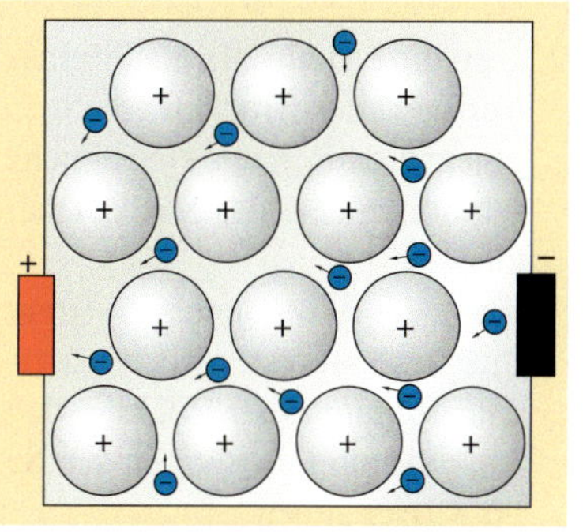

4 Elektronen im elektrischen Feld

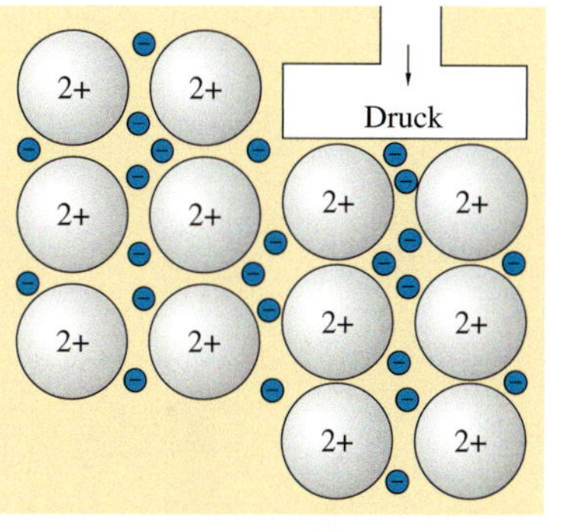

5 Modell zur Verformbarkeit eines Metalls

Aufgaben

1 Fertige für Eisen, Kupfer, Aluminium, Gold und Silber eine Tabelle an, aus der der Zusammenhang von Eigenschaften und Verwendung dieser Metalle ersichtlich ist.
2 Als metallische Werkstoffe werden oft Legierungen eingesetzt. Was sind Legierungen? Nenne dir bekannte Legierungen und informiere dich über deren Zusammensetzung.
3 Begründe die Möglichkeit der guten Bearbeitung von Metallen.
4 Vergleiche den Bau von Metallen mit dem von salzartigen Stoffen.
5 Erläutere die elektrische Leitfähigkeit bei Metallen und Metallschmelzen im Vergleich zu Schmelzen und Lösungen von Ionenverbindungen.

weiter gedacht

1 Gewinne Siedesalz aus Steinsalz.
Versuche aus Brocken von Steinsalz oder Viehsalz, einem Gemisch aus Natriumchlorid, Sand und Verunreinigungen, das Kochsalz als Siedesalz herauszulösen.
Plane ein Experiment zur Trennung des Stoffgemisches, um festes Kochsalz zu gewinnen.
Entsorgung: Feste Rückstände in Sammelbehälter für Hausmüll, Lösung in den Sammelbehälter für Abwasser geben.

2 Lösungen von Salzen leiten den elektrischen Strom. Das ist bei der Prüfung mit angelegter Wechselspannung nachweisbar. Unter dem Einfluss von Gleichspannung fließt nicht nur Strom durch die Lösung, sondern aus der Lösung scheiden sich Stoffe ab.

a Erläutere mithilfe der Abbildung was geschieht, wenn elektrische Gleichspannung auf eine Lösung von Kupferchloridlösung einwirkt.

b Erkläre die beobachtbaren Erscheinungen.

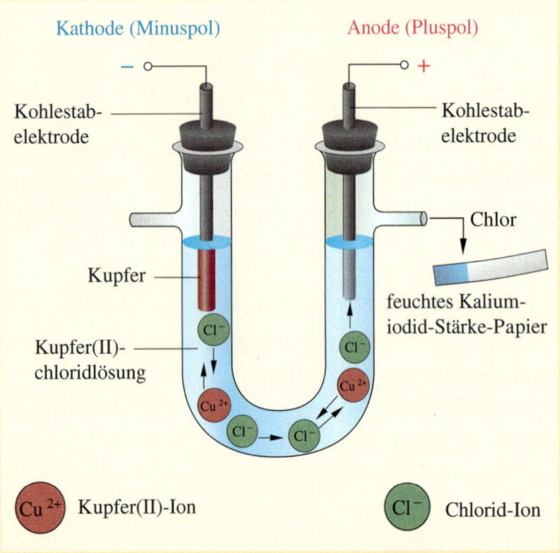

1 Einwirken elektrischer Gleichspannung auf eine Kupfer(II)-chloridlösung

3 Die elektrische Leitfähigkeit ist eine der charakteristischen Eigenschaften von Metallen.

a Erläutere, wie man sich den Stromfluss in Metallen vorstellt. Vergleiche mit anderen ebenfalls elektrisch leitenden Stoffen.

b Die elektrische Leitfähigkeit eines Metalls ändert sich mit steigender Temperatur. Erläutere die Veränderung der elektrischen Leitfähigkeit mithilfe deiner Kenntnisse über den Bau der Metalle.

4 Interpretiere das folgende Diagramm, das eine Eigenschaft des Wassers veranschaulicht.

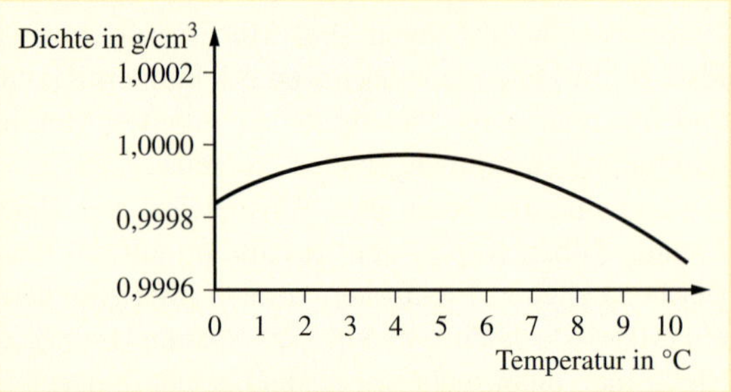

Für welche Erscheinung in der Natur ist diese Eigenschaft des Wassers bedeutsam?

5 Ammoniak (NH_3) ist ein stechend riechender, gasförmiger Gefahrstoff, der industriell in großem Umfang vor allem zur Düngemittelproduktion benötigt wird.

a Notiere Eigenschaften dieses Stoffes mithilfe eines Tabellenwerks. Leite aus den Eigenschaften des Stoffes Vermutungen über dessen Bau ab.

b Notiere die Formel in Elektronenschreibweise und zeichne ein der Formel entsprechendes Modell des Stoffes.

6 Eine Erscheinungsform des Nichtmetalls Kohlenstoff sind Fullerene. Vergleiche den Bau des Fullerens, das aus „Fußballmolekülen“ besteht, mit dem eines anderen Nichtmetalls.

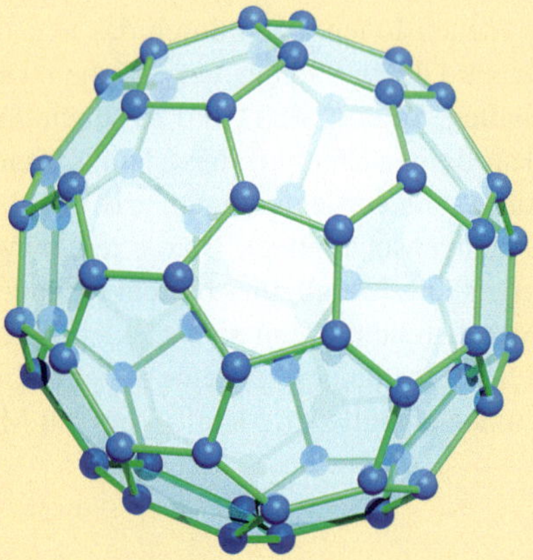

2 Modell eines Fullerens

7 Vergleiche die Differenzen der Elektronegativitätswerte (ΔEN) der Elemente jeweils für Kaliumbromid, Brom und Bromwasserstoff. Stelle einen Bezug zur chemischen Bindung in den Stoffen her.

Auf einen Blick

Chemische Bindung

Zusammenhalt von Teilchen (Atomen oder Ionen) in Stoffen durch anziehende bzw. abstoßende Kräfte

---

Arten der chemischen Bindung

Ionenbindung	Metallbindung	Atombindung
Anziehung zwischen ungleichnamig elektrisch geladenen Ionen	Anziehung zwischen positiv elektrisch geladenen Metall-Ionen und nahezu frei beweglichen Außenelektronen	Bindung durch gemeinsame Elektronenpaare zwischen den Atomen
Gebundene Teilchen: Ionen	Gebundene Teilchen: Ionen und Elektronen	Gebundene Teilchen: Atome
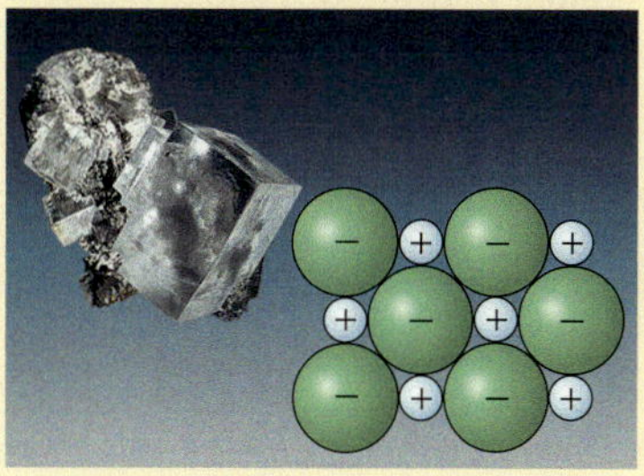	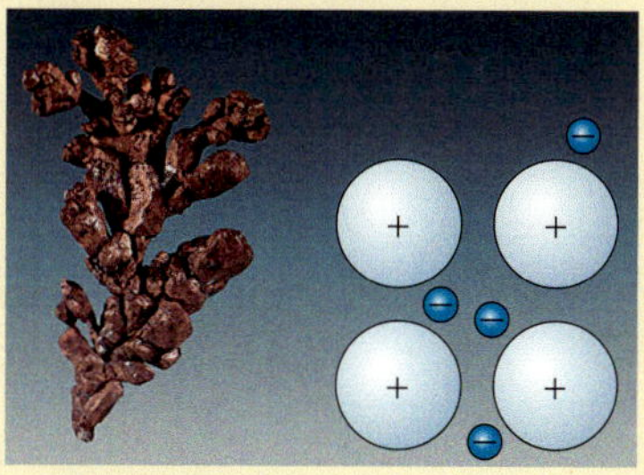	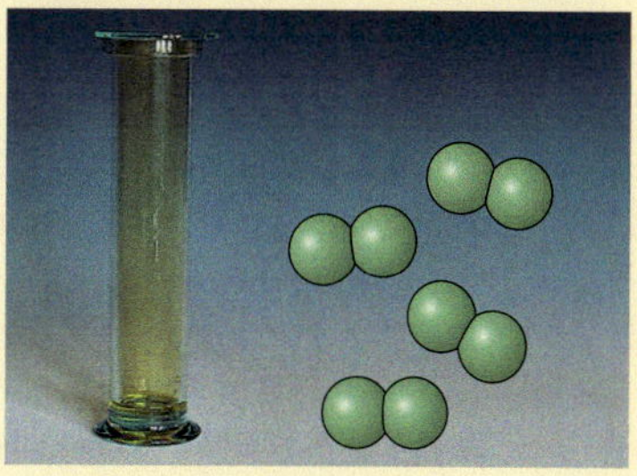
in Ionenverbindungen, z. B. Natriumchlorid, Magnesiumoxid	in Metallen, z. B. Kupfer, Gold, Natrium	in Molekülverbindungen, z. B. Chlor, Sauerstoff, Wasser

---

Stoffklassen und Stoffeigenschaften

Ionenverbindungen	Metalle	Molekülverbindungen
Harte, spröde Stoffe, meist hohe Schmelztemperaturen; keine elektrische Leitfähigkeit im festen Zustand, aber in Lösungen und Schmelzen	Feste Stoffe mit glänzender Oberfläche, relativ hohe Schmelztemperatur, gute Wärmeleitfähigkeit und elektrische Leitfähigkeit	Meist gasförmige oder flüssige Stoffe, relativ niedrige Siedetemperatur, keine elektrische Leitfähigkeit

---

Ionen

Teilchen, aus denen Stoffe aufgebaut sein können. Elektrisch positiv oder negativ geladene Teilchen in der Größenordnung von Atomen. Sie können aus Atomen durch Abgabe oder Aufnahme von Elektronen entstehen.

Polarität der chemischen Bindung

Elemente mit unterschiedlicher Elektronegativität ziehen in einer Atombindung gemeinsame Elektronenpaare unterschiedlich stark an. Die gebundenen Atome tragen elektrische Teilladungen.

Zwischenmolekulare Kräfte

Van-der-Waals-Kräfte und Wasserstoffbrücken haben Einfluss auf die Eigenschaften der Stoffe, die aus Molekülen aufgebaut sind.

Check up

1 Erläutere den Zusammenhang zwischen dem Atombau und der Stellung von Elementen im Periodensystem am Beispiel der Elemente Aluminium, Phosphor und Neon.

2 a Gib die Namen und chemischen Zeichen für die in der Tabelle angegebenen Teilchen (A, B, C, D) an.

Teilchen	Elektronenanzahl des Teilchens	Protonenanzahl des Teilchens
A	18	18
B	18	20
C	18	17
D	18	19

b Begründe, dass es Teilchen verschiedener chemischer Elemente gibt, die jedoch eine gleichartige Atomhülle aufweisen.

3 Vom Element Kupfer existieren zwei natürlich vorkommende Isotope: $^{63}_{29}Cu$ und $^{65}_{29}Cu$. 69,2 % der Kupferatome haben 34 Neutronen.

a Interpretiere diese Angaben.

b Ermittle die durchschnittliche Atommasse in u für Kupfer aus den beiden Isotopen.

4 Das Periodensystem der Elemente kann zum Ableiten von Angaben über chemische Elemente genutzt werden.

a Leite Angaben über den Bau der Atome des Elements mit der Ordnungszahl 38 ab.

b Erläutere, wie Ionen dieses Elements aus Atomen entstehen können.

c Stelle begründete Vermutungen über Eigenschaften des zugehörigen Stoffes an.

5 Begründe, weshalb Kupfer und Silber, aber auch Lösungen von Kupferchlorid und Silbernitrat den elektrischen Strom leiten.

6 Vergleiche den Bau des festen Kaliumbromids, des festen Kaliums, des flüssigen Broms und des gasförmigen Bromwasserstoffs, indem du jeweils die Art der Teilchen, die chemische Bindung und die Anordnung der Teilchen tabellarisch zusammenstellst.

7 Schwefeldioxid (SO_2) ist unter den Bedingungen des Normzustands ein gasförmiger Stoff (Schmelztemperatur $\vartheta_S = -76\,°C$; Siedetemperatur $\vartheta_V = -10\,°C$).

a Stelle aufgrund dieser Angaben eine Vermutung an, wie dieser Stoff aufgebaut sein könnte.

b Erläutere den Zusammenhalt von Schwefel- und Sauerstoffatomen in dieser Verbindung.

c Zeichne ein Teilchenmodell dieser Verbindung.

8 Beschreibe den räumlichen Bau von Molekülen der Stoffe Kohlenstoffdioxid und Ammoniak mithilfe des Elektronenpaarabstoßungsmodells.

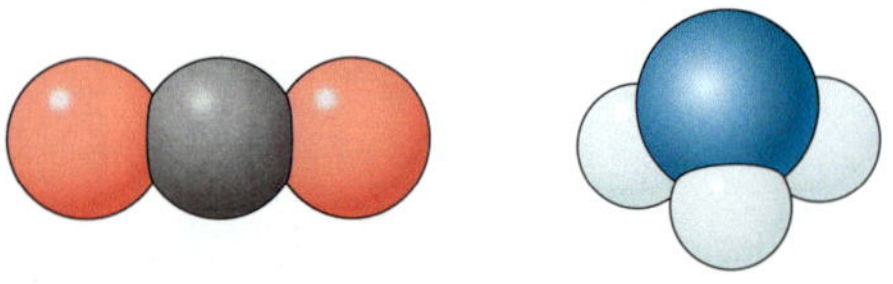

9 Gib an, welche Leistungen die Gesellschaft den Forscherpersönlichkeiten L. MEYER, D. MENDELEJEW und L. PAULING verdankt.

10 Begründe, weshalb Wasser ein sehr gutes Lösemittel für salzartige Stoffe ist. Beschreibe den Lösevorgang.

Aufgabe	Hilfe findest du auf Seite ...	Verbindung der Aufgabe zu den Basiskonzepten ↑S.18
1	215, 218	S
2	215, 229	T
3	213	T
4	212,218,229,230, 232	S T
5	232, 247	S T
6	230, 236, 240, 246	T
7	240, 241	T
8	241	T
9	221, 244	S
10	243	S T

T Stoff-Teilchen-Beziehungen, S Struktur-Eigenschafts-Beziehungen

› Die Lösungen findest du im Anhang.

Saure und alkalische Lösungen

Der saure Geschmack vieler Früchte ist von alters her bekannt. Essig schmeckt ebenfalls sauer. Er ist nicht nur ein saures Würzmittel, sondern dient seit Jahrtausenden als wichtiger Konservierungsstoff für Lebensmittel.

Sowohl saure als auch alkalische Lösungen haben eine ätzende und antibakterielle Wirkung. Daher werden sie häufig in Reinigungsmitteln eingesetzt.

Oft sind saure und alkalische Lösungen Gefahrstoffe. Viele aber sind ungefährlich. Eine genaue Kenntnis ihrer Eigenschaften und ein sicherer Umgang mit diesen Stoffen helfen gegenüber Mensch und Umwelt verantwortungsvoll zu handeln.

- ➔ Welche Eigenschaften haben saure und alkalische Lösungen?
- ➔ Welche Teilchen kennzeichnen sie?
- ➔ Welche weitere Bedeutung kommt sauren und alkalischen Lösungen im Alltag und in der Technik zu?

Selbst untersucht Saure Lösungen

1 Prüfe verschiedene Lösungen mit Indikatoren.

Vorsicht! Schutzbrille! Gib in vier Reagenzgläser jeweils 2 ml folgender Lösungen: Mineralwasser, Vitamin-C-Brause, Essigessenz (C), Entkalker (Xi). Versetze jede Probe mit vier Tropfen Bromthymolblaulösung (F).

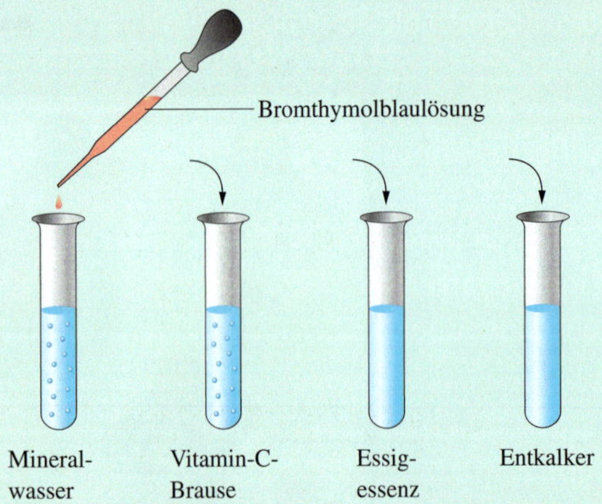

Notiere deine Beobachtungen mit Farbstiften in einer Tabelle.
Wiederhole die Versuchsreihe mit Lackmuslösung und Universalindikatorlösung.
Welche Schlussfolgerung lässt sich aus den Färbungen der Universalindikatorlösung ziehen?
Entsorgung: Lösungen in den Sammelbehälter für Abwasser geben.

2 Prüfe die elektrische Leitfähigkeit von Fruchtsäuren.

Prüfe feste Citronensäure und feste Ascorbinsäure auf elektrische Leitfähigkeit.
Löse anschließend in zwei Reagenzgläsern etwas Citronensäure und Ascorbinsäure in jeweils 5 ml Wasser. Prüfe nacheinander die elektrische Leitfähigkeit beider Lösungen.
Notiere deine Beobachtungen. Leite Schlussfolgerungen daraus ab.
Entsorgung: Lösungen in den Sammelbehälter für Abwasser geben. Feste Stoffe wieder verwenden.

3 Untersuche verschiedene saure Lösungen mit dem Universalindikator und auf elektrische Leitfähigkeit.

Vorsicht! Schutzbrille! Gib in drei Reagenzgläser jeweils 5 ml 5%ige Salzsäure, 2%ige Schwefelsäure und 2%ige Phosphorsäure.
Versetze jede Probe mit vier Tropfen Universalindikatorlösung.
Prüfe nacheinander die elektrische Leitfähigkeit der Lösungen wie in Experiment 2.
Notiere deine Beobachtungen und deute das Ergebnis.
Entsorgung: Lösungen in den Sammelbehälter I geben.

4 Leite Kohlenstoffdioxid in Wasser ein.

Verschließe eine halbgefüllte Flasche frisches Mineralwasser mit einem passenden durchbohrten Stopfen mit kurzem Ableitungsrohr. Verbinde eine Glaspipette über ein Schlauchstück mit der Flasche.
Tauche die Pipettenspitze in ein mit 10 ml Leitungswasser und einigen Tropfen Universalindikatorlösung gefülltes Reagenzglas.
Schüttle nun vorsichtig die Mineralwasserflasche, sodass Gasblasen aus der Pipette durch die Indikatorlösung geleitet werden.
Verschließe zwischendurch das Reagenzglas mit einem Stopfen und schüttle, bevor du weiteres Gas einleitest.

Beobachte und deute die Beobachtungsergebnisse.
Entsorgung: Lösungen in den Sammelbehälter für Abwasser geben.

5 Untersuche Regenwasser mit Universalindikatorlösung.

Sammle zwei Proben mit Regenwasser, indem du von nassen Blättern Wasser über einen Trichter ca. 2 cm hoch in je ein Reagenzglas tropfen lässt.
Gib jeweils zwei Tropfen Universalindikatorlösung dazu. Notiere den Standort der Pflanzen und deine Beobachtungen. Wiederhole das Experiment am selben Standort beim ersten Regen nach einer längeren Trockenperiode.
Vergleiche die Beobachtungsergebnisse.
Entsorgung: Lösungen in den Sammelbehälter für Abwasser geben.

6 Untersuche die Wirkung von sauren Lösungen auf Marmor. C Xi

Gib auf ein glattes, ebenes Stück Marmor an verschiedenen Stellen jeweils einige Tropfen Essigessenz (C) und Entkalker (Xi).
Beschrifte die Stellen mit einem Bleistift und beobachte mit einer Lupe.
Spüle nach einigen Minuten das Marmorstück mit Wasser ab und trockne es mit einem Tuch.
Schau dir die beschrifteten Stellen noch einmal an und streiche mit dem Finger darüber.
Notiere deine Beobachtungen.
Entsorgung: Marmorstücke einsammeln, werden wieder verwendet.

7 Versetze Rost mit einer sauren Lösung. Xi

Vorsicht! Schutzbrille! Lasse auf einige rostige Stellen eines Eisenblechs ca. 30 Minuten lang 10%ige Phosphorsäure (Xi) einwirken. Spüle anschließend das Blech mit Wasser ab und trockne es. Vergleiche das Eisenblech vor und nach der Behandlung. Notiere deine Beobachtungen und fertige eine Skizze des Blechs an.
Entsorgung: Bleche einsammeln, werden wieder verwendet.

8 Leite Schwefeldioxid in Wasser ein. T

Abzug! Dämpfe nicht einatmen! Versetze in einem Reagenzglas 4 ml Wasser mit acht Tropfen Universalindikatorlösung. Fülle mit dieser Lösung eine Tropfpipette, die sich in einem durchbohrten Stopfen befindet.
Entzünde einen Schwefeltropfen an einem Draht, der durch einen Stopfen gesteckt ist (T). Verschließe mit dem Stopfen schnell ein zweites Reagenzglas. Tausche nach dem Erlöschen der Flamme den Stopfen schnell gegen den Stopfen mit der Tropfpipette aus. Tropfe die Lösung in das Reagenzglas. Halte den Stopfen fest und schüttle.

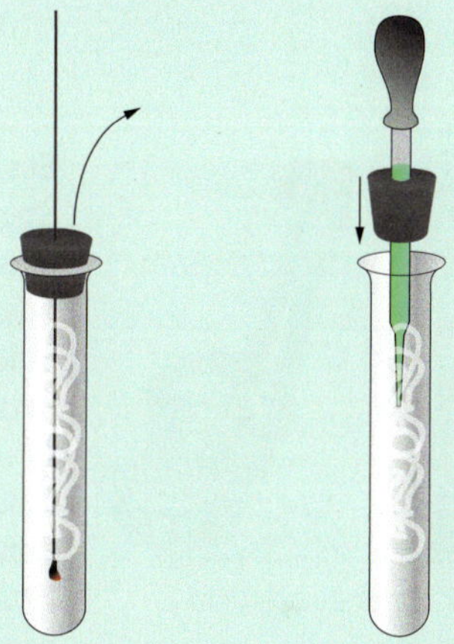

Vergleiche die Lösung vorher und nachher.
Entsorgung: Lösungen in den Sammelbehälter für Abwasser geben.

9 Untersuche eine Lösung von Kochsalz und Salzsäure mit Universalindikatorpapier. C

Gib in zwei Reagenzgläser jeweils 5 ml 5%ige Kochsalzlösung und 5%ige Salzsäure. Tauche in beide Gläser je einen 3 cm langen Streifen Universalindikatorpapier. Untersuche zum Vergleich destilliertes Wasser.
Notiere deine Beobachtungen und deute die Beobachtungsergebnisse.
Entsorgung: Lösungen in den Sammelbehälter für Abwasser geben.

Saure Lösungen im Alltag

Wir schätzen den erfrischend säuerlichen Geschmack von Fruchtsäften und Limonaden. Sie enthalten Fruchtsäurelösungen. Auch in vielen anderen Getränken, in Konserven oder Haushaltsreinigern begegnen uns saure Lösungen. Was sind saure Lösungen? Welche Eigenschaften haben sie?

1 Viele Stoffe im Haushalt enthalten saure Lösungen.

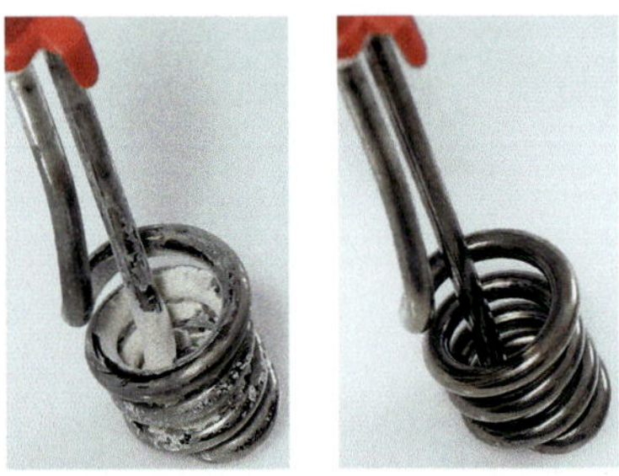

2 Tauchsieder vor und nach dem Entkalken

Gehalt an Vitamin C in einigen Lebensmitteln

Lebensmittel	Masse an Vitamin C in 100 g Lebensmittel
Apfelsinen	50 mg
Zitronen	53 mg
Brokkoli	90 mg
Paprikaschoten	139 mg
Schwarze Johannisbeeren	177 mg
Hagebutten	1250 mg
Tagesbedarf eines Jugendlichen:	75 mg

Essig und andere saure Lösungen Viele Salatsoßen enthalten Essig und Speiseöl. Der saure Geschmack des Essigs wirkt appetitanregend und trägt entscheidend zum Geschmack bei. In Sauerkonserven wie Gurken, Paprika oder Zwiebeln wirkt Essig zudem als Konservierungsmittel und sorgt für eine längere Haltbarkeit. Bei der Verwendung von Essig in Haushaltsreinigern und Entkalkern wird dessen kalklösende Eigenschaft genutzt. ↑2

Fruchtsäfte sind wegen ihres erfrischend säuerlichen Geschmacks sehr beliebt und in großer Auswahl erhältlich: Apfelsaft, Orangensaft, der Saft von Johannisbeeren, Kirschen, Weintrauben oder Ananas – alle diese Fruchtsäfte enthalten gelöste Fruchtsäuren. Zu den häufigsten Fruchtsäuren gehören Citronensäure, Äpfelsäure und Weinsäure. Viele Früchte und Gemüsesorten enthalten in rohem Zustand außerdem Ascorbinsäure, besser bekannt unter dem Namen Vitamin C. Es wird beim Erhitzen, z. B. beim Kochen, schnell zerstört. In Lebensmitteln oder Medikamenten dient Ascorbinsäure häufig als Vitaminzusatz. Citronensäure wird in großen Mengen auch industriell hergestellt. Sie dient als Säuerungsmittel in Süßigkeiten und Limonaden.

In Milchprodukten wie Joghurt, Crème fraîche, Quark oder Käse ist Milchsäure enthalten. ↑4 Sie entsteht, wenn Milchsäurebakterien den in der Milch vorhandenen Milchzucker umwandeln. Auch bei der Herstellung von Sauerkraut entsteht Milchsäure.

Neben Milchsäure dienen noch andere saure Lösungen in der Lebensmittelindustrie als Konservierungsstoffe. So bleibt z. B. Fleischsalat durch den Zusatz von Benzoesäure länger haltbar. Verpacktes Brot wiederum enthält Sorbinsäure als Konservierungsmittel. ↑5

Viele Mineralwässer und Limonaden enthalten Kohlensäure, genau genommen das in Wasser gelöste Gas Kohlenstoffdioxid. Dieses hinterlässt auf der Zunge ein angenehmes Prickeln und sorgt dafür, dass aus Wasser „saurer Sprudel" wird. ↑E.4 S.252 Auch Regenwasser enthält durch den Kontakt mit dem Kohlenstoffdioxid aus der Luft geringe Mengen Kohlensäure ↑E.5 S.253

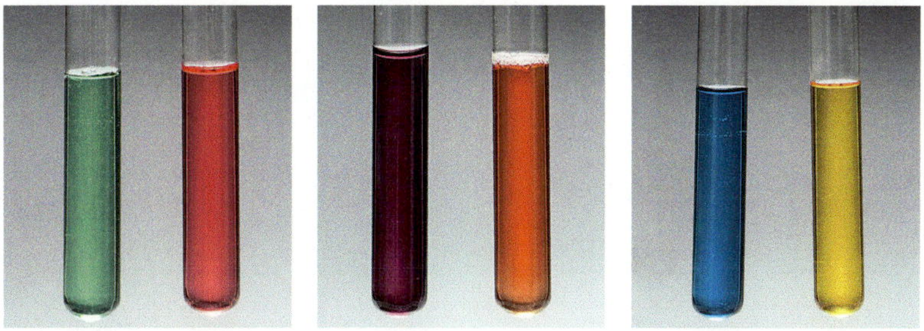

Universalindikator Lackmus Bromthymolblau

3 Verschiedene Indikatoren jeweils in neutraler und saurer Lösung

Eigenschaften von sauren Lösungen Neben dem sauren Geschmack zeigen saure Lösungen weitere gemeinsame Eigenschaften. Sie färben Indikatoren charakteristisch: Universalindikator- und Lackmuslösung rot, Bromthymolblaulösung gelb. ↑E.1 S.252, ↑3 Fruchtsäurelösungen und andere saure Lösungen leiten den elektrischen Strom, feste Fruchtsäuren dagegen nicht. ↑E.2,3 S.252 Saure Lösungen lösen Kalk und Rost. ↑E.6,7 S.253 Im Haushalt werden sie daher zum Entkalken und Rostlösen eingesetzt. Da saure Lösungen oft stark ätzend wirken, ist im Umgang mit ihnen Vorsicht geboten.

Saure Lösung – Säure Saure Lösungen sind die wässrigen Lösungen bestimmter Stoffe. Solche Stoffe, die in Wasser gelöst saure Lösungen bilden, werden allgemein als **Säuren** bezeichnet. Während saure Lösungen bei Zimmertemperatur immer flüssig sind, können Säuren entweder als Feststoff wie Citronensäure oder als Flüssigkeit wie Essigsäure auftreten. Säuren bilden also unter Zugabe von Wasser saure Lösungen. Dafür können Wortgleichungen aufgestellt werden:

Essigsäure + Wasser ⟶ Essigsäurelösung
Citronensäure + Wasser ⟶ Citronensäurelösung
Milchsäure + Wasser ⟶ Milchsäurelösung

Säure + Wasser ⟶ saure Lösung

Säuren sind Stoffe, die in Wasser gelöst saure Lösungen ergeben.

Werden Kohlenstoffdioxid und Schwefeldioxid in Wasser gelöst, so entstehen ebenfalls saure Lösungen. ↑E.4,8 S.253 Kohlenstoffdioxid reagiert dabei mit Wasser zu Kohlensäure. Schwefeldioxid reagiert mit Wasser zu schwefliger Säure. Für die Bildung von Säuren aus Nichtmetalloxiden und Wasser kann eine allgemeine Wortgleichung aufgestellt werden.

Nichtmetalloxid + Wasser ⟶ Säure

Schon gewusst?

In der Lebensmittelindustrie wird feste Citronensäure in großen Mengen hergestellt. Sie stammt aber nicht aus Zitronen, sondern wird biotechnisch von dem Schimmelpilz *Aspergillus niger* produziert. Der Pilz verarbeitet zuckerhaltige Abfälle zu Citronensäure, die dann in mehreren Reinigungsschritten aus der Nährlösung gewonnen wird.

4 Viele Milchprodukte enthalten Milchsäure.

5 Benzoesäure und Sorbinsäure machen Lebensmittel länger haltbar.

Aufgaben

1 Formuliere die Wortgleichungen zur Bildung der sauren Lösungen von Sorbinsäure, Ascorbinsäure, Weinsäure und Benzoesäure.

2 Als Paul eine Mineralwasserflasche öffnet, ist ein deutliches Zischen zu hören. Sein Kommentar: „Das ist die entweichende Kohlensäure!“ Stelle die Aussage richtig.

Kennzeichen saurer Lösungen

Chlorwasserstoffgas, Essigsäure und feste Ascorbinsäure – drei Stoffe mit unterschiedlichen Eigenschaften.
Gibt es zwischen ihnen auch Gemeinsamkeiten? Wie verhalten sich ihre wässrigen Lösungen?

1 Chlorwasserstoff, Essigsäure und Ascorbinsäure

EXPERIMENT 10 [L]
Elektrische Leitfähigkeit von Chlorwasserstoff und Eisessig.
Trockener Chlorwasserstoff (T, C) und Eisessig werden auf elektrische Leitfähigkeit geprüft.

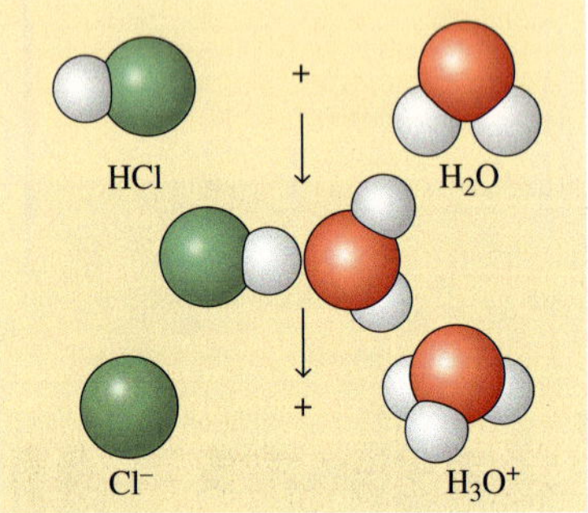

2 Bildung des Oxonium-Ions

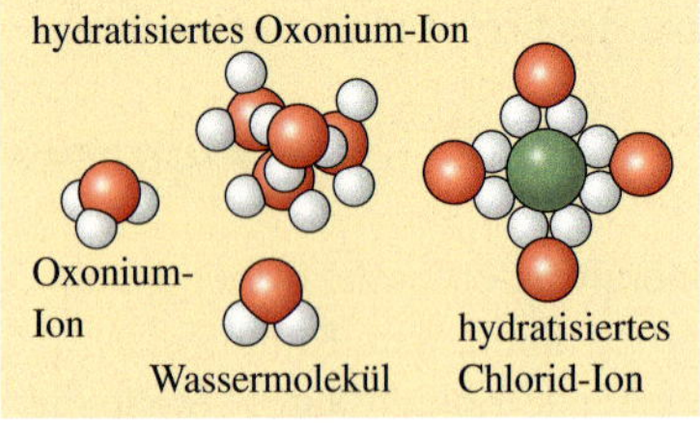

3 Teilchen in Salzsäure

Teilchen in Säuren und sauren Lösungen Trockener Chlorwasserstoff, Eisessig (reine Essigsäure) ↑4 und feste Ascorbinsäure leiten den elektrischen Strom nicht. ↑E.2 S.252, E.10 Ihre wässrigen Lösungen dagegen reagieren sauer und sind elektrisch leitend. ↑E.2 S.252, E.11
Alle drei genannten Stoffe sind aus Molekülen aufgebaut. Sie leiten daher den elektrischen Strom nicht. Die elektrische Leitfähigkeit eines Stoffes setzt das Vorhandensein von frei beweglichen elektrisch geladenen Teilchen, z. B. Ionen, voraus. In den sauren Lösungen müssen also Ionen enthalten sein. Wie entstehen diese Ionen? Um welche Ionen handelt es sich? Das soll am Beispiel des Lösens von Chlorwasserstoff in Wasser beantwortet werden.
Es ist bekannt, dass Chlorwasserstoffmoleküle mit der Formel HCl aus einem Chloratom und einem Wasserstoffatom bestehen, die durch polare Atombindung miteinander verbunden sind. Beim Lösen von Chlorwasserstoff in Wasser reagieren in einer stark exothermen Reaktion die Dipolmoleküle des Chlorwasserstoffs mit denen des Wassers zu positiv geladenen **Oxonium-Ionen (H_3O^+)** ↑2 und negativ geladenen Chlorid-Ionen (Cl^-).

HCl	+	H_2O	$\longrightarrow$	H_3O^+	+	Cl^-
Chlorwasserstoffmolekül		Wassermolekül		Oxonium-Ion		Chlorid-Ion

Das Oxonium-Ion lässt sich formal in ein Wasserstoff-Ion (H^+) und ein Wassermolekül (H_2O) zerlegen. Vereinfacht wird daher in Reaktionsgleichungen auch das chemische Zeichen H^+ (aq) verwendet. Das Oxonium-Ion lagert in wässriger Lösung Wassermoleküle an. Die wässrige Lösung des Chlorwasserstoffs, die Salzsäure, enthält also hydratisierte Oxonium-Ionen, hydratisierte Chlorid-Ionen und Wassermoleküle. ↑3 Oxonium-Ionen liegen immer hydratisiert vor. Vereinfacht wird aber häufig nur von Oxonium-Ionen gesprochen.

Wie ist das saure Verhalten einer Lösung zu erklären? In der Salzsäure sind drei verschiedene Teilchen vorhanden: positiv geladene Oxonium-Ionen, negativ geladene Chlorid-Ionen und Wassermoleküle. Auf welche Teilchen ist das saure Verhalten zurückzuführen?
Wären die Chlorid-Ionen für die sauren Eigenschaften verantwortlich, müsste auch eine Lösung von Natriumchlorid in Wasser sauer reagieren. Aber weder die Natriumchloridlösung noch destilliertes Wasser färben Universalindikator rot. ↑E.9 S.253 Folglich können weder Chlorid-Ionen noch Wassermoleküle für das saure Verhalten verantwortlich sein. Nur die Oxonium-Ionen können die Farbänderung des Indikators bewirken.
Auch in anderen sauren Lösungen liegen Oxonium-Ionen vor. Wird z. B. Eisessig in Wasser gelöst, reagieren die Essigsäuremoleküle mit den Wassermolekülen zu Acetat-Ionen und Oxonium-Ionen:

Essigsäuremolekül + Wassermolekül ⟶ Acetat-Ion + Oxonium-Ion

Es zeigt sich, dass alle sauren Lösungen Oxonium-Ionen enthalten.

Säurerest-Ionen Die in sauren Lösungen neben den positiv geladenen Oxonium-Ionen vorliegenden negativ geladenen Ionen, werden als **Säurerest-Ionen** bezeichnet. In der Salzsäure beispielsweise sind dies die Chlorid-Ionen, in der Essigsäurelösung die Acetat-Ionen.
Ausgehend von den Teilchen kann für das Lösen einer Säure in Wasser folgende allgemeine Wortgleichung aufgestellt werden:

HNO_3 Salpetersäuremolekül	+	H_2O Wassermolekül	⟶	H_3O^+ Oxonium-Ion	+	NO_3^- Nitrat-Ion
H_2SO_4 Schwefelsäuremolekül	+	$2\,H_2O$ Wassermolekül	⟶	$2\,H_3O^+$ Oxonium-Ion	+	SO_4^{2-} Sulfat-Ion

Säuremolekül + Wassermolekül ⟶ Oxonium-Ion + Säurerest-Ion

Säure		Säurerest-Ionen	
Name	Formel	Formel	Name
Salzsäure	HCl	Cl^-	Chlorid-Ion
Salpetersäure	HNO_3	NO_3^-	Nitrat-Ion
Kohlensäure	H_2CO_3	HCO_3^- CO_3^{2-}	Hydrogencarbonat-Ion Carbonat-Ion
Schwefelsäure	H_2SO_4	HSO_4^- SO_4^{2-}	Hydrogensulfat-Ion Sulfat-Ion
Phosphorsäure	H_3PO_4	$H_2PO_4^-$ HPO_4^{2-} PO_4^{3-}	Dihydrogenphosphat-Ion Hydrogenphosphat-Ion Phosphat-Ion

Säuren sind Stoffe, deren wässrige Lösungen hydratisierte positiv elektrisch geladene Oxonium-Ionen und hydratisierte negativ elektrisch geladene Säurerest-Ionen enthalten. Die Oxonium-Ionen bestimmen die Eigenschaften einer sauren Lösung.

EXPERIMENT 11 [L]
Einleiten von Chlorwasserstoff in Wasser.
In ein Becherglas mit Rührstäbchen werden etwa 200 ml destilliertes Wasser und zehn Tropfen Universalindikatorlösung gegeben. Das Glas wird auf einen Magnetrührer gestellt. Die Leitfähigkeitsmesszelle ist so in das destillierte Wasser zu tauchen, dass sie vom rotierenden Rührstäbchen nicht berührt wird. Über einen Trichter, dessen Rand sich etwa 5 mm über der Oberfläche der Lösung befindet, wird Chlorwasserstoff (T, C) auf die Oberfläche der Lösung geleitet. Die Änderung der Leitfähigkeit wird ermittelt.

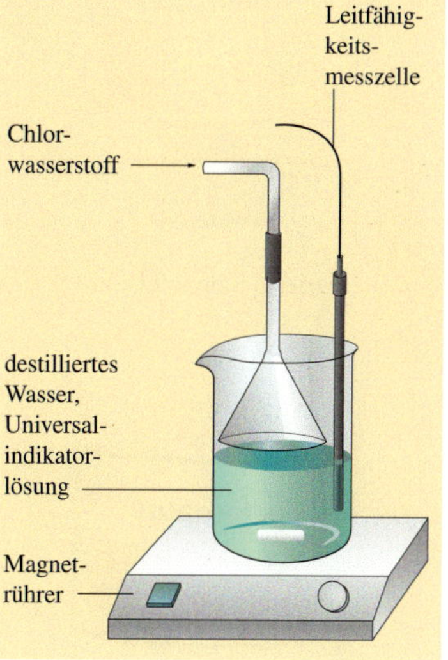

4 Reine Essigsäure erstarrt unter 16 °C zu „Eisessig“.

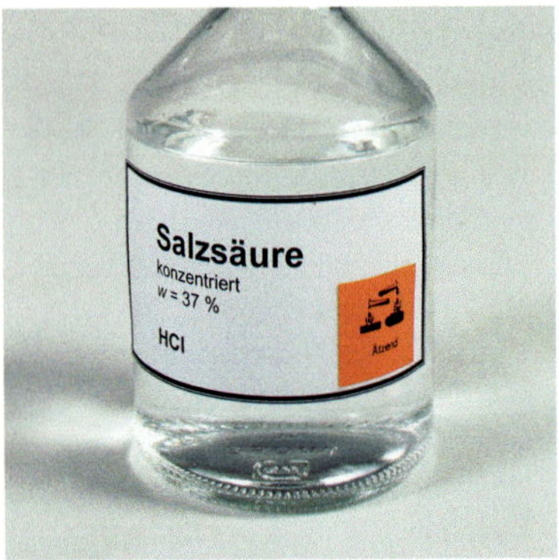

1 Konzentrierte Salzsäure

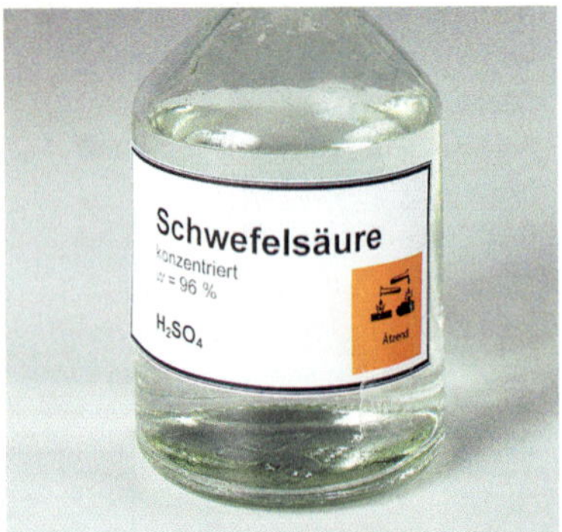

2 Konzentrierte Schwefelsäure

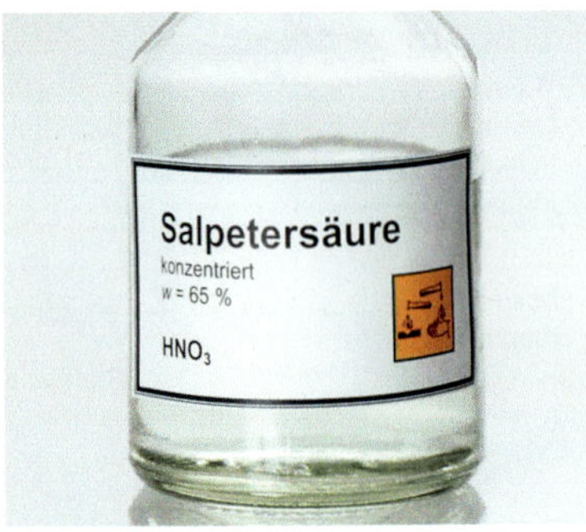

3 Konzentrierte Salpetersäure

Reaktion mit Protonenübergang Beim Lösen von Chlorwasserstoff in Wasser stoßen die Dipolmoleküle aufgrund ihrer unterschiedlichen Teilladungen so zusammen, dass das Chlorwasserstoffmolekül ein Wasserstoff-Ion (H^+) abgibt. Ein Wasserstoff-Ion besteht nur aus einem Proton im Atomkern und besitzt keine Elektronen in der Atomhülle. Es wird deshalb auch als **Proton** bezeichnet. Das gemeinsame Elektronenpaar verbleibt beim Chloratom, sodass ein negativ elektrisch geladenes Chlorid-Ion entsteht. Das abgegebene Proton wird von einem freien Elektronenpaar am Sauerstoffatom des Wassermoleküls gebunden. Es bildet sich eine Elektronenpaarbindung aus und es entsteht ein positiv elektrisch geladenes Oxonium-Ion.

Bei der Reaktion von Chlorwasserstoff mit Wasser findet zwischen den reagierenden Teilchen ein **Protonenübergang** statt. Das Chlorwasserstoffmolekül gibt ein Proton ab, es wirkt als **Protonendonator** (lat. donare – schenken). Das Wassermolekül nimmt ein Proton auf, es wirkt als **Protonenakzeptor** (lat. accipere – aufnehmen).

Für die Protonenabgabe und die Protonenaufnahme können folgende Teilgleichungen aufgestellt werden:

Protonenabgabe: $\underset{\text{Protonendonator}}{HCl} \longrightarrow H^+ + Cl^-$

Protonenaufnahme: $H^+ + \underset{\text{Protonenakzeptor}}{H_2O} \longrightarrow H_3O^+$

Protonenübergang: $HCl + H_2O \longrightarrow H_3O^+ + Cl^-$

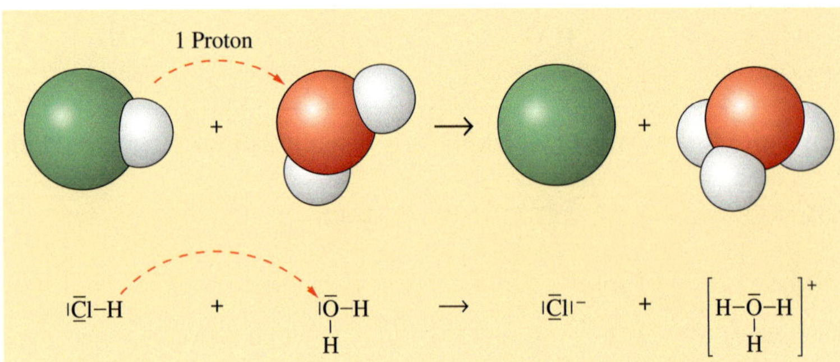

4 Protonenübergang bei der Reaktion von Chlorwasserstoff mit Wasser im Modell

Aufgaben

1 Trockenes Indikatorpapier zeigt in reinem Chlorwasserstoff keine Farbänderung. Erkläre dies.

2 Begründe, warum Indikatorpapier vor seiner Verwendung angefeuchtet werden muss.

3 Beschreibe die Teilchenveränderungen beim Lösen von Chlorwasserstoff in Wasser.

4 Die elektrische Leitfähigkeit nimmt beim Verdünnen von Salzsäure erst zu und dann wieder ab. Was lässt sich daraus schlussfolgern?

5 Salpetersäure (HNO_3) bildet mit Wasser Oxonium-Ionen. Formuliere die Gleichungen für die Protonenabgabe und -aufnahme sowie für den Protonenübergang. Benenne die Teilchen, die in der wässrigen Lösung vorliegen.

6 Weise nach, dass in einer Salzsäurelösung die Oxonium-Ionen für die Säureeigenschaften bestimmend sind.

7 Warum ist die Bildung von Salzsäure aus Chlorwasserstoff und Wasser eine chemische Reaktion?

Schwefelsäure – die *Grande Dame* der chemischen Industrie

1 Farben machen unser Leben bunter.

2 Schwefelsäure ist ein Grundstoff in der Waschmittelindustrie.

3 Bleiakkumulator

Mit fast 200 Millionen Tonnen Jahresproduktion weltweit ist die Schwefelsäure seit über einem Jahrhundert der Spitzenreiter bei den anorganischen Produkten der chemischen Industrie.

Zwei Drittel davon werden zur Herstellung von Düngemitteln verwendet und bilden damit eine der Grundlagen für eine ausreichende Ernährung vieler Millionen Menschen.

Schwefelsäure wird auch zur Erzeugung unzähliger chemischer Produkte wie Farben, Textilfasern, Medikamente oder Waschmittel benötigt. In Autobatterien dient sie als Akkumulatorsäure.

„Man wird nach dem Vorhergehenden die Behauptung nicht für übertrieben halten, dass die chemische Industrie eines Landes mit großer Genauigkeit nach der Anzahl von Pfunden Schwefelsäure beurtheilt werden kann, die man in diesem Lande verbraucht ...“

4 Historischer Text von JUSTUS VON LIEBIG (1803 bis 1873) von 1844

5 Düngemittel führen dem Boden wichtige Mineralstoffe zu.

6 In solchen großtechnischen Anlagen werden täglich bis zu 1000 Tonnen Schwefelsäure produziert.

selbst **erforscht**

1 Die Coca-Cola-Flasche im Wandel der Zeit

Cola – süß und doch sauer

Bis heute ist die genaue Zusammensetzung der Inhaltsstoffe von Coca-Cola nicht preisgegeben worden. Laut Etikett sind die Inhaltsstoffe von Coca-Cola: Wasser, Zucker, Kohlensäure, Farbstoff E 150, Säuerungsmittel E 338, Coffein, natürliche Aromastoffe aus Ingwer, Orangenblüten, Johannisbrot, Limettenschalen und Extrakte der Colanuss.

- Wie viel Zucker ist in Cola enthalten?
- Wie kann schwarze Cola entfärbt werden?
- Worin unterscheiden sich Cola und Cola *light*?

Materialien zur Projektbearbeitung Nutzt das bereitgestellte Material, aber auch Informationen aus anderen Quellen zur Beantwortung eurer Fragen.

Dichte zuckerhaltiger Lösungen
bei unterschiedlichen Massenanteilen an Zucker

Dichte der Lösung bei 20 °C	Massenanteil Zucker
1,0060 g/cm³	2 %
1,0179 g/cm³	5 %
1,0381 g/cm³	10 %
1,0592 g/cm³	15 %
1,0810 g/cm³	20 %

1 Bestimme den Zuckergehalt von Cola mithilfe der Dichte.
Wiege einen Messzylinder. Miss 100 ml Cola darin ab. Gib die Cola in ein Becherglas und erhitze mit dem Brenner 15 min lang bei 80 °C, um das Kohlenstoffdioxid auszutreiben. Gib die Cola nach dem Abkühlen auf 20 °C wieder in den Messzylinder. Fülle mit destilliertem Wasser auf 100 ml auf, um das zuvor verdampfte Wasser zu ersetzen. Wiege den Messzylinder erneut und bestimme die Masse der Cola. Berechne ihre Dichte. Bestimme mithilfe der Tabelle den Massenanteil an Zucker in der Cola. Bewahre die Lösung in einem Reagenzglas mit Stopfen für Experiment 5 auf.

Info

Im Jahr 1886 stellte der amerikanische Apotheker JOHN S. PEMBERTON auf der Suche nach einem Mittel gegen Kopfschmerzen und Müdigkeit einen Sirup her, der – mit Sodawasser vermischt – unter dem Namen „Coca-Cola“ zum ersten Mal in Atlanta ausgeschenkt wurde. Heute gibt es Coca-Cola in über 160 Ländern und die Marke in der Flasche mit dem berühmten Schriftzug ist das bekannteste und meistgetrunkene Erfrischungsgetränk der Welt.

Info

Neben Zucker haben mit Ausnahme von Kohlenstoffdioxid die anderen Inhaltsstoffe praktisch keinen Einfluss auf die Dichte von Cola. Daher kann durch Dichtebestimmung der Zuckergehalt des Getränks ermittelt werden.
Gelöstes Kohlenstoffdioxid würde die Dichte von Cola verringern. Daher muss es durch Erhitzen aus der Lösung entfernt werden.

2 Ermittle den Zuckergehalt von Cola.
Bestimme die Masse eines Stücks Würfelzucker. Ermittle mithilfe der Ergebnisse aus Experiment 1 die Masse an Zucker in einer Dose Cola (0,33 l), einer Flasche Cola (0,5 l) und einer Riesenflasche Cola (1,5 l). Berechne jeweils, wie viele Stücke Würfelzucker enthalten sind. Recherchiere, welche gesundheitlichen Folgen ein erhöhter Zuckerkonsum haben kann.

3 Entfärbe eine Cola-Probe.
Fülle ein 250 ml Becherglas etwa halbvoll mit Cola und gib so viel Aktivkohle hinzu, bis eine dickflüssige schwarze Masse entsteht. Lass die Suspension 10 bis 15 min stehen und rühre gelegentlich mit einem Spatel um. Filtriere anschließend die Suspension und sammle das Filtrat in einem zweiten Becherglas.
Vergleiche das Filtrat mit unbehandelter Cola. Wie haben sich die Farbe und der Geruch verändert?
Prüfe beide Lösungen mit je einem Streifen Universalindikatorpapier.
Informiere dich über den Zusammenhang von Oberfläche und Adsorptionskraft von Aktivkohle.

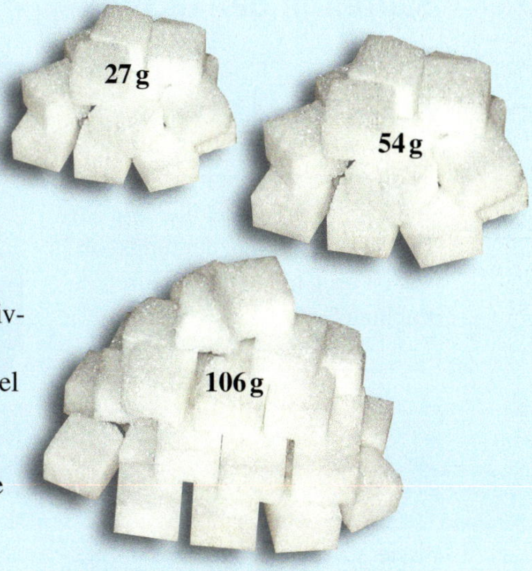

2 Wie viel Zucker ist in einem Liter Cola enthalten?

3 Verschiedene Cola-Getränke

4 Vergleiche die Masse gelöster Stoffe in Cola und Cola *light*.
Dampfe jeweils 50 ml von Cola und Cola *light* vorsichtig in zwei Porzellanschalen ein, die du zuvor genau abgewogen hast. Wiege die Porzellanschalen nach dem Abkühlen erneut.
Vergleiche das Aussehen der Rückstände und deren Massen.

5 Bestimme den pH-Wert von Cola.
Untersuche mithilfe eines pH-Meters den pH-Wert von frischer und von abgekochter Cola aus Experiment 1.
Vergleiche die Ergebnisse.

Hinweise für die Projektarbeit Notiert weitere Fragen, die euch zum Thema „Cola" einfallen. Überlegt zusammen mit eurem Chemielehrer, welche dieser Fragen experimentell untersucht werden können. Viele Fragen können auch durch eine gezielte Recherche in der Literatur oder im Internet beantwortet werden. Teilt die Arbeiten auf verschiedene Arbeitsgruppen auf. Überlegt, in welcher Form ihr eure Arbeitsergebnisse am besten euren Mitschülerinnen und Mitschülern präsentiert.

Info

Wer nach reichlichem Genuss von Cola nicht einschlafen kann, wird durch das anregend wirkende Coffein wach gehalten. Cola enthält etwa 16 mg Coffein pro 100 ml, Kaffee dagegen drei- bis viermal so viel.

Säuren in der Technik

In Industrie und Technik spielen Säuren, z. B. Salpetersäure, Phoshorsäure und Schwefelsäure, eine herausragende Rolle. Warum sind diese Säuren bedeutungsvoll? Was ist im Umgang mit Säuren zu beachten?

1 Kesselwagen zum Transport von hoch konzentrierter Salpetersäure

EXPERIMENT 12 [L]

Einwirkung von konzentrierter Schwefelsäure auf Kristallzucker.

Vorsicht! Schutzbrille! Schutzhandschuhe! Abzug!

In einem Becherglas werden 20 g Kristallzucker mit wenigen Tropfen Wasser angefeuchtet. Im Abzug werden aus einer Pipette ca. 15 ml konzentrierte Schwefelsäure (C) zugegeben.

Schon gewusst?

Unsere Magensäure besteht aus Salzsäure mit einem Massenanteil von $w(HCl) \approx 0{,}5\,\%$. Die Magenwand schützt sich vor der sauren Lösung durch die Magenschleimhaut. Dass die Magensäure wirklich ätzend wirkt, macht sich z. B. beim Sodbrennen bemerkbar. Das brennende Gefühl rührt von leichten Verletzungen der Speiseröhre und des Rachenraums her. ↑S.286

Im Alltag und in der Technik unterscheidet man sprachlich nicht zwischen Säuren und sauren Lösungen. Saure Lösungen werden nach den gelösten Stoffen verkürzt als Säuren bezeichnet.

Schwefelsäure (H_2SO_4) Konzentrierte Schwefelsäure ist eine ölige, farb- und geruchlose Flüssigkeit. Ihr Massenanteil beträgt maximal 98 %. Sie ist stark hygroskopisch, d. h., sie entzieht ihrer Umgebung Wasser. Konzentrierte Schwefelsäure wird aufgrund dieser Eigenschaft als Trockenmittel für feuchte Gase eingesetzt. Organische Stoffe wie Zucker oder Baumwolle werden unter Abspaltung von Wasser zersetzt.
Beim Verdünnen von konzentrierter Schwefelsäure tritt eine sehr starke Erwärmung ein. Dabei können Wasser und Säure aus dem Gefäß spritzen. *Beim Verdünnen darf niemals Wasser in konzentrierte Säure gegeben werden! Spritzgefahr! Verätzungsgefahr!*
Verdünnte Schwefelsäure zerstört tierisches und pflanzliches Gewebe, z. B. Baumwolle. Verätzungen der Haut sind äußerst schmerzhaft.
Schwefelsäure wird verwendet, um Düngemittel, Chemiefasern, Farbstoffe, Wasch- und Arzneimittel sowie Salzsäure herzustellen. In Bleiakkumulatoren von Kraftfahrzeugen dient sie als leitende Flüssigkeit zwischen Plus- und Minuspol.

Salzsäure (HCl) Früher wurde Salzsäure aus Steinsalz durch Auftropfen von Schwefelsäure und Einleiten des entweichenden „Salzgeistes" (Chlorwasserstoff) in Wasser gewonnen. Davon leitet sich ihr Name ab. Heute wird sie meist direkt aus Chlor und Wasserstoff hergestellt. Konzentrierte Salzsäure [$w(HCl) = 37\,\%$] wird auch als rauchende Salzsäure bezeichnet, weil sie mit der Luftfeuchtigkeit einen Nebel aus kleinen Salzsäuretröpfchen bildet. Werden Salzsäuredämpfe eingeatmet, kann Lungenentzündung durch Verätzung entstehen. Auf die Haut verschüttete Salzsäure führt zu schmerzhaften Hautreizungen.
In der Industrie wird Salzsäure zum Ätzen und zur Reinigung von Metalloberflächen verwendet, im Bauwesen zur Mörtelablösung und zur Kesselsteinentfernung.

Salpetersäure (HNO_3) Konzentrierte Salpetersäure [$w(HNO_3) = 65\,\%$] wird in braunen Glasflaschen aufbewahrt, da sich die farblose Flüssigkeit bei Tageslicht leicht zersetzt. 50%ige Salpetersäure löst Silber auf, nicht jedoch Gold und wird daher als „Scheidewasser" verwendet. Eine Mischung aus einem Teil konzentrierter Salpetersäure und drei Teilen konzentrierter Salzsäure löst sogar Gold und Platin auf und ist als Königswasser bekannt. Konzentrierte Salpetersäure wirkt oxidierend, verdünnt ist sie stark ätzend. Salpetersäure ist hauptsächlich Ausgangsstoff zur Herstellung von stickstoffhaltigen Düngemitteln. Auch Farbstoffe, Textilfasern und Sprengstoffe werden aus Salpetersäure produziert. Zur Herstellung von Lacken, Kunstleder und Medikamenten ist Salpetersäure eine wichtige Grundchemikalie.

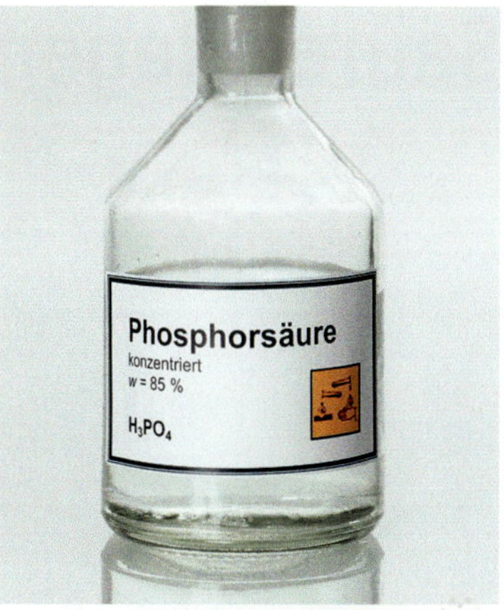

2 Konzentrierte Phosphorsäure

Phosphorsäure (H_3PO_4) Reine Phosphorsäure ist bei Raumtemperatur ein Feststoff. Gebräuchlicher ist die 80 bis 85%ige Säure, eine ölige, sirupartige Flüssigkeit. Phosphorsäure wird vor allem zur Herstellung von Phosphatdüngern, Arznei- und Pflanzenschutzmitteln genutzt. In der Autoindustrie wird Phosphorsäure zum Korrosionsschutz eingesetzt. Die Karosserie wird hierzu in ein Phosphatierbad getaucht. ↑3 Zuerst entfernt die Säure Rost und andere Verunreinigungen, anschließend erhält die Metalloberfläche eine schützende Phosphatschicht. Auf dieser Schicht haftet die nun folgende Lackierung besonders gut.

3 Eintauchen einer Autokarosserie in Phosphorsäure

Umgang mit Säuren Viele Säuren und Säurelösungen sind stark ätzend. Sie zersetzen nicht nur Metalle und Textilien, sondern zerstören auch Haut und Schleimhäute. Zu unserem eigenen Schutz gibt es gesetzliche Vorschriften zum Umgang mit Säuren: *Schutzbrille, Schutzhandschuhe und Laborkittel sind Pflicht beim Arbeiten mit Säuren.* Entstehen beim Experimentieren mit Säuren ätzende oder giftige Dämpfe, müssen die Versuche unter dem Abzug durchgeführt werden.
Beim Verdünnen konzentrierter Säuren mit Wasser erwärmen sich die Lösungen oft sehr stark. Wird Wasser in konzentrierte Säure gegossen, kann überhitzte Säure herausspritzen. Die Säure darf also immer nur unter Rühren zum Wasser gegeben werden, niemals umgekehrt. Daher gilt:

Erst das Wasser, dann die Säure, sonst geschieht das Ungeheure!

Gelangen Säurespritzer in die Augen, müssen sie sofort mit viel Wasser ausgespült werden. Dazu ist eine Augendusche zu verwenden. Außerdem sollte ein Augenarzt aufgesucht werden.
Auch bei der Entsorgung von Säuren ist Vorsicht geboten, sie müssen in den Sammelbehälter I (Säuren und Laugen) gegeben werden. Bevor der Behälter voll ist, sollte der Inhalt neutralisiert werden. ↑S.282/283 Erst dann darf er ins Abwasser gegeben werden.

4 Beim Arbeiten mit konzentrierten Säuren muss Schutzkleidung getragen werden.

Aufgaben

1 Begründe, warum du beim Verdünnen einer sauren Lösung besonders vorsichtig sein musst.

2 Tropft man konzentrierte Salpetersäure auf eine weiße Gänsefeder, so färbt sich diese nach kurzer Zeit gelb. Wie kommt die Gelbfärbung zustande?

3 In der Industrie fällt Schwefelsäure als „Dünnsäure" an. Recherchiere, in welchen Bereichen der Industrie dieser Stoff anfällt. Informiere dich, welche Probleme die Entsorgung des Stoffes früher hervorrief. Wie wird der Stoff heute entsorgt?

Saurer Regen

1 Folgen des sauren Regens: Schäden am Wald

Der Anblick kranker oder abgestorbener Bäume führte in den 1970er Jahren schnell zum Begriff „Waldsterben". Die Restaurierung von Schäden an Gebäuden und Kunstwerken kostet bis heute alljährlich Millionen Euro. Ursache für diese Schädigungen ist die Luftverschmutzung durch Schwefeldioxid und Stickstoffoxide. Diese Schadstoffe können die Pflanzen direkt über die Blätter schädigen oder sie wirken in Regenwasser gelöst als saurer Regen ätzend auf Pflanzen, Boden und Gestein.

Info

Auch ohne den Einfluss menschlicher Aktivitäten ist Regenwasser niemals neutral. Da sich das Kohlenstoffdioxid der Luft in Wolken und Regenwasser löst, bildet sich die schwach saure Kohlensäure. Daher ergibt sich ein natürlicher pH-Wert des Regens von pH 5,6.
Als sauren Regen bezeichnet man Niederschläge mit einem pH-Wert unter 5,6. Er entsteht durch Luftverschmutzungen, die beim Verbrennen von Holz, Kohle oder Erdöl entstehen. Diese sogenannten fossilen Brennstoffe enthalten Schwefel, der beim Verbrennen den Luftschadstoff Schwefeldioxid bildet. Auch Stickstoffoxide tragen zum sauren Regen bei.

Info

Der Zustand des Waldes ist nach wie vor besorgniserregend. Die Waldschadensinventur im Jahr 2006 zeigte, dass nur 32 % der Bäume keine Kronenverlichtungen aufweisen. Erheblich verschlechtert hat sich der Zustand des Waldes im Saarland, in Rheinland-Pfalz, Brandenburg und Mecklenburg-Vorpommern. Ursache für die starke Schädigung der Bäume ist neben Luftschadstoffen die Häufung extrem trockener Sommer.

- Wer sind die Verursacher der Luftverschmutzung? Wie gelangen Schwefeldioxid und Stickstoffoxide überhaupt in die Luft?
- Wie hat sich die Belastung der Luft in Deutschland in den letzten zwanzig Jahren entwickelt und welche Maßnahmen wurden gegen die Luftverschmutzung ergriffen?
- Wie haben sich die Maßnahmen auf unsere Wälder ausgewirkt?

Materialien zur Projektbearbeitung Nutzt die Materialien zur Beantwortung eurer Fragestellungen. Auch Experimente können Aufschluss über die chemischen Hintergründe von Luftverschmutzung und Schadstoffwirkung geben. Plant solche Experimente zusammen mit eurer Chemielehrerin oder eurem Chemielehrer.

1 Untersuche die Wirkung des sauren Regens auf Kressesamen.
Verteile jeweils etwa 40 Kressesamen auf Watte in sechs Petrischalen. Stelle diese Schalen nebeneinander auf, um gleiche Standortbedingungen herzustellen. Begieße eine Kressesaat mit Leitungswasser (pH ≈ 7). Verwende zum Begießen der anderen Aussaaten verdünnte Lösungen von schwefliger Säure mit pH-Werten von jeweils etwa 2, 3, 4, 5 und 6. Protokolliere zwei Wochen lang täglich, wann die Samen sprießen und wie groß die einzelnen Pflanzen sind.

2 Folgen des sauren Regens: Schäden an Bau- und Kunstwerken

Abgasnorm	Kohlenwasserstoffe	Kohlenstoffmonooxid	Stickstoffoxide
Euro 1 (1992)	–	3,16	–
Euro 2 (1992)	–	2,2	–
Euro 3 (1992)	0,2	1,5	0,15
Euro 4 (1992)	0,1	1,0	0,08
D3 (1992)	0,17	1,5	0,14
D4 (1992)	0,08	0,7	0,07

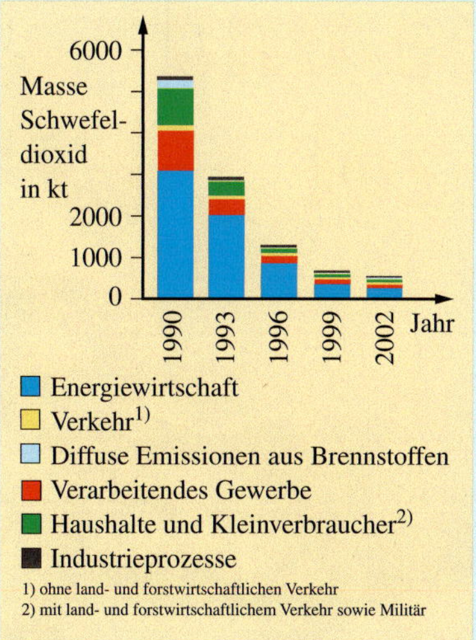

3 Schwefeldioxidemissionen nach Verursachern

2 Untersuche Kraftfahrzeugabgase auf Schwefeldioxid.

Vorsicht! Abgase nicht einatmen!
Teste mit einem Gastester und Teströhrchen für Schwefeldioxid Abgase von Kraftfahrzeugen (T), z. B. von einem Mofa. Beachte dabei genau die Gebrauchsanleitung. Ermittle die Massenkonzentration an Schwefeldioxid. Notiere deine Ergebnisse.

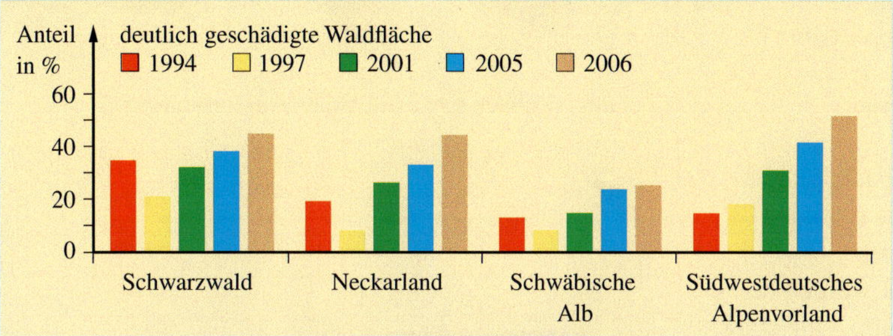

4 Zustand der Fichte in einigen Regionen Süddeutschlands

5 Vom sauren Regen geschädigte Fichte

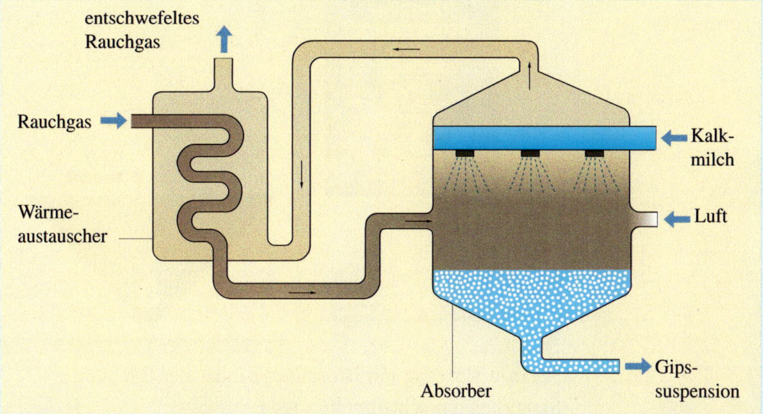

6 Prinzip einer Rauchgasentschwefelungsanlage nach dem Gips-Verfahren

Hinweise für die Projektarbeit Ordnet weitere Fragen im Zusammenhang mit saurem Regen verschiedenen Themenkomplexen zu. Bildet Arbeitsgruppen, die jeweils ein Thema zur Projektarbeit wählen. Recherchiert in Fachbüchern, im Internet und bei Umweltorganisationen. Maßnahmen zur Luftreinhaltung erkundet ihr bei einer Exkursion zu einem Energieversorger oder einem Industriebetrieb mit Abgasreinigungsanlage. Über das Forstamt könnt ihr eine Waldbegehung organisieren, um euch vor Ort über den Zustand des Waldes in eurer Region zu informieren.

Info

Zwei Verfahren zur Rauchgasentschwefelung sind heute hauptsächlich im Einsatz.
Beim Gips-Verfahren wird Schwefeldioxid durch eingesprühte Kalkmilch absorbiert. Das dabei entstehende Calciumsulfit wird durch heißen Luftsauerstoff zu Calciumsulfat (Gips) oxidiert. Dieser Gips findet in der Baustoffindustrie und im Straßenbau Verwendung.
Im Wellmann-Lord-Verfahren wird Schwefeldioxid nach der Absorption als reines Gas zurückgewonnen und dient so als Ausgangsstoff zur Herstellung von Schwefelsäure oder elementarem Schwefel.

Welt der **Chemie**

Brezellauge und Laugenbrezel

1 Die Teiglinge kommen aus dem Laugenbad.

2 Laugengebäck gibt es in vielen Ausformungen.

Laugenbrezeln und anderes Laugengebäck kennen wir als Frischware vom Bäcker oder als trockene Knabberei aus der Lebensmittelabteilung.
Bei der Herstellung von Laugengebäck werden die Teiglinge vor dem Backen in Brezellauge, eine stark verdünnte Natronlauge, getaucht. Eigentlich erstaunlich, denn selbst die stark verdünnte Lauge wirkt auf der Haut noch ätzend. Wie kann es sein, dass so etwas essbar ist?

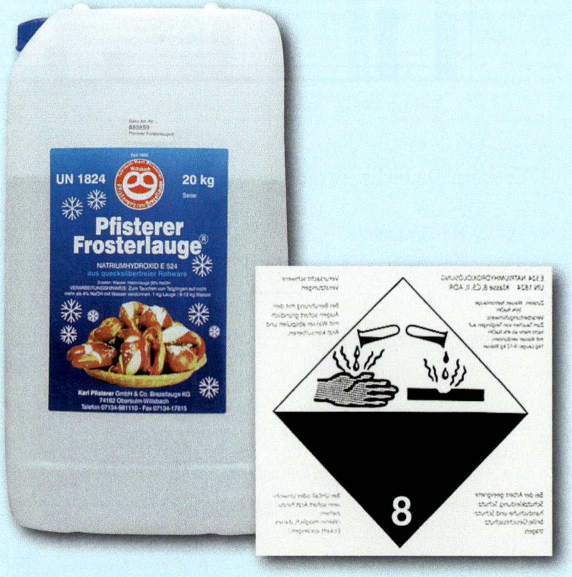

3 Beim Umgang mit Brezellauge muss der Bäcker die Sicherheitsvorschriften beachten.

Während des kurzen und sehr heißen Backvorgangs reagiert die Natronlauge mit Kohlenstoffdioxid aus dem Teig und wird zu ungefährlichem Natriumcarbonat (Soda) umgewandelt. Dieser Soda verdanken wir auch den typischen und charakteristischen Geschmack des Laugengebäcks.

4 Bereits seit 800 Jahren wird das charakteristisch schmeckende Laugengebäck hergestellt.

Selbst untersucht Alkalische Lösungen

13 Prüfe verschiedene Lösungen aus dem Haushalt mit Universalindikator.

Löse in drei Reagenzgläsern folgende Stoffe in jeweils 5 ml Wasser: einige Späne Kernseife, eine Spatelspitze Waschpulver, drei Tropfen Geschirrspülmittel. Gib zu den Reagenzgläsern jeweils drei Tropfen Universalindikatorlösung.
Notiere deine Beobachtungen.
Entsorgung: Lösungen in den Sammelbehälter für Abwasser geben.

14 Prüfe verschiedene alkalische Lösungen mit Indikatoren.

Vorsicht! Schutzbrille! Gib in fünf verschiedene Reagenzgläser jeweils 2 ml 2%ige Natronlauge (C), 2%ige Kalilauge (C), Kalkwasser, 5%ige Ammoniaklösung (Xi) sowie destilliertes Wasser. Prüfe alle fünf Flüssigkeiten mit Universalindikatorlösung.
Wiederhole die Versuchsreihe mit Lackmuslösung und Phenolphthaleinlösung.
Dampfe etwa 2 ml der Lösungen vorsichtig ein.
Notiere deine Beobachtungen.
Für welche Untersuchungen scheint der Indikator Phenolphthalein besonders geeignet zu sein?
Entsorgung: Lösungen in den Sammelbehälter I geben.

15 Prüfe die elektrische Leitfähigkeit von Natriumhydroxid und Kaliumhydroxid.

Vorsicht! Schutzbrille! Prüfe zuerst festes Natriumhydroxid (C) und festes Kaliumhydroxid (C) auf elektrische Leitfähigkeit.
Löse anschließend in zwei Reagenzgläsern etwas Natriumhydroxid und Kaliumhydroxid in jeweils 5 ml Wasser. Vergleiche dabei die Temperatur der Flüssigkeiten vor und nach dem Lösevorgang, indem du kurz an den Glasboden fasst.
Prüfe nacheinander die elektrische Leitfähigkeit beider Lösungen.
Deute die Beobachtungsergebnisse.
Entsorgung: Lösungen in den Sammelbehälter I geben. Feststoffe wieder verwenden.

16 Untersuche die Wirkung von „Rohrfrei“ auf organische Stoffe.

Vorsicht! Schutzbrille! Löse in fünf Reagenzgläsern jeweils 5 g „Rohrfrei“ (C) in 5 ml kaltem Wasser. Prüfe anschließend die Temperatur, indem du kurz an den Glasboden fasst.
Gib in je eines der Reagenzgläser ein Büschel Haare, einige Gewebefasern und einige Fingernägel.
Vergleiche deine Beobachtungen, die du nach 5 und 30 min und nach drei Tagen feststellen kannst.
Entsorgung: Lösungen in den Sammelbehälter für Abwasser geben.

17 Untersuche das Verhalten von Calcium in Wasser.

Vorsicht! Schutzbrille! Baue die Versuchsanordnung auf. Gib in das Reagenzglas mit Wasser einige Stückchen Calcium (F). Verschließe es mit dem Stopfen mit Gasableitungsrohr. Fange das entstehende Gas (F+) pneumatisch auf. Führe damit die Knallgasprobe durch. Versetze die Lösung im Reagenzglas mit fünf Tropfen Phenolphthaleinlösung.

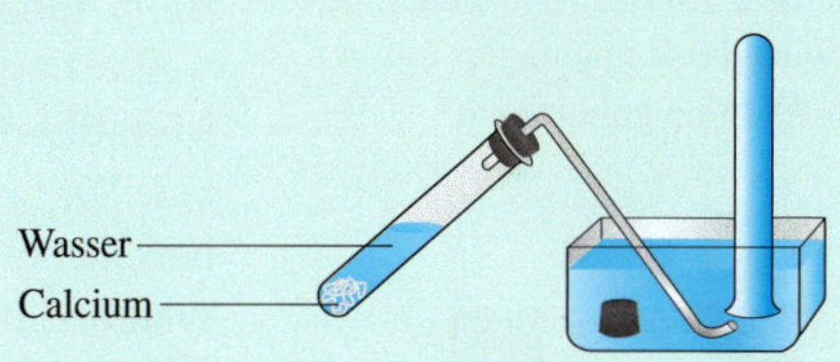

Notiere deine Beobachtungen.
Entsorgung: Lösung in Sammelbehälter II geben.

18 Untersuche das Verhalten von Metalloxiden in Wasser.

Gib in vier Reagenzgläser jeweils 5 ml Wasser. Füge jeweils drei Tropfen Phenolphthaleinlösung hinzu. Gib in die Reagenzgläser je eine Spatelspitze Calciumoxid (Xi), Magnesiumoxid, schwarzes Kupferoxid und rotes Eisenoxid. Schüttle kurz und lass die Feststoffe absetzen.
Notiere deine Beobachtungen.
Entsorgung: Lösungen in Sammelbehälter I geben.

Laugen und alkalische Lösungen

Alte Möbel werden abge*laugt*; manchmal fühlst du dich völlig ausge*laugt*; es gibt die Wasch*lauge* und die *Laugen*brezel. – Der Begriff „Lauge“ begegnet uns auf vielfältige Weise.
Beim Ablaugen oder Abbeizen werden alte Lackschichten aufgeweicht und abgelöst.
Gibt es Gemeinsamkeiten zwischen Abbeizlauge und Laugenbrezeln?

1 Abbeizmittel zum Entfernen alter Farbanstriche enthalten Natriumhydroxid.

EXPERIMENT 19 [L]
Einwirken von Natronlauge auf Keratin.
Schutzbrille! Abzug!
In einem Reagenzglas wird eine Feder oder eine Haarsträhne mit etwa 2 ml 32%iger Natronlauge (C) versetzt. Das Gemisch wird vorsichtig mit einer Brennerflamme erwärmt. Sobald die Flüssigkeit zu sieden beginnt, wird das Reagenzglas sofort aus der Flamme genommen.

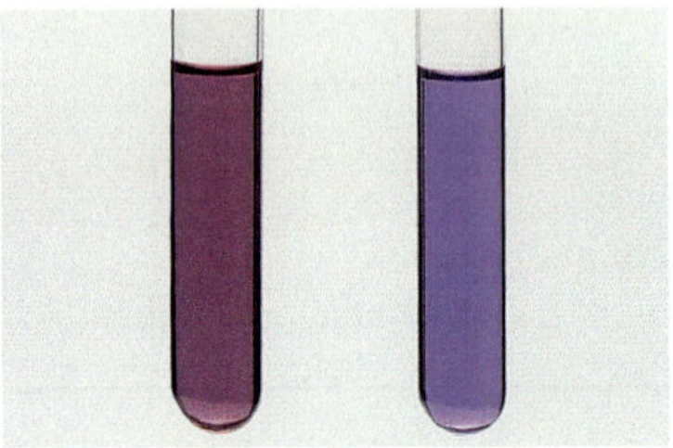

2 Lackmus in destilliertem Wasser (li.) und in alkalischer Lösung (re.)

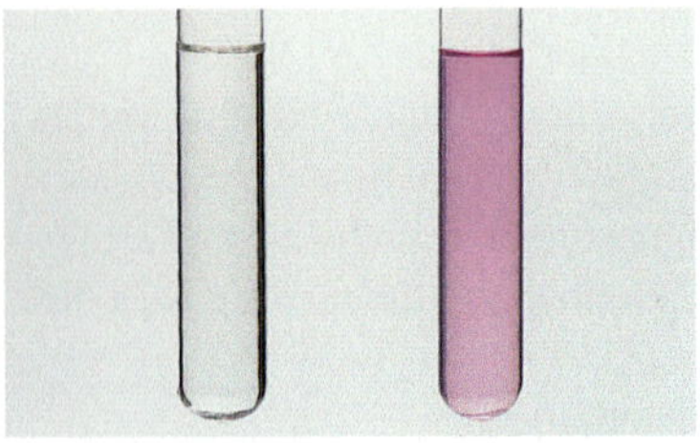

3 Phenolphthalein in destilliertem Wasser (li.) und in alkalischer Lösung (re.)

Eigenschaften alkalischer Lösungen Die wässrigen Lösungen von Kernseife, Waschpulver und Geschirrspülmittel färben Universalindikator blau. ↑E.13 S.267 Es sind alkalische bzw. basische Lösungen. Auch Natronlauge, Kalilauge und Kalkwasser bewirken bei den Indikatoren eine für alkalische Lösungen typische Farbänderung: Universalindikator und Lackmuslösung werden blau, Phenolphthaleinlösung wird rotviolett. ↑E.14 S.267 Lösungen von Kernseife, Waschpulver und Geschirrspülmittel fühlen sich seifig an. Ähnlich wie saure Lösungen zeigen alkalische Lösungen ätzende Wirkung.
Beim Eindampfen von Natronlauge, Kalilauge und Kalkwasser bleiben weiße Feststoffe zurück. Bei diesen Feststoffen handelt es sich um die **Metallhydroxide** Natriumhydroxid, Kaliumhydroxid und Calciumhydroxid. Die wässrigen Lösungen von Metallhydroxiden werden als **Laugen** bezeichnet.
Während die wässrigen Lösungen von Metallhydroxiden gute elektrische Leitfähigkeit zeigen, leiten die festen Metallhydroxide den elektrischen Strom nicht. ↑E.15 S.267

Alkalische Lösungen – Basen Beim Lösen von Metallhydroxiden in Wasser entstehen alkalische Lösungen. Stoffe, die in Wasser gelöst alkalische Lösungen bilden, werden allgemein als **Basen** bezeichnet. Für das Lösen von Metallhydroxiden in Wasser können Wortgleichungen aufgestellt werden.

Natriumhydroxid + Wasser ⟶ Natriumhydroxidlösung
Kaliumhydroxid + Wasser ⟶ Kaliumhydroxidlösung
Calciumhydroxid + Wasser ⟶ Calciumhydroxidlösung

Metallhydroxid + Wasser ⟶ alkalische Lösung

Basen sind Stoffe, die in Wasser gelöst alkalische Lösungen ergeben.

Natriumhydroxid und Natronlauge Natriumhydroxid (NaOH) ist ein weißer Feststoff, der stark hygroskopisch ist. Festes Natriumhydroxid wirkt stark ätzend und wurde daher früher Ätznatron genannt. Es kann sogar Glasoberflächen angreifen und wird am besten in Kunststoffflaschen aufbewahrt. Natriumhydroxid kann organische Stoffe wie Keratin, das Eiweißgerüst unserer Haare, Finger- und Zehennägel, zersetzen. ↑E.19 S.268 Aufgrund dieser Eigenschaft ist Natriumhydroxid häufig Bestandteil von Rohreinigern. ↑E.16 S.267 Natriumhydroxid ist gut wasserlöslich, beim Lösen wird viel Wärme frei. Die wässrige Lösung von Natriumhydroxid heißt Natronlauge. Sehr stark verdünnte Natronlauge fühlt sich seifig an, da die obersten Hautschichten von der Lauge zersetzt werden. Verdünnte Natronlauge mit einem Massenanteil von $w(\text{NaOH}) = 3\,\%$ dient als Brezellauge zur Herstellung von Laugengebäck, z. B. Laugenbrezeln. Natronlauge zählt zu den wichtigsten Grundstoffen der chemischen Industrie. Seifen und Waschmittel sowie alkalische Reinigungsmittel werden daraus hergestellt. Natronlauge wird zur Herstellung von Zellstoff und Papier, Glas und Aluminium benötigt.

4 Laugengebäck

Kaliumhydroxid und Kalilauge Kaliumhydroxid (KOH) zeigt ähnliche Eigenschaften wie Natriumhydroxid. Entsprechend wurde früher der weiße Feststoff Ätzkali genannt. Die wässrige Lösung heißt Kalilauge, die ebenfalls Verwendung in Reinigungsmitteln und bei der Herstellung von Schmierseife findet. Auch als Leiterflüssigkeit in Akkumulatoren und Batterien wird Kalilauge eingesetzt.

5 Reinigungsmittel, die Basen bzw. alkalische Lösungen enthalten

Calciumhydroxid und Kalkwasser Der weiße, pulverförmige Stoff Calciumhydroxid [$Ca(OH)_2$] wird durch „Löschen" von „gebranntem Kalk", also durch die Reaktion von Wasser mit Calciumoxid gewonnen. Daher wird Calciumhydroxid oft als „Löschkalk" bezeichnet. Calciumhydroxid wird im Bauhandwerk zur Herstellung von Kalkmörtel verwendet. Die klare wässrige Lösung des Calciumhydroxids heißt Kalkwasser. Es bildet mit Kohlenstoffdioxid einen Niederschlag und wird deshalb im Labor zum Nachweis von Kohlenstoffdioxid genutzt.

Umgang mit Laugen Die festen Metallhydroxide und ihre wässrigen Lösungen wirken stark ätzend. Selbst kleine Spritzer können zu schweren Verätzungen der Haut führen. Besonders die empfindlichen Augen sind gefährdet. Beim Arbeiten mit diesen Stoffen sind unbedingt Schutzbrille, Schutzhandschuhe und Labormantel zu tragen. Verspritzte oder verschüttete Lauge ist sofort mit reichlich Wasser abzuspülen. Gelangen Laugenspitzer in die Augen, sind die gleichen Maßnahmen zu ergreifen, die für den Umgang mit Säuren gelten. ↑S.263

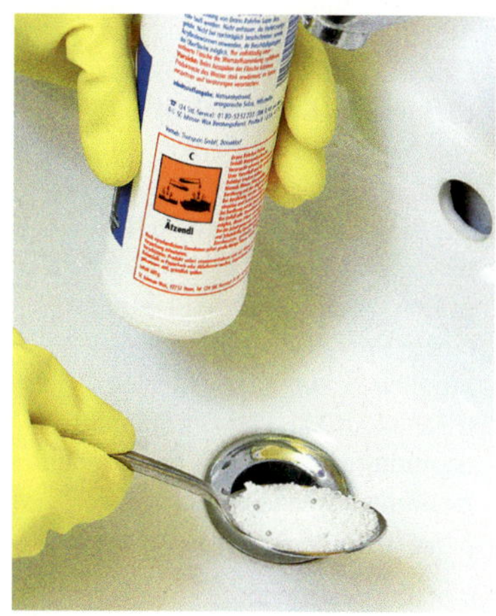

6 Verwendung von Rohrreiniger

Aufgaben

1 Wie könntest du experimentell zeigen, dass das Lösen von Natriumhydroxid in Wasser ein exothermer Vorgang ist?

2 Aluminiumpulver wird in Wasser erhitzt. Die entstandene Lösung färbt Lackmuslösung blau. Deute diese Beobachtung.

3 In Großküchen werden Kartoffelschalen mit verdünnter Natronlauge aufgeweicht und dann mit einem scharfen Wasserstrahl weggespritzt. Stelle eine Vermutung an, warum das funktioniert.

Kennzeichen alkalischer Lösungen

Natriumhydroxid und Natronlauge haben unterschiedliche Eigenschaften.
Worauf ist das zurückzuführen?
Wie sind diese Stoffe aufgebaut?

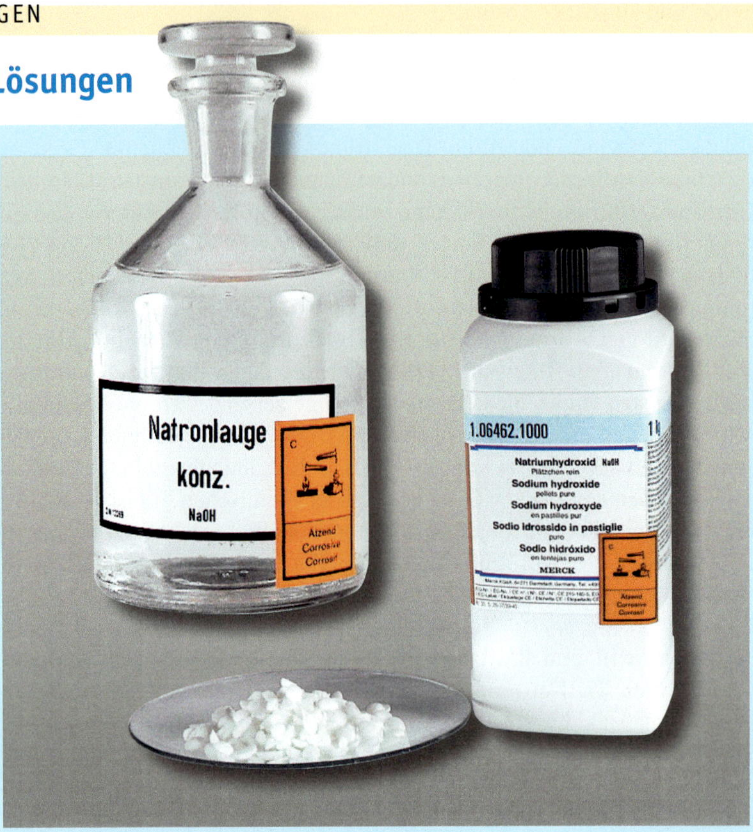

1 Zwei Stoffe – eine Formel?

EXPERIMENT 20 [L]
Elektrische Leitfähigkeit von Natriumhydroxid.
Vorsicht! Schutzbrille! Abzug!
Die elektrische Leitfähigkeit von festem Natriumhydroxid (C) ist zu prüfen. Natriumhydroxid wird in einem Porzellantiegel im Abzug erhitzt, bis es schmilzt. Die elektrische Leitfähigkeit der Schmelze ist mithilfe zweier Kohleelektroden zu prüfen (Wechselspannung von 6 bis 10 V).

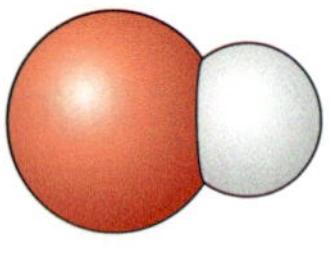

2 Modell und Formel des Hydroxid-Ions

Bau von Natriumhydroxid Während festes Natriumhydroxid keine elektrische Leitfähigkeit zeigt, leiten geschmolzenes Natriumhydroxid und Natronlauge den elektrischen Strom sehr gut. ↑E.15 S.267, E.20 Folglich müssen sowohl im geschmolzenen als auch im gelösten Natriumhydroxid frei bewegliche Ionen enthalten sein.
Festes Natriumhydroxid ist aus Ionen aufgebaut. Die Ionen sind in einem Ionengitter regelmäßig fest angeordnet. Natriumhydroxid ist ebenso wie Natriumchlorid eine Ionenverbindung. Bei den Ionen handelt sich um einfach positiv elektrisch geladene Natrium-Ionen und einfach negativ elektrisch geladene **Hydroxid-Ionen**. In einem Hydroxid-Ion ist ein Sauerstoffatom mit einem Wasserstoffatom über eine Elektronenpaarbindung verbunden. Das chemische Zeichen für das Hydroxid-Ion lautet **OH^-**. ↑2
Im Natriumhydroxid liegen Natrium-Ionen und Hydroxid-Ionen im Verhältnis 1 : 1 vor. ↑3 Die Formel für Natriumhydroxid ist daher NaOH.
In der Schmelze liegen die Ionen dagegen frei beweglich vor. Die regelmäßige Anordnung der Ionen wird beim Schmelzen zerstört.
Auch beim Lösen von Natriumhydroxid in Wasser wird das Ionengitter zerstört. Jedes frei bewegliche Ion umgibt sich mit einer Hydrathülle aus Wassermolekülen. Es bilden sich frei bewegliche hydratisierte Natrium-Ionen und hydratisierte Hydroxid-Ionen. ↑4 Beim Lösen von Natriumhydroxid ist eine Wärmeentwicklung festzustellen. Es handelt sich um eine chemische Reaktion.

$$\text{NaOH (s)} \longrightarrow \text{Na}^+ \text{(aq)} + \text{OH}^- \text{(aq)} \quad | \text{ exotherm}$$

Wie ist das alkalische Verhalten einer Lösung zu erklären? Kaliumhydroxid und Calciumhydroxid sind wie Natriumhydroxid aus Ionen aufgebaut. Beim Lösen von Kaliumhydroxid und Calciumhydroxid in Wasser werden die Ionengitter zerstört. In den wässrigen Lösungen liegen die Ionen frei beweglich vor.

$KOH\ (s) \longrightarrow K^+\ (aq) + OH^-\ (aq)$ | exotherm
$Ca(OH)_2\ (s) \longrightarrow Ca^{2+}\ (aq) + 2\ OH^-\ (aq)$ | exotherm

Ein Vergleich der Teilchen in den wässrigen Lösungen der Hydroxide zeigt, dass nur Wassermoleküle und hydratisierte Hydroxid-Ionen gemeinsame Teilchen all dieser Lösungen sind. Da ein Indikator mit reinem Wasser keine alkalische Reaktion anzeigt, ist das alkalische Verhalten einer wässrigen Lösung offensichtlich auf das Vorhandensein von hydratisierten Hydroxid-Ionen zurückzuführen.

Alkalische Lösungen sind wässrige Lösungen, die Hydroxid-Ionen enthalten. Die charakteristische Farbänderung bei Indikatoren wird durch Hydroxid-Ionen in der Lösung bewirkt.

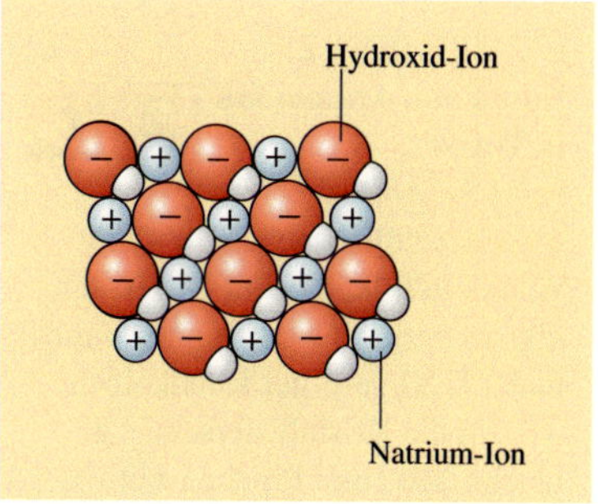

3 Modell des Ionengitters im Natriumhydroxid

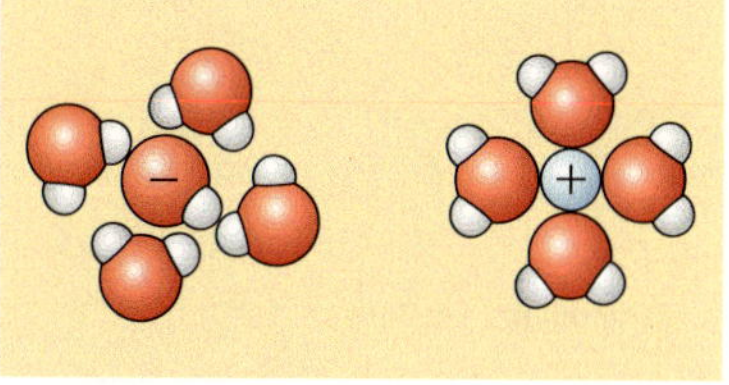
4 Modell eines hydratisierten Hydroxid-Ions und eines hydratisierten Natrium-Ions

Metallhydroxide können auch so entstehen Wie im Experiment 17 auf, S.267 erkannt wurde, reagiert das unedle Metall Calcium mit Wasser. Es entsteht Calciumhydroxidlösung, eine alkalische Lösung, die mit einem Indikator nachgewiesen werden kann. Außerdem lässt sich ein brennbares Gas nachweisen, der Wasserstoff. ↑E.17 S.267

$Ca\ (s) + 2\ H_2O\ (l) \longrightarrow Ca^{2+}\ (aq) + 2\ OH^-\ (aq) + H_2\ (g)$ | exotherm

Auch andere unedle Metalle wie Natrium, Lithium und Magnesium reagieren mit Wasser zum Teil heftig zu Metallhydroxidlösungen und Wasserstoff. ↑S.181/182

$2\ Na\ (s) + 2\ H_2O\ (l) \longrightarrow 2\ Na^+\ (aq) + 2\ OH^-\ (aq) + H_2\ (g)$ | exotherm

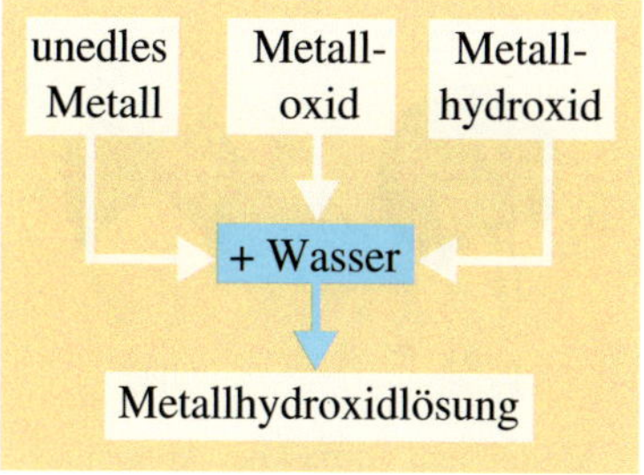

Ähnlich reagieren die Oxide unedler Metalle wie Calciumoxid und Magnesiumoxid in einer exothermen Reaktion mit Wasser. Indikatoren zeigen die Bildung einer alkalischen Lösung an. ↑E.18 S.267 Bei der Reaktion gibt ein Wassermolekül ein Wasserstoff-Ion ab, das mit dem Oxid-Ion des Metalloxids reagiert. Es entstehen Hydroxid-Ionen.

$CaO\ (s) + H_2O\ (l) \longrightarrow Ca^{2+}\ (aq) + 2\ OH^-\ (aq)$ | exotherm

Unedle Metalle, wie Natrium und Calcium, sowie einige Metalloxide bilden bei der Reaktion mit Wasser Metallhydroxidlösungen.

Aufgaben

1 Lithiumhydroxid und Magnesiumhydroxid werden in Wasser gelöst. Stelle die Wort- und Reaktionsgleichung auf.

2 Feste Metallhydroxide leiten den elektrischen Strom nicht, wohl aber die Metallhydroxidlösungen. Erkläre.

3 Erstelle die Reaktionsgleichungen für folgende Reaktionen:
a Natrium mit Wasser
b Magnesium mit Wasser
c Natriumoxid mit Wasser

EXPERIMENT 21 [L]
Lösen von Ammoniak in Wasser.

Vorsicht! Abzug!
Eine Kristallisierschale wird mit Wasser gefüllt, das mit Universalindikator versetzt ist. Ein mit Ammoniak (T, N) gefüllter Rundkolben wird in die Kristallisierschale getaucht. Mit einer Pipette ist etwas Wasser in den Rundkolben einzuspritzen. Die entstandene Lösung wird auf elektrische Leitfähigkeit geprüft.

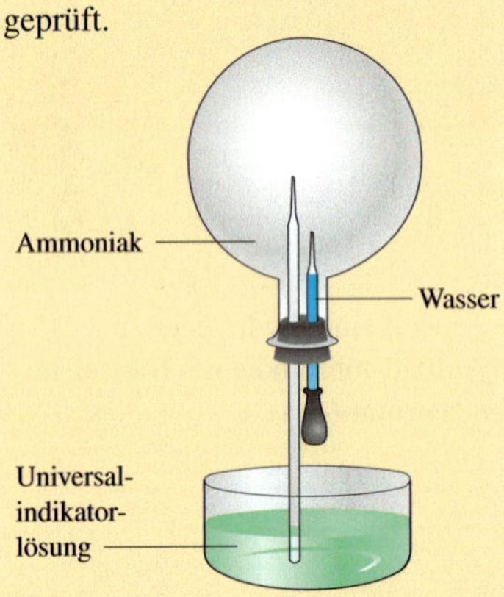

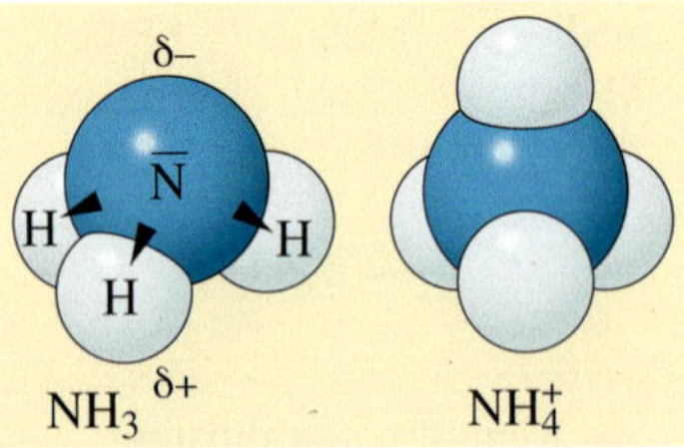

2 Modell und Formel des Ammoniakmoleküls und des Ammonium-Ions

$$\mathrm{HCl} \xrightarrow{\text{Protonenabgabe}} \mathrm{H^+ + Cl^-}$$
Säure

$$\mathrm{NH_3 + H^+} \xrightarrow{\text{Protonenaufnahme}} \mathrm{NH_4^+}$$
Base

Ammoniaklösung als alkalische Lösung Ammoniak ist ein stechend riechendes Gas mit der Formel NH_3. Es löst sich sehr gut in Wasser. Die entstehende Lösung leitet den elektrischen Strom. ↑E.21 In der Ammoniaklösung müssen also frei beweglich Ionen vorliegen. Die Blaufärbung des Indikators deutet auf die Anwesenheit von Hydroxid-Ionen hin. Wo kommen sie her? Anhand der Formel von Ammoniak ist nicht zu erkennen, warum Ammoniak in Wasser eine alkalische Lösung bildet.
Wie Wassermoleküle sind auch Ammoniakmoleküle Dipolmoleküle, in denen getrennte Ladungsschwerpunkte mit positiven und negativen elektrischen Teilladungen existieren. ↑2 Beim Lösen von Ammoniak in Wasser ziehen sich die ungleichnamigen Pole der Moleküle gegenseitig an. Dabei geht ein Wasserstoff-Ion (Proton) vom Wassermolekül zum Ammoniakmolekül über. Aus dem Wassermolekül entsteht ein Hydroxid-Ion und aus dem Ammoniakmolekül ein Ammonium-Ion (NH_4^+). ↑2 Da bei dieser Reaktion ein Proton vom Wassermolekül auf das Ammoniakmolekül übertragen wird, handelt es sich um eine Reaktion mit Protonenübergang. ↑1

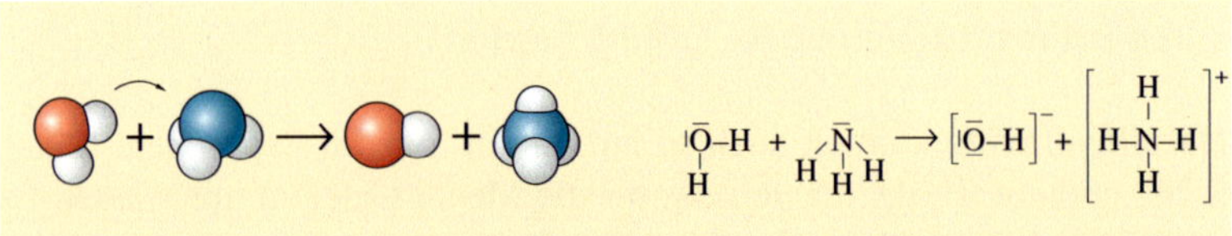

1 Reaktion mit Protonenübergang zwischen Ammoniak und Wasser im Modell

Protonenabgabe:	H_2O (Protonendonator)			$\longrightarrow$	H^+	$+ OH^-$
Protonenaufnahme:	H^+	+	NH_3 (Protonenakzeptor)	$\longrightarrow$	NH_4^+	
Protonenübergang:	H_2O	+	NH_3	$\longrightarrow$	NH_4^+	$+ OH^-$

Säure-Base-Reaktion Der dänische Chemiker JOHANNES N. BRÖNSTED (1879 bis 1947) betrachtete Säuren und Basen auf der Teilchenebene. Er definierte Säuren als Teilchen, z. B. Moleküle, die Protonen abgeben können, die also Protonendonatoren sind. Basen sind entsprechend Teilchen, die Protonen aufnehmen können. Es sind Protonenakzeptoren.
Reaktionen, bei denen zwischen den reagierenden Teilchen Protonen übertragen werden, bezeichnete BRÖNSTED als **Säure-Base-Reaktionen.**
Vergleicht man die Reaktion von Wasser mit Ammoniak und die von Wasser mit Chlorwasserstoff, so fällt Folgendes auf: Bei beiden Reaktionen findet ein Protonenübergang statt. Allerdings nimmt das Wassermolekül bei der Reaktion von Wasser mit Chlorwasserstoff ein Proton auf, während es bei der von Wasser mit Ammoniak ein Proton abgibt. Das Wassermolekül kann also in Abhängigkeit vom Reaktionspartner sowohl als Säure (Protonendonator) als auch als Base (Protonenakzeptor) wirken.

Aufgaben

1 Entwickle einen Steckbrief von Ammoniak. Verwende dazu auch Tabellenwerke.
2 Begründe, warum in Experiment 21 zu Beginn Wasser in den Rundkolben gespritzt wird.
3 Vergleiche die Reaktion von Natriumhydroxid mit Wasser mit der Reaktion von Ammoniak mit Wasser.

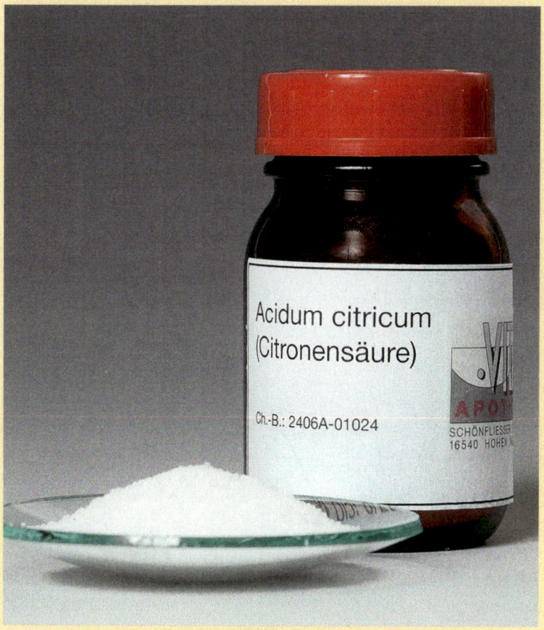

1 Citronensäure aus der Apotheke

2 Chemische Reaktion von Chlorwasserstoff und Ammoniak

1 Erkunde zu Hause experimentell die geringste Konzentration, bei der du den sauren Geschmack einer Citronensäurelösung gerade noch wahrnehmen kannst. Wiege dazu mehrere Portionen zu je 0,2 g Citronensäure (aus der Apotheke) auf einem gefalteten Stück Butterbrotpapier ab (die Masse des Papiers abziehen). Gib die erste Portion in einen Liter Leitungswasser und rühre gut um. Nimm einen Schluck und prüfe, ob ein Geschmack zu erkennen ist. Gib in die Lösung weitere 0,2 g Citronensäure. Rühre gut um und nimm erneut einen Schluck. Verfahre mit einer weiteren 0,2 g Portion in gleicher Weise. Lass die Geschmacksprobe jeweils eine Weile auf deine Zunge einwirken. Warte immer ein wenig, bevor du die nächste Probe kostest. Bei welcher Konzentration liegt deine Wahrnehmungsgrenze für „sauer"?
An welchen Stellen deiner Zungenoberfläche nimmst du „sauer" wahr?
Hinweis: Die Volumenänderung durch das Trinken wird bei der Berechnung nicht berücksichtigt.

2 Schwefelsäure und Salzsäure sowie Natronlauge und Ammoniak sind wichtige Grundchemikalien. Recherchiere, in welchen Mengen diese technischen Säuren und Laugen jährlich in Deutschland hergestellt werden. Vergleiche diese Zahlen mit der weltweiten Jahresproduktion dieser Stoffe und bewerte die Stellung Deutschlands.

3 Treffen die gasförmigen Stoffe Chlorwasserstoff und Ammoniak aufeinander, findet eine Säure-Base-Reaktion ohne Beteiligung von Wasser statt. Formuliere die Reaktionsgleichung und stelle den Protonenübergang modellhaft dar.

4 Lebensmittelzusatzstoffe, wie Antioxidationsmittel, Farbstoffe und Emulgatoren, werden nach dem Lebensmittelrecht mit E-Nummern gekennzeichnet. Unter den Konservierungsstoffen findet man z. B. E 200, E 210, E 280, unter den Säuerungsmitteln E 330 und E 334. Finde heraus, welche Stoffe sich hinter diesen Angaben verbergen.

5 Eine wässrige Ammoniaklösung leitet den elektrischen Strom und färbt Universalindikator blau. Flüssiges Ammoniak besitzt diese Eigenschaft nicht. Erkläre das unterschiedliche Verhalten. Recherchiere, wo Ammoniak vorkommt.

3 Ein Aaskäfer benutzt 4,5%ige Ammoniaklösung zur Abwehr von Feinden.

Auf einen Blick

Säuren

Stoffe, die durch Reaktion mit Wasser saure Lösungen bilden.

Saure Lösungen

Wässrige Lösungen, die Oxonium-Ionen (H_3O^+) enthalten. Die Oxonium-Ionen bewirken bei Indikatoren eine typische Farbänderung.

Saure Lösungen entstehen z. B. durch:

1. das Lösen von Säuren in Wasser
   Säure + Wasser ⟶ saure Lösung
2. die Reaktion einiger Nichtmetalloxide mit Wasser
   Nichtmetalloxid + Wasser ⟶ saure Lösung

Reaktion mit Protonenübergang

Chemische Reaktion, bei der zwischen den Teilchen der reagierenden Stoffe Protonen übertragen werden.

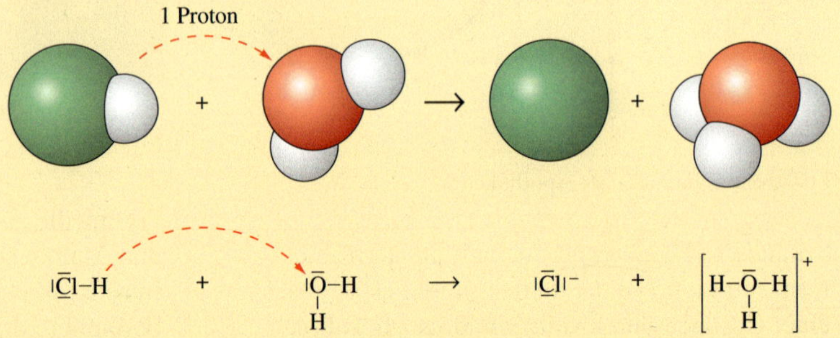

Basen

Stoffe, die durch Reaktion mit Wasser alkalische Lösungen bilden.

Alkalische Lösungen

Wässrige Lösungen, die Hydroxid-Ionen (OH^-) enthalten. Die Hydroxid-Ionen bewirken bei Indikatoren eine typische Farbänderung.

Alkalische Lösungen entstehen z. B. durch:

1. das Lösen von einigen Metallhydroxiden in Wasser
   Metallhydroxid + Wasser ⟶ alkalische Lösung
2. die Reaktion der Oxide einiger Metalle mit Wasser
   Metalloxid + Wasser ⟶ alkalische Lösung
3. die Reaktion einiger Metalle mit Wasser
   Metall + Wasser ⟶ alkalische Lösung + Wasserstoff

Säure-Base-Reaktionen

Chemische Reaktionen mit Protonenübergang

Protonenabgabe: $\underset{\text{Protonendonator}}{HCl} \longrightarrow H^+ + Cl^-$

Protonenaufnahme: $H^+ + Na^+ + \underset{\text{Protonenakzeptor}}{OH^-} \longrightarrow Na^+ + H_2O$

Protonenübergang: $HCl + Na^+ + OH^- \longrightarrow Na^+ + Cl^- + H_2O$

Neutralisation

Zum Laichen verlassen die Lachse das Salzwasser der Meere und ziehen die Flüsse aufwärts. Die empfindlichen Tiere brauchen sauberes, sauerstoffreiches Wasser. Doch häufig sind die Flüsse verschmutzt und die Laichplätze der Lachse zu sauer oder auch zu alkalisch.

- → Was kann getan werden, damit das Wasser in den Flüssen nicht zu sauer oder zu alkalisch ist?
- → Wie kann die Wasserqualität bestimmt werden?
- → Was bedeutet die Aussage „Der pH-Wert stimmt nicht"?
- → Was geschieht bei einer Neutralisation und welche Bedeutung haben Neutralisationsreaktionen?

$$HCl + NaOH \rightarrow NaCl + H_2O$$

Welt der Chemie

pH-Werte im menschlichen Körper

Alle Vorgänge des menschlichen Stoffwechsels sind abhängig vom pH-Wert in den Zellen und Organen. Häufig können die verschiedenen chemischen Reaktionen in unserem Körper nur bei ganz bestimmten pH-Werten stattfinden.

Mund
Mundspeichel: pH = 6,8 bis 7,2
Bei diesen pH-Werten arbeitet das Speichelenzym Amylase optimal. Es zerlegt Stärke in den Zucker Maltose.

Haut
Frauen: pH = 5,6
Männer: pH = 4,9
Der Säureschutzmantel der Haut wehrt Bakterien und andere Krankheitserreger ab.

Lymphe
pH = 7,4
Die Lymphe bildet das flüssige Bindeglied zwischen Blut und Gewebe.

Magen
pH ≤ 2 (Magenwand)
bis 6,8 (Mageninneres)
Magensaft enthält Salzsäure mit einem Massenanteil von 0,5 % (pH = 1,0–1,5).
Die Salzsäure lässt Eiweiße gerinnen und aufquellen, sodass sie leichter verdaut werden können. Bakterien und andere Krankheitserreger, die mit der Nahrung in den Magen gelangen, werden abgetötet.

Blut
pH = 7,37 (venös), pH = 7,40 (arteriell)
Durch verschiedene Regulationssysteme wird der pH-Wert im Blut sehr konstant gehalten. Schon Abweichungen um 0,05 können zum Tod führen.

Harn
pH = 4,8 bis 7,7
Abweichungen lassen auf ernsthafte Erkrankungen schließen.

Dünndarm
pH = 5,6 nimmt bis 8,3 zu.
Wenn der saure Nahrungsbrei den Magen verlässt, wird er leicht alkalisch gemacht. In diesem Bereich wirken die Enzyme der Bauchspeicheldrüse und des Dünndarms am besten.

Dickdarm
pH-Wert zwischen 6,5 und 7,8
Im Dickdarm findet die Aufspaltung unverdauter Nahrungsreste durch Gärungs- und Fäulnisprozesse statt.

Selbst untersucht Reaktionen von sauren mit alkalischen Lösungen

1 Prüfe verschiedene Lösungen mit Indikatoren.

Gib in vier Reagenzgläser je 2 ml destilliertes Wasser. Gib in das zweite außerdem fünf Tropfen 5%ige Salzsäure, in das dritte fünf Tropfen 5%ige Natronlauge (C) und in das vierte eine Spatelspitze Natriumchlorid. Versetze alle Proben mit fünf Tropfen Lackmuslösung.

Wiederhole das Experiment mit Universalindikator- und Bromthymolblaulösung.

Überlege dir vorher, was du jeweils an Beobachtungen erwartest. Notiere deine Erwartungen und die Beobachtungen.

Entsorgung: Reste der Lösungen in den Sammelbehälter I geben.

2 Stelle eine Natronlauge mit einem bestimmten Gehalt her.

Stelle eine Natronlauge her, die in einem Liter Wasser 0,1 mol Natriumhydroxid enthält. Plane dazu die Vorgehensweise. Berechne die Masse Natriumhydroxid (C), die du in einem bestimmten Volumen destilliertem Wasser lösen musst.

Entsorgung: Reste der Lösungen in den Sammelbehälter I geben.

3 Untersuche das Verhalten einer sauren Lösung bei Zugabe einer alkalischen Lösung.

Vorsicht! Schutzbrille! Vermische in einem kleinen Becherglas 5 ml Wasser mit fünf Tropfen 5%iger Salzsäure. Gib vier Tropfen Universalindikatorlösung zu. Tropfe mit einer Tropfpipette 1%ige Natronlauge (Xi) zu. Mische die Lösungen nach jedem Tropfen durch vorsichtiges Umschwenken des Becherglases.

Beschreibe das Verhalten des Indikators. Gib an, welche Teilchen bei den verschiedenen Färbungen des Indikators in der Lösung vorliegen müssen.

Entsorgung: Reste der Lösungen in den Sammelbehälter I geben.

4 Untersuche das Verhalten einer alkalischen Lösung bei Zugabe einer sauren Lösung.

Vorsicht! Schutzbrille! Wiederhole Experiment 3 unter Verwendung von Calciumhydroxidlösung und 2%iger Salpetersäure. Gib als Indikator vier Tropfen Phenolphthaleinlösung zu.

Beschreibe das Verhalten des Indikators. Welche Teilchen liegen bei den verschiedenen Färbungen des Indikators in der Lösung vor?

Entsorgung: Reste der Lösungen in den Sammelbehälter I geben.

5 Untersuche die Temperaturänderung bei Zugabe von Natronlauge zu Salzsäure.

Vorsicht! Schutzbrille! Stelle ein Becherglas mit 30 ml 5%iger Salzsäure und eines mit 30 ml 5%iger Natronlauge (C) bereit. Ermittle die Temperatur beider Lösungen. Gib beide Lösungen zusammen und bestimme die Temperatur erneut. Dampfe die entstandene Lösung vorsichtig ein. Betrachte den Rückstand mit einer Lupe.

Notiere deine Beobachtungen und deute die Veränderungen.

Entsorgung: Reste der Lösungen in den Sammelbehälter für Abwasser geben.

6 Bestimme den pH-Wert nach dem Verdünnen einer sauren und einer alkalischen Lösung.

Bestimme den pH-Wert einer 5%igen Salzsäure mit einem pH-Meter. Entnimm der Lösung 10 ml und verdünne sie mit destilliertem Wasser auf 100 ml. Bestimme den pH-Wert der hergestellten Lösung erneut.

Wiederhole nun den Versuch mit 5%iger Natronlauge (C).

Notiere deine Beobachtungen.

Entsorgung: Reste der Lösungen in den Sammelbehälter I geben.

Saure, alkalische und neutrale Lösungen

In einem Aquarium müssen bestimmte Bedingungen vorliegen, damit sich die Fische wohlfühlen. Das Wasser darf weder zu sauer noch zu alkalisch sein.
Was ist zu tun, damit dieses Ziel erreicht werden kann?

1 Süßwasseraquarium

Schon gewusst?

Im 18. Jahrhundert brachten Fürsten die blau blühende Hortensie aus Japan für ihre Gärten in Europa mit. Dabei machten sie eine eigenartige Entdeckung: Die ursprünglich blau blühende Pflanze zeigte auf bestimmten Böden eine rote Blüte. Später fand man heraus, dass die Blütenfarbe davon abhängt, ob der Boden sauer oder alkalisch ist.

Unterschiedliches Verhalten von Lösungen Wer ein Aquarium besitzt, sollte in bestimmten Zeitabständen den pH-Wert des Wassers kontrollieren. Auch in der Landwirtschaft sowie bei Seen und Flüssen wird untersucht, ob der Boden oder das Wasser sauer oder alkalisch ist. Häufig werden zur Untersuchung Indikatoren verwendet.
Wie bereits bekannt, zeigen bestimmte Farben der Indikatoren an, ob eine wässrige Lösung sauer oder alkalisch reagiert. In neutralen Lösungen, die weder sauer noch alkalisch sind, zeigt die Farbe des Indikators die Übergangsfarbe zwischen sauren und alkalischen Lösungen an. ↑E.1 S.277

Indikator	Farbe in saurer Lösung	Farbe in neutraler Lösung	Farbe in alkalischer Lösung
Universal-indikator	rot – orange – gelb	grün	blau
Lackmus	rot	violett	blau
Bromthymol-blau	gelb	grün	blau

Wie stark oder schwach sauer oder alkalisch eine Lösung ist, kann mithilfe des pH-Werts genau angegeben werden.
Die Aussagen über wässrige Lösungen lassen sich aber noch weiter präzisieren. Dazu muss die Konzentration einer Lösung genauer betrachtet werden.

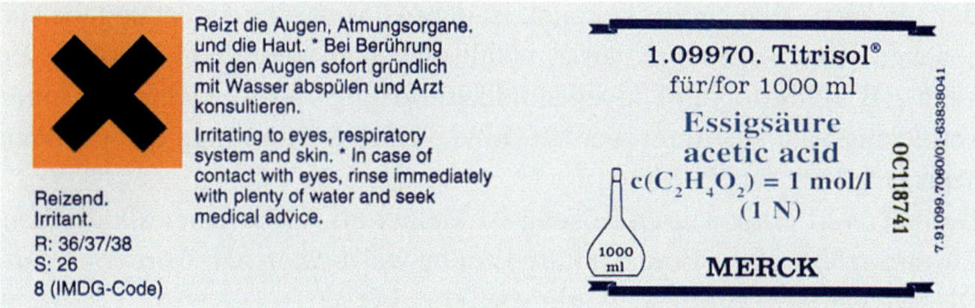

2 Etikett einer Chemikalienflasche

Konzentration von Lösungen Im Labor findet man auf Chemikalienflaschen mit Lösungen neben dem Namen der Lösung auch Angaben darüber, wie viel des gelösten Stoffes gelöst ist. Auch auf den Etiketten von Lösungen, die im Haushalt verwendet werden, wie Essigessenz und Speiseessig gibt es Angaben über den Gehalt an Essigsäure in der Lösung.
Eine Größe zur Angabe der Konzentration einer Lösung, die Massenkonzentration, hast du bereits kennengelernt. ↑Tabelle
Eine weitere Größe zur Gehaltsangabe, die sich aus der Stoffmenge des gelösten Stoffes ergibt, ist die **Stoffmengenkonzentration *c***. Die Stoffmengenkonzentration des gelösten Stoffes in einer Lösung ist der Quotient der Stoffmenge des gelösten Stoffes und dem Volumen der Lösung. Die Einheit wird meist in mol/l angegeben.

$$c(\text{gelöster Stoff}) = \frac{n(\text{gelöster Stoff})}{V(\text{Lösung})} \qquad [c] = 1\ \frac{\text{mol}}{\text{l}}$$

Die Berechnung der Stoffmengenkonzentration soll am Beispiel der Natronlauge näher erläutert werden. Löst man 40 g Natriumhydroxid, also eine Stoffmenge von 1 mol, in einem Liter Wasser, erhält man eine Natronlauge mit der Stoffmengenkonzentration $c(\text{NaOH}) = 1$ mol/l. Werden dagegen 20 g Natriumhydroxid, also eine Stoffmenge von einem halben Mol, in einem Liter Wasser gelöst, so ist die Stoffmengenkonzentration der Natronlauge nur $c(\text{NaOH}) = 0{,}5$ mol/l. ↑E.2 S.277
Entsprechend besitzt eine Salzsäure mit 2 mol gelöstem Chlorwasserstoff in 1 Liter Salzsäure eine Stoffmengenkonzentration $c(\text{HCl}) = 2$ mol/l. Mithilfe der molaren Masse kann die Stoffmengenkonzentration in die Massenkonzentration β umgerechnet werden. Für die genannte Salzsäure ergibt sich eine Massenkonzentration $\beta(\text{HCl}) = 73$ g/l.

Die Stoffmengenkonzentration *c* ist der Quotient aus der Stoffmenge eines gelösten Stoffes und dem Volumen der Lösung.

3 Etiketten von Essigessenzflaschen

Stoffmengenkonzentration *c* – Stoffmenge *n* – Volumen *V*

$$c(\text{gelöster Stoff}) = \frac{n(\text{gelöster Stoff})}{V(\text{Lösung})}$$

$$n(\text{gelöster Stoff}) = c(\text{gelöster Stoff}) \cdot V(\text{Lösung})$$

$$V(\text{Lösung}) = \frac{n(\text{gelöster Stoff})}{c(\text{gelöster Stoff})}$$

Massenkonzentration β – molare Masse *M* – Stoffmengenkonzentration *c*

$$\beta(\text{gelöster Stoff}) = \frac{m(\text{gelöster Stoff})}{V(\text{Lösung})}$$

$$M(\text{Stoff}) = \frac{m(\text{Stoffportion})}{n(\text{Stoffportion})}$$

$$\beta(\text{gelöster Stoff}) = c(\text{gelöster Stoff}) \cdot M(\text{Stoff})$$

Aufgaben

1 Einer farblosen, mit Phenolphthalein versetzten Lösung wird nach und nach Natronlauge hinzugefügt. Was ist zu beobachten?

2 Welche Masse an Natriumhydroxid muss man jeweils in fünf Litern Wasser lösen, um Natronlauge mit der Stoffmengenkonzentration 0,5 mol/l, 1 mol/l bzw. 2 mol/l zu erhalten?

3 Citronensäure hat eine molare Masse von 192 g/mol. Berechne die Masse, die benötigt wird, um 3 Liter Citronensäurelösung mit der Stoffmengenkonzentration $c = 0{,}5$ mol/l herzustellen.

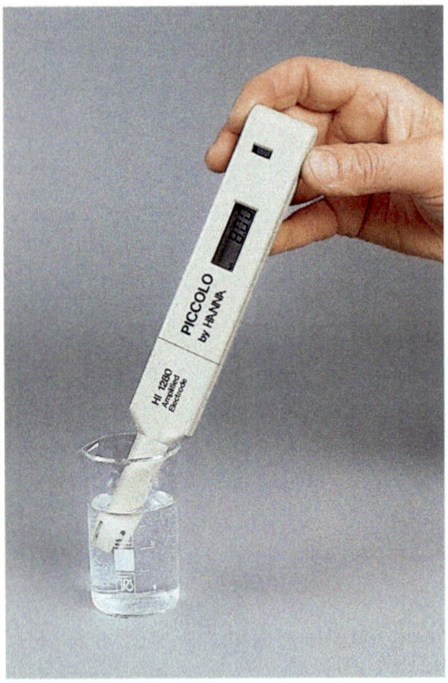
1 pH-Meter

Zusammenhang zwischen der Stoffmengenkonzentrationen der Oxonium-Ionen und der Hydroxid-Ionen und dem pH-Wert		
$c(H_3O^+)$ in mol/l	pH-Wert	$c(OH^-)$ in mol/l
$10^0 (=1)$	0	10^{-14}
10^{-1}	1	10^{-13}
10^{-2}	2	10^{-12}
10^{-3}	3	10^{-11}
10^{-4}	4	10^{-10}
10^{-5}	5	10^{-9}
10^{-6}	6	10^{-8}
10^{-7}	7	10^{-7}
10^{-8}	8	10^{-6}
10^{-9}	9	10^{-5}
10^{-10}	10	10^{-4}
10^{-11}	11	10^{-3}
10^{-12}	12	10^{-2}
10^{-13}	13	10^{-1}
10^{-14}	14	$10^0 (=1)$

Der pH-Wert Wie bereits bekannt, ist der pH-Wert eine Zahlenangabe zur genauen Kennzeichnung saurer, alkalischer und neutraler Lösungen. Er kann z. B. mithilfe von Universalindikatorlösung unter Verwendung einer Vergleichsskala bestimmt werden. Eine exakte Bestimmung des pH-Wertes ermöglicht ein pH-Meter. ↑1

Der pH-Wert einer sauren Lösung ist kleiner als 7, der einer alkalischen Lösung größer als 7. Eine neutrale Lösung weist einen pH-Wert von 7 auf. Die pH-Wertskala umfasst Werte von 0 bis 14.

Wird eine Salzsäure auf das zehnfache Volumen verdünnt, so steigt der pH-Wert um 1 an. Verdünnt man eine Natronlauge auf das zehnfache Volumen, so sinkt der pH-Wert um 1. ↑E.6 S.277 Wie lässt sich das erklären?

Der pH-Wert beschreibt die Stoffmengenkonzentration der Oxonium-Ionen in einer Lösung. In reinem Wasser gilt: $c(H_3O^+) = 10^{-7}$ mol/l. Daraus leitet sich ein pH-Wert von 7 ab. In einer sauren Lösung mit dem pH-Wert von 6 beträgt die Stoffmengenkonzentration der Oxonium-Ionen 10^{-6} mol/l. Die Konzentration der Oxonium-Ionen ist also um den Faktor 10 größer als in einer neutralen Lösung.

Beim Verdünnen einer sauren Lösung auf das zehnfache Volumen nimmt auch die Stoffmengenkonzentration an Oxonium-Ionen um ein Zehntel ab. Folglich nimmt der pH-Wert um 1 zu.

In neutralen Lösungen sind die Stoffmengenkonzentrationen der Oxonium-Ionen und der Hydroxid-Ionen gleich. Es gilt: $c(H_3O^+) = c(OH^-)$.

Auch in alkalischen Lösungen gibt es immer eine wenn auch geringe Konzentration an Oxonium-Ionen. Deswegen kann auch für diese Lösungen ein pH-Wert angegeben werden. Beispielsweise beträgt bei einer Lösung mit $c(OH^-) = 10^{-5}$ mol/l die Stoffmengenkonzentration der Oxonium-Ionen $c(H_3O^+) = 10^{-9}$ mol/l. Die Lösung besitzt einen pH-Wert von 9. Wird eine solche Lösung auf das zehnfache Volumen verdünnt, so sinkt der pH-Wert auf 8.

Ebenso wie in alkalischen Lösungen neben den Hydroxid-Ionen auch Oxonium-Ionen vorliegen, befinden sich in sauren Lösungen neben den Oxonium-Ionen auch Hydroxid-Ionen. In sauren Lösungen überwiegen jedoch stets die Oxonium-Ionen, während in alkalischen Lösungen die Hydroxid-Ionen überwiegen.

Der Zusammenhang zwischen den Stoffmengenkonzentrationen der Oxonium-Ionen und der Hydroxid-Ionen in Lösungen und dem pH-Wert geht aus der links stehenden Tabelle hervor.

pH-Wert	0 2 3	4 5 6	7	8 9 10	11 12 13 14
Eigenschaft der Lösung	stark sauer	schwach sauer	neutral	schwach alkalisch	stark alkalisch
Ionen im Überschuss	Oxonium-Ionen (H_3O^+)			Hydroxid-Ionen (OH^-)	

Die Stoffmengenkonzentration an Oxonium-Ionen bestimmt den pH-Wert einer wässrigen Lösung.

2 Kartoffeln gedeihen auf leicht saurem Boden.

3 Raps benötigt leicht alkalischen Boden.

Optimale pH-Werte des Bodens für Kulturpflanzen

Kulturpflanze	pH-Wert
Roggen	4,8–6,5
Kartoffeln	5,0–6,0
Tomaten	5,5–7,0
Mais	5,8–7,0
Zuckerrübe	6,5–7,5
Weizen	6,5–7,5
Bohnen	6,5–7,8
Spargel	6,5–7,8
Gerste	6,5–8,0
Raps	7,0–8,0

Bedeutung des pH-Werts Die meisten Pflanzen gedeihen nur auf einem Boden mit einem bestimmten pH-Wert. Deshalb hat der pH-Wert des Bodens für die Landwirtschaft eine besonders große praktische Bedeutung. Kulturpflanzen gedeihen nur auf Böden mit einem für sie optimalen Bereich des pH-Werts. So wächst z. B. Weizen nur auf beinahe neutralem Boden, während Kartoffeln sauren Boden vertragen. ↑2

An einigen wild wachsenden Pflanzen, den Zeigerpflanzen, kann der pH-Wert des Bodens erkannt werden. So wachsen Heidelbeeren oder Sauerampfer nur auf sauren Böden, während die Ackerkratzdistel auf schwach alkalischen Böden gedeiht.

Vom pH-Wert ist u. a. die Verfügbarkeit von Nährsalzen für die Pflanze abhängig. So lösen sich z. B. Nährsalze, die Eisen-Ionen enthalten, schlecht in alkalischen Böden und können von der Pflanze nicht aufgenommen werden. Ein zu saurer Boden, wie er beispielsweise durch den sauren Regen verursacht wird, schädigt häufig die Wurzeln der Pflanzen.

Auch die Lebewesen im Wasser benötigen einen für sie optimalen pH-Wert. Beim Einrichten eines Aquariums ist es daher wichtig, Fische auszuwählen, die die gleichen Ansprüche an das Wasser stellen. Das Wasser im Süßwasseraquarium sollte einen pH-Wert von 5,5 bis 7,5 besitzen, im Meerwasseraquarium sollte ein pH-Wert von 8,0 bis 8,5 eingestellt sein.

4 Das Wasser im Meerwasseraquarium sollte einen pH-Wert von 8 bis 8,5 haben.

Aufgaben

1 Erläutere den Zusammenhang zwischen dem pH-Wert und der Stoffmengenkonzentration an Oxonium-Ionen in einer wässrigen Lösung.

2 Zwei saure wässrige Lösungen weisen einen pH-Wert von 5 bzw. 3 auf. Gib jeweils die Stoffmengenkonzentration an Oxonium-Ionen an.

3 Berechne den pH-Wert einer Salzsäure mit einer Stoffmengenkonzentration von $c = 0{,}01$ mol/l gelöstem Chlorwasserstoff.

4 Ein Liter Salzsäure mit einem pH-Wert von 1 soll so verdünnt werden, dass die entstehende Lösung einen pH-Wert von 6 aufweist.
Berechne das Volumen an Wasser, das hinzugefügt werden muss.

5 Erkundige dich über die Beschaffenheit des Waldbodens deiner Umgebung. Handelt es sich um einen sauren oder alkalischen Boden. Welche Bäume wachsen in dem Wald?

Neutrale Lösungen – Neutralisation

Saurer Regen kann zur Übersäuerung der Äcker führen. Um der Übersäuerung entgegenzuwirken, werden die Böden gekalkt. Warum kann Kalken bei der Übersäuerung des Bodens helfen? Was passiert dabei?

1 Kalken eines sauren Bodens

2 Zugabe von Natronlauge zu Salzsäure – vorher (oben) und nachher (unten); Lösungen enthalten Universalindikator.

Reaktion einer sauren mit einer alkalischen Lösung Wird zu verdünnter Salzsäure, die mit Universalindikator versetzt ist, tropfenweise verdünnte Natronlauge gegeben, so ändert sich die Farbe des Indikators nach Zugabe eines bestimmten Volumens Natronlauge nach grün. ↑E.3 S.277 Es ist eine neutrale Lösung entstanden. Auch bei Zugabe eines bestimmten Volumens verdünnter Salpetersäure zu Calciumhydroxidlösung entsteht eine neutrale Lösung. ↑E.4 S.277 Chemische Reaktionen, bei denen saure Lösungen mit alkalischen Lösungen zu neutralen Lösungen reagieren, werden als Neutralisationen bezeichnet.

Die Neutralisation – eine chemische Reaktion Bei Zugabe von Salzsäure zu Natronlauge ist ein starker Temperaturanstieg festzustellen. ↑E.5 S.277 Das zeigt, dass die Neutralisation exotherm verläuft. Bei der Neutralisation von Natronlauge mit Salzsäure reagieren positiv elektrisch geladene Oxonium-Ionen der Salzsäure mit negativ elektrisch geladenen Hydroxid-Ionen der Natronlauge zu Wassermolekülen. Bei dieser Neutralisation ist also eine wässrige Natriumchloridlösung entstanden. Beim Eindampfen der entstandenen wässrigen Lösung bleiben farblose Kristalle von Natriumchlorid zurück. ↑E.5 S.277

$$\underbrace{H_3O^+ (aq) + Cl^- (aq)}_{\text{Salzsäure}} + \underbrace{Na^+ (aq) + OH^- (aq)}_{\text{Natronlauge}} \longrightarrow \underbrace{Na^+ (aq) + Cl^- (aq) + 2\,H_2O\,(l)}_{\text{Natriumchloridlösung}} \mid \text{exotherm}$$

Aus der Ionengleichung lässt sich erkennen, dass hydratisierte Natrium-Ionen und hydratisierte Chlorid-Ionen vor und nach der Neutralisation vorliegen. Diese Ionen verändern sich nicht und können in der Ionengleichung weggelassen werden. Es ergibt sich als verkürzte Ionengleichung:

$$H_3O^+ (aq) + OH^- (aq) \longrightarrow 2\,H_2O\,(l) \mid \text{exotherm}$$

Diese Gleichung gilt für alle Neutralisationsreaktionen.

Reaktion mit Protonenübergang Bei einer Neutralisation findet ein Protonenübergang zwischen dem Oxonium-Ion und dem Hydroxid-Ion statt. Das Oxonium-Ion gibt ein Proton ab und wirkt als Protonendonator. Das Proton wird von dem Hydroxid-Ion aufgenommen. Es ist in dieser Reaktion der Protonenakzeptor. Durch den Protonenübergang bilden sich zwei Wassermoleküle.

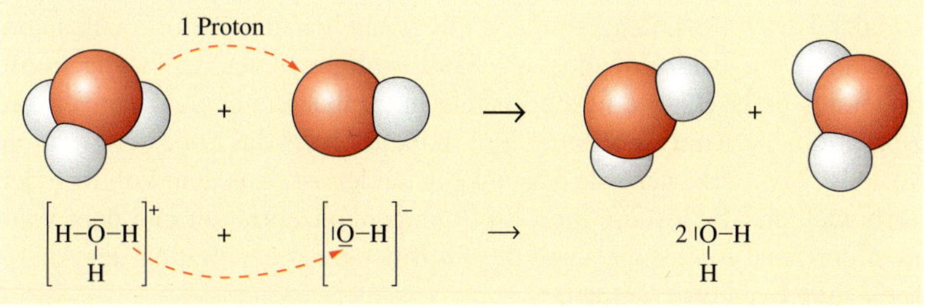

3 Protonenübergang bei der Reaktion von Oxonium-Ionen mit Hydroxid-Ionen im Modell

Die Neutralisation ist eine Reaktion mit Protonenübergang, bei der Oxonium-Ionen mit Hydroxid-Ionen zu Wassermolekülen reagieren.

Das gegenseitige Abgeben und Aufnehmen von Teilchen durch die reagierenden Stoffe ist bei vielen chemischen Reaktionen festzustellen. Es wird als **Donator-Akzeptor-Prinzip** bezeichnet und gilt als eine der Grundlagen zum Verständnis chemischer Reaktionen.

Bedeutung der Neutralisation Neutralisationen sind im Alltag, in der Natur und in der Technik von großer Bedeutung. Um saure oder alkalische Abwässer gefahrlos entsorgen zu können, werden sie in Abwasseraufbereitungsanlagen mit Salzsäure, Schwefelsäure, Natronlauge oder Calciumhydroxid neutralisiert. In der Spülmaschine wird das alkalische Spülmittel im Klarspülgang mit der sauren Lösung eines Klarspülers versetzt. Durch den sauren Regen oder durch Stoffwechselvorgänge in den Pflanzen kann der Boden sauer werden. Die Aufnahme von wichtigen Mineralstoffen durch die Pflanze wird dadurch eingeschränkt oder sogar verhindert. Kalkdünger schaffen einen für die Pflanzen günstigen pH-Wert. Bei der Verbrennung fossiler Brennstoffe wie Kohle entstehen schwefeldioxidhaltige Rauchgase. Diese verursachen u. a. den sauren Regen. In den Rauchgasentschwefelungsanlagen der Kraftwerke wird das Schwefeldioxid in Wasser gelöst. Die entstehende saure Lösung wird mit einer Calciumhydroxid-Aufschlämmung neutralisiert.
Im Labor lassen sich mithilfe der Neutralisation Stoffmengenkonzentrationen von sauren und alkalischen Lösungen bestimmen.

Schon gewusst?

Auch beim Färben von Haaren laufen Neutralisationen ab. Um das Haar für die Farbstoffe aufzuschließen, werden alkalische Lösungen eingesetzt. Nach dem Färbeprozess werden diese mit sauren Spülungen neutralisiert.

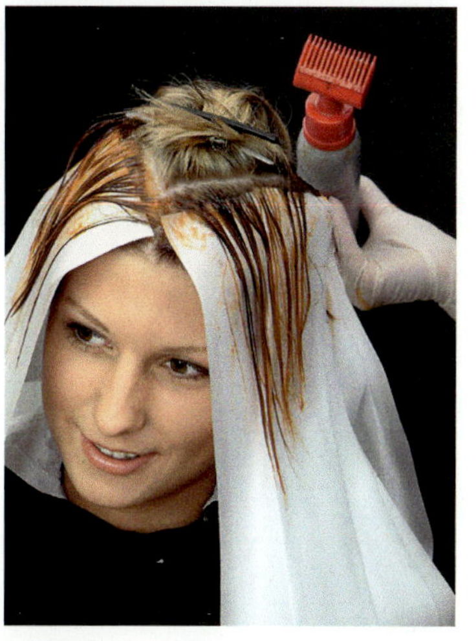

4 Spülmaschine: alkalisches Spülmittel, saurer Klarspüler

Aufgaben

1 Woran ist zu erkennen, dass eine Neutralisation stattgefunden hat?

2 Formuliere die Ionengleichungen für die Reaktionen von Phosphorsäure mit Kalilauge und Schwefelsäure mit Calciumhydroxidlösung.

3 Beim Kalken von Böden wird häufig Branntkalk (Calciumoxid) verwendet. Weise nach, dass es sich dabei um eine Neutralisation handelt.

4 Erläutere an einem Beispiel den Protonenübergang bei der Neutralisation.

1 Durchführung einer Titration

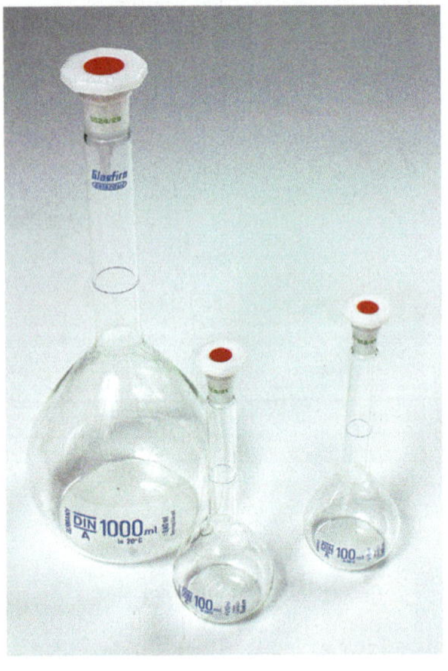

2 Maßlösungen werden in Maßkolben hergestellt.

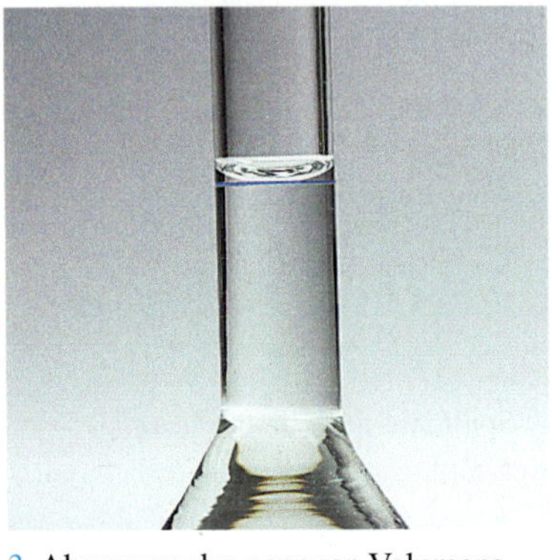

3 Abmessen des genauen Volumens

Ermitteln der Stoffmengenkonzentration durch Titration Im Labor ist es oft erforderlich, die genaue Stoffmengenkonzentration einer sauren oder alkalischen Lösung zu ermitteln. Dabei kann auch die Tatsache genutzt werden, dass Oxonium-Ionen einer sauren Lösung und Hydroxid-Ionen der alkalischen Lösung sich neutralisieren, wenn sie in gleicher Stoffmengenkonzentration vorliegen. Ein Verfahren, das die Neutralisation nutzt, ist die **Titration**.

Bei der Titration werden Lösungen mit genau bekannter Stoffmengenkonzentration eingesetzt, sogenannte **Maßlösungen**. Die Maßlösung tropft dabei aus einer Bürette in die Lösung mit unbekannter Stoffmengenkonzentration, die **Analysenlösung**. Ein Indikator zeigt das Ende der Titration an, z. B. wenn eine neutrale Lösung entstanden ist. Aus dem Volumen der verbrauchten Maßlösung, ihrer Stoffmengenkonzentration und dem Volumen der Analysenlösung kann die Stoffmengenkonzentration der Analysenlösung berechnet werden.

Aufgabe: Bei der Titration von 20 ml Natronlauge unbekannter Stoffmengenkonzentration betrug der Verbrauch an Salzsäure mit der Stoffmengenkonzentration $c(\mathrm{HCl}) = 0{,}1$ mol/l genau 24 ml. Berechne die Stoffmengenkonzentration der Natronlauge.

Gesucht: $c(\mathrm{NaOH})$

Gegeben: $c(\mathrm{HCl}) = 0{,}1$ mol/l
$V(\mathrm{HCl}) = 24$ ml
$V(\mathrm{NaOH}) = 20$ ml

Reaktionsgleichung:
$Na^+ (aq) + OH^- (aq) + H_3O^+ (aq) + Cl^- (aq) \rightarrow 2\,H_2O\,(l) + Na^+ (aq) + Cl^- (aq)$

Lösung: $n(\mathrm{OH^-}) = n(\mathrm{H_3O^+})$
$n(\mathrm{OH^-}) = n(\mathrm{NaOH})$ und $n(\mathrm{H_3O^+}) = n(\mathrm{HCl})$
$n(\mathrm{NaOH}) = n(\mathrm{HCl})$
$c(\mathrm{NaOH}) \cdot V(\mathrm{NaOH}) = c(\mathrm{HCl}) \cdot V(\mathrm{HCl})$

$$c(\mathrm{NaOH}) = \frac{c(\mathrm{HCl}) \cdot V(\mathrm{HCl})}{V(\mathrm{NaOH})}$$

$$c(\mathrm{NaOH}) = \frac{0{,}1\ \mathrm{mol/l} \cdot 24\ \mathrm{ml}}{20\ \mathrm{ml}}$$

$$c(\mathrm{NaOH}) = 0{,}12\ \mathrm{mol/l}$$

Ergebnis: Die Stoffmengenkonzentration der Natronlauge beträgt 0,12 mol/l.

Aufgaben

1 Warum ist es zulässig, bei der Auswertung der Titration von Salzsäure mit Natronlauge von folgender Annahme auszugehen: $n(\mathrm{OH^-}) = n(\mathrm{H_3O^+})$?

2 Bei der Titration von 20 ml Kalilauge wurden 16 ml Salzsäure mit $c(\mathrm{HCl}) = 0{,}25$ mol/l verbraucht. Berechne die Stoffmengenkonzentration der Kalilauge.

Titration

In der Industrie, in Klärwerken oder Laboren ist es oft erforderlich, die genaue Konzentration einer sauren oder alkalischen Lösung zu bestimmen. Ein geeignetes Verfahren ist die Titration.
Es soll die Stoffmengenkonzentration einer Salzsäure ermittelt werden.

1 *Fülle ein genau definiertes Volumen der zu untersuchenden Lösung ab.*
Miss mit einer Vollpipette genau 10 ml der Salzsäure ab und gib die abgemessene Lösung in einen Weithals-Erlenmeyerkolben.

2 *Versetze die zu untersuchende Lösung mit Indikator.*
Gib zu der Salzsäure einige Tropfen Bromthymolblaulösung.

3 *Stelle die Maßlösung bereit.*
Verwende als Maßlösung Natronlauge mit einer Stoffmengenkonzentration $c = 0{,}2$ mol/l.

4 *Spüle die Bürette mit der bereitgestellten Maßlösung.*
Lass zur Spülung ein wenig von der Maßlösung durch die Bürette in ein Becherglas laufen.

5 *Fülle die Bürette mit der Maßlösung auf, notiere den Anfangsstand.*

6 *Tropfe unter vorsichtigem Umschwenken aus der Bürette die Maßlösung zu, bis die Farbe des Indikators umschlägt.*

1 Der Indikator Bromthymolblau schlägt von Gelb nach Grün um.

7 *Lies den Endstand an der Bürette ab.*
Berechne aus der Volumendifferenz von Endstand und Anfangsstand den Verbrauch an Maßlösung.
In unserem Beispiel wurden 22,9 ml Natronlauge verbraucht.

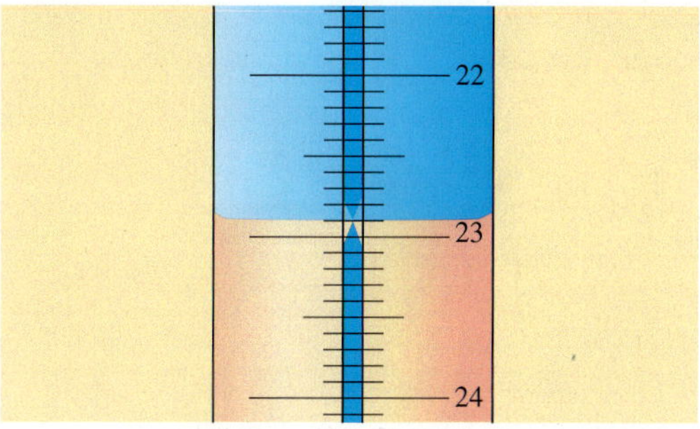

2 Bei einer Bürette markiert die Einschnürung des blauen Streifens den Ablesewert, hier 22,9 ml. Beim Ablesen muss das Auge auf der Höhe des Flüssigkeitsmeniskus sein.

8 *Überprüfe das ermittelte Volumen an Maßlösung durch zwei weitere Titrationen.*
Bilde aus den Ergebnissen der drei Titrationen den Mittelwert für den Verbrauch an Maßlösung.

9 *Berechne die Stoffmengenkonzentration der zu untersuchenden Lösung.*

Gesucht: $c(\text{HCl})$

Gegeben: $c(\text{NaOH}) = 0{,}2$ mol/l
$V(\text{HCl}) = 10$ ml
$V(\text{NaOH}) = 22{,}9$ ml

Lösung: $$c(\text{HCl}) = \frac{c(\text{NaOH}) \cdot V(\text{NaOH})}{V(\text{HCl})}$$

$$c(\text{HCl}) = \frac{0{,}2\,\text{mol/l} \cdot 22{,}9\,\text{ml}}{10\,\text{ml}} = 0{,}46\,\text{mol/l}$$

Ergebnis: Die Stoffmengenkonzentration der Salzsäure beträgt 0,46 mol/l.

im Brennpunkt

Wenn der pH-Wert nicht stimmt

In vielen Bereichen ist der pH-Wert von entscheidender Bedeutung. Nicht nur die chemischen Reaktionen im menschlichen Körper und in der Natur, sondern auch viele Vorgänge in der Technik benötigen, um exakt ablaufen zu können, einen optimalen pH-Wert. Was aber kann passieren, wenn der pH-Wert nicht mehr stimmt?

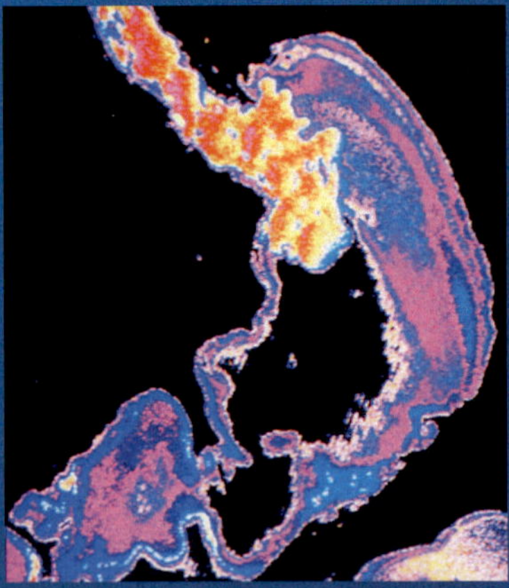

1 Beim Sodbrennen gelangt Magensäure (rote Bereiche) in die Speiseröhre.

Sodbrennen Nach dem Genuss von besonders reichhaltigem und fettigem Essen kann es zu einem brennenden oder drückenden Schmerz oberhalb des Magens, im Hals und im Rachenraum kommen. Das Sodbrennen wird durch den sauren Magensaft verursacht, der nach reichhaltigem Essen die Speiseröhre hochsteigen kann. Häufiges Sodbrennen kann zu Entzündungen der Speiseröhre und sogar zu Speiseröhrenkrebs führen. Sodbrennen lässt sich mit Kaiser Natron oder Bullrich Salz behandeln. Diese Mittel enthalten Natriumhydrogencarbonat ($NaHCO_3$), das den sauren Magensaft neutralisiert.

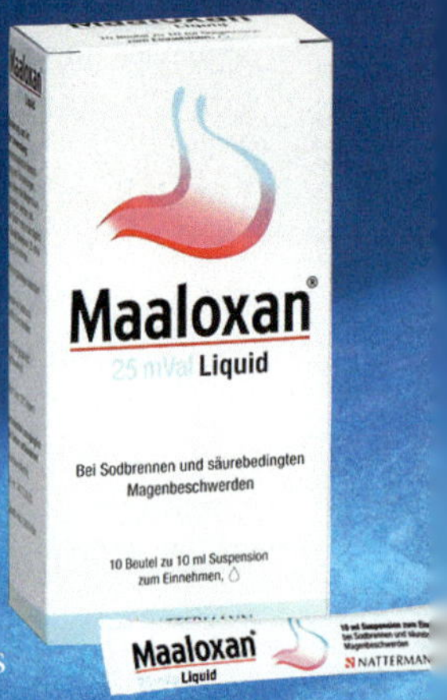

2 Medikament gegen Sodbrennen

Der pH-Wert der Weltmeere sinkt Seit 150 Jahren nimmt der Volumenanteil an Kohlenstoffdioxid in der Atmosphäre durch die Verbrennung fossiler Brennstoffe wie Erdöl und Kohle ständig zu. Das Kohlenstoffdioxid löst sich auch in den Weltmeeren, wo der pH-Wert immer geringer wird. Der pH-Wert der Ozeanoberfläche ist in den letzten 150 Jahren um 0,1 gesunken und liegt derzeit bei pH = 8,2. Bis 2100 erwarten Wissenschaftler eine weitere Absenkung um 0,5 auf pH = 7,7. Laborversuche zeigten, dass bereits eine weitere Verminderung des pH-Werts um 0,1 die Kalkschalen von Meeresschnecken binnen 48 Stunden angreift und auflöst.

Neben den Auswirkungen auf das Klima kann ein weiterer Anstieg des Volumenanteils an Kohlenstoffdioxid in der Atmosphäre demnach auch die Zerstörung ganzer Korallenriffe, Muschel- und Schneckenbestände zur Folge haben.
Auch viele andere Meeresbewohner, wie z. B. Krill, die wichtigste Nahrungsquelle der Bartenwale, benötigen einen ganz bestimmten pH-Wert. Verendet Krill, verhungern die Wale.

3 Krill – Hauptnahrung der Bartenwale

4 Bei einem zu niedrigen pH-Wert des Wassers lösen sich die Kalkskelette der Korallen auf.

Enzyme reagieren empfindlich auf falsche pH-Werte Nicht nur die Wirkung der Enzyme des menschlichen Körpers ist vom pH-Wert abhängig. Beim Bierbrauen werden Braumalz (gekeimte, getrocknete und geschrotete Gerstenkörner) und Wasser auf 78 °C erhitzt. In dieser Maische beginnen die Enzyme der Bierhefe, die Amylasen, die Stärke der Getreidekörner in Zucker umzuwandeln. Die Enzyme brauchen dazu ein Brauwasser, dessen pH-Wert zwischen 6,5 und 7,3 liegt. Wird der Wert unter- oder überschritten, können die Amylasen die Stärke nicht mehr aufspalten. Bierbrauer können den pH-Wert des Wassers durch Sauermalz oder Braugips anpassen.

5 Überwachung des Gärprozesses beim Bierbrauen

Wenn das Wasser im Freibad trübe wird Das mit Chlor versetzte Wasser in Freibädern und Swimmingpools muss einen pH-Wert zwischen 7,0 und 7,4 aufweisen. Wird dieser Wert unterschritten, leiden die Schleimhäute der Badegäste. Liegt der pH-Wert darüber, kommt es zu Kalkausfällungen im Wasser. Auch das Algenwachstum nimmt stark zu. Das Wasser wird trübe.

6 Damit das Wasser im Schwimmbad sauber bleibt, muss der pH-Wert ständig überprüft werden.

Der pH-Wert des Wassers im Schwimmbecken wird durch die Härte des Wassers, durch chemische Zusätze wie Chlor und durch die Badegäste beeinflusst. Sie verunreinigen das Wasser durch Schmutz, Schweiß, Staub, Sonnencreme und Harn.

Arbeitsaufträge

1. Mit Kaiser Natron und Bullrich Salz lassen sich die Symptome von Sodbrennen beseitigen, die Mittel verhindern aber nicht ein erneutes Auftreten. Überlege, wie man Sodbrennen vorbeugen kann. Berücksichtige dabei auch dessen Ursachen.
2. Recherchiere, unter welchen Bedingungen beim Bierbrauen Sauermalz bzw. Braugips zugesetzt werden.
3. Recherchiere die wesentlichen Aussagen von Ozeanforschern zum Thema „Übersäuerung der Meere". Diskutiere diese Aussagen in der Klasse.
4. Informiere dich über die pH-Werte in Freibädern, Seen und Flüssen deiner Umgebung. Welche Ergebnisse wurden in der letzten Zeit ermittelt und welche Maßnahmen wurden daraus abgeleitet? Stelle Möglichkeiten zusammen, wie jeder dazu beitragen kann, dass in Freibädern die Wasserqualität erhalten bleibt.

weiter gedacht

1 Saure und alkalische Chemikalienreste werden im Chemieunterricht in einen gemeinsamen Sammelbehälter I gegeben.
Ist das sinnvoll? Begründe deine Aussage.
Bestimme vom Inhalt des Sammelbehälters I den pH-Wert. Überlege, was zu tun ist, damit gesammelte Lösungen im Sammelbehälter I ins Abwasser gegeben werden können.

2 Die gesunde Haut des Menschen besitzt einen Säureschutzmantel u. a. gegen bakterielle Einflüsse. Erläutere in diesem Zusammenhang die Aufschriften „hautfreundlicher pH" oder „hautneutral pH 5,5" auf vielen Hautpflege- und Hautreinigungsmitteln.

1 Verschiedene Hautreinigungs- und Hautpflegemittel

3 Informiere dich über die pH-Werte von folgenden Lösungen: Geschirrspülmittel, Speiseessig, Magensaft, Kalkwasser, Blut, destilliertes Wasser, Kaffee, Seifenlösung, Regenwasser.
Entwickle eine Übersicht, in der eine pH-Wert-Skala, die Eigenschaft der Lösung, die Zunahme der Oxonium-Ionen bzw. Hydroxid-Ionen und die genannten Lösungen enthalten sind.

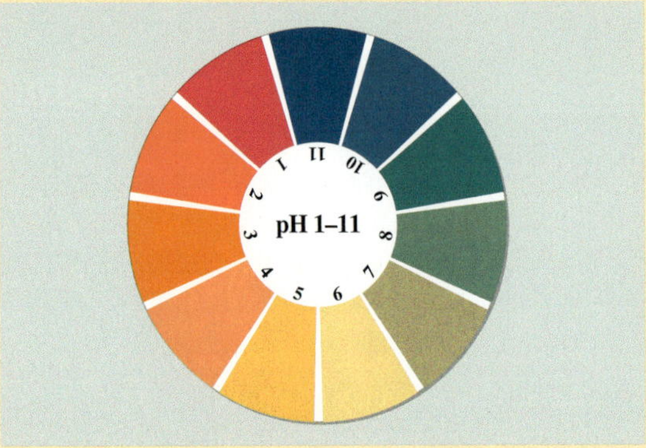

2 Universalindikator-Vergleichskala für den Bereich pH = 1 bis pH = 11

4 **Untersuche das Verhalten einer Vollwaschmittellösung bei Zugabe einer sauren Lösung.**
Stelle in einem Becherglas aus 10 ml Wasser und einer Spatelspitze eines Vollwaschmittels eine Lösung her. Versetze die Lösung mit fünf Tropfen Universalindikatorlösung.
Bestimme den pH-Wert der Lösung. Tropfe mit einer Tropfpipette 1%ige Salzsäurelösung zu.
Notiere deine Beobachtungen. Überlege, wie sich eine schon genutzte Waschmittellösung im Abwasser verhalten kann.
Entsorgung: Lösungen in Sammelbehälter I geben.

5 Bei einem Verfahren zur Rauchgasentschwefelung in Kraftwerken wird das Schwefeldioxid durch eine Calciumhydroxid-Aufschlämmung gebunden und neutralisiert.
Benenne dieses Verfahren. Erkunde das Prinzip einer solchen Rauchgasentschwefelungsanlage. In welchen Stoff wird dabei das Schwefeldioxid umgewandelt und wozu wird dieser verwendet? Wie viel Schwefeldioxid kann auf diese Weise aus den Abgasen entfernt werden?

3 Kohlekraftwerk mit Rauchgasentschwefelungsanlage

6 Ein Stückchen Lithium wird in 20 ml destilliertes Wasser gegeben. Für die Titration der entstandenen Lösung werden 35,7 ml Salzsäure ($c = 0{,}1$ mol/l) benötigt. Berechne die Masse des Lithiumstückchens.

Neutrale Lösung

Eine neutrale Lösung enthält genauso viele Oxonium-Ionen wie Hydroxid-Ionen. Sie ist weder sauer noch alkalisch. Ihr pH-Wert beträgt 7.

---

pH-Wert

Der pH-Wert ist ein Maß für den Gehalt einer Lösung an Oxonium-Ionen. Er wird aus der Stoffmengenkonzentration der Oxonium-Ionen berechnet.

Stoffmengenkonzentration

Quotient aus der Stoffmenge des gelösten Stoffes und dem Volumen der Lösung. Die Einheit ist mol/l.

$$c(\text{gelöster Stoff}) = \frac{n(\text{gelöster Stoff})}{V(\text{Lösung})} \qquad [c] = \frac{\text{mol}}{\text{l}}$$

---

pH-Wert von Lösungen

Lösung	Saure Lösung	Neutrale Lösung	Alkalische Lösung
Charakteristische Teilchen	Oxonium-Ionen H_3O^+	Wassermoleküle H_2O	Hydroxid-Ionen OH^-
pH-Wert	pH < 7	pH = 7	pH > 7
Stoffmengenkonzentration	$c(H_3O^+) > c(OH^-)$	$c(H_3O^+) = c(OH^-)$	$c(OH^-) > c(H_3O^+)$
Nachweis mit Lackmus	rot	violett	blau
Nachweis mit Universalindikator	rot – orange – gelb	grün	blau

---

Neutralisation

Chemische Reaktion, bei der Oxonium-Ionen einer sauren Lösung mit den Hydroxid-Ionen einer alkalischen Lösung zu Wassermolekülen reagieren. Neutralisationen verlaufen exotherm.

saure Lösung H_3O^+ + alkalische Lösung OH^- → neutrale Lösung $2\ H_2O$

Bei der Neutralisation findet ein Protonenübergang zwischen dem Oxonium-Ion und dem Hydroxid-Ion statt.

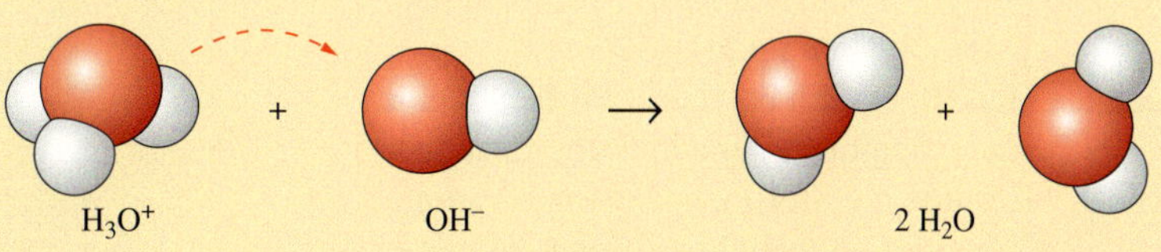

Titration

Verfahren zur Bestimmung der unbekannten Stoffmengenkonzentration einer Säure oder Lauge. Dabei führt man eine Neutralisation mit einer Säure oder Lauge bekannter Stoffmengenkonzentration (Maßlösung) durch.

Check up

1 Säuren und saure Lösungen haben in der Chemie eine große Bedeutung.
a Nenne drei charakteristische Eigenschaften einer Säure.
b Nenne die typischen Teilchen einer sauren Lösung und erläutere deren Bildung.
c Gib jeweils zwei Beispiele für eine Säure und eine saure Lösung an.

2 Chlorwasserstoff wird in Wasser eingeleitet.
a Erläutere mithilfe des Teilchenmodells die Vorgänge, die dabei ablaufen.
b Ordne bestimmten Teilchen die Begriffe Protonendonator und Protonenakzeptor zu.

3 Alkalische Lösungen werden in vielen Bereichen benötigt.
a Nenne zwei Beispiele für alkalische Lösungen.
b Nenne die typischen Teilchen einer alkalischen Lösung und erläutere zwei Möglichkeiten für ihre Bildung.

4 Ammoniak färbt trockenes Universalindikatorpapier nicht. Ein Stück feuchtes Indikatorpapier wird dagegen in Ammoniakgas sofort blau. Erläutere die Vorgänge.

5 Beschreibe den Lösevorgang von Bariumhydroxid in Wasser mithilfe des Teilchenmodells. Formuliere die Ionengleichung für diesen Lösevorgang.

6 Auf den Etiketten vieler Reinigungsmittel befindet sich der Hinweis „Vorsicht, nicht in die Augen bringen!" Erläutere den Grund für diesen Hinweis.

7 In einem medizinischen Labor wird eine Urinprobe untersucht. Der pH-Wert der Urinprobe beträgt pH = 5,0.
a Handelt es sich bei dieser Probe um eine saure, neutrale oder alkalische Lösung?
b Ermittle die Stoffmengenkonzentrationen an Oxonium- und Hydroxid-Ionen in dieser Urinprobe.
c Vergleiche die Stoffmengenkonzentrationen an Oxonium- und Hydroxid-Ionen in der Urinprobe mit den Stoffmengenkonzentrationen in einer neutralen Lösung. Gib jeweils die Faktoren an.

8 In drei Reagenzgläsern befinden sich farblose und geruchlose Flüssigkeiten. Beschreibe eine experimentelle Möglichkeit um herauszufinden, bei welcher Flüssigkeit es sich um eine saure, eine neutrale oder eine alkalische Lösung handelt. Formuliere die zu erwartenden Beobachtungen und Schlussfolgerungen.

9 Neutralisationen sind wichtige chemische Reaktionen.
a Erläutere den Begriff Neutralisation an der Reaktion von Kalilauge mit Schwefelsäure.
b Formuliere für diese Neutralisation die ausführliche Ionengleichung.
c Erläutere an dieser Neutralisation den Protonenübergang. Benenne Protonendonator und Protonenakzeptor.

10 Das alkalische Abwasser eines Industriebetriebs wird mit Salzsäure titriert. Bei der Titration von 20 ml dieses Abwassers mit Salzsäure mit der Stoffmengenkonzentration $c(HCl) = 0{,}2\,mol/l$ beträgt der Verbrauch an Salzsäure $V(HCl) = 15{,}6\,ml$. Berechne die Stoffmengenkonzentration der Lauge im Abwasser unter der Annahme, dass das alkalische Abwasser nur Kalilauge enthält.

Aufgabe	Hilfe findest du auf Seite ...	Verbindung der Aufgabe zu den Basiskonzepten ↑S.18
1	255, 256, 257	T R
2	256, 258	R T
3	268, 269, 271	T R
4	272	R
5	271	S R
6	269	T
7	280	T
8	255, 268, 278	T S
9	282, 283	R T
10	284	R T

T Stoff-Teilchen-Beziehungen, S Struktur-Eigenschafts-Beziehungen, R Chemische Reaktion

Die Lösungen findest du im Anhang.

Salze

Täglich begegnen wir im Alltag Salzen. Wir würzen unsere Speisen mit Kochsalz, bekämpfen Eisglätte mit Streusalz oder verwenden zum Waschen Fleckensalz. Aber nicht immer verraten bereits die Namen der Stoffe, dass es sich dabei um Salze handelt. So ist Kalk ein Salz aus dem ganze Gebirge und Landschaften wie die Schwäbische Alb bestehen, aber auch Eierschalen oder die Verkalkung am Wasserhahn. Alle Gewässer dieser Erde enthalten gelöste Salze, nicht nur das bekanntermaßen salzige Meerwasser.

- Wie entstehen Salze in der Natur und wie lassen sich Salze herstellen?
- Welche chemischen Reaktionen laufen dabei ab?
- Durch welche Verfahren können Salze zerlegt werden?
- Welche Bedeutung haben Salze?

Selbst untersucht Bildung von Salzen

1 Untersuche das Produkt einer Neutralisation.

Vorsicht! Schutzbrille! Gib in ein Reagenzglas 5 ml Kalilauge ($c = 1$ mol/l; C) und füge zwei Tropfen Phenolphthaleinlösung hinzu. Tropfe unter stetigem Umrühren Salzsäure ($c = 1$ mol/l) hinzu, bis der Indikator umschlägt. Dampfe die entstandene Lösung vorsichtig ein und betrachte den Rückstand mit der Lupe.

Notiere deine Beobachtungen. Deute die Ergebnisse und formuliere die Reaktionsgleichung.

Entsorgung: Feststoff in den Sammelbehälter für Hausmüll geben.

2 Betrachte Salze unter dem Mikroskop.

Gib einen Tropfen der entstandenen Lösung aus Experiment 1 auf einen Objektträger, einen Tropfen Kochsalzlösung auf einen zweiten und einen Tropfen Magnesiumchloridlösung auf einen dritten. Lass das Wasser verdunsten, erwärme evtl. leicht. Betrachte die Rückstände unter dem Mikroskop.

Notiere deine Beobachtungen und vergleiche die Ergebnisse.

Entsorgung: Reste der Salzlösungen in den Sammelbehälter für Abwasser geben. Die Objektträger in den Sammelbehälter für Glasabfall geben.

3 Untersuche die Reaktion von Metalloxiden mit Salzsäure.

Vorsicht! Schutzbrille! Versetze in einem Reagenzglas eine Spatelspitze Calciumoxid (C) unter vorsichtigem Schütteln mit 5 ml 5%iger Salzsäure. Dampfe die entstandene Lösung unter leichtem Schütteln ein. Wiederhole den Versuch mit Kupfer(II)-oxid (Xn).

Notiere deine Beobachtungen und deute die Ergebnisse.

Entsorgung: Feststoffe in den Sammelbehälter für Hausmüll, Lösungen mit Kupferverbindungen in den Sammelbehälter II, alle anderen Flüssigkeiten in den Sammelbehälter für Abwasser geben.

4 Versetze Calciumchloridlösung mit Natriumcarbonatlösung.

Vorsicht! Schutzbrille! Gib zu 5 ml einer verdünnten Calciumchloridlösung 5 ml einer verdünnten Natriumcarbonatlösung.

Notiere deine Beobachtungen. Deute das Ergebnis und formuliere die Reaktionsgleichung.

Entsorgung: Lösungen in den Sammelbehälter für Abwasser geben.

5 Versetze Lösungen verschiedener Chloride mit Silbernitratlösung.

Vorsicht! Schutzbrille! Stelle verdünnte wässrige Lösungen von Natriumchlorid, Kaliumchlorid und Calciumchlorid (Xi) her. Fülle je ein Reagenzglas zu einem Viertel mit einer der Lösungen. Gib fünf Tropfen Silbernitratlösung ($w = 2\,\%$) hinzu.

Vergleiche die Beobachtungsergebnisse.

Entsorgung: Lösungen in den Sammelbehälter für Silberrückstände geben.

6 Prüfe verschiedene wässrige Lösungen auf Chlorid-Ionen.

Vorsicht! Schutzbrille! Fülle in drei Reagenzgläser jeweils 5 ml Leitungswasser, entmineralisiertes Wasser und Mineralwasser. Gib in jedes Reagenzglas fünf Tropfen Silbernitratlösung ($w = 2\,\%$) hinzu und schüttle vorsichtig. Vergleiche die Ergebnisse vor einem dunklen Hintergrund.

Entsorgung: Lösungen in den Sammelbehälter für Silberrückstände geben.

7 Versetze Lösungen von Natriumbromid und Kaliumiodid mit Silbernitratlösung.

Vorsicht! Schutzbrille! Fülle je ein Reagenzglas zu einem Viertel mit Natriumbromid- bzw. Kaliumiodidlösung und gib jeweils fünf Tropfen Silbernitratlösung ($w = 2\,\%$) hinzu.

Vergleiche die Beobachtungsergebnisse.

Entsorgung: Lösungen in den Sammelbehälter für Silberrückstände geben.

8 Weise Sulfat-Ionen nach.

Vorsicht! Schutzbrille! Fülle je ein Reagenzglas zu einem Viertel mit Natriumsulfatlösung ($w = 2\,\%$), verdünnter Schwefelsäure ($w = 10\,\%$; Xi), Mineralwasser und Regenwasser. Gib jeweils einige Tropfen Bariumchloridlösung ($w = 3\,\%$) hinzu und schüttle.

Notiere deine Beobachtungen.

Entsorgung: Reste der Lösungen in den Sammelbehälter für Abwasser geben.

9 Weise Carbonat-Ionen nach.

Vorsicht! Schutzbrille! Fülle ein Reagenzglas zu einem Drittel mit Natriumcarbonatlösung. Fülle in einen Gärröhrchenaufsatz gesättigte Calciumhydroxidlösung (Xi). Versetze die Natriumcarbonatlösung mit 2 ml verdünnter Salzsäure und verschließe das Reagenzglas rasch mit dem Gärröhrchenaufsatz. Wiederhole den Versuch mit gesättigter Bariumhydroxidlösung (Xi) im Gärröhrchen.

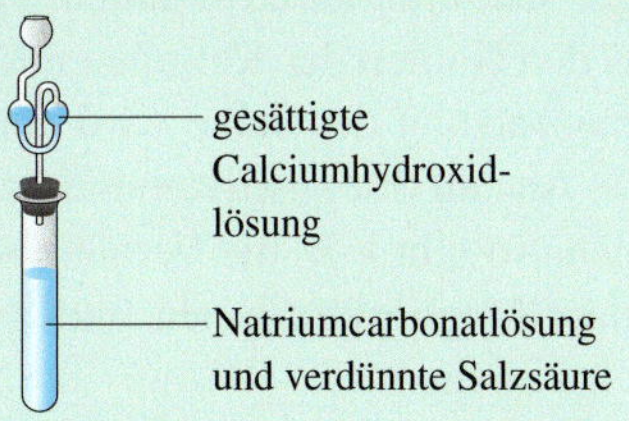

Notiere deine Beobachtungen und deute die Ergebnisse.

Entsorgung: Reste der Lösungen in den Sammelbehälter für Abwasser geben.

10 Weise Carbonat-Ionen in Feststoffen nach.

Vorsicht! Schutzbrille! Prüfe zerkleinerte Proben von Tafelkreide, Muschelschalen und Kalkstein, wie in Experiment 9 beschrieben, auf Carbonat-Ionen.

Notiere deine Beobachtungen.

Entsorgung: Feststoffe in den Sammelbehälter für Hausmüll, Lösungen in den Sammelbehälter für Abwasser geben.

11 Weise Nitrat-Ionen nach.

Vorsicht! Schutzbrille! Fülle drei kleine Bechergläser jeweils 1 cm hoch mit verdünnter Salpetersäure ($w = 12\,\%$; C), Kaliumnitratlösung ($w = 10\,\%$) und Leitungswasser. Tauche in jede Probe kurz ein Nitrat-Teststäbchen. Vergleiche die Farbe des Testfeldes mit der Farbskala.

Deute die Beobachtungsergebnisse.

Entsorgung: Reste der Lösungen in den Sammelbehälter für Abwasser, Teststäbchen in den Sammelbehälter für Hausmüll geben.

12 Prüfe verschiedene Gemüsesorten auf Nitrat-Ionen.

Zerkleinere Proben verschiedener Gemüsesorten, z. B. Kopfsalat, Blumenkohl, Gurke, Zucchini, Weißkraut, Rettich, in der Reibschale und mische den Brei jeweils in einem Becherglas mit destilliertem Wasser. Prüfe jede Probe, wie in Experiment 11 beschrieben, auf Nitrat-Ionen.

Notiere deine Beobachtungen und deute die Ergebnisse.

Entsorgung: Reste der Lösungen in den Sammelbehälter für Abwasser, Feststoffe in den Sammelbehälter für Hausmüll geben.

13 Prüfe verschiedene Lösungen auf Phosphat-Ionen.

Vorsicht! Schutzbrille! Stelle 10%ige Lösungen von Natriumphosphat, Geschirrspülmaschinenreiniger, Milch und Cola her. Prüfe jede Probe nach der Gebrauchsanweisung mit einem Phosphat-Teststäbchen. Vergleiche die Farbe des Testfeldes mit der Farbskala.

Notiere deine Beobachtungen und deute die Ergebnisse.

Entsorgung: Reste der Lösungen in den Sammelbehälter für Abwasser, Teststäbchen in den Sammelbehälter für Hausmüll geben.

Salze – Verbindungen aus Ionen

Salze sind wichtige Stoffe, die in zahlreichen Stoffen unseres Alltags wie Zahncreme, Brausetabletten und Backpulver enthalten sind.
Durch welche chemischen Reaktionen lassen sich Salze im Labor herstellen?

1 Stoffe aus unserem Alltag, die Salze enthalten

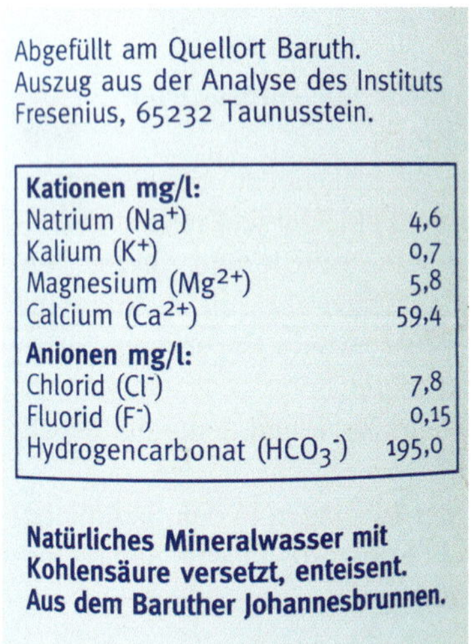

2 In Mineralwasser sind verschiedene Salze gelöst.

Salze – eine Stoffgruppe Wenn im Alltag von Salz die Rede ist, ist damit meist Natriumchlorid gemeint, das im Haushalt als Kochsalz, Streusalz oder Regeneratsalz für Geschirrspülmaschinen Verwendung findet. Aber auch Kalk (Calciumcarbonat), Gips (Calciumsulfat), das in Backpulver und Brausetabletten enthaltene Natron (Natriumhydrogencarbonat), das in Düngemitteln enthaltene Ammoniumnitrat und eine Vielzahl weiterer Stoffe gehören zu der Stoffgruppe der Salze.
Salze sind Ionenverbindungen. ↑E.2 S.292 Ihre Ionenkristalle sind aus Kationen (positiv geladene Ionen) und Anionen (negativ geladene Ionen) aufgebaut. ↑S.231 Die Kationen sind Metall-Ionen oder Ammonium-Ionen (NH_4^+). Bei den Anionen handelt es sich um Säurerest-Ionen. ↑S.257
Die Namen der Salze werden aus den Namen der Kationen und der Säurerest-Ionen gebildet. Die Zusammensetzung der Salze wird durch die Verhältnisformel wiedergegeben. Die Anzahl der positiven und negativen Ladungen ist dabei stets ausgeglichen. So gibt z. B. die Verhältnisformel des Magnesiumsulfats $MgSO_4$ an, dass Magnesium-Ionen und Sulfat-Ionen im Ionenkristall im Verhältnis 1:1 vorliegen.

Name des Salzes	Anzahl Ionen in einer Baueinheit		Verhältnisformel des Salzes
Kaliumnitrat	1 K^+	1 NO_3^-	KNO_3
Magnesiumchlorid	1 Mg^{2+}	2 Cl^-	$MgCl_2$
Natriumcarbonat	2 Na^+	1 CO_3^{2-}	Na_2CO_3
Natriumhydrogencarbonat	1 Na^+	1 HCO_3^-	$NaHCO_3$
Aluminiumsulfat	2 Al^{3+}	3 SO_4^{2-}	$Al_2(SO_4)_3$

3 Kaliumchloridkristalle nach dem Eindampfen aus einer Lösung

Salzbildung durch Reaktion von alkalischer mit saurer Lösung Bei der Neutralisation werden neben Wasser auch Stoffe gebildet, die sich beim Eindampfen der Lösung als feste kristalline Salze gewinnen lassen. Sie entstehen aus den in der Lösung verbliebenen Ionen. So erhält man bei der Neutralisation von Salzsäure mit Kalilauge eine Kaliumchloridlösung. Die in der Lösung enthaltenen Kalium-Ionen stammen aus der Kalilauge, die Chlorid-Ionen aus der Salzsäure. Wird die Lösung eingedampft, kristallisiert das Salz Kaliumchlorid aus. ↑E.1 S.292 ↑3

Wie bei allen Neutralisationen findet bei dieser Art der Salzbildung zwischen den Oxonium-Ionen der sauren Lösung und den Hydroxid-Ionen der alkalischen Lösung ein Protonenübergang statt. In der entstehenden Lösung liegen indessen die Metall-Ionen und die Säurerest-Ionen unverändert vor.

$$K^+(aq) + OH^-(aq) + H_3O^+(aq) + Cl^-(aq) \longrightarrow 2\,H_2O(l) + K^+(aq) + Cl^-(aq)$$

Kalilauge – Salzsäure – Wasser – Kaliumchloridlösung

Alkalische Lösung + saure Lösung ⟶ Wasser + Salzlösung

Salzbildung durch Reaktion von Metalloxid mit saurer Lösung Calciumoxid reagiert mit Salzsäure. Dabei entsteht eine Calciumchloridlösung, aus der sich durch Verdampfen des Wassers das Salz auskristallisieren lässt. Ebenso reagiert Kupferoxid mit Salzsäure. Es entsteht dabei eine blaugrün gefärbte Kupferchloridlösung. ↑E.3 S.292 ↑2 Auch bei diesen Reaktionen findet ein Protonenübergang statt. Die Oxonium-Ionen der sauren Lösung geben jeweils ein Proton ab. Sie sind die Protonendonatoren. Die im Metalloxid gebundenen Oxid-Ionen nehmen jeweils zwei Protonen auf. Sie wirken als Protonenakzeptoren. Auf diese Weise entstehen Wassermoleküle. Außerdem liegen in der Lösung Metall-Ionen und Säurerest-Ionen vor.

Protonenübergang

$$CuO(s) + 2\,H_3O^+(aq) + 2\,Cl^-(aq) \longrightarrow 3\,H_2O(l) + Cu^{2+}(aq) + 2\,Cl^-(aq)$$

Kupferoxid – Salzsäure – Wasser – Kupferchloridlösung

Metalloxid + saure Lösung ⟶ Wasser + Salzlösung

4 Reaktion von Kupfer(II)-oxid mit Salzsäure (oben); Rückstand von Kupferchlorid nach dem Eindampfen der entstandenen Lösung (unten)

Salzbildung durch Reaktion von Salzlösung mit Salzlösung Viele Salze lösen sich leicht in Wasser. Es gibt aber auch Salze, die eine äußerst geringe Wasserlöslichkeit besitzen und daher als schwer lösliche Salze bezeichnet werden. Bei Zugabe einer Natriumcarbonatlösung zu einer Calciumchloridlösung bildet sich augenblicklich ein weißer Niederschlag. ↑E.4 S.292 Die Calcium-Ionen der Calciumchloridlösung und die Carbonat-Ionen der Natriumcarbonatlösung haben zu schwerlöslichem Calciumcarbonat reagiert. Dieses fällt als Niederschlag aus. Die Natrium-Ionen und die Chlorid-Ionen verbleiben dagegen unverändert in der Lösung.

$$Ca^{2+}(aq) + 2\,Cl^-(aq) + 2\,Na^+(aq) + CO_3^{2-}(aq) \longrightarrow CaCO_3(s) + 2\,Na^+(aq) + 2\,Cl^-(aq)$$

Calciumchloridlösung – Natriumcarbonatlösung – Calciumcarbonat – Natriumchloridlösung

Salzlösung + Salzlösung ⟶ Salz + Salzlösung

Löslichkeit einiger Salze in Wasser

Salz	Löslichkeit in g/100 g Wasser bei 20 °C
Natriumchlorid	36
Calciumcarbonat	0,0015 (18 °C)
Silbernitrat	219
Silberchlorid	0,000 15
Bariumsulfat	0,000 24

Aufgaben

1 Überlege, wie man Kaliumbromid durch Neutralisation herstellen könnte. Formuliere die Reaktionsgleichung.

2 Begründe, warum die Reaktion von Magnesiumoxid mit Salzsäure auch als Neutralisation bezeichnet werden kann. Formuliere die Reaktionsgleichung. Kennzeichne den Protonenübergang.

3 Entwickle verschiedene Möglichkeiten zur Herstellung von Calciumchlorid.

4 Erkläre, warum sich bei Zugabe einer Magnesiumsulfatlösung zu einer Bariumchloridlösung ein Niederschlag bildet. Formuliere die Reaktionsgleichung.

Schon gewusst?

In der chemischen Stufe der Abwasseraufbereitung wird durch Zugabe von Kalk in das zu reinigende Abwasser Calciumsulfat ausgefällt. Gleichzeitig werden dadurch saure Abwässer neutralisiert.

Nachweis von Säurerest-Ionen Chemische Reaktionen, die mit der Bildung eines schwer löslichen Niederschlags einhergehen, werden als **Fällungsreaktionen** bezeichnet. Bestimmte Säurerest-Ionen in wässrigen Lösungen können durch Fällungsreaktionen nachgewiesen werden.

Nachweis von Halogenid-Ionen Bei Zugabe von Silbernitratlösung zu einer Lösung von Natriumchlorid bilden die Chlorid-Ionen mit Silber-Ionen schwer lösliches Silberchlorid, das als weißer, käsiger Niederschlag ausfällt. ↑E.5,6 S.292 ↑1

$$Na^+(aq) + Cl^-(aq) + Ag^+(aq) + NO_3^-(aq) \longrightarrow AgCl(s) + Na^+(aq) + NO_3^-(aq)$$
$$Cl^-(aq) + Ag^+(aq) \longrightarrow AgCl(s)$$

Auch mit Lösungen von Bromiden und Iodiden erhält man durch Zugabe von Silbernitratlösung schwer lösliche Niederschläge. ↑E.7 S.292 ↑2,3 Aufgrund der unterschiedlichen Farben der Silberhalogenide ist Silbernitratlösung für den Nachweis und die Unterscheidung von Halogenid-Ionen geeignet.

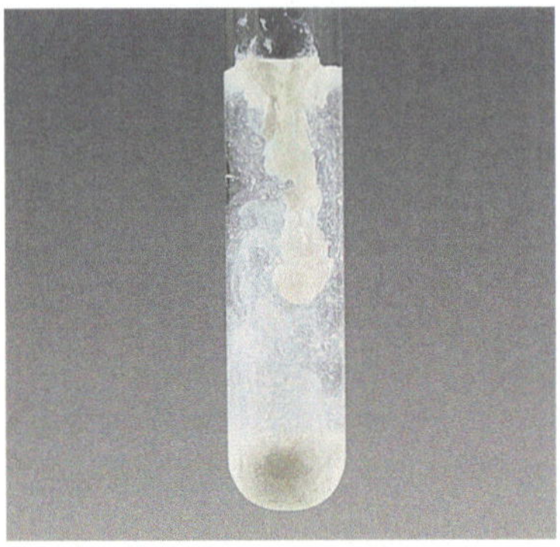

1 Niederschlag von Silberchlorid

2 Niederschlag von Silberbromid

3 Niederschlag von Silberiodid

Nachweis von Halogenid-Ionen mit Silbernitratlösung

Nachzuweisendes Ion	Niederschlag	Verkürzte Ionengleichung
Chlorid-Ion (Cl^-)	weißes Silberchlorid	$Ag^+(aq) + Cl^-(aq) \longrightarrow AgCl(s)$
Bromid-Ion (Br^-)	hellgelbes Silberbromid	$Ag^+(aq) + Br^-(aq) \longrightarrow AgBr(s)$
Iodid-Ion (I^-)	gelbes Silberiodid	$Ag^+(aq) + I^-(aq) \longrightarrow AgI(s)$

4 Nachweis von Sulfat-Ionen

Nachweis von Sulfat-Ionen Bei Zugabe einer Bariumchloridlösung zu einer Natriumsulfatlösung fällt ein weißer Niederschlag aus. ↑E.8 S.293 Barium-Ionen bilden mit Sulfat-Ionen einen typischen weißen Niederschlag aus Bariumsulfat. ↑4 Die Bildung des schwer löslichen Bariumsulfats dient als Nachweis für Sulfat-Ionen.

$$2\,Na^+(aq) + SO_4^{2-}(aq) + Ba^{2+}(aq) + 2\,Cl^-(aq) \rightarrow BaSO_4(s) + 2\,Na^+(aq) + 2\,Cl^-(aq)$$
$$SO_4^{2-}(aq) + Ba^{2+}(aq) \rightarrow BaSO_4(s)$$

Nachweis von Kohlenstoffdioxid und Carbonat-Ionen Versetzt man eine Natriumcarbonatlösung mit Salzsäure, ist eine Gasentwicklung zu beobachten. Das entstehende Gas reagiert mit Kalkwasser (Calciumhydroxidlösung) zu weißem, schwerlöslichem Calciumcarbonat (Kalk), das als Niederschlag ausfällt. ↑E.9,10 S.293 Diese Trübung von Kalkwasser weist das entstehende Gas als Kohlenstoffdioxid nach.

$$2\,Na^+(aq) + CO_3^{2-}(aq) + 2\,H_3O^+(aq) + 2\,Cl^-(aq) \longrightarrow 2\,Na^+(aq) + 2\,Cl^-(aq) + 3\,H_2O\,(l) + CO_2(g)$$

$$CO_2(g) + Ca^{2+}(aq) + 2\,OH^-(aq) \longrightarrow CaCO_3(s) + H_2O\,(l)$$

Kohlenstoffdioxid kann auch mit Bariumhydroxidlösung nachgewiesen werden. Wird das Gas in eine wässrige Lösung von Bariumhydroxid eingeleitet, fällt ein weißer Niederschlag von schwer löslichem Bariumcarbonat aus. ↑E.9,10 S.293

$$CO_2(g) + Ba^{2+}(aq) + 2\,OH^-(aq) \longrightarrow BaCO_3(s) + H_2O\,(l)$$

Carbonat-Ionen lassen sich daher durch die Bildung von Kohlenstoffdioxid bei Zugabe von Salzsäure und den anschließenden Nachweis des Gases bestimmen.

Schon gewusst?

Im Brausepulver sind Natriumhydrogencarbonat und Weinsäure enthalten. Beim Auflösen in Wasser reagiert die entstehende saure Lösung mit dem Natriumhydrogencarbonat. Das Gas Kohlenstoffdioxid entweicht und verursacht das angenehme Kribbeln des Brausepulvers.

Nachweis von Nitrat- und Phosphat-Ionen Diese Ionen lassen sich mithilfe von Farbreaktionen auf Teststäbchen nachweisen. Die Intensität der Färbung lässt zudem einen Rückschluss auf den Gehalt an Nitrat- bzw. Phosphat-Ionen in der untersuchten Lösung zu. ↑E.11–13 S.293

Nitratgehalt in pflanzlichen Lebensmitteln

Nitratgehalt pro 100 g	Lebensmittel
hoch 100 mg bis 500 mg	Kopfsalat, Spinat, Rote Bete, Feldsalat, Fenchel, Grünkohl, Weißkohl, Radieschen
mittel 50 mg bis 100 mg	Sellerie, Möhren, Kartoffeln, Blumenkohl, Lauch, Kohlrabi, Rotkohl, Auberginen
niedrig unter 50 mg	Tomaten, Gurken, Paprika, Melonen, Erbsen, Getreide, Hülsenfrüchte, Äpfel

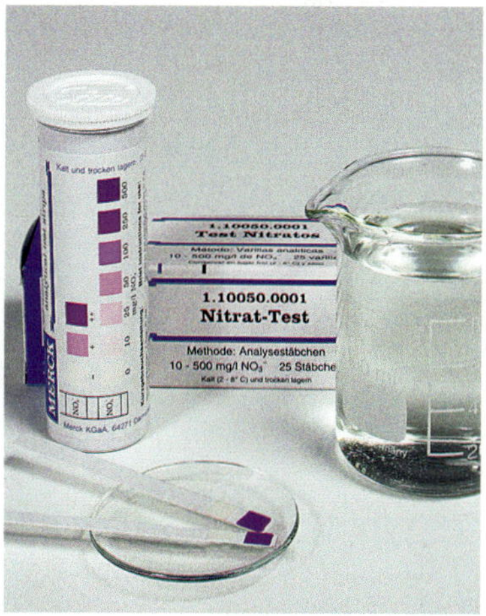

5 Nitratnachweis mit Teststäbchen.

Aufgaben

1 Eine Mineralwasserprobe soll auf Chlorid-Ionen geprüft werden. Beschreibe den Nachweis.

2 Formuliere die Ionengleichung für den Nachweis von Bromid-Ionen in einer Lösung von Zinkbromid ($ZnBr_2$).

3 Erkläre, warum sich Kalkwasser trübt, wenn man mit einem Strohhalm vorsichtig hineinpustet.

4 Im Labor steht eine Flasche ohne Etikett, die eine klare, farblose Flüssigkeit enthält. Es wird vermutet, dass in der Flasche eine Lösung von Kaliumiodid, Silbernitrat, Bariumchlorid oder Calciumhydroxid enthalten sein könnte. Plane, wie die unbekannte Lösung identifiziert werden kann.

5 Formuliere für die chemische Reaktion von Kaliumcarbonat mit Salzsäure die Reaktionsgleichung sowie die Reaktionsgleichungen für die Protonenabgabe und die Protonenaufnahme. Kennzeichne den Protonenübergang.

1 Kreidefelsen auf der Insel Rügen

2 Tropfsteinhöhle

3 Muschelschalen

Carbonate

Carbonate in der Natur Kalk (Calciumcarbonat, $CaCO_3$) ist als gesteinsbildendes Material in der Natur weit verbreitet, z. B. in Form von Kalkstein, Marmor, Kreide oder Tropfsteinen. Kalk spielt aber auch in der lebenden Natur als Stützsubstanz eine wichtige Rolle, z. B. in Muschelschalen, Schneckenhäusern, Korallen, Eierschalen, Knochen. Einige wichtige Erze sind ebenfalls Carbonate, so z. B. Spateisenstein (Eisencarbonat, $FeCO_3$), Zinkspat (Zinkcarbonat, $ZnCO_3$) und Manganspat (Mangancarbonat, $MnCO_3$).

4 Skulptur aus Marmor

Carbonate im Haushalt Back- und Brausepulver, sowie Feuerlöscher enthalten Natron (Natriumhydrogencarbonat, $NaHCO_3$). Hirschhornsalz, ebenfalls ein Backtriebmittel, enthält Ammoniumhydrogencarbonat (NH_4HCO_3). Soda (Natriumcarbonat, Na_2CO_3) ist in Waschmitteln und Wasserenthärtern enthalten.

5 Diese Produkte enthalten Carbonate.

6 Entfernung von Kalkablagerungen

Eigenschaften der Carbonate Mit Ausnahme von Natriumcarbonat und Kaliumcarbonat (Pottasche) sind Carbonate kaum wasserlöslich. Durch saure Lösungen werden Carbonate unter Bildung von Kohlenstoffdioxid zersetzt. Daher enthalten manche Badreinigungsmittel Citronensäure. Kalkablagerungen an Armaturen werden so durch chemische Reaktion beseitigt.

7 Kalktuff am Uracher Wasserfall

Hartes Wasser Weiße Kalkablagerungen z.B. in Wasserkochern, an Duschköpfen und Armaturen werden durch hartes Wasser verursacht. Hartes Wasser enthält u.a. viele Calcium- und Magnesium-Ionen. Der Gehalt des Wassers an Calcium- und Magnesium-Ionen (Wasserhärte) ist abhängig von den Schichtarten, die das Wasser durchsickert, bevor es in das Grundwasser gelangt. Wird dieses harte Wasser erhitzt, bildet sich unter Freisetzung von Kohlenstoffdioxid schwer lösliches Calciumcarbonat, das sich als Kesselstein an Heizstäben oder Topfböden absetzt. Diese Kalkablagerungen behindern den Wärmeaustausch und erhöhen so den Energieverbrauch. Hartes Wasser führt auch zu einem erhöhten Verbrauch an Waschmitteln.

Der natürliche Kalkkreislauf Die Reaktion von kohlenstoffdioxidhaltigem Wasser mit schwerlöslichem Calciumcarbonat zu leicht löslichem Calciumhydrogencarbonat prägt Karstlandschaften wie die Schwäbische Alb, deren Untergrund aus Jura-Kalk besteht. Durch diese Verwitterung des Kalksteins entstehen Spalten und Hohlräume. In Höhlen führt die Verdunstung von Wasser aus herabtropfender Calciumhydrogencarbonatlösung zur Entstehung von Tropfsteinen. In ähnlicher Weise bilden sich am Uracher Wasserfall Kalkausscheidungen, Kalktuff genannt.

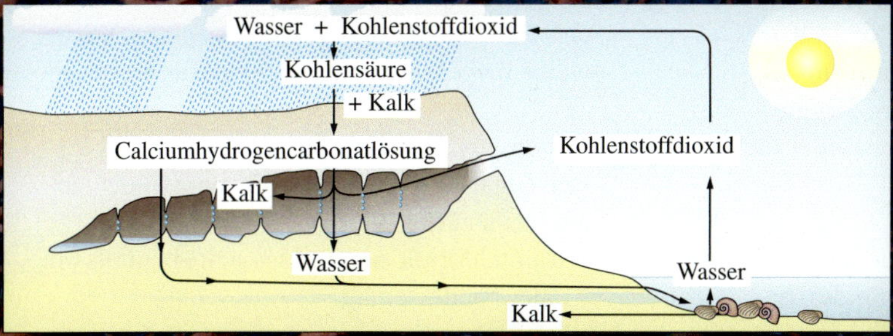

8 Kalkkreislauf in der Natur

Der technische Kalkkreislauf Kalkmörtel spielt als Baustoff eine bedeutende Rolle. Zur Herstellung von Kalkmörtel wird zunächst beim Kalkbrennen Kalkstein auf ca. 1000 °C erhitzt. Dabei reagiert das Calciumcarbonat unter Freisetzung von Kohlenstoffdioxid zu Calciumoxid (Branntkalk). Beim anschließenden Kalklöschen wird der gebrannte Kalk mit Wasser versetzt. Calciumoxid reagiert mit Wasser zu Calciumhydroxid (Löschkalk). Ein Gemisch aus Löschkalk, Sand und Wasser wird als Kalkmörtel z.B. zum Mauern verwendet. Beim Abbinden des Mörtels reagiert das Calciumhydroxid unter Abgabe von Wasser mit Kohlenstoffdioxid aus der Luft zu Calciumcarbonat. Die entstandenen Kalkkristalle sorgen für eine feste Verbindung der Sandkörner und Mauersteine.

Info

Als Fresko bezeichnet man eine Technik der Wandmalerei, die auf frischem (ital. fresco), noch nicht abgebundenem Kalkmörtelputz mit Wasserfarben ausgeführt wird. Die Farbpigmente sind nach dem Abbinden des Putzes unlöslich mit dem Kalk verbunden.

9 Ausschnitt aus einem Fresko von GIOTTO DI BONDONE (1267 bis 1337)

Arbeitsaufträge

1 Erkundige dich bei den Stadtwerken deines Ortes nach dem Härtegrad des Leitungswassers und woher dieses Wasser stammt.

2 Erkläre, warum man Heißwassergeräte und Töpfe regelmäßig entkalken sollte.

3 Begründe, warum Marmorfliesen nicht mit säurehaltigen Haushaltsreinigern gepflegt werden darf.

4 Stelle den technischen Kalkkreislauf grafisch dar.

5 Formuliere die Reaktionsgleichung für das Abbinden von Kalkmörtel.

Methode

Nachweis von Anionen in unbekannten Lösungen

In Mineralwasser sind, abhängig von der Herkunft, verschiedene Salze in unterschiedlichen Massenanteilen gelöst. Durch chemische Reaktionen mit bestimmten Nachweismitteln können Anionen in Lösungen nachgewiesen werden.

Am Beispiel von Mineralwasser soll das Vorgehen gezeigt werden.

1 *Lege zunächst fest, auf welche Anionen die Lösung untersucht werden soll.*
Das Mineralwasser soll auf Chlorid-Ionen und Sulfat-Ionen untersucht werden.

2 *Stelle die erforderlichen Chemikalien und Materialien bereit.*
Chemikalien:
Mineralwasser, 2%ige Silbernitratlösung als Nachweismittel für Chlorid-Ionen, 2%ige Bariumchloridlösung als Nachweismittel für Sulfat-Ionen
Materialien:
Ein Becherglas für das zu untersuchende Mineralwasser, ein Reagenzglasständer, pro Anionennachweis ein Reagenzglas, ein weiteres Reagenzglas für den Vergleich mit dem zu prüfenden Mineralwasser.

3 *Beschrifte die Reagenzgläser mit wasserfesten Stiften.*
Die Reagenzgläser können zum Beispiel nummeriert werden.

4 *Führe die Nachweise durch und beobachte.*
Fülle die bereitgestellten Reagenzgläser jeweils etwa 1 cm hoch mit dem Mineralwasser. Ist das Volumen der zu untersuchenden Lösung nicht ausreichend, muss sie mit entmineralisiertem Wasser verdünnt werden. Gib einige Tropfen Silbernitratlösung und einige Tropfen Bariumchloridlösung in die für die jeweiligen Nachweise vorgesehenen Reagenzgläser. Beobachte.

5 *Notiere die Beobachtungsergebnisse.*
Bei Zugabe von Silbernitratlösung bildet sich ein weißer Niederschlag. Bei Zugabe von Bariumchloridlösung bildet sich ebenfalls ein weißer Niederschlag.

6 *Werte die Beobachtungsergebnisse aus.*
Der Chlorid-Ionen-Nachweis und der Sulfat-Ionen-Nachweis sind positiv. In dem untersuchten Mineralwasser sind sowohl Chlorid-Ionen als auch Sulfat-Ionen vorhanden.

1 Zu prüfendes Mineralwasser

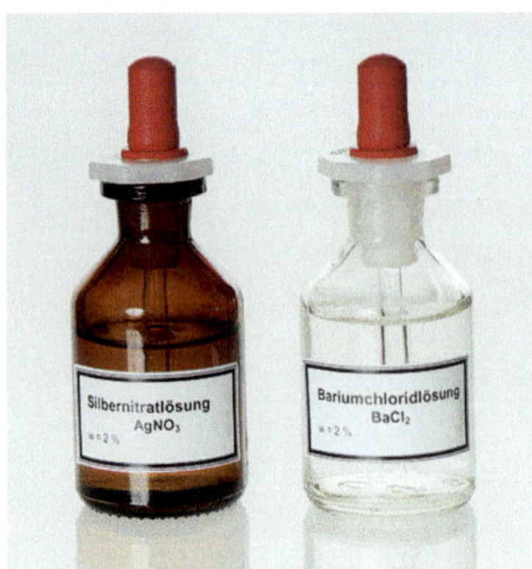

2 Nachweismittel

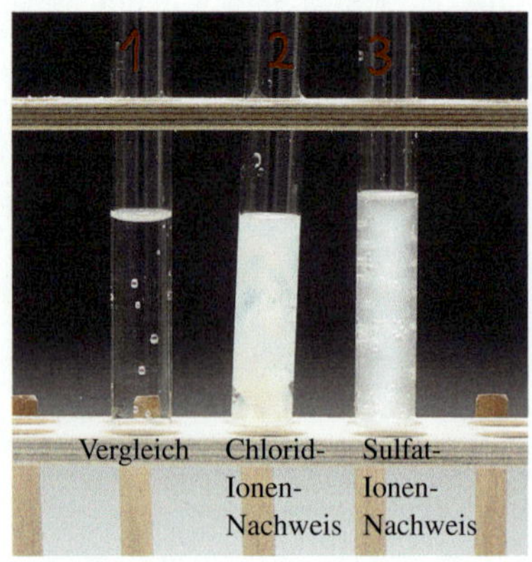

3 Nachweis von Anionen

Selbst untersucht Verhalten von Metallen gegenüber Nichtmetallen, Säuren und Salzlösungen

14 Verbrenne Magnesium.

Vorsicht! Schutzbrille! Nicht direkt in die Flamme schauen! Halte ein etwa 5 cm langes Stück Magnesiumband mit der Tiegelzange in die Brennerflamme, bis es sich entzündet. Lass es dann über einer schwarzen Abdampfschale abbrennen.
Notiere deine Beobachtungen, deute das Versuchsergebnis und formuliere die Reaktionsgleichung.
Entsorgung: Feststoff in den Sammelbehälter für Hausmüll geben.

15 Untersuche das Verhalten von Metallen gegenüber sauren Lösungen.

Vorsicht! Schutzbrille! Gib je eine Spatelspitze Magnesiumpulver (F), Eisenpulver, Zinkpulver (F) und Kupferpulver in ein Reagenzglas. Fülle in jedes Reagenzglas 5 ml 10%ige Salzsäure (Xi). Fange das entstehende Gas pneumatisch auf und führe die Knallgasprobe durch.

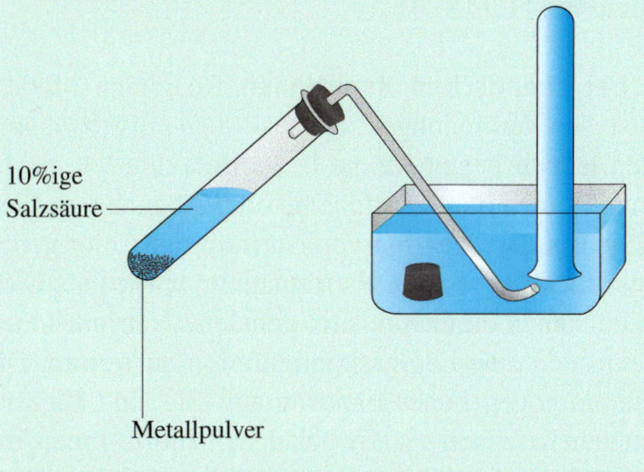

Dampfe nach Beendigung der Gasentwicklung jeweils 2 ml der entstandenen Lösungen in Reagenzgläsern vorsichtig ein und betrachte die Rückstände mit der Lupe.
Wiederhole den Versuch mit verdünnter Schwefelsäure ($w = 10\,\%$; Xi).
Notiere deine Beobachtungen und deute die Versuchsergebnisse.
Entsorgung: Feststoffe in den Sammelbehälter für Hausmüll, Lösungen in den Sammelbehälter für Abwasser geben.

16 Untersuche das Verhalten von Metallen gegenüber Metallsalzlösungen.

Bereite 5%ige Lösungen von Zinkchlorid (C), Eisensulfat (Xn), Kupfersulfat (Xn, N) und Silbernitrat (Xi). Tauche jeweils einen gut gesäuberten Eisennagel in die vier Lösungen. Beobachte einige Minuten.
Tauche auch gut gereinigte Kupferbleche, Zinkbleche und Silberbleche in die Lösungen.

Notiere deine Beobachtungen. Fertige eine Tabelle an, aus der ersichtlich ist, welche Metalle und welche Lösungen miteinander reagieren und welche nicht.
Entsorgung: Lösungen in den Sammelbehälter II geben. Kupfer- und Silberbleche einsammeln, werden wieder verwendet. Zink- und Eisenreste in den Sammelbehälter für Hausmüll geben.

Reaktionen von Metallen mit Nichtmetallen

Magnesium reagiert unter intensiven Licht- und Wärmeerscheinungen mit Sauerstoff. Ebenso heftig verläuft die Reaktion von Magnesium mit Chlor.
Welche weiteren Gemeinsamkeiten bestehen zwischen beiden Reaktionen?

1 Reaktion von Magnesium mit Sauerstoff und mit Chlor

EXPERIMENT 17 [L]
Reaktion von Natrium mit Chlor.

Vorsicht! Abzug! Schutzbrille!
In einem Reagenzglas, das seitlich unten ein Loch hat, wird ein erbsengroßes Stück Natrium (F, C) erhitzt, bis es zu glühen beginnt. Das Reagenzglas wird in einen mit Chlor (T, N) gefüllten Standzylinder gehalten, der rasch mit einer Glasplatte abgedeckt wird.

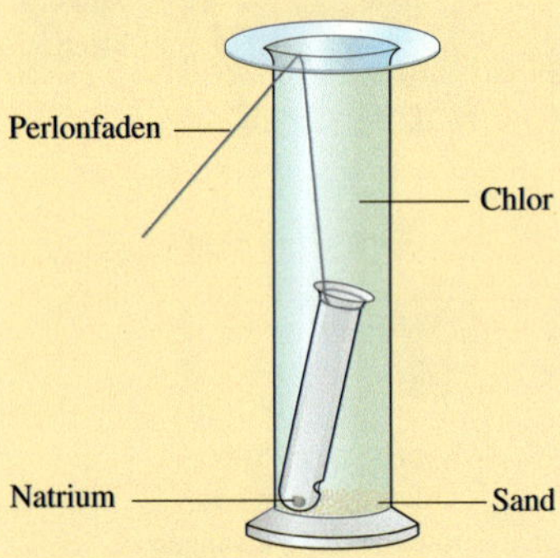

EXPERIMENT 18 [L]
Reaktion von Magnesium mit Chlor.

Vorsicht! Abzug! Schutzbrille!
Ein etwa 10 cm langes Stück Magnesiumband wird in der Brennerflamme entzündet und in einen mit Chlor (T, N) gefüllten Standzylinder gegeben. Das Reaktionsprodukt wird in wenig Wasser gelöst. Die Lösung wird auf elektrische Leitfähigkeit überprüft.

Salzbildung durch Reaktion von Metallen mit Nichtmetallen Das Metall Natrium reagiert mit dem Nichtmetall Chlor in einer exothermen Reaktion zu dem Salz Natriumchlorid. ↑E.17 Auch Magnesium reagiert mit Chlor zu einem weißen Feststoff, dessen wässrige Lösung elektrischen Strom leitet. ↑E.18 Das Reaktionsprodukt Magnesiumchlorid ist ein Salz.

$$Mg\,(s) + Cl_2\,(g) \longrightarrow MgCl_2\,(s) \mid \text{exotherm}$$

Allgemein reagieren Metalle mit Halogenen zu Salzen. ↑S.194 Diese Salze heißen Metallhalogenide. Vergleichbar mit den Reaktionen von Metallen mit Halogenen sind die Reaktionen einiger Metalle mit Sauerstoff oder Schwefel. Die bei diesen Reaktionen entstehenden Metalloxide bzw. Metallsulfide sind ebenfalls salzartige Stoffe, wie z. B. das in Experiment 14 gebildete Magnesiumoxid. ↑E.14 S.301

Elektronenübergang bei chemischen Reaktionen Reagieren Metalle mit Nichtmetallen, entstehen Verbindungen, die aus Ionen aufgebaut sind. In den Ausgangsstoffen jedoch liegen Atome bzw. Moleküle vor. Es ist bekannt, dass Ionen aus Atomen durch Aufnahme oder Abgabe von Elektronen entstehen. ↑S.229 Bei der Reaktion von Natrium mit Chlor geben die Natriumatome je ein Elektron ab. Die Natriumatome wirken als **Elektronendonatoren**. Es entstehen einfach positiv geladene Natrium-Ionen, die mit acht Außenelektronen eine Edelgaskonfiguration aufweisen. Die Chloratome nehmen je ein abgegebenes Elektron auf. Sie sind **Elektronenakzeptoren**. Es entstehen einfach negativ geladene Chlorid-Ionen, die ebenfalls eine Edelgaskonfiguration besitzen.

Elektronenabgabe: $Na \longrightarrow Na^+ + e^-$

Elektronenaufnahme: $Cl + e^- \longrightarrow Cl^-$

Elektronenaufnahme und -abgabe laufen stets gleichzeitig ab. Zwischen den Teilchen der Ausgangsstoffe findet bei dieser Reaktion ein **Elektronenübergang** statt.

$$2\,Na + Cl_2 \longrightarrow 2\,NaCl$$

Elektronenübergang

Bei der Reaktion von Magnesium mit Chlor zu Magnesiumchlorid werden ebenfalls Ionen durch Elektronenübergang gebildet. Da die Anzahl der abgegebenen und aufgenommenen Elektronen stets gleich ist, reagiert ein Magnesiumatom immer mit zwei Chloratomen.

Elektronenabgabe

$$Mg + Cl_2 \longrightarrow Mg^{2+} + 2\,Cl^-$$

Elektronenaufnahme

Reagieren Metalle mit Nichtmetallen, werden stets Elektronen von den Metallatomen auf die Atome des Nichtmetalls unter Bildung von positiv geladenen Metall-Ionen und negativ geladenen Nichtmetall-Ionen übertragen.

Bei der Reaktion eines Metalls mit einem Nichtmetall findet zwischen den Teilchen der reagierenden Stoffe ein Elektronenübergang statt.

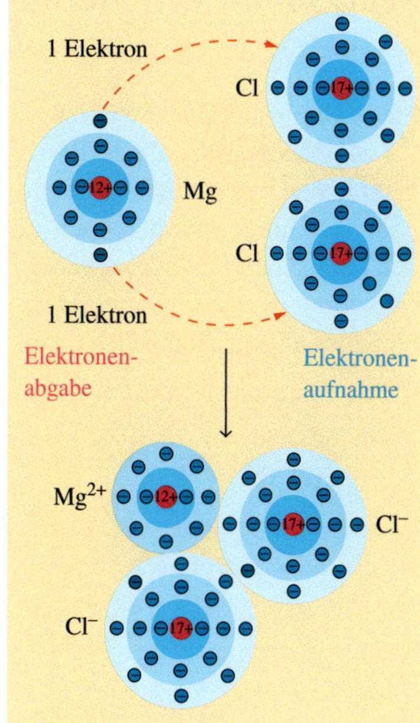

2 Elektronenübergang bei der Bildung von Magnesiumchlorid

Elektronenübergang – Redoxreaktionen Auch bei der Oxidation von Magnesium zu Magnesiumoxid findet zwischen den reagierenden Teilchen ein Elektronenübergang statt. Aus Magnesiumatomen entstehen durch Elektronenabgabe zweifach positiv geladene Magnesium-Ionen. Gleichzeitig nehmen Sauerstoffatome je zwei Elektronen auf und werden zu zweifach negativ geladenen Oxid-Ionen. Die Reaktionen von Magnesium mit Chlor und die mit Sauerstoff sind also auf der Ebene der Teilchen vergleichbar. Die Vergleichbarkeit solcher Reaktionen führte dazu, dass die Begriffe Oxidation und Reduktion erweitert wurden. Die Oxidation ist demnach eine Teilreaktion der Redoxreaktion, bei der eine Elektronenabgabe stattfindet. Die Reduktion ist eine Teilreaktion der Redoxreaktion, bei der eine Elektronenaufnahme stattfindet. Redoxreaktionen sind Reaktionen mit Elektronenübergängen.

Elektronenabgabe/Oxidation:	$2\,Mg \longrightarrow 2\,Mg^{2+} + 4\,e^-$
Elektronenaufnahme/Reduktion:	$O_2 + 4\,e^- \longrightarrow 2\,O^{2-}$
Elektronenübergang/Redoxreaktion:	$2\,Mg + O_2 \longrightarrow 2\,MgO$

Redoxreaktionen sind Reaktionen mit Elektronenübergang. Bei der Oxidation werden Elektronen abgegeben, gleichzeitig werden bei der Reduktion Elektronen aufgenommen.

Redoxreaktion im Vergleich

Oxidation ist die Aufnahme von Sauerstoff. $4\,Ag + O_2 \longrightarrow 2\,Ag_2O$	Oxidation ist die Abgabe von Elektronen. $2\,Ag \longrightarrow 2\,Ag^+ + 2\,e^-$
Reduktion ist die Abgabe von Sauerstoff. $2\,Ag_2O \longrightarrow 4\,Ag + O_2$	Reduktion ist die Aufnahme von Elektronen. $Cl_2 + 2\,e^- \longrightarrow 2\,Cl^-$
Redoxreaktionen sind Reaktionen mit Sauerstoffübertragung.	Redoxreaktionen sind Reaktionen mit Elektronenübergang.

Aufgaben

1 Aluminium reagiert mit Brom zu Aluminiumbromid. Formuliere die Ionengleichungen für die Elektronenabgabe und Elektronenaufnahme sowie die Reaktionsgleichung für den Elektronenübergang.

2 Erläutere die Begriffe Elektronendonator und Elektronenakzeptor an einem selbst gewählten Beispiel.

3 Erläutere die Stoffumwandlung und die Veränderung der Teilchen bei der Oxidation von Eisen zu Eisen(III)-oxid (Fe_2O_3).

4 Überlege, welche Teilchen bei der Reaktion von Magnesium mit Sauerstoff bzw. von Magnesium mit Chlor die Oxidationsmittel bzw. die Reduktionsmittel sind. Formuliere eine allgemeine Aussage.

Reaktionen von Metallen mit sauren Lösungen und Salzlösungen

Metallteile aus Eisen werden von Meerwasser angegriffen. Versunkene Gegenstände aus Gold lassen sich hingegen auch noch nach langer Zeit unversehrt bergen. Wie kommt es, dass manche Metalle leichter angegriffen werden als andere?

1 Schiffswrack

Salzbildung durch Reaktionen von Metallen mit Säurelösungen Einige Metalle wie Zink, Magnesium und Eisen reagieren mit verdünnten Säurelösungen relativ heftig. Beim Einsatz von blanken Kupferspänen ist dagegen keine Reaktion zu beobachten. Unedle Metalle reagieren mit verdünnten Säurelösungen, edle Metalle wie Kupfer, Silber oder Gold reagieren dagegen nicht mit ihnen. ↑E.15 S.301

Bei der chemischen Reaktion wird das Metall von der sauren Lösung angegriffen. Zusätzlich entsteht ein Gas, das als Wasserstoff zu identifizieren ist. Die nach dem Eindampfen einer Probe zurückbleibende Kruste deutet darauf hin, dass bei der Reaktion eine Salzlösung entstanden ist. ↑E.15 S.301

Zink + Salzsäure ⟶ Zinkchloridlösung + Wasserstoff + Wasser

$Zn(s) + 2\,H_3O^+(aq) + 2\,Cl^-(aq) \longrightarrow Zn^{2+}(aq) + 2\,Cl^-(aq) + H_2(g) + 2\,H_2O(l)$

Es handelt sich bei dieser Reaktion um eine Reaktion mit Elektronenübergang, also um eine Redoxreaktion.

Elektronenabgabe/Oxidation:	Zn	$\longrightarrow$	$Zn^{2+} + 2\,e^-$
Elektronenaufnahme/Reduktion:	$2\,H_3O^+ + 2\,e^-$	$\longrightarrow$	$H_2 + 2\,H_2O$
Elektronenübergang/Redoxreaktion:	$Zn + 2\,H_3O^+$	$\longrightarrow$	$Zn^{2+} + H_2 + 2\,H_2O$

Von Zinkatomen gehen Elektronen auf Oxonium-Ionen über. Die Zinkatome werden zu Zink-Ionen oxidiert. Die Oxonium-Ionen werden reduziert, dabei entstehen Wasserstoff- und Wassermoleküle.

Die Chlorid-Ionen, also die Säurerest-Ionen der Salzsäure, nehmen an der Reaktion nicht teil. Erst beim Eindampfen der Lösung verbinden sich die Zink-Ionen mit den Chlorid-Ionen zu Zinkchlorid.

Salzlösungen können durch die Reaktion von unedlen Metallen mit sauren Lösungen entstehen. Dabei findet ein Elektronenübergang von den Metallatomen auf die Oxonium-Ionen der sauren Lösung statt.

Schon gewusst?

Die „Radierung" ist ein Tiefdruckverfahren in der Kunst. Dabei werden die Linien, die später gedruckt werden sollen, mit Salpetersäure in eine Platte aus Kupfer oder Zink geätzt. In diese Vertiefungen wird die Druckfarbe gerieben und unter sehr hohem Druck mit einer Zylinderpresse auf feuchtes, saugfähiges Papier übertragen.

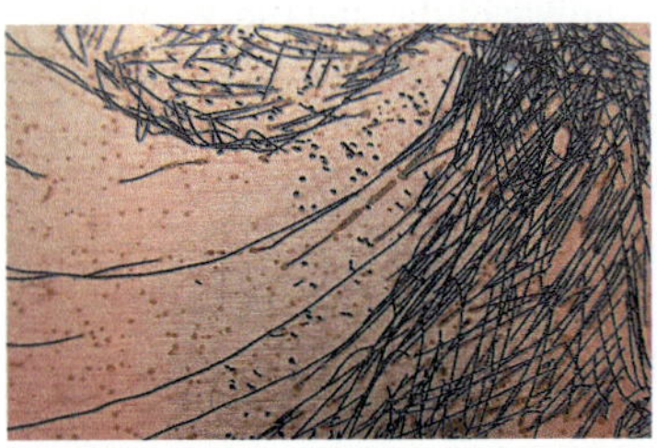

Salzbildung durch Reaktionen von Metallen mit Salzlösungen Ein Eisennagel, der in eine Kupfersulfatlösung getaucht wird, überzieht sich mit einer Schicht aus rotbraunem Kupfer. ↑E.16 S.301 ↑2 Die Kupfer-Ionen in der Lösung müssen demnach zu Kupferatomen reduziert worden sein. An der Oberfläche des Nagels findet ein Elektronenübergang statt. Die zweifach positiv geladenen Kupfer-Ionen der Lösung wirken als Elektronenakzeptoren. Durch Aufnahme von je zwei Elektronen werden sie zu Kupferatomen reduziert, die sich abscheiden. Die Eisenatome im Nagel sind die Elektronendonatoren. Sie geben jeweils zwei Elektronen ab und gehen als zweifach positiv geladene Eisen-Ionen in Lösung.

Elektronenabgabe/Oxidation: $Fe \longrightarrow Fe^{2+} + 2\,e^-$
Elektronenaufnahme/Reduktion: $Cu^{2+} + 2\,e^- \longrightarrow Cu$

Elektronenübergang/Redoxreaktion: $Fe + Cu^{2+} \longrightarrow Fe^{2+} + Cu$

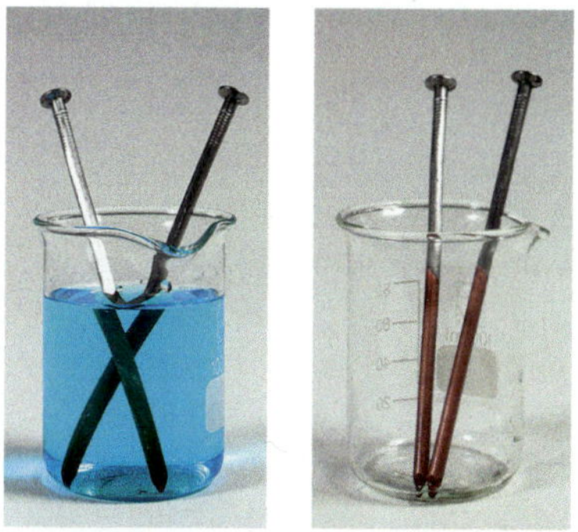
2 Eisennägel tauchen in eine Kupfersulfatlösung.

Redoxreihe der Metalle Taucht man ein Kupferblech in Silbernitratlösung, scheidet sich darauf Silber ab. Dagegen lässt sich beim Eintauchen eines Kupferblechs in eine Eisensulfatlösung keine Veränderung beobachten. ↑E.16 S.301 Die Silber-Ionen reagieren mit den Kupferatomen zu Silberatomen und Kupfer-Ionen. Es bilden sich jedoch keine Kupfer-Ionen bei Einwirkung von Eisen-Ionen auf Kupferatome. Der Grund für dieses unterschiedliche Verhalten liegt in dem verschieden starken Bestreben der Metallatome, ihre Außenelektronen abzugeben und Ionen zu bilden. Eine Reaktion findet nur dann statt, wenn ein Metall in eine Salzlösung taucht, die Ionen eines edleren Metalls enthält.
Ordnet man die Metalle anhand dieser Versuche nach ihrem Bestreben zur Elektronenabgabe, so stellt man fest, dass sich die gleiche Reihenfolge wie bei der Redoxreihe der Metalle ergibt. Die Atome unedler Metalle geben leicht Elektronen ab, sie sind gute Reduktionsmittel. Atome edler Metalle neigen kaum zur Elektronenabgabe. Ihre Ionen hingegen sind bestrebt, Elektronen aufzunehmen. Sie sind gute Oxidationsmittel.

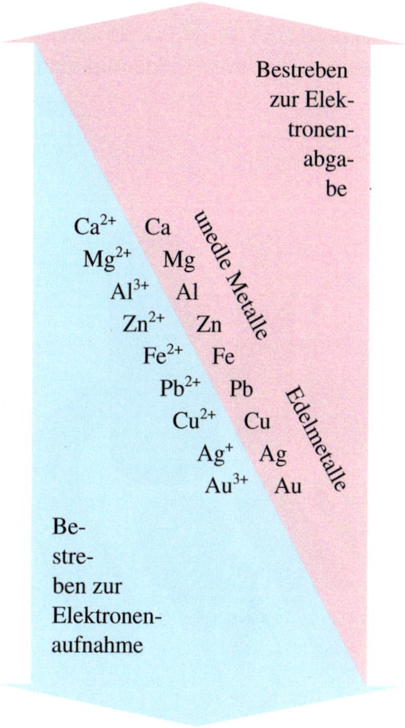

Das Bestreben der Metallatome, Elektronen abzugeben, ist unterschiedlich stark. Atome unedler Metalle geben ihre Elektronen leichter ab als die Atome edler Metalle. Ionen der edlen Metalle sind bestrebt, Elektronen aufzunehmen.

Aufgaben

1 Entwickle für die Reaktion von Aluminium mit Salzsäure die Ionengleichungen für die Elektronenaufnahme und Elektronenabgabe. Ordne diesen Teilreaktionen die Begriffe Oxidation und Reduktion zu. Welche Rolle spielt dabei das Säurerest-Ion?

2 Überlege, welches Salz man bei der Reaktion von Kupfer mit Schwefelsäure erhält. In welcher Form liegt es nach der Reaktion vor? Formuliere die Reaktionsgleichung.

3 Begründe, warum man in Kochtöpfen aus Aluminium kein Sauerkraut kochen sollte.

4 Beschreibe die Vorgänge, die beim Eintauchen eines Zinkstabs in eine Kupfersulfatlösung bzw. in eine Magnesiumsulfatlösung ablaufen.

5 Ein Eisennagel taucht in eine Silbernitratlösung. Formuliere für die chemische Reaktion die Reaktionsgleichung und kennzeichne Oxidationsmittel und Reduktionsmittel.

Volumenverhältnisse bei chemischen Reaktionen

Heizstäbe von Tauchsiedern, Kaffeemaschinen oder Wasserkochern sind nach längerer Betriebszeit häufig stark verkalkt. Mit verdünnten Säurelösungen lässt sich der Kalkbelag unter Bildung von Kohlenstoffdioxid entfernen. Welches Volumen an Kohlenstoffdioxid entsteht bei dieser Reaktion? Gibt es Beziehungen zwischen den Massen und den Volumina der Stoffe, die an chemischen Reaktionen beteiligt sind?

1 Entfernung von Kalk mit verdünnter Salzsäure

2 Verkalkte Rohre

3 Aufpumpen eines Reifens

Einfluss äußerer Bedingungen auf das Volumen von Gasen Ist dir schon einmal aufgefallen, dass ein Fahrradreifen im Sommer bei höheren Temperaturen praller gefüllt erscheint als im Winter? Warum ist das so? Nicht nur die Luft im Reifen, sondern alle Gase und Gasgemische verhalten sich gegenüber Druck- und Temperaturveränderungen gleich: Bei Druckerhöhung und Temperaturerniedrigung verringern sie ihr Volumen. Bei Temperaturerhöhung und Druckerniedrigung nimmt ihr Volumen zu. Das Verhalten der Gase ist völlig unabhängig davon, woraus eine Gasportion besteht, ob aus Sauerstoff oder Wasserstoff, ob aus Helium oder Kohlenstoffdioxid. Worauf ist dieses Verhalten der Gase zurückzuführen?

Satz von AVOGADRO Eine hypothetische Erklärung für dieses Verhalten, das nur Gase, nicht aber feste oder flüssige Stoffe besitzen, fand bereits im Jahre 1811 AMADEO AVOGADRO anhand von Volumenmessungen bei einer Vielzahl von Gasen, die an chemischen Reaktionen als Reaktionspartner beteiligt waren. Er formulierte eine Hypothese, in der er aussagte, dass bei allen Gasen mit einem gleichen Volumen bei gleicher Temperatur und gleichem Druck die Anzahl der Teilchen gleich ist.
Aus dieser Hypothese lässt sich z. B. folgern, dass bei 0 °C (273 K) und 101,3 kPa in 2 Liter Wasserstoff die gleiche Anzahl Wasserstoffmoleküle enthalten ist wie Kohlenstoffdioxidmoleküle in 2 Liter Kohlenstoffdioxid. Oder auch, dass bei 100 °C und 2 MPa 10 Liter Neon die doppelte Anzahl an Neonatomen enthalten wie 5 Liter Stickstoff an Stickstoffmolekülen.
Die Hypothese kann experimentell nicht bewiesen werden, denn das direkte Zählen einzelner Gasteilchen ist zumindest gegenwärtig nicht möglich. Da mit der Hypothese aber das Verhalten von Gasen und Gasgemischen erklärt werden kann und keine widersprechenden Sachverhalte bekannt sind, bezeichnet man sie auch als **Satz von AVOGADRO**:

Gleiche Volumina aller Gase enthalten bei gleicher Temperatur und gleichem Druck die gleiche Anzahl von Teilchen.

Das molare Volumen Sind bei chemischen Reaktionen Gase als Reaktionspartner beteiligt, ist es günstiger, statt mit den Massen mit den Volumina dieser Gase zu arbeiten. Entsteht z. B. bei verschiedenen Reaktionen von Calciumcarbonat mit Salzsäure das doppelte oder vierfache Volumen an Kohlenstoffdioxid, so verdoppelt oder vervierfacht sich auch die Stoffmenge dieser Gasportion. Daraus lässt sich ableiten, dass bei Gasen eine direkte Proportionalität zwischen dem Volumen der Stoffportion und ihrer Stoffmenge besteht: $V \sim n$. Als Proportionalitätsfaktor ergibt sich hier der Quotient aus dem Volumen und der Stoffmenge der Stoffportion. Dieser Quotient wird als **molares Volumen V_m** bezeichnet. Das molare Volumen aller Gase beträgt bei Normbedingungen etwa 22,4 l/mol.

4 AMADEO AVOGADRO (1776 bis 1856), italienischer Physiker

Das molare Volumen V_m eines Gases ist der Quotient aus dem Volumen und der Stoffmenge einer Stoffportion. Unter Normbedingungen beträgt das molare Volumen für alle Gase etwa 22,4 l/mol.

$$V_m = \frac{V(\text{Stoffportion})}{n(\text{Stoffportion})}$$

Durch Umstellung der Größengleichung für das molare Volumen von Gasen lässt sich bei gegebener Stoffmenge das Volumen und bei gegebenem Volumen die Stoffmenge einer Stoffportion errechnen.

Aufgabe: Bei einer chemischen Reaktion entsteht Wasserstoff mit der Stoffmenge $n(H_2) = 0{,}02$ mol. Welches Volumen nimmt dieser Wasserstoff unter Normbedingungen ein?

Gesucht: $V(H_2)$

Gegeben: $n(H_2) = 0{,}02$ mol
$V_m = 22{,}4$ l/mol

Lösung: $V_m = \frac{V(H_2)}{n(H_2)}$

$V(H_2) = n(H_2) \cdot V_m$

$V(H_2) = 0{,}02 \text{ mol} \cdot 22{,}4 \text{ l/mol}$

$V(H_2) = 0{,}45 \text{ l} = 450 \text{ ml}$

Ergebnis: Der bei der chemischen Reaktion entstandene Wasserstoff nimmt unter Normbedingungen ein Volumen von 450 ml ein.

Normbedingungen für Gase

$p_n = 101{,}3$ kPa

$T_n = 273$ K (0 °C)

Das molare Volumen von Gasen

$$V_m = \frac{V(\text{Stoffportion})}{n(\text{Stoffportion})}$$

$$V(\text{Stoffportion}) = n(\text{Stoffport.}) \cdot V_m$$

$$n(\text{Stoffportion}) = \frac{V(\text{Stoffportion})}{V_m}$$

Aufgaben

1 Begründe, warum sich das Volumen von Luft, z. B. in einer Luftpumpe, zusammendrücken lässt, das Volumen einer Flüssigkeit unter Druck aber nahezu konstant bleibt.

2 Erkläre, warum sich Gase gegenüber Druck- und Temperaturänderung gleich verhalten.

3 Beim Reinigen der Heizstäbe einer Kaffeemaschine entstand Kohlenstoffdioxid mit einer Masse von $m(CO_2) = 2{,}2$ g.
Welches Volumen an Kohlenstoffdioxid ist bei dieser Reaktion entstanden?

4 Berechne das Volumen bzw. die Stoffmenge folgender Gasportionen:
a $n(H_2) = 3$ mol
b $V(CO_2) = 40$ l
c $n(Cl_2) = 2{,}1$ mol
d $V(N_2) = 88{,}9$ l

5 Berechne die Anzahl Wasserstoffmoleküle, die in 1 Liter Wasserstoff enthalten sind.

6 Vergleiche molare Masse und molares Volumen von Sauerstoff und Wasserstoff.

Experimentelle Volumenermittlung von Gasen bei chemischen Reaktionen Bei vielen chemischen Reaktionen reagieren nicht nur ausschließlich gasförmige Reaktionspartner. Eine bestimmte Stoffportion eines festen Stoffes wird praktischerweise über seine Masse bestimmt. Bei einer Stoffportion eines gasförmigen Stoffes gibt man am einfachsten deren Volumen an. Sind dagegen feste und gasförmige Stoffe Reaktionspartner, ist es erforderlich, Massen und Volumina zu bestimmen.
Wie bereits bekannt, entsteht bei der Reaktion von Magnesium mit Salzsäure Wasserstoff. Welcher Zusammenhang besteht bei dieser chemischen Reaktion zwischen der Masse Magnesium und dem entstehenden Volumen Wasserstoff?
Die Reaktionsgleichung für die abgelaufene Reaktion lautet:

Mg (s)	+ 2 HCl (aq) ⟶	$MgCl_2$ (aq)	+ H_2 (g)	| exotherm
Magnesium	Salzsäure	Magnesiumchlorid	Wasserstoff	

Durch die Reaktionsgleichung ist bekannt, dass aus 1 mol Magnesium die Stoffmenge von 1 mol Wasserstoff entsteht. Setzt man für 1 mol Magnesium die Masse von 24 g und für 1 mol Wasserstoff das Volumen von 22,4 l ein, wird deutlich, dass auch ein Zusammenhang zwischen der Masse Magnesium und dem Volumen Wasserstoff besteht.
Dieser Zusammenhang kann wie folgt ausgedrückt werden.

Es gilt: $m(\text{Mg}) = n(\text{Mg}) \cdot M(\text{Mg})$ und $V(\text{H}_2) = n(\text{H}_2) \cdot V_\text{m}$

Betrachtet man die Masse Magnesium im Verhältnis zum Volumen Wasserstoff, ergibt sich

$$\frac{m(\text{Mg})}{V(\text{H}_2)} = \frac{n(\text{Mg}) \cdot M(\text{Mg})}{n(\text{H}_2) \cdot V_\text{m}}$$

Durch Umstellen der Größengleichung lassen sich Massen bei gegebenen Volumina und Volumina bei gegebenen Massen berechnen.

Allgemeine Größengleichungen zu Volumenberechnungen bei chemischen Reaktionen

$$\frac{V(\text{A})}{m(\text{B})} = \frac{n(\text{A}) \cdot V_\text{m}}{n(\text{B}) \cdot M(\text{B})}$$

$$\frac{m(\text{A})}{V(\text{B})} = \frac{n(\text{A}) \cdot M(\text{A})}{n(\text{B}) \cdot V_\text{m}}$$

$$\frac{V(\text{A})}{V(\text{B})} = \frac{n(\text{A})}{n(\text{B})}$$

A – Stoff der gesuchten Größe

B – Stoff der gegebenen Größe

Bei einer chemischen Reaktion besteht ein proportionaler Zusammenhang zwischen der Masse eines Ausgangsstoffes und dem Volumen eines Reaktionsprodukts.

Selbst untersucht

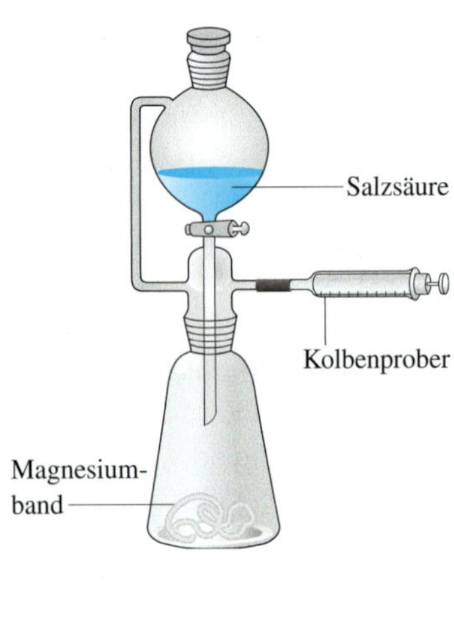

19 Ermittle das Volumen von Wasserstoff, das bei der Reaktion von Magnesium mit Salzsäure entsteht.

Wiege 0,1 g Magnesiumband genau ab. Bringe das Band in den Erlenmeyerkolben des Gasentwicklers und tropfe bei luftdicht verschlossener Apparatur 10%ige Salzsäure (Xi) zu. Ermittle das entstandene Volumen an Wasserstoff (F+). Wiederhole das Experiment mit 0,15 g; 0,2 g und 0,25 g Magnesium.
Erfasse die erhaltenen Daten in einer Wertetabelle.
Werte das Experiment grafisch aus, indem du in einem Koordinatensystem die Masse Magnesium auf der Abszissenachse (x-Achse) und das jeweils entstandene Volumen Wasserstoff auf der Ordinatenachse (y-Achse) abträgst.
Entsorgung: Flüssigkeit in Sammelbehälter für Abwasser geben.

Volumenberechnungen bei chemischen Reaktionen Für Berechnungen bei chemischen Reaktionen, an denen feste und gasförmige Reaktionspartner beteiligt sind, wird der bestehende Zusammenhang zwischen der Masse eines Stoffes und dem Volumen eines anderen Stoffes genutzt. Damit könnte nun auch berechnet werden, welche Volumina Wasserstoff bei der Reaktion von Magnesium mit Salzsäure entstehen müssten. ↑E.19
Eine bewährte Schrittfolge zum Vorgehen bei der Berechnung von Volumina bei chemischen Reaktionen ist auf Seite 310 dargestellt.

Aufgabe: Im Chemieunterricht setzt eine Schülerarbeitsgruppe 0,1 g Magnesiumband mit 10%iger Salzsäure zu Magnesiumchloridlösung und Wasserstoff um. Berechne das entstehende Volumen an Wasserstoff unter Normbedingungen.

Gesucht: $V(H_2)$

Gegeben: $m(\text{Mg}) = 0{,}1\,\text{g}$
$M(\text{Mg}) = 24\,\text{g/mol}$
$V_m = 22{,}4\,\text{l/mol}$

Reaktionsgleichung: $\text{Mg (s)} + 2\,\text{HCl (aq)} \longrightarrow \text{MgCl}_2\text{ (aq)} + \text{H}_2\text{ (g)}$

Lösung:
$$\frac{V(\text{H}_2)}{m(\text{Mg})} = \frac{n(\text{H}_2)\cdot V_m}{n(\text{Mg})\cdot M(\text{Mg})}$$
$$V(\text{H}_2) = \frac{n(\text{H}_2)\cdot V_m \cdot m(\text{Mg})}{n(\text{Mg})\cdot M(\text{Mg})}$$
$$V(\text{H}_2) = \frac{1\,\text{mol}\cdot 22{,}4\,\text{l/mol}\cdot 0{,}1\,\text{g}}{1\,\text{mol}\cdot 24\,\text{g/mol}} = 0{,}0933\,\text{l}$$

Ergebnis: Bei der Reaktion von 0,1 g Magnesium mit Salzsäure zu Magnesiumchloridlösung und Wasserstoff entstehen unter Normbedingungen 93,3 ml Wasserstoff.

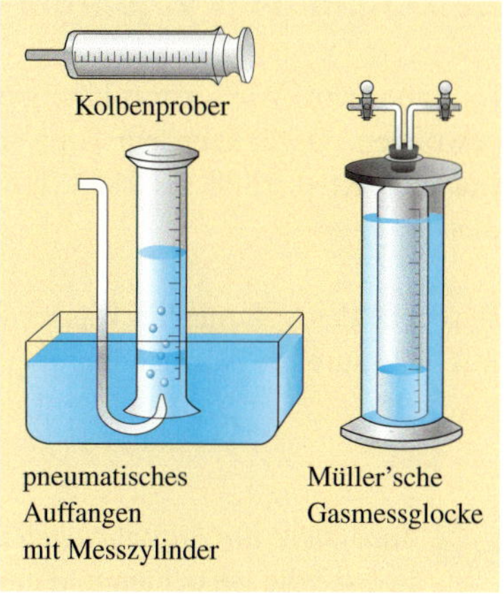

1 Geräte zum Messen von Gasvolumina

2 In der Technik werden Gase in Gasometern aufbewahrt.

Aufgaben

1 Berechne die Masse folgender Gasportionen:
a $V(\text{SO}_2) = 33{,}6\,\text{l}$
b $V(\text{HCl}) = 5\,\text{l}$
c $V(\text{CO}_2) = 0{,}02\,\text{l}$

2 Berechne das Volumen folgender Gasportionen:
a $m(\text{NO}_2) = 23\,\text{g}$
b $m(\text{N}_2) = 3{,}5\,\text{g}$
c $m(\text{SO}_2) = 64\,\text{kg}$

3 An einem Wasserhahn befindet sich ein Kalkbelag von $m(\text{CaCO}_3) = 2{,}4\,\text{g}$. Dieser Belag soll durch Reaktion mit verdünnter Schwefelsäure entfernt werden.
Berechne unter Annahme von Normbedingungen das Volumen an Kohlenstoffdioxid.

4 Für die Durchführung eines Experiments wird ein Volumen von 100 ml Kohlenstoffdioxid benötigt. Welche Masse an Kohlenstoff muss dafür vollständig verbrannt werden?

5 Im Jahr 2005 betrug der gesamte Ausstoß an Kohlenstoffdioxid in Deutschland 870 Mio. Tonnen.
a Berechne das an die Atmosphäre abgegebene Volumen an Kohlenstoffdioxid.
b Berechne die Stoffmenge des Kohlenstoffdioxids.

6 Berechne das Volumen an Chlor, das zur Bildung von 5 g Aluminiumchlorid benötigt wird.

Methode

Berechnen von Volumina bei chemischen Reaktionen

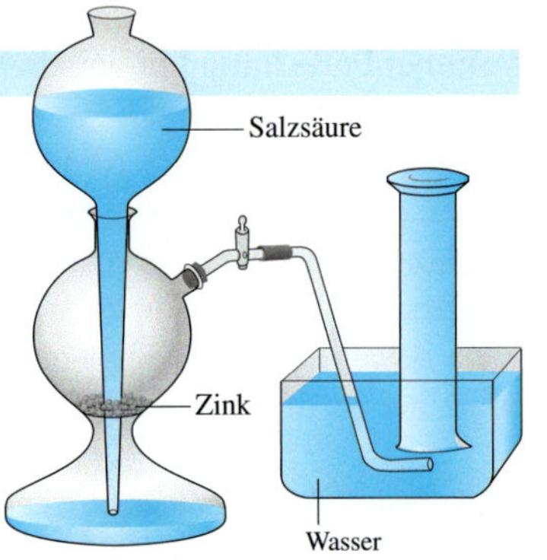

Im Labor wird Wasserstoff häufig durch Reaktion von Zink mit Salzsäure gewonnen. Dazu kann ein Kipp'scher Apparat (entwickelt von PETRUS JACOBUS KIPP, 1808 bis 1864, holländischer Apotheker) verwendet werden.

Berechne das Volumen an Wasserstoff, das beim Umsatz von 30 g Zink mit Salzsäure bei Normbedingungen entsteht.

1 *Analysiere die Aufgabenstellung.*
Erfasse die gesuchten und gegebenen Größen. Ermittle die benötigten molaren Massen mithilfe eines Tafelwerks.

Gesucht: $V(H_2)$ Gegeben: $m(Zn) = 30\,g$; $M(Zn) = 65\,g/mol$; $V_m = 22{,}4\,l/mol$

2 *Entwickle die Reaktionsgleichung.*

$$Zn\,(s) + 2\,H_3O^+\,(aq) + 2\,Cl^-\,(aq) \longrightarrow Zn^{2+}\,(aq) + 2\,Cl^-\,(aq) + 2\,H_2O\,(l) + H_2\,(g)$$

3 *Ermittle die Stoffmengen der Stoffe aus der Reaktionsgleichung.*

$n(Zn) = 1\,mol$; $n(H_2) = 1\,mol$

4 *Formuliere das Verhältnis zwischen Volumen der gesuchten Größe und Masse der gegebenen Größe.*
Stelle die Gleichung unter Nutzung der allgemeinen Größengleichung auf.

$m = n \cdot M \qquad V = n \cdot V_m$

$$\frac{V(A)}{m(B)} = \frac{n(A) \cdot V_m}{n(B) \cdot M(B)}$$

$$\frac{V(H_2)}{m(Zn)} = \frac{n(H_2) \cdot V_m}{n(Zn) \cdot M(Zn)}$$

5 *Forme die Gleichung nach der gesuchten Größe um.*

$$V(A) = \frac{n(A) \cdot V_m \cdot m(B)}{n(B) \cdot M(B)}$$

$$V(H_2) = \frac{n(H_2) \cdot V_m \cdot m(Zn)}{n(Zn) \cdot M(Zn)}$$

6 *Setze die bekannten Größen in die Gleichung ein und berechne das Ergebnis.*

$$V(H_2) = \frac{1\,mol \cdot 22{,}4\,l/mol \cdot 30\,g}{1\,mol \cdot 65\,g/mol}$$

$V(H_2) = 10{,}34\,l$

7 *Formuliere einen Antwortsatz.*

Bei der Reaktion von 30 g Zink mit Salzsäure entsteht unter Normalbedingungen ein Volumen von 10,34 Liter Wasserstoff.

Grafisches Darstellen experimenteller Daten mit dem Computer

Häufig werden bei chemischen Experimenten quantitative Daten ermittelt, z. B. Gasvolumina mit einem Kolbenprober. Diese Daten sollen in Form von Diagrammen oder ähnlichen Übersichten dargestellt werden. Dafür eignet sich z. B. das Programm Excel.

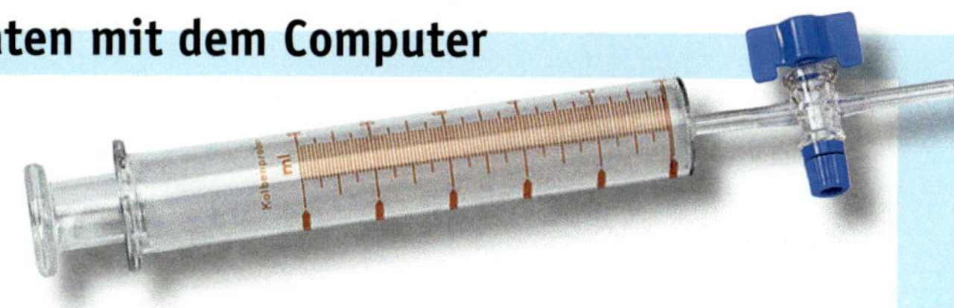

1 Kolbenprober zum Messen von Volumina

1 *Öffne ein neues Excel-Dokument.*

2 *Benenne die Spalten.*
Spalte A: „*t* in s“. Das werden die Werte der *x*-Achse.
Spalte B: „*V*(Wasserstoff) in ml“. Das werden die Werte der *y*-Achse.

3 *Trage die ermittelten Werte in die Spalten ein.*

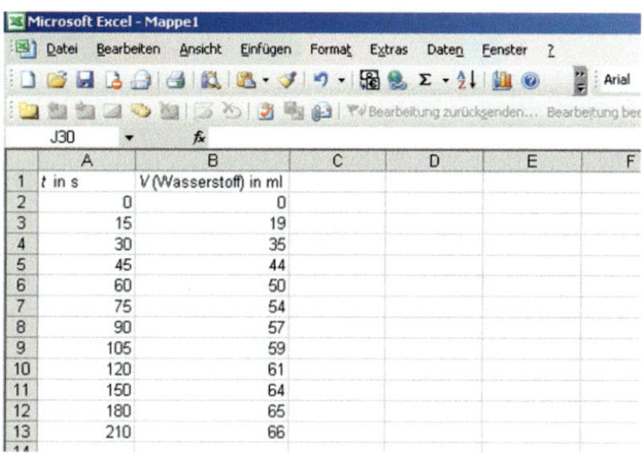

	A	B
1	t in s	V (Wasserstoff) in ml
2	0	0
3	15	19
4	30	35
5	45	44
6	60	50
7	75	54
8	90	57
9	105	59
10	120	61
11	150	64
12	180	65
13	210	66

4 *Markiere die Werte der Spalte B und klicke im Menü auf das Symbol „Diagramm-Assistent“ (farbige Säulen). Wähle im Diagramm-Assistenten den Diagrammtyp aus. Klicke anschließend auf „Weiter“.*
Für dieses Diagramm ist der Diagrammtyp „Linie“ geeignet.

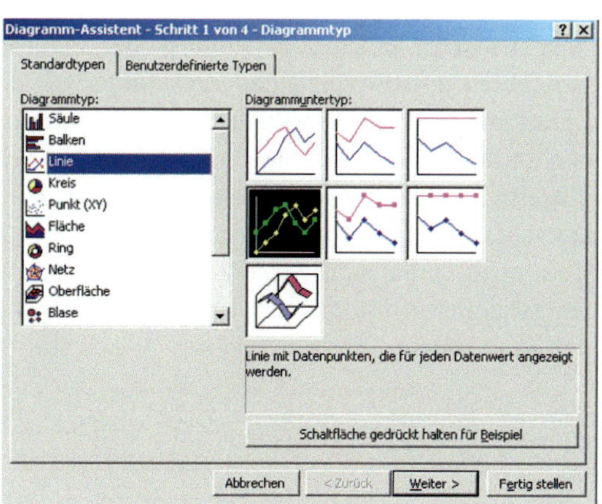

5 *Gehe im nun geöffneten Fenster des Diagramm-Assistenten auf den Reiter „Reihe“. Klicke auf den roten Pfeil in der Zeile „Beschriftung der Rubrikenachse (X):“. Es öffnet sich die Tabelle.*

6 *Wähle die Werte der Reihe A aus und klicke danach wieder auf den roten Pfeil des Diagramm-Assistenten. Klicke anschließend auf „Weiter“.*

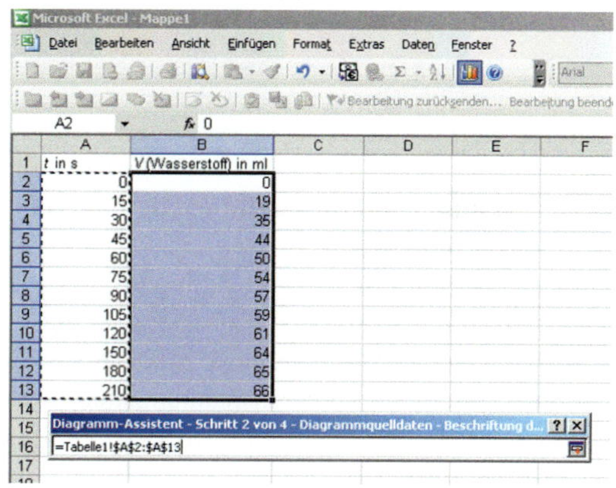

	A	B
1	t in s	V (Wasserstoff) in ml
2	0	0
3	15	19
4	30	35
5	45	44
6	60	50
7	75	54
8	90	57
9	105	59
10	120	61
11	150	64
12	180	65
13	210	66

7 *Nimm in den Feldern „Diagrammtitel:“, „Rubrikenachse (X):“ und „Größenachse (Y):“ die entsprechenden Eintragungen vor.*
Diagrammtitel: „Wasserstoffentwicklung bei der Reaktion von Magnesium mit Salzsäure“
Rubrikenachse (X): „t in s“
Größenachse (Y): „V(Wasserstoff) in ml“

8 *Klicke anschließend auf „Weiter“ und danach auf „Fertig stellen“.*

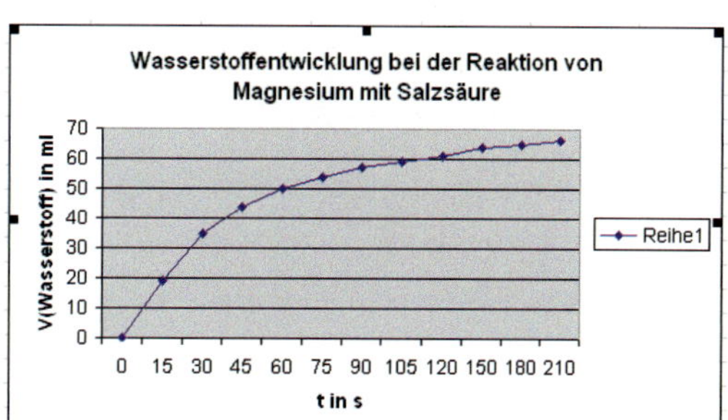

Elektrolysen

In Salzlösungen führen die Ionen unter dem Einfluss einer elektrischen Gleichspannung gerichtete Bewegungen aus.
Wohin wandern die Kationen und Anionen?

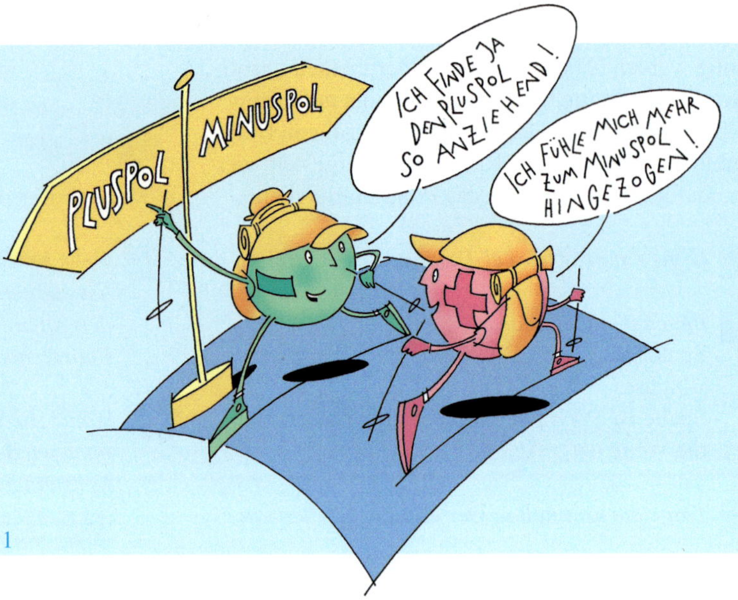

1

Selbst untersucht

20 Zerlege eine Zinkiodidlösung mit elektrischem Strom.
Fülle ein U-Rohr mit 10%iger Zinkiodidlösung. Tauche in jeden Schenkel des U-Rohrs eine Kohlestabelektrode in die Lösung. Verbinde eine der Elektroden mit dem Pluspol einer Gleichspannungsquelle und die andere mit dem Minuspol.
Lege an die Elektroden eine elektrische Gleichspannung von $U = 4$ bis 6 V für etwa 5 min an.
Notiere deine Beobachtungen und deute die Versuchsergebnisse.
Entsorgung: Lösungen in den Sammelbehälter II geben.

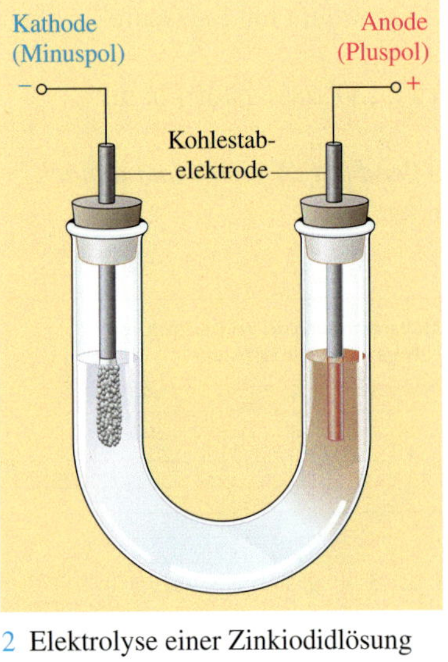

2 Elektrolyse einer Zinkiodidlösung

Zerlegung von Salzlösungen mit elektrischem Strom Taucht man zwei Elektroden, an denen eine elektrische Gleichspannung anliegt, in eine Zinkiodidlösung, scheidet sich nach kurzer Zeit an einer Elektrode ein dunkelgrauer Belag ab, an der anderen Elektrode bilden sich braune Schlieren. ↑E.20 ↑2
Der elektrische Strom hat offensichtlich eine chemische Reaktion bewirkt. An der **Kathode**, das ist die Elektrode, die mit dem Minuspol der Spannungsquelle verbunden ist, ist Zink entstanden. An der **Anode**, der Elektrode, die mit dem Pluspol verbunden ist, hat sich Iod gebildet.
In der Zinkiodidlösung wandern unter dem Einfluss der elektrischen Gleichspannung die zweifach positiv geladenen Zink-Ionen zur negativ geladenen Kathode. Dort nehmen sie jeweils zwei Elektronen auf und werden zu Zinkatomen entladen. Das entstandene Zink scheidet sich auf der Kathode ab. Gleichzeitig wandern die einfach negativ geladenen Iodid-Ionen zur positiv geladenen Anode. Dort werden sie durch Abgabe jeweils eines Elektrons zu Iodatomen entladen, die sich zu Iodmolekülen verbinden. Über die Spannungsquelle erfolgt also ein Elektronenübergang von den Iodid-Ionen zu den Zink-Ionen.

Elektronenabgabe an der Anode:	$2\,I^- \longrightarrow I_2 + 2\,e^-$
Elektronenaufnahme an der Kathode:	$Zn^{2+} + 2\,e^- \longrightarrow Zn$
Elektronenübergang:	$Zn^{2+} + 2\,I^- \longrightarrow Zn + I_2$

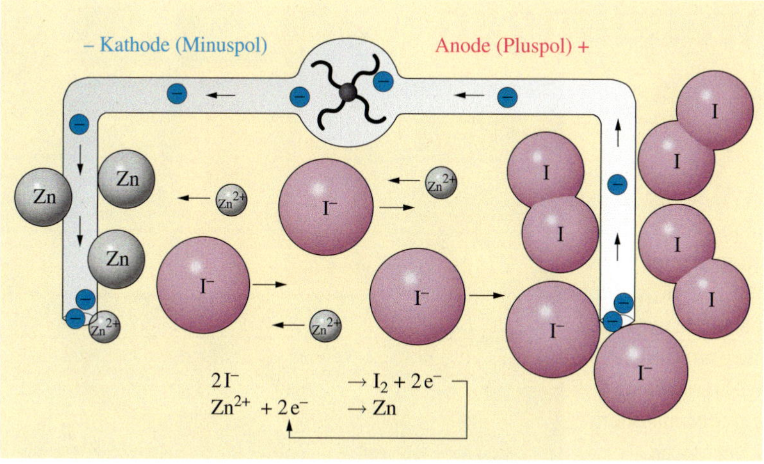

3 Modellvorstellung zu den Vorgängen bei der Elektrolyse einer Zinkiodidlösung. Die Gleichspannungsquelle wirkt wie eine Elektronenpumpe.

Die „Zerlegung“ eines Stoffes durch elektrischen Strom wird als **Elektrolyse** bezeichnet. Eine Lösung, die frei bewegliche Ionen (Kationen und Anionen) enthält und den elektrischen Strom leitet, ist eine **Elektrolytlösung**. Elektrolytlösungen sind Salzlösungen, aber auch saure und alkalische Lösungen. Sie leiten den elektrischen Strom durch Ionenwanderung. Bei einer Elektrolyse wandern die Anionen stets zur Anode, dem Pluspol, und die Kationen zur Kathode, dem Minuspol. An den Elektroden finden Elektronenübergänge statt. An der Anode werden die Anionen durch Elektronenabgabe oxidiert und dabei entladen, an der Kathode werden die Kationen durch Elektronenaufnahme reduziert und dabei entladen. Elektrolysen sind also Redoxreaktionen.

Energie bei Elektrolysen Bei einer Elektrolyse finden die Elektronenübergänge an den Elektroden nur dann statt, wenn elektrischer Strom durch die Elektrolytlösung fließt. Wird der Stromfluss unterbrochen, ist die Reaktion sofort beendet. Die Elektrolyse ist demnach eine Redoxreaktion, die durch den elektrischen Strom erzwungen wird. Da zur Aufrechterhaltung der Reaktion beständig elektrische Energie zugeführt werden muss, sind Elektrolysen stets endotherm.

Bei einer Elektrolyse werden durch den elektrischen Strom Elektronenübergänge erzwungen. Kationen nehmen an der Kathode, dem Minuspol, Elektronen auf. An der Anode, dem Pluspol, geben Anionen Elektronen ab. Elektrolysen verlaufen immer endotherm.

Schon gewusst?

Silberbesteck ist oft nur versilbert. Die Edelmetallschicht wird durch Elektrolyse aus ihrer Salzlösung abgeschieden. Das Herstellen solcher Metallüberzüge mithilfe des elektrischen Stroms nennt man Galvanisieren. Der zu versilbernde Gegenstand wird als Kathode geschaltet und in eine Silbersalzlösung getaucht. Die Anode besteht aus Silber. In gleicher Weise können Gegenstände auch verchromt oder vergoldet werden.

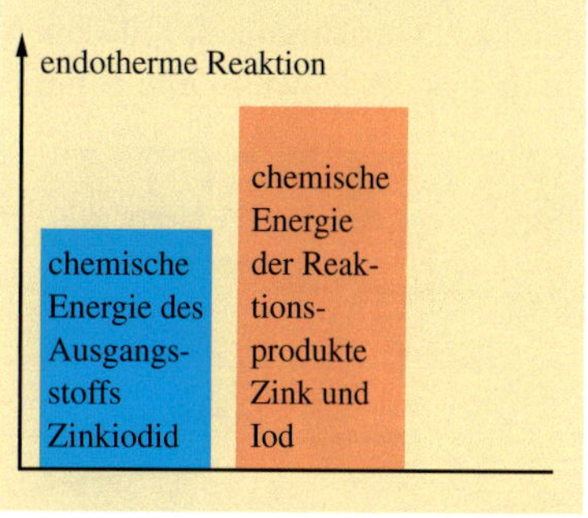

4 Energie bei der Zerlegung (Elektrolyse) von Zinkiodid

Aufgaben

1 Welche Beobachtungen kann man bei der Elektrolyse einer Kupferchloridlösung an den Elektroden machen? Formuliere die Ionengleichungen für die Teilreaktionen an Kathode und Anode sowie die Reaktionsgleichung für den Elektronenübergang.

2 Erläutere die Reaktionen an den Elektroden beim Herstellen eines Silberüberzugs. Kennzeichne die Teilreaktionen. Warum liegt eine Redoxreaktion vor?

3 Erkläre, warum Elektrolysen stets endotherme Reaktionen sind.

Technische Anwendungen der Elektrolyse

Bedeutung technischer Elektrolysen Von der chemischen Industrie wird eine Vielzahl von Stoffen hergestellt. Unter anderem werden auch Elemente gewonnen, die als Ausgangsstoffe in chemischen Reaktionen oder wie viele Metalle als Element verwendet werden. Um unedle Metalle wie Natrium, Magnesium und Aluminium, Nichtmetalle wie Chlor und Wasserstoff oder auch Grundchemikalien wie Natronlauge herzustellen, ist die Elektrolyse häufig ein günstiges Verfahren.

1 Produkte, zu deren Herstellung Chlor verwendet wird

Gewinnung von Natrium aus Steinsalz Zur Herstellung von Natrium ist die Elektrolyse einer Natriumchloridlösung nicht geeignet, da sich hierbei an der Anode Chlor und an der Kathode Wasserstoff statt des gewünschten Natriums bilden.
Um Natrium aus Steinsalz zu gewinnen, wird deshalb eine Natriumchloridschmelze elektrolysiert. Die Schmelzflusselektrolyse von Natriumchlorid wird in einer sogenannten Downs-Zelle durchgeführt. Die Downs-Zelle besteht aus einem zylinderförmigen Behälter, in dessen Zentrum sich die Anode aus Graphit befindet. ↑2 Die Kathode aus Eisen ist ringförmig um die Anode angeordnet. Über Anode und Kathode befinden sich Vorrichtungen, mit denen die Elektrolyseprodukte aus der Downs-Zelle abgeführt werden.

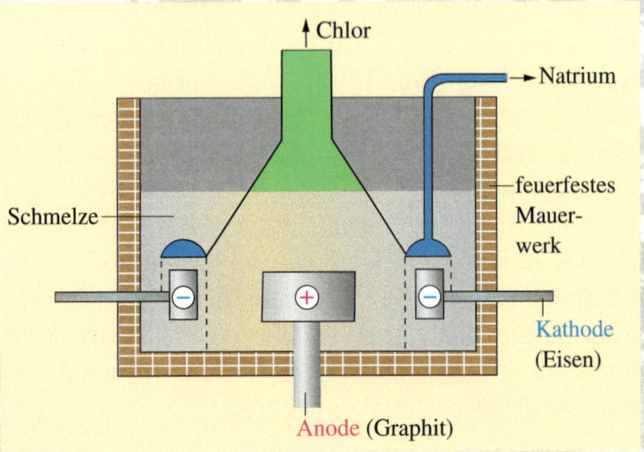

2 Schema einer Downs-Zelle

Die Schmelztemperatur des Natriumchlorids beträgt 800 °C. In der Industrie elektrolysiert man ein Gemisch aus Natriumchlorid, Calciumchlorid und Bariumchlorid, dessen Schmelztemperatur nur etwa 600 °C beträgt, wodurch Energie eingespart wird. Bei der Elektrolyse wandern die Natrium-Ionen zur Kathode und nehmen dort Elektronen auf. Das gebildete Natrium sammelt sich unter einer Abdeckung über der Kathode und fließt in einen Tank. Die Chlorid-Ionen wandern zur Anode und geben Elektronen ab. Die gebildeten Chloratome verbinden sich zu Chlormolekülen. Das gasförmige Chlor entweicht über eine trichterförmige Glocke über der Anode in einen Sammelbehälter. Die Schmelzflusselektrolyse von Natriumchlorid wird bei einer Spannung von 6 bis 7 V und mit einer Stromstärke von etwa 42 000 A durchgeführt. In einer Downs-Zelle können etwa 800 kg Natrium pro Tag produziert werden. Der Energieverbrauch beträgt 10 bis 11 kWh für die Produktion von 1 kg Natrium.

3 Halle mit Elektrolysezellen zum Herstellen von Wasserstoff, Chlor und Natronlauge

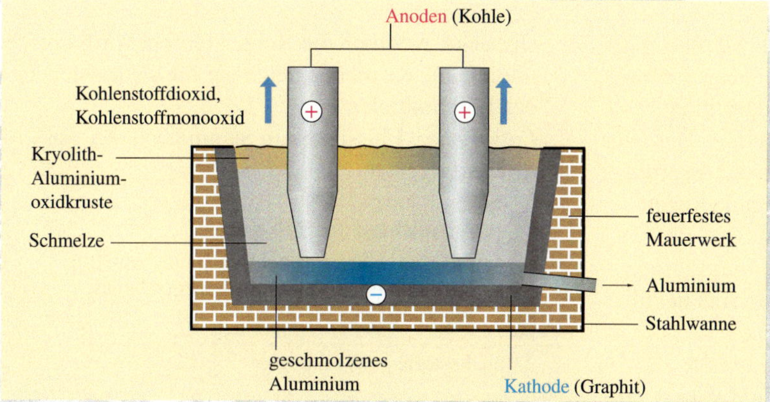

4 Schema eines Elektrolyseofens zur Aluminiumgewinnung

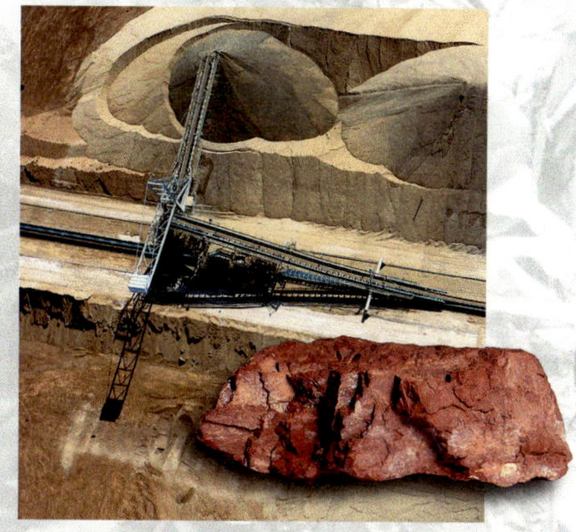

5 Abbau von Bauxit im Tagebau

Gewinnung von Aluminium aus Bauxit Für die Herstellung von Aluminium wird das Mineral Bauxit verwendet, das Aluminiumhydroxid und Aluminiumoxid enthält. ↑5 Aus dem Bauxit wird zunächst reines Aluminiumoxid hergestellt. Wie auch beim Natrium ist für die Herstellung von Aluminium nur die Schmelzflusselektrolyse sinnvoll.

Die Elektrolysezelle, der Elektrolyseofen, besteht aus einer mit feuerfestem Mauerwerk und mit Graphit ausgekleideten Stahlwanne. ↑4 Die Graphitauskleidung dient als Kathode. Die Kohleanoden ragen von oben in die Schmelze. Da die Schmelztemperatur von reinem Aluminiumoxid 2045 °C beträgt, wird dem Aluminiumoxid Kryolith (Natriumaluminiumfluorid, Formel Na_3AlF_6) zugemischt. Die Schmelztemperatur des Gemischs beträgt etwa 950 °C. Bei der Elektrolyse wandern Aluminium-Ionen zur Kathode und nehmen Elektronen auf. Das gebildete Aluminium wird in regelmäßigen Abständen aus dem Elektrolyseofen abgesaugt. An der Anode bildet sich Sauerstoff, der mit dem Anodenmaterial zu Kohlenstoffdioxid und Kohlenstoffmonooxid reagiert. Die Kohleanoden verbrauchen sich und müssen in bestimmten Abständen ersetzt werden.

Die Herstellung von Aluminium durch Schmelzflusselektrolyse ist sehr energieaufwändig. 2004 betrug der Energieverbrauch für die Produktion von 1 kg Aluminium etwa 15 kWh. Der Energieverbrauch ist aber deutlich höher, wenn man die Herstellung des Aluminiumoxids, der Kohleelektroden und die Bereitstellung des Kryoliths mit berücksichtigt.

6 Abstich von Aluminium

Info

Das Recycling von Aluminium ist äußerst vorteilhaft. Gegenüber der Herstellung aus Bauxit können hierbei bis zu 95 % Energie eingespart werden.

Arbeitsaufträge

1 Informiere dich, wofür elementares Natrium verwendet wird. Erkunde den jährlichen Bedarf an Natrium in Deutschland.

2 Begründe, warum das unedlere Natrium nicht zur Herstellung von Aluminium aus Aluminiumoxid eingesetzt wird.

3 Recherchiere, welche Energieträger weltweit bei der Schmelzflusselektrolyse zur Herstellung von Aluminium für die Erzeugung des elektrischen Stroms genutzt werden. Gib Gründe für die Auswahl der Produktionsstandorte für Aluminium an.

4 Im Jahr 2004 wurden weltweit 30,2 Mio. t Aluminium aus Bauxit und 7,8 Mio. t Recycling-Aluminium produziert.
Berechne die Anzahl der Haushalte, die mit der zur Weltjahresproduktion von Aluminium benötigten Elektroenergie ein Jahr lang versorgt werden könnten. Orientiere dich dabei am jährlichen Stromverbrauch deiner Familie.

5 Erstelle eine Übersicht über Herstellung, Verwendung und Verbrauch von Aluminium in Deutschland.

weiter gedacht

1 Bau- und Kunstwerke aus Kalkstein, Marmor oder Sandstein werden vom sauren Regen angegriffen. Dabei reagiert Kalk mit der im Niederschlag gelösten Schwefelsäure zu Gips ($CaSO_4$). Der Gips nimmt ein größeres Volumen ein als der ursprüngliche Kalk und wird durch nachfolgende Regenfälle ausgewaschen. Auf diese Weise wird das Material nach und nach abgetragen. Sorgfältig ausgearbeitete Skulpturen verwandeln sich in detaillose Gebilde.
Formuliere die Reaktionsgleichung, bei der als Nebenprodukte Kohlenstoffdioxid und Wasser entstehen. Entscheide, ob es sich um eine Reaktion mit Protonenübergang oder um eine Redoxreaktion handelt. Begründe deine Entscheidung.

1 Frei stehende Statue – rechts der Zustand nach 10 Jahren

2 Um Trinkwasser von Schwebstoffen zu befreien, damit es makellos klar ist, werden dem Wasser als Flockungsmittel kleine Mengen Calciumhydroxid und Aluminiumsulfat zugegeben. Dabei fällt u. a. festes Aluminiumhydroxid aus, das die Verunreinigungen mit sich auf den Grund reißt.
Formuliere die Reaktionsgleichung und benenne die Reaktionsart.

3 **Lösche eine Kerzenflamme mit Backpulver.**
Fülle den Inhalt einer Backpulverpackung in ein 250-ml-Becherglas. Stelle ein brennendes Teelicht in das Glas. Lass danach etwa 15 ml Wasser innen am Glasrand hinabrinnen. Beobachte.
Überlege, wodurch die Kerze gelöscht wird. Formuliere die Reaktionsgleichung für die Entstehung des Löschmittels.
Entsorgung: Flüssigkeit in Sammelbehälter für Abwasser geben.

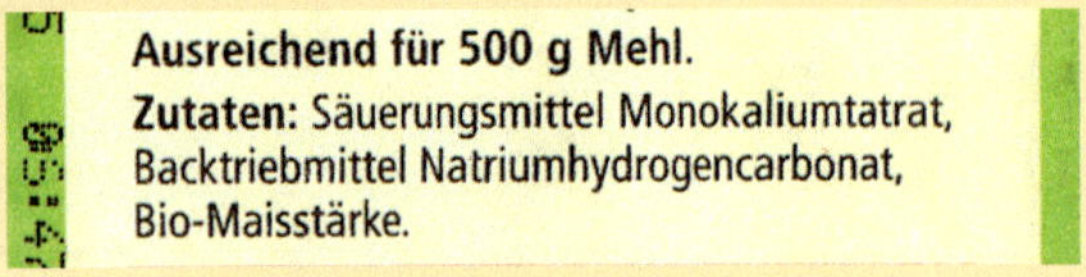

2 Inhaltsstoffe im Backpulver

4 Lässt man ein Vorratsgefäß mit Kalkwasser offen stehen, kann man nach einiger Zeit eine Trübung des Inhalts beobachten.
Versuche die Entstehung der Trübung zu erklären. Entwickle die Reaktionsgleichung.

5 **Stelle Eisen(III)-chlorid her.**
Plane möglichst viele Varianten zur Herstellung von Eisen(III)-chlorid ($FeCl_3$, Xn). Lass deinen Plan bestätigen. Fordere danach die Chemikalien an. Führe die Experimente durch.
Notiere deine Beobachtungen. Entwickle die Reaktionsgleichungen. Erläutere die chemischen Reaktionen.
Entsorgung: Entsprechend deinem bestätigten Plan.

6 Silberschmuck und -besteck überzieht sich im Laufe der Zeit mit einer schwarzen Schicht von Silber(I)-sulfid (Ag_2S). Die „angelaufenen“ Silberteile lassen sich auf einfache und schonende Weise wieder „reinigen“. Dazu legt man sie in ein mit Alufolie ausgekleidetes Gefäß und gibt Kochsalzlösung dazu.
Erläutere diesen Vorgang. Nutze dazu deine Kenntnisse über die Redoxreihe der Metalle. Welchen Vorteil hat diese chemische „Reinigung“ gegenüber einer mechanischen z. B. durch Abschleifen?

7 In einem Kohlekraftwerk fallen bei der Rauchgasentschwefelung täglich 1300 t Gips ($CaSO_4$) an. Bei dem Verfahren reagiert Kalk ($CaCO_3$) mit Schwefeldioxid zu Gips nach folgender Reaktionsgleichung:

$$2\,CaCO_3\,(s) + 2\,SO_2\,(g) + O_2\,(g) \longrightarrow 2\,CaSO_4\,(s) + 2\,CO_2\,(g)$$

Berechne das Volumen an Schwefeldioxid, das täglich aus dem Rauchgas entfernt wird.

Auf einen Blick

Salze

Salze sind feste, kristalline Stoffe, die aus ungleichnamig elektrisch geladenen Ionen (Kationen und Anionen) aufgebaut sind.

Bildung von Salzlösungen und Salzen

alkalische Lösung	+	saure Lösung	⟶	Salzlösung	+ Wasser	
$Na^+(aq) + OH^-(aq)$	+	$H_3O^+(aq) + Cl^-(aq)$	⟶	$Na^+(aq) + Cl^-(aq)$	$+ 2\ H_2O(l)$	
Metalloxid	+	saure Lösung	⟶	Salzlösung	+ Wasser	
$CaO(s)$	+	$2\ H_3O^+(aq) + 2\ NO_3^-(aq)$	⟶	$Ca^{2+}(aq) + 2\ NO_3^-(aq)$	$+ 3\ H_2O(l)$	
Salzlösung	+	Salzlösung	⟶	Salz	+ Salzlösung	
$Ca^{2+}(aq) + 2\ NO_3^-(aq)$	+	$2\ K^+(aq) + CO_3^{2-}(aq)$	⟶	$CaCO_3(s)$	$+ 2\ K^+(aq)$	$+ 2\ NO_3^-(aq)$
Metall	+	Nichtmetall	⟶	Salz		
$2\ Fe(s)$	+	$3\ Cl_2(g)$	⟶	$2\ FeCl_3(s)$		
unedles Metall	+	saure Lösung	⟶	Salzlösung	+ Wasserstoff	+ Wasser
$2\ Al(s)$	+	$6\ H_3O^+(aq) + 6\ Cl^-(aq)$	⟶	$2\ Al^{3+}(aq) + 6\ Cl^-(aq)$	$+ 3\ H_2(g)$	$+ 6\ H_2O(l)$
Metall	+	Salzlösung	⟶	Salzlösung	+ Metall	
$Zn(s)$	+	$Fe^{2+}(aq) + SO_4^{2-}(aq)$	⟶	$Zn^{2+}(aq) + SO_4^{2-}(aq)$	$+ Fe(s)$	

Nachweis von Ionen durch Bildung von Niederschlägen

Nachzuweisendes Ion	Nachweismittel	Beobachtung/Reaktionsgleichung
Halogenid-Ionen (Cl^-, Br^-, I^-)	Silbernitratlösung	z. B. weißer käsiger Niederschlag von Silberchlorid (AgCl) $Ag^+(aq) + Cl^-(aq) \longrightarrow AgCl(s)$
Sulfat-Ion (SO_4^{2-})	Bariumchloridlösung	weißer Niederschlag von Bariumsulfat ($BaSO_4$) $Ba^{2+}(aq) + SO_4^{2-}(aq) \longrightarrow BaSO_4(s)$
Carbonat-Ion (CO_3^{2-}) (Kohlenstoffdioxid, CO_2)	z. B. Kalkwasser (Calciumhydroxidlösung)	weißer Niederschlag von Calciumcarbonat ($CaCO_3$) $CO_2(g) + Ca^{2+}(aq) + 2\ OH^-(aq) \longrightarrow CaCO_3(s) + H_2O(l)$

Chemische Reaktionen mit Elektronenübergang

Reaktionen, bei denen zwischen den Teilchen der reagierenden Stoffe Elektronen übertragen werden. Solche Reaktionen sind Redoxreaktionen. Elektronenabgabe (Oxidation) und Elektronenaufnahme (Reduktion) finden dabei stets gleichzeitig statt.

Elektrolyse

Elektrolysen sind endotherme chemische Reaktionen, bei denen durch den elektrischen Strom Elektronenübergänge an Elektroden erzwungen werden.

Satz von AVOGADRO

Gleiche Volumina aller Gase enthalten bei gleicher Temperatur und gleichem Druck die gleiche Anzahl von Teilchen.

Molares Volumen

Quotient aus dem Volumen und der Stoffmenge einer Stoffportion eines Gases: $V_m = V/n$

Unter Normbedingungen beträgt das molare Volumen $V_m \approx 22{,}4\ l/mol$.

Check up

1 Gib die Namen und chemischen Zeichen der Kationen und Anionen an, aus denen die folgenden Salze aufgebaut sind. Formuliere die Verhältnisformeln dieser Salze: Magnesiumcarbonat, Ammoniumchlorid, Natriumsulfat, Strontiumnitrat.

2 Benenne die Salze, die bei folgenden Neutralisationsreaktionen entstehen, und gib jeweils die Formel an:
a Kalilauge mit Kohlensäure
b Bariumhydroxidlösung mit Salpetersäure
c Natronlauge mit Phosphorsäure
d Kalkwasser mit Salzsäure
e Ammoniaklösung mit Schwefelsäure

3 Formuliere die Reaktionsgleichung der Reaktion von Kupfer(II)-oxid (CuO) mit Salzsäure und kennzeichne den Protonenübergang.

4 Erläutere anhand eines selbst gewählten Beispiels, was man unter einer Fällungsreaktion versteht. Zu welchem Zweck werden im Labor Fällungsreaktionen durchgeführt?

5 Kalium reagiert mit Chlor in einer stark exothermen Reaktion zu einem Salz.
a Stelle die Reaktionsgleichung auf und benenne das Reaktionsprodukt.
b Stelle die Veränderung der Teilchen in einer Zeichnung modellhaft dar. Verwende das Schalenmodell für die Darstellung der Teilchen.
c Bestimme die Reaktionsart.

6 Erläutere anhand eines selbst gewählten Beispiels, dass bei jeder Redoxreaktion mit Sauerstoffübertragung auch ein Elektronenübergang stattfindet.

7 Zink reagiert mit Iod in Anwesenheit eines Katalysators in einer exothermen Reaktion zu Zinkiodid.
a Formuliere die Ionengleichungen für die Elektronenabgabe und -aufnahme und die Reaktionsgleichung für den Elektronenübergang.
b Benenne den Elektronendonator und den Elektronenakzeptor.
c Kennzeichne die Oxidation und die Reduktion und benenne das Oxidationsmittel und das Reduktionsmittel.

8 Gibt man Salzsäure zu Calciumkörnern, entwickelt sich u. a. Wasserstoff.
a Formuliere die Reaktionsgleichung und benenne die weiteren Reaktionsprodukte.
b Entwickle die Ionengleichungen für die Elektronenaufnahme und -abgabe und ordne diesen Teilreaktionen die Begriffe Oxidation und Reduktion zu.
c Berechne das entstehende Volumen an Wasserstoff unter Normbedingungen bei der Reaktion von 4 g Calcium mit Salzsäure.

9 Formuliere Annahmen über mögliche Vorgänge, die beim Eintauchen eines Stücks Aluminiumblech in eine Lösung von Kupfer(II)-chlorid ($CuCl_2$) ablaufen. Begründe deine Annahmen.

10 Beschreibe die Vorgänge, die bei der Elektrolyse von Zinkchlorid ablaufen und formuliere die Ionengleichungen für die Teilreaktionen an den Elektroden.

Aufgabe	Hilfe findest du auf Seite …	Verbindung der Aufgabe zu den Basiskonzepten ↑S.18
1	294	T
2	294, 295	R
3	295	R
4	296	R
5	302, 303	R S
6	303	R S
7	303	R E S
8	304, 308, 309	R S
9	305	R S
10	312, 313	R

T Stoff-Teilchen-Beziehungen, R Chemische Reaktion, E Energetische Betrachtungen bei Stoffumwandlungen

Die Lösungen findest du im Anhang.

Chemie und Technik

Unsere moderne Welt ist ohne technische Anwendungen der Chemie nicht vorstellbar. Täglich nutzen wir mobile Energiequellen wie Batterien und Akkumulatoren in Taschenlampen, Uhren, im Laptop, im MP3-Player und im Handy. Von besonderer Bedeutung ist dabei die Energieumwandlung der in den Stoffen gespeicherten chemischen Energie in elektrische Energie.
Chemische Stoffe, wie Ammoniak, Schwefelsäure, Salpetersäure und Phosphate, finden im Alltag breite Anwendung, denn sie sind Grundstoffe u. a. für die Herstellung von - Düngemitteln, Arzneimitteln, Kunststoffen und Farbstoffen.

- ➜ Welche chemischen Prozesse erzeugen elektrischen Strom?
- ➜ Wie funktionieren mobile Energiequellen wie Batterien, Akkumulatoren, Brennstoffzellen?
- ➜ Durch welche Verfahren werden die Grundchemikalien Ammoniak, Salpetersäure und Schwefelsäure hergestellt und welche Bedeutung haben diese Grundchemikalien?

Galvanische Zellen – Batterien

Geräte wie Mobiltelefone, MP3-Player und Notebooks benötigen eine mobile Energieversorgung durch Batterien und Akkumulatoren.
Welche Prozesse liefern darin den elektrischen Strom?

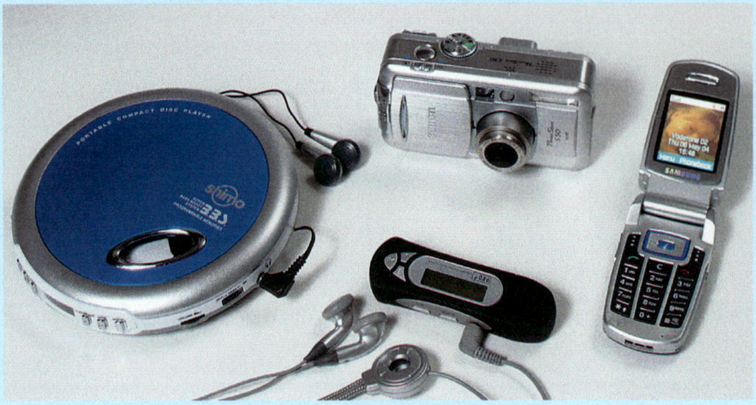

1

Schon gewusst?

In einer Elektrolysezelle ist die Anode der Pluspol und die Kathode der Minuspol. In einer galvanischen Zelle ist dagegen die Anode der Minuspol und die Kathode der Pluspol. **Anoden** sind die Elektroden, an denen Oxidationen stattfinden, **Kathoden** sind die Elektroden, an denen Reduktionen stattfinden.

Daniell-Element Die Italiener LUIGI GALVANI (1737 bis 1798) und ALESSANDRO VOLTA (1745 bis 1827) haben als Erste die Umwandlung chemischer in elektrische Energie untersucht. Zur Erinnerung an GALVANI wird eine Anordnung, in der chemische in elektrische Energie umgewandelt werden kann, **galvanisches Element (galvanische Zelle)** genannt.
Eine einfache galvanische Zelle mit der Kombination von Kupfer in Kupfersalzlösung und Zink in Zinksalzlösung wird nach ihrem Erfinder **Daniell-Element** genannt. Hierbei werden zwei **Halbzellen** elektrisch leitend miteinander verbunden. Die eine Halbzelle besteht aus einer Zinkelektrode, die in eine Zinksalzlösung taucht. Die andere Halbzelle bildet eine Kupferelektrode in einer Kupfersalzlösung. Beide Halbzellen sind durch eine poröse Wand (Fritte) voneinander getrennt. Sie lässt Ionen hindurch, verhindert aber die mechanische Vermischung der Salzlösungen.

Vorgänge im Daniell-Element Wird die Zinkelektrode elektrisch leitend mit der Kupferelektrode verbunden, findet eine Redoxreaktion statt. ↑E.1
An der Zinkelektrode (Minuspol, Anode) geben Zinkatome Elektronen ab und werden oxidiert. Nach Reaktion der Zinkatome gehen die Zink-Ionen in Lösung, die Elektronen fließen durch den Draht zur Kupferelektrode (Pluspol, Kathode). Hier nehmen die Kupfer-Ionen die Elektronen auf und werden so zu Kupferatomen reduziert, die sich als metallisches Kupfer abscheiden.

Selbst untersucht

1 Untersuche ein Daniell-Element.
Tauche eine Zinkelektrode in ein Becherglas mit 10%iger Zinksulfatlösung und eine Kupferelektrode in einem anderen Becherglas in 10%ige Kupfer(II)-sulfatlösung. Stelle beide Bechergläser dicht nebeneinander und lege einen in 30%ige Kaliumchloridlösung getränkten Filterpapierstreifen so über die Ränder beider Bechergläser, dass die Enden in jeweils eine Lösung tauchen. Ermittle die elektrische Spannung zwischen den Elektroden. Installiere eine Glühlampe zwischen den Elektroden. Notiere deine Beobachtungen.
Entsorgung: Lösungen in Sammelbehälter II, Elektroden einsammeln und wieder verwenden.

Die Vorgänge im Daniell-Element lassen sich in folgenden Reaktionsgleichungen zusammenfassen:

Zinkelektrode (Minuspol):	$Zn \longrightarrow Zn^{2+} + 2\,e^-$	Elektronenabgabe/ Oxidation
Kupferelektrode (Pluspol):	$Cu^{2+} + 2\,e^- \longrightarrow Cu$	Elektronenaufnahme/ Reduktion
	$Cu^{2+} + Zn \longrightarrow Cu + Zn^{2+}$	Elektronenübergang/ Redoxreaktion

Das Daniell-Element zählt zu den galvanischen Elementen, die als elektrische Spannungsquelle genutzt und als **Batterie** bezeichnet werden. Batterien können nach der Entladung nicht wieder aufgeladen werden, man nennt sie auch **Primärelemente**.

Leclanché-Element Das Leclanché-Element wurde 1860 erfunden. Heute werden pro Jahr weltweit mehrere Milliarden Stück unter den Bezeichnungen „Monozelle", „Babyzelle" und „Mignonzelle" hergestellt. Die einfache Zink-Kohle-Batterie besteht aus einer Kohleelektrode, die den Pluspol bildet. Die negative Elektrode, die zugleich das Zellengefäß bildet, besteht aus Zink. Als Elektrolyt dient eine Ammoniumchloridlösung. Die elektrische Spannung beträgt $U = 1{,}5\,V$.

Knopfzellen Zu den Knopfzellen zählt beispielsweise die in Taschenrechnern und Armbanduhren eingesetzte **Zink-Silberoxid-Zelle**. Da Silberoxid in der Zelle als Oxidationsmittel dient, sind diese Batterien relativ teuer. Ihr Einsatz ist daher auf Anwendungen beschränkt, die eine große Energie und eine hohe Belastbarkeit auf kleinstem Raum benötigen. Als Elektrolyt wird Kalilauge verwendet.

Minuspol:		Elektronenabgabe/
$Zn + 2\,OH^-$	$\longrightarrow Zn(OH)_2 + 2\,e^-$	Oxidation
Pluspol:		Elektronenaufnahme/
$Ag_2O + H_2O + 2\,e^-$	$\longrightarrow 2\,Ag + 2\,OH^-$	Reduktion
$Zn + Ag_2O + H_2O$	$\longrightarrow Zn(OH)_2 + 2\,Ag$	Elektronenübergang/ Redoxreaktion

Umgang mit Batterien Das Leclanché-Element und die Knopfzellen sind nur so lange einsetzbar, bis die Ausgangsstoffe verbraucht sind. Da die Zellreaktionen nicht umkehrbar sind, ist eine Wiederverwertung der Batterien nach der Entladung nicht möglich. Zum Schutz der Umwelt dürfen verbrauchte Batterien nicht über den Hausmüll entsorgt werden. Sie werden dort, wo Batterien verkauft werden, in speziellen Behältern gesammelt. Batterien sind möglichst kühl und trocken zu lagern.

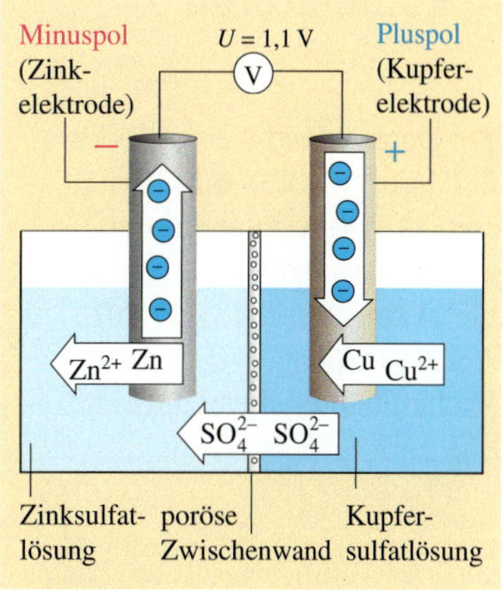

2 Modellhafte Darstellung der Vorgänge in einem Daniell-Element

3 Schnitt durch ein Leclanché-Element (Monozelle)

Aufgaben

1 Eine galvanische Zelle benötigt zwischen beiden Elektroden eine poröse Trennwand. Warum ist das notwendig? Welche Teilchen bewegen sich durch die Fritte hindurch?

2 Erläutere, warum verbrauchte Batterien nicht im Hausmüll entsorgt werden dürfen.

3 Informiere dich z. B. im Internet über weitere Batterietypen und deren Einsatzgebiete.

Akkumulatoren

In Deutschland werden jedes Jahr etwa 950 000 Batterien und 200 000 Akkumulatoren für mobile Anwendungen (ohne Bleiakkumulatoren) verkauft. Welche Vorgänge liefern in Akkumulatoren die elektrische Energie?

1

Akkumulatoren – die Wiederaufladbaren Als mobile Energiequellen werden Akkumulatoren (lat. accumulare – sammeln) ebenso wie Batterien eingesetzt. Die chemische Energie stammt in Akkumulatoren ebenfalls aus Oxidations- und Reduktionsreaktionen.
Im Gegensatz zu den Batterien sind Akkumulatoren wiederaufladbar. Daher werden Akkumulatoren auch als **Sekundärelemente** bezeichnet.
Beim „Laden" eines Akkumulators wird durch Zufuhr von elektrischer Energie eine chemische Reaktion erzwungen. Dabei wird elektrische Energie in chemische Energie umgewandelt. Beim „Entladen" verläuft die chemische Reaktion in umgekehrter Richtung. Die gespeicherte chemische Energie wird freigesetzt und ist als elektrische Energie nutzbar. Aufgrund mechanischer Effekte sind oftmals nur etwa 1000 Ladevorgänge möglich.

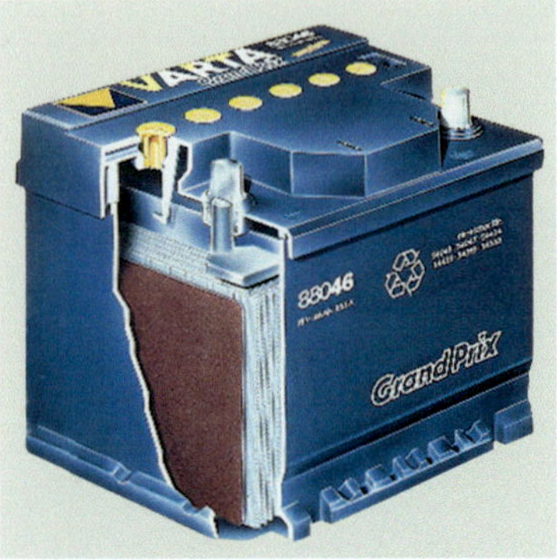

2 Schnitt durch einen Bleiakkumulator

Bleiakkumulator Der Bleiakkumulator ist einer der wichtigsten Akkumulatoren in der Technik. Er besteht aus einer Bleielektrode und einem mit Bleioxid beschichteten Bleigitter als weitere Elektrode. Als Elektrolyt wird Schwefelsäure verwendet. Die Zellspannung beträgt etwa $U = 2\,V$. In einer „Autobatterie" sind 6 Bleiakkumulatoren in Serie geschaltet. Beim **Entladen** finden folgende Elektrodenreaktionen statt:

Reduktion (von PbO_2 zu $PbSO_4$)

$$Pb + PbO_2 + 4\,H^+ + 2\,SO_4^{2-} \longrightarrow 2\,PbSO_4 + 2\,H_2O$$

Oxidation (von Pb zu $PbSO_4$)

Beim **Laden** verlaufen die Elektrodenreaktionen umgekehrt.

Reduktion (von $PbSO_4$ zu Pb)

$$2\,PbSO_4 + 2\,H_2O \longrightarrow Pb + PbO_2 + 4\,H^+ + 2\,SO_4^{2-}$$

Oxidation (von $PbSO_4$ zu PbO_2)

$$Pb\,(s) + PbO_2\,(s) + 2\,H_2SO_4\,(aq) \underset{\text{Laden}}{\overset{\text{Entladen}}{\rightleftarrows}} 2\,PbSO_4\,(s) + 2\,H_2O\,(l)$$

Während des Entladens und Ladens verändert sich die Konzentration und somit die Dichte der Schwefelsäure im Bleiakkumulator. Über eine Dichtebestimmung kann daher der Ladezustand sehr einfach bestimmt werden. Aufgrund der enthaltenen Schwefelsäure und des enthaltenen giftigen Bleis ist ein sorgsamer Umgang und eine fachgerechte Entsorgung von „Autobatterien“ notwendig.

Nickel-Metallhydrid-Akkumulator Akkumulatoren dieses Typs bestehen im geladenen Zustand aus einer Elektrode aus Nickel(III)-oxidhydroxid und einer Elektrode aus einer Wasserstoff speichernden Legierung und einem alkalischen Elektrolyt. Die elektrische Spannung beträgt $U = 1{,}2\,V$. Aufgrund ihrer Bauform und Größe können Nickel-Metallhydrid-Akkumulatoren die häufig eingesetzten Leclanché-Elemente in vielen elektrischen Geräten ersetzen. Vorteile des Nickel-Metallhydrid-Akkumulators sind die recht hohe Energiedichte und der schwermetallfreie Aufbau.

Lithium-Ionen-Akkumulator Von allen Akkumulatoren können diese bezogen auf eine bestimmte Masse bzw. Volumen am meisten elektrische Energie abgeben. Im Lithium-Ionen-Akkumulator bildet Graphit die negative Elektrode und Lithiummetalloxide (z. B. $LiCoO_2$) die positive Elektrode. Zwischen beiden Elektroden werden beim Laden und Entladen Lithium-Ionen ausgetauscht. Erst Ende der 1970er Jahre wurde für den Einsatz von Lithium-Ionen-Akkumulatoren eine technische Lösung gefunden.
Hauptanwendungen sind Telekommunikation und mobile Computer. Sie sind nicht kompatibel zu Nickel-Cadmium- oder Nickel-Metallhydrid-Akkumulatoren. Dies ist unter anderem auf die andere Funktionsweise von Lithium-Ionen-Akkumulatoren zurückzuführen. Die elektrische Spannung beträgt $U = 3{,}8\,V$.

4 Handys und Laptops werden mit Lithium-Ionen-Akkumulatoren betrieben.

Schon gewusst?

Bei Raumtemperatur beträgt die Selbstentladung von Primärelementen wie Leclanché-Elementen weniger als 2 % pro Jahr. Bei Sekundärelementen, wie beispielsweise Nickel-Metallhydrid-Akkumulatoren, ist dagegen eine Selbstentladung von 30 % pro Monat durchaus normal. Daher sollten z. B. Taschenlampen statt mit Akkumulatoren mit Batterien ausgerüstet werden.

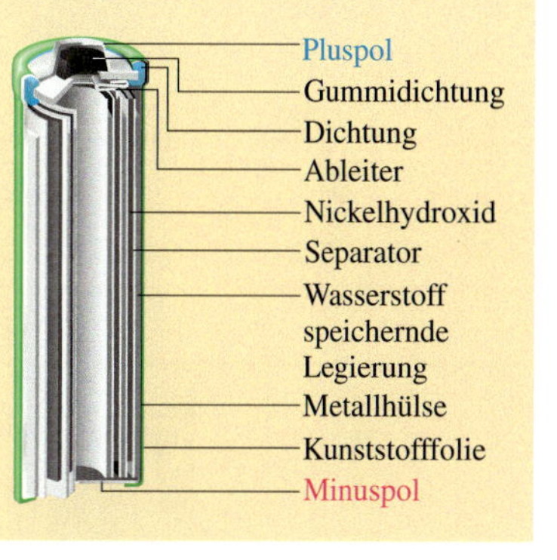

3 Schnitt durch einen Nickel-Metallhydrid-Akkumulator

Aufgaben

1 Erläutere am Beispiel des Bleiakkumulators die Funktionsweise eines Akkumulators.

2 Informiere dich über den „Memory-Effekt“ bei Akkumulatoren.

3 Warum würde der Einsatz von elementarem Lithium in Akkumulatoren Probleme bereiten? Begründe anhand deiner Kenntnisse über die Eigenschaften von Alkalimetallen.

Brennstoffzellen

Ursprünglich für die Energiegewinnung in der Raumfahrt eingesetzt, finden Brennstoffzellen immer stärkere Anwendung in der Technik und im Alltag. Welche Vorgänge finden in Brennstoffzellen statt? Welche Vor- und Nachteile besitzen Brennstoffzellen?

1 Brennstoffzellen sind zuverlässige Lieferanten elektrischer Energie im Weltall.

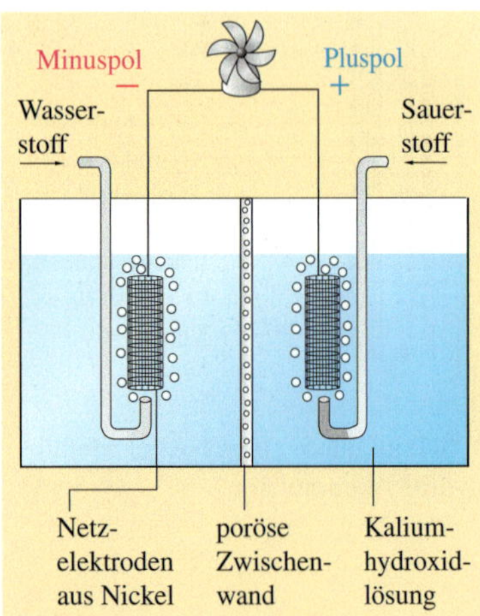

2 Schematischer Aufbau einer Brennstoffzelle

Brennstoffzellen In den bislang betrachteten galvanischen Zellen ist nur ein bestimmter Vorrat an Ausgangsstoffen enthalten. Dadurch ist die der Zelle entnehmbare elektrische Energie begrenzt. Bei Brennstoffzellen werden die Ausgangsstoffe kontinuierlich von außen zugeführt. Sie haben beispielsweise bei der Energieversorgung in Raumschiffen eine große Bedeutung. Brennstoffzellen besitzen einen sehr hohen Wirkungsgrad und benötigen daher bei gleicher Leistung eine viel geringere Masse als konventionelle Stromversorgungssysteme. Von Nachteil ist, dass für den Betrieb der Brennstoffzellen bestimmte Temperaturbereiche eingehalten werden müssen. Weiterhin müssen die Brennstoffe kontinuierlich zugeführt und die Reaktionsprodukte aus der Elektrolytlösung entfernt werden.

Wasserstoff-Sauerstoff-Zelle Bereits im Jahr 1839 wurde von SIR WILLIAM GROVE (1811 bis 1896) eine Brennstoffzelle entwickelt, die auf der Oxidation von Wasserstoff mit Sauerstoff beruht und daher auch als „Knallgaszelle“ bezeichnet wird. Sie besteht aus einer Wasserstoff- und einer Sauerstoffhalbzelle, denen die Gase Wasserstoff und Sauerstoff ständig von außen zugeführt werden. In den Halbzellen umspülen Wasserstoff und Sauerstoff die Nickelelektroden. Als Elektrolytlösung dient meistens Kaliumhydroxidlösung. Die elektrische Spannung dieser Zelle beträgt $U = 1{,}23\,V$ und stammt aus folgender Redoxreaktion:

Reduktion

$$2\,H_2\,(g) + 2\,O_2\,(g) \longrightarrow 2\,H_2O\,(l)$$

Oxidation

Selbst untersucht

2 Untersuche das Wirkprinzip einer Brennstoffzelle.

Fülle in ein U-Rohr 10%ige Kaliumhydroxidlösung (C). Setze in jeden Schenkel eine Kohlestabelektrode ein und lege für 3 min eine Gleichspannung $U \approx 5\,V$ an. Entferne das Stromversorgungsgerät. Ermittle nun mit einem Spannungsmessgerät die elektrische Spannung zwischen den Elektroden. Beobachte.

Entsorgung: Elektroden und Kaliumhydroxidlösung einsammeln, werden wieder verwendet.

3 Mit Brennstoffzellen betriebener Bus: Die Wasserstofftanks befinden sich auf dem Dach des Busses.

4 Auto, das mit Wasserstoff betankt wird

Brennstoffzellen in Kraftfahrzeugen Eine leicht abgewandelte Form der Wasserstoff-Sauerstoff-Zelle ist die **Wasserstoff-Luft-Zelle**. Hier hat eine Elektrode Kontakt mit Luft. Der in der Luft enthaltene Sauerstoff reicht aus, um die Brennstoffzelle zu betreiben.

Der zum Betrieb benötigte Wasserstoff muss bei der Nutzung in Kraftfahrzeugen in Wasserstofftanks mitgeführt werden. Das gelingt bei Wasserstoff am besten bei einer Temperatur von $\vartheta = -250\,°C$. Daher muss der Kraftstofftank gut wärmeisoliert sein. Mit modernsten Werkstoffen aus der Raumfahrtindustrie ist dies bereits möglich. Außerdem sind besondere Sicherheitsmaßnahmen erforderlich. Ideal sind Brennstoffzellen zur Versorgung eines Fahrzeugs mit elektrischem Strom. Im Auto mit Verbrennungsmotor wird der Strom mithilfe einer Lichtmaschine erzeugt. Hierfür werden auf 100 km etwa 1,5 Liter Benzin benötigt. Wenn diese Lichtmaschine durch eine Brennstoffzelle ersetzt wird, wird der Verbrauch aufgrund des höheren Wirkungsgrades etwa halbiert.

Vorteile der Brennstoffzelle gegenüber einem Verbrennungsmotor sind der höhere Wirkungsgrad und der geräuschärmere Betrieb. Der Antrieb eines Brennstoffzellenautos ist äußerst wartungsarm und es entstehen keine Emissionen, weil nur Wasser als Reaktionsprodukt gebildet wird.

Nachteile des Brennstoffzellenantriebs sind die noch zu große Masse und das zu große Volumen der benötigten Bauteile. Die Reichweite der bisher entwickelten Testfahrzeuge beträgt dadurch nur etwa 5000 km.

Im Gegensatz zu Automobilen sind bei Bussen schon die ersten Prototypen mit Brennstoffzellen ausgerüstet und im täglichen Einsatz.

5 Brennstoffzelle im Auto

Aufgaben

1 Nenne Vor- und Nachteile von Brennstoffzellen.
2 Erläutere die Funktionsweise einer Brennstoffzelle.
3 Vergleiche die Knallgasreaktion mit den Vorgängen in einer Knallgaszelle.
4 Begründe, warum der Ersatz von Verbrennungsmotoren durch Brennstoffzellen unter Umweltaspekten günstig ist.
5 Für den Betrieb von Wasserstoff-Brennstoffzellen sind große Mengen Wasserstoff nötig. Recherchiere, wie und wo dieser Wasserstoff gewonnen werden soll.
6 Vermute, wie sich die Leistung einer Wasserstoff-Sauerstoff-Zelle von der einer Wasserstoff-Luft-Zelle unterscheidet. Begründe deine Vermutung.
7 Informiere dich, mit welchen anderen Brennstoffen außer Wasserstoff Brennstoffzellen betrieben werden können.

Elektrochemische Spannungsreihe und Korrosion

In gleicher Weise wie im Daniell-Element lässt sich auch die Spannung anderer galvanischer Zellen messen.
Welche Ordnung ergibt sich, wenn Halbzellen in unterschiedlicher Weise miteinander kombiniert werden?

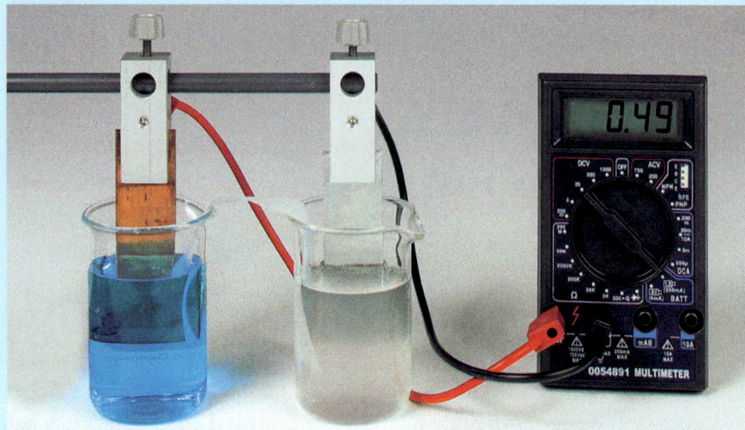

1 Kombination einer Kupfer/Kupfer(II)-sulfat-Halbzelle mit einer Zinn/Zinnchlorid-Halbzelle

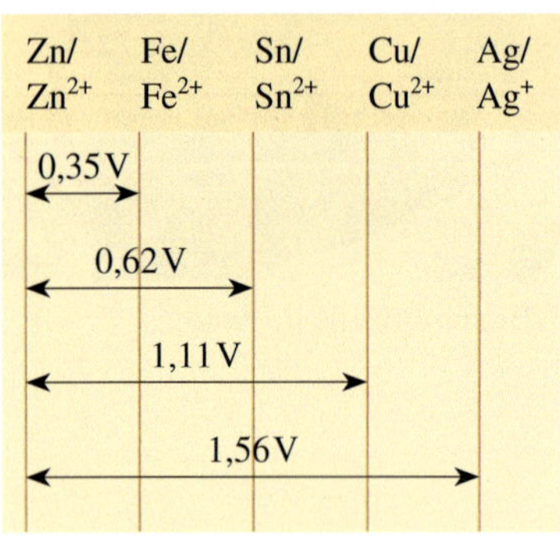

2 Spannungen zwischen verschiedenen Halbzellen

Kombination von Halbzellen Im Experiment wurden verschiedene Halbzellen jeweils mit einer Zink/Zinkchlorid-Halbzelle kombiniert. Es konnte dabei festgestellt werden, dass die Zinkelektrode stets der Minuspol ist. ↑E.3
Die Halbzelle Zn/Zn^{2+} lässt sich willkürlich als Nullpunkt einer Spannungsreihe festlegen. Damit kann jeder anderen Halbzelle ein Spannungswert gegenüber der Bezugshalbzelle zugeordnet werden. In der Anordnung der Halbzellen ergibt sich eine Reihenfolge, die der Redoxreihe der Metalle entspricht. ↑2

Die Wasserstoffhalbzelle als Bezugselektrode Prinzipiell ließe sich jedes Halbelement als Nullpunkt einer Spannungsskala festlegen, wodurch sich in der Kombination der Halbelemente Spannungswerte mit positiven und negativen Vorzeichen ergeben können. Um jedoch den Anteil eines einzelnen Metalls an der elektrischen Spannung der Zelle angeben zu können, wurde die Wasserstoffhalbzelle als Bezug gewählt.
Die Wasserstoffhalbzelle besteht aus einer Platinelektrode, die in Salzsäure eintaucht ($c = 1$ mol/l, $p = 1013$ hPa, $T = 298$ K) und von Wasserstoff umspült wird. Die Spannung der Wasserstoffhalbzelle wurde mit $U = \pm 0$ V festgelegt. In der **elektrochemischen Spannungsreihe der Metalle**, die

Selbst untersucht

3 Stelle verschiedene galvanische Zellen her.

Stelle fünf verschiedene Halbzellen her, indem du in 10%ige Metallsalzlösungen (Eisen(II)-sulfat, Kupfer(II)-sulfat, Silbernitrat (Xi), Zinkchlorid und Zinn(II)-chlorid) jeweils das dazugehörige Metall tauchst. Stelle die Zink/Zinkchloridlösung-Halbzelle jeweils mit den anderen Halbzellen zu einer galvanischen Zelle zusammen. Ermittle die jeweils auftretende Spannung mit einem Spannungsmessgerät. Notiere deine Beobachtungen. Stelle deine Messungen in einer Übersicht zusammen.
Entsorgung: Lösungen in Sammelbehälter II, Elektroden wieder verwenden.

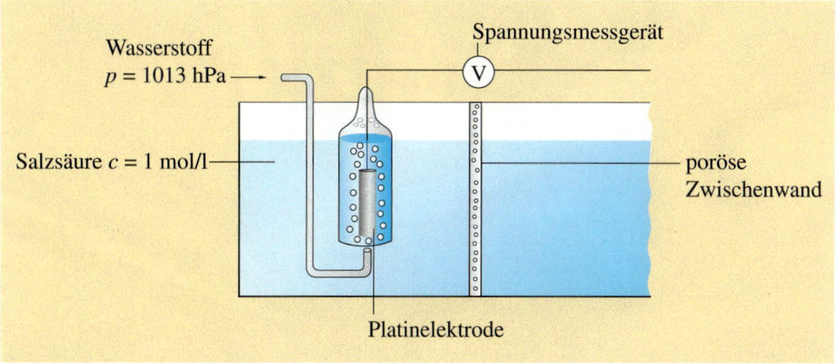

3 Schematischer Aufbau einer Wasserstoffhalbzelle

Elektrochemische Spannungsreihe der Metalle	
Metall/ Metall-Ion	Spannung in Volt
Li/Li^+	−3,04
Na/Na^+	−2,71
Mg/Mg^{2+}	−2,36
Al/Al^{3+}	−1,66
Zn/Zn^{2+}	−0,76
Fe/Fe^{2+}	−0,41
Ni/Ni^{2+}	−0,23
Sn/Sn^{2+}	−0,14
Pb/Pb^{2+}	−0,13
$H_2/2\,H^+$	±0,00
Cu/Cu^{2+}	+0,35
Ag/Ag^+	+0,80
Hg/Hg^{2+}	+0,85

sich auf diese Weise ergibt, weisen alle edlen Metalle positive und alle unedlen Metalle negative Spannungswerte auf. Mithilfe der elektrochemischen Spannungsreihe lassen sich Vorhersagen zum Verlauf von Redoxreaktionen treffen.

In der elektrochemischen Spannungsreihe sind die Metalle nach ihren Spannungswerten geordnet, die sie in galvanischen Zellen in Bezug auf die Wasserstoffhalbzelle aufweisen.

Lokalelemente Die Ausbildung galvanischer Zellen ist die Ursache für die **elektrochemische Korrosion** an ungeschützten Metallteilen und damit für große wirtschaftliche Schäden. Berühren sich zwei verschiedene Metalle, die von einer Elektrolytlösung, zum Beispiel Regenwasser oder Meerwasser, benetzt sind, kommt es in Rissen oder an Kanten aufgrund der Stellung der Metalle in der Spannungsreihe zur Ausbildung galvanischer Elemente, die als **Lokalelemente** bezeichnet werden.
Eisen oder Stahl enthalten andere Metalle als **Legierungsbestandteile** oder als Verunreinigungen. So entstehen bei Benetzung mit Elektrolytlösung Lokalelemente. Wirkt Sauerstoff ein, so kommt es zur elektrochemischen Korrosion.
Bei verzinktem Eisen bilden sich schon bei kleinen Schäden in der äußeren Metallschicht Lokalelemente aus. ↑4

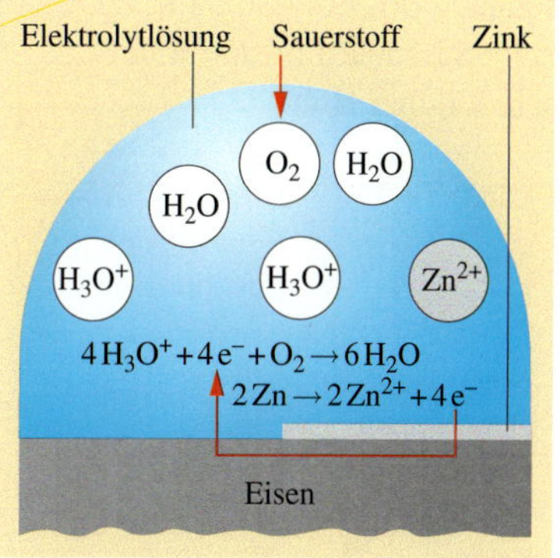

4 Ausbildung eines Lokalelements an einem verzinkten Eisen (modellhafte Darstellung der Vorgänge auf Teilchenebene)

Lokalelemente bilden sich an den Berührungsstellen von unedlen Metallen mit edleren Metallen, wenn Elektrolytlösungen einwirken.

Aufgaben

1 Begründe, warum aus silberhaltigen fotografischen Lösungen metallisches Silber durch Zugabe von Eisenwolle ausgefällt werden kann.

2 Berechne die Spannungen, die bei den folgenden Metallkombinationen zu erwarten sind: Silber/Kupfer; Eisen/Silber; Kupfer/Zinn.

3 Warum sind Obstkonserven in verzinnten Blechbüchsen nur begrenzt lagerfähig?

4 Entscheide, ob zwischen folgenden Stoffen chemische Reaktionen stattfinden: Silbernitratlösung und Natrium; Eisen(II)-sulfatlösung und Magnesiumchloridlösung; Wasser und Natrium. Begründe.

5 Zeichne den schematischen Aufbau einer galvanischen Zelle, in der folgende Halbzellen kombiniert werden: Al/Al^{3+} und Pb/Pb^{2+}. Beschrifte deine Zeichnung und kennzeichne mit Pfeilen den Elektronen- und Teilchenfluss.
Gib die zu erwartende Spannung zwischen den Halbzellen an.

Info

Der Fachbegriff Korrosion (lat. corrodere – zerfressen) bezeichnet die Reaktion eines Metalls mit seiner Umgebung, die zu Veränderungen der Eigenschaften des Metalls führt.
Galvanisieren ist eine Technik zur Herstellung von metallischen Oberflächenschichten durch Elektrolyse. Zur Anwendung kommt häufig das Vergolden oder Versilbern von Schmuck oder das Verchromen von Fahrzeugteilen.

Info

Nach einer Erhebung belaufen sich die Kosten der Korrosionsschäden pro Einwohner in einzelnen Ländern in sehr unterschiedlicher Höhe.

Land	Kosten der Korrosionsschäden je Einwohner in €
Niederlande	16
Deutschland	36
Großbritannien	44
Kanada	49
Schweden	71
USA	102

1 Für den Korrosionsschutz an Tanks werden Opferanoden verwendet.

Korrosion – Korrosionsschutz – Galvanisieren

Wer hat sich nicht schon über Rost an seinem Fahrrad geärgert? Das Rosten von Eisen oder allgemeiner die **Korrosion** von Metallen sind Phänomene, die uns täglich begegnen.
Vielleicht ist euch schon aufgefallen, dass viele Gegenstände durch Metallüberzüge vor Umwelteinflüssen geschützt werden. Verchromte Teile findet ihr an euren Fahrrädern. Andere Gegenstände erhalten durch metallische Oberflächen erst ihren attraktiven Glanz. Im Sanitärbereich gehören die verchromten Armaturen zum Standard. Das Herstellen von Metallüberzügen bezeichnet man als **Galvanisieren**.
Der Korrosion und dem Galvanisieren liegen sehr ähnliche chemische Reaktionen zugrunde. Bei der Korrosion laufen diese Reaktionen spontan ab, beim Galvanisieren werden sie technisch erzwungen.
Nutzt dieses Projekt, um euch über die chemischen Vorgänge bei der Korrosion und beim Galvanisieren zu informieren sowie Gemeinsamkeiten, Unterschiede und technische Anwendungen zu erarbeiten.

- ➜ Wo begegnen uns im Alltag Schäden, die durch Korrosion entstanden sind?
- ➜ Welche Faktoren führen zur Entstehung von Korrosionsschäden?
- ➜ Welche chemischen Reaktionen laufen bei der Korrosion ab?
- ➜ Wie groß sind die volkswirtschaftlichen Schäden durch die Korrosion?
- ➜ Welche Arten von Korrosionsschutz gibt es?

Materialien für die Projektbearbeitung Nutzt zur Bearbeitung des Projekts die auf diesen Seiten angegebenen Materialien und Experimente sowie das Material aus euren eigenen Recherchen.

1 Untersuche den Einfluss von Leitungswasser auf Schrauben.
Gib in zur Hälfte mit Leitungswasser gefüllte Reagenzgläser jeweils eine handelsübliche Schraube aus Stahl, Kupfer und Messing. Gib in weitere mit Wasser gefüllte Reagenzgläser jeweils eine Schraube aus den genannten Materialien, die mit einer Feile angeschliffen bzw. mit Rostschutzlack überzogen wurde.
Beobachte mindestens fünf Tage und notiere.

2 Eine besondere Kastanie.
Drehe vorsichtig eine Schraube in eine Kastanie, säubere die Oberfläche mit Spülmittel und entfette mit Hexan (F, Xn, N). Die Kastanie wird in Holzgrundierung und nach dem Trocknen in Silberleitlack getaucht. Befestige die Kastanie an einem Draht, tauche sie in eine 5%ige Kupfersulfatlösung und schalte sie als Kathode (Minuspol). Als Anode (Pluspol) dient ein Kupferblech. Die elektrische Gleichspannung wird so gewählt, dass ein elektrischer Strom $I \approx 50\,\text{mA}$ fließt. Elektrolysiere mindestens 20 Stunden. Spüle die Kastanie mit entmineralisiertem Wasser ab, trockne sie und poliere sie mit einer harten Bürste.

3 Ermittle die Schichtdicke einer verchromten Oberfläche.
Abzug! Säubere und trockne ein außen und innen verchromtes Rohr und bestimme die Masse auf 0,1 mg genau. Bringe das Rohr in ein Gefäß mit 10%iger Salzsäure (Xi) und erhitze mindestens zwei Stunden unter dem Abzug. Die Lösung muss nicht sieden, die verdampfte Salzsäure ist aber regelmäßig zu ergänzen. Trockne das Rohr, lass es auf Zimmertemperatur abkühlen und ermittle die Masse.
Berechne aus der Massendifferenz, der Dichte von Chrom und der Oberfläche der inneren und äußeren Mantelfläche die Stärke der abgelösten Chromschicht.

4 Behandle Rost mit Phosphorsäure.
Bestreiche mithilfe eines Pinsels die rostigen Stellen eines Eisenblechs mit 10%iger Phosphorsäure (Xi). Spüle das Blech nach einer Einwirkungszeit von etwa 30 min gründlich mit Wasser ab und trockne es.
Beurteile die Veränderungen an den behandelten Roststellen.

Hinweise für die Projektbearbeitung Zur Bearbeitung des Projekts solltet ihr verschiedene Arbeitsgruppen bilden. Um Informationen über Korrosion, Korrosionsschutz und Galvanisieren zu erhalten, könnten einzelne Arbeitsgruppen Fahrradläden oder Kraftfahrzeugwerkstätten aufsuchen.
In Baumärkten werden Rostschutzmittel angeboten. Recherchiert die Zusammensetzung anhand der Produktinformationen. Versucht Informationen über Korrosionsschutz im Schiffsbau oder bei der Verlegung von Pipelines zu erhalten. Bezieht in eure Recherche auch das Internet ein.
Eine Arbeitsgruppe könnte eine Goldschmiedewerkstatt besuchen und sich über das Versilbern oder Vergolden von Schmuck informieren.
Stellt eure Erfahrungen und Ergebnisse den anderen Arbeitsgruppen vor und legt fest, welche Ergebnisse ihr in welcher Form der Öffentlichkeit präsentieren möchtet. Ist Bildmaterial gesammelt worden, wäre eine Ausstellung eindrucksvoll. Möglich wäre auch ein Informationsblatt für Eltern und interessierte Mitschüler.

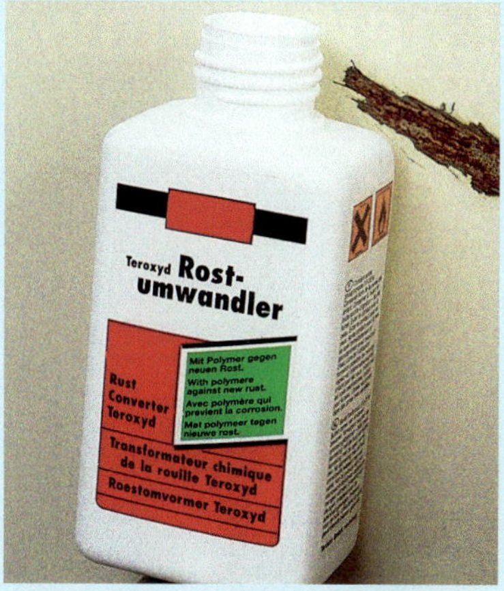

2 Der Einsatz von Rostumwandlern bietet einen guten Korrosionsschutz.

Info
Das Prinzip des Rostumwandlers beruht auf der chemischen Reaktion von sauren Lösungen mit Metalloxiden, bei der das gebildete Salz schwer löslich ist. Die in Rostumwandlern enthaltene Phosphorsäure bildet mit dem Rost schwer lösliches Eisenphosphat, das auf der Eisenoberfläche fest haftet. Die Eisenphosphatschicht kann einfach mit Farbe überstrichen werden.

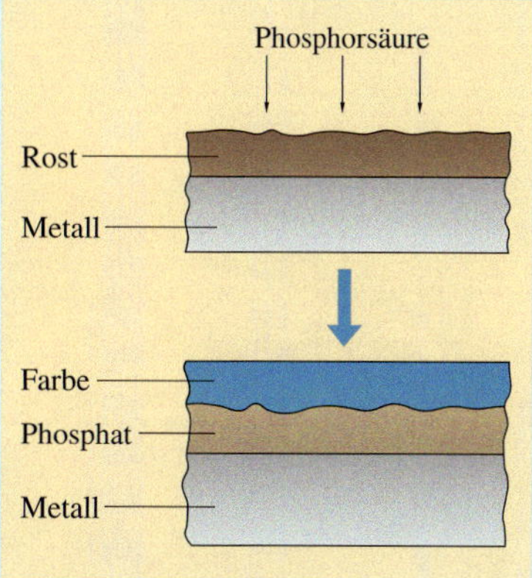

3 Prinzip des Rostumwandlers

Energieumwandlungen

1 Der Zitterrochen wandelt mit einem speziellen Organ an seiner Längsseite chemische Energie in elektrische Energie um und betäubt damit seine Opfer.

Lebende Organismen sind für den Erhalt ihrer Lebensfunktionen von externen Energiequellen und Nährstoffen abhängig. Habt ihr euch schon mal überlegt, welche Energieformen existieren und welche der Mensch nutzen kann? Wo kommt die für Menschen, Tiere und Pflanzen nutzbare Energie her? Welche Energieformen kommen im Organismus von Tieren und Menschen vor?

Energieumwandlung der Pflanzen Autotrophe Organismen nutzen die Energie des Sonnenlichts zum Aufbau energiereicher Kohlenstoffverbindungen. Grüne Pflanzen besitzen hierfür besondere Zellorganellen, die Chloroplasten, die die Energie des Sonnenlichts in chemische Energie umwandeln. Bei diesem als Fotosynthese bezeichneten Prozess werden Elektronen aus der Zerlegung von Wassermolekülen auf Eiweißmoleküle übertragen und über eine Elektronentransportkette auf ein niedriges Energieniveau gebracht. Die frei werdende Energie wird zum Aufbau von energiereichen Kohlenstoffverbindungen genutzt. Jährlich werden durch die Fotosynthese schätzungsweise 150 Milliarden Tonnen Traubenzucker (Glucose) produziert. Alle heterotrophen Organismen, Tiere, Menschen und Pilze, entnehmen die chemische Energie den Kohlenstoffverbindungen ihrer Nahrung. Über die Fotosynthese gelangt also letztendlich die gesamte Energie in die Biosphäre.

2 Historischer Froschschenkelversuch von Luigi Galvani

„Tierische Elektrizität" Der italienische Arzt Luigi Galvani entdeckte im Jahre 1791, dass Oberschenkelmuskeln sezierter Frösche zuckten, wenn er die Nerven- und Muskelenden mit zwei verschiedenen, elektrisch miteinander verbundenen Metallen berührte. Galvani nahm an, dass Elektrizität im Muskel säße, und bezeichnete sie als „tierische Elektrizität". Ohne es zu wissen, hatte Galvani mit diesem Experiment eine einfache Form einer Batterie konstruiert und damit die Anfänge der Elektrochemie begründet. Nebenbei ebnete Galvanis Entdeckung auch den Weg für weitere Versuche, die schließlich zeigten, dass Nerventätigkeit etwas mit Elektrizität zu tun hat. Heute weiß man, dass die Aktivität von Nerven

3 Transport von Medikamenten, die gekühlt werden müssen, in der Wüste

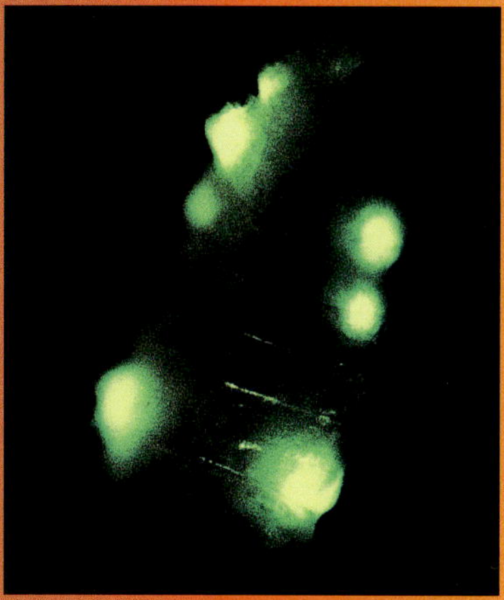

4 Umwandlung von chemischer Energie in Licht beim Leuchtkäfer *Lampyrus noctiluca*. Die Lichtblitze der Weibchen dienen als Signale für die Paarung.

auf einer elektrischen Potenzialdifferenz von weniger als 0,1 V beruht, die durch die unterschiedliche Verteilung von Natrium- und Kalium-Ionen an der Zellmembran der Nervenzellen entsteht.

Elektroenergie ist nutzbare Energie Die Natur stellt Energie nicht nur in Form von chemischer Energie (Brennstoffe) und Strahlung (Sonne), sondern auch als Kernenergie (Uran), „Wasserkraft", Gezeiten- und Windenergie zur Verfügung. Meist werden die verschiedenen Primärenergieformen durch Umwandlungsprozesse in Elektroenergie umgewandelt. Elektroenergie ist für viele Anwendungen leicht nutzbar.
So wird z. B. im Wasserkraftwerk die Primärenergie des gestauten oder fließenden Wassers in Elektroenergie umgewandelt. Dabei wird das Wasser auf die Schaufeln einer Turbine geleitet, die einen angeschlossenen Generator antreibt, der die Elektroenergie erzeugt.
Im **Solarkraftwerk** wandeln Solarzellen Sonnenlicht direkt in Elektroenergie um. Auf der einen Seite der Solarzelle setzt auftreffendes Licht Elektronen frei, die als elektrischer Strom über einen Verbraucher zur anderen, elektronenärmeren Seite fließen.

5 Tankfahrzeug mit aus Rapsöl hergestelltem Biodiesel

Nutzbare Energie aus nachwachsender Biomasse Chemische Energie ist nicht nur in Zucker, sondern auch in anderen von Pflanzen produzierten Kohlenstoffverbindungen, z. B. in Cellulose und Öl, gespeichert.
Ein hochwertiger Energieträger ist z. B. das aus den Samen des Rapses gewonnene Rapsöl, aus dem Speiseöl, Margarine und zunehmend auch Dieseltreibstoff (Biodiesel) erzeugt wird. Die Speiseöle sind für den Menschen ein hochwertiges Nahrungsmittel.

Arbeitsaufträge

1 Vergleiche Vorgänge der Energieumwandlung bei grünen Pflanzen und Tieren. Woher stammen die jeweils eingesetzten Energieformen? Welche Energieformen werden in der Technik eingesetzt, welche Energieformen entstehen?

2 Woher stammt die Energie, die beim Verbrennen nachwachsender Rohstoffe genutzt wird? Woher stammt die Energie der fossilen Brennstoffe Erdöl, Erdgas und Kohle?

3 Informiere dich im Detail, auf welchen Prozessen der Energieumwandlung Nerven- und Muskelaktivität in tierischen Organismen beruht.
Benutze als Informationsquelle dein Biologielehrbuch.

4 Solarzellen wandeln Licht in Elektroenergie um. Informiere dich über das hierfür benötigte Material und die chemischen Prozesse, die die Energieumwandlung ermöglichen.

Ammoniak – ein wichtiger Grundstoff

In Viehställen ist häufig ein scharfer und stechender Geruch nach Ammoniak festzustellen. Wie aber kommt diese Chemikalie in einen Tierstall?

1

2 Die Atmosphäre des Planeten Saturn enthält Ammoniak.

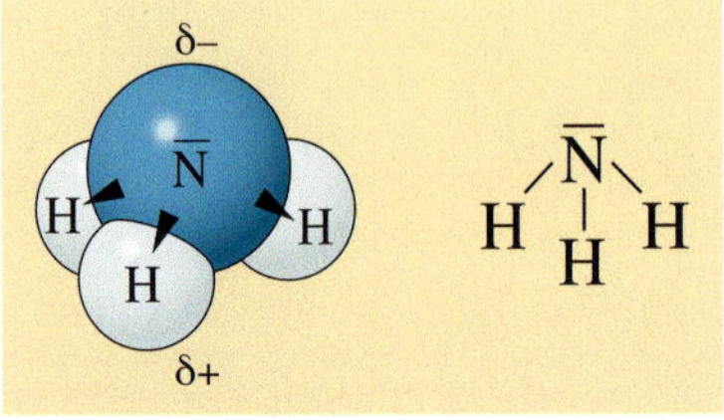

3 Modell und Formel eines Ammoniakmoleküls

Vorkommen von Ammoniak In der Natur entsteht Ammoniak durch Abbau stickstoffhaltiger pflanzlicher und tierischer Stoffe, vor allem Eiweiße und Harnstoff. Geringe Mengen davon gelangen in die Atmosphäre und in den Boden. Beim Abbau von Eiweißen im Harn von Kühen durch Mikroorganismen entsteht ebenfalls Ammoniak, was den Geruch in den Ställen erklärt. In freier Form kommt Ammoniak in der Natur sehr selten vor. Meist wird es durch chemische Reaktionen in andere Stoffe umgewandelt. Eine Ausnahme findet sich beim Aaskäfer, der als Wehrsekret eine 4,5%ige wässrige Ammoniaklösung zu seiner Verteidigung absondert.

Bau von Ammoniak In jedem Ammoniakmolekül (Formel: NH_3) sind drei Wasserstoffatome durch jeweils ein gemeinsames Elektronenpaar durch polare Atombindung mit einem Stickstoffatom verbunden. Das Stickstoffatom besitzt außerdem ein freies Elektronenpaar. Das Ammoniakmolekül ist ein Dipolmolekül mit gewinkeltem Bau. ↑3 ↑S.241

Bedeutung von Ammoniak Flüssiges Ammoniak dient als Kühlmittel in Kältemaschinen von Kühlhäusern oder Kunsteisbahnen. Wässrige Lösungen von Ammoniak (Salmiakgeist) finden in Haushaltsreinigern und Fensterputzmitteln Verwendung. In der chemischen Industrie ist Ammoniak Ausgangsstoff für die Herstellung zahlreicher Stoffe, z. B. von Harnstoff, Arzneimitteln, Kunststoffen, Salpetersäure und deren Salzen, Farbstoffen, Raketentreibstoffen und Sprengstoffen. Etwa 85 % der Weltjahresproduktion an Ammoniak werden zur Produktion von Düngemitteln eingesetzt.

Selbst untersucht

4 Prüfe den Geruch von Ammoniak.

Vorsicht! Prüfe vorsichtig durch Zufächeln 10%ige wässrige Ammoniaklösung (Xi) sowie Fensterputzmittel (Xi) auf ihren Geruch.
Untersuche anschließend beide Lösungen mit Universalindikator.
Notiere deine Beobachtungen.
Entsorgung: Lösungen in den Sammelbehälter für Abwasser geben.

Eigenschaften und Nachweis von Ammoniak Ammoniak ist ein farbloses, stechend riechendes, giftiges Gas. Ammoniakdämpfe wirken schon in geringen Volumenanteilen auf die Schleimhäute der Atemwege und der Augen reizend. In höheren Volumenanteilen verursachen Ammoniakdämpfe Verätzungen. Die Dichte von Ammoniak beträgt 0,771 g/ l (bei $\vartheta = 0\,°C$ und $p = 101{,}3$ kPa). Das Gas kann bei 20 °C bereits durch einen Druck von 800 bis 900 kPa verflüssigt werden. Flüssiges Ammoniak ist farblos, leicht beweglich und siedet bei –33,5 °C.
Ammoniak zersetzt sich beim Belichten mit ultraviolettem Licht und durch Einwirkung einer elektrischen Funkenentladung. Gemische aus Ammoniak und Luft sind in bestimmten Grenzen explosiv. Ammoniak verbrennt in Sauerstoff mit fahlgelber Flamme zu Stickstoff und Wasser.

$$4\,NH_3\,(g) + 3\,O_2\,(g) \longrightarrow 2\,N_2\,(g) + 6\,H_2O\,(l) \mid \text{exotherm}$$

EXPERIMENT 5 [L]
Austreiben von Ammoniak.
Vorsicht! Abzug! Aus 5%iger wässriger Ammoniaklösung (Xi) wird durch Erwärmen Ammoniak (T, N) ausgetrieben. Die Restlösung ist mit Universalindikator zu prüfen.

Ammoniak ist in Wasser sehr gut löslich. Die Löslichkeit ist temperaturabhängig (in 1 l Wasser lösen sich bei 0 °C und 101,3 kPa 1176 l Ammoniakgas, bei 20 °C dagegen nur noch 702 l). Eine wässrige Lösung von Ammoniak nennt man Ammoniakwasser. Handelsübliche konzentrierte Ammoniaklösung enthält einen Massenanteil an Ammoniak von 28 bis 29 %. Verdünntes Ammoniakwasser enthält einen Massenanteil von etwa 10 % an Ammoniak (Salmiakgeist). Beim Lösen von Ammoniak in Wasser reagiert ein geringer Teil des Ammoniaks mit Wasser zu einer alkalischen Lösung. Hält man über ein Gefäß mit Ammoniak feuchtes Universalindikatorpapier, färbt es sich blau. Diese Eigenschaft kann zum Nachweis von Ammoniak genutzt werden. Beim Erhitzen einer wässrigen Ammoniaklösung entweicht Ammoniak vollständig. In der verbleibenden Lösung kann keine alkalische Reaktion mehr nachgewiesen werden.

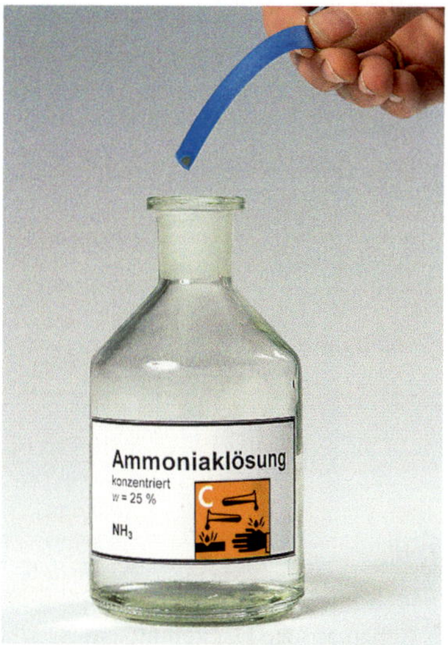

4 Ammoniak entweicht aus einer Ammoniaklösung auf ein angefeuchtetes Indikatorpapier.

Bildung von Ammoniak Ammoniak kann in Gegenwart eines Katalysators aus den Elementen Stickstoff und Wasserstoff hergestellt werden. Diese Reaktion wird in der Technik als Ammoniaksynthese durchgeführt.

$$N_2\,(g) + 3\,H_2\,(g) \rightleftharpoons 2\,NH_3\,(g) \mid \text{exotherm}$$

Im Labor erhält man Ammoniak durch Erhitzen eines Gemisches aus Ammoniumchlorid und Calciumhydroxid.

Ammoniak ist eine wichtige Grundchemikalie. Es ist ein stechend riechendes, ätzendes Gas. Es lässt sich leicht verflüssigen und löst sich gut in Wasser. Wässrige Ammoniaklösung reagiert alkalisch. Als Nachweis von Ammoniak dient die charakteristische Blaufärbung von feuchtem Universalindikatorpapier.

Aufgaben

1 Fertige einen Steckbrief über Ammoniak an.
2 Definiere die Begriffe Säure und Base und nenne Eigenschaften von sauren, neutralen und alkalischen Lösungen.
3 Beschreibe den Bau eines Ammoniakmoleküls und die chemische Bindung in dem Molekül.
4 Vergleiche das Ammoniakmolekül mit dem Wassermolekül und begründe ihre Dipoleigenschaften.

Technische Ammoniaksynthese

Erst durch die technische Ammoniaksynthese wurde die Herstellung von Stickstoffdüngemitteln möglich.
Wie und unter welchen Bedingungen verläuft die Herstellung von Ammoniak in der Technik?

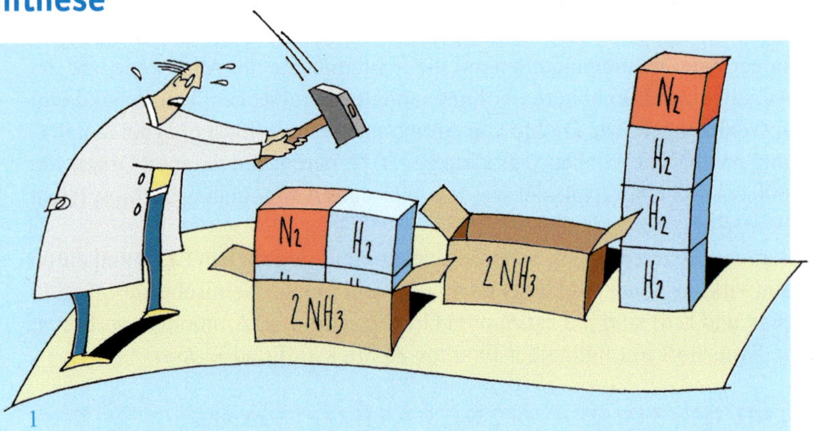

1

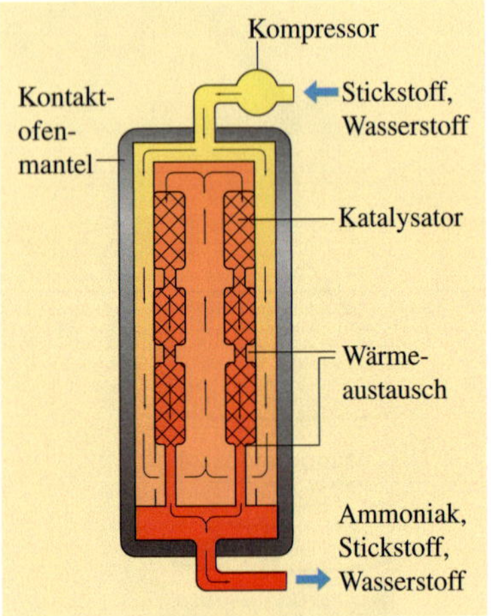

2 Schematische Darstellung eines Kontaktofens

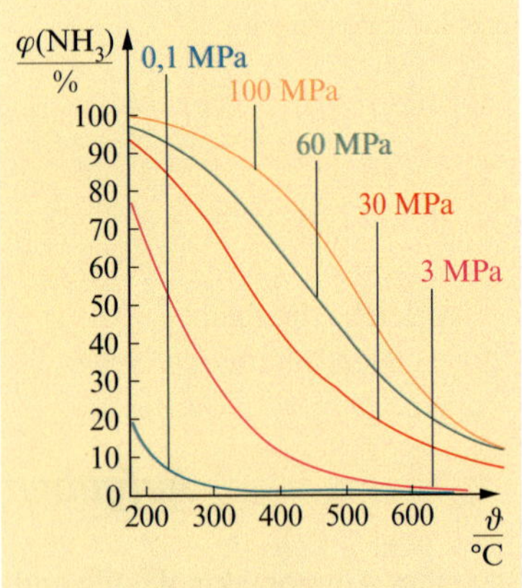

3 Abhängigkeit des Volumenanteils an Ammoniak von Temperatur und Druck

Chemische Grundlagen Die Bildung von Ammoniak aus Stickstoff und Wasserstoff ist eine **umkehrbare Reaktion**. Neben der Bildung von Ammoniak (Hinreaktion) kommt es auch zu einem Zerfall von Ammoniak (Rückreaktion). In dem bei der Reaktion entstehenden Gasgemisch liegen deshalb neben Ammoniak auch noch Stickstoff und Wasserstoff vor.

$$N_2\,(g) \;+\; 3\,H_2\,(g) \;\rightleftarrows\; 2\,NH_3\,(g) \qquad |\ \text{exotherm}$$

1 Volumenteil 3 Volumenteile 2 Volumenteile

Die Hinreaktion verläuft exotherm und unter Volumenverkleinerung, die Rückreaktion verläuft endotherm und unter Vergrößerung des Volumens. Deshalb sind Bildung und Zerfall von Ammoniak von Temperatur und Druck abhängig und durch diese zu beeinflussen.

Volumenanteile Ammoniak (in %) in Abhängigkeit von Temperatur und Druck

Temperatur ϑ in °C	Druck p in MPa 0,1	10	30	60	100
200	15,3	81,5	89,9	95,4	98,3
400	0,44	25,1	42,0	65,2	79,8
500	0,13	10,6	26,4	42,2	57,5
700	0,02	2,2	7,3	12,6	12,9

Eine relativ niedrige Temperatur begünstigt die Bildung von Ammoniak, während bei hoher Temperatur der Zerfall besser verläuft. Da die Hinreaktion unter Volumenverringerung abläuft, wird sie außerdem durch einen hohen Druck begünstigt. Dieses Prinzip wurde von dem französischen Chemiker HENRY LOUIS LE CHATELIER (1850 bis 1936) und dem deutschen Physiker KARL FERDINAND BRAUN (1850 bis 1918) entdeckt und als **Prinzip des kleinsten Zwangs** bezeichnet.

Die Bildung von Ammoniak ist eine exotherme Reaktion unter Volumenverminderung. Sie wird durch niedrige Temperatur und hohen Druck begünstigt.

Reaktionsbedingungen Stickstoff und Wasserstoff sind die Ausgangsstoffe für die technische Ammoniakherstellung. Stickstoff wird nach dem Linde-Verfahren gewonnen. Wasserstoff wird über viele Reaktionsstufen aus Erdgas und Wasser oder Erdöl und Wasser hergestellt. Das sogenannte Synthesegas muss für einen optimalen Reaktionsverlauf in folgendem Volumenverhältnis vorliegen: V(Stickstoff) : V(Wasserstoff) = 1 : 3. Nach dem Prinzip des kleinsten Zwangs gelten als theoretisch optimale Reaktionsbedingungen niedrige Temperatur und hoher Druck.
Bei der technischen Durchführung ist aber bei niedrigen Temperaturen die Reaktion zwischen Stickstoff mit Wasserstoff so stark gehemmt, dass praktisch keine Reaktion abläuft. Um eine wirtschaftliche Herstellung doch zu ermöglichen, muss ein Katalysator eingesetzt und bei Temperaturen zwischen 400 und 500 °C und einem Druck von 30 MPa gearbeitet werden. Als technische Katalysatoren dienen eisenoxidhaltige Mischkatalysatoren, hauptsächlich Eisen(II/III)-oxid (Fe_3O_4), die noch geringe Zusätze an Aluminiumoxid, Kaliumoxid, Calciumoxid und Siliciumdioxid enthalten.

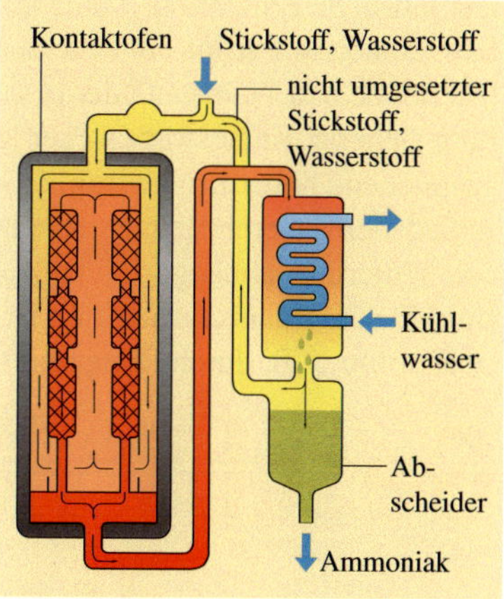

4 Darstellung des Kreislaufprinzips bei der Ammoniaksynthese

Technische Umsetzung Die Reaktion wird in 40 bis 60 m hohen Synthesetürmen, den sogenannten **Kontaktöfen**, durchgeführt. Von oben strömt kaltes Synthesegas mit einem Druck von 30 MPa in die Türme und gelangt nach unten in die Wärmeaustauscher. Dort wird das kalte Gas im Gegenstrom vorgewärmt und strömt anschließend durch die Katalysatorschichten (Kontakte). ↑2, 4
An den Kontakten erfolgt die Reaktion von Stickstoff und Wasserstoff zu Ammoniak. Das entstandene Gasgemisch aus etwa 17 % Ammoniak und 83 % Wasserstoff und Stickstoff ist wegen der exothermen Reaktion sehr heiß und gibt einen Teil seiner Wärme in den Wärmeaustauschern an das entgegenströmende kalte Synthesegas ab.
Das den Kontaktofen verlassende Reaktionsgemisch wird abgekühlt. Dabei kondensiert Ammoniak, sodass es im Abscheider als flüssiges Ammoniak aus dem Reaktionsgemisch entfernt werden kann. Stickstoff und Wasserstoff können mit frischem Synthesegas im Kreislauf dem Kontaktofen erneut zugeführt werden. Dadurch können praktisch die gesamten Ausgangsstoffe ohne Verlust in das Reaktionsprodukt Ammoniak umgesetzt werden.
Die Ammoniaksynthese findet im Kontaktofen stetig und ohne Unterbrechung statt. Diese Führung des Produktionsprozesses wird als kontinuierliche Arbeitsweise bezeichnet.

Reaktionsbedingungen	Arbeitsweise
Temperatur: 450 bis 500 °C (optimale Temperatur für den Katalysator)	Thermischer Gegenstrom: kaltes Synthesegas strömt heißem Reaktionsgas entgegen und wird vorgewärmt.
Druck: 30 MPa	Kontinuierliche Arbeitsweise: Reaktion findet stetig und ohne Unterbrechung statt.
Katalysator: Eisenoxidmischkatalysator	Kreislaufprinzip: Nicht umgesetzter Stickstoff und Wasserstoff werden dem Prozess erneut zugeführt.

Schon gewusst?

Mit dem Nobelpreis für Chemie wurde 2007 der deutsche Physikochemiker GERHARD ERTL (geb. 1936, emeritierter Professor am Fritz-Haber-Institut der Max-Planck-Gesellschaft, Berlin) für seine Arbeiten zur Oberflächenchemie ausgezeichnet. Grundlage seiner Forschungen war die Untersuchung der Wirkung der Katalysatoren bei der Ammoniaksynthese. Darauf aufbauend konnte er zum tieferen Verständnis der Nutzung von Katalysatoren beitragen.

Aufgaben

1 Vergleiche die theoretisch optimalen Bedingungen zur Darstellung von Ammoniak mit den Bedingungen in der Technik. Begründe die Unterschiede.
2 Informiere dich über Leben und Werk von FRITZ HABER und CARL BOSCH. Setze dich kritisch mit dem Wirken von Wissenschaftlern auseinander.

Welt der **Chemie**

Der jährliche Ernteertrag war noch vor wenigen Jahrzehnten in Europa ein bedeutender Faktor, der Überleben und Wohlstand der gesamten Bevölkerung sicherte. Keineswegs sicher jedoch war ein ausreichend hoher Ernteertrag, da dieser von verschiedenen äußeren Bedingungen, wie Boden und Witterung, abhängt. Ein bedeutendes Kriterium für das Pflanzenwachstum ist die Nährstoffzufuhr, z. B. durch Düngemittel.

Geschichte der Ammoniaksynthese

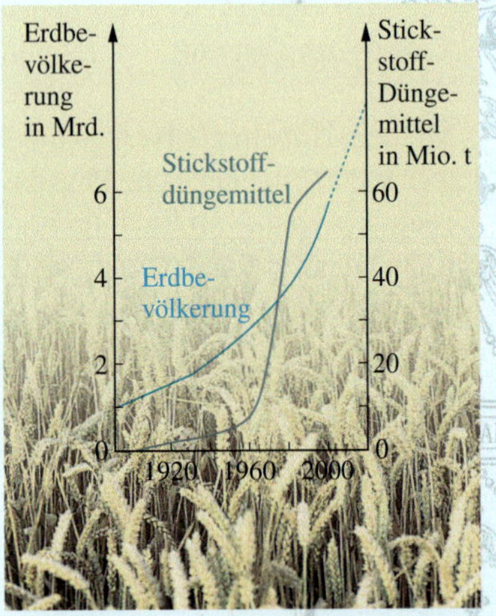

1 Zunahme der Erdbevölkerung und Weltverbrauch an Stickstoffdünger

2 Ammoniak war auch Grundstoff für Sprengstoffe im Ersten Weltkrieg.

Verschiedene Mineraldünger konnten bereits im 19. Jahrhundert auf die Felder aufgebracht werden. Der bedeutendste Pflanzennährstoff Stickstoff jedoch war in ausreichenden Mengen nicht verfügbar. Zwar wurde im 19. Jahrhundert Chilesalpeter (Natriumnitrat), der in Chile abgebaut wurde, nach Europa importiert. Die Ressourcen waren jedoch begrenzt.
Der englische Chemiker SIR WILLIAM CROOKES (1832 bis 1919) formulierte deshalb: *„Die Bindung des atmosphärischen Stickstoffs ist eine der großen Entdeckungen, die auf die Genialität der Chemiker warten."*

Stickstoff in der Luft stand in unbegrenztem Maße zur Verfügung. Da elementarer Stickstoff jedoch in der Regel nicht direkt von Pflanzen verwertet werden kann, stand die Chemie vor einer riesigen Herausforderung. Der Durchbruch gelang am 2. Juli 1909. Der Karlsruher Professor für Chemie FRITZ HABER (1868 bis 1934) erzeugte unter Nutzung eines Osmium-Katalysators Ammoniak aus Stickstoff und Wasserstoff.

Im Auftrag der Badischen Anilin- und Sodafabrik (BASF) erforschte CARL BOSCH (1874 bis 1940, Nobelpreis für Chemie 1931) die Umsetzung der Reaktion aus dem Labor in die industrielle Produktion. Gleichzeitig suchten PAUL ALWIN MITTASCH (1869 bis 1953) und seine Mitarbeiter nach einem Katalysator, der nicht so teuer wie Osmium sein durfte. Nach jahrelangen Versuchsreihen konnte 1913 die erste Industrieanlage bei der BASF in Ludwigshafen die industrielle Ammoniakproduktion aufnehmen. Die Synthese wurde in Gegenwart eines hochreinen Eisenkatalysators mit Zusätzen aus Aluminium- und Alkalimetallhydroxiden durchgeführt.

Der Grundstoff Ammoniak wurde zum Segen, aber auch zum Fluch für die Menschen, da er sowohl für die wertvolle Düngemittelproduktion als auch zur Munitionsherstellung verwendet wurde. Auch das wissenschaftliche Wirken FRITZ HABERS muss kritisch betrachtet werden. Neben seinen Verdiensten um die Entwicklung der Ammoniaksynthese arbeitete er im Ersten Weltkrieg maßgeblich an der Herstellung von Kampfgasen (Phosgen- und Chlor-Arsen-Kampfstoffe) mit. Trotzdem erhielt HABER 1918 für die Ammoniaksynthese den Nobelpreis für Chemie.

Kreislauf des Stickstoffs

Der Stickstoff der Luft und die Stickstoffverbindungen befinden sich in der Natur in einem ständigen Kreislauf.

Bereits 1840 hat JUSTUS VON LIEBIG (1803 bis 1873) über diesen Prozess in seinem Buch „Die Organische Chemie in ihrer Anwendung auf Agrikultur und Physiologie" geschrieben (Auszug):

„Kohlensäure, Ammoniak und Wasser enthalten in ihren Elementen die Bedingungen zur Erzeugung aller Tier- und Pflanzenstoffe während ihres Lebens. Kohlensäure, Ammoniak und Wasser sind die letzten Producte des chemischen Prozesses ihrer Fäulniß und Verwesung."

Stickstoffverbindungen sind unentbehrlich für die Eiweißsynthese der Pflanzen. Nur die Schmetterlingsblütler (Leguminosen), wie z.B. Klee oder Lupinen, können mithilfe von Knöllchenbakterien Stickstoff direkt aus der Luft aufnehmen. Alle anderen Pflanzen sind auf Stickstoffverbindungen in Form von Nitrat- und Ammonium-Ionen aus dem Boden angewiesen. Menschen und Tiere können körpereigenes Eiweiß aus pflanzlicher Nahrung aufbauen.

Über Ausscheidung und Verwesung gelangen die Stickstoffverbindungen wieder in den Boden und werden dort durch Bakterien zu Ammoniak und Ammoniumsalzen abgebaut. Diese können wieder zu Nitraten umgewandelt und von den Pflanzen aufgenommen werden. Ein Teil der anorganischen Stickstoffverbindungen wird außerdem durch denitrifizierende Bakterien in elementaren Stickstoff zurückverwandelt und an die Atmosphäre abgegeben.

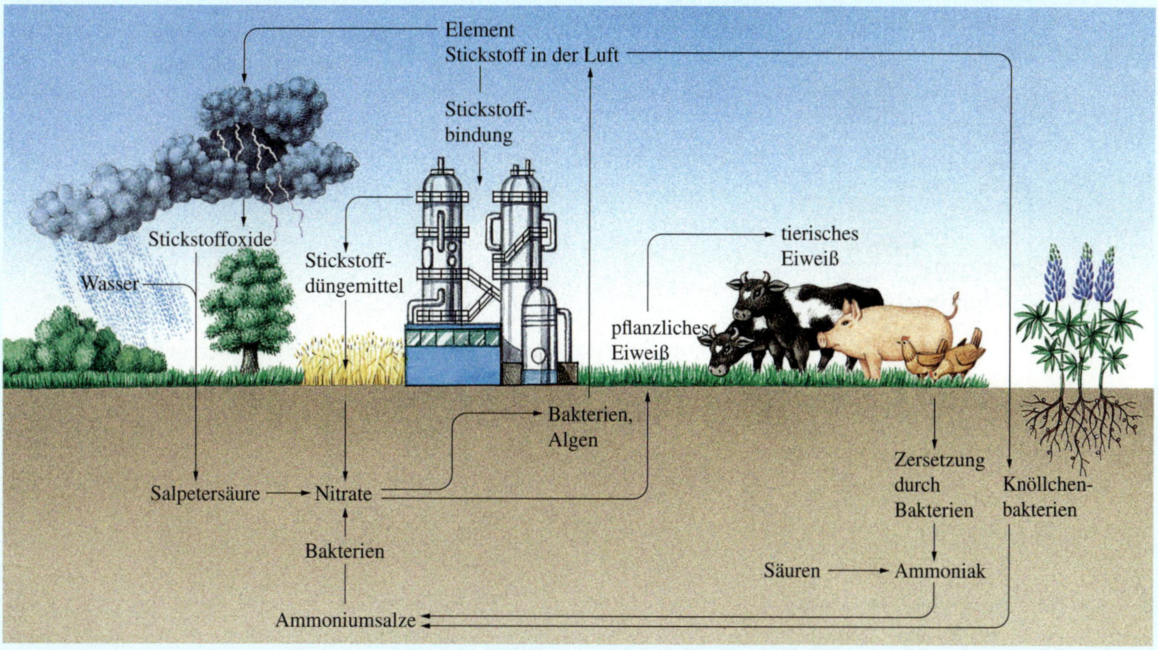

Luftstickstoff kann aber nicht nur durch Schmetterlingsblütler gebunden werden. Bei Gewitter können durch Blitzentladungen aus Stickstoff und Sauerstoff Stickstoffoxide entstehen, die zu Salpetersäure reagieren und mit dem Regenwasser in den Boden gelangen. Der Kreislauf ist aber nur in der freien Natur weitgehend geschlossen. Veränderungen des natürlichen Stickstoffkreislaufs ergeben sich vor allem durch eine intensive landwirtschaftliche Nutzung des Bodens sowie infolge industrieller und anderer Stickstoffoxidemissionen, was zu weitreichenden ökologischen, medizinischen und klimatologischen Folgen führen kann. Umweltmaßnahmen zum Schutz der Natur sollten diese Zusammenhänge berücksichtigen.

Salpetersäure

Im November 2001 kam es in Krefeld beim Abpumpen von konzentrierter Salpetersäure aus einem Tankschiff zu einem Unfall. Durch ein Leck traten große Mengen Salpetersäure aus. Teile des Tankers gerieten in Brand. Giftige braune Gase stiegen auf. Welche Eigenschaften der Salpetersäure waren für das Entstehen des Brandes verantwortlich? Welche giftigen Gase entstanden bei dem Brand?

1 Feuerwehren löschen einen mit 1800 Tonnen Salpetersäure beladenen havarierten Tanker.

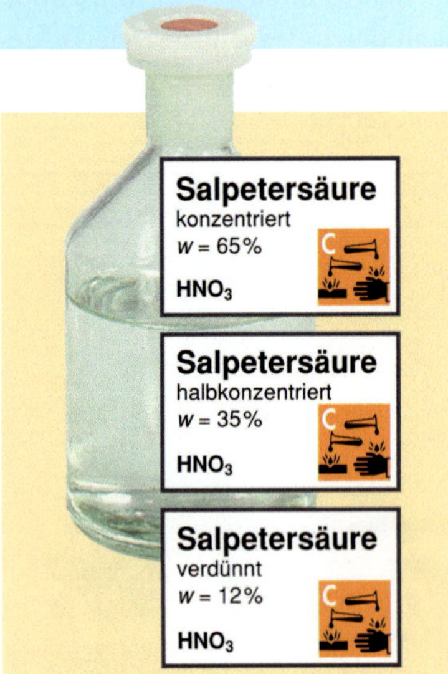

2 Salpetersäurelösungen

Eigenschaften Reine, 100%ige Salpetersäure ist eine farblose, stechend riechende Flüssigkeit mit einer Siedetemperatur von 86 °C. Sie bildet an der Luft Nebel und wird auch als **„rauchende" Salpetersäure** bezeichnet. Da sie durch Lichteinwirkung zerfällt, muss sie in braunen Flaschen aufbewahrt werden. Rauchende Salpetersäure enthält gelöstes Stickstoffoxid.

Verdünnte Salpetersäure Sie ist eine farblose, ätzende Lösung. Beim Lösen von Salpetersäure in Wasser bilden sich Oxonium-Ionen und Nitrat-Ionen.

$$HNO_3\ (l) + H_2O\ (l) \longrightarrow H_3O^+\ (aq) + NO_3^-\ (aq) \quad | \text{ exotherm}$$

Verdünnte Salpetersäure reagiert wie andere verdünnte Säuren. Mit Metalloxiden, Hydroxidlösungen und wässriger Ammoniaklösung entstehen dabei Nitratlösungen und Wasser. ↑E.6

$$CaO\ (s) + 2\ HNO_3\ (aq) \longrightarrow Ca(NO_3)_2\ (aq) + H_2O\ (l) \quad | \text{ exotherm}$$

Selbst untersucht

6 Untersuche das Verhalten von Metallen und Metalloxiden gegenüber Salpetersäure.

Schutzbrille! Gib in ein Reagenzglas etwa 100 mg Calciumoxid (Xi) und versetze das Oxid mit 5 ml 10%iger Salpetersäure (C). Dampfe etwa 1 ml der Lösung ein.
Wiederhole das Experiment mit 100 mg Magnesiumoxid und 100 mg schwarzem Kupferoxid (Xn). Gegebenenfalls ist das Reagenzglas kurz zu erwärmen.
Gib einige Zink-, Magnesium- und Kupferspäne in jeweils ein Reagenzglas. Versetze die Späne mit je 5 ml 6%iger Salpetersäure (C). Prüfe, ob Wärme frei wird. Dampfe etwa 1 ml der Lösungen ein.
Notiere deine Beobachtungen und versuche sie zu deuten. Entwickle im Fall einer Reaktion die Reaktionsgleichung.
Entsorgung: Kupfer und Kupferoxidabfälle in den Sammelbehälter II, übrige Feststoffe in den Sammelbehälter für Hausmüll, saure Lösungen in den Sammelbehälter I geben.

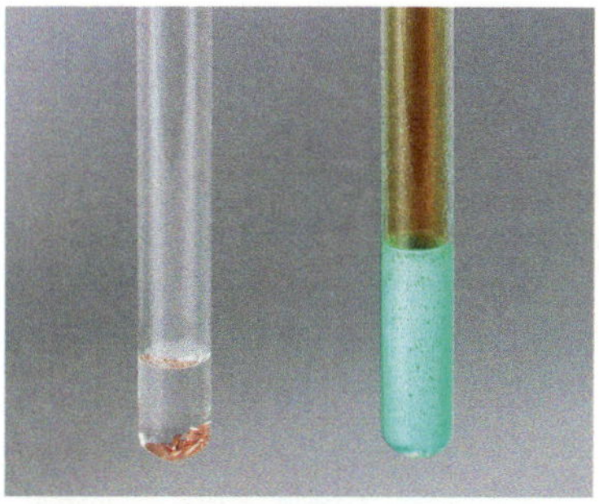

3 Reaktion von Kupfer mit Salpetersäure

4 Reaktion von konzentrierter Salpetersäure mit Holzkohle

Verdünnte Salpetersäure reagiert auch mit unedlen Metallen wie Magnesium und Zink, aber nicht mit edlen Metallen wie Kupfer und Silber. ↑E.6

Konzentrierte Salpetersäure Sie ist farblos, giftig und wirkt ätzend. Sie ist ein starkes Oxidationsmittel, das nicht nur mit Kupfer, sondern sogar mit Silber und Quecksilber reagiert. Dabei werden Stickstoffoxide frei. ↑E.7

$$\mathrm{Cu\,(s) + 4\,HNO_3\,(aq) \longrightarrow Cu^{2+}\,(aq) + 2\,NO_3^-\,(aq) + 2\,NO_2\,(g) + 2\,H_2O\,(l)} \mid \text{exotherm}$$

Auch Nichtmetalle wie Kohlenstoff oder Schwefel werden von konzentrierter Salpetersäure oxidiert, dabei entstehen nitrose Gase.
Ein Gemisch aus konzentrierter Salpetersäure und konzentrierter Salzsäure im Verhältnis 1 : 3 wird **Königswasser** genannt, weil es Gold und Platin auflösen kann.
Auf Eiweiße wirkt konzentrierte Salpetersäure ätzend und zerstörend. Außerdem färbt sie diese Stoffe intensiv gelb, was zum **Nachweis von Eiweißen** genutzt werden kann (Xanthoprotein-Reaktion). ↑E.8

Verwendung Salpetersäure findet in der chemischen Industrie vielseitige Verwendung. So dient sie zur Herstellung von Nitratdüngemitteln, Sprengstoffen, Farbstoffen, Arznei- und Lösemitteln. Außerdem wird konzentrierte Salpetersäure in der Metallbearbeitung zum Ätzen, Beizen und Passivieren genutzt.

EXPERIMENT 7 [L]
Reaktion von Salpetersäurelösungen mit Metallen.
Vorsicht! Abzug!
Kupfer- und Silberspäne werden jeweils mit etwa 3 ml 65%iger Salpetersäure (C) und 35%iger Salpetersäure (C) versetzt.

EXPERIMENT 8 [L]
Reaktion von konzentrierter Salpetersäure mit Eiweiß.
Vorsicht! Zu Eiweißlösung, Fingernagelresten, weißen Federn und festem Eiklar werden jeweils einige Tropfen 65%ige Salpetersäure (C) gegeben.

Schon gewusst?

Gebräuchliche Sprengstoffe sind häufig Stickstoffverbindungen. So enthält das früher verwendete Schwarzpulver Salpeter, dessen Explosionskraft im Vergleich zu modernen Sprengstoffen allerdings gering ist.
Das bekannte Nitroglycerin ist der Salpetersäureester des Glycerols (Glycerins). Es explodiert bei Stoß, Schlag oder Überhitzung sehr heftig.

Aufgaben

1 Eisen und Aluminium reagieren mit stark verdünnter Salpetersäure unter Wasserstoffentwicklung. Entwickle die Reaktionsgleichung in Ionenschreibweise. Bestimme und interpretiere die Reaktionsart.
2 Vergleiche verdünnte Salpetersäure mit verdünnter Salzsäure in ihrer Reaktion mit Metallen anhand selbst gewählter Beispiele.
3 Konzentrierte Salpetersäure wird auch als Scheidewasser bezeichnet. Worauf ist das zurückzuführen?
4 Informiere dich, was unter Passivierung zu verstehen ist.
5 Zeichne für Salpetersäure die Formel in Elektronenschreibweise.
6 Erläutere, wie es zu dem Brand auf dem mit Salpetersäure beladenen Tanker kommen konnte. ↑1
Gib an, welche giftigen Gase bei der Katastrophe entstanden.

Vom Ammoniak zur Salpetersäure

Ein großer Teil des nach dem Haber-Bosch-Verfahren gewonnenen Ammoniaks wird zu Salpetersäure weiterverarbeitet. Wie wird Salpetersäure großtechnisch hergestellt? Welche chemischen Reaktionen laufen dabei ab?

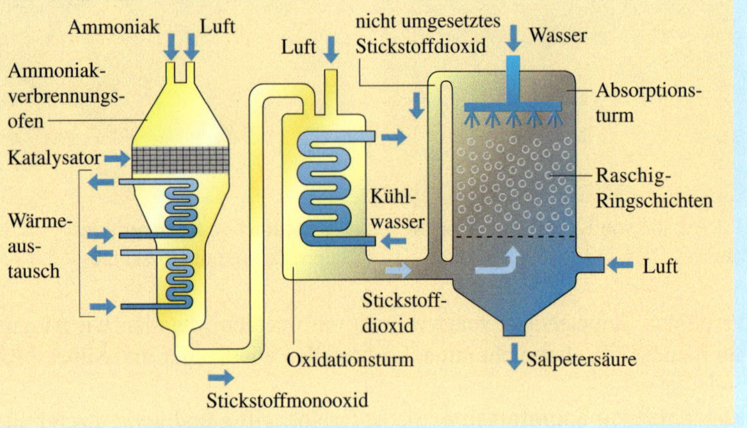

1 Schema der Herstellung von Salpetersäure nach dem Ostwald-Verfahren

EXPERIMENT 9 [L]
Katalytische Oxidation von Ammoniak.
Abzug! Die Versuchsapparatur wird entsprechend der Abbildung unten zusammengebaut. Die Gaswaschflasche wird mit etwa 20 ml Ammoniaklösung (C) und der Erlenmeyerkolben mit etwa 20 ml destilliertem Wasser gefüllt.
Das Reaktionsrohr mit dem platinhaltigen Perlkatalysator wird auf 600 °C erhitzt und gleichzeitig Luft durch die Apparatur geblasen (T+). Die Luftzufuhr wird nach etwa 5 min beendet. Die Lösung im Erlenmeyerkolben wird mit Universalindikator und mit Schnelltest-stäbchen auf Nitrat geprüft.

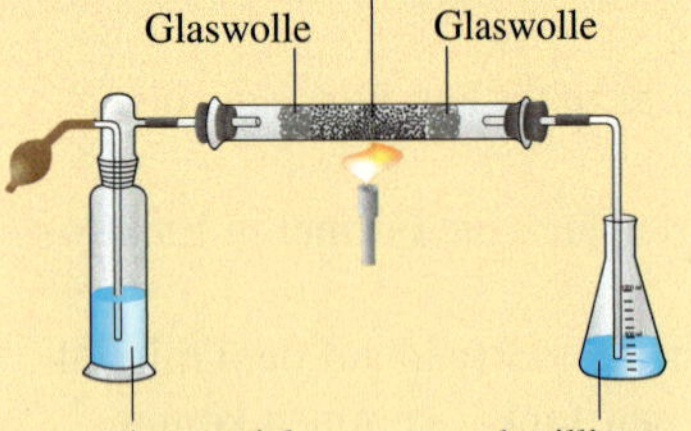

Oxidation von Ammoniak Ausgangsstoffe für die Herstellung von Salpetersäure sind Ammoniak, Luft und Wasser. Aus Ammoniak und dem Sauerstoff der Luft wird mithilfe eines Katalysators bei einer Temperatur von 600 bis 700 °C zunächst Stickstoffmonooxid und Wasser hergestellt.

$$4\,NH_3\,(g) + 5\,O_2\,(g) \xrightarrow{\text{Katalysator}} 4\,NO\,(g) + 6\,H_2O\,(l) \quad | \text{ exotherm}$$

Das farblose, giftige Stickstoffmonooxid setzt sich mit weiterem Sauerstoff der Luft sofort zu braunem Stickstoffdioxid um.

$$4\,NO\,(g) + 2\,O_2\,(g) \longrightarrow 4\,NO_2\,(g) \quad | \text{ exotherm}$$

Stickstoffdioxid reagiert mit Wasser und Sauerstoff zu **Salpetersäure.**

$$4\,NO_2\,(g) + 2\,H_2O\,(l) + O_2\,(g) \longrightarrow 4\,HNO_3\,(aq) \quad | \text{ exotherm}$$

Technische Herstellung – Ostwald-Verfahren Im Jahre 1908 entwickelte der deutsche Chemiker WILHELM OSTWALD (1853 bis 1932) das nach ihm benannte Verfahren zur Herstellung von Salpetersäure, das bis heute hauptsächlich angewendet wird.
Die katalytische Oxidation von Ammoniak erfolgt in einem Ammoniakverbrennungsofen an einem äußerst feinmaschigen Platinnetz (etwa 2000 Maschen je cm^2), an dem das Gasgemisch mit hoher Geschwindigkeit vorbeiströmt. Die Verweilzeit des Gasgemisches am Katalysator darf nicht mehr als 10^{-3} s betragen. In dieser Zeit reagiert das Gasgemisch aus Ammoniak und Sauerstoff (Luft) bei einer Temperatur von über 800 °C zu Stickstoffmonooxid und Wasserdampf. Das Mischungsverhältnis zwischen Ammoniak und Sauerstoff muss dabei genau eingehalten werden, da die beiden Gase auch zu Stickstoff und Wasser reagieren können.
Die bei dieser exothermen Reaktion erwärmten Reaktionsprodukte müssen in Wärmeaustauschern rasch auf etwa 30 bis 40 °C abgekühlt werden.

Hohe Temperaturen würden den Zerfall des Stickstoffmonooxids in Stickstoff und Sauerstoff bewirken. Das mit Luft gemischte Gas wird in die **Oxidationstürme** geführt. Hier erfolgt die Oxidation von Stickstoffmonooxid zu Stickstoffdioxid. Durch intensive Abkühlung soll ein möglichst vollständiger Umsatz erreicht werden. Zu diesem Zweck wurden in die Oxidationstürme Kühlrohre eingebaut.
In den **Absorptionstürmen** findet dann die Umsetzung zu Salpetersäure statt. Diese Türme sind etwa 18 m hoch und mit mehreren Raschig-Ringschichten gefüllt. Die Durchmesser der Türme betragen 3 m. Das oxidierte Gas wird komprimiert, mit komprimierter Luft gemischt und von unten in die Absorptionstürme eingeleitet. Im Gegenstrom zum Gas rieselt von oben Wasser oder verdünnte Salpetersäure. Jeder Absorptionsturm besitzt einen Säurekreislauf. Es bildet sich dabei eine etwa 60%ige Salpetersäure.
Mit einer Abgasreinigung wird versucht, die Umweltbelastung durch Stickstoffoxide gering zu halten. Beim Arbeiten an einer Salpetersäureanlage kann es durch Ammoniak, nitrose Gase und Salpetersäure zur Gefährdung kommen. Die arbeitshygienischen Normen sind deshalb unbedingt einzuhalten, wie z.B. das Vorhandensein von Spritzschutzeinrichtungen an Rohrleitungen und von Atemschutz- und Sauerstoffkreislaufgeräten.

Schon gewusst?

Eine der ältesten Methoden der Salpetersäureherstellung ist die Umsetzung von Chilesalpeter (Natriumnitrat) mit konzentrierter Schwefelsäure. Die natürlichen Vorkommen an Nitraten, die vor allem in der Atacamawüste in Chile abgebaut wurden, reichten allerdings bald nicht mehr aus, um den Bedarf an Salpetersäure zu decken. Deshalb wurden mehrere Verfahren auf der Basis von Stickstoffoxiden entwickelt.

Stickstoffmonooxid wird durch katalytische Oxidation von Ammoniak hergestellt. Stickstoffmonooxid reagiert mit dem Sauerstoff der Luft zu Stickstoffdioxid. Aus Stickstoffdioxid, dem Sauerstoff der Luft und Wasser entsteht Salpetersäure.

2 Bis 1880 gab es in der Atacamawüste (Chile) große Vorkommen von Chilesalpeter.

Bedeutung 1988 wurden weltweit 28,1 Mio. t Salpetersäure produziert. Mit über 2 Mio. t pro Jahr gehören die USA, Deutschland und Polen zu den Haupterzeugern. In Deutschland gehen davon etwa 75 % in die Düngemittelherstellung.

3 Ammoniakverbrennungsofen

4 Salpetersäureanlage

Aufgaben

1 Kennzeichne die chemische Reaktion von Ammoniak mit Sauerstoff als Redoxreaktion.

2 Beschreibe die Herstellung von Salpetersäure nach dem Ostwald-Verfahren. ↑1

3 Die Verweilzeit des Ammoniak-Luft-Gemisches am Katalysator darf nur sehr gering sein. Begründe.

4 Überlege, wie man aus konzentrierter Salpetersäure „rauchende“ Salpetersäure herstellen kann.

Katalysatoren

Der Apotheker und Chemiker JOHANN WOLFGANG DÖBEREINER (1780 bis 1849) konstruierte 1823 eine „Feuermaschine“. Bei ihr entzündete sich Wasserstoff an fein verteiltem Platin. Er entwickelte das erste Feuerzeug – ein Erfolgsprodukt, denn Zündhölzer gab es noch nicht. *„Gegen zwanzigtausend derselben sind bereits im Gebrauch – teils in Deutschland, teils in England“*, so berichtete DÖBEREINER 1827 an seinen Freund JOHANN WOLFGANG VON GOETHE.

1 Döbereiner-Feuerzeug (kleines Bild) und Platinkatalysator

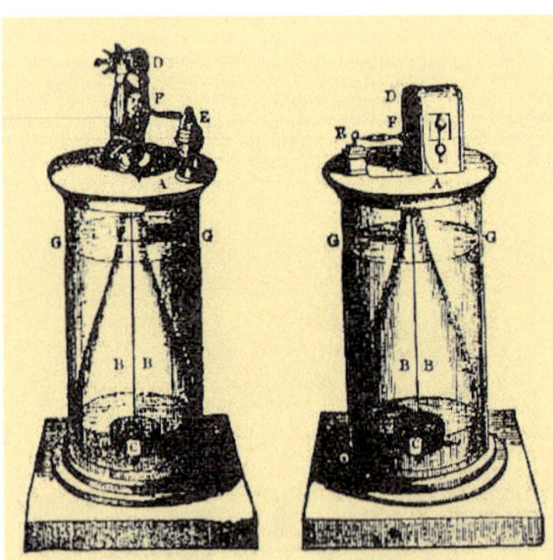

2 Historische Schnittzeichnung eines Döbereiner-Feuerzeugs

Katalysatoren – die Alleskönner Die „Feuermaschine“ verdankt ihre Existenz nicht nur dem Erfindergeist DÖBEREINERS, sondern auch der Erkenntnis, dass fein verteiltes Platin als Katalysator für die chemische Reaktion von Wasserstoff mit Sauerstoff wirken kann. Bei niedrigen Temperaturen können die beiden Gase nebeneinander vorliegen, ohne zu reagieren. Ein Zündfunke wäre erforderlich, um die chemische Reaktion auszulösen. Die Anwesenheit von Platin macht den Zündfunken überflüssig und die Reaktion bei niedrigerer Aktivierungsenergie möglich.
Die **Beteiligung des Katalysators** an der Reaktion ist z. B. am Zerfall von Wasserstoffperoxid zu beobachten, wenn dieser durch Eisen(III)-salze katalysiert wird. Außer der Gasentwicklung ist dabei eine vorübergehende Gelborangefärbung der Lösung zu beobachten, ein Anzeichen für die sich bildende und wieder zerfallende Zwischenverbindung.
Ein und dieselbe chemische Reaktion kann durch verschiedene Katalysatoren unterschiedlich beeinflusst werden. Der Zerfall von Wasserstoffperoxid kann z. B. durch Eisen(III)-salze, Platin, Braunstein und Enzyme aus zerriebenen Blättern katalysiert werden, besonders gut aber durch ein Enzym aus dem Blut, der Katalase. ↑E.11 Diese chemische Reaktion spielt sich auch in unserem Körper ab.

Selbst untersucht

10 Prüfe die Wirkung eines Platinkatalysators.

F+

Vorsicht! Schutzbrille! Stelle Wasserstoff dar. Verwende dazu einen Gasentwickler aus einem Erlenmeyerkolben, der ein zur Düse ausgezogenes Glasrohr in einem durchbohrten Stopfen trägt. Bringe in das Glasrohr etwas Kupferwolle oder -litze ein, um das Rückschlagen der Flamme zu vermeiden. Fülle zwei bis drei Zinkgranalien und einige ml Salzsäure (c = 0,5 mol/l) in den Erlenmeyerkolben und verschließe den Kolben mit dem Stopfen. Führe die Knallgasprobe durch! Halte danach mit einer Pinzette ein vorher ausgeglühtes und abgekühltes Perlkatalysator-Kügelchen oder eine Flocke Platin-Quarzwolle in den Wasserstoffstrom (F+). Vergleiche das Experiment mit dem Döbereiner-Feuerzeug.
Entsorgung: Katalysator aufbewahren, wieder verwenden; Lösung in Sammelbehälter für Abwasser.

Katalysatoren in Natur und Technik Etwa 90 % aller chemisch-technischen Verfahren werden gegenwärtig von Katalysatoren beeinflusst und wirtschaftlich eingesetzt. Einsparung von Energie und die Herstellung einer größeren Menge an Produkten in kürzerer Zeit verringern die Produktionskosten. Entscheidend ist, den richtigen Katalysator zu finden!
Der Kunststoff Polyethylen kann beispielsweise nicht nur bei 200 °C und einem Druck von 100 bis 200 MPa hergestellt werden. Bei Verwendung bestimmter Katalysatoren ist die Herstellung auch unter Normaldruck und bei Raumtemperatur möglich. Aus den gleichen Ausgangsstoffen können oft unterschiedliche Produkte erzeugt werden – je nach den gewählten Reaktionsbedingungen und der technischen Reaktionsführung. **Kontakte**, wie die Katalysatoren in der chemischen Technik meist genannt werden, wirken dann ganz spezifisch (↑Tabelle). Die Forschung und der Weltmarkt konzentrieren sich auf Katalysatoren zur Emissionsbegrenzung für den Kfz- und den Industriebereich, für die Mineralölverarbeitung, die Polymerisation und zur Chemikalienherstellung.
Konkurrenzlos sind jedoch immer noch die **Biokatalysatoren**, die bis zu 10^{12}-mal wirksamer sind als technische Kontakte. Millionen verschiedenartiger Enzymmoleküle sichern und steuern die gesamte „Energieversorgung" unseres Körpers.
Teigbereitung, Brotbacken, Gärung von Trauben und anderen Früchten sind enzymatische Vorgänge, die Menschen schon im Altertum in Ägypten, Assyrien und China beherrschten. Erst seit etwa 100 Jahren ist jedoch der Zusammenhang zwischen diesen enzymatischen Vorgängen und Katalysatoren bekannt. Die weitere Aufklärung der enzymatischen Vorgänge in lebenden Organismen wird mit Fortschritten der Medizin verbunden sein.

Historisches zur Katalyse Mit der Geschichte der Erforschung katalytischer Vorgänge sind die Namen dreier großer Chemiker verbunden: Jöns Jakob Berzelius (1779 bis 1848), Wilhelm Ostwald (1853 bis 1932) und Paul Alwin Mittasch (1869 bis 1953). *„Die katalytische Kraft scheint eigentlich darin zu bestehen, dass bestimmte Körper durch ihre bloße Gegenwart die bei dieser Temperatur sonst nur schlummernden Verwandtschaften zu erwecken vermögen. Wir vermuten, dass in den Pflanzen und Tieren Tausende von katalytischen Prozessen zwischen den Geweben und den Flüssigkeiten vor sich gehen."* – Wie recht hatte Berzelius!
Als der „Vater" der Katalyse gilt Ostwald, der das Wirken der Katalysatoren im Zusammenhang mit der chemischen Reaktion theoretisch aufklären konnte. 1909 erhielt der über 20 Jahre an der Universität Leipzig tätige Professor dafür den Nobelpreis verliehen. Wie mühsam das Auffinden geeigneter Katalysatoren oft ist, zeigen die Arbeiten von Mittasch. Für die wirtschaftlich wichtige Synthese von Ammoniak untersuchte und erprobte er mit seinen Mitarbeitern der BASF zu Beginn des 20. Jh. etwa 300 verschiedene Stoffe und Stoffgemische auf ihre Tauglichkeit als Katalysator.

Schon gewusst?

Rekordverdächtig! Der **kleinste** Katalysator ist das Proton, der **größte** gehört zu den Enzymen mit einer molaren Masse zwischen 10 000 und 400 000 g/mol. Einer der **aktivsten**, „fleißigsten" und wirksamsten Katalysatoren ist das Enzym Katalase. Ein Katalasemolekül kann in 1 s etwa 40 Millionen Moleküle Wasserstoffperoxid zersetzen.

EXPERIMENT 11 [L]
Wirkung von Katalase.
Ein Becherglas wird mit 10 ml Schweineblut gefüllt und mit 2 ml 30%iger Wasserstoffperoxidlösung (C) versetzt.

Produkte aus Kohlenstoffmonooxid und Wasserstoff (Synthesegas)

Verwendeter Katalysator	Produkt der chemischen Industrie
Nickel, Cobalt, Eisen	Methan
Eisen, Kupfer, Kaliumhydroxid	Alkane und Alkene
Aluminiumoxid, Kaliumcarbonat	Verzweigte Alkane
Kupfer, Chrom(III)-oxid, Zinkoxid	Methanol

Aufgaben

1 Weise die Beteiligung des Katalysators an der chemischen Reaktion experimentell nach, indem du den Zerfall von Wasserstoffperoxid mit Eisen(III)-chloridlösung als Katalysator untersuchst.

2 Informiere dich über den Forscher W. Ostwald, der auch als Wissenschaftsorganisator und Hochschullehrer große Verdienste erworben hat.

Nitrate – Düngemittel

Über die Medien erreichen uns immer wieder solche oder ähnliche Schlagzeilen: Vorsicht! Nitrat im Trinkwasser! Kopfsalat und anderes Gemüse nitratbelastet! Brunnenwasser nicht unbedenklich – Nitratgefahr!
Sind Nitrate wirklich so gefährlich? Wie gelangen Nitrate in die Lebensmittel und ins Trinkwasser?

1 Bei der Düngung mit Gülle gelangen Nitrate auf das Feld.

Schon gewusst?

Auf der Erde gibt es nur wenige bedeutende Lagerstätten von Nitraten. Als Kaliumnitrat, **Salpeter** (griech./lat. sal petrae – Felsensalz), kommt es in Nordafrika, Indien, China und Ungarn vor. **Chilesalpeter** (Natriumnitrat) findet man vor allem in Nordchile. Chilesalpeter war lange Zeit ein wichtiges Handelsgut. Um seine Lagerstätten ging es im „Salpeterkrieg" (1879 bis 1883) zwischen Chile, Bolivien und Peru.
An den Wänden von Tierbehausungen sind häufig Ausblühungen von Mauersalpeter (Calciumnitrat) zu sehen.

Eigenschaften Nitrate sind salzartige Stoffe, Ionenverbindungen. Die Ionengitter der Nitrate sind aus positiv elektrisch geladenen Metall-Ionen oder Ammonium-Ionen und einfach negativ elektrisch geladenen Nitrat-Ionen aufgebaut. Alle Nitrate lösen sich leicht in Wasser. ↑E.12
Der Nachweis von Nitrat-Ionen ist deshalb auch nicht wie bei anderen Säurerest-Ionen durch Fällungsreaktionen möglich. Zum Nachweis der Nitrat-Ionen werden Farbreaktionen genutzt. So färben sich Nitrat-Teststäbchen beim Eintauchen in nitrathaltige Lösungen violett.
Einige Nitrate geben beim Erhitzen Sauerstoff ab. Bei der thermischen Zersetzung von Natriumnitrat entstehen Sauerstoff und Natriumnitrit.

$$2\,NaNO_3\,(s) \longrightarrow 2\,NaNO_2\,(s) + O_2\,(g) \quad | \quad \text{endotherm}$$

Schwermetallnitrate, wie z.B. Bleinitrat, zerfallen beim Erhitzen in die entsprechenden Metalloxide, Stickstoffoxid und Sauerstoff. Nitrate sind also wie die Salpetersäure gute Oxidationsmittel. Sie werden deshalb u.a. bei der Herstellung von Feuerwerkskörpern verwendet.
Nitrite sind Salze der salpetrigen Säure der Formel HNO_2.

Nitrate sind Ionenverbindungen. Sie lösen sich leicht in Wasser und lassen sich thermisch zersetzen. Sie sind gute Oxidationsmittel.

Selbst untersucht

12 Erkunde die Löslichkeit von Nitraten in Wasser.

Plane ein Experiment, in dem Ammoniumnitrat (O), Natriumnitrat (O), Kaliumnitrat (O) und Kupfernitrat (Xi) auf ihre Löslichkeit in Wasser geprüft werden können. Führe das Experiment nach Rücksprache durch.
Notiere deine Beobachtungen. Informiere dich in Nachschlagewerken über die Löslichkeit von Nitraten in Wasser bei 20 °C.
Entsorgung: Lösungen in den Sammelbehälter für Abwasser geben.

Selbst untersucht

13 Untersuche einige Nahrungsmittel auf das Vorhandensein von Nitrat-Ionen.

Zerkleinere etwa 50 g der zu untersuchenden Nahrungsmittel, z. B. Kartoffeln, Kohlrabi oder Rettich. Gib die Proben in je ein Becherglas. Versetze sie mit 50 ml destilliertem Wasser und erhitze etwa 5 min bis zum Sieden. Filtriere nach dem Abkühlen und prüfe die Lösung mit dem Teststäbchen auf Nitrat.

Notiere deine Beobachtungen. Interpretiere die Ergebnisse.

Entsorgung: Nitrat-Teststäbchen in Sammelbehälter für Sondermüll, Lösungen in den Sammelbehälter für Abwasser, Nahrungsmittelreste in den Sammelbehälter für Hausmüll.

Verwendung als Düngemittel Nitrathaltige Düngemittel werden neben den Ammoniumverbindungen und Harnstoff zur Deckung des Stickstoffbedarfs der Pflanzen eingesetzt. Die Pflanzen nehmen vor allem Nitrat-Ionen und Ammonium-Ionen als Eiweißbausteine durch die Wurzeln auf. Alle Stickstoffdünger werden von im Boden lebenden Bakterien im Laufe der Zeit in die leicht löslichen Nitrate umgewandelt. Dieser Vorgang wird als **Nitrifikation** bezeichnet.

Einige feste Stickstoffdüngemittel

Name der Düngemittel	Kalisalpeter	Natronsalpeter	Kalkammonsalpeter	Ammoniumsulfat	Mischdünger
Wirksame Ionen	K^+, NO_3^-	NO_3^-	NH_4^+, NO_3^-, Ca^{2+}	NH_4^+	NH_4^+, NO_3^-, K^+, Ca^{2+}, PO_4^{3-}

EXPERIMENT 14 [L]

Reaktion von Natriumnitrat mit Kohlenstoff.

Vorsicht! Abzug! Schutzbrille!

Auf eine Schmelze von Natriumnitrat (O) wird ein erbsengroßes Stück Holzkohle gegeben (O, T, N).

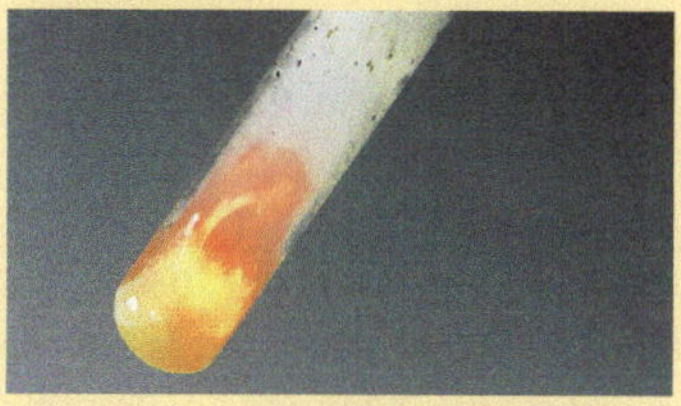

Nitrate als Schadstoffe Pflanzen können den Stickstoff aus den Düngemitteln nur zu 35 bis 70 % nutzen. Bei erhöhtem Angebot, z. B. durch Überdüngung oder durch kostengünstige Beseitigung von großen Mengen anfallender Fäkalien, werden Nitrate in den Pflanzen gespeichert.
Da Nitrate sehr gut wasserlöslich sind, wird ein großer Stickstoffanteil der Düngemittel als Nitrat-Ionen durch den Regen aus dem Boden gewaschen und gelangt so in das Oberflächen- und Grundwasser.
Die Trinkwasserverordnung von 2001 legt einen Nitratgrenzwert von 50 mg/l Trinkwasser fest. Für die Zubereitung von Säuglingsnahrung gilt ein Grenzwert von 10 mg/l.
Im Stoffwechsel von Mensch und Tier wird Nitrat in Nitrit umgewandelt, aus dem sich krebserregende Nitrosamine bilden können. Bei Säuglingen und Kleinkindern kann es zur Blausucht, einer Sauerstoffmangelerscheinung, kommen.

2 Mittlerer Massenanteil an Nitraten in Nahrungsmitteln

Aufgaben

1 Entwickle die Reaktionsgleichungen für das Lösen der im Experiment 12 verwendeten Nitrate.
2 Nitrat ist im Grundwasser nachweisbar. Nenne Ursachen für überhöhte Werte.
3 Stelle Möglichkeiten zur Verminderung der Nitratbelastung zusammen.
4 Informiere dich bei den Stadtwerken über die Nitratwerte im örtlichen Trinkwasser.
5 Bleinitrat wird thermisch zersetzt. Formuliere die Reaktionsgleichung.

Vom Schwefel zur Schwefelsäure

Schwefelsäure ist eine bedeutende Grundchemikalie der chemischen Industrie. Über 165 Mio. Tonnen Schwefelsäure werden jährlich weltweit produziert. Das entspricht einer Masse von 450 000 Tonnen pro Tag. Wie wird Schwefelsäure großtechnisch hergestellt?

1 Schwefelabbau am Vulkan Kawah Ijen auf Java (Indonesien)

Schon gewusst?

Der 2 400 m hoch gelegene Vulkan Kawah Ijen auf der Insel Java(Indonesien) birgt in seinem Innern riesige Mengen an elementarem Schwefel. Aus dem Kratersee steigen ätzende schwefelsäurehaltige Dämpfe auf. Am Ufer des Sees werden Rohre in das Gestein getrieben, durch die der Schwefel flüssig und begleitet von Dampfwolken heraustritt. Abgekühlt wird er von Arbeitern in Blöcke zerteilt, in Körbe verladen und mehrere Kilometer zur Sammelstelle getragen.

Schwefel – der Ausgangsstoff Schwefel ist ein Ausgangstoff zur Herstellung von Schwefelsäure. Er kommt in der Natur elementar und gebunden vor, z. B. in Erzen. Häufig auftretende Schwefelverbindungen sind Metallsulfide, wie Eisenkies (FeS_2), Kupferkies ($CuFeS_2$) und Bleiglanz (PbS). Der in der Natur elementar vorkommende Schwefel wird aus den unterirdischen Lagerstätten gefördert. An einigen Vulkanen der Erde wird Schwefel auch über Tage abgebaut. ↑1

Bildung von Schwefeldioxid Schwefel verbrennt in Sauerstoff mit charakteristischer blauer Flamme zu Schwefeldioxid (SO_2). In der großtechnischen Schwefelsäureherstellung vollzieht sich dieser erste Reaktionsschritt in riesigen Verbrennungsöfen. In ihnen wird Schwefel mit dem Sauerstoff der Luft oxidiert. Das dabei entstehende Schwefeldioxid ist ein farbloses, stechend riechendes Gas, das die Schleimhäute reizt und bakterientötend wirkt.

Reaktion zu Schwefeltrioxid Der nächste Schritt auf dem Weg zur Schwefelsäure ist die Oxidation von Schwefeldioxid zu Schwefeltrioxid. Dabei reagiert Schwefeldioxid mit Sauerstoff unter Verwendung eines

2 Kupferkies

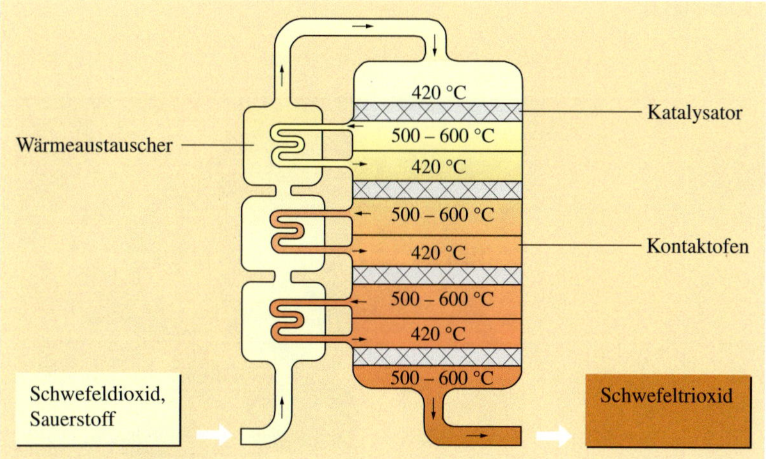

4 Schema eines Kontaktofens mit Wärmeaustauscher

Katalysators zu Schwefeltrioxid. Die Reaktion wird bei etwa 400 bis 450 °C durchgeführt und mit einem Überschuss an Luft als Sauerstofflieferant. Die maximale Ausbeute wird durch den Einsatz des Katalysators bei einer Reaktionstemperatur von 420 °C erzielt.

$$2\ SO_2\ (g) + O_2\ (g) \rightleftharpoons 2\ SO_3\ (g) \mid \text{exotherm}$$

Das technisch bedeutendste Verfahren zur Herstellung von Schwefeltrioxid ist das **Kontaktverfahren**. Ein Gemisch aus Luft und Schwefeldioxid wird in einen Kontaktofen geleitet. Die Ausgangsstoffe werden über einen festen Katalysator, auch Kontakt genannt, geleitet der aus Vanadiumoxid (V_2O_5) besteht. Dabei wird Schwefeldioxid zu Schwefeltrioxid oxidiert. Da die Reaktion stark exotherm verläuft, muss das Gas nach jedem Durchlaufen einer Katalysatorschicht in Wärmeaustauschern auf 420 °C gekühlt werden. Da nicht alles Schwefeldioxid zu Schwefeltrioxid umgesetzt wird, kann es in einem weiteren Kontaktofen zur Reaktion gebracht werden.

Entstehen von Schwefelsäure Im letzten Verfahrensschritt wird Schwefeltrioxid in Absorptionstürmen zu Schwefelsäure umgesetzt. Schwefeltrioxid wird in konzentrierte Schwefelsäure eingeleitet. Es reagiert mit Schwefelsäure vollständig zu Dischwefelsäure ($H_2S_2O_7$). Bei Zugabe von Wasser reagiert Dischwefelsäure zu Schwefelsäure (H_2SO_4).

$$SO_3\ (g) + H_2SO_4\ (aq) \longrightarrow H_2S_2O_7\ (l) \mid \text{exotherm}$$
$$H_2S_2O_7\ (l) + H_2O\ (l) \longrightarrow 2\ H_2SO_4\ (l) \mid \text{exotherm}$$

Schon gewusst?

Schwefeltrioxid ist unterhalb 17 °C ein weißer, fester Stoff, der in asbestartigen Nadeln kristallisiert. An der Luft bildet er dichte weiße Nebel. Aufgrund seiner stark hygroskopischen Wirkung gehört flüssiges Schwefeltrioxid zu den gefährlichsten Arbeitsstoffen.
Jeder Transport von Schwefeltrioxid benötigt in Deutschland eine Sondergenehmigung.

T C Xi

EXPERIMENT 15 [L]
Darstellung von Schwefelsäure.
Vorsicht! Abzug! Schutzbrille!
Ein Schwefeldioxid-Luft-Gemisch (T) wird über einen erhitzten (Platin-)Katalysator geleitet. Das Reaktionsprodukt (Xi) wird durch drei Gaswaschflaschen geleitet. Die erste Flasche ist trocken, die zweite mit destilliertem Wasser und die dritte mit konzentrierter Schwefelsäure (C) gefüllt. Nach dem Versuch wird die Lösung in der zweiten Flasche auf Sulfat-Ionen getestet und ihr pH-Wert gemessen.

Aufgaben

1 Entwickle die Reaktionsgleichung für das Verbrennen von Schwefel.
2 Interpretiere die Reaktionsgleichung zur Entstehung von Schwefeltrioxid.
3 Erläutere das Schema des Kontaktofens.
4 Welche Aufgabe hat der Katalysator beim Kontaktverfahren?
5 Recherchiere, wo in Deutschland wie viel Schwefelsäure produziert wird. Fertige dazu eine Übersicht an.

Sulfate – Salze der Schwefelsäure

Neben den Metallsulfiden sind es vor allem Sulfate, die als Schwefelverbindungen in der Natur zahlreich vorkommen, wie z. B. Gips, Bittersalz, Kieserit, Glaubersalz oder Schwerspat. Welche Bedeutung haben Sulfate für die Industrie, das Handwerk und die Landwirtschaft?

1 Gipsabbruch in Deutschland

2 Zu Gipsrosen verwachsene Gipskristalle

3 Gips als Marienglas

Gips – ein Naturprodukt Calciumsulfat, eines der bedeutendsten Salze der Schwefelsäure, kommt in der Natur häufig als Gips vor, der vielerorts in Steinbrüchen abgebaut wird. Gips bildet oft schöne Kristalle, kommt aber auch in durchsichtigen Blättchen als Marienglas vor.
Gipskristalle enthalten einen ganz bestimmten Anteil an chemisch gebundenem Wasser. Dieses eingelagerte Wasser bezeichnet man als **Kristallwasser**. Der Anteil des eingelagerten Wassers bestimmt die Eigenschaften des Gipses. Die vollständige Formel von Gips lautet deshalb $CaSO_4 \cdot 2\ H_2O$ (lies: $CaSO_4$ mit 2 H_2O).

Gips – ein vielseitig verwendbarer Stoff Wird abgebauter Gips auf 130 °C erhitzt, erhält man gebrannten Gips. Dabei entweicht ein Teil des Kristallwassers und die Kristalle zerfallen. Das so gewonnene Material wird gemahlen und kommt als Stuckgips, Modellgips oder Reparaturgips in den Handel.
Wird der gebrannte Gips mit Wasser angerührt, erhärtet das breiige Material nach kurzer Zeit. Der Gips reagiert mit dem Wasser unter Wärmeabgabe. Es bilden sich Gipskristalle unter Einlagerung von Wassermolekülen, die ineinander verfilzt sind. Man sagt, der Gips bindet ab. Gebrannter Gips wird zum Herstellen von Gipskartonplatten, zum Verfüllen von Löchern in Wänden und für Gipsabdrücke verwendet. Gips ist auch Bestandteil der Tafelkreide.

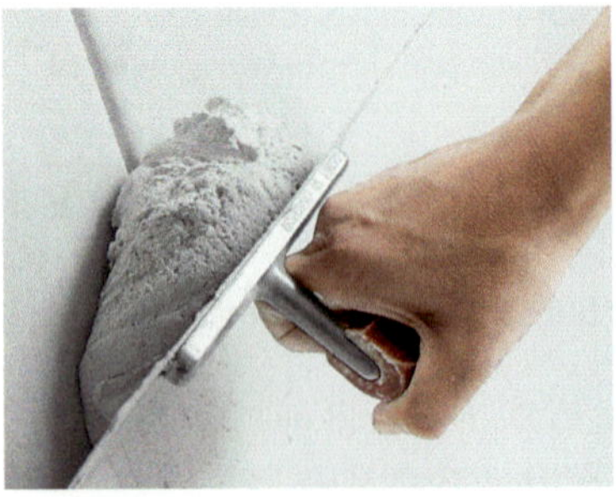

4 Gipskarton im Innenausbau

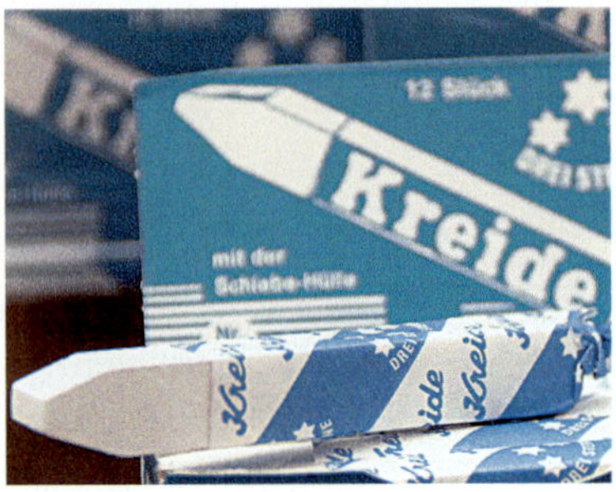

5 Tafelkreide

6 Gipsmodelle für Münzen

Selbst untersucht

16 Fertige einen Gipsabdruck an.
Fülle etwa 20 ml Wasser in einen Joghurtbecher. Streue unter ständigem Rühren so viel Gipspulver in das Wasser, bis ein dickflüssiger Brei entsteht. Fülle den Brei in eine Streichholzschachtel. Drücke eine mit Öl bestrichene Münze in den Brei. Entferne die Münze nach etwa 20 min, nachdem der Gips abgebunden hat. Vergleiche den Gipsabdruck mit der Münze.
Entsorgung: Gipsreste in Sammelbehälter für Hausmüll geben.

Wird Gips bei höheren Temperaturen (1000 °C) gebrannt, dann entweicht das Kristallwasser vollständig. Es entsteht langsam härtender Estrichgips. Er wird zum Verputzen von Innenwänden verwendet.

Bariumsulfat – Schwerspat Das in der Natur vorkommende Mineral Bariumsulfat ($BaSO_4$) wird aufgrund seiner hohen Dichte auch Schwerspat genannt. Die schönen Kristalle sind als Barytkristalle bekannt.
Bariumsulfat ist nahezu wasserunlöslich und wird deshalb von unserem Körper nicht aufgenommen. Es ist ungiftig und wird daher bei bestimmten Röntgenaufnahmen als Kontrastmittel benutzt.
Außerdem dient Bariumsulfat als weißes Füllmaterial bei der Herstellung von hochwertigem Kunstdruckpapier.

7 Schwerspat

8 Nachweis von Wasser mithilfe von Kupfersulfat

Schon gewusst?

Glaubersalz (Natriumsulfat $Na_2SO_4 \cdot 10\,H_2O$) und **Bittersalz** (Magnesiumsulfat $MgSO_4 \cdot 7\,H_2O$) sind Bestandteile in vielen Mineralwässern von Heilquellen.
Glaubersalz wird bei der Papier- und Zellstoffgewinnung, der Glas- und Farbstoffherstellung benötigt.
Bittersalz wird bei der Herstellung von Mineraldüngern und Feuerlöschmitteln verwendet.

Kupfersulfat Wie schon bekannt, dient wasserfreies weißes Kupfersulfat als Nachweismittel für Wasser. ↑8 Bei Zugabe von Wasser bildet sich durch eine exotherme Reaktion blaues Kupfersulfat.
Blaues Kupfersulfat enthält Kristallwasser und hat die Formel $CaSO_4 \cdot 5\,H_2O$. Es wird zur Herstellung von galvanischen Kupferüberzügen verwendet, ferner wird es bei der Kupferstichätzung und zur Schädlingsbekämpfung, z. B. gegen die Reblaus, eingesetzt.

Aufgaben

1 Erläutere den Vorgang des Abbindens von Gips z. B. beim Anlegen der früher gebräuchlichen Gipsverbände.

2 Estrichgips wird von Handwerkern auch als „totgebrannter Gips“ bezeichnet. Worauf ist diese Bezeichnung zurückzuführen?

3 Aluminiumsulfat, Ammoniumsulfat und Kaliumsulfat sind weitere wichtige Sulfate.
Ermittle die Formeln dieser Sulfate und stelle ihre Verwendungen in einer Tabelle zusammen.

4 Erläutere die Bedeutung von Sulfaten für das Leben der Menschen.

Phosphate – Düngemittel

Die Phosphatlager auf der Insel Nauru im Pazifischen Ozean nahmen einst fast drei Viertel der gesamten Inselfläche ein. Der Handel mit Phosphat stellt für die Insel die Haupteinnahmequelle dar, führte aber über die Jahrzehnte auch zu irreversiblen Schäden an der Umwelt.
Warum sind Phospate im Welthandel so begehrt?
Welche Bedeutung besitzen Phosphate?

1 Phosphatabbau auf Nauru

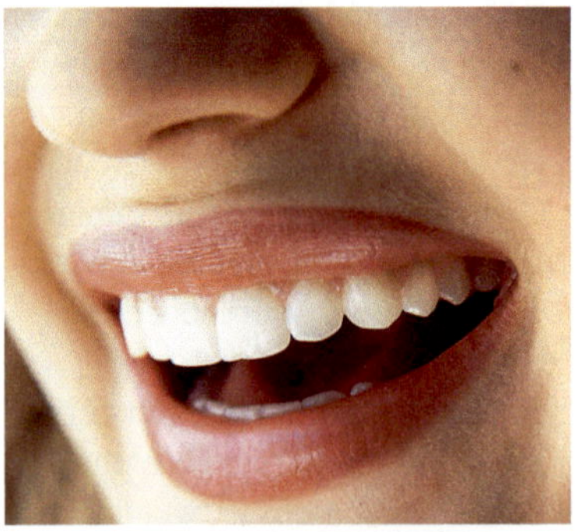

2 Phosphate sind wichtig für den Aufbau und den Erhalt von Zähnen und Knochen.

3 Cola-Getränke enthalten Phosphate.

Eigenschaften der Phosphate Die Salze der Phosphorsäure (H_3PO_4) sind die Phosphate. Phosphorsäure bildet drei Gruppen von Salzen: Dihydrogenphosphate (Säurerest-Ion: $H_2PO_4^-$), Hydrogenphosphate (Säurerest-Ion: HPO_4^{2-}) und Phosphate (Säurerest-Ion: PO_4^{3-}).
Die Löslichkeit der Phosphate in Wasser ist unterschiedlich. ↑E.17 Einige Phosphate und Hydrogenphosphate sind in Citronensäure löslich; sie können von Pflanzenwurzeln, die Säuren ausscheiden, gelöst und aufgenommen werden.
Bei der chemischen Reaktion einer verdünnten Phosphatlösung mit Silbernitratlösung tritt ein gelber Niederschlag von Silberphosphat auf, der sich in Salpetersäure löst.

$$3\,Ag^+\,(aq) + PO_4^{3-}\,(aq) \longrightarrow Ag_3PO_4\,(s)$$

Diese Reaktion sowie die Ausfällung von Magnesium-Ammonium-Phosphat dienen zum **Nachweis von Phosphat-Ionen**. ↑E.18

Vorkommen und Gewinnung von Phosphaten Die Hauptvorkommen an Phosphaten liegen im nördlichen Afrika, in Florida, in Russland auf der Kola-Halbinsel, in Südafrika, China und im Pazifischen Ozean auf der Insel Nauru.
Calciumphosphat [$Ca_3(PO_4)_2$] kommt in der Natur z. B. als Apatit [$Ca_5(PO_4)_3(F, Cl, OH)$] vor. Durch Reaktion mit Schwefelsäure gelingt es, Phosphate in wasserlösliche Dihydrogenphosphate umzuwandeln.

$$Ca_3(PO_4)_2\,(s) + 2\,H_2SO_4\,(aq) \longrightarrow Ca(H_2PO_4)_2\,(aq) + 2\,CaSO_4\,(s)$$

Auf diese Weise wird Superphosphat hergestellt. Reagiert Phosphorsäure mit Calciumphosphat, bildet sich Doppelsuperphosphat.

Selbst untersucht

17 Untersuche die Löslichkeit von Phosphaten. Untersuche die Löslichkeit von einigen Dihydrogenphosphaten, Monohydrogenphosphaten und Phosphaten der Alkalimetalle und Erdalkalimetalle in Wasser. Notiere deine Beobachtungen in einer Tabelle.
Entsorgung: Lösungen in den Sammelbehälter für Abwasser, Feststoffe in den Sammelbehälter für Hausmüll geben.

18 Weise Phosphat-Ionen nach. 
Vorsicht! Schutzbrille! Gib einige Tropfen etwa 5%ige Silbernitratlösung (Xi) zu 1 ml Dinatriumhydrogenphosphatlösung. Beobachte. Tropfe danach 10%ige Salpetersäure (C) hinzu und schüttle vorsichtig das Reagenzglas. Notiere deine Beobachtungen.
Entsorgung: Flüssigkeiten in den Sammelbehälter für Silberrückstände geben.

Bedeutung von Phosphaten Phosphat-Ionen sind für alle Lebewesen lebensnotwendig. Beim Menschen enthalten Knochen und Zähne einen hohen Anteil an Calciumphosphat.
Phosphate werden als Düngemittel in der Landwirtschaft und in der Industrie vielseitig verwendet. Die Kennzeichnung von Lebensmitteln mit den Nummern E338 bis E341 und E450a–c weist auf den Zusatz von Phosphaten z.B. in Cola-Getränken, Schmelzkäse- und Wurstsorten hin. Die Phosphate verbessern Geschmack, Aussehen und Haltbarkeit der Lebensmittel oder sind Hilfsmittel bei deren Herstellung.

4 Apatit

Namen	Formel	Eigenschaften	Verwendung
Natriumdihydrogenphosphat	$NaH_2PO_4 \cdot 2\ H_2O$	leicht in Wasser löslich, Lösung ist sauer	Herstellung von Wasserenthärtungsmitteln, Zusatz zum Futter, E339
Dinatriumhydrogenphosphat	$Na_2HPO_4 \cdot 12\ H_2O$	in Wasser löslich, Lösung ist schwach alkalisch	Gewebe-Imprägniermittel, Beschweren von Seide, Phosphatdüngemittel, Futterkalkzusatz, E339
Trinatriumphosphat	$Na_3PO_4 \cdot 12\ H_2O$	leicht in Wasser löslich, Lösung ist alkalisch	Wasserenthärtungsmittel, in Reinigungs- und Rostschutzmitteln, emulgiert Fette, E339
Natriumhexacyclophosphat	$Na_6P_6O_{18}$	in Wasser löslich	bekanntes Wasserenthärtungsmittel
Magnesium-Ammonium-Phosphat	$MgNH_4PO_4$	in verdünnten Säuren löslich	Bestandteil des Guanos (Naturdünger)
Superphosphat	$Ca(H_2PO_4)_2$, $CaSO_4$	in Wasser löslich	schnell wirkendes Phosphatdüngemittel
Doppelsuperphosphat	$Ca(H_2PO_4)_2$	in Wasser löslich	gutes Phosphatdüngemittel, Futterkalkzusatz
Glühphosphate	z.B. $CaNaPO_4$	in Citronensäure löslich	Phosphatdüngemittel, langsam und anhaltend
Thomasphosphat	$Ca_3(PO_4)_2 \cdot Ca_2SiO_4$	in Citronensäure löslich	Phosphatdüngemittel, langsam und anhaltend

1 Düngung mit Mineraldünger

2 Düngung mit Gülle

3 Gründüngung mit Phacelia

Düngemittel

Im Jahr 2005 lebten rund 6,46 Milliarden Menschen auf dieser Erde. Man rechnet mit einem Anstieg der Erdbevölkerung auf 9 Millarden bis zum Jahr 2050. Bereits heute verhungern weltweit Millionen von Menschen oder leiden an Unterernährung. Durch Düngung kann der Ertrag einer landwirtschaftlich genutzten Fläche erhöht werden. Dennoch bleibt der Einsatz von Düngemitteln umstritten.

- Welche Stoffe werden von den Pflanzen für ein gesundes Wachstum benötigt?
- Was versteht man unter Düngung und welche Arten von Dünger gibt es?
- Ist organischer Dünger besser als mineralischer?
- Trifft die Redensart „Viel hilft viel!“ auch auf die Düngung zu?
- Welche Auswirkung kann übermäßiges Düngen auf die Umwelt haben?

Info

Der deutsche Chemiker JUSTUS VON LIEBIG (1803 bis 1873) erforschte die Zusammenhänge zwischen Pflanzenertrag und Nährstoffangebot und führte die Mineraldüngung in die Landwirtschaft ein. Er stellte das Minimumgesetz auf, wonach das Pflanzenwachstum durch den Nährstoff bestimmt wird, an dem es am stärksten mangelt. Daraus ergibt sich, dass eine ungezielte Gabe von Nährstoffen ohne vorherige Bodenanalyse nicht sinnvoll ist.

Materialien für die Projektbearbeitung Nutzt das Material und die Experimente, aber auch Materialien aus anderen Quellen zur Bearbeitung eurer Fragen.

Entwicklung der Weltbevölkerung

Jahr	Weltbevölkerung (in Milliarden)
1960	3,02
1970	3,70
1980	4,44
1990	5,28
2000	6,09
2010	*6,84*
2020	*7,58*
2030	*8,20*
2040	*8,70*
2050	*9,08*

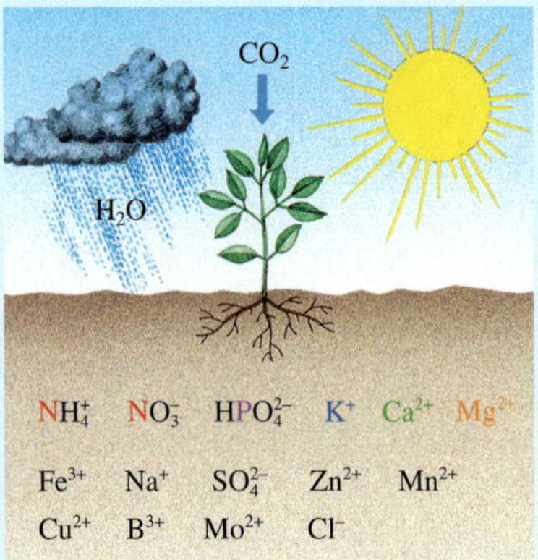

4 Lebensgrundlage der Pflanzen: Hauptnährstoffe und Spurenelemente

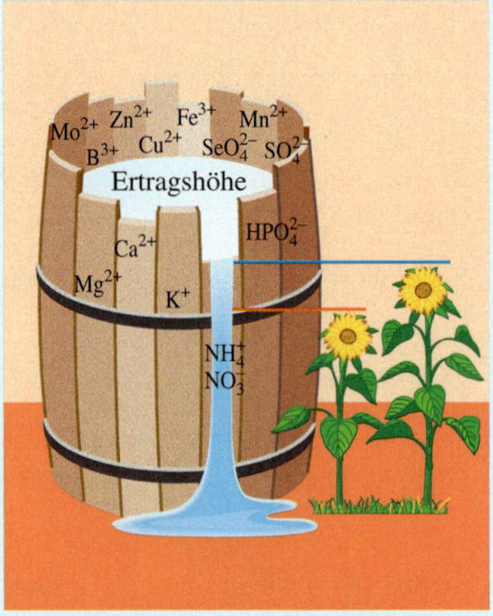

5 Minimumgesetz: Der Überschuss eines Nährstoffs kann den Mangel eines anderen nicht ausgleichen.

1 Weise die Ionen der Nährsalze in einem Düngemittel nach.

Vorsicht! Schutzbrille! Stelle eine klare 10%ige wässrige Lösung des zu untersuchenden Düngers her. Überlege, wie du die Ionen, die nach den Angaben auf der Verpackung enthalten sein sollen, nachweisen kannst. Führe die Nachweise durch und vergleiche deine Ergebnisse mit der angegebenen Zusammensetzung.

2 Stelle Nährsalzmischungen her.

Vorsicht! Schutzbrille! Stelle wie in der Tabelle unten angegeben die Nährsalzmischung „S 1" her. Verwende dabei möglichst kleine Mengen Chemikalien. Stelle danach noch drei weitere Nährsalzmischungen her, bei denen jeweils ein wichtiger Nährstoff fehlt.
Fülle die Mischungen in Vorratsgefäße und beschrifte diese.

3 Untersuche die Auswirkungen einzelner Nährstoffe auf das Pflanzenwachstum.

Ziehe aus Samen (z. B. Bohnen, Kresse) Sämlinge heran, bis diese 2 bis 3 cm groß sind. Stelle aus den Nährsalzmischungen von Experiment 2 jeweils 0,3%ige Lösungen her. Gib die Lösungen und zum Vergleich Leitungswasser und entmineralisiertes Wasser jeweils in 250-ml-Bechergläser, die du zuvor am Boden beschriftet hast. Umwickle jedes Becherglas an der Seite lichtdicht mit Aluminiumfolie und verschließe die Öffnung mit einem Pappdeckel, in dem drei gleich große Sämlinge stecken. ↑7 Stelle die Gläser an einen hellen Ort ohne direkte Sonneneinstrahlung. Miss in regelmäßigen Abständen die Pflanzensprosse und Wurzeln, ersetze das verdunstete Wasser durch entmineralisiertes Wasser und belüfte die Lösungen. Stelle die Messergebnisse grafisch dar und ziehe daraus Schlussfolgerungen hinsichtlich einer sinnvollen Düngung.

6 Tomatenanbau in Holland

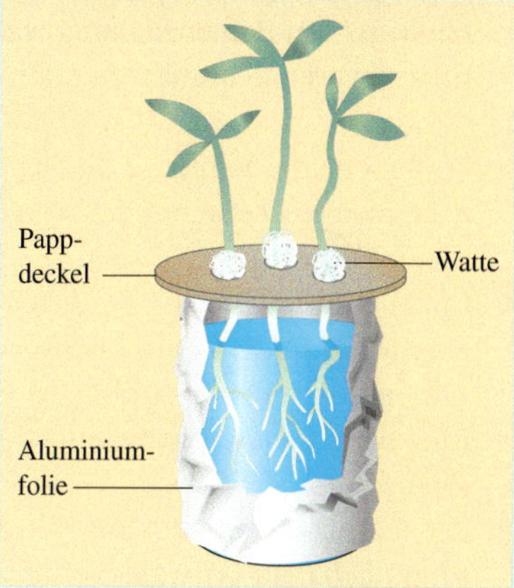

7 Versuchsgefäß für Kulturpflanzen

Bestandteile der Nährsalzmischung „S 1"

Salz	Masse in g
Kaliumnitrat (KNO_3)	1900
Calciumhydrogenphosphat ($CaHPO_4$)	400
Magnesiumsulfat ($MgSO_4 \cdot 7\ H_2O$)	200
Eisensulfat ($FeSO_4 \cdot 5\ H_2O$)	10
Borsäure (H_3BO_3)	5
Manganchlorid ($MnCl_2$)	5
Kupfersulfat ($CuSO_4 \cdot 5\ H_2O$)	0,5
Zinksulfat ($ZnSO_4 \cdot 5\ H_2O$)	0,5

Hinweise für die Projektarbeit Stellt euch interessante Forschungsaufgaben, die ihr in Gruppen bearbeitet, z. B. Untersuchung der Zusammensetzung verschiedener im Handel erhältlicher Dünger oder die Entwicklung eines Experiments zur Untersuchung des Einflusses verschiedener Düngerkonzentrationen auf das Pflanzenwachstum.
Informiert euch über den ökologischen Landbau und die Richtlinien für Pflanzenanbau der Verbände Bioland® und Demeter®. Erkundigt euch über den Gemüseanbau in Holland und über den Gemüseanbau der Zukunft.
Berichtet den anderen Arbeitsgruppen. Überlegt, wie ihr eure Ergebnisse und das gesammelte Material anschaulich präsentieren könnt.

weiter gedacht

1 Bei einer Schülerdiskussion werden zwei Meinungen vertreten.
Meinung 1: Werden zwei elektrochemische Halbzellen elektrisch leitend miteinander verbunden, so fließen die Elektronen immer vom Minuspol zum Pluspol.
Meinung 2: In welche Richtung die Elektronen fließen, ist von bestimmten Bedingungen abhängig.
Setze dich mit den beiden Meinungen kritisch auseinander und bewerte sie. Verwende für deine Argumentation selbst gewählte Beispiele.

2 Plane unter Nutzung von Abbildung 2 auf Seite 326 den Aufbau einer galvanischen Zelle, die etwa eine Spannung von $U = 1{,}2\,\mathrm{V}$ erzeugt.
Hinweis: Bei deiner Planung werden mögliche Energieverluste und Konzentrationen nicht berücksichtigt.

3 Vergleiche die Vorgänge an den Elektroden einer galvanischen Zelle mit den Vorgängen bei einer Elektrolyse.

4 Erstelle unter Nutzung der Informationen auf den Seiten 330 und 331 ein Fließschema mit den einzelnen Schritten der Stoff- und Energieumwandlung bei der Gewinnung von Biodiesel aus grünen Pflanzen.

5 Die technische Herstellung von Salpetersäure erfolgt nach dem Ostwald-Verfahren, bei der Herstellung von Schwefelsäure wird das Kontaktverfahren genutzt.
Vergleiche beide Verfahren hinsichtlich der Reaktionsbedingungen und der Arbeitsweisen. Stelle die Ergebnisse tabellarisch zusammen.

1 Mikroskopische Aufnahme der Kristallstruktur von Adenosintriphosphat

6 Adenosintriphosphat (ATP) ist eine Schlüsselsubstanz im Energiestoffwechsel der Lebewesen. Informiere dich mihilfe des Internets über die biologische Bedeutung dieses Phosphats.

7 Am 21. September 1921 explodierte in der Nähe von Ludwigshafen ein Düngemittellager. Die Explosion kostete 561 Menschen das Leben. Es entstand ein Krater mit einer Länge von 125 Metern und einer Breite von 60 Metern.
Recherchiere, um welches Düngemittel es sich handelte, wodurch dieser Unfall ausgelöst wurde und welche Schlussfolgerungen daraus abgeleitet wurden.

2 Historische Aufnahme der Katastrophe von Ludwigshafen im Jahr 1921

Galvanische Zelle

Kombination aus zwei Metallelektroden in Elektrolytlösungen. Zwischen den Elektroden tritt eine elektrische Spannung auf.
In der galvanischen Zelle laufen chemische Reaktionen mit Elektronenübertragung freiwillig ab. Chemische Energie wird dabei in elektrische Energie umgewandelt.
Beispiele: Taschenlampenbatterien, Leclanché-Element (Monozelle), Knopfzellen

Akkumulator

Galvanische Zelle, in der die chemischen Reaktionen umkehrbar sind. Der Entlade- und der Ladevorgang können wiederholt werden. In Akkumulatoren lässt sich elektrische Energie speichern.
Beispiele: Bleiakkumulator, Nickel-Metallhydrid-Akkumulator, Lithium-Ionen-Akkumulator

Brennstoffzelle

Galvanische Zelle, in die die Ausgangsstoffe fortlaufend von außen zugeführt werden. Brennstoffzellen liefern kontinuierlich elektrische Energie.
Beispiel: Wasserstoff-Sauerstoff-Zelle (Knallgaszelle)

Vom Stickstoff zum Düngemittel

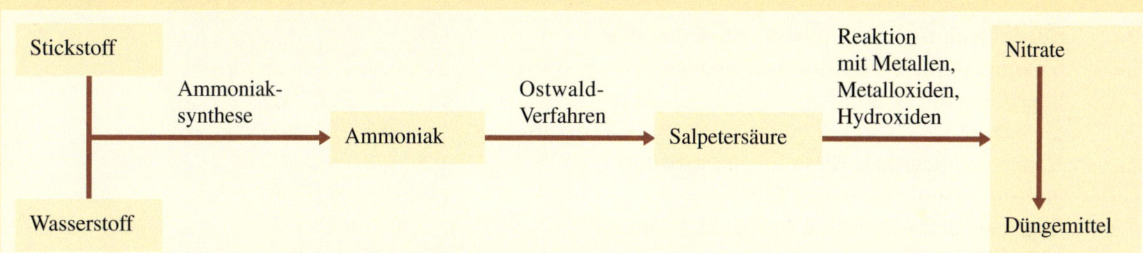

Vom Schwefel zur Schwefelsäure

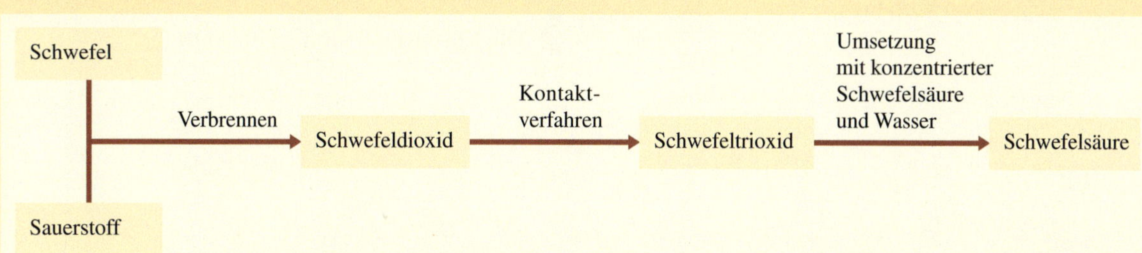

Sulfate, Nitrate, Phosphate

Feste kristalline Stoffe, die aus Kationen und Anionen aufgebaut sind. Es sind Ionenverbindungen, die zur Stoffgruppe der Salze gehören.
Sie haben als Nährsalze (Düngemittel) besondere Bedeutung.
Beispiele: Ammoniumnitrat NH_4NO_3, Ammoniumsulfat $(NH_4)_2SO_4$, Doppelsuperphosphat $Ca(H_2PO_4)_2$

Check up

1 Das Daniell-Element ist die grundlegende Versuchsanordnung, die zur Erfindung der modernen Batterie führte.

a Kennzeichne die chemische Reaktion im Daniell-Element als eine Reaktion, der das Donator-Akzeptor-Prinzip zugrunde liegt, und zeige die Elektronenübertragung auf.

b Um welche Reaktionsart handelt es sich?

2 Wende das Prinzip der Stoff- und Energieumwandlung auf die Vorgänge im Bleiakkumulator beim Laden und Entladen an.

3 Die elektrochemische Korrosion an metallischen Werkstücken verursacht jährlich großen wirtschaftlichen Schaden. Entwickle eine modellhafte Darstellung für die Ausbildung eines Lokalelements an einem verzinkten Eisenwerkstück.

4 Zeichne ein Modell eines Ammoniakmoleküls und leite daraus Aussagen über seinen Bau ab.

5 Bei der technischen Synthese von Ammoniak müssen optimale Reaktionsbedingungen vorliegen, um die Bildung von Ammoniak zu begünstigen.

a Nenne und begründe diese Reaktionsbedingungen. Erstelle dazu eine Tabelle.

b Begründe den weltweiten Anstieg der Ammoniakproduktion.

6 Erläutere die Bedeutung des Katalysators anhand eines selbst gewählten chemisch-technischen Verfahrens.

7 Schwefelsäure ist eine wichtige Grundchemikalie. Erläutere die Verfahrensschritte vom Schwefel bis zur Schwefelsäure.

8 Eisensulfat, Magnesiumnitrat, Calciumphosphat, Kaliumnitrat, Ammoniumsulfat und Trinatriumphosphat gehören zu einer Stoffgruppe.

a Benenne diese Stoffgruppe und begründe die Zuordnung.

b Ordne die genannten Verbindungen in einer Übersicht an.

c Zeige anhand der Phosphate die Beziehung zwischen Verwendung und Eigenschaften dieser Stoffe.

Aufgabe	Hilfe findest du auf Seite …	Verbindung der Aufgabe zu den Basiskonzepten ↑S.18
1	320, 321	R
2	322, 323	R E
3	327	R
4	241, 272, 332	T
5	332, 333, 334, 335	R E
6	335, 340, 341, 343	R E
7	346, 347	R E
8	230, 231, 294, 350, 351, 355	S T

T Stoff-Teilchen-Beziehungen, S Struktur-Eigenschafts-Beziehungen, R Chemische Reaktion, E Energetische Betrachtungen bei Stoffumwandlungen

› Die Lösungen findest du im Anhang.

Chemie der Kohlenwasserstoffe

Wer die lackierten Flächen seines Motorrades oder Autos besonders gut schützen möchte, der trägt nach dem Waschen Wachs auf. Das Wasser perlt dann ab und die Lackteile glänzen stärker.
Aber nicht nur Fahrzeuge werden mit Wachs behandelt, auch Möbel, Fußböden, Schuhe, Lederjacken und viele andere Gegenstände werden damit gepflegt.
Bekannt ist auch das Imprägnieren von bestimmten Papiersorten oder von Pappe mit Wachsen, z. B. von Getränkekartons oder größeren Tüten.

→ Was sind das für Stoffe, wie z. B. Wachs, auf denen Wasser so schön abperlt?
→ Welche Eigenschaften haben diese Stoffe?
→ Wie sind diese Stoffe aufgebaut?
→ Welche Rolle spielen diese Stoffe in unserem Leben?

Welt der Chemie

1 Zitrusfrüchte enthalten Citronensäure.

Bereits im 18. Jahrhundert erkannten Naturforscher, dass sich Mineralien, Erze und Gesteine durch ihr chemisches Verhalten und ihren Aufbau von solchen Stoffen unterscheiden, die im Körper von Pflanzen, Tieren und Menschen gebildet werden.
Der schwedische Chemiker JÖNS JAKOB BERZELIUS bezeichnete deshalb um 1807 solche Stoffe, die von lebenden Organismen hergestellt wurden, als **organische Stoffe** und alle anderen als anorganische Stoffe.
Damals herrschte die Ansicht, dass organische Stoffe nur von Pflanzen und Tieren unter Einfluss einer geheimnisvollen „Lebenskraft" gebildet werden könnten. Eine Herstellung im Labor, wie das bei anorganischen Verbindungen der Fall ist, wurde für unmöglich gehalten.
Organische Stoffe wurden vielmehr aus Tieren und Pflanzen sowie deren Produkten gewonnen. Namen wie Ameisensäure, Milchsäure und Weingeist weisen darauf hin.

Organische Chemie – organische Stoffe

2 Weintrauben – Ausgangsstoff für Alkohol

Die Auffassung über organische Stoffe änderte sich erst, als der deutsche Chemiker FRIEDRICH WÖHLER in seinem Labor aus einem anorganischen Salz die organische Verbindung Harnstoff erhalten hatte. Harnstoff wird in Tieren und im Menschen als ein Endprodukt des Eiweißstoffwechsels gebildet und durch Urin ausgeschieden. Aus einer anorganischen Verbindung war erstmals eine organische Verbindung ohne Mitwirkung der angenommenen „Lebenskraft" hergestellt worden.

3 FRIEDRICH WÖHLER (1800 bis 1882)

4 Zuckerrübe – Lieferant des Haushaltszuckers

An seinen Freund und Lehrer BERZELIUS schrieb WÖHLER über seine Untersuchungen folgenden Brief (Auszug):

> Berlin, 28. Februar 1828
>
> Lieber Herr Professor!
>
> Obgleich ich sicher hoffe, einen Brief von Ihnen zu erhalten, so will ich ihn doch nicht abwarten, sondern schon wieder schreiben, denn ich kann sozusagen mein chemisches Wasser nicht halten und muß Ihnen erzählen, daß ich Harnstoff machen kann, ohne dazu Nieren oder überhaupt ein Thier, sey es Mensch oder Hund, nöthig zu haben.
>
> Ich fand, daß immer, wenn man Cyansäure mit Ammoniak zu verbinden sucht, eine kristallisierte Substanz entsteht, die ... weder auf Cyansäure noch auf Ammoniak reagierte ..., und es bedurfte nun weiter Nichts als einer vergleichenden Untersuchung mit Pisse-Harnstoff, den ich in jeder Hinsicht selbst gemacht hatte, und dem Cyan-Harnstoff. Wenn nun ... kein anderes Produkt als Harnstoff entstanden war, so mußte endlich ... der Pisse-Harnstoff genau dieselbe Zusammensetzung haben wie das cyansaure Ammoniak.
>
> Und dies ist in der That der Fall ...

5 Harnstoffkristalle

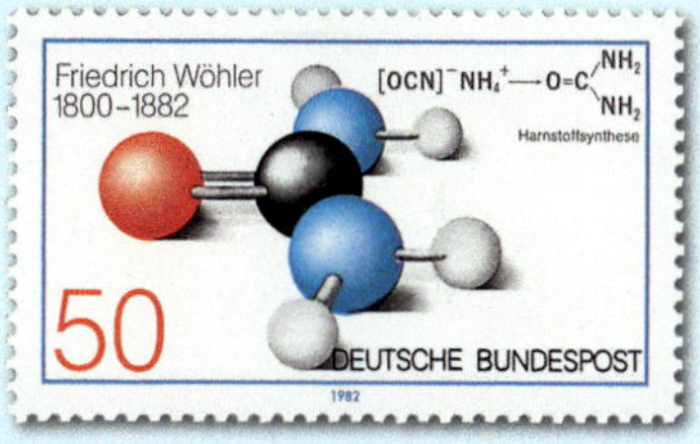

6 Harnstoffsynthese – Gedenkmarke zum 100. Todestag WÖHLERS

Mit der Harnstoff-Synthese hatte WÖHLER die **organische Chemie** begründet.

Im Laufe der Zeit wurde bei Untersuchungen festgestellt, dass alle organischen Stoffe Kohlenstoffverbindungen sind. Wegen der Vielzahl der organischen Stoffe wurde die traditionelle Trennung zwischen organischer und anorganischer Chemie beibehalten.

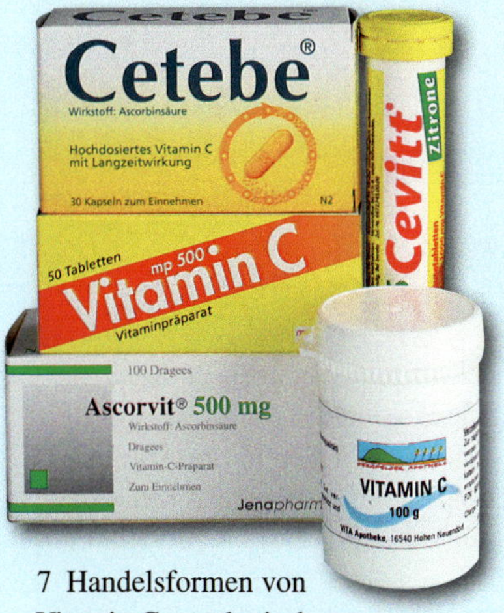

7 Handelsformen von Vitamin C, synthetisch gewonnen, in vielen Pflanzen vorkommend

8 Organische Stoffe – viele Farbstoffe kommen überhaupt nicht in der Natur vor, sondern werden synthetisch hergestellt.

Selbst untersucht Organische Stoffe auf dem Prüfstand

1 Prüfe einige organische Stoffe auf ihre Löslichkeit in Wasser.

Fülle fünf Reagenzgläser zu einem Viertel mit Wasser. Gib in je ein Reagenzglas eine kleine Portion Zucker, Kokosfett, Speiseessig, Kartoffelstärke und Klebstoff (F). Verschließe die Reagenzgläser mit Stopfen und schüttle.

Beobachte. Deute das Ergebnis.

Entsorgung: Flüssigkeiten in den Sammelbehälter für Abwasser, Feststoffe in den Sammelbehälter für Hausmüll geben.

2 Untersuche verschiedene organische Stoffe beim Erhitzen.

Vorsicht! Schutzbrille! Abzug! Erhitze im Reagenzglas jeweils erst vorsichtig, dann kräftiger Zucker, Mehl, Puddingpulver und Watte.

Beschreibe deine Beobachtungen. Deute die Veränderungen.

Entsorgung: Reste in den Sammelbehälter für Hausmüll geben.

3 Prüfe, ob organische Stoffe den elektrischen Strom leiten.

Baue die Versuchsapparatur nach der Experimentieranordnung auf. ↑E.11 Prüfe eine Zuckerlösung, Brennspiritus (F) und Paraffinöl nacheinander auf elektrische Leitfähigkeit.

Beobachte. Deute das Ergebnis.

Entsorgung: Brennspiritus und Paraffinöl in den Sammelbehälter III, Zuckerlösung in den Sammelbehälter für Abwasser geben.

4 Untersuche das Verhalten einiger organischer Stoffe an der Luft.

Vorsicht! Abzug! Gib jeweils die gleiche Anzahl Tropfen von Nagellackentferner (F), Brennspiritus (F), Speiseessig und Wasser auf eine Uhrglasschale. Betrachte jeweils nach fünf Minuten die Uhrglasschalen.

Beschreibe deine Beobachtungen und deute das Ergebnis.

Entsorgung: Reste der Flüssigkeiten in den Sammelbehälter für Abwasser geben.

5 Untersuche die Verbrennungsgase einer Kerze.

Baue die Versuchsapparatur gemäß der Abbildung auf. Fülle die Waschflasche zu einem Viertel mit Kalkwasser. Kühle das U-Rohr in einem Wasserbad. Stelle eine brennende Kerze unter den Trichter. Sauge mit einer Wasserstrahlpumpe die Verbrennungsgase durch die Apparatur, bis im U-Rohr und in der Gaswaschflasche deutliche Effekte zu beobachten sind. Gib danach eine Spatelspitze vorher entwässertes Kupfersulfat (Xn, N) in das U-Rohr.

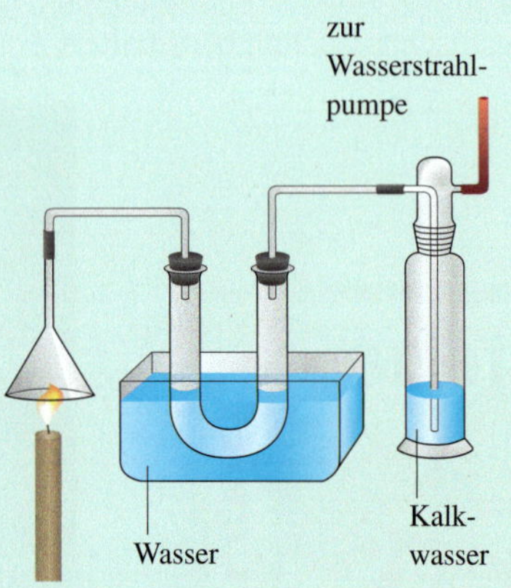

Notiere deine Beobachtungen. Welche Reaktionsprodukte sind entstanden? Begründe deine Aussage.

Entsorgung: Kalkwasser in den Sammelbehälter für Abwasser geben; Kupfersulfat in Wasser lösen, Wasser verdunsten lassen, Kupfersulfat in die Sammlung geben.

Selbst untersucht Eigenschaften von Alkanen

6 Verbrenne Erdgas.

Entzünde den Gasbrenner (Erdgas, F+) und halte über die Flamme zunächst ein umgekehrtes trockenes Becherglas und danach ein Becherglas, das mit Kalkwasser ausgespült wurde.
Beschreibe deine Beobachtungen. Was wird durch sie nachgewiesen?
Entsorgung: Reste in den Sammelbehälter für Abwasser geben.

7 Untersuche die Mischbarkeit von Alkanen.

Fülle in zwei Reagenzgläser etwa 2 cm hoch Heptan (F, Xn, N). Gib mit einer Pipette acht Tropfen Octan (F, Xn, N) in das eine Reagenzglas und acht Tropfen Wasser in das andere. Rühre vorsichtig mit einem Glasstab um.
Wiederhole das Experiment mit Paraffinöl, dem Octan (F, Xn, N) beziehungsweise Wasser zugesetzt wird.
Welche Unterschiede treten auf? Notiere deine Beobachtungen.
Entsorgung: Reste von Alkanen in den Sammelbehälter III für organische Stoffe geben.

8 Prüfe die Brennbarkeit von verschiedenen Alkanen.

a) Entzünde einen Holzspan, halte ihn über einen Brenner und öffne langsam die Gaszufuhr.
b) Gib jeweils 2 ml Heptan (F, Xn, N) und Paraffinöl in je eine Porzellanschale. Versuche mit einem langen brennenden Holzspan die Stoffe zu entzünden. Was ist zu beobachten?
Notiere deine Ergebnisse.

Entsorgung: Reste in den Sammelbehälter III für organische Stoffe geben.

9 Prüfe die Löslichkeit von Fetten und Ölen in Alkanen.

Fülle in zwei Reagenzgläser etwa 2 ml hoch Octan (F, Xn, N). Gib danach mit dem Spatel etwas Schmalz bzw. Speiseöl dazu. Rühre vorsichtig mit dem Glasstab um.
Wiederhole das Experiment, aber ersetze Octan (F, Xn, N) durch Wasser.
Notiere deine Beobachtungen. Diskutiere die ermittelten Ergebnisse.
Entsorgung: Reste von Alkanen in den Sammelbehälter III für organische Stoffe, übrige Flüssigkeiten in Sammelbehälter für Abwasser geben.

10 Ermittle die Auslaufzeiten von flüssigen Alkanen.

Ziehe Heptan (F, Xn, N) mit einer Pipettierhilfe bis zur Nullmarke einer Pipette auf. Starte den Auslauf, indem du die Pipettierhilfe abziehst. Miss die Auslaufzeit. Wiederhole das Experiment mit Dodecan und Paraffinöl.
Notiere deine Beobachtungen. Deute das Ergebnis.
Entsorgung: Reste von Alkanen in den Sammelbehälter III für organische Stoffe geben.

11 Untersuche die elektrische Leitfähigkeit von verschiedenen Alkanen.

Baue die Versuchsapparatur nach der Experimentieranordnung auf. Prüfe nacheinander Heptan (F, Xn, N), Octan (F, Xn, N,) Dodecan und Paraffinöl auf elektrische Leitfähigkeit.
Fertige ein Protokoll an.

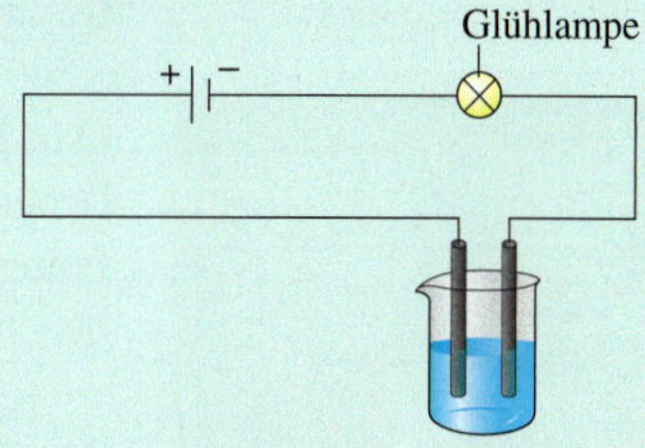

Entsorgung: Reste von Alkanen in den Sammelbehälter III für organische Stoffe geben.

Vielfalt organischer Verbindungen

Ob wir Kunststoffe, Klebstoffe, Bienenwachs, Schuhcreme, Waschmittel, Parfüms, Deos, Cremes, Haushaltszucker, Speiseessig oder Medikamente verwenden, stets haben wir es mit organischen Stoffen zu tun. Alle diese Stoffe unterscheiden sich deutlich voneinander.
Besitzen diese aus dem Alltag bekannten organischen Stoffe auch gemeinsame Merkmale?

1

Schon gewusst?

Mehr als 13 Millionen organische Kohlenstoffverbindungen sind bis heute bekannt, aber nur etwa 200 000 anorganische Verbindungen. Anorganische Kohlenstoffverbindungen sind die Oxide des Kohlenstoffs, die Kohlensäure und die Carbonate.

2 Ein ärgerliches Missgeschick

3 Vorsicht bei Fettbränden

Einige Eigenschaften organischer Stoffe Beim Untersuchen von organischen Stoffen ist aufgefallen, dass viele von ihnen einen charakteristischen Geruch besitzen, der auch noch in großer Verdünnung bemerkbar ist, wie der Geruch von Benzin, Alkohol, Fleckenwasser, Klebstoff oder der von Aromastoffen.
Die Mehrzahl der organischen Verbindungen ist in Wasser unlöslich. ↑E.1 S.360 Löst sich aber eine organische Verbindung in Wasser, leitet ihre Lösung den elektrischen Strom meist nicht. ↑E.3 S.360
Organische Verbindungen bestehen aus Molekülen. Da der Zusammenhalt zwischen Molekülen relativ gering ist, haben organische Verbindungen meist niedrigere Schmelz- und Siedetemperaturen als anorganische Verbindungen.
Außerdem sind viele organische Verbindungen wenig wärmebeständig. Beim Erhitzen werden sie oft zersetzt und bilden aufgrund ihres Kohlenstoffgehalts schwarze Reaktionsprodukte. Beim Anbrennen von Milch bzw. Fleisch oder beim zu starken Toasten von Brot kann das leicht beobachtet werden. ↑E.2 S.360
Fast alle organischen Stoffe sind brennbar. Sie sind häufig leicht flüchtig und feuergefährlich, wie z. B. Brennspiritus, Ether oder Benzin. ↑E.4 S.360 Auch Fett ist brennbar. ↑3
Dämpfe bestimmter organischer Stoffe sind gesundheitsschädigend. Beim Umgang mit ihnen sind daher die Gefahrstoffkennzeichnung und die Gefahrenhinweise (↑Anhang) auf den Verpackungen und Etiketten genau zu beachten.

Die meisten organischen Stoffe zeigen geringe Wärmebeständigkeit, gute Brennbarkeit, häufig leichte Flüchtigkeit, einen charakteristischen Geruch und geringe Wasserlöslichkeit.

Zusammensetzung Wie Analysen von organischen Verbindungen zeigen, sind an ihrem Aufbau nur wenige Elemente beteiligt.
Immer enthalten ist das Element Kohlenstoff. Das zeigt sich deutlich am Verkohlen organischer Stoffe beim Erhitzen, ob bewusst im Labor oder unabsichtlich im Alltag.
Weitere wichtige Elemente in organischen Verbindungen sind vor allem Wasserstoff, Sauerstoff und Stickstoff. Sie sind allerdings in der Regel in deutlich geringeren Massenanteilen vorhanden.
In manchen organischen Verbindungen finden sich neben den genannten Elementen auch noch Schwefel, Phosphor, Halogene und Metalle wie Eisen, Kupfer und Magnesium.
Bei der Verbrennung von organischen Verbindungen entsteht Kohlenstoffdioxid, häufig auch Ruß. Kohlenstoffdioxid lässt sich mit Kalkwasser nachweisen. Entsteht bei der Verbrennung einer organischen Verbindung Wasser, kann daraus geschlossen werden, dass am Aufbau der Verbindung Wasserstoff beteiligt ist. Der Sauerstoff des entstehenden Wassers kann aus der Luft stammen, Wasserstoff aber nur aus der verbrannten Verbindung. ↑E.5 S.360 Organische Verbindungen, die nur die Elemente Kohlenstoff und Wasserstoff enthalten, werden **Kohlenwasserstoffe** genannt.

Verknüpfungsmöglichkeiten von Kohlenstoffatomen Wie ist es möglich, dass so verschiedenartige organische Stoffe wie Traubenzucker oder Vitamin C allesamt Verbindungen des Elements Kohlenstoff sein können? Aus der Stellung des Elements Kohlenstoff im Periodensystem folgt, dass jedes Kohlenstoffatom vier Außenelektronen besitzt. Um eine stabile Elektronenkonfiguration (Elektronenoktett) zu erreichen, benötigen Kohlenstoffatome noch vier Elektronen. In chemischen Verbindungen gehen Kohlenstoffatome deshalb vier Elektronenpaarbindungen (Atombindungen) ein. Man sagt, das Kohlenstoffatom ist vierbindig.
Die Kohlenstoffatome verfügen über die besondere Eigenschaft, sich durch Atombindung miteinander zu verbinden. So kann sich eine praktisch unbegrenzte Anzahl von organischen Verbindungen bilden.

Beispiele für die Verknüpfung von Kohlenstoffatomen

kettenförmig unverzweigt

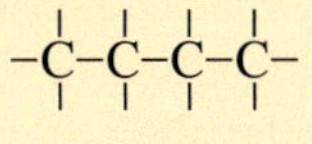

kettenförmig verzweigt

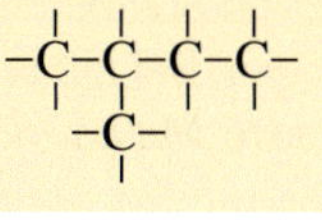

ringförmig

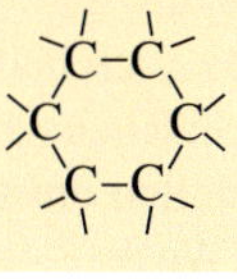

EXPERIMENT 12 [L]
Erhitzen von Harnstoff.
Vorsicht! Schutzbrille!
Zu einer Spatelspitze Harnstoff werden etwa 2 ml 50%ige Natriumhydroxidlösung (C) gegeben. Danach wird vorsichtig erhitzt. Die aufsteigenden Dämpfe werden auf Geruch und mit feuchtem Universalindikatorpapier geprüft.

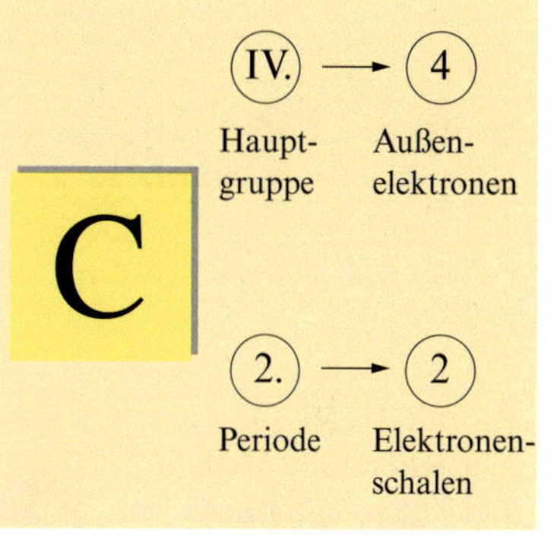

4 Stellung des Elements Kohlenstoff im Periodensystem der Elemente

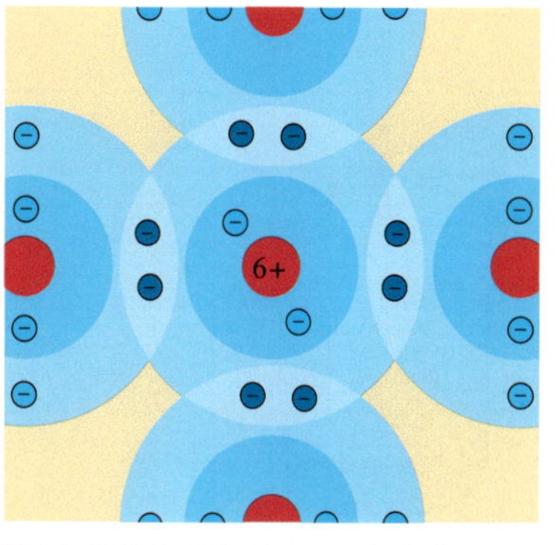

5 Modell der Bindungsverhältnisse zwischen Kohlenstoffatomen (Ausschnitt)

Aufgaben

1 Warum verbreiten die organischen Stoffe Benzin und Speiseessig im Gegensatz zu Kochsalz einen starken Geruch?

2 Zucker und Kochsalz wurden verwechselt. Wie lassen sie sich, ohne zu kosten, experimentell unterscheiden? Nenne mehrere Möglichkeiten.

3 Nenne die Elemente, die hauptsächlich am Aufbau organischer Verbindungen beteiligt sind.

4 Warum ist die Bildung von Kohlenstoff-Ionen erschwert?

5 Stelle alle Möglichkeiten der Verknüpfung von fünf Kohlenstoffatomen zusammen.

Alkane im Alltag

Mitunter können im Hochsommer über einem Moor kleine Flämmchen beobachtet werden, sogenannte Irrlichter. Worauf ist diese Erscheinung zurückzuführen? Welche Stoffe sind beteiligt?

1 Moorlandschaft

EXPERIMENT 13 [L]
Entstehung von Methan.
Vorsicht! Schutzbrille!
Die Versuchsapparatur muss einige Tage stehen. Danach wird der Quetschhahn geöffnet und das entweichende Gas mit einem brennenden Holzspan geprüft (F+).

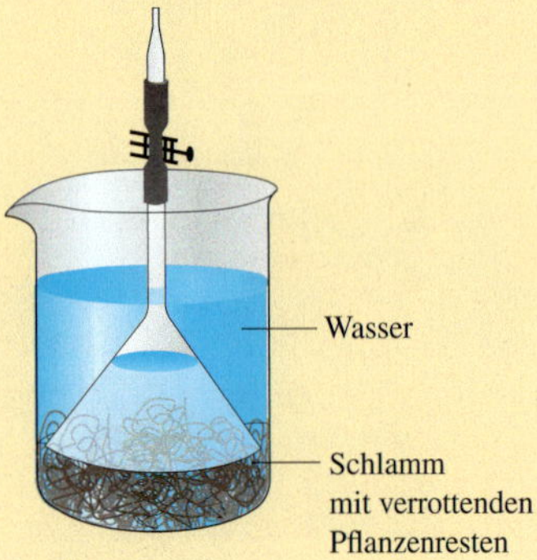

Explosionsgrenzen

Volumenanteil φ(Methan) in der Luft	Erscheinung bei Entzündung
5 %	nicht entzündbar
5 bis 15 %	explodiert heftig
15 %	brennt ruhig

Vorkommen und Verwendung von Methan Methan entsteht überall dort, wo abgestorbene tierische oder pflanzliche Reste unter Luftabschluss von Bakterien zersetzt werden. In Sümpfen, Mooren oder am Grund verschmutzter Gewässer bildet sich Sumpfgas, ein Gemisch aus Methan und Kohlenstoffdioxid. ↑E.13 Bei der Abwasserreinigung fällt in den Kläranlagen Schlamm an. Bei dessen Zersetzung entstehen **Klär-** und **Faulgas**, das bis zu 75 % Methan enthält.
Heute wird durch gezielte bakterielle Fäulnis von pflanzlichem Material, z. B. aus Stallmist, Gülle, Klärschlamm oder organischem Müll, Biogas gewonnen. **Biogas** besteht vorwiegend aus Methan (Volumenanteil etwa 60 %) und Kohlenstoffdioxid (Volumenanteil etwa 35 %). Außerdem enthält es noch die Gase Wasserstoff, Stickstoff und Schwefelwasserstoff. Biogas hat einen hohen Heizwert. Die Gewinnung von Biogas kann dazu beitragen, dass wertvolle Rohstoffe eingespart und Umweltschäden vermieden werden.
Methan ist der Hauptbestandteil des **Erdgases** (Volumenanteil 85 bis 95 %), das zum Kochen im Haushalt und zur Beheizung von Wohnungen eingesetzt wird.
Auch das sich in den Klüften von Steinkohlenlagern sammelnde **Grubengas** enthält hauptsächlich Methan. Bei unzureichender Belüftung der Bergwerksstollen entstehen explosive Methan-Luft-Gemische, die als „schlagende Wetter" schwere Zerstörungen verursachen. Bereits ein Funken beim Betätigen eines elektrischen Schalters kann das Gemisch entzünden.

Eigenschaften des Methans Methan ist ein farbloses Gas, das leichter als Luft ist. Reines Methan ist geruchlos, während Erdgas, Biogas und Sumpfgas aufgrund von Begleitstoffen einen typischen Geruch aufweisen. Methan ist in Wasser fast unlöslich und kann daher pneumatisch aufgefangen werden. Es ist brennbar und bildet mit Luft explosive Gemische. Bei der vollständigen Verbrennung von Methan entstehen Kohlenstoffdioxid und Wasser. ↑E.6 S.361

Struktur des Moleküls Methan ist die einfachste organische Verbindung. Aus seiner Formel CH_4 geht hervor, dass ein Methanmolekül aus einem Kohlenstoffatom und vier Wasserstoffatomen besteht. Die Wasserstoffatome umgeben das Kohlenstoffatom und sind mit ihm jeweils durch ein Elektronenpaar verbunden. Die Atombindungen im Methanmolekül liegen nicht in einer Ebene, sondern sind räumlich mit möglichst weitem Abstand voneinander ausgerichtet, sodass sich eine tetraedrische Anordnung ergibt. Der H–C–H-Bindungswinkel beträgt 109,5° und wird als Tetraederwinkel bezeichnet.
Die **Strukturformel** stellt die Übertragung des dreidimensionalen Modells auf die zwei Dimensionen des Papiers dar. Jedes gemeinsame Elektronenpaar ist durch einen Strich dargestellt. Im Unterschied zu den Strukturformeln werden Formeln wie CH_4 als **Summenformeln** bezeichnet.

EXPERIMENT 14 [L]
Methan-Luft-Gemisch.  

Vorsicht! Schutzbrille! Schutzscheibe!
In einem starkwandigen Standzylinder (höchstens 200 ml) wird ein Methan-Luft-Gemisch (E, F+) gezündet.

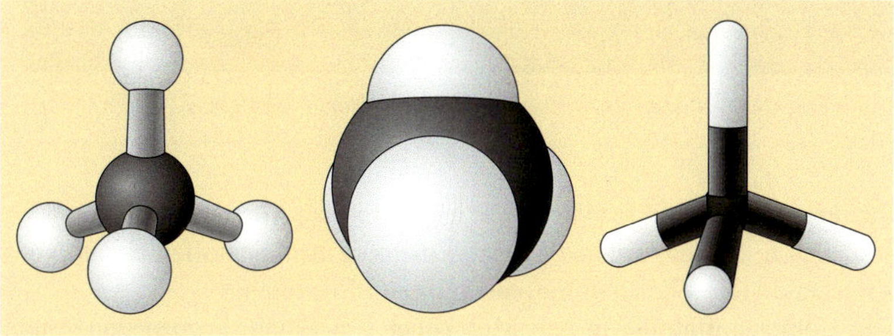

2 Modelle des Methanmoleküls

Summenformel	CH_4
Elektronenformel	$\begin{matrix} & H & \\ H: & \ddot{C} & :H \\ & \ddot{H} & \end{matrix}$
Strukturformel	$\begin{matrix} & H & \\ & \vert & \\ H- & C & -H \\ & \vert & \\ & H & \end{matrix}$

3 Formeln des Methanmoleküls

Weitere Alkane Neben Methan kommen auch noch die Gase **Propan** und **Butan** mit geringem Anteil im Erdgas vor und fallen bei der Benzinherstellung an. Propan und Butan lassen sich durch Druck leicht verflüssigen und werden als **Flüssiggase** bezeichnet. Sie sind wichtige Energieträger mit hohem Heizwert und kommen in Tanks, Stahlflaschen oder Kartuschen in den Handel. Beide Gase sind außerdem wichtige Ausgangsstoffe für Produkte der chemischen Industrie.
Die Flüssigkeiten **Hexan** und **Octan** sind Bestandteile verschiedener Kraftstoffe und bedingen deren Geruch. Sie sind brennbar und nicht mit Wasser mischbar.
Bei all den genannten Stoffen handelt es sich um Kohlenwasserstoffe, bei denen die benachbarten Kohlenstoffatome durch Einfachbindung (Atombindung) verknüpft sind. Solche Kohlenwasserstoffe heißen **Alkane**.
Hauptbestandteil vieler technisch verwendeter wachsartiger Stoffe ist **Paraffin**, ein Gemisch zahlreicher fester Alkane, die sich je nach Kettenlänge der Moleküle in der Härte und Schmelztemperatur unterscheiden. Aus Paraffin werden z. B. Kerzen, Wachse und Lippenstifte hergestellt.

4 Verwendungsbeispiele für Alkane.

Aufgaben

1 Fertige aus verschiedenfarbigen Plastilinkugeln ein Modell des Methanmoleküls an.
2 Erkunde Sicherheitsbestimmungen beim Umgang mit Erdgas.
3 Erläutere anhand der obigen Modelle die Struktur des Methanmoleküls.
4 Welche Stoffe entstehen bei der Verbrennung von Propan und Butan?

Homologe Reihe – Eigenschaften von Alkanen

Ob man Benzin als Kraftstoff verwendet, einen Heißluftballon mit Propangas betreibt, die Wohnung mit Erdgas beheizt oder eine Paraffinkerze abbrennt, stets handelt es sich um chemisch eng verwandte Alkane.
Worauf ist das zurückzuführen? Welche Gemeinsamkeiten und Unterschiede weisen Alkane auf?

1 Die Brenner von Heißluftballons werden mit Propan betrieben.

Wortstamm	Anzahl der Kohlenstoffatome in der Kette
Meth-	1
Eth-	2
Prop-	3
But-	4
Pent-	5
Hex-	6
Hept-	7
Oct-	8
Non-	9
Dec-	10

Struktur der Moleküle Methan ist das einfachste Alkan mit den kleinsten Molekülen. Andere Alkane besitzen mehrere Kohlenstoffatome und entsprechend viele Wasserstoffatome in ihren Molekülen.
Die Kohlenstoffatome in den Molekülen von Ethan, Propan und Butan bilden Ketten. Die Kohlenstoffketten sind in den Propan- und Butanmolekülen zickzackförmig gewinkelt, da auch hier die Atombindungen nach den Eckpunkten eines Tetraeders ausgerichtet sind. Diese Stoffe gehören zu den **kettenförmigen Kohlenwasserstoffen**.
In den Molekülen der Alkane sind alle Kohlenstoffatome mit der größtmöglichen Anzahl an Wasserstoffatomen verbunden. Dies wird als gesättigt bezeichnet. Alkane gehören zu den **gesättigten Kohlenwasserstoffen**.
Ein Vergleich der Strukturformeln der Alkanmoleküle in der Tabelle zeigt, dass sich die Moleküle jeweils um eine CH_2-Gruppe unterscheiden.

Name	Summenformel	Strukturformel	Elektronenformel	Molekülmodell
Methan	CH_4	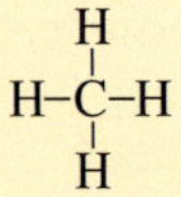	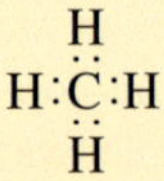	
Ethan	C_2H_6	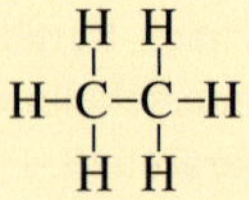	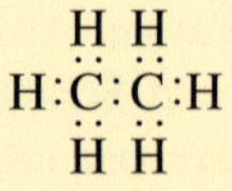	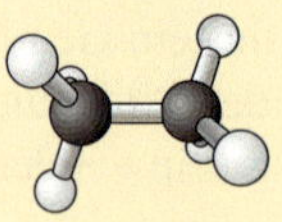
Propan	C_3H_8	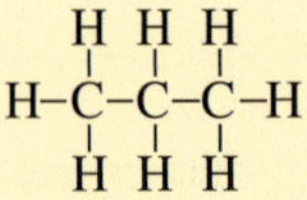	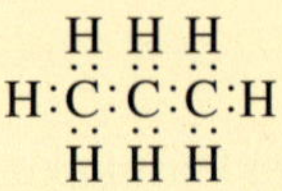	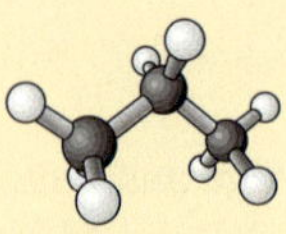
Butan	C_4H_{10}	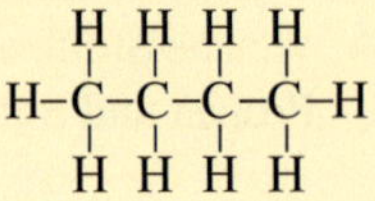	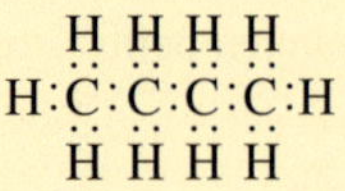	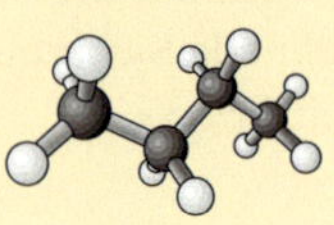

Eine solche Reihe ähnlicher organischer Verbindungen, bei denen sich die Moleküle aufeinanderfolgender Glieder jeweils um eine CH_2-Gruppe unterscheiden, wird als **homologe Reihe** (griech. homologos – übereinstimmend) bezeichnet.
Wird die Anzahl der Kohlenstoffatome eines Alkans mit *n* bezeichnet, beträgt die Anzahl der Wasserstoffatome desselben Alkans $2n+2$.
Es gilt die **allgemeine Summenformel der Alkane: C_nH_{2n+2}**

Namen der Alkane Die Namen der Alkane werden aus dem Wortstamm (↑Tabelle S.366) und der Endung **-an** gebildet. Vom Wortstamm lässt sich die Anzahl der Kohlenstoffatome im Molekül ableiten. Die Wortstämme von Verbindungen mit fünf oder mehr Kohlenstoffatomen im Molekül gehen auf griechische oder lateinische Zahlwörter zurück.

Eigenschaften der Alkane Innerhalb der homologen Reihe zeigen die Alkane eine gesetzmäßige Abstufung ihrer Eigenschaften.

Name	Summenformel	Schmelztemperatur in °C	Siedetemperatur in °C	Aggregatzustand bei 20 °C
Methan	CH_4	–182,5	–161,4	gasförmig
Ethan	C_2H_6	–183,2	–88,5	
Propan	C_3H_8	–187,1	–42,1	
Butan	C_4H_{10}	–135,0	–0,5	
Pentan	C_5H_{12}	–129,7	+36,2	flüssig
Hexan	C_6H_{14}	–94,3	+68,7	
Heptan	C_7H_{16}	–90,0	+98,0	
Octan	C_8H_{18}	–56,5	+125,8	
Nonan	C_9H_{20}	–53,7	+150,7	
Decan	$C_{10}H_{22}$	–29,7	+174,0	
Pentadecan	$C_{15}H_{32}$	+10,0	+268,0	
Hexadecan	$C_{16}H_{34}$	+18,1	+280,0	
Heptadecan	$C_{17}H_{36}$	+22,0	+303,0	fest
Eicosan	$C_{20}H_{42}$	+36,4	+345,1	

Mit zunehmender Kettenlänge der Moleküle steigen die Siede- und auch meistens die Schmelztemperaturen sowie die Dichten der Alkane an. Das ist darauf zurückzuführen, dass schwache Anziehungskräfte zwischen den unpolaren Molekülen der Alkane wirken. Diese sogenannten **Van-der-Waals-Kräfte** müssen beim Schmelzen und Sieden eines Stoffes durch Energiezufuhr überwunden werden. Die Stärke der Van-der-Waals-Kräfte hängt von der Größe der Moleküle und damit von ihrer molaren Masse ab. ↑2
Die Zähflüssigkeit, auch **Viskosität** genannt, nimmt mit wachsender Kettenlänge der Moleküle zu. Kurzkettige Alkane sind dünnflüssig, Schmieröle (C_{11} bis C_{18}) sind zähflüssig. ↑E.10 S.361
Die Entzündungstemperaturen nehmen bei Alkanen mit steigender Siedetemperatur und Kettenlänge zu.

Ableiten des Namens aus der Summenformel von Alkanen

Summenformel	C_9H_{20}	$C_{11}H_{24}$
Anzahl der Kohlenstoffatome	9	11
Wortstamm	Non	Undec
Endung	-an	-an
Name	Nonan	Undecan

EXPERIMENT 15 [L]
Bestimmen von Siedetemperaturen.

Vorsicht! Schutzbrille!
Siedetemperaturen von flüssigen Alkanen (F, Xn, N) werden ermittelt und mit tabellierten Werten verglichen.

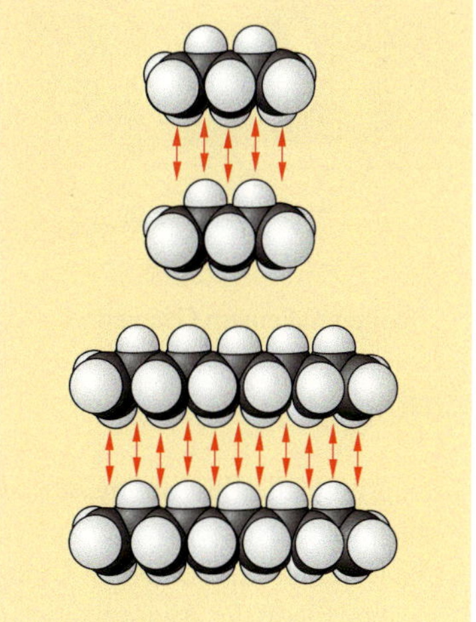

2 Anziehungskräfte zwischen Alkanmolekülen

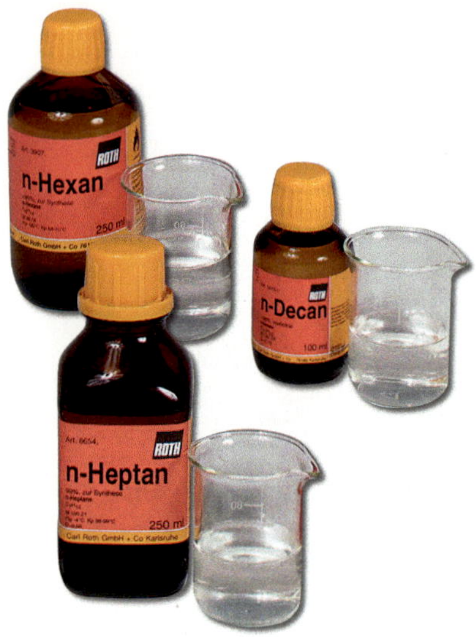

1 Flüssige Alkane

Alkane leiten den elektrischen Strom nicht. Sie enthalten keine Ladungsträger, sondern nur ungeladene Moleküle. ↑E.11 S.361
Gasförmige und feste Alkane sind in reinem Zustand geruchlos. Flüssige Alkane haben einen benzinähnlichen Geruch.
Flüssige Alkane lassen sich bereits unterhalb der Zimmertemperatur entzünden. Es sind deshalb äußerst feuergefährliche Stoffe. Höhere Alkane entzünden sich dagegen erst über 45 °C. ↑E.8 S.361
Alkane sind mit Wasser nicht mischbar. Sie sind **hydrophob** (griech. hydro – Wasser; phobos – Furcht). Untereinander sind Alkane aber in jedem Verhältnis mischbar. Dieses unterschiedliche Löseverhalten ist auf unterschiedliche Anziehungskräfte zwischen Alkanmolekülen und Wassermolekülen zurückzuführen. Die Dipolmoleküle des Wassers ziehen sich untereinander stark an. ↑S.241 Die Anziehungskräfte zwischen den unpolaren Alkanmolekülen sind dagegen gering. Sie genügen nicht, um die Wasserstoffbrücken zwischen den Wassermolekülen zu überwinden. ↑E.7 S.361
Flüssige Alkane sind im Gegensatz zu Wasser gute Lösemittel für Fette, Öle und Lacke. ↑E.9 S.361 Sie sind **lipophil** (griech. lipos – Fett; philein – lieben). Es gilt die Regel: **Ähnliches löst sich in Ähnlichem.**

Verhalten gegenüber	Butan 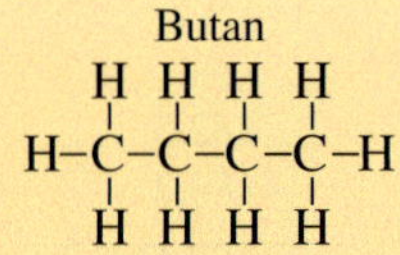 unpolares Butanmolekül	Wasser 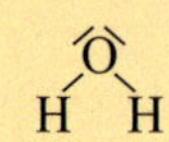 polares Wassermolekül
Stoff aus polaren Molekülen, z. B. Ammoniak	wasserfeindlich = hydrophob	wasserfreundlich = hydrophil
Stoff aus unpolaren Molekülen, z. B. Fette, Öle	fettfreundlich = lipophil	fettfeindlich = lipophob

2 Arbeiten mit einem Gasbrenner

Umgang mit brennbaren Gasen und Flüssigkeiten Mit brennbaren Gasen (Propan, Butan) und Flüssigkeiten (Benzin, Heizöl) ist mit größter Vorsicht und Sorgfalt umzugehen. Bei Gasgeruch sind sofort Feuerwehr und Polizei zu benachrichtigen. Beim Umgang mit brennbaren Flüssigkeiten darf kein offenes Feuer in der Nähe sein. Funkenbildung ist zu verhindern. Nach Beendigung der Arbeiten sind Behälter mit brennbaren Stoffen sofort zu verschließen und vom Arbeitsort zu entfernen. Mit feuergefährlichen Flüssigkeiten getränkte Lappen dürfen niemals ins Feuer geworfen werden. Brennbare Stoffe sind nur in dicht schließenden und entsprechend gekennzeichneten Behältern aufzubewahren.

Aufgaben

1 Begründe die Zuordnung der Alkane zu den gesättigten Kohlenwasserstoffen.
2 Warum haben Alkane bei Zimmertemperatur unterschiedliche Aggregatzustände?
3 Weshalb kann bei den Alkanen von einer homologen Reihe gesprochen werden? Notiere einen Merksatz.
4 Erläutere: „Ähnliches löst sich in Ähnlichem."
5 Welche Beobachtungen sind bei Zugabe von Kochsalz zu Wasser, Kochsalz zu Pentan und Nonan zu Hexan zu erwarten? Begründe.
6 Erläutere, womit ein Ölfleck aus der Kleidung entfernt werden kann.

Biogas – Energie aus Stallmist und Gülle

Biogas entsteht, wenn organische Stoffe unter Luftabschluss (anaerob) bakteriell zersetzt werden. Diese bakterielle Zersetzung wird zunehmend bei der Großviehhaltung wirtschaftlich genutzt, denn dort fallen täglich große Mengen Stallmist und Gülle an. So erzeugt eine Kuh pro Tag etwa 10 bis 20 kg organische Biomasse. Biogas lässt sich in speziellen Biogasanlagen erzeugen.

1 Moderne Biogasanlage

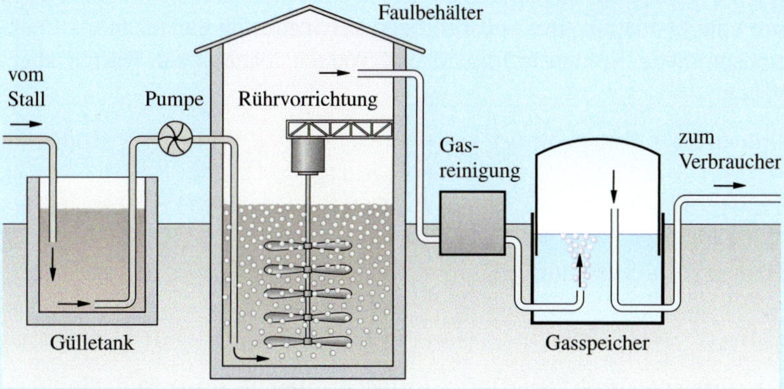

2 Funktionsprinzip einer Biogasanlage

Zusammensetzung von Biogas	
Stoff	Volumenanteil
Methan	55–70 %
Kohlenstoffdioxid	27–44 %
Stickstoff	0,5–3 %
Wasserstoff	1 %
Kohlenstoffmonooxid	0,1 %
Sauerstoff	0,1 %
Schwefelwasserstoff	Spuren

Aus dem Dung einer Kuh (500 kg schwer) lassen sich täglich bis zu 2 m³ Biogas gewinnen. Der Heizwert von 2 m³ Biogas entspricht etwa dem von 1 kg Heizöl. Aus dem Stallmist einer Kuh kann in einem Jahr so viel Energie wie aus 300 l Heizöl gewonnen werden.
Die bei der Biogaserzeugung anfallenden festen Abfallstoffe sind fast geruchlos, können gesammelt und als Naturdünger wieder genutzt werden. Somit schließt sich der Kreislauf der Mineralstoffe.

Eine immer mehr zunehmende Herstellung von Biogas aus Gülle kann dazu beitragen, dass die Belastung der Felder und Gewässer vermindert wird und wertvolle Rohstoffe bei der Nutzung von Energie gespart werden.

Reaktionen der Alkane

Alkane reagieren bei Zimmertemperatur nicht spontan mit Halogenen. Erst bei Zufuhr von Wärme oder unter Einwirkung von energiereichem Licht kommt es zur Reaktion.
Sie können aber auch heftiger reagieren, z. B. wenn Heizöl verbrennt oder wenn Häuser durch Erdgasexplosionen zerstört werden. Was passiert bei diesen Reaktionen?

1 Reaktion von Hexan mit Brom vor und nach Belichtung

2 Nach einer Gasexplosion

3 Brennende Alkane

Verbrennung Wie bekannt, sind alle Alkane brennbar. Gemische von gasförmigen Alkanen mit Luft sind sogar explosiv. Beim Verbrennen reagieren die Alkane mit Sauerstoff. Chemisch betrachtet handelt es sich hierbei um eine Oxidation. Bei **vollständiger Verbrennung** entstehen als Reaktionsprodukte Kohlenstoffdioxid und Wasser. Dabei wird Wärme abgegeben.

Propan (g) + Sauerstoff (g) ⟶ Kohlenstoffdioxid (g) + Wasser (l) | exotherm

$$2\ C_3H_8\ (g) + 10\ O_2\ (g) \longrightarrow 6\ CO_2\ (g) + 8\ H_2O\ (l) \quad |\ \text{exotherm}$$

Heptan (l) + Sauerstoff (g) ⟶ Kohlenstoffdioxid (g) + Wasser (l) | exotherm

$$C_7H_{16}\ (l) + 11\ O_2\ (g) \longrightarrow 7\ CO_2\ (g) + 8\ H_2O\ (l) \quad |\ \text{exotherm}$$

Ist nicht genügend Sauerstoff vorhanden, kann es zur **unvollständigen Verbrennung** kommen, wobei neben Wasser das giftige Kohlenstoffmonooxid oder reiner Kohlenstoff in Form von Ruß entsteht.

$$2\ C_3H_8\ (g) + 7\ O_2\ (g) \longrightarrow 6\ CO\ (g) + 8\ H_2O\ (l) \quad |\ \text{exotherm}$$
$$2\ C_3H_8\ (g) + 4\ O_2\ (g) \longrightarrow 6\ C\ (s) + 8\ H_2O\ (l) \quad |\ \text{exotherm}$$

$$2\ C_7H_{16}\ (l) + 15\ O_2\ (g) \longrightarrow 14\ CO\ (g) + 16\ H_2O\ (l) \quad |\ \text{exotherm}$$
$$2\ C_7H_{16}\ (l) + 8\ O_2\ (g) \longrightarrow 14\ C\ (s) + 16\ H_2O\ (l) \quad |\ \text{exotherm}$$

Bei der Verbrennung verschiedener Alkane an der Luft nimmt mit steigendem Kohlenstoffanteil des Alkans die Helligkeit der Flamme zu. Hervorgerufen wird dies durch hell glühende Rußteilchen in der Flamme. Außerdem nimmt die Rußbildung stark zu. Das ist eine Folge der unvollständigen Verbrennung.

Alkane bilden eine homologe Reihe, in der sich die Moleküle zweier aufeinanderfolgender Verbindungen jeweils durch eine CH_2-Gruppe unterscheiden. Die chemischen Eigenschaften der Alkane stimmen infolge der gemeinsamen Strukturelemente weitgehend überein.

Substitution Werden einige Tropfen Brom zu Hexan gegeben, bleibt die braune Farbe des Broms erhalten. Bei Zimmertemperatur reagiert Hexan nicht mit Brom. Wird jedoch das Gemisch intensiv belichtet, verschwindet die braune Farbe langsam. Hexan und Brom reagieren miteinander. Als Reaktionsprodukte entstehen Bromhexan und das farblose Gas Bromwasserstoff, das mit feuchtem Indikatorpapier eine saure Reaktion zeigt. ↑1

$$\text{Hexan (l)} + \text{Brom (g)} \xrightarrow{\textit{Licht}} \text{Bromhexan (l)} + \text{Bromwasserstoff (g)}$$

$$C_6H_{14}\text{ (l)} + Br_2\text{ (g)} \xrightarrow{\textit{Licht}} C_6H_{13}Br\text{ (l)} + HBr\text{ (g)}$$

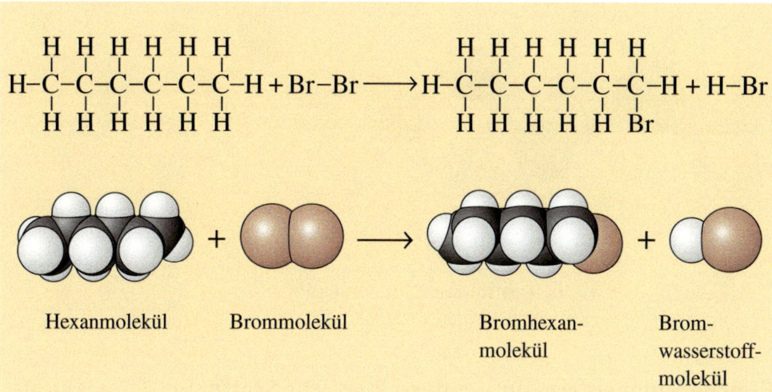

4 Reaktionsgleichung und Teilchenmodell der Reaktion von Hexan mit Brom

Bei dieser Reaktion wird ein Wasserstoffatom des Hexanmoleküls gegen ein Bromatom eines Brommoleküls ausgetauscht.
Auch mit anderen Alkan-Brom-Gemischen kommt es bei Einwirkung von Licht zu einer ähnlichen Reaktion. Dabei ersetzen sich in den Molekülen der Ausgangsstoffe jeweils ein Wasserstoffatom und ein Bromatom gegenseitig. Aus dem Lateinischen leitet sich der Name für diese Art der chemischen Reaktion ab. Diese Reaktionen werden als **Substitutionen** (lat. substituere – ersetzen, austauschen) bezeichnet.

$$C_7H_{16}\text{ (l)} + Br_2\text{ (g)} \xrightarrow{\textit{Licht}} C_7H_{15}Br\text{ (l)} + HBr\text{ (g)}$$

Die Substitution ist eine chemische Reaktion, bei der zwischen den Molekülen der Ausgangsstoffe Atome ausgetauscht werden.

EXPERIMENT 16 [L]

Chemische Reaktion von Hexan mit Brom.
Vorsicht! Abzug!
Das sich in einem geschlossenen Gefäß befindende braune Gemisch von Hexan (F, Xn, N) und Brom (T+, C, N) wird intensiv beleuchtet. Nach einiger Zeit wird angefeuchtetes Universalindikatorpapier in das Gefäß gehalten.

Schon gewusst?

Alkane reagieren nicht mit Säuren, Laugen und unedlen Metallen. Mit starken Oxidationsmitteln wie Kaliumpermanganatlösung reagieren sie nur langsam. Alle Alkane wurden deshalb früher auch als Paraffine (lat. parum – wenig; affinis – zugeneigt; „wenig reaktionsfähig“) bezeichnet.

5 Aufbewahrung von Natrium in Paraffinöl (flüssiges Alkangemisch)

Aufgaben

1 Nenne Nachteile einer unvollständigen Verbrennung.

2 Berechne das Volumen von Kohlenstoffdioxid, das bei der vollständigen Verbrennung von 3 kg Propan entsteht.

3 Warum können reaktionsfähige Metalle wie Natrium in Petroleum (Alkangemisch) aufbewahrt werden?

4 Erkläre, warum sich das Indikatorpapier im oben beschriebenen Experiment färbt.

5 Beschreibe die Reaktion von Ethan mit Brom. Entwickle die Reaktionsgleichung.

6 Entwickle die Reaktionsgleichungen für folgende Reaktionen von Pentan:
a Verbrennung
b Substitution mit Brom

Isomerie bei Alkanen

Bei der Analyse des Feuerzeuggases mithilfe der Gaschromatografie ↑S.375 wurde ersichtlich, dass neben Butan ein weiteres Alkan mit vier Kohlenstoffatomen im Molekül enthalten ist. Es handelt sich um Isobutan. Was ist Isobutan?

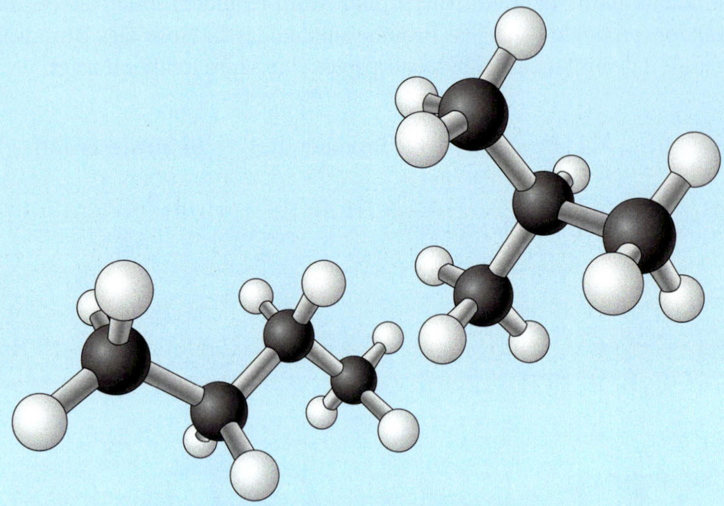

1 Alkane mit vier Kohlenstoffatomen im Molekül

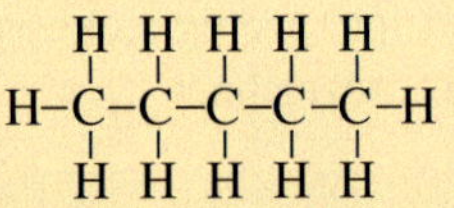

Pentan

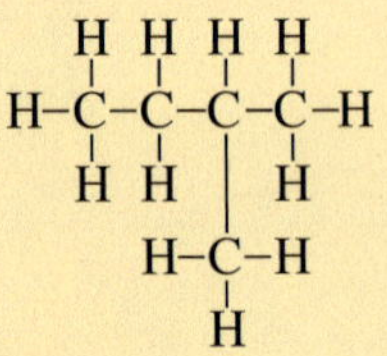

2-Methylbutan

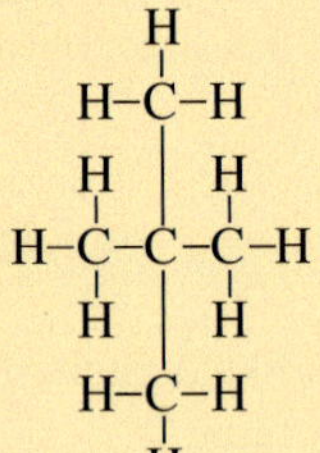

2,2-Dimethylpropan

2 Strukturformeln isomerer Alkane mit fünf Kohlenstoffatomen im Molekül

Gleiche Summenformeln – unterschiedliche Stoffe Bei den gesättigten Kohlenwasserstoffen mit mindestens vier Kohlenstoffatomen im Molekül ergeben sich unterschiedliche Verknüpfungsmöglichkeiten für die Kohlenstoffatome. So lassen sich für die Summenformel C_4H_{10} zwei verschiedene Molekülstrukturen angeben. ↑1

Beide Verbindungen enthalten Kohlenstoffatome im Molekül in kettenförmiger Anordnung. In den Molekülen beider Verbindungen liegen Einfachbindungen zwischen den Kohlenstoffatomen vor. In der unverzweigten Kette ist jedes Kohlenstoffatom mit mindestens zwei Wasserstoffatomen verbunden. In der verzweigten Kette ist dagegen ein Kohlenstoffatom mit nur einem Wasserstoffatom verbunden. Beide Verbindungen entsprechen der allgemeinen Formel $\mathbf{C}_n\mathbf{H}_{2n+2}$, sind also Alkane.

Sie haben aber bei gleicher Summenformel eine unterschiedliche Molekülstruktur. Solche Verbindungen werden **Isomere** (griech. isos – gleich; meros – Teil) genannt.

Isobutan ist eine isomere Verbindung des Butans. Isomere Verbindungen unterscheiden sich in ihren Eigenschaften. So haben verzweigte Alkane niedrigere Siede- und Schmelztemperaturen als solche mit unverzweigten Ketten. Auffällige Unterschiede zeigen sich auch bei den Dichten dieser Stoffe. ↑Tafelwerk

Das Auftreten von Verbindungen, deren Moleküle bei gleicher Summenformel unterschiedliche Strukturformeln besitzen, wird als **Isomerie** bezeichnet.

Verbindungen, deren Moleküle bei gleicher Summenformel unterschiedliche Strukturformeln haben, heißen Isomere.
Diese Erscheinung bezeichnet man als Isomerie.
Isomere Verbindungen unterscheiden sich in ihren Eigenschaften.

3 Isooctan – entscheidend für den richtigen Kraftstoff

Auch in Kraftstoffen spielen isomere Verbindungen eine wichtige Rolle. Ottomotoren benötigen Benzin, ein Stoffgemisch aus Alkanen und Isomeren der Alkane mit fünf bis zwölf Kohlenstoffatomen im Molekül. Benzin wird aber erst zum Kraftstoff durch bestimmte Zusätze. Dabei entscheiden Art und Menge der Zusätze, ob Normalbenzin oder Superbenzin entsteht. Isooctan, eine isomere Verbindung des Octans, ist z. B. ein möglicher Bestandteil des Stoffgemisches Benzin. ↑S.400

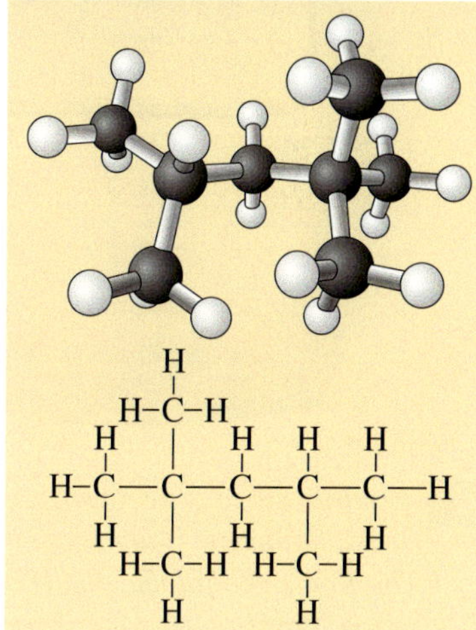

4 Modell und Strukturformel des Isooctanmoleküls

Namen der Alkylgruppen Wird von einem Alkanmolekül ein Wasserstoffatom entfernt, bleibt eine **Alkylgruppe** übrig. Dieser Rest wird in Formeln oft auch als **R** bezeichnet. Die Endung **-an** im Namen des Alkans wird durch **-yl** ersetzt.

Namen einiger Alkylgruppen					
Formel	C_2H_5-	C_3H_7-	C_4H_9-	$C_5H_{11}-$	R–
Name	Ethyl-	Propyl-	Butyl-	Pentyl-	Alkyl-

Vielfalt der Isomere und deren Namen Je größer die Anzahl der Kohlenstoffatome im Alkanmolekül ist, desto mehr isomere Verbindungen dieses Alkans gibt es. Gibt es z. B. für Butan nur zwei und für Pentan drei, so sind es für Decan schon 75 verschiedene Isomere. ↑Tabelle

Alkane mit unverzweigten Molekülketten heißen **Normalalkane** (n-Alkane), mit verzweigten Ketten **Isoalkane** (i-Alkane). Die Seitenketten der Isoalkane sind Alkylgruppen. Die Benennung von Isomeren erfolgt nach international gültigen Nomenklaturregeln. ↑S.374

Kohlenwasserstoff	Anzahl der Isomeren
C_4H_{10}	2
C_5H_{12}	3
C_6H_{14}	5
C_7H_{16}	9
C_8H_{18}	18
C_9H_{20}	35
$C_{20}H_{42}$	366 319
$C_{40}H_{82}$	62 491 178 805 831

Aufgaben

1 Nenne Gemeinsamkeiten und Unterschiede bei Isomeren.

2 Bestimme den Namen des Isomers im Bild 4.

3 Notiere die Strukturformeln für die Moleküle aller Isomeren des Hexans. Bestimme ihre Namen.

4 Warum kann es keine Propanisomere geben?

Methode

Benennen von organischen Verbindungen

Damit wegen der Vielfalt der organischen Verbindungen der Überblick nicht verloren geht, ist eine eindeutige Benennung der Verbindungen notwendig.

Ihre Namen werden mithilfe der international gültigen Nomenklaturregeln (IUPAC-Regeln: **I**nternational **U**nion of **P**ure and **A**pplied **C**hemistry) aufgestellt. Für die wissenschaftlich exakte Benennung der einfachsten Kohlenwasserstoffe gelten die folgenden IUPAC- Regeln:

Name der Verbindung?

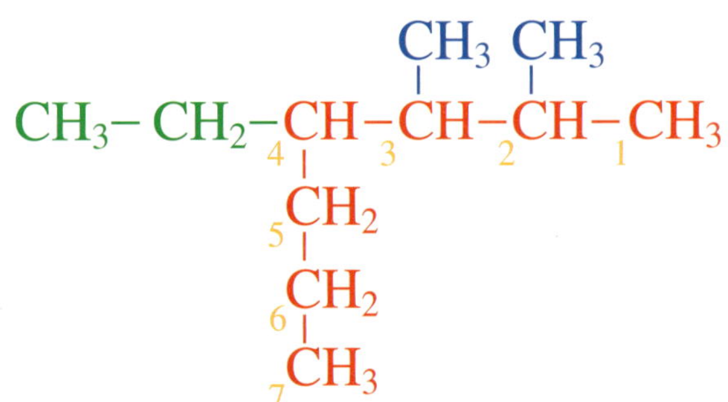

1 *Ermittle die längste unverzweigte Kette mit Kohlenstoffatomen (Hauptkette) im Molekül. Zähle die Kohlenstoffatome und benenne dementsprechend die Hauptkette.*

2 *Ermittle die Verzweigungen (Seitenketten) und benenne sie als Alkylreste. Ordne die Alkylreste alphabetisch.*

3 *Ermittle die Anzahl der jeweils gleichen Alkylreste, benenne sie mit griechischen Zahlwörtern (di-, tri- …) und stelle diese den entsprechenden Namen der Alkylreste voran.*

4 *Ermittle die Nummern der Kohlenstoffatome, an denen Seitenketten gebunden sind, und stelle diese Zahlen den Namen der Seitenketten voran.* Die Hauptkette wird so durchnummeriert, dass die Verzweigungsstellen kleinstmögliche Zahlen erhalten.

5 *Bilde den Namen.*

4-Ethyl-2,3-dimethylheptan

Spurensuche – eine wichtige Aufgabe der analytischen Chemie

1 Gaschromatograf mit Computerauswertung

In der chemischen Industrie, im Umweltschutz und in der Forschung sind analytische Untersuchungen von besonderer Bedeutung. So dürfen z. B. Arzneimittel oder Nahrungsmittel keine Begleitstoffe enthalten, die gesundheitsgefährdend sind. Für Stoffe mit schädlichen Wirkungen gibt es deshalb gesetzlich festgelegte Höchstmengen, deren Konzentrationen häufig im ppm-Bereich (engl. parts per million) liegen. Das bedeutet, dass unter einer Million Teilchen ein Schadstoffteilchen aufzuspüren wäre.

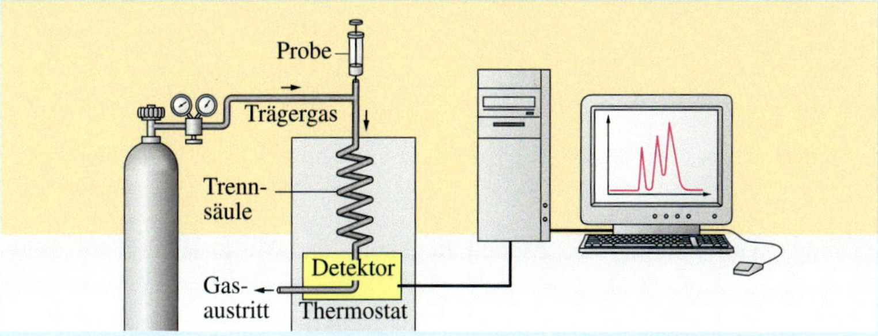

2 Schematische Darstellung des Aufbaus eines Gaschromatografen

Ein wichtiges Verfahren bei der Spurensuche ist die Gaschromatografie. Mit ihr lassen sich gasförmige und leicht verdampfbare Stoffgemische trennen und identifizieren sowie die Struktur von Stoffen aufklären.
Die Trennsäule im Gaschromatografen ist ein bis zu 100 m langes, dünnes Glasrohr (Kapillarrohr), das mit einem porösen Feststoff gefüllt ist. Die Oberfläche des Feststoffes ist mit einem Lösemittel bedeckt, in dem sich die Bestandteile des zu untersuchenden Stoffgemisches unterschiedlich gut lösen. Als Trägergas (mobile Phase) wird meist Helium oder Stickstoff verwendet. Am Ende der Trennsäule kommen zuerst die Bestandteile an, die nur schwach an das Lösemittel gebunden wurden. Der Austritt der Stoffe erfolgt also nacheinander und kann mithilfe eines Computers erfasst und grafisch als Gaschromatogramm dargestellt werden.

Das Feuerzeug ist mit Flüssiggas gefüllt. Flüssiggas – ein Stoffgemisch?

Antwort gibt die Gaschromatografie.

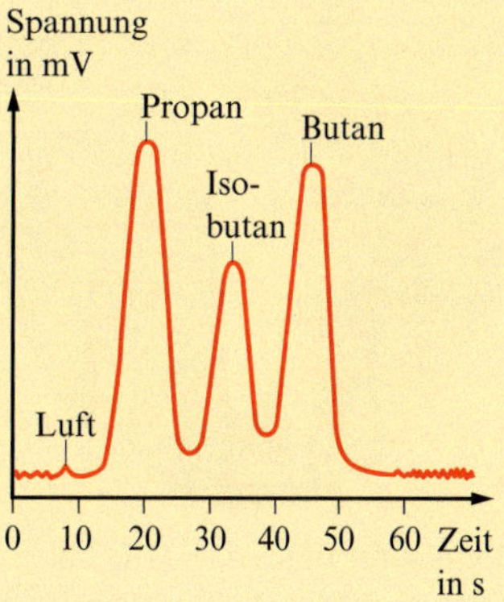

3 Gaschromatogramm von Flüssiggas

Halogenderivate der Alkane

Nur hauchdünn zeichnet sich die Atmosphäre über dem Erdball ab.
Erst sie ermöglicht ein Leben auf der Erde. Eine besondere Schicht, die Ozonschicht, ist notwendig, um uns vor allzu harter UV-Strahlung der Sonne zu schützen.
In diesem Zusammenhang taucht immer wieder der Begriff bzw. die Abkürzung „FCKW" auf. Was sind FCKW?

1

EXPERIMENT 17 [L]

Beilstein-Probe.

Vorsicht! Abzug!
Eine kleine Menge Haarspray (F, Xi), Backofenspray (F+, Xi) und Universalkleber (F, Xi) werden jeweils auf erkaltetes, ausgeglühtes Kupferblech gegeben. Die Kupferbleche werden in die nicht leuchtende Brennerflamme gehalten.

3 FRIEDRICH BEILSTEIN (1838 bis 1906) entwickelte die Beilstein-Probe.

Bildung von Halogenderivaten Würde ein Gemisch von Methan und Chlor mit Sonnenlicht oder mit einer Höhensonne bestrahlt werden, wäre eine explosionsartige Reaktion die Folge. Es entstehen Chlormethan und das farblose Gas Chlorwasserstoff.

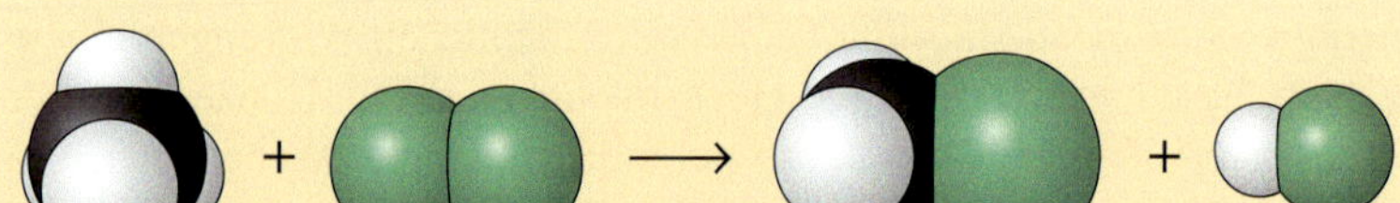

$$CH_4 + Cl{-}Cl \longrightarrow CH_3{-}Cl + H{-}Cl$$

Methan + Chlor ⟶ Chlormethan + Chlorwasserstoff

2 Bildung von Chlormethan – Modell, Reaktions- und Wortgleichung

Der Verlauf der Reaktion entspricht der Reaktion von Hexan mit Brom. Bei der Reaktion zwischen Methan und Chlor wird ein Wasserstoffatom eines Methanmoleküls gegen ein Chloratom eines Chlormoleküls substituiert. Durch Substitution gebildete Stoffe werden als Abkömmlinge oder **Derivate** (lat. derivare – ableiten) des Ausgangsstoffes bezeichnet. Chlormethan ist also ein Chlorderivat des Methans.
Die Reaktion zwischen Methan und Chlor kann auch zur Bildung anderer Chlorderivate des Methans führen. Wird ein Wasserstoffatom im Chlormethanmolekül durch ein Chloratom ersetzt, so entsteht Dichlormethan. Durch weitere Reaktionen wird Dichlormethan zu Trichlormethan und schließlich zu Tetrachlormethan umgewandelt.

$$CH_3Cl\,(g) + Cl_2\,(g) \longrightarrow CH_2Cl_2\,(l) + HCl\,(g) \quad |\ \text{exotherm}$$
$$CH_2Cl_2\,(l) + Cl_2\,(g) \longrightarrow CHCl_3\,(l) + HCl\,(g) \quad |\ \text{exotherm}$$
$$CHCl_3\,(l) + Cl_2\,(g) \longrightarrow CCl_4\,(l) + HCl\,(g) \quad |\ \text{exotherm}$$

Bei allen Reaktionen wird durch Energieeinwirkung die Atombindung im Chlormolekül gespalten. Die entstehenden Chloratome sind sehr reaktionsfähig und führen im Methanmolekül stufenweise zur Spaltung der Atombindung zwischen einzelnen Wasserstoffatomen und dem Kohlenstoffatom. Es entstehen Gemische verschiedener Chlorderivate des Methans. Auch mit anderen Halogenen sind Reaktionen möglich. Jedes Wasserstoffatom eines Alkanmoleküls kann durch ein Halogenatom substituiert werden. Es gibt deshalb eine Vielzahl von Halogenderivaten der Alkane, die kurz **Halogenalkane** genannt werden.

Eigenschaften Halogenalkane haben andere Eigenschaften als die Alkane, aus denen sie entstanden sind. So haben sie höhere Siedetemperaturen und größere Dichten. Die Ursache sind stärker wirkende Anziehungskräfte zwischen den Molekülen der Halogenalkane als zwischen denen der Alkane. Halogenalkane sind miteinander und in Alkanen löslich. Sie sind gute Lösemittel für Fette. Je mehr Wasserstoffatome in Alkanmolekülen durch Halogenatome substituiert sind, desto geringer ist ihre Brennbarkeit. Die meisten Halogenalkane sind sehr giftig. Eine ordnungsgemäße Entsorgung ist zum Schutz des Grund- und Trinkwassers besonders wichtig. Einen Hinweis auf organische Halogenverbindungen erhält man durch die **Beilstein-Probe**. Wird eine kleine Probe eines Halogenalkans auf einem ausgeglühten Kupferblech in die nicht leuchtende Flamme gehalten, so wird diese deutlich grün gefärbt. Diese Grünfärbung tritt immer auf, wenn in den organischen Verbindungen Halogenatome gebunden sind.

Verwendung Halogenalkane wurden früher aufgrund ihrer Eigenschaften vielseitig verwendet. ↑Tabelle unten Heute gilt für viele Halogenalkane, vor allem für die FCKW (Fluor-Chlor-Kohlenwasserstoffe), ein Einsatzverbot, da viele vermutlich krebserregend sind. Außerdem zerstören sie die schützende Ozonschicht.

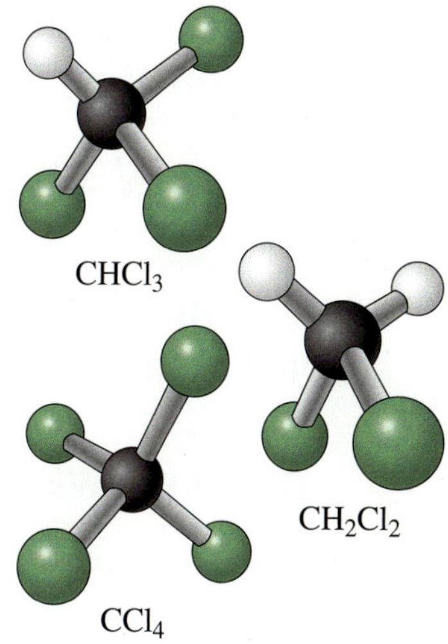

4 Modelle und Formeln von Halogenalkanmolekülen

Name	Schmelztemperatur in °C	Siedetemperatur in °C
Methan	–182,5	–161,5
Trichlormethan	–63,5	60,7
Tetrachlormethan	–22,9	76,7
Ethan	–183,5	–88,6
Chlorethan	–136,4	12,3

Name (Trivial- bzw. Handelsname)	Strukturformel	Verwendung
Dichlormethan (Methylenchlorid)	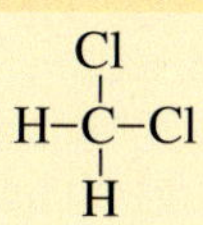	Lösemittel für Lacke und Polyvinylchlorid, Extraktionsmittel
Triiodmethan (Iodoform)	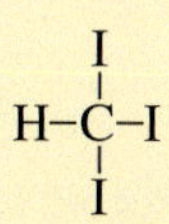	Antiseptikum (Wundbehandlung), Desinfektionsmittel
Dichlordifluormethan (ein Freon)	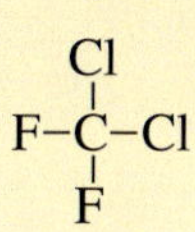	früher Kältemittel in Kühlschränken, Treibgas in Spraydosen

Aufgaben

1 Begründe, warum es viele Halogenalkane gibt.

2 Wie kann überprüft werden, ob in einem Fleckenwasser Halogenalkane enthalten sind?

3 Erläutere anhand der Bildung von Trichlormethan die chemische Reaktion Substitution.

4 Erkunde Verwendungen von Chlorethan.

selbst erforscht

1 Schlagzeilen zum Thema „Ozon“

FCKW kontra Ozonschicht

Während eine erhöhte Ozonkonzentration in der unteren Atmosphäre unsere Gesundheit beeinträchtigen kann, ist die Ozonschicht in der oberen Atmosphäre lebensnotwendig, da sie die Erdoberfläche vor der schädlichen UV-Strahlung der Sonne abschirmt. Hat Ozon zwei „Gesichter“? Haben FCKW und Ozon etwas miteinander zu tun?

- Wie entsteht Ozon und wie wirkt es?
- Was sind Ozonkiller?
- Wie werden Ozonmessungen durchgeführt und wann wird Ozonalarm ausgelöst?
- Welche Risiken bestehen durch Ozon für Lebewesen?
- Welche nationalen und internationalen Maßnahmen gibt es, um den Ozonabbau in der Stratosphäre zu stoppen?

Materialien für die Projektbearbeitung Nutzt das bereitgestellte Material und die Experimente, aber auch Materialien aus anderen Quellen zur Bearbeitung eurer Fragen. Die Umweltämter werden euch sicher behilflich sein.

Info

Im Herbst 2006 erreichte das Ozonloch über der Antarktis seine zweitgrößte Ausdehnung seit Beginn der Messungen im Jahr 1980. Mit einer Größe von 27,9 Mio. m^2 entsprach es der Fläche Nordamerikas. Die Ozonschicht war auf weniger als 30 % ihrer ursprünglichen Stärke reduziert. Wenn der Polarwinter in der Antarktis im August zu Ende geht, beginnt die Ozonschicht zu schrumpfen. Die niedrigsten Werte werden Anfang Oktober gemessen, ehe sich die Schicht wieder aufbaut.

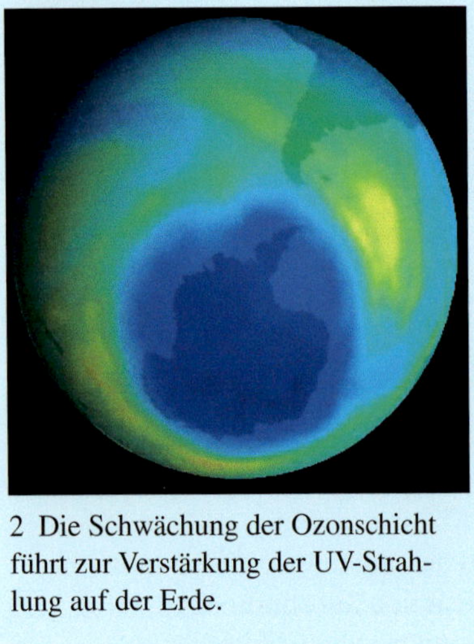

2 Die Schwächung der Ozonschicht führt zur Verstärkung der UV-Strahlung auf der Erde.

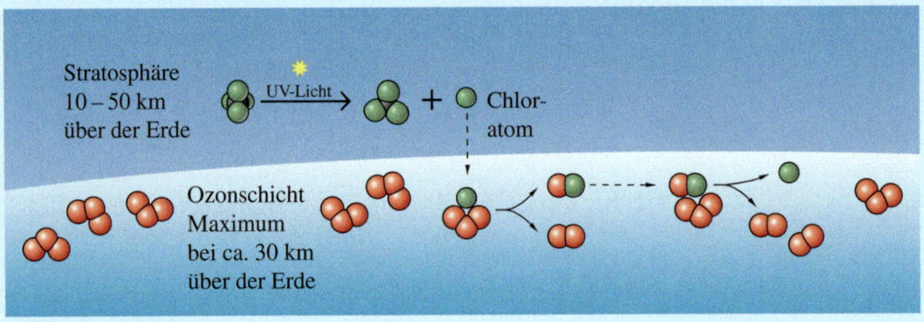

3 Zerstörung der Ozonschicht durch FCKW im Modell

1 Stelle Ozon durch elektrische Entladung her.

Abzug benutzen! Ozon (O, T) nicht direkt einatmen! Anleitung für den Tesla-Transformator genau beachten! Gib in das Reagenzglas ein Gemisch aus 1%iger Kaliumiodidlösung und 1%iger Stärkelösung. Schließe an die Kupferdrahtelektroden den Tesla-Transformator an. Die Elektroden dürfen sich nicht berühren!
Schalte nach Rücksprache den Transformator für etwa eine Minute an. Drücke mit dem Gummihandgebläse das erzeugte Gas aus dem Rohr in die Kalium-Iodid-Stärke-Lösung. Beachte den auftretenden Geruch. Deute das Ergebnis.

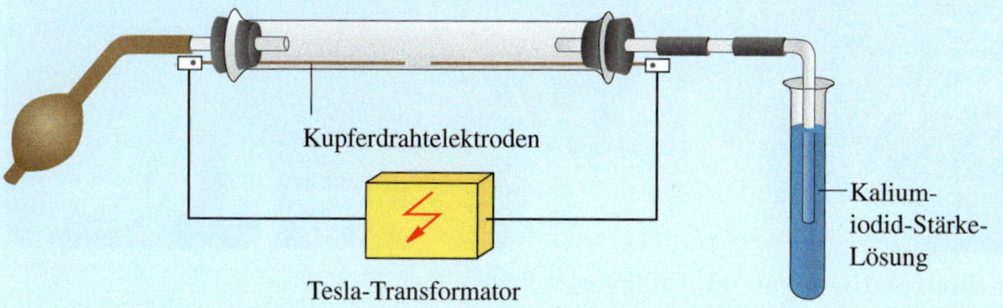

4 Erzeugung von Ozon mithilfe eines Tesla-Transformators

2 Untersuche Eigenschaften von Ozon.

Abzug benutzen! Ozon (O, T) nicht einatmen! Benutze zur Herstellung von ozonhaltiger Luft die Apparatur von Experiment 1. Befestige einen Wattebausch an einem Glasstab und tränke ihn mit Ethanol (F). Stelle dann ozonhaltige Luft her. Leite diese
a) auf den alkoholgetränkten Wattebausch,
b) auf eine Stelle eines aufgeblasenen Luftballons.
Drücke schließlich ozonhaltige Luft durch ein Reagenzglas mit 5 ml 5%iger Salzsäure und zehn Tropfen Lackmuslösung und durch ein zweites Reagenzglas mit Indigo-Farbstofflösung.
Fertige ein Protokoll an.

3 Ermittle den Ozongehalt in der Luft mit einem Gasspürgerät und Teströhrchen.
Wähle verschiedene Messpunkte aus (z. B. eine verkehrsreiche Straßenkreuzung, die Nähe eines Fotokopierers, einer Höhensonne oder einer UV-Lampe). Ermittle dort den Ozongehalt. Vergleiche die Ergebnisse. Fertige ein Protokoll an.

Hinweise für die Projektarbeit Stellt euch interessante Forschungsaufgaben, die ihr im Zusammenhang mit dem Thema untersuchen möchtet. Bildet zur Bearbeitung des Projekts verschiedene Arbeitsgruppen, die jeweils einen Themenkomplex bearbeiten.
Bedenkt, dass ihr bei der Befragung von Experten Termine vereinbaren müsst. Nutzt Printmedien, Lehr- und Fachbücher und das Internet zur Informationsrecherche.
Diskutiert mit allen am Projekt beteiligten Schülerinnen und Schülern die Ergebnisse und fasst sie schließlich zu einem Arbeitsergebnis zusammen. Überlegt, wie ihr die Ergebnisse eurer Arbeit der Öffentlichkeit vorstellen könnt.

Info

Ozon durch Hochspannung
Überall, wo elektrische Felder durch Hochspannung auftreten, bewirken sie durch Funkenstrecken oder „stille Entladung" die Erzeugung von Ozon. Auch entlang von Hochspannungsleitungen bildet sich Ozon. Bei einer Übertragungsspannung von 380 kV kann bei nassem Wetter am Boden mit einer Erhöhung von 2 mg/m³ gerechnet werden.

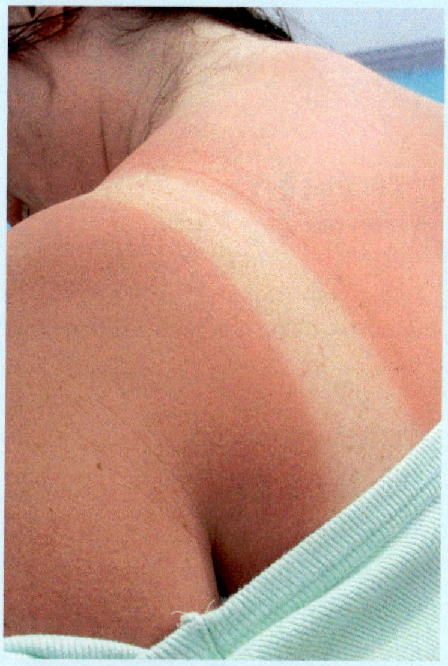

5 Jeder Sonnenbrand erhöht das Hautkrebsrisiko.

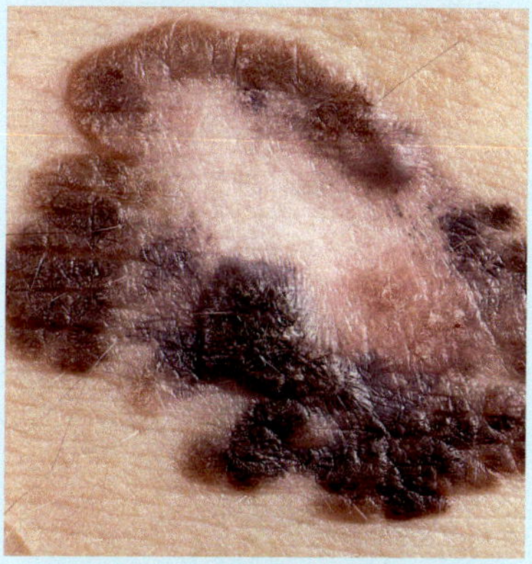

6 Hautkrebs kann die Folge übermäßigen Sonnenbadens sein.

Ethen und Ethin – ungesättigte Kohlenwasserstoffe

Sowohl Ethen, ein Gas, das zur Herstellung von Kunststoffen eingesetzt wird, als auch Ethin, das als Brenngas beim autogenen Schweißen verwendet wird, sind einfache Kohlenwasserstoffe mit wirtschaftlicher Bedeutung. Wodurch unterscheiden sich diese Kohlenwasserstoffe?

1 Ethin ist Brenngas beim autogenen Schweißen.

EXPERIMENT 18 [L]
Verbrennen von Ethen.
Ethen (F+) wird im Standzylinder verbrannt und die Verbrennungsprodukte werden identifiziert.

Schon gewusst?

Ethen wird in der Natur z. B. von reifendem Obst abgegeben und beschleunigt die weitere Fruchtreifung. Deswegen kann die Reifung von grünen Tomaten beschleunigt werden, wenn reife Äpfel zu ihnen gelegt werden.
Bananen werden grün geerntet, kühl transportiert und gelagert. Durch Begasung mit Ethen wird die Fruchtreifung gestartet und gesteuert.

Eigenschaften und Verwendung von Ethen Ethen ist bei Raumtemperatur ein farbloses, leicht süßlich riechendes Gas. In Wasser ist es fast unlöslich. Schmelz- und Siedetemperatur von Ethen sind ähnlich denen von Ethan. Ethen brennt an der Luft mit leuchtender, schwach rußender Flamme. ↑E.18 In reinem Sauerstoff verbrennt es vollständig. Ethen-Luft-Gemische sind explosiv.
Ethen wird vor allem zur Herstellung von Kunststoffen, Lösemitteln, Lacken, Klebstoffen, Farbstoffen und Medikamenten verwendet.

Bau des Ethenmoleküls Ethen ist wie Ethan ein Kohlenwasserstoff mit zwei Kohlenstoffatomen im Molekül. Das Ethenmolekül enthält zwei Wasserstoffatome weniger als das Ethanmolekül. Ethen hat die Summenformel C_2H_4. Der Zusammenhalt der beiden Kohlenstoffatome wird durch zwei gemeinsame Elektronenpaare bewirkt. Im Ethenmolekül liegt zwischen den beiden Kohlenstoffatomen eine **Doppelbindung** vor. Alle Atome des Ethenmoleküls liegen in einer Ebene. Der Bindungswinkel H–C–H bzw. H–C–C beträgt jeweils 120°. Gemeinsamkeiten und Unterschiede zwischen Ethen und Ethan sind am Molekülbau gut zu erkennen.

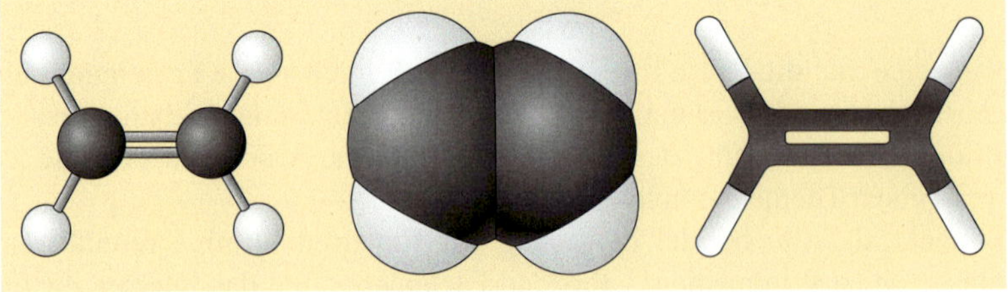

2 Modelle des Ethenmoleküls

Kettenförmige Kohlenwasserstoffe, deren Moleküle wie Ethen eine Doppelbindung zwischen zwei Kohlenstoffatomen aufweisen, bilden die Stoffklasse der **Alkene**.

Die Namen der Alkene werden ähnlich wie die der Alkane gebildet. An die Stelle der Endsilbe -an bei den Alkanen tritt die Endsilbe **-en**, z. B. Ethen und Propen.
Die **Alkene** gehören zu den **ungesättigten Kohlenwasserstoffen**, da ihre Moleküle weniger Wasserstoffatome enthalten, als sie aufgrund der möglichen Anzahl an Atombindungen binden könnten. Das charakteristische Strukturmerkmal der Alkenmoleküle ist eine Doppelbindung.

Summenformel C_2H_4

Elektronenformel

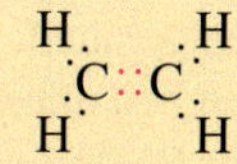

Strukturformel

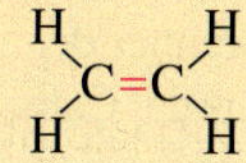

3 Formeln des Ethenmoleküls

Ethen ist ein farbloses, kaum wasserlösliches, brennbares Gas. Es ist ein ungesättigter Kohlenwasserstoff, dessen Moleküle eine Doppelbindung enthalten.

Chemische Reaktionen der Alkene Alkene sind reaktionsfähiger als Alkane. Das zeigt sich z. B. bei der Reaktion mit Brom. Wenn Bromdampf mit Ethen gemischt wird, verschwindet die Farbe des Broms sehr schnell. Die beiden Gase bilden ein farbloses Reaktionsprodukt, das 1,2-Dibromethan. Auch beim Einleiten von Ethen in Bromwasser verschwindet die braune Färbung des Broms nach kurzer Zeit. ↑E.19
Was passiert mit den Teilchen bei dieser Reaktion?
Bei dieser Reaktion lagert sich das Brommolekül an die Kohlenstoffatome der Doppelbindung an. Ein Elektronenpaar der Doppelbindung wird gespalten und Einfachbindungen zu den Bromatomen ausgebildet. Gleichzeitig wird auch die Einfachbindung im Brommolekül getrennt. Jedes Kohlenstoffatom im Ethenmolekül hat nun ein Bromatom gebunden. ↑4
Allgemein wird die Anlagerung von Atomen oder Atomgruppen an Moleküle mit Doppelbindungen als **Addition** bezeichnet.
Die Entfärbung einer wässrigen Bromlösung gelingt mit allen ungesättigten Kohlenwasserstoffen. ↑E.20 Deshalb wird diese Reaktion zum **Nachweis** für ungesättigte Kohlenwasserstoffe genutzt.

EXPERIMENT 19 [L]

Reaktion von Ethen mit Bromwasser.

Vorsicht! Abzug!
Ethen (F+) wird mit 3%igem Bromwasser (T, Xi) versetzt und geschüttelt.

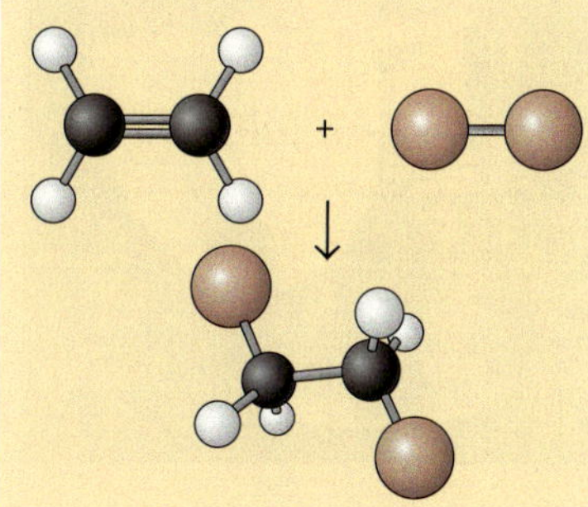

4 Teilchenmodell der Reaktion von Ethen mit Brom

Die Addition ist eine chemische Reaktion, bei der sich jeweils zwei Moleküle der Ausgangsstoffe zu einem Molekül des Reaktionsprodukts verbinden.

Die Addition von Wasserstoff heißt **Hydrierung**. Durch Hydrierung kann ein Alken in ein Alkan umgewandelt werden. Additionsreaktionen sind umkehrbar. Durch Abspaltung von Wasserstoffatomen aus Molekülen von Alkanen mithilfe von Katalysatoren können Alkene hergestellt werden. Diese Umkehrung der Hydrierung wird als **Dehydrierung** bezeichnet.
Allgemein werden Reaktionen, bei denen aus jeweils einem Molekül des Ausgangsstoffes mindestens zwei Atome oder Atomgruppen abgespalten werden, als **Eliminierungen** bezeichnet.

EXPERIMENT 20 [L]

Nachweis ungesättigter Kohlenwasserstoffe.

Vorsicht! Abzug! Zehn Tropfen Petroleumbenzin (F) werden mit drei Tropfen 3%igem Bromwasser (T, Xi) versetzt und geschüttelt.

Aufgaben

1 Erstelle einen Steckbrief für Ethen.
2 Vergleiche den Bau der Moleküle von Ethan und Ethen. Stelle dazu beide Strukturformeln auf.
3 Entwickle Reaktionsgleichungen für die Reaktionen:
a Hydrierung von Ethen
b Dehydrierung von Ethan

Schon gewusst?

Carbidlampen, auch Acetylenlampen genannt, wurden früher im Bergbau unter Tage genutzt. Bei der Reaktion von Carbid mit Wasser entsteht Ethin, das am Brenner der Lampe entzündet wurde. Calciumcarbid CaC_2 kann aus gebranntem Kalk und Koks gewonnen werden. Den Bergleuten stand damit statt der relativ dunklen Öllampe eine transportable, hell leuchtende Handlampe zur Verfügung.

EXPERIMENT 21 [L]

Brennbarkeit von Ethin.

Vorsicht! Schutzbrille!

Ethin (F+) wird mit einem brennenden Holzspan entzündet. Die Flamme ist zu beobachten und zu beschreiben.

Summenformel	C_2H_2
Elektronenformel	H:C⋮C:H
Strukturformel	$H{-}C{\equiv}C{-}H$

1 Formeln des Ethinmoleküls

Eigenschaften und Verwendung von Ethin Ethin, auch als Acetylen bezeichnet, ist ein farbloses, in reiner Form fast geruchloses Gas. Technisch hergestelltes Ethin riecht dagegen durch Verunreinigungen unangenehm. Im Labor wird es aus Calciumcarbid und Wasser hergestellt.

$$\underset{\text{Calciumcarbid}}{CaC_2\,(s)} + \underset{\text{Wasser}}{2\,H_2O\,(l)} \longrightarrow \underset{\text{Ethin}}{C_2H_2\,(g)} + \underset{\text{Calciumhydroxid}}{Ca(OH)_2\,(s)} \quad |\,\text{exotherm}$$

Ethin neigt unter Druck oder bei Verflüssigung zum explosionsartigen Zerfall. Es kann daher nicht wie Ethan oder Ethen direkt in Stahlflaschen gepresst werden. Das Gas wird erst in Aceton gelöst und dann in Stahlflaschen gefüllt, die Kieselgur zum Aufsaugen der Lösung enthalten. Solche Stahlflaschen sind durch einen kastanienbraunen Anstrich gekennzeichnet.

Ethin brennt an der Luft mit hell leuchtender und stark rußender Flamme. Gemische mit Luft, die zwischen 2,3 % und 82 % Ethin enthalten, sind explosiv.

Ethin wird in der Anlagentechnik als Brenngas zum Gasschweißen und Brennschneiden verwendet. Bei der Verbrennung eines Ethin-Sauerstoff-Gemischs im Schweißbrenner werden Temperaturen von über 3 000 °C erreicht.

$$\underset{\text{Ethin}}{2\,C_2H_2\,(g)} + \underset{\text{Sauerstoff}}{5\,O_2\,(g)} \longrightarrow \underset{\text{Kohlenstoffdioxid}}{4\,CO_2\,(g)} + \underset{\text{Wasser}}{2\,H_2O\,(l)} \quad |\,\text{exotherm}$$

Ethin ist Ausgangsstoff für die Herstellung von Kunststoffen, Synthesekautschuk, Kunstfasern und vielen weiteren Produkten.

Bau des Ethinmoleküls Die starke Rußentwicklung beim Verbrennen des Kohlenwasserstoffs Ethin deutet auf einen geringen Wasserstoffanteil im Ethinmolekül im Vergleich zu einem Ethan- oder Ethenmolekül hin. Tatsächlich enthält das Ethinmolekül nur zwei Wasserstoffatome. Ethin hat die Summenformel C_2H_2. Der Zusammenhalt der beiden Kohlenstoffatome wird durch drei gemeinsame Elektronenpaare bewirkt. Im Ethinmolekül liegt zwischen den beiden Kohlenstoffatomen eine **Dreifachbindung** vor. Die Dreifachbindung wie auch die Doppelbindung sind **Mehrfachbindungen**.

Jedes Kohlenstoffatom im Ethinmolekül hat nur zwei Bindungspartner, das Wasserstoffatom über eine Einfachbindung und das zweite Kohlenstoffatom über eine Dreifachbindung. Da die Kohlenstoffatome keine freien Elektronenpaare besitzen, liegen alle Atome des Moleküls auf einer Geraden. Das Ethinmolekül ist linear gebaut, der Bindungswinkel H–C–C bzw. C–C–H beträgt jeweils 180°.

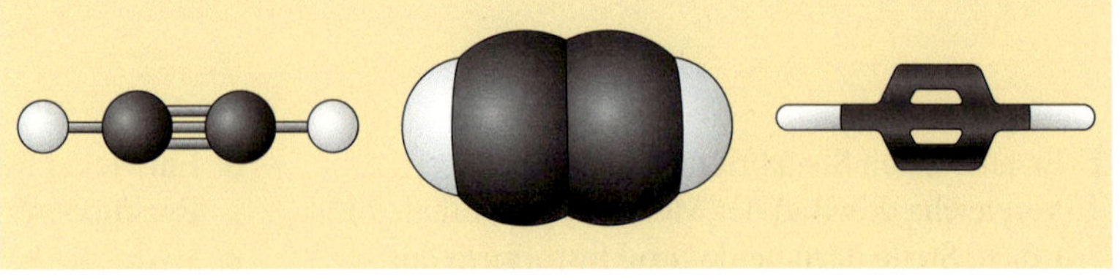

2 Modelle des Ethinmoleküls

Ethin ist der einfachste Kohlenwasserstoff mit einer Dreifachbindung zwischen den Kohlenstoffatomen. Kettenförmige Kohlenwasserstoffe, deren Moleküle wie Ethin eine Dreifachbindung zwischen zwei Kohlenstoffatomen aufweisen, werden zu der Stoffklasse der **Alkine** zusammengefasst. Alkine sind wie die Alkene **ungesättigte Kohlenwasserstoffe**. Die Namen der Alkine setzen sich aus dem Wortstamm und der Endsilbe **-in** zusammen. Bei Alkinen mit vier oder mehr Kohlenstoffatomen im Molekül muss die Stellung der Dreifachbindung im systematischen Namen mit angegeben werden.

$HC{\equiv}CH$	$HC{\equiv}C{-}CH_3$	$HC{\equiv}C{-}CH_2{-}CH_3$
Ethin	Propin	But-1-in

Ethin ist ein farbloses Gas, das mit stark rußender Flamme brennt. Es ist ein ungesättigter Kohlenwasserstoff, dessen Moleküle eine Dreifachbindung enthalten.

Nachweis der Mehrfachbindung Aufgrund der Dreifachbindung in den Molekülen der Alkine sind Additionsreaktionen möglich. So kann z. B. Brom addiert werden. Die Reaktion von Brom mit Ethin läuft langsamer ab als mit Ethen. Die Dreifachbindung im Ethinmolekül ist etwas stabiler gegenüber der Additionsreaktion als die Doppelbindung im Ethenmolekül. Die Reaktion verläuft in zwei Schritten und kann zum Nachweis der Mehrfachbindung genutzt werden.

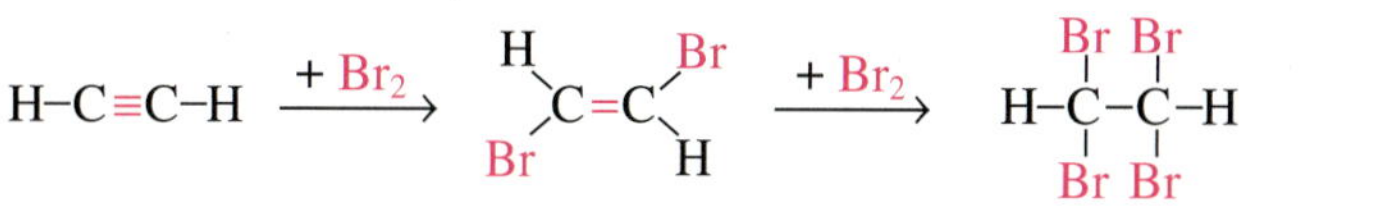

Ethin 1,2-Dibromethen 1,1,2,2-Tetrabromethan

Als ungesättigter Kohlenwasserstoff kann Ethin auch hydriert werden. Die chemische Reaktion lässt sich so durchführen, dass Ethen oder Ethan entsteht. Durch Addition von Chlorwasserstoff an Ethin entsteht Chlorethen (Vinylchlorid) als Ausgangsstoff für die Herstellung des Kunststoffs Polyvinylchlorid (PVC).

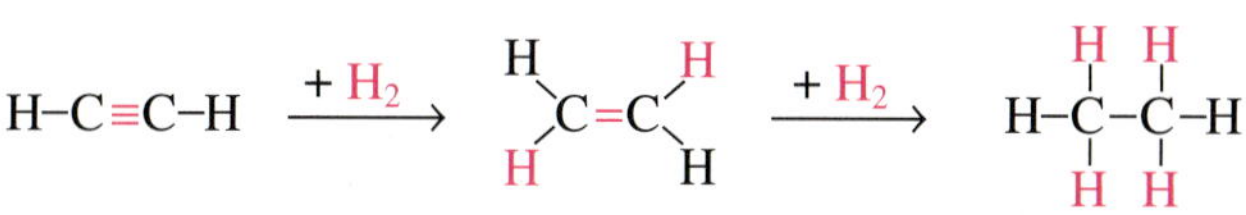

Ethin Ethen Ethan

Ungesättigte Kohlenwasserstoffe addieren Wasserstoff, Halogene oder Halogenwasserstoff.

Schon gewusst?

Beim Gasschweißen wird mit Sauerstoff und einem Überschuss an Acetylen gearbeitet.
Beim Brennschneiden wird zunächst das Eisen auf Weißglut erhitzt, dann das Brenngas abgestellt und das Eisen mit reinem Sauerstoff verbrannt.

EXPERIMENT 22 [L]
Reaktion von Ethin mit Bromwasser.

Vorsicht! Abzug!
Ein linsengroßes Stück Calciumcarbid (F) wird tropfenweise mit Wasser versetzt. Das entstehende Gas wird pneumatisch aufgefangen und mit 3%igem Bromwasser (T, Xi) versetzt und geschüttelt.

EXPERIMENT 23 [L]
Nachweis der Mehrfachbindung.

Vorsicht! Abzug!
Hexin (F) und Octan (F, Xi, N) werden mit 3%igem Bromwasser (T, Xi) auf Mehrfachbindungen in ihren Molekülen geprüft.

Aufgaben

1 Fertige einen Steckbrief von Ethin an.
2 Kann es ein Alkin mit dem Namen Methin geben? Begründe.
3 Entwickle die Reaktionsgleichung für die Addition von Chlorwasserstoff an Ethin.
4 Gib die Strukturformeln von Pent-1-in, Hex-3-in sowie von But-1-en und Pent-2-en an.
5 Erläutere an einem selbst gewählten Beispiel den Nachweis von ungesättigten Kohlenwasserstoffen. Entwickle die Reaktionsgleichung.

Bildung von Makromolekülen

Moderne Architekturen erfordern Baumaterialien mit bestimmten Eigenschaften. Kunststoffe sind dafür häufig bestens geeignet.
Heute gibt es für beinahe jeden Zweck besondere Kunststoffe, die alle aus riesigen Molekülen aufgebaut sind.
Wie aber entstehen solche Riesenmoleküle?

1

Schon gewusst?

Zu Beginn des 20. Jahrhunderts erkannte der deutsche Chemiker HERMANN STAUDINGER (1881 bis 1965) die Struktur von Makromolekülen und entwickelte Vorstellungen zur Synthese solcher Moleküle. Damit begann das Zeitalter der Kunststoffe. 1926 wurde erstmals PVC technisch produziert.

EXPERIMENT 24 [L]
Verhalten von PE und PVC gegenüber Chemikalien.
Jeweils ein PE- und PVC-Streifen werden in 10%ige Schwefelsäure (Xi), 5%ige Natriumhydroxidlösung (C), Ethanol (F) und Aceton (F, Xi) gegeben.

EXPERIMENT 25 [L]
Brennbarkeit von PE und PVC.
Vorsicht! Abzug!
Einige Proben von PE und PVC werden mit der Tiegelzange in die Flamme gehalten. Ihre Brennbarkeit wird verglichen.

Polymerisation Mit geeigneten Katalysatoren können Ethenmoleküle auch untereinander reagieren. Dabei brechen die Doppelbindungen der Ethenmoleküle auf und es entstehen sehr langkettige Moleküle. In diesen sind die Kohlenstoffatome durch Einfachbindung miteinander verbunden. Die fortlaufende Addition von vielen Einzelmolekülen mit Doppelbindung wird als **Polymerisation** bezeichnet. Sie führt zu sehr großen Molekülen, den **Makromolekülen** (griech. makros – lang, groß). Da die Makromoleküle aus vielen Ethenmolekülen entstanden sind, wird der neue Stoff **Polyethylen (PE)** bzw. **Polyethen** genannt (griech. poly – viel).

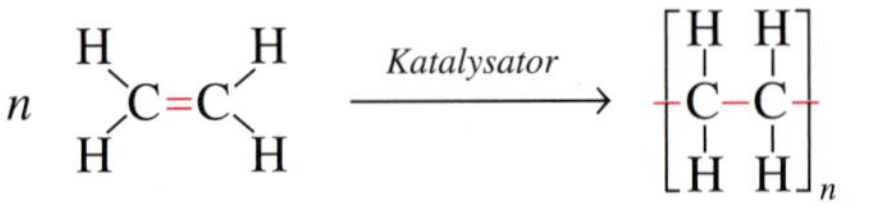

Ethen Polyethylen

Analog der Bildung von Polyethylen entsteht Polyvinylchlorid (PVC) durch Polymerisation von Chlorethen (Vinylchlorid).

Polyethylen und Polyvinylchlorid Beide Kunststoffe werden beim Erhitzen weich und beim Abkühlen wieder fest. Gegenüber Luft und Wasser sind sie beständig, ebenso gegenüber Säuren und Laugen. PE und PVC haben eine geringe Dichte und sind elektrische Nichtleiter. Beide Kunststoffe sind brennbar. Beim Verbrennen von PVC entsteht Chlorwasserstoff. Aufgrund ihrer Eigenschaften werden Kunststoffe vielfältig genutzt.

Kunststoff	Verwendung
Polyethylen PE	Tragetaschen, Müllbeutel, Frischhaltefolie, Flaschenkästen, Mülltonnen, Behälter für Reinigungsmittel, Infusionsbeutel
Polyvinylchlorid PVC	Fußbodenbeläge, Abwasserrohre, Schläuche, Kabelummantelungen, Kunststofffenster, Schallplatten, Duschvorhänge

Kunststoffrecycling

1 Kunststoffverpackungen mit dem „Grünen Punkt“

Jedes Jahr fallen in Deutschland etwa 3 Mio. Tonnen Kunststoffabfälle an. Davon gelangen 1,7 Mio. Tonnen in den Hausmüll, vor allem als Kunststoffverpackungen und Einwegartikel. Kunststoffe sind jedoch wertvolle Rohstoffe, die zum Wegwerfen zu schade sind. Deshalb schreiben inzwischen auch Gesetze vor, dass Kunststoffverpackungen wiederverwendet werden müssen. Solche Verpackungen sind mit dem „Grünen Punkt“ gekennzeichnet. Für die Wiederverwertung von Kunststoffabfällen können verschiedene Verfahren genutzt werden.

Kennzeichnung häufig verwendeter Polymere

Kennzeichnung	Polymer
1	Polyethylenterephthalat (PET)
2	Polyethen (HDPE; engl. high density polyethene)
3	Polyvinylchlorid (PVC)
4	Polyethen (LDPE; engl. low density polyethene)
5	Polypropen (PP)
6	Polystyrol (PS)
7	andere

Werkstoffliches Recycling

sortierte, zerkleinerte Kunststoffabfälle

↓

Umschmelzen

↓

Produkte aus recyceltem Kunststoff

Rohstoffliches Recycling

Spaltung der Makromoleküle der Kunststoffe in die Ausgangsstoffe

↓

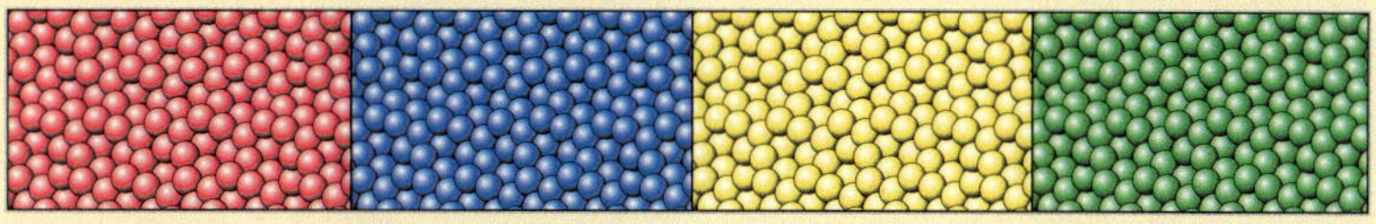

Granulate von sortenreinen Kunststoffabfällen

↓

Pyrolyse
Erhitzen unter Luftabschluss auf 700 °C

↓

Rohstoffe: Pyrolysegas

↓

PE-Produkte

↓

Hydrierung
Erhitzen unter Zusatz von Wasserstoff

↓

Rohstoffe: Rohöle

↓

PP-Produkte

Welt der Chemie

Ringförmige Kohlenwasserstoffe

Im Erdöl und in den Kraftstoffen sind auch Kohlenwasserstoffe enthalten, deren Moleküle eine Ringstruktur aufweisen.

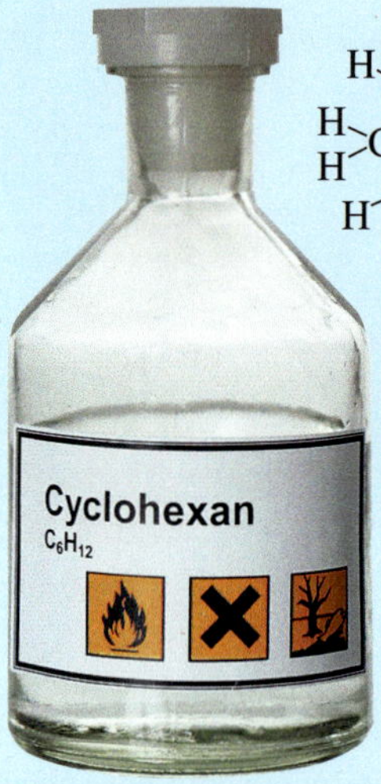

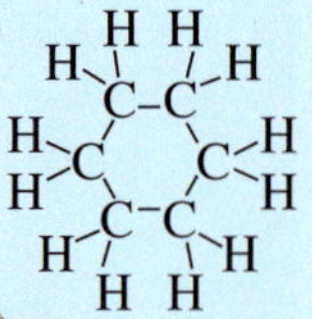

Cyclohexan

Bestandteil der Kraftstoffe, gehört zu den Cycloalkanen, deren Eigenschaften vergleichbar mit den kettenförmigen Alkanen sind. Viele Insektizide, z. B. Lindan (Hexachlorcyclohexan), gehören zu den schwer abbaubaren halogenierten Cycloalkanen, deren Einsatz in der Europäischen Union verboten ist.

Das Gefahrensymbol F+ (hochentzündlich) ist besonders für Kraftstoffe verständlich. Das Symbol T (giftig) muss deshalb angegeben werden, weil im Motorkraftstoff bis zu einem Volumenanteil von 1 % Benzol enthalten sein darf.

Benzol

Wichtiger Grundstoff der chemischen Industrie für die Herstellung von Farbstoffen, Kunststoffen, Medikamenten, Textilfasern, Aromastoffen und Pflanzenschutzmitteln.

AUGUST KEKULÉ VON STRADONITZ (1829 bis 1896)

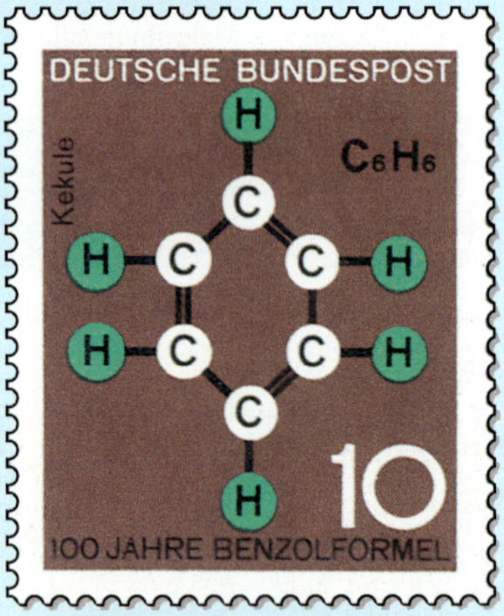

Briefmarke von 1965 mit der Strukturformel von KEKULÉ

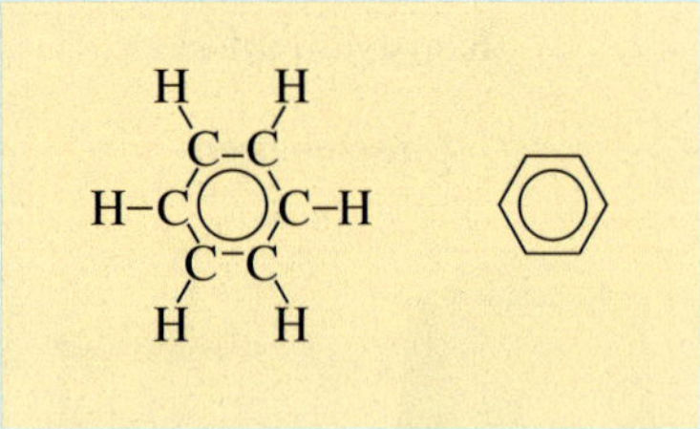

Formeln des Benzolmoleküls

Erst 40 Jahre nach der Entdeckung des Benzols gelang dem deutschen Chemiker AUGUST KEKULÉ eine Deutung der Molekülstruktur des Benzols. Die sechs Kohlenstoffatome bilden ein regelmäßiges Sechseck, in dem sich sechs Bindungselektronen gleichmäßig verteilen. Als Strukturformel wird deshalb ein regelmäßiges Sechseck mit Innenkreis gezeichnet.

Benzol und Verbindungen, die sich auf die Grundstruktur des Benzolmoleküls zurückführen lassen, haben einen typischen aromatischen Geruch. Sie werden zu den **aromatischen Verbindungen** (lat. aroma – Wohlgeruch) zusammengefasst, kurz auch **Aromaten** genannt.

Aromaten – Benzolderivate
Diese Stoffe sind wichtige Ausgangsstoffe für die chemische Industrie. Ihr Einsatz unterliegt in Deutschland strengen gesetzlichen Vorschriften, da sie oft stark giftig, krebserregend und in der Umwelt langlebig sind.

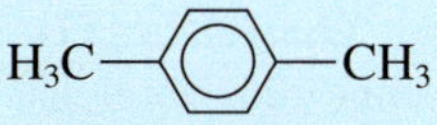

Xylol
Zusatz zu Flugbenzin, Lösemittel für Wachse, Kunstharze, Verdünnungsmittel für Lacke

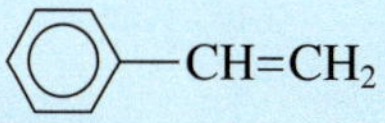

Styrol
Herstellung von Kunststoffen (z. B. Becher), Synthesekautschuk, Gießharzen

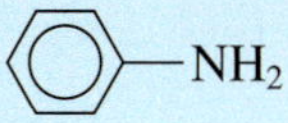

Anilin
Herstellung von Polyurethanen (z. B. für Schuhsohlen), Farbstoffen

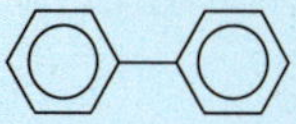

Biphenyl
Konservierung von Zitrusfrüchten (E 230), Herstellung von Arzneimitteln, Schädlingsbekämpfungsmitteln

weiter gedacht

1 Verschmutzte Hände, z. B. durch eine Fahrradkette, lassen sich besser reinigen, wenn sie zuerst gut mit Salatöl eingerieben und danach mit warmem Wasser und Seife gewaschen werden. Erläutere, warum das so ist.

2 Jeder Motor braucht Schmieröle. Sie haben die Aufgabe, die Gleitfähigkeit der aneinanderreibenden Metallteile zu erhöhen.

Schmieröle bestehen aus Gemischen verschiedener Kohlenwasserstoffe. Sie sind zähflüssig wie Sirup. Warum ist das so? Erkläre.

3 Propan und Butan werden im Haushalt und auch beim Camping als Brennstoff verwendet.

Nenne und begründe Sicherheitsmaßnahmen, die beim Umgang mit diesen Gasen beachtet werden müssen.
Erkunde, welche Handwerksbetriebe in deiner Umgebung Flüssiggas für welche Tätigkeit verwenden.

4 An der Tafel steht der Namen eines Alkans: 3-Ethyl-4-methylheptan.
Entwickle die Strukturformel dieses Alkans. Nenne die Summenformel und den Namen des n-Alkans. Gib für die genannten Alkane eine gemeinsame Bezeichnung an. Begründe.

5 Bei der Verbrennung von 5,6 l eines unbekannten Kohlenwasserstoffgases entstehen 9 g Wasser und 11,2 l Kohlenstoffdioxid.
Gib an, um welches Gas es sich handelt. Begründe. Berechne zum Vergleich die Masse Wasser und das Volumen an Kohlenstoffdioxid, die bei der Verbrennung von 5,6 l Ethan entstehen. Erkläre mögliche Unterschiede zwischen beiden Ergebnissen.

6 In der chemischen Reinigung wird meistens mit „Per" gereinigt.

„Per" gehört zur Gruppe der Halogenkohlenwasserstoffe. Ermittle den systematischen Namen für „Per" und stelle die Strukturformel auf.
Welche Umweltauflagen müssen erfüllt werden? Begründe.

7 Der Kunststoff PVC eignet sich u. a. auch für eine Verwendung im Modellbau.

Seit einiger Zeit ist PVC allerdings auch in der Umweltdiskussion. Informiere dich darüber z. B. im Internet. Stelle Argumente pro und kontra PVC zusammen.

Auf einen Blick

Kohlenwasserstoffe

Organische Verbindungen, die nur die Elemente Kohlenstoff und Wasserstoff enthalten

Alkane

Kohlenwasserstoffe, deren Moleküle nur aus Kohlenstoff und Wasserstoff bestehen und deren Atome nur durch einfache Atombindungen miteinander verbunden sind, z. B. Methan:

CH_4 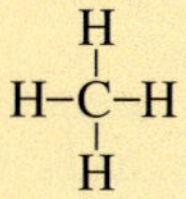 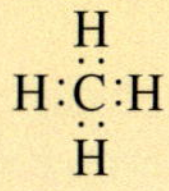 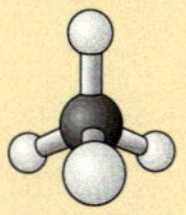

Summenformel Strukturformel Elektronenformel Molekülmodell

Einteilung der Kohlenwasserstoffe

Die Einteilung der Kohlenwasserstoffe erfolgt nach der Struktur ihrer Moleküle.

Kohlenwasserstoffe				
Kettenförmige Kohlenwasserstoffe			Ringförmige Kohlenwasserstoffe	
Gesättigte Kohlenwasserstoffe	Ungesättigte Kohlenwasserstoffe		Gesättigte Kohlenwasserstoffe	Aromatische Kohlenwasserstoffe
Alkane	Alkene	Alkine		
z. B. Ethan	z. B. Ethen	z. B. Ethin	z. B. Cyclohexan	z. B. Benzol

Reaktionen der Kohlenwasserstoffe

Substitution

Austausch von Atomen oder Atomgruppen zwischen den Molekülen der Ausgangsstoffe

Eliminierung

Abspaltung von mindestens zwei Atomen oder von Atomgruppen aus je einem Molekül des Ausgangsstoffs

Addition

Vereinigung von jeweils zwei Molekülen der Ausgangsstoffe zu einem Molekül des Reaktionsprodukts

Polymerisation

Bildung von Makromolekülen aus vielen Einzelmolekülen mit Mehrfachbindung

Umwandlung von Kohlenwasserstoffen

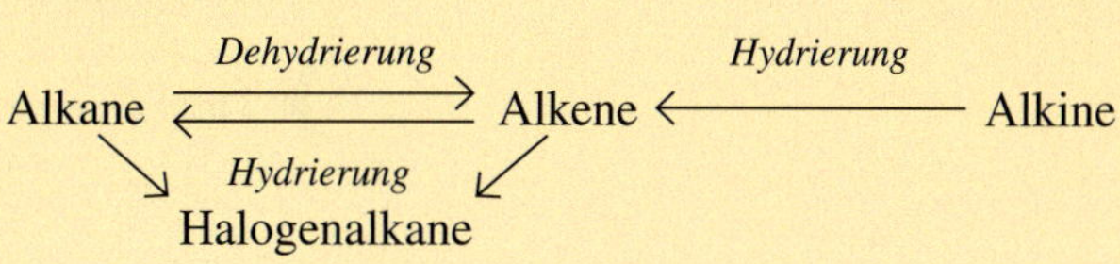

Check up

1 Spiritus ist eine organische Verbindung.
a Welches Element ist am Aufbau aller organischen Verbindungen beteiligt?
b Warum gibt es wesentlich mehr organische als anorganische Verbindungen?
c Überlege, wie man nachweisen könnte, dass bei brennendem Spiritus Kohlenstoffdioxid und Wasser entstehen?

2 Methan ist der einfachste Kohlenwasserstoff.
a Nenne mindestens drei Vorkommen und die Bedeutung von Methan.
b Entwickle einen Steckbrief von Methan.
c Beschreibe den Bau des Methanmoleküls anhand der Strukturformel.

3 Alkane bilden eine homologe Reihe.
a Erläutere den Begriff „homologe Reihe".
b Stelle die Strukturformeln folgender Alkane auf und benenne sie:
C_7H_{16}; $C_{10}H_{22}$; C_5H_{12}.
c Notiere die Summenformeln von Alkanen mit 11, 19 und 24 Kohlenstoffatomen. Leite für diese Alkane aufgrund ihrer Stellung in der homologen Reihe gemeinsame und unterschiedliche Eigenschaften ab.

4 Erläutere die Merkmale von Substitutionsreaktionen anhand der Umsetzung von Octan mit Brom.
Woran kann man erkennen, dass die Reaktion tatsächlich abläuft? Entwickle die Reaktionsgleichung.

5 1,2-Dichlorethan und 1,1-Dichlorethan sind Isomere.
Begründe diese Aussage. Entwickle die Strukturformeln.

6 Begründe, warum die Verwendung von Halogenalkanen stark eingeschränkt wurde. Nenne Beispiele.

7 Überlege, wie du experimentell prüfen könntest, ob im Benzin ungesättigte Kohlenwasserstoffe enthalten sind.

8 Nenne Unterschiede zwischen gesättigten und ungesättigten Kohlenwasserstoffen. Ordne die folgenden Stoffe zu:
2-Methylbutan, Hept-2-in, n-Hexan, Pent-1-en, Octadec-3-en, 2,3-Dimethylnonan.

9 Propen reagiert mit Chlor und mit Chlorwasserstoff.
a Welche Verbindungen entstehen dabei? Ordne sie einer Stoffgruppe zu.
b Kennzeichne die Reaktionsart.
c Entwickle die Reaktionsgleichungen.

10 Die Begriffe Hydrierung und Dehydrierung werden oft verwechselt. Erläutere die Reaktionen an einem selbst gewählten Beispiel und bestimme die Reaktionsart.

11 Viele Gegenstände aus dem Alltag bestehen aus den Kunststoffen Polyethylen oder Polypropylen.
a Aus welchen Ausgangsstoffen werden die genannten Kunststoffe hergestellt?
b Benenne die Reaktionsart und erläutere sie am Beispiel der Bildung von Polypropylen.

Aufgabe	Hilfe findest du auf Seite ...	Verbindung der Aufgabe zu den Basiskonzepten ↑S.18
1	363	T R
2	364, 365, 369	T S
3	366, 367, 368	S T
4	370	R E
5	372, 376	T
6	377	S
7	381, 383	T R
8	366, 381, 383	T S
9	381, 383	R S
10	381	T R
11	384	T R

T Stoff-Teilchen-Beziehungen, S Struktur-Eigenschafts-Beziehungen, R Chemische Reaktion, E Energetische Betrachtungen bei Stoffumwandlungen

› Die Lösungen findest du im Anhang.

Brennstoffe

Seit jeher nutzen Menschen Brennstoffe zur Energiegewinnung. Aufgrund des stetig steigenden Lebensstandards und der zunehmenden Weltbevölkerung wurden die Forderungen nach Energiegewinnung aus kohlenstoffhaltigen fossilen Brennstoffen, wie Erdöl, Erdgas und Kohle, immer größer. Deshalb versucht man mit großem Aufwand und immer moderneren Methoden, fossile Brennstoffe aufzuspüren, zu den Verbrauchern zu transportieren, wie z. B. über die Trans-Alaska-Pipeline, und die in ihnen gespeicherte Energie für den Menschen nutzbar zu machen.

- Wo und wie werden fossile Brennstoffe gefördert bzw. abgebaut?
- Welche Verfahren werden eingesetzt, um die Rohstoffe für einen optimalen Verbrauch zu veredeln?
- Ist die Nutzung fossiler Brennstoffe unbedenklich?
- Welche Alternativen zur Nutzung fossiler Brennstoffe gibt es?

Selbst untersucht Brennstoffe genauer betrachtet

1 Verbrenne verschiedene Brennstoffe.

Vorsicht! Schutzbrille! Gib jeweils eine kleine Portion trockenes Holz, Stroh, Holzkohle, Kerzenwachs und Erdöl (F+, Xn, N) in eine Abdampfschale. Stelle diese auf eine feuerfeste Unterlage und entzünde jeweils die Stoffe mit dem Gasbrenner.

Vergleiche den Reaktionsverlauf und den Geruch sowie die Rückstände miteinander. Vergleiche die Vorgänge auch mit denen bei der Verbrennung von Erdgas mit dem Brenner.

Entsorgung: Feststoffe in den Sammelbehälter für Hausmüll geben.

2 Entzünde frisches und trockenes Holz.

Zerteile einen 2 cm dicken Ast eines Nadelbaums in mehrere 1 cm lange Stücke und wiege diese. Trockne einige Stückchen im Trockenschrank unterschiedlich lange (1, 2, 3 Stunden), sodass du Holz mit unterschiedlichen Wasseranteilen erhältst. Wiege die Stücke erneut und ermittle die Differenz der Massen. Halte die Holzstücke mit einer Tiegelzange in die Brennerflamme und entzünde sie.

Ziehe Rückschlüsse auf die Brennbarkeit von Holz mit verschiedenen Wasseranteilen.

Entsorgung: Feststoffe in den Sammelbehälter für Hausmüll geben.

3 Vermische Erdöl und Wasser.

Fülle ein Reagenzglas etwa 4 cm hoch mit Wasser und gib dazu etwas Erdöl (F+, Xn, N). Verschließe das Reagenzglas mit einem Stopfen und schüttle kräftig.

Notiere deine Beobachtungen und deute sie.

Entsorgung: Gemisch in den Sammelbehälter III geben.

4 Untersuche die Reaktionsprodukte bei der Verbrennung verschiedener Brennstoffe.

Vorsicht! Schutzbrille! Entzünde jeweils etwas Holz, Kohle, Kerzenwachs sowie ein Stück gut mit Erdöl (F+, Xn, N) getränkter Kreide in einer Abdampfschale. Leite die Verbrennungsgase mithilfe einer Wasserstrahlpumpe durch ein U-Rohr, in dem sich etwas weißes Kupfersulfat befindet, und dann in eine Gaswaschflasche mit Kalkwasser.

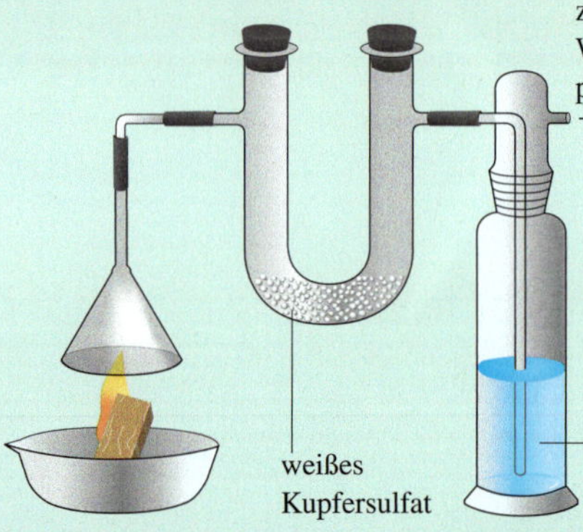

Schlussfolgere, welche Stoffe bei der Verbrennung entstanden sind. Formuliere die Reaktionsgleichung für die Reaktion in der Gaswaschflasche.

Entsorgung: Feststoffe in den Sammelbehälter für Hausmüll, Kalkwasser in den Sammelbehälter für Abwasser geben.

5 Untersuche die Temperaturabhängigkeit der Viskosität von Erdöl.

Fülle drei Reagenzgläser etwa 4 cm hoch mit Erdöl (F+, Xn, N). Erwärme eines der Reagenzgläser in einem Wasserbad auf 40 °C und ein weiteres auf 60 °C. Sauge jeweils 10 ml Erdöl in eine Pipette und lass die Erdölproben in die entsprechenden Reagenzgläser ausfließen. Achte darauf, dass die Pipette senkrecht gehalten wird.

Miss die Auslaufzeiten mit einer Stoppuhr und notiere sie. Deute die verschiedenen Messergebnisse.

Entsorgung: Erdölreste in den Sammelbehälter III geben.

6 Entzünde kaltes und warmes Erdöl.

Vorsicht! Schutzbrille! Abzug! Fülle in eine Abdampfschale 4 ml Erdöl (F+, Xn, N). Versuche es mit einem brennenden Holzspan zu entzünden.
Stelle die Abdampfschale auf einen Dreifuß mit Keramikdrahtnetz und erwärme das Erdöl in der Abdampfschale kurz mit dem Bunsenbrenner. Versuche nun erneut, das Erdöl mit einem brennenden Holzspan zu entzünden. Lösche das brennende Erdöl, indem du ein großes Becherglas mit der Öffnung nach unten über die Abdampfschale stülpst.
Notiere die Beobachtungen und deute sie.
Entsorgung: Reste in Sammelbehälter III geben.

7 Führe eine fraktionierte Destillation von Erdöl durch.

Vorsicht! Schutzbrille! Abzug! Baue die Experimentieranordnung wie in der Abbildung auf. Befülle den Rundkolben zu einem Drittel mit Erdöl (F+, Xn, N), gib einige Siedesteinchen hinzu und spanne ihn in die Apparatur ein. Stelle die Kühlwasserzufuhr an. Erhitze einen Heizpilz auf der niedrigsten Stufe. Leite das zuerst entweichende Gas (F+) mit einem Schlauch in den Abzug. *Vorsicht! Entzündungsgefahr!* Fange die nächste Fraktion in einem Becherglas auf, sobald die Temperatur über 70 °C ansteigt. Erhöhe nun allmählich die Temperatur. Fange weitere Fraktionen bei 110 °C, 150 °C und 220 °C auf.

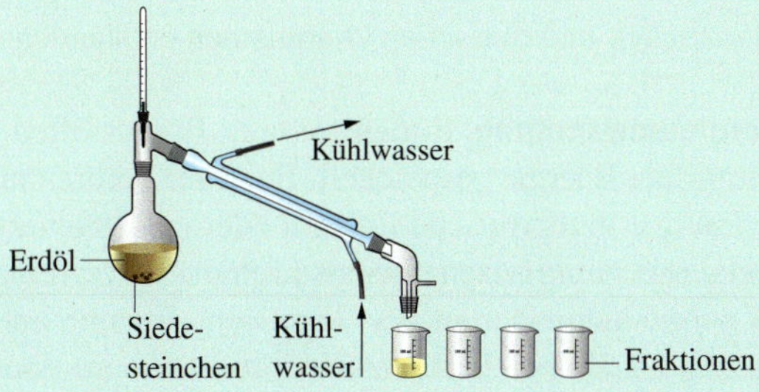

Prüfe die Fraktionen auf Geruch, Farbe, Viskosität und Entflammbarkeit. Stelle eine Beziehung zwischen Entflammbarkeit und Rußbildung im Vergleich zum Siedebereich der Fraktionen her.
Entsorgung: Fraktionen in Sammelbehälter III geben.

8 Cracke Paraffinöl.

Vorsicht! Schutzbrille! Baue die Experimentieranordnung wie in der Abbildung auf.
Befülle ein schwer schmelzbares Reagenzglas mit 5 ml Paraffinöl. Gib etwas Stahlwolle in den oberen Bereich des Glases.
Erhitze zunächst die Stahlwolle im Reagenzglas stark mit dem Bunsenbrenner. Erwärme danach das Paraffinöl mit einem zweiten Brenner, sodass das Paraffinöl gerade siedet. Erhitze die Stahlwolle fortwährend, bis das Paraffinöl fast vollständig verdampft ist. Fange die gasförmigen Produkte in Reagenzgläsern pneumatisch auf.

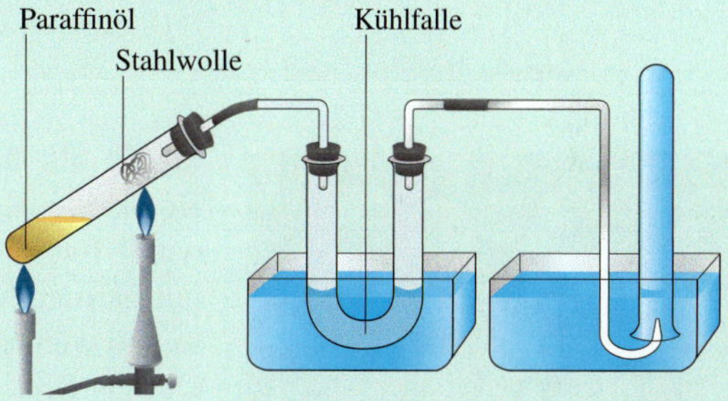

Prüfe die Gase (F+) in den Reagenzgläsern und die in der Kühlfalle gesammelte Flüssigkeit (F, Xn, N) mit 3%igem Bromwasser (T, Xi) und auf Brennbarkeit.
Deute die Beobachtungsergebnisse und formuliere mögliche Reaktionsgleichungen.
Entsorgung: Kondensat in den Sammelbehälter III, bromhaltige Reste in den Sammelbehälter IV geben. Geräte mit Gasresten unter dem Abzug entlüften.

9 Vergleiche das Entzündungsverhalten von Kraftstoffen.

Vorsicht! Abzug! Schutzbrille! Gib einige Tropfen Normalbenzin (F) in eine Porzellanschale, in eine weitere Porzellanschale einige Tropfen Dieselkraftstoff (F). Versuche die beiden Flüssigkeiten mit einem langen brennenden Holzstab zu entzünden. Welcher der beiden Kraftstoffe lässt sich leichter entzünden? Erkläre den Unterschied.
Entsorgung: Reste in Sammelbehälter III geben.

Brennstoffe im Fokus

Bei einem Waldbrand werden große Mengen an Energie in Form von Wärme ungenutzt freigesetzt. Der energiereiche Brennstoff Holz ist einer unter vielen Brennstoffen, die wir zur Deckung unseres täglichen Energiebedarfs nutzen.
Was sind Brennstoffe? Wie können wir die in ihnen gespeicherte Energie nutzbar machen?

1 Ungenutzte Energiefreisetzung bei einem Waldbrand

2 Brennstoffe Holz, Steinkohle und Erdöl

Stoffe als Brennstoffe Im Experiment wurden trockenes Holz, Stroh, Holzkohle, Kerzenwachs und Mineralöl verbrannt. Bei ihrer Verbrennung wurde Energie in Form von Wärme und Licht frei. Nach der Reaktion sind nur geringe Mengen oder keine Rückstände vorhanden. ↑E.1,2 S.392 Diese und weitere Merkmale sind kennzeichnend für Brennstoffe.
Um als Brennstoff zu gelten, muss ein Stoff ohne großen Aufwand herstellbar und in riesigen Mengen verfügbar sein. Bei seiner Verbrennung muss sehr viel Energie freigesetzt werden. Die Verbrennungsprodukte sollten vor allem Gase sein und es sollten sich nur geringe Mengen an festen Rückständen bilden.
Steinkohle erfüllt diese Kriterien und ist somit ein Brennstoff. Weitere Brennstoffe sind Erdöl, Erdgas, Braunkohle und Torf. Zusammen mit der Steinkohle bilden sie die **fossilen Brennstoffe** (lat. fossilis – ausgegraben). Sie sind vor etwa 200 bis 300 Millionen Jahren in langsamen Prozessen aus abgestorbenen pflanzlichen und tierischen Organismen entstanden.

Brennstoffe und Energieumwandlung In den fossilen Brennstoffen ist eine große Menge chemischer Energie gespeichert. Bei ihrer Verbrennung wird diese chemische Energie in thermische Energie oder in Lichtenergie umgewandelt und kann direkt zum Heizen oder als Lichtquelle verwendet werden. Thermische Energie kann aber auch in kinetische Energie umgewandelt werden. Das wird z. B. bei Verbrennungsprozessen im Motor eines Autos zur Fortbewegung oder zur Erzeugung von elektrischer Energie genutzt. Die natürlich vorkommenden Brennstoffe wie Holz, Kohle und Erdöl, aus denen Energie freigesetzt werden kann, heißen **Primärenergieträger**. Werden diese zur besseren Verwendbarkeit weiterverarbeitet, erhält man **Sekundärenergieträger**. Ein Beispiel hierfür ist die Herstellung von Benzin aus Erdöl. Gleiche Massen verschiedener Brennstoffe liefern bei ihrer Verbrennung unterschiedliche Mengen an Energie, sie besitzen spezifische **Heizwerte**.

Energieversorgung Eine ausreichende Energieversorgung ist zentrale Voraussetzung für die wirtschaftliche Entwicklung aller Länder. Durch die starke Zunahme der Weltbevölkerung wächst ihr Bedarf an Nahrung, Gütern und Dienstleistungen. Damit geht ein stark steigender Energiebedarf einher. Schätzungen ergeben, dass sich der weltweite Energieverbrauch bis 2030 im Vergleich zu 2001 noch einmal um 60 % erhöhen wird. Da die fossilen Brennstoffe begrenzt sind, wird es immer problematischer, diesen Bedarf zu decken. Experten rechnen sogar damit, dass Erdöl bereits in den nächsten 20 Jahren so knapp werden könnte, dass mit einem starken Preisanstieg zu rechnen ist. Es bestünde demnach ein großes wirtschaftliches Risiko für Länder, die in Zukunft noch stark von fossilen Brennstoffen abhängig sind. Zudem gefährdet die Verbrennung von Erdöl, Erdgas und Kohle durch die Freisetzung des Treibhausgases Kohlenstoffdioxid zunehmend das Weltklima.

Regenerative Energie Immer größere Bedeutung gewinnt Energie aus Energiequellen bzw. Energieträgern, die sich stets erneuern. Diese Energie wird als **regenerative (erneuerbare) Energie** bezeichnet. Regenerative Energie kann auf unterschiedliche Weise aus regenerativen Energieträgern und -quellen gewonnen und vielseitig genutzt werden. Das Spektrum reicht von großen Wasserkraftwerken und Windparks zur Stromerzeugung über die Verwendung von Biogas zum Kochen oder der kostengünstigen Nutzung von Erdwärme (Geothermie) für Heizungen bis hin zu kleinen Fotovoltaikanlagen zum Betrieb elektrischer Geräte. Einer der wichtigsten Vorteile gegenüber fossilen Energieträgern ist die nach menschlichen Zeitmaßstäben unbegrenzte Verfügbarkeit regenerativer Energiequellen.
Im Jahr 2004 deckten regenerative Energien nur knapp 14 % des Primärenergiebedarfs der Welt. Das Leistungsvermögen regenerativer Energien ist aber weitaus größer. Allein die Sonne strahlt so viel Energie auf die Erde, dass sich der Gesamtenergiebedarf der Menschen 15 000-mal decken ließe. Intensive Bemühungen gehen dahin, einen Bruchteil der Energie aus den verfügbaren regenerativen Energiequellen für den Menschen nutzbar zu machen. Nach Ansicht von Experten könnte bis zum Jahr 2050 etwa die Hälfte des weltweiten Energiebedarfs mit regenerativen Energien gedeckt werden. Weitere Vorteile regenerativer Energien sind Energiesicherheit, Umwelt- und Gesundheitsschutz, Klimaschutz sowie Ressourcenschonung.

Heizwerte verschiedener Brennstoffe

Brennstoff	Heizwert in MJ/kg
Holz (trocken)	16
Holzkohle	26
Erdgas	30
Steinkohle	32
Heizöl	42
Benzin	44
Methan	50
Wasserstoff	120

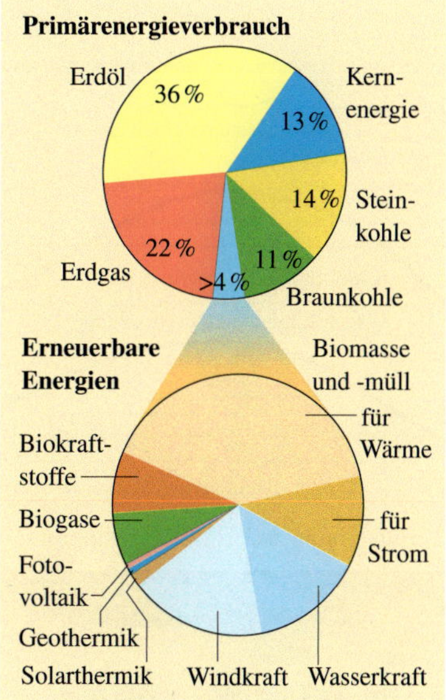

3 Anteil der erneuerbaren Energien am Primärenergieverbrauch in Deutschland 2004

Aufgaben

1 Erläutere, was man unter einem Brennstoff versteht.

2 Bei der Verbrennung von Holzkohle beim Grillen bleibt oft noch etwas Asche im Grill zurück. Beurteile, ob Holzkohle ein Brennstoff ist.

3 Wasserstoff ist ebenfalls ein bedeutender Brennstoff. Beurteile, ob es sich um einen fossilen Brennstoff handelt. Informiere dich dazu im Internet, wie Wasserstoff industriell gewonnen wird.

4 Vergleiche das Heizen mit Wasserstoff und mit Erdgas im Hinblick auf die Belastung der Atmosphäre.

5 Beschreibe anhand des Diagramms den Primärenergieverbrauch in Deutschland im Jahr 2004. Berechne aus dem Diagramm die Anteile für Wind- und Wasserkraft an den erneuerbaren Energien.

6 Erläutere die im Text aufgeführten Vorteile regenerativer Energieträger.

Erdöl

Erdöl ist einer der wertvollsten fossilen Energieträger. Auch in Deutschland gibt es Erdölvorkommen, besonders im Norden des Landes. Jedoch liegen diese weit unterhalb der Erdoberfläche.
Wie sind die Erdölvorkommen entstanden und wie erfolgt ihre Förderung? Ist Erdöl gleich Erdöl?

1 Erdölförderpumpe

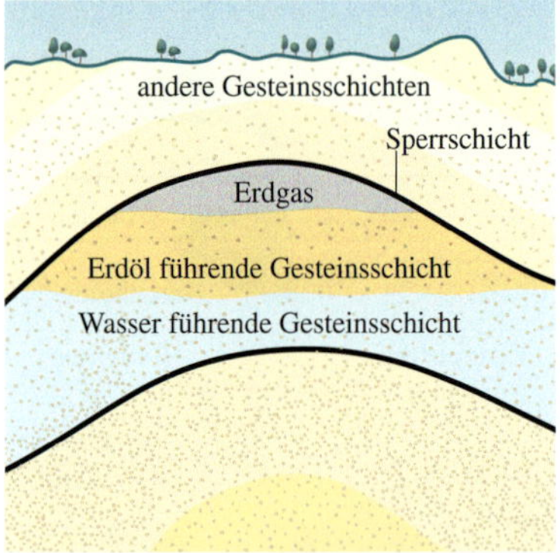

2 Entstehung von Erdöllagerstätten

3 Ölkuhle (Erdölsee)

Entstehung von Lagerstätten Das Ausgangsmaterial bei der Entstehung des Erdöls bildeten frei schwebende Kleinstlebewesen, vor allem Algen im Plankton des Meerwassers. Pflanzliches Plankton wandelt Kohlenstoffdioxid und Wasser bei der Fotosynthese in energiereiche organische Stoffe um. Abgestorben und abgesunken auf den tiefen Meeresgrund fehlte jedoch der Sauerstoff zur Zersetzung, es kam zur Faulschlammbildung. Durch die Last des darüber abgelagerten Materials, vor allem Sand und Ton, ging der Faulschlamm in Tonschiefer über, der einen Gehalt von bis zu 20 % des organischen Materials enthalten konnte. So entstand das Erdölmuttergestein. Im Laufe von Jahrmillionen wandelten Bakterien, die ohne Sauerstoff leben können, bei hohem Druck und höheren Temperaturen das Material langsam in einfache Kohlenwasserstoffe um. Aufgrund des immer höher werdenden Drucks durch Ablagerungen oberhalb des Muttergesteins wurde dieses stark zusammengepresst. Die flüssigen Kohlenwasserstoffe stiegen wegen ihrer geringen Dichte nach oben. Manchmal erreichte das Erdöl dann die Erdoberfläche und es bildeten sich Ölkuhlen. Stieß das Erdöl auf eine undurchlässige Gesteinsschicht (Sperrschicht), z. B. aus Salz oder Ton, sammelte es sich dort zu einer **Lagerstätte** an. Enthaltene gasförmige Stoffe bildeten darüber Ergasblasen. ↑2

Erdölförderung und Transport Bei der Erdölförderung wird heute innerhalb der Lagerstätte meist horizontal gebohrt. Nur etwa jede sechste Bohrung wird dabei fündig. Aufgrund des hohen Lagerstättendrucks schießt das Erdöl zuerst von selbst zur Erdoberfläche auf. Lässt der Druck allmählich nach, werden Pumpen zur Förderung eingesetzt. Unter günstigsten Bedingungen können so aber nur 50 % des Erdöls gefördert werden. Zur weiteren Ausbeute kann das Öl entweder durch Erwärmen dünnflüssiger gemacht oder durch das Einbringen von Lösemitteln aus dem Gestein herausgelöst und mit dem Lösemittel zutage gefördert werden. Nach der Reinigung von Gas, Sand und Wasser erhält man aus dem Erdöl das **Rohöl**. Dieses wird über Pipelines oder Tanker zu den Erdölraffinerien transportiert.

Kaukasus Arabien Australien Nordsee Frankreich Frankreich Venezuela Sumatra

4 Erdöl aus unterschiedlichen Lagerstätten

Zusammensetzung und Eigenschaften von Erdöl Je nach Fundort hat Erdöl eine schmutzig braune bis schwarze Farbe, riecht charakteristisch nach Petroleum, ist flüssig bis zähflüssig und kann sogar fest sein. ↑4 Mit steigender Temperatur nimmt die Viskosität ab. ↑E.5 S.392 Erdöl bildet auf dem Wasser einen dünnen Ölfilm, besitzt also hydrophobe Eigenschaften und eine geringere Dichte als Wasser. ↑E.3 S.392 Kaltes Erdöl ist mit einem brennenden Holzspan nicht entzündbar, warmes dagegen lässt sich entzünden. ↑E.6 S.393 Bei der Verbrennung entstehen Kohlenstoffdioxid und Wasser. ↑E.4 S.392 Daraus lässt sich schließen, dass Erdöl, abgesehen von Verunreinigungen, aus Kohlenwasserstoffen besteht. Es ist ein Stoffgemisch verschiedener Kohlenwasserstoffe mit kettenförmigen, verzweigten und ringförmigen Molekülen. Aus der unterschiedlichen Viskosität verschiedener Erdöle kann man auf den Anteil an kurz- bzw. langkettigen Kohlenwasserstoffen schließen. Je größer der Anteil an kurzkettigen Kohlenwasserstoffen ist, desto dünnflüssiger ist das Erdöl. Weiterhin enthält Erdöl noch geringe Mengen an organischen Sauerstoff-, Stickstoff- und Schwefelverbindungen sowie einige anorganische Stoffe.

5 Ölverschmutzter Vogel

Erdöl und Umwelt Bei der Förderung oder dem Transport des Erdöls kann es zu erheblichen Umweltbelastungen kommen. Ein eindrucksvolles Beispiel hierfür ist z. B. eine Ölpest, die nach einem Tankerunglück entstehen kann. Neben der kilometerlangen Verseuchung von Stränden kommt es zu erheblichen Schäden an der Meeresfauna und -flora. Ganze Riffe oder Muschelbänke können zerstört und Fisch- und Seevögelbestände stark gefährdet werden. Die bei der Verbrennung von Erdöl und Erdölprodukten entstehenden Abgase, dazu gehört vor allem Kohlenstoffdioxid, verschmutzen die Atmosphäre und verursachen den Klimawandel.

6 Untergang eines havarierten Öltankers

Aufgaben

1 Erstelle eine Übersicht über weltweite Erdölvorkommen. Nutze hierfür deinen Atlas.

2 Informiere dich mithilfe des Internets über die Horizontalbohrtechnik und beschreibe dieses Verfahren. Informiere dich auch über weitere Verfahren der Erdölförderung.

3 Beschreibe den Unterschied zwischen Erdöl und Rohöl.

4 Vergleiche das Siedeverhalten von Erdöl mit dem von Wasser.

5 Erläutere mithilfe der zwischenmolekularen Kräfte die unterschiedliche Viskosität des Erdöls verschiedener Lagerstätten.

6 Diskutiere den Satz: „Erdöl ist nicht gleich Erdöl".

Verarbeitung des Erdöls

Das nach Reinigung des Erdöls erhaltene Rohöl kann von den Verbrauchern noch nicht unmittelbar verwendet werden. Das Stoffgemisch Rohöl muss noch weiterverarbeitet, d. h. raffiniert werden. Welche Möglichkeiten gibt es, um das schmutzig braune bis schwarze Rohöl in die jeweils gewünschten Stoffe aufzutrennen?

1 Erdölraffinerie mit den hohen Destillationstürmen in der Mitte

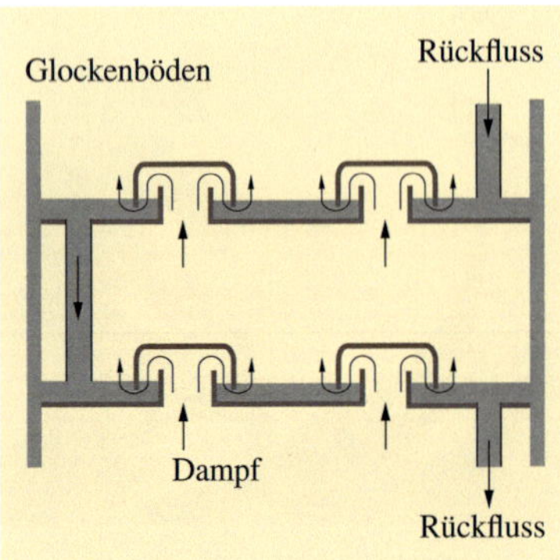

2 Vorgänge auf den Glockenböden

Fraktionierte Destillation von Erdöl Zur Trennung der verschiedenen im Erdöl enthaltenen Kohlenwasserstoffe mit ihren jeweils charakteristischen Siedetemperaturen eignet sich die Destillation. Im Experiment konnten bei unterschiedlichen Temperaturen Stoffe mit unterschiedlicher Farbe, Geruch, Viskosität und Entflammbarkeit durch Destillation aufgefangen werden. ↑E.7 S.393 Die erhaltenen Stoffe sind jedoch keine Reinstoffe, sondern ebenfalls Stoffgemische, da die Siedetemperaturen der Kohlenwasserstoffe sehr nah beieinanderliegen. Diese Stoffgemische werden als **Fraktionen**, die Art der Destillation als **fraktionierte Destillation** bezeichnet. In der großtechnischen Aufbereitung von Erdöl findet dieser Vorgang in Raffinerien statt. Das Rohöl wird im Röhrenofen auf 350 bis 400 °C erhitzt. Die Rohöldämpfe gelangen in den ersten Destillationsturm mit Normaldruck. Dieser Turm ist durch Glockenböden stockwerkartig unterteilt, auf denen unterschiedliche Temperaturen herrschen. Die Böden sorgen konstruktionsbedingt für eine gute Trennung des Stoffgemisches. Der Rückstand wird bei verringertem Druck in der **Vakuumdestillation** destilliert. Bei herabgesetzten Siedetemperaturen kann hier die Trennung des Rückstands ohne unerwünschte Nebenreaktionen erfolgen, wie sie bei höheren Temperaturen auftreten würden.

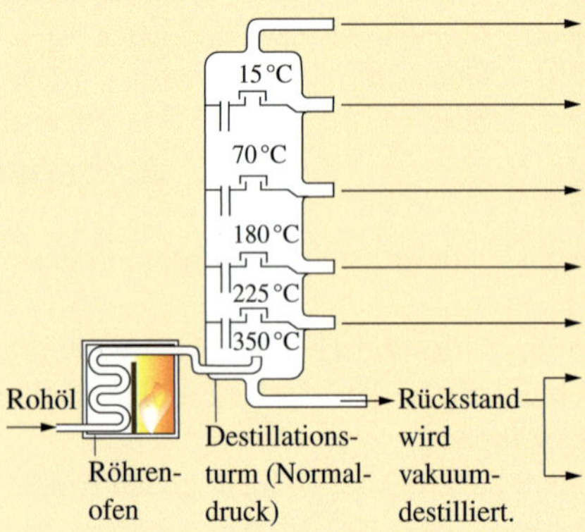

Fraktionen	Siedetemperatur in °C	Anzahl Kohlenstoffatome je Molekül	Verwendung
Gase	< 15	1 bis 4	Heizgase, Ausgangsstoffe für die chemische Industrie
Leichtbenzin	15 bis 70	5 bis 10	Vergaserkraftstoff, Lösemittel, Waschbenzin
Schwerbenzin	70 bis 180	8 bis 12	Lösemittel, Waschbenzin
Petroleum	180 bis 225	10 bis 15	Kerosin, Heizöl
Gasöl	225 bis 350	> 20	Dieselkraftstoff, Heizöl
Schweröle	> 350	> 20	schweres Heizöl, Schmiermittel, Kerzen, Salben
Rückstand Bitumen	> 500		Straßenbelag (Asphalt, Teer), Dachanstriche

3 Schema der fraktionierten Destillation von Erdöl und der erhaltenen Produkte

Crackverfahren Die im Erdöl enthaltenen kurzkettigen Benzin-, Petroleum- und Gasölfraktionen sind aufgrund des hohen Bedarfs in Verkehr und Transport sehr gefragt, machen aber nur einen geringen Anteil des Erdöls aus. Die wenig nachgefragten langkettigen Schweröle und Rückstände fallen dagegen bei der Destillation in großen Mengen an. Wie können aus diesen Fraktionen die begehrten Produkte gewonnen werden? Ein Verfahren, mit dem dies gelingt, ist das **Cracken** (engl. to crack – spalten, aufbrechen).

Im Experiment konnten durch Cracken unterschiedliche gasförmige und flüssige Reaktionsprodukte aufgefangen werden, die wässrige Bromlösung entfärbten. ↑E.8 S.393 Diese Entfärbung zeigt ungesättigte Kohlenwasserstoffe im Gemisch an. Neben Alkanen und Alkenen können in dem Gemisch auch Cycloalkane enthalten sein.

Beim **thermischen Cracken** geraten die langkettigen Moleküle bei hohen Temperaturen bis 900 °C und hohem Druck in so starke Schwingungen, dass ab etwa 360 °C die Bindungen zwischen den Kohlenstoffatomen aufbrechen und ein Gemisch verschiedener kurzkettiger Moleküle entsteht.

Beim **katalytischen Cracken** gelingt das Cracken energiesparender mithilfe eines Katalysators bereits bei 500 °C und einem wesentlich geringeren Druck. Hierbei werden die Dämpfe des Schweröls in einen Reaktor mit umherwirbelnden Katalysatorperlen eingeleitet. Der Katalysator überzieht sich allmählich mit Ruß und verliert seine Aktivität. In einem Regenerator wird er durch Verbrennung des Rußes gereinigt.

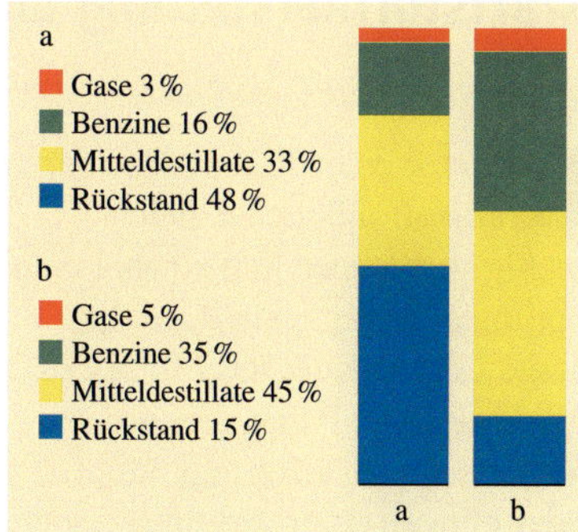

4 Erdölfraktionen: tatsächliche Anteile, gemittelt (a), und Bedarf (b)

Wirkung von Katalysatoren

- Katalysatoren setzen die Aktivierungsenergie herab.
- Chemische Reaktionen können bei niedrigerer Temperatur ablaufen.
- Chemische Reaktionen verlaufen mit Katalysator schneller.

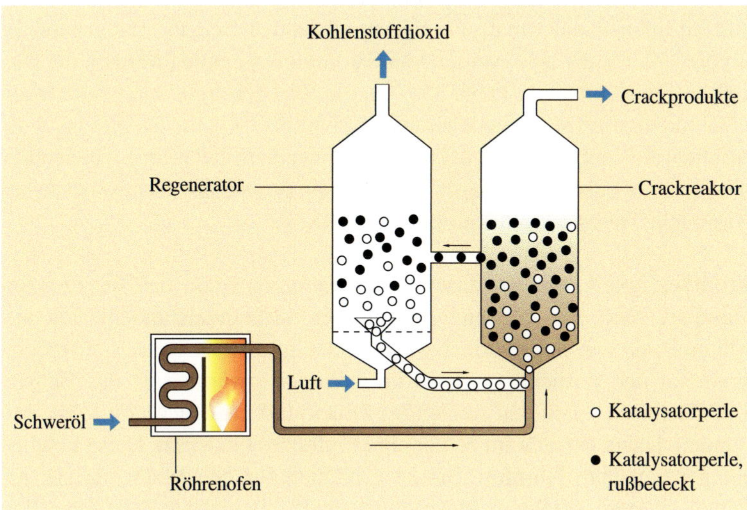

5 Schema des katalytischen Crackens

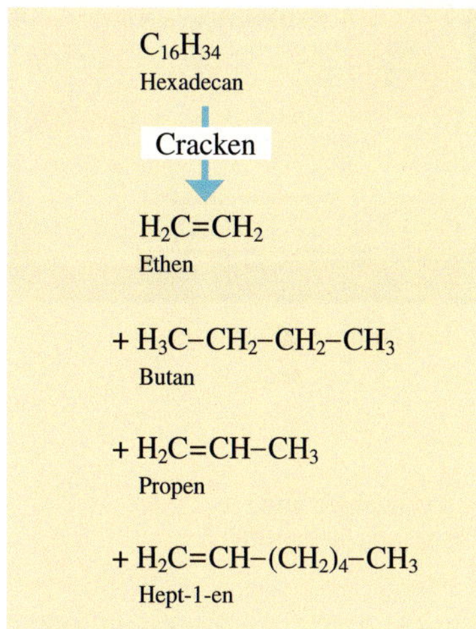

6 Reaktionsprodukte beim katalytischen Cracken von Hexadecan

Aufgaben

1 Beschreibe, was man unter einer Fraktion versteht.

2 Erläutere, weshalb man bei Erdölfraktionen von Siedebereichen spricht.

3 Erläutere die Vorgänge auf einem Glockenboden.

4 Nenne mögliche Produkte, die beim Cracken von Dodecan ($C_{12}H_{26}$) entstehen können. Stelle von diesen Stoffen die Strukturformeln auf.

5 Der beim Cracken mit Ruß überzogene Katalysator kann regeneriert werden. Formuliere hierzu die Reaktionsgleichung.

6 Erläutere, weshalb sich Bromwasser entfärbt, wenn es einem Gemisch von Crackprodukten zugesetzt wird. Formuliere eine mögliche Reaktionsgleichung.

Kraftstoffherstellung und -veredlung

Im Motor eines Autos sollte der Kraftstoff möglichst gleichmäßig verbrennen, um sowohl eine optimale Leistung als auch eine lange Lebensdauer des Motors zu gewährleisten. Wenn aber der Motor schlecht anspringt, klopft oder klingelt, kann das unter anderem auch am Kraftstoff liegen. Wie kann die geforderte Qualität von Kraftstoffen erreicht werden?

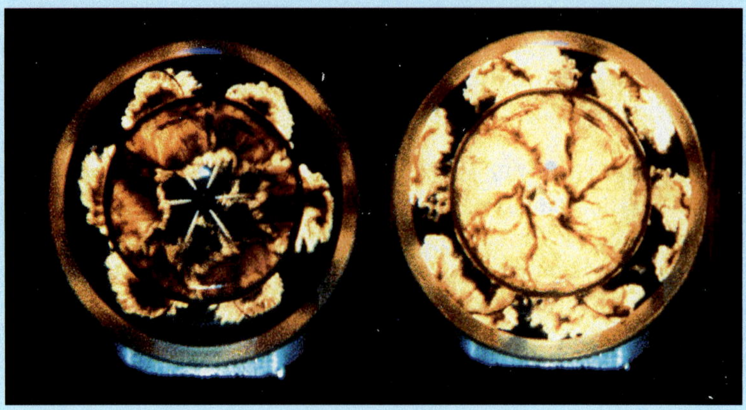

1 Gleichmäßige Verbrennung des Kraftstoffs im Zylinder eines Motors

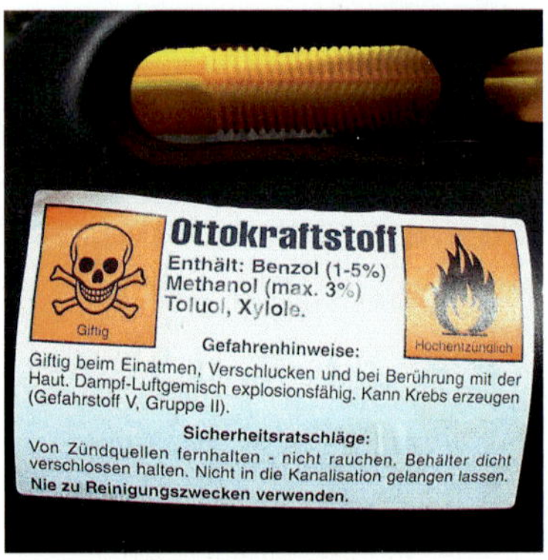

2 Etikett eines Ottokraftstoffs

Octanzahlen einiger Kohlenwasserstoffe

Stoff	Octanzahl (OZ)
n-Pentan	62
n-Hexan	25
n-Heptan	0
n-Octan	17
2-Methylbutan	90
Isooctan	100
2-Methyl-pent-1-en	83
Cyclopentan	85
Cyclohexan	77
Benzol	106
Toluol	109
MTB	115

Benzin als Treibstoff Einige der aus den Erdöldestillaten gewonnenen Brennstoffe können zum Antrieb von Verbrennungsmotoren genutzt werden. Diese Brennstoffe werden als **Treibstoffe** oder **Kraftstoffe** bezeichnet. Besonders geeignet sind einige gasförmige und flüssige Treibstoffe, von denen dem Benzin die größte Bedeutung zukommt. Bei den Treibstoffen unterscheidet man die niedrig siedenden Benzine (Siedebereich: 80 bis 130 °C), die zum Antrieb von Ottomotoren genutzt werden, die Dieselöle (Siedebereich: 200 bis 350 °C), die für Dieselmotoren genutzt werden, und die Kerosine (Siedebereich: 175 bis 380 °C), die in den Flugzeugturbinen als Treibstoff dienen. Treibstoffe mit einem niedrigen Siedebereich sind leichter entzündbar, da sie schneller ein brennbares Gemisch aus gasförmigem Treibstoff und Luft bilden. ↑E.9 S.393

Klopffestigkeit von Kraftstoffen Im Ottomotor soll das Benzin-Luft-Gemisch nach der Zündung gleichmäßig verbrennen, indem sich die Flammfront von der Zündkerze durch das gesamte Gemisch ausbreitet. Während der Verdichtungsphase im Zylinder erwärmt sich das Benzin-Luft-Gemisch durch den steigenden Druck und kann sich von selbst entzünden. Dabei entsteht im Motor ein klopfendes Geräusch. Diese Erscheinung nennt man **Klopfen**. Sie ist schädlich für den Motor, da sie auf Dauer zu stark erhöhtem Materialverschleiß bis hin zur Zerstörung des Motors führt.
Um das zu verhindern, wird das Benzin durch besondere Zusätze **klopffester** gemacht. Kurzkettige Alkane weisen eine gute **Klopffestigkeit** auf, die aber bei zunehmender Kettenlänge der unverzweigten Moleküle abnimmt. Je verzweigter das Molekül ist, desto höher ist auch seine Klopffestigkeit. Als Maß für die Klopffestigkeit eines Ottokraftstoffs wurde die **Octanzahl** (**OZ**) eingeführt. Zur Festlegung der Octanzahl dienen das zündfreudige, aber stark klopfende Heptan mit der Octanzahl 0 und das zünd- und klopffeste Isooctan (2,2,4-Trimethylpentan) ↑4 S.373 mit der Octanzahl 100. Ein Kraftstoff, der sich in einem Prüfmotor z. B. wie ein Gemisch aus 95 % Isooctan und 5 % Heptan verhält, erhält die Octanzahl 95.

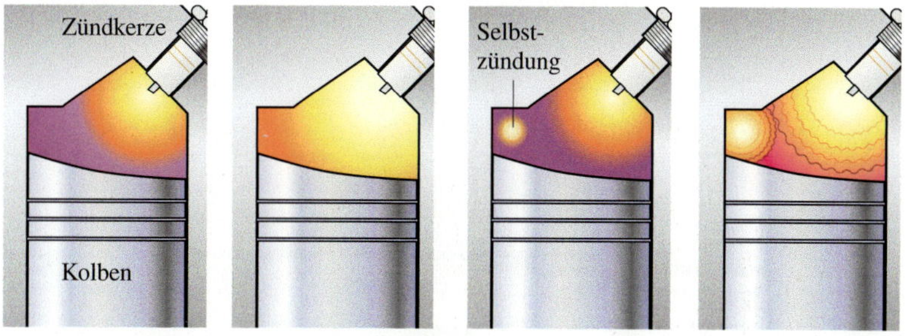

3 Kontrollierte und klopfende Verbrennung

Octanzahlen der Vergaserkraftstoffe	
(ROZ – Research-Octanzahl)	
Kraftstoff	ROZ
Normalbenzin	> 91
Superbenzin	> 95
Super-Plus-Benzin	> 98

Bei Dieselkraftstoffen wird die Zündwilligkeit mithilfe der **Cetanzahl** angegeben. Hier wird als Eichkraftstoff ein Gemisch aus Cetan (Hexadecan) und 1-Methylnaphthalin verwendet. Das zündwillige Cetan besitzt die Cetanzahl 100, das zündträge 1-Methylnaphthalin die Cetanzahl 0.

Reformieren Die durch die fraktionierte Destillation gewonnenen Benzinfraktionen weisen aufgrund des hohen Anteils an unverzweigten Kohlenwasserstoffen für moderne, hochverdichtende Motoren noch eine zu niedrige Octanzahl auf. Durch **Reformieren** (lat. reformare – umgestalten) werden Kohlenwasserstoffmoleküle mit unverzweigten Ketten zu stärker verzweigten oder ringförmigen Molekülen umgewandelt. Dabei werden sie über Platin- oder immer häufiger Rheniumkatalysatoren bei Temperaturen um 500 °C und hohem Druck geleitet. Auf diese Weise wird die Octanzahl des Benzins erhöht.

Zusatzstoffe in Kraftstoffen Um die Eigenschaften von Kraftstoffen zu verbessern, werden Zusatzstoffe (Additive) hinzugegeben. Diese Stoffe schützen z. B. den Motor vor Ablagerungen und Korrosion, sparen Kraftstoff, schonen den Motor und sorgen für volle Motorleistung. Auch Antiklopfmittel, die die Octanzahl des Kraftstoffs erhöhen, gehören zu diesen Additiven. Früher wurde Bleitetraethyl als Antiklopfmittel verwendet. Man erhielt das verbleite Benzin, das aufgrund seiner umweltbelastenden Wirkung heute nicht mehr verwendet werden darf.
Benzol, das beim Reformieren in geringen Mengen gebildet wird, erhöht ebenfalls die Klopffestigkeit des Benzins. Da es krebserregend wirkt, darf es heute höchstens zu 1 % im Benzin enthalten sein. Gegenwärtig wird als Antiklopfmittel oft **M**ethyl-**t**ertiär-**b**utyl**e**ther (MTBE) verwendet. Untersuchungen deuten jedoch darauf hin, dass auch MTBE die Umwelt belastet, weil dieser Stoff schwer abbaubar ist.

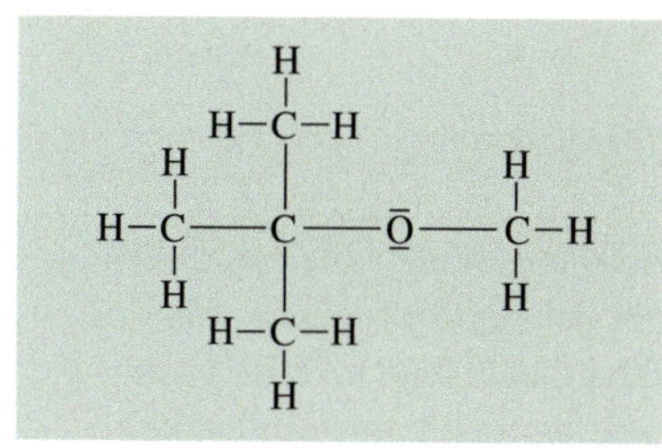

4 Strukturformel von Methyl-tertiär-butylether (MTBE)

Aufgaben

1 Erläutere die Begriffe „Klopfen", „Klopffestigkeit" und „Antiklopfmittel".
2 Beschreibe den Unterschied zwischen Octanzahl und Cetanzahl.
3 Formuliere die Reaktionsgleichung zur vollständigen Verbrennung von Isooctan.
4 Gib mögliche Strukturformeln isomerer Reaktionsprodukte an, die beim Reformieren aus n-Decan entstehen können.
5 Vergleiche die Prozesse „Cracken" und „Reformieren" im Hinblick auf ihre Reaktionsprodukte.
6 Vergleiche mithilfe von Daten aus dem Internet das Gefahrenpotenzial von Bleitetraethyl mit dem von MTBE.

Erdgas

In den letzten Jahren wurden riesige unterirdische Erdgasfelder neu entdeckt und erschlossen, in Europa vor allem in der Nordsee. Die Nachfrage nach Erdgas steigt unaufhaltsam.
Wie gelangt das Erdgas an die Oberfläche? Welche Eigenschaften des Erdgases sind für dessen wirtschaftliche Bedeutung verantwortlich?

1 Plattform zur Förderung von Erdgas in der Nordsee

Vorkommen und Gewinnung von Erdgas Erdgas ist erdgeschichtlich ähnlich entstanden wie Erdöl, deshalb treten sie gemeinsam auf.
Bildet das Erdgas in der Lagerstätte eine Gasblase, strömt es aufgrund des hohen Drucks von selbst aus der Erde. Kommt es jedoch im Erdöl gelöst vor, sprudelt es mit diesem gemeinsam aus der Erdölquelle. Dieses Erdgas muss vom Erdöl in einem Gasabscheider getrennt werden, bevor es getrocknet und entschwefelt wird.
Zur Förderung des Erdgases aus einer Gasblase wird in das Bohrloch ein Steigrohr eingeführt. Ventile sorgen für einen kontinuierlichen Erdgasstrom. Aufgrund des hohen Drucks können etwa 75 % des Erdgases aus dem Trägergestein gewonnen werden. Das Erdgas wird in Trocknungs- und Aufbereitungsanlagen von mitgeführtem Wasser, flüssigen Kohlenwasserstoffen, Feststoffen und Schwefelwasserstoff gereinigt. Das Erdgas verlässt die Aufbereitungsanlagen in verbrauchsfertiger Qualität.

Transport und Lagerung Da die Erdgasvorkommen von den Verbrauchern oft sehr weit entfernt sind, wird das Erdgas in ein Hochdrucktransportsystem (Pipelines) eingespeist. Unter Druck verflüssigt, kann es technisch aufwendig auch in speziellen Tankschiffen auf dem Seeweg transportiert werden, was jedoch ein erhöhtes Sicherheitsrisiko darstellt. Es ist besonders wichtig, das flüssige Erdgas bei Temperaturen von etwa –170 °C zu lagern, damit die Tanks durch Verdampfen des Erdgases nicht unter Druck stehen. Die Verbraucher benötigen zu verschiedenen Tagesund Jahreszeiten unterschiedliche Mengen an Erdgas. Zur Anpassung an diese Schwankungen muss ein Teil des Erdgases gespeichert und nach Bedarf kontrolliert eingespeist werden. In Deutschland gibt es zurzeit etwa 40 Untertagespeicher. Die größte Rolle spielen dabei die Porenspeicher, bei denen poröses Gestein für die Speicherung genutzt wird. ↑2 Diese können je nach geologischer Beschaffenheit zwischen 100 Mio. m^3 und mehreren Mrd. m^3 fassen. Stillgelegte Salzbergwerke dienen zudem als Kavernenspeicher. ↑3 Bei der Lagerung von verflüssigtem Erdgas müssen aus Sicherheitsgründen ähnliche technische Bedingungen geschaffen werden wie beim Transport auf Tankschiffen.

Schon gewusst?

Erdgas galt als Abfallprodukt bei der Erdölförderung. Man fand damals noch keine geeignete Verwendungsmöglichkeit für das dort anfallende Erdgas. Das unerwünschte Gas wurde entzündet. Dies wird auch als „Abfackeln des Erdgases" bezeichnet.

Zusammensetzung von Erdgas verschiedener Vorkommen, Volumenanteile in %				
Gas	Deutschland (Weser-Ems)	Niederlande	Frankreich	Russland
Methan	91,1	81,4	69,3	93,0
Ethan	5,1	2,7	3,1	3,0
Propan	2,1	0,4	1,1	1,3
Butan	0,8	0,2	0,6	
Pentan	0,4	0,1	0,7	0,6
Stickstoff	0,4	14,3	0,4	1,1
Kohlenstoffdioxid	0,1	0,9	9,6	1,0
Schwefelwasserstoff	–	Spuren	15,2	–

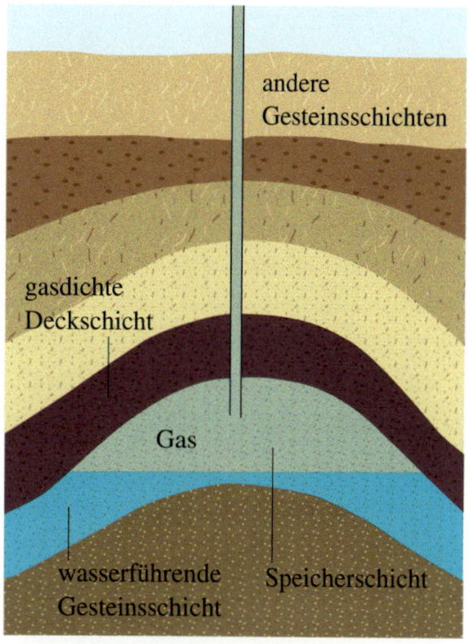

2 Porenspeicher für Erdgas

Zusammensetzung und Eigenschaften Erdgas ist ein Gasgemisch. Seine Zusammensetzung variiert wie beim Erdöl je nach Fundort zum Teil erheblich. Im Mittel besteht es zu ungefähr 90 % aus Methan. Neben weiteren gasförmigen Alkanen wie Ethan, Propan und Butan sind meistens noch Kohlenstoffdioxid und Stickstoff enthalten. Einige Erdgaslagerstätten enthalten zudem Schwefelwasserstoff in unterschiedlichen Mengen. Erdgas hat eine geringere Dichte als Luft und bildet mit ihr ein explosives Gasgemisch. Es brennt mit blauer Flamme und hat je nach Zusammensetzung den höchsten Heizwert im Vergleich zu anderen fossilen Brennstoffen (bis zu 50 000 kJ/m^3). Erdgas ist daher ein sehr bedeutender und begehrter Energieträger. Die Siedetemperatur des Erdgases liegt je nach Fundort zwischen –185 °C und –160 °C. Es kann unter Druck sehr leicht verflüssigt werden, was man sich beim Transport und bei der Lagerung zunutze macht.

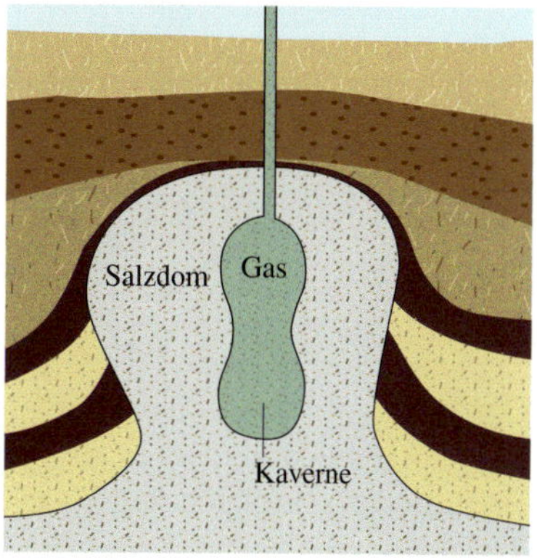

3 Kavernenspeicher für Erdgas

Verwendung von Erdgas Erdgas wird hauptsächlich als Brennstoff zum Heizen und zur Erzeugung elektrischer Energie verwendet. Zudem ist es ein wichtiger Rohstoff für viele chemische Produkte. Seine Vorteile als Brennstoff sind, dass es vollständig, rußfrei und schadstoffarm verbrennt, von allen fossilen Brennstoffen am meisten Energie freisetzen kann und die Verbrennungsvorgänge sich am besten beherrschen lassen. Daher wird Erdgas immer häufiger auch als Treibstoff für Erdgasmotoren in Kraftfahrzeugen eingesetzt. Der große Aufschwung erfolgte im Jahr 2003, denn bis zum Jahr 2020 wird Erdgas nur gering besteuert im Vergleich zur hohen Mineralöl- und Ökosteuer auf Benzin und Dieselkraftstoff.

4 Tankstelle mit Zapfsäule für Erdgas

Aufgaben

1 Erstelle eine Übersicht über weltweite Erdgasvorkommen. Nutze hierfür deinen Atlas.
2 Erkläre, weshalb Erdgas schadstoffarm verbrennt.
3 Erläutere mögliche Gefahren beim Transport und bei der Lagerung von Erdgas.
4 Überlege, weshalb man vollständig gereinigtem und daher geruchlosem Erdgas wieder unangenehme Geruchsstoffe zuführt.
5 Beurteile die Nutzung des Erdgases als Brennstoff im Vergleich zu der des Erdöls.

Welt der Chemie

Methanhydrate

Methanhydrate sind feste, eisähnliche Verbindungen. Sie bestehen aus Methanmolekülen, die in gefrorenes Wasser eingelagert sind. Dabei umschließen die Wassermoleküle die Methanmoleküle vollständig, sodass man von einer Einlagerungsverbindung (Clathrat) spricht. Dieses farblose „Methaneis" ist bis 18 °C stabil und enthält große Mengen an Methan.

1 Brennendes Methanhydrat

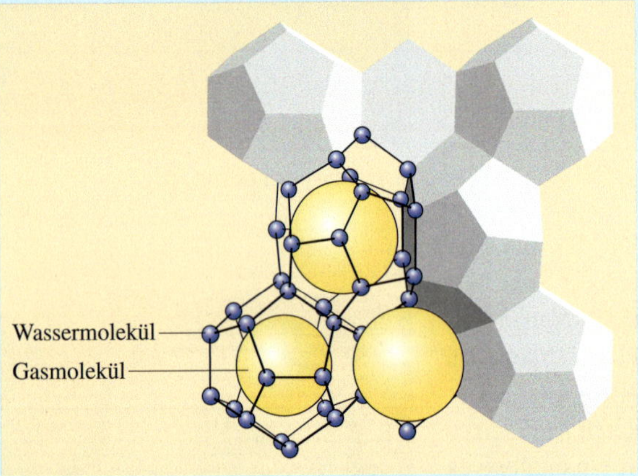

Ein Stück Methanhydrat mit dem Volumen 1 dm^3 (1 Liter) kann etwa 168 Liter Methan freisetzen. Hält man ein Streichholz an ein zerfallendes Stück Methanhydrat, so verbrennt das freigesetzte Methangas. Methanhydrate entstehen am Boden und an den Kontinentalhängen der Ozeane, wo ein hoher Druck und niedrige Temperaturen herrschen.
Man schätzt die weltweiten Vorkommen an Methanhydrat auf etwa 10^{13} Tonnen. Darin wäre weit mehr Kohlenstoff gebunden als in sämtlichen Vorräten fossiler Brennstoffe der Erde.

2 Schematische Darstellung der Methanhydratstruktur

Der Vorteil der Verwendung von Methan als Energieträger besteht darin, dass es als kohlenstoffarmer Brennstoff zu vergleichsweise geringem Ausstoß an Treibhausgasen und anderen umweltschädlichen Abgasen führt. Der Umgang mit Methanhydraten ist jedoch nicht unproblematisch. Bei der Förderung aus den Ozeanen ändern sich die Druck- und Temperaturverhältnisse so stark, dass eine unkontrollierte Freisetzung von Methan in die Atmosphäre stattfinden kann. Da Methan ein noch gefährlicheres Treibhausgas als Kohlenstoffdioxid ist, wären die Folgen für das Erdklima verheerend. Doch selbst wenn es gelingen sollte, wirtschaftliche und umweltschonende Fördermethoden zu entwickeln, bleibt die Belastung der Atmosphäre durch die Freisetzung von Kohlenstoffdioxid bei der Verbrennung des Methans.

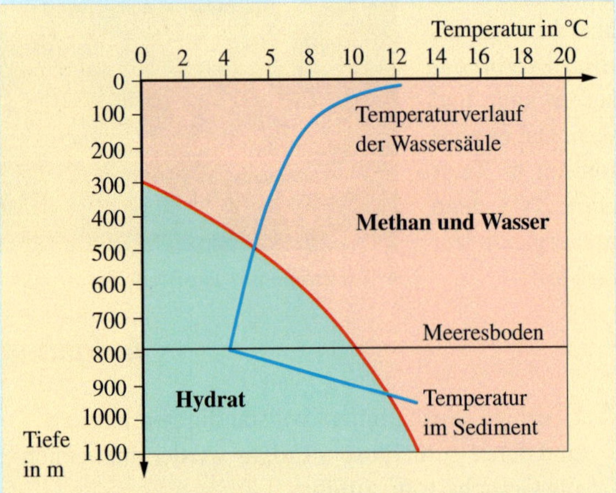

3 Stabilität von Methanhydraten in Abhängigkeit von der Temperatur und der Wassertiefe

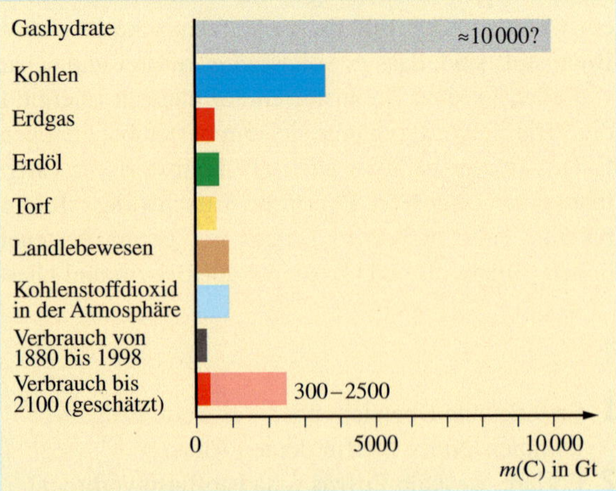

4 Geschätzte Massen an gebundenem Kohlenstoff in einigen Kohlenstoffspeichern der Erde

Kohle als Energieträger

Kohle bildete sich im Karbon vor etwa 270 bis 350 Millionen Jahren. Das Holz gewaltiger Moor- und Sumpfwälder aus Bärlappgewächsen, Farnen und Schachtelhalmen versank nach dem Absterben im Sumpfschlamm. Unter Sauerstoffabschluss bildete sich hieraus Torf. Aufgrund des durch Ablagerungen über dem Torf herrschenden Drucks bildete sich nach Herauspressen des Wassers im Inkohlungsprozess zunächst die Braunkohle, später durch höheren Druck und höhere Temperaturen die Steinkohle.
Kohle ist ein Gemisch verschiedener hochmolekularer Verbindungen. Diese bestehen hauptsächlich aus den Elementen Kohlenstoff und Wasserstoff, aber auch aus Sauerstoff, Stickstoff und Schwefel.

1 Sumpfwald im Karbon

2 Entstehung von Braunkohle, Schichtung nach mehrmaliger Überlagerung

3 Inkohlter Abdruck eines Farns (300 Mio. Jahre alt) – heutiger Farn

In Deutschland wird Steinkohle hauptsächlich zur Erzeugung von elektrischer Energie, als Brennstoff und als Reduktionsmittel in der Stahlindustrie genutzt. Bei der Verbrennung von Kohle entstehen hauptsächlich Kohlenstoffdioxid, Wasserdampf und Schwefeldioxid. Die Umweltbelastungen, wie z. B. die Schwefeldioxidemissionen, die den sauren Regen verursachen, werden heute durch aufwendige Techniken eingeschränkt. Die Freisetzung von Kohlenstoffdioxid kann dagegen noch nicht verhindert werden.

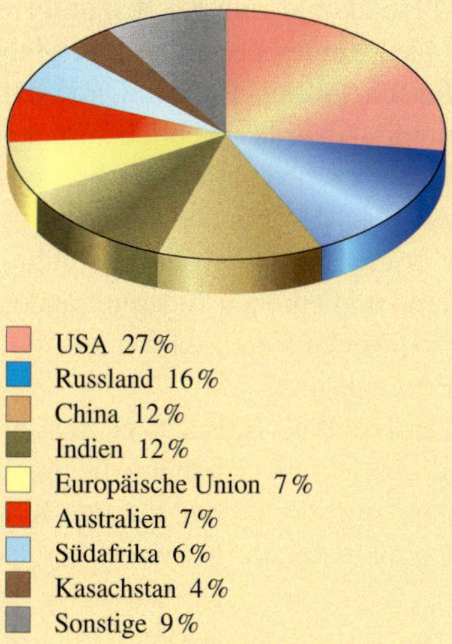

Die Hauptvorkommen der Kohle beschränken sich auf den Bereich der USA, Russland, China und Indien. Nur 7 % der Weltkohlevorräte liegen in der Europäischen Union.

4 Verteilung der Weltkohlevorräte

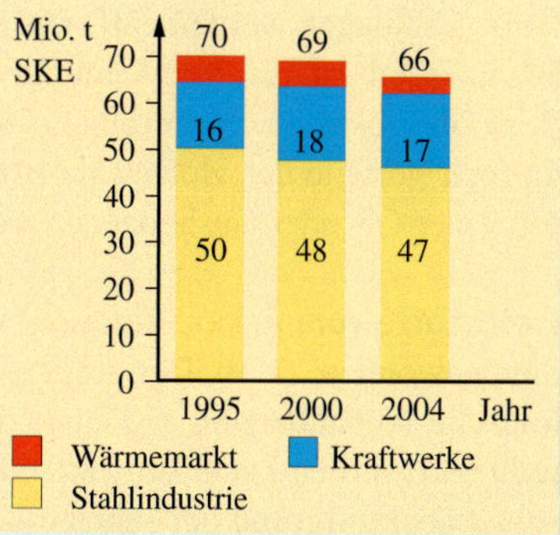

5 Steinkohleverbrauch in Deutschland nach Bereichen (t SKE: Tonnen Steinkohleeinheiten)

Aufgrund der weltweiten Erdölverknappung, der damit verbundenen hohen Ölpreise und der großen Kohlevorräte der Erde gewinnt die Veredlung der Kohle durch Kohleverflüssigung wieder an Bedeutung. Bei diesem Verfahren können aus Steinkohle flüssige Produkte (Benzin bis Schweröl) gewonnen werden. Wichtige Verfahren zur Kohleverflüssigung sind das in Deutschland im Jahr 1926 entwickelte Fischer-Tropsch-Verfahren und das ebenfalls in Deutschland 1913 entwickelte Bergius-Verfahren.

Brennstoffe aus nachwachsenden Rohstoffen

Bis heute wird die Atmosphäre durch die Verbrennung fossiler Brennstoffe enorm belastet. Wegen des dabei frei werdenden Kohlenstoffdioxids hat sich der Treibhauseffekt mit seinen Folgen für das Klima unaufhaltsam verstärkt. Deshalb werden große Hoffnungen auf die vermehrte Nutzung nachwachsender Rohstoffe gesetzt. Wie kann die Nutzung nachwachsender Rohstoffe die Umweltbelastung senken?

1

EXPERIMENT 10 [L]

Herstellung von Biodiesel.

0,3 g Natriumhydroxid (C) werden in 100 ml Methanol (F, T) gelöst. 10 ml davon werden mit 5 ml Rapsöl versetzt und in ein großes Reagenzglas mit Rührfisch gefüllt. Dieses wird mit einem durchbohrten Stopfen mit Steigrohr verschlossen. Man erhitzt 5 min lang in einem Wasserbad bei etwa 75 °C auf einem Magnetrührer unter Rückfluss, bis die Emulsion klar wird. Ohne Abkühlen gießt man den Inhalt des Reagenzglases in ein weiteres mit Wasser gefülltes und wartet bis zur Phasentrennung.

2 Zapfsäule für Ethanol 85

Land- oder forstwirtschaftlich erzeugte Produkte, die nicht für Ernährungs- oder Fütterungszwecke genutzt werden, sind **nachwachsende Rohstoffe**. Sie können z. B. zur Herstellung von Dämmstoffen oder Arzneimitteln dienen. Insbesondere aber ist ihre Nutzung zur Energiegewinnung von großem Interesse. Als nachwachsende Rohstoffe werden z. B. Holz, Raps, Zuckerrohr, Hanf und Flachs genutzt.

Holz – ein wertvoller Rohstoff Einer der ältesten von den Menschen genutzten nachwachsenden Rohstoffe ist das Holz. Schon in der Steinzeit wurde das Feuer als Energiequelle verwendet. Heute nutzen etwa 2,4 Milliarden Menschen noch immer Holz und Holzkohle zum Kochen und Heizen. Beispielsweise deckt Nepal etwa 75 % seines gesamten Energiebedarfs durch Holz. Oft betreibt der Mensch großen Raubbau mit dem Rohstoff Holz. Dadurch ist der Waldbestand der Erde erheblich zurückgegangen. So ist der Bestand des tropischen Regenwalds inzwischen weltweit auf die Hälfte seiner ursprünglichen Fläche vernichtet. Resultat des Raubbaus ist oft eine Klimaveränderung. Viele Länder haben die Gefahren erkannt und darauf reagiert. In Deutschland und etlichen anderen Ländern wird der Wald heute **nachhaltig** genutzt. Das bedeutet, dass nur so viel Holz geschlagen werden darf, wie auch nachwächst.
Hochaktuell ist die Verwendung von **Holzpellets**, die aus gepresstem Restholz bestehen. Sie erlauben vor allem Privathaushalten, die ökologischen Vorteile des Holzes als Brennstoff zu nutzen, ohne auf den Komfort einer Öl- oder Gasheizung verzichten zu müssen. ↑S.408 f.

Treibstoffe vom Acker Biodiesel wird aus Rapsöl oder anderen Pflanzenölen gewonnen. ↑E.10 Der größte Vorteil des Biodiesels ist seine gute biologische Abbaubarkeit, wodurch die Gefährdung der Umwelt erheblich reduziert werden kann. Ein vollständiger Ersatz von herkömmlichem Diesel ist aber aufgrund der sehr großen Mengen an benötigtem Pflanzenmaterial recht unwahrscheinlich. Zudem wird für seine Herstellung sehr viel Energie benötigt. Schätzungen zufolge können maximal 10 % des Gesamtdieselbedarfs mit Biodiesel gedeckt werden.

Bei der Vergärung von in Pflanzen enthaltenen Zuckern entsteht Ethanol. Im Jahr 2005 wurden davon 226 000 Tonnen als Kraftstoff genutzt. Speziell entwickelte Fahrzeuge (Flexible Fuel Vehicles, FFV) können mit Mischungen von bis zu 85 % Ethanol fahren. Ethanol wird bislang nur an wenigen Tankstellen Deutschlands angeboten.

Kohlenstoffkreislauf Grüne Pflanzen nutzen die Energie des Sonnenlichts zum Wachstum. Bei der Fotosynthese nehmen sie Kohlenstoffdioxid aus der Luft auf und bauen damit energiereiche Verbindungen wie Glucose, Stärke und Cellulose auf. Tiere, die sich von den Pflanzen ernähren, decken ihren Energiebedarf mit diesen energiereichen Verbindungen. Bei der Atmung werden sie zusammen mit dem Luftsauerstoff wieder zu Kohlenstoffdioxid umgewandelt, das abgegeben wird. Auch bei Waldbränden entsteht Kohlenstoffdioxid. In der Natur wird aber immer nur so viel Kohlenstoffdioxid freigesetzt, wie auch durch die Pflanzen gebunden wird. Über Millionen Jahre hinweg befand sich dieser Kreislauf des Kohlenstoffs in einem natürlichen Gleichgewicht.
Durch die Verbrennung fossiler Brennstoffe zur Energiegewinnung entstehen große Mengen an zusätzlichem Kohlenstoffdioxid, das den natürlichen Kreislauf des Kohlenstoffs erheblich beeinflusst und den natürlichen Treibhauseffekt verstärkt. Folge ist die immer stärker zunehmende Erderwärmung und damit verbunden die Veränderung des Klimas auf der Erde. Der Vorteil der Nutzung nachwachsender Rohstoffe zur Energieversorgung besteht darin, dass bei deren Verbrennung gerade nur so viel Kohlenstoffdioxid freigesetzt wird, wie zuvor aus der Luft chemisch gebunden wurde.

Schon gewusst?

Die oberen Luftschichten unserer Atmosphäre lassen Sonnenlicht passieren. Eine Abstrahlung der Wärme zurück in den Weltraum wird jedoch vermieden. Daher kommt es zur Erwärmung der unteren Luftschichten. Dieser natürliche Treibhauseffekt beruht vor allem auf Wasserdampf und Kohlenstoffdioxid. Ohne diesen Effekt betrüge die Durchschnittstemperatur auf der Erde statt +15 °C nur −18 °C.

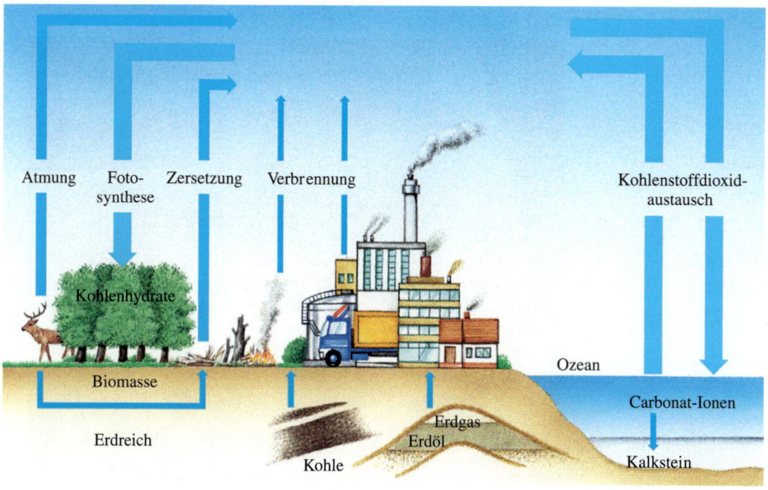

3 Modellhafte Darstellung des Kohlenstoffkreislaufs

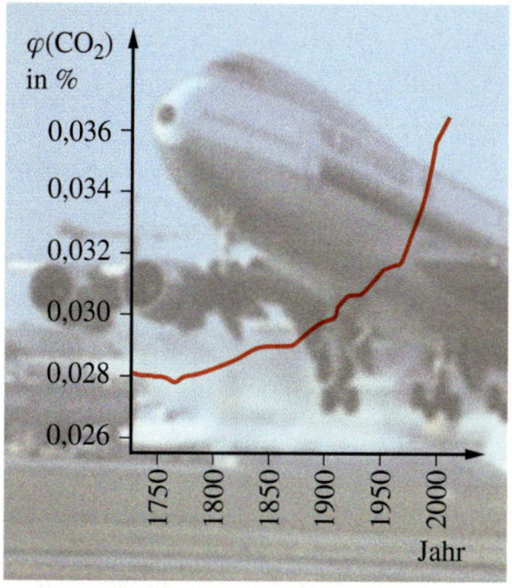

4 Anstieg des Volumenanteils an Kohlenstoffdioxid $\varphi(CO_2)$ in der Atmosphäre seit 1740

Aufgaben

1 Erläutere die im Kohlenstoffkreislauf dargestellten Zusammenhänge.

2 Erkläre, weshalb die Verbrennung fossiler Brennstoffe den Treibhauseffekt verstärkt, die Verbrennung nachwachsender Brennstoffe jedoch nicht.

3 Nimm begründet Stellung zu folgender Aussage: „Ohne Umweltbelastung ist Energiegewinnung nicht möglich“.

4 Beurteile die Verwendung von Biodiesel und Ethanol als Kraftstoffe.

Holz wird von Menschen seit Jahrtausenden zur Wärme- und Lichtgewinnung sowie zum Kochen verbrannt. Die Energieausbeute ist in einfachen Feuerstellen oder Öfen jedoch recht gering. Forscher und Ingenieure haben gerade in den letzten Jahren erhebliche Fortschritte zur Optimierung der Energiegewinnung aus Holz gemacht. Heute gibt es bereits Heizkessel, die ganze Häuser nur mit Holz beheizen können. Neueste Forschungen beschäftigen sich sogar wieder damit, aus Holz einen motortauglichen Treibstoff (Holzgas) herzustellen.

1 Holz – die Alternative zum Heizöl?

Holz – Energieträger der Zukunft?

- Welche Eigenschaften des Holzes machen es als Brennstoff interessant?
- Welche Vor- und Nachteile ergeben sich aus der Verbrennung von Holz gegenüber anderen fossilen Energieträgern?
- Wie ist es gelungen, die Energieausbeute bei der Verbrennung von Holz zu optimieren?

Materialien für die Projektbearbeitung Nutzt die auf diesen Seiten enthaltenen Informationen und bereitgestellten Materialien, aber auch Materialien aus anderen Quellen, z.B. dem Internet, zur Bearbeitung eurer Fragestellungen.

1 Stelle Holzgas her und entzünde es.
Gib in ein Reagenzglas einige Holzspäne und verschließe es mit einem durchbohrten Stopfen, in dem sich ein Glasrohr mit Spitze befindet. Erhitze das Reagenzglas über dem Brenner. Halte nach einiger Zeit einen brennenden Holzstab an die Glasspitze. Notiere die Beobachtungen. Finde eine Erklärung auch mithilfe der Daten aus der Tabelle.

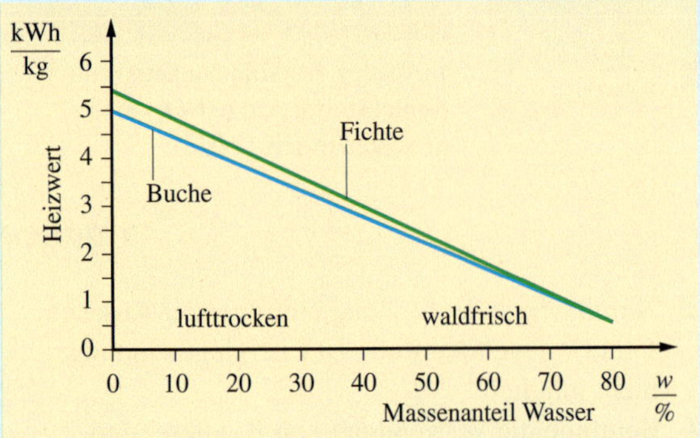

2 Heizwert von Holz in Abhängigkeit vom Wassergehalt

Info

Holzpellets werden aus naturbelassenen Reststoffen der Holz verarbeitenden Industrie (Säge- und Hobelspäne) mit hohem Druck gepresst. Sie haben einen Durchmesser von etwa 6 mm und eine Länge von etwa 20 mm und eignen sich daher gut für eine automatische Beschickung. Um schädliche Emissionen zu vermeiden, dürfen nur unbehandelte, naturbelassene Holzrohstoffe zu Pellets gepresst werden. Der Heizwert von 2 kg Pellets entspricht etwa dem von 1 l Heizöl bzw. 1 m^3 Erdgas.

Kennzeichen verschiedener Brennstoffe

Brennstoff	Heizwert in kWh/kg	Massenanteile der Elemente im wasserfreien Brennstoff in %					Massenanteil flüchtiger Bestandteile in %	Masse Asche/ Masse Brennstoff in %
		C	H	O	N	S		
Pappelholz	5,1	47,5	6,2	43,1	0,42	0,03	81,2	1,9
Weidenholz	5,1	47,1	6,1	43,2	0,54	0,05	80,3	2,2
Fichtenholz	5,3	49,7	6,3	42,3	0,13	0,02	82,9	0,6
Buchenholz	4,9	47,9	6,2	44,7	0,22	0,02	84,0	0,5
Zum Vergleich:								
Steinkohle	8,8	79,4	5,1	6,7	1,5	1,0	38,8	6,3

Holzheizungen für private Wohngebäude

Zusatzheizungen	Zentralheizungen für Einfamilienhäuser	Holzheizungen für große Wärmeabnehmer (z. B. Heizwerke)
– geschlossener Kamin – Kaminofen – Warmluftkachelofen – Pelleteinzelofen	– Scheitholzzentralheizung – Pelletzentralheizung – Kombikessel (z. B. Scheitholz und Pellets)	– Hackschnitzelfeuerung

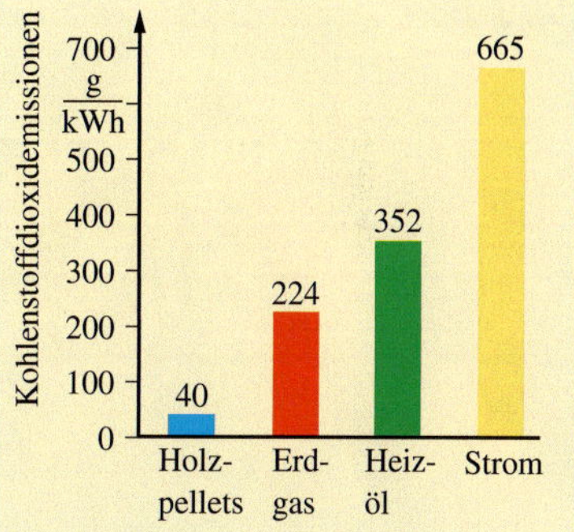

3 Kohlenstoffdioxidemissionen bei verschiedenen Beheizungsarten

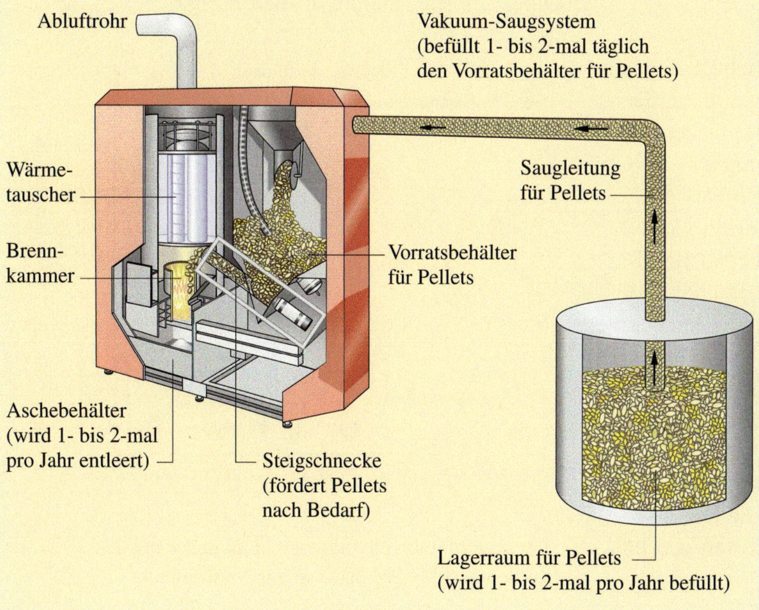

4 Funktionsprinzip eines Holzpellet-Heizkessels

Hinweise für die Projektbearbeitung Einigt euch über die Art der Bearbeitung. Ihr könnt Arbeitsgruppen bilden, wobei sich die eine Gruppe vor allem mit den Eigenschaften des Holzes befasst. Eine zweite Gruppe untersucht die Vor- und Nachteile des Holzes gegenüber anderen fossilen Brennstoffen, eine weitere Gruppe beschäftigt sich mit der Optimierung der Energieausbeute bei der Verbrennung von Holz. Stellt eure Ergebnisse zusammen und überlegt, wie ihr diese der Öffentlichkeit vorstellen könnt.

Brennstoffe und Umwelt

Folgen der Energiegewinnung Im Alltag benötigen wir sehr viel Energie, damit der Computer funktioniert, das Handy klingelt, die Stereoanlage läuft oder das Auto rollt. Die Energie hierfür erhalten wir zum großen Teil durch Verbrennen der fossilen Energieträger Erdöl oder Kohle. Dabei entstehen gewaltige Massen an Kohlenstoffdioxid, ein Treibhausgas, das den natürlichen Treibhauseffekt verstärkt. Weitere schwerwiegende Umweltprobleme können z. B. bei der Gewinnung oder dem Transport dieser Energieträger entstehen.

1 Einrichten einer Ölsperre nach der Havarie der Exxon Valdez

Verstärkung des Treibhauseffekts durch Verbrennung fossiler Brennstoffe Der natürliche Treibhauseffekt bewirkt die lebenserhaltende Erwärmung der Erdoberfläche. Ohne ihn würde die Oberflächentemperatur der Erde im globalen Mittel nur etwa –18 °C betragen. Dazu tragen die Treibhausgase Wasserdampf mit einem Drittel, das Kohlenstoffdioxid mit einem Anteil von etwa 15 %, Ozon mit etwa 10 %, Stickstoffoxid und Methan mit je etwa 3 % bei. Die Sonne erwärmt die Erdoberfläche. Ein Teil der Wärme wird durch die Treibhausgase an der Abstrahlung in den Weltraum verhindert. Die unteren Luftschichten erwärmen sich. Durch den Menschen wird aber der natürliche Treibhauseffekt z. B. wegen ständig zunehmender Emission von Kohlenstoffdioxid verstärkt. Modellrechnungen ergaben, dass sich die Durchschnittstemperatur der Erde in den nächsten 100 Jahren sogar um einige Grad erwärmen könnte.

Exxon Valdez – Tankerunglück und seine Auswirkungen Am 24. März 1989 lief der Öltanker Exxon Valdez auf dem Weg von der Ölverladestation der Trans-Alaska-Pipeline Richtung Süden durch einen Manövrierfehler auf das Bligh-Riff im Prinz-William-Sund vor der Küste Südalaskas auf. Bei diesem Unglück liefen etwa 40 000 Tonnen Rohöl aus und verschmutzten dabei über 2000 km Küste. Hunderttausende Fische, Seevögel und andere Tiere starben an den direkten Folgen der Umweltkatastrophe. Noch heute kommt es immer wieder zu Vergiftungen von Tieren durch Nahrungsaufnahme, da die Ölreste bislang nicht vollständig abgebaut worden sind.

Maßnahmen bei einer Ölkatastrophe Wenn Öl z. B. nach einem Tankerunglück ins Wasser gelaufen ist, bildet sich ein dünner Ölfilm, der sich schnell ausbreitet. Um die unkontrollierte Ausbreitung zu verhindern, werden Ölsperren gebildet. Auf die Öllache wird Ölbindemittel gegeben. Hierzu eignet sich Polyurethan, das als fester, hochadsorptiver Schaumstoff über eine immens große Oberfläche verfügt und daher große Mengen des ausgelaufenen Öls an sich binden kann. Neue Tanker haben heute doppelte Außenwände, damit im Fall einer Kollision die Gefahr der Verseuchung herabgesetzt ist. An der Südküste Alaskas sind heute die Einsatzzentralen der Küstenwache für die Ölbekämpfung ständig in Bereitschaft.

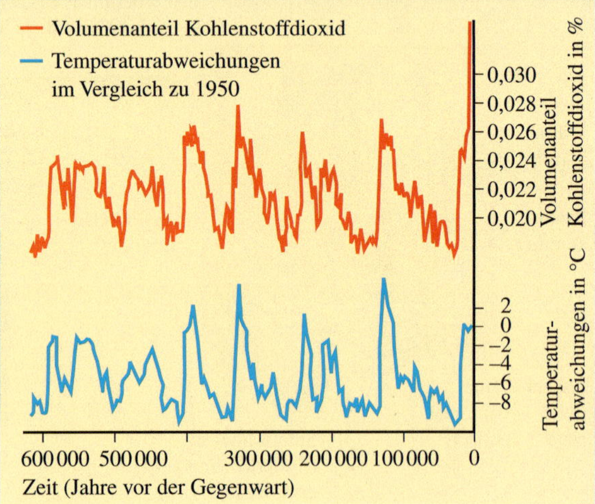

2 Temperaturabweichungen und Veränderung des Kohlenstoffdioxidgehalts in der Atmosphäre

Das Klima auf der Erde könnte sich dramatisch ändern. Dürren und Wassermangel, schwere Stürme, der Anstieg des Meeresspiegels aufgrund der abschmelzenden Eismassen Grönlands und der Antarktis sind nur einige der verheerenden Folgen, die eine Erderwärmung mit sich bringen könnte. Eine weltweite Verminderung des Ausstoßes an Kohlenstoffdioxid ist dringend erforderlich. Auf internationalen Klimakonferenzen versuchen Politiker sich auf Maßnahmen zur Verminderung der Freisetzung von Treibhausgasen zu einigen.

Einfluss verschiedener Gase auf den Treibhauseffekt

Gas	Relativer Treibhauseffekt je Molekül	Anteil an der Verstärkung des Treibhauseffekts
Kohlenstoffdioxid	1	50 %
Methan	32	13 %
Distickstoffoxid	150	7 %
Ozon	2000	5 %
FCKW	15000	17 %
Andere		8 %

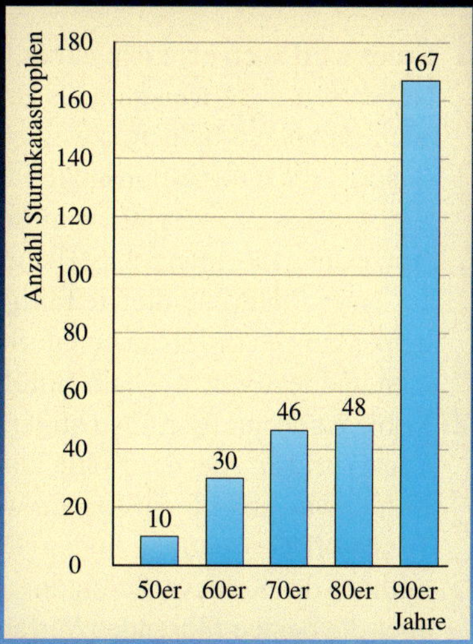

3 Anzahl großer Sturmkatastrophen im 20. Jahrhundert weltweit

4 Von Hurrikan Katrina (2005) zerstörte Häuser

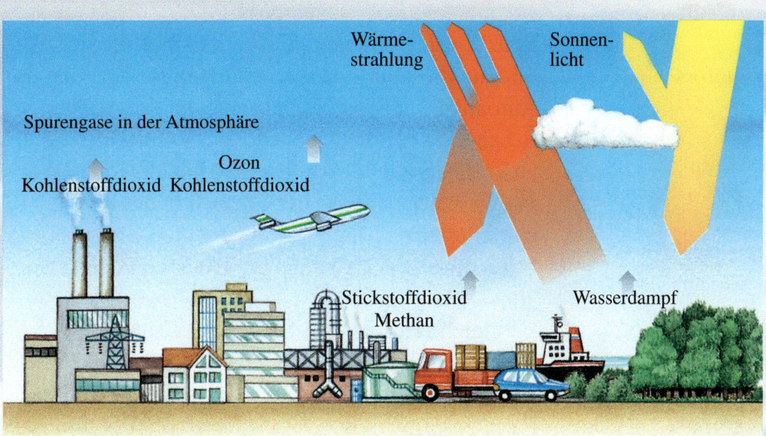

5 Modellhafte Darstellung des Treibhauseffekts

Arbeitsaufträge

1 Erkunde, wann und wo es in Europa bereits zu einer Ölpest gekommen ist. Finde heraus, wie die Ölverschmutzungen auf den Meeren sowie an den Stränden beseitigt worden sind.

2 Verschmutzungen durch Öl können auch in unserer unmittelbaren Nähe vorkommen, z. B. an Tankstellen, Waschanlagen für Autos oder überall dort, wo Altöl gewechselt wird. Informiere dich über die gesetzlichen Bestimmungen, über die jeweils getroffenen Sicherheitsmaßnahmen vor Ort und über Maßnahmen zur Beseitigung der Verschmutzungen. Führe hierzu in Kleingruppen Expertenbefragungen durch und erstelle eine Informationstafel.

3 Erläutere, weshalb der natürliche Treibhauseffekt zunehmend verstärkt wird. Diskutiere mit Freunden aktuelle Möglichkeiten zur Verminderung des Treibhauseffekts. Beziehe dabei auch Möglichkeiten mit ein, wie du persönlich dazu beitragen kannst.

4 Die Folgen des Treibhauseffekts sind täglich Gegenstand aktueller Diskussionen. Recherchiere in Zeitungen, Zeitschriften und im Internet nach Beiträgen und stelle die Argumente in geeigneter Form einander gegenüber.

weiter gedacht

1 Erdöl wird auch als „schwarzes Gold" bezeichnet. Neben seiner Verwendung als Brennstoff ist Erdöl auch für andere Industriezweige sehr bedeutsam. Besorge dir Informationsmaterialien verschiedener Erdölfirmen und vergleiche diese miteinander. Nutze auch das Internet. Stelle mit deiner Klasse auf einer Pinnwand die vielfältigen Nutzungsmöglichkeiten des Erdöls in einem Schaubild zusammen und lege dar, weshalb Erdöl so begehrt ist.

2 Kohle ist ebenfalls ein wichtiger Rohstoff und Energieträger. Aus der Kohle können sogar flüssige Kohlenwasserstoffe gewonnen werden, die als Treibstoff Verwendung finden. Das geschieht mithilfe der Kohleverflüssigung. Informiere dich über die beiden führenden Verfahren der Kohleverflüssigung: das Fischer-Tropsch-Verfahren und das Bergius-Verfahren. Erläutere, weshalb beide Verfahren bereits heute in einigen Ländern der Welt (z. B. China oder Südafrika) im Gegensatz zu Deutschland in hochmodernen Anlagen Anwendung finden.

3 Erläutere die Arbeitsweise eines Ottomotors anhand folgender Abbildung:

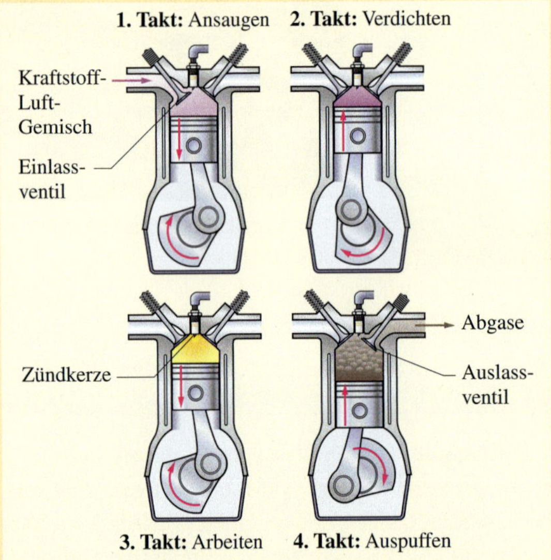

1 Arbeitsweise eines Ottomotors

4 Informiere dich mithilfe des Internets über die Arbeitsweise eines Dieselmotors und vergleiche sie mit der Arbeitsweise eines Ottomotors.

5 Um den Ausstoß von schädlichen Stickstoffoxiden (NO_x) und Kohlenstoffmonooxid (CO) zu verringern, werden in Kraftfahrzeugen Katalysatoren verwendet. Im Diagramm ist modellhaft die Energie für eine chemische Reaktion mit und ohne Katalysator dargestellt.

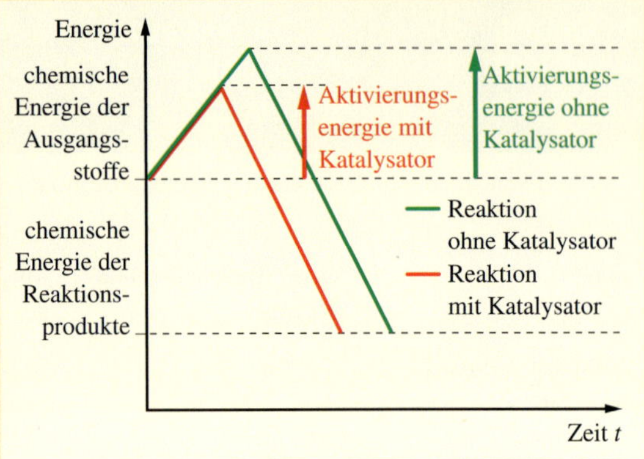

a Erläutere die Abbildung.

b Informiere dich über die chemischen Reaktionen an einem Autoabgaskatalysator. Formuliere die Reaktionsgleichungen. Diskutiere mithilfe der Abbildung die Energieumwandlungen für eine der am Autoabgaskatalysator stattfindenden Reaktionen.

6 Beschreibe den natürlichen Kohlenstoffkreislauf und erläutere unter Angabe von konkreten Beispielen, in welcher Weise der Mensch in diesen Kreislauf eingreift.

7 Derzeit steigt der Absatz von Biogas an deutschen Tankstellen stark an.

a Vergleiche Erdgas und Biogas miteinander.

b Überlege Ursachen für den stark gestiegenen Absatz von Biogas und fasse diese in schriftlicher Form zusammen.

c Begründe, warum Biogas den regenerativen Energieträgern zugeordnet werden kann.

8 Biodiesel wird z. B. aus Raps gewonnen und gilt daher oft als ökologisch vorteilhafter als herkömmlicher Diesel. Doch nicht jedes Auto mit Dieselmotor kann mit Biodiesel betankt werden.

a Befrage einen Autohändler über die Unterschiede zwischen einem mit herkömmlichem Diesel und einem mit Biodiesel betriebenen Fahrzeug. Welche Auswirkungen hätte die Umstellung aller Kraftfahrzeuge auf Biodiesel?

b Informiere dich über die sogenannte Ökobilanz von Biokraftstoffen gegenüber herkömmlichen Kraftstoffen. Diskutiere die Ergebnisse in der Klasse.

Auf einen Blick

Fossile Brennstoffe

Brennstoffe, die vor 200 bis 300 Millionen Jahren aus dem organischen Material abgestorbener Tiere und Pflanzen unter Ausschluss von Sauerstoff entstanden sind. Fossile Brennstoffe sind bedeutende Energieträger.
Beispiele: Torf, Kohle, Erdöl, Erdgas

Erdgas

Stoffgemisch, dessen Hauptbestandteile die Kohlenwasserstoffe Methan, Ethan, Propan und Butan sind.
Erdgas dient als Heizgas und als Rohstoff für die chemische Industrie.

Erdöl

Stoffgemisch verschiedener Kohlenwasserstoffe mit kettenförmigen, verzweigten und ringförmigen Molekülen.
Erdöl ist ein bedeutender Energieträger und Rohstoff für die chemische Industrie.

Verarbeitung von Erdöl

Die Verarbeitung des Erdöls erfolgt in Raffinerien. Ziel der Verarbeitung ist die Gewinnung verschiedener Gemische von Kohlenwasserstoffen. Wichtige Verfahren sind die fraktionierte Destillation, das Cracken und das Reformieren.

Octanzahl

Maß für die Klopffestigkeit eines Ottokraftstoffs. Je größer der Anteil stark verzweigter Moleküle im Kraftstoff, desto höher ist die Klopffestigkeit. Die Octanzahl nimmt Werte zwischen 0 (stark klopfend) und 100 (klopffest) an.

Cetanzahl

Maß für die Klopffestigkeit eines Dieselkraftstoffs

Brennstoffe aus nachwachsenden Rohstoffen

Nachwachsende Rohstoffe

Raps

Holz

Zuckerrohr

Verwendung zur Gewinnung von Brennstoffen

Biodiesel | Holzpellets | Ethanol

Check up

1 Nenne wesentliche Eigenschaften, die einen Stoff als Brennstoff charakterisieren.

2 Erdöl ist einer der bedeutendsten fossilen Energieträger unserer Erde und kommt meist in großen Lagerstätten vor.
a Entscheide, ob Erdöl aus besonderen Muttergesteinen oder in dem Muttergestein entstanden ist. Begründe deine Ansicht.
b Erkläre, weshalb sich kaltes Erdöl nicht entzünden lässt, wohl aber warmes.

3 Rohöl kann von den Verbrauchern noch nicht unmittelbar verwendet werden.
a Verdeutliche, in welchen Eigenschaften sich die verschiedenen Rohölfraktionen voneinander unterscheiden.
b Gib die Arbeitsschritte an, in denen man aus Rohöl Benzin gewinnt.
c Vergleiche die fraktionierte Destillation im Schülerexperiment mit der in der Erdölraffinerie.
d Erläutere die Vorgänge bei der fraktionierten Destillation.
e Beurteile die Notwendigkeit der Vakuumdestillation.
f Vergleiche das thermische Cracken mit dem katalytischen Cracken.

4 Ein Auto mit einem Motor, für den der Hersteller die Verwendung von Super-Plus-Benzin (OZ 98) empfiehlt, wird versehentlich mit Normalbenzin (OZ 91) betankt.
a Erläutere die Angaben „OZ 91“ bzw. „OZ 98“.
b Welche Auswirkungen könnte die oben beschriebenen Verwechslung für den Automotor haben?
c Stelle die Reaktionsgleichung für die vollständige Verbrennung von Octan auf.
d Gib an, wie sich die Verbrennungsprodukte aus Aufgabe c nachweisen lassen.

5 Vergleiche die Verfahren „Raffinieren“ und „Reformieren“ miteinander.

6 Die Zusammensetzung von Kraftstoffen variiert von Hersteller zu Hersteller und muss den besonderen Bedürfnissen entsprechend angepasst werden. Das Bevorstehen eines besonders kalten Winters veranlasst die Betreiber einer Erdölraffinerie zum Beispiel, die Zusammensetzung ihres Benzins aufgrund der niedrigen Temperaturen zu verändern. Folgende Vorschläge werden diskutiert:
Vorschlag 1: Zusatz von MTBE
Vorschlag 2: Erhöhung des Anteils kurzkettiger Kohlenwasserstoffe
Vorschlag 3: Erniedrigung des Anteils kurzkettiger Kohlenwasserstoffe
Bewerte die Vorschläge und begründe deine Bewertung.

7 Beurteile die Rolle der Kohlenwasserstoffe als Energieträger.

8 Erläutere, wie der Einsatz von Brennstoffen aus nachwachsenden Rohstoffen die Umweltbelastung senken kann.

Aufgabe	Hilfe findest du auf Seite …	Verbindung der Aufgabe zu den Basiskonzepten ↑S.18
1	394	T
2	396, 397	T
3	397, 398, 399	T R
4	400, 401	T R
5	398, 401	R
6	397, 400, 401	S T
7	395, 406, 407	E
8	406, 407	T E

T Stoff-Teilchen-Beziehungen, S Struktur-Eigenschafts-Beziehungen, R Chemische Reaktion, E Energetische Betrachtungen bei Stoffumwandlungen

Die Lösungen findest du im Anhang.

Wer denkt schon beim Verzehren eines Bonbons, beim Essen von Obst, wie Apfel, Weintraube, Erdbeere und Ananas oder beim Riechen an einer Hyazinthe, bei der Bekanntschaft mit einer Brennnessel oder beim Geruch eines AlleskIebers an Alkohol, Essig oder Ester?

Vom Alkohol zum Ester

- Bestehen zwischen Alkohol, Essig und Ananasester Gemeinsamkeiten und Unterschiede?
- Wie sind Alkohol, Essig und Ester aufgebaut?
- Wie können diese Stoffe gewonnen bzw. hergestellt werden?
- Welche Bedeutung haben diese Stoffe im täglichen Leben der Menschen?

Selbst untersucht Eigenschaften von Alkoholen

1 Erkunde Eigenschaften von Ethanol.

Vorsicht! Entzündungsgefahr! Ermittle Aggregatzustand, Geruch, Farbe und Dichte von Ethanol (F) bei Zimmertemperatur und bestimme die Siedetemperatur. Prüfe anschließend die elektrische Leitfähigkeit von Ethanol und die Brennbarkeit.

Beschreibe die Beobachtungen. Nutze die Beobachtungsergebnisse und Angaben aus einem Tabellenwerk zum Erstellen eines Steckbriefs für Ethanol.

Entsorgung: Reste von Ethanol zur weiteren Verwendung einsammeln.

2 Prüfe die Wirkung einer elektrisch geladenen Folie auf Ethanol und andere Flüssigkeiten.

Gib Ethanol in eine Bürette und halte seitlich neben das Auslaufventil einen aufgeladenen Plastikstab oder eine aufgeladene Folie.

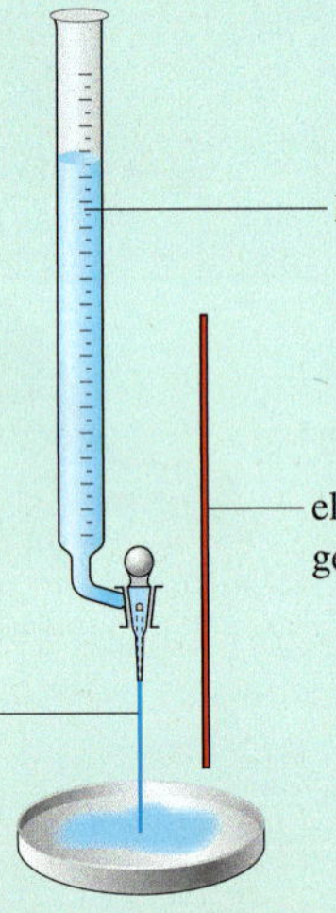

Lass aus der Bürette einen feinen Ethanolstrahl an dem Stab vorbei in eine Auffangwanne laufen.

Wiederhole das Experiment mit Wasser und mit Petroleumbenzin (F).

Vergleiche das Verhalten der drei Flüssigkeiten an dem geladenen Stab.

Erkläre das Verhalten der drei Flüssigkeiten.

Entsorgung: Reste von Ethanol und Petroleumbenzin zur weiteren Verwendung einsammeln.

3 Verbrenne Ethanol in einem geschlossenen Gefäß.

Vorsicht! Schutzbrille! Gib auf den Verbrennungslöffel Brennspiritus (F) und entzünde ihn. Tauche den Verbrennungslöffel in einen sauberen, trockenen Erlenmeyerkolben. Verschließe den Erlenmeyerkolben mit dem Stopfen.

Betrachte nach Erlöschen der Flamme die Wand des Erlenmeyerkolbens. Öffne kurz den Erlenmeyerkolben und gib etwa 5 ml Kalkwasser (Xi) in den Kolben. Verschließe sofort und schüttle.

Betrachte das Kalkwasser vor dem Einfüllen in den Kolben und nach dem Schütteln des verschlossenen Kolbens.

Deute die Beobachtungsergebnisse.

Entsorgung: Reste in den Sammelbehälter für Abwasser geben.

4 Untersuche die Wirkung von Alkohol auf Eiweiß.

Versetze etwas Eiklar mit 0,9%iger Kochsalzlösung im Verhältnis 1 : 5 und schüttle kräftig. Gib zu 5 ml der entstandenen Eiweißlösung 5 ml Ethanol (F) und schüttle wiederum kräftig.

Beschreibe deine Beobachtungen. Überlege, welche Wirkungen der regelmäßige Genuss von Alkohol auf Organe im menschlichen Organismus haben kann.

Entsorgung: Reste in den Sammelbehälter für Abwasser geben.

5 Prüfe das Verhalten von Alkoholen gegenüber Indikatorlösungen.

Gib je 3 ml Ethanol (F), Propan-1-ol (F) und Butan-1-ol (Xn) in jeweils ein Reagenzglas. Versetze die Alkohole mit fünf Tropfen einer Indikatorlösung, z. B. Universalindikator. Tropfe zum Vergleich ebenfalls fünf Tropfen dieser Indikatorlösung in 3 ml 5%ige Natriumhydroxidlösung (C).
Notiere die Farben der Alkohollösungen vor und nach Zugabe des Indikators und vergleiche sie mit der Natriumhydroxidlösung. Leite aus dem Vergleich Schlussfolgerungen ab.
Entsorgung: Reste von Natriumhydroxidlösung und Ethanol in Sammelbehälter für Abwasser, andere Alkoholreste in den Sammelbehälter III geben.

6 Untersuche die Mischbarkeit von Alkoholen mit Wasser.

Gib in ein Reagenzglas mit 3 ml Ethanol (F) 3 ml Wasser. Verschließe das Reagenzglas und schüttle kräftig. Wiederhole das Experiment mit Butan-1-ol (Xn), Octan-1-ol (Xi), Nonan-1-ol, Glykol und Glycerin. *Hinweis:* Zur besseren Beobachtung kann das Wasser z. B. mit wenigen Tropfen Eosin angefärbt werden.
Fertige über die Beobachtungen eine Übersicht an.
Entsorgung: Reste in Sammelbehälter III geben.

7 Untersuche die Mischbarkeit von Alkoholen mit Petroleumbenzin und Heptan.

Gib in zwei Reagenzgläser je 3 ml Ethanol (F). Setze dem ersten Reagenzglas 3 ml Petroleumbenzin (F) und dem zweiten 3 ml Heptan (F, Xn, N) zu. Verschließe die Reagenzgläser und schüttle kräftig. Wiederhole die Experimente mit Butan-1-ol (Xn), Octan-1-ol (Xi), Nonan-1-ol, Glykol und Glycerin.
Fertige über die Beobachtungen eine tabellarische Übersicht an.
Vergleiche die Ergebnisse mit denen des Experiments 6. Leite aus beiden Experimenten Schlussfolgerungen über die Mischbarkeit von Alkoholen ab.
Entsorgung: Reste in Sammelbehälter III geben.

8 Prüfe die Brennbarkeit verschiedener Alkohole.

Gib in je eine Porzellanschale 5 ml Butan-1-ol (Xn), Octan-1-ol (Xi), Nonan-1-ol, Glykol und Glycerin. Versuche die Alkohole mit einem brennenden Span oder mit einer Brennerflamme zu entzünden.
Notiere die Beobachtungsergebnisse. Falls die Alkohole brennen, vergleiche das Aussehen der Flammen.
Entsorgung: Reste in den Sammelbehälter III geben.

9 Erkunde die Brennbarkeit von Ethanol-Wasser-Gemischen.

Vorsicht! Schutzbrille! Stelle fünf verschiedene Ethanol-Wasser-Gemische aus Brennspiritus und Wasser her [φ(Ethanol) = 95 %; F]. Der Volumenanteil Ethanol soll in den Gemischen betragen: 95 %, 70 %, 50 %, 40 %, 30 %. Gib jeweils 5 ml eines Gemisches in je eine Porzellanschale. Versuche die Gemische mit kleiner Brennerflamme zu entzünden.
Beobachte. Entscheide, ob sich die Gemische entzünden lassen und wie lange sie brennen. Leite Schlussfolgerungen über die Brennbarkeit von Alkohollösungen ab.
Entsorgung: Reste zur weiteren Verwendung einsammeln.

10 Unterscheide Methanol von anderen Alkoholen.

Vorsicht! Schutzbrille! Gib 5 ml Methanol (F, T), 5 ml Ethanol (F) und 5 ml Butan-1-ol (Xn) in je eine Porzellanschale. Setze den Alkoholen jeweils 1 g Borsäure und zwei Tropfen konzentrierte Schwefelsäure (C) zu. Rühre mit einem Glasstab um, bis keine feste Borsäure mehr vorhanden ist. Entzünde die Flüssigkeiten mit kleiner Brennerflamme.
Beobachte die Färbung der Flammen. Formuliere eine Aussage darüber, wie Methanol von anderen Alkoholen unterschieden werden kann.
Entsorgung: Reste in den Sammelbehälter III geben.

Ethanol

In einem Lokal wird zum Abschluss eines festlichen Essens eine brennende Nachspeise serviert. Die Früchte werden mit Alkohol, genauer mit Ethanol, flambiert.
Was ist Ethanol und welche Eigenschaften hat Ethanol?
Wofür wird Ethanol verwendet?

1 Flambieren von Himbeeren

EXPERIMENT 11 [L]

Reaktion von Ethanol mit Magnesium.
Ethanoldämpfe (F) werden über stark erhitzte Magnesiumspäne (F) geleitet. Das entweichende Gas wird entzündet.

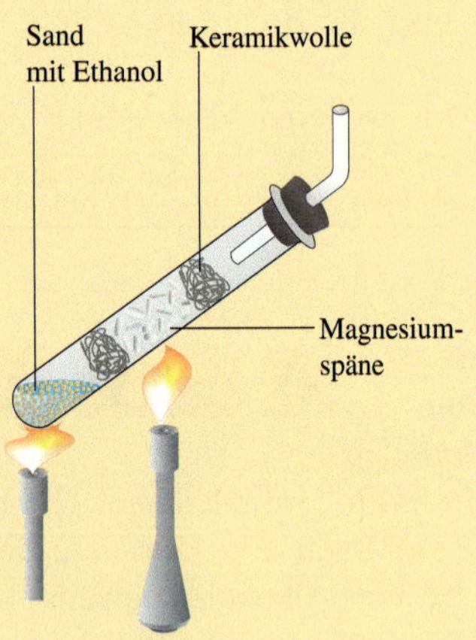

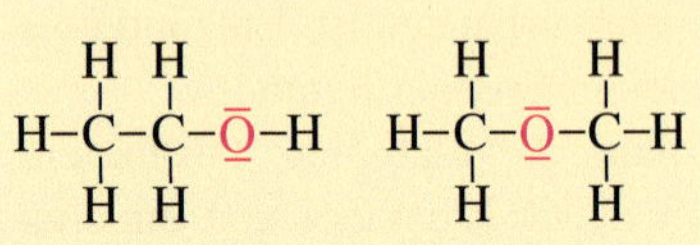

2 Mögliche Strukturformeln von Verbindungen mit der Summenformel C_2H_6O

Eigenschaften von Ethanol Reines Ethanol ist eine farblose, leicht flüchtige Flüssigkeit mit einem charakteristischen Geruch. Es hat eine Siedetemperatur von 78,4 °C und erstarrt bei –114,2 °C. ↑E.1 S.416
In Bier, Wein und Spirituosen ist Ethanol in unterschiedlichen Konzentrationen enthalten. Ethanol brennt mit blassblauer Flamme. ↑E.1,3 S.416 Beim Flambieren verbrennt nur das Ethanol, aber die Geschmacksstoffe der Spirituose bleiben erhalten. Ethanol-Wasser-Gemische sind ab einem Volumenanteil von φ(Ethanol) > 45 % brennbar. ↑E.9 S.417 Ethanol leitet nicht den elektrischen Strom, ein Ethanolstrahl wird aber von einer elektrisch aufgeladenen Folie abgelenkt. ↑E.1,2 S.416 Ethanol zerstört Eiweiße. ↑E.4 S.416 Regelmäßiger und übermäßiger Alkoholgenuss kann Gehirnzellen und innere Organe, z. B. die Leber, stark schädigen oder zerstören. Ethanol färbt im Gegensatz zu Natriumhydroxidlösung Universalindikator nicht. ↑E.5 S.417 Mit Borsäure verbrennt Ethanol mit gelber Flamme, die einen grünen Flammensaum besitzt. ↑E.10 S.417
Ethanol lässt sich mit Wasser, aber auch mit unpolaren Stoffen wie Benzin oder Heptan in jedem Verhältnis mischen. ↑E.6,7 S.417 Dieses Verhalten ist erstaunlich, da sich Heptan und Wasser nicht mischen. Wie lässt sich diese Eigenschaft des Ethanols erklären?

Struktur des Ethanolmoleküls Beim Verbrennen von Ethanol sind nur Wasser und Kohlenstoffdioxid als Reaktionsprodukte nachweisbar. ↑E.3 S.416 Bei der Reaktion mit Magnesium bildet sich Magnesiumoxid. ↑E.11 Aus den Experimentergebnissen lässt sich ableiten, dass ein Ethanolmolekül nur aus Atomen der Elemente Kohlenstoff, Wasserstoff und Sauerstoff besteht. Das Teilchenanzahlverhältnis beträgt $N(C):N(H):N(O) = 2:6:1$. Die Summenformel des Ethanols lautet demnach C_2H_6O.

Dazu lassen sich zwei Strukturformeln aufstellen. ↑2 Analytische Untersuchungen ergaben, dass Ethanolmoleküle eine **Hydroxylgruppe (OH-Gruppe)** enthalten, die am sogenannten Ethylrest ($CH_3{-}CH_2{-}$) gebunden ist. Ethanol hat also die vereinfachte Strukturformel $\mathbf{CH_3{-}CH_2OH}$.

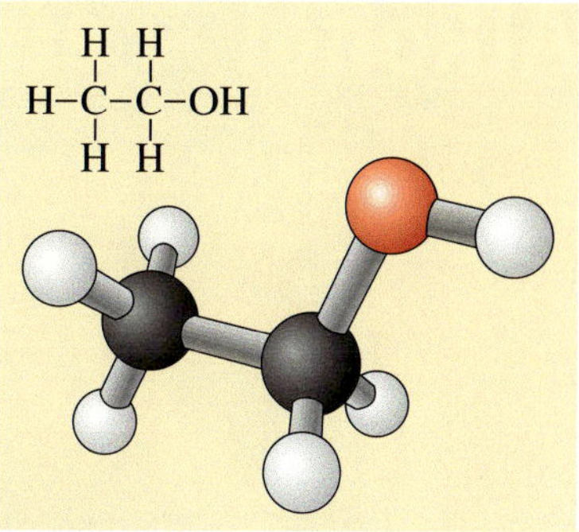

3 Strukturformel und Modell des Ethanolmoleküls

Herstellung von Ethanol Das älteste und auch heute noch wichtigste Verfahren zur Herstellung von Ethanol ist die alkoholische Gärung. Dabei reagieren zuckerhaltige Lösungen, z. B. verschiedene Fruchtsäfte, unter dem Einfluss von Enzymen zu Ethanollösungen und Kohlenstoffdioxid. Die Enzyme wirken als Biokatalysatoren. Sie werden von Hefepilzen produziert, die den Zuckerlösungen zugesetzt wurden.

$$\underset{\text{Traubenzucker (Glucose)}}{C_6H_{12}O_6} \xrightarrow{\textit{Enzyme}} \underset{\text{Ethanol}}{2\,CH_3{-}CH_2OH} + \underset{\text{Kohlenstoffdioxid}}{2\,CO_2}$$

Bei der alkoholischen Gärung entstehen Ethanollösungen mit einem Volumenanteil von maximal 18 %. Bei höheren Volumenanteilen an Ethanol sterben die Hefepilze ab. Werden diese Lösungen destilliert, lässt sich der Ethanolanteil bis auf etwa 96 % erhöhen.
Für industrielle Zwecke wird Ethanol auch durch katalytische Reaktion von Ethen mit Wasser hergestellt.

Verwendung von Ethanol in Alltag und Technik Ethanol dient in Industrie, Labor, Kosmetik, Arzneimittelherstellung und Haushalt als wichtiges Lösemittel. So enthalten Parfüms, Hustensäfte, Nasentropfen, Kosmetika und viele Haushaltsreiniger Ethanol.
Der größte Teil des hergestellten Ethanols wird in Form von alkoholischen Getränken für Genusszwecke genutzt. Bier, Wein, Sekt und Spirituosen wie Wein- oder Obstbrände, Korn oder Whiskey sind dafür Beispiele. Hochprozentige Alkohollösungen werden in Form von Spiritus als Brennstoffe eingesetzt. Damit Brennspiritus nicht zum Trinken missbraucht werden kann, wird er durch Zusätze schlecht schmeckender Stoffe ungenießbar gemacht (vergällt).
Ethanol kann auch als Kraftstoff anstelle von Benzin in Ottomotoren eingesetzt werden. In Deutschland wird vor allem ein Gemisch aus Ethanol mit einem Volumenanteil von 85 % und Benzin verwendet, das E85.

Schon gewusst?

Weine, Biere und Spirituosen sind die wichtigsten alkoholischen Getränke.
Wein wird durch alkoholische Gärung von Weintrauben oder von Traubenmost gewonnen, Bier durch alkoholische Gärung stärkehaltiger Substanzen wie Weizen oder Gerste. Spirituosen werden durch Brennverfahren (Destillation) aus durch Gärung entstandenen alkoholischen Lösungen hergestellt. Ethanol ist in Spirituosen wertbestimmender Anteil. Der Ethanolgehalt der verschiedenen Getränke ist sehr unterschiedlich; er liegt zwischen etwa 1 % Vol. bei Malzbier und mehr als 70 % Vol. bei Rum.

Aufgaben

1 Hochprozentige Spirituosen können zum Flambieren von Speisen genutzt werden.
- a Welche Eigenschaften des Ethanols sind dabei von Bedeutung?
- b Entwickle die Reaktionsgleichung für diesen Vorgang.
- c Ordne die dabei ablaufende Reaktion einer Reaktionsart zu und begründe.

2 Im Winter wird Kraftstoffen oder Scheibenwaschanlagen von Kraftfahrzeugen häufig Ethanol zugesetzt. Begründe diese Maßnahme.

3 Als Hausmittel zum Fensterputzen werden Spiritus und Zeitungspapier empfohlen. Führe diese Verwendung auf Eigenschaften der verwendeten Stoffe zurück.

4 Erkunde in deiner Wohnung alle flüssigen Stoffe, in denen Ethanol enthalten ist (z. B. Getränke, Medikamente, Reinigungsmittel). Erstelle dazu eine Tabelle. Gib darin den Namen der Flüssigkeit, den Alkoholgehalt und die Verwendung an. Führe die ermittelten Verwendungen auf die Eigenschaften von Ethanol zurück.

Alkohol – eine Alltagsdroge?

1 Alkohol bringt Stimmung beim Feiern!?

2 In einer 0,3-Liter-Flasche Alcopops sind 5,5 % Vol. Alkohol enthalten. Das sind 16,5 ml bzw. 13,04 g reines Ethanol.

Alkohol – ein Alltagsgetränk Fast alle Völker kennen Alkohol bereits seit Jahrtausenden. Man schätzte seine berauschende und entspannende Wirkung. Ursprünglich stellte man meist Gärprodukte wie Wein und Met her. Mittlerweile gibt es Tausende verschiedene alkoholische Getränke. Alkohol, regelmäßig getrunken, kann beim Menschen schon in relativ geringen Mengen zur Abhängigkeit führen. Heute ist Alkohol die Droge Nummer 1. In Deutschland gibt es etwa 3 Millionen alkoholabhängige Menschen, etwa 45 000 Menschen sterben durch Alkoholmissbrauch oder durch Unfälle in Verbindung mit Alkohol.

3 Trinkgelage auf einer griechischen Vasenmalerei aus dem 4. Jh. v. Chr.

Alkoholaufnahme im menschlichen Körper Alkohol aus alkoholischen Getränken gelangt sehr schnell ins Blut, etwa 20 % über den Magen, der restliche Anteil überwiegend über den Dünndarm. Leerer Magen, schnelles Trinken, Wärme sowie Kohlensäure in alkoholischen Getränken, z. B. Alcopops und Sekt, beschleunigen diesen Vorgang erheblich. Wenige Minuten nach dem Genuss ist Alkohol im Blut nachweisbar, nach anderthalb Stunden ist die Verteilung des Alkohols im Körper abgeschlossen. Blut und Gewebe haben nun in etwa die gleiche Alkoholkonzentration. Die Blutalkoholkonzentration (BAK) wird in Promille (‰) angegeben.

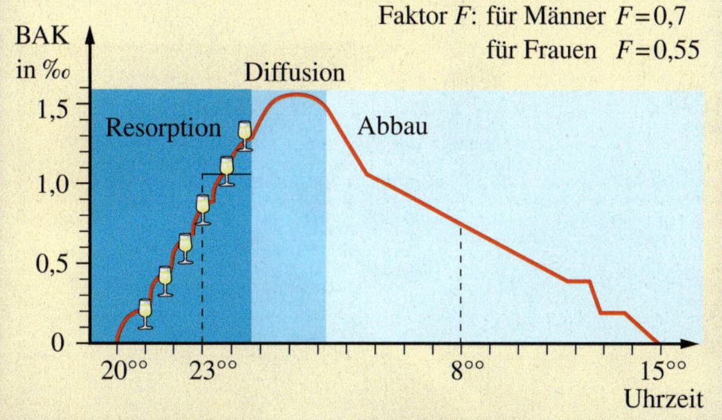

4 Blutalkoholkonzentration nach Alkoholkonsum

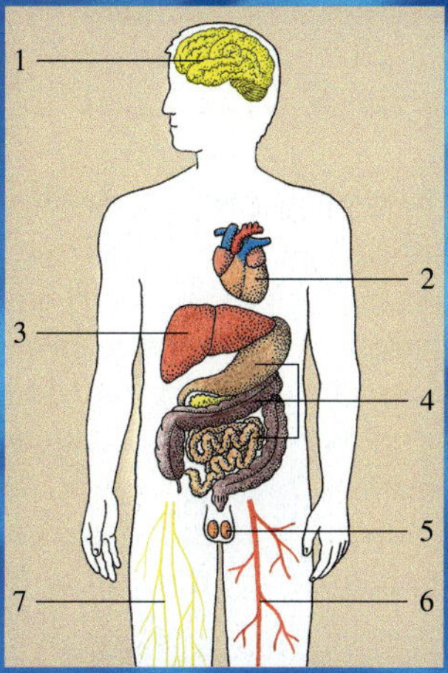

1 Gestörte Hirnfunktion
2 Herz-Kreislauf-Erkrankungen
3 Schwere Leberschäden
4 Erkrankungen von Magen, Bauchspeicheldrüse und Darm
5 Sexuelle Impotenz
6 Schäden an Blutgefäßen
7 Gestörte Nervenfunktionen

5 Mögliche Folgen von chronischem Alkoholmissbrauch

Beispiel zur Berechnung der Blutalkoholkonzentration

Eine Jugendliche hat in kurzer Zeit drei Flaschen Alcopops getrunken. Sie wiegt 53 kg. Berechne ihre Blutalkoholkonzentration.

$$BAK = \frac{3 \cdot 13{,}04\,g}{0{,}55 \cdot 53\,kg} = \frac{39{,}12\,g}{29{,}12\,kg} = 1{,}35\,g/kg = 1{,}35\,‰$$

Die Blutalkoholkonzentration der Jugendlichen beträgt 1,35‰.

Wirkungen von Blutalkoholkonzentrationen

Blutalkoholkonzentration	Wirkung
> 0,2‰	**Angeheitert** Wärmegefühl, anregende Wirkung
> 0,5‰	**Leichter Rausch** gereizte oder depressive Stimmung, Reaktionsvermögen, Seh- und Konzentrationsfähigkeit nehmen ab
> 1,5‰	**Mittlerer Rausch** Gleichgewichts-, Hör-, Seh- und Sprachstörungen, unkoordinierte Bewegungen
> 2,5‰	**Schwerer Rausch** Orientierungslosigkeit, Betäubungszustand
> 3,5‰	**Volltrunkenheit** Bewusstlosigkeit, Koma, schwere Vergiftung des Körpers

Arbeitsaufträge

1 Stelle mögliche Ursachen für den hohen Alkoholkonsum in der Gesellschaft zusammen.
2 Beschreibe die Phasen der Alkoholkrankheit.
3 Informiere dich über den Alkoholgehalt verschiedener alkoholischer Getränke, z. B. Mixbier, Bier, Wein, Sekt, Likör, Branntweine. Berechne den Gehalt an reinem Alkohol in g je Flasche und je handelsüblichem Glas. Stelle die Ergebnisse in einer Tabelle zusammen.
4 Erläutere Folgen des Fahrens unter Alkohol im Straßenverkehr. Stelle die gesetzlichen Bestimmungen zum Genuss von Alkohol im Straßenverkehr in einer Übersicht zusammen.
5 Entwickle ein Poster mit Hinweisen auf die Gefahren durch Alkohol.
6 Setze dich mit dem Thema Sucht auseinander und argumentiere zum Thema: Alkohol ist eine suchtauslösende Droge.
7 Ermittle für die Mitgliedsländer der Europäischen Gemeinschaft die gesetzlichen Promillegrenzen für Verkehrsteilnehmer. Vergleiche die Werte mit denen Deutschlands und versuche Gründe für die Unterschiede zu benennen.
8 Ein Gast hat auf einer Feier drei Gläser Wein (je 0,2 l) zu sich genommen. Berechne die Blutalkoholkonzentration. Welchen Rauschzustand hat der Gast erreicht?

Alkanole

Neben Ethanol gibt es noch andere Alkohole wie z. B. Methanol. Methanol wird in vielen Ländern als Treibstoff in Kraftfahrzeugen eingesetzt. Welche Eigenschaften und Bedeutung haben Methanol und andere Alkohole? Worauf sind Unterschiede und Gemeinsamkeiten zwischen diesen Alkoholen zurückzuführen?

1 Methanol – ein Treibstoff der Zukunft?

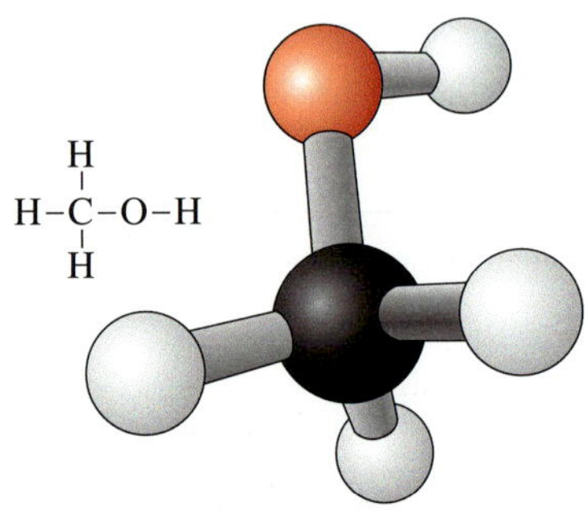

2 Strukturformel und Modell des Methanolmoleküls

EXPERIMENT 12 [L]

Reaktion von Alkanolen mit Natrium.

Vorsicht! Schutzscheibe!

In je eine Petrischale mit Ethanol (F), Propan-1-ol (F, Xi), Butan-1-ol (Xn) und Hexan-1-ol (Xn) wird jeweils ein kleines, gut entrindetes Stück Natrium (F, C) gleicher Masse gegeben. Die Petrischalen befinden sich auf der Glasplatte eines Overheadprojektors, sodass die Vorgänge an eine Wand projiziert werden. Die Zeiten von Beginn bis zum Ende der Reaktionen werden gemessen. In einem weiteren Experiment wird das entstehende Gas (F+) nachgewiesen.

Methanol Methanol ist eine farblose, leicht bewegliche, brennbare Flüssigkeit. Seine Dichte beträgt bei 25 °C $\varrho = 0{,}7869$ g/cm³, die Schmelztemperatur liegt bei –98 °C, die Siedetemperatur bei 64,5 °C. Methanol ist mit Wasser und mit Ethanol beliebig mischbar. Methanol ist sehr giftig. Etwa 5 bis 10 g können beim Menschen zur Erblindung und etwa 25 g zum Tod führen. Mit Borsäure verbrennt Methanol mit grüner Flamme. Dadurch kann es von Ethanol unterschieden werden. ↑E.10 S.417

Im Methanolmolekül ist ein Kohlenstoffatom mit drei Wasserstoffatomen und einer Hydroxylgruppe verbunden. Die vereinfachte Strukturformel lautet CH_3OH.

Methanol dient als Lösemittel z. B. bei der Herstellung von Farben, Lacken und Klebstoffen. Ebenso wird es bei der Herstellung von Chemiefaserstoffen benötigt. Als Treibstoff wird es in Verbrennungsmotoren oder als Brennstoff in Brennstoffzellen eingesetzt. Zunehmend gewinnt es an Bedeutung für die Eiweißgewinnung in der Technik durch biochemische Prozesse.

Die homologe Reihe der Alkanole Neben Methanol und Ethanol gibt es weitere von den Alkanen abgeleitete organische Verbindungen mit einer Hydroxylgruppe im Molekül, z. B. Propanol (C_3H_7OH), Butanol (C_4H_9OH) oder Decanol ($C_{10}H_{21}OH$). Alle Verbindungen, deren Moleküle aus einem Alkylrest mit einer Hydroxylgruppe bestehen, werden als **Alkanole** bezeichnet. Die Alkanole bilden eine homologe Reihe mit ähnlichen Molekülstrukturen und ähnlichen Eigenschaften. Die Moleküle benachbarter Glieder der homologen Reihe unterscheiden sich jeweils um eine $-CH_2-$Gruppe. Der Name leitet sich vom Namen des entsprechenden *Alkans* mit der Endung **-ol** ab, z. B. *Propan***ol**. Die Alkanole haben die **allgemeine Summenformel $C_nH_{2n+1}OH$**. Kann die OH-Gruppe an unterschiedlichen Kohlenstoffatomen im Molekül gebunden sein, wird das im Namen angegeben, z. B.

$CH_3-CH_2-CH_2OH$ für Propan-1-ol oder
$CH_3-CH(OH)-CH_3$ für Propan-2-ol.

Zusammenhang von Struktur und Eigenschaften der Alkanole Alle Alkanole besitzen in ihren Molekülen eine Hydroxylgruppe. Sie bewirkt die Reaktionen der Alkanole, z. B. die der Alkanole mit Natrium zu Alkanolaten unter Wasserstoffbildung. ↑E.12 Die Hydroxylgruppe ist das wesentliche Strukturmerkmal aller Moleküle der Alkanole. Solche Atomgruppen werden als **funktionelle Gruppen** bezeichnet. Die Hydroxylgruppe ist die funktionelle Gruppe der Alkanole.

Alkanolmoleküle sind Dipolmoleküle, da die Hydroxylgruppe polar ist. Das Wasserstoffatom hat einen positiven, das Sauerstoffatom einen negativen Ladungsschwerpunkt. Dadurch bilden sich zwischen den Alkanolmolekülen Wasserstoffbrücken. ↑S.243 Sie bewirken die höheren Siedetemperaturen der Alkanole im Vergleich zu den Alkanen. ↑Tabelle

Kurzkettige Alkanole lösen sich sehr gut in Wasser. Die längerkettigen Alkanole lösen sich dagegen schlecht in Wasser, aber sehr gut in Petroleumbenzin. ↑E.6,7 S.417 Wie ist dieser Unterschied zu erklären? Bei den kurzkettigen Alkanolen dominiert der Einfluss der Hydroxylgruppe. Zwischen den Alkanolmolekülen und den Wassermolekülen bilden sich Wasserstoffbrücken, deshalb sind sie gut in Wasser löslich. Bei längerkettigen Alkanolen ist der Einfluss der Hydroxylgruppe gering, es dominiert der Einfluss des unpolaren Alkylrestes. Hierauf beruht deren schlechte Löslichkeit in Wasser und sehr gute Löslichkeit in Petroleum, das ein unpolarer Stoff ist.

Die Kettenlänge (Molekülgröße) beeinflusst weitere Eigenschaften der Alkanole. Kurzkettige Alkanole sind dünnflüssig, die mit mittlerer Kettenlänge sind ölig und langkettige etwa ab Dodecanol fest. Kurzkettige Alkanole reagieren z. B. mit Natrium heftiger als langkettige.

Alkanole reagieren nicht wie Hydroxidlösungen alkalisch, da in der Lösung keine Hydroxid-Ionen vorliegen. ↑E.5 S.417

Alkanole bilden eine homologe Reihe. Die Hydroxylgruppe (OH-Gruppe) ist die funktionelle Gruppe der Alkanole. Die funktionelle Gruppe ist ein wesentliches Strukturmerkmal der Moleküle eines Stoffes. Sie bestimmt die Eigenschaften des Stoffes mit.

Längerkettige Alkanole Angenehm blumenartig riecht **Laurylalkohol** ($C_{12}H_{25}OH$, Dodecanol), der in Creme, Puder und Seifenparfüms verwendet wird, aber ebenso Ausgangsstoff für die Herstellung von waschaktiven Substanzen in Waschmitteln ist. Auch **Cetylalkohol** ($C_{16}H_{33}OH$, Hexadecanol) ist für die Herstellung von Waschmitteln, Salben und Kosmetika von Bedeutung.

Neben den Alkanolen gibt es weitere organische Stoffe, die als Strukturmerkmal die Hydroxylgruppe im Molekül besitzen. Alle zusammen bilden die Stoffklasse der **Alkohole**. Da Alkanole nur eine Hydroxylgruppe im Molekül besitzen, sind sie **einwertige Alkohole**.

Die ersten vier Glieder der homologen Reihe der Alkanole

Name	Vereinfachte Strukturformel
Methanol	CH_3OH
Ethanol	$CH_3{-}CH_2OH$
Propan-1-ol	$CH_3{-}CH_2{-}CH_2OH$
Butan-1-ol	$CH_3{-}CH_2{-}CH_2{-}CH_2OH$

Siedetemperaturen von Alkanen und Alkanolen in °C

Methan: −161,4	Methanol: 64,7
Ethan: −88,5	Ethanol: 78,4
Propan: −42,1	Propan-1-ol: 97,2
Butan: −0,5	Butan-1-ol: 117
Pentan: 36,2	Pentan-1-ol: 138

3 Viele Hand- und Körpercremes enthalten Cetylalkohol.

Aufgaben

1 Erkläre, warum Methanol in Wasser sehr gut, dagegen Decanol in Wasser nicht löslich ist.

2 Gib in einer Tabelle wichtige Alkanole mit Namen, vereinfachter Strukturformel und Verwendung an.

3 Vergleiche die Siedetemperaturen der ersten fünf Alkane mit denen der ersten fünf Alkanole und begründe die festgestellten Unterschiede.

Selbst erforscht

Aus Trauben wird Wein

Wein wird aus Weintrauben hergestellt. Aus den Trauben wird Rohmost gewonnen. Der Traubenmost wird mithilfe von Hefen vergoren, wobei der Zucker im Most in Alkohol umgewandelt wird.

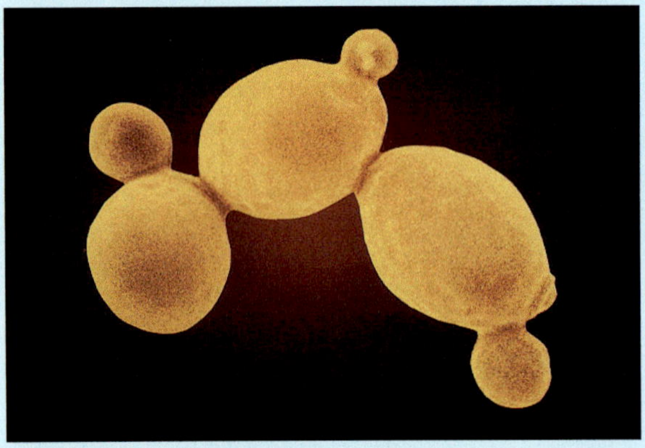

1 Mikroskopische Aufnahme von Hefezellen

Neben Alkohol entsteht bei der alkoholischen Gärung auch Kohlenstoffdioxid. Wegen seiner größeren Dichte als Luft kann es sich in den Weinkellern am Boden sammeln. Daher besteht im Gärkeller Erstickungsgefahr!
Bei der alkoholischen Gärung werden nur etwa 90 % der Zucker des Traubensaftes in Alkohol umgewandelt. Aus den restlichen 10 % entstehen in Nebenreaktionen viele weitere Stoffe, z. B. die wesentlichen Aromakomponenten des Weines.

- Welche Weinsorten werden in Deutschland erzeugt und was kennzeichnet diese Sorten?
- Welche Arbeiten muss ein Winzer während des ganzen Jahres durchführen?
- Wie erfolgt die Weinherstellung von der Weinlese bis zur Abfüllung in Flaschen?
- Wie kann man zu Hause selbst Wein herstellen?

Materialien für die Projektbearbeitung Nutzt die bereitgestellten Materialien, die Beschreibungen der Experimente und viele weitere Quellen zur Bearbeitung eurer Fragestellungen. Informiert euch auch im Internet und bei Weininstituten oder Weinkeltereien in eurer Umgebung.

Verwendung von Weintrauben

- Zum Verzehr als Tafelobst
- Herstellung von Traubenmost, Traubensaft und Wein
- Herstellung von Grappa (Branntwein aus Trester) und Beerenbranntwein
- Herstellung getrockneter Weinbeeren:
  Rosinen (Beeren mit Kernen),
  Sultaninen (große helle Beeren ohne Kerne),
  Korinthen (kleine schwarze Beeren ohne Kerne)

Weinanbaugebiet Baden	
Rebfläche	15 761 ha
Böden	Löss, Lehm, Keuper, Vulkangestein
Weinerzeugung	1,2 Mio. Hl, davon 66,9 % weiß und 33,1 % rot
Hauptrebsorten	Müller-Thurgau, Spätburgunder, Grauburgunder, Gutedel, Riesling, Weißburgunder

Weinanbaugebiet Württemberg	
Rebfläche	11 200 ha
Böden	Muschelkalk, Keuper, Mergel
Weinerzeugung	1 Mio. Hl, davon 39,7 % weiß und 68,3 % rot
Hauptrebsorten	Riesling, Kerner, Trollinger, Schwarzriesling, Lemberger

1 Stelle verschiedene Obstweine her.
Fülle je einen 1000-ml-Stehkolben mit etwa 800 ml Fruchtsaft, z. B. Rohtraubensaft oder Apfelsaft aus rohen, ungewaschenen, aber ungespritzten Früchten. Verschließe die Stehkolben mit einem Gärröhrchen, in dem sich Bariumhydroxidlösung (gesättigt, $w \approx 1{,}8\,\%$) befindet. Lass die Kolben bei Zimmertemperatur etwa eine Woche lang stehen und betrachte sie jeden Tag. Prüfe die Lösungen auf Farbe, Geruch und Brennbarkeit.
Erläutere die Vorgänge der alkoholischen Gärung von Traubensaft und begründe, warum dabei keine Hefe zugesetzt werden muss.

2 Stelle Branntweine her.
Destilliere bei maximal 85 °C jeweils 100 ml der vergorenen Obstsäfte aus Experiment 1 sowie 100 ml Weißwein und 100 ml Rotwein. Gib zu Beginn in die Lösungen Siedesteinchen. Lies während des Destillierens alle 30 s die Temperatur ab und notiere die Werte. Beende die Destillation, wenn etwa ein Drittel der jeweiligen Lösung destilliert wurde.
Prüfe die ersten und die letzten Milliliter der Destillate auf Geruch, Farbe und Brennbarkeit.
Zeichne jeweils ein Temperatur-Zeit-Diagramm.
Vergleiche die Eigenschaften der vier Destillate mit den Ausgangslösungen. Interpretiere die Temperatur-Zeit-Diagramme.

Info

Von den 13 bedeutenden Weinanbaugebieten Deutschlands liegen sechs in Rheinland-Pfalz. Unter allen Bundesländern nimmt Rheinland-Pfalz mit über 6 Mio. Hektolitern jährlich erzeugten Weines den 1. Platz ein.

2 Verschiedene Obstweine

Vorgeschriebene Angaben für Qualitätswein

1. Anbaugebiet, aus dem der Wein stammt
2. Qualitätsstufe
3. Nennvolumen
4. Abfüller
5. amtliche Prüfungsnummer
6. Alkoholgehalt

Hinweise für die Projektarbeit Stellt zu dem Thema einen Fragenkatalog zusammen. Ordnet die Fragen so, dass sie jeweils von einer Gruppe bearbeitet werden können. Fertigt über den Weinanbau in Deutschland eine Ausstellung an und stellt sie euren Mitschülern und euren Eltern vor.

Weitere Alkohole

Einige Insekten wie die Wintermücke überleben tiefe Temperaturen unter dem Gefrierpunkt, bestimmte Laufkäfer in arktischen Gebieten sogar –85 °C. Das Blut dieser Insekten enthält bestimmte Alkohole, z. B. Glykol und Glycerin als „Gefrierschutzmittel“. Was unterscheidet Glykol und Glycerin von Alkanolen? Welche Bedeutung besitzen Glykol und Glycerin?

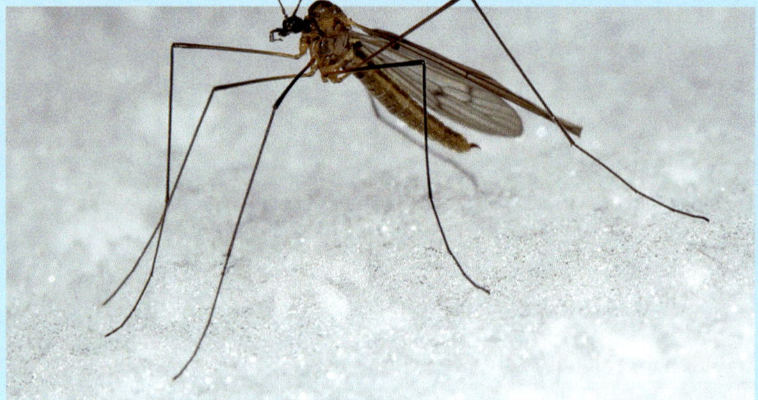

1 Wintermücke

Primäres Alkanol
$R{-}CH_2{-}OH$
Sekundäres Alkanol
H | $R_1{-}C{-}R_2$ | OH
Tertiäres Alkanol
R_2 | $R_1{-}C{-}R_3$ | OH

2 Allgemeine Formeln für Alkanole

Isomerie bei Alkanolen In einem Labor wurden drei Flaschen mit Butanol (C_4H_9OH) untersucht. Alle drei Stoffe hatten verschiedene Siedetemperaturen und lösten sich unterschiedlich gut in Wasser. Worauf ist dieses unterschiedliche Verhalten zurückzuführen?
Butanol bildet verschiedene isomere Verbindungen. In den drei Butanolen hat die Hydroxylgruppe jeweils eine andere Stellung. Ist die Hydroxylgruppe an ein Kohlenstoffatom gebunden, das höchstens ein weiteres Kohlenstoffatom bindet, spricht man von **primären Alkanolen**. Bei **sekundären Alkanolen** ist die Hydroxylgruppe an ein Kohlenstoffatom gebunden, das zwei weitere Kohlenstoffatome bindet. Bei **tertiären Alkanolen** ist die Hydroxylgruppe an ein Kohlenstoffatom gebunden, das drei weitere Kohlenstoffatome trägt.
Aufgrund der unterschiedlichen Struktur der Moleküle von Butanol besitzen diese einwertigen Alkohole unterschiedliche Eigenschaften.

Isomere des Butanols	Molekülmodell	Siedetemperatur in °C	Löslichkeit in 100 g Wasser
4 3 2 1 $CH_3{-}CH_2{-}CH_2{-}CH_2{-}OH$ Butan-1-ol (primäres Butanol)	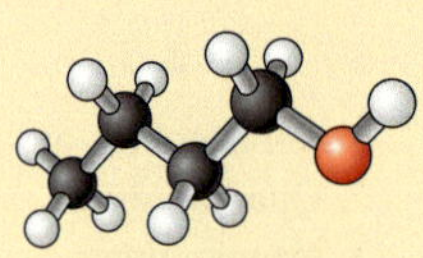	118	8,3 g
4 3 2 1 $CH_3{-}CH_2{-}CH{-}CH_3$ | OH Butan-2-ol (sekundäres Butanol)	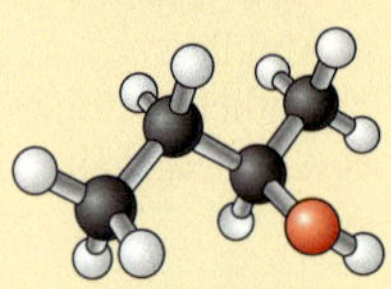	100	12,5 g
CH_3 3 |2 1 $H_3C{-}C{-}CH_3$ | OH 2-Methylpropan-2-ol (tertiäres Butanol)	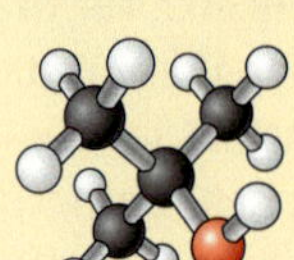	83	unbegrenzt löslich

Selbst untersucht

13 Untersuche die Wirkung von Glykol und Glycerin als Gefrierschutzmittel.
Gib in ein Reagenzglas 2 ml Wasser und 2 ml Glykol, in ein zweites 2 ml Wasser und 2 ml Glycerin und in ein drittes Reagenzglas 4 ml Wasser. Stelle die Reagenzgläser in eine Kochsalz-Eis-Kältemischung. Beobachte die Gläser einige Zeit und miss mit einem entsprechenden Thermometer die Temperatur. Deute die Ergebnisse des Experiments.
Entsorgung: Reste mit Wasser verdünnen und in den Sammelbehälter für Abwasser geben.

Mehrwertige Alkohole Die bisher vorgestellten Alkanole gehören zu den einwertigen Alkoholen. **Glykol** (Ethan-1,2-diol) besitzt in seinen Molekülen zwei Hydroxylgruppen und ist deshalb ein **zweiwertiger Alkohol**. **Glycerin** (Propan-1,2,3-triol) als **dreiwertiger Alkohol** enthält drei Hydroxylgruppen in seinen Molekülen. Da in Molekülen von Glykol und Glycerin mehr als eine Hydroxylgruppe gebunden ist, sind diese Stoffe **mehrwertige Alkohole**.
Glykol und Glycerin sind farblose, ölige und brennbare Flüssigkeiten. ↑E.8 S.417 Ihre Siedetemperaturen sind erheblich höher als die der entsprechenden einwertigen Alkohole, da die Moleküle im Glykol und Glycerin untereinander viele Wasserstoffbrücken bilden. Da sie polare Moleküle besitzen, sind diese Stoffe stark wasseranziehend (hygroskopisch), gut mit Wasser, aber nicht mit Heptan oder Petroleumbenzin mischbar. ↑E.6,7 S.417 Beide Alkohole schmecken wie andere mehrwertige Alkohole süß (griech. glykys – süß). In größeren Mengen aufgenommen, sind sie gesundheitsschädlich. Glykol-Wasser-Gemische im Verhältnis 1 : 1 gefrieren erst bei –40 °C. ↑E.13 Deshalb wird Glykol als Frostschutzmittel in Kühlern von Kraftfahrzeugen und zum Enteisen von Flugzeugen eingesetzt. Außerdem dient es der Herstellung von Kunstfasern. Glycerin wird in der Herstellung von Kunststoffen, Sprengmitteln, Medikamenten, und Kosmetika eingesetzt und dient für viele Stoffe als Lösemittel. Es kommt gebunden in tierischen und pflanzlichen Fetten vor.

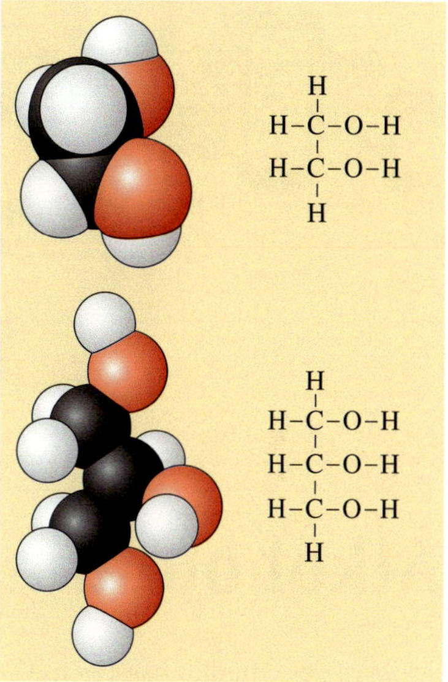

3 Modelle und Strukturformeln des Glykol- und des Glycerinmoleküls

Alkohole, deren Moleküle mehr als eine Hydroxylgruppe enthalten, z. B. Glykol (Ethan-1,2-diol) und Glycerin (Propan-1,2,3-triol), werden als mehrwertige Alkohole bezeichnet.

Aufgaben

1 Stelle die Strukturformeln aller möglichen Isomere des Pentanols auf. Benenne diese Alkanole und ordne sie den primären, sekundären oder tertiären Alkoholen zu.

2 Gib die vereinfachten Strukturformeln von Ethanol und Glykol sowie von Propanol und Glycerin an und vergleiche die Strukturen der jeweiligen Moleküle.

3 Neben den in der Tabelle auf Seite 426 genannten Isomeren des Butanols gibt es noch ein weiteres Isomer. Notiere den Namen und die Strukturformel des Isomers.

4 Wodurch unterscheiden sich einwertige von mehrwertigen Alkoholen? Gib Beispiele an und notiere von diesen die Strukturformeln.

5 Fertige eine Tabelle an, in der Ethan, Ethanol und Glykol nach folgenden Gesichtspunkten verglichen werden: Summenformel, vereinfachte Strukturformel, Aggregatzustand, Schmelztemperatur, Siedetemperatur, Dichte, Mischbarkeit mit Wasser, Mischbarkeit mit Benzin. Erkläre festgestellte Unterschiede.

6 Erkunde Beispiele aus dem Alltag für die Verwendung von Glycerin in Kosmetika.

Selbst erforscht

1 Überall begegnen uns Alkohole.

Alkohole um uns

Wenn in der Öffentlichkeit von Alkohol die Rede ist, wird meist die Verwendung von Ethanol in den verschiedenen Formen als Trinkalkohol gemeint. Das Foto oben zeigt einen kleinen Ausschnitt einer deutlich breiteren Verwendung von Alkoholen im Alltag.

- ➜ In welchen Haushaltsprodukten ist Alkohol enthalten?
- ➜ Welche Alkohole werden vor allem in diesen Produkten eingesetzt und welche Eigenschaften der Alkohole sind für deren Verwendungen von Bedeutung?
- ➜ Lässt sich nachweisen, ob in Haushaltsprodukten Alkohol enthalten ist?
- ➜ Welche Möglichkeit gibt es, selbst ein alkoholhaltiges Haushaltsprodukt herzustellen?

Materialien für die Projektbearbeitung Nutzt die Informationen dieser Seiten, die Beschreibungen der Experimente und weitere Quellen zur Bearbeitung dieser und eigener Fragestellungen. Sucht im Supermarkt nach Produkten, in denen Alkohole enthalten sind. Führt Internetrecherchen mit dem Ziel durch, weitere Verwendungsmöglichkeiten von Alkoholen zu finden.

Info

Ethanol kann in Flüssigkeiten durch die **Iodoformprobe** nachgewiesen werden. Die zu prüfende Flüssigkeit wird mit Iod-Kaliumiodid-Lösung und Natronlauge versetzt und leicht erwärmt. Ist Ethanol enthalten, fällt ein gelber Niederschlag von kristallinem Triiodmethan (Iodoform) aus und ein charakteristischer Geruch ist wahrnehmbar:

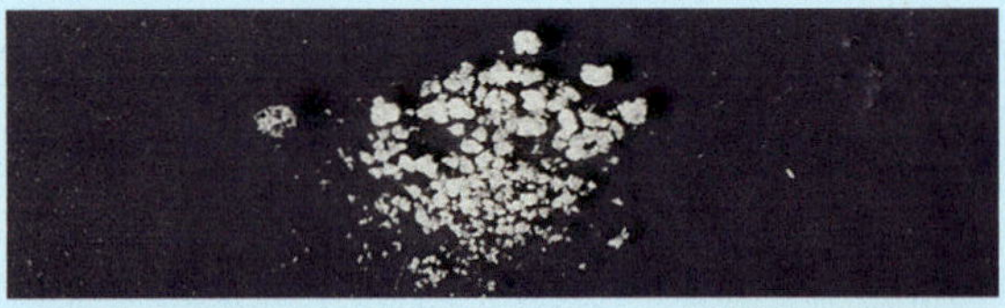

1 Weise Ethanol in Haushaltschemikalien nach. F Xn C

Gib jeweils einen Tropfen einer Haushaltschemikalie, z. B. Allzweckreiniger oder Brillenglasreiniger, 4%ige Natriumhydroxidlösung (C) und 23%ige Iod-Kaliumiodid-Lösung auf einen Objektträger. Vermische die Tropfen und erwärme den Objektträger vorsichtig. Betrachte den Objektträger unter dem Mikroskop. Entscheide, ob Ethanol in den Proben enthalten war.

2 Prüfe Arzneimittel und Kosmetika auf Ethanol.
Prüfe einen Erkältungssaft, z. B. WICK MediNait®, auf Aussehen, Geruch und Brennbarkeit. Destilliere anschließend den Erkältungssaft. Gib vor der Destillation einige Siedesteinchen in den Rundkolben. Beende die Destillation, wenn sich etwa 5 ml Destillat (F) angesammelt haben. Prüfe das Destillat auf Aussehen, Geruch und Brennbarkeit. Vergleiche die Eigenschaften mit denen des Erkältungssaftes. Wiederhole das Experiment mit anderen Medikamenten oder Kosmetika, z. B. Franzbranntwein und Birkenhaarwasser.

3 Prüfe Glycerin an der Luft.
Wiege eine mit Glycerin gefüllte große Petrischale. Lass die Schale eine Stunde lang offen stehen und wiege sie erneut. Vergleiche beide Messergebnisse. Leite aus dem Ergebnis des Experiments mögliche Verwendungen von Glycerin ab.

Info

Glycerin ist stark hygroskopisch. Deshalb wird es in vielen Hautcremes, Rasierseifen und Waschlotionen eingesetzt, um das Austrocknen der Haut zu verhindern. An Wunden darf es nicht gelangen, da durch Entzug von Flüssigkeit brennende Schmerzen verursacht werden. Auch in Produkten, die nicht austrocknen sollen, wird es eingesetzt, z. B. in Stempelkissen, Schuhcremes, Tinten, Schmiermitteln und Farbtuben.

4 Stelle ein Rosen-Handwaschgel her.
Gib sieben Tropfen synthetisches Rosenöl in 150 ml Wasser und erwärme auf etwa 85 °C. Weiche 6 g Blattgelatine in kaltem Wasser ein. Drücke die Gelatine gut aus und gib sie in das heiße Rosenwasser. Rühre bis zum vollständigen Auflösen der Gelatine um. Gib unter Umrühren einen Esslöffel Bienenhonig zu, wenn die Mischung etwa 60 °C erreicht hat. Verrühre zum Abschluss 100 g Glycerin, bis ein homogenes Gemisch entstanden ist.
Fülle das Gel in ein Gefäß mit breiter Öffnung. Verwende dieses Gel anstelle von Seife zum Händewaschen und vergleiche.

2 Zutaten zur Herstellung eines Rosen-Handwaschgels

5 Prüfe Haushaltschemikalien auf Brennbarkeit.
Gib in eine Abdampfschale nacheinander jeweils etwa 3 ml verschiedene Haushaltschemikalien, z. B. Fensterputzmittel, flüssigen Teppichreiniger, Rasierwasser, WC-Duftspüler-Gel, Kölnischwasser, Glasreiniger. Versuche diese zu entzünden. Leite aus den Ergebnissen Schlussfolgerungen über den Umgang mit diesen Haushaltschemikalien ab.

Hinweise für die Projektarbeit Überlegt, welche Fragen euch zu diesem Thema interessieren. Bildet zur Bearbeitung der Fragen Arbeitsgruppen. Informiert euch in den Gruppen untereinander über die Arbeitsergebnisse. Überlegt für die Experimente Entsorgungsmöglichkeiten und stimmt diese mit eurer Lehrkraft ab. Gestaltet einen Infonachmittag für andere Klassen eurer Schule oder einen Elternabend über eure Arbeit und deren Ergebnisse.

Ethanal und Propanon

Bevor es elektronische Atemalkohol-Messgeräte gab, mussten Personen, die auf Alkoholkonsum getestet werden sollten, durch ein Prüfröhrchen blasen. Enthielt die Ausatemluft Alkohol, änderte sich durch eine chemische Reaktion der Farbton des orangefarbenen Stoffes im Prüfröhrchen nach Grün.
Welche Stoffe sind bei dieser Reaktion entstanden? Welche Strukturmerkmale kennzeichnen deren Moleküle? Wozu werden diese Stoffe verwendet?

1 Prüfröhrchen zur Kontrolle des Alkoholkonsums

EXPERIMENT 14 [L]

Reaktion von Ethanol mit Kupfer(II)-oxid.

F+ F Xn

Vorsicht!
Eine glühende Kupferdrahtwendel wird mehrmals in ein mit 20 ml Ethanol (F) gefülltes Becherglas getaucht. Vor und nach dem Experiment werden Geruchsproben durchgeführt.

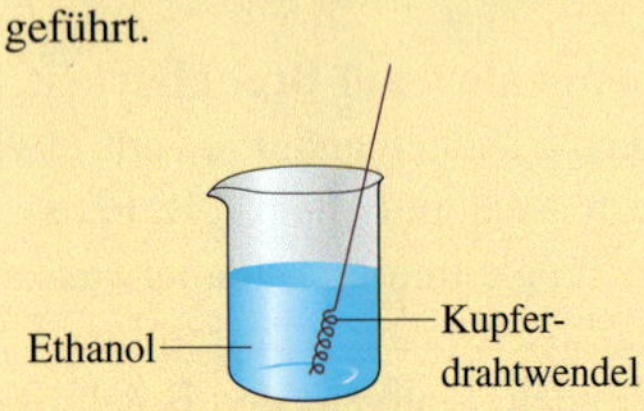

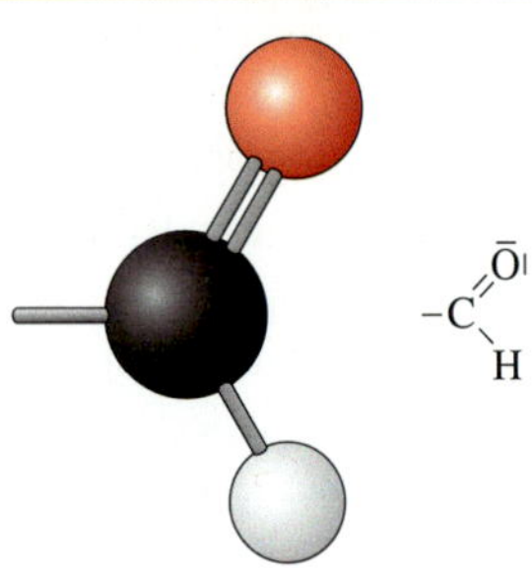

2 Modell und Strukturformel der Aldehydgruppe

Vom Ethanol zum Ethanal Im Experiment 14 wurde eine Kupferdrahtwendel erhitzt, es bildete sich schwarzes Kupfer(II)-oxid. Nach dem Eintauchen in Ethanol war rötlich glänzendes Kupfer entstanden. Ein stechender Geruch statt des typischen Alkoholgeruchs war feststellbar. Was war passiert?
Aus dem schwarzen Kupfer(II)-oxid entstand Kupfer. Das typisch riechende Ethanol reagierte unter Wasserstoffabgabe zu stechend riechendem **Ethanal**. Die Dehydrierung von Ethanol ist eine Redoxreaktion. Kupferoxid ist Oxidationsmittel und wird zu Kupfer reduziert. Ethanol ist Reduktionsmittel und wird zu Ethanal oxidiert. Als weiteres Reaktionsprodukt entsteht Wasser. Bei dieser Redoxreaktion wird aus der Atomgruppe $-CH_2OH$ des Ethanolmoleküls die Atomgruppe **−CHO** des Ethanalmoleküls gebildet, die als **Aldehydgruppe** bezeichnet wird. Ethanal gehört zur Stoffgruppe der Alkanale. Die Endung **-al** kennzeichnet die Aldehydgruppe im Molekül.

Reduktion

$$CH_3-CH_2-OH + CuO \longrightarrow CH_3-CHO + Cu + H_2O$$

Oxidation

JUSTUS VON LIEBIG (1803 bis 1873), Professor für Chemie in Gießen und München, bezeichnete 1835 den entstandenen Stoff *Alcohol* ***dehyd****rogenatus*, weil Ethanal durch Entziehung von zwei Wasserstoffatomen aus Alkohol (Ethanol) erhalten werden konnte. Der Name **Aldehyd** steht heute für eine Stoffgruppe, zu der auch die Alkanale wie z. B. Ethanal (Acetaldehyd) und das umstrittene Methanal (Formaldehyd) gehören.

Struktur des Ethanalmoleküls Im Ethanalmolekül sind an einem Kohlenstoffatom ein Wasserstoffatom mit einer Einfachbindung und ein Sauerstoffatom mit einer Doppelbindung gebunden. ↑3 Sie bilden die Aldehydgruppe. Diese ist mit einer Methylgruppe verbunden. Die Aldehydgruppe ist wie die Hydroxylgruppe der Alkanole stark polar.
Alle Stoffe, in deren Molekülen als funktionelle Gruppe eine Aldehydgruppe enthalten ist, heißen **Aldehyde**.

Vorkommen und Bedeutung von Ethanal Ethanal ist Zwischenprodukt bei Stoffwechselvorgängen pflanzlicher und tierischer Organismen, z. B. auch im menschlichen Organismus. Es entsteht auch bei der alkoholischen Gärung, weshalb es in geringen Mengen in allen alkoholischen Getränken wie Bier und Wein enthalten ist. In Früchten und Gemüse, aber auch in Essig, Kaffee und im Zigarettenrauch ist es anzutreffen.
In den früher bei Alkoholkontrollen verwendeten Teströhrchen wird der Alkohol der Ausatmenluft durch ein gelbes Chromsalz zum Aldehyd oxidiert. Das Reaktionsprodukt weist eine grüne Farbe auf. Diese Farbänderung gilt als Nachweis für Alkohol.
Ethanal ist in der chemischen Industrie von Bedeutung. So wird es bei der Erzeugung von Pharmazeutika, Kunststoffen und Farben verwendet. Viele organische Stoffe wie Essigsäure, Butan-1-ol oder Propanon lassen sich aus Ethanal herstellen. Früher wurde Ethanal in der Spiegelherstellung eingesetzt.

Nachweis und Reaktionen der Aldehydgruppe Eine Möglichkeit, die Aldehydgruppe nachzuweisen, bietet die sogenannte Silberspiegelprobe. Aus einer frisch bereiteten ammoniakalischen Silbernitratlösung (Tollens-Reagenz) fällt nach Zugabe von Stoffen mit einer Aldehydgruppe in ihren Molekülen Silber aus. An einer Glaswand bildet dieses Silber eine spiegelnde Schicht. ↑E.15 ↑3
Der Nachweis mit Tollens-Reagenz beruht auf der Oxidierbarkeit der Aldehydgruppe. Silber-Ionen werden dabei zu Silber reduziert.
Auch der Nachweis für die Aldehydgruppe mit Fehling'scher Lösung beruht auf ihrer Oxidierbarkeit. Die tiefblaue Fehling'sche Lösung mit Kupfer-Ionen wird dabei zu rotbraunem Kupfer reduziert. ↑E.16
Ein weniger spezifischer Nachweis der Aldehydgruppe ist der mit fuchsinschwefliger Säure (Schiffs Reagenz). Die farblose Lösung des organischen Farbstoffs Fuchsin in schwefliger Säure wird bei Zugabe von Stoffen mit einer Aldehydgruppe im Molekül rotviolett. ↑E.17

3 Silberspiegelprobe

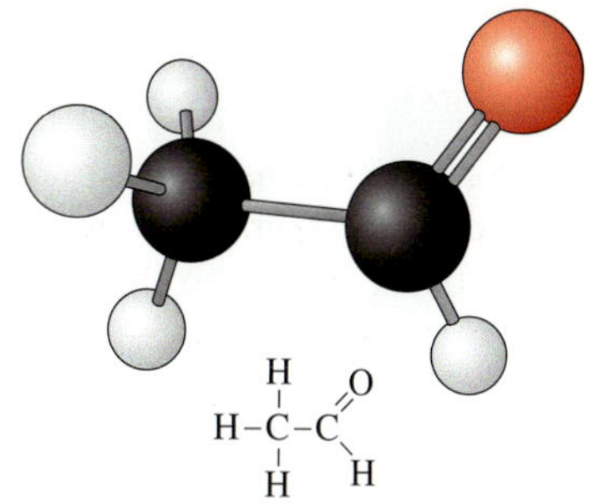

4 Modell und Strukturformel des Ethanalmoleküls

EXPERIMENT 15 [L]
Silberspiegelprobe.
Abzug! In einem neuen kleinen Rundkolben wird zu frisch bereiteter ammoniakalischer Silbernitratlösung (Tollens-Reagenz, C) 1 ml Ethanal (F+, Xn) gegeben. Nach vorsichtigem Schwenken wird der Kolben einige Minuten in ein Becherglas mit warmem Wasser gestellt.

EXPERIMENT 16 [L]
Wirkung von Fehling'scher Lösung auf Propanal.
Abzug! In einem Reagenzglas werden je 1 ml Fehling'sche Lösung I und II (C) gemischt. Langsam werden einige Tropfen Propanal (F, Xi) hinzugegeben und das Gemisch unter ständigem Schütteln vorsichtig bis zum Sieden erhitzt.

EXPERIMENT 17 [L]
Nachweis von Aldehyden mit fuchsinschwefliger Säure.
Jeweils etwa 5 ml fuchsinschweflige Säure (Schiffs Reagenz) in Reagenzgläsern werden mit drei Tropfen 35%iger Formaldehydlösung (T) bzw. Ethanal (F+, Xn) versetzt und geschüttelt.

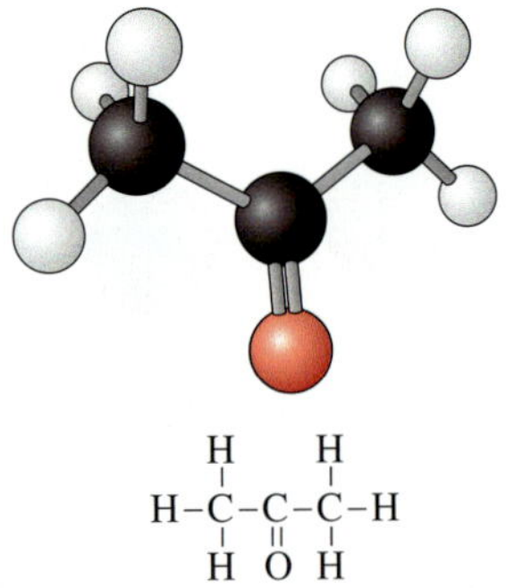

1 Molekülmodell und Strukturformel des Propanonmoleküls

Vom Propan-2-ol zum Propanon Bei der Dehydrierung des primären Alkanols Ethanol entstand Ethanal. ↑E.14 S.430 Lässt sich auch ein sekundäres Alkanol, z. B. Propan-2-ol, dehydrieren?

Leitet man Dämpfe von Propan-2-ol und Luft über einen erhitzten Katalysator, liegt nach dem Abkühlen ein Kondensat vor, das aromatisch wie ein Nagellackentferner riecht. Das Propan-2-ol wurde durch Wasserstoffabgabe zu dem stechend riechenden **Propanon**. Als weiteres Reaktionsprodukt entsteht ebenfalls Wasser. Bei dieser Redoxreaktion wird aus der Atomgruppe >CH(OH) des Propan-2-ol die Atomgruppe **>C=O**. Diese Atomgruppe wird als **Ketogruppe** bezeichnet. Stoffe mit einer Ketogruppe in ihren Molekülen gehören zur Stoffklasse der **Ketone**.

$$2\ H_3C{-}\underset{\displaystyle \mathrm{OH}}{\underset{|}{CH}}{-}CH_3 + O_2 \longrightarrow 2\ H_3C{-}\underset{\displaystyle \mathrm{O}}{\underset{||}{C}}{-}CH_3 + 2\ H_2O$$

Propan-2-ol Propanon

Allgemein werden Atomgruppen, bei denen ein Sauerstoffatom durch eine Doppelbindung an ein Kohlenstoffatom gebunden ist, als **Carbonylgruppen** bezeichnet.

2 Im Nagellackentferner ist Aceton enthalten.

Struktur des Propanonmoleküls Im Propanonmolekül sind drei Kohlenstoffatome, sechs Wasserstoffatome und ein Sauerstoffatom miteinander verbunden. Die stark polare Ketogruppe trägt zwei unpolare Methylgruppen. Dadurch ist Propanon sowohl in Wasser als auch in unpolaren Stoffen löslich.

Vorkommen und Bedeutung von Propanon Im Alltag wird Propanon häufig als **Aceton** bezeichnet. Es kommt in Spuren im Harn und im Blut vor. Tritt es verstärkt im Harn auf, kann dies auf Diabetes, andere schwere Stoffwechselkrankheiten oder starke Hungererscheinungen zurückzuführen sein.

Aceton wird als Lösemittel für Öl- und Lackfarben, für Kunstharze und Kunstseiden, Klebstoffe und organisches Glas verwendet. Es dient auch der Lösung von etherischen Ölen und Balsamen in der Duftstofferzeugung sowie in der Kosmetik als Nagellackentferner. Aceton löst auch Gummi und Harze, weshalb es als Lösemittel in industriellen Gummiklebern und manchen flüssigen Reinigungsmitteln eingesetzt wird.

Aufgaben

1 Fertige eine Tabelle an, in der Ethanol und Ethanal nach folgenden Gesichtspunkten betrachtet werden: Summenformel, vereinfachte Strukturformel, Strukturformel, Aggregatzustand, Schmelztemperatur, Siedetemperatur, Dichte, Mischbarkeit mit Wasser, Geruch, Brennbarkeit.

2 Fertige Steckbriefe für Ethanal und Propanon an.

3 Stelle in einer Tabelle Verwendungsmöglichkeiten von Ethanal und Propanon zusammen.

4 Propanol, Propanal und Propanon haben in ihren Molekülen jeweils eine funktionelle Gruppe.

a Kennzeichne den Begriff „funktionelle Gruppe".

b Gib Formeln und Namen der drei funktionellen Gruppen an.

c Alle drei Stoffe sind sowohl in Wasser als auch in Heptan gut löslich. Erkläre.

5 Erläutere am Beispiel der Darstellung von Ethanal aus Ethanol den Begriff Dehydrierung. Weise nach, dass diese Reaktion zu den Redoxreaktionen gehört.

Kaum eine Stoffgruppe wird in der Öffentlichkeit so negativ gesehen wie die Aldehyde. Das liegt vor allem am Methanal (Formaldehyd), einem Aldehyd mit nur einem Kohlenstoffatom im Molekül. Methanal ist giftig und möglicherweise krebserregend. Richtig eingesetzt ist es aber auch ein unentbehrlicher Stoff zur Herstellung von Kunststoffen, Lacken und Klebern. Methanallösung (Formalin) dient zur Desinfektion und zur Konservierung biologischer Präparate.

Aldehyde – viel gescholten und doch unentbehrlich

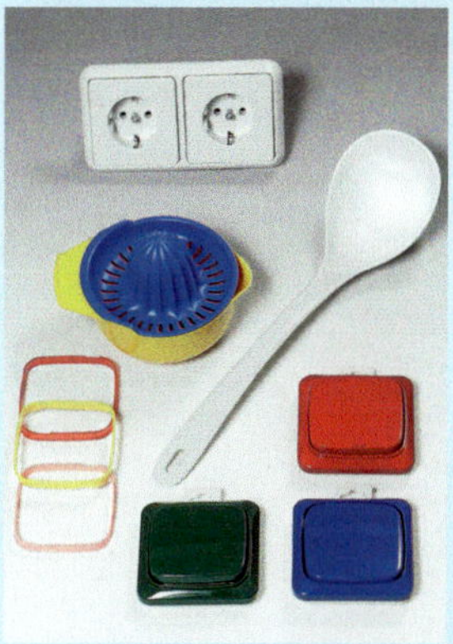

1 Einer der Ausgangsstoffe zur Herstellung dieser Kunststoffartikel ist Methanal.

2 Methanal dient in der Möbelindustrie als Bindemittel.

3 In Methanallösung werden biologische Präparate konserviert.

4 Der Rauch von nur drei bis vier Zigaretten belastet durch seinen hohen Methanalgehalt die Raumluft über die Verbotsgrenze.

Viele pflanzliche und synthetisch hergestellte Aldehyde sind wichtige Duft- und Aromastoffe. Sie werden insbesondere in der Lebensmittelindustrie sowie zur Parfümherstellung eingesetzt.

5 Die Kerne dieser Früchte enthalten Benzaldehyd. Dieser Aldehyd riecht stark nach bitteren Mandeln.

6 Aus der Rinde oder den Blättern der Zimtgewächse wird Zimtöl gewonnen, das Zimtaldehyd enthält.

7 Hexen-2-al kommt als Aromastoff in Lavendelöl vor.

8 Chanel N° 5 enthielt als erstes Parfüm einen synthetischen Aldehyd, das Dodecanal.

Selbst untersucht Eigenschaften von Ethansäure und Methansäure

18 Erkunde das Verhalten von Wein an der Luft.

Fülle etwa 20 ml süßen Wein in einen Erlenmeyerkolben und lass den Kolben zwei Tage lang offen stehen. Verschließe dann den Kolben mit einem Wattebausch und prüfe nach einem weiteren Tag den Geruch und den pH-Wert der Lösung. Gib zu der Lösung unter Umrühren eine Spatelspitze Natriumcarbonat.

Interpretiere die Beobachtungsergebnisse.

Entsorgung: Reste in Sammelbehälter für Abwasser geben.

19 Untersuche zu Hause Brennhaare einer Brennnessel.

Betrachte Brennhaare einer Brennnessel unter einer Lupe. Drücke mit einer Pinzette einige Brennhaare gegen einen Objektträger. Gib einen Flüssigkeitstropfen aus den Brennhaaren auf ein Indikatorpapier.

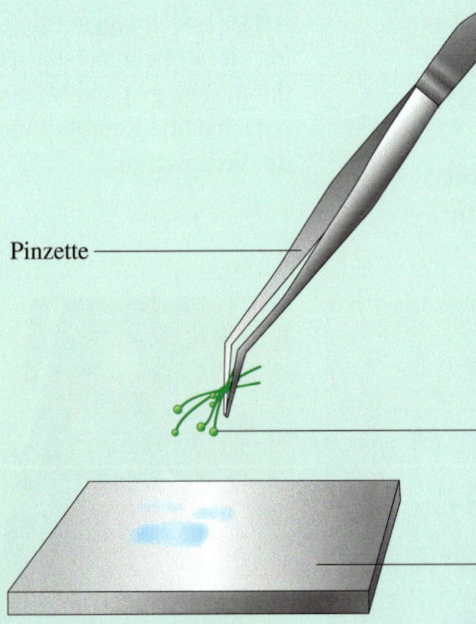

Notiere deine Beobachtungen.

Beschreibe, was beim „Brennen“ der Haut an einer Brennnessel passiert.

Entsorgung: Indikatorpapier in den Sammelbehälter für Hausmüll geben.

20 Erkunde zu Hause die Wirkung von Essig auf Lebensmittel.

Spüle jeweils ein Stück gekochten Schinken, ein Stück Schnittkäse und eine frische Gurke gut mit Wasser ab. Halbiere den Schinken, den Käse und die Gurke. Gib jedes der sechs Stücke in ein sauberes Marmeladenglas. Übergieße jeweils eine der Proben mit Essig und belasse die andere offen im Glas an der Luft. Führe alle Versuche parallel dazu auch mit Wasser statt mit Essig durch.

Tropfe auf eine Ecke einer frischen Scheibe Toastbrot drei Tropfen Essig. Lege die Scheibe Toast auf einen Teller offen an die Luft.

Beobachte alle Proben eine Woche lang.

Entsorgung: Proben über den Hausmüll entsorgen.

21 Prüfe das Verhalten von Ethansäure und Methansäure gegenüber Indikatoren.

Gib je 3 ml 10%ige Ethansäure (Xi) und 10%ige Methansäure (C) in Reagenzgläser. Tropfe in jedes Reagenzglas jeweils das gleiche Volumen Lackmuslösung, wässrigen Rotkohlauszug oder Universalindikatorlösung.

Vergleiche die Beobachtungsergebnisse.

Entsorgung: Lösungen in Sammelbehälter für Abwasser geben.

22 Untersuche die elektrische Leitfähigkeit von verdünnter Ethansäure, reiner Ethansäure (Eisessig) und verdünnter Methansäure.

Stelle eine Versuchanordnung zusammen, mit deren Hilfe die elektrische Leitfähigkeit von Lösungen geprüft werden kann. Gib 10 ml 10%ige Ethansäure (Xi), 10 ml reine Ethansäure (C) und 10 ml 10%ige Methansäure (C) in jeweils ein Becherglas. Prüfe die Lösungen auf elektrische Leitfähigkeit.
Interpretiere die Ergebnisse.
Entsorgung: Lösungen mit Wasser verdünnen und in den Sammelbehälter für Abwasser geben.

23 Erkunde die Brennbarkeit von verdünnter Ethansäure, reiner Ethansäure (Eisessig) und verdünnter Methansäure.

Vorsicht! Schutzhandschuhe und Schutzbrille tragen! Gib jeweils 3 ml der Lösungen in Porzellantiegel. Erhitze die Lösungen und halte über die Porzellanschälchen einen brennenden Holzspan.
Beschreibe die Beobachtungen.
Entsorgung: Abgekühlte Lösungen mit Wasser verdünnt in den Sammelbehälter für Abwasser geben.

24 Prüfe das Verhalten von verdünnter Ethansäure und verdünnter Methansäure auf Kalk und Rost.

Gib jeweils 50 ml der Säurelösungen in vier Bechergläser. Tauche in je ein Becherglas mit Ethansäure (Xi) bzw. Methansäure (C) den verkalkten Heizstab eines Tauchsieders und in die anderen Bechergläser verrostete Eisendrähte oder Eisennägel. Entferne die eingetauchten Gegenstände nach etwa 30 min aus den Bechergläsern und spüle sie mit Wasser gründlich ab.
Vergleiche das Aussehen der Gegenstände vor und nach dem Experiment. Formuliere für die abgelaufenen Reaktionen Wortgleichungen.
Entsorgung: Tauchsiederheizstab und Eisenstücke in die Sammlung, Flüssigkeitsreste in den Sammelbehälter für Abwasser geben.

25 Untersuche das Verhalten von Magnesium, Magnesiumoxid und Magnesiumhydroxid gegenüber verdünnter Schwefelsäure, verdünnter Ethansäure und verdünnter Methansäure.

Vorsicht! Schutzhandschuhe und Schutzbrille tragen! Gib in drei Reagenzgläser jeweils zwei bis drei Magnesiumspäne (F), in drei weitere Reagenzgläser jeweils eine Spatelspitze Magnesiumoxid und in weitere drei Reagenzgläser je 2 ml 5%ige Magnesiumhydroxidlösung.
Gib in je eines der Reagenzgläser etwa 3 ml 10%ige Ethansäure (Xi), in jeweils das zweite Reagenzglas 3 ml 10%ige Methansäure (C) und in das jeweils dritte Reagenzglas etwa 5 ml 5%ige Schwefelsäure (Xi).
Notiere deine Beobachtungsergebnisse in einer Tabelle und vergleiche sie.
Ziehe Schlussfolgerungen über das Verhalten von Methan- und Ethansäure im Vergleich zu Schwefelsäure.
Entsorgung: Salzlösungen in den Sammelbehälter für Abwasser geben.

26 Untersuche das Verhalten von verdünnter Ethansäure und verdünnter Methansäure gegenüber Kupfer(II)-oxid und Eisen(III)-oxid.

Vorsicht! Schutzbrille und Schutzhandschuhe tragen! Gib in zwei 50-ml-Bechergläser je 1 g Eisen(III)-oxidpulver (Fe_2O_3) und in zwei weitere Bechergläser je 1 g Kupfer(II)-oxidpulver (CuO, Xn). Gib zu den Oxiden jeweils 25 ml 10%ige Ethansäure (Xi) bzw. 10%ige Methansäure (C). Erwärme unter Umrühren, bis die Oxide vollständig reagiert haben. Gieße die Lösungen in Kristallisierschalen.
Stelle die Schalen an einen warmen Ort und lass sie mehrere Tage ruhig stehen. Beobachte die Schalen täglich und notiere die Ergebnisse.
Interpretiere die Ergebnisse.
Entsorgung: Eisensalzlösung in das Abwasser geben, Kupfersalzlösung mit Hydroxid fällen. Flüssigkeit in Abwasser, Schlamm in Sammelbehälter für „anorganische Chemikalienreste“ geben.

Essigsäure und Ameisensäure

Nach einer Feier wurde ein Rest Wein in der offenen Flasche vergessen. Nach längerer Zeit roch die Flüssigkeit in der Flasche sauer, ähnlich wie Essig beim Zubereiten eines Salats. Drückt man mit einer Pinzette die Brennhaare einer Brennnessel aus, erhält man Flüssigkeitströpfchen, die ebenfalls sauer riechen.
Sind die beiden sauer riechenden Flüssigkeiten Säuren? Welche Strukturmerkmale besitzen sie?

1 Essig zur Zubereitung eines Salats

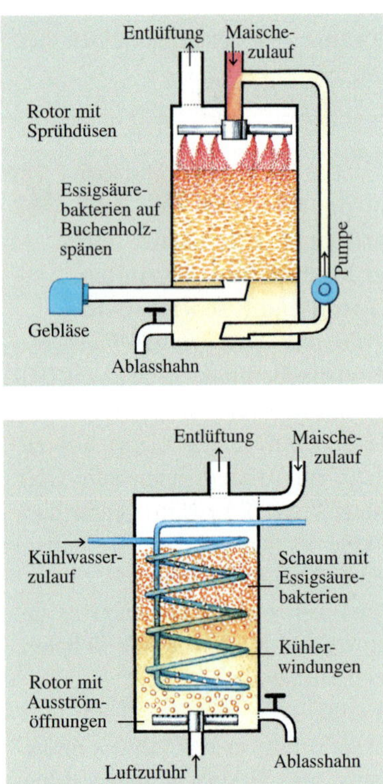

2 Schematische Darstellung des Schnellessigverfahrens und des Rundpumpverfahrens

Aus Wein wird Essig Wein, der längere Zeit offen steht, riecht unangenehm und schmeckt sauer. Dieser Wein ist zu Essig geworden. ↑E.18 S.434 Hervorgerufen wird der Vorgang, der als **Essigsäuregärung** bezeichnet wird, durch Essigsäurebakterien. Die Essigsäurebakterien und ihre Wirkung wurden bereits im 19. Jahrhundert von LOUIS PASTEUR (1822 bis 1895), einem französische Chemiker und Biologen, entdeckt. Essigsäurebakterien bilden Enzyme, die das Ethanol des Weins mit dem Sauerstoff der Luft zu Essigsäure oxidieren. Bereits um 5000 v. Chr. war Essig bekannt und wurde durch Vergärung alkoholhaltiger Flüssigkeiten, z. B. Wein und Palmwein, hergestellt.

$$\text{Ethanol (l)} + \text{Sauerstoff (g)} \xrightarrow{\textit{Enzyme}} \text{Essig(säure) (aq)} + \text{Wasser (l)}$$

Verfahren zur Essigherstellung Heute führt man die Reaktion zur Herstellung von Essig als **Schnellessigverfahren** durch. Dabei werden ethanolhaltige Flüssigkeiten über mit Essigbakterien geimpfte Buchenholzspäne gerieselt; von unten strömt Luft entgegen.
Bei einem anderen Verfahren, dem **Rundpumpverfahren**, wird in Gärbottichen Schaum erzeugt, der auf seiner Oberfläche noch mehr Essigbakterien aufnehmen kann als Buchenholzspäne.
Der bei diesen Verfahren hergestellte Essig enthält einen Volumenanteil von weniger als 15,5 % Essigsäure. Eine höhere Konzentration würde das Absterben der Essigsäurebakterien bewirken. Die im Essig enthaltene Essigsäure weist in jedem Molekül zwei Kohlenstoffatome auf und wird deshalb auch als **Ethansäure** bezeichnet.

Darstellung von Essigsäure Die enzymatische Gärung von Ethanol wird technisch zur Gewinnung von Speiseessig eingesetzt.

$$\underset{\text{Ethanol}}{CH_3{-}CH_2OH} + O_2 \xrightarrow{\textit{Enzyme}} \underset{\text{Essigsäure}}{CH_3{-}COOH} + H_2O$$

Da Essig einen Volumenanteil an Ethansäure von maximal 15,5 % enthält, erfolgt die Herstellung höher konzentrierter Ethansäure durch katalytische Oxidation von Ethanal. ↑E.27

$$2\ \underset{\text{Ethanal}}{CH_3{-}CHO} + O_2 \xrightarrow{\textit{Katalysator}} 2\ \underset{\text{Ethansäure}}{CH_3{-}COOH}$$

Essigsäure wird industriell durch enzymatische Gärung aus Ethanol oder durch katalytische Oxidation von Ethanal hergestellt.

EXPERIMENT 27 [L]
Darstellung von Ethansäure.
Eine glühende Kupferdrahtwendel wird in eine 30%ige Ethanallösung (F+, Xn) getaucht. Über die Lösung wird ein feuchtes Universalindikatorpapier gehalten.

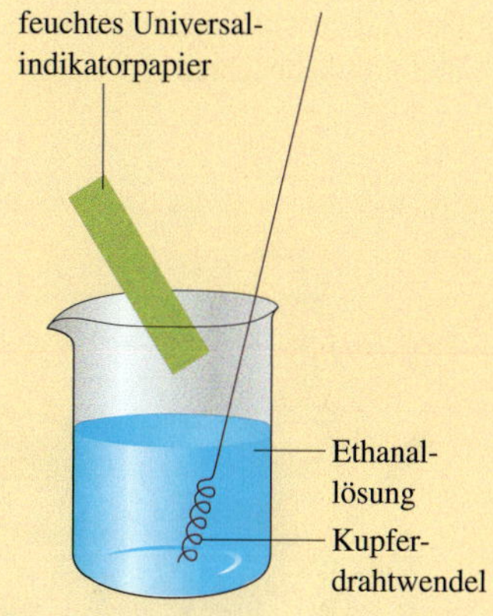

Bau des Ethansäuremoleküls Ein Ethansäuremolekül besteht aus zwei Kohlenstoffatomen, vier Wasserstoffatomen und zwei Sauerstoffatomen. Das erste Kohlenstoffatom bildet mit zwei Sauerstoffatomen und einem Wasserstoffatom die funktionelle Gruppe der Ethansäure.
Die Atomgruppe

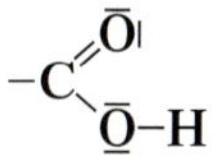

bzw. $-COOH$

wird als **Carboxylgruppe** bezeichnet. Sie bestimmt wesentlich die Eigenschaften der Säure. Am zweiten Kohlenstoffatom sind drei Wasserstoffatome gebunden. Zwischen den Kohlenstoffatomen befindet sich eine Einfachbindung. Die vereinfachte Strukturformel ist: $CH_3{-}COOH$.
Ethansäure ist eine **Alkansäure**. Die Moleküle der Alkansäuren sind kettenförmig, haben zwischen den Kohlenstoffatomen Einfachbindungen und enthalten eine Carboxylgruppe als funktionelle Gruppe im Molekül.
Alle organischen Stoffe, in deren Molekülen eine oder mehrere Carboxylgruppen enthalten sind, werden als **Carbonsäuren** bezeichnet.

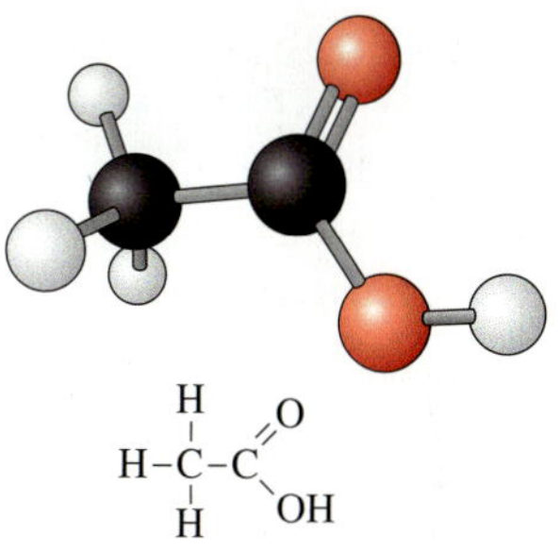

3 Modell und Strukturformel eines Ethansäuremoleküls

Aufgaben

1 Beschreibe die Essigsäuregewinnung durch Gärung von Ethanol und begründe, warum mit diesem Verfahren keine hoch konzentrierte Ethansäure hergestellt werden kann.

2 Für die Gärung von Alkohol zu Essigsäure werden die Enzyme der Essigbakterien genutzt; bei der industriellen Oxidation von Ethanal zu Essigsäure werden Mangansalze als Katalysatoren eingesetzt. Erläutere die Aufgaben von Enzymen und Katalysatoren. Nenne Gemeinsamkeiten und Unterschiede von biochemischer und katalytischer Herstellung von Essigsäure.

3 Im Handel gibt es verschiedene Essigsorten zu kaufen, u. a. Weinessig.
Zeige schematisch den Weg von der Weintraube bis zum Weinessig auf.
Formuliere für die dabei ablaufenden chemischen Reaktionen Wortgleichungen und Reaktionsgleichungen.

4 Vergleiche von Ethanol, Ethanal und Ethansäure:
a die Summenformel
b die vereinfachte Strukturformel
c die Strukturformel
d die Namen und Formeln der funktionellen Gruppe

EXPERIMENT 28 [L]

Verhalten reiner Ethansäure beim Abkühlen.

In ein Reagenzglas mit 5 ml reiner Ethansäure (C) wird ein Thermometer eingeführt. Das Reagenzglas wird in ein Becherglas mit einer Kältemischung aus Kochsalz und Eis gestellt und das Verhalten der Ethansäure in Abhängigkeit von der Temperatur beobachtet.

1 Verkalkte Blumentöpfe lassen sich mit Ethansäure reinigen.

2 Kupferacetat auf einem Kupferblech und auf der Oberfläche eines Kupferkessels

Eigenschaften und Reaktionen von Ethansäure Wasserfreie Ethansäure, auch Eisessig genannt, ist eine farblose, stechend riechende und stark ätzende Flüssigkeit. Sie siedet bei 118,1 °C und erstarrt bei 16,6 °C zu klaren Molekülkristallen. ↑E.28

Reine Ethansäure ist brennbar. Sie leitet den elektrischen Strom nicht. ↑E.22,23 S.435 Ethansäure löst sich gut in Wasser. Dabei entsteht verdünnte Ethansäure. Verdünnte Ethansäure riecht ebenfalls stechend und schmeckt sauer. Sie leitet im Unterschied zu reiner Ethansäure den elektrischen Strom und reagiert sauer. ↑E.21,22 S.434/435 Diese Eigenschaften werden durch die Reaktion der Ethansäure mit Wasser zu Oxonium-Ionen und Acetat-Ionen (Ethanat-Ionen) hervorgerufen. Die Oxonium-Ionen in der Lösung bewirken die saure Reaktion und damit die typische Färbung der Indikatoren durch Ethansäurelösung. ↑E.21 S.434

$$\underset{\text{Ethansäuremolekül}}{CH_3{-}COOH} + \underset{\text{Wassermolekül}}{H_2O} \longrightarrow \underset{\text{Oxonium-Ion}}{H_3O^+} + \underset{\text{Acetat-Ion}}{CH_3{-}COO^-}$$

Ethansäure reagiert wie andere Säuren mit Carbonaten. Deshalb eignet sie sich als Entkalker für Heizstäbe von Wasserkochern, Geschirrspülmaschinen und Waschmaschinen sowie zur Reinigung von Toiletten- und Sanitärarmaturen. ↑E.24 S.435

Verdünnte Ethansäure reagiert wie andere verdünnte Säuren, z. B. Salzsäure und Schwefelsäure, mit unedlen Metallen, Metalloxiden und Metallhydroxiden zu Salzlösungen. ↑E.25,26 S.435

$$\underset{\text{Ethansäurelösung}}{2\,CH_3COO^-\,(aq) + 2\,H_3O^+\,(aq)} + Mg\,(s) \longrightarrow \underset{\text{Magnesiumacetatlösung}}{2\,CH_3COO^-\,(aq) + Mg^{2+}\,(aq)} + H_2\,(g) + 2\,H_2O\,(l)$$

$$\underset{\text{Ethansäurelösung}}{2\,CH_3COO^-\,(aq) + 2\,H_3O^+\,(aq)} + CuO\,(s) \longrightarrow \underset{\text{Kupferacetatlösung}}{2\,CH_3COO^-\,(aq) + Cu^{2+}\,(aq)} + 3\,H_2O\,(l)$$

$$\underset{\text{Ethansäurelösung}}{CH_3COO^-\,(aq) + H_3O^+\,(aq)} + Na^+\,(aq) + OH^-\,(aq) \longrightarrow \underset{\text{Natriumacetatlösung}}{CH_3COO^-\,(aq) + Na^+\,(aq)} + 2\,H_2O\,(l)$$

Die Salze der Ethansäure heißen **Acetate** oder Ethanate. Viele Acetate sind leicht wasserlöslich. Natrium-, Kalium- und Calciumacetate sind unbedenkliche Lebensmittelzusatzstoffe. Andere Acetate, z. B. Zink- und Kupferacetat, sind giftig. Deshalb sollten mit Essig zubereitete Speisen und Salate nicht in Zink- oder Kupfergefäßen serviert oder aufbewahrt werden, andernfalls kann sich giftiges Zink- bzw. Kupferacetat (Grünspan) bilden.

Natrium-, Blei-, Aluminium und Zinkacetat dienen als Hilfsmittel in der Textilindustrie und in der Lederindustrie. Außerdem werden sie in der Textilfärberei und zur Herstellung medizinischer Präparate benötigt.

Verdünnte Ethansäure reagiert sauer und leitet den elektrischen Strom. Ethansäure reagiert mit unedlen Metallen, Metalloxiden und Metallhydroxiden zu Salzen. Die Salze der Essigsäure heißen Acetate.

Verwendung von Ethansäure Ethansäure wird als Speiseessig [φ(Ethansäure) = 5 bis 8 %] oder Essigessenz [φ(Ethansäure) = 25 %] zum Würzen, Säuern und Konservieren von Lebensmitteln verwendet. Essig und einige Salze der Ethansäure sind wichtige Säuerungs- und Konservierungsmittel, da sie schädliche Bakterien und Pilze zerstören, ohne die menschliche Gesundheit zu beeinträchtigen. ↑E.20 S.434 Als Lebensmittelzusatzstoffe erhalten sie sogenannte E-Nummern, die auf den Etiketten der Lebensmittel angegeben sein müssen, z. B. E 260 Essigsäure. Essig ist durch seine Bakterien tötende sowie seine Kalk und Rost lösende Wirkung auch ein altbekannter Haushaltsreiniger. ↑E.24 S.435
Ethansäure ist Ausgangsstoff zur Herstellung von Lacken und Farben, Arzneimitteln, Lösemitteln, Kunststoffen und Kunstfasern. Sie dient zur Herstellung von Riechstoffen und ist Hilfsmittel bei der Latexherstellung. Außerdem wird sie zur Entkalkung von Häuten und als Hilfsmittel in der Textilindustrie sowie in Färbereien eingesetzt.

3 Feuchtes Indikatorpapier wird durch Ameisensäure im Ameisenhaufen rot gefärbt.

Vorkommen von Ameisensäure Ameisen produzieren zu ihrem Schutz und zur Abwehr von Feinden in ihren Giftdrüsen eine Säure. Nach diesem Vorkommen wird sie als **Ameisensäure** bezeichnet. Ameisensäure findet sich in den Brennhaaren von Brennnesseln ↑E.19 S.434, in Tannennadeln, im Nesselgift von Quallentieren und in verschiedenen Laufkäferarten, Bienen und Wespen. Sie trägt zum sauren Geschmack vieler Früchte bei.
Als einfachste Alkansäure enthält sie nur ein Kohlenstoffatom im Molekül. Deshalb ist ihr systematischer Name **Methansäure**.

Eigenschaften und Verwendung von Methansäure Methansäure ist eine farblose, stechend riechende und stark ätzende Flüssigkeit. Sie reagiert wie alle Säuren mit unedlen Metallen, Metalloxiden und Metallhydroxiden. ↑E.25,26 S.435 Die dabei entstandenen Salze heißen **Formiate** oder Methanate. Methansäure wird im Labor zur Darstellung von Kohlenstoffmonooxid verwendet. Sie und einige ihrer Salze sind gute Konservierungsmittel für Erfrischungsgetränke, Fruchtsäfte und Salate. Methansäure wird zum Entkalken von Kaffeemaschinen oder Heizstäben von Waschmaschinen ↑E.24 S.435 ebenso verwendet wie zur Herstellung von Lösemitteln und Geruchsstoffen.
In der Textil- und Lederindustrie dienen Formiate zum Imprägnieren, Beizen und Mattieren. In der Landwirtschaft werden Formiate zum Ansäuern von Silofutter verwendet, in der Getränkeindustrie zum Desinfizieren von Bier- und Weinfässern. Ein Gemisch aus Ameisensäure, Ethanol und Wasser dient zum Einreiben bei rheumatischen Beschwerden.

4 Um die Ausbreitung der Vogelgrippe zu verhindern, werden Kraftfahrzeuge mit Ameisensäure desinfiziert.

Aufgaben

1 Vergleiche die Strukturformeln von Methansäure und Ethansäure. Begründe, warum beide Säuren zur Gruppe der Alkansäuren gehören.

2 Verdünnte Ethansäure leitet den elektrischen Strom und färbt Indikatorpapier, reine Ethansäure zeigt diese Eigenschaften nicht. Erkläre das unterschiedliche Verhalten.

3 Eine Kaffeemaschine kann mit Methan- oder Ethansäure entkalkt werden. Entwickle für die Reaktion Wortgleichungen sowie entsprechende Reaktions- und Ionengleichungen.

4 Warum sollten Salatbestecke nicht aus Neusilber (Kupfer-Nickel-Zink-Legierung) hergestellt werden?

Nomenklatur der Alkansäuren
Der Name der Alkansäure wird aus dem Namen des Alkans und der Endung „säure" gebildet. Die meisten Alkansäuren haben aber noch Trivialnamen.

Anzahl C-Atome	Name (Trivialname)
1	Methansäure (Ameisensäure)
2	Ethansäure (Essigsäure)
3	Propansäure (Propionsäure)
4	Butansäure (Buttersäure)
12	Dodecansäure (Laurylsäure)
16	Hexadecansäure (Palmitinsäure)
18	Octadecansäure (Stearinsäure)

EXPERIMENT 29 [L]

Reaktion von Alkansäuren mit Magnesium.

F C Xi

In vier Petrischalen werden jeweils 5 ml 10%ige Methansäure (C), Ethansäure (Xi), Propansäure (Xi) und Hexansäure gegeben. Ein 1 cm langer Magnesiumspan (F) wird jeweils zugegeben und die Erscheinungen an eine weiße Wand projiziert.

Homologe Reihe der Alkansäuren

Weitere Vertreter der Alkansäuren Viele Alkansäuren kommen in der Natur vor. Wie die Alkanole bilden auch sie eine homologe Reihe. Die Moleküle der Alkansäuren enthalten eine Carboxylgruppe (**–COOH**) und einen Alkylrest (**R**). Die einzelnen Glieder unterscheiden sich um jeweils eine CH_2-Gruppe. In vereinfachten Strukturformeln wird die CH_2-Gruppe häufig in Klammern gesetzt. Der Index hinter der Klammer gibt die Anzahl der CH_2-Gruppen im Molekül an.

Name der Alkansäure	Vereinfachte Strukturformel	Vorkommen
Methansäure	H–COOH	in Giftdrüsen von Ameisen, in vielen Pflanzen und Früchten
Ethansäure	CH_3–COOH	in einigen Pflanzen und Früchten, in tierischen Sekreten, als Stoffwechselprodukt
Butansäure	CH_3–CH_2–CH_2–COOH	gebunden in Butter und Milchfett, im Schweiß, Produkt beim Faulen von Eiweiß
Hexadecansäure	CH_3–$(CH_2)_{14}$–COOH	gebunden in fast allen Naturfetten, z. B. Palmfett, Olivenöl, Kokosöl, Talg, Schmalz
Octadecansäure	CH_3–$(CH_2)_{16}$–COOH	gebunden in fast allen Naturfetten, in Hopfen, im menschlichen Gehirn

Eigenschaften und Reaktionsverhalten der Alkansäuren Die funktionelle Gruppe der Alkansäuren bedingt gleichartige chemische Reaktionen: Reaktionen mit unedlen Metallen, Metalloxiden und Metallhydroxiden sowie Reaktionen mit Alkoholen.

Mit steigender Kettenlänge der Moleküle nimmt die Reaktionsfähigkeit ab. Niedermolekulare Alkansäuren (C_1 bis C_4) sind flüssig, wasserlöslich und riechen stechend. Höhermolekulare Alkansäuren sind fest, wasserunlöslich und geruchlos.

Alkansäuren sind Derivate der Alkane mit einer Carboxylgruppe im Molekül. Alkansäuren bilden eine homologe Reihe.

Aufgaben

1 Erläutere am Beispiel der homologen Reihe der Alkansäuren den Zusammenhang zwischen Struktur der Moleküle und Eigenschaften der Stoffe.

2 Erkläre, warum Alkansäuren gleiche chemische Reaktionen eingehen, aber die Reaktionsfähigkeit innerhalb der homologen Reihe abnimmt.

3 Erläutere die Begriffe „funktionelle Gruppe" und „homologe Reihe" am Beispiel der Alkansäuren.

4 Stelle, wie in der Tabelle oben, Informationen über die ersten zehn Glieder der homologen Reihe der Alkansäuren zusammen und erkunde Eigenschaften und Verwendung dieser Säuren.

Neben Alkansäuren gibt es weitere organische Stoffe mit der Carboxylgruppe im Molekül. Viele von ihnen sind in der Natur weit verbreitet, z.B. in sauer schmeckenden Pflanzen und Früchten, in saurer Milch und Milchprodukten. Aber auch chemisch hergestellte und nicht in der Natur vorkommende sind von großer Bedeutung, z.B. für die Herstellung von Trinkflaschen oder Textilien.

Organische Säuren überall

1 Oxalsäure lässt Sauerampfer sauer schmecken.

2 Trinkflaschen aus PET werden aus Terephthalsäure hergestellt.

3 Textilien und Seile aus Perlon werden aus Aminosäuren hergestellt.

Da sich die Carbonsäuren in Art, Anzahl und Anordnung der funktionellen Gruppen in ihren Molekülen voneinander unterscheiden, gibt es eine Vielzahl von natürlichen und synthetischen Carbonsäuren.

In vielen Früchten kommen Carbonsäuren mit Hydroxylgruppen (−OH-Gruppen) im Molekül vor (Hydroxycarbonsäuren). Im Alltag heißen diese Säuren Fruchtsäuren.

4 Zitrusfrüchte enthalten viel Citronensäure.

5 Milchsäure bewirkt den sauren Geschmack von Sauerkraut.

6 Äpfelsäure kommt nicht nur in Äpfeln, sondern auch in den Beeren der Eberesche vor.

Carbonsäuren mit Aminogruppen ($-NH_2$-Gruppen) im Molekül heißen Aminosäuren. Sie sind die Grundbausteine der Eiweiße.

7 Spinnenfäden sind Fasern aus Eiweiß.

8 Im Steinpilz ist Alanin (Aminopropansäure) enthalten.

9 Weingummis enthalten Gelatine, einen Stoff aus Aminosäuren.

Ester

Betritt man einen Raum, in dem eine reife Ananas aufgeschnitten wird, ist das sofort an dem angenehmen Geruch erkennbar. Der Geruch ist auf über 200 leichtflüchtige Stoffe zurückzuführen, die in einer Ananas enthalten sind. Viele dieser Stoffe gehören zu der Stoffklasse der Ester.
Was sind Ester?

1 Reife Ananas riecht und schmeckt gut.

2 In vielen Süßwaren sind Fruchtester enthalten.

Vorkommen und Bedeutung von Estern Duft und Geschmack vieler Früchte werden durch ähnliche Verbindungen hervorgerufen. Diese Verbindungen werden als **Fruchtester** bezeichnet. Der Mensch nutzt diese natürlichen oder synthetisch hergestellten Fruchtester zur Verfeinerung des Geruchs vieler Produkte, z. B. von Kosmetika, Seifen, Backaromen und Süßwaren. Auch **Wachse** gehören zu den Estern. Sie können verwendet werden in Kerzen, Polituren, Schmiermitteln, Imprägniermitteln und Kosmetika. Bestreichen wir unser Brot mit Butter, Margarine oder Schmalz, nutzen wir zur Zubereitung eines Salats Leinöl oder Olivenöl, nehmen wir ebenfalls Ester als **Fette** oder **fette Öle** zu uns. Bestimmte Sprengstoffe wie Nitroglycerin sowie Nervengifte oder das für den Stoffwechsel so lebensnotwendige Adenosintriphosphat (ATP) gehören ebenfalls zur Stoffklasse der Ester. Was ist allen diesen Stoffen gemeinsam?

EXPERIMENT 30 [L]
Darstellung eines Ananasesters.

Vorsicht! Schutzbrille!
Ein Gemisch aus Butansäure (C), Ethanol (F) und konzentrierter Schwefelsäure (C) wird erhitzt. Die Gerüche der Ausgangsstoffe und des Destillats werden geprüft.

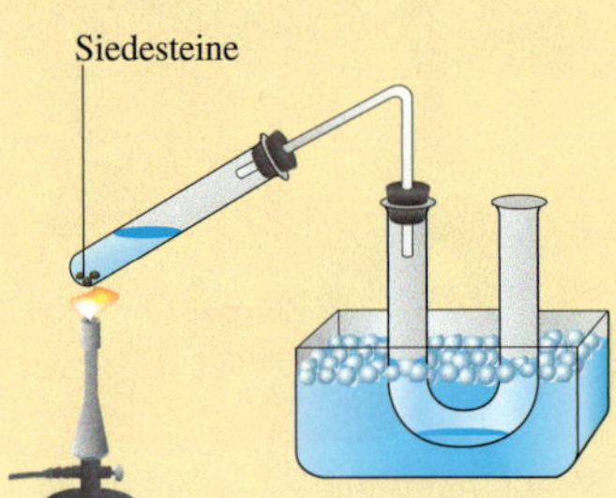

Synthese von Estern Ester können durch chemische Reaktion aus Säuren und Alkoholen dargestellt werden. Je nach eingesetzter Säure werden die Ester bezeichnet, z. B. aus Alkansäuren entstehen **Alkansäureester**.
Für die Reaktion sind Wärme und ein Katalysator, z. B. Schwefelsäure, erforderlich. ↑E.30 Neben dem Ester entsteht als weiteres Reaktionsprodukt Wasser. Diese chemische Reaktion wird als **Veresterung** bezeichnet oder, da bei dieser Reaktion Wasser entsteht, als **Kondensation**. Da bei der Veresterung zwischen den Molekülen der Alkansäure und denen des Alkohols Atome ausgetauscht werden, gehört sie zu den Substitutionsreaktionen.

$$R_1{-}C(={\overline{O}}|){-}\overline{O}{-}H \; + \; H{-}\overline{O}{-}CH_2{-}R_2 \longrightarrow R_1{-}C(={\overline{O}}|){-}\overline{O}{-}CH_2{-}R_2 \; + \; H_2O$$

Alkansäure + Alkohol ⟶ Alkansäureester + Wasser

Die Veresterung ist eine chemische Reaktion von Säuren mit Alkoholen unter Bildung von Estern und Wasser. Die Veresterung ist eine Kondensation, da Wasser ein weiteres Reaktionsprodukt ist.

Die Moleküle der Alkansäureester enthalten als charakteristisches Strukturmerkmal die **Estergruppe**:

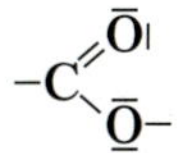

bzw. **–COO–**

Die Alkylgruppen wurden mit R_1 und R_2 bezeichnet. Durch experimentelle Untersuchungen lässt sich ermitteln, dass neben den Reaktionsprodukten Ester und Wasser auch noch die Ausgangsstoffe Säure und Alkohol vorliegen. Die Veresterung verläuft nicht vollständig.
Der Name eines Esters wird aus dem Namen der Säure und der Ethylgruppe des Alkanols abgeleitet.

$$C_3H_7-COOH + HO-C_2H_5 \longrightarrow C_3H_7-C(=O)-O-C_2H_5 + H_2O$$

Butansäure, Ethanol, Butansäureethylester, Wasser

Name der Säure	Name des Alkylrestes des Alkanols	Name der Stoffgruppe „ester“
Butansäure	ethyl	ester
	Butansäureethylester	

EXPERIMENT 31 [L]
Erhitzen eines Ananasesters.
Vorsicht! Schutzbrille!
Buttersäureethylester wird unter Zusatz von 10%iger Natronlauge (C) und Rückflusskühlung bis zum Sieden erhitzt. Zu Beginn und nach einiger Zeit werden Geruch, elektrische Leitfähigkeit und Verhalten gegenüber Indikatorpapier geprüft.

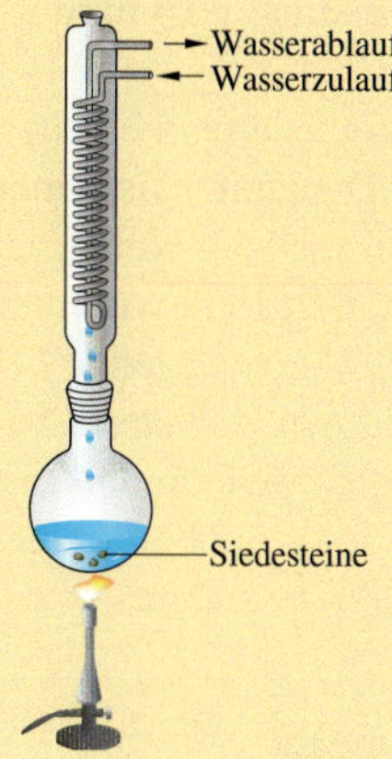

Spaltung von Estern Wird ein Gemisch aus Buttersäureethylester (Butansäureethylester) und Wasser längere Zeit stehen gelassen oder unter Rückflusskühlung erhitzt, ist ein unangenehmer Geruch wahrnehmbar. ↑E.31
Der Geruch weist auf Butansäure hin. Daraus lässt sich folgern, dass der Ester gespalten wurde. Butansäureethylester leitet nicht den elektrischen Strom und reagiert nicht sauer. Wenn aber dieser Ester gespalten wurde und Butansäure entstanden ist, müsste die Lösung den elektrischen Strom leiten und eine saure Reaktion der Lösung feststellbar sein. Die experimentelle Überprüfung bestätigt diese Vermutungen.

$$C_3H_7-COO-C_2H_5 + H_2O \longrightarrow C_3H_7-COOH + C_2H_5-OH$$

Butansäureethylester, Butansäure, Ethanol

Da die Esterspaltung unter Wasseraufnahme erfolgte, wird diese Reaktion als **Hydrolyse** bezeichnet. Die Esterspaltung verläuft rascher bei Zusatz von Säure- oder Hydroxidlösungen, die beim Erhitzen als Katalysator wirken. Die Esterbildung ist also eine umkehrbare Reaktion. Ein weiteres Beispiel für die Esterspaltung ist Spaltung von Hexansäurepropylester.

$$C_5H_{11}-COO-C_3H_7 + H_2O \longrightarrow C_5H_{11}-COOH + C_3H_7-OH$$

Hexansäurepropylester, Hexansäure, Propanol

Schon früh in der Geschichte der Menschheit wurden mit diesem Verfahren aus Fetten Seifen hergestellt. Danach wird die chemische Reaktion der Esterspaltung auch als **Verseifung** bezeichnet.

$$\text{Alkansäure + Alkohol} \underset{\text{Verseifung, Hydrolyse}}{\overset{\text{Veresterung, Kondensation}}{\rightleftharpoons}} \text{Alkansäureester + Wasser}$$

Esterbildung (Kondensation) und Esterzerfall (Hydrolyse) sind umkehrbare chemische Reaktionen.

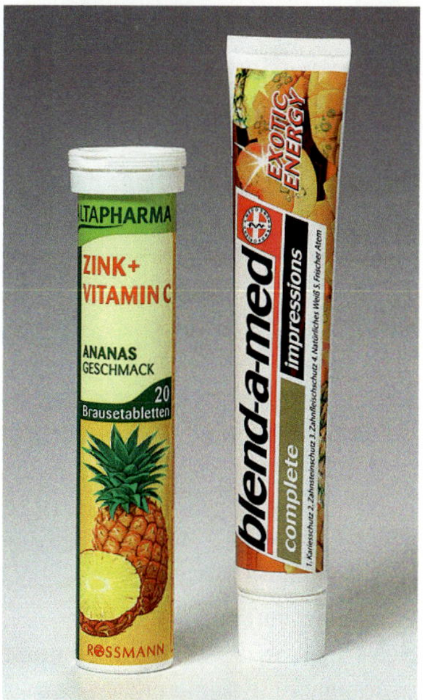

3 Produkte mit synthetisch hergestelltem Ananasaroma

Schon gewusst?

Dem schwedischen Chemiker ALFRED NOBEL (1833 bis 1896) gelang es 1867, das schon bei geringen Erschütterungen, Stößen oder beim Erhitzen explodierende Nitroglycerin als Sprengmittel verwendungsfähig zu machen. Durch Aufsaugen von Nitroglycerin in Kieselgur stellte er erstmalig **Dynamit** her.

NOBEL produzierte in eigenen Fabriken Dynamit. Aus seinem Vermögen wird der Nobelpreis finanziert. Seit 1901 wird dieser jährlich für hervorragende Leistungen auf den Gebieten Chemie, Physik, Medizin und Literatur sowie für die Förderung des Friedens verliehen.

Weitere wichtige Ester Je nach eingesetzter Säure zu ihrer Herstellung teilt man die Ester ein. Fruchtester, Wachse und Fette gehören zu den Carbonsäureestern.

Es gibt aber auch Ester anorganischer Säuren. ↑Tabelle Viele davon sind lebensnotwendig, z. B. Adenosintriphosphat (ATP) als Energiespeicher in lebenden Organismen oder Schädlingsbekämpfungsmittel zur Sicherung von Ernährung und Gesundheit. Mithilfe dieser Ester ist aber auch das Töten von Menschen möglich, sei es als chemischer Kampfstoff oder als Schieß- oder Sprengstoff in kriegerischen Auseinandersetzungen.

Ester anorganischer Säuren	Ausgangsstoffe		Verwendung
	Säure	Alkohol	
Phosphorsäureester	Phosphorsäure	meist kurzkettige Alkohole, Glycerin	Weichmacher, Lösemittel, Lack-, Film- und Kunststoffherstellung, Insektizide, Kampfstoffe, biochemische Energiespeicher
Salpetersäureester	Salpetersäure	kurzkettige Alkohole, mehrwertige Alkohole	Sprengstoffe und Schießpulver, zur Herstellung von Lacken, Kunststoffen und Medikamenten
Schwefelsäureester	Schwefelsäure	kurzkettige bis langkettige Alkohole	Hilfsstoffe für organische Synthesen, zur Herstellung von Waschmitteln

Aufgaben

1 Entwickle Wortgleichung und Reaktionsgleichung zur Esterbildung zwischen Ethansäure und Ethanol. Benenne den entstandenen Ester.

2 Nenne die Ausgangsstoffe zur Darstellung von:
a Ethansäurepropylester
b Triölsäureglycerolester
c Propansäurebutylester

3 Vergleiche die Salzbildung und die Veresterung an folgenden Beispielen:
a Bildung von Natriumacetat
b Bildung von Ethansäureethylester

4 Entwickle die Wortgleichungen für die Verseifung von:
a Propansäurepropylester
b Ethansäurepentylester

5 Aus dem Salpetersäureester Nitroglycerin wird der Sprengstoff Dynamit hergestellt. Informiere dich über die Geschichte des Dynamits.

6 Einige Ester kurzkettiger Alkansäuren und kurzkettiger Alkanole, z. B. Essigsäureethylester, sind gute Lösemittel. Unterbreite Vorschläge zur experimentellen Überprüfung dieser Aussage.

Selbst untersucht Fette

32 Führe die Fettfleckprobe durch.

Verstreiche jeweils einen Tropfen verschiedener Öle, Wasser und Ethanol (F) auf weißem Papier. Streiche wenig Butter, Margarine und Schmalz ebenfalls auf ein weißes Papier. Halte das Papier gegen das Licht.

Vergleiche Öl- und Fettflecke mit denen von Wasser und Ethanol.

Entsorgung: Papier in den Sammelbehälter für Hausmüll geben.

33 Stelle fest, welche Stoffe Fett enthalten.

Zerkleinere im Mörser verschiedene Nüsse, Sonnenblumenkerne, Mohn, verschiedene Getreidekörner, Obstkerne, Obststücke, Kohlrabistücke und Kartoffelstücke. Verreibe davon jeweils eine kleine Probe auf einem weißen Papier und ebenfalls Proben von Käse, Wurst, Fleisch, Brot und Honig. Lass die Flecke trocknen und halte das Papier gegen das Licht.

Stelle die Ergebnisse in einer Übersicht zusammen. Deute die Ergebnisse hinsichtlich des Fettanteils der Proben.

Entsorgung: Reste der Samen und Lebensmittel in den Sammelbehälter für Hausmüll geben.

34 Untersuche die Löslichkeit von Fetten.

Vorsicht! Schutzbrille! Gib je 1 ml Pflanzenöl und je 1 g Butter in 3 ml Wasser, 3 ml 10%ige Salzsäure (Xi), 3 ml Ethanol (F), 3 ml Heptan (F, Xn, N) und 3 ml Petroleumbenzin (40 bis 60 °C, F). Schüttle die verschlossenen Gläser kräftig.

Interpretiere die Beobachtungsergebnisse.

Entsorgung: Öl, Heptan, Ethanol und Petroleumbenzin in den Sammelbehälter III, Salzsäure in den Sammelbehälter I geben.

35 Gewinne Öl durch Extrahieren.

Vorsicht! Schutzbrille! Abzug! Zerkleinere verschiedene Nüsse, Sonnenblumenkerne, Bucheckern, Mohn und Leinsamen in einem Mörser. Fülle 10 g der zerriebenen Proben in jeweils ein Becherglas. Gib in jedes Glas 15 ml Petroleumbenzin (40 bis 60 °C, F) und stelle die Gläser in einen Abzug. Rühre mit einem Glasstab etwa 5 min um. Filtriere anschließend und lass die Gläser so lange im Abzug stehen, bis das Petroleumbenzin verdampft ist.

Prüfe Farbe und Geruch der Proben.

Entsorgung: Reste der Samen in den Sammelbehälter für Hausmüll, Petroleumbenzin in den Sammelbehälter III geben.

36 Untersuche einen Milchtropfen unter dem Mikroskop.

Gib einen Tropfen Vollmilch auf einen Objektträger. Bedecke den Tropfen mit einem Deckglas und betrachte ihn unter dem Mikroskop.

Zeichne das zu sehende Bild.

Entsorgung: Objektträger und Deckglas wieder verwenden.

37 Weise ungesättigte Fettsäuren in Fetten und fetten Ölen nach.

Vorsicht! Schutzbrille! Abzug! Schüttle jeweils in Heptan (F, Xn, N) gelöstes Butterfett, Kokosfett, Leinöl und Olivenöl mit 3%igem Bromwasser (T, Xi). Notiere deine Beobachtungen.

Entsorgung: Reste in den Sammelbehälter III geben.

Fette – wichtige natürliche Ester

Die Milch eines Wals besteht aus bis zu 50 % Fett. Mehrere Hundert Liter dieser fettreichen Milch trinkt ein Walbaby täglich. Welche Eigenschaften haben Fette und wodurch lassen sich verschiedene Fette voneinander unterscheiden?

1 Walmutter mit ihrem Jungen

EXPERIMENT 38 [L]
Brennbarkeit von Fetten.
Vorsicht! Schutzbrille!
In je eine Porzellanschale wird 1 ml Speiseöl und 1 g Butter gegeben. Die Schale wird auf einem Drahtnetz sehr stark erhitzt. Über die Schale wird ein langer brennender Holzspan gehalten.

EXPERIMENT 39 [L]
Löschversuch von brennendem Fett.
Vorsicht! Hinter einer Schutzscheibe arbeiten!
Etwas Speiseöl oder Kokosfett wird in einem Porzellantiegel erhitzt und entzündet. Aus einer Spritzflasche mit einem mindestens 60 cm langen Glasrohr ist Wasser auf das brennende Fett zu spritzen.

2 Schweine speichern viel Fett.

Fette sind in jeder lebenden Zelle enthalten. Bei Tieren findet sich Fettgewebe besonders unter der Haut sowie in der Bauchhöhle und in der Nähe von Organen, z. B. der Leber. Damit können die Tiere Zeiten mit einer geringeren Nahrungsaufnahme überbrücken. Beim Wal bildet das Fett eine dicke Isolationsschicht, es erleichtert so das Konstanthalten der Körpertemperatur und dient als Energiereserve. Zur Versorgung der Jungtiere enthält die Milch von Säugetieren Fett in Form fein verteilter Tröpfchen. ↑E.36 S.445 Pflanzen speichern Fett besonders in Samen und im Fruchtfleisch. ↑E.33 S.445 Beispiele sind Kokosnuss, Oliven, Erdnüsse, Palm- und Sonnenblumenkerne, Sojabohnen und Leinsamen. Auch hier dient das Fett als Energiereserve. Fette sind für den Menschen wichtige Nährstoffe und dürfen in der Nahrung deshalb nicht fehlen.

Eigenschaften von Fetten Tierische und pflanzliche Fette gibt es in fester und flüssiger Form, z. B. Kokosfett und Leinöl. In der Chemie wird die feste Form als **Fett** und die flüssige Form im Unterschied zu Mineralölen als **fettes Öl** bezeichnet. Fette verursachen auf Papier durchscheinende Flecke. ↑E.32 S.445 Diese **Fettfleckprobe** wird zum Nachweis von Fetten genutzt. Fette sind in Wasser nicht, in einigen unpolaren Lösemitteln dagegen gut löslich. ↑E.34 S.445 Einige natürliche Farbstoffe lösen sich gut in Fetten, was zum Färben von Butter, Margarine oder Speiseeis mit Carotin ausgenutzt wird. Fette emulgieren in Seifenlösungen. Diese Eigenschaft wird zur Herstellung vieler Kosmetika und Cremes, aber auch von Mayonnaisen genutzt. Fette sind brennbar und können sich beim Erhitzen auf über 300 °C selbst entzünden. ↑E.39 Fettbrände müssen durch Abdecken der Flammen und dürfen niemals mit Wasser gelöscht werden. ↑E.39

Bedeutung von Fetten Fette haben einen hohen Sättigungswert, da ihr Energiegehalt mit 39 kJ/g mehr als doppelt so hoch ist wie der Energiegehalt der gleichen Masse Kohlenhydrate und Eiweiße. Sie dienen als Nahrungsmittel, verbessern deren Geschmack und lösen die Vitamine A, D und E. Fette sind Ausgangsstoffe zur Gewinnung von Glycerin und Fettsäuren, die wichtige Grundstoffe bei der Waschmittelherstellung sind.

Einteilung und Bau von Fetten Fette werden nach ihrem Vorkommen in pflanzliche und tierische Fette eingeteilt. Sie sind Glycerinester, die durch chemische Reaktion der drei Hydroxylgruppen des Glycerinmoleküls mit den Carboxylgruppen von drei Fettsäuremolekülen entstehen können. Pflanzliche Fette enthalten Fettsäuren mit gerader Anzahl von Kohlenstoffatomen im Molekül, tierische Fette können auch eine ungerade Kohlenstoffanzahl enthalten.

Formel eines Fettmoleküls	Molekülreste der enthaltenen Fettsäuren
$H_2C-O-OC-C_{17}H_{33}$	Ölsäuremolekülrest
$HC-O-OC-C_{17}H_{35}$	Stearinsäuremolekülrest
$H_2C-O-OC-C_{15}H_{31}$	Palmitinsäuremolekülrest

3 Mayonnaisen sind Fettemulsionen.

Bei festen Fetten, z. B. Butter und Kokosfett, sind überwiegend gesättigte Fettsäuren verestert. Bei fetten Ölen überwiegen ungesättigte Fettsäuren. In **gesättigten Fettsäuren** sind die Kohlenstoffatome im Alkylrest durch Einfachbindung gebunden. Zu ihnen gehören kurzkettige Fettsäuren wie Buttersäure mit vier Kohlenstoffatomen im Molekül und **höhere Fettsäuren** wie Stearinsäure mit 18 Kohlenstoffatomen im Molekül. **Ungesättigte Fettsäuren** enthalten mindestens eine Doppelbindung im Alkylrest, z. B. Ölsäure, oder mehrere Doppelbindungen, z. B. Linol- und Linolensäure. Mehrfach ungesättigte Fettsäuren haben als **essenzielle Fettsäuren** (lat. essentialis – lebensnotwendig) Bedeutung für den Fettstoffwechsel. Essenzielle Fettsäuren sind vom Organismus nicht synthetisierbar und müssen mit der Nahrung aufgenommen werden. Durch den Nachweis von Mehrfachbindungen in den Fettmolekülen lässt sich feststellen, ob im Fett ungesättigte Fettsäuren verestert sind. ↑E.37 S.445 ↑4

4 Nachweis ungesättigter Fettsäuren mit Bromwasser

Fette sind Gemische verschiedener Fettsäureester des Glycerins.

Bildung und Abbau von Fetten Steht Butter längere Zeit offen in der Wärme, wird sie ranzig. Es lässt sich eine saure Reaktion nachweisen, u. a. ist Butansäure entstanden. Fette können wie alle Ester durch Reaktion mit Wasser gespalten werden. Dabei entstehen Glycerin und Fettsäuren.
Bei gesunden Menschen befinden sich Fettabbau und Fettaufbau in einem Gleichgewicht. Wird aber deutlich mehr Nahrung aufgenommen, als der Körper benötigt, ist dieses Gleichgewicht gestört. Die Nahrung wird umgewandelt und als Körperfett gespeichert. Fettabbau und Fettaufbau finden im Stoffwechsel unter Einwirkung von Enzymen statt.

$$\text{Fett} + \text{Wasser} \underset{\text{Fettbildung}}{\overset{\text{Fettabbau}}{\rightleftharpoons}} \text{Glycerin} + \text{Fettsäuren}$$

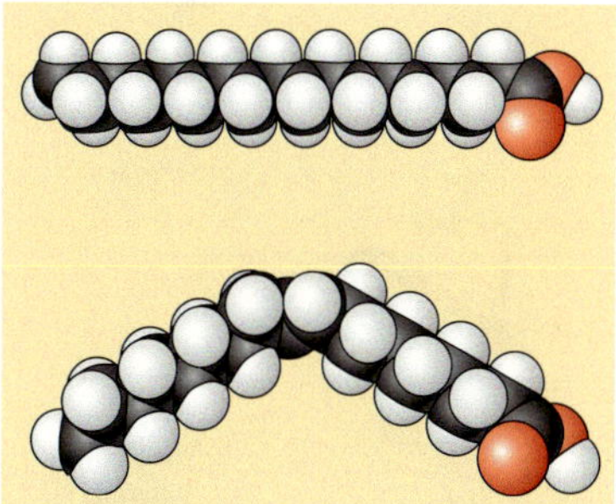
5 Molekülmodelle von Stearinsäure und Ölsäure

Aufgaben

1 Welche Unterschiede bestehen zwischen tierischen und pflanzlichen Fetten und fetten Ölen?

2 Informiere dich über Fette und fette Öle, die besonders viel essenzielle Fettsäuren enthalten.

3 Ermittle, wovon es abhängt, ob Fette, z. B. Butter, Schmalz, Kokosfett, Olivenöl und Sonnenblumenöl, bei Zimmertemperatur fest, halbfest oder flüssig sind.

Welt der **Chemie**

Von der Sonnenblume zur Margarine

Wer freut sich nicht beim Anblick eines Feldes voller blühender Sonnenblumen. Der Anbau dieser prächtigen Pflanze dient aber nicht dem Verschönern der Landschaft, sondern in erster Linie der Gewinnung von Sonnenblumenöl. Dieses Öl wird z. B. als Salatöl verwendet. Es ist aber auch wichtiger Ausgangsstoff für die Herstellung von Margarine und Hartfetten.

Dazu müssen das Sonnenblumenöl oder andere pflanzliche Öle industriell teilweise gehärtet werden, damit Fette entstehen, die bei Zimmertemperatur fest sind. Die Fetthärtung ist eine Hydrierung. Dabei addieren Wasserstoffmoleküle an die Doppelbindungen der Reste der ungesättigten Fettsäuremoleküle in den Molekülen der fetten Öle.

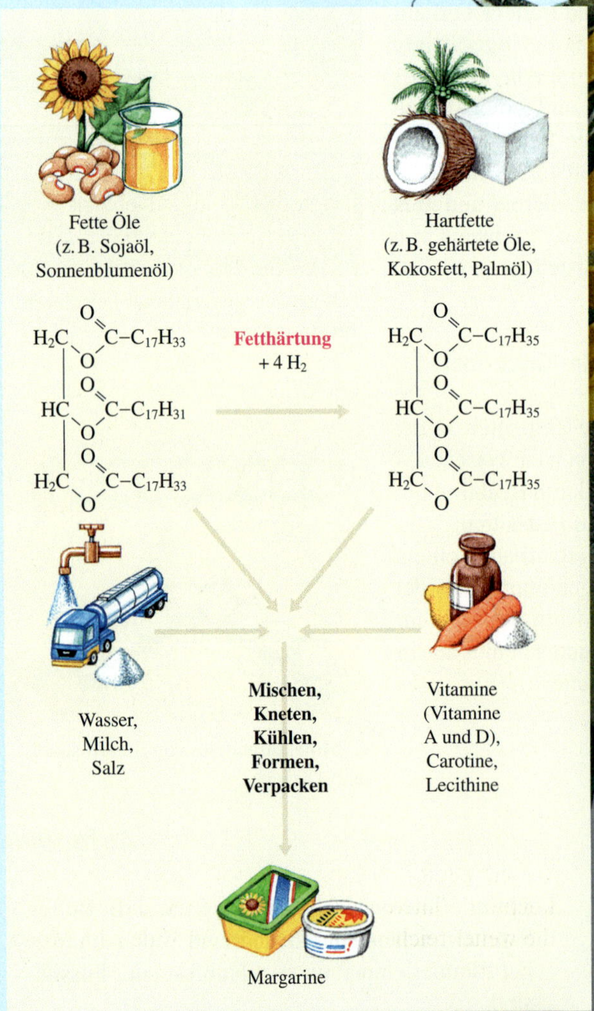

Acetylsalicylsäure – Aspirin®/ASS®

Das wahrscheinlich berühmteste Arzneimittel der Welt ist Acetylsalicylsäure, besser bekannt unter den Markennamen ASPIRIN® oder ASS®.

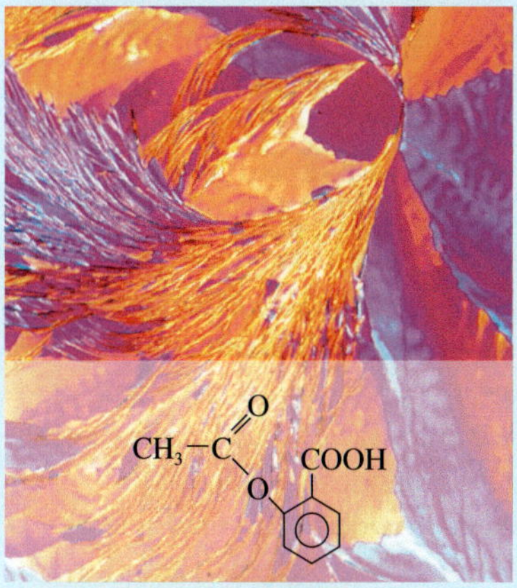

1 Kristalle und Strukturformel von Acetylsalicylsäure, einem Ester aus Essigsäure und Salicylsäure

2 Seit 1899 gibt es das Medikament Aspirin®.

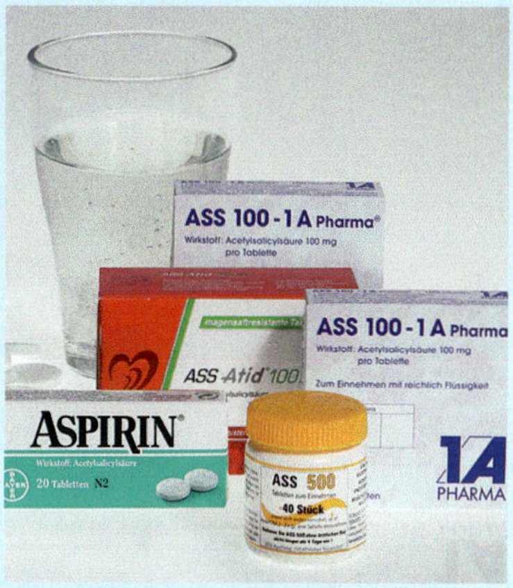

3 Acetylsalicylsäure, einer der am häufigsten verwendeten Wirkstoffe der Welt

Schon in der Antike war die schmerzlindernde Wirkung des Kauens von Weidenrinde, Spierstrauch oder Mädesüßkraut bekannt. Erkältungen, Kopf- und Gelenkschmerzen wurden gelindert und Fieber gesenkt. Allerdings zeigten sich auch schlimme Nebenwirkungen, wie Magen- oder Darmblutungen. Medizinisch wirksam waren Abkömmlinge der Salicylsäure, die im Saft der Pflanzenteile vorkommen.

4 Weidenbäume, Spiersträucher und Mädesüßkraut enthalten Salicylate, die Salze der Salicylsäure

1897 stellte der Chemiker Felix Hoffmann (1868 bis 1946) bei der Firma Bayer erstmals Acetylsalicylsäure als verträgliches Medikament her. Am 1. Februar 1899 wurde es patentiert und erhielt den Namen Aspirin®. Das **A** steht für „Acetyl" (abgeleitet von ***acidum aceticum*** – Essigsäure) und **Spirin** für „**Spirin**säure" (Salicylsäure).

Gegenwärtig wird weltweit jährlich so viel Acetylsalicylsäure produziert, dass daraus 100 Milliarden Tabletten mit je 500 mg Wirkstoff hergestellt werden könnten. Hintereinander gereiht ergäbe das eine Kette, die weiter reichen würde als von der Erde zum Mond und zurück.

Selbst erforscht

Ester als Duft- und Aromastoffe

1 Duftstoffe – unsere täglichen Begleiter

Die Menschen fühlen sich besonders wohl, wenn sie von angenehmen Düften umgeben sind. Parfüms, Deos und Cremes, Bonbons und Getränke – alles soll gut riechen.

- Wodurch werden Geruch und Geschmack hervorgerufen?
- Welche Duft- und Aromastoffe gibt es?
- Wie lassen sich solche Stoffe herstellen oder gewinnen?
- Was unterscheidet ein Parfüm von anderen Duftstoffen?
- Welche Aromastoffe werden in Lebensmitteln eingesetzt?

Materialien für die Projektbearbeitung Nutzt die hier bereitgestellten Materialien und weitere Quellen zur Bearbeitung eurer Fragestellungen. Sucht selbst Pflanzen, die sich zum Gewinnen von Duftstoffen eignen.

2 Gewürze enthalten sehr viele verschiedene Duft- und Aromastoffe.

1 Gewinne Citrusöle aus Schalen von Zitrusfrüchten.

Entferne die Schalen chemisch unbehandelter Zitrusfrüchte, z. B. Apfelsinen und Limetten. Schneide die Schalen klein und presse sie aus. Gib die Flüssigkeitstropfen in geruchloses Speiseöl oder in unvergällten Alkohol (F). Prüfe den Geruch der Lösungen.

2 Gewinne Duftstoffe aus Pflanzenblüten.
Bestreiche die Innenseiten von kleinen verschließbaren Döschen, z. B. leeren Filmdosen, dünn mit nicht parfümierter Vaseline. Gib auf die Vaseline mit einer Pinzette frische, stark riechende Blütenblätter, z. B. von Hyazinthen, Rosen oder Jasmin. Verschließe die Dosen. Erneuere die Blätter jeweils nach zwei Tagen. Wiederhole den Vorgang mindestens fünfmal.
Stelle anschließend den Geruch in den Dosen fest. Prüfe über einige Monate, wie lange der Geruch noch deutlich feststellbar ist.

3 Aus den Schalen der Bitterorange gewonnenes Citrusöl ist ein wertvoller Parfümrohstoff.

4 Rosenblütenblätter für die Wasserdampfdestillation

3 Gewinne verschiedene Duftstoffe durch Wasserdampfdestillation.
Schutzbrille! Durchführung nur unter Aufsicht! Baue eine Apparatur zur Wasserdampfdestillation auf. Fülle den ersten Kolben zu einem Drittel mit Wasser und einigen Siedesteinen. Gib in den zweiten Kolben:
a) 20 g zerkleinerten Gewürzkümmel
b) 50 g zerkleinerte getrocknete Pfefferminze
c) 30 g zerkleinerte Nelken
d) 50 g zerkleinerte getrocknete Lavendelblüten.
Gib in den zweiten Kolben so viel Wasser, bis die darin befindlichen Pflanzenteile knapp mit Wasser bedeckt sind. Erhitze das Wasser in beiden Kolben bis fast zum Sieden. Halte die Temperatur im zweiten Kolben und erhitze den ersten Kolben so stark, dass ein lebhafter Wasserdampfstrom in den zweiten Kolben übergeht. Führe die Destillation so lange durch, bis sich in der Vorlage etwa 100 ml Flüssigkeit angesammelt haben. Trenne vorsichtig die Tropfen der Duftstoffe vom Wasser ab und stelle deren Geruch fest.
Vergleiche die Duftnoten und deren Intensität.

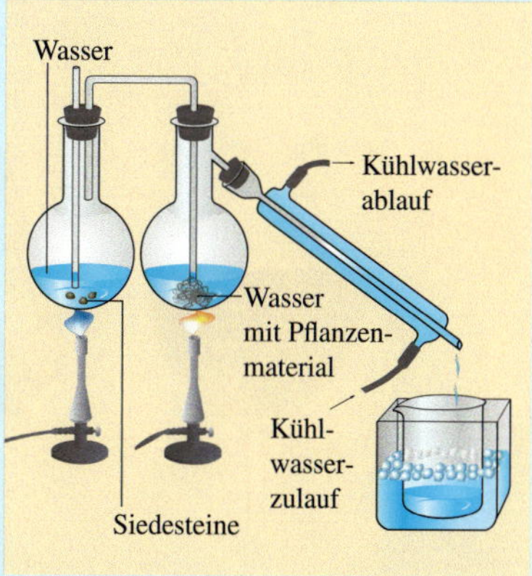

5 Apparatur zur Wasserdampfdestillation

4 Stelle verschiedene Fruchtaromen her.
Gib in je ein Demonstrationsreagenzglas:
a) 2,5 ml Ethansäure (C) und 2,5 ml 3-Methylbutan-1-ol (Isopentanol, Xn)
b) 2,5 ml Ethansäure und 2,5 ml 2-Methylpropan-1-ol (Isobutanol (Xn)
c) 3 ml Ethansäure (C) und 1 g Benzoesäure (Xn)
Gib in jedes Glas zwei Tropfen konzentrierte Schwefelsäure (C) und einige Siedesteine. Erhitze die Gemische im Wasserbad auf etwa 70 °C. Gieße die Lösungen jeweils in ein mit 10 ml Wasser gefülltes Becherglas.
Prüfe den Geruch der einzelnen Stoffe vor dem Erhitzen und den Geruch der Reaktionsgemische in den mit Wasser gefüllten Bechergläsern. An welche Alltags- oder Fruchtgerüche erinnern dich diese Ester?
Ermittle die sachgerechte Entsorgung der verbleibenden Stoffe.

6 Ester des Apfelaromas: Ethansäure + 3-Methylbutan-1-ol (Isopentanol)

Hinweise für die Projektarbeit Entwickelt eine Mindmap mit Beziehungen zum Thema Duft- und Aromastoffe. Erschließt euch den Roman „Das Parfum“ von Patrick Süskind und besucht den Film. Leitet daraus Aufgabenstellungen für zu bildende Arbeitsgruppen ab. Fertigt eine Ausstellung mit den gewonnenen Duftstoffen und mit anderen Ergebnissen der Arbeit an. Lasst andere Schülerinnen und Schüler während eines Projekttags oder eure Eltern in einer Elternversammlung die gewonnenen Duftstoffe identifizieren.
Besucht ein Kosmetikstudio oder eine Duftberatung.

7 Ester des Bananenaromas: Ethansäure + 2-Methylpropan-1-ol (Isobutanol)

weiter gedacht

1 Aus Traubensaft lässt sich unter Einwirkung von Enzymen bestimmter Hefepilze durch alkoholische Gärung Wein gewinnen. Ein so erzeugter junger Schwarzriesling hat einen Volumenanteil von 12,5 % Alkohol. Durch weitere Reaktionen der Hefe bilden sich Fuselöle. Dazu gehören u. a. die Alkohole: Propan-1-ol, 2-Methylpropan-1-ol, 2-Methylbutan-1-ol und 3-Methylbutan-1-ol. Fuselöle können einerseits Kopfschmerzen hervorrufen, andererseits tragen sie zum guten Aroma des Weines bei.

a Entwickle für die alkoholische Gärung die Reaktionsgleichung.

b Gib die Formeln für die Fuselöle an und ordne sie den Alkanolen zu. Begründe die Zuordnung.

c Berechne die Masse an Glucose, die für die Herstellung einer Flasche (0,7 l) Schwarzriesling erforderlich ist [ϱ(Ethanol) = 0,79 g/cm^3].

2 Die funktionelle Gruppe im Ethanolmolekül (–OH-Gruppe) könnte mit den Hydroxid-Ionen (OH^-) in Basen verwechselt werden.

a Erläutere den Unterschied zwischen der Hydroxylgruppe und den Hydroxid-Ionen.

b Plane Experimente zur Veranschaulichung dieser Unterschiede. Zur Verfügung stehen folgende Geräte und Chemikalien: Calcium, Unitestlösung, Leitfähigkeitsmessgerät, verdünnte Salzsäure, Ethanol, Natriumhydroxidlösung.

3 Plane ein Experiment, mit dem du Bittermandelöl auf das Vorhandensein einer Aldehydgruppe in den Molekülen prüfen kannst.

4 Erkunde die Strukturformeln folgender Carbonsäuren: Stearinsäure, Ölsäure, Linolsäure, Oxalsäure, Milchsäure, Citronensäure, Aminopropansäure (Alanin) und Benzoesäure. Erstelle eine tabellarische Übersicht mit den Namen und vereinfachten Strukturformeln der Stoffe. Kennzeichne alle funktionellen Gruppen farbig und gib deren Namen an.

5 Ein Haushaltsessig hat einen Volumenanteil an Essigsäure von 5 %. Essigessenz hat einen Volumenanteil von 25 %. Berechne für den Haushaltsessig und für die Essigessenz die Stoffmengenkonzentration.

6 Im Kaugummi befindet sich ein Aroma, das aus Salicylsäure und Methanol hergestellt werden kann.

a Erstelle die Strukturformel für Salicylsäure, verwende dazu die Angaben auf Seite 449.

b Entwickle die Reaktionsgleichung für die Reaktion.

7 Methansäure kann durch chemische Reaktion aus Methanal und dieses wiederum durch chemische Reaktion aus Methanol hergestellt werden.

a Entwickle Reaktionsgleichungen für die chemische Reaktionen.

b Benenne alle Reaktionspartner.

c Bestimme die Reaktionsarten. Begründe dein Ergebnis.

8 Erkläre, warum ein Carbonsäureester-Wasser-Gemisch sauer reagiert und den elektrischen Strom leitet, der reine Carbonsäureester sich dagegen nicht so verhält.

9 Aspirin® entsteht durch Reaktion von Salicylsäure mit Essigsäure. Entwickle die Reaktionsgleichung. Verwende dazu auch die Angaben auf Seite 449.

10 Fettflecke lassen sich nicht mit Wasser, aber gut mit Alkohol entfernen. Begründe diese Aussage anhand des Baus der genannten Stoffe.

Auf einen Blick

Alkohole

Organische Stoffe mit mindestens einer Hydroxylgruppe im Molekül. Werden sie von Alkanen abgeleitet und besitzen sie nur eine Hydroxylgruppe im Molekül, bezeichnet man sie als **Alkanole**.

Aldehyde und Ketone

Aldehyde besitzen als funktionelle Gruppe die Aldehydgruppe in ihren Molekülen, Ketone eine Ketogruppe.

Carbonsäuren

Organische Stoffe mit mindestens einer Carboxylgruppe im Molekül. Die Carboxylgruppe ist die funktionelle Gruppe der Carbonsäuremoleküle. Werden sie von Alkanen abgeleitet und besitzen sie nur eine Carboxylgruppe im Molekül, bezeichnet man sie auch als Alkansäuren.

Alkansäureester

Organische Stoffe, die bei der Reaktion von Alkansäuren mit Alkoholen entstehen, deren Moleküle als funktionelle Gruppe die Estergruppe besitzen

---

Fette

Gemische aus verschiedenen Fettsäureestern des Glycerins

Funktionelle Gruppe

Atomgruppe, die die Eigenschaften eines Stoffes wesentlich mitbestimmt

---

Wichtige funktionelle Gruppen

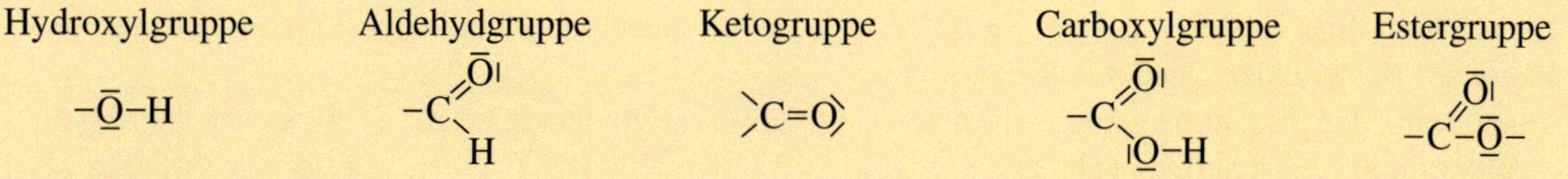

Reaktionen vom Alkanol zum Alkansäureester

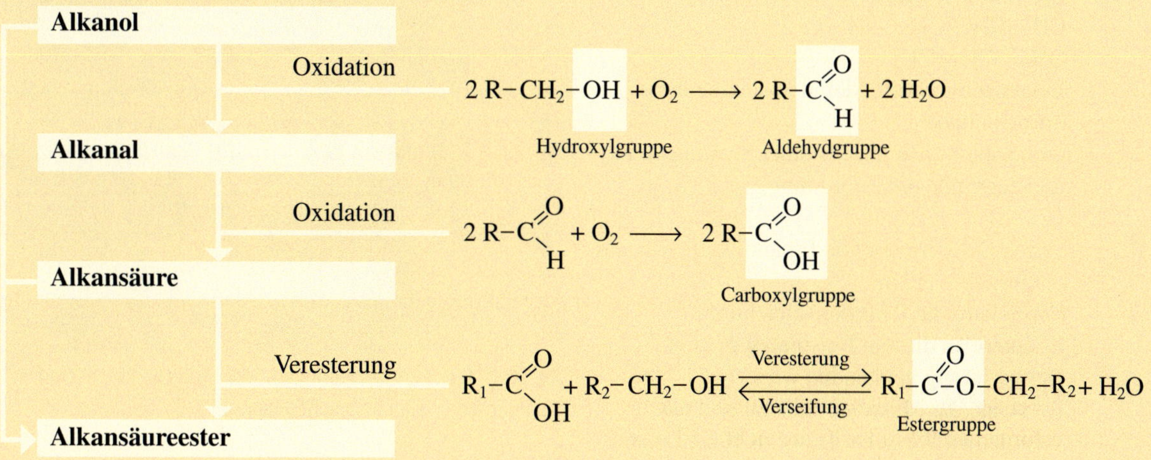

Check up

1 Ethanol ist ein wichtiger Stoff im Alltag, aber auch in Industrie und Technik.
a Nenne Verwendungen von Ethanol im Haushalt und in der Technik.
b Gib Eigenschaften des Ethanols an, die die benannten Verwendungen ermöglichen.

2 Ethanol kann durch alkoholische Gärung hergestellt werden.
a Beschreibe die Durchführung der alkoholischen Gärung.
b Formuliere eine Reaktionsgleichung für diese Reaktion.
c Erläutere, warum der Volumenanteil an Alkohol im Wein kaum höher als 11 bis 14 % sein kann.

3 Regelmäßiger Alkoholkonsum kann zur Abhängigkeit führen. In Deutschland gibt es über 4 Mio. Alkoholabhängige.
a Erläutere die Gefahren des Alkohols als Suchtmittel.
b Nenne Wirkungen des Alkohols auf den Menschen.

4 Alkanole bilden eine homologe Reihe.
a Gib Namen und vereinfachte Strukturformeln der ersten vier Glieder dieser Reihe an.
b Erläutere am Beispiel der Alkohole den Begriff homologe Reihe.
c Weise am Beispiel der Glieder der homologen Reihe den Zusammenhang zwischen Struktur und Eigenschaften nach.

5 Folgende Molekülformeln sind bekannt:
C_2H_5COOH, $CH_3{-}CO{-}CH_3$
$CH_3{-}CH_2{-}CH_2{-}OH$
$OHC{-}CH_2{-}CH_3$
a Benenne die Stoffe, deren Moleküle diese Formeln haben.
b Ordne die Stoffe jeweils einer Stoffklasse zu und begründe die Zuordnung.

6 Durch Dehydrieren von Ethanol kann Ethanal dargestellt werden.
a Formuliere die Reaktionsgleichung.
b Erläutere an diesem Beispiel, was unter Dehydrierung verstanden wird.
c Berechne die Masse an Ethanal und das Volumen an Wasserstoff, wenn 100 g Ethanol vollständig dehydriert werden.

7 Nenne Vorkommen und Verwendungen von Ethanal und Aceton.

8 Essigsäure kann leicht zu Hause hergestellt werden.
a Beschreibe dafür eine einfache Experimentdurchführung.
b Wie kannst du experimentell nachweisen, dass wirklich Essigsäure entstanden ist?
c Entwickle die Reaktionsgleichung.

9 Nenne Eigenschaften und Verwendungsmöglichkeiten von Essigsäure im Haushalt und in der Technik.

10 Durch Reaktion von Säuren und Alkoholen können Ester hergestellt werden.
a Erläutere die Strukturmerkmale eines Esters an einem selbst gewählten Beispiel.
b Entwickle die Reaktionsgleichung für die Herstellung von Methansäureethylester.
c Ordne die Esterbildung einer Reaktionsart zu und begründe die Zuordnung.

11 Fette sind wichtige natürliche Ester.
a Gib die Eigenschaften von Fetten an.
b Erstelle die Wortgleichung für Bildung und Abbau der Fette.
c Beschreibe den Unterschied zwischen gesättigten und ungesättigten Fettsäuren.

Aufgabe	Hilfe findest du auf Seite …	Verbindung der Aufgabe zu den Basiskonzepten ↑S.18
1	418, 419	S
2	419	R
3	420, 421	S
4	422, 423	S T
5	423, 430, 432, 450	T S
6	344, 381, 430	R
7	430, 431	T
8	436, 437, 438	R T
9	436, 439	S T
10	442, 443	T R S
11	446, 447	T R

T Stoff-Teilchen-Beziehungen, S Struktur-Eigenschafts-Beziehungen, R Chemische Reaktion

› Die Lösungen findest du im Anhang.

Anhang

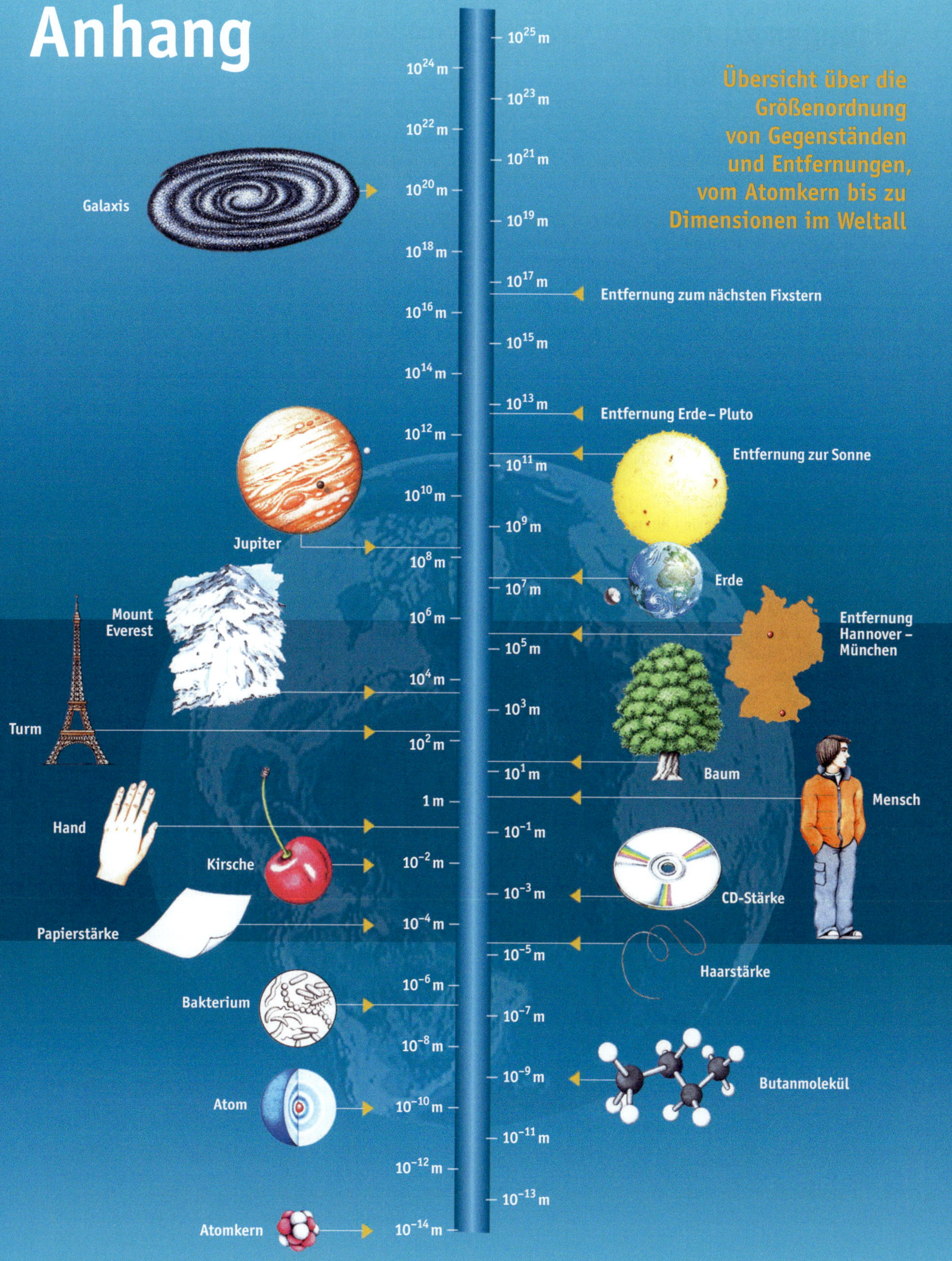
Übersicht über die Größenordnung von Gegenständen und Entfernungen, vom Atomkern bis zu Dimensionen im Weltall
10^{25} m
10^{24} m
10^{23} m
10^{22} m
10^{21} m
Galaxis
10^{20} m
10^{19} m
10^{18} m
10^{17} m
Entfernung zum nächsten Fixstern
10^{16} m
10^{15} m
10^{14} m
10^{13} m
Entfernung Erde – Pluto
10^{12} m
Entfernung zur Sonne
10^{11} m
10^{10} m
10^{9} m
Jupiter
10^{8} m
Erde
10^{7} m
Mount Everest
10^{6} m
Entfernung Hannover – München
10^{5} m
10^{4} m
10^{3} m
Turm
10^{2} m
Baum
10^{1} m
1 m
Mensch
Hand
10^{-1} m
Kirsche
10^{-2} m
10^{-3} m
CD-Stärke
Papierstärke
10^{-4} m
10^{-5} m
Haarstärke
10^{-6} m
Bakterium
10^{-7} m
10^{-8} m
10^{-9} m
Butanmolekül
Atom
10^{-10} m
10^{-11} m
10^{-12} m
10^{-13} m
Atomkern
10^{-14} m

Lösungen zu den Check-up-Aufgaben

Was ist Chemie? I Stoffe und ihre Eigenschaften I Stoffgemische (Seite 54)

1 Eigenschaften, die einen Stoff charakterisieren, sind z. B. Farbe, Geruch, elektrische Leitfähigkeit, Löslichkeit, Dichte, Siedetemperatur und Schmelztemperatur.

2 Die Eigenschaftskombination trifft auf den Stoff Zink zu.

3 Sowohl die Schmelz- und Erstarrungstemperatur als auch die Siede- und Kondensationstemperatur eines Stoffes stimmen überein, sodass die Angabe von Schmelz- und Siedetemperatur ausreicht.

4 Im Eis sind die Wasserteilchen regelmäßig angeordnet. Die Teilchen schwingen um ihre Plätze. Erwärmt man das Eis, so werden die Schwingungen heftiger. Bei 0 °C schwingen die Teilchen so stark, dass die starre Ordnung zusammenbricht. Das Eis schmilzt, es wird zu Wasser. Im flüssigen Wasser sind die Teilchen unregelmäßig fest angeordnet. Sie bewegen sich hin und her und verschieben sich dabei gegeneinander. Erwärmt man Wasser, so wird die Bewegung der Teilchen heftiger. Einzelne Wasserteilchen verlassen die Wasseroberfläche. Das Wasser verdunstet. Wenn die Siedetemperatur von 100 °C erreicht ist, bewegen sich die Wasserteilchen so stark und die Abstände zwischen ihnen werden so groß, dass sich die Teilchen voneinander trennen. Das Wasser verdampft, es entsteht Wasserdampf.

5 Der Essiggeruch in der Küche ist auf die selbstständige Durchmischung von Essigteilchen mit den Teilchen der Luft zurückzuführen. Dieser Vorgang wird als Diffusion bezeichnet. Die Ursache dafür ist die ständige regellose Bewegung der Essigteilchen und der Teilchen der Luft.

6 Ein Reinstoff besteht nur aus einer Stoffart, hat einheitlich gleichbleibende Eigenschaften und kann nicht weiter getrennt werden.
Ein Stoffgemisch besteht aus mindestens zwei Reinstoffen. Es hat keine einheitlich gleichbleibenden Eigenschaften und es kann wieder in Reinstoffe getrennt werden.

7 a)

Reinstoffe	Stoffgemische
Kupferblech	Ackerboden
Eisenschraube	Luft
Schwefelpulver	Kochsalzlösung
destilliertes Wasser	Apfelsaft (klar)
	Orangennektar
	Schmuckgold
	Mayonnaise

b)

Homogene Stoffgemische	
Stoffgemisch	Art des Stoffgemisches
Luft	Gasgemisch
Kochsalzlösung	Lösung
Apfelsaft (klar)	Lösung
Schmuckgold	Legierung
Heterogene Stoffgemische	
Stoffgemisch	Art des Stoffgemisches
Ackerboden	Gemenge (Feststoffgemisch)
Orangennektar	Aufschlämmung (Suspension)
Mayonnaise	Emulsion

8 a) Solche Medikamente sind Suspensionen.
b) Die Partikel des Feststoffes setzen sich wieder am Boden der Flasche ab. Die Suspension entmischt sich wieder.

9 a) Folgende Tätigkeiten sind durchzuführen:
1. Schutzbrille aufsetzen.
2. Luft- und Gaszufuhr am Brenner schließen.
3. Gasschlauch prüfen. Er muss fest mit dem Brenner und der Gasentnahmestelle verbunden sein.
4. Gashahn erst am Tisch und dann am Brenner öffnen.
5. Ausströmendes Gas sofort an der Brennermündung entzünden.
6. Flammengröße regulieren.
7. Luftzufuhr nach Bedarf öffnen.

b) Beim Erhitzen von Flüssigkeiten im Reagenzglas muss das Reagenzglas ständig über der Brennerflamme bewegt werden, damit es nicht zum plötzlichen Herausspritzen von Flüssigkeit kommt. Die Reagenzglasöffnung darf dabei nie auf andere Mitschüler gerichtet sein.
c) Im Chemieunterricht wird vor allem mit der nicht leuchtenden Flamme gearbeitet.

10 Gesucht: ϱ(Olivenöl)
Gegeben: m(Olivenöl) = 27,6 g;
V(Olivenöl) = 30 ml = 30 cm^3
Lösung: $\varrho(\text{Olivenöl}) = \frac{m(\text{Olivenöl})}{V(\text{Olivenöl})}$

$\varrho(\text{Olivenöl}) = \frac{27{,}6\ \text{g/mol}}{30\ \text{cm}^3} = 0{,}92\ \text{g/cm}^3$

Ergebnis: Die Dichte des Olivenöls beträgt 0,92 g/cm^3.

11 Die Angabe 11,5 % vol bedeutet, dass der Volumenanteil des Alkohols im Weißwein 11,5 % beträgt, d. h., in 100 ml Weißwein sind 11,5 ml Alkohol gelöst.

12 Viele Chemikalien sind giftige, leicht brenbare oder ätzende Stoffe. Die Vorratsgefäße für Chemikalien sind deshalb so zu beschriften, dass der Inhalt genau gekennzeichnet ist, Gefahren eindeutig erkennbar sind und gesundheitliche Schäden vermieden werden können. Behälter für Lebensmittel dürfen für die Aufbewahrung von Chemikalien nicht verwendet werden, da es dadurch leicht zu Verwechslungen und damit zu schweren Gesundheitsschäden oder zu Zerstörungen an Gegenständen kommen kann.

13 a)

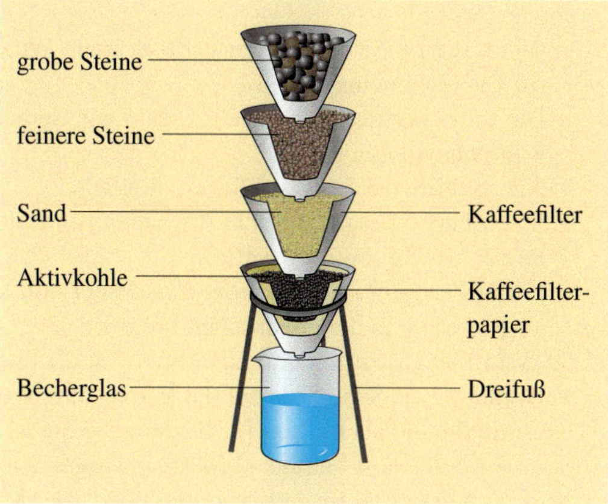

Miniklärananlage

b)

Trennverfahren	Zum Trennen genutzte Eigenschaft
Filtrieren	Partikelgröße
Adsorbieren	Anlagern von Stoffen an die Oberfläche eines anderen Stoffes

Metalle I Chemische Reaktionen (Seite 88)

1 a) Die Metalle sind gute elektrische Leiter und Wärmeleiter. Sie haben eine glänzende Oberfläche und sind gut verformbar.
b) Kupfer: Verwendung für Kontakte in der Elektrik und Elektronik aufgrund der guten elektrischen Leitfähigkeit; Verwendung zum Bau von Heiz- und Kühlanlagen und in Heizungsrohren aufgrund der guten Wärmeleitfähigkeit.
Silber: Verwendung in der Elektronik für elektrische Kontakte aufgrund der guten elektrischen Leitfähigkeit, Verwendung als Schmuck aufgrund der glänzenden Oberfläche und der guten Verformbarkeit.
Gold: Verwendung als Schmuck aufgrund der glänzenden Oberfläche und der guten Verformbarkeit.
Aluminium: Verwendung als Folienmaterial aufgrund der guten Verformbarkeit.

2 Das Element mit der Ordnungszahl 29 ist Kupfer. Steckbrief für Kupfer: festes Metall, rötlich bis gelbrot glänzend, sehr weich und gut verformbar, gute elektrische Leitfähigkeit und Wärmeleitfähigkeit, Dichte $\varrho = 8{,}96\,g/cm^3$, Schmelztemperatur $\vartheta_S = 1\,083\,°C$, Siedetemperatur $\vartheta_V = 2\,600\,°C$.

3 Eisen – Fe, Kupfer – Cu, Silber – Ag, Magnesium – Mg, Natrium – Na. Eisen – Ordnungszahl 26; Eisenatome haben jeweils 26 Protonen im Atomkern und 26 Elektronen in der Atomhülle. Kupfer – Ordnungszahl 29; Kupferatome haben 29 Protonen im Atomkern und 29 Elektronen in der Atomhülle. Silber – Ordnungszahl 47; Silberatome haben 47 Protonen im Atomkern und 47 Elektronen in der Atomhülle. Magnesium – Ordnungszahl 12; Magnesiumatome haben 12 Protonen im Atomkern und 12 Elektronen in der Atomhülle. Natrium – Ordnungszahl 11; Natriumatome haben 11 Protonen im Atomkern und 11 Elektronen in der Atomhülle.

4 Einzelne Atome haben nicht die Eigenschaften der Stoffe. Erst in sichtbaren Stoffportionen sind die Eigenschaften wie Farbe, Glanz und Festigkeit zu erkennen. Die Atome aller Elemente sind nicht gleich, die Atome der Elemente unterscheiden sich in ihrer Masse und Größe. Sie enthalten jeweils eine unterschiedliche Anzahl von Protonen und Elektronen.
Die Atome sehen nicht wie Kugeln aus. Man stellt sich die Atome im Modell jedoch als kleine Kugeln vor. Mit diesem Modell lassen sich z. B. Aggregatzustandsänderungen der Stoffe erklären. Zwischen den Atomen ist leerer Raum. Luft kann sich nicht zwischen den Atomen befinden, da Luft als Gasgemisch ebenfalls aus kleinsten Teilchen aufgebaut ist.

5 Schwefel und Kupfer reagieren miteinander zu Kupfersulfid. Schwefel und Kupfer sind die Ausgangsstoffe, Kupfersulfid ist das Reaktionsprodukt. Aus rotbraunem Kupferpulver und gelbem Schwefelpulver ist ein neuer Stoff, das schwarze, feste Kupfersulfid, entstanden. Eine Stoffumwandlung fand statt. An dem Durchglühen des Stoffgemisches ist die dabei stattfindende Energieumwandlung zu erkennen. Die chemische Reaktion ist exotherm.

6 Kupfer reagiert mit Sauerstoff zu Kupferoxid. Merkmale der chemischen Reaktion: 1. Chemische Reaktionen sind Stoffumwandlungen, bei denen neue Stoffe mit anderen Eigenschaften entstehen. Aus den Ausgangsstoffen Kupfer (rotbraun, fest) und Sauerstoff (farb- und geruchlos, gasförmig) entsteht Kupferoxid (schwarz, fest). 2. Chemische Reaktionen sind immer mit Energieumwandlungen verbunden. Ein Teil der chemischen Energie der Ausgangsstoffe wird in thermische Energie und Strahlungsenergie umgewandelt und als Wärme und Licht abgegeben. Kupfer reagiert mit Sauerstoff unter Aufglühen und Wärmeentwicklung. 3. Bei einer chemischen Reaktion werden die Teilchen umgruppiert und verändert.
Die Teilchen der Ausgangsstoffe Kupfer und Sauerstoff verändern sich und gruppieren sich zu den Teilchen des Reaktionsprodukts Kupferoxid um.
Kupfer (s) + Sauerstoff (g) $\longrightarrow$ Kupferoxid (s)

7 a) Zink und Schwefel reagieren zu Zinksulfid in einer exothermen Reaktion. Die Energie der Ausgangsstoffe Zink und Schwefel ist größer als die des Reaktionsprodukts Zinksulfid. Ein Teil der chemischen Energie der Ausgangsstoffe wird in thermische Energie umgewandelt und als Wärme abgegeben.

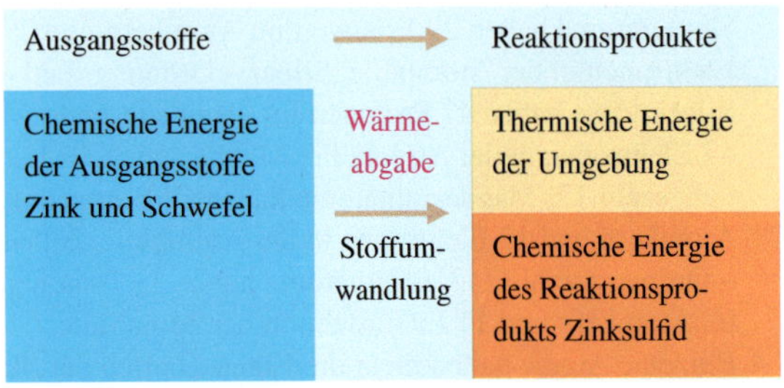

b) Beim Erhitzen von Kalkstein entstehen Branntkalk und Kohlenstoffdioxid. Der Ausgangsstoff muss ständig hocherhitzt werden, damit die Reaktionsprodukte entstehen.
Es findet eine endotherme Reaktion statt. Die chemische Energie der Reaktionsprodukte Branntkalk und Kohlenstoffdioxid ist größer als die des Ausgangsstoffs Kalkstein. Der chemischen Reaktion muss ständig Wärme zugeführt werden.

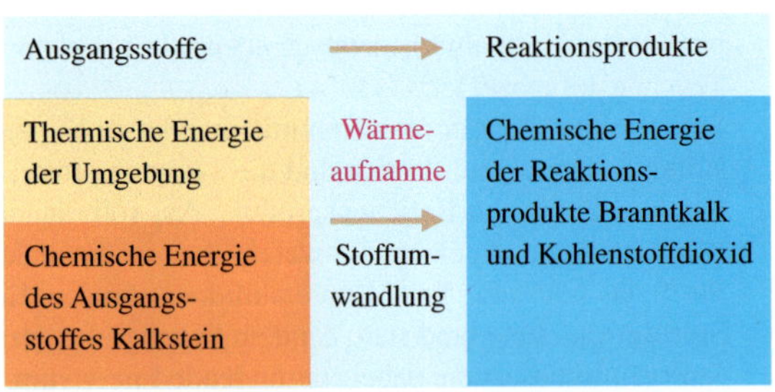

8 Blaues Kupfersulfat geht beim Erhitzen (bzw. bei Wärmezufuhr) in weißes Kupfersulfat über. Dabei wird zusätzlich Wasser gebildet. Wird nach dem Abkühlen dem weißen Kupfersulfat Wasser zugesetzt, bildet sich blaues Kupfersulfat unter Wärmeabgabe zurück.

9 Chemische Reaktionen spielen in vielen Bereichen des Alltags eine wichtige Rolle. Bei der Zubereitung von Nahrungsmitteln, beim Kochen, Braten oder Backen finden Stoffumwandlungen statt. Die neuen Stoffe haben andere Eigenschaften als vor der Zubereitung, sie werden durch die chemischen Reaktionen häufig schmackhafter und bekömmlicher. Fleisch verändert beim Braten seine Farbe, Form und Struktur. Die entstehenden Stoffe sind verantwortlich für den typischen Geschmack von Gebratenem. Beim Vergären von Obstsäften mithilfe von Hefe entsteht Wein, der einen neu entstandenen Stoff, den Alkohol, enthält. Beim Kochen von Eiern wird aus dem klaren, flüssigen Eiweiß ein weißer, fester Stoff.

Luft (Seite 102)

1 Wichtige Bestandteile der Lufthülle der Erde sind: Stickstoff ($\varphi \approx 78\,\%$), Sauerstoff ($\varphi \approx 21\,\%$), Edelgase (gesamt: $\varphi \approx 1\,\%$), Kohlenstoffdioxid ($\varphi \approx 0{,}03\,\%$) und Wasserdampf ($\varphi \approx 1\,\%$).

2 Saubere Luft ist ein Stoffgemisch aus vielen Stoffen. Ein Reinstoff dagegen besteht nur aus einer Stoffart. Die Aussage des Mitschülers ist falsch.

3 Lebewesen benötigen die Luft zur Atmung und damit zur Durchführung lebensnotwendiger Stoffwechselprozesse, zur Energiegewinnung und zum Aufbau körpereigener Stoffe.

4
- Wind ist eine Bewegung der Luft. Er treibt Windräder zur Energiegewinnung an.
- Die Luft überträgt den Schall, sodass wir Geräusche wahrnehmen können.
- Nur mithilfe der Luft ist Fliegen möglich.
- Staubsaugen beruht auf dem Ansaugen von Luft.
- Reifen werden mit Luft gefüllt.
- Luftbestandteile, z. B. Sauerstoff und Stickstoff, dienen als Rohstoffe in der chemischen Industrie.

5 Stickstoff ist gasförmig und nicht brennbar. Er findet Verwendung als Schutzgas bei der Verpackung von Lebensmitteln und als Füllgas für Reifen. Die Siedetemperatur von Stickstoff beträgt –196 °C. Flüssiger Stickstoff wird als Kühlmittel für Lebensmittel und in der Medizin zum Schockgefrieren von Gewebeteilen und zur Aufbewahrung medizinischer Präparate eingesetzt. In der Technik dient er zur Herstellung von Tiefkühlprodukten. Stickstoff ist ungiftig. Er ist im Gemisch mit Sauerstoff in Druckgasflaschen von Tauchern enthalten.
Sauerstoff ist gasförmig und lebensnotwendig für Stoffwechselvorgänge im Menschen. Er wird in der Medizin und bei der Ersten Hilfe als Beatmungsgas eingesetzt. Er findet Verwendung in der Sauerstofftherapie, als Bestandteil der Atemluft in Flugzeugen und U-Booten. Sauerstoff wird genutzt als Reaktionspartner bei chemischen Reaktionen in Kraftwerken, Kraftstoffmotoren, Heizungen, als Bestandteil von Raketentreibstoffen, zum Erzeugen großer Temperaturen beim Schweißen und Schneiden.

6 a) Ein Sauerstoffmolekül besteht aus zwei fest miteinander verbundenen Sauerstoffatomen, die Formel ist O_2. Ein Stickstoffmolekül besteht aus zwei fest miteinander verbundenen Stickstoffatomen, die Formel ist N_2.

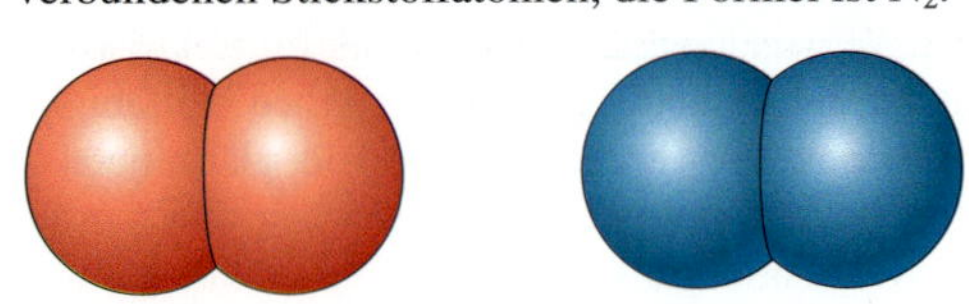

Modell eines Sauerstoffmoleküls — Modell eines Stickstoffmoleküls

b) Moleküle sind Teilchen, die aus zwei oder mehreren fest miteinander verbundenen Atomen zusammengesetzt sind.

7 a) Ein Sauerstoffatom ist chemisch nicht mehr teilbar. Es besteht aus einem Atomkern, in dem sich die Protonen befinden, und der Atomhülle, in der sich die Elektronen befinden. Ein Sauerstoffmolekül ist aus zwei fest miteinander verbundenen Sauerstoffatomen zusammengesetzt. Ein Ozonmolekül ist aus drei fest miteinander verbundenen Sauerstoffatomen zusammengesetzt.
b) Die Formel O_2 kennzeichnet den Stoff Sauerstoff, sie kennzeichnet außerdem ein Molekül Sauerstoff und sie sagt aus, dass ein Molekül Sauerstoff aus zwei Sauerstoffatomen zusammengesetzt ist.
Die Formel O_3 kennzeichnet den Stoff Ozon, sie kennzeichnet außerdem ein Molekül Ozon und sie sagt aus, dass ein Molekül Ozon aus drei Sauerstoffatomen zusammengesetzt ist.

8 Nach Abnehmen des Stopfens wird in jedes Glas ein brennender Holzspan gehalten. In Luft brennt der Span weiter, in Sauerstoff brennt der Span deutlich heller. In Stickstoff erlischt der brennende Span.

9 Gas A ist in Wasser nahezu unlöslich und es reagiert nicht mit Wasser. Seine Dichte unterscheidet sich nur geringfügig von der Dichte von Luft. Es lässt sich demnach am besten pneumatisch auffangen. Gas B ist nur schlecht in Wasser löslich und reagiert nicht mit Wasser. Es lässt sich daher am besten pneumatisch auffangen. Da es eine größere Dichte als Luft hat, könnte es auch durch Luftverdrängung aufgefangen werden. Dabei muss das Auffanggefäß mit der Öffnung nach oben eingespannt werden. Gas C ist gut in Wasser löslich und es reagiert mit Wasser. Es kann daher nicht pneumatisch aufgefangen werden. Seine Dichte ist größer als die von Luft. Es kann durch Luftverdrängung aufgefangen werden, wobei die Öffnung des Auffanggefäßes nach oben zeigen muss. Vorschlag 4 ist richtig.

10 Beim pneumatischen Auffangen von Gasen wird ein Gas in ein Auffanggefäß geleitet, das mit einer Sperrflüssigkeit gefüllt ist. Dabei verdrängt das Gas die Sperrflüssigkeit, sodass am Ende das Gefäß mit dem Gas gefüllt ist. Durchführung der Methode: 1. Ein Gefäß, z. B. eine pneumatische Wanne, wird mit Sperrflüssigkeit, meist Wasser, gefüllt. 2. Ein Auffanggefäß, z. B. ein Reagenzglas, wird so unter Wasser gelegt, dass die Luft vollständig entweicht. 3. Das Gas wird in die pneumatische Wanne geleitet und die Öffnung des Auffanggefäßes so unter Wasser über den Gasstrom gehalten, dass das enthaltene Wasser verdrängt und das Auffanggefäß vollständig mit dem Gas gefüllt wird. 4. Das Auffanggefäß wird unter Wasser mit einem Stopfen verschlossen.

Verbindungen I Wasser – Wasserstoff (Seite 150)

1 a)

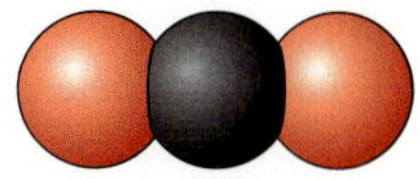

Modell von Kohlenstoffdioxid

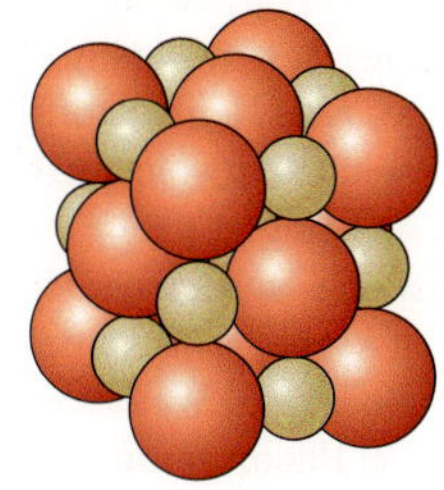

Modell von Magnesiumoxid

Kohlenstoffdioxid ist eine Molekülverbindung und besteht aus vielen Kohlenstoffdioxidmolekülen. Ein Molekül Kohlenstoffdioxid besteht aus einem Kohlenstoffatom, das mit zwei Sauerstoffatomen verbunden ist. Magnesiumoxid ist keine Molekülverbindung. Es besteht aus vielen Magnesium- und Sauerstoffteilchen, die fest miteinander verbunden sind. Im Magnesiumoxid liegen Magnesiumteilchen und Sauerstoffteilchen im Verhältnis 1 : 1 vor.
b) Formel für Kohlenstoffdioxid: CO_2; Aussagen aus der Formel: Die Formel kennzeichnet die Molekülverbindung Kohlenstoffdioxid, sie kennzeichnet außerdem ein Molekül Kohlenstoffdioxid sowie den Bau des Moleküls, das aus einem Kohlenstoffatom und zwei Sauerstoffatomen aufgebaut ist.
Formel für Magnesiumoxid: MgO; Aussagen aus der Formel: Die Formel kennzeichnet den Stoff Magnesiumoxid, sie kennzeichnet außerdem eine Baueinheit des Stoffes und sie gibt an, dass eine Baueinheit aus Magnesiumteilchen und Sauerstoffteilchen im Verhältnis 1 : 1 besteht.
c)

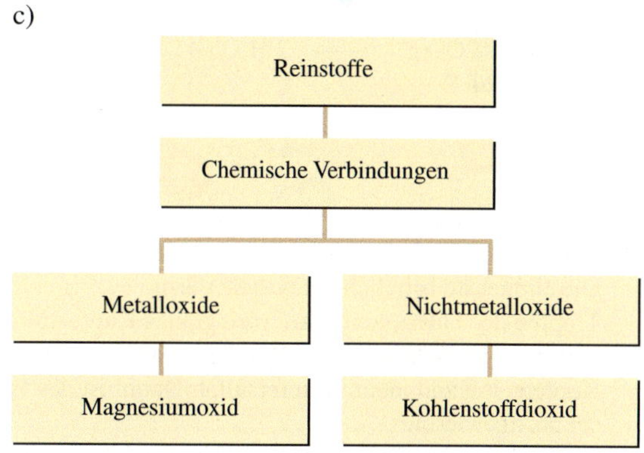

2 a) $C (s) + O_2 (g) \longrightarrow CO_2 (g)$ | exotherm
Kohlenstoff reagiert mit Sauerstoff zu Kohlenstoffdioxid. Ein Atom Kohlenstoff reagiert mit einem Molekül Sauerstoff zu einem Molekül Kohlenstoffdioxid.
$S (s) + O_2 (g) \longrightarrow SO_2 (g)$ | exotherm
Schwefel reagiert mit Sauerstoff zu Schwefeldioxid. Ein Atom Schwefel reagiert mit einem Molekül Sauerstoff zu einem Molekül Schwefeldioxid.

b) Es gilt das Gesetz von der Erhaltung der Masse, da neben den festen Reaktionsprodukten (Asche) auch gasförmige, z. B. Kohlenstoffdioxid, entstehen, die in die Atmosphäre entweichen. Für die Reaktion gilt:
m(Ausgangsstoffe) = *m*(Reaktionsprodukte), z. B.
m(Stoffe, aus denen der Baum besteht) + *m*(Sauerstoff) = *m*(Asche) + *m*(Kohlenstoffdioxid).
c) Bei einem Waldbrand werden Erholungsgebiete mit vielen Pflanzen- und Tierarten zerstört. Es treten materielle Verluste wegen der Vernichtung von Holz auf. Es entstehen große Massen an dem Treibhausgas Kohlenstoffdioxid, das in die Atmosphäre entweicht. Der Treibhauseffekt wird verstärkt.
Brandschutzmaßnahmen im Wald: Im Wald kein offenes Feuer entzünden, nicht rauchen oder brennende bzw. glimmende Gegenstände wegwerfen; zwischen Waldabschnitten Schneisen anlegen; in heißen Sommern Waldbrandwarnstufen erlassen und notfalls den Wald für den Zutritt von Personen sperren; durch Brandschutztürme oder Beobachtung aus der Luft rechtzeitig Löschmaßnahmen bei Brandausbruch einleiten.

3 Wasser ist ein gutes Lösemittel für viele Stoffe. Es dient in lebenden Organismen u. a. als Transportmittel für Nährstoffe und Salze. Wasserlebewesen gewinnen aus dem Wasser den darin gelösten Sauerstoff. Bei höheren Lufttemperaturen verdunstet Wasser. Es dient uns als Wärmeregulator durch Schweißproduktion. Wasser siedet bei 100 °C. Dies ermöglicht die Zubereitung von Speisen beim Kochen.

4 Synthese von Wasser:

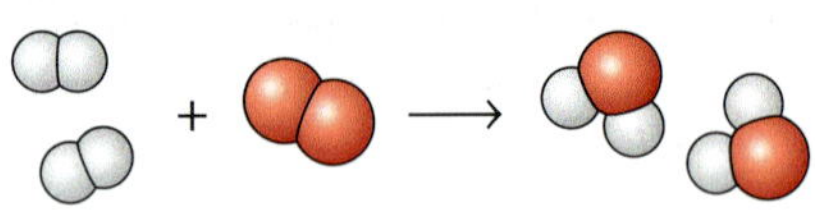

$2\,H_2\,(g) + O_2\,(g) \longrightarrow 2\,H_2O\,(l)$ | exotherm

Analyse von Wasser:

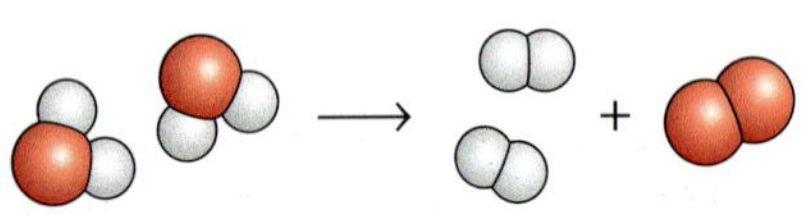

$2\,H_2O\,(l) \longrightarrow 2\,H_2\,(g) + O_2\,(g)$ | endotherm

5 Die einfachste Möglichkeit besteht darin, jeweils einige Tropfen der Flüssigkeiten auf weißgraues Kupfersulfat zu geben. Nur Wasser reagiert mit dem weißgrauen Kupfersulfat zu blauem Kupfersulfat. Damit ist das Wasser nachgewiesen.

6 a) Wasserstoff verbrennt zu Wasserstoffoxid (Wasser).
Wasserstoff (g) + Sauerstoff (g) ⟶ Wasserstoffoxid (Wasser) (l) | exotherm
b) Wasserstoff ist in großen Mengen auf der Erde vorhanden. Er kann aus Wasser unter Nutzung von Sonnenenergie gewonnen werden. Wasserstoff verbrennt relativ schadstofffrei zu Wasser. Wasserstoff kann in Brennstoffzellen zur Energieerzeugung genutzt werden oder in Wasserstoffmotoren zum Antrieb von Kraftfahrzeugen, Flugzeugen und Schiffen dienen.

7 a) Die Löslichkeit von Sauerstoff in Wasser ist geringer als die von Kochsalz. Mit steigender Temperatur nimmt die Löslichkeit von Sauerstoff in Wasser ab, die von Kochsalz nimmt dagegen zu.
b) Die Massenkonzentration an Sauerstoff nimmt mit steigenden Temperaturen im Sommer in flachen Gewässern ab, die Massenkonzentration an gelösten festen Stoffen nimmt dagegen zu. Beides kann Fischsterben und Sterben anderer Wasserlebewesen zur Folge haben. Tierische Lebewesen können infolge des Sauerstoffmangels ersticken.

8 a) Seifenlösung ist alkalisch, destilliertes Wasser ist neutral, Apfelsaft ist sauer.
b) Der pH-Wert ist eine Zahlenangabe zur Kennzeichnung von sauren, alkalischen und neutralen Lösungen. Saure Lösungen weisen einen pH-Wert von kleiner als 7, alkalische einen von größer als 7 auf. Neutrale Lösungen besitzen ein pH-Wert von 7.

Quantitative Betrachtungen I Redoxreaktionen (S. 176)

1 Die Stoffmenge ist ein Maß für die Anzahl der Teilchen in einer Stoffportion. Sie wird in der Einheit mol angegeben. In 1 mol eines Stoffes sind etwa $6 \cdot 10^{23}$ Teilchen enthalten.
Die molare Masse eines Stoffes ist der Quotient aus Masse und Stoffmenge einer Stoffportion. Ihre Einheit ist g/mol. Sie ist für den jeweiligen Stoff charakteristisch.

2
- 1 Atom Schwefel reagiert mit 1 Molekül Sauerstoff zu 1 Molekül Schwefeldioxid.
- 1 mol Schwefel reagiert mit 1 mol Sauerstoff zu 1 mol Schwefeldioxid.
- $6 \cdot 10^{23}$ Atome Schwefel reagieren mit $6 \cdot 10^{23}$ Molekülen Sauerstoff zu $6 \cdot 10^{23}$ Molekülen Schwefeldioxid.

3 a) Die Berechnung der Masse Sauerstoff erfolgt auf der Grundlage des Gesetzes von der Erhaltung der Masse. Die Masse der Ausgangsstoffe ist gleich der Masse der Reaktionsprodukte.
Aus der Wortgleichung für die Reaktion werden Ausgangsstoffe und Reaktionsprodukte ermittelt:
Kupfer (s) + Sauerstoff (g) ⟶ Kupferoxid (s)
Es gilt: $m(\text{Kupfer}) + m(\text{Sauerstoff}) = m(\text{Kupferoxid})$
Daraus folgt: $m(\text{Sauerstoff}) = m(\text{Kupferoxid}) - m(\text{Kupfer})$
$m(\text{Sauerstoff}) = 2{,}5\,g - 2\,g = 0{,}5\,g$
Für das Massenverhältnis, in dem Kupfer und Sauerstoff miteinander reagieren, gilt:
$m(\text{Kupfer}) : m(\text{Sauerstoff}) = 2\,g : 0{,}5\,g = 4\,g : 1\,g$
Ergebnis: In dem Experiment wurden bei der Oxidation von 2 g Kupfer 0,5 g Sauerstoff verbraucht. Kupfer und Sauerstoff reagierten im Massenverhältnis 4 g : 1 g miteinander.
b) Gesucht: $m(\text{Kupfer}) : m(\text{Sauerstoff})$
Gegeben: $M(\text{Kupfer}) = 63{,}5$ g/mol;
$M(\text{Sauerstoff}) = 32$ g/mol (↑ Tabellenwerk)

Reaktionsgleichung: $2\,Cu\,(s) + O_2\,(g) \longrightarrow 2\,CuO\,(s)$
Daraus folgt: $n(Cu) = 2\,mol$; $n(O_2) = 1\,mol$
Es gilt: $m = M \cdot n$
Für das Massenverhältnis, in dem Kupfer und Sauerstoff miteinander reagieren, gilt:

$$m(Cu) : m(O_2)$$
$$= [M(Cu) \cdot n(Cu)] : [M(O_2) \cdot n(O_2)]$$
$$= [63{,}5\,g/mol \cdot 2\,mol] : [32\,g/mol \cdot 1\,mol]$$
$$= 3{,}97\,g : 1\,g$$

Ergebnis: Theoretisch müssten Kupfer und Sauerstoff im Massenverhältnis von 3,97 g : 1 g miteinander reagieren.
c) Das experimentell ermittelte Massenverhältnis und das theoretisch zu erwartende Massenverhältnis stimmen in etwa überein. Das Ermitteln von Massen im Experiment ist oft mit Messungenauigkeiten behaftet. Um experimentell einen Wert zu erhalten, der exakt dem theoretisch zu erwartenden entspricht, wäre es notwendig, das Experiment viele Male unter den gleichen Bedingungen durchzuführen und aus den Messdaten einen Mittelwert zu bilden.

4 Gesucht: $n(Au)$; $N(Au)$
Gegeben: $M(Au) = 197\,g/mol$ (↑ Tabellenwerk); $m(Au) = 1/10\,Unze = 3{,}11\,g$
Lösung:

$$n = \frac{m}{M}$$
$$n(Au) = \frac{m(Au)}{M(Au)} = \frac{3{,}11\,g}{197\,g/mol} = 0{,}0158\,mol$$
$$N = n \cdot N_A$$
$$N(Au) = 0{,}0158\,mol \cdot 6 \cdot 10^{23}\,mol^{-1}$$
$$n(Au) = 9{,}5 \cdot 10^{21}$$

Ergebnis: In einer Goldmünze mit einer Masse von einer zehntel Unze sind 0,0158 mol Gold enthalten, das sind $9{,}5 \cdot 10^{21}$ Goldatome.

5 Gesucht: $m(Ti)$
Gegeben: $m(TiO_2) = 2\,000\,kg$; $M(TiO_2) = 79{,}9\,g/mol$; $M(Ti) = 47{,}9\,g/mol$ (↑ Tabellenwerk)
Reaktionsgleichung: $Ti\,(s) + O_2\,(g) \longrightarrow TiO_2\,(s)$
Daraus folgt: $n(Ti) = 1\,mol$; $n(TiO_2) = 1\,mol$
Lösung:

$$\frac{m(Ti)}{m(TiO_2)} = \frac{n(Ti) \cdot M(Ti)}{n(TiO_2) \cdot M(TiO_2)}$$
$$m(Ti) = \frac{n(Ti) \cdot M(Ti) \cdot m(TiO_2)}{n(TiO_2) \cdot M(TiO_2)}$$
$$m(Ti) = \frac{1\,mol \cdot 47{,}9\,g/mol \cdot 2\,000\,kg}{1\,mol \cdot 79{,}9\,g/mol}$$
$$m(Ti) = 1200\,kg$$

Ergebnis: Um 2 000 kg Titan(IV)-oxid zu erhalten, müssen 1200 kg Titan oxidiert werden.

6 Eine Redoxreaktion liegt vor, wenn eine Oxidation und eine Reduktion gleichzeitig ablaufen. Dabei gibt das Oxidationsmittel Sauerstoff ab und wird reduziert, das Reduktionsmittel nimmt den Sauerstoff auf und wird oxidiert. Bei der chemischen Reaktion von Kohlenstoffdioxid und Magnesium zu Magnesiumoxid und Kohlenstoff ist Kohlenstoffdioxid das Oxidationsmittel. Es gibt den Sauerstoff an das Magnesium ab und wird reduziert. Magnesium ist das Reduktionsmittel. Es nimmt den Sauerstoff auf und wird oxidiert.

7
1. Erfassen des Problems.
2. Ableiten einer Vermutung zur Lösung des Problems.
3. Ableiten von experimentell überprüfbaren Folgerungen aus der Vermutung.
4. Planen, durchführen und beobachten des Experiments.
5. Vergleichen der Beobachtungsergebnisse mit den experimentell überprüfbaren Folgerungen.
6. Formulieren einer Aussage über die Richtigkeit der Vermutung.

8 a)

Reduktion

$$Ag_2O\,(s) + Mg\,(s) \longrightarrow 2\,Ag\,(s) + MgO\,(s)$$

Oxidationsmittel Reduktionsmittel

Oxidation

b)

Reduktion

$$3\,ZnO\,(s) + 2\,Al\,(s) \longrightarrow 3\,Zn\,(s) + Al_2O_3\,(s)$$

Oxidationsmittel Reduktionsmittel

Oxidation

c)

Reduktion

$$2\,Na\,(s) + CuO\,(s) \longrightarrow Na_2O\,(s) + Cu\,(s)$$

Reduktionsmittel Oxidationsmittel

Oxidation

9 Als Reaktionspartner kommt nur Magnesium infrage, da dieses unedler als Aluminium ist, also eine höhere Affinität zu Sauerstoff hat.

Reduktion

$$Al_2O_3\,(s) + 3\,Mg\,(s) \longrightarrow 2\,Al\,(s) + 3\,MgO\,(s)$$

Oxidation

10 Das metallische Magnesium wird nach dem Experiment nicht mehr vorhanden sein. Ein weißer und ein gelber Feststoff werden entstehen. Es wird Wärme frei.

Reduktion

$$2\,Mg\,(s) + SO_2\,(g) \longrightarrow 2\,MgO\,(s) + S\,(s)$$

Oxidation

11 Der Eisenschrott enthält chemisch gebundenen Sauerstoff, der mit dem im Roheisen enthaltenen Kohlenstoff zu Kohlenstoffdioxid reagiert. Somit wird der hohe Kohlenstoffanteil des Roheisens zu dem im Stahl gewünschten Anteil verringert. Gleichzeitig wird eine stoffliche Verwertung des Schrotts vollzogen und es werden Ressourcen geschont.

Alkali- und Erdalkalimetalle I Halogene und Edelgase (Seite 210)

1 a) Alkalimetalle, Erdalkalimetalle, Halogene, Edelgase
b) Alkalimetalle: Lithium, Natrium, Kalium, Rubidium, Caesium
Erdalkalimetalle: Beryllium, Magnesium, Calcium, Strontium, Barium
Halogene: Fluor, Chlor, Brom, Iod
Edelgase: Helium, Neon, Argon, Krypton, Xenon

2 Alkalimetalle sind sehr weich, leiten den elektrischen Strom und Wärme gut. Sie sind sehr reaktionsfreudig und überziehen sich an der Luft mit einer Oxidschicht.

3 a) Ein Magnesiastäbchen wird in 35%ige Salzsäure getaucht und in der nicht leuchtenden Brennerflamme bis zum Glühen erhitzt. Das Stäbchen ist dann in die Probe und anschließend erneut in die nicht leuchtende Brennerflamme zu halten.
b) Natriumverbindungen: gelb; Lithiumverbindungen: rot; Strontiumverbindungen: rot; Bariumverbindungen: grün

4 An feuchter Luft reagieren die Alkalimetalle mit dem in der Luft enthaltenen Wasser(dampf). In trockener Luft befindet sich kein Wasser(dampf), sodass nur die langsamere Reaktion mit dem Sauerstoff der Luft stattfinden kann.

5 Erdalkalimetalle sind unedle Metalle von silberweißer Farbe mit einer geringen Dichte. An Luft überziehen sie sich mit einer Oxidschicht. Alle Erdalkalimetalle (außer Beryllium) reagieren mit Wasser.

6 Halogene sind Nichtmetalle. Im gasförmigen Zustand haben sie einen stechenden Geruch und sind Atemgifte. Halogene sind sehr reaktionsfähige Elemente.

7 Halogene sind Atemgifte und wirken reizend bzw. ätzend.

8 Alle Halogene bestehen aus zweiatomigen Molekülen.

9 Alkalimetallhalogenide: Lithiumchlorid LiCl, Natriumiodid NaI, Kaliumfluorid KF
Erdalkalimetallhalogenide: Magnesiumbromid $MgBr_2$, Calciumchlorid $CaCl_2$, Bariumiodid BaI_2

10 Der menschliche Körper benötigt Magnesium-, Calcium- und Chlorverbindungen beispielsweise für die Muskeltätigkeit. Bei starker körperlicher Aktivität werden mit dem Schweiß auch Mineralien abgegeben, sodass es zu Mineralstoffmangel kommen kann. Dies wird durch Mineralienzufuhr mit der Nahrung verhindert.

11 Edelgase sind sehr reaktionsträge und gehen in der Umwelt keine Verbindungen ein. Demgegenüber sind Alkalimetalle, Erdalkalimetalle und Halogene sehr reaktiv und kommen in der Natur nur chemisch gebunden in Verbindungen vor.

12 Helium hat eine geringere Dichte als Luft und ist sehr reaktionsträge.

Atombau und Periodensystem der Elemente I Chemische Bindungen (Seite 250)

1 Aluminiumatome haben 13 Protonen und 13 Elektronen entsprechend der Ordnungszahl 13. Die Anzahl der drei Elektronenschalen entspricht der Stellung des Elements in der 3. Periode. Die Anzahl von drei Außenelektronen lässt sich aus seiner Stellung in der III. Hauptgruppe ableiten.
Phosphoratome haben 15 Protonen und 15 Elektronen entsprechend der Ordnungszahl 15. Die Anzahl der Elektronenschalen beträgt 3 entsprechend der Stellung des Elements in der 3. Periode. Die Anzahl von 5 Außenelektronen entspricht der Stellung des Elements in der V. Hauptgruppe.
Neonatome haben 10 Protonen und 10 Elektronen entsprechend der Ordnungszahl 10. Die 10 Elektronen verteilen sich auf zwei Elektronenschalen entsprechend der Stellung des Elements in der 2. Periode. Die 2. Elektronenschale ist mit 8 Elektronen voll besetzt; 8 Außenelektronen entsprechend der Stellung in der VIII. Hauptgruppe. Neon gehört zu den Edelgasen, daher weisen Neonatome diese stabile Elektronenanordnung, die Edelgaskonfiguration, auf.

2 a) A: Argonatom Ar; B: Calcium-Ion Ca^{2+}; C: Chlorid-Ion Cl^-; D: Kalium-Ion K^+
b) Die angegebenen Teilchen haben unterschiedliche Protonenanzahlen im Atomkern, d.h., es sind Teilchen verschiedener Elemente. Die Atome können durch Abgabe oder Aufnahme von Elektronen zu positiv oder negativ geladenen Ionen werden und damit eine stabile Elektronenanordnung in der Außenschale erreichen. Deshalb gibt es Atome und Ionen verschiedener chemischer Elemente mit einer gleichartigen Atomhülle.

3 a) Die Atome des Elements Kupfer unterscheiden sich in der Anzahl der Neutronen im Atomkern.
69,2 % der Kupferatome haben 34 Neutronen, sie sind die $^{63}_{29}Cu$-Isotope. 30,8 % der Kupferatome haben hingegen 36 Neutronen. Die beiden Isotope des Kupfers haben unterschiedliche Massen.
b) $m = 63\,u \cdot 0{,}692 + 65\,u \cdot 0{,}308 = 63{,}62\,u$
Die durchschnittliche Atommasse für Kupfer aus den beiden Isotopen beträgt 63,62 u.

4 a) Das Element mit der Ordnungszahl 38 ist das Element Strontium. Strontiumatome haben 38 Protonen im Atomkern und 38 Elektronen in der Atomhülle. Die Elektronen verteilen sich auf 5 Elektronenschalen (entsprechend der 5. Periode des PSE). Zwei der Elektronen sind Außenelektronen (entsprechend der II. Hauptgruppe).
b) Durch Abgabe der zwei Außenelektronen können aus Strontiumatomen zweifach positiv geladene Strontium-Ionen entstehen.
$Sr \longrightarrow Sr^{2+} + 2\,e^-$
c) Strontium ist ein Metall, als Element der II. Hauptgruppe ein Erdalkalimetall mit charakteristischen Metalleigenschaften, wie elektrischer Leitfähigkeit, Wärmeleitfähigkeit und Glanz.

5 Kupfer und Silber leiten den elektrischen Strom aufgrund frei beweglicher Elektronen im Metall, die sich im elektrischen Feld gerichtet bewegen. Die Elektronen sind deshalb frei beweglich, da sich die relativ kleine Anzahl von Außenelektronen zwischen den elektrisch positiv geladenen Metall-Ionen bewegt und die Außenelektronen nicht zu bestimmten Metallatomen gehören. In den Lösungen von Kupferchlorid und Silbernitrat ist die elektrische Leitfähigkeit auf das Vorhandensein von frei beweglichen Ionen zurückzuführen. Die ungleichnamig geladenen Ionen können nur in Lösungen oder Schmelzen als Ladungsträger wirken, da sie nur dort frei beweglich sind.

6

Stoff	Art der Teilchen	Chemische Bindung	Anordnung der Teilchen
Kaliumbromid	elektrisch positiv geladene Kalium-Ionen und elektrisch negativ geladene Bromid-Ionen	Ionenbindung	Ionen im Ionengitter
Kalium	elektrisch positiv geladene Kalium-Ionen und bewegliche elektrisch negativ geladene Elektronen (Elektronengas)	Metallbindung	Metallatome im Metallgitter
Brom	Brommoleküle aus je zwei Bromatomen	Atombindung im Molekül	bewegliche Moleküle, zwischen denen zusätzliche Anziehungskräfte wirken
Bromwasserstoff	Bromwasserstoffmoleküle aus je einem Wasserstoff- und einem Bromatom	(polare) Atombindung im Molekül	bewegliche Moleküle, Dipole

7 a) Schwefeldioxid ist als gasförmiger Stoff mit geringer Schmelz- und Siedetemperatur vermutlich eine Molekülverbindung, d. h. ein aus Molekülen aufgebauter Stoff. In den Molekülen liegt Atombindung vor.

b) Im Schwefeldioxidmolekül ist ein Schwefelatom an zwei Sauerstoffatome gebunden.

c)

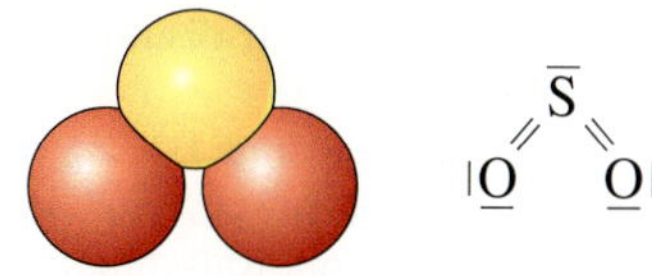

8 Das Kohlenstoffdioxidmolekül ist linear aufgebaut. Am Kohlenstoffatom gibt es nur bindende Elektronenpaare, jeweils zu einem der Sauerstoffatome, die symmetrisch zum Kohlenstoffatom im Winkel von 180° angeordnet sind. Die Ladungsschwerpunkte fallen zusammen, deshalb ist das Kohlenstoffdioxidmolekül auch kein Dipolmolekül.

Im Ammoniakmolekül sind drei Wasserstoffatome jeweils durch Einfachbindung – jeweils durch ein bindendes Elektronenpaar – an ein Stickstoffatom gebunden. Am Stickstoffatom liegt noch ein freies Elektronenpaar vor. Das freie Elektronenpaar und die drei Wasserstoffatome sind nach den Eckpunkten eines Tetraeders ausgerichtet. Das Stickstoffatom befindet sich im Zentrum des Tetraeders. Die drei Wasserstoffatome mit den bindenden Elektronenpaaren stoßen sich untereinander weniger ab, als das freie Elektronenpaar des Stickstoffatoms die Wasserstoffatome abstößt. Das Stickstoffatom und die Wasserstoffatome bilden eine Pyramide. Das Ammoniakmolekül ist ein Dipolmolekül.

9 L. Meyer und D. I. Mendelejew entwickelten unabhängig voneinander das Periodensystem der Elemente. Sie erkannten eine systematische Ordnung der Elemente aufgrund von Ähnlichkeiten in den Eigenschaften, die sich auf Gemeinsamkeiten im Atombau zurückführen lassen. Die Erkenntnis dieses gesetzmäßigen Zusammenhangs ermöglichte die Vorhersage noch unbekannter Elemente und auch die gezielte Suche nach diesen. Das Periodensystem der Elemente ist eines der wichtigsten Ordnungsprinzipien der Chemie.

L. Pauling ist einer der Begründer der theoretischen Chemie. Ihm gelang es, die Strukturen vor allem von kompliziert aufgebauten Naturstoffen aufzuklären und damit z. B. Voraussetzungen für deren synthetische Herstellung zu schaffen. Seine Forschungsarbeiten zur „Natur der chemischen Bindung“ wurden mit dem Nobelpreis geehrt. Der Wissenschaftler L. Pauling setzte sich durch sein politisches Engagement vehement gegen Kernwaffenversuche in den USA und für die Erhaltung des Weltfriedens ein.

10 Wassermoleküle sind Dipolmoleküle, d. h., es existieren eine positive und eine negative Teilladung im polaren Molekül. Aus diesem Grund können sie die Ionen aus dem Ionengitter eines salzartigen Stoffes herauslösen und diese umhüllen, hydratisieren. Die Wassermoleküle lagern sich mit ihrem negativen Ladungsschwerpunkt an die positiven Ionen bzw. mit dem positiven Ladungsschwerpunkt an die negativen Ionen der Ionenverbindung an. Die Ionenbindung im Ionenkristall wird so gespalten und die hydratisierten Ionen werden in der Lösung frei beweglich. Der Ionenkristall löst sich auf.

Saure und alkalische Lösungen I Neutralisation (Seite 290)

1 a) Säuren wirken ätzend. Die wässrige Lösung einer Säure färbt Indikatoren charakteristisch, leitet den elektrischen Strom und reagiert mit Kalkstein.
b) Typische Teilchen sind die Oxonium-Ionen H_3O^+. Oxonium-Ionen bilden sich bei der Aufnahme eines Protons (Wasserstoff-Ions, H^+) durch ein Wassermolekül.
c) Säuren sind z. B. Chlorwasserstoff oder Schwefelsäure, saure Lösungen sind Salzsäurelösung oder Essigsäurelösung.

2 a) Beim Einleiten von Chlorwasserstoff in Wasser spalten sich die Chlorwasserstoffmoleküle jeweils in ein Proton und ein Chlorid-Ion. Die Protonen verbinden sich jeweils mit einem Wassermolekül zu Oxonium-Ionen. Die chemische Bindung erfolgt über ein freies Elektronenpaar des Wassermoleküls.
b) Chlorwasserstoffmoleküle sind die Protonendonatoren; Wassermoleküle fungieren als Protonenakzeptoren.

3 a) Ammoniaklösung, Natronlauge
b) Typische Teilchen einer alkalischen Lösung sind die Hydroxid-Ionen (OH^-). Sie bilden sich z. B. bei der Reaktion eines Metalloxids mit Wasser, wobei die Wassermoleküle jeweils ein Proton an die Oxid-Ionen des Metalloxids übertragen.
Auch beim Lösen eines Metallhydroxids bilden sich frei bewegliche hydratisierte Hydroxid-Ionen.

4 Erst wenn Ammoniakmoleküle mit den Wassermolekülen des feuchten Indikatorpapiers in Berührung kommen, kann der Protonenübergang zur Bildung von hydratisierten Ammonium-Ionen $NH_4^+(aq)$ und hydratisierten Hydroxid-Ionen $OH^-(aq)$ erfolgen.

5 Wassermoleküle ordnen sich mit ihrem negativ polarisierten Sauerstoffatom zu den Barium-Ionen Ba^{2+} an und bilden in der Lösung hydratisierte Barium-Ionen $Ba^{2+}(aq)$. Zu den Hydroxid-Ionen OH^- zeigen die positiv polarisierten Wasserstoffatome der Wassermoleküle und bilden hydratisierte Hydroxid-Ionen $OH^-(aq)$.
$BaOH_2(s) \longrightarrow Ba^{2+}(aq) + 2\ OH^-(aq)$

6 Viele Reinigungsmittel sind saure oder alkalische Lösungen bzw. bilden mit Wasser saure oder alkalische Lösungen. Ein Kontakt dieser Reinigungsmittel mit den Augen kann deshalb zu Verätzungen der Augen führen.

7 a) Die Urinprobe ist eine saure Lösung.
b) $c(H_3O^+) = 10^{-5}$ mol/l; $c(OH^-) = 10^{-9}$ mol/l
c) Die Stoffmengenkonzentration der Oxonium-Ionen in der Urinprobe ist um den Faktor 100 größer als in einer neutralen Lösung. Die Stoffmengenkonzentration der Hydroxid-Ionen beträgt 1/100 der Stoffmengenkonzentration in einer neutralen Lösung.

8 Man versetzt die drei Flüssigkeiten z. B. mit Universalindikatorlösung. Eine Blaufärbung deutet auf eine alkalische Lösung hin, eine Grünfärbung zeigt eine neutrale Lösung an und die saure Lösung zeigt eine rote Farbe.

9 a) Bei der chemischen Reaktion von Kalilauge mit einem bestimmten Volumen Schwefelsäure reagieren eine alkalische und eine saure Lösung in einer exothermen Reaktion zu einer neutralen Lösung. Die hydratisierten Oxonium-Ionen der Schwefelsäure reagieren dabei mit den hydratisierten Hydroxid-Ionen der Kalilauge zu Wassermolekülen. Ein solcher Vorgang wird als Neutralisation bezeichnet.
b) $2\ K^+(aq) + 2\ OH^-(aq) + 2\ H_3O^+(aq) + SO_4^{2-}(aq) \longrightarrow 4\ H_2O(l) + 2\ K^+(aq) + SO_4^{2-}(aq)$
c) Der Protonenübergang findet zwischen den Oxonium-Ionen und den Hydroxid-Ionen statt. Oxonium-Ionen geben Protonen ab und wirken als Protonendonatoren. Hydroxid-Ionen nehmen Protonen auf und sind die Protonenakzeptoren.

10 Gesucht: $c(KOH)$
Gegeben: $c(HCl) = 0{,}2$ mol/l; $V(HCl) = 15{,}6$ ml
$V(KOH) = 20$ ml
Reaktionsgleichung:
$$K^+(aq) + OH^-(aq) + H_3O^+(aq) + Cl^-(aq) \longrightarrow 2\ H_2O(l) + K^+(aq) + Cl^-(aq)$$
Lösung:
$n(OH^-) = n(H_3O^+)$
$n(OH^-) = n(KOH)$ und $n(H_3O^+) = n(HCl)$
$n(KOH) = n(HCl)$
$c(KOH) \cdot V(KOH) = c(HCl) \cdot V(HCl)$
$$c(KOH) = \frac{c(HCl) \cdot V(HCl)}{V(KOH)}$$
$$c(KOH) = \frac{0{,}2\,\text{mol/l} \cdot 15{,}6\,\text{ml}}{20\,\text{ml}}$$
$c(KOH) = 0{,}156$ mol/l
Ergebnis: Die Stoffmengenkonzentration der Lauge im Abwasser beträgt 0,156 mol/l.

Salze (Seite 318)

1

Salz	Name und chemisches Zeichen des Kations	Name und chemisches Zeichen des Anions	Verhältnisformel des Salzes
Magnesiumcarbonat	Magnesium-Ionen, Mg^{2+}	Carbonat-Ionen, CO_3^{2-}	$MgCO_3$
Ammoniumchlorid	Ammonium-Ionen, NH_4^+	Chlorid-Ionen, Cl^-	NH_4Cl
Natriumsulfat	Natrium-Ionen, Na^+	Sulfat-Ionen, SO_4^{2-}	Na_2SO_4
Strontiumnitrat	Strontium-Ionen, Sr^{2+}	Nitrat-Ionen, NO_3^-	$Sr(NO_3)_2$

2 a) Kaliumcarbonat K_2CO_3
b) Bariumnitrat $Ba(NO_3)_2$
c) Natriumphosphat Na_3PO_4
d) Calciumchlorid $CaCl_2$
e) Ammoniumsulfat $(NH_4)_2SO_4$

3 Protonenübergang

$CuO(s) + 2\,H_3O^+(aq) + 2\,Cl^-(aq)$
$\longrightarrow Cu^{2+}(aq) + 2\,Cl^-(aq) + 3\,H_2O(l)$

4 Eine Fällungsreaktion liegt vor, wenn nach Zugabe eines Reagenzes zu einer Lösung ein Stoff aufgrund seiner Schwerlöslichkeit als Niederschlag ausfällt. Gibt man z. B. Silbernitratlösung zu Ammoniumchloridlösung, so fällt schwer lösliches Silberchlorid aus, während die Ammonium-Ionen und die Nitrat-Ionen in der Lösung verbleiben, da Ammoniumnitrat gut wasserlöslich ist. Im Labor werden Fällungsreaktionen dazu verwendet, die Anwesenheit bestimmter Ionen (z. B. Chlorid-Ionen) in Lösungen durch die Bildung charakteristischer Niederschläge nachzuweisen.

5 a) $2\,K(s) + Cl_2(g) \longrightarrow 2\,KCl(s)$ (Kaliumchlorid)

b)

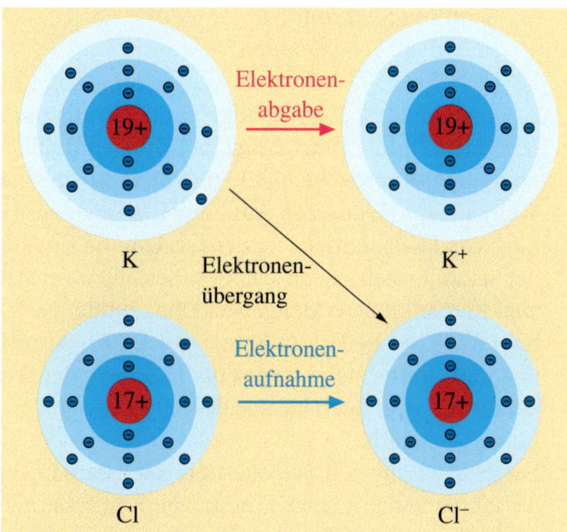

c) Bei der Reaktion findet ein Elektronenübergang von Kaliumatomen zu Chloratomen statt. Es handelt sich also um eine Redoxreaktion.

6 Zu den Redoxreaktionen mit Sauerstoffübertragung gehören z. B. die Reduktionen von Metalloxiden durch unedle Metalle. Bei der Reaktion von schwarzem Kupferoxid mit Aluminium wird Sauerstoff vom Kupferoxid auf das Aluminium übertragen und es entstehen Kupfer und Aluminiumoxid.

Reduktion

$3\,CuO(s) + 2\,Al(s) \longrightarrow 3\,Cu(s) + Al_2O_3(s)$

Oxidation

Aus der Verbindung Kupferoxid (aufgebaut aus Kupfer-Ionen und Oxid-Ionen) entsteht elementares Kupfer (bestehend aus Kupferatomen). Dabei nehmen die zweifach positiv geladenen Kupfer-Ionen jeweils zwei Elektronen auf und Kupferatome entstehen. Gleichzeitig geben die Aluminiumatome jeweils drei Elektronen ab. Es entstehen dreifach positiv geladene Aluminium-Ionen, die mit den Oxid-Ionen die Verbindung Aluminiumoxid bilden.

Reduktion/Elektronenaufnahme: $3\,Cu^{2+} + 6\,e^- \longrightarrow 3\,Cu$
Oxidation/Elektronenabgabe: $2\,Al \longrightarrow 2\,Al^{3+} + 6\,e^-$

7 a) Elektronenabgabe/Oxidation: $Zn \longrightarrow Zn^{2+} + 2\,e^-$
Elektronenaufnahme/Reduktion: $2\,I + 2\,e^- \longrightarrow 2\,I^-$
Elektronenübergang/Redoxreaktion: $Zn + I_2 \longrightarrow ZnI_2$

b) Elektronendonator: Zinkatome
Elektronenakzeptor: Iodatome

c) Reduktion

$Zn(s) + I_2(s) \longrightarrow ZnI_2(s)$

Oxidation

Reduktionsmittel: Zinkatome
Oxidationsmittel: Iodatome

8 a) Bei der Reaktion von Salzsäure mit Calcium entstehen Wasserstoff und eine Calciumchloridlösung.
$Ca(s) + 2\,H_3O^+(aq) + 2\,Cl^-(aq)$
$\longrightarrow Ca^{2+}(aq) + 2\,Cl^-(aq) + 2\,H_2O(l) + H_2(g)$

b) Elektronenabgabe/Oxidation:
$Ca(s) \longrightarrow Ca^{2+}(aq) + 2\,e^-$
Elektronenaufnahme/Reduktion:
$2\,H_3O^+(aq) + 2\,e^- \longrightarrow 2\,H_2O(l) + H_2(g)$

c) Gesucht: $V(H_2)$
Gegeben: $m(Ca) = 4$ g; $M(Ca) = 40$ g/mol;
$V_m = 22{,}4$ l/mol (↑Tabellenwerk)
Reaktionsgleichung:
$Ca(s) + 2\,H_3O^+(aq) + 2\,Cl^-(aq)$
$\longrightarrow Ca^{2+}(aq) + 2\,Cl^-(aq) + 2\,H_2O(l) + H_2(g)$

Lösung: $n(Ca) = n(H_2)$

$$n(Ca) = \frac{m(Ca)}{M(Ca)}$$

$$n(H_2) = \frac{V(H_2)}{V_m}$$

$$\frac{m(Ca)}{M(Ca)} = \frac{V(H_2)}{V_m}$$

$$V(H_2) = \frac{m(Ca) \cdot V_m}{M(Ca)}$$

$$V(H_2) = \frac{4\text{ g} \cdot 22{,}4\text{ l/mol}}{40\text{ g/mol}}$$

$$V(H_2) = 2{,}24\text{ l}$$

Ergebnis: Bei der Reaktion von 4 g Calcium mit Salzsäure bilden sich 2,24 l Wasserstoff.

9 Das Aluminiumblech wird sich mit einer Kupferschicht überziehen, da Aluminium unedler als Kupfer ist. Aluminiumatome haben ein höheres Bestreben zur Elektronenabgabe als Kupferatome. Sie geben jeweils drei Elektronen ab. Es bilden sich Aluminium-Ionen. Aus den zweifach positiv geladenen Kupfer-Ionen der Lösung entstehen an der Aluminiumblechoberfläche Kupferatome durch Aufnahme von jeweils zwei Elektronen.

10 Die zweifach positiv geladenen Zink-Ionen werden von der Kathode (Minuspol) angezogen, während die einfach negativ geladenen Chlorid-Ionen zur Anode (Pluspol) wandern. An der Kathode nehmen die Zink-Ionen jeweils zwei Elektronen auf und Zink-Atome entstehen. Elementares Zink scheidet sich in Form eines grauen Belags ab. An der Anode geben die Chlorid-Ionen jeweils ein Elektron ab. Es bilden sich Chloratome, die sich zu Chlormolekülen verbinden. An der Anode steigt Chlor in Form kleiner Gasbläschen auf.
Elektronenaufnahme an der Kathode: $Zn^{2+} + 2\ e^- \longrightarrow Zn$
Elektronenabgabe an der Anode: $2\ Cl^- \longrightarrow Cl_2 + 2\ e^-$

Chemie und Technik (Seite 356)

1 a) An der Zinkelektrode (Minuspol) geben Zinkatome Elektronen ab. Die Zinkatome wirken als Elektronendonator. An der Kupferelektrode (Pluspol) nehmen Kupfer-Ionen Elektronen auf. Die Kupfer-Ionen wirken als Elektronenakzeptor.
Elektronenabgabe am Minuspol: $Zn \longrightarrow Zn^{2+} + 2\ e^-$
Elektronenaufnahme am Pluspol: $Cu^{2+} + 2\ e^- \longrightarrow Cu$
b) Die chemische Reaktion im Daniell-Element ist eine Redoxreaktion.

2 Beim Laden eines Bleiakkumulators wird durch Zufuhr von elektrischer Energie eine chemische Reaktion erzwungen, bei der aus bestimmten Ausgangsstoffen Reaktionsprodukte gebildet werden. Ein Teil der elektrischen Energie wird umgewandelt und in den Produkten als chemische Energie gespeichert. Beim Entladen verläuft die chemische Reaktion in umgekehrter Richtung. Unter Bildung von neuen Reaktionsprodukten wird die gespeicherte chemische Energie freigesetzt und als elektrische Energie nutzbar.

3
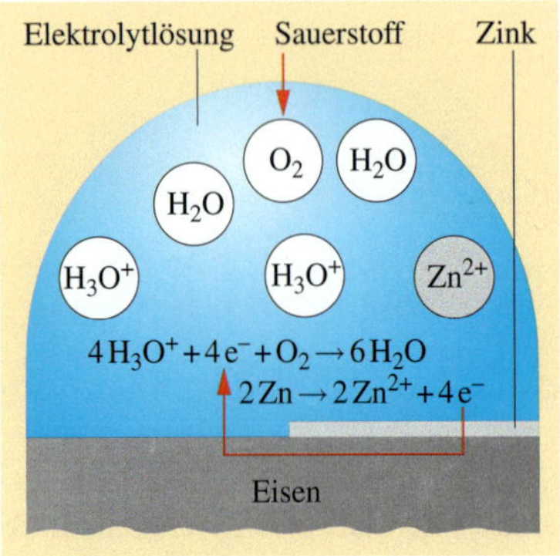

4 In einem Ammoniakmolekül sind drei Wasserstoffatome durch jeweils ein gemeinsames Elektronenpaar durch polare Atombindung mit einem Stickstoffatom verbunden. Das Ammoniakmolekül ist ein Dipolmolekül, das am Stickstoffatom ein freies Elektronenpaar besitzt. Da freie Elektronenpaare sich stärker abstoßen als bindende, besitzt das Ammoniakmolekül einen gewinkelten Bau.

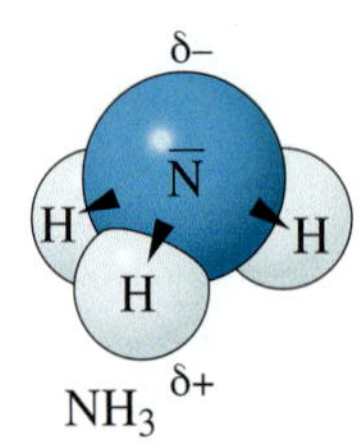

5 a)

Beeinflussung der Reaktion von Wasserstoff mit Stickstoff zu Ammoniak durch Reaktionsbedingungen	
Kennzeichen der Hinreaktion (Bildung von Ammoniak)	Reaktionsbedingung, durch die die Bildung von Ammoniak begünstigt wird
Verlauf unter Volumenverkleinerung	hoher Druck
exothermer Verlauf	niedrige Temperatur
sehr langsamer Verlauf der Reaktion von Wasserstoff mit Stickstoff bei niedrigen Temperaturen	Einsatz eines Katalysators

b) Ammoniak ist eine wichtige Grundchemikalie insbesondere für die Herstellung von Düngemitteln, Arzneimitteln, Kunstoffen und Farbstoffen. Etwa 85 % der Weltjahresproduktion an Ammoniak werden zur Herstellung von Düngemitteln verwendet. Um die Ernährung der ständig wachsenden Weltbevölkerung zu sichern, sind immer größere Mengen an Düngemitteln erforderlich. Auch der Bedarf an Arzneimitteln, Kunststoffen und Farbstoffen steigt wegen der Zunahme der Weltbevölkerung, aber auch infolge des stetig steigenden Lebensstandards.

6 Die Herstellung von Salpetersäure nach dem Ostwald-Verfahren verläuft unter Einsatz von Katalysatoren. Die katalytische Oxidation von Ammoniak zu Stickstoffmonooxid und Wasserdampf erfolgt an Platinnetzen bei etwa 800 °C. Der Katalysator setzt die Aktivierungsenergie herab, sodass die Reaktion mit Katalysator sehr viel schneller verläuft als ohne. Dadurch wird Energie eingespart und die Produktionskosten werden durch Herstellung von größeren Mengen des Produkts in kürzerer Zeit verringert.

7 1. In riesigen Verbrennungsöfen verbrennt Schwefel zu Schwefeldioxid.
$S\ (s) + O_2\ (g) \longrightarrow SO_2\ (g)$ | exotherm
2. Im Kontaktverfahren reagiert Schwefeldioxid mit Sauerstoff unter Einsatz eines Vanadiumoxidkatalysators zu Schwefeltrioxid.
$2\ SO_2\ (g) + O_2\ (g) \longrightarrow 2\ SO_3\ (g)$ | exotherm
3. Schwefeltrioxid wird in Absorptionstürmen zu Schwefelsäure umgesetzt. Dabei wird Schwefeltrioxid in konzentrierte Schwefelsäure eingeleitet und reagiert zu Dischwefelsäure.
$SO_3\ (g) + H_2SO_4\ (aq) \longrightarrow H_2S_2O_7\ (l)$ | exotherm
4. Bei Zugabe von Wasser reagiert Dischwefelsäure zu Schwefelsäure.
$H_2S_2O_7\ (l) + H_2O\ (l) \longrightarrow 2\ H_2SO_4\ (l)$ | exotherm

8 a) Die Verbindungen gehören zu den Salzen. Sie sind aus positiv elektrisch geladenen Metall-Ionen bzw. Ammonium-Ionen und negativ elektrisch geladenen Säurerest-Ionen aufgebaut. Es handelt sich um Ionenverbindungen.

b)

Salze		
Nitrate	Phosphate	Sulfate
Magnesiumnitrat Kaliumnitrat	Calciumphosphat Trinatriumphosphat	Eisensulfat Ammoniumsulfat

c) Phosphate sind unterschiedlich in Wasser löslich. Einige lösen sich in verdünnten Säuren. Die wässrigen Lösungen können sauer oder alkalisch reagieren. Phosphate, wie z. B. Superphosphat, die sich gut in Wasser lösen, werden als schnell wirkende Düngemittel eingesetzt. Soll die Wirkung des Düngers langsam und anhaltend sein, werden in Wasser schwer lösliche, aber in verdünnten Säuren gut lösliche Phosphate verwendet, z. B. Thomasphosphat. Einige Phosphate besitzen konservierende Eigenschaften. Sie finden sich daher als Zusatzstoffe in Nahrungsmitteln. Außerdem verbessern sie Geschmack und Aussehen der Nahrungsmittel.

Chemie der Kohlenwasserstoffe (Seite 390)

1 a) Element Kohlenstoff

b) Das Kohlenstoffatom ist vierbindig. Kohlenstoffatome verfügen über die Eigenschaft, sich durch Atombindung miteinander zu verbinden. So kann sich eine unbegrenzte Anzahl organischer Verbindungen bilden.

c) Kohlenstoffdioxid lässt sich mit Kalkwasser nachweisen. Dabei bildet sich Calciumcarbonat, ein weißes, schwer lösliches Salz.

Wasser kann mit weißgrauem Kupfersulfat, das mit Wasser zu blauem Kupfersulfat reagiert, nachgewiesen werden.

2 a) Vorkommen: in Sumpfgas, Erdgas, Biogas, Klär- und Faulgas, Grubengas

Bedeutung: Heizgas, Kraftstoff und Rohstoff für die chemische Industrie

b) Steckbrief Methan

Farbe:	farblos
Geruch:	geruchlos
Aggregatzustand:	gasförmig
Dichte:	$0{,}72\,g \cdot l^{-1}$
Schmelztemperatur:	–182 °C
Siedetemperatur:	–161 °C
Brennbarkeit:	brennt mit bläulicher Flamme; Methan-Luft-Gemische sind explosiv
Löslichkeit:	in Wasser schwer löslich; gut in organischen Lösemitteln

c) 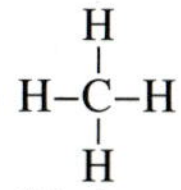

Im Methanmolekül sind die vier Wasserstoffatome jeweils über eine Elektronenpaarbindung mit dem Kohlenstoffatom verbunden. Nach dem Elektronenpaarabstoßungsmodell ordnen sich die Atome tetraederförmig an. Im Zentrum des Tetraeders befindet sich das Kohlenstoffatom, an den vier Ecken sind die Wasserstoffatome.

3 a) Homologe Reihe: Reihe chemisch ähnlicher Verbindungen, bei denen sich die Moleküle aufeinander folgender Glieder stets um eine CH_2-Gruppe unterscheiden.

b) C_7H_{16} Heptan 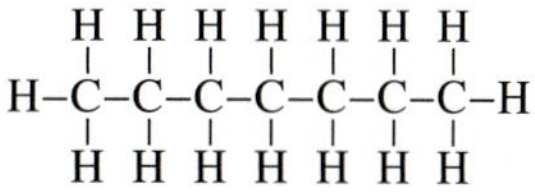

$C_{10}H_{22}$ Decan 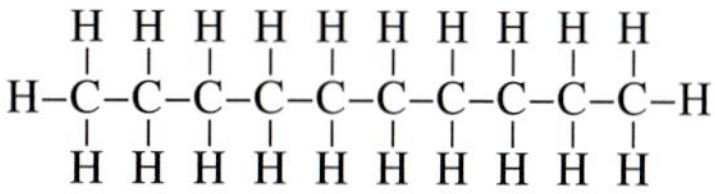

C_5H_{12} Pentan 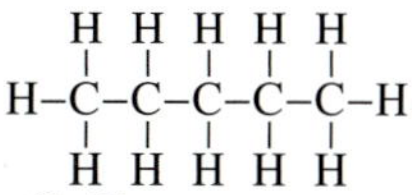

c) $C_{11}H_{24}$; $C_{19}H_{40}$; $C_{24}H_{50}$

Gemeinsame Eigenschaften: leiten den elektrischen Strom nicht, sind hydrophob, nicht mit Wasser mischbar

Unterschiedliche Eigenschaften: Aggregatzustände, Schmelz- und Siedetemperaturen, Dichte, Viskosität, Entzündungstemperaturen

4 Bei der Reaktion von Octan mit Brom wird ein Wasserstoffatom eines Octanmoleküls gegen ein Bromatom eines Brommoleküls ausgetauscht. Es entstehen ein Bromoctanmolekül und ein Bromwasserstoffmolekül. Dass die Reaktion abgelaufen ist, lässt sich daran erkennen, dass die braune Farbe des Broms verschwindet und dass das feuchte Indikatorpapier mit dem farblosen Gas Bromwasserstoff eine saure Reaktion (Rotfärbung) anzeigt.

$C_8H_{18}(l) + Br_2(g) \longrightarrow C_8H_{17}Br(l) + HBr(g)$

5 1,2-Dichlorethan und 1,1-Dichlorethan sind Verbindungen, deren Moleküle gleiche Summenformeln ($C_2H_4Cl_2$), aber unterschiedliche Molekülstrukturen und damit auch unterschiedliche Eigenschaften haben.

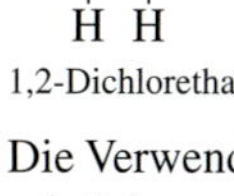

1,2-Dichlorethan

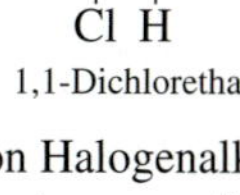

1,1-Dichlorethan

6 Die Verwendung von Halogenalkanen wurde stark eingeschränkt, weil die meisten von ihnen sehr giftig und vermutlich auch krebserregend sind. Außerdem zerstören die FCKW die Ozonschicht der Atmosphäre und stellen so eine große Gefahr für die Umwelt dar.

7 Benzin mit Bromwasser prüfen; Entfärbung gelingt nur bei Anwesenheit von ungesättigten Kohlenwasserstoffen.

8 Gesättigte Kohlenwasserstoffe: Die Moleküle enthalten nur Einfachbindungen zwischen den Kohlenstoffatomen. In den Molekülen sind alle Kohlenstoffatome mit der größtmöglichen Anzahl Wasserstoffatome verbunden.
Ungesättigte Kohlenwasserstoffe: Die Moleküle enthalten mindestens eine Doppelbindung (oder eine Dreifachbindung) zwischen zwei Kohlenstoffatomen. Die Moleküle enthalten weniger Wasserstoffatome, als sie aufgrund der möglichen Anzahl an Atombindungen binden könnten.
Gesättigte Kohlenwasserstoffe: 2-Methylbutan, n-Hexan, 2,3-Dimethylnonan
Ungesättigte Kohlenwasserstoffe: Hept-2-in, Pent-1-en, Octadec-3-en

9 a) Es entstehen 1,2-Dichlorpropan und 2-Chlorpropan. Es handelt sich um Halogenderivate der Alkane, also um Halogenalkane.
b) Additionsreaktionen
c)

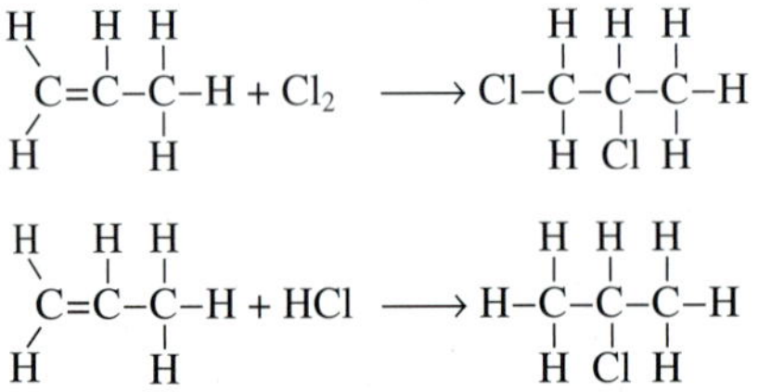

10 Hydrierung heißt Anlagerung von Wasserstoff. Dehydrierung ist die Umkehrung der Hydrierung, also die Abspaltung von Wasserstoff.
Hydrierung von Propen: Bei dieser Reaktion lagert sich das Wasserstoffmolekül an die Kohlenstoffatome der Doppelbindung im Propenmolekül an. Als Reaktionsprodukt bildet sich Propan. Die Propanmoleküle enthalten nur Einfachbindungen. Es handelt sich um eine Additionsreaktion.
Dehydrierung von Propan: Bei dieser Reaktion wird aus einem Propanmolekül ein Wasserstoffmolekül abgespalten. Als Reaktionsprodukte bilden sich Propen und Wasserstoff. Die Propenmoleküle enthalten zwischen zwei Kohlenstoffatomen eine Doppelbindung. Es handelt sich um eine Eliminierungsreaktion.

11 a) Polyethylen: Ausgangsstoff Ethen
Polypropylen: Ausgangsstoff Propen
b) Reaktionsart: Polymerisation
Mithilfe geeigneter Katalysatoren reagieren Propenmoleküle untereinander. Dabei brechen die Doppelbindungen der Propenmoleküle auf. Es entstehen langkettige Moleküle – Makromoleküle. In diesen sind die Kohlenstoffatome durch Einfachbindung miteinander verbunden. Der so entstandene neue Stoff ist Polypropylen.
Die fortlaufende Addition von vielen Propenmolekülen wird als Polymerisation bezeichnet.

Brennstoffe (Seite 414)

1 Ein Brennstoff muss ohne großen Aufwand herstellbar sein, in großen Mengen verfügbar sein, bei seiner Verbrennung viel Energie freisetzen, möglichst gasförmige Verbrennungsprodukte aufweisen und nur geringe Mengen an festen Rückständen bilden.

2 a) Die Entstehung des Erdöls fand innerhalb des Muttergesteins aus dem darin enthaltenen organischen Material statt. Durch den immer höheren Druck wurde das Muttergestein zusammengepresst, worauf die flüssigen Kohlenwasserstoffe aufgrund ihrer geringen Dichte nach oben stiegen und dort beispielsweise eine Erdöllagerstätte bildeten.
b) Erdöl besteht aus Kohlenwasserstoffen. Damit diese verbrennen können, müssen sie in bestimmten Anteilen im Gemisch mit Sauerstoff in der Luft vorhanden sein. Je höher die Temperatur ist, desto höher ist auch der Anteil an Kohlenwasserstoffen in der Luft über dem Erdöl und es bildet sich ein brennbares Gas-Luft-Gemisch.

3 a) Die Rohölfraktionen unterscheiden sich z. B. in ihrer Schmelz- und Siedetemperatur sowie in ihrer Viskosität (Zähigkeit). Dies hängt mit dem Anteil kurz- bzw. langkettiger Kohlenwasserstoffmoleküle in den unterschiedlichen Rohölfraktionen zusammen. Je größer die Kettenlänge eines Kohlenwasserstoffmoleküls ist, desto größer sind die Anziehungskräfte (Van-der-Waals-Kräfte) zwischen ihnen. Damit steigen dann auch z. B. Schmelz- und Siedetemperatur sowie Viskosität der Rohölfraktion.
b) Das Rohöl wird zunächst einer fraktionierten Destillation unterzogen. Anschließend werden die hochsiedenden Fraktionen (Fraktionen mit Kohlenwasserstoffen aus langkettigen Molekülen) einem Crack-Verfahren unterzogen, um den Anteil kurzkettiger Kohlenwasserstoffe zu erhöhen. Durch Reformieren wird die Octanzahl des Benzins erhöht. Abschließend werden dem Benzin noch Additive hinzugegeben, um die Eigenschaften des Kraftstoffs zu optimieren.
c) Unterschiede zwischen der fraktionierten Destillation im Schülerexperiment und der in einer Raffinerie:
– im Schülerexperiment keine kontinuierliche Destillation aufgrund geringer Mengen an Rohöl
– beim Schülerexperiment ständige Erhöhung der Temperatur im Rundkolben, da keine Glockenböden vorhanden sind
d) Der Destillationsturm ist durch sogenannte Glockenböden stockwerkartig unterteilt, auf denen unterschiedliche Temperaturen herrschen. Auf dem untersten ist es am heißesten, auf dem obersten am kältesten. Die verdampften Bestandteile steigen im Destillationsturm empor, kühlen sich ab und kondensieren etwas unterhalb ihrer Siedetemperatur auf den verschiedenen Glockenböden des Destillationsturms wieder. Das Kondensat fließt durch den Überlauf in den darunterliegenden Glockenboden zurück. Stoffe mit niedrigerer Siedetemperatur verdampfen dann erneut. Dadurch wird eine optimale Trennung der Fraktionen erreicht. Da die Tem-

peratur von unten nach oben abnimmt, reichern sich niedrig siedende Kohlenwasserstoffe oben an, unten sammeln sich die Kohlenwasserstoffe mit den hohen Siedetemperaturen. Die auf den verschiedenen Glockenböden entstehenden Fraktionen werden von dem jeweiligen Boden in Vorratsbehälter abgeleitet.

e) Der Rückstand enthält einen hohen Anteil langkettiger Kohlenwasserstoffe. Er ist zu wertvoll, um ihn zu verwerfen.

f) Bei beiden Crack-Verfahren werden aus langkettigen Molekülen der Kohlenwasserstoffe durch Aufspaltung Moleküle mit kürzerer Kettenlänge gewonnen. Während beim thermischen Cracken die Kohlenwasserstoffmoleküle erst bei hohem Druck und sehr hoher Temperatur gespalten werden, gelingt dies beim katalytischen Cracken energiesparender unter Verwendung eines Katalysators bei niedrigerem Druck und niedrigerer Temperatur. Der Katalysator setzt die Aktivierungsenergie herab, sodass die Spaltung bei niedrigerer Temperatur stattfinden kann. Zudem laufen die Reaktionen mit Katalysator schneller ab.

4 a) Die Octanzahl (OZ) ist ein Maß für die Klopffestigkeit eines Ottokraftstoffs. Je größer die Octanzahl ist, desto größer ist der Anteil stark verzweigter Moleküle und desto klopffester ist der Kraftstoff. OZ 91 bedeutet, dass sich der Kraftstoff wie ein Gemisch aus 91 % Isooctan und 9 % Heptan verhält. OZ 98 bedeutet, dass sich der Kraftstoff wie ein Gemisch aus 98 % Isooctan und 2 % Heptan verhält.

b) Normalbenzin enthält einen größeren Anteil an unverzweigten Kohlenwasserstoffen als SuperPlus-Benzin und ist daher weniger klopffest. Der Motor würde auf Dauer Schaden nehmen, da sein Zündverhalten auf hochoctaniges Benzin abgestimmt ist. Das Klopfen ist schädlich für den Motor, da es auf Dauer zu stark erhöhtem Materialverschleiß bis hin zur Zerstörung des Motors führen kann. Ein einmaliges Versehen ist nicht extrem schädlich, man sollte aber schnell nachtanken, um den Anteil des Kraftstoffs mit höherer Octanzahl wieder zu erhöhen.

c) $2\,C_8H_{18}(l) + 25\,O_2(g) \longrightarrow 16\,CO_2(g) + 18\,H_2O(l)$ | exotherm

d) Kohlenstoffdioxid lässt sich mithilfe von Kalkwasser durch Trübung nachweisen.
Wasser kann durch Rosafärbung von blauem Cobaltchloridpapier oder durch Blaufärbung von weißem Kupfersulfat nachgewiesen werden.

5 Beide Verfahren dienen dazu, die bei der Erdöldestillation anfallenden Fraktionen zu veredeln.
Beim Raffinieren sollen unerwünschte Bestandteile wie Schwefelverbindungen entfernt werden. Durch das Reformieren werden Kohlenwasserstoffmoleküle mit unverzweigten Ketten zu stärker verzweigten oder ringförmigen Molekülen umgewandelt.

6 Ein Zusatz von MTBE würde das Problem nicht lösen, denn MTBE ist ein Additiv und wirkt als Antiklopfmittel. Im Winter herrschen niedrige Temperaturen. Daher muss das Kraftstoffgemisch im Winter leichter flüchtig als im Sommer sein. Dies kann durch Erhöhung des Anteils kurzkettiger Kohlenwasserstoffe erreicht werden. Je kürzer die Kettenlänge eines Kohlenwasserstoffmoleküls ist, desto kleiner sind die Anziehungskräfte (Van-der-Waals-Kräfte) zwischen ihnen. Damit verringert sich die Zähigkeit (die Viskosität) des Kraftstoffs und die Flüchtigkeit wird erhöht. Eine Erniedrigung des Anteils an kurzkettigen Kohlenwasserstoffen wäre somit kontraproduktiv. Dies könnte man aber bei besonders heißen Sommern anwenden, um die Flüchtigkeit herabzusetzen.

7 Mit dem ständig steigenden Energiebedarf wird es immer problematischer, den Bedarf durch die Verbrennung von Kohlenwasserstoffen zu decken. Die Ressourcen werden, gemessen am Energiebedarf, immer knapper und durch die Freisetzung des Treibhausgases Kohlenstoffdioxid wird das Weltklima verändert. Regenerative Energien gewinnen daher zunehmend an Bedeutung. Hier muss das Leistungsvermögen der regenerativen Energieträger jedoch noch effektiver genutzt werden. Die zunehmende Verwendung nachwachsender Rohstoffe hilft, die Treibhausproblematik abzuschwächen. Ohne die fossilen Brennstoffe kann der derzeitige enorme Energiebedarf jedoch nicht gedeckt werden.

8 Bei der Verbrennung fossiler Brennstoffe durch den Menschen entsteht eine große Menge an Kohlenstoffdioxid, das den natürlichen Kreislauf des Kohlenstoffs erheblich beeinflusst und den natürlichen Treibhauseffekt verstärkt. Zudem stehen fossile Brennstoffe nicht unbegrenzt zur Verfügung. Werden jedoch nachwachsende pflanzliche Produkte verbrannt, wird nur so viel Kohlenstoffdioxid freigesetzt, wie zuvor aus der Luft chemisch gebunden wurde. Damit kann der Verstärkung des natürlichen Treibhauseffektes entgegengewirkt werden. Eine vollständige Energieversorgung durch nachwachsende Rohstoffe ist zum jetzigen Zeitpunkt jedoch noch nicht möglich.

Vom Alkohol zum Ester (Seite 454)

1 a) Verwendung als Lösemittel in Laboren, in der Kosmetik, in der Industrie, bei der Arzneimittelherstellung und im Haushalt, Verwendung in alkoholischen Getränken, als Kraftstoff und als Kraftstoffzusatz

b) – Verwendung als Kraftstoff: brennbar
- Verwendung als Lösemittel: gut mit Wasser aber auch mit unpolaren Stoffen mischbar
- Verwendung als Trinkalkohol: angenehmer Geschmack in alkoholischen Getränken

2 a) Zuckerhaltige Lösungen (z. B. Fruchtsäfte) werden in Gärgefäße gegeben und unter Luftabschluss vergoren. Enzyme wirken dabei als Biokatalysatoren.

b)
$$C_6H_{12}O_6(aq) \xrightarrow{\text{Enzyme}} 2\,C_2H_5OH(l) + 2\,CO_2(g)$$

c) Durch Gärung hergestellter Alkohol kann max. 18 % Ethanol enthalten, da bei einer höheren Konzentration die Hefebakterien absterben.

3 a) Regelmäßiger Alkoholkonsum kann zur Abhängigkeit führen. Die Nervenzellen reagieren bei regelmäßiger Alkoholaufnahme mit der Bildung zusätzlicher Rezeptoren. Außerdem erhöht sich die Geschwindigkeit des Alkoholabbaus in der Leber. Die Toleranz gegenüber Alkohol steigt erheblich. Der Körper benötigt bald mehr Alkohol als früher, um die gleiche Wirkung zu erreichen. Das kann unbewusst zu einer psychischen Abhängigkeit führen, die in eine physische Abhängigkeit übergeht. Der Mensch ist süchtig nach Alkohol, er ist alkoholkrank.

b) Kurzfristig: angenehmes Gefühl, Erregtheit mit aufsteigender Hitze, Gesichtsrötung, Verminderung der Selbsteinschätzung und Gefahr der Selbstüberschätzung, Störung der Motorik und Einschränkung des Gesichtsfeldes

Langfristig: Störung des Gleichgewichtssinns, Verminderung der Konzentrations- und Merkfähigkeit, Zerstörung von Gehirnzellen, Schädigung von Nervenbahnen, Erhöhung der Hauttemperatur und damit Möglichkeit der Auskühlung, Gefäßerweiterungen, Herzprobleme und erhöhter Blutdruck, Fettleber und Leberzirrhose, Schädigungen der Magenschleimhaut, Magengeschwüre, Nierenschädigung

Besonders gefährlich für Entwicklung der Embryonen im Mutterleib sowie für Kinder und Jugendliche, deren körperliche und geistige Entwicklung stark beeinträchtigt werden können

4 a) Methanol: $CH_3{-}OH$

Ethanol: $CH_3{-}CH_2{-}OH$

Propanol: $CH_3{-}CH_2{-}CH_2{-}OH$

Butanol: $CH_3{-}CH_2{-}CH_2{-}CH_2{-}OH$

b) Eine homologe Reihe ist eine Reihe ähnlicher organischer Verbindungen, bei denen sich die Moleküle der aufeinanderfolgenden Glieder jeweils um eine CH_2-Gruppe unterscheiden. Ihre chemischen Eigenschaften stimmen infolge übereinstimmender Strukturmerkmale weitgehend überein.

Die Alkanole haben übereinstimmende Strukturmerkmale: kettenförmig, Kohlenstoff-Kohlenstoff-Einfachbindungen, eine Hydroxylgruppe im Molekül.

Die Glieder der homologen Reihe der Alkanole unterscheiden sich jeweils um eine CH_2-Gruppe.

Die chemischen Eigenschaften stimmen weitgehend überein: brennbar, können dehydriert werden, reagieren mit Säuren.

c) Alle Glieder haben eine Hydroxylgruppe im Molekül: Alkanole reagieren deshalb mit Natrium zu Alkanolaten und Wasserstoff und mit Säuren zu Estern.

Hydroxylgruppe bewirkt Polarität: Dadurch gibt es Wasserstoffbrücken zwischen den Molekülen, die höhere Siedetemperaturen im Vergleich zu den Alkanen bewirken.

Bei längerkettigen Alkanolen überwiegt der Einfluss der unpolaren Alkylreste: Deshalb sind kurzkettige Alkanole gut in polaren Stoffen löslich, langkettige dagegen gut in unpolaren. Durch Zunahme der Kettenlänge ändert sich der Aggregatzustand der Glieder von dünnflüssig über ölig zu fest (ab $C_{12}H_{25}OH$).

5 a) Propansäure, Propanon (Aceton), Propanol, Propanal

b) Die Moleküle aller vier Stoffe sind kettenförmig, alle Kohlenstoffatome sind untereinander durch Einfachbindungen verbunden.

Propansäure hat eine Carboxylgruppe im Molekül: Alkansäure.

Propanon hat eine Ketogruppe im Molekül: Alkanon.

Propanol hat eine Hydroxylgruppe im Molekül: Alkanol.

Propanal hat eine Aldehydgruppe im Molekül: Alkanal.

6 a) $CH_3{-}CH_2{-}OH \longrightarrow CH_3{-}CHO + H_2$

b) Dehydrierung ist eine chemische Reaktion, bei der aus einem Molekül des Ausgangsstoffs mindestens ein Molekül Wasserstoff abgespalten wird. Dabei entstehen mindestens zwei Reaktionsprodukte.

Hier wird aus einem Molekül Ethanol ein Molekül Wasserstoff abgespalten. Als weiteres Produkt entsteht ein Molekül Ethanal.

c) Gesucht: $m(CH_3CHO)$; $V(H_2)$

Gegeben: $m(CH_3CH_2OH) = 100\,g$;

$M(CH_3CH_2OH) = 46\ g/mol$;

$M(CH_3CHO) = 44\ g/mol$;

$V_m = 22{,}4\ l/mol$

Lösung: $n(CH_3CHO) = n(CH_3CH_2OH)$

$$n(CH_3CHO) = \frac{m(CH_3CHO)}{M(CH_3CHO)}$$

$$n(CH_3CH_2OH) = \frac{m(CH_3CH_2OH)}{M(CH_3CH_2OH)}$$

$$\frac{m(CH_3CHO)}{M(CH_3CHO)} = \frac{m(CH_3CH_2OH)}{M(CH_3CH_2OH)}$$

$$m(CH_3CHO) = \frac{m(CH_3CH_2OH) \cdot M(CH_3CHO)}{M(CH_3CH_2OH)}$$

$$m(CH_3CHO) = \frac{100\ g \cdot 44\,g/mol}{46\,g/mol}$$

$$m(CH_3CHO) = 95{,}7\,g$$

$$n(CH_3CH_2OH) = n(H_2)$$

$$n(CH_3CH_2OH) = \frac{m(CH_3CH_2OH)}{M(CH_3CH_2OH)}$$

$$n(H_2) = \frac{V(H_2)}{V_m}$$

$$V(H_2) = \frac{m(CH_3CH_2OH) \cdot V_m}{M(CH_3CH_2OH)}$$

$$V(H_2) = \frac{100\,g \cdot 22{,}4\ l/mol}{46\ g/mol}$$

$$V(H_2) = 48{,}7\,l$$

Ergebnis: Bei der vollständigen Dehydrierung von 100 g Ethanol bilden sich 95,7 g Ethanal und 48,7 l Wasserstoff.

7 Ethanal
Vorkommen: Stoffwechselprodukt im pflanzlichen und tierischen Organismus; Nebenprodukt bei der alkoholischen Gärung, teilweise in Früchten und Gemüse
Bedeutung: Erzeugung von Kosmetika, Kunststoffen, Farben und Pharmazeutika
Aceton
Vorkommen: in Spuren in Harn und Blut
Bedeutung: Lösemittel für Farben, Harze, Kunstseiden, Klebstoffe, Gummi und organisches Glas (Plexiglas); Lösemittel für Kosmetika, z. B. Nagellack, ätherische Öle und Balsame

8 a) Weißwein längere Zeit offen in einem warmen Raum stehen lassen.
b) Geruchsprobe, prüfen der Lösung mit Indikator auf saure Lösung, prüfen der elektrischen Leitfähigkeit.
c) $C_2H_5OH\,(l) + O_2\,(g) \longrightarrow CH_3{-}COOH\,(l) + H_2O\,(l)$

9 Eigenschaften: Wasserfreie Ethansäure (Eisessig) ist eine farblose, stechend riechende und stark ätzende Flüssigkeit. Sie siedet bei 118,1 °C und erstarrt bei 16,6 °C zu klaren Molekülkristallen. Reine Ethansäure ist brennbar, leitet den elektrischen Strom nicht und löst sich gut in Wasser. Dabei entsteht verdünnte Ethansäure. Verdünnte Ethansäure riecht ebenfalls stechend und schmeckt sauer. Sie leitet den elektrischen Strom. Verdünnte Ethansäure reagiert sauer. Sie reagiert mit unedlen Metallen, Metalloxiden und Metallhydroxiden zu Salzlösungen.
Verwendung: Ethansäure wird als Speiseessig [Volumenanteil φ(Ethansäure) = 5 bis 8 %] oder Essigessenz [Volumenanteil φ(Ethansäure) = 25 %] zum Würzen, Säuern und Konservieren von Lebensmitteln verwendet. Essigsäure und einige ihrer Salze sind wichtige Säuerungs- und Konservierungsmittel. Essig ist durch seine Bakterien tötende sowie seine Kalk und Rost lösende Wirkung auch ein altbekannter Haushaltsreiniger. Ethansäure ist Ausgangsstoff zum Herstellen von Lacken und Farben, Arzneimitteln, Lösemitteln, Kunststoffen und Kunstfasern. Sie dient zur Herstellung von Riechstoffen und ist Hilfsmittel bei der Latexherstellung. Außerdem wird sie zur Entkalkung von Häuten und als Hilfsmittel in der Textilindustrie sowie in Färbereien eingesetzt.

10 a) Die Moleküle der Alkansäureester enthalten als charakteristisches Strukturmerkmal die

Estergruppe 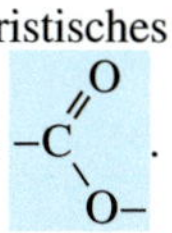.

Reagieren z. B. Ethansäure und Ethanol zu Ethansäureethylester, ist zwischen den beiden Molekülresten der Ausgangsstoffe die Estergruppe als Strukturmerkmal vorhanden: $H_3C{-}CO{-}O{-}CH_2{-}CH_3$.

b) $CH_3{-}COOH + C_2H_5OH \rightleftarrows CH_3{-}CO{-}O{-}C_2H_5 + H_2O$
c) Die Veresterung ist eine Kondensationsreaktion, da bei dieser Reaktion Wasser gebildet wird.

11 a) Fette können fest oder flüssig sein. Sie sind in Wasser nicht löslich, in einigen polaren Lösemitteln dagegen gut löslich. Fette sind brennbar und können sich beim Erhitzen auf über 300 °C selbst entzünden. Fette emulgieren in Seifenlösungen.

b) $\text{Glycerin} + \text{Fettsäuren} \underset{\text{Fettabbau}}{\overset{\text{Fettbildung}}{\rightleftarrows}} \text{Fett} + \text{Wasser}$

c) In gesättigten Fettsäuren sind die Kohlenstoffatome im Alkylrest durch Einfachbindung gebunden. In ungesättigten Fettsäuren ist mindestens eine Doppelbindung im Alkylrest enthalten.

Gefahrensymbole, Kennbuchstaben und Gefahrenbezeichnungen (Auswahl)

Die Gefahrenbezeichnungen werden durch die R-Sätze für die einzelnen Stoffe präzisiert (→ unten).

T

Giftige Stoffe (sehr giftige Stoffe T+) verursachen durch Einatmen, Verschlucken oder Aufnahme durch die Haut meist erhebliche Gesundheitsschäden oder gar den Tod.
Was tun? Nicht direkt berühren! Unwohlsein sofort dem Lehrer melden!

Xn

Gesundheitsschädliche Stoffe können durch Einatmen, Verschlucken oder Aufnahme durch die Haut gesundheitsschädigend wirken.
Was tun? Nicht direkt berühren! Unwohlsein sofort dem Lehrer melden!

C

Ätzende Stoffe zerstören das Hautgewebe oder die Oberfläche von Gegenständen.
Was tun? Berührung mit der Haut, Augen und Kleidung vermeiden! Dämpfe nicht einatmen!

Xi

Reizende Stoffe haben Reizwirkung auf Haut, Augen und Atmungsorgane.
Was tun? Berührung mit Haut, Augen und Atmungsorganen vermeiden! Nicht einatmen!

F

Leicht entzündliche Stoffe (hochentzündliche Stoffe F+) entzünden sich von selbst an heißen Gegenständen.
Zu ihnen gehören selbstentzündliche Stoffe, leicht entzündliche gasförmige Stoffe, brennbare Flüssigkeiten und Stoffe, die mit Feuchtigkeit brennbare Gase bilden.
Was tun? Vorsicht beim Umgang mit offenen Flammen und Wärmequellen! Keine Berührung mit brandfördernden Stoffen!

O

Brandfördernde Stoffe können brennbare Stoffe entzünden oder ausgebrochene Brände fördern.
Was tun? Kontakt mit brennbaren Stoffen vermeiden!

E

Explosionsgefährliche Stoffe können unter bestimmten Bedingungen explodieren.
Was tun? Schlag, Stoß, Reibung, Funkenbildung und Hitzeeinwirkung vermeiden!

N

Umweltgefährliche Stoffe sind sehr giftig, giftig oder schädlich für Wasserorganismen und können in Gewässern längerfristig schädliche Wirkungen haben. In der nichtaquatischen Umwelt sind sie giftig für Pflanzen, Tiere, Bodenorganismen und Bienen, können auf die Umwelt längerfristig schädliche Wirkungen haben und für die Ozonschicht gefährlich sein.
Was tun? Freisetzung der Stoffe in die Umwelt vermeiden, Stoffe der Problemabfallentsorgung zuführen!

Gefahrenhinweise (R-Sätze)

R 1 In trockenem Zustand explosionsgefährlich
R 2 Durch Schlag, Reibung, Feuer oder andere Zündquellen explosionsgefährlich
R 3 Durch Schlag, Reibung, Feuer oder andere Zündquellen besonders explosionsgefährlich
R 4 Bildet hochempfindliche explosionsgefährliche Metallverbindungen
R 5 Beim Erwärmen explosionsfähig
R 6 Mit und ohne Luft explosionsfähig
R 7 Kann Brand verursachen
R 8 Feuergefahr bei Berührung mit brennbaren Stoffen
R 9 Explosionsgefahr bei Mischung mit brennbaren Stoffen
R 10 Entzündlich
R 11 Leicht entzündlich
R 12 Hochentzündlich
R 14 Reagiert heftig mit Wasser
R 15 Reagiert mit Wasser unter Bildung hochentzündlicher Gase
R 16 Explosionsgefährlich in Mischung mit brandfördernden Stoffen
R 17 Selbstentzündlich an der Luft
R 18 Bei Gebrauch Bildung explosionsfähiger / leicht entzündlicher Dampf-Luft-Gemische möglich
R 19 Kann explosionsfähige Peroxide bilden
R 20 Gesundheitsschädlich beim Einatmen
R 21 Gesundheitsschädlich bei Berührung mit der Haut
R 22 Gesundheitsschädlich beim Verschlucken
R 23 Giftig beim Einatmen
R 24 Giftig bei Berührung mit der Haut
R 25 Giftig beim Verschlucken
R 26 Sehr giftig beim Einatmen
R 27 Sehr giftig bei Berührung mit der Haut
R 28 Sehr giftig beim Verschlucken
R 29 Entwickelt bei Berührung mit Wasser giftige Gase
R 30 Kann bei Gebrauch leicht entzündlich werden
R 31 Entwickelt bei Berührung mit Säure giftige Gase
R 32 Entwickelt bei Berührung mit Säure sehr giftige Gase
R 33 Gefahr kumulativer Wirkungen
R 34 Verursacht Verätzungen
R 35 Verursacht schwere Verätzungen
R 36 Reizt die Augen
R 37 Reizt die Atmungsorgane
R 38 Reizt die Haut
R 39 Ernste Gefahr irreversiblen Schadens
R 40 Verdacht auf krebserzeugende Wirkung
R 41 Gefahr ernster Augenschäden
R 42 Sensibilisierung durch Einatmen möglich
R 43 Sensibilisierung durch Hautkontakt möglich
R 44 Explosionsgefahr bei Erhitzen unter Einschluss
R 45 Kann Krebs erzeugen
R 46 Kann vererbbare Schäden verursachen
R 48 Gefahr ernster Gesundheitsschäden bei längerer Exposition
R 49 Kann Krebs erzeugen beim Einatmen
R 50 Sehr giftig für Wasserorganismen
R 51 Giftig für Wasserorganismen
R 52 Schädlich für Wasserorganismen
R 53 Kann in Gewässern längerfristig schädliche Wirkungen haben
R 54 Giftig für Pflanzen
R 55 Giftig für Tiere
R 56 Giftig für Bodenorganismen
R 57 Giftig für Bienen
R 58 Kann längerfristig schädliche Wirkungen auf die Umwelt haben
R 59 Gefährlich für die Ozonschicht
R 60 Kann die Fortpflanzungsfähigkeit beeinträchtigen
R 61 Kann das Kind im Mutterleib schädigen
R 62 Kann möglicherweise die Fortpflanzungsfähigkeit beeinträchtigen
R 63 Kann das Kind im Mutterleib möglicherweise schädigen
R 64 Kann Säuglinge über die Muttermilch schädigen
R 65 Gesundheitsschädlich: kann beim Verschlucken Lungenschäden verursachen
R 66 Wiederholter Kontakt kann zu spröder und rissiger Haut führen
R 67 Dämpfe können Schläfrigkeit und Benommenheit verursachen
R 68 Irreversibler Schaden möglich

Kombination der R-Sätze (Auswahl)

R 14/15 Reagiert heftig mit Wasser unter Bildung hochentzündlicher Gase
R 20/22 Gesundheitsschädlich beim Einatmen und Verschlucken
R 20/21/22 Gesundheitsschädlich beim Einatmen, Verschlucken und bei Berührung mit der Haut
R 21/22 Gesundheitsschädlich bei Berührung mit der Haut und beim Verschlucken
R 23/25 Giftig beim Einatmen und beim Verschlucken
R 23/24/25 Giftig beim Einatmen, Verschlucken und bei Berührung mit der Haut
R 24/25 Giftig bei Berührung mit der Haut und beim Verschlucken
R 36/37 Reizt die Augen und die Atmungsorgane
R 36/38 Reizt die Augen und die Haut
R 36/37/38 Reizt die Augen, Atmungsorgane und die Haut
R 50/53 Sehr giftig für Wasserorganismen, kann in Gewässern längerfristig schädliche Wirkungen haben
R 51/53 Giftig für Wasserorganismen, kann in Gewässern längerfristig schädliche Wirkungen haben
R 52/53 Schädlich für Wasserorganismen, kann in Gewässern längerfristig schädliche Wirkungen haben

Sicherheitsratschläge (S-Sätze)

S 1 Unter Verschluss aufbewahren
S 2 Darf nicht in die Hände von Kindern gelangen
S 3 Kühl aufbewahren
S 4 Von Wohnplätzen fernhalten
S 5 Unter … aufbewahren (geeignete Flüssigkeit vom Hersteller anzugeben)
S 6 Unter … aufbewahren (inertes Gas vom Hersteller anzugeben)
S 7 Behälter dicht geschlossen halten
S 8 Behälter trocken halten
S 9 Behälter an einem gut gelüfteten Ort aufbewahren
S 12 Behälter nicht gasdicht verschließen
S 13 Von Nahrungsmitteln, Getränken und Futtermitteln fernhalten
S 14 Von … fernhalten (inkompatible Substanzen sind vom Hersteller anzugeben)
S 15 Vor Hitze schützen
S 16 Von Zündquellen fernhalten – Nicht rauchen
S 17 Von brennbaren Stoffen fernhalten
S 18 Behälter mit Vorsicht öffnen und handhaben
S 20 Bei der Arbeit nicht essen und trinken
S 21 Bei der Arbeit nicht rauchen
S 22 Staub nicht einatmen
S 23 Gas/Rauch/Dampf/Aerosol nicht einatmen (geeignete Bezeichnung[en] vom Hersteller anzugeben)
S 24 Berührung mit der Haut vermeiden
S 25 Berührung mit den Augen vermeiden
S 26 Bei Berührung mit den Augen sofort gründlich mit Wasser abspülen und Arzt konsultieren
S 27 Beschmutzte, getränkte Kleidung sofort ausziehen
S 28 Bei Berührung mit der Haut sofort abwaschen mit viel … (vom Hersteller anzugeben)
S 29 Nicht in die Kanalisation gelangen lassen
S 30 Niemals Wasser hinzugießen
S 33 Maßnahmen gegen elektrostatische Aufladungen treffen
S 35 Abfälle und Behälter müssen in gesicherter Weise beseitigt werden
S 36 Bei der Arbeit geeignete Schutzkleidung tragen
S 37 Geeignete Schutzhandschuhe tragen
S 38 Bei unzureichender Belüftung Atemschutzgerät anlegen
S 39 Schutzbrille/Gesichtsschutz tragen
S 40 Fußboden und verunreinigte Gegenstände mit … reinigen (Material vom Hersteller anzugeben)
S 41 Explosions- und Brandgase nicht einatmen
S 42 Bei Räuchern/Versprühen geeignetes Atemschutzgerät anlegen (geeignete Bezeichnung[en] vom Hersteller anzugeben)
S 43 Zum Löschen … (vom Hersteller anzugeben) verwenden (wenn Wasser die Gefahr erhöht, anfügen: „Kein Wasser verwenden“)
S 45 Bei Unfall oder Unwohlsein sofort Arzt hinzuziehen (wenn möglich dieses Etikett vorzeigen)
S 46 Bei Verschlucken sofort ärztlichen Rat einholen und Verpackung oder Etikett vorzeigen
S 47 Nicht bei Temperaturen über … °C aufbewahren (vom Hersteller anzugeben)
S 48 Feucht halten mit … (geeignetes Mittel vom Hersteller anzugeben)
S 49 Nur im Originalbehälter aufbewahren
S 50 Nicht mischen mit … (vom Hersteller anzugeben)
S 51 Nur in gut gelüfteten Bereichen verwenden
S 52 Nicht großflächig für Wohn- und Aufenthaltsräume verwenden
S 53 Exposition vermeiden – vor Gebrauch besondere Anweisungen einholen
S 56 Dieses Produkt und seinen Behälter der Problemabfallentsorgung zuführen
S 57 Zur Vermeidung einer Kontamination der Umwelt geeigneten Behälter verwenden
S 59 Information zur Wiederverwendung/Wiederverwertung beim Hersteller/Lieferanten erfragen
S 60 Dieses Produkt und sein Behälter sind als gefährlicher Abfall zu entsorgen
S 61 Freisetzung in die Umwelt vermeiden. Besondere Anweisungen einholen/Sicherheitsdatenblatt zurate ziehen
S 62 Bei Verschlucken kein Erbrechen herbeiführen. Sofort ärztlichen Rat einholen und Verpackung oder dieses Etikett vorzeigen
S 63 Bei Unfall durch Einatmen: Verunfallten an die frische Luft bringen und ruhig stellen
S 64 Bei Verschlucken Mund mit Wasser ausspülen (nur wenn Verunfallter bei Bewusstsein ist)

Kombination der S-Sätze (Auswahl)

S 1/2 Unter Verschluss und für Kinder unzugänglich aufbewahren
S 3/7 Behälter dicht geschlossen halten und an einem kühlen Ort aufbewahren
S 3/9 Behälter an einem kühlen, gut gelüfteten Ort aufbewahren
S 3/9/14 An einem kühlen, gut gelüfteten Ort, entfernt von …, aufbewahren (die Stoffe, mit denen Kontakt vermieden werden muss, sind vom Hersteller anzugeben)
S 3/9/14/49 Nur im Originalbehälter an einem kühlen, gut gelüfteten Ort, entfernt von …, aufbewahren (die Stoffe, mit denen Kontakt vermieden werden muss, sind vom Hersteller anzugeben)
S 3/9/49 Nur im Originalbehälter an einem kühlen, gut gelüfteten Ort aufbewahren
S 3/14 An einem kühlen, von … entfernten Ort aufbewahren (die Stoffe, mit denen Kontakt vermieden werden muss, sind vom Hersteller anzugeben)
S 7/8 Behälter trocken und dicht geschlossen halten
S 7/9 Behälter dicht geschlossen an einem gut gelüfteten Ort aufbewahren
S 7/47 Behälter dicht geschlossen und nicht bei Temperatur über … °C aufbewahren (vom Hersteller anzugeben)
S 20/21 Bei der Arbeit nicht essen, trinken oder rauchen
S 24/25 Berührung mit den Augen und der Haut vermeiden
S 29/56 Nicht in die Kanalisation gelangen lassen; dieses Produkt und seinen Behälter der Problemabfallentsorgung zuführen
S 36/37 Bei der Arbeit geeignete Schutzhandschuhe und Schutzkleidung tragen
S 36/37/39 Bei der Arbeit geeignete Schutzhandschuhe, Schutzkleidung und Schutzbrille/Gesichtsschutz tragen
S 36/39 Bei der Arbeit geeignete Schutzkleidung und Schutzbrille/Gesichtsschutz tragen
S 37/39 Bei der Arbeit geeignete Schutzhandschuhe und Schutzbrille/Gesichtsschutz tragen

Hinweise zur Arbeit mit Gefahrstoffen

Beim Arbeiten mit Chemikalien sind die geltenden Rechtsvorschriften (Chemikaliengesetz, Gefahrstoffverordnung, Technische Regeln für den Umgang mit Gefahrstoffen, Arbeits- und Unfallschutzvorschriften) einzuhalten. Dies gilt in gleichem Maße für die Entsorgung der beim Arbeiten anfallenden Gefahrstoffabfälle; das grundlegende Gesetz hierfür ist das Kreislaufwirtschafts- und Abfallgesetz.

Alle in diesem Buch bei Experimenten angeführten Gefahrstoffe werden in einer Liste, Seite 474 ff., mit den jeweils zutreffenden R-, S- und E-Sätzen aufgeführt. Die Übersicht zur Entsorgung von Gefahrstoffabfällen, Seite 478, stellt den prinzipiellen Ablauf der Behandlung und des Sammelns bis zur Entsorgung sowie der Übergabe der Gefahrstoffabfälle zur Sondermüllentsorgung dar. Die Behandlung und das Sammeln der Abfälle setzt solide Kenntnisse der Lehrerinnen und Lehrer voraus. Daher kann die Übersicht nur eine Orientierungshilfe sein.

Liste von Gefahrstoffen

Gefahrstoff	Kenn-buchstabe	R-Sätze	S-Sätze	E-Sätze
Aceton (Propanon)	F, Xi	11-36-66-67	(2)-9-16-26	1-10-14
Aluminium, Grieß	F	10-15	(2)-7/8-43	6-9
Aluminium, Pulver	F	15-17	(2)-7/8-43	6-9
Aluminiumbromid, wasserfrei	C	22-34	7/8-26-36/37/39-45	2
Aluminiumchlorid, wasserfrei	C	34	(1/2)-7/8-28-45	2
Aluminiumiodid	C	34	26-36/37/39-45	2
Ameisensäure (Methansäure)				
$w \geq 90\,\%$	C	35	(1/2)-23-26-45	1-10
$10\,\% \leq w < 90\,\%$	C	34	(1/2)-23-26-45	1-10
$2\,\% \leq w < 10\,\%$	Xi	36/38	(1/2)-23-26-45	1-10
Ammoniak, wasserfrei	T, N	10-23-34-50	(1/2)-9-16-26-36/37/39-45-61	2-7
Ammoniaklösung				
$10\,\% \leq w < 25\,\%$	C	34	(1/2)-26-36/37/39-45-61	2
$5\,\% \leq w < 10\,\%$	Xi	36/37/38	(1/2)-26-36/37/39-45-61	2
Ammoniumchlorid	Xn	22-36	(2)-22	1
Anilin (Aminobenzol)	T, N	20/21/22-40-48/23/24/25-50	(1/2)-28-36/37-45-61	10
Bariumchlorid	T	20-25	(1/2)-45	1-3
Bariumchloridlösung				
$3\,\% \leq w < 25\,\%$	Xn	22	(1/2)-45	1
Bariumhydroxid	C	20/22-34	26-36/37/39-45	1-3
Bariumhydroxid-8-Wasser	C	20/22-34	26-36/37/39-45	1-3
Bariumoxid	Xn	20/22-36/38	26	1-3
Benzoesäure	Xn	22-36	24	10-12
Benzol	F, T	45-11-48/23/24/25	53-45	10-12
Blei (bioverfügbar)	T	61-20/22-33	53-45	8
Blei(II)-acetat-3-Wasser	T, N	61-33-40-48/22-50/53-62	53-45-60-61	8-14
Brennspiritus (Ethanol)	F	11	(2)-7-16	1-10
Brom	T+, C, N	26-35-50	(1/2)-7/9-26-45-61	16
Bromethan (Ethylbromid)	F, Xn	11-20/22-40	(2)-36/37	10
Bromthymolblaulösung				
(ethanolisch, $w = 0{,}1\,\%$)	F	11	(2)-7-16	1-10
Bromwasser $1\,\% \leq w < 5\,\%$	T, Xi	23-24	7/9-26	16
Bromwasserstoff	C	35-37	(1/2)-7/9-26-45	2
Butan	F+	12	(2)-9-16	7
1-Butanol	Xn	10-22-37/38-41-67	(2)-7/9-13-26-37/39-46	10
Butansäure (Buttersäure)	C	34	(1/2)-26-36-45	10
Caesium	F, C	14/15-34	(1/2)-5-8-45	6-12-16
Calcium	F	15	(2)-8-24/25-43	15
Calciumcarbid	F	15	(2)-8-43	15-16
Calciumchlorid	Xi	36	(2)-22-24	1
Calciumhydroxid	Xi	41	22-24-26-39	2
Calciumoxid	Xi	41	22-24-26-39	2
Chlor	T, N	23-36/37/38-50	(1/2)-9-45-61	16
Chlorethan (Ethylchlorid)	F+, Xn	12-40-52/53	(2)-9-16-33-36/37-61	7-12
Chlormethan (Methylchlorid)	F+, Xn	12-40-48/20	(2)-9-16-33	7-12

w: Massenanteil

Gefahrstoff	Kenn-buchstabe	R-Sätze	S-Sätze	E-Sätze
Chloroform (Trichlormethan)	Xn	22-38-40-48/20/22	(2)-36/37	10-12
Chlorwasser, gesättigt $w = 0{,}7\,\%$	Xn	20	9-45	16
Chlorwasserstoff	T, C	23-35	(1/2)-9-26-36/37/39-45	2
Cyclohexan	F, Xn, N	11-38-50/53-65-67	(2)-9-16-33-60-61-62	10-12
1,2-**D**ibromethan	T, N	45-23/24/25-36/37/38-51/53	53-45-61	10-12
Dichlormethan	Xn	40	(2)-23-24/25-36/37	10-12
Diethylether (Ether)	F+, Xn	12-19-22-66-67	(2)-9-16-29-33	9-10-12
1,4-Dioxan	F, Xn	11-19-36/37-40	(2)-16-36/37	10-12
Eisen(III)-chlorid	Xn	22-38-41	26-39	2
Eisen(II)-sulfatlösung $w \geq 25\,\%$	Xn	22-38-41	26-39	2
Essigessenz	C	34	(1/2)-23-26-45	2-10
Essigsäure (Ethansäure)				
$w \geq 90\,\%$ (Eisessig)	C	10-35	(1/2)-23-26-45	2-10
$25\,\% \leq w < 90\,\%$	C	34	(1/2)-23-26-45	2-10
$10\,\% \leq w < 25\,\%$	Xi	36/38	23-26	2-10
Essigsäureethylester (Ethylacetat)	F, Xi	11-36-66-67	(2)-16-26-33	10-12
Ethan	F+	12	2-9-16-33	7
Ethanal (Acetaldehyd)	F+, Xn	12-36/37-40	(2)-16-33-36/37	9-10-12-16
Ethanallösung $w \geq 10\,\%$	Xn	36/37-40	(2)-16-33-36/37	9-10-12-16
Ethanol (Brennspiritus)	F	11	(2)-7-16	1-10
Ethen (Ethylen)	F+	12	(2)-9-16-33	7
Ethin (Acetylen)	F+	5-6-12	(2)-9-16-33	7
Fehling'sche Lösung II	C	35	(2)-26-27-37/39	2
Formaldehydlösung s. Methanallösung				
n-**H**eptan	F, Xn, N	11-38-50/53-65-67	(2)-9-16-29-33-60-61-62	10-12
n-Hexan	F, Xn, N	11-38-48/20-51/53-62-65-67	(2)-9-16-29-33-36/37-61-62	10-12
1-Hexen	F	11	9-16-23-29-33	10-12
1-Hexin	F	11	16	10-12
Hydrochinonlösung $w \geq 25\,\%$	Xn	22-40-41-43	(2)-26-36/37/39-61	10
Iod	Xn, N	20/21-50	(2)-23-25-61	1-16
Iodwasserstoff	C	35	(1/2)-9-26-36/37/39-45	1
Kalium	F, C	14/15-34	(1/2)-5-8-45	6-12-16
Kaliumcarbonat	Xn	22-36/37/38	22-26	1
Kaliumdichromatlösung				
$0{,}5\,\% \leq w < 7\,\%$	T	49-46-43	53-45-60-61	6-12-16
Kaliumhydroxid (Ätzkali)	C	22-35	(1/2)-26-36/37/39-45	2
Kaliumhydroxidlösung (Kalilauge)				
$w \geq 25\,\%$	C	22-35	(1/2)-26-36/37/39-45	2
$5\,\% \leq w < 25\,\%$	C	35	(1/2)-26-36/37/39-45	2
$2\,\% \leq w < 5\,\%$	C	34	(1/2)-26-36/37/39-45	2
$0{,}5\,\% \leq w < 2\,\%$	Xi	36/38	26	1
Kaliumnitrat	O	8	16-41	1
Kaliumnitrit	O, T, N	8-25-50	(1/2)-45-61	1-16
Kaliumpermanganat	O, Xn, N	8-22-50/53	(2)-60-61	1-6
Kaliumpermanganatlösung				
$w \geq 25\,\%$	Xn	22	(2)-60	1-6

Gefahrstoff	Kenn-buchstabe	R-Sätze	S-Sätze	E-Sätze
Kohlenstoffmonooxid	F+, T	61-12-23-48/23	53-45	7
Kupferacetat	Xn	22		11
Kupfer(II)-chlorid	T	25-36/37/38	37-45	11
Kupfer(II)-chloridlösung				
3 % ≤ *w* < 25 %	Xn	22	37-45	11
Kupfer(I)-oxid	Xn	22	(2)-22	8-16
Kupfer(II)-sulfat	Xn, N	22-36/38-50/53	(2)-22-60-61	11
Kupfer(II)-sulfatlösung *w* ≥ 25 %	Xn	22-36/38	(2)-22-60	11
Lithium	F, C	14/15-34	(1/2)-8-43-45	15-1
Lithiumchlorid	Xn	22-36/38	26-36	1
Magnesium, Pulver (phlegmatisiert)	F	11-15	(2)-7/8-43	3
Magnesium, Späne	F	11-15	(2)-7/8-43	3
Mangan(IV)-oxid (Braunstein)	Xn	20/22	(2)-25	3
Methan	F+	12	(2)-9-16-33	7
Methanallösung (Formaldehyd-lösung)				
w ≥ 25 %	T	23/34/25-34-40-43	(1/2)-26-36/37/39-45-51	10-12-16
5 % ≤ *w* < 25 %	Xn	20/21/22-36/3738-40-43	(1/2)-26-36/37/39-51	1-10
1 % ≤ *w* < 5 %	Xn	40-43	23-37	1
0,2 % ≤ *w* < 1 %	Xi	43	23-37	1
Methanol	F, T	11-23/24/25-39/23/24/25	(1/2)-7-16-36/37-45	1-10
Methansäure s. Ameisensäure				
Methansäuremethylester	F+, Xn	12-20/22-36/37	9-16-24-26-33	10-12
Natrium	F, C	14/15-34	(1/2)-5-8-43-45	6-12-16
Natriumcarbonat	Xi	36	(2)-22-26	1
Natriumhydroxid (Ätznatron)	C	35	(1/2)-26-37/39-45	2
Natriumhydroxidlösung (Natronlauge)				
w ≥ 5 %	C	35	(1/2)-26-37/39-45	2
2 % ≤ *w* < 5 %	C	34	(1/2)-26-37/39-45	2
0,5 % ≤ *w* < 2 %	Xi	36/38	26	1
Natriumnitrat	O	8	16-41	1
Nickel(II)-sulfat-6-Wasser	Xn, N	22-40-42/43-50/53	(2)-22-36/37-60-61	11-12
Nicotin	T+, N	25-27-51/53	(1/2)-36/37-45-61	10-16
Octan	F, Xn, N	11-38-50/53-65-67	(2)-9-16-29-33-60-61-62	10-12
1-Octanol	Xi	36/38	23	10
Oxalsäure	Xn	21/22	(2)-24/25	5
Oxalsäurelösung *w* ≥ 5 %	Xn	21/22	(2)-24/25	5
Ozon	O, T	34-36/37/38		7
n-**P**entan	F+, Xn, N	12-51/53-65-66-67	(2)-9-16-29-33-61-62	10-12
1-Pentanol	Xn	10-20	(2)-24/25	10-14
Petrolether	F	11	9-16-29-33	10-12
Petroleumbenzin	F	11	9-16-29-33	10-12
Phenol	T	24/25-34	(1/2)-28-45	10-12
Phenollösung 1 % ≤ *w* < 5 %	Xn	21/22-36/38	(1/2)-28-45	10-12
Phenolphthaleinlösung (ethanolisch, *w* = 1 %)	F	11	(2)-7-16	1-10
Phosphor, rot	F, N	11-16-50	(2)-7-43-61	6-9
Phosphor(V)-oxid	C	35	(1/2)-22-26-45	2

Gefahrstoff	Kenn-buchstabe	R-Sätze	S-Sätze	E-Sätze
Phosphorsäure $w \geq 25\,\%$	C	34	(1/2)-26-45	2
$10\,\% \leq w < 25\,\%$	Xi	36/38	25	1
Propan	F+	12	(2)-9-16	7
Propanal	F, Xi	11-36/37/38	(2)-9-16-29	9-10-12-16
1-Propanol	F, Xi	11-41-67	(2)-7-16-24-26-39	10
2-Propanol	F, Xi	11-36-37	(2)-7-16-24/25-26	10
Propanon s. Aceton				
Propansäure (Propionsäure)				
$10\,\% \leq w \leq 25\,\%$	Xi	36/37/38	(1/2)-23-36-45	2
Quecksilber	T, N	23-33-50/53	(1/2)-7-45-60-61	6-12-14-16
Resorcin (1,3-Dihydroxybenzol)	Xn, N	22-36/38-50	(2)-26-61	10
Salpetersäure $w \geq 70\,\%$	O, C	8-35	(1/2)-23-26-36-45	2
$20\,\% \leq w < 70\,\%$	C	35	(1/2)-23-26-27	2
$5\,\% \leq w < 20\,\%$	C	34	(1/2)-23-26-27	2
Salzsäure $w \geq 25\,\%$	C	34-37	(1/2)-26-45	2
$10\,\% \leq w < 25\,\%$	Xi	36/37/38	(2)-28	2
Sauerstoff	O	8	(2)-17	
Schiffs Reagenz	Xi	36/37	24-26	2
Schwefeldioxid	T	23-34	(1/2)-9-26-36/37/39-45	7
Schwefelsäure $w \geq 15\,\%$	C	35	(1/2)-26-30-45	2
$5\,\% \leq w < 15\,\%$	Xi	36/38	(2)-26	2
Schwefelwasserstoff	F+, T+, N	12-26-50	(1/2)-9-16-28-36/37-45-61	2-7
Schwefelwasserstofflösung				2
$0{,}1\,\% \leq w \leq 1\,\%$	Xn	20	(1/2)-9-28-45-61	
Schweflige Säure				2
$5\,\% \leq w \leq 10\,\%$	Xi	36/37/38	24-26	
Silbernitrat	C, N	34-50/53	(1/2)-26-45-60-61	12-13-14
Silbernitratlösung				
$5\,\% \leq w < 10\,\%$	Xi	36/38	(1/2)-26-45-60	12-13-14
Silberoxid	O, Xi	8-41-44	26-39	12-13-14
Stickstoffdioxid	T+	26-34	(1/2)-9-26-28-36/37/39-45	7
Stickstoffmonooxid	T+	26/27	45	7
Styrol	Xn	10-20-36/38	(2)-23	10-12
Tetrachlormethan	T, N	23/24/25-40-48/23-52/53-59	(1/2)-23-36/37-45-59-61	10-12
Toluol	F, Xn	11-20	(2)-16-25-29-33	10-12
Trichlormethan (Chloroform)	Xn	22-38-40-48/20/22	(2)-36/37	10-12
Wasserstoff	F+	12	(2)-9-16-33	7
Wasserstoffperoxidlösung				
$w \geq 60\,\%$	O, C	8-34	(1/2)-3-28-36/39-45	1-16
$20\,\% \leq w < 60\,\%$	C	34	(1/2)-28-36/39-45	1
$5\,\% \leq w < 20\,\%$	Xi	36/38	(1/2)-28-36/39-45	1
Zink, Pulver (stabilisiert)		10-15	(2)-7/8-43	3
Zink, Staub	F	15-17	(2)-7/8-43	3
Zinkbromid	C, N	34-50/53	26-60-61	1-11
Zinkchlorid	C, N	34-50/53	(1/2)-7/8-28-45-60-61	1-11
Zinkchloridlösung $5\,\% \leq w < 10\,\%$	Xi	36/38	(1/2)-28-45	1-11
Zinksulfat	Xi, N	36/38-50/53	(2)-22-25-60-61	1-11
Zinn(II)-chlorid	Xn	22-36/37/38	26	1-11

Stoffe mit E 1
Natriumchlorid, Natriumcarbonat, Wasserstoffperoxidlösung
Verdünnen
Abwasser

Stoffe mit E 2
Mineralsäuren, Essigsäure, Laugen
Neutralisieren
Abwasser

Stoffe mit E 3
Eisen (Späne), Calciumcarbonat, Mangan(IV)-oxid, Aktivkohle
Hausmüll

Stoffe mit E 4
Bleisalze
Als Sulfid fällen, Niederschlag absetzen lassen.
Niederschlag
Sammelbehälter „Anorganische Chemikalienreste" (T, C) pH > 10 beachten!
Sondermüllentsorgung (evtl. Recycling)

Stoffe mit E 5
Fluoride, Oxalate
Mit Calciumchloridlösung fällen und Niederschlag abtrennen.
Flüssigkeit → **Abwasser**; Feststoff → **Hausmüll**

Stoffe mit E 7
Stickstoffdioxid, Chlorwasserstoff, Ammoniak
Abzug!
Wenn möglich, Stoffe absorbieren oder verbrennen.
Abluft

Stoffe mit E 9
roter Phosphor, Kohlenstoffdisulfid, Diethylether
In kleinsten Portionen *vorsichtig (!)* verbrennen; kleinste Kohlenstoffdisulfidmengen im Freien verdunsten lassen.
Abluft

Stoffe mit E 10
halogenfrei: Lösemittelreste, z. B. Petroleumbenzin, Methanol, Toluol → **Sammelbehälter** „Organische Reste halogenfrei" (F, T bzw. F, Xn)
halogenhaltig: Lösemittelreste, z. B. Brommethan, Trichlormethan → **Sammelbehälter** „Organische Reste halogenhaltig" (F, T bzw. F, Xn)
Sondermüllentsorgung

Stoffe mit E 11
Nickelsalze, Cobaltsalze, Kupfersalze
Als Hydroxid fällen (pH = 8), Niederschlag absetzen lassen.
Flüssigkeit → **Abwasser**
Schlamm → **Sammelbehälter** „Anorganische Chemikalienreste" (T, C) pH > 10 beachten! → **Sondermüllentsorgung (evtl. Recycling)**

Stoffe mit E 13
Silbersalze, Kupfersalze
Mit unedlem Metall (z. B. Eisen) behandeln, eine Nacht stehen lassen.
Flüssigkeit → **Abwasser**
Metall → **Recycling oder Sondermüllentsorgung**

Stoffe mit E 15
Calcium
Abzug!
Vorsichtig mit Wasser umsetzen, Gase verbrennen oder ableiten, Rückstände verdünnen.
Abwasser

Stoffe mit E 16
Alkalimetalle, z. B. Natrium, Kalium
Mit Ethanol bzw. Butanol (Kalium) vorsichtig umsetzen; nach 1 bis 3 Tagen wie Stoffe mit E 2 weiterbehandeln (neutralisieren).
Abwasser

Chlorwasser, Brom, Bromwasser, Iod
Mit Natriumthiosulfatlösung umsetzen.
Abwasser

Chromsalze, Chromate
Mit Natriumhydrogensulfitlösung bei pH = 2 zu Chrom(III)-Salzlösung reduzieren; nach etwa 2 Stunden in den Sammelbehälter geben.
Sammelbehälter „Anorganische Chemikalienreste" (T, C)
Sondermüllentsorgung (evtl. Recycling)

Quecksilber, quecksilberhaltige Rückstände
Sammelbehälter „Quecksilberreste" (T+) (verschlossen aufbewahren)
Recycling oder Sondermüllentsorgung

Entsorgungsratschläge (E-Sätze)

E 1 Verdünnen, in den Ausguss geben (WGK 0 bzw. 1)
E 2 Neutralisieren, in den Ausguss geben
E 3 In den Hausmüll geben, gegebenenfalls im Polyethylenbeutel (Stäube)
E 4 Als Sulfid fällen
E 5 Mit Calcium-Ionen fällen, dann E 1 oder E 3
E 6 Nicht in den Hausmüll geben
E 7 Im Abzug entsorgen
E 8 Der Sondermüllbeseitigung zuführen (Adresse zu erfragen bei der Kreis- oder Stadtverwaltung), Abfallschlüssel beachten
E 9 Unter größter Vorsicht in kleinsten Portionen reagieren lassen (z. B. offen im Freien verbrennen)
E 10 In gekennzeichneten Behältern sammeln:
1. „Organische Abfälle – halogenhaltig"
2. „Organische Abfälle – halogenfrei"
dann E 8
E 11 Als Hydroxid fällen (pH = 8), den Niederschlag zu E 8
E 12 Nicht in die Kanalisation gelangen lassen (S-Satz S 29)
E 13 Aus der Lösung mit unedlem Metall (z. B. Eisen) als Metall abscheiden (E 14, E 3)
E 14 Recycling-geeignet (Redestillation oder einem Recyclingunternehmen zuführen)
E 15 Mit Wasser vorsichtig umsetzen, frei werdende Gase absorbieren oder ins Freie ableiten
E 16 Entsprechend den speziellen Ratschlägen für die Beseitigungsgruppen beseitigen

Atombau der Elemente mit den Ordnungszahlen 1 bis 54

* Bei diesen Elementen bestehen Abweichungen in der Anordnung der Elektronen.

Periode	Protonenanzahl ≙ Ordnungszahl	Element: Name	Element: Symbol	Elektronenanzahl der Elektronenschale: 1.	2.	3.	4.	5.	6.	7.
1	1	Wasserstoff	H	1						
	2	Helium	He	2						
2	3	Lithium	Li	2	1					
	4	Beryllium	Be	2	2					
	5	Bor	B	2	3					
	6	Kohlenstoff	C	2	4					
	7	Stickstoff	N	2	5					
	8	Sauerstoff	O	2	6					
	9	Fluor	F	2	7					
	10	Neon	Ne	2	8					
3	11	Natrium	Na	2	8	1				
	12	Magnesium	Mg	2	8	2				
	13	Aluminium	Al	2	8	3				
	14	Silicium	Si	2	8	4				
	15	Phosphor	P	2	8	5				
	16	Schwefel	S	2	8	6				
	17	Chlor	Cl	2	8	7				
	18	Argon	Ar	2	8	8				
4	19	Kalium	K	2	8	8	1			
	20	Calcium	Ca	2	8	8	2			
	21	Scandium	Sc	2	8	8+1	2			
	22	Titan	Ti	2	8	8+2	2			
	23	Vanadium	V	2	8	8+3	2			
	24	Chrom	Cr	2	8	8+4	2*			
	25	Mangan	Mn	2	8	8+5	2			
	26	Eisen	Fe	2	8	8+6	2			
	27	Cobalt	Co	2	8	8+7	2			
	28	Nickel	Ni	2	8	8+8	2			
	29	Kupfer	Cu	2	8	8+9	2*			
	30	Zink	Zn	2	8	8+10	2			
	31	Gallium	Ga	2	8	18	3			
	32	Germanium	Ge	2	8	18	4			
	33	Arsen	As	2	8	18	5			
	34	Selen	Se	2	8	18	6			
	35	Brom	Br	2	8	18	7			
	36	Krypton	Kr	2	8	18	8			
5	37	Rubidium	Rb	2	8	18	8	1		
	38	Strontium	Sr	2	8	18	8	2		
	39	Yttrium	Y	2	8	18	8+1	2		
	40	Zirconium	Zr	2	8	18	8+2	2		
	41	Niob	Nb	2	8	18	8+3	2*		
	42	Molybdän	Mo	2	8	18	8+4	2*		
	43	Technetium	Tc	2	8	18	8+5	2		
	44	Ruthenium	Ru	2	8	18	8+6	2*		
	45	Rhodium	Rh	2	8	18	8+7	2*		
	46	Palladium	Pd	2	8	18	8+8	2*		
	47	Silber	Ag	2	8	18	8+9	2*		
	48	Cadmium	Cd	2	8	18	8+10	2		
	49	Indium	In	2	8	18	18	3		
	50	Zinn	Sn	2	8	18	18	4		
	51	Antimon	Sb	2	8	18	18	5		
	52	Tellur	Te	2	8	18	18	6		
	53	Iod	I	2	8	18	18	7		
	54	Xenon	Xe	2	8	18	18	8		

Wichtige Größen in der Chemie

Größen in der Chemie

Größe	Formelzeichen	Einheit	Größe	Formelzeichen	Einheit
Masse	m	kg, g	Dichte	ϱ	kg/m^3, g/cm^3, g/ℓ
Volumen	V	m^3, ℓ	Massenanteil	w	1, %
Stoffmenge	n	mol	Volumenanteil	φ	1, %
molare Masse	M	g/mol	Massenkonzentration	β	g/ℓ
molares Volumen	V_m	ℓ/mol	Stoffmengenkonzentration	c	mol/ℓ
Teilchenanzahl	N	1	Temperatur	T, ϑ	K, °C

Konstanten in der Chemie

Normdruck p_n	$p_n = 1013$ hPa
Normtemperatur T_n	$T_n = 273{,}15$ K
Molares Volumen eines idealen Gases im Normzustand $V_{m,n}$	$V_{m,n} = 22{,}4$ ℓ/mol
Avogadro-Konstante N_A	$N_A = 6{,}022\,1367 \cdot 10^{23}\ mol^{-1}$

Größengleichungen in der Chemie

Dichte

$$\varrho = \frac{m}{V} \qquad \varrho = \frac{M}{V_m}$$

molare Masse

$$M = \frac{m}{n}$$

molares Volumen

$$V_m = \frac{V}{n}$$

Massenanteil

$$w(\text{Stoff}) = \frac{m(\text{Stoff})}{m(\text{Stoffgemisch})}$$

Volumenanteil

$$\varphi(\text{Stoff}) = \frac{m(\text{Stoff})}{m(\text{Stoffgemisch})}$$

Massenkonzentration

$$\beta(\text{Stoff}) = \frac{m(\text{Stoff})}{V(\text{Stoffgemisch})}$$

Stoffmengenkonzentration

$$c(\text{Stoff}) = \frac{n(\text{Stoff})}{V(\text{Stoffgemisch})}$$

Vorsätze von Einheiten (Auswahl)

Vorsatz	Kurzzeichen	Faktor, mit dem die Einheit multipliziert wird	
Giga	G	1 000 000 000	(10^9)
Mega	M	1 000 000	(10^6)
Kilo	k	1 000	(10^3)
Hekto	h	100	(10^2)
Dezi	d	0,1	(10^{-1})
Zenti	c	0,01	(10^{-2})
Milli	m	0,001	(10^{-3})
Mikro	µ	0,000 001	(10^{-6})
Nano	n	0,000 000 001	(10^{-9})

Einfache Laborgeräte

Brenner

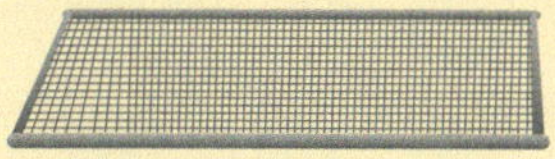
Drahtnetz

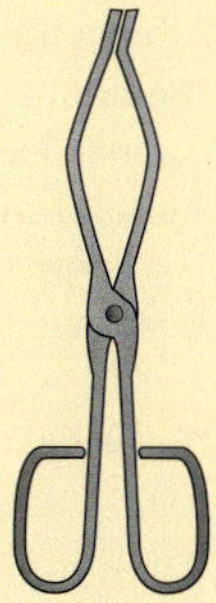
Tiegelzange

Reagenz-
glashalter

Verbrennungs-
löffel

Spatel-
löffel

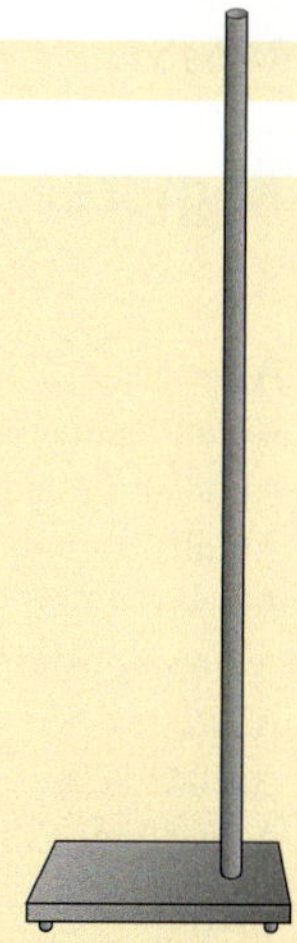
Stativ

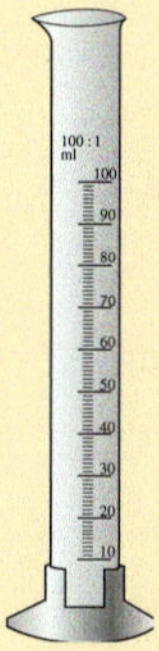
Messzylinder

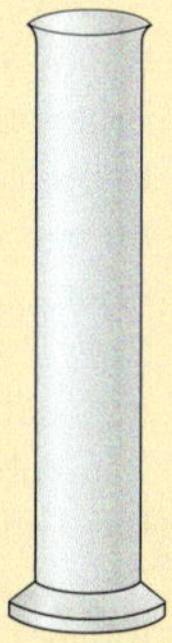
Standzylinder

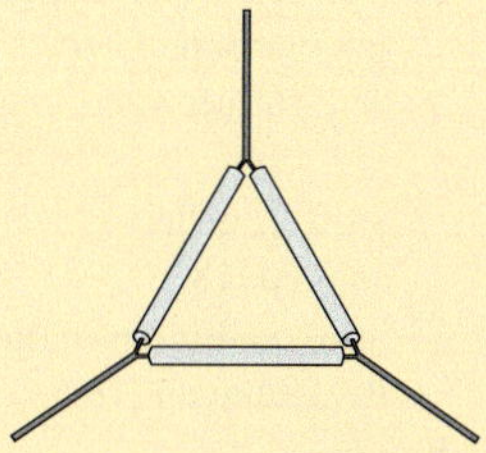
Tondreieck

Dreifuß

Stativ-
muffe

Stativ-
klemme

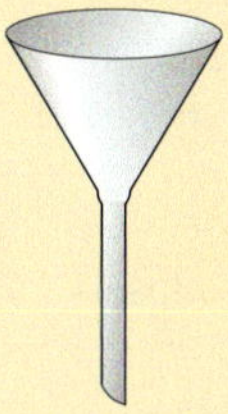
Trichter

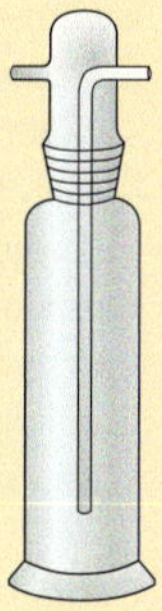
Gaswaschflasche

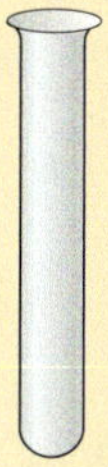
Reagenzglas

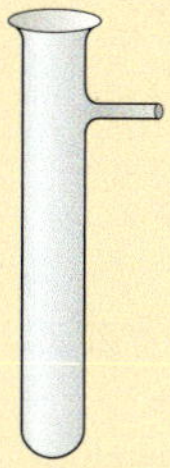
Reagenzglas
mit Ansatzrohr

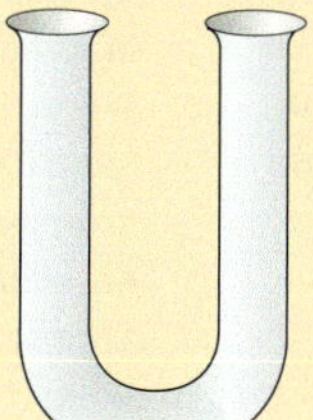
U-Rohr

Becherglas

pneumatische Wanne

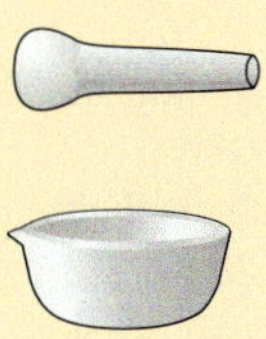
Mörser mit Pistill

Abdampfschale

Porzellantiegel

Porzellanschiffchen

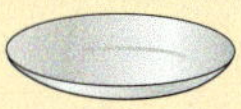
Uhrglasschale

Register

f. nach der Seitenzahl bedeutet „und folgende Seite“, ff. „und folgende Seiten“.

T

U

V

W

X

Z

Bildnachweis

A1PIX: 291 (Schwäbische Alb) | Aero Vironment: 140/1 | Agentur Focus: 67 (Dalton) | Agentur Focus/Spiegelhalter, E.: 169/1 | Agentur Focus/SPL: 375/oben | Air Liquide GmbH, Düsseldorf: 97/4 | Airborn Manhattan Project: 60/1 | AKG-images.de: 266/4, 299/9, 420/3, 408/sg | Albrecht, T., Berlin: 346/1,2, | AL GRIL-LO/Still Pictures: 410/1 | Alfred Sternjakob GmbH, Frankenthal: 49/7 | alimdi.net/ Kroeger, T.: 180/3 | allOver Bildagentur: 34/1 | a-location: 58/2 | archiv berlin/ Geduldig: 415 (Hyazinthen) | Archiv Hoyer/Fiedler, W.: 129/5 | Archives Charmet/ bridgemanart.com: 121/3 | ARCO Digital Images/Kroener, U.: 74/3, 278 (Hortensien) | ARCO Digital Images/Straesser, H.: 44/1, 93/5 | ARCO Images/Klindwort, M.: 364/1 | argum: 388/4 | argum/Lehsten, C.: 368/2 | argus/Rudhart: 161 (Hintergrund) | argus/Schwarzbach: 174/1 | artpartner-images/Haag & Kropp GbR: 211 (Hintergrund) | artur architekturbilder agentur/Koch, E.: 55 (Hintergrund) | artvertise: 374 | Asbach GmbH & Co, Rüdesheim: 46/1 | Augenklick/Baumann: 157/2 | Avenue Images: 380/1 | Avenue Images/Index Stock/Manewal, E.: 199/4 | Avenue Images/Life: 199/5 | Bach-Kolster, H., Duisburg: 10/4, 148/1 | BASF: 262/1, 263/4, 314/3, 336 (oben), 341/3,4, 387 (Becher), 387 (Schuhsohlen) | Baton Rouge: 341/2 | Bayer AG, Leverkusen: 259/6, 449/2 | Bellmann, Heiko: 426/1 | Benckiser (Deutschland) GmbH, Ffm.: 136/2 | Berliner Stadtreinigung, Berlin: 48/1 | Berliner Wasserbetriebe, Berlin: 11/5 | Bild-agentur-online: 261 (unten), 357 (Schuh), 415 (Trauben) | Bildagentur-online/TH-Foto: 198 | BilderBox: 59/5, 89 (Wolke), 259/2, 357 (Sprühdose) | BilderBox.com/Wodicka, E.: 211 (Mutter), 228/2 (Wachs) | blickwinkel: 449/4 (Mädesüß) | blickwinkel/Gerth, R.: 180/2 | blickwinkel/Hartl, A.: 196/4 | blickwinkel/Hecker/Sauer: 18/2, 243/5 | blickwinkel/Hecker: 242/2 | blickwinkel/Hoefer, M.: 281/2 | blickwinkel/McPHOTO: 260 (Hintergrund), 314/1 (Feuerzeuge) | blickwinkel/Szczepanski, D.: 202/1 | blickwinkel/Thomas, K.: 314/1 (Stühle) | blickwinkel/Zoller, B.: 299/7 | BlueBox/ www.pictures.de: 128, 129 (Hintergrund) | Blümel, H., Mücka: 413 (Raps) | BP Oil Deutschland GmbH: 402/sg | Brand New Holland: 358/2 | Brandl, H., Kaltenkirchen: 166/1 | Braunschweigerische Kohlenbergwerke: 10/3 | bridgemanart.com: 223/2 | Brigola, Victor/artur: 173/4 | Bundesanstalt für Milchforschung, Kiel: 43/3 | CARO: 306/2 | CARO/Jandke: 251 (Zitronen) | CARO/Oberhaeuser: 208/3 | CeramTec AG, Plochingen: 14/2 | Coca Cola: 260/1 | Conrad Electronic SE, Hirschau: 192/1 | Corbis: 20/2, 52 (Creme), 67 (Thomson), 82/1 (Explosion), 93/4, 100/1, 103 (Haus), 107/2, 112/2 | Corbis/Lefkowitz, L.: 187/5 | Corbis/ Ressmeyer, R.: 206/1 | Corbis/Ressmeyer, R.: 206/2 | Corel: 39 (Erdbeeren), 177 (großes Foto), 178/4,5, 287/4 (Bier), 298/2,3, 366/1, 369 (Kuh), 406 (Fabrik), 415 (Bonbons), 439/4,8, 451/7| Cornelsen Experimenta: 313/1 | Daimler Benz/ Dornier: 11/1–2 | DaimlerChrysler AG, Stuttgart: 141/6, 156/1, 300/1, 325/1–3, 422/1 | Das Fotoarchiv/Sugar, J. A.: 118/2 | Deepol/Camilo, R.: 211 (Urwald) | Deutsche Bahn AG, Berlin: 98/1, 174/2 | Deutsche Lufthansa: 9/1, 387 (Flugzeug) | Deutsches Lackinstitut, Frankfurt/M.: 359/8 | Deutsches Museum, Bonn: 69/3 | Deutsches Museum, München: 90/2, 205/6, 207/4 | dia/mediacolors: 415 (Brennnessel) | Dietrich, V., Potsdam: 438/2 (oben) | Dombauarchiv, Köln: 316/1 | Döring, V., Hohen Neuendorf: 10/2, 12/1–2, 13/1–4, 15/1–2, 16/2, 18/1,3–4, 21/ 3–4, 22/1–4, 23/1, 24/1–3, 25/5–7, 26, 28/1, 29/3–4, 30/1–2, 31/1–2, 32/2–3, 34/2–3, 37/4, 38/3, 43/4, 44/2, 46/2, 50/2, 51/5, 52 (Wasser), 57, 59/4, 62/2, 72/1–2, 4, 73/1, 74/2, 75/5, 77/2, 78/2, 83/2, 86/1,3, 88/1, 91/5, 96/2, 104, 105, 108/2–3, 109/4 (Streichholz), 109/4 (links, Mitte, rechts), 112/1, 116/2, 120/1, 122/1, 125/2, 132/3, 133/4, 134/1–2, 135, 147/4, 148/2, 153/2–3, 154/1, 155/3, 158, 159/1–2, 163, 165/4–5, 173/5, 181/1,2, 182/1,2, 183/3, 184/1, 185/4, 187/4, 189/1-3, 190, 192/2-4, 193/5, 194/2, 196/1, 197/1,2, 208/2, 209, 212/2, 218/2 (Aluminium, Chlor), 220 (Blei), 228/2 (Kupfer), 230/3, 235/4, 236/1 (Standzylinder), 237/4, 240/1 (Standzylinder), 241/4, 245, 249 (Chlor), 254/1,2, 255/3,4, 256/1, 257/4, 258/1-3, 261/3, 263/2, 266/1,3, 268/1-3, 269/4-6, 270/1, 273/1, 279/3, 280/1, 282/2, 284/1,2, 285/1, 288/1, 294/1-3, 295/4, 296/1-4, 297/5, 298/5,6, 300/1, 303/2, 305/2, 306/1,3, 320/1, 323/4, 326/1, 328 (oben), 329/2, 338/2, 339/3,4, 345/E14, 349/8, 359/5,7, 360/Ex2, 362/1,2, 365/4, 368/1, 370/1,3, 371/5, 375/1, 386 (Zapfsäule), 388/1, 423/3, 425/2, 428/1,Info, 429/2,Info, 431/3, 432/2, 433/1,5, 447/3,4, 449/3, 453 (Kaugummi), 453/3 | dpa-Report: 106/1, 116/1, 117/3, 173/6 | dpa-Bildarchiv: 344/1 | dpa/Zentralbild: 330 (oben), 332/1 | Dr. Bühler, C., Heidelberg: 78/1 | DRL, Berlin: 332/2 | Duales System Deutschland AG: 385 (Tabelle) | ecopix.de: 300 | Egbert, Martin: 433/6 | ESA: 80/3 | f1 online: 71 (Baum), 298/1,4, 449/4 (Weide) 450/2 | Europäische Zentralbank: 348/6 | f1 online/Bartel, A.: 199/3 | f1 online/Panorama Media: 205/3 | f1 online/ Wauer: 67 (oben) | Feiler Fotodesign / StockFood: 266/2 | Fiedler, W.: 100/2 | Fischer, R. J., Berlin: 146/1 | FLORA PRESS: 251 (Blumentöpfe, Essig), 438/1 | Focus, Hamburg: 214/2 | Fotoatelier H.-J. Mock, Mühlhausen: 38/1, 164/3, 238/1, 347/sg | franke/cmi/mediacolors: 100/3 | Fraunhofer Institut, Freiburg: 141/7 | Gartung, W./Wings: 144/2 | Gasometer Oberhausen GmbH: 309/2 | getty images/ Korol, T.: Titelbild | Glasgalerie Jan Kilian: 203/4 | Grames, E.: 264/2 | Greenpeace e.V.: 397/5 | Gust, Dietmar: 404/1 | Haarmann & Reimer GmbH, Holzminden: 39 (Labor) | Hein, A.: 304 (Druckplatte) | Heinzel, K., Berlin: 130/3, 132/1–2 | Helga Lade Fotoagentur: 8/3, 11/3, 48/3, 191 (Leuchtschild), 384/1, 385/1, 436/1 | Hoechst AG, Frankfurt/M.: 8/4, 394/2 (Öl) | Howard Sochurek/The Medical File/Peter Arnold: 286/1 | Hron, D., Berlin: 103 (Farben) | I EVERSON/WWI/ Still Pictures: 286/3 (Krill) | IBM Mediapool: 216/4 | imageshop.com: 446/2 | Intro/Ausserhofer, D.: 212/1 | Jaenicke, J.: 447 | Jahreszeiten Verlag: 422 (Weinlese), 452/2 | Jahreszeiten Verlag/Bernhardi, M.: 199/2 | Jahreszeiten Verlag/Sittard, V.: 313/sg | James A. Sugar/DAS FOTOARCHIV: 7/1, 118 | Jan Kolbe Einbaugeräte GmbH, Pettstadt: 46/4 | Jane Mulder/JOKER, Bonn: 69/1 | Juniors Bildarchiv: 286 (Hintergrund) | Kern & Sohn GmbH, Balingen: 151 (Waage) | Keune, Hans: 230/2 | Keystone/ Schulz, V.: 90/1 | Klopfer, K., Potsdam: 413 (Zuckerrohr) | Kneffel, Michael: 191 (Plasmakugel), 348/5, 353 (Kornfeld) | Knopfe, M., Freiberg: 24/4, 164/2, 218/2 (Schwefel), 220 (Kohlenstoff), 222, 230/1, 234/1-3, 236/1 (Schwefel), 249 (Kristall, Kupfer), 351/4, 394/2 (Kohle) | Köhler, F., Bornheim: 273/3 | Kollektivfoto: 433/8 | Kretschmer, K., Berlin: 380/sg | Kulka, M., Düsseldorf: 37/3, 81/4 | Kulkafoto: 391 (Öl) | Landesamt für Denkmalpflege und Archäologie Sachsen-Anhalt/Lipták, J.: 62/1 | Landesmuseum für Kunst und Kulturgeschichte Oldenburg: 342/1 (klein) | Lantelme, Jörg: 357 (Motorrad), 433/2, 450/4 | Lehmkuhl, A., Bempflingen: 44/3 | Lessing, L./Arnold, P.: 186/2 | Linde AG, Höllriegelskreuth: 91/6 | Lingler, K., Altlengbach: 283/sg | Lins, A.-J./Hann: 180/1 | Loctite/Henkel KgaA: 8/2 | Ludwig Preiß Industrie- und Pressebilddienst GmbH, Berlin: 11/6, 38/2, 383/sg | Mahlzahn, H., Berlin: 220 (Diamant) | Manufaktum, Waltrop: 161 (oben, Mitte, unten) | Maskinfabrikken, Bredal: 282/1 | Matthes, S., Berlin: 50/1 (Kuli), 62/3 | Mauritius: 194/1, 450/1 | Mauritius/Fichtl: 186/3 | Mauritius/Freytag: 80/1 | mediacolors: 189/4 | Miele photos: 283/4| Mikhailov, A., Turku: 406/2 | Mineralienkabinett Uni Bremen: 186/1, 346/2, 348/2 | Minimax, Bad Oldeslohe: 117/4 | Ministerium für Ernährung und Ländlichen Raum/Versuchs- und Forschungsanstalt Freiburg (Br.): 110/1 (a,c,d) | Mitteldeutsche Erdoel-Raffinerie Elf Raffinerie: 87/2, 398/1 | NASA: 7/2, 61 (Teleskop), 90/1, 92/3, 138/1, 207/2,3, 217/1,2,4,5, 324/1, 376/1,2, 410 (Hintergrund) | NASA/Hubble: 217/3 | Nayhauß, D. v., Berlin: 36/1, 152/1, 345/2, 441/9| Neubacher-Riens, Th., Berlin: 76/1, 110/1b, 261/2, 439/3 | Neumann, K., Gelsenkirchen: 291 (Wasserhahn) | Nokia-Pressebild: 322/1 | Norddeutsche Affinerie AG, Hamburg: 246/2 | Nordzucker AG, Braunschweig: 19/1-2, 228/2 (Zucker), 358/4 | Noris-Blattgold GmbH, Schwabach: 64/1 (Blattgold) | Offermann, Arlesheim/Schweiz: 235/5,6 | OKAPIA: 71 (Blatt), 86/2, 92/2, 127 (unten), 133/5, 172/1 (Hintergrund), 187/6, 196/2, 278/1, 281/4, 352/3, 304/1, 315/5 (Bauxitabbau), 354/1, 381/6, 391 (Pipeline), 394/1, 449/1 | Omicron: 64/1 (Oberfläche) | Osram GmbH, München: 91/4, 191 (Energiesparlampe, Glühlampe, Leuchtstoffröhre), 205/4,5 | PAC/Helga Lade: 118/1 | Peuckert, Michael: 433/7 | Philips GmbH, Hamburg: 169/4 | Photo-Design/ Bollen, Markus: 362/3 | photothek, Berlin: 141/5 | photothek.net: 259/5 | photothek.net/ Koehler, Thomas: 439/4 | photothek.net/Grabowski, U.: 352/1 | photothek.net/Koehler, T.: 172/2–3 | PHYWE SYSTEME GmbH, Göttingen: 28/2, 111/3 | picture-alliance/Bildagentur Huber: 204/1 | picture-alliance/dpa-Bildarchiv: 131/4 | picture-alliance/Godong: 20/1 | picture-alliance/KP-A/Hip/ The British Museum: 164/1 | picture-alliance-dpa: 37/1, 61 (Wirbelsäule), 69/2, 93/6, 118 (Hintergrund), 220 (Zinn) | picture-alliance-dpa/ZB: 9/2 | picture-alliance/dpa-report: 353/6 | picture NEWS Bildagentur, Ffm.: 370/2 | picture NEWS/ Vedder, M.: 115/3 | Picture Press: 420/1 | pixelio: 319 (Batterien) | plainpicture/Beckhaeuser, M.: 286/3 (Wal) | project photos: 10/1, 33/3 (Eisberg), 33/3 (Wasser), 52 (Lavendel), 75/6, 96/3, 128/1, 129/3, 6, 136/1, 170/1, 196/3, 242/1, 287/5, 319 (Hintergrund, Tabletten, Sonnenblumen), 323/4 (rechts), 358/1, 391 (Holz, Kohle), 394/2(Holz), 406 (Rapsfeld), 408/3, 413 (Holz), 415 (Ananas, Äpfel, Erdbeeren), 424 (Weinberg), 441/3, 451/6, 452 (Wein) | pyroweb.de: 178/2,3,6 | Ralph Kleinhempel GmbH & Co.: 433/4 | Rodger Klein/WaterFrame: 298 (Hintergrund) | RWE Energie AG, Essen: 87/3 | Schapowalow/Aspect: 97/5 | Schiffswerft „Neptun" GmbH, Rostock: 168/2 | Schleicher, S., Berlin: 265/5 | Schlippenbach, C. v.: 201/2 | Schuster, R., Greifswald: 281/3, 441/6 | Schwarz, J.: 338/1 | Seilnacht, Th., Bern: 77/3, 220 (Germanium), 315/5 (Bauxit), 349/7, 400/2 | Senkel, G., Rießen: 35/5 | Shell in Deutschland: 396/1, 402/1 | Siemens: 331/3 | Simeon, R., Baden-Baden: 240/1 (Wasserfall), 336/1, 441/1 | SKW Stickstoffwerke Piesteritz GmbH: 342/1 (groß) | SPL/Agentur Focus: 204/2, 216/1,5 | Stadt Bad Waldsee: 124/1 | stefankiefer.com: 420/2 | Stock Food Munich/Bender: 441/5 | Stock Food Munich/ Reavell, William: 291 (Salz) | Stock Food Munich/Rees, Peter: 418/1 | Stock Food Munich: 387 (Zitrusfrüchte), 442/1 | Stoppel, G., Stuttgart: 108/1 | Superbild Bildagentur, Berlin: 8/2, Hintergrund, 11/4, 14/1,3, 42/1 (Vordergrund), 82/1 (Tropfsteinhöhle), 87/1, 151 (Hintergrund), 246/1, 259/1, 275| Superfire/biofire.at: 125/3 | SWR: 195/4 | Tack, Jochen: 415 (Klebstoff) | Technische Universität, Berlin: 61 (Auto) | Theuerkauf, H., Gotha: 129/4,7| Thomas, H., Strehla: 85/4, 331/4 | ullsteinbild: 177 (kleine Fotos), 336/2, 350/1, 354/2 | ullsteinbild-Imagebroker.net: 178/1 | Ullstein-Reuters AG: 397/5 | ulrich nusko: 357 (Zaun) | vario images: 357 (Hintergrund) | vario images/Khandani, H.: 185/3 | vario images/Kiefer, S.: 369/1 | vario-press: 14/4, 58/3, 144/1 | vario-press/Baumgarten, Ulrike: 453/4 | vario-press/Haertel, S.: 141/4 | vario-press/Kiefer, S.: 264/1 | vario-press/Paulin, A.: 52 (Glocke) | VARTA: 259/3 | Vattenfall: 288/3 | VAW Aluminium AG, Bonn: 315/5 | VG-Orth GmbH & Co. KG, Stadtoldendorf: 348/1,3,4 | VISUM/Sobotta, Stefan: 430/1 | VISUM/Steinmetz, M.: 85/1 | VISUM/Sterzing, Andreas: 291 (Eierschalen) | VISUM/The Image Works: 381/5 | VISUM/Vossberg, A.: 61 (Beamer), 251 (Reiniger) | Volkmann, A.: 74/1 | W. Deuter Foto, Düsseldorf: 37/2 | Wacker Chemie AG, München: 169/2 | Wacker Siltronic, Burghausen: 220 (Silicium) | WAFG Berlin: 441/2 | Welke, F., Berlin: 388/2 | Wenzel, G., Berlin: 33/4 | westend61: 228/1, 408/1 | Widmann, P., Tutzing: 85/3 | Wiechoczek, Dagmar: 3963 | Wikipedia/Public Domain: 200/1, 221/1 | Wildlife: 449/4 (Spierstrauch) | Wildlife/ Harms: 450/3 | Willemsen, Thomas: 314 (Hintergrund) | www.parfumflacons.de: 39 (Flacon) | www.salinen.com: 234 (Hintergrund) | Zahntechnikerinnung Baden: 350/2 | zefa: 10/5, 42/1 (Hintergrund), 55 (unten), 89 (Erde), 92/3, 114/2, 127 (oben), 128 (Frau), 114/1 | UFOP, Bonn: 331/5 | zefa visual media: 446/1.

Alle anderen Fotos: Cornelsen Verlag, Berlin

Einstufung von Gefahrstoffen nach der GHS-Verordnung

Mit dem neuen GHS (*Globally Harmonised System of Classification and Labelling of Chemicals*) werden die Kriterien für die Einstufung der Gefahrstoffe neu festgelegt und mit international einheitlichen Piktogrammen versehen. Neu ist auch die Verwendung der Signalworte **„Gefahr“** und **„Achtung“** für das Ausmaß der Gefahr: „Gefahr“ bei hoher Gefährdung oder „Achtung“ bei geringerer Gefährdung.

Gefahrenpiktogramm und Piktogrammcode	Mit dem Gefahrenpiktogramm gekennzeichnete Stoffe und Gemische	Signalwort	Kennzeichnung nach bisheriger Gefahrstoffverordnung	
			Gefahrensymbol	Gefahrenhinweise
GHS01	explosive und sehr gefährliche selbstzersetzliche Stoffe und Gemische sowie sehr gefährliche organische Peroxide	Gefahr oder Achtung	E	R2, R3
GHS02	entzündbare, selbsterhitzungsfähige und gefährliche selbstzersetzliche Stoffe und Gemische, pyrophore Stoffe sowie Stoffe und Gemische, die bei Berührung mit Wasser entzündbare Gase entwickeln	Gefahr oder Achtung	F+ oder F oder –	R12, R11 oder R10; R17; R15
GHS02	gefährliche organische Peroxide	Gefahr oder Achtung	O	R7
GHS03	Stoffe und Gemische mit oxidierender Wirkung	Gefahr oder Achtung	O	R8, R9
GHS04	Gase unter Druck	Achtung	–	
GHS05	Stoffe und Gemische, die korrosiv auf Metalle wirken	Achtung	–	
GHS05	Stoffe und Gemische, die schwere Verätzungen der Haut und/oder schwere Augenschäden verursachen	Gefahr	C oder Xi	R34, R35, R41
GHS06	lebensgefährliche und giftige Stoffe und Gemische	Gefahr	T+ oder T	R26, R27, R28 oder R23, R24, R25
GHS07	gesundheitsschädliche Stoffe und Gemische	Achtung	Xn	R20, R21, R22
GHS07	Stoffe und Gemische, die Haut- und/oder Augenreizungen verursachen und/oder allergische Hautreaktionen, Reizungen der Atemwege und/oder Schläfrigkeit und Benommenheit verursachen können	Achtung	Xi	R36, R37, R38; R43; R67
GHS08	Stoffe und Gemische, die bei Verschlucken und Eindringen in die Atemwege tödlich sein können und/oder eine Gefahr für die Gesundheit darstellen. Diese Stoffe und Gemische schädigen bestimmte Organe und/oder können Krebs erzeugen, die Fruchtbarkeit beeinträchtigen, das Kind im Mutterleib schädigen und/oder genetische Defekte und/oder beim Einatmen Allergien, asthmaartige Symptome oder Atembeschwerden verursachen.	Gefahr oder Achtung	T+ T oder Xn	R45, R49, R40; R60, R62; R61, R63; R46; R39/...; R68/...; R48/...; R42; R33; R65
GHS09	Stoffe und Gemische, die sehr giftig oder giftig für Wasserorganismen sind	Achtung oder –	N	R50, R50/53 R51/53

Periodensystem der Elemente

- Metall (blau)
- Halbmetall (grün)
- Nichtmetall (gelb)

schwarz = Feststoff
weiß = Flüssigkeit
rot = Gas
hellblau = künstliches Element
* = radioaktives Element

[1] = Gruppennummerierung IUPAC (1989): Gruppennummern 1 bis 18
[2] = vorläufiges IUPAC-Symbol

Periode	1[1] I. Hauptgruppe	2 II. Hauptgruppe	3 III. Nebengruppe	4 IV. Nebengruppe	5 V. Nebengruppe	6 VI. Nebengruppe	7 VII. Nebengruppe	8 VIII. Nebengruppe	9 VIII. Nebengrupp[illegible]
1	1 1,008 H 2,1 Wasserstoff								
2	3 6,94 Li 1,0 Lithium	4 9,01 Be 1,5 Beryllium							
3	11 22,99 Na 0,9 Natrium	12 24,31 Mg 1,2 Magnesium							
4	19 39,10 K 0,8 Kalium	20 40,08 Ca 1,0 Calcium	21 44,96 Sc 1,3 Scandium	22 47,88 Ti 1,5 Titan	23 50,94 V 1,6 Vanadium	24 51,996 Cr 1,6 Chrom	25 54,94 Mn 1,5 Mangan	26 55,85 Fe 1,8 Eisen	27 58,[illegible] C[illegible] 1,8 Cobalt
5	37 85,47 Rb 0,8 Rubidium	38 87,62 Sr 1,0 Strontium	39 88,91 Y 1,3 Yttrium	40 91,22 Zr 1,4 Zirconium	41 92,91 Nb 1,6 Niob	42 95,94 Mo 1,8 Molybdän	43 [98] Tc* 1,9 Technetium	44 101,07 Ru 2,2 Ruthenium	45 102,[illegible] R[illegible] 2,2 Rhodium
6	55 132,91 Cs 0,7 Caesium	56 137,33 Ba 0,9 Barium	57 138,91 La ● 1,1 Lanthan	72 178,49 Hf 1,3 Hafnium	73 180,95 Ta 1,5 Tantal	74 183,84 W 1,7 Wolfram	75 186,21 Re 1,9 Rhenium	76 190,23 Os 2,2 Osmium	77 192,[illegible] 2,2 Iridium
7	87 [223] Fr* 0,7 Francium	88 226,03 Ra* 0,9 Radium	89 227,03 Ac* ●● 1,1 Actinium	104 [261] Rf* Rutherfordium	105 [262] Db* Dubnium	106 [266] Sg* Seaborgium	107 [264] Bh* Bohrium	108 [277] Hs* Hassium	109 [26[illegible] Mt Meitnerium

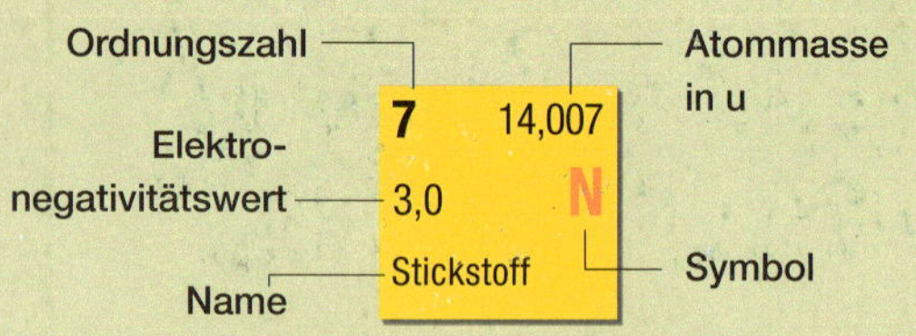

Die Atommassen in eckigen Klammern beziehen sich auf das längstlebige gegenwärtig bekannte Isotop des betreffenden Elements.

● Elemente der Lanthanreihe (Lanthanoide)

Periode					
6	58 140,12 Ce 1,1 Cer	59 140,91 Pr 1,1 Praseodym	60 144,24 Nd 1,2 Neodym	61 [145] Pm* 1,2 Promethium	62 150,[illegible] S[illegible] 1,2 Samarium

●● Elemente der Actiniumreihe (Actinoide)

Periode					
7	90 232,04 Th* 1,3 Thorium	91 231,04 Pa* 1,5 Protactinium	92 238,03 U* 1,7 Uran	93 [237] Np* 1,3 Neptunium	94 [2[illegible] P[illegible] 1,3 Plutonium